KB237279

Hi-Pass 산림기술사

하권

Professional Engineer Forestry

| 山林하는 남자 渡摩 金正浩 엮음 |

BM (주)도서출판 **성안당**

 **머리말**

강해진 사랑

그대 내게서 계절의 끝을 보리.

추위에 떠는 나뭇가지에

이파리 하나 없는 계절

화려한 새들이 노래했던

가지 끝에 석양이 걸리고,

노을이 서쪽에서 희미해질 때

암흑의 밤마저 책 속에 봉인하는

그대의 두 번째 자아

암흑 속에서 깜박깜박

그대의 젊음이 타고 남은 재 위에

그대의 사랑은 더욱 강해져

머지않아 완성되리니..

Chapter 02 임도

Chapter 05 산지 복구 및 복원

PART 02 산림 관계 동향

Chapter 01   산림 관계 동향

Chapter 02 산림 관계 법령

Chapter 03　북한 산림 복구 및 복원

Chapter 04　해외 산림 및 기후변화 대응

Chapter 05　산림 경관 관리

PART 03　수목학

01

산림개발 및 보전

산/림/기/술/사

memo

공사 설계 과정

공사 설계는 여러 단계에 걸쳐 체계적으로 진행되며, 각 단계는 프로젝트의 성공적인 수행을 위해 필수적이다.

■ 공사 설계 과정

단계	주요 내용
기본 조사 및 계획 수립	대상 지역 조사, 공사 목적 및 범위 설정, 환경 영향 평가
설계 기준 및 규격 설정	적용할 설계 기준과 기술적 규격 설정, 법규 및 규정 반영
현장 조사 및 분석	지형, 토질, 배수 상태 분석, 기초 데이터 확보, 수정 및 보완 사항 도출
기본설계	공사의 기본 구조와 형상 설계, 예산 및 자재, 인력 계획 수립
실시설계	세부 설계 작업, 도면 및 기술 사양서 작성, 공사비 산출서 작성, 최종 설계 확정
설계도 작성 및 검토	평면도, 단면도, 구조도 작성, 설계 검토 및 수정 사항 반영
공사 계획 수립	공사 일정, 자재 조달, 인력 배치 계획 수립, 안전 대책 마련
시공 및 감리	설계에 따른 공사 진행, 감리를 통한 공사 품질 및 안전 관리, 문제 발생 시 설계 변경 검토
완공 및 사후 관리	완공 검사 실시, 유지 관리 계획 수립, 시설의 장기적 안전성 확보

1 기본 조사 및 계획 수립

공사 설계는 먼저 기본 조사와 계획 수립 단계로 시작된다. 대상 지역에 대한 지형, 기후, 환경 조건 등을 조사하며, 공사의 목적과 범위를 설정한다. 이때, 환경 영향 평가를 통해 공사가 미칠 수 있는 영향을 예측하고 대책을 마련한다.

2 설계 기준 및 규격 설정

공사가 진행될 때 적용할 설계 기준과 기술적 규격을 설정한다. 이는 해당 지역의 법규와 규정에 따라 적절히 반영되며, 공사 설계의 품질과 안전성을 확보하기 위해 필요하다.

3 현장 조사 및 분석

현장 조사 단계에서는 설계 대상 부지의 지형, 토질, 배수 상태 등을 정밀하게 측량하고 분석한다. 이를 통해 설계의 기초 데이터를 확보하며, 향후 설계 과정에서의 수정 또는 보완 사항을 도출한다.

4 기본설계

기본설계 단계에서는 공사의 전반적인 구조와 형상을 구체화한다. 이 단계에서 도로, 건물, 기타 구조물의 기본 배치와 크기를 설계하며, 공사의 예산과 자재, 인력 등을 고려하여 대략적인 계획을 수립한다.

5 실시설계

기본설계를 바탕으로 세부적인 설계가 이루어진다. 도면, 기술 사양서, 공사비 산출서 등을 작성하며, 설계 내용을 최종적으로 확정한다. 이 과정에서는 구조적 안전성과 경제성을 모두 고려하여 세밀한 설계 작업이 이루어진다.

6 설계도 작성 및 검토

완성된 설계도를 바탕으로 공사에 필요한 모든 기술적 자료를 작성한다. 여기에는 평면도, 단면도, 구조도 등이 포함되며, 이 설계도는 공사 시공의 기본 자료로 활용된다. 또한, 설계가 완료된 후에는 관련 부서나 전문가의 검토를 받아 최종적으로 수정 및 보완 사항을 반영한다.

7 공사 계획 수립

설계가 완료된 후에는 구체적인 공사 계획을 수립한다. 공사 일정, 자재 조달, 인력 배치 등을 포함한 계획이 수립되며, 공사 중 발생할 수 있는 위험 요소에 대한 안전 대책도 함께 마련한다.

8 시공 및 감리

설계에 따라 실제 공사가 진행된다. 공사 중에는 감리를 통해 설계와의 일치 여부, 공사 품질, 안전 사항 등이 지속적으로 관리된다. 시공 과정에서 발생하는 문제에 대해서는 즉시 조치가 이루어지며, 필요한 경우 설계의 변경이 검토된다.

9 완공 및 사후 관리

공사가 완료되면 완공 검사를 실시하여 설계와 시공이 적절히 이루어졌는지 확인한다. 이후 공사 완료 후 유지 관리 계획을 수립하여 시설의 장기적인 사용 및 안전성을 확보한다.

02 지장목 정리

1 지장목 처리 일반

① 임도는 나무와 풀이 있는 숲의 땅을 깎아 만들게 된다. 땅을 깎는 작업은 굴삭기와 도저를 사용하게 되는데, 굴삭기를 투입하기 전에 굵은 나무를 사전에 제거하는 작업을 토공준비작업이라고 한다. 토공준비작업의 첫 번째가 임도 예정 노선 상의 지장목을 제거하는 것이다.

② 임도 건설에 따른 토공작업의 영향권 안에 있는 나무를 지장목이라고 한다. 임도 아래 계곡부의 나무는 그대로 두는 것이 좋지만, 임도가 건설된 후 임도의 윗부분에 있게 될 나무는 되도록 제거하는 것이 좋다. 특히 토공이 끝나는 지점은 추가로 기울기를 정리하지 않으면 나무뿌리가 드러나게 되고 결국 나무가 쓰러질 수 있다.

▲ 토공작업 전 지장목 벌채

▲ 지장목 정리 후

2 임도 부지 폭

지장목을 제거하는 영향권의 폭은 대체로 10m 정도이다. 이것이 일반적인 임도 부지의 폭이지만 현장 여건에 따라 달라질 수 있다. 소경목은 굴삭기를 이용하여 제거할 수도 있지만 되도록 체인톱을 이용하여 벌채한 후 뿌리까지 제거하는 것이 좋다.

3 지장목 처리 방법

지장목은 목재로 활용할 수 있는 것은 반출하여 활용하고, 나머지는 현장에서 파쇄하여 활용하거나 산림 동물의 서식처로 활용할 수 있다. 이때 강우에 의해 피해가 발생하지 않도록 조치해야 한다.

사면의 절취

1 절토사면의 기울기

① 지장목을 베어낸 후, 임도 건설에 필요한 부지는 보통 산복, 산지의 경사면을 깎아서 조성한다. 경사면을 깎는 것을 절토라고 하며, 절취공은 굴삭기와 불도저를 이용하여 땅을 깎고 20m 이내의 근거리 운반을 포함하는 말이다.

② 배수구의 물받이 등 구조물을 시공하기 위하여 지면 아래를 깎는 것은 터 파기라고 하여 별도의 공종으로 취급한다.

③ 사면을 절취하면 사면의 경사가 급해져서 붕괴가 발생하기 쉽다. 사면을 절취할 때는 토질에 따른 깎기사면 경사를 준수하여야 한다. 이 경사도를 지키기 어려운 경우 돌쌓기나 옹벽 등 적정한 흙막이 구조물을 설치하여야 한다.

■ 절토비탈면의 기울기

구분		기울기	비고
암석지	경암	1:0.3~0.8	토사지역은 절토면의 높이에 따라 소단 설치
	연암	1:0.5~1.2	
토사지		1:0.8~1.5	

2 암반사면 파괴의 형태

① 암반사면에 불연속면이 불규칙하게 많이 발달하여 뚜렷한 구조적인 특징이 없는 경우 토사와 같이 원평 파괴(circle failure)가 발생한다.

② 불연속면이 한 방향으로 발달하고 있으면 평면 파괴(plane failure), 불연속면이 두 방향으로 발달하여 불연속면이 교차되는 곳에는 쐐기 파괴(wedge failure), 절취사면의 경사 방향과 불연속면의 경사 방향이 반대라면 전도 파괴(toppling failure)가 발생한다.

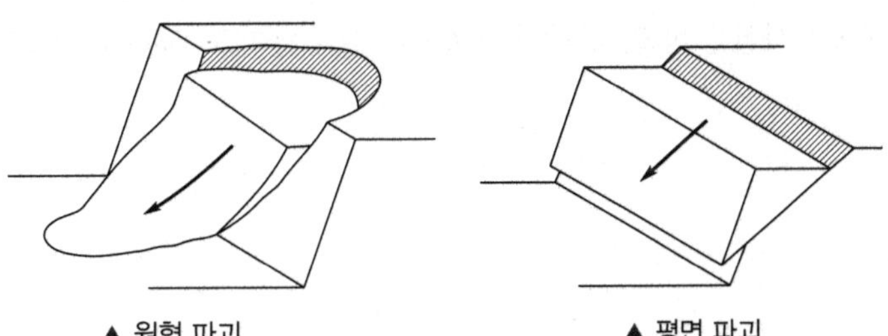

▲ 원형 파괴　　　　　　▲ 평면 파괴

▲ 쐐기 파괴　　　　　　　　　　　　　▲ 전도 파괴

3 암반사면의 안정 검토

① 암반사면의 안정 검토는 연암과 경암 등 암석의 강도와 함께 불연속면의 공학적 특성을 조사하여 판단하는 것이 좋다. 절리의 방향, 절리의 간격, 절리의 연속성, 절리면의 강도, 절리의 틈새부, 절리면의 투수, 암괴의 크기 등을 참고하여 판단할 수 있다.

▲ 수직절리

▲ 수평절리

② 지하수위가 높은 곳, 사면에서 물이 나오는 곳, 서로 다른 토층의 경계부, 암반에 절리가 있는 곳, 단층이 있는 곳, 점토의 함량이 많은 곳, 모래의 함량이 많은 곳 등은 사면을 절취할 때 주의하거나 전문가의 의견을 구하여야 한다.

③ 경사면을 절취하면 절취한 곳은 경사가 더 급해지므로 붕괴의 위험이 더 커진다. 이러한 절토의 피해를 줄이기 위해서는 절토면에 절토한 토석이 남아있지 않도록 전량 반출한다. 또한, 옹벽이나 돌쌓기 등 구조물을 도입하는 경우는 사면을 절취하기 전에 미리 원지반에 설치하고, 절토사면의 길이가 긴 경우 비탈어깨돌림수로와 함께 단끊기를 통해 소단을 만들고 배수로를 설치한다. 절토사면에서 물이 나올 경우는 보링속도랑이나 속도랑을 이용하여 배수시설을 하고, 흙막이 구조물을 설치할 때도 배수가 잘 될 수 있도록 한다.

핵심 04 토사사면붕괴 유형

1 사면붕괴의 원인

비탈면은 평상시에 안정을 이루다가 다음과 같은 원인으로 안정상태가 깨지면 붕괴가 발생한다.

① 빗물, 융설, 기타 원인에 의한 하중 및 함수량의 증가

② 온도변화에 의한 신축 및 동결과 융해의 반복

③ 지진 및 발파에 의한 충격력

④ 전단력이 전단응력보다 커져서 발생하는 인장력에 의한 균열

⑤ 함수비의 증가로 인한 점토 토립자의 팽창 및 공극수압의 증가

⑥ 토양 조직의 파괴

⑦ 토립자 간 점착력의 감소

2 토사 사면붕괴의 유형

① 사면붕괴의 유형은 암반비탈면의 경우 원형, 평면, 쐐기, 전도 파괴가 있으며, 토사 비탈면에서는 원형 파괴의 형태로 이루어지는데, 사면선단파괴(斜面先端破壞), 사면내파괴(斜面內破壞), 사면저부파괴(斜面底部破壞) 등으로 구분할 수 있다.

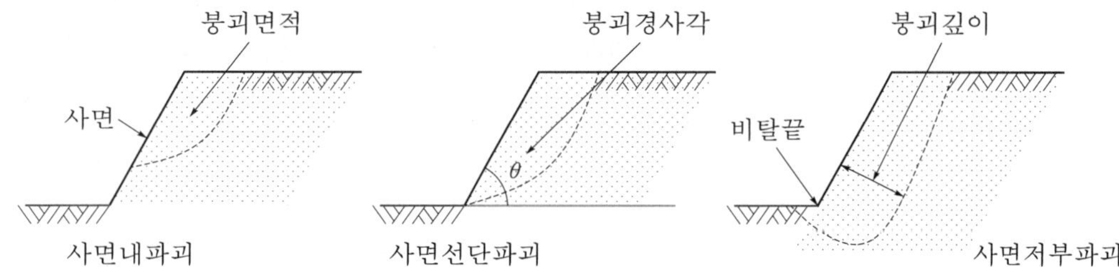

▲ 원형 파괴의 형태와 사면붕괴의 3요소

② 사면선단파괴는 사면의 하단을 통과하는 활동면을 따라 발생하고, 사면내파괴는 경사면의 중간을 통과하는 활동면을 따라 발생하고, 사면저부파괴는 비탈면 끝보다 아래쪽을 지나는 활동면에 따라 발생한다.

③ 사면내파괴(slope failure)는 기초 지반의 두께가 얇고 성토층이 여러 층인 경우, 사면선단파괴(toe failure)는 균일하고 연약한 점토 지반 위에 놓인 비탈면에서 잘 발생하는데, 경사가 급하고 점착성이 작은 경우에 발생한다. 사면저부파괴(base failure)는 비교적 토질이 연약한 점착성의 흙이 완만한 사면 위에 놓인 경우 잘 발생한다.

④ 붕괴면적, 붕괴평균경사각, 붕괴평균깊이를 사면붕괴의 3요소라고 한다.

05 성토 방법

1 성토 방법

성토를 할 때는 시공 전에 공사의 영향을 받는 구간 내에 물이 고일 수 있는 곳이나, 물이 나오고 있는 곳이 있으면 적절하게 배수처리를 해야 한다. 현장 내 차량의 이동 동선도 적정한 배수처리를 필요로 한다.

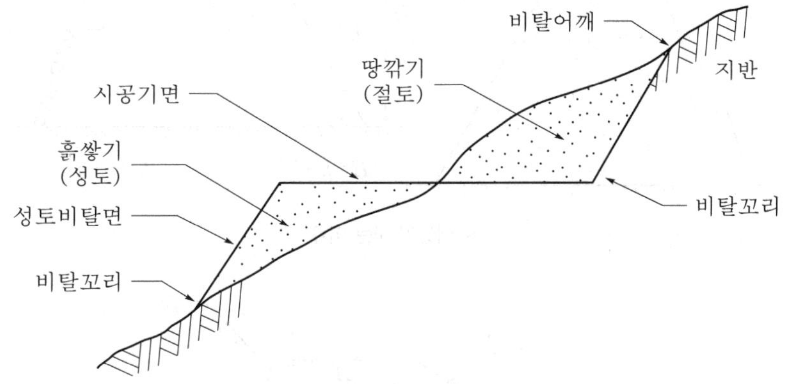

▲ 절토와 성토의 개념도

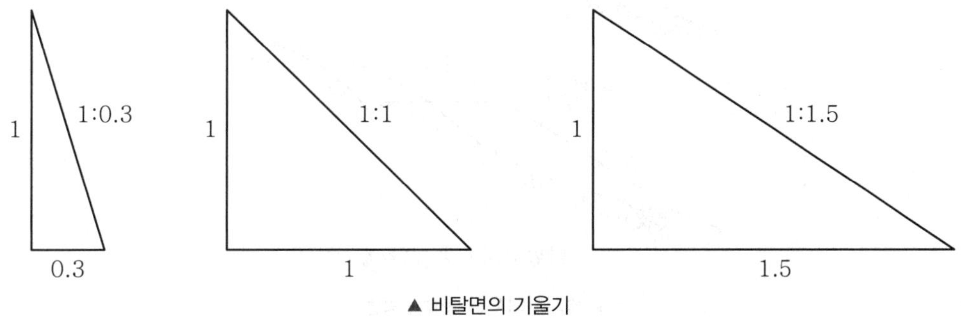

▲ 비탈면의 기울기

1) 성토 비탈면의 기울기

① 흙쌓기 비탈면의 기울기는 임도사업의 경우 1:1.2~2.0의 범위 내에서 할 수 있도록 규정되어 있다.

② 1:1.2의 1은 세로 높이를 의미하며, 1.2는 가로로 이동한 거리를 나타낸다.

③ 비탈면의 기울기 1:1.2는 이 세로 높이와 가로 거리를 연결한 선이 가지는 기울기를 의미한다.

2) 더쌓기

① 임도의 노면을 쌓아서 만드는 경우 공사 중에 장비의 통행 때문에, 공사 완료 후에 차량과 사람의 통행 때문에, 흙 자체의 무게 때문에 흙이 눌려 높이가 낮아지게 되는데, 여기에 대비해서 흙을 본래 예정했던 높이보다 5~10% 더 쌓는 것을 더쌓기라고 한다.

② 더쌓기의 정확한 높이는 양이 많을 때는 실험실의 토질실험에 의하여 산출하는 것도 좋겠지만, 현장의 토질을 눈으로 확인하고 숙련된 기술자의 감각에 의해 약간의 여유고를 두는 것이 현실적이다.

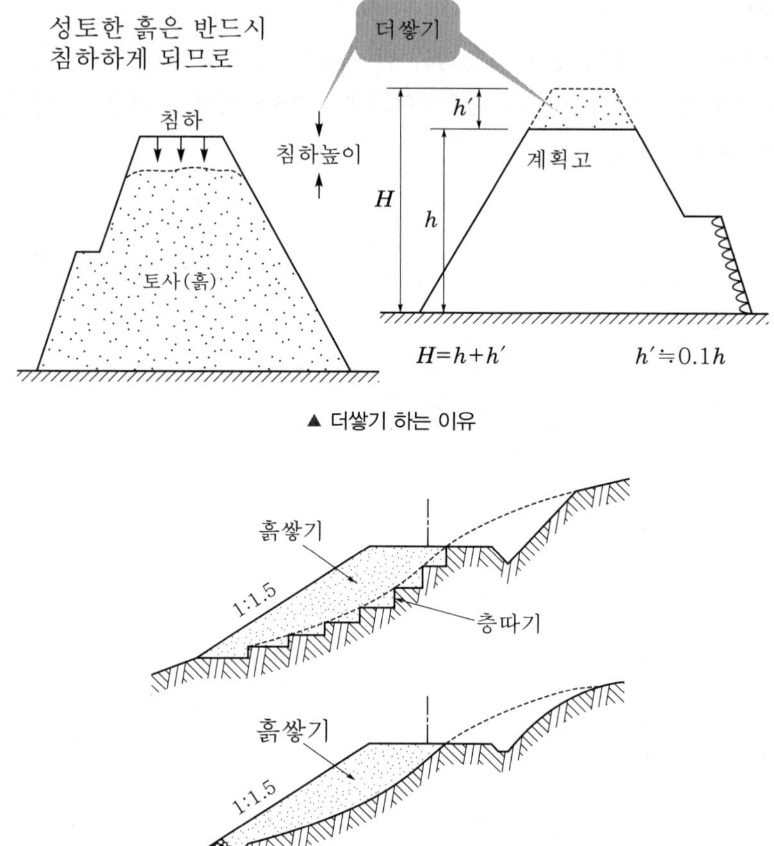

▲ 더쌓기 하는 이유

▲ 경사지에서의 흙쌓기 방법

3) 층따기

① 성토를 하는 지반이 경사지라면 비탈꼬리 부분에 비탈밑 보호공사를 하거나 경사지의 원지반을 계단 형태로 만들게 되는데, 이를 층따기라고 한다.

② 경사면의 길이가 긴 경우 층따기를 하면 쌓은 흙이 흘러내리지 않는다.

4) 단끊기

① 비탈면의 중간에 폭 0.5~1m 정도의 평평한 곳을 소단이라고 하며, 소단을 만드는 작업을 단끊기라고 한다.

② 소단을 설치하는 목적은 사면을 따라 흘러내리는 물의 속도를 늦추어 주는 것이다.

③ 소단을 활용하여 나무를 심을 수도 있고, 배수를 할 수도 있다.

5) 비탈면 안정 공종

① 성토 비탈면은 토사로 구성할 경우 너무 경사도가 낮아 공사의 영향 면적이 넓어지거나 경사지에서는 시공이 불가능한 경우가 많다. 또한, 흙쌓기 비탈면은 노면에서 유출되는 물 때문에 세굴되는 경우가 많아 붕괴가 발생하기 쉽다. 이런 경우 석축 등의 구조물을 도입하여 성토 비탈면의 영향 면적을 줄일 수 있다.

② 성토 비탈면의 끝에 단쌓기 공종을 병행하거나, 떼다지기 등의 비탈면 안정에 필요한 공종을 도입하여 강우로 인한 침식이 발생하지 않도록 해야 한다.

6) 성토공법

① 순 성토하는 양이 많을 경우 수평층 쌓기, 전방층 쌓기, 비계층 쌓기, 물다짐 공법, 유용토 쌓기 공법 등을 도입할 수 있다.

② 흙쌓기의 시공은 계단모양으로 토사를 0.3~0.5m 정도로 잘 펴서 깔고, 불도저나 롤러 등으로 다지기를 한 후 그다음 층을 순차적으로 쌓는다.

③ 흙을 균등하게 펴서 깔아야 흙이 확실하게 다져지고 빗물이 노면으로 스며들지 않는다. 빗물이 노면으로 스며들면 노체가 파괴된다.

2 다짐

① 흙다지기(compaction, tamping)는 흙쌓기 공사에서 가장 중요한 작업이다.

② 진동롤러, 진동콤팩터, 로드롤러, 불도저, 크롤러바퀴식 굴삭기 등을 이용하여 흙을 다질 수 있다.

③ 탬핑롤러를 활용하면 골재 사이에 생길 수 있는 틈을 메워서 간극수압을 줄일 수 있다.

06 절토면의 경사

1 개요

① 절토의 구배는 현지에서 지하수위, 용수의 상황, 풍화 정도, 균열의 유무와 방향, 성층상황, 배수성, 팽창성 등과 강우, 강설, 일조 등의 제조건을 고려하여 정한다.

② 우리나라의 실정에 비추어 보통 흙의 구배를 1할로 하는 것이 보통이며, 돌쌓기나 옹벽 등을 하게 되므로 자칫하면 구배가 급하게 될 우려가 있으므로 완만하고 여유가 있는 구배로 해야 한다.

2 절토의 표준 비탈면 구배

본바닥의 토질 및 지질		절토고	구배(할)
경암			0.3~0.8
연암			0.5~1.2
모래			1.5 이상
사질토	다져진 것	5m 이하	0.8~1.0
		5~10m	1.0~1.2
	느슨한 것	5m 이하	1.0~1.2
		5~10m	1.2~1.5
역질토, 암괴 또는 호박돌 섞인 사질토	다져진 것 또는 점도 분포가 좋은 것	5m 이하	0.8~1.0
		5~10m	1.0~1.2
	다져지지 않은 것 또는 점도분포가 나쁜 것	10m 이하	1.0~1.2
		10~15m	1.2~1.5
점토, 점질토			0.8~1.2
암괴, 또는 호박돌 섞인 점토, 점질토		5~10m	1.0~1.2
			1.2~1.5

토질 및 지질	임도	산지관리법	사방사업법
경암	1:0.3~0.8	1:0.5	1:0.5
연암	1:0.5~1.2	1:0.8	(풍화암) 1:1
토사	1:0.8~1.5 이상	1:1	습지: 1:1~1:1.5 건지: 1:0.5~1:1

성토면의 경사

1 성토재료 및 성토자료에 대한 표준구배

성토재료	성토고(m)	구배(1:x)
입도 분포가 좋은 모래, 입도 분포가 좋은 역질토	0~5	1.5~1.8
	5~15	1.8~2.0
입도 분포가 나쁜 모래	0~10	1.8~2.0
암괴 · 호박돌	0~10	1.5~1.8
	10~20	1.8~2.0
사질토, 굳은 점질토, 굳은 점토	0~5	1.5~1.8
	5~10	1.8~2.0
연한 점질토, 연한 점토	0~5	1.8~2.0

2 성토사면의 안정을 검토하여야 하는 경우

① 성토고가 10m 이상인 경우

② 성토재료가 고함수비인 점토, 점성토로 특히 전단강도가 낮은 토질인 경우

③ 연약 지반상의 성토

④ 지활, 산붕 등이 발생할 우려가 있는 불안정한 지반, 급경사면에 성토하는 경우

3 성토재료로 사용할 수 있는 흙

① 시공이 용이한 재료

② 성토의 사면 안정에 필요한 전단강도를 가진 재료

③ 성토의 압축침하(압밀침하)가 적은 재료

④ 완성 후의 재하중에 대한 충분한 지지력을 가진 재료

⑤ 투수성이 낮은 재료

4 성토다짐

① 흙의 공극을 없애고 투수성을 저하시켜 물의 침입에 의한 연화, 팽창을 적게 하여 흙을 가장 안전하게 한다.

② 성토사면의 안정, 교통하중의 지지 등 토구조물에 필요한 강도 특성을 가지게 해야 한다.

③ 도로성토 등은 특히 완성 후의 노면에 악영향을 주는 성토 자체의 압축침하를 적게 해야 한다.

08 사면 안정 및 보호공사

> **참고**
>
> - 자연 상태의 경사면에 임도를 시설하면 경사가 더 센 인공 비탈면이 만들어진다.
> - 땅을 깎은 곳은 절토 비탈면, 흙을 쌓은 곳은 성토 비탈면이라고 한다.
> - 인공 비탈면은 자연 상태에서도 중력에 의해 무너지게 되고, 비가 올 때는 특히 더 잘 붕괴된다. 이렇게 붕괴가 예상되는 것을 불안정한 상태라고 하는데, 불안정한 비탈면은 경사면의 아래에 구조물을 설치하여 비탈면의 경사를 완화시켜주는 사면안정공과 비탈면에 설치하여 직접 보호해 주는 보호공, 그리고 비탈면이나 비탈면 부근에서 발생한 물을 배수시키는 배수공사 등으로 붕괴가 발생하지 않도록 해야 한다.

1 사면안정공

구분	공종	시공 및 설계 방법
돌쌓기 (축조 방식에 따른 분류)	메쌓기	• 10~15cm의 돌로 뒤채움을 하고, 점토질이 많으면 부직포 등을 필터재로 사용
	찰쌓기	• 콘크리트로 뒤채움을 하고 줄눈을 넣는다. 면적 2~3m²마다 지름 4~5cm의 물빼기 구멍을 설치
	골쌓기	• 돌 사이의 틈이 대각선이나 마름모꼴이 되도록 쌓는다.
	켜쌓기	• 돌 사이의 틈이 수평 방향으로 일직선이 되도록 쌓는다.
옹벽공 (토압을 견디는 방식으로 분류)	역T형 옹벽	• 뒷면에 기초슬래브의 일부가 돌출한 모양의 옹벽
	L형 옹벽	• 옹벽의 횡단면이 L자 형인 옹벽
	부벽식 옹벽	• 뒷면에 부벽(butress)을 붙인 옹벽
	중력식 옹벽	• 중력을 증가시켜 토압에 넘어지지 않도록 만든 옹벽
흙막이 (재료로 분류)	돌망태 흙막이	• 원형 돌망태를 이용한 흙막이, 낮은 높이, 낮은 경사도에 이용, 부직포 등 필터링자재 시공
	개비온	• 사각형 돌망태를 이용한 흙막이로, 높은 경사도에도 버팀 • 부직포 등 필터링 자재 시공
	바자얽기	• 섶이나 우죽을 이용한 흙막이로, 낮은 높이의 흙막이에 사용
	콘크리트블록 흙막이	• 콘크리트블록을 이용한 흙막이로, 큰 토압을 견딜 수 있음

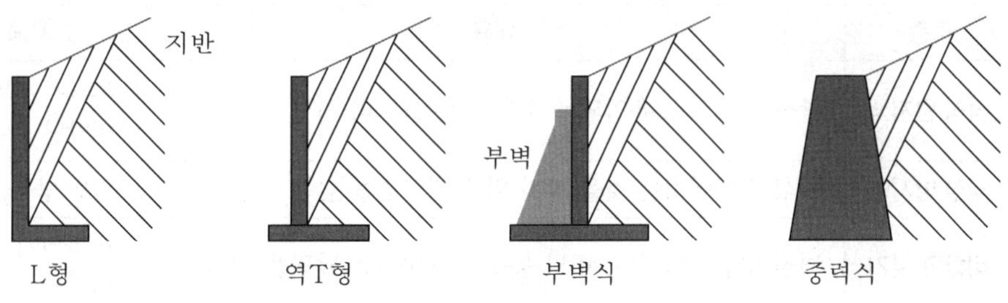

▲ 옹벽의 형식

■ 흙막이 공사의 재료와 시공 목적

흙막이 공사의 종류	흙막이공사 시공 목적
• 돌 흙막이 • 콘크리트벽 흙막이 • 콘크리트블록 흙막이 • 콘크리트판 흙막이 • 콘크리트기둥틀 흙막이 • 콘크리트의목 흙막이 • 돌망태 흙막이 • 통나무쌓기 흙막이 • 바자(얽기) 흙막이	① 사면의 기울기 완화 　– 비탈면의 안정각 유지 ② 표면유하수의 분산 ③ 공작물의 기초와 수로의 지지 ④ 불안정한 토사의 이동 억지 ⑤ 매토층의 하단부 지지 ⑥ 붕괴 위험성이 있는 비탈면의 안정 유지

② 사면보호공

공종	내용	시공 장소
격자틀 붙이기	경사가 급한 사면에서 침식을 방지하고 사면을 녹화하기 위하여 사면 전반에 시공하는 비탈안정 녹화공종	비탈물매가 급하고 토질이 불량한 사면
힘줄박기 (블록형틀 붙이기)	정상적인 콘크리트 블록으로 된 격자틀 붙이기 공법으로 처리하기 곤란한 사면에 현장에서 직접 거푸집을 설치하고 콘크리트 타설하여 힘줄을 만들어 그 안에 흙을 채워 녹화	지질 토양구조가 석력이 많은 불안정한 사면 또는 누수침식이 심한 사면
콘크리트 블록쌓기	각종 쌓기용 콘크리트 블록을 흙막이공법과 같은 시공요령으로 블록쌓기를 하는 안정공법	물매가 1:0.5 이상인 비탈면
돌 붙이기	사면이 풍화, 침식, 박리 또는 붕괴가 현저하여 녹화가 곤란하고 다른 안정녹화공사도 부적당한 경우에 시공하는 공법	식생 조성이 곤란한 경사 45° 이상의 사면
콘크리트 뿜어 붙이기 (숏크리트)	시공이 빠르고 견고하고, 습식과 건식이 있으며 분진과 수질 오염이 많이 발생	풍화가 시작되는 암반사면

공종	내용	시공 장소
낙석 방지책	낙석이 도로로 유입되는 것을 막는 울타리 시설	도로와 암반 풍화 비탈면 사이
낙석 방지망	낙석이 떨어지는 것을 막기 위해 비탈면을 덮는 시설	암반 풍화 비탈면
비탈면 덮기	볏짚이나 코이어넷, 비닐 등을 이용하여 비탈면을 덮음	녹화되기 전 토사 비탈면
비탈면 녹화	시드스프레이, 종비토 뿜어 붙이기 등으로 비탈면을 녹화	식생 활착이 가능한 비탈면

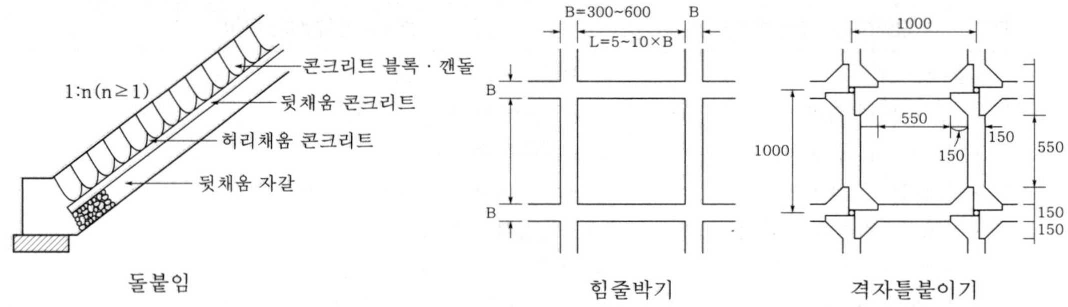

③ 사면의 배수

강우 시 비탈면으로 유출되는 물을 배출하는 수로공과 비탈면의 지하에서 지표면으로 올라오는 물을 유출시키기 위해 설치하는 속도랑 공종이 있다. 지형의 변곡점, 지질의 변이점 등 지하수가 용출되는 곳에 속도랑을 설치하며, 수로공은 주위보다 낮아 집수가 가능한 곳에 설치한다.

구분	종류	시공 장소 및 시공 방법
수로공	찰붙임돌수로	• 유량이 많고 상시 물이 흐르는 곳에 선정 • 돌붙임 뒷부분의 공극이 최소가 되도록 콘크리트로 채움
	메붙임돌수로	• 지반이 견고하고 집수량이 적은 곳을 선정 • 유수에 의해 돌이 빠져 나오거나 수로 바닥이 침식되지 않도록 시공
	콘크리트수로	• 콘크리트수로는 유량이 많고 상수가 있는 곳을 선정
	떼수로	• 경사가 완만하고 유량이 적으며 떼 생육에 적합한 토질이 있는 곳을 선정 • 수로의 폭(윤주)은 60~120cm 내외를 기준으로 함 • 수로 양쪽 비탈에는 씨뿌리기, 새심기 또는 떼붙임 등을 함
	콘크리트플륨 관수로	• 집수량이 많은 곳에 사용 • 가급적 평탄지나 산지경사가 완만한 지역에 설치 • 설치 전에 기초 지반을 충분히 다져 부등침하가 되지 않도록 함

구분	종류	시공 장소 및 시공 방법
속도랑	보링속도랑	• PVC 파이프 또는 콘크리트관에 배수를 위한 구멍을 뚫은 것을 사용 • 상대적으로 깊이가 깊은 곳에 배수를 위한 구멍을 뚫고 파이프를 시공
	속도랑	• 유공관 또는 현장 채집석을 이용하여 용출수를 배수 • 속도랑의 끝은 집수정 또는 수로와 연결

４ 시공 방법

① 비탈면의 안정에 필요한 구조물은 되도록 기초가 원지반에 설치되어야 한다. 원지반이라는 것은 땅을 깎아서 만든 지반을 말한다.

② 땅을 다지는 것은 비용뿐만 아니라 시간도 많이 필요하다. 기계 및 장비로 다지더라도 추후에 기초 지반이 유실되거나 침하 되는 하자가 발생할 수 있다.

③ 성토사면의 기울기는 현장의 토질과 지질, 지형, 사면보호공의 종류와 시공 방법에 맞추어 시공한다. 절토되거나 성토된 비탈면은 시공 전에 강우에 노출되면 시공면적이나 양이 더 늘어날 수 있으므로 덮기 공종을 채용하여 유실되지 않도록 비가 오기 전에 미리 현장에 비닐 등을 준비해 둔다.

④ 콘크리트플륨관 수로의 경우 완만한 경사지에 설치되어야 하는데, 단단한 구조물이라고 경사지에 설치하여 플륨관 수로의 아래 부분이 세굴되는 것을 많이 볼 수 있다. 또한, 경사지에 등고선 방향으로 설치할 때는 수로의 아래 부분에 흙막이 시설을 하여 플륨관 아래가 세굴되는 것을 막을 수 있다. 플륨관 수로를 계획할 때 흙막이 구조물이 없는 것을 종종 볼 수 있는데, 설계자가 고려하지 못한 것도 결국 하자가 발생하면 시공자의 책임이 되므로 주의를 기울일 필요가 있다.

⑤ 임도의 시공으로 만들어진 인공 비탈면은 그냥 방치하면 풍화와 세굴로 붕괴하게 되므로 녹화 공종 등 알맞은 공법을 도입하여 녹화하는 것이 좋다. 파종 및 식재의 시기는 임도공사의 추진상황 등에 맞추어 시공하되 되도록 국산 종자를 이용한다.

09 암석천공 및 폭파

> **참고**
>
> - 암반을 절취하는 방법은 폭약을 구멍 속에 넣어서 폭발시키는 방법과 브레이커 등의 기계로 때리는 방법이 있다. 기타 물, 전기 등을 이용한 방법이 있다.
> - 암반 절취 방법의 선택은 암석의 단단한 정도, 풍화 정도, 균열상태 등 암질과 소음, 진동, 비산먼지 등에 대한 안정성을 고려하여 결정한다.
> - 총포, 도검, 화약류 등의 안전관리에 관한 법률에서 화약은 추진적 폭발에 사용될 수 있는 것, 폭약은 파괴적 폭발에 사용될 수 있는 것, 화공품은 폭파약을 안전하고 정확하게 폭파시킬 수 있는 화약 제품으로 정의하고 있다.

1 암석의 천공 방법

1) 천공 방식

암석에 폭약을 넣기 위해 구멍을 뚫는 작업을 천공이라고 한다. 천공하는 방식은 타격식과 회전식, 그리고 타격회전식이 있다.

타격식(piston type) **충격식**	• 초경합금의 정을 피스톤로드의 끝에 초경도 합금 재질의 정을 달아 때림 • 브레이커(braker): 소구경, 콘크리트 파괴에 사용 • 브레이커, 픽 해머, 픽 스틸 등이 사용
회전식(rotary type)	• 드릴에 압력과 회전력을 동시에 주어 암석에 구멍을 뚫음 • 연암에 적합 • 로타리 드릴: 대구경 천공과 원석 채취에 이용 • 로타리 드릴, 자주식 크롤러 드릴
타격회전식(drill type) **충격회전식**	• 드릴에 압력 및 회전력과 더불어 타격에 의한 진동을 주어 암석에 구멍을 뚫음 • 디태처블 비트(detachble bit) 등을 사용하여 경암도 어느 정도는 깰 수 있음 • 웨곤 드릴, 크롤러 드릴, 점보 드릴, 레그 드릴

2) 착암기의 기종

착암기의 기종은 잭 해머, 웨건 드릴, 크롤러 드릴 등이 있다.

잭 해머(jack hammer)	• 손잡이용 핸드 해머에 다리를 단 것
웨곤 드릴(wagon drill)	• 고무타이어 바퀴에 드리프터(drifter)를 장치하여 암반을 천공 • 이동과 조작이 쉬움
크롤러 드릴(crawler drill)	• 고무타이어 바퀴에 대형 드리프터를 장치하여 천공 • 지형과 관계없이 작업할 수 있음

3) 착암 방향과 능률

① 하향으로 천공하는 것을 싱커(sinker), 상향으로 천공하는 것을 스토퍼(stoper), 수평 방향으로 천공하는 것을 드리프터(drifter)라고 부른다.

② 압축공기를 동력으로 한 착암기는 공기압이 높을수록 타격력, 타격 회수, 공기 소비량, 기계효율이 높아져 천공속도가 향상된다.

③ rod의 길이가 길어지면 천공속도가 떨어진다.

2 암석의 폭파 방법

① 암석을 폭파할 때는 일반적으로 다이너마이트와 초안폭약을 사용한다.

② 흑색화약은 발화점이 높아 위험성은 적지만 물속에서 폭발하기 어렵기 때문에 토목공사에는 사용하지 않는다.

천공	• 폭파 대상 암석에 구멍을 뚫음 • 연암은 지름을 크게 하고 깊이는 얕게 천공하고, 경암은 지름을 작게 하고 깊이를 깊게 천공
장약 충전	• 천공 깊이와 암질에 따라 적정량을 사용 • 점화 방식은 도화선이 부착된 뇌관을 도화선으로 점화하는 방식과 공업뇌관을 전기 점화장치로 점화하는 방식 • 점화와 동시에 폭발하는 것을 순발, 일정 시간이 지나서 뇌관이 폭발하는 것을 지발이라고 함 • 천공한 구멍에 장약과 뇌관을 상치한 후 흙으로 재우거나 흙으로 채워진 발파용 비닐주머니로 구멍을 채워 발파력을 높임
발파	• 장약을 충전한 후 발파선을 점화기에 연결하고 폭발을 일으켜 암석을 파쇄하는 과정 전체를 발파라고 함 • 장약 충전 및 발파는 반드시 화약기사가 실시하도록 함 • 발파 전에 이상이 있는지 확인 및 점검한 후 발파기를 작동

3 폭파 시 유의 사항

① 폭약 및 화약의 운반, 장약의 사용 및 발파작업은 면허 소지자만 취급한다.

② 폭발에 사용하는 다이너마이트 등 폭약은 작은 충격과 마찰에도 엄청난 힘으로 폭발하므로 취급에 유의한다.

③ 불발 시에도 함부로 접근하지 않고 기다린다.

④ 발파 후에는 암석에 균열은 생겼지만 떨어져 나가지 않은 것들이 있으므로 제거한다.

⑤ 발파 시에는 소음과 진동이 발생하므로 발파 전에 차음벽을 설치하고 진동의 영향권에 있는 주민들의 동의를 받아야 한다.

⑥ 장약의 사용량을 줄여 여러 차례 발파하는 분할발파를 이용하고, 천공의 방향이 구조물로 향하지 않도록 하여 진동에 의한 영향을 줄인다.

4 암석 판정 기준

① 암석은 단단할수록 굴착이 어렵다. 현장 기술자들이 육안으로 토층, 리핑암, 발파암으로 굴착의 난이도를 결정하는 것은 공사의 규모가 클 경우 사업의 대가 때문에 발주처와 시공사 간의 이해관계 조정이 어렵다.

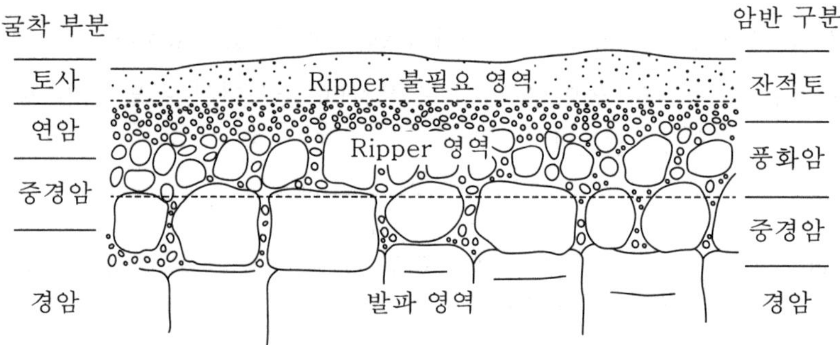

▲ 암석의 구분과 파쇄 방법

토공작업 구분	토질상태	N-Value	탄성파 속도	코아회수율 (NX 기준)	작업 기준
토사	표토층 및 풍화잔류토층	50회/15cm 이하	1,000m/sec 이하	–	–
리핑암	풍화암층	50회/15cm 이상	1,000~1,800m/sec	15~20%	30ton Dozer
발파암	연암 및 경암	–	1,800m/sec 이상	15~25% 이상	–

▲ 국토교통부 암반 분류 기준표

② 굴착공법을 적용하기 위한 암석의 판정 기준은 국토교통부, 한국도로공사, 한국철도공사가 약간씩 다르게 적용하고 있다. 산림청에서 별도의 암석 판정 기준을 제시하고 있지 않으므로 임도의 건설에는 일반적으로 국토교통부의 기준을 적용한다.

③ 위의 표에서 일축압축강도 측정은 5cm 입방체의 시편을 24시간 노건조 시킨 후 2일간 수중에 침윤시켜 측정한 것이다. 가압 방향은 탄성파속도가 가장 느린 방향(결면에 수직인 방향)으로 실시된 것이며, 탄성파 탐사는 두께 15~20cm의 상하면이 평행한 시편을 이용하여 암의 결면에 평행한, 즉 탄성파속도가 가장 빠른 방향으로 측정한 결과를 나타낸 것이다.

■ **암종별 일축압축강도 및 탄성파속도**

암종 \ 구분	그룹	자연 상태의 탄성파속도 (V, km/sec)	암편 탄성파속도 (Vc, km/sec)	암편일축압축강도 (kg/㎠)
풍화암	A	0.7~1.2	2.0~2.7	300~700
	B	1.0~1.8	2.5~3.0	100~200
연암	A	1.2~1.9	2.7~3.7	700~1,000
	B	1.8~2.8	3.0~4.3	200~500
보통암	A	1.9~2.9	3.7~4.7	1,000~1,300
	B	2.8~4.1	4.3~5.7	500~800
경암	A	2.9~4.2	4.7~5.8	1,300~1,600
	B	4.1 이상	5.7 이상	800 이상
극경암	A	4.2 이상	5.8 이상	1,600 이상

구분 \ 그룹 구분	A, B 그룹의 비교	
	A 그룹	B 그룹
대표적 암명	편마암, 사질편암, 녹색편암, 각력암, 석회암, 사암, 휘록응회암, 역암, 화강암, 섬록암, 감람암, 사교암, 유교암, 현암, 안산암, 현무암	흑색편암, 녹색편암, 휘록응회암, 현암, 이암, 응회암, 집괴암
함유물 등에 의한 시각 판정	사질분, 석영분을 다량 함유하고 암질이 단단한 것, 결정도가 높은 것	사질분, 석영분이 거의 없고 응회분이 거의 없는 것, 천매상의 것
500~1,000gr 해머의 타격에 의한 판정	타격점의 암은 작은 평평한 암편으로 되어 비산되거나 거의 암분을 남기지 않는 것	타격점의 암 자체가 부서지지 않고, 분상이 되어 남으며, 암편이 별로 비산되지 않는 것

다음은 착암기에 대한 설명이다. 해당하는 착암기의 명칭을 쓰시오.

- 고무타이어 바퀴에 드리프터(drifter)를 장치하여 암반을 천공한다.
- 이동과 조작이 쉽다.

※ 정답은 성안당 도서몰 [자료실]에서 제공

다음은 착암기의 능률에 관한 지문이다. 다음의 빈칸을 채우시오.

- 압축공기를 동력으로 한 착암기는 공기압이 (㉠) 타격력, 타격 회수, 공기 소비량, 기계효율이 높아져 천공속도가 향상된다.
- rod의 길이가 (㉡) 천공속도가 떨어진다.

※ 정답은 성안당 도서몰 [자료실]에서 제공

10 유토곡선

1 개요

공사 시점과 종점까지의 토량 변화를 곡선으로 표현한 것이다.

1) 유토곡선 작성 목적

① 시공 방법 결정

② 평균운반거리 산출

③ 운반거리에 대한 토공기계 선정

④ 토량 배분

2) 유토곡선의 성질

① 곡선의 상승 구간은 절토부, 하향 구간은 성토부이다(☞ 상절하성).

② 기선에서 임의의 평행선을 그었을 때 인접하는 교차점 사이의 토량은 절토량과 성토량이 균형을 이룬다.

③ 평행선에서 곡선까지의 높이는 운반토량을 나타낸다.

④ 극대점, 극소점: 절토와 성토의 경계

⑤ 산모양, 골모양: 산 모양은 좌에서 우로, 골모양은 우에서 좌로 운반

⑥ 토량의 과잉 부족: 기선 위에서 끝나면 과잉, 아래에서 끝나면 부족

2 토량계산표(예시)

측점	거리 (m)	절취량 (m³)	성토량(m³)			횡방향토량	잔토량	부족토량
			토량	토량환산 계수	보정토량			
BP	0.00	9.20					9.2	
No.1	20.00	62.40					62.40	
BC	10.00	36.40	51.40	0.9	57.11	36.40		20.71
No.2	10.00	67.98	12.76	0.9	14.17	14.17	53.81	

측점	거리 (m)	절취량 (㎥)	성토량(㎥)			횡방향토량	잔토량	부족토량
			토량	토량환산 계수	보정토량			
EC	12.00	59.20	21.20	0.9	23.55	23.55	35.65	
No.3	8.00		106.96	0.9	118.84			118.84
No.4	20.00		54.00	0.9	60.00			60.00
No.4+10	10.00	36.20					36.20	
No.5	10.00	11.30					11.30	
계	100.00	282.68	246.32		273.67	74.12	208.56	199.55

보정된 성토량을 (−)로 하고 절취량을 (+)로 하여 측점마다 누적대수화하여 누가토량을 구한 후 횡축은 종단면도의 축척과 같이 거리별로 측점의 위치를 나타내고, 종축은 각 측점까지의 누가토량을 아래와 같이 그린다.

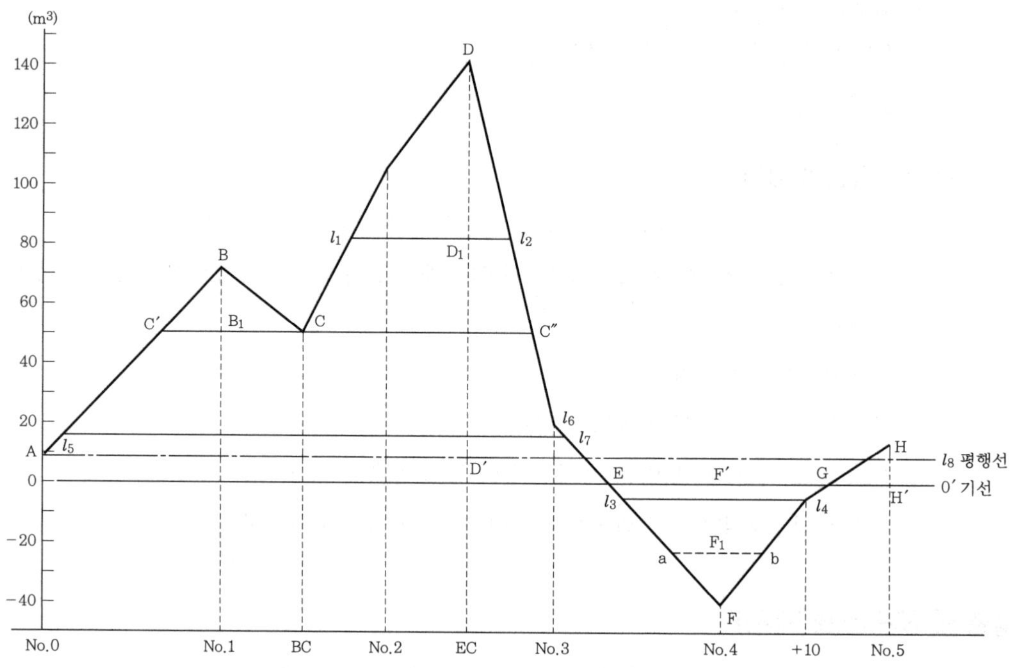

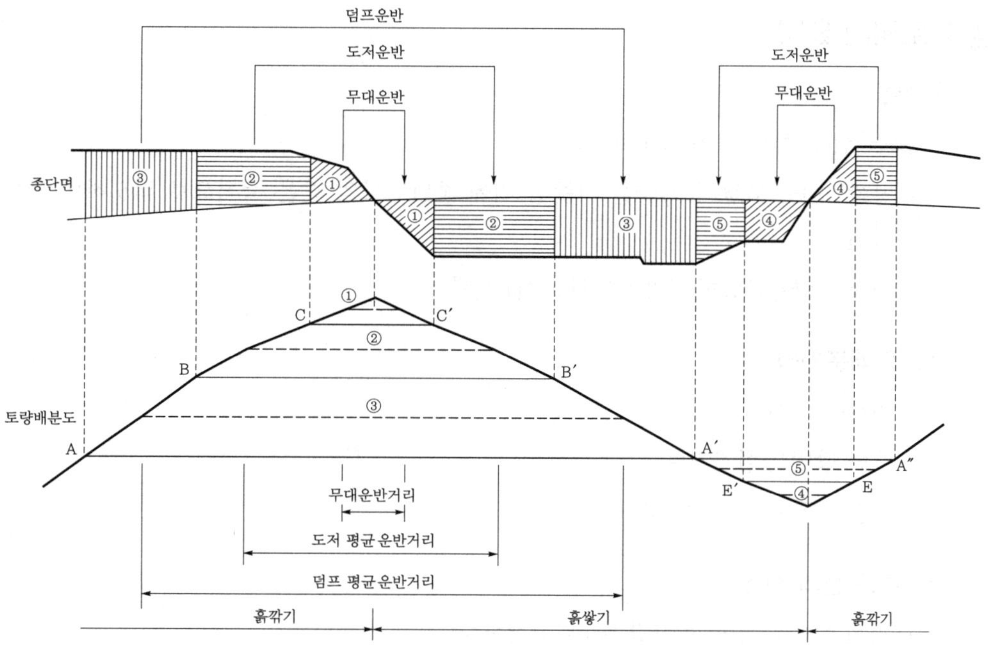

3 유토곡선의 성질과 이용

① 유토곡선이 상향인 구간(AB, CD)은 절토 구간이고, 하향인 구간(BC, DE)은 성토 구간이며, 곡선의 곡점(점C, 점F)은 성토에서 절토로, 정점(점B, 점D)은 절토에서 성토로 바뀌는 점이다.

② 곡선과 평행선이 교차하는 점(E, G)은 절토량과 성토량이 거의 같은 평행상태를 나타내고 A~E 구간과 E~G 구간의 절토량과 성토량은 균형을 이룬다.

③ 평행선에서 곡선의 곡점과 정점까지의 높이(A~E 구간은 DD′, E~G 구간은 FF′)는 절토에서 성토로 운반되는 전체의 토량을 나타내고 A~H 구간에서 사토량은 HH′(9.01㎥)가 되며, 토량과 운반거리는 토량계산표에서 직접 인용하고 만약 평형점이 측점과 측점의 중간에 위치할 경우 비례보간법에 의하여 토량을 구한다.

④ 절토와 성토의 평균운반거리는 유토곡선 토량의 1/2점(FF′/2)을 통과하는 길이(ab)가 되고, 평균운반거리는 절토의 중심과 성토의 중심 간의 거리를 의미한다.

⑤ 유토곡선이 평행선보나 위에 있을 경우에는 절토에서 성토로, 운반뇌는 삭업 방향은 좌에서 우로 이루어지고, 아래에 있을 경우에는 우에서 좌로 이루어진다.

⑥ 절토는 양방향으로 운반될 수 있게 하는 것이 능률적이고 종단구배가 급한 구간에는 배수나 운반을 고려하여 종단곡선을 따라 내리막 구배로 굴착될 수 있도록 평행선을 긋는다.

④ 유토곡선 요약

1) 개념

유토곡선(토적곡선, mass curve)

① 땅깎기(+), 흙쌓기(−)량을 기준선 위에 종단면도와 같은 축척으로 작도하여 얻어지는
   곡선

② 적정 토량운반방법(토공기계의 조합) 선택

2) 토량배분원칙

① 거리는 짧게

② 운반 방법은 한가지로

③ 흙은 높은 곳 → 낮은 곳

3) 유토곡선의 성질

① 곡선 상승 cut, 곡선 하강 bank(상절하성)

② 윗꼭지점 L.E, B.S

   밑꼭지점 B.E, C.S

   극대점~극소점 종거차 흙쌓기

   극소점~극대점 종거차 흙깎기

③ 토공균형선

④ 산: 왼→오, 골: 오→왼

⑤ 곡선의 마지막 ↑사토 ↓취토

⑥ 토취장, 사토장 위치, 거리 고려

⑦ 장비 선정 → 경제적 시공

핵심 11 길어깨 설치 목적

1 기능

① 차도의 주요 구조부 보호

② 차량의 주행 상의 여유

③ 차량의 노외속도에 대한 여유

④ 곡선부에 있어서 시거의 증대

⑤ 측방 여유 너비

⑥ 교통의 안전

⑦ 원활한 주행

⑧ 유지보수 작업공간

⑨ 제설 작업공간

⑩ 보행자의 통행

⑪ 자전거의 대피 등

2 설치 방법

① 길어깨는 자동차의 하중을 견뎌야 하며 노면을 포장하는 경우, 길어깨에서 노면수가 집수되지 않도록 길어깨도 포장하는 등 노면과 같은 높이로 한다.

② 보호길어깨: 노상시설 중에서 표지, 가드레일 등을 길가에 설치하기 위한 공간 또는 보도 등을 설치하는 경우 그것들을 보호하기 위한 것으로 축조한계 밖에 설치한다.

③ 축조한계: 자동차가 안전하게 주행하기 위한 도로의 공간 확보의 한계, 유효 너비(3m)와 길어깨에는 도로시설물 설치 불가

> **참고** 노견의 기능
>
> ① 구조 보호   ② 주행 여유
>
> ③ 작업공간   ④ 보행 안전
>
> ⑤ 유지보수

핵심 12 종단기울기

1 개념

종단기울기는 길 중심선의 수평면에 대한 기울기를 말한다. 임도는 지형이 복잡한 지역에 개설하는 경우가 많으므로 일반도로 이상으로 종단기울기에 배려해야 한다.

2 종단기울기 설계 시 고려사항

① 종단물매의 변경은 전 노선을 조정하여야 하는 재시공을 의미하므로 매우 중요하다.

② 종단물매의 일반치는 승용차에서는 설계속도 정도로, 보통 자동차에서는 설계속도의 약 50~80% 정도로 오를 수 있는 상태를 조건으로 설정한다.

③ 물매를 높게 하면 임도우회율이 적어지므로 연장이 짧아져서 임도시설비가 감소될 수 있지만, 자동차의 통행에 지장을 주고 강우의 피해가 커져 관리비가 증가한다.

④ 노면 배수가 불량하면 노면 형상이 변하기 쉽고 바퀴 자국으로 유로가 발생하여 노면 피해를 가중시킬 수 있으므로 이를 방지하기 위한 물매를 최소물매라 하며, 최소 물매를 2% 이상으로 설치하는 것이 좋다.

⑤ 노면 기울기가 급하면 속력이 저하되고, 엔진 과열로 연료 소모가 많으며, 타이어의 마모도 많게 되고 제동도 불량해진다. 또한, 급한 기울기는 강우 시 종방향 침식의 문제가 생기므로 이를 위하여 최급 물매를 12% 이하로 하는 것이 좋다.

3 평면도와 종단면도 작성 방법

① 평면도

- 도로의 골격인 중심선, 횡단점유면적, 구조물의 위치, 종류 및 규격, 현장 위주 고정물의 현황, 지형의 변화 및 제반 공사계획을 반영한다.
- 축척은 1:1,200으로 제도하고, 방위, 축척 등도 기재한다.
- 도면의 여백에는 교각점마다 곡선의 제원을 곡선표에 넣어 기입한다.

② 종단면도

- 수평축척 1:1,200에 수직축척 1:200 또는 수평 1:1,000에 수직 1:200으로 제도
- 곡선측점 구간거리, 누가거리, 계획고, 성토고, 물매, 지반고를 기재하고, 지반고에 따라 지반선을 계획고에 따라 계획선을 설정한다.
- 계획선을 설정할 경우에는 노선의 물매와 토량의 이동 정도를 감안하여 성토량과 절토량이 거의 같도록 조정한다.

핵심 13 토공기계

1 작업별 적정 기계

작업의 종류	명칭
벌개	불도저(bulldozer), 레이크 도저(rake dozer)
굴착	백호우(back hoe), 파워 쇼벨(power shovel), 트랙터 쇼벨(tractor shovel), 클램셸(clam shell), 불도저, 리퍼(ripper), 브레이커(braker)
싣기	쇼벨係 굴착기(파워 쇼벨, 백호우, 클램셸), 트랙터 쇼벨, 벨트 컨베이어(belt conveyer)
굴착 · 싣기	쇼벨계 굴착기, 트랙터 쇼벨, 준설선(dredger)
굴착 · 운반	불도저, 스크레이프 도저(scrape dozer), 스크레이퍼(scraper), 트랙터 쇼벨, 준설선
운반	불도저, 덤프트럭, 벨트 컨베이어, 지게차, 가공삭도
땅끝 손질	불도저, 모터 그레이더(motor grader), 스크레이퍼
함수비 조절	스태비라이저(stabilizer), 프라우(prow), 모터, 그레이더, 살수차
다지기	로드 롤러(road roller), 타이어 롤러, 탬핑 롤러(tamping roller), 진동 롤러, 콤팩터(compactor), 래머(rammer), 불도저
정지	불도저, 모터 그레이더
도랑파기	트랜처(trencher), 백호우

2 운반거리별 적정 토공기계

구분	거리	토공기계의 종류
단거리	70m 이하	불도저, 트랙터 쇼벨, 스크레이퍼 도저
중거리	70~500m	스크레이퍼 도저, 버킷 도저, 모터 스크레이퍼, 쇼벨계 굴착기와 덤프트럭 조합, 트랙터 쇼벨과 덤프트럭 조합
장거리	500m 이상	모터 스크레이퍼, 쇼벨계 굴착기와 덤프트럭 조합, 트랙터 쇼벨과 덤프트럭 조합

▲ 진동롤러	▲ 래머	▲ 리퍼
▲ 도저	▲ 모터그레이더	▲ 탠덤롤러

 ▲ 벨트 컨베이어	 ▲ 클램셸
 ▲ 탬핑롤러+도저	 ▲ 트랜처

14 토공기계의 작업능력

1 불도저

불도저는 보통 19t, 대형 27t, 소형 11t, 습지용 15t, 9t이 사용된다.

① 1시간당 토공량 산정

$$Q = \frac{60 \cdot q \cdot f \cdot E}{cm}$$

- Q: 1시간당 작업량(m^3/ha)
- q: 1회의 굴착압토량(m^3)
- f: 토량환산계수
- E: 작업효율
- Cm: 1회 사이클 시간(min)

② Cm 구하는 방법

도저의 사이클 시간(min)

$$Cm = \frac{\ell}{V_1} + \frac{\ell}{V_2} + t$$

- ℓ : 평균굴착압토거리(m)
- V_1: 전진속도(m/min), 1~2단
- V_2: 전진속도(m/min), 2~4단
- t: 기어 바꾸는 데 요하는 시간 및 가속시간(min)

③ 도저의 작업효율(E)

흙의 명칭	작업 효율
모래, 조건이 좋은 보통토	0.8~0.6
역질토, 보통토, 조건이 좋은 돌이 섞인 점질토, 점토	0.7~0.5
조건이 나쁜 보질토, 암괴, 호박돌, 역	0.6~0.4
조건이 나쁜 돌이 섞인 점질토, 점토, 고결된 역질토	0.5~0.2
조건이 나쁜 점질토, 점토	0.4~0.2

2 유압리퍼에 의한 암의 파쇄능력 산정

① 산정식

$$Q = 60 \cdot An \cdot L \cdot f \frac{E}{Cm}$$

- Q: 1시간당 파쇄량(m^3/ha)
- An: 리핑 단면적(m^2)
- L: 1회 작업거리(m)
- f: 토량환산계수
- E: 리퍼의 작업효율
- cm: 사이클 시간(min)

② f: 작업량을 자연상태의 토량으로 구할 때는 1, 파쇄되어 흐트러진 상태는 $f = L$

③ Cm 구하는 방법

$$Cm = \frac{\ell}{V_1} + \frac{\ell}{V_2} + t$$

- ℓ : 1회 작업거리(m)
- V_1: 리핑속도(m/min), 전진 1단의 0.09~0.6
- V_2: 후진속도(m/min), 1~2단
- t: 기어 바꾸기 등에 요하는 시간(min)

④ E: 암질과 석질의 탄성파속도에 대응시킨 표에서 E값을 구한다.

구분(예)	날의 개수	탄성파속도(m/sec)		표준작업효율 E	
		32t급	21t급	32t급	21t급
중	2개	900	700	0.70	0.80
		1,200	900	0.50	0.60
		1,400	1,200	0.40	0.40

3 쇼벨계 굴착기의 작업능력 산정

1) 1시간당 토공량 산정

$$Q = 3600 \cdot q \cdot k \cdot \frac{f \cdot E}{Cm}$$

- Q: 운전 1시간당 작업량(m^3/h)
- q: 디퍼 또는 버킷의 용량(m^3), 0.7m^3이 기준
- k: 디퍼 또는 버킷 계수
- f: 토량환산계수
- E: 작업효율(0.8~0.6)
- Cm: 사이클 시간(sec)

2) 트랙터 쇼벨

① 보통 1.4m^3이고, 소규모로는 1.0m^3이 사용된다.

② Cm 구하는 방법

트랙터 쇼벨의 사이클 시간

$$Cm = m\ell + t_1 + t_2$$

- ℓ : 평균굴착압토거리(m)
- m: 계수(sec/m) 이대식 m=2, 차륜식 m=1.8
- ℓ : 운반거리(편도), 거리를 지정하지 않을 때 ℓ = 8 정도
- t_1: 버킷으로 재료를 올리는 데 요하는 시간(sec)
- t_2: 기어 바꾸기, 위치 결정, 대기시간(sec)

③ 디퍼 또는 버킷 계수

굴착의 정도	흙의 명칭 및 상태	파워 쇼벨	백호우 드래그라인
용이한 굴착	용이하게 굴착되는 연한 토질 (조건이 좋은 모래, 보통 흙)	1.3~1.1	1.2~1.0
보통의 굴착	위의 것보다는 다소 경하고 다져진 토질 (모래, 보통 흙, 조건이 좋은 점토)	1.1~0.8	1.0~0.75
다소 곤란한 굴착	버킷에 다소 들어가기 힘들고 가득 채울 수 없는 것(점질토, 점토, 고결된 역질토)	0.8~0.7	0.75~0.65
곤란한 굴착	굳어져 버킷에 들어가기 힘들고 불규칙한 공극이 생기는 것(폭파 또는 ripper에 의해 절붕된 암괴 등)	0.7~0.5	0.65~0.45

4 덤프트럭의 작업 방법 산정

① 1시간당 1대의 덤프트럭의 운반토량

$$Q = \frac{60 \cdot q \cdot f \cdot E}{Cm} = \frac{T}{r^t} \cdot L$$

- Q: 운전시간 1시간당 운반토량(m^3/h)
- q: 1회 적재토량(m^3)
- f: 토량환산계수
- r^t: 자연상태의 토석의 단위 중량(t/m^3)
- T: 덤프트럭 적재용량(ton)
- E: 작업효율(계획의 표준치=0.9 정도)
- L: 토량환산계수에서의 토량변화율(흐트러진 상태의 토량/자연상태의 토량)

② Cm 구하는 방법

1회 사이클 시간

$$Cm = t_1 + t_2 + t_3 + t_4$$

- t_1: 적재 방법에 따라 산출
- t_2: 왕복시간(분)
- t_3: 흙을 뿌리는 데 요하는 시간(표준치로서 모래, 호박돌 등 점성이 없는 재료는 0.5~1.1min, 점성토, 점토 등 점성이 있는 재료는 0.6~1.5min)
- t_4: 적입 장소에 도착한 다음 적입이 시작될 때까지의 시간

5 모터 그레이더의 작업능력 책정

① 운전 1시간당 작업량

$$A = \frac{V \, b \, E}{n}$$

- A: 운전 1시간당 작업면적(m^2/h)
- V: 작업속도(m/h)
  - 노반재료의 땅고르기 작업: 1,800m/h,
  - 불규칙 정정작업: 2,500m/h
- b: 모터 그레이더의 유효폭(별표)
- E: 작업효율

– 고르기 작업: 0.35~0.7

– 불규칙 정정작업: 0.35 ~0.85

- n: 고르기 회수 또는 긁어내기 회수

② 모터 그레이더의 유효폭

기종	블레이드의 폭	블레이드의 유효폭(m)	스케어리파이어의 긁어내기폭(m)	스케어리파이어의 유효폭(m)
2.5m급	2.5	1.9	0.90	0.7
3.1m급	3.1	2.4	1.07	0.9
3.7m급	3.7	2.9	1.23	1.1

6 다짐기계의 작업능력 산정

다짐기계는 타이어 롤러, 불도저, 탬핑 롤러, 진동 롤러 등이 있고, 노반공용으로는 마카담 롤러, 탠덤 롤러 등이, 또한, 좁은 장소에너는 컴팩터, 래머 등이 사용된다.

① 1시간당 토공량의 산정

$$Q = \frac{1,000 \cdot V \cdot W \cdot E}{N}$$

(토공량을 다짐면적으로 표시하는 경우)

- Q: 운전 1시간당 작업량(㎥/h)
- V: 작업속도(km/h)
- W: 롤러의 유효다짐폭(m)
- E: 성토, 토질 조건이 좋고 용이한 작업 0.8~0.6

  성토, 토질 조건이 나쁜 경우 0.6~0.4
- N: 소요다짐 회수

② 다짐기계의 유효다짐폭(W)과 다짐속도(V)

기계명	규격(t)	유효다짐폭(m)	표준다짐속도(km/h)
머캐덤 롤러	6~8	0.7	1.5~2.0
	8~10	0.8	
	10~12	0.8	
탠덤 롤러	6~8	1.1	2.0
	8~10	1.1	
	10~13	1.2	
타이어 롤러	5~8	1.4	2.5
	8~15	1.8	
	12~22	2.0	
진동 롤러	1.7	0.7	1.0
	2.7	0.7	
	4.5	0.8	
진동 컴팩터	1.0	0.4	0.6

15 기계경비의 구성

1 기계경비의 구성요소

기계경비				
기계손료	운전경비	조립·해체비	운송비	시설의 설치, 철거비
• 상각비 • 정기정비비 • 현장수리비 • 기계관리비	• 연료, 유지, 전력 • 운전수 및 조수의급여 • 소모 부품비, 소모품, 잡품비			
직접공사비		간접공사비		

1) 기계손료

① 상각비 : 기계의 사용 또는 경년에 의한 가치의 감가류, 즉 기계의 구입 가격과 폐기 처분할 때의 가격의 차가 전체의 상각비이다.

② 정기정비비 : 정기적으로 시행하는 over holl, 대수리 등의 비용이다.

③ 현장수리비 : 현장에서 수리하는 경비로서 정기정비비와 함께하여 유지수리라 한다.

④ 기계관리비 : 기계를 소유하는 데 필요한 경비(기계의 가동과 관계없이 필요)

☞ 기계손료=운전시간당 손료(a)×운전시간(t)×공용일당손료(b)×공용일수(D)

2) 운전경비

① 운전노동비 : 운전수·조수, 잡부의 급료, 임금 기타의 노무비로서 보통 기계에 운전수 1인, 조수 0.5인, 잡부 0.2인을 본다.

② 연료, 잡유비 : 기계의 운전시간당의 사용 연료, 유지비를 계상한다. 보통 1시간당 자연소비량은 가솔린 엔진 $0.45\,\ell$/PS-h, 디젤엔진 0.24/PS-h로서 일정하다.

③ 소모품 및 잡품비 : 시공량에 비례하여 필요로 하는 pipe, hose 기타의 잡품을 계상한다.

토양경도와 식물생육 경향

① 점성토 10㎜, 23㎜, 27㎜

② 사질토 10㎜, 25㎜, 30㎜

③ 경도계: 공극, 딱딱한 정도가 아닌 기계에서 읽어진 수치

④ 山中식 토양경도계 사용

▲山中식 토양경도계

토양 경도	특성	나무 심기
10㎜ 미만	• 건조, 발아 불량	• 정착 시 생육 양호
10㎜~23㎜	• 지상 · 지하부 생육 양호	• 나무심기에 적합
23㎜~27㎜	• 근계의 토양 속 신장 불량	• 나무심기에 부적합
27㎜ 이상	• 근계 신장 불가능 • 뿌리 공간 필요	• 선떼붙이기 필요
연암 · 경암	• 근계 신장 불가능 • 생육 기반 조성 필요	• 절리부에서 근계 성장 가능

핵심 17 경사지 기울기와 식물의 생육경향

● 식생을 통한 훼손지, 경사면 복원에 응용

1 30° 이하

① 큰키나무 우점 식물 군락 복원

② 재래종 침입 용이, 생육 양호 → 표면침식이 대부분 사라진다.

2 30°~45°

① 35° 자연 침입에 의한 군락 성립 한계 각도

② 수목 생육 양호

3 45°~60°

① 생육 불량, 침입종 감소

② 관목 · 초본류로 낮은 식물군락이 조성된다.

③ 큰키나무 도입 → 장래 기반 불안정하게 된다.

4 60° 이상

① 생육 현저히 불량, 수고가 낮게 된다.

② 초본류가 빠르게 쇠퇴한다.

③ 암반의 절리 부위에 뿌리신장 기대

18 토공사량 계산법

1 노선측량에서의 토량계산(임도측량, 계간측량)

① 양단면적법

② 중앙단면적법

③ 뉴튼식(토량계산식에 사용), 리케식(목재의 재적 산출에 응용)

2 부지측량에서의 토량계산(산지측량, 해안측량)

① 등고선식

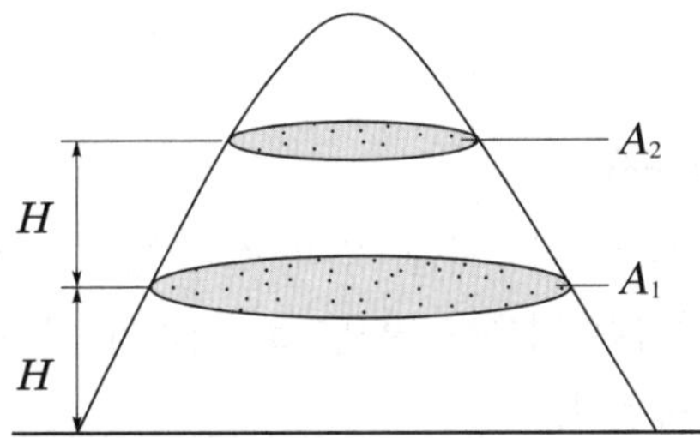

$$\frac{A1 + A2}{2 \times H}$$

② 점고법
- 사각형
- 삼각형

핵심 19 녹화보조재료

● 녹화보조재료=녹화기반재+녹화보조제
● 녹화보조제=토양안정제+토양피복재

1 녹화기반재

1) 개념

① 녹화기반재는 식물의 생육 기반이 되는 토양 공간을 조성하기 위한 자재

② 건축물의 인공지반, 옹벽, 실내 등의 생육공간은 지표토양의 교란 및 유실

③ 토양조건이 열악한 곳, 무토양지를 녹화하기 위해 녹화기반재가 사용된다.

2) 종류

① 토양개량제, 비료, 배수자재, 보수재

② 각종 훼손지와 암반비탈면, 건축물의 인공지반, 옹벽, 실내 등의 생육공간은 지표토양의 교란 및 유실로 토양조건이 열악한 경우가 많으므로 이러한 곳이나 흙이 없는 곳을 녹화하기 위해 녹화기반재가 사용된다.

2 녹화보조제

토양개량제, 비료 등의 녹화기반재가 비탈면에 안정되는 것을 도와 녹화를 보조한다.

1) 토양안정제

토립자들을 결합시켜 토양의 분산을 막아 안정시키는 물질이다.

① 피복형 양생제

– 토립자 유실 방지

– 아스팔트 유제 등으로 토양의 표면을 덮는다.

– 파종한 지표면의 건조 방지

☞ 피막 형성으로 생육 저해

② **침투형 양생제**

- 토립자 사이로 들어가서 토립자들을 결합한다.

- 폴리초산비닐용액

☞ 화학물질로 인한 약해 발생

☞ 건조방지제 등으로 인한 약해 발생에 유의

③ **혼화제**

- 건조방지제 등

- 침투형과 피복형 양생제의 성질 개선

☞ 콘크리트 단위수량 감소, AE제(air entraining agent) 감수제, 작업성 개선, 내동해성 증가

2) 토양피복재

① 섬유류

② 시트류

③ 매트류

녹화기반재

● 식물의 생육 기반인 토양 공간 조성 재료

1 배양토

① 식물의 생육에 적합한 흙을 가공하여 인위적으로 만든 토양

② 토양개량제 조합

③ 시판제품 사용

2 토양개량제 <녹화기반재>

① 토양개량제는 토양을 응집 또는 입단화하는 것을 목적으로 토양에 시용되는 유기합성 고분자 화합물이다.

② 토양의 통기성 · 보수성 · 통수성 등의 물성 개량, 보비성, pH 등의 화학성 개선

　㉠ 고분자 화합물계: 단립, 보수

　㉡ 유기질계: 단립, 보수, 배수, 부식질 공급

　㉢ 무기질계: 다공질, 경량, pH 완화, 보비

3 비료

① 단비: 복비, 고형, 액체

② N: 식물섬유 주성분, 줄기 · 잎의 생육

③ P: 세포핵 구성, 뿌리 발육, 지상부 생장

④ K: 탄수화물 합성, 동화생산물 이동, 일조량 보충

⑤ 여름 이전 시비, 추비로 질소는 피하는 것이 좋다.

4 배수 자재

유공관, 펄라이트

5 보수제

뿜어붙이기 재료 유실, 건조 방지

녹화용 피복 자재

● 자연생떼 대체, 뗏일의 시공을 단기에 완성

1 식생반

토양 유실 방지, 동상침식에 강함

2 식생자루

객토효과, 급한 경사

3 식생대

종자+비료, 절토사면에 소단 설치 후 고정

4 식생매트

① 인공객토를 장착한 피복자재

② 성토사면, 토양경도 30㎜ 이하의 절토사면

5 식생망

① 식생네트에 종자 · 비료 장착

② 성토사면: 토양경도 25㎜ 이하의 절토사면

  ㉠ 코이어네트(coir net) 코코넛 섬유

  ㉡ 쥬트네트(jute net) 황마 섬유

  ㉢ 론생 볏짚: 볏짚을 이용한 토양 피복

  ㉣ 다기능 필터: 필터 소재 부직포

비탈면 녹화공법 주요 자재

1 녹화 자재

① 생육 기반재는 주로 식생의 발아와 생육에 장기적인 양분 공급원으로서의 역할과 지지역할을 해야 하므로 일반적인 자연토양을 쓰는 경우가 대부분이며, 여기에 유기물을 첨가해서 기반재로 이용한다. 특히, 유기물은 최근에는 짚, 왕겨 등의 전통 자재를 이용하는 경우도 있다.

② 시공배합의 주요 재료는 물, 초본·목본류 종자, 비료, 배양토(흙 또는 유기질이 많은 대용 토양), 섬유류, 색소, 전착제, 양생제, 기타 토양미생물제 등으로 구성되며, 두텁게 붙이기 위하여 철망(부착망), 착지핀, 앵커핀(접지핀), 고정 와이어로프(또는 철근) 등이 사용된다. 재료는 반드시 KS 제품을 사용하고, 철망 PVC 코팅이 되어 있는 것이나 알루미늄 망으로 해야 한다.

자재의 종류	재료 명칭	특징
생육 기반재	• 자연토양 • 유기물	• 보비·보수성 및 응집성이 있으며, 경량, 피트모스, 바크퇴비 등 장기적 양분 공급원
접합재	• 시멘트 • 합성수지	• 강도 증대용, 과다 시 알카리 장애와 고결화 우려, 기반의 접착성을 증가시키며, 침식 방지제
보조 자재	• PH 완충제 • 지효성 비료 • 단립화제 • 보수제 • 보강섬유	• 시멘트 알카리 장애의 완화 • 장기적 양분 공급 • 사용 토사의 단립화 • 아크릴 수지, 펄라이트 등 보수력 향상, 사질계 토사의 안정화, 침식 방지 효과
지지 구조 자재	• 철망류 • 앵커, 락볼트, 수평보 • Net류	• 생육 기반의 이탈 방지 • 철망 고정 • 기반재 부착 유지

❷ 비탈면 녹화공법의 유형

① 암반사면 녹화공의 유형을 분류하고 자재 및 취부방식을 기준으로 하여 유형을 분류해 보면 그림과 같다.

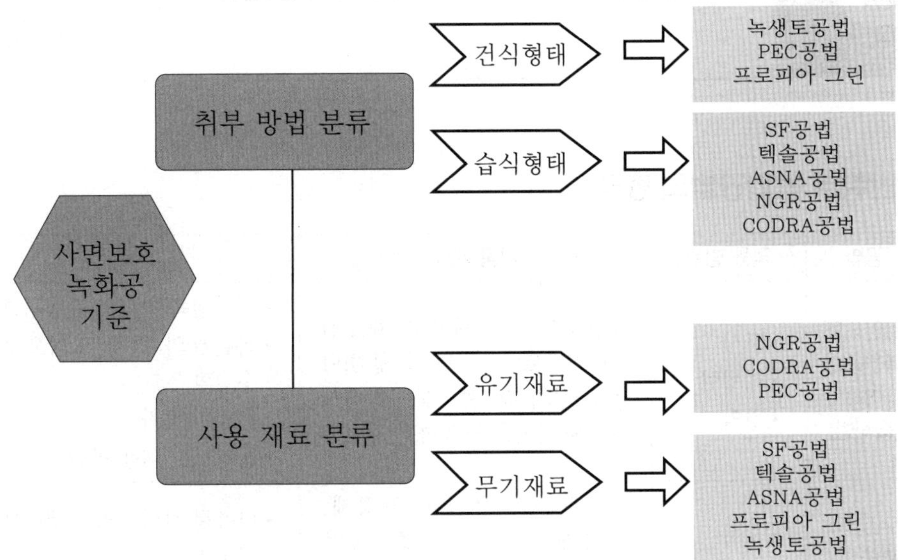

그림에서와 같이 취부 방법은 건식형태와 습식형태로 대별할 수 있으며, 여기에는 기존에 가장 많이 시공되는 녹생토공법을 기반으로 하여 PEC공법, 프로피아 그린 등 다양한 공법을 들 수 있다. 이러한 공법은 주로 식생 기반재를 바탕으로 하여 취부하는 방법으로 주로 침식 방지용 공법으로 시공한다.

② 습식형태는 각종 기반재와 접합재 및 다양한 유기질 재료를 탱크에 넣고 혼합하여 시공하는 방법으로 대표적인 공법에는 SF공법, 텍솔공법, ASNA공법, NGR공법, CODRA공법을 예로 들 수 있다.

③ 사용 자재에 대한 분류는 유기재료와 무기재료로 구분하여 공법을 분류하였다. 일반적으로 유기재료는 식물의 발아와 생육에 각종 양분의 공급원 역할을 하며, 무기재료는 다양한 기반재 역할과 지지 기반 역할을 하는 경우가 많다. 유기재료를 이용한 공법에는 NGR공법, CODRA공법, PEC공법이 있다.

23 암반 취부 녹화공법

1 암반취부 녹화공법의 종류

공법	적용 범위	시공 개요	장단점
자연표토 복원공법 (SF) (습식법)	• 토사 • 리핑암 • 경암	자연토양을 주재료로 제조한 녹화기반토양을 섬유망 및 철망 등을 설치 후 뿜어붙이기하여 유기물 기반을 조성하는 공법	• 식물생육 최적의 토양구조 형성 • 목본류의 적극 도입으로 조기 수림화 • 시공비 고가 • 급경사지 적용 곤란
자연생태 복원공법 (JSB) (습식법)	• 토사 • 리핑암 • 경암	산림토양과 무기질 안정제, 유기재, 식물섬유소 등을 혼합하여 재료 간 화학적으로 뒤엉키게 함으로써 녹화 생태적인 녹화를 유도하는 공법	• 다층형 산림구조의 생태복원 • 시공비 고가 • 급경사지는 적용 곤란하고, 다층 취부 시 양생기간 필요
텍솔공법 (Texsol) (건식법)	• 토사 • 리핑암 • 경암	연속장 섬유를 설치 고정한 후 굵은 모래, 부엽토, 보습제, 잔디 씨앗을 혼합하여 6~10cm 두께로 쏘아붙이는 공법	• 비탈면의 요철에 구애받지 않고 기계화 시공 • 종자 선택 용이 • 정밀 시공 요구 • 60% 이하 경사면에 요구됨 • 고가의 공사비
녹생토 공법 (건식법)	• 리핑암 • 경암	암절개지에 철망을 설치한 후 종자, 비료 등 유기물질을 혼합하여 고압 분사기로 부착시켜 녹화를 유도하는 공법	• 시공이 용이하고 조기 녹화 • 양잔디 위주이며, 고가임 • 우기 시 함수량 증가로 붕괴 원인을 제공하고, 건조 시 고사 위험(공극률이 낮고 고결화 현상)
아스나 공법 (습식법)	• 리핑암 • 경암	암절개지에 철망을 설치한 후 종자 및 산업폐기물이 주재료인 인조토를 배합하여 고압분사기로 강제 부착하여 녹화를 유도하는 방법	• 시공이 용이하고 조기 녹화 • 시공비 고가 • 망 설치 및 취부가 장시간 소요 • 영상 기온 유지 시 시공 가능 • 건초 피해 우려, 천이가 힘듦

공법	적용 범위	시공 개요	장단점
NGR 공법	• 토사 • 리핑암 • 요철경암	비탈암반에 식물재료(삽수), 종자, 비료, 유기질, 기반재 등의 재료를 고압분사기로 취부 부착시키는 공법	• 녹화속도가 느리나 친환경적 • 식물천이가 쉽고 경관미 높음 • 건조시 고사율이 높음
PEC 공법류	• 리핑암 • 발파암	고압취부기를 이용하여 다양한 천연유기재료와 피복재료, 생분해성 토양안정제를 첨부하여 식생 기반을 조성하는 공법	• 친환경적 유기재료 사용 • 주변 자연환경과의 조화 • 식물생육이 양호하고 녹화효과 우수

2 시공 구조도

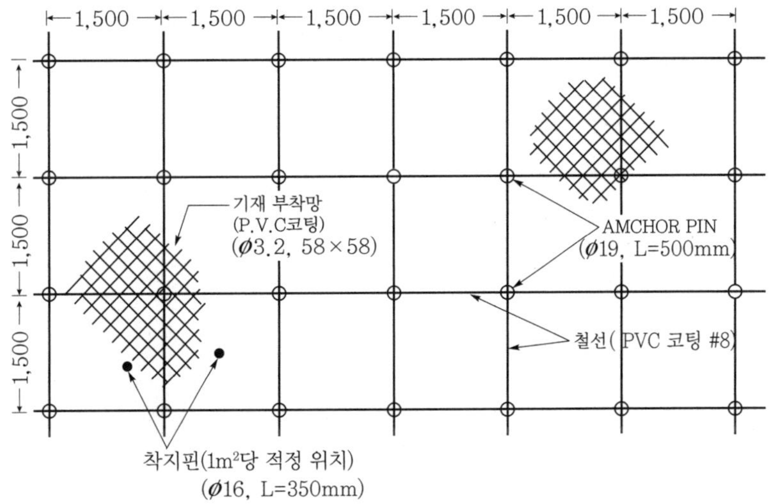

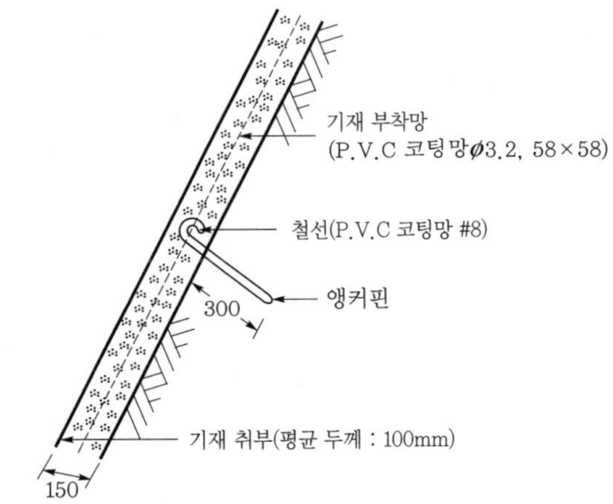

▲ 종비토 뿜어붙이기(경암 및 보통암지역, 기울기 1:0.3 이하)

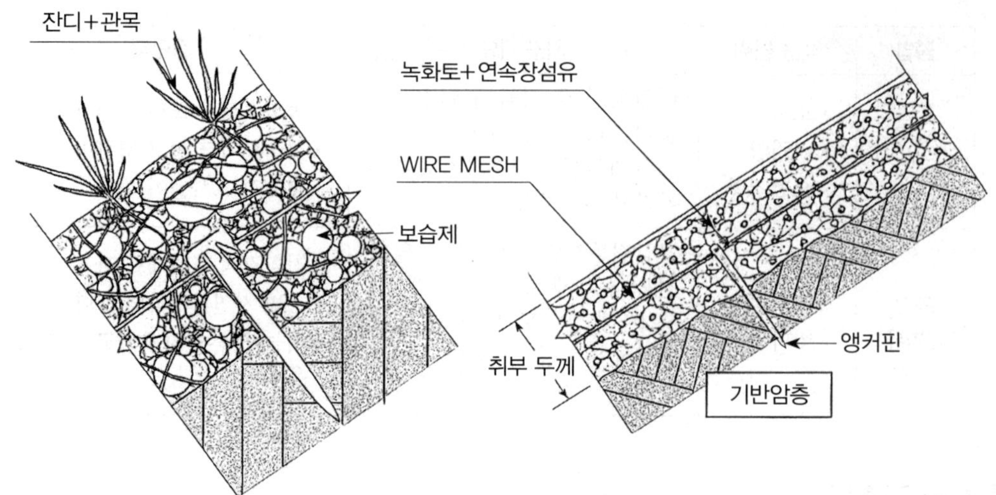

▲ 텍솔공법 시공 측면도

아터버그 한계

● 흙의 연경도 한계, 소성지수 plastic index: PI

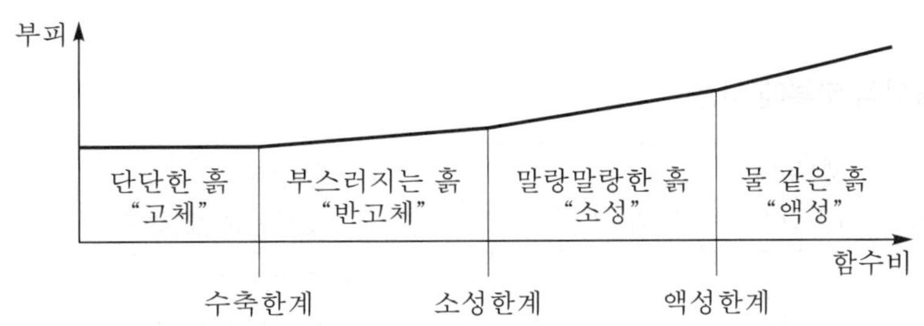

1 개념

흙을 구성하는 입자의 표면은 음전하를 띄기 때문에 극성분자인 물을 만나면 부피가 늘어나게 된다. 따라서, 물에 포화된 액체 상태의 토양은 부피가 가장 크다. 액체 상태의 흙은 수분함량이 점차 줄어들게 되면서 말랑말랑한 반죽 상태, 부스러지는 반고체 상태, 수분함량이 줄어도 더 이상 변형이 발생하지 않는 단단한 상태로 변하게 된다. 이렇게 흙의 상태와 부피를 변하게 하는 특정한 수분함량을 아터버그한계라고 한다.

굴착공사 시 흙의 함수비가 액성한계에 가까우면 배수 대책을 수립하여야 하고, 흙의 함수비가 소성한계에 가까우면 기초지반지지력이 낮아지므로 기초를 보강하여야 한다.

2 구분

① 액성한계: 액체 상태와 반죽 상태의 경계가 되는 함수비(liquid limit, LL)

② 소성한계: 반죽 상태와 부스러지는 상태의 경계가 되는 함수비(plastic limit, PL)

③ 수축한계: 수분함량에 따른 부피의 변화가 없는 함수비(shrinkage limit, SL)

3 소성지수(plasticity number, plasticity index, PI)

① 일정 정도 이상의 점토 성분을 함유한 토양에서 나타나는 액성한계와 소성한계의 차이로 물을 함유할 수 있는 정도를 나타내는 지수

② 소성지수(PI)=액성한계 – 소성한계, 모래는 비소성(nonplastic, NP)

③ 토양의 수분함량 변화 → 변형에 대한 저항성 변화, 변형은 외력에 의해 발생

　　→ 흙의 함수량 변화에 의해 나타나는 흙의 저항성 변화 → 흙의 연경도

　　= 결지성한계(consistence limit)=Albert Atterberg Limit

④ 원래 7개 결지성 한계 총칭, 현재 액성한계, 소성한계, 수축한계의 3단계로 구분

흙의 통일 분류법

● Casagrande. 美. 미국공병대

■ **흙의 공학적 분류에 사용**

구분	• 제1문자 (흙입자 주성분의 크기)	• 제2문자 (입도분포 및 압축성)
조립토	• G: 역질토 • S: 사질토	• W: 입도가 좋음 • P: 입도가 나쁨 • M: 실트질토 포함 • C: 점토질토 포함
세립토	• C: 무기질의 점토질토 • M: 무기질의 실트질토 • O: 유기질의 점토질토 또는 유기질의 실트질토	• L: 압축성이 낮음 • H: 압축성이 높음

☞ 분류의 예: 입도가 좋은 모래는 SW, 압축성이 높은 유기질토양은 HO

26 콘크리트 뿜어붙이기 및 앵커 박기

1 콘크리트 뿜어붙이기

① 급경사의 대규모 암반사면에서 각종 암석이 노출되어 녹화공사가 불가능하거나 비효율적인 경우에 암석의 풍화와 붕락을 방지하기 위해 시공하는 암반안정공종이다.

② 시멘트 모르타르 뿜어붙이기와 콘크리트 뿜어붙이기 공법이 있다.

2 시공 요령

① 시공할 장소에 잡초목 등을 제거하고 압력수와 에어젯(air jets)으로 잘 청소한다.

② 뿜어붙이기에 사용하는 골재는 골재입도 조성상의 표준재료를 사용한다.

③ 첨가제는 필요에 따라서 분말 급결제 또는 액체 급결제를 적량 사용한다.

④ 표준배합(시멘트:잔골재:굵은골재)

　=건식법 1:1:1.5~3, 습식법 1:4:1~1.5(함수량: 45~50%)

⑤ 시공 두께: 한냉지방은 10cm 이상, 온난지방은 5cm 이하(시공 면에 미리 검측 핀을 얇게 박아 뿜어붙이기 두께를 재거나 깊이를 측정)

3 앵커 박기

① 땅밀림 기반암 속에 앵커체를 매입 설치하여 인장재로서 지표에 설치할 수압부에 연결하고 그 인장력에 의해 땅밀림을 방지하기 위해 시공한다.

② 앵커로는 록볼트(rock bolt)와 어스앵커(earth anchor)로 대별된다.

4 시공 요령

① 내부의 안정된 암반층에 천공한 후 앵커를 삽입하고 콘크리트를 주입, 양생시킨다.

② 앵커의 간격 및 길이는 앵커로 고정되는 구조물의 주변을 포함한 전체적인 안정성을 확인하여 결정한다.

③ 사면의 상하부에 인가가 있어 절토공, 옹벽 등을 시공할 수 없는 경우에 주로 시공한다.

④ 록볼트공은 절개지 암반에 천공하고 이 속에 록볼트를 조립 타입(打入)하여 너트조임으로 표면 부석(浮石)의 전석을 방지한다.

⑤ 어스앵커공은 보링한 구멍에 플레이트 부착 PC 강봉 또는 PC 강재를 삽입 후 몰탈을 주입하거나 쐐기를 장치해서 인장력에 대항시키는 공법이다.

5 시공구조도 및 사진

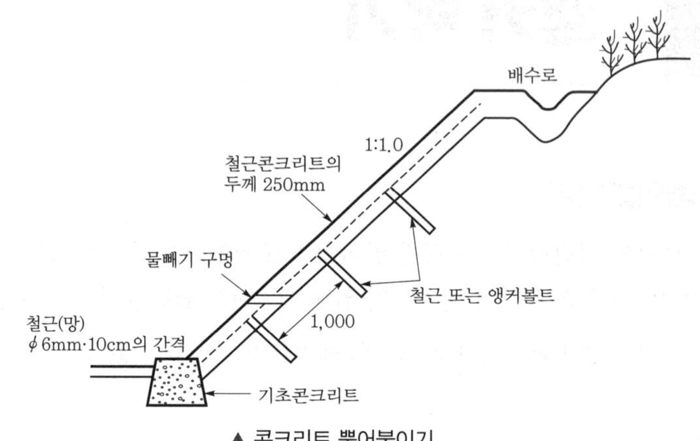

▲ 콘크리트 뿜어붙이기

▲ 앵커공법의 시공(축대벽의 보강공사)

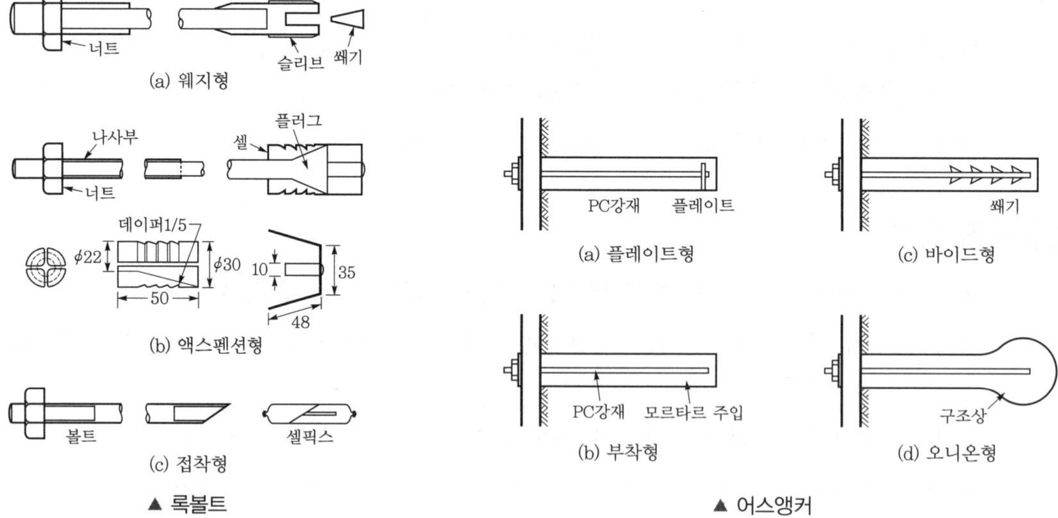

낙석방지망

1 개요

낙석 발생원에서 전석이나 암괴 등을 철사망이나 합성섬유제, 비닐제망 등으로 비탈면을 덮어서 낙석이 되어도 비탈면과 철사망 사이로 구르도록 하거나 부석을 눌러 주도록 하기 위한 암반안정 · 보호공종이다.

2 시공 요령

① 철망은 앵커를 세우고 종 로프를 고정한다. 그다음 최상단 횡 로프를 동일 방법으로 앵커에 고정하고 다시 종 로프에 철물을 사용하여 결합한다. 철망을 꿰메서 최상단 횡 로프까지 끌어올리고 결속선으로 고정한다. 다음에 중간부 이하의 횡 로프를 치고 앵커에 고정한 다음 종 로프와 결합한다.

② 네트의 하단은 사면 끝에서 1m 정도가 되도록 설치한다.

③ 망을 깐 후에 가로세로 양쪽 방향으로 튼튼한 로프로 망을 잡아끌어서 끝부분을 앵커에 고정시킨다(로프의 간격은 가로세로 4~5m로 한다).

④ 망눈의 크기: 약 50×50mm(대상 돌무게: 철사망-약 1ton, 합성섬유망-약 100kg)

3 구조도면 및 사진

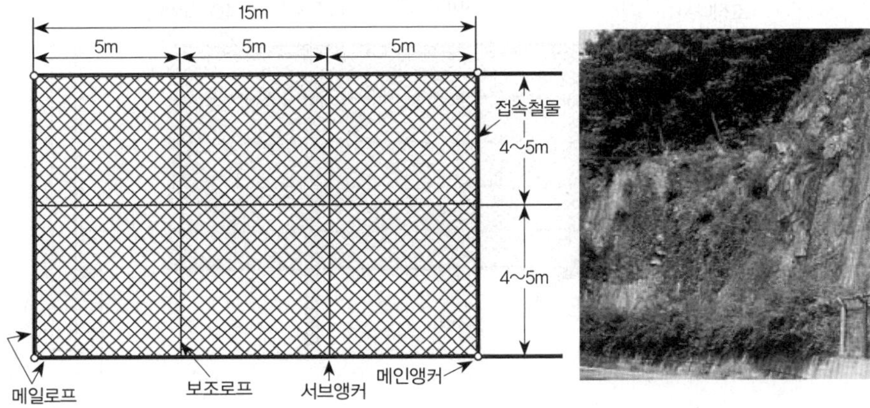

▲ 낙석방지망 공법 평면도

▲ 시공 사진

28 낙석방지책

1 개요

돌이 떨어지기 쉬운 절개 면의 하단에 콘크리트 흙막이 공사와 병용하여 강철재 낙석 방지책을 세워서 낙석을 보호 대상과 차단시키는 공법으로 낙석의 파괴력이 작은 암석 절개사면에 설치한다.

2 시공 방법

① 지주를 고정시킬 수 있는 콘크리트 흙막이나 옹벽 위에 지주를 설치한다.

② 지주의 높이는 강재로서 1~2m가 많이 쓰이며 지주에 고정된 와이어로프, 철망, 강재 등으로 연결시킨다.

③ 울타리와 비탈면과의 사이에 너비 1m의 빈터가 필요하며 중간 지주는 Ⅰ형강, H형강 등을 사용한다.

④ 지주의 간격은 2~3m 정도로 한다.

⑤ 와이어로프는 지름 18mm 이상을 사용하되 철망의 망눈은 암괴폭 지름보다 적어야 한다.

3 구조도

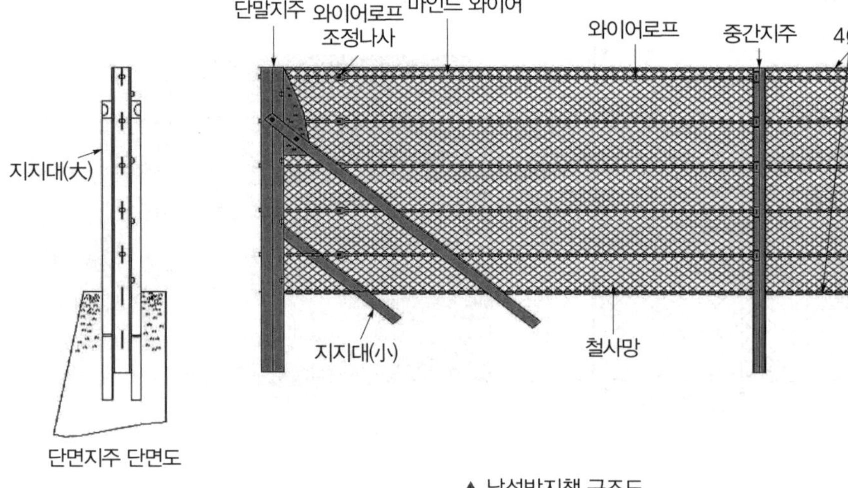

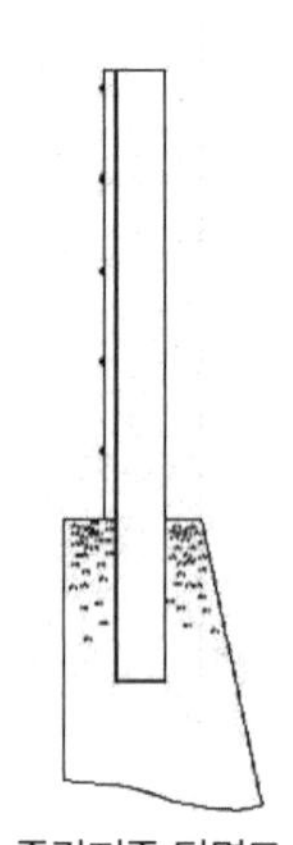

▲ 낙석방지책 구조도

▲ 시공 후 사진

핵심 29

등고선구공법

1 개념

토양침식을 방지하고 강수를 저수시켜 산지의 이수(理水)와 토사간지(土砂杆止) 기능을 높여 식물 생육에 필요한 수분의 공급원을 만들기 위한 수토보전공법이다.

2 시공 장소

토양 유실이 예상되고 수분이 부족한 사면

3 시공 요령

① 비탈 30도 이하의 산복에 등고선을 따라 수평으로 물고랑을 판다.

② 등고선구의 길이 8~10m, 구와 구의 좌우 간격 6~10m, 상하 구간의 수평거리는 10~15m를 기준으로 한다.

③ 물고랑은 짧은 것은 어긋나게 파며, 긴 것은 중간에 고랑 높이보다 10cm 정도 낮게 칸막이를 설치한다.

④ 흙 깊이가 얕은 곳은 설치하지 않으며 고랑의 크기는 보통 밑너비 0.3m, 윗너비 1.1m, 깊이 0.36m, 양쪽물매 1:1.2를 표준으로 한다.

4 구조도 및 시공 사진

▲ 횡단구조도

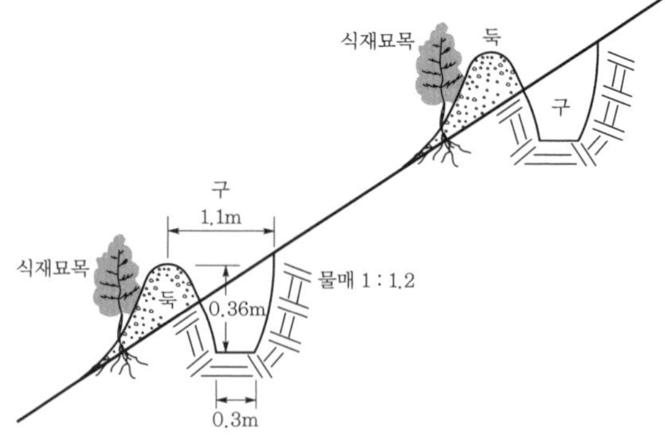

▲ 시공 사진

30 파종

1 개념

초본류와 목본류의 종자를 산복 비탈면과 계단에 직접 파종하는 방법이다.

2 파종 초목의 종류

① 목본류: 리기다, 해송, 낙엽송, 산오리, 사방오리, 물갬나무, 상수리, 굴참, 졸참, 갈참, 떡갈, 버드나무, 아까시, 싸리, 족제비싸리, 칡 등

② 초본류: (국내산): 새, 개솔새, 솔새, 김의털, 산거울, 비수리, 매듭풀, 차풀 등

           (도입종): 지팽이풀, 인디안풀, 호밀풀, 능수귀염풀, 개미털, 카페트풀, 겨이삭

3 파종량 산출

$$W = \frac{G}{S \times P \times B}$$

- W = 파종중량(g/㎡)
- G = 발생기대본수(本/㎡)
- S = 평균입수(粒/g)
- P = 순량률(%)
- B = 발아률(%)

4 종비토 만들기

① ha당 3,000ℓ

② ha당 씨뿌리기 9,000m 기준

구분	ha당 소요량	3m당	비고
부식토	3,000ℓ	1ℓ	30섬(가마니)
비료	263kg	88g	요소: 36kg, 인산: 227.7kg
종자	18kg	6g	아까시 1.8kg, 싸리 5.4kg, 풀씨 10.8kg
초목회	360kg	120g	18섬(가마니)

5 파종 요령

줄뿌리기	• 절성토비탈, 훼손지비탈 중 경사가 완만하고 토양조건이 좋은 곳이나 계단상에 시공(강우에 의한 종자 유실이 적고 발아조건이 좋은 곳). • 비탈면에 직고 30~50cm마다 너비 15~20cm의 수평계단을 설치하고 계단 안에 10cm 정도의 파종구를 파며, 그 구덩이에 시비와 객토를 하고 파종(비료: 속효성비료인 요소, 황산, 중과린산 석회 등). • 파종 후 잘 밟아주고 다시 약간의 흙을 덮어줌
흩어 뿌리기	• 경사가 완만하고 습윤한 퇴적지 비탈 또는 절성토비탈 중에서 토양조건이 양호한 사면에 시공 • 비탈다듬기 공사를 하고 부토사는 전부 완전히 정리한 후 직고 60cm 정도, 너비 20~30cm의 수평계단을 끊음 • 뾰족한 괭이로 작은 구멍을 무수히 만들고 수평으로 작은 골을 파서 종자유실을 방지 • 종자, 비료와 비토를 혼합하여 종비토를 만들고 비탈면에 고루 흩어 뿌리고 짚으로 얇게 덮은 후 새끼줄로 고정
점뿌리기	• 경사가 비교적 급하거나 완경사지라도 자갈이나 석력 때문에 줄뿌리기가 곤란한 지역에 실시 • 사면에 수평으로 파종 구덩이를 파서 평면파종상을 만들고 파종하는 방법과 사면과 병행으로 부토를 긁어 사면파종상을 만들고 파종하는 방법이 있음 • 파종 구덩이는 ha당 40,000개 내외로 함

31 씨 뿜어붙이기

● Seed Spray

1 개념

① 비탈경사가 급하고 대면적으로 다른 공법으로는 파종이 부적당한 토사비탈면 또는 토양조건이 열악한 사면에서 종자, 비료, 접착제와 양생제를 기계로 뿜어 붙여 조기 녹화를 목적으로 시공하는 공법이다.

② 생육 기반재를 두꺼운 층으로 뿜어 붙이는 경우 특수분사식 씨뿌리기 공법이라 한다. 보통 분사식 씨뿌리기 공법은 토양조건이 비교적 좋은 급경사지에서, 특수분사식 씨뿌리기 공법은 균열이 많은 암석, 석력이 많은 급경사지에 적용한다.

2 장소

시공 장소: 토양조건이 열악한 급경사지

3 시공 요령

① 비탈 상부로부터 유수와 지하수의 분출 등이 있는 사면에는 산지비탈 안정공사의 기초공사로써 필요한 비탈 흙막이 공사, 속도랑 내기, 수로내기 공사 등을 미리 시공해서 강우 등에 의한 붕락을 방지하여야 한다.

② 시공 시에는 먼저 시공지 비탈다듬기 공사를 한 다음 건조 시에는 종자의 발아를 촉진하고 분사 부착물의 침투를 좋게 하기 위하여 비탈 1㎡당 1~3ℓ의 물을 미리 살포하여야 한다. 또한, 추운 겨울이나 무더운 여름 건조시기 등은 피해야 한다.

③ 종자 살포는 재료들을 물과 혼합하여 '수압분사시 파종기(hydro seeder)'에 의하여 시공지에 골고루 살포해야 한다. 하이드로 시더를 사용할 때는 '물 → 종자 → 비료 → 섬유질(fiber) → 혼합양생제' 순서로 투입하고 10분 이상 잘 혼합해야 한다.

④ 파종 2개월 이내에 발아가 골고루 되지 않거나 일부만 발아되었을 때는 다시 파종해야 한다.

⑤ 분사식 씨뿌리기로 시공한 후에 발아생립 초목 본수는 초본 2,000본/㎡과 목본 100본/㎡을 표준으로 하여 모두 2,100본/㎡을 표준으로 한다.

핵심 32 종비토 뿜어붙이기

1 개요

① 일반적인 파식 공법으로 식생 조성이 어려운 사면에 전면적인 식생 조성을 위하여 시공하는 암반비탈 녹화공법으로 시공 방법이 다양하다.

② 분사식 씨뿌리기 공법 중 특수분사식 씨뿌리기 공법의 응용 공법으로 주요 재료는 물, 초목종자, 비료, 비토(흙 또는 유기질이 많은 대용 토양), 섬유류, 색소, 접착제, 양생제, 기타 토양미생물체 등으로 구성되며 철사망(부착망), 앵커핀과 고정용 철근 등이 사용된다.

③ 우리나라에서는 현재 녹생토 공법과 택솔(Texol) 공법이 있다.

2 장소

시공 장소: 암반 절개사면으로 붕괴 우려가 없는 사면

3 시공 요령

① 시공 대상지는 사면에 용수가 없어야 하며, 사면으로 유입되는 물은 돌림배수로 등 배수 처리시설로 처리되어야 한다.

② 취부 두께는 사면 구배가 1:0.5 이상의 경암 및 보통암에서는 15cm, 구배가 1:0.5 이하의 연암 및 풍화암에서는 10cm를 기준으로 하되 암질 및 암 절취면의 절리 방향 등 현장 조건에 따라 증가 시공한다.

③ 암반 비탈다듬기 공사가 완료된 후 기재(基材)의 안정된 부착을 위하여 부착망을 사면 요철에 맞추어 팽팽하게 깔고 착지핀을 설계에 따라 천공 후 암절취면에 대해 하향 수직 방향으로 견고하게 설치한다.

④ 뿜어 붙일 때는 뿜어 붙이는 비탈면과 노즐을 1m 정도 떨어진 곳에서 뿜어 붙이고 비탈 상부에서 하부로 진행하여야 하며 내부 공극이 없도록 시공해야 한다. 뿜어 붙이기 최소 두께는 설계 두께의 80% 이상이어야 한다.

⑤ 지역 조건에 따라 초목종자를 선택 혼합하여 사용한다.

33 비탈면 다듬기

1 뭉개기 개념

뭉개기는 불규칙한 사면 또는 사면의 불안정한 토석층을 완화하여 안정된 비탈면을 조성할 목적으로 사용하는데, 경사가 심한 비탈면을 일정한 경사도로 유지하도록 땅깎기를 하여 깊은 곳을 메우는 공사를 말한다. 일반적으로 비탈다듬기 기울기는 토사의 안식각보다 기울기를 낮추는 것이 안전하다. 땅속 흙막이가 필요한 경우 먼저 시공한다.

2 장소

기복이 심한 산복비탈 또는 절·성토면, 암반 절개사면

3 시공 요령

① 사면기울기는 대상지의 종단면도를 작성하여 결정하되 지질, 경사, 주변의 지형과 공법 등에 따라 조화있게 결정한다.

② 사면기울기가 급한 지역은 선떼붙이기 및 산비탈 돌쌓기 등으로 조정한다.

③ 비탈다듬기는 산꼭대기부터 시작하여 산 아래로 진행하며 부토가 많은 지역은 속도랑 공사 및 땅속 흙막이 공사를 시공한 후 비탈다듬기를 하는 것이 효과적이다(부토: 뜬 흙, 물에 의한 토양침식에 약한 흙).

④ 비탈다지기 공사 후에는 뜬 흙이 비탈에 안착할 때까지 일정 기간은 비바람에 노출되어야 하며, 그 후에 다른 공종을 시공한다.

⑤ 비탈다지기 공사에 의해서 잡목이나 그루터기가 매몰되는 경우에는 비탈다듬기 공사 전에 이것을 미리 정리하여 매몰되지 않도록 시공한다.

⑥ 채굴공사 마지막 단계에 이를 때는 비탈다듬기 공사를 동시에 진행하면서 채굴하여 채굴작업 이후에 용이하게 비탈다듬기 공사가 진행될 수 있도록 한다.

⑦ 채석지 보전구역과 퇴적장 비탈면에 대해서도 가급적 최대로 안정 경사도가 되도록 균일하게 다듬고, 수로공사의 위치 등에 대해서는 미리 터파기 공사를 한다.

⑧ 기계에 의한 비탈다듬기 공사는 토사의 절취량이 많고 지형적으로도 기계에 의한 시공이 가능한 경우에 실시한다.

주요한 사용기계에는 불도저, 백호우, 트랙터 셔블, 굴착기 등이 있으며, 암반에서는 착암기 등으로 다듬어야 한다.

단끊기

1 개념

비탈다듬기 공사를 실시한 사면에 수평 단을 끊고 초·목본류를 파종 및 식재하여 황폐된 나지에 식생을 조성하려는 기초공사이다.

2 역할

산복사면 길이를 줄이고, 수평면을 유지하여

① 사면에 유하되는 토사를 저지하고

② 유수는 분산시키므로 침식을 방지하며

③ 녹화에 필요한 기반을 조성하기 위해 실시한다.

☞ 선떼붙이기, 조공, 흙포대 흙막이 및 씨뿌리기를 병행한다.

3 시공 장소

비탈다듬기 공사가 끝난 산복사면

4 시공 요령

① 단끊기는 상부로부터 하부 방향으로 시행하며, 단상(段上)에는 될 수 있는 대로 재래의 표토를 존치하도록 한다.

② 단끊기는 수평으로 실시하며 단폭(너비)은 일반적으로 50~70cm로 하지만, 비탈면의 기울기가 급할 때는 계단 폭을 좁게 하여 계단 간 비탈면 기울기를 완화시킨다.

③ 단끊기에 의하여 생산되는 토사의 처리는 시공경비와 관계가 많으므로 절취토사의 이동은 최소한도로 한다.

35 훼손지 복구설계서 승인기준

◆ (산지관리법 시행규칙 별표6) [요약]

1 산지전용의 경우

① 비탈면의 수직높이는 15m 이하이어야 하고, 계단식 산지전용의 경우 각각의 계단 높이가 15m 이하이며, 계단에 조성되는 사업부지의 너비는 각각 15m 이상일 것

② 비탈면의 기울기 기준

토질	경암	풍화암	토사	성토지
기울기	1:0.5 이하	1:0.8 이하	1:1 이하	1:1 이하

☞ 계단식 산지전용, 산지 일시 사용의 경우 토질과 관계없이 1:1.4 이하이어야 한다.

③ 비탈면의 수직높이가 5m 이상이 경우에는 5m 이하의 간격으로 너비 1m 이상의 소단을 설치하여야 한다.

2 채광 · 토석 채취지의 경우

① 비탈면의 수직높이가 15m 이하의 간격으로 너비 5m 이상의 소단을 조성하여야 한다.

② 소단에 발생하는 각각 비탈면의 각도는 75도 이하이어야 한다.

③ 토석의 종류에 따른 비탈면의 평균 기울기

종류	건축용 석재	채광 · 건축용이 아닌 석재	토사 채취
기울기	1:0.4 이하	1:0.5 이하	1:1 이하

④ 비탈면의 수직높이가 60m 이상인 상대비탈면의 경우에는 60m의 간격으로 너비 10m 이상의 소단을 설치한다.

⑤ 소단 바닥은 평균깊이 1m 이상, 너비 3m 이상인 구덩이를 파고 객토 실시 후 수목식재

36 흙막이

1 개요

① 흙이 무너지거나 흘러내림을 막는 공작물이다.

② 비탈면 기울기의 완화, 표면 유하수의 분산, 수로공사의 기초 등을 목적으로 구축한다.

2 장소

① 비탈다듬기 및 단끊기로 생기는 토사가 유치되는 곳

② 붕괴 위험성이 있는 비탈면

3 시공 요령

① 비탈다듬기와 흙막이 공작물에 대한 시공비의 합계가 최소로 되도록 흙막이의 배치와 구조를 결정한다.

② 비탈다듬기 시공 시 매토 부분에도 흙막이를 설치하여 비탈면의 안정을 도모하고, 흙막이 하부에 땅밀림이 일어나지 않도록 본 바닥에 기초를 두고 축설해야 한다.

③ 흙막이 공작물의 방향은 원칙적으로 산비탈에 대해서 직각이 되도록 한다.

④ 불투수성의 흙막이 공사는 뒷면에 체수(滯水)되지 않도록 직경 5~10cm 정도의 물빼기 구멍을 2~3㎡당 1개소 정도 설치한다.

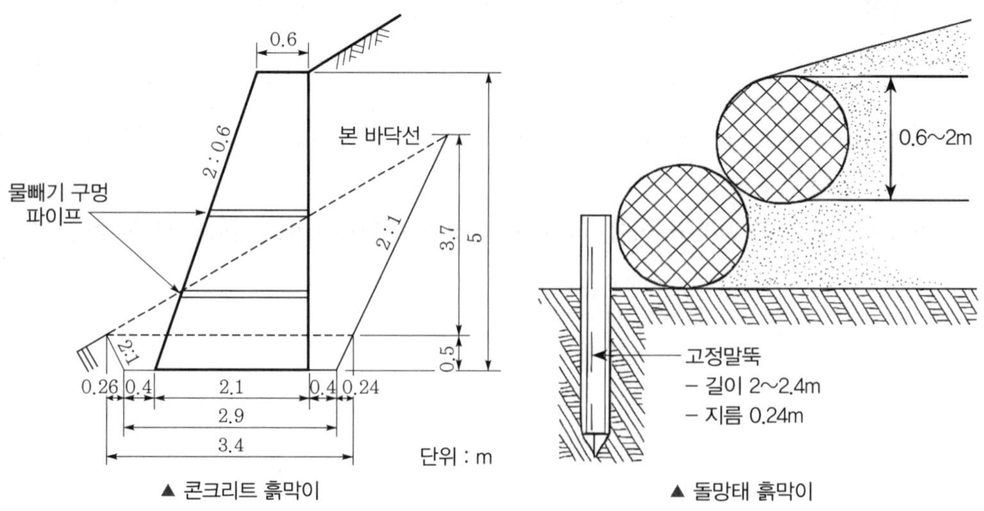

▲ 콘크리트 흙막이　　　　　　　　▲ 돌망태 흙막이

콘크리트 흙막이	• 흙층의 이동 위험이 있고 토압이 큰 경우 시공하며, 산복기초로서는 4m 이하, 산비탈면에서는 2m 내외가 적당 • 뒷채움돌은 시공의 난이, 배수효과를 고려하여 아래쪽, 위쪽 모두 30cm 이상으로 하고 표면적 2~3㎡당 1개소씩 물빼기 구멍을 설치
돌 흙막이	• 찰쌓기와 메쌓기가 있으며 석재와 콘크리트 블록이 있음 • 석재는 견치돌, 막깬돌, 잡석, 야면석을 사용하며 충분히 바닥파기를 함 • 높이는 찰쌓기는 3m 이하, 메쌓기는 2m 이하로 하며 기울기는 1:0.3으로 함 • 블록쌓기 흙막이는 무거운 것이 좋으며 대개 ㎡당 300~400kg이 사용됨 • 허리채움자갈은 돌쌓기와 블록 등을 안정시키기 위해 돌의 뒷꼬리 면까지 완전히 채워야 함
돌망태 흙막이	• 둥근 돌망태, 방석 돌망태, 마름모꼴방석 돌망태, 변형 돌망태가 있으며, 속채움 돌은 지름이 15~30cm의 잡석이나 호박돌이 좋으며 높이는 2m 정도로 함
PNC판 흙막이	• 콘크리트판 흙막이는 높이 1.6m 이하로 하고 반드시 자갈로 뒷채움
흙포대 흙막이	• 종이, 피륙 등으로 만든 자루에 토사를 담아 비탈면에 쌓는 공법으로 일반적인 흙막이공사와 유입수의 방지공사 등에 사용
통나무쌓기 흙막이	• 기초바닥파기 후 길이 1m의 기초말뚝을 1m 간격으로 박고 이것에 붙여서 횡목을 놓아 그 위에 길이 0.7~1m의 공목(控木)을 0.5~1m 간격으로 설치하며, 이것을 횡목에 고정 후 그 사이에 토사와 자갈 등으로 채우고 다짐
콘크리트기둥틀 흙막이	• 바닥파기를 하고 자갈이나 호박돌을 평평히 깔고 다진 후 기초콘크리트를 치고 그 위에 콘크리트 기둥을 다각형 형상으로 조립용 볼트로 조립하고 그 속에 호박돌과 자갈 등으로 채움

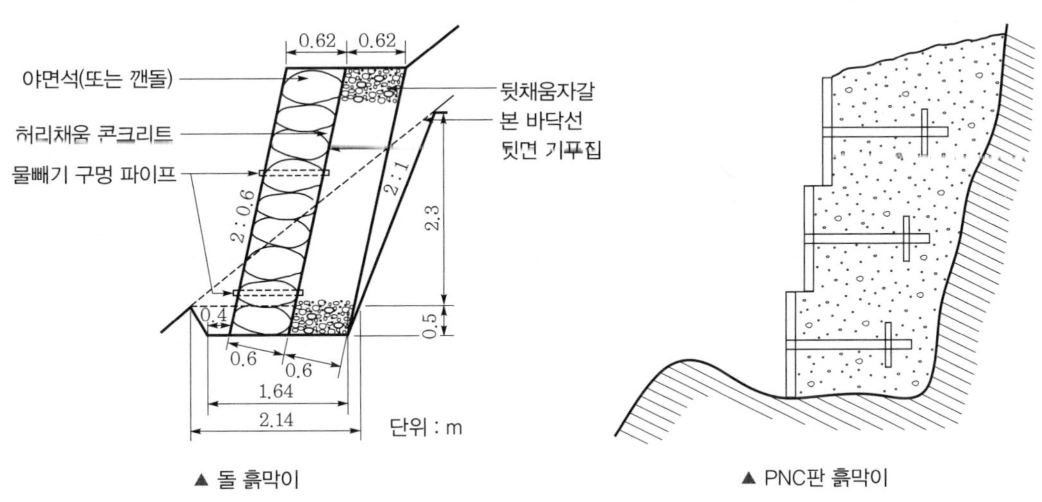

▲ 돌 흙막이

▲ PNC판 흙막이

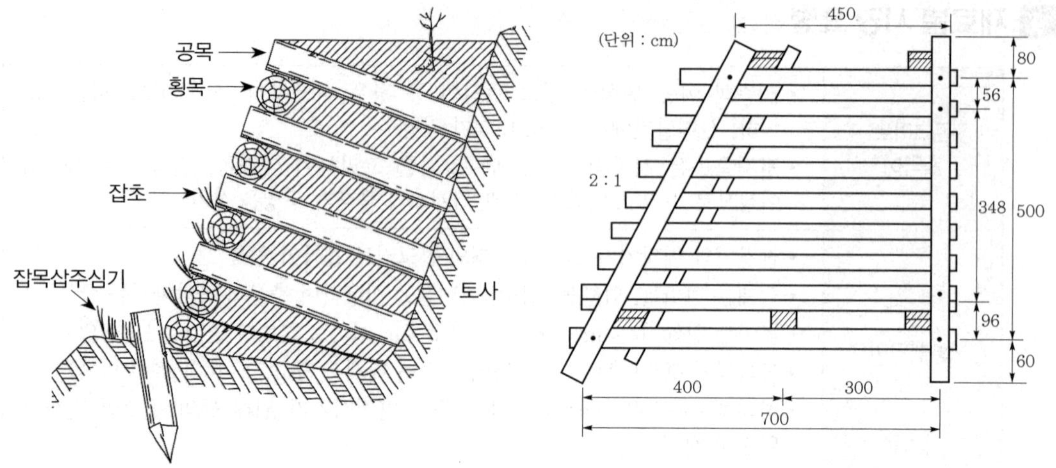

공목
횡목
잡초
잡목삽주심기
토사
(단위 : cm)
2 : 1
450
80
56
348
500
96
60
400
300
700

37 선떼붙이기

1 개요

비탈다듬기에서 생산된 부토를 고정하고, 식생을 조성하기 위한 파식상을 설치하는 데 필요한 기본 공작물로서 산복비탈면에 계단을 끊고 계단 전면에 떼를 쌓거나 붙인 후 그 뒷쪽에 흙으로 채우고 파식한다.

2 시공 장소

경사가 비교적 급하고 지질이 단단한 지역

3 시공 요령

① 직고 1~2m 간격으로 단을 끊는데 폭은 50~70cm, 발디딤은 10~20cm, 천단폭은 40cm를 기준으로 하며, 떼붙이기 기울기는 1:0.2~0.3으로 한다.

② 등고선 방향으로 실시하며 상부에서 하부 방향으로 한 계단씩 끊어 내린다.

③ 부토가 깊은 지역은 산비탈돌쌓기를 실시한 후 선떼붙이기를 시공한다.

④ 기술적으로 떼를 붙이는 일이 중요한데 선떼, 갓떼, 받침떼, 바닥떼가 잘 밀착되어야 하며, 마루는 항상 수평을 유지하고 침하를 감안하여 흙을 돋우어 준다.

⑤ 높이는 입지에 따라 다른데 저급(9급에 가까운 것)으로 하는 것이 효과적이나 대개 황폐임지 산복공사에는 6~7급을 많이 시공한다(높이 40cm).

⑥ 표토 이동과 강수 차단을 목적으로 할 때는 5급 이상으로 하며, 사방지 식재 및 파종을 목적으로 할 때는 6급 이하로 한다.

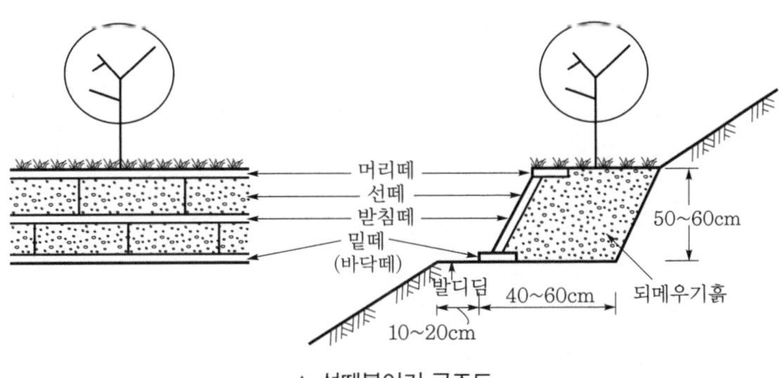

▲ 선떼붙이기 구조도

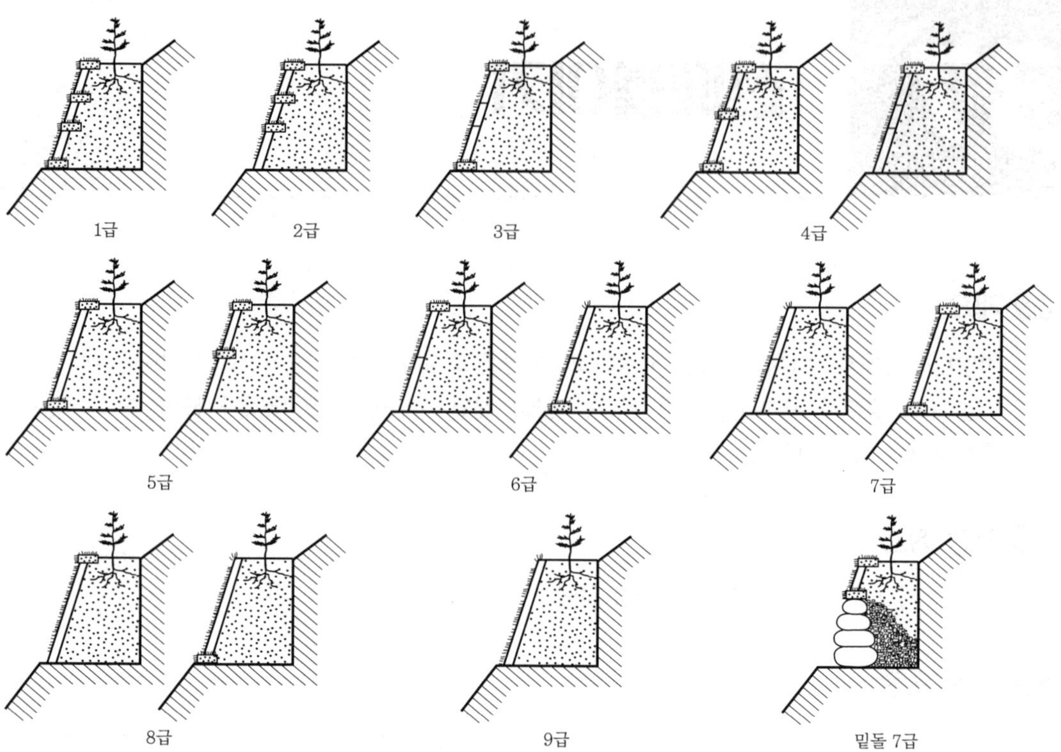

5 선떼붙이기 시공 표준

구분	비탈 (°)	1m당 떼 사용매수(매)	직고(m)	수평거리 (m)	사면거리 (m)	1ha당 시공연장(m)
1급 선떼붙이기	35~45	12.50	2.80~4.00	4.00	4.94~5.90	2,500
3급 선떼붙이기	35~45	10.00	2.80~4.00	4.00	4.94~5.90	2,500
5급 선떼붙이기	25~35	7.50	1.55~2.33	3.33	3.70~4.11	3,000
6급 선떼붙이기	25~35	6.25	1.55~2.33	3.33	3.70~4.11	3,000
8급 선떼붙이기	15~25	3.75	0.75~1.30	2.79	2.90~3.10	3,500

떼 크기	길이 40, 폭 20㎝		길이 33, 폭 20㎝	
구분	단면상 매수	연장 1m당 매수	단면상 매수	연장 1m당 매수
1급	5.0	12.50	5.0	15.0
2급	4.5	11.25	4.5	13.5
3급	4.0	10.00	4.0	12.0
4급	3.5	8.75	3.5	10.5
5급	3.0	7.50	3.0	9.0
6급	2.5	6.25	2.5	7.5
7급	2.0	5.00	2.0	6.0
8급	1.5	3.75	1.5	4.5
9급	1.0	2.50	1.0	3.0
1m당 떼 사용매수	단면상 떼 매수×2.5매/m		단면상 떼 매수×3매/m	

참고 선떼붙이기 요약

① **선떼 규격**
- 온떼: 40×25×5㎝
- 반떼: 20×25×5㎝
- 5급: 표토 이동 방지 · 강수 차단
- 6급: 식재 · 파종 목적

② **시공 방법**
- 마루에는 더 쌓기 5~10㎝
- 계단폭은 경사도 완만 70㎝, 토질 단단 50㎝
- 마루는 수평 유지
- 부토가 깊으면 밑돌 시공

③ **급수 구분**
- 머릿떼와 바닥떼 시공에 따라 9급에서 1씩 내려간다.

④ **장수 계산**
- 떼를 단위면적(㎡) 또는 길이(m) 단위로 시공할 경우 소요되는 뗏장수

단쌓기

1 개념

비탈다듬기 공사나 단끊기 공사로 생산된 토사가 많거나, 경사가 급한 지역에서 사면을 조기에 안정·녹화하기 위하여 높이와 너비가 일정한 계단을 연속적으로 붙여 구축하는 비탈안정 녹화 공종이다.

2 시공 장소

급경사지로 부토(浮土)가 많은 사면

☞ 浮土: 뜬 흙, 메운 흙

3 시공 요령

① 용수로 인하여 붕괴 위험성이 있는 장소에서는 속도랑 내기를, 시공 높이가 높은 경우에는 땅속 흙막이 또는 흙막이 공작물을 겸하여 시공한다.

② 떼단쌓기에서 단끊기 및 떼붙이는 요령은 선떼붙이기(7급)와 같으며, 떼단의 높이와 너비는 30cm 정도로 한다.

③ 동일 비탈면에 연속적으로 시공하는 떼단의 수는 5단을 초과하지 않도록 해야 하며, 5단 이상일 경우에는 5단을 쌓은 후 돌쌓기와 같은 견고한 흙막이 공작물을 시공한다.

④ 산비탈의 凹지에 시공하는 경우, 떼단 기초부에 아까시나무, 싸리를 파종하고 떼단 위에 사방수종을 식재하는 것이 효과적이다.

4 재료별 시공 요령

돌단쌓기	• 돌이 많은 지역에서 떼 대신 돌(잡석)을 이용하여 시공
돌·떼단쌓기	• 석재가 많은 지역에서 떼 대신 석재로 단을 쌓으면서 돌 사이에 떼를 넣어 돌과 떼가 일체가 되도록 시공하는 공법 • 경제적이나 견고도가 약한 것이 흠
볏짚 단쌓기	• 떼를 구하기 어려운 장소에서 볏짚을 위아래로 구부려 넣고 단 위에는 묘목을 심고 풀씨를 파종 • 계단 너비는 발디딤을 설치할 경우 60cm, 발디딤이 없을 경우 50cm 정도로 하고 그 높이는 30cm 정도로 함

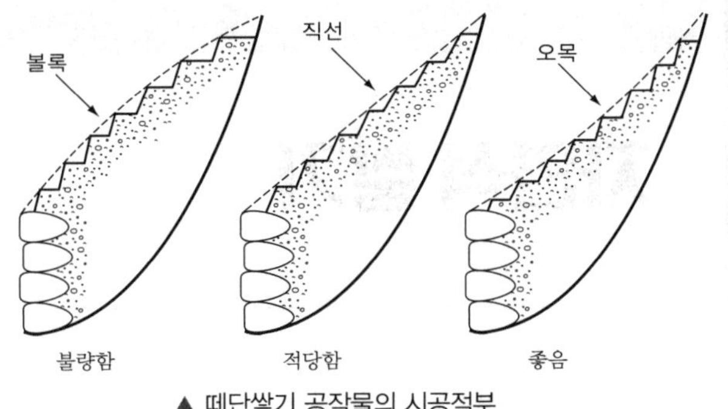

▲ 떼단쌓기 공작물의 시공적부

5 시공 구조도

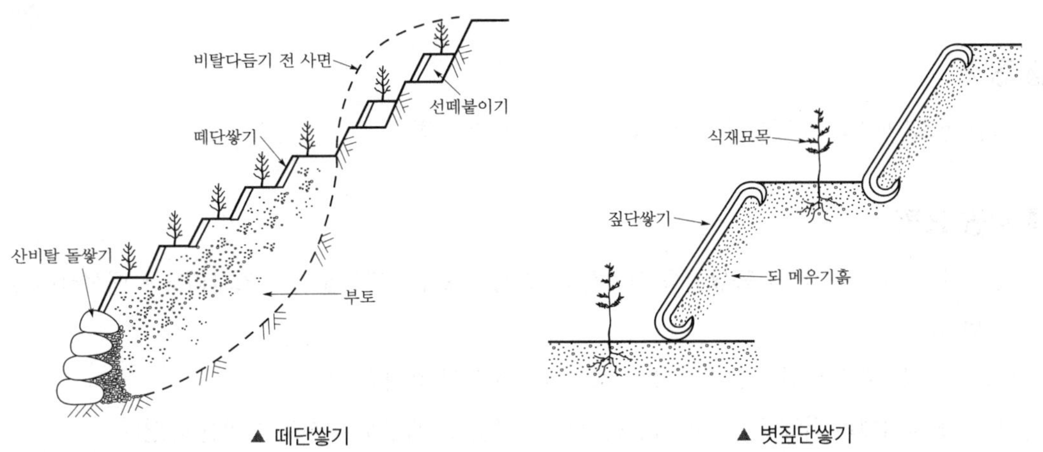

▲ 떼단쌓기　　　　　　　　　▲ 볏짚단쌓기

6 시공 사진

▲ 돌단쌓기

▲ 돌 · 떼단쌓기

7 사방사업 설계 · 시공 세부 기준상 단쌓기

① 떼단쌓기: 25도 이상 급경사 지역, 기초부에 아까시, 싸리류를 파종한다.

② 돌단쌓기: 비탈면 1:0.3, 높이 1m 내외, 용수가 있는 곳은 천단에 유수로

③ 혼합쌓기: 떼와 돌 혼합, 떼단쌓기와 돌단쌓기 기준을 적용한다.

④ 마대쌓기: 떼 운반이 어려운 지역, 높이는 2단 이하로 한다.

자연석 쌓기

1 개요

자연석을 조화있게 축설하여 사면 안정과 동시에 경관을 조성하는 공법이다.

2 장소

시공 장소: 도시의 노면이나 주택, 공원 또는 관광지 주변

3 시공 요령

① 절개지 하부에 산비탈돌쌓기를 시공하고 그 상부에 산비탈돌쌓기와 조화되도록 배석하여야 한다.

② 자연석은 고색이 짙고 운치가 있는 것을 사용하여야 효과적이다.

③ 선돌 사이에는 회양목, 눈향나무, 진달래, 철쭉꽃 등 관상수 식재로 미관을 높인다.

④ 돌쌓기의 기본은 주석과 부석으로 시작하여 삼석, 오석, 칠석 등으로 기수로 하는 것이 좋다.

▲ 자연석 산비탈돌쌓기

▲ 자연석 쌓기

떼 대용 녹화 자재

1 개념

부족한 자연 생떼를 대체하고, 뗏일의 시공기를 단축하기 위해 사용하는 여러 가지 대용 떼

2 종류

식생반, 식생자루, 식생대, 식생매트, 식생망, 식생로프, 식생포트 등

3 식생 조성용 제품

① Geo mesh(netting, fencing): 토목섬유 사용

② Coir net: 야자섬유 사용

③ Jute mesh: 황마섬유를 사용하여 만든 mesh

④ Jute net : 황마섬유를 사용한 망

⑤ 합성수지 볏집을 이용한 론생 백, 론생 Net, Filter mat, 각종 녹화용 sheet와 mat: 합성수지 볏집 사용

⑥ 평떼붙이기: 일반

4 떼 대용 녹화공법

① 씨드스프레이(seed-spray)

종자, 비료, 피복양생제, 침식 방지안정제, 착색제 등을 살포기 탱크 내에서 혼합한 후 고압펌프로 살포하여 녹화하는 방법이다. 공사비기 저렴하고 시공성이 뛰어나지만, 우수 시 토양 유실이 우려되고, 건조 시 발아율이 저조하다.

② 코아 네트(coir-net)

야자식물 코코넛 껍질에서 추출한 천연섬유질로 짠 망으로써 내수성 및 강도가 뛰어나고 보수성 및 경량성으로 시공이 용이하다. 1차 씨드스프레이를 실시하고 코아네트를 덮고 2차 씨드스프레이를 시공한다. 2~3년 후 부식되어 유기물이 된다.

③ 주트 네트(jut-net)

황마로 짠 내구성이 강한 천연섬유질로 유연성이 있어 흙과 잘 밀착함으로써 유실 방지,
보온 · 보습효과가 있고, 경량성으로 시공이 편리하고 저렴하다.

5 초본류 식재공법

평떼붙이기, 줄떼심기, 새심기, 씨드스프레이, GRPS공법, 녹생토공법 등

절토사면의 보수·보강 공법

1 경사 완화 및 구조물에 의한 보강공법

① 경사 완화(절취공법): 활동하려는 토괴(암괴)를 제거하여 활동하중을 경감시킴으로써 절토사면의 안정을 도모하는 공법이다.

② 록볼트(rock bolt): 이완암반과 모암의 일체화 또는 불연속면을 경계로 한 층의 일체화를 위하여 사용한다.

③ 앵커(anchor): 흙 또는 암반의 절토사면이 이완된 지반이나 불연속면 등이 붕괴할 우려가 있는 경우나 불안정한 절토사면의 안정을 꾀할 경우 사용한다.

④ 쏘일네일링(soil nailing): 네일이라고 불리는 보강재를 프리스트레싱 없이 좁은 간격으로 지반에 삽입하여 절토사면의 전체적인 전단강도가 증가한다.

⑤ 억지말뚝: 절토사면의 활동하중을 말뚝의 수평 저항으로 활동을 억지시키는 공법이다.

⑥ 다웰(dowel): 암반에서의 소규모 단독 분리암괴에 의해 암괴의 탈락이 예상될 때 암괴를 절토사면에 고정하기 위하여 적용하는 공법이다.

⑦ 옹벽: 벽의 자중과 저판상부의 토사 중량 등으로 토압에 저항하여 절토사면을 지탱하고 안정을 도모하기 위한 목적으로 설치하는 벽체 구조물이다.

⑧ 보강토공법: 흙쌓기나 흙깎기 사면에 강재, 망 등의 보강재를 배치하여 흙과의 마찰력을 이용하여 파괴나 변형에 저항하는 공법이다.

2 표면 보호공법

① 식생공: 떼심기, 씨앗뿌리기, 씨앗부착 거적덮기, 코아네트, 코매트, 녹생토 등

② 돌쌓기, 블록쌓기: 1:1 이상 급경사 절토사면에 사용한다.

③ 돌붙임, 블록붙임: 1:1 이하 완경사 절토사면, 특히 점착력이 없는 절토사면에 사용한다.

④ 콘크리트 격자: 콘크리트 격자 블록, 현장타설 콘크리트

⑤ 모르타르 및 콘크리트 뿜어붙이기(숏크리트): 풍화되기 쉬운 암석이나 호박돌이 섞인 토사 등 식생이 적당하지 않은 곳에 사용한다.

⑥ 개비온(gabion): 일정 규격 직사각형 아연도금 철망 상자에 돌채움을 한 돌망태를 쌓는 방법으로 콘크리트옹벽 대체 공법으로 사용한다.

3 낙석방지공법

① 뜬돌 제거: 사면상 뜬돌이나 이완암블록이 낙하하지 않도록 제거 또는 정리한다.

② 록볼트 및 앵커: 앞의 록볼트 및 앵커공 참조하여 고려할 수 있다.

③ 와이어로프 걸이: 격자 모양으로 짠 와이어로프나 수 개의 로프 등을 사용하여 기초를 덮거나 걸어서 사면상에 고정시키는 경우에 사용한다.

④ 낙석방지망: 강우, 풍화, 나무뿌리 등으로 낙석 발생 우려지를 덮어 낙석을 예방한다.

⑤ 낙석방지울타리: 지주, 와이어로프, 철망, 유연성 재료 등을 이용하여 낙석을 흡수한다.

⑥ 피암터널: 강재, 철근콘크리트 등으로 도로 위에 처마를 설치하여 낙석을 받아먹거나 계곡으로 낙하시켜 피해를 방지한다.

⑦ 낙석방지 옹벽: 낙석이 도로에 떨어지는 것을 방지하기 위해 완경사지에 설치한다.

4 배수공법

① 산마루측구: 절토사면의 상부 자연사면에 콘크리트 U형 수로 등의 배수로 설치하여 강우 등에 의한 지표수가 절토사면 내로 침투하는 것을 방지하기 위한 공법이다.

② 소단배수로: 절토사면에 흐르는 빗물이나 용수에 의한 침식을 방지하기 위해 폭이 3m 이상인 넓은 소단에 설치한다.

③ 도수로: 집수된 물을 수로 또는 도로 외부로 유출시키는 기능을 수행한다.

④ 수평배수공: 절토사면 내 비교적 깊은 지반의 지하수를 배제하는 경우나 지하수위 저하를 기대할 수 없는 경우, 횡방향공을 굴착하고 유공관 등을 삽입하여 배수한다.

⑤ 집수정: 물빼기 보링공으로는 보링 길이가 길거나 기반 부근에 집중적으로 지하수를 집수하는 경우에 사용한다.

핵심 42 산비탈 녹화공법

1 개요

황폐지 산비탈을 녹화하기 위해서는 우선 안정된 식생 기반이 있어야 한다. 따라서 황폐지 산비탈 사방공사는 식물생육 기반을 인공적으로 안정시키기 위한 녹화기초공종과 식생을 도입하기 위한 산비탈 녹화공으로 구분된다.

2 구분

① 산비탈 녹화기초공사

② 비탈면을 안정시키고 식물생육 기반을 조성하는 공사

③ 산비탈 녹화공사

④ 풀이나 나무를 파종, 식재하는 공사

   ☞ 기초공사

⑤ 비탈면을 물리적으로 안정시켜 침식을 억제하는 공사

⑥ 흙막이 등

3 산비탈 녹화공법

① 녹화 기초공사

- 바자얽기, 울짱엮기

- 선떼붙이기, 떼단쌓기, 줄떼다지기

- 비탈덮기

② 녹화 공종

- 산비탈 파종공법, 산비탈 식재공법

③ **기초공사**

- 비탈면 다듬기, 단 끊기, 힘줄박기, 격자틀 붙이기, 낙석방지망 덮기
- 비탈 흙막이(콘크리트 흙막이, 돌 흙막이, 콘크리트 블록 흙막이, 돌망태 흙막이, 통나무쌓기 흙막이, 바자얽기 흙막이 등이 있다.)
- 누구막이, 수로내기 등
- 돌쌓기(돌붙임, 돌쌓기, 찰쌓기, 메쌓기)
  - ☞ 돌붙임: 비탈 물매가 1:1보다 완만할 때, 돌쌓기: 물매가 1:1보다 급할 때
- 벽돌쌓기 및 콘크리트 블록쌓기
- 옹벽(석축, 콘크리트옹벽, 콘크리트 블록옹벽, 철근콘크리트 옹벽)
  - ☞ 형식에 따른 종류: 중력식, 반중력식, T자 옹벽, L자 옹벽, 부벽식 등
- 콘크리트 뿜어붙이기 공법(습식 뿜어붙이기, 건식 뿜어붙이기)

핵심 43 건식과 습식 녹화공

● 암석비탈면 녹화공 중

1 건식법과 습식법의 개념

① 건식법

일반 흙과 폐슬러지, 하수오니 등을 사용하여 강한 압력으로 암비탈 면에 뿜어 붙이는 공법으로 녹생토, 텍솔공법, 금비토, 코매트 등이 있다.

② 습식법

황토, 산림 자연토 등과 제지 슬러지, 비료, 혼화재, 장섬유 등을 혼합하여 비탈면에 취부하는 공법으로 아스나(ASNA), 자연표토공법(SF), 자연생태 복원공법(JSB) 등이 있다.

2 건식법과 습식법의 장단점

구분	장점	단점
건식공법	• 급경사지에서 시공 가능 • 시공비 저렴	• 강한 압력으로 뿜어 붙이므로 공극률이 없고 단단하여 양잔디 이외의 초목 착생이 힘듦 • 별도의 종자층 없이 취부 전체에 종자가 배합되므로 종자비용이 많이 듦
습식공법	• 공극률이 높으므로 종자발아에 큰 역할을 하고 야생초화류와 교목, 관목 등 다층형 산림구조로 복원 가능 • SF와 JSB는 기반층과 종자층을 따로 구분하므로 종자비용이 적게 듦	• 급경사지에서는 특수기술을 사용해야만 시공 가능 • 설계 및 시공이 고가

> **참고** 암석비탈면 녹화용 식물
>
> • 수목: 병꽃나무, 노간주나무, 향나무
> • 덩굴식물: 담쟁이넝쿨, 댕댕이넝쿨, 등나무, 칡, 줄사철, 인동넝쿨

울짱얽기

1 개요

① 산지비탈 또는 계단 위에 울짱을 설치하여 표토 유실 방지, 생육 기반 조성

② 재료에 따라 바자얽기, 목책, 콘크리트판, 합성수지, 철망과 매트병용이 있다.

2 장소

① 떼 채취가 곤란하고 떼 붙임으로 실효를 거둘 수 없는 지역

② 토압이 적고 식생 도입이 용이하며 토양조건이 양호한 지역

3 시공 요령

① 사면에 수평으로 0.5~1m 간격으로 말뚝을 박고 말뚝 사이를 각종 재료로 얽거나 조립하여 벽면을 구성한다(벽면 높이 0.5m 정도, 말뚝 길이는 울짱 높이의 1.5배).

② 말뚝과 재료는 썩기 쉬우므로 식생에 의해 뒷면 되메우기 흙을 고정하고 계단 위와 벽재 사이에 새류(초류), 잡초 포기 또는 파종하여야 한다.

③ 말뚝은 일반적으로 수직 방향이지만, 급경사 비탈면에서 말뚝 아래 흙등 지지 기반이 약할 경우 비탈의 수직 방향과 직선 방향의 2등분선의 방향으로 박는다.

④ 바자얽기는 퇴적토사량이 비교적 많은 곳에 이용되며, 바자로는 버드나무류 등 맹아력이 큰 것이 효과적이다(산지비탈다듬기, 산사태지, 붕괴지 채석장 등 널리 적용).

⑤ 목책 얽기공사는 울짱벽재에 판재 또는 통나무를 사용하며, 흙막이공사까지는 필요하지 않은 정도의 비탈다듬기로 생긴 토사의 고정을 도모할 경우 적용한다.

4 시공 구조도

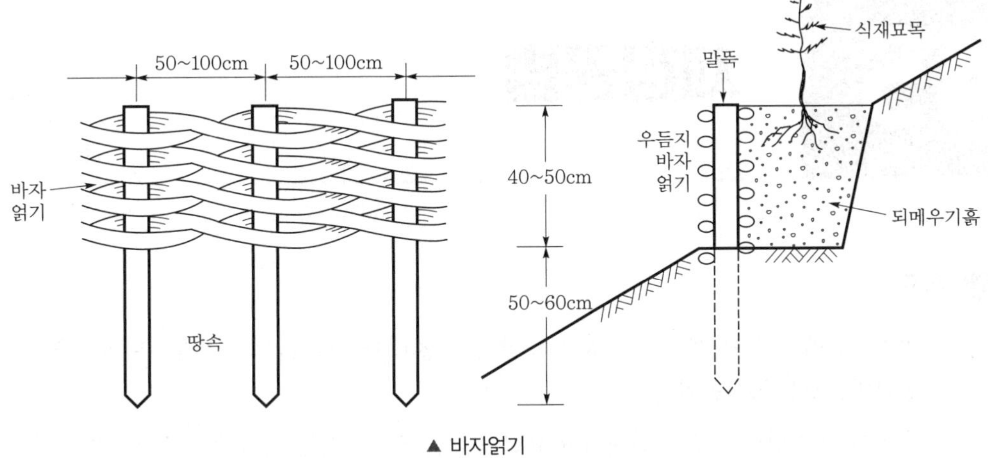

▲ 바자얽기

5 시공구조도 및 사진

▲ 바자얽기

▲ 통나무울(짱)얽기

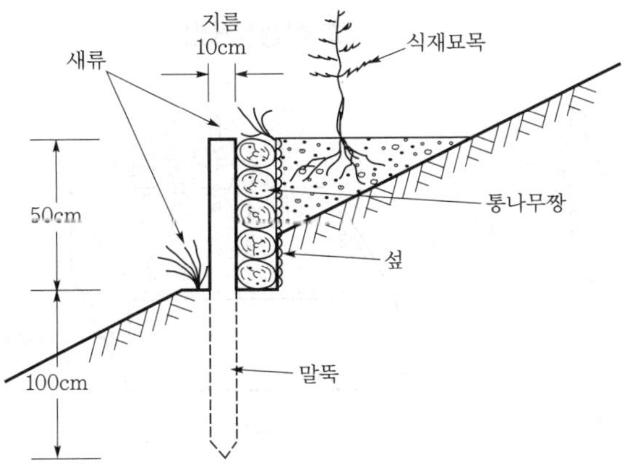

▲ 통나무울짱얽기

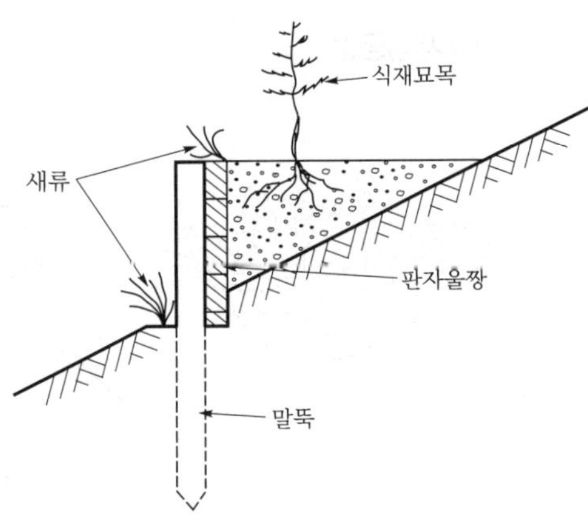

▲ 판자울짱얽기

새집공법

1 개요

① 암반사면에 반달형 제비집 모양으로 잡석을 쌓고 내부를 흙으로 채운 후 식생을 조성하는 암반비탈조성 녹화공법이다.

② 요철이 심한 암반 사면에 설치하나 요철이 적은 지역에서는 식생상을 조성한다.

2 시공 요령

① 암반비탈의 凹부를 선정하여 터파기, 터 다듬기를 하고 주위의 깬 잡석 등을 수집하여 제비집 모양으로 구축한 후 그 안에 객토를 한 후 식재한다.

② 제비집 모양의 구축물 표준 크기: 길이 2~3m, 폭 0.6~1m, 높이 0.5~1m

③ 찰쌓기로 새집을 만들 경우, 반드시 물빼기 구멍을 설치해야 한다.

④ 식생상은 점상 또는 선상인 식생녹화대로 조성하며 주로 콘크리트, 합성수지제품, 인조목재, 인조석재, 목재 등으로 제작한다. 식생상의 크기는 안쪽길이 0.8~1m, 안쪽너비 0.5~0.6m를 표준으로 제작한다.

3 시공 구조도

① 새집공법

② 식생상공법

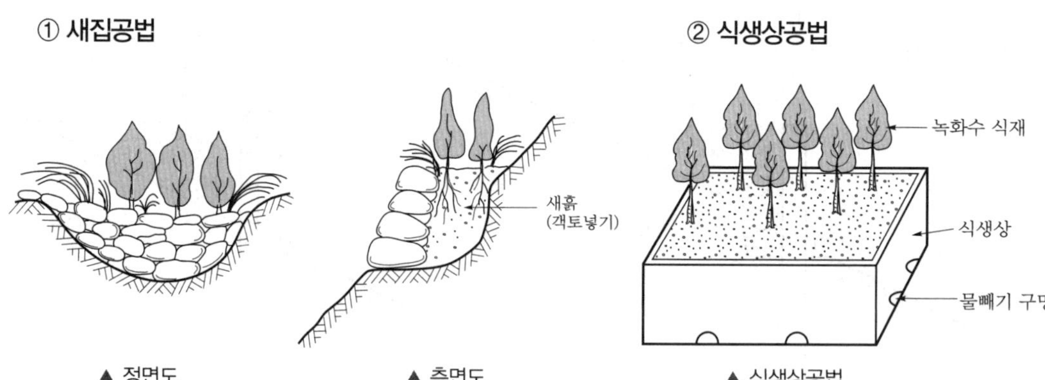

▲ 정면도　　▲ 측면도　　▲ 식생상공법

핵심 46 차폐수벽 및 소단상 객토식수공법

1 차폐수벽공법

암석을 채굴하고 깎아낸 암반비탈이나 채석장, 절개지비탈 등 도로 또는 주택 등에서 직접 보이지 않도록 암반비탈 앞쪽에 나무를 2~3열로 식재하여 수벽을 조성한다.

2 시공 요령

① 대상 비탈의 적당한 앞쪽에 가급적 둑을 쌓고 둑에 식재하는 것이 차폐효과가 크다.

② 식재수종은 속성수의 대묘식재가 좋으며, 심을 곳에 객토와 시비를 하여 활착 촉진한다.

> **참고** 식재수종
>
> - 속성수종: 이태리포플러, 은수원사시나무
> - 내건성 수종: 가중나무, 버즘나무, 아까시나무
> - 침엽수종: 리기다소나무, 해송, 편백나무, 측백나무, 화백나무, 연필향나무
> - 관목류(보완 수종): 족제비싸리, 개나리, 사철나무, 쥐똥나무, 무궁화, 노간주나무

③ 수벽을 3열로 식재 조성할 때는 중앙에 활엽수 교목을 1열로 식재하고, 그 앞뒤에 침엽수 또는 관목으로 열식하거나 또는 중앙에 교목을 2열로 열식하고, 앞뒤에 관목을 열식할 수도 있다.

3 소단상 객토식수공법

임식을 채굴힌 암반비탈에 적절한 간격과 너비로 소단을 설치하고, 수단 위에 객토와 시비를 한 후 녹화수종 묘목을 식재하여 수평선상으로 녹화하는 공법이다.

4 시공 요령

① 소단상 객토는 깊이 0.3m 이상, 너비 1m 이상을 표준으로 하며, 필요한 경우 철사 돌망태로 소단 앞에 흙막이 둑을 설치한 후 그 뒤품 안에 객토를 유지시킨다.

② 소단상 객토는 가급적 넓고 두꺼운 흙층을 설치해야 유리하다.

③ 객토는 시공지 현장 부근에서 채취한 겉흙이거나, 채석장의 경우 표토 제거 작업으로 퇴적·보존해 두었던 표토를 사용한다.

④ 적합 수종: 싸리류, 쥐똥나무, 개나리, 병꽃나무, 조팝나무, 회양목, 눈향나무, 노간주나무, 보리장나무, 줄사철나무, 리기다소나무, 산오리나무, 사방오리나무, 등나무, 송악, 칡덩굴, 마삭줄, 담쟁이덩굴 등이다(내건성 수종이 적당).

5 시공구조도 및 사진

▲ 차폐수벽

▲ 시공 사진

▲ 소단상 객토식수공법 시공도

핵심 47 모암과 토성

1 모암의 종류

구분	생성 원인	모암의 종류
화성암	• igneous rock, 마그마가 굳어서 만들어진 암석 • 마그마가 군은 위치와 성분에 따라 성질이 결정	• 화강암, 섬록암, 현무암, 안산암
수성함	• sedimentary rock, 물에 의해 퇴적된 암석 • 물질의 조성에 따라 구분	• 생물학적 퇴적암: 석회석, 규조토, 석탄 등 • 물리적 퇴적암: 혈암, 사암, 응회암, 점판암, 화산재 등
변성암	• metamorphic rock, 화성암과 수성암이 고온 및 고압에 노출되어 성질이 변하여 생성된 암석	• 편마암, 천매암, 대리석 등

2 토성(土性, Soil Texture)

① 모래, 미사, 점토의 함량에 따른 토양을 구분한다.

토성	입자 구성	토성 삼각표
사토	• 모래 2/3 이상, 점토 12.5% 이하인 토양 • 응집력, 점성이 적어 경작이 쉬움 • 투수성이 좋으나 양분이 적음	
사양토	• 모래 1/3~2/3, 점토 12.6~25% • 흙 중에 점토가 25~37.5% 함유된 토양 • 양토는 토성이 좋고 경작도 잘 되며, 모든 작물에 적합	

▲ 입자의 구성 비율별 토성

토성	입자 구성	토성 삼각표
양토	• 모래 1/3 이하, 점토 26~37.5% • 흙 중에 점토가 비교적 적은 12.5~25%가 포함된 토양	
식양토	• 모래 촉감만, 점토 37.6~49% • 흙 중에 점토가 비교적 많은 37.5~50% 포함된 토양	
식토	• 점토 50% 이상 • 흙 중에 점토 함량이 40% 이상이고, 모래 45% 이하, 미사 40% 이하인 토양	

▲ 입자의 구성 비율별 토성

② 토양입자의 크기(지름, 직경)에 따른 구분, 미국 농무성법

		0.002	0.05	0.1	0.25	0.5	1.0	2.0	(mm)
				극세사 very fine	세사 fine	중간사 medium	조사 coarse	극조사 very coarse	
	점토 clay	미사 silt	모래 sand						자갈 gravel

Sieve No.	325 270 45 53	140 106	70 60 212 250	35 500	18 1,000	10 2,000	(μm)

③ 토성은 흙의 구성 성분, 즉 모래, 미사, 점토의 구성 비율로 구분한 것이다(토성은 흙의 물리적 특성을 결정하는 중요한 요소).

비탈면보호 기초공사

- 억지공/억제공: 풍화작용
- 외부 요인에 의한 비탈면 변화: 밀폐형, 개방형

① 돌쌓기: 찰쌓기, 메쌓기, 골쌓기, 켜쌓기, 자연석쌓기

② 벽돌쌓기, 콘크리트블록쌓기

③ 옹벽공법: 중력식, 부벽식, 공벽식, 반중력식, T · L자형 옹벽, 특수옹벽

  - 콘크리트, 철근콘크리트

  - 캔틸래버식 T형 및 L형 옹벽 4~5m

  - 부벽식 옹벽 7~8m마다 부벽 설치

  - 개비온 옹벽, 강철선 육면체

  - 보강토 옹벽 strip bar(보강재) 매설 → 토압↓

  - 목재 옹벽, 2m

  - 생태블록, 석축 기타

④ 비탈 흙막이: 비탈~콘크리트벽, 돌 흙막이, 콘크리트블록 흙막이, 콘크리트판 흙막이, 콘크리트기둥틀 흙막이, 콘크리트의목 흙막이, 돌망태 흙막이, 통나무쌓기 흙막이, 바자(얽기) 흙막이

⑤ 비탈힘줄박기공법: 현장 콘크리트 치기

⑥ 격자틀붙이기 공법: 현장 조립 방식, 콘크리트블록, 플라스틱제, 금속제품

⑦ 콘크리트뿜어붙이기: 숏크리트공법, 모르타르 5~10㎝, con'c 10~20㎝

⑧ 낙석망지망덮기: 로크네트덮기공법

⑨ 낙석저지책: 독립기초 위에 책의 지주 설치

⑩ 억지말뚝공: 활동토괴를 관통하여 견고한 지반까지

⑪ Soil nailing공: 복합 보강 지반 형성

⑫ 돌망태공: 용출수 지역, 연약지반

① **목책/편책공**
- 목판, 통나무를 층으로 걸치고 말목 고정
- 버드나무 등의 어린나무, 초두목, 우죽으로 얽기

② **격자틀공**
- 표준경사보다 급한 쌓기 비탈면
- 용수가 있거나, 긴 비탈면

③ **산돌쌓기공**
- 경사 → 완만, 길이 → 단축
- 토압이 발생하는 비탈면 하부에 착용
- 야면석, 전석, 식생마대

④ **배수공사**
- 강우에 의한 물의 처리, 유하수, 표면수 처리
- 종배수로, 소단배수로, 비탈면돌림수로, 옆도랑 등

비탈면보호 녹화공사

1 종자 파종공

① 씨뿌리기: 점파, 조파, 산파

② 뿜어붙이기, 직접 파종

③ 광범위, 완만한 경사지

2 식생 매트공

① 종자와 비료를 넣은 매트 피복, 고정

② 시공 후 침식 방지 효과가 크다.

3 줄떼 심기

① 떼꽂이로 잔디 고정

② 쌓기비탈면 30㎝ 간격, 수평 15~20㎝

4 평떼 심기

① 30×30㎝ 뗏장 밀착 · 고정

② 가장 오래된 비탈 보호공

5 취부공

① 녹생토 또는 종비토 → 초목류 파종

② 절취비탈면에 생육 기반 뿜어붙이기+타종

6 식재공

① 새심기, 묘목식재, 근주식재, Biotop 이식공법

② 식생 구멍을 파고 성체식물 직접 도입, 삽목, 휘묻이

7 만경류식재

① 암석 구간에서 종비토에 비해 경제적

참고　지침상의 녹화공법

① 씨뿌리기: 점파, 조파, 산파
② 나무심기: 배열, 수종 선택
③ 식생관리: 비료주기, 객토

핵심 50 비탈면보호 녹화기초공사

1 비탈면보호 녹화기초공사의 목적

① 생육 기반의 안정화

② 생육 기반의 조성 · 개선: 객토

③ 기상조건 완화: 각종 멀칭공법, 방풍공 등

2 비탈면보호 녹화기초공사

① 단쌓기

- 떼, 돌, 짚망, 흙포대 쌓기 등

- 급경사에 생산토사가 많을 경우

② 줄떼다지기

- 흙쌓기 비탈면에 폭 10~15cm의 골을 파고 떼나 새 또는 잡초 등을 수평으로 놓고 잘 다진다.

- 비탈면의 기울기는 대개 1:1~1:1.5로 하며, 한 층의 높이를 20~30cm 내외의 간격으로 반복하며 시공한다.

③ 줄떼붙이기

- 절토 비탈면에 주로 시공하며, 사면은 수평이 되도록 고랑을 파고 떼를 붙인다.

- 비탈면의 줄떼 간격은 20~30cm 내외로 한다.

④ 줄떼심기

- 도로가시권 · 주택지 인근 등에 조기피복이 필요한 지역에 시공하되 줄로 골을 판 후 떼를 놓고 흙을 덮은 다음 고루 밟아준다.

- 여건에 따라 전면에 떼붙이기를 할 수 있다.

⑤ 선떼붙이기

- 비탈다듬기에서 생산된 뜬흙을 고정하고 식생을 조성한다.

- 단의 전면에 떼를 쌓거나 붙인 후 그 뒤쪽에 흙을 채우고 식재 · 파종

- 선떼붙이기는 사용 매수에 따라 1~9급으로 구분하며, 기초에 돌을 쌓아 보강하는 경우
  밑돌 선떼붙이기라 한다.

- 단의 직고 간격은 1~2m 내외, 너비는 50~70cm 내

⑥ 비탈면덮기공

- 강수, 동상, 서릿발에 의한 사면침식 방지

⑦ 조공

- 통나무, 섶, 식생반, 식생자루, 식생대, 식생매트 등 활용

- 절성토사면에 객토와 시비로 파식상 조성 후 식재

51 비탈면보호에 구조물 적용 조건

● 식생공의 적용이 부적당한 곳, 식생공만으로는 침식 및 붕괴 징후가 있는 비탈면

1 비탈면 보호에 구조물 적용 조건

① 비탈면

- 지질에 맞는 표준물매가 급한 곳
- 凹형 비탈면, 凹부, 凸형 비탈면 가장자리

② 지질

- 침식이 현저한 곳
- 침투수가 있는 곳
- 용수지역 많은 곳
- 비탈면에 얇은 표층토 · 애추가 있는 곳

③ 기상

- 강우 강도가 현저하게 큰 지역의 비탈면
- 현저한 동상 · 동결이 예상되는 곳

④ 기타

- 과거 붕괴 발생지역의 비탈면
- 대규모 절토와 성토가 있어 붕괴가 예상되는 곳
- 지하수위의 큰 변동이 예상되는 경우

2 비탈면 구조물공 설계 시 유의사항

☞ 필요한 공사기간과 공사비용 감안

☞ 비탈면 상태 충분히 파악

① 산사태의 위험도 판정

- 산사태 징후, 전력, 검토

② 붕괴 위험도 판정

- 물매 · 침투수 등 징후 검토

③ 낙석 위험도 판정

- 절리, 지질, 석력, 적설지 상태 검토

④ 풍화 위험도 판정

- 풍화 난이도에 따른 암판별, 파쇄암 또는 남서향 절취사면

⑤ 붕괴 예상 규모 산정

⑥ 비탈면 길이

- 10m 전후 검토 → 안정계산 실시

재해 발생 매커니즘과 원인

- 임도 및 사방사업 등 산림사업 현장에서는 벌목작업, 중량물 운반, 장비작업 등에서 주로 재해가 발생한다.

- 벌목작업을 할 때는 넘어지는 벌도목에 깔리거나, 벌도용 엔진톱에 의해 상처를 입거나, 장기적으로는 기계의 소음과 진동으로 인한 질병에 걸릴 수 있다.

- 중량물을 인력으로 운반하는 경우 무리한 작업량으로 허리 등에 상처를 입거나 중량물의 낙하에 의한 끼임이 발생할 수 있다.

- 현장에서 주행하는 토공 장비의 바퀴에 깔리거나, 콘크리트 믹서트럭과 펌프카 사이에 끼이거나, 떨어지는 암석에 맞거나, 상차작업 중 와이어나 벨트가 풀려서 떨어지는 물건에 맞는 경우가 있다. 또한, 옹벽을 설치하는 높이가 높을 경우, 거푸집이 무너지면서 쏟아져 굳지 않은 콘크리트와 거푸집에 눌리는 경우가 있다.

- 산업안전보건법은 "산업재해란 노무를 제공하는 자가 업무에 관계되는 건설물·설비·원재료·가스·증기·분진 등에 의하거나 작업 또는 그 밖의 업무로 인하여 사망 또는 부상하거나 질병에 걸리는 것을 말한다."고 정의하고 있다. 그러므로, 각종 산림사업에서 발생하는 재해도 산업재해에 해당한다고 볼 수 있다.

1 재해 발생 메커니즘

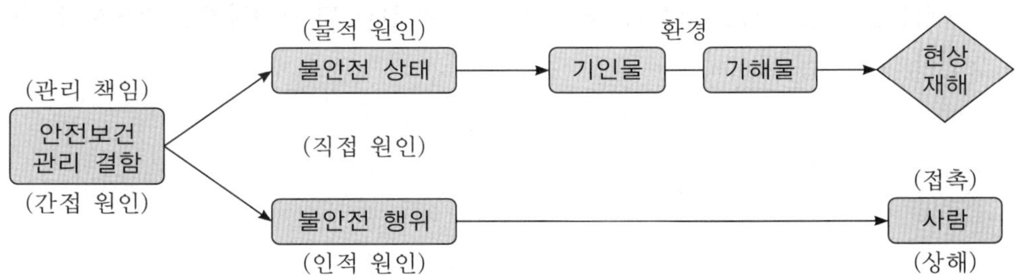

2 재해 발생의 원인

원인	내용	대책
불안전한 상태(10%) 기술적 원인 (Engineering)	• 기계 자체의 결함 • 방호장치 결함 • 복장 및 보호구 결함 • 작업 장소, 환경, 공정의 결함	기술적 대책: 인체공학적인 설비 구성, 위험이 적은 원재료 사용, 작업공정, 작업 방법 변경

원인	내용	대책
불안전한 행동(88%) 교육적 원인 (Education)	• 위험장소 접근 • 방호장치 기능 제거 • 기계 및 기구 오조작 • 운전 중인 기계장치 손질 • 불안전한 자세 및 동작	교육적 대책: 안전교육을 생활화하여 안전의식을 고취
관리적 요인 (Enforcement)	• 안전관리 조직 및 제도의 결함 • 안전수칙 미제정 등 관리적 결함	관리적 대책: 안전조직체계를 정비하고 관련 제반 기준을 마련
정신적 원인	• 태만, 반항, 불만, 초조, 기장, 공포 등 정신상태 불량	
신체적 원인	• 각종 질병, 스트레스, 피로, 수면 부족 등 육체적 능력 초과	

❸ 재해 방지 요령 예시

산림사업 현장에서 발생하는 인적재해의 개별적인 방지 요령은 다음과 같다.

① 벌목작업 등 각종 작업에 투입되는 근로자는 안전장구를 반드시 착용하고, 벌목작업 전 대피로를 확보하고, 수구를 낸 후 추구를 내고, 위와 아래에서 나란히 벌목하는 것을 피하는 등 벌목 요령을 준수하여야 한다.

② 중량물을 운반할 때는 작업 동선에 대해 안전계획을 수립하고, 차량계 건설기계를 현장에서 운영할 경우 반드시 유도자를 배치하여 작업 반경 내 근로자의 접근을 통제하여야 하며, 중량물을 취급할 때는 벨트나 와이어로프 등에 잠금 및 해지장치를 반드시 설치하여야 한다.

핵심 53 재해 예방대책

1 3E 대책

대책	내용
기술적 대책 (Engineering)	• 시공기계에 대한 안전대책 수립 • 현장 동선을 고려한 작업계획 수립 • 개별 작업의 위험요소를 분석하고 방지대책 수립
교육적 대책 (Education)	• 작업자에게 작업 목적, 시공상 문제점을 교육 • 작업자에게 안전관리의 목적과 내용을 숙지 • 작업장 정리정돈 요령 교육 및 확인 • 안전장구의 필요성 및 착용 요령 교육
관리적 대책 (Enforcement)	• 토공작업기계 신호수 배치 • 안전시설 및 설비 구비 • 안전장구 구비 및 작업자에게 지급

2 관리적인 대책

① 산림사업 현장에서 발생할 수 있는 재해는 점검, 재해 요인 발견, 대책 수립의 순으로 예방할 수 있다.

② 현장에서 발생하는 재해에 대한 책임은 산업안전보건법 제5조 사업주 등의 의무에서 산업재해 예방을 위한 기준을 수립하고, 근로자의 작업환경 및 근로조건 개선, 안전보건에 대한 정보 제공 등의 의무를 사업주에게 부과하고 있다. 또한, 같은 법 제15조 "안전보건관리책임자"는 안전보전관리책임자의 업무를 구체적으로 명시하고 있다.

③ 임도 건설 등 건설공사는 공사금액 20억 이상의 경우 안전보건관리책임자를 두도록 규정하고 있지만, 안전보건관리책임자의 의무에 재해를 예방하기 위한 대책이 구체적으로 제시되어 있으므로 그 대책을 간략히 요약하면 다음과 같다.

㉠ 사업장의 산업재해 예방계획 수립

㉡ 안전보건관리규정 작성

㉢ 안전보건교육

㉣ 작업환경점검 및 개선

ⓜ 근로자의 건강관리 및 유해 · 위험 방지 조치

ⓗ 산업재해에 관한 원인조사, 재발방지대책, 통계의 기록 및 유지

ⓢ 안전장치 및 보호구 구입 시 적격품 여부 확인

㉠~ⓢ의 내용을 이행하는 과정에서 재해 예방을 위한 구체적인 활동이 이루어질 것을 기대할 수 있다. 관리적인 대책의 출발점은 현장의 안전점검이다.

3 안전점검

안전점검은 불안전한 상태와 불안전한 행동에 대한 점검으로 구분할 수 있다. 점검활동을 통해 불안전한 상태와 행동을 발견하면 원인을 분석하고, 대책을 수립하여 이를 시정 및 보완한다.

Chapter 02

임도

임도의 효과 및 필요성

1 임도의 효과

① 세밀한 산림시업이 가능하여 산림이 갖고 있는 다면적 기능의 향상을 도모한다.

② 임산물의 반출을 신속, 용이하게 하며, 반출 도중에 소모와 품질의 저하를 방지하며, 반출비의 경감을 도모할 수 있다.

③ 반출비의 경감에 의하여 저질재의 집약채취가 가능하여 생산성을 향상시킨다.

④ 집약채취에 의해서 벌채적지의 갱신이 용이하며, 조림비의 경감을 도모할 수 있다.

⑤ 산림 내의 교통이 편리하여 노동 공급을 원활히 하며, 산림보호, 보육, 관리 등을 충분히 수행할 수 있다.

⑥ 작업조건이 향상되며, 또한, 기계의 도입이 용이하게 되어 작업 방법의 개선 및 작업능률의 향상을 도모할 수 있다.

2 임도의 필요성

① 가치 있는 산림자원 조성, 경쟁력 있는 산림사업 육성

② 건강하고 쾌적한 산림환경 증진을 위한 임업의 생산기반시설

③ 농·산촌 간의 지역교통의 개선, 지역사업의 진흥 및 산림의 공익적 기능 발휘

임도의 기능 및 구분

1 임도의 역할

① 적정한 산림사업의 추진

② 임업총생산의 증대

③ 임업생산성의 향상

④ 임업 노무 조건의 개선

⑤ 지역교통의 개선

⑥ 지역산업의 진흥

⑦ 보건 휴양자원의 개발 및 보급

⑧ 산림복지 및 산림레포츠 산업에 활용

2 임도의 기능

① 이동기능: 교통류를 신속하고 원활하게 처리해 주는 기능(간선임도, 연결임도)

② 접근기능: 임지 이용의 활성화를 촉진시키는 기능(지선임도, 경영임도)

③ 공간기능: 집재, 집적, 주차의 공공용지나 휴양림에서의 생활공간 등의 기능

3 임도의 구분

1) 기능에 따른 구분

① 간선임도: 산림의 경영관리 및 보호상 중추적 역할을 하는 임도로서 대상 지역의 중심부를 관통하거나 도로와 도로를 연결하는 임도

② 지선임도: 일정 구역의 산림경영 및 산림보호를 목적으로 간선임도 또는 도로에서 연결하여 설치하는 임도

③ 작업임도: 일정 구역의 산림사업 실행을 위하여 간선임도ㆍ지선임도 또는 도로에서 연결하여 설치하는 임도

2) 이용 집약도에 따른 구분

① 주임도: 집재장 또는 부임도로부터 공도까지 연결되는 영구적 임도

② 부임도: 집재장 또는 작업도로부터 주임도 또는 공도까지 연결되는 영구적 임도

③ 작업도(skidding road): 임지 또는 운재로로부터 집재장, 부임도 또는 주임도까지 연결되는 일시적인 임도

④ 운재로(skidding trail): 임지에서 집재장 또는 작업도까지 연결되는 일시적인 임도로서 임목만 제거하고 대규모의 토양 이동은 하지 않는다.

3) 설치 위치에 따른 구분

① 주계곡임도

② 부계곡임도

③ 사면임도

④ 능선임도

⑤ 산정임도

⑥ 분지임도

임도망 계획 시 고려사항

1 임도망 계획 시 고려사항

① 시설비가 적게 들도록 한다.

② 운재 등 임도 이용이 편리하도록 한다.

③ 기후 및 계절에 제한을 받지 않도록 한다.

④ 특수 기능 및 노동이 적게 들도록 한다.

⑤ 임업경영에 관련된 수요를 충족시키도록 한다.

⑥ 치산치수 또는 풍치 상의 제반관계를 만족시키도록 한다.

⑦ 임업경영 외 타 산업에도 활용이 될 수 있도록 한다.

2 임도망 계획순서

① 계획목표 설정(정책과 비교)

② 기본 데이터 수집(환경에 대한 영향의 검토 등)

③ 마스터 플랜 준비(기본계획) – 계획과 관련이 있는 타 기관 및 타 법률 확인

④ 2 · 3차 계획(대잠노망)

⑤ 대잠노망과의 비교(최적화)

⑥ 최적노망의 결정

☞ 대잠노망 = 대안노망

3 임도밀도에 따른 집재거리

임도밀도	최대집재거리	평균집재거리
10m/ha	500m	250m
20m/ha	250m	125m
30m/ha	125m	62m

☞ 전제조건은 유럽식으로 평지에서 야더를 이용하여 집재하는 조건으로 임도 밀도에 따른 집재거리 산정

04 임도망 계획 시 검토사항

1 임도망의 개념

산림의 합리적인 경영을 위해서는 각종 임도를 계통적으로 배치하는 것이 필요한데, 이렇게 계통적으로 배치된 일련의 임도를 임도망이라 한다.

2 임도망 계획 시 검토할 사항

1) 사회적 요인

① 산림경영의 현황과 금후계획 예측

② 노선 통과에 따른 도시, 촌락, 경작지와의 관계

③ 접근에 의한 소음, 오염 등에 따른 주택, 식수 등 주거환경과의 관계

④ 유적, 매장문화제, 절, 묘지 등 민족유산과의 관계

⑤ 자연경관, 자연생태계와의 관계

⑥ 수리, 기상변화 등 자연조건의 변화

2) 경제적 요인

① 집재 · 운반비의 감소, 시간의 단축, 임산물의 가치성 등 편익 관계

② 각 노선 또는 노선의 일부 구간에 대한 시 · 종점 위치, 주요 구조물의 형식 등에 대한 공사비와 유지관리비 등의 경제성

③ 비교적 긴 노선의 경우 각 구간의 통과 위치에 대한 직 · 간접 편익 등 검토

④ 선형과 도로구조물의 설계에 대한 공사비와 유지관리비의 비교 검토

3) 기술적 요인

① 교통 기술적 요인: 지역도로망의 연계성, 설계속도와 선형설계, 집재장 · 회전장 · 대피소 등의 검토, 교통용량의 활용수준 등

② 구조 기술적 요인: 지질, 토질 등 자연조건, 하천 · 계곡의 도하지점, 능선통과 등

③ 작업적 요인: 활용가능 자동차 및 기계장비의 종류, 작업방법, 산림의 생산성 향상 정도 등을 검토한다.

3 임도 노선 선정 시 고려사항

① 공익적 기능에 대한 배려

② 구조 규격

③ 다른 도로와의 조정

④ 지력 노망의 형성

⑤ 중요한 구조물의 위치

⑥ 일반 산지부의 통과

⑦ 애추지대의 통과

⑧ 제한 임지 내의 통과

임도의 노망형

1 임도의 노망형

① 임도의 노망형은 집괴형, 임의형, 균일형으로 구분된다.

☞ 임도노망 임의균집

② 집괴형은 평균집재거리가 길 때 채택하고, 임의형은 필요 이상으로 임도를 개설한 결과 비효율적인 때가 있다.

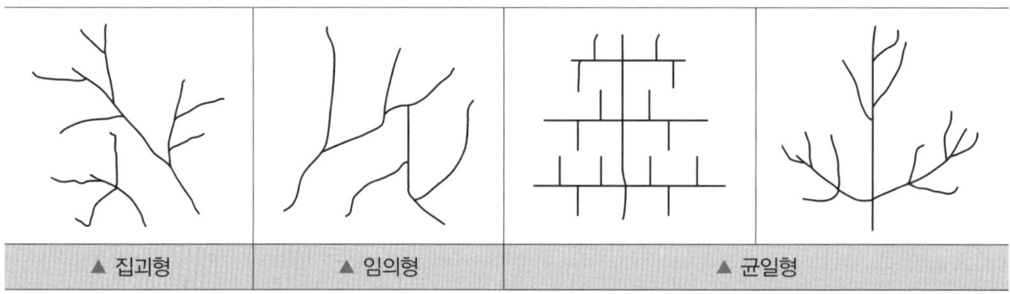

2 임도의 노선망 결정 시 고려사항

① 임도시설비를 고려하지 않는다면 임도밀도는 고밀도일수록 좋다.

② 노망의 분포는 임지 내에 고루 배치되도록 하는 것이 좋다.

③ 균일형 노망은 다른 노망에 비해 효율적이다.

④ 집괴형은 평균집재거리가 길고, 임의형은 필요 이상의 도로가 개설되어 효율적이지 못하다.

3 입지 조건에 따른 노망 설치 시 고려할 원칙

① 항구성의 원칙 : 산림이 항구적으로 유지되는 것과 같이 임도도 항구적으로 유지될 수 있도록 견고하게 시설

② 임지종속성의 원칙 : 입지에 따라서 평면선형, 종단선형, 횡단선형 등 여러 가지의 조건이 다르므로 국지적인 입지 조건에 부합되도록 시설

③ 다양성의 원칙 : 임업적 · 경제적 기능도 중요하지만, 생태적, 환경적, 공익적인 기능도 함께 수용할 수 있도록 계획

06 지형에 따른 임도망

- 임도망의 형태는 사면, 계곡, 능선, 산정 등 설치 지형에 따라 경사형, 등고선형, 곡선형 등 다양한 형태로 나타날 수 있다.

- 임도는 산림 내의 작업을 지원하고 접근성을 높이기 위한 도로로, 지형에 따라 그 설계와 배치가 크게 달라진다. 설치 지형에 따른 대표적인 임도망 형태를 살펴보면 다음과 같다.

01
산림개발 및 보전

1 계곡임도형

홍수로 인한 유실 방지를 위하여 산록부의 사면에 최대홍수위보다 몇m 높게 설치한다.

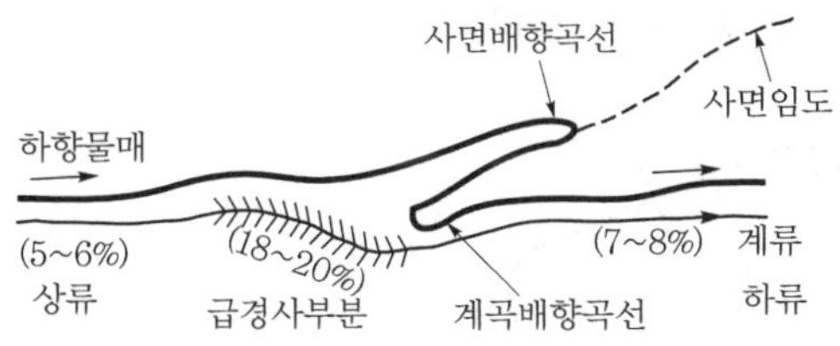

▲ 급경사지역의 계곡임도(사행형)

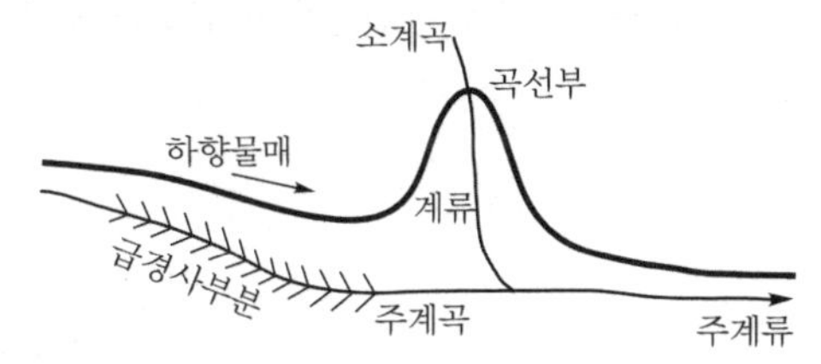

▲ 중경사지역의 계곡임도

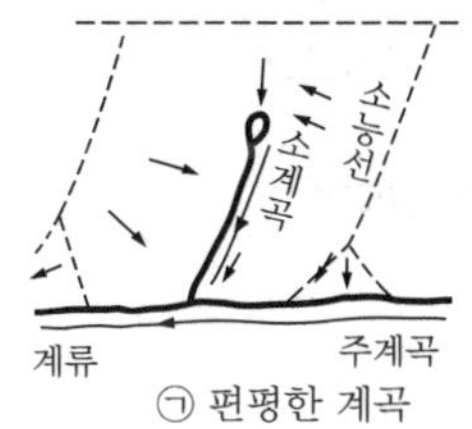

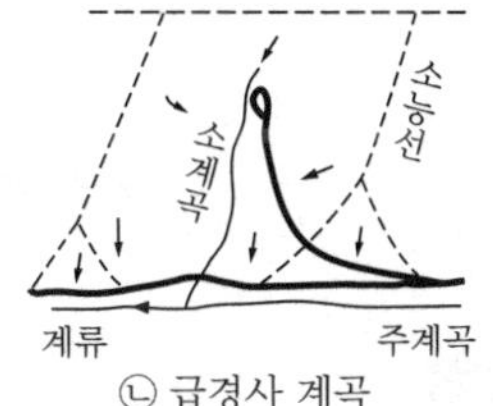

▲ 편평한 주계곡의 계곡임도

2 사면임도

계곡임도에서 시작되어 산록부와 산복부에 설치하는 임도이다.

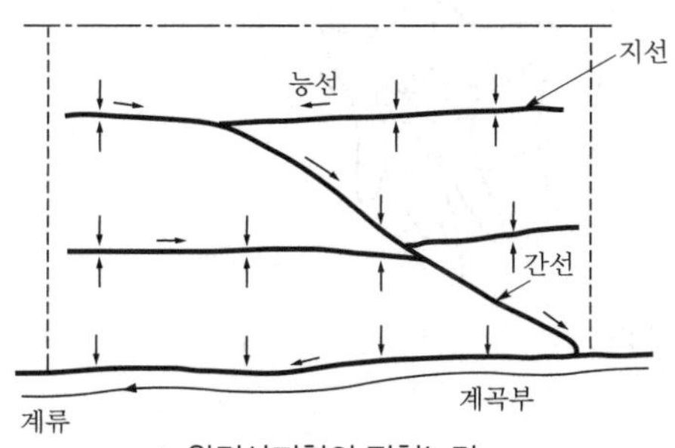

▲ 완경사지형의 평형노망

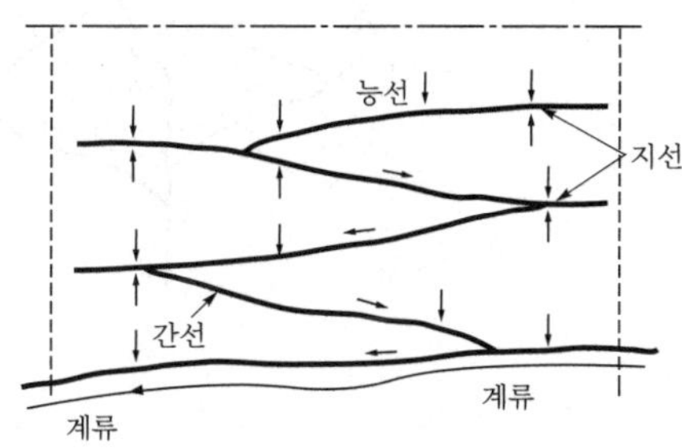

▲ 급경사이고 긴 사면에서의 사행형

3 능선임도

축소 비용이 적고 토사 유출도 적지만, 상향집재시스템에 의존한다.

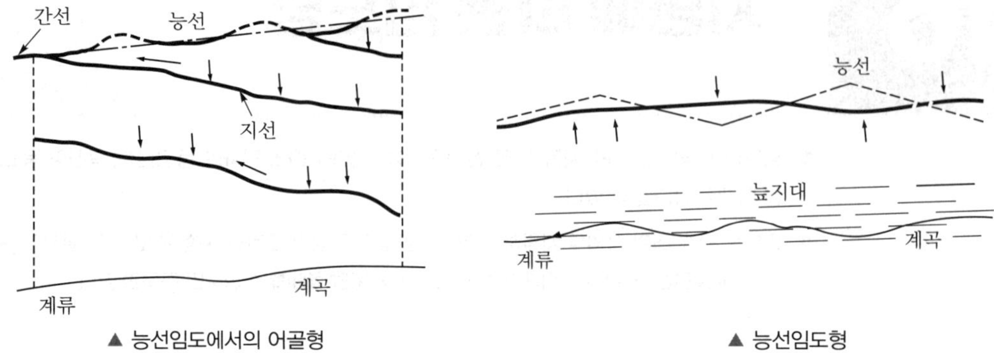

▲ 능선임도에서의 어골형   ▲ 능선임도형

4 산정부 개발형

산정부 주위에 나선형으로 임도를 구축함으로써 개발할 수 있다.

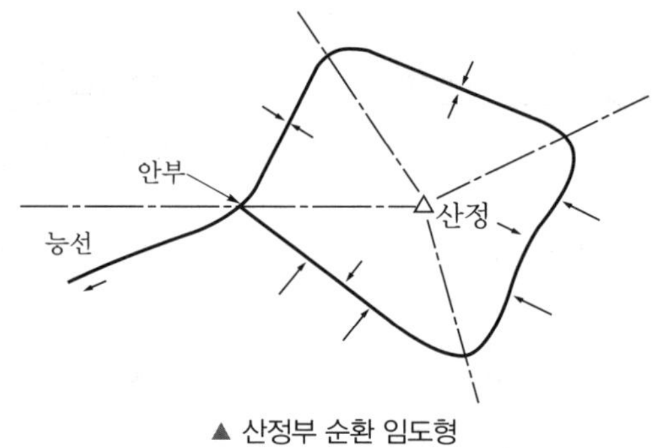

▲ 산정부 순환 임도형

5 계곡분지의 개발형

계곡 하부의 맨 윗부분은 아래와 같이 순환도로에 의하여 개발될 수 있으며 경사는 별로 없어야 한다.

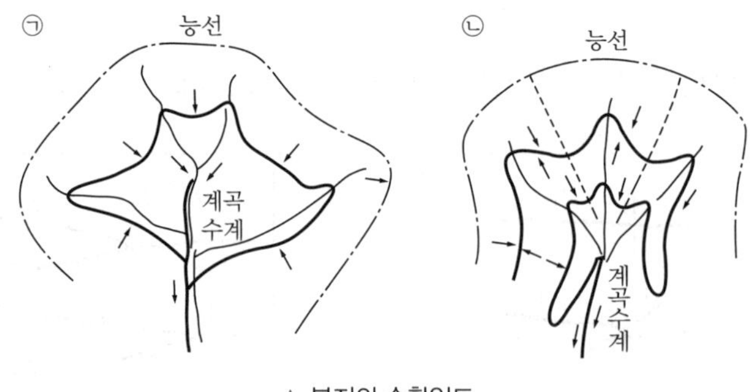

▲ 분지의 순환임도

6 반대편 능선부 산림개발형

능선 넘어 산림에 있어 경제적으로 임도를 개발할 수 없는 곳은 트럭에 의해서 능선 위로 운송이 가능하도록 구배가 심하지 않게 임도를 개설한다(역구배 약 6%).

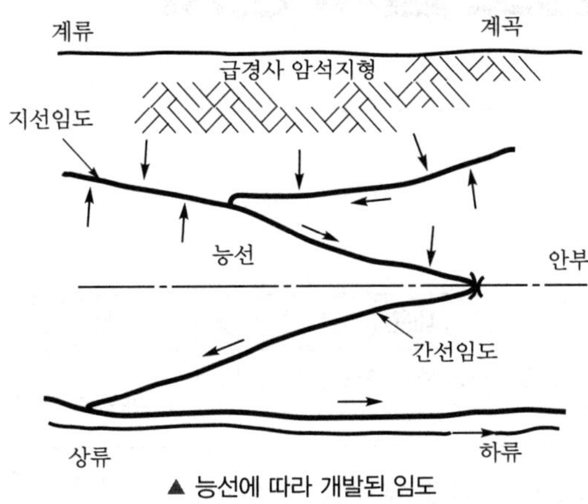

▲ 능선에 따라 개발된 임도

07 임도 설계 순서

1 임도 설계 순서

구분	내용	비고
예비조사	지형도 및 항공 사진 이용, 도상 노선 선정	노선에 대한 객관적 검토
답사	예비조사 결과를 토대로 현지에서 기술적 검토	답사는 가급적 현지를 많이 돌아보고 임도 설치 예정지역의 지형을 충분히 파악할수록 좋음
예측	간단한 기구로 측량하여 예측도 작성	예비 측량으로 지형 전반을 파악하여 기술적, 경제적으로 좋은 노선을 찾음
실측	예측결과를 토대로 설계서 작성을 위한 현지 측량 실시	예측에서 결정된 노선을 따라 설계도 작성에 필요한 측량 실시
설계서 작성	현지 측량과 재조사가 끝난 뒤 모든 자료를 정리해 작성	공사의 기본이며 공사시행의 지침이므로 공사실행의 전 과정을 현실적으로 표시
임도 시공	임도의 종류와 규모에 따라 중장비의 적정 기종 결정	충분한 현지 지형 파악과 충분한 토의 후 시공

2 항목별 세부 내용

1) 예비조사

① 지형도(1/25,000), 항공 사진, 기타 자료에 의해서 책상에서 실시

- 지형
- 임황
- 임산물의 종류 및 수량
- 임산물의 시장 및 시장가격
- 임산물의 생산비
- 운반 방법 및 운임
- 노무관계
- 토지 및 소유관계

② 도상의 노선 선정

- 등고선이 있는 지형도에 입목이 있는 지역과 장래 원목 수송 방향을 표시한다.
- 임도계획안을 양각기계획법으로 지형도상에 표시한다.

③ 임도의 경제적 고찰

- 임도개설에 요하는 경비와 임도개설에 의해서 생기는 편익을 비교 검토하는 것이다.
- 입목의 단가는 시장가 역산법에 의하여 산출한다.

2) 답사

① 답사에 있어서 일반적 유의사항

- 답사에는 노력을 아끼지 않고 될 수 있는 한 넓은 범위를 세밀히 조사한다.
- 장애물, 지질, 구축물, 하천, 계곡상태, 용지대, 지형환경을 충분히 조사한다.
- 주위의 기설도로의 성격, 정도, 장래의 연관관계에 대하여 조사한다.
- 교량, 터널, 입체교차의 위치, 토취장, 사토장 등에 대해서도 고려하여 조사한다.

② 기종점의 결정에 대한 유의사항

- 기종점의 적부는 공사비, 운반관계, 장래의 연락관계 등에 영향을 미치므로 도상에서 예정된 지점과 현지와 비교해서 적부를 정한다.

③ 노선 통과지의 결정에 있어서의 유의사항

- 구조물이 적을 것
- 햇볕이 잘 쪼이고 건조한 곳을 고르고 붕괴지를 피한다.
- 암석지는 가능한 피하는 것이 필요하나 유지비에 많은 경비를 요하는 연약개소도 악영향을 미치므로 양자 비교 검토 후 행한다.
- 큰 절취, 성토나 높고 긴 교량을 필요로 하는 곳은 가급적 우회한다.
- 가교 지점은 양안의 침식이 없는 개소를 선정한다.
- 항공 사진을 이용해서 통과 지점의 대요를 결정한다.

3) 예측(예비측량)

① 간단한 기구로 측량하여 예측도를 작성하는 과정으로 기점, 종점, 각종 공작물, 가설지점, 임도분기개소, 기타 주요 통과지점에 예측말목을 박고 구간마다 고저차, 거리 및 구배 등을 측정하는 것

② 숙련을 거듭함에 따라 전 작업을 할 필요가 없으나 지형이 복잡하거나 중요한 노선 등에는 예측을 실시하고 적당한 노선을 산정하여야 한다.

4) 실측

① 예측의 결과 노선의 기점, 종점 및 경과 지점이 결정되었으므로 이 노선을 현지에서 측설하여 본 설계의 기초가 되는 정밀한 측량을 하는 것이다(세부 방법 생략).

② 교각점(I.P.) 설정 → 곡선측설 → 평면측량 → 종단측량 → 횡단측량

5) 설계도 작성

① 평면도, 종단면도, 횡단면도, 구조물설계도, 표준도, 전개도, 용지도, 위치도(세부 작성 요령 별도)

설계도면의 종류

● 설계도(design drawing)에 있어서 사업의 내용을 파악하기 위해 중요한 도면은 위치도, 평면도, 종단면도, 횡단면도, 구조물도 이렇게 다섯 가지의 도면이다. 각 도면의 특성을 알아야 도면을 현장에서 검토할 수 있다.

1 위치도

위치도는 우리가 일반적으로 알고 있는 지형도, 즉 등고선 상에 노선의 시점과 종점, 노선의 길이와 진행 방향, 축척 등이 표시되어 있다. 노선의 시점과 종점이 표시되어 있기 때문에 해당 현장에 접근할 수 있는 도로를 찾는 데 꼭 필요하다.

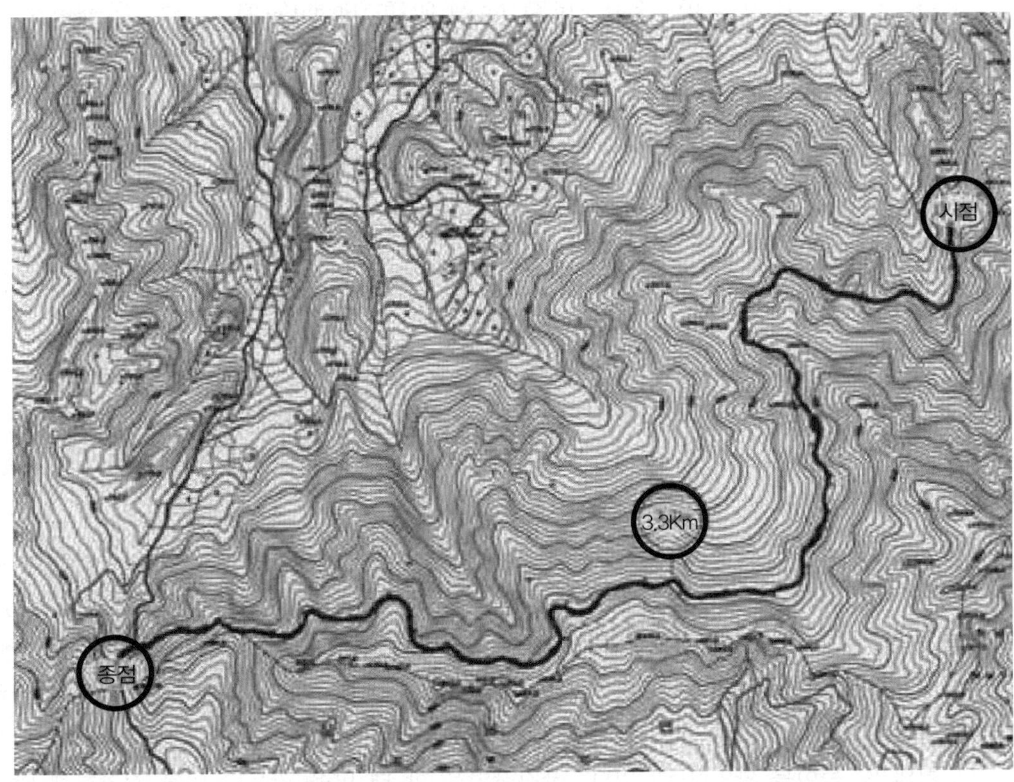

2 평면도

임도 위치도가 임도의 전체 노선을 표시한 지도라면 평면도는 임도의 진행 방향에 따라 노선의 굴곡 정도를 표시한 지도이다. 노선의 굴곡 정도는 직선과 직선이 만나는 곳에 차량의 원활한 주행을 위해 설치하는 곡선의 반지름으로 구체적으로 표시되며, 곡선반지름이 크면 클수록 차량의 주행이 쉽다. 평면도에는 교각법에 의해 설치하는 곡선의 제원이 지도와 함께 제시된다.

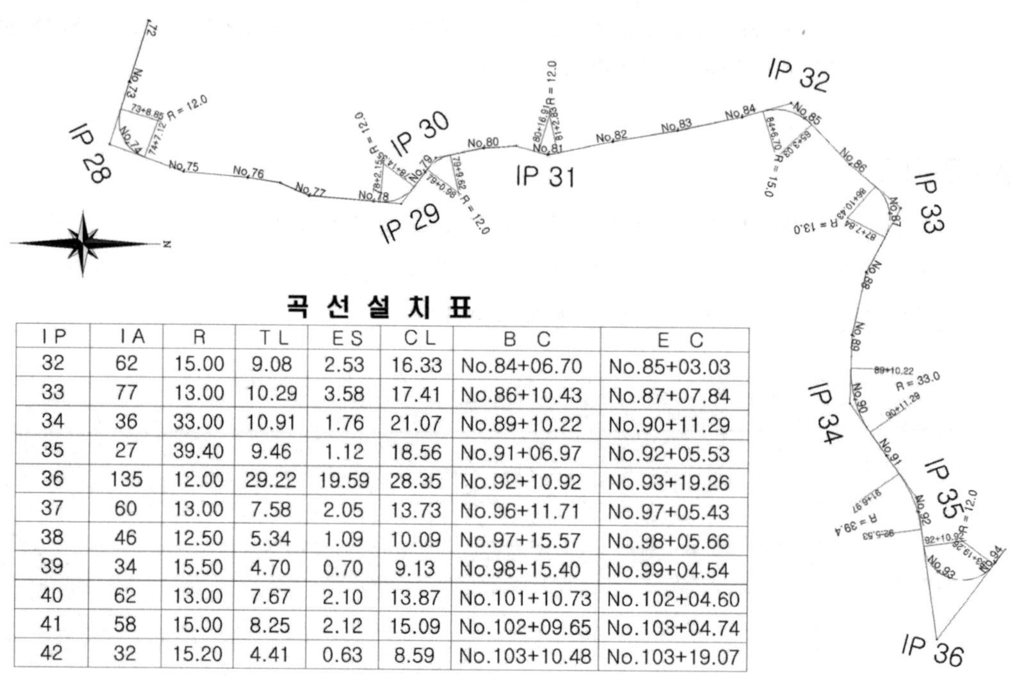

곡 선 설 치 표

I P	I A	R	T L	E S	C L	B C	E C
32	62	15.00	9.08	2.53	16.33	No.84+06.70	No.85+03.03
33	77	13.00	10.29	3.58	17.41	No.86+10.43	No.87+07.84
34	36	33.00	10.91	1.76	21.07	No.89+10.22	No.90+11.29
35	27	39.40	9.46	1.12	18.56	No.91+06.97	No.92+05.53
36	135	12.00	29.22	19.59	28.35	No.92+10.92	No.93+19.26
37	60	13.00	7.58	2.05	13.73	No.96+11.71	No.97+05.43
38	46	12.50	5.34	1.09	10.09	No.97+15.57	No.98+05.66
39	34	15.50	4.70	0.70	9.13	No.98+15.40	No.99+04.54
40	62	13.00	7.67	2.10	13.87	No.101+10.73	No.102+04.60
41	58	15.00	8.25	2.12	15.09	No.102+09.65	No.103+04.74
42	32	15.20	4.41	0.63	8.59	No.103+10.48	No.103+19.07

▲ 임도 평면도와 곡선 설치표

☞ IP 점별로 곡선이 설치되어 있다.

3 종단면도

종단면도는 레벨 또는 토털스테이션으로 종단 측량한 결과를 나타낸 도면으로 축척은 횡 방향 1/1,000, 종 방향 1/200로 작성한다. 사방사업의 경우 더 상세하게 나타낸다. 종단면도는 자동차의 주행과 노면의 물 빠짐에 적당한 물매의 계획선을 설정하여 시공기면의 높이를 결정한다. 원래 땅의 높이와 계획상의 높이를 모두 알 수 있는데, 이것을 현장에서 확인하려면 레벨이 필요하다. 레벨을 가지고 임도 시작점부터 20m마다 땅의 높이를 측정하여 시공하는 위치의 땅 높이를 확인할 수 있다. 굴진작업을 할 때 땅을 깎는 높이를 정확하게 알아야 하는데, 다시 되메운 흙은 원지반의 흙보다 잘 씻기기 때문이다. 토공작업은 장비로 하는 것은 누구나 알고 있지만, 토공작업의 높이를 레벨로 확인할 수 있다는 것을 아는 사람이 많지 않은 것 같다. 임도 시공현장에 레벨이 항상 있어야 하지만, 없는 경우를 더 많이 보기 때문이다. 바늘 가는 데 실 가듯이 백호우의 버킷, 토공장비의 흙을 담는 바가지 곁에는 늘 레벨기계와 스타프가 있어야 한다.

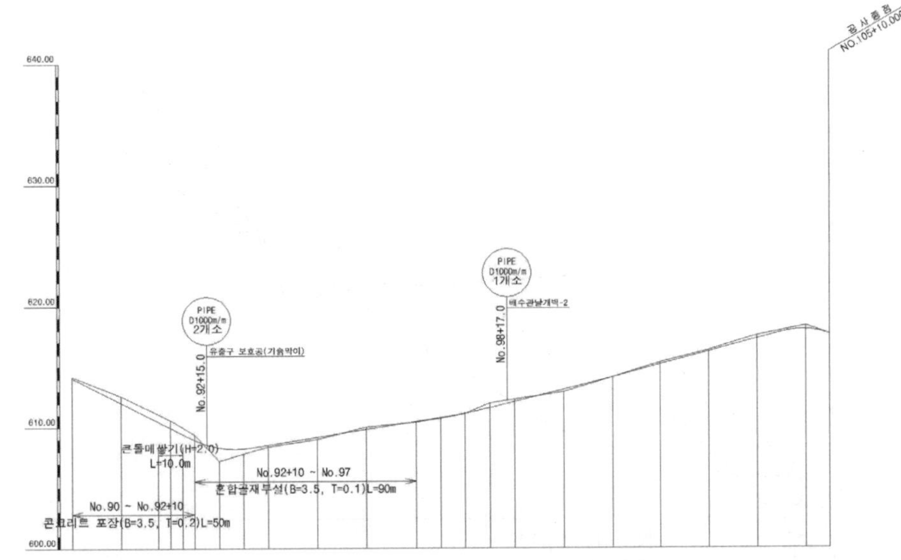

측점	No 90	No 91	No 92	+10.00	No 93	+10.00	No 94	No 95	No 96	No 97	+10.00
성토고					1.13	0.45	0.15	0.19		0.06	0.08
절토고	0.10	0.56	0.63	0.44					0.18		
계획고	614.10	612.04	609.97	608.96	608.33	608.25	608.55	609.19	609.82	610.46	610.78
지반고	614.20	612.60	610.60	609.40	607.20	607.80	608.40	609.00	610.00	610.40	610.70
누가거리	1800.00	1820.00	1840.00	1850.00	1860.00	1870.00	1880.00	1900.00	1920.00	1940.00	1950.00

측점	No 98	+10.00	No 99	No 100	No 101	No 102	No 103	No 104	No 105	+10.00
성토고	0.05			0.20						
절토고		0.40	0.20			0.15	0.10	0.25	0.31	
계획고	611.15	611.60	612.10	613.10	614.10	615.15	616.20	617.25	617.99	617.60
지반고	611.10	612.00	612.30	612.90	614.10	615.30	616.30	617.50	618.30	617.60
누가거리	1960.00	1970.00	1980.00	2000.00	2020.00	2040.00	2060.00	2080.00	2100.00	2110.00

▲ 임도 종단면도

▲ 토공작업과 레벨측량

▲ 토공작업과 레벨측정

4 횡단면도

도로의 중심을 직각으로 가로지르는 선으로 도로를 잘라서 그 자른 면을 도면으로 옮긴 것이
횡단면도이다.

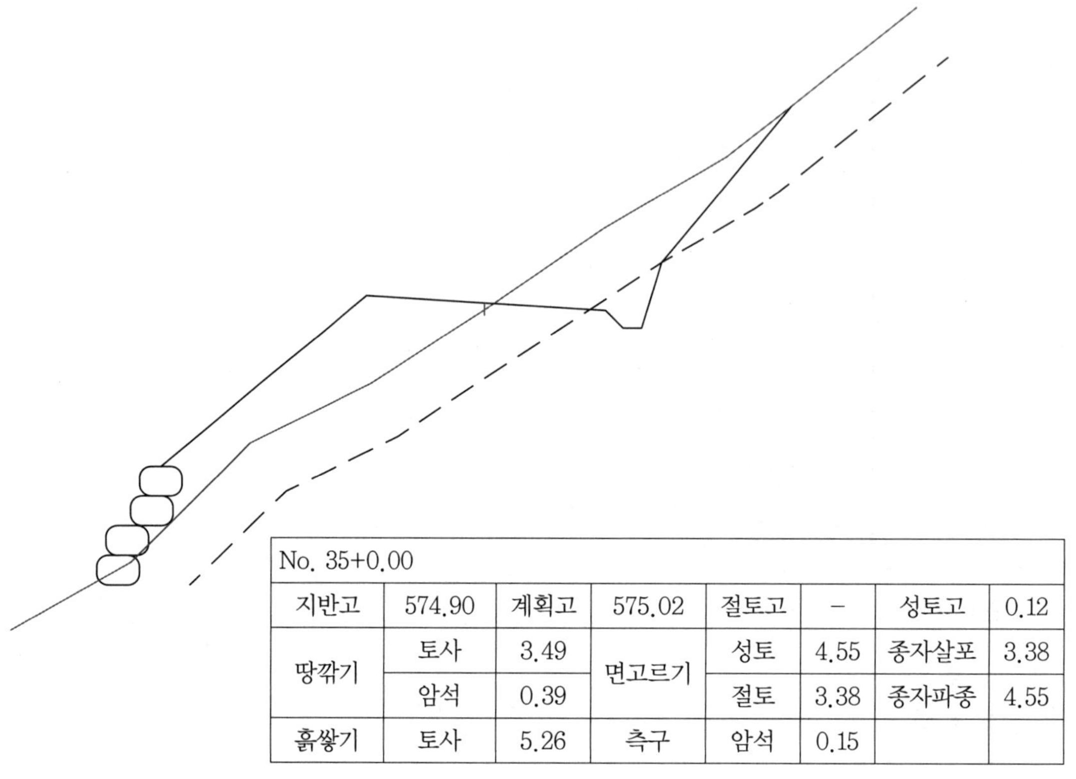

No. 35+0.00							
지반고	574.90	계획고	575.02	절토고	–	성토고	0.12
땅깎기	토사	3.49	면고르기	성토	4.55	종자살포	3.38
	암석	0.39		절토	3.38	종자파종	4.55
흙쌓기	토사	5.26	측구	암석	0.15		

▲ 임도 횡단면도

1) 폴에 의한 횡단측량

횡단면도는 가장 간단하게는 폴에 의해 종단측량의 측점마다 횡단측량을 하고, 그 결과를
원래의 지형과 함께 흙을 깎아낼 부분과 흙을 쌓을 부분을 따로 표시하고, 그 면적을 계산한
값을 표에 적어 같이 표시한다.

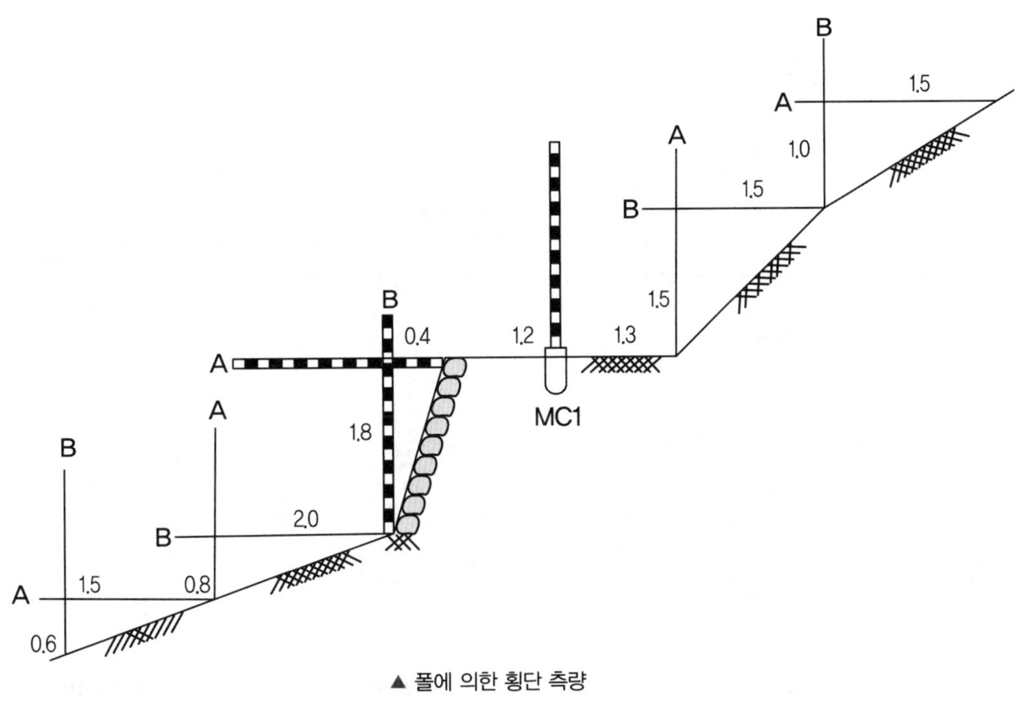

▲ 폴에 의한 횡단 측량

■ 폴에 의한 횡단측량의 야장

좌측				측점	우측			
L3.0				No.0	L3.0			
$\dfrac{-0.6}{1.5}$ ·	$\dfrac{-0.8}{2.0}$ ·	$\dfrac{-1.8}{0.4}$ ·	$\dfrac{L}{1.2}$	MC1	$\dfrac{L}{1.3}$ ·	$\dfrac{+1.5}{1.5}$ ·	$\dfrac{+1.0}{1.5}$ ·	$\dfrac{1.0}{1.5}$
$\dfrac{-0.3}{2.0}$ ·	$\dfrac{-0.3}{2.0}$			MC1+3.70	$\dfrac{+0.4}{2.0}$ ·	$\dfrac{+0.4}{2.0}$		

횡단측량 야장의 분모는 수평거리, 분자는 고저를 기록한 것인데, (+)값은 오르막,
(−)값은 내리막을 나타낸다. 분자에 있는 L은 땅 높이의 차이가 없는 곳이다. 지금은
토털스테이션으로 측량해서 등고선 지도를 만들고, 그 등고선 지도를 가지고 단면을 잘라
종단과 횡단을 뜨지만, 기본적인 원리는 같다.

2) 구조물도

임도에서 주로 사용되는 구조물은 배수구와 집수정, 돌쌓기, 수로 그리고 세월포장 및 노면포장이다. 구조물도는 현장에서 기능 인력들이 시공이 가능할 정도로 상세하게 그려야 하기 때문에 보통 1/100 축척보다 작은 값을 사용한다.

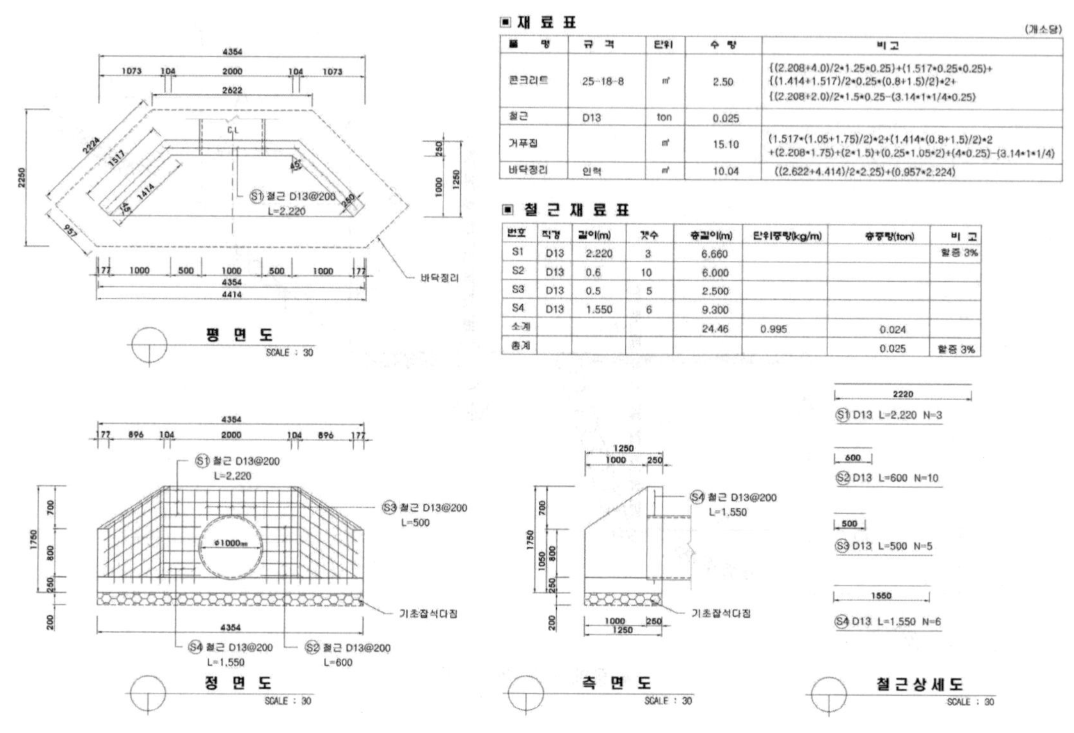

품 명	규 격	단위	수 량	비 고
콘크리트	25-18-8	㎥	2.50	{(2.208+4.0)/2*1.25*0.25}+(1.517*0.25*0.25)+ {(1.414+1.517)/2*0.25*(0.8+1.5)/2}*2+ {(2.208+2.0)/2*1.5*0.25-(3.14*1*1/4*0.25)
철근	D13	ton	0.025	
거푸집		㎡	15.10	(1.517*(1.05+1.75)/2)*2+(1.414*(0.8+1.5)/2)*2 +(2.208*1.75)+(2*1.5)+(0.25*1.05*2)+(4*0.25)-(3.14*1*1/4)
바닥정리	인력	㎡	10.04	((2.622+4.414)/2*2.25)+(0.957*2.224)

번호	직경	길이(m)	갯수	총길이(m)	단위중량(kg/m)	총중량(ton)	비 고
S1	D13	2.220	3	6.660			할증 3%
S2	D13	0.6	10	6.000			
S3	D13	0.5	5	2.500			
S4	D13	1.550	6	9.300			
소계				24.46	0.995	0.024	
총계						0.025	할증 3%

▲ 배수관 날개벽 표준도

구조물의 종류에 따라 하중을 많이 받거나 큰 구조물은 구조계산을 별도로 실시하기도 하며, 그런 경우는 그 내용을 요약하여 설계도에 기록하기도 한다. 보통은 사용 재료의 크기와 규격, 그리고 수량을 재료표에 명시한다.

09 설계도면의 판독

- 설계도면을 읽고 이해하는 것은 도면의 종류에 대한 이해 이외에 도면을 현장에 적용하는 임도 시공 전반에 걸친 지식도 필요하다.
- 임도시공에 대한 지식이 없어도 지도와 축척, 방위에 대한 이해만 있으면 도면을 읽고 중요한 사항을 현장에서 점검 및 확인할 수 있다.

1 평면도 읽기

평면도를 읽을 때는 임도의 진행 방향과 최고속선반지름에 중점을 두고 임도의 시점부에서부터 나침반을 가지고 방향과 각도를 간단히 확인할 수 있다. 앞으로 걸어가면서 나침반으로 방향을 확인하고, 보통은 임도의 상부에 표시해 놓은 각각의 측점으로 다시 한번 확인할 수 있다. 평면도에서 꼭 읽어야 할 사항은 곡선제원표로서 차량의 주행 난이도를 나타낸다. 이 사항은 현장 점검 시에는 알기 힘든 사항이다.

두 번째로 평면도에서 중요한 것은 계곡부와 능선부를 구분하는 것이다. 계곡부에 배수시설물을 배치하게 되므로 계곡의 형상과 임도 노선을 살펴 배수구조물의 적정성을 판단할 수 있다. 배수구역도에 배수시설물의 종류가 나와 있고, 시설물도에 시설물의 종류가 표시되어 있다. 20미터마다 설치하는 각 측점의 번호로 위치를 확인할 수 있다.

2 종단도 읽기

종단도에서 제일 중요한 것은 무엇보다도 땅 높이다. 땅 높이는 원래의 높이와 계획하는 높이가 있다. 원래의 높이를 지반고, 계획상의 높이를 계획고라고 한다. 계획고보다 지반고가 높으면 땅을 깎고, 계획고보다 지반고가 낮으면 흙을 쌓는다.

계획고와 지반고를 현장에서 확인하는 것은 매우 중요하다. 불필요한 공사비를 줄일 수 있기 때문이다. 정확한 높이로 굴착되는지 현장에서 확인할 필요가 있다.

종단도를 현장에서 확인하기 위해서는 줄자와 레벨이 필요하다. 시점에서부터 각각의 계획고가 종단도에 기재되어 있기 때문에 이것을 줄자와 레벨로 확인할 수 있다. 시공자도 줄자와 레벨로 확인하는 것이 가장 정확하다. 그러므로 임도의 굴진현장에 레벨과 줄자가 배치되어 있지 않으면, 도면에 의해 시공하는 것이 아니고 장비기사의 눈대중에 의해 작업이 시행되는 것이다. 산림에서 설치되는 임도에서는 소유권에 대한 분쟁이 상대적으로 적기도 하고, 나무 때문에 설계 시에 정밀한 측량을 하기 어려운 경우가 많기 때문이다. 이때 사용하는 줄자는 온도에 따른 신축이 큰 플라스틱테이프 자보다는 스틸테이프 자를 사용하는 것이 더 정확하다. 온도에 따른 신축이 작은 재료로 만든 측량용 자라면 사용해도 좋지만, 일반적으로 철물점에서 파는 줄자 정도로도 현장을 확인하는 정도라면 충분하다.

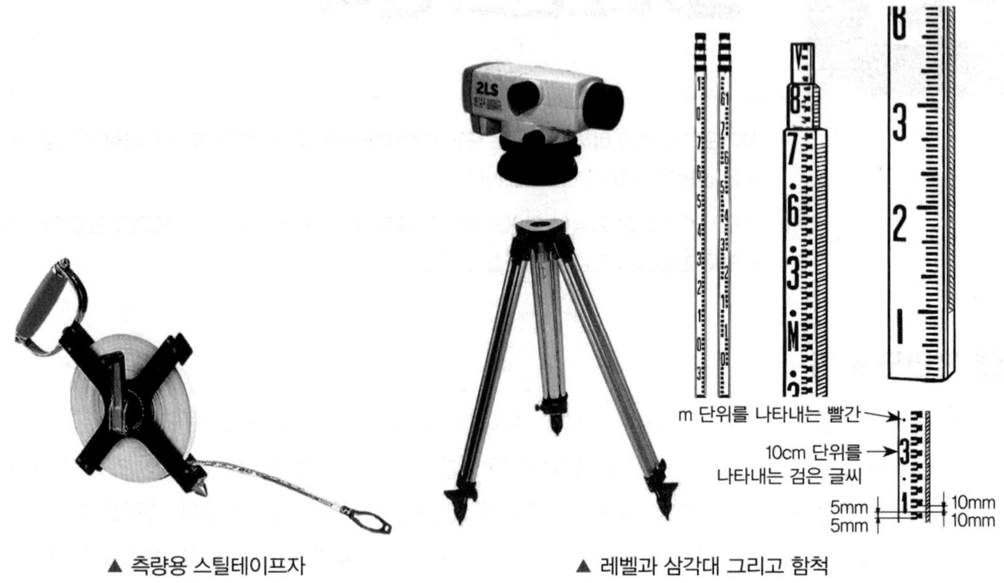

▲ 측량용 스틸테이프자　　　　　　▲ 레벨과 삼각대 그리고 함척

3 횡단도 읽기

임도의 횡단도는 도로의 면과 흙깎기 비탈면, 흙쌓기 비탈면의 형상을 도로의 중심선과 직각 방향으로 잘라서 보여준다. 종단도와 횡단도로 나누어서 표시하지만, 횡단도와 종단도는 같은 내용을 포함하고 있다. 바로 땅의 높이다. 물은 땅이 높은 곳에서 낮은 곳을 향하여 흐르고, 경사가 없으면 고인다. 물이 너무 빨리 흘러도 흙과 모래를 함께 운반하기 때문에 흙이 물에 의해 깎이고, 물이 고여 있어도 차량의 통행에 의해 일시적으로 물의 속도가 빨라지고 또 흙을 구성하고 있는 점토가 물에 의해 부피가 커져 땅의 힘이 약해진다. 그러므로 임도의 횡단도에서 중요한 것은 배수와 관련하여 땅의 경사를 점검하는 것이다.

이때 사용하는 것도 역시 레벨과 줄자이다. "산림자원의 조성과 관리에 관한 법률" 시행령 별표1의 "산림자원 조성 기반시설의 설계 및 시공기준"을 보면 임도의 횡단경사는 비포장인 경우 3~5%, 포장인 경우는 1.5~2%이다. 계산해 보면 간선임도와 지선임도의 유효노폭은 3미터이므로 1.5m를 기준으로 도로의 중심부보다 3% 경사를 줄 경우 45mm~75mm의 차이가 나야 한다. 땅의 높이를 재야 하는 것은 당연하며, 레벨과 함척으로 잰다. 레벨을 세우고 기포를 확인한 후 측정해야 하는 부분에 각각 함척을 수직으로 세우고 눈금을 읽어서 양쪽의 차이를 확인해야 한다.

도로의 중심부가 더 낮은 값을 가져야 한다. 도로의 중심부가 1,500mm 도로의 가장자리는 1,545mm~1,575mm의 높이가 나와야 한다. 그러면 물이 도로의 중심부에서 가장자리로 흐른다. 노면에 설치하는 개거와 관을 묻는 암거의 경우도 역시 양쪽 끝단의 높이를 레벨로 확인하여야 한다. 우리 눈은 오차가 많으므로 반드시 기계로 확인하여야 한다. 레벨이 없는 현장은 토공작업과 구조물 설치작업을 눈대중으로 대충하겠다는 뜻으로 받아들여도 좋다. 높이를 확인하기 위해 규준틀을 설치하여도 좋다. 하지만 경사가 심한 곳에 설치하는 규준틀의 경우는 실제로 설치하기도 사용하기도 어렵다.

4 구조물도

구조물도는 구조물이 설치되는 높이는 레벨로, 구조물이 설치되는 규격은 줄자로 확인할 수 있다. 규준틀이 있다면 훨씬 더 확인하기 쉬울 것이다.

5 규준틀

규준틀은 돌쌓기의 경사, 토공작업의 기준으로 삼기 위하여 설치하는 것이 일반적이다. 임도의 경우 규준틀을 설치하려면 사전에 벌채작업을 마치고, 나무의 뿌리와 표토의 유기물을 제거하는 사전 작업을 하지 않으면 설치하기 어렵고 설치하더라도 토공작업 중에 대부분 손상된다. "벌개제근"은 선택사항이 아니라 필수적인 사항이다. 최소한 토공의 영향권은 벗어나서 설치하여야 한다.

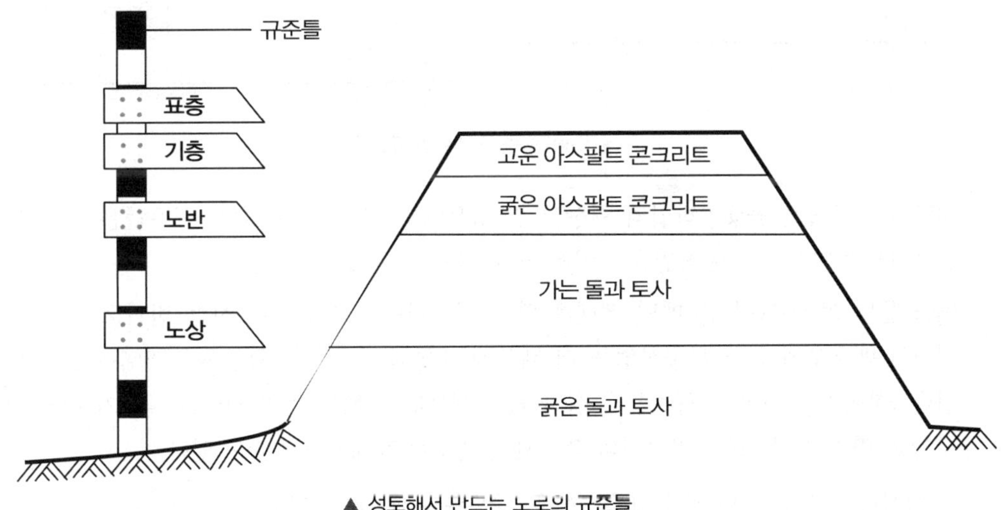

▲ 성토해서 만드는 노로의 규준틀

임도에서는 노반의 표면이 표층을 구성하게 되므로 노상과 노반을 별도로 설치하기 않거나 노면만을 표시하는 규준틀을 세우는 것도 고려해 볼 수 있다.

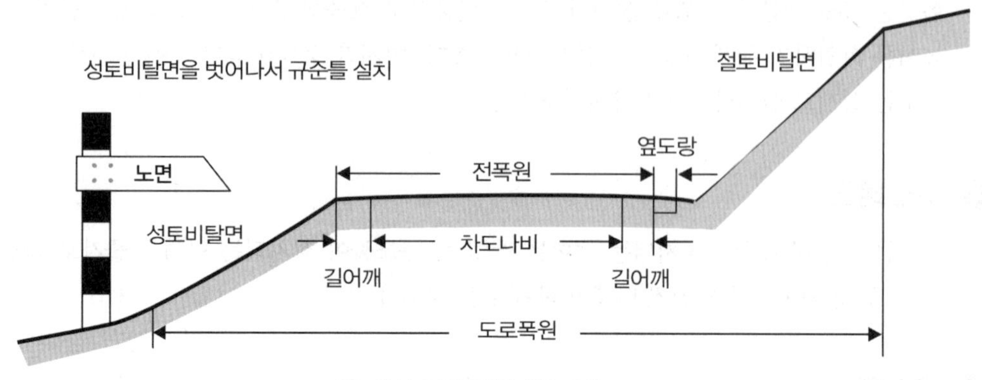

▲ 임도에서 토공규준틀 설치 견취도

시공기면만을 설치하는 수평규준틀을 더 많이 설치하는 것도 좋은 방법이다. 아래는 수평규준틀과 비탈면 규준틀이다.

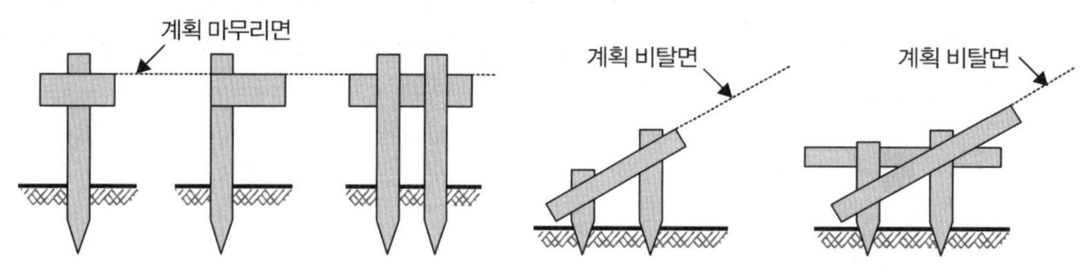

▲ 수평규준틀과 비탈면 규준틀

비탈면 규준틀은 돌쌓기작업의 연장이 긴 경우에도 적용할 수 있다. 규준틀은 기능 인력이 반복해서 확인해야 하는 작업을 줄여서 인건비를 줄이는 효과가 있다.

예를 들면 토공규준틀은 매번 레벨로 땅의 시공기면을 확인해야 하는 번거로움을 피할 수 있어서 백호우에 의한 토공작업을 더 빠르게 수행할 수 있다. 규준틀은 필수사항이 아니라 선택사항이라는 것이다. 규준틀을 설치하면 반복해서 확인하는 인건비를 줄이기 위해 필요한 것이고, 빠른 작업으로 토공작업의 장비 대를 줄이는 경제적인 효과도 있다.

☞ 벌개제근: 토공 작업 전에 나무뿌리나 초목 등을 제거하는 작업

나무뿌리와 초목, 그리고 유기물이 성토 부위에 들어가게 되면 비가 오게 되면 흙의 부피가 커지고, 그 결과로 노면파괴가 일어난다. 순수하게 흙만으로 다짐을 해야 원하는 소정의 토양 전단강도를 얻을 수 있다. 유지비가 결국 더 들어가게 될 수도 있다.

능선부와 계곡부는 평면도만 가지고는 구분이 어렵다. 등고선만 읽어서는 위와 아래를 잘못 판독하기 쉽다. 종단도까지 같이 보면 구분하기 쉽다.

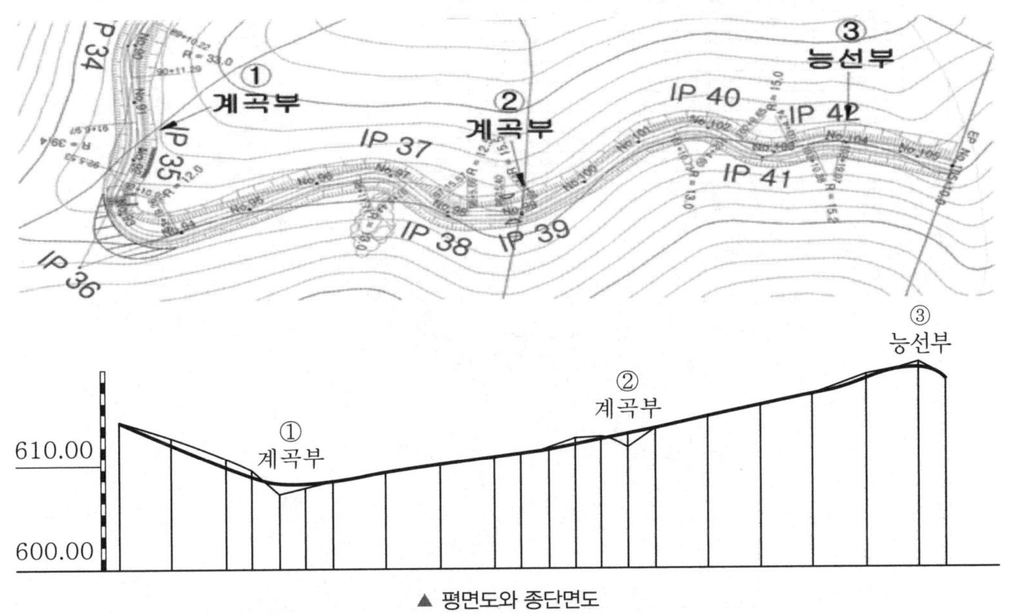

▲ 평면도와 종단면도

아래 그림이 종단도를 간략하게 그린 것이고, 위의 것이 평면도다. 평면도에서는 물의 방향과 정상 부근의 숫자를 읽어서 능선부와 골짜기 부위를 구분할 수 있다. 골짜기 부분에서 물이 흘러 나오기 때문에 대부분 배수구조물을 설치하고, 능선 흙깎기와 흙쌓기를 하여 노면을 형성하게 되고, 깍기 비탈면과 쌓기 비탈면이 발생한다. 골짜기 부분에는 대부분 성토하거나 암거를 설치하게 된다. 최소한의 배수구조물은 있어야 임도를 가로질러 흐르는 물에 의해 임도가 유실되는 것을 막을 수 있다.

종단도에서는 계곡부와 능선부를 구분하기 쉽다. 위로 솟아 있으면 능선부, 아래로 가장 낮은 부분이 계곡부다. 계곡부는 대부분 임도를 가로지르는 물의 흐름이 발생한다. 이 횡단배수 구조물만 따로 모아서 배수체계도도를 따로 작성한다.

▲ 능선부 임도

▲ 능선부 임도 배수불량

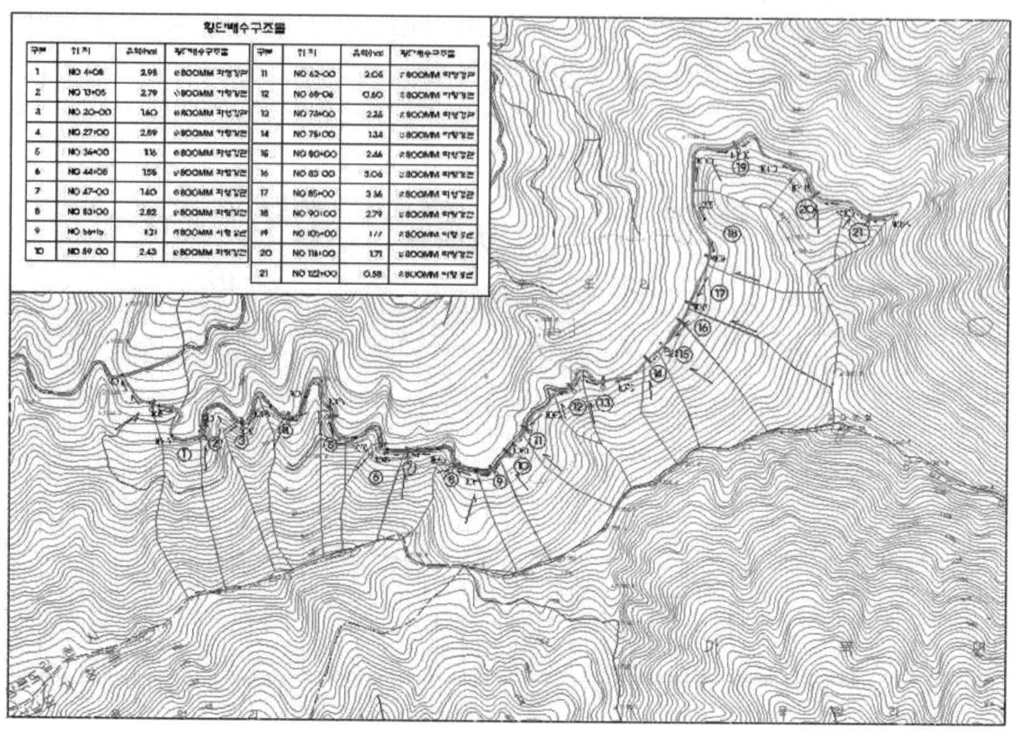

배수체계도는 임도를 횡단하는 배수시설물을 집수 되는 유역의 면적에 따라서 배치하게 된다. 집수 되는 물이 많으면 집수정과 속도랑을 계획하고, 집수 되는 물의 양이 적으면 물넘이 포장을 설치하게 된다. 물넘이 포장을 설치하기에는 흙이 부족한 경우에도 속도랑을 계획할 수 있고, 경사가 완만한 곳에서는 물넘이 포장으로 예산을 절감할 수 있다.

▲ 쇄석 노면 물고임

▲ 토사노면 물고임

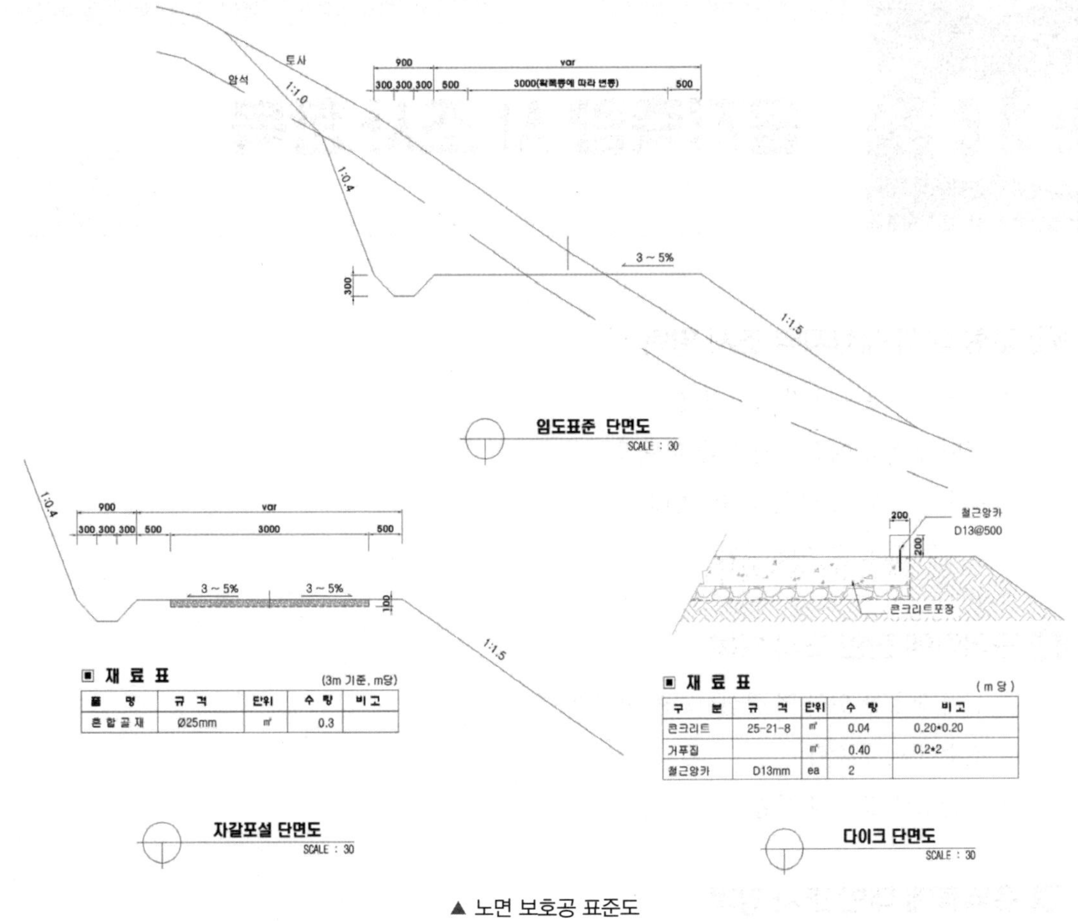

▲ 노면 보호공 표준도

8 노면 보호공 도면

노면 보호공은 임도노면의 배수와 임도의 노체를 보호하기 위한 구조물을 설치하는 공종이다. 제시된 도면은 자갈 포설이나 콘크리트 포장 등 임도노면을 구성하는 재질과 임도에 설치하는 구조물의 횡단면을 그린 표준도이다. 사용되는 재료의 수량을 노선 연장 1m 단위로 작성하여 같은 노면의 연장으로 곱하면 손쉽게 사용되는 재료의 물량을 구할 수 있다.

용지측량 시 조사 항목

1 교량 설치 예정지역 조사 항목

① 중심선과 유수의 각도 및 방향

② 교대와 교각 예정 위치 부근의 토질

③ 유수의 유무 및 하천의 관리상태

④ 교량의 형식 및 기타 사항

2 구거류에 관한 조사 항목

① 설치해야 할 위치 및 중심선과의 방향각도

② 집수면적, 유수량

③ 지반토질 및 기타 사항

3 옹벽류에 대한 조사 항목

① 설치 위치, 연장, 넓이

② 지반 상황, 토압관계

③ 유수, 수심 및 기타 필요사항

4 공사재료, 토취장, 사토장, 장애물 조사

① 공사재료: 채취 위치, 품질 형상, 양, 운반거리 및 운반로 상황, 소유자 등을 조사한다.

② 토취장, 토사장: 위치, 운반거리, 운반로 상황, 소유자 등을 조사한다.

③ 장애물: 가옥, 전주 등 구조물은 명칭, 위치, 수량, 소유자 등을 조사한다.

5 **용지측량 시 조사사항**

임도에 따른 편입지를 조사하기 위해 용지측량을 한다.

① 해당 용지의 소유자별 지번, 지목

② 해당 용지의 지상권, 지역권, 저당권, 임대차에 따른 권리 등

③ 해당 용지의 경계에 관한 기록 및 도면 유무와 내용

④ 해당 용지 내 도로, 하천, 용수로, 관거류 등의 부지 형상, 노폭 등

⑤ 용지도 작성의 기본이 되는 삼각점 기준점의 종류, 내용

⑥ 행정구계 및 인접지의 상태, 지형지물 등 기타 필요사항

☞ 용지측량은 트랜싯, 평판, 줄자에 의하며 편입지는 구조물 주위 1m 내외로 한다.

친환경 임도개설 방안

1 개요

임도는 산림의 효율적인 활용과 이용의 고도화 또는 임업기계화 등 임업의 생산 기반을 촉진하기 위해 필요한 시설이다. 이러한 임도를 개설하기 위하여 산림의 훼손은 피할 수 없으나 어떻게 하면 산림훼손을 최소화하고 산림생태계에 미칠 영향을 최소화할 것인가가 자연친화형 임도개설의 시발점이다.

2 환경친화적이고 산림훼손을 최소화할 수 있는 임도개설 방안

① 영선측량: 중앙선 측량은 지반고와 계획고와의 차이가 직선적 개념으로 인하여 훼손면적이 커지는 반면, 영선측량은 0면이 큰 계획고로써 훼손을 최소화할 수 있다.

② 적당한 노폭: 노폭을 너무 넓게 잡으면 절·성토량이 많아져 훼손면적이 늘어나므로 적당한 노폭을 유지해야 한다.

③ 유수의 분산: 유수가 집중되면 산사태 등의 피해가 생기므로 유수를 분산할 수 있는 설계 및 시공이 필요하다.

④ 녹화: 절개지 및 성토지는 절절한 공법으로 녹화하여 토양 유실을 막아야 한다.

⑤ 물넘이 임도: 배수관은 홍수 시 임도 유실의 우려가 있으므로 가급적 물넘이를 설치한다.

⑥ 사방: 산지경사가 급한 곳은 가급적 피하고 절개지가 넓은 곳은 사방공법으로 처리한다.

⑦ 급경사지, 암석지 등은 가급적 피한다.

⑧ 사토장을 설치하여 과도하게 절취된 토양을 운반, 사토한다.

⑨ 노선 변에 있는 입목은 최대한 보존한다.

⑩ 가급적 임도 주변의 생태계가 파괴되지 않도록 노선을 계획한다.

3 임도 설계 시 유의하여야 할 사항

① 임도의 이용이 편리하고 생산물 반출에 유리해야 한다.

② 공사 시공이 용이하고 공사비가 적게 들어야 한다.

③ 공사 후 유지비가 적게 들어야 한다.

④ 산림의 공익적 기능을 유지·증진토록 해야 한다.

임도밀도

1 정의

① 단위면적당 임도의 연장을 말하는 것으로 단위는 m/ha이다.

② 임도밀도가 높다는 것은 임도와 임도 사이의 거리가 가깝다는 것을 의미하고, 임도밀도가 낮다는 것은 임도 사이가 멀다는 것을 의미한다.

2 적정 임도밀도

임도밀도가 높으면 기계화와 접근성의 향상으로 집재비용이 줄지만, 임도시설 연장이 길어지면 개설비와 유지비가 증가하게 되므로 개설비 및 유지비와 집재비와의 상관관계에서 그 합이 최소가 되는 점의 임도밀도가 바로 적정 임도밀도라 할 수 있다.

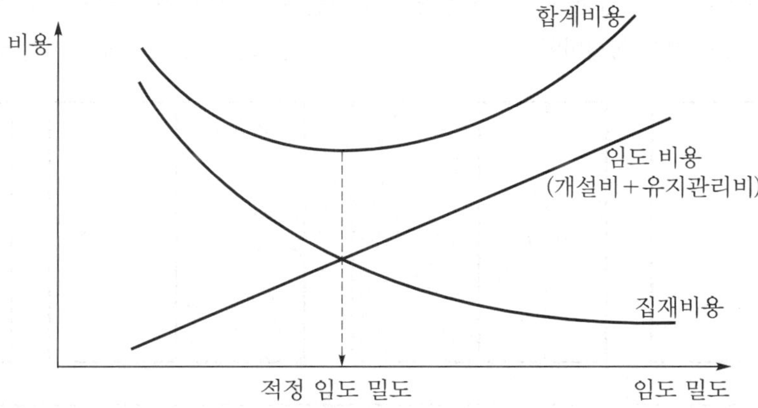

3 적정 임도밀도의 계산

Matthews는 임도개설비와 집재비, 임도간격의 함수를 가지고 합계 비용이 최소가 되는 적정 임도밀도식을 산출하였다.

$$\text{적정 임도밀도 } d = \frac{10^2}{2} \times \sqrt{\frac{V \times E \times (1+\eta) \times (1+\eta)'}{r}}$$

- V: 생산예정재적(m³/ha)
- E: 집재비(원/m/m³)
- r: 임도 개설비(원/m)
- η: 임도우회계수(1.0~2.0)
- η': 집재우회계수(1.0~1.5)

4 적정임도망 결정 요인

① 지선임도밀도

② 지선임도간격

③ 평균집재거리

④ 단위 임목수확량당 지선임도 가격

⑤ 단위 임목수확량당 집재량

5 Mattews의 임도간격 이론

1) Matthews의 임도밀도 산정

경제성에 근거한 임도밀도는 1942년 미국의 Matthews가 발표한 이래 일본을 중심으로 많은 연구가 되어 왔다. 이들 이론은 경제성을 기초로 하여, 임업경영에 있어서의 비용을 최소로 하는 것에 주안점을 두고 적정한 임도밀도에 관한 산정식을 유도한 것이 대부분이다.

2) 최적임도밀도 이론

Matthews(1942, USA)는 임도를 시설함에 따라 임도시설비는 증가하지만, 집재비, 운재비, 산림관리비 등은 감소하므로 적정량의 임도를 시설하여 총비용을 최소화하여야 한다는 개념에 근거하여 집재비와 임도시설비를 이용한 임도밀도 산정식을 제시하였다.

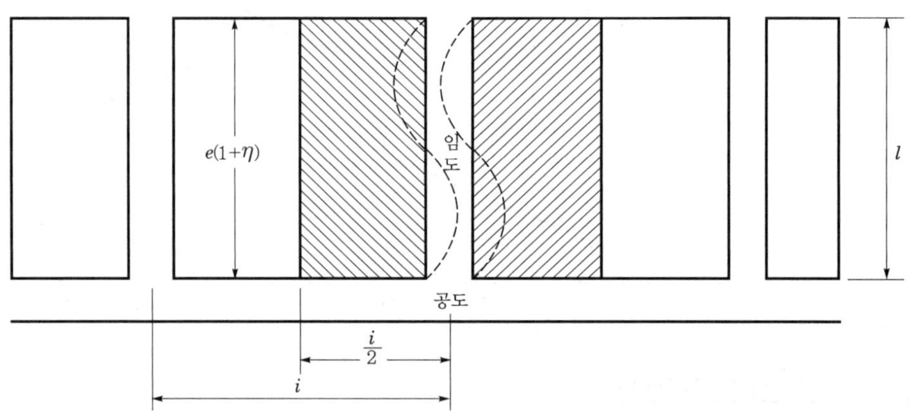

① 임도개설비(원/ha)

$$Kr = R \cdot d$$

② 집재비(원/ha)

$$Ks = \frac{i \cdot (1+\eta') \cdot V \cdot k'}{4}$$

③ 최적임도밀도: 1ha당의 경비함수(K=Kr+Ks)를 이용하여 산출

$$\text{최적임도밀도 } d(m/ha) = 50 \times \sqrt{\frac{k' \times V \times (1+\eta) \times (1+\eta')}{Rc}}$$

- Rc: 임도시설비(원/m)
- k': 집재비단가(원/m · m³)
- V: 생산예정재적(m³/ha)
- $(1+\eta)$: 임도우회율
- $(1+n')$: 집재거리우회율

13 양각기 계획법

1 개념

① Divider Step Method

② 임도 노선을 선정하는 방법에는 자유 배치법, 양각기 계획법, 자동 배치법 등이 있는데, 이 중 양각기 계획법은 디바이더를 이용하여 지형도상에 적정한 구배의 임도 예정 노선을 도시하는 것을 말한다.

2 양각기 계획 방법

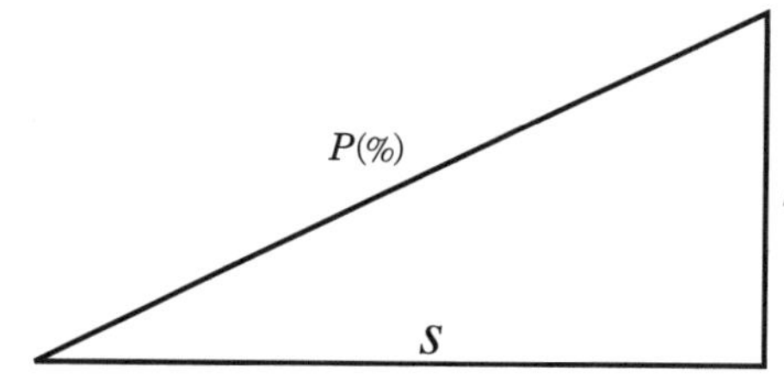

- P: 임도의 종단물매
- h: 두 등고선의 표고차
- S: 양각기 폭

① 그림에서 보면 $P = \dfrac{h}{S} \times 100$이므로 양각기의 폭 $S = \dfrac{h}{p} \times 100$이 된다.

② 1:25000 지형도에서 등고선은 표고 h=10m 간격이므로 종단물매 P=7%로 잡기 위한 양각기의 폭을 구하면 $S = (10\text{m}/7\%) \times 100 = 143\text{m}$가 되며, 지형도 축척을 적용하면 143m÷25,000=약 5.7mm가 된다.

③ 따라서 Divider 폭을 5.7mm로 잡고 등고선 사이를 표시하면 7%의 종단물매를 갖는 노선을 잡을 수 있는 것이다.

3 양각기 계획법의 작업 순서

① 지형도를 준비하고 생산임지와 비생산임지를 구분한 후 주요 사업계획지, 교통 방향이나 벌채목의 반출로 등을 도시한다.

② 노선의 유리점(시 · 종점, 배향곡선 설치가능지, 여울목 등)과 불리점(늪, 암석지 등) 및 역물매 지역을 도시(표시)한다.

③ 양각기의 폭(S)을 참고하여 지형도의 축척에 알맞게 조정하고 한 폭 한 폭씩 진행한다.

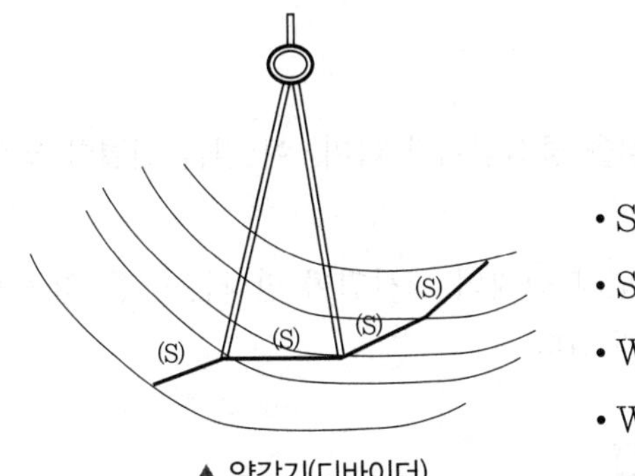

▲ 양각기(디바이더)

④ 절토사면의 형태, 평면선형 등에 대한 현지 조건을 검토하고 시점으로부터 계획하고자 하는 물매를 경유해야 할 유리점은 통과하고 불리점은 피한다.

⑤ 굴곡이 심한 지형에서 계곡과 능선을 건너뛰면 우회율이 너무 커져서 도상거리와 실거리의 오차가 커지므로 양각기의 폭을 1/2 또는 1/4폭으로 조정 작업한다.

14 중심선법과 영선법

1 정의

① 중심선: 노폭의 1/2이 되는 점을 중심점이라 하며, 이 점을 연결한 노선의 종축을 중심선이라 한다.

② 영선: 임도에서 노면의 시공면과 산지의 경사면이 만나는 점을 영점이라 하며, 이 점을 연결한 노선의 종축을 영선이라 한다.

2 중심선법과 영선법의 차이점

① 중심선법은 중심선을 따라 측량하고 영선법은 영선을 따라 측량한다.

② 중심선 측량은 지반고 상태에서 측량하여 계획고를 산출하지만, 영선측량은 시공기면의 시공선을 따라 계획고 상태로 측량한다.

③ 등경사지에선 중심선과 영선이 일치하기도 하지만, 일반적으로 급경사지에는 중심선이 영선의 안쪽(절토면 쪽)에 위치하고, 완경사지에는 중심선이 영선의 바깥쪽에 위치한다.

④ 중심선 측량은 직선화하는 경향이 커서 소능선, 계곡 등은 관통하지만, 영선은 지형을 따라 우회하여 굴곡이 많다.

⑤ 영선측량이 중심선 측량보다 운반사토와 훼손량이 일반적으로 적다.

⑥ 중심선 측량은 평면측량에서 중심선을 설정한 후 종·횡단측량을 실행하지만, 영선측량은 영선을 먼저 설정한 후 평면·횡단측량을 실행한다.

3 임도 설계 순서

① 예비조사: 현지조사(지형, 성토부, 절토부, 토공계획) – 토질시험

② 답사: 지형도에 답사도를 작성하고 주요 지점(시·종점, 주요 통과지) 결정

③ 예측: 예비 노선상의 주요 통과지, 분지점, 시·종점별 자료조사 후 최종 노선 결정

④ 실측: 중앙선법 또는 영선법으로 실측

⑤ 평면곡선의 설치

⑥ 종단곡선의 설치

⑦ 구조물 및 지질조사

⑧ 용지 측량

핵심 15

평면곡선 종류

1 개요

도로의 굴곡부에서는 교통의 안전을 확보하고, 주행속도와 수송력의 향상을 위하여 곡선을 설치한다.

2 종류

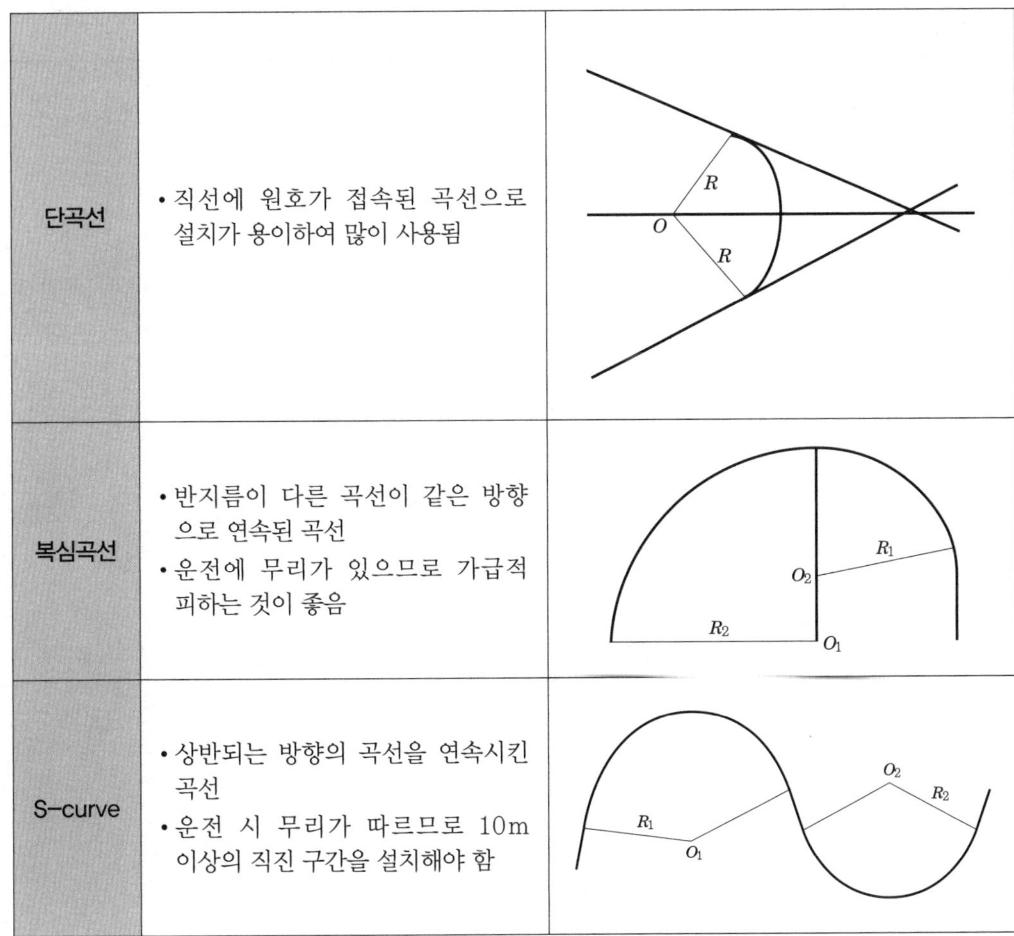

단곡선	• 직선에 원호가 접속된 곡선으로 설치가 용이하여 많이 사용됨	
복심곡선	• 반지름이 다른 곡선이 같은 방향으로 연속된 곡선 • 운전에 무리가 있으므로 가급적 피하는 것이 좋음	
S-curve	• 상반되는 방향의 곡선을 연속시킨 곡선 • 운전 시 무리가 따르므로 10m 이상의 직진 구간을 설치해야 함	

hair-pin curve	• 작은 원호를 직전이나 직후에 넣어 주면 곡선 급경사지에서 노선거리를 연장하여 물매를 완화시키기 위하여 설치	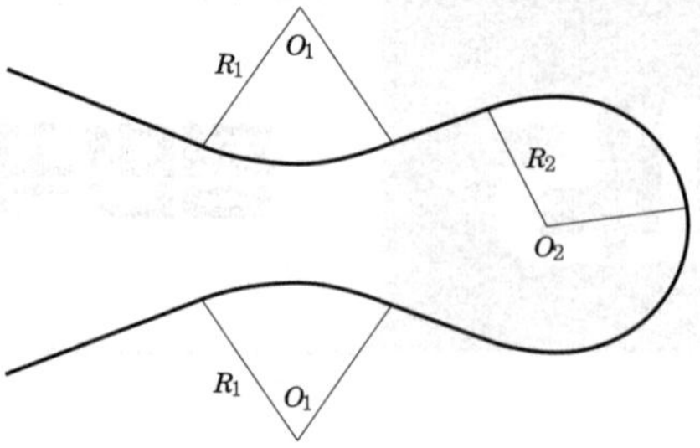
완화곡선	• 도로의 직선부에서 곡선부로 이어지 곳에서 곡선부의 외쪽 물매와 너비 넓힘이 원활하게 이루어지도록 일정한 길이의 완화 구간을 설치하는 데 사용	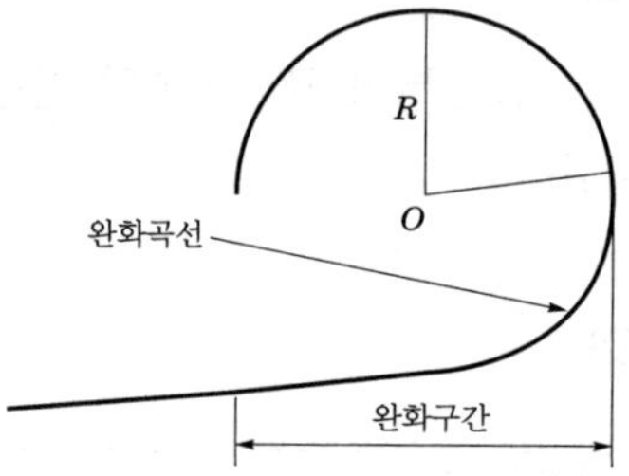

평면선형의 최소곡선반지름

1 개념

① 노선의 굴곡 정도는 곡선부 도로 중심선의 곡선반지름으로 나타낸다.

② 곡선반지름의 최소한도를 최소곡선반지름이라 한다.

2 최소곡선반지름에 영향을 주는 인자

① 도로의 너비

② 반출목재의 길이

③ 차량구조 및 운행속도

④ 도로의 구조

3 최소곡선반지름 산출식

① 반출목재의 길이에 의해서 산출할 경우(저속차량의 임도)

$$R = \frac{\ell^2}{4B}$$

- R: 최소곡선반지름
- B: 도로의 너비
- ℓ: 반출 목재의 길이

② 원심력, 타이어와 지면의 마찰계수, 속도를 고려할 경우(일반도로)

$$R = \frac{V^2}{127(i+f)}$$

- R: 최소곡선반지름
- i: 곡선부 외쪽 물매
- f: 가중 미끄럼에 대한 타이어와 노면의 마찰계수
- V: 설계속도

■ 설계속도와 최소곡선반지름

설계속도 (km/hr)	규정	외쪽물매(%)(계산값)			
		5	6	7	8
40	60m	63	60	57	55
30	30m	35	34	32	31
20	15m	16	15	14	14

☞ 가로미끄러짐 마찰계수 0.15 적용(설계속도 40km/hr 이하일 때 적용)

임도간격과 집재거리의 관계

1 관계

① 임도간격은 임도와 임도 사이의 거리로 표현된다.

② 집재거리는 양쪽의 임도에서 서로 집재작업이 실행되므로 평지림의 경우 임도간격의 1/2이 된다.

③ 평균집재거리는 임도변의 최소집재거리와 최대집재거리까지 작업이 동일하게 실행되므로 평지림의 경우 집재거리의 1/2이 되고, 임도간격의 1/4이 된다.

④ 기본 계산식은 평지림을 기준으로 정립된 것이므로 산악지에 적용할 경우에는 임도와 집재우회계수를 계상하여야 한다.

2 산출방법

① 적정임도간격의 산출

$$적정임도간격\,(m) = 200\sqrt{\dfrac{임도개설비\,(원/m)}{원목생산예정량\,(㎥/ha) \times 집재비\,(원/m/㎥)}}$$

② 적정 임도밀도에서 임도간격의 산출

$$임도간격\,(m) = \dfrac{10,000}{적정임도밀도\,(m/ha)}$$

③ 적정 임도밀도에서 집재거리(Skidding Distance)의 산출

$$집재거리\,(m) = \dfrac{10,000}{적정임도밀도\,(m/ha)\,/\,2}$$

④ 적정 임도밀도에서 평균집재거리(Average Skidding Distance)의 산출

$$평균집재거리\,(m) = \dfrac{10,000}{적정임도밀도\,(m/ha)\,/\,4}$$

참고

① 적정 임도밀도: 유럽 평지 산림에서 장비를 이용한 집재, 운재 시 임도설치간격 산출
② 최적임도밀도: 임도개설비와 집재비용의 균형점을 찾아 적정한 임도밀도 산출
③ 기본임도밀도: 일본에서 나온 개념으로 인력에 의한 산림작업 시 적정한 임도밀도 산출

핵심 18 임도의 물매

1 물매의 표시 방법

① 각도: 원을 360등분한 값, 수평을 0, 수직을 90으로 한다.

② 1:n 또는 1/n: 높이 1에 대하여 수평거리 n으로 나눈 것으로, 하할법, 할푼법이 있다.

③ n%: 수평거리 100에 대한 n의 고저차를 갖는 백분율이다.

2 산출

① 곡선부의 외쪽물매(편구배)의 산출

자동차가 원심력에 의하여 도로의 바깥쪽으로 뛰쳐나가려는 힘이 생기므로 이를 방지하기 위하여 곡선부에는 외쪽물매를 설치한다. 외쪽물매는 노면의 바깥쪽이 안쪽보다 높게 설치되도록 횡단 선형을 조정한다.

$$i = \frac{V^2}{127R} - f$$

- i: 곡선부의 외쪽물매(%/100)
- V: 설계속도(km/hr)
- R: 곡선반지름(m)
- f: 가로 미끄러짐에 대한 노면과 타이어의 마찰계수

② 합성물매의 산출

곡선저항에 의한 차량의 저항을 고려하여 합성물매는 12% 이하로 한다.

$$S = \sqrt{i^2 + j^2}$$

- S: 합성물매
- i: 외쪽 또는 횡단물매(%)
- j: 종단물매(%)

☞ 최소물매: 노면배수가 불량하면 연약노면으로 변하여 노면의 형상이 변하기 쉽고, 차륜에 의한 바퀴 자국으로 유로가 발생하여 노면 재해가 증가한다. 이를 방지하기 위한 물매를 최소물매라 하며, 3% 이상으로 설치하는 것이 좋다.

☞ 물매와 구배, 경사는 모두 같은 말이다.

핵심 19 대피소와 차돌림곳

1 대피소

① 1차선 임도에 있어서 일정한 간격으로 차량 통행에 지장이 없도록 시설한 장소를 대피소라 한다.

② 대피소는 대개 300~500m 간격으로 시설하며, 그 유효길이는 15m 이상이 적당하다.

■ 대피소 규모

구분	임도 시설 규정
간격	300m 이내
너비	5m 이상
유효길이	15m 이상

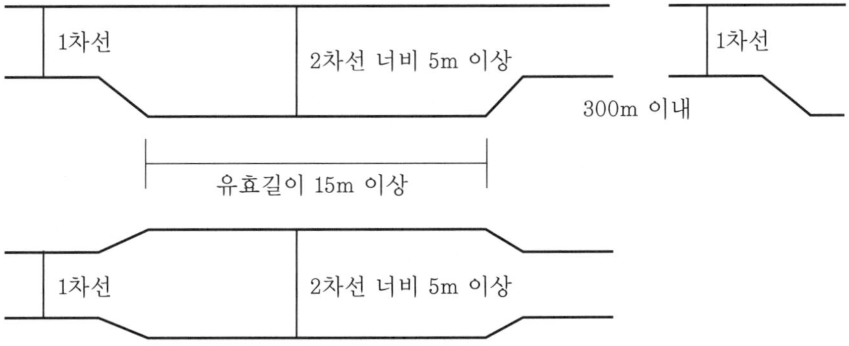

2 차돌림곳

1차선 임도는 대피소 외에 차돌림곳이 필요하며, 차돌림곳의 간격, 형상 등은 방향 전환의 빈도 및 방법에 따라 다르지만, 차도 너비를 10m 이상으로 한다.

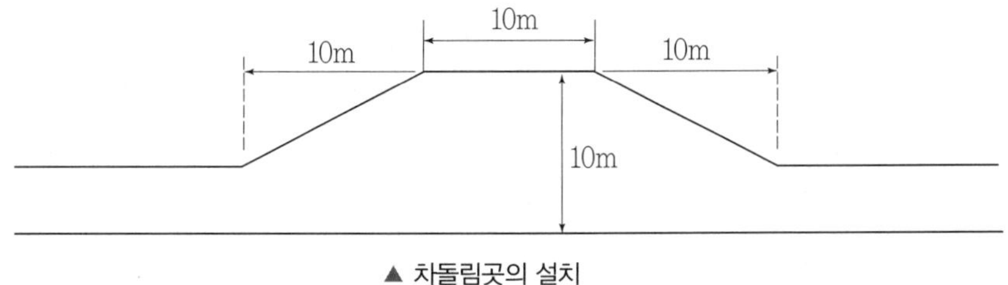

▲ 차돌림곳의 설치

차돌림곳을 설치하는 장소는 아래와 같다.

① 부락 또는 이에 부수되는 시설이 있는 장소

② 다른 임도 또는 도로와의 교차점, 분지가 있는 장소

③ 집재 · 저목장

④ 경관이 좋은 장소 또는 행정구역 경계 등으로 되는 재

⑤ 기타 방향전환의 빈도가 많은 장소

> **참고** **물매곡률비**
>
> - 물매 = 종단물매(i)%, 곡률 = 평면곡선반지름(R)
> - 어느 지점에서 종단물매가 8%이고, 곡선반지름이 16m이면 물매곡률비 (R/i)는 16/8=2
> - 물매곡률비가 작으면 차량이 곡선부에서 손쉽게 회전
> - 최소값 1~1.2 정도

물매곡률비

1 물매곡률비의 개념

임도의 설계에서 물매곡률비는 도로의 안전성과 기능성, 배수 효율성 등을 간단하게 점검해 볼 수 있는 값이다. 최소값은 1~1.2이며, 이보다 크면 임도에서 차량이 쉽게 회전할 수 있다.

$$K = \frac{R}{i}$$
$(K : 물매곡률비,\ R : 최소곡선반지름\,[m],\ i : 종단경사\,[\%])$

2 물매곡률비의 적용 원리

물매곡률비는 차량의 주행 안정성에 직접적인 영향을 미친다. 곡선 주행 시 차량의 측면 힘과 원심력의 균형을 유지하기 위해 적절한 물매곡률비를 설정하는 것이 중요하다. 일반적으로 다음과 같이 적용한다.

① 안전성 확보: 곡선 반경이 작을수록 종단 경사를 낮추어야 원심력을 줄일 수 있다.

② 배수 효율성: 적절한 경사를 유지하여 도로 위의 물이 원활하게 배수되도록 한다.

3 설계 시 고려사항

임도 설계에서 물매곡률비를 결정할 때 고려해야 할 사항은 다음과 같다.

① 도로의 종류: 간선임도, 지선임도 등 도로의 기능에 따라 물매곡률비의 기준이 달라질 수 있다.

② 지형적 특성: 경사도와 지형의 형태에 따라 곡선 설계 시 물매곡률비를 조정해야 한다.

③ 기후 조건: 강수량, 눈 등의 기후적 요소를 반영하여 배수 설계를 강화해야 한다.

④ 교통량: 예상되는 차량의 종류와 교통량에 따라 설계 기준을 조정할 필요가 있다.

예제문제 1-3

임도를 설계할 때 회전부에서 곡선반지름이 16m, 종단물매의 물매곡률비가 8%라면 어떻게 조정해야 하는가?

※ 정답은 성안당 도서몰 [자료실]에서 제공

곡선부 확폭 및 임도횡단구배

1 곡선부 확폭 개념

① 자동차가 곡선부를 주행하는 경우 후륜은 전륜보다 안쪽으로 통과하게 된다. 이를 내륜차라고 한다.

② 내륜차 때문에 곡선부는 직선부보다 넓어야 하는데, 이 넓어지는 부분의 너비를 곡선부의 확폭이라고 한다.

③ 곡선부의 확폭은 보통 길 안쪽에 설치한다.

2 곡선부의 확폭 계산

확폭량의 계산은 자동차 전면의 중심점이 항상 차도의 중심선상에 위치한 상태로 다음 식에 의하여 구해진다.

$$확폭량 \quad \varepsilon = \frac{L^2}{2R}$$

(L: 차량 전면에서 후차륜까지의 거리(m), R: 차도 중심선의 반경(m))

3 위치

원칙적으로 차도의 내측에 설치하는 것이 원활한 차량 주행을 도모하는 것이며, 확폭량은 완화구간이 접속될 때까지 균일하게 설치한다.

4 임도곡선 확폭량

곡선반경	확대 기준(m)	곡선반경	확대 기준(m)
10m 이상~13m 미만	2.25	20m 이상~25m 미만	1.00
13m 이상~14m 미만	2.00	25m 이상~30m 미만	0.75
14m 이상~15m 미만	1.75	30m 이상~40m 미만	0.50
15m 이상~18m 미만	1.50	40m 이상~45m 미만	0.25
18m 이상~20m 미만	1.25		

5 곡선부의 임도횡단구배 필요성

차량이 임도의 곡선 부분을 운행할 때, 원심력에 의하여 임도의 바깥 부분으로 미끄러질 위험이 있는데, 그 위험을 감소시키기 위하여 곡선부 안쪽을 바깥 부분보다 약간 낮게 한다.

6 Hafner에 따른 곡선부 임도횡단구배 산출

$$q = \frac{0.4\,V^2}{R}$$

(q: 곡선부분의 임도횡단구배(%), V: 차량속도, R: 곡선반경)

곡선 부분을 전후로 적정한 경사를 유지하면서 측면에서 볼 때 점차적으로 수평을 이루도록 해야 한다.

> **참고** 배수시설 공사

1. 배수시설 공사의 목적

① 도로의 노면: 직접 교통하중을 받는 부분

② 도로의 노반: 노면에서 받은 하중을 지지하는 역할

③ 함수량이 증가하면 토질과 재료에 따라 지지력이 급격하게 감소한다. 특히 점질토양은 그 영향이 크다. 또한, 강우 시에는 자동차가 미끄러지기 쉽게 된다. 그러므로, 노면 배수시설 공사의 목적은

ㄱ 노반의 약화 방지

ㄴ 노면의 세굴 방지

ㄷ 강우 시 미끄러짐의 방지에 있다.

④ 노면배수의 대상이 되는 물은 임도 상부의 집수역에서 나오는 표면수와 임도노면 상의 표면수이다.

⑤ 도로 상단 절토사면과 도로 하단 성토사면은 녹화되기 전에는 함수량 증가에 의해 전단강도가 급격히 저하되어 붕괴가 일어나기 쉽다. 그러므로 사면 배수시설공사의 목적은 ㄱ 사면의 붕괴 방지, ㄴ 사면의 세굴 방지에 있다.

2. 배수시설 공종

① 옆도랑(측구, side ditch, 종단배수구)

② 횡단배수구(cross-drain)

　　옆도랑과 횡단배수구를 적절하게 조합하여, 표면수가 침식을 유발하지 않도록 시설한다.

③ 사면배수시설: 절성토사면의 배수

④ 지하배수시설: 지하수 및 침투수의 배수

임도 배수계획

1 임도 배수계획의 목적

① 임도에서 배수의 목적은 함수량 증가에 의한 노반의 약화를 방지하고, 노면의 세굴 및 파괴를 방지하고, 미끄러짐 사고와 교통 정체의 방지에 있다.

② 임도 배수시설의 종류는 배수의 대상이 되는 물의 위치에 따라 노면배수, 사면배수, 구조물배수 및 지하배수가 있다.

2 임도배수의 구분

1) 노면배수

① 강수 또는 임도 상부 집수역에서 유입되는 물을 옆도랑 등으로 유도하여 노반에 침투되지 않도록 한다.

② 도로용지 내 내린 우수는 노면배수시설로 처리하고, 도로용지 외에 내린 우수는 부득이한 경우를 제외하고 노면배수시설에 유입되지 않도록 한다.

③ 유역배수와 도로용지배수를 공통 처리하는 것이 합리적일 경우 집수 범위에 사면유역을 포함하여 계획한다.

④ 유출량 및 계획유량 산출

2) 사면배수

① 도로의 절·성토사면이 강수에 의해 침식, 파손되는 것을 방지하기 위해 산마루측구, 소단측구, 종배수구, 맹암거 등을 설치한다.

② 종배수구는 산마루측구나 소단측구로 차단된 강수를 배제하기 위해 사면을 따라 설치하며, 맹암거는 지표면에 가까운 침투수를 집수하여 배제하기 위한 배수구이다.

3) 구조물배수

① 도로시설로 설치되는 교량, 옹벽 등의 각종 구조물의 안정 및 유지관리를 위하여 설치하는 배수시설이다.

② 옹벽 뒷채움은 투수성이 좋은 흙을 충분히 다지고, 물빼기공은 채움돌 층의 하단에 약 5m 간격 지그재그식으로 설치하며, 콘크리트옹벽은 2~3㎡당 1개소씩 설치한다.

4) 지하배수

① 도로 외 지역에서부터 침투수가 유입될 소지가 있거나 지하수가 상승할 염려가 있는 곳에 설치한다.

② 주로 측구 밑에 유공관과 휠터 재료를 넣거나 맹암거를 설치한다.

임도 배수시설

1 대상

① 노면 배수시설: 임도 부지와 임도 상단 집수역에서 유하되는 표면수의 배수, 옆도랑과 횡단배수구

② 사면 배수시설: 절토사면과 성토사면에 내린 우수와 상부로부터 유하되는 물의 배수

③ 구조물 배수시설: 옹벽, 찰쌓기 등 구조물 뒷면의 물 배수(=물빼기 구멍)

④ 지하 배수시설: 암반, 노체 등에 침투한 물과 지하수 배수

2 배수시설 설치 시 유의사항

① 횡단배수구의 유입 부분은 집수정 또는 날개벽 설치

② 성토사면이 긴 곳은 횡단배수보다는 수로를 적절한 간격으로 설치한다.

③ 횡단배수구의 유출구는 물이 분산되도록 하여 성토사면이 유실되지 않게 한다.

3 횡단배수관의 설치 장소

① 유하 방향과 종단물매의 변이점

② 구조물의 앞이나 뒤

③ 외쪽물매 때문에 옆도랑이 역류하는 곳

④ 흙이 부족하여 속도랑으로서는 부적당한 곳

⑤ 골짜기로부터 유수가 집수 되는 곳

⑥ 체류수가 있는 곳

☞ 종구골속 체류역류

4 배수 유형별 설치 요령

① 노면 배수시설: 옆도랑과 횡단배수구를 적절히 설치한다.

② 사면 배수시설: 돌림수로, 돌붙임수로, 떼수로 등을 적절히 배치한다.

③ 지하 배수시설: 종단 또는 횡단면에 암거를 설치한다.

④ 집수시설: 집수정 등이 있으며, 사력 등의 매몰 우려가 높은 곳은 설치를 피한다.

횡단배수구 설치 장소

1 개념

일반적으로 작은 골짜기 유역으로부터 집수하는 유수의 처리와 옆도랑에 유하하는 물을 처리할 목적으로 임도를 횡단시켜 아래 골짜기로 배수시키기 위한 시설이다.

2 횡단배수구 설치 장소

① 종단물매 유하 방향의 변이점

② 구조물의 앞이나 뒤

③ 골짜기로부터 유수가 집수 되는 곳

④ 흙이 부족하여 속도랑으로는 부적당한 곳

⑤ 체류수가 있는 곳

⑥ 외쪽물매 때문에 옆 도랑이 역류하는 곳

3 임도 횡단배수구 종류

① 암거

② 맹암거

③ 개거

4 횡단배수구 설치 시 유의할 점

① 배수지점에 낙차에 의한 세굴 방지시설

- 배수지점에서 2차 세굴에 의한 임도 피해 방지

② 집수지점에 집수시설의 종류와 규모

- 물의 양과 속도에 맞는 시설 설치

③ 적당한 재료의 선택

- 경제적, 생태적, 공학적 요구조건에 맞는 재료의 선택

임도 표면배수

1 표면배수의 정의

표면배수란 강우, 눈 등에 의하여 노면에 흘러들거나 근접지에서 임도 부지 내로 유입하는 물을 처리하는 것을 말한다(노면배수와 사면배수로 구분).

2 표면배수의 종류

1) 노면배수

노면수를 노면 밖으로 유출, 또는 인접지에서 유입되는 물을 처리하는 것으로 횡단구배는 1.5~6%, 종단구배는 최저 0.5%로 한다.

① 측구의 종류

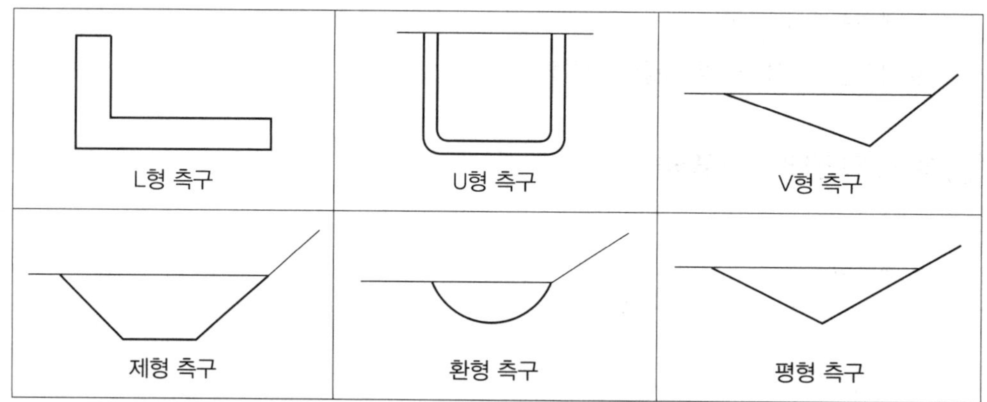

☞ 측구: 노면 또는 그 인접사면의 강수를 집수하여 처리하기 위하여 도로의 종방향에 따라 설치한 배수구(roadside ditch)

② 유형별 측구 설치 장소

제형	• 배수용량이 크며 높이 30~40cm로 하고 배수량에 따라서 저폭을 가감
V형, 평형	• 그레이더를 사용하여 설치가 간단하고 유지비가 적게 듦 • 평형은 V형보다 소요면적이 크며 배수용량이 적으나 세굴작용이 적음
환형	• 유수로 인한 세굴작용을 받기 쉬운 장소에서 지면을 보호하는 데 적용
U형, L형	• 수직측벽으로 용지를 감소할 수 있으므로 많이 사용

☞ 재료에 따른 구분: 막파기, 돌붙이기, 돌쌓기, 콘크리트 및 철근콘크리트 측구
(임도의 중요도, 토질상태, 노폭 크기 등에 의해 현지 적합한 단면상태 적용)

③ 횡단배수구

암거	• 노면에서 상당한 깊이에 설치 • 석재, 콘크리트관, 흄관, THP관 등 이용
개거	• 노면에 드러나 있는 배수구 • 석재, 콘크리트, 목재 등 이용

- 경사진 임도에서 우수에 따른 노면침식을 예방하기 위하여 노면수의 유하거리를 차단하여 노면 외부로 유출시키는 기능을 한다.
- 개거를 설치할 경우 임도를 통행하는 차량이 안전하고 통행차량에 의하여 파손되지 않음은 물론 유수를 안전한 곳으로 배수할 수 있어야 한다.

2) 사면배수

① 유하수에 의하여 절·성토부의 사면이 붕괴되는 것을 방지하기 위하여 비탈면 보호공과 함께 비탈면 배수시설을 설치하여 사면침식을 방지한다.

② 산마루측구: 강수, 표면유수가 비탈면에 들어오지 못하도록 하는 것으로 유량이 많을 경우 Soil콘크리트, 콘크리트 등으로 시공한다.

③ 소단배수구: 비탈면에 흐르는 물을 안전하게 비탈면 밖에 있는 배수시설로 유도한다.

④ 종배수구: 산마루측구, 소단배수구에서 차단된 우수를 비탈면에 피해를 주지 않도록 종방향으로 설치하는 것으로 U형 콘크리트, 반원흄관, 철근콘크리트 등을 사용한다.

⑤ 맹거(盲渠): 지표면에 가까운 지하 침투수를 집수하여 배수하기 위한 구조물이다.

⑥ 맹암거: 용수량이 많은 곳이나 여러 개의 맹거가 합류된 곳에 구멍 뚫린 관을 넣어 집수배수하는 구조물이다.

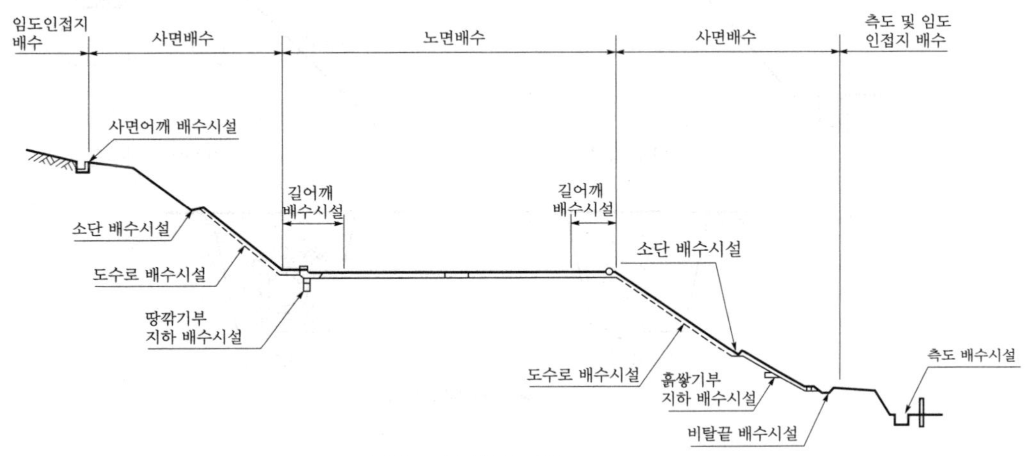

▲ 임도 배수시설의 종류

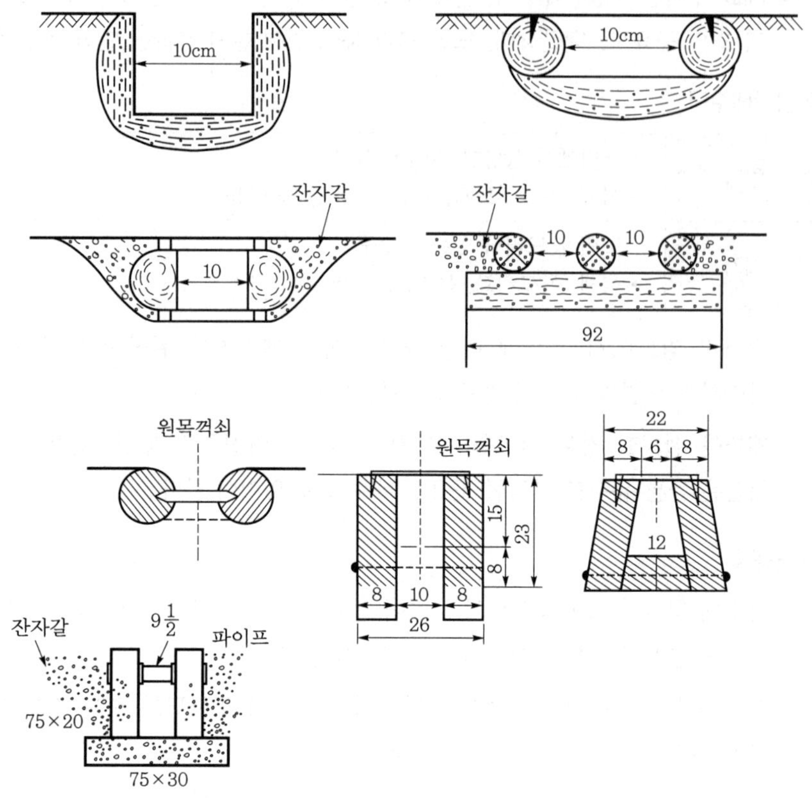

▲ 개거의 종류와 모형

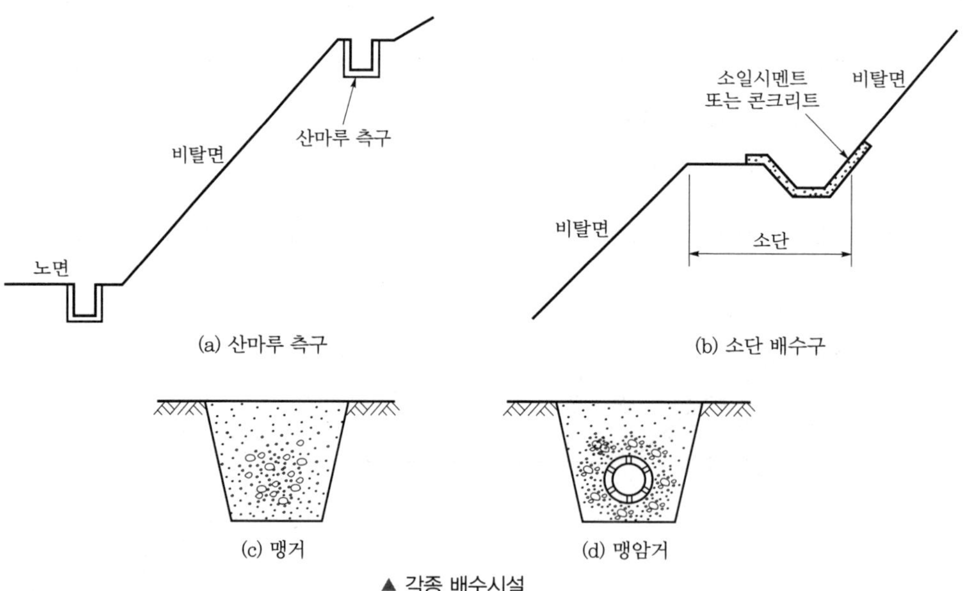

▲ 각종 배수시설

26 지하배수

1 지하배수의 개념

① 지하수위를 저하시키는 것과 지하에 모인 물을 배수하는 것이다.

② 임도와 인접한 지대에 노면에서 임도에 침투한 물(용수 포함)을 차단하는 것이다.

③ 지하배수를 노반배수와 노상배수로 구분한다.

2 지하배수의 구분

① 노반배수

- 주로 노면에서 침투한 물을 노반 밖으로 배제하기 위해서인데, 노상이 불투수성일 경우에 시설한다.

- 횡단배수구 또는 구멍이 있는 격벽형식, 유공관, 자갈 등으로 맹암거가 사용된다.

② 노상배수

- 배수구의 측구는 일반배수구와 같이 파서 측면에 작은 구멍이 뚫린 관을 충분한 깊이로 매설한다.

- 배수관은 막힐 염려가 있기 때문에 물이 잘 통과되고, 세립토가 통과하지 않도록 투수성 재료(휠터)를 사용하여야 한다.

3 비탈면 용수의 지하배수

비탈면돌망태, 맹거, 수평배수공, 수평배수층 등의 시설이 있으며, 돌망태배수는 용수가 많은 비탈면에 맹거와 공용하여 사용한다.

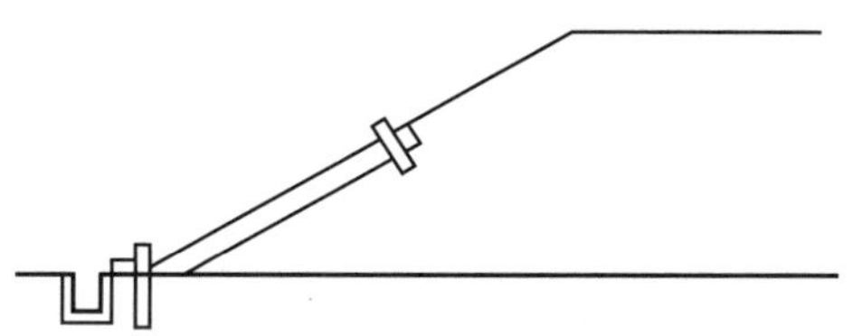

▲ 보통돌망태를 성토비탈기슭에 사용한 예

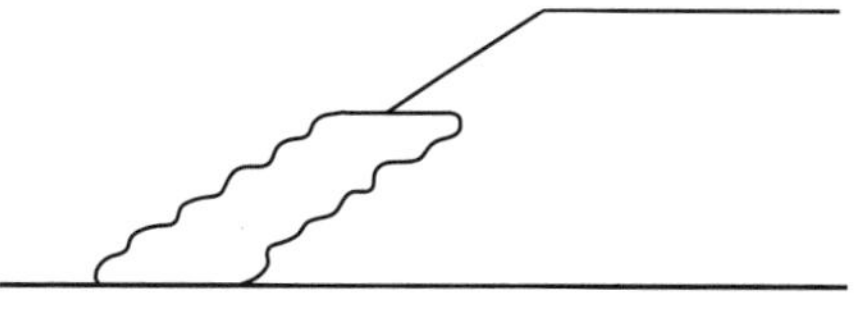

▲ 이불돌망태를 성토비탈기슭에 사용한 예

4 **옹벽뒷채움의 배수**

① 옹벽 뒷면에 호박돌 또는 깬 호박돌 등을 채워 배수층을 만들고 여기에 집수된 물을 비닐관 등으로 만든 수발공에 따라 옹벽 전면으로 배수한다.

② 수발공은 무근, 철근콘크리트 옹벽에는 뒷면 뒷채움돌 하단에 약 5m 간격으로 지그재그식으로 설치하고, 돌쌓기와 블록쌓기에서는 2~3㎡에 1개소씩 설치한다.

핵심 27 녹색임도

● 환경, 소형 임도로 임도시설 설계기준에 나왔다가 삭제됨

1 개념

환경친화적 임도란 자연환경과 조화되고 자연 입지에 순응할 수 있으며 견고하게 시설하여 자연재해로 인한 피해가 발생되지 않도록 하여야 함은 물론 활용도를 극대화할 수 있도록 설계·시공된 임도를 말하며, 또한, 자연생태계를 보전하여 식생의 교란, 동물의 피해가 없이 종 다양성이 유지될 수 있는 구조의 임도라 할 수 있다.

2 녹색임도의 계획, 설계 및 시공 시 고려하여야 할 사항

1) 노선계획 단계

① 자연환경을 정확하게 파악한다.

② 보존, 보전할 가치가 있는 대상물을 가능한 피한다.

③ 절성토량을 최소화한다.

④ 설계 단계 이후에 보전, 보호의 기본방침을 명확히 한다.

2) 설계 단계

① 계곡부는 가급적 교량 등으로 통과하거나 암거, 관거, 가교 등과 같은 동물의 횡단통로에 대해 검토한다.

② 소동물의 횡단을 위한 시설을 반영한다.

③ 절토·성토의 양을 되도록 같게 설계하여 잔토량 발생을 최소화한다.

④ 사토량 발생 시 사토장을 지정하고 운반을 철저히 한다.

⑤ 식생 복원을 촉진시킬 수 있는 계단상 소단 설치, 녹화블록 설치 등을 한다.

⑥ 절토, 성토의 토성에 적절한 재래종 및 향토수종의 식재로 외래종에 의한 식생교란을 억제한다.

⑦ 사면기울기는 가능한 완만하게 한다.

3) 시공 단계

① 공사 중 소음, 진동, 유해가스 등을 최소화한다.

② 절 · 성토면을 좁게 한다.

③ 녹화가 신속하게 이루어지도록 한다.

④ 벌채는 최소화한다.

⑤ 적정한 토목기계를 사용한다.

▣ 녹색임도 사면 안정처리 공법

① 종자 이용법: 씨앗뿜어붙이기, 식생매트공법, 식생판공법, 식생망태공, 식생줄떼공 등

② 식재법: 줄떼공, 평떼공, 참싸리 · 병꽃 · 조팝나무 식재, 사초식재 등

③ 부존자원 이용: 통나무, 자연석 이용 등

④ 토목재료 이용: 돌붙임공, 블록붙임공, 사면앵커공, 콘크리트 블록격자공, 콘크리트 붙임공 등

영선측량과 중심선 측량

1 영선측량

영선측량을 하게 되면 지형의 훼손은 줄일 수 있으나, 노선의 굴곡이 심해진다.

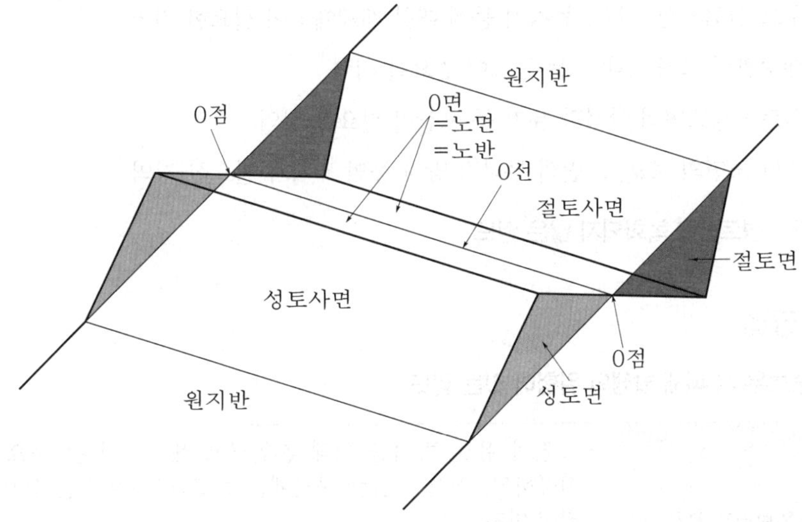

▲ 경사지 임도 시설의 0점, 0선, 0면 개념도

① 영점: 임도노면의 시공면과 경사면이 만나는 점이다.

② 영선: 영점을 연결한 노선의 종축으로 경사면과 임도 시공기면과의 교차선이며 노반에 나타난다. 임도 시공 시 절토작업과 성토작업의 경계선을 말한다.

③ 영면: 임도상 영선의 위치 및 임도의 시공기면으로부터 수평으로 연장한 면이다.

2 중심선 측량

① 도로의 중심에 점이 있다고 가정하고 이 점을 중심점이라고 한다면 중심점을 연결한 선인 중심선을 기준으로 측량하는 경우로, 평탄지와 완경사지에서 이용한다.

② 20m마다 중심말뚝을 설치하고 지형상 종횡단의 변화가 심한 지점, 구조물 설치 지점 등 필요한 각 점에는 보조말뚝을 설치한다.

③ 중심선 측량을 하게 되면 노선의 굴곡은 영선측량에 비해 심하지 않으나 지형의 훼손이 많아질 수 있다.

④ 임도 설치 관리 규정은 중심선 측량을 하도록 하고 있다.

임도 구조개량사업

1 대상지

① 집중호우 시 피해 발생의 위험이 있는 임도

- 주요 산업시설, 가옥, 농경지 등에 대한 재해예방이 필요한 지역

- 배수관의 크기 확대 또는 증설이 필요한 지역

- 절토 · 성토면의 안정각 유지 등 보강이 필요한 지역

- 기타 노면의 보호, 노면의 무너짐 방지 등의 조치가 필요한 지역

② 절토 · 성토면이 녹화되지 않은 임도

2 적용 공법

① 집중호우 시 피해 발생의 위험이 있는 임도

노면보강재 시공	• 노면의 유실 방지를 위해 혼합골재(쇄석 · 석분) 등으로 노면보강 시공하고, 경사가 급한 구간에는 콘크리트 · 아스콘 등으로 포장하여 침식 방지 • 경사가 급한 노면은 일정 간격으로 노면 배수시설을 설치하고, 침식 우려가 있는 옆도랑에는 낙차공 등 유수완화시설 설치
피해 방지를 위한 구조물 설치 확대	• 성토면의 무너짐을 방지하기 위한 공사가 필요한 구간에는 옹벽 · 산돌쌓기 · 방부목격자틀 · 목책 등 구조물을 설치
절토면의 안정을 위한 추가 절토 병행	• 절토면의 안정각 유지가 필요한 지역에는 추가로 절토하고, 흘러내리는 흙으로 인한 측구막힘 방지가 필요할 경우, 절토면에 파종 · 녹화공법을 적용하거나 옹벽 · 산돌쌓기 · 방부목격자틀 · 목책 등 구조물을 설치
배수처리	• 암거를 설치하거나 배수관의 크기를 확대 또는 증설하며, 측구터파기 병행 • 배수관의 유출부는 세굴되지 않도록 콘크리트수로 · 찰쌓기수로 · 낙차공 등으로 시공 • 계류를 횡단하는 구간은 가급적 물넘이 포장(세월교)을 하고, 배수관 시설지 앞쪽 계곡에는 계간공작물을 설치하는 등 배수관 막힘을 방지

② 절토 · 성토면이 녹화되어 있지 않은 임도

- 새심기 · 파종 등의 방법으로 녹화 · 피복하며, 필요한 경우에는 방부목격자틀 · 프로피아그린 · 코아네트 · 론생 · 거적덮기 · 볏짚덮기 기타 여건에 맞는 공법을 병행할 수 있다.
- 안정각이 유지되어야 녹화가 가능한 경우에는 추가로 절토하거나 옹벽(콘크리트, 방부목 옹벽 등) · 석축 · 방부목격자틀 · 목책 기타 구조물을 설치한 후 녹화 · 피복한다.
- 성토면에 암석 파편이 많아 파종이 어려운 구간의 경우에는 복토한 후 파종하거나 덩굴류 피복공법 등을 적용한다.

30 임도 실시설계 시 고려사항

1 임도 설계 시 고려할 사항

임도의 설치 및 관리 등에 관한 규정 제12조

임도설계는 「산림자원조성관리법 시행규칙」 별표2의 '임도의 설계 및 시설기준'에 의하되 수해방지를 위하여 다음 각호의 사항을 감안하여 설계하여야 한다.

① 임도노선이 계곡을 지나는 경우에는 계곡의 단면 및 유역 전체의 유수량을 고려하여 최대 홍수위보다 2배 이상 높은 위치에 시설되도록 설계

② 계류를 횡단하는 구간에는 가능한 배수구 막힘 우려가 없는 물넘이 포장(세월교) 등으로 시공되도록 설계

③ 배수관 유출부에는 콘크리트수로, 찰쌓기수로, 낙차공 등의 보호공작물이 견고하게 설치되도록 설계

④ 임도 설치로 인하여 발생하는 나무뿌리, 가지 등이 강우 시 유실되거나 경관을 저해하지 않도록 일정한 장소로 운반·정리되도록 설계

2 토공단비의 상한 기준

임도의 설치 및 관리 등에 관한 규정 제 15조

임도설치를 위한 토공사비는 순공사비(자재대를 포함)의 100분의 25를 초과할 수 없다. 다만, 다음 각 호의 1에 해당하는 경우로서 발주청이 승인한 경우에는 그러하지 아니하다.

① 경사가 15도 미만으로서 구조물의 설치가 필요하지 아니하다고 인정되는 경우

② 암석이 분포하여 암절취에 추가 비용이 소요된다고 인정되는 경우

31 감리업무 내용

1 감리업무 내용

산림자원의 조성 및 관리에 관한 법률 시행규칙(제30조)	엔지니어링 사업 대가의 기준에 의한 시공감리의 업무내용
1. 설계도서가 해당 지형 등에 적합한지 여부 확인 2. 설계 변경의 타당성 검토 3. 사업시공자가 관계법령 및 설계도서에 따라 적합하게 시공하는지 여부 확인 4. 사업현장에서의 재해예방 및 안전관리 지도 5. 감리계약으로 정하는 사항 6. 그밖에 산림청장이 정하여 고시하는 사항에 대한 검토·확인	가. 시공계획 및 공정표 검토 나. 시공자가 작성한 시공도 검토 다. 시공자가 제시하는 시험성과표 검토 라. 공정 및 기성고 사정 마. 준공도 검토

2 감리원의 업무 범위

① 시공계획 및 예정공정표 검토와 설계도면 및 공사시방서의 적합성 확인

② 설계 내용의 현장조건 부합 및 실제 시공가능 여부 등의 사전 검토

③ 시공이 설계도면 및 시방서의 내용에 적합하게 행하여지고 있는지에 대한 확인

④ 구조물의 위치·규격 및 사용자재의 적합성 여부 확인

⑤ 재해예방대책·안전관리 및 환경관리 지도

⑥ 설계 변경에 관한 사항의 검토

⑦ 공사 진척 부분에 대한 조사 및 검사와 하도급에 대한 타당성 검토

⑧ 완공도면의 검토 및 완공 사실의 확인과 그밖에 계약서에서 정한 사항 등

3 임도사업 설계 변경 요인

① 당초의 계획이 변경되었을 때

② 추정 암반선이 실제 암반선과 상이할 때,

③ 골재채취장, 사토장 및 중요 자재운반거리가 실제와 상이하거나 위치가 변경될 때

④ 설계 내용과 현장이 현저하게 차이가 생겨 감독관으로부터 필요하다고 인정될 때

⑤ 시공 방법의 변경이 불가피할 때

⑥ 물가 변동으로 인한 공사비 조정

32 감리원의 임무

1 감리원의 임무

① 감리원은 설계도서를 검토하여 임도의 설계 및 시설기준에 적합한지를 확인하고 불합리하거나 착오가 있는 부분, 불명확하거나 예상되는 문제점이 있는 경우에는 발주청에 서면보고하여야 한다.

② 감리원은 시공기간 중 일정한 구간마다 시공상태를 확인하여 설계도서와 시방서 및 관계규정 등에 적합하게 시공되고 있는지 여부를 확인하고, 그 결과를 현장 감독관을 경유하여 발주청에 서면보고를 해야 한다.

③ 감리원은 시공자가 중요한 구조물을 시공하고자 사전 통보하는 경우에는 특별한 사유가 없는 한 설계 및 시공내용의 적정 여부 등을 확인하고, 매몰되는 부분에 대하여는 구조물의 내용과 매몰깊이를 확인한 다음 시공하도록 하되 이를 기록 관리하여야 한다.

④ 감리원은 시공과정에서 설계 변경이 필요하다고 판단되는 경우에는 시공자와 현장감독관의 의견을 들어 그 내용을 발주청에 서면으로 제출하여야 한다.

⑤ 감리원은 발주청이 당해 공사와 관련하여 공법 변경의 요구 등 중요한 기술적 사항에 대한 자문을 요구하는 경우에는 특별한 사유가 없는 한 이에 응하여야 한다.

⑥ 감리원은 기성부분검사 및 준공검사를 할 때 입회하여야 한다.

2 발주청의 지도감독

① 발주청은 감리자와 감리원을 지도·감독하며 발주청의 지시에 위반된다고 판단되는 경우에는 이에 대한 해명 또는 시정을 하도록 서면 지시하거나 감리자로 하여금 감리원을 교체하도록 요구할 수 있다.

② 발주청은 다음 각호의 사항에 대하여 감리원을 지도·감독한다.

- 감리업무 수행상태
- 감리원의 품위손상 여부 및 근무자세
- 발주청의 지시사항 이행상태
- 행정서류 및 비치서류 처리상태
- 각종 보고서 처리상태

임도 타당성 평가

● 산림자원의 조성 및 관리에 관한 법률 시행규칙 [별표 1] <개정 2021. 6. 30.>

1 임도노선의 선정 기준

1) 임도노선의 선정 시 고려할 사항

임도노선을 선정하고자 하는 때는 동물의 서식상황, 임상, 지형·토양의 특성, 주변도로 및 임도의 현황을 고려하여야 한다.

2) 임도노선이 다음의 어느 하나에 해당하는 경우에는 임도를 설치할 수 없다.

① 「산지관리법」 제9조제1항에 따라 산지전용이 제한되는 지역이 포함되어 있는 경우

② 임도거리의 10퍼센트 이상이 경사 35° 이상의 급경사지를 지나게 되는 경우. 다만, 잘라낸 토석을 급경사지 구간 밖으로 운반하여 처리할 것을 조건으로 하는 경우에는 그러하지 아니하다.

③ 임도거리의 10퍼센트 이상이 「도로법」에 따른 도로로부터 300미터 이내인 지역을 지나게 되는 경우. 다만, 절토(흙깎기)면·성토(흙쌓기)면의 전면적에 경관 유지를 위한 녹화공법을 적용할 것을 조건으로 하는 경우에는 그러하지 아니하다.

④ 임도거리의 20퍼센트 이상이 화강암질풍화토로 구성된 지역을 지나게 되는 경우. 다만, 무너짐·땅밀림 방지를 위한 보강공법을 적용할 것을 조건으로 하는 경우에는 그러하지 아니하다.

⑤ 임도거리의 30퍼센트 이상이 암반으로 구성된 지역을 지나게 되는 경우. 다만, 절토·성토면의 전면적에 경관 유지를 위한 녹화공법을 적용할 것을 조건으로 하는 경우에는 그러하지 아니하다.

⑥ 「도로법」에 따른 도로 또는 「농어촌도로정비법」에 따른 농로로 확정·고시된 노선과 중복되는 경우

② 타당성 평가의 항목별 기준

평가항목	항목별 배점 (총100점)	평가 기준	평가기준(평가기준별 배점)			
1. 필요성	50					
가. 산림경영	20	활용도	매우 높음(20)	높음(16)	보통(12)	낮음(8)
나. 산림보호 및 관리	20	활용도	매우 높음(20)	높음(16)	보통(12)	낮음(8)
다. 산림휴양자 원이용	5	활용도	매우 높음(5)	높음(4)	보통(3)	낮음(2)
라. 농산촌 마을 연결	5	활용도	매우 높음(5)	높음(4)	보통(3)	낮음(2)
2. 적합성	50					
가. 경사도	15	35도 이상 구간	5퍼센트 미만 (15)	5퍼센트 이상 7퍼센트 미만 (12)	7퍼센트 이상 10퍼센트 미만 (9)	10퍼센트 이상 (6)
나. 도로와의 연접성	10	300미터 이내 구간	5퍼센트 미만 (10)	5퍼센트 이상 7퍼센트 미만 (8)	7퍼센트 이상 10퍼센트 미만 (6)	10퍼센트 이상 (4)
다. 토질	15	화강암질 풍화토 구간	10퍼센트 미만 (15)	10퍼센트 이상 15퍼센트 미만 (12)	15퍼센트 이상 20퍼센트 미만 (9)	20퍼센트 이상 (6)
라. 노출암반	10	암반지역 구간	20퍼센트 미만 (10)	20퍼센트 이상 25퍼센트 미만 (8)	25퍼센트 이상 30퍼센트 미만 (6)	30퍼센트 이상 (4)
3. 환경성						
가. 멸종위기 동·식물 서식지	가·불가	포함 여부	「자연환경보전법」에서 정하고 있는 멸종위기 동·식물서식지가 임도노선에 포함되는 경우에는 불가능			
나. 산사태 등 재해취약지	가·불가	포함 여부	임도노선에 산사태 등 재해취약지가 포함되는 경우에는 불가능. 다만, 방재시설을 하는 것을 조건으로 하는 경우에는 가능			
다. 상수원 오염등 주민 생활 저해 요인	가·불가	발생 여부	상수원 오염 등 주민생활의 저해 요인이 발생할 수 있는 경우에는 불가능. 다만, 상수원오염 방지시설을 하는 것을 조건으로 하는 경우에는 가능			

☞ 경사도는 1/25,000 지형도에 임도예정노선을 기점으로 하여 그 예정노선의 매 4mm 간격의 지점에서 수직 방향으로 상하 1cm를 기준으로 측정하고 측정한 경사도의 합계를 평균하여 계산한다.

3 임도의 타당성 평가 방법

1) 평가자

임도의 타당성 평가는 산림, 환경, 토목, 수자원개발, 토질 또는 그 기초 분야에 관한 전문지식이 있는 자 중에서 시 · 도지사, 시장 · 군수 · 구청장 또는 지방산림청장이 위촉하는 4명의 평가자가 합동으로 실시한다.

2) 평가시기

타당성 평가는 임도를 설치하고자 하는 해의 전년도 7월 말까지 실시하여야 한다. 다만, 간선임도의 설치계획이 변경되는 경우에는 그 변경 전에 실시할 수 있다.

3) 평가 방법

① 평가자는 제1호에 따른 임도노선의 적합성에 타당한지 여부를 확인한 후 제2호에 따라 평가점수를 산출한다.

② 평가자 4명의 평가점수를 평균하여 타당성 평가점수를 산출한다.

③ 환경성 분야 평가항목 중 불가에 해당하는 항목이 없고, 타당성 평가점수가 70점 이상인 경우에 한하여 임도의 설치가 타당성이 있는 것으로 평가한다.

④ 평가자의 자격요건 및 위촉방법 그 밖의 타당성 평가에 관하여 필요한 사항은 산림청장이 정한다.

34 임도의 설계기준

● 산림자원의 조성 및 관리에 관한 법률 시행규칙 [별표 2] <개정 2021. 6. 30.>

1 기본조사

1) 조사시기

기본조사는 임도를 설치하려는 해의 전년도에 실시설계를 하기 전에 실시한다.

2) 조사 방법

선정된 임도노선을 측량한 후 최상의 임도기능 유지와 피해 방지 · 경관 유지가 가능하도록 모든 공종과 공종별 위치 · 물량을 산출한다.

3) 사업비 산출

산출된 공종별 위치 · 물량에 따라 단비(예산기준 사업비)와 관계없이 실시설계에 반영하는 실제사업비를 산출한다. 이 경우 토공(土工)에 필요한 사업비 등은 산림청장이 정하는 바에 따른다.

2 실시설계

1) 현지측량

① 중심선 측량

측점 간격은 20미터로 하고 중심말뚝을 설치하되, 지형상 종 · 횡단의 변화가 심한 지점, 구조물설치지점 등 필요한 각 점에는 보조말뚝을 설치한다.

② 종단측량

– 중심말뚝 및 보조말뚝에 따라 측량한다.

– 노선의 중심선을 따라 측량하되, 주요 구조물 주변 및 연장 1킬로미터마다 변동되지 아니하는 표적에 임시기표를 표시하고 평면도에 이를 표시한다.

③ 횡단측량

횡단측량은 중심선의 각 측점 · 지형이 급변하는 지점, 구조물 설치 지점의 중심선에서 양방향으로 현지 지형을 설계도면 작성에 지장이 없도록 측정한다.

2) 각종 조사

① 수문 및 배수구조물

배수구조물의 위치 및 유역에 대한 지형 · 집수면적 · 유수상태 · 유량 등을 조사한다.

② 토질조사

토질은 토사 · 암반으로 구분하고, 지하암반은 지형 또는 표면상태, 부근 지역의 절토단면을 참고하여 추정조사한다.

③ 용지 및 지장물 조사

소유 구분을 하여야 할 용지도는 해당 지역의 최근 지적도 및 임야도를 사용하며, 용지조사는 지번별 · 지목별 순서로 면적 및 지장물을 조사한다.

④ 각종 설계인자 조사

- 설계내역서 작성에 필요한 단가는 조달청이나 공인기관에서 공표한 가격을 적용하되, 이에 누락된 것은 2개 이상의 사업자로부터 실거래 가격을 조사하여 확인한 가격을 적용한다.
- 각종 자재 및 골재운반거리는 현장에 반입할 수 있는 최단지역의 운반거리를 조사하여 적용하되, 자재단가와 종합적으로 비교하여 경제적인 것을 적용한다.
- 석축 등에 필요한 야면석 등은 가급적 현장에서 채취 · 사용하도록 운반거리를 조사한다.

3) 사업비

① 임도사업비는 현지를 조사한 결과에 따라 최상의 임도기능 유지와 피해 방지 · 경관 유지가 가능하도록 기본조사에서 산출된 실제사업비를 실시설계에 반영한다. 이 경우 실시설계 결과 산출된 실제사업비가 기본조사에서 산출된 사업비보다 많을 경우에는 실시설계 결과 산출된 실제사업비를 반영한다.

② 토공에 필요한 사업비 등은 산림청장이 정하는 바에 따른다.

4) 도면제도

① 제도

제도는 KSF1001 토목제도통칙에 따른다.

② 평면도

- 평면도는 종단도면 상단에 축척 1/1,200으로 작성한다.
- 평면도에는 임시기표 · 교각점 · 측점번호 및 사유토지의 지번별 경계 · 구조물 · 지형지물 등을 도시하며, 곡선제원 등을 기입한다.

③ 종단면도

- 축척은 횡 1/1,000, 종 1/200로 작성한다.
- 시공계획고는 절토량과 성토량이 균형을 이루게 하되, 피해 방지 · 경관 유지를 고려하여 결정한다.
- 종단기울기의 변화점에는 종단곡선을 삽입한다.
- 종단면도는 전후도면이 접합되도록 한다.

④ 횡단면도

- 축척은 1/100로 작성한다.
- 횡단기입의 순서는 좌측 하단에서 상단 방향으로 한다.
- 절토 부분은 토사 · 암반으로 구분하되, 암반 부분은 추정선으로 기입한다.
- 구조물은 별도로 표시한다.
- 각 측점의 단면마다 지반고 · 계획고 · 절토고 · 성토고 · 단면적 · 지장목 제거 · 측구터파기 단면적 · 사면보호공 등의 물량을 기입한다.

5) 설계서 작성

① 설계서는 목차 · 공사설명서 · 일반시방서 · 특별시방서 · 예정공정표 · 예산내역서 · 일위대가표 · 단가산출서 · 각종 중기경비계산서 · 공종별 수량계산서 · 각종 소요자재총괄표 · 토적표 · 산출기초 순으로 작성한다.

② 설계에 필요한 각종 단가산출서의 적용기준은 산림청장이 정하는 기준과 건설표준품셈을 적용한다.

③ 중기노무비는 「근로기준법」 · 「산업안전보건법」 및 「국가를 당사자로 하는 계약에 관한 법률」 또는 「지방자치단체를 당사자로 하는 계약에 관한 법률」 등에 맞추어 산정한다.

④ 일반관리비 · 간접노무비 · 이윤(수수료를 말한다) · 부가가치세 · 경비(보험료 · 안전관리비 등을 말한다)의 요율은 「국가를 당사자로 하는 계약에 관한 법률」 또는 「지방자치단체를 당사자로 하는 계약에 관한 법률」 등에 맞추어 산정한다.

⑤ 관급자재 등 자재구입에 필요한 사항은 임도공사 발주기관이 정하는 바에 따른다.

6) 현장조사 실명제

실시설계를 하기 전에 설계자는 직접 2회 이상 현장조사를 실시하여야 하며, 실시설계도서를 납품할 때 현장조사의 날짜, 사진자료, 견취도(見取圖) 등 현장조사를 실시하였음을 증명할 수 있는 구체적 자료를 발주청에 제출하여야 한다.

7) 설계서 납품

설계서 납품은 설계도서 · 트레싱 · 구조물의 위치가 포함된 수치지도와 그 밖의 계약담당관이 요구하는 각종 자료 및 성과품 등으로 하며, 수치지도에 관련된 사항은 산림청장이 정한다.

핵심 35 차량 규격·속도·너비 기준

● 산림자원의 조성 및 관리에 관한 법률 시행규칙 [별표 2] <개정 2021. 6. 30.> [간선임도·작업 임도의 시설기준]

1 차량 규격

임도설계에 기준이 되는 차량의 규격은 다음 표와 같다.

제원 자동차종별	길이	폭	높이	앞뒤바퀴 거리	앞내민 길이	뒷내민 길이	최소회전 반경
소형자동차	4.7	1.7	2.0	2.7	0.8	1.2	6.0
보통자동차	13.0	2.5	4.0	6.5	2.5	4.0	12.0

비고

① 앞뒤바퀴 거리

   앞바퀴축의 중심으로부터 뒷바퀴축의 중심까지의 거리를 말한다.

② 앞내민길이

   차량의 전면으로부터 앞바퀴축의 중심까지의 거리를 말한다.

③ 뒷내민길이

   뒷바퀴축의 중심으로부터 차량의 후면까지의 거리를 말한다.

2 속도

구분	설계속도(km/시간)
간선임도	40~20
지선임도	30~20

3 너비

① 유효너비

길어깨 · 옆도랑의 너비를 제외한 임도의 유효너비는 3미터를 기준으로 한다. 다만, 배향곡선지(背向曲線地: S자 형태의 지형)의 경우에는 6미터 이상으로 한다.

② 길어깨 · 옆도랑너비

길어깨 및 옆도랑의 너비는 각각 50센티미터~1미터의 범위로 한다. 다만, 암반지역 등 지형 여건상 불가피한 경우 또는 옆도랑이 없는 임도의 경우에는 그러하지 아니할 수 있다.

③ 축조한계

임도의 축조한계는 유효너비와 길어깨를 포함한 너비 규격에 따라 설치한다.

④ 곡선부 너비의 확대 범위

임도의 곡선부 너비는 다음의 기준 이상으로 확대하여야 한다.

곡선 반경	확대 기준(미터)
10미터 이상~13미터 미만	2.25
13미터 이상~14미터 미만	2.00
14미터 이상~15미터 미만	1.75
15미터 이상~18미터 미만	1.50
18미터 이상~20미터 미만	1.25
20미터 이상~25미터 미만	1.00
25미터 이상~30미터 미만	0.75
30미터 이상~40미터 미만	0.50
40미터 이상~45미터 미만	0.25

※ 비고: 대피소 · 차돌림곳 그 밖의 현지 여건상 필요한 경우에는 그 너비를 조정할 수 있다.

핵심 36 곡선반지름·기울기·종단곡선 기준

● 산림자원의 조성 및 관리에 관한 법률 시행규칙 [별표 2] <개정 2021. 6. 30.> [간선임도·작업임도의 시설기준]

1 곡선반지름

① 곡선부 중심선 반지름

곡선부의 중심선 반지름은 다음의 규격 이상으로 설치하여야 한다. 다만, 내각이 155° 이상 되는 장소에 대하여는 곡선을 설치하지 아니할 수 있다.

설계속도(km/시간)	최소곡선반지름(미터)	
	일반지형	특수지형
40	60	40
30	30	20
20	15	12

② 배향곡선

배향곡선(Hair Pin 곡선)은 중심선 반지름이 10미터 이상이 되도록 설치한다.

2 기울기

① 종단기울기

설계속도(km/시간)	종단기울기(순기울기)	
	일반지형	특수지형
40	7% 이하	10% 이하
30	8% 이하	12% 이하
20	9% 이하	14% 이하

※ 비고: 지형 여건상 특수지형의 종단에 기울기 기준을 적용하기 어려운 경우에는 노면포장을 하는 경우에 한하여 종단기울기를 18퍼센트의 범위에서 조정하여 행할 수 있다.

② 횡단기울기

횡단기울기는 노면의 종류에 따라 포장을 하지 아니한 노면(쇄석·자갈을 부설한 노면을 포함한다)의 경우에는 3~5퍼센트, 포장한 노면의 경우에는 1.5~2퍼센트로 한다.

③ 합성기울기

합성기울기는 12퍼센트 이하로 한다. 다만, 현지의 지형 여건상 불가피한 경우에는 간선임도는 13퍼센트 이하, 지선임도는 15퍼센트 이하로 할 수 있으며, 노면포장을 하는 경우에 한하여 18퍼센트 이하로 할 수 있다.

3 종단곡선

설계속도(km/시간)	종단곡선의 반경(미터)	종단곡선의 길이(미터)
40	450 이상	40 이상
30	250 이상	30 이상
20	100 이상	20 이상

비고 1) 포장도로가 아닌 곳으로서 종단기울기의 대수차가 5퍼센트 이하인 경우에는 이를 적용하지 아니한다.

2) 종단곡선은 포물선곡선 방식을 적용할 수 있다.

노면의 시공·옆도랑· 배수구 기준

● 산림자원의 조성 및 관리에 관한 법률 시행규칙 [별표 2] <개정 2021. 6. 30.> [간선임도·작업임도의 시설기준]

1 노면의 시공

① 노면은 암반지역인 경우를 제외하고는 정지가 완료된 후 진동롤러로 다져야 한다. 다만, 진동롤러 다짐이 필요 없는 단단한 토질인 경우에 한하여 불도저 · 굴착기(궤도식 0.7㎥ 이상)로 다짐을 할 수 있다.

② 노면의 종단기울기가 8퍼센트를 초과하는 사질토양 또는 점토질 토양인 구간과 종단기울기가 8퍼센트 이하인 구간으로서 지반이 약하고 습한 구간에는 쇄석 · 자갈을 부설하거나 콘크리트 등으로 포장한다.

③ 임도노선의 굴곡이 심하여 시야가 가려지는 곡선부에는 반사경을 설치하며, 성토사면의 경사가 급하고 길이가 길어 추락의 위험이 있는 구간의 길어깨 부위에는 위험표지 · 경계석 또는 가드레일을 설치한다.

2 옆도랑

① 옆도랑의 깊이는 30센티미터 내외로 하고, 암석이 집단적으로 분포되어 있는 구간 및 능선 부분과 절토사면의 길이가 길어지는 구간은 L자형으로 설치할 수 있으며, L자형 상부 지점에는 배수시설을 설치한다. 다만, 노출형 횡단수로를 설치하여 물을 분산시킬 수 있는 경우에는 옆도랑을 설치하지 아니할 수 있다.

② 옆도랑은 동물의 이동이 용이하도록 설치한다.

③ 종단기울기가 급하여 침식 우려가 있는 옆도랑에는 중간에 유수를 완화하는 시설을 설치한다.

④ 성토면이 안정되고 종단경사가 5퍼센트 미만인 경우에는 옆도랑을 파지 않고 3~5퍼센트 내외로 외향경사를 주어 물을 성토면 전체로 고르게 분산시킬 수 있다. 이 경우 임도를 횡단하여 유수를 차단하는 노출형 횡단수로를 30미터 내외의 간격으로 비스듬한 각도로 설치한다.

3 **배수구**

① 배수구의 통수단면은 100년 빈도 확률강우량과 홍수도달시간을 이용한 합리식으로 계산된 최대홍수유출량의 1.2배 이상으로 설계·설치한다.

② 배수구는 수리 계산과 현지 여건을 고려하되, 기본적으로 100미터 내외의 간격으로 설치하며 그 지름은 1,000밀리미터 이상으로 한다. 다만, 현지 여건상 필요한 경우에는 배수구의 지름을 800밀리미터 이상으로 설치할 수 있다.

③ 배수구는 공인시험기관에서 외압강도가 원심력 철근콘크리트관 이상으로 인정된 제품을 기준으로 시공단비 및 시공 난이도를 비교하여 경제적인 것을 선정하며, 집수통 및 날개벽은 콘크리트·조립식 주철맨홀 등으로 시공하되, 현지의 석재활용이 용이할 때는 석축쌓기로 설계할 수 있다.

④ 배수구에는 유출구로부터 원지반까지 도수로·물받이를 설치한다.

⑤ 배수구는 동물의 이동이 용이하도록 설치한다.

⑥ 종단기울기가 급하고 길이가 긴 구간에는 노면으로 흐르는 유수를 차단할 수 있도록 임도를 횡단하는 노출형 횡단수로를 많이 설치한다.

⑦ 나뭇가지 또는 토석 등으로 배수구가 막힐 우려가 있는 지형에는 배수구의 유입구에 유입방지시설을 설치한다.

소형 사방댐·물넘이 포장·대피소 기준

● 산림자원의 조성 및 관리에 관한 법률 시행규칙 [별표 2] <개정 2021. 6. 30.> [간선임도·작업임도의 시설기준]

1 소형 사방댐 · 물넘이 포장의 설치

① 소형 사방댐

계류 상부에서 물과 함께 토석·유목이 흘러 내려와 교량·암거 또는 배수구를 막을 우려가 있는 경우에는 계류의 상부에 토석과 유목을 동시에 차단하는 기능을 가진 복합형 사방댐(소형)을 설치한다.

② 물넘이 포장

임도가 소계류를 통과하는 지역에는 가급적 배수구 또는 암거보다 콘크리트 등으로 물넘이 포장 또는 세월교를 설치하되, 수리 계산에 따른 적정한 배수단면을 확보하고 차량 통과가 가능하도록 충분한 반경으로 설치한다.

2 대피소 및 차돌림곳

① 대피소의 설치기준

구분	기준
간격	300미터 이내
너비	5미터 이상
유효길이	15미터 이상

② 차돌림곳의 너비

차돌림곳은 너비를 10미터 이상으로 한다.

핵심 39 노면·절토·성토 기준

● 산림자원의 조성 및 관리에 관한 법률 시행규칙 [별표 2] <개정 2021. 6. 30.> [간선임도·작업임도의 시설기준]

1 피해 방지

① 노면 형성을 위하여 절토한 토석은 이를 전량 반출·처리하여야 한다. 다만, 피해 방지를 위하여 필요한 옹벽·석축 등 구조물을 설치하거나 피해 발생 우려가 없는 완경사 구간의 경우에 한하여 반출·처리하지 아니할 수 있다.

② 옹벽·석축 등 구조물을 설치하여 노면을 형성하려는 경우에는 절토·성토작업을 하기 전에 원지반에 미리 구조물을 설치한 다음에 절토·성토작업을 해야 한다.

③ 절토사면의 길이가 긴 구간에는 절토사면 또는 절토사면의 경계 바깥쪽에 떼·돌 등을 이용한 배수로를 설치한다.

④ 절토·성토사면에서 용출수가 나오는 지역은 용출수의 처리를 위하여 배수시설을 설치하고, 절토·성토사면의 안정이 필요한 경우에는 하단부에 배수 기능이 포함된 안정구조물을 추가로 설치한다.

⑤ 성토면의 안정과 피해 방지를 위해 총사업비 중 산림청장이 정하는 비율 이상의 사업비를 성토면의 안정과 피해 방지에 투입하여야 한다.

2 절토 경사면의 기울기 기준

구분		기울기	비고
암석지	경암	1:0.3~0.8	토사지역은 절토면의 높이에 따라 소단(小段: 비탈면의 경사를 완화하기 위해 중간에 좁은 폭으로 설치하는 평탄한 부분) 설치
	연암	1:0.5~1.2	
토사지		1:0.8~1.5	

※ 비고: 토질 및 용수 등 지형 여건을 종합적으로 고려하여 절토사면에 대한 안정성이 확보될 수 있도록 기울기를 설정한다.

3 성토

① 성토는 충분히 다진 후에 이를 반복하여 쌓아야 하며, 성토한 경사면의 기울기는
1:1.2~2.0의 범위 안에서 토질 및 용수 등 지형 여건을 종합적으로 고려하여 성토사면에
대한 안정성이 확보되도록 기울기를 설정한다. 다만, 성토너비가 1미터 이하이고, 지형
여건상 부득이한 경우에는 기울기를 조정할 수 있다.

② 성토사면의 길이는 5미터 이내로 한다. 다만, 5미터를 초과하는 경우에는 성토사면의
보호를 위하여 옹벽 · 석축 등의 구조물을 설치한다.

4 구조물 설치

임도노선이 급경사지 또는 화강암질풍화토 등의 연약지반을 통과하는 경우 피해 발생 방지를
위하여 옹벽 · 석축 등의 피해 방지시설을 설치한다.

5 소단 설치

절토 · 성토한 경사면이 붕괴 또는 밀려 내려갈 우려가 있는 지역에는 사면길이 2~3미터마다
폭 50센티미터~100센티미터로 단을 끊어서 소단을 설치한다.

6 입목벌채 · 표토 제거 등

① 노면 · 절토면

노면 · 절토대상지에 있는 입목(관목을 포함한다)과 그 뿌리, 표토는 전량 제거 · 반출한다.
이 경우 표토를 제거할 때 나오는 부식토 중 현지에서 활용 가능한 부식토는 사면복구에
활용할 수 있다.

② 성토면

성토대상지에 있는 입목은 사면다짐 등 노체 형성에 장애가 되는 것이 명백한 경우 또는
흙에 많이 묻히게 되어 고사 위험이 있는 경우를 제외하고는 그대로 존치하며, 표토 등은
제거 · 정리한다.

7 사토장 · 토취장의 지정

절토 · 성토 시 부족한 토사 공급 또는 남는 토사의 처리가 필요한 경우에는 적정한 장소에
사토장 또는 토취장을 지정한다. 이 경우 사토장 · 토취장은 임상이 양호한 지역에는 설치하지
아니한다.

8 암석 자르기

암석지역 중 급경사지 또는 도로변의 가시지역 및 민가 주변에서의 암석 자르기는 브레이커
자르기를 위주로 한다.

교량·암거, 파종·녹화, 야생동물 이동통로

● 산림자원의 조성 및 관리에 관한 법률 시행규칙 [별표 2] <개정 2021. 6. 30.> [간선임도·작업임도의 시설기준]

1 교량 · 암거

① 통수단면

교량 · 암거의 통수단면은 100년 빈도 확률강우량과 홍수도달시간을 이용한 합리식으로 계산된 최대홍수유출량의 1.2배 이상으로 설계 · 설치한다.

② 높이

교량은 최고수위로부터 교량 밑까지(방장교에 있어서는 방장 하부)의 높이가 특수한 경우를 제외하고는 1.5미터 이상이 되도록 한다.

③ 너비

교량 및 암거의 너비는 원칙적으로 임도의 너비와 같게 하되, 난간 또는 흙덮개의 안쪽너비를 3미터 이상으로 한다.

④ 복토

교량 및 암거에 불가피하게 복토를 하여야 하는 경우에는 흙의 두께는 50센티미터 이상으로 하며, 그 복토하중에 대하여도 중량을 계산 · 설계한다.

⑤ 사하중

교량 및 암거의 사하중 산정 시 사용되는 주된 재료의 무게는 국토교통부의 도로교량 표준시방서에 따른다.

⑥ 활하중

교량 및 암거의 활하중은 사하중에 실리는 차량 · 보행자 등에 따른 교통하중을 말하며, 그 무게 산정은 사하중 위에서 실제로 움직여지고 있는 DB-18하중(총중량 32.45톤) 이상의 무게에 따른다.

⑦ 종단기울기

교량은 특별한 장소를 제외하고는 종단기울기를 적용하지 아니한다. 다만, 특별한 장소로서 입지 조건에 따라 불가피한 경우에는 종단기울기를 완만하게 설치할 수 있다.

⑧ 교각 · 중간벽

교량 · 암거는 특히 필요하다고 인정되는 경우를 제외하고는 교각과 중간벽이 없는 단경각으로 설치한다.

2 파종 · 녹화

① 대상지

임목이 없어 노출되는 절토 · 성토면은 파종 그 밖의 녹화공법에 따라 전면적을 녹화하여야 한다. 다만, 암석지로서 녹화가 어려운 절토면의 경우에는 그러하지 아니하다.

② 파종 · 녹화의 시기

파종은 임도의 추진상황 등을 고려하여 적기에 시공되도록 한다.

③ 파종 · 녹화공법 및 종자의 종류

파종 · 녹화공법 및 종자의 종류는 경사 · 토양 · 지역 특성에 알맞은 공법 · 종자를 사용하되 특별한 경우를 제외하고는 국산 종자를 사용한다.

3 야생동물 이동통로

임도의 절토면 또는 성토면 중 야생동물의 이동을 위하여 필요한 장소에는 경사로 · 자연형 계단 등 야생동물 이동통로를 설치한다.

설계지침서·현장감독관·기타

● 산림자원의 조성 및 관리에 관한 법률 시행규칙 [별표 2] <개정 2021. 6. 30.> [간선임도·작업임도의 시설기준]

1 설계지침서

측량 및 설계를 실행할 때는 사업별 · 공사별로 다음의 내용이 포함되어 있는 설계지침서를 작성하여야 한다.

① 현지조사(측량 · 설계인자) 및 제도 방법

② 축조물의 위치 · 규모 · 크기 · 형상

③ 공법 및 공사시방서

④ 사용 중기의 종류 및 용도별 명세

⑤ 주요 재료의 품명 · 규격 · 수량 · 산지 및 조달 방법

⑥ 골재원 · 지질 · 토취장 · 배합설계 등 사전조사자료

⑦ 축조 · 공작물의 구조 · 공법 · 규모 · 형상

⑧ 공사 및 공정관리에 관한 사항

⑨ 공사의 시공순위

⑩ 필요한 경우 임도의 활용성 및 타당성(도면을 포함한다)

⑪ 설계 변경조건

⑫ 공사기간 산정기준근거

⑬ 그밖에 설계도서 작성의 지침이 되는 사항

2 현장감독관의 임무

① 현장감독관은 재료 또는 기성 부분에 대한 검사 · 시험을 실시한 결과가 시방서 · 설계서 · 설계도에 적합하지 아니할 때는 교체 또는 재시공을 명하고 그 내용을 문서로 기록 · 관리하여야 한다.

② 현장감독관은 공사감독일지 · 반입재료검사부 · 자재수불부 · 재료시험표(한국공업규격 표시품을 제외한다)를 비치하고 이를 기록 · 관리하여야 한다.

③ 현장감독관은 시공 후 매몰되거나 구조물 내부에 포함되어 사후검사가 곤란하다고 인정되는 부분에 대하여는 시공 당시의 상황 등 그 시공을 명확히 입증할 수 있도록 감독조서를 작성하여야 한다.

④ 현장감독관은 공사현장에서 다음과 같은 사유가 발생한 때는 필요한 조치를 취하고 그 경위를 계약담당관에게 보고하여야 한다.

    ㉠ 천재 · 지변 그 밖의 사유로 피해가 발생하거나 시공이 불가능하게 된 때

    ㉡ 계약자가 이유 없이 공사를 중단하거나 정당한 지시에 불응한 때

    ㉢ 계약자 또는 현장대리인이 계속하여 현장에 주재하지 아니한 때

    ㉣ 관급자재 · 장비 · 임금 등이 적기에 공급되지 아니하거나 공급된 관급자재가 멸실 · 훼손된 때

⑤ 현장감독관은 계약자가 제출하는 각종 서류에 대하여 의견을 첨부하여 계약담당관에게 보고하여야 한다.

⑥ 현장감독관 · 현장대리인은 이 기준에서 정하는 사항 외에 공사에 관하여 발주권자가 명하는 사항을 준수하여야 한다.

3 기타

① 이 기준은 국유임도 및 민유임도에 적용한다. 다만, 시험사업 등 특수 목적을 위하여 설치하는 임도 또는 산림소유자가 자기의 부담으로 설치하는 임도(융자를 받아 설치하는 임도를 포함한다)의 경우에는 이를 적용하지 아니할 수 있다.

② 이 기준에서 정하는 사항 외에 설계비 · 사업비 · 토공단비 그 밖의 임도의 설계 · 시설에 관하여 필요한 사항은 산림청장이 정한다.

작업임도의 시설기준

● 산림자원의 조성 및 관리에 관한 법률 시행규칙 [별표 2] <개정 2021. 6. 30.>

1 작업임도의 설치대상지

① 산림사업을 위하여 필요한 지역

② 기존의 작업로 · 임산물 운반로 등으로서 임도로 활용가치가 높다고 판단되는 지역

2 차량 규격 · 속도기준

① 차량 규격

(단위: 미터)

제원 자동차종별	길이	폭	높이	앞뒤바퀴 거리	앞내민 길이	뒷내민 길이	최소회전 반경
2.5톤 트럭	6.1	2.0	2.3	3.4	1.1	1.6	7.0

② 속도기준

작업임도의 속도기준은 20km/시간 이하로 한다.

3 너비

① 유효너비

작업임도의 유효너비는 2.5~3미터를 기준으로 하며, 배향곡선지의 경우에는 6미터 이상으로 한다.

② 옆도랑 · 길어깨 너비

㉠ 작업임도의 옆도랑 설치에 관해서는 제2호 사목 ①에 따른다.

㉡ 길어깨의 너비는 50센티미터 내외로 한다.

4 기울기

① 종단기울기

종단기울기는 최대 20퍼센트의 범위에서 조정한다.

② 횡단기울기

횡단기울기는 물이 성토면으로 고르고 원활하게 분산될 수 있도록 외향경사를 3~5퍼센트 내외가 되도록 한다. 다만, 옆도랑을 설치하는 경우 등 특수한 경우에는 그러하지 아니하다.

③ 합성기울기

합성기울기는 최대 20퍼센트 이하로 한다.

5 배수시설

① 배수구

배수구 설치가 필요한 경우, 배수구 통수단면은 100년 빈도 확률강우량과 홍수도달시간을 이용한 합리식으로 계산된 최대홍수유출량의 1.2배 이상으로 설계·설치하며, 현지 여건을 고려하여 적절하게 설치한다.

② 노출형 횡단수로

㉠ 임도를 횡단하여 유수를 차단하는 노출형 횡단수로를 30미터 내외의 간격으로 비스듬한 각도로 설치한다. 다만, 현지 여건상 필요한 경우에는 설치 간격을 늘리거나 줄일 수 있다.

㉡ 노출형 횡단수로의 성토면 쪽 끝부분에는 원지반까지 도수로·물받이를 설치한다.

③ 물넘이 포장 등

작업임도가 소계류를 통과하는 지역에는 충분한 폭으로 물넘이 포장 또는 세월교를 설치한다. 다만, 옆도랑을 설치하는 경우 등 배수구 또는 암거가 필요한 경우에는 그러하지 아니하다.

6 노면·차돌림곳·소단 등

① 종단경사가 급하거나 지반이 약하고 습한 구간에는 쇄석·자갈을 부설하거나 콘크리트 등으로 포장한다.

② 구간마다 차량의 통행이 가능하도록 차돌림곳을 충분히 확보하고, 기계화 작업에 필요한 공간을 최대한 확보하여야 한다.

③ 노선이 급경사지 또는 화강암질 풍화토 등의 연약지반을 통과하는 경우 피해 방지를 위하여 옹벽·석축 등의 피해 방지시설을 설치한다.

④ 절토·성토한 경사면이 붕괴 또는 밀려 내려갈 우려가 있는 지역에는 사면길이 2~3미터마다 폭 50센티미터~100센티미터로 단을 끊어서 소단을 설치한다.

7 그 밖의 사항

작업임도의 설계지침서, 현장감독관의 임무, 기타 사항에 대하여는 "간선임도·지선임도의 시설기준"의 "그 밖의 사항"을 적용한다.

임도의 구조

1 개념 · 정의

임도의 구조는 임도가 어떤 모양으로 생겼는가에 대한 문제이다. 임도는 3차원 구조물이지만, 현실적으로 3차원 구조물로 바로 설계하기는 어렵다. 컴퓨터나 장비는 과학기술의 발달과 함께 많이 발달하였지만, 현실에서는 3차원 구조물이 임도를 각각 평면도, 횡단면도, 종단면도 등의 2차원으로 종이에 표현하여 현장에서 확인하기 쉽게 만들어져 있다. 결국 임도가 어떻게 생겼는가 하는 임도의 구조는 임도의 구성요소로서, 임도를 설계 및 시공하기 위한 도면으로도 나타낼 수 있다. 모두 임도를 구성하는 요소지만, 우리는 평면으로 해석하여 도면에 나타내고 시공한다. 그러므로 임도의 구조에는 임도의 횡단선형, 평면선형, 종단선형, 노면(路盤) 등이 포함된다. 선형(road alignment)은 도로의 중심선이 입체적으로 그리는 형상이고 그중에서 도로를 위에서 내려 본 중심선의 모양을 평면선형(plane alignment)이라 하고, 도로를 중심선을 따라 잘라서 높이와 길이를 동시에 나타낸 모양을 종단선형이라고 한다. 횡단선형은 도로를 중심선에 직각 방향으로 잘라서 본 모양을 말한다.

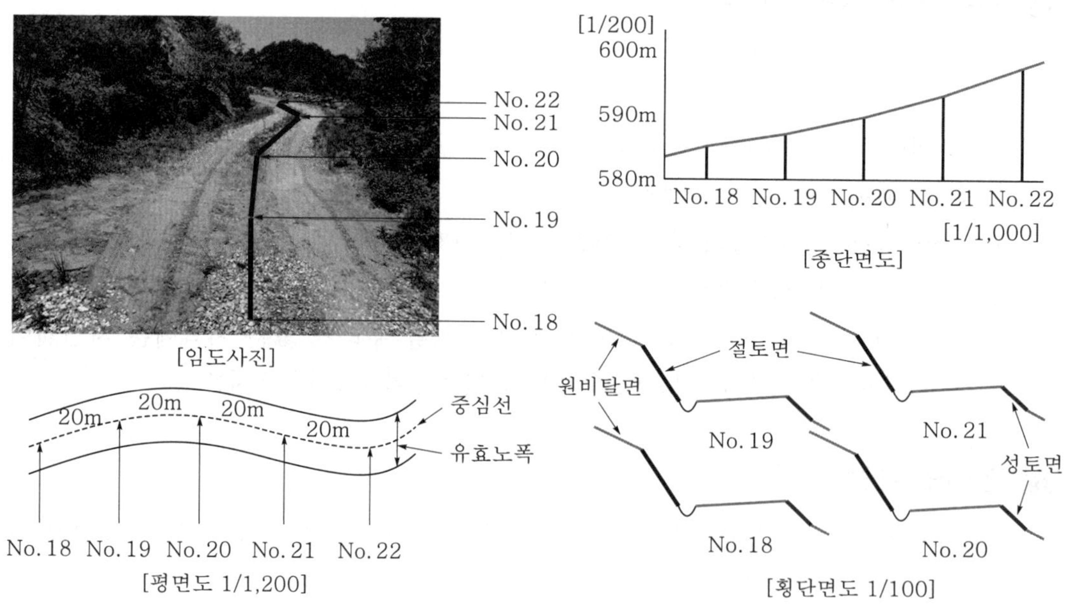

▲ 임도의 주요 도면

② 임도의 선형

임도의 구조는 교통안전과 운재 능력에 크게 영향을 준다. 자동차를 통행시키기 위한 임도는 기본적으로 갖추어야 할 구조가 있는데 평면선형, 종단선형, 횡단선형, 노면(노반)이 그것이다. 선형이라는 말은 도로의 중심선의 모양이라는 말이다. 평면선형은 도로의 중심선이 위에서 내려다 본 평면일 때 어떤 지점을 지나가는지를 나타내고, 종단선형은 도로의 중심선의 높이를 각 측점별로 표시하고, 횡단선형은 도로를 중심선에 직각으로 잘라서 표현한 것이다.

① 평면선형은 직진 구간에는 직선, 회전 구간에서는 곡선, 직선과 곡선이 만나는 곳에 완화곡선, 곡선과 곡선이 만나는 곳에 10m를 두는 완화 구간, 회전부에서 설치하는 곡선부 확폭 등으로 구성된다.

② 종단선형은 각 측점의 높이를 표시한 점들을 이은 종단물매선, 종단물매선의 대수차가 5% 이상 차이가 날 경우에 설치하는 종단곡선 등으로 구성된다.

③ 횡단선형은 도로의 중심선을 높이고 가장자리는 낮추는 횡단물매, 도로가 한쪽 방향으로 기울은 외쪽물매, 그리고 이 두 개가 합쳐진 합성물매로 구성된다.

이와 같이 선형을 구성하는 요소들은 구간별, 지점별로 기준이나 규칙을 지켜야 하지만, 전체적으로 잘 조화되어야 자동차의 통행에 무리가 가지 않는다.

노체의 구조

1 개념 · 정의

도로를 만드는 것은 기본적으로 흙일, 즉 토공을 통해서 만든다. 토공작업을 하기 위해서는 측량을 해서 임도를 만들 곳의 지형을 먼저 파악한 후 깎아야 할 흙과 쌓아야 할 흙의 높이를 알아야 한다. 이렇게 깎아야 할 땅의 높이와 쌓아야 할 흙의 높이가 정해지면 그 높이를 쉽게 알 수 있도록 규준틀을 설치하고, 남는 흙이 있다면 사토장, 모자라서 가져와야 한다면 토취장을 선정한다. 그 이후에 임도공사의 영향권에 포함되는 나무를 벌채하고, 유기물과 뿌리 등을 제거하는데, 이 벌채와 뿌리 제거의 과정을 벌개제근이라고 한다. 성토하여 도로를 만드는 경우 벌개제근이 끝나면 가장 먼저 하여야 할 것은 기초 지반에 배수를 위한 시설을 하는 것이다. 잔골재와 모래를 다져 배수구를 만들고 난 후 그 위에 노상과 노반, 기층과 표층을 쌓아 올려 도로를 만들게 된다. 노상은 도로의 기초에 해당하는 부분으로 노체 중 가장 아랫부분에 해당한다.

2 노체의 구성

① 노상과 노반, 기층과 표층을 모두 합쳐 노체라고 한다.

② 임도는 경사가 심하지 않고 토질이 좋은 경우 노반의 표면이 표층이 되는 경우가 많다.

③ 경사가 있거나 점토질을 많이 함유한 토질의 경우 노면의 처리를 달리하여야 한다.

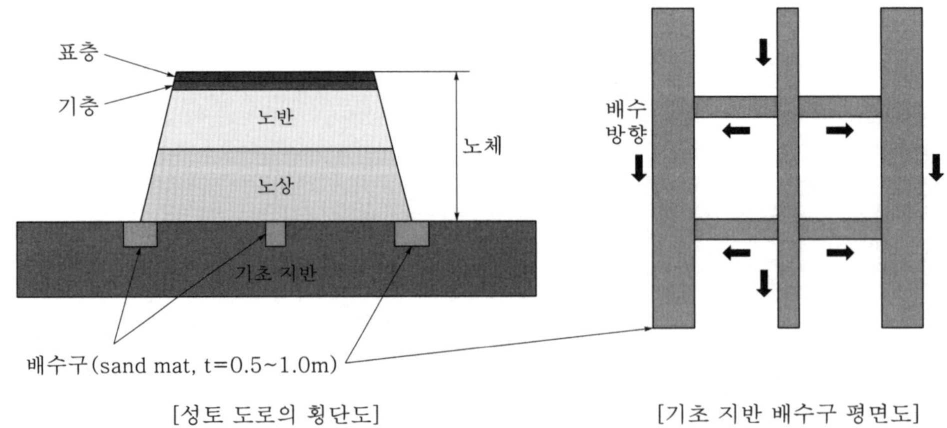

▲ 임도 노체의 구조

④ 임도의 경우 노반의 표면을 다져서 만드는 경우가 많기 때문에 노반의 가장 윗부분이 노면인 경우가 많다.

⑤ 기층과 표층을 쌓아 올리는 경우는 아스팔트 콘크리트를 이용하여 노면을 구성할 때이고, 콘크리트로 포장하는 경우는 기층과 표층이 구분되지 않고 하나의 층을 구성한다.

⑥ 노면은 차량의 통행하중을 견뎌야 하기 때문에 상층부로 갈수록 높은 응력을 가진 양질의 재료를 사용하여야 한다.

⑦ 임도는 노상 위에 있는 노반이 노면을 구성하고 표층의 역할을 하므로 노반에 임도의 노면에 대한 안정에 대해 처리하게 된다.

노면의 재료

1 노면 재료의 특성

노면 재료	특성
토사	• 점토와 모래의 혼합물로 1:3의 구성이 일반적임 • 노상을 긁어모아서 사용할 수 있음 • 경사가 급한 경우 물에 의한 침식에 약함
점토	• 물 빠짐과 물에 의한 팽창과 수축이 일어나 노면의 재료로는 적합하지 않음 • 다른 재료들을 결합시키는 힘이 있으므로, 모래와 자갈을 섞어서 개량하여 사용
모래	• 물 빠짐은 좋지만, 바람에 의한 침식에 상대적으로 취약 • 접착성이 있는 점토와 혼합하여 사용
자갈	• 물 빠짐은 좋지만, 재료끼리 결합하는 힘이 약하여 교통하중에 변화가 심함 • 접착성이 있는 재료와 혼합하여 사용
통나무	• 교통하중에는 약하지만, 연약지반과 습지대 등에서 차량이 저속으로 통행할 수 있게 함
콘크리트	• 교통하중에 잘 견디고 노면을 거칠게 가공하면 어느 정도 급경사에서도 타이어가 미끄러지지 않고 통행 가능 • 재료비와 시공비가 상대적으로 비쌈

2 노면 재료에 따른 임도의 종류

명칭	노면처리 방법
토사도	• 노상에 지름 5~10mm 정도의 표층용 자갈과 토사를 15~30cm 두께로 깐 것 • 교통량이 적은 곳에 사용
사리도	• 굵은 골재로 자갈(20~25mm), 결합재로 점토나 세점토사(10~15%)를 사용한 것 • 상치식과 상굴식이 있음

명칭	노면처리 방법
쇄석도	• 부순 돌끼리 서로 맞물려 죄는 힘과 결합력에 의하여 단단한 노면을 만든 것 • 노면에 깬 자갈, 모래, 점토 등이 일정 비율로 혼합된 재료를 깔고 진동롤러 등으로 전압 • 쇄석도의 두께는 보통 15~25cm 범위, 20cm를 포설하고 다짐 후 10cm 이상의 단면을 유지
통나무, 섶길	• 저지대나 습지대에서 노면의 침하를 방지하기 위하여 사용
조면 콘크리트 포장도	• 침식이 심한 급경사지에 임도의 단면을 유지하기 위하여 설치

핵심 46 노면 시공 방법

- 임도의 노면은 주로 토사로나 쇄석도로 시공되고, 콘크리트 등의 포장은 종단기울기가 8%를 초과하는 구간이나 점토질이나 사질토로 구성된 구간, 지반이 약하거나 습한 구간에 자갈을 부설하거나 포장한다.

1 사리도의 시공 방법

사리도는 노상 위에 자갈(20~25mm/하층 굵은 자갈, 상층 잔자갈)을 깔고 점토나 토사를 덮은 다음 롤러로 다져서 만든다.

① 상치식(표면구법): 중앙부를 두텁게 만들고, 양쪽 끝을 상대적으로 얇게 시공한다. 일반 임도에 많이 사용한다.

② 상굴식(구구법): 유효 노폭 정도로 굴취한 후 자갈을 깔고 다진다. 자갈과 자갈 무게의 10~15% 정도의 결합재를 2~3차례 반복하여 깔고 다진다.

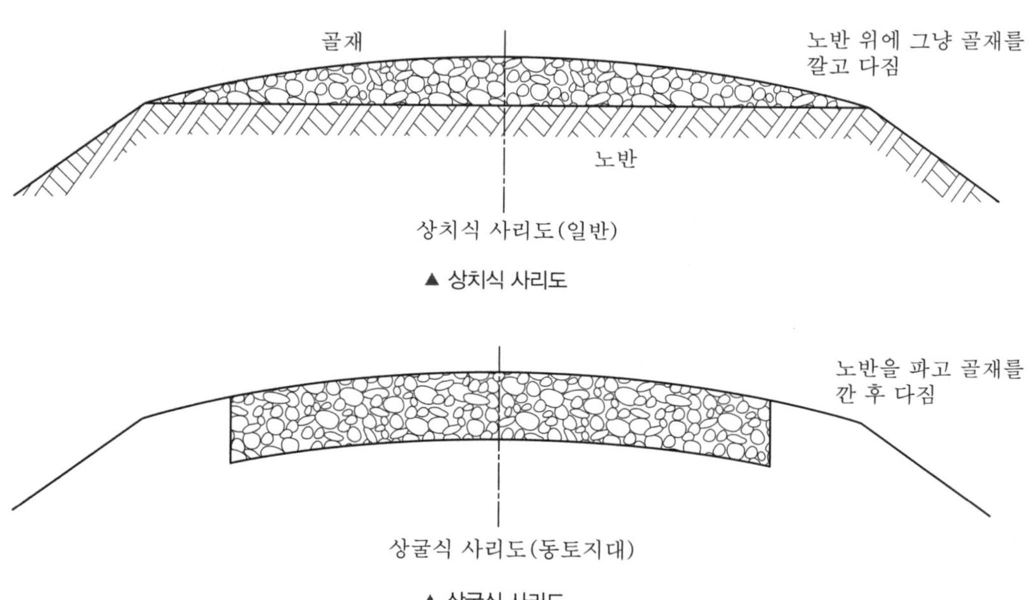

2 쇄석도의 노면처리 방법

① 쇄석도는 부순 돌끼리 서로 물려서 죄는 힘과 결합력에 의하여 단단한 노면을 만든다. 임도에서 가장 많이 사용한다.

② 토사도의 경우는 쇄석을 부설한 후 다지고, 자갈이 많은 지형에는 모래와 점토를 부설한 후 다진다.

③ 쇄석도는 보통 15~25㎝ 정도의 두께로 시공한다.

④ 쇄석도에는 텔퍼드식과 머캐덤식이 있는데, 텔퍼드식은 노반의 하층에 큰 깬돌을 깔고 쇄석과 결합 재료를 위에 올려놓고 다지는 방법으로 시공하고, 머캐덤식은 쇄석재료만을 깔고 다진다.

⑤ 텔퍼드식은 지반이 연약한 곳에 효과적이며, 머캐덤식은 자동차도로에 적합하다.

⑥ 머캐덤식 쇄석도는 지름 5㎝ 이하의 쇄석을 3개의 층으로 나누어서 다져서 노면을 만든다.

⑦ 쇄석은 결합력이 약하기 때문에 결합재를 이용하여 다져야 하는데, 결합재의 종류에 따라 네 가지로 구분할 수 있다.

    ㉠ 교통체 머캐덤도: 쇄석을 교통과 강우로 다진 도로

    ㉡ 수체 머캐덤도: 쇄석의 틈 사이에 석분을 물로 침투시켜 롤러로 다진 도로

    ㉢ 역청 머캐덤도: 쇄석을 타르나 아스팔트로 결합시킨 다진 도로

    ㉣ 시멘트 머캐덤도: 쇄석을 시멘트로 결합시켜 다진 도로

3 조면 콘크리트 포장도 노면처리 방법

조면 콘크리트 포장도의 노면은 콘크리트가 굳기 전에 거친 비로 쓸어주거나 깊이 1~2cm의 홈을 줄 모양으로 만들어 준다. 콘크리트가 굳은 후에는 콘크리트 컷터를 이용하여 홈을 파준다.

예제문제 1-4

다음 중 임도노체의 구성을 아래에서 위의 순서로 쓰시오.

※ 정답은 성안당 도서몰 [자료실]에서 제공

핵심 47 노면의 포장

1 사리도의 노면 포장 방법

① 사리도는 자갈을 노면에 깔고 교통에 의한 자연전압으로 노면을 만든 것으로써 굵은 골재(租骨材)로서는 자갈, 결합재로서는 점토나 세점토사를 골라서 적당한 비율로 깔고 롤러로 다져서 표면을 시공한 것이다.

② 20~25mm의 자갈을 많이 사용하며, 결합재는 자갈 무게의 10~15%가 알맞다.

③ 세점토를 함유하지 않은 자갈을 사용하면 차량 주행 시 타이어에 의해 자갈이 튀어 나가게 되고, 노반재료가 노상 속에 매몰되어 침하현상을 일으키므로 좋지 않다.

④ 사리도에는 상치식과 상굴식이 있다. 상치식은 보통의 임도에서 많이 이용하고, 상굴식은 동토지대 등에서 노반을 두껍게 할 때 이용한다.

⑤ 사리도의 노면처리는 노상 위에 자갈(20~25mm/하층 굵은 자갈, 상층 잔자갈)을 깔고 점토나 토사를 덮은 다음 롤러로 다져서 만든다.

⑥ 쇄석도의 경우도 점토나 토사를 결합재로 이용하는 경우는 사리도의 노면처리 방법과 같은데, 세 개의 층으로 골재를 포설하고 그 위에 결합재를 깔고 다진다. 층마다 유효 노폭 정도로 골재를 포설하고 그 위에 결합재를 덮은 후 반복하여 다진다. 자갈과 자갈 무게의 10~15% 정도의 결합재를 2~3차례 반복하여 깔고 다진다. 골재를 일정한 높이로 만든 후 결합재를 포설하고 다져야 균질하게 시공할 수 있다.

■ 사리도의 시공 방법

순서	층별 시공 방법
1	하층은 40~70mm 골재를 깔고 전압, 두께 60mm
2	골재 중량의 30% 결합재 포설 후 전압
3	중층은 20~40mm의 골재를 깔고 전압, 두께 30mm
4	골재 중량의 30% 결합재 포설 후 전압
5	표층은 6~15mm의 골재 포설 후 전압, 두께 10mm

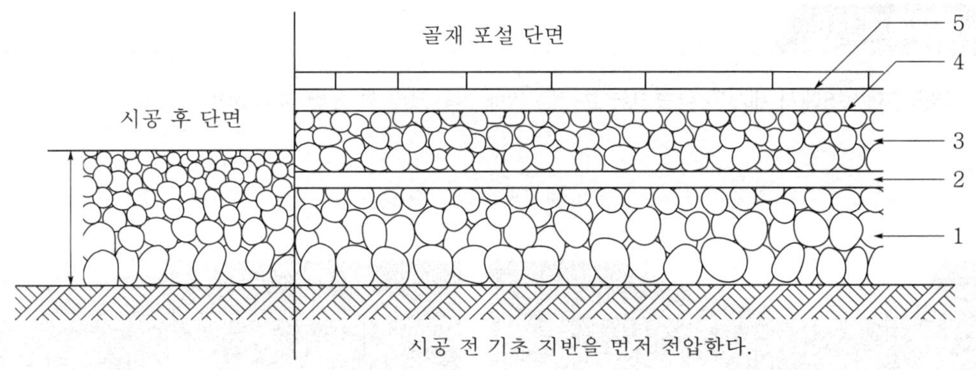

▲ 사리도의 시공 순서

2 조면 콘크리트 포장도 포장 방법

① 콘크리트 포장도로는 18~24MPa의 압축강도를 가지는 것으로 한다.

② 콘크리트로 포장하기 전에 바닥을 잘 다져야 한다. 바닥을 잘 다지지 않으면 포장 후에 가라앉는 부분 때문에 콘크리트 포장이 깨지기 때문이다.

③ 바닥을 잘 다진 후에는 원하는 두께와 넓이만큼 거푸집을 설치하고, 거푸집을 설치한 내부에 비닐을 깐다. 바닥에 비닐을 완전하게 깔지 않으면 물이 빠져나가고, 콘크리트의 강도가 변하게 된다. 결국 원하는 강도를 얻을 수 없게 되는 것이다.

④ 바닥에 비닐을 깐 후에 와이어메시를 깐다. 와이어메시는 굵은 철사를 이용하여 10cm~20cm 간격의 격자로 만든 것이다. 바닥을 다지고 비닐을 편 후 와이어메시를 설치한 다음 콘크리트를 부어 넣는다. 일반적으로 공장 제품인 레미콘을 사용한다.

⑤ 콘크리트를 부어 넣은 후에는 원하는 소정의 높이로 만들기 위해 표면을 고르게 펴고, 표면에 물이 비치지 않도록 흙칼로 마무리한다. 조면 콘크리트 포장의 경우 면을 거칠게 만들기 위해 콘크리트가 굳기 전에 거친 빗자루를 이용하여 쓸어준다. 송곳이나 흙칼의 끝을 이용하여 깊이 1~2cm 정도의 줄을 만들어 주는 것도 좋다. 콘크리트가 굳은 후에는 콘크리트 커터를 이용하여 홈을 만들 수 있다.

예제문제 1-5

유효 노폭 3m, 연장 25m, 두께는 20cm로 콘크리트 포장을 하려고 한다. 레미콘 몇 ㎥를 주문해야 하는가?

※ 정답은 성안당 도서몰 [자료실]에서 제공

연습문제 1-5에서 제시된 콘크리트 포장을 위해 거푸집은 몇 ㎡를 설치해야 하는가?

※ 정답은 성안당 도서몰 [자료실]에서 제공

▲ 거푸집 위에 충분한 비닐 깔기

▲ 물이 많이 새는 비닐 깔기

48 임도 유지보수 공종

1 임도 피해의 발생 형태

① 임도는 경사지에 설치하므로 보수를 하지 않고 방치하면 붕괴의 위험이 있다.

② 임도의 절토 경사면은 풍화에 의해 흙이 흘러내리는 경우가 많고, 성토 경사면은 물에 의해 유실되는 경우가 많다.

③ 임도의 노면은 가라앉아 낮아지거나 토사가 유실되어 표면이 패는 경우가 많다.

④ 임도가 새로 만들어지면 3~5년 정도에는 토사의 유실이 자주 발생하므로 정기적인 점검과 보수가 필요하다.

⑤ 신설 후 5년 정도 경과 후에는 임도구조개량 사업을 통해 불안정한 요소들을 제거하여야 한다. 그 이후에는 노면과 옆도랑의 단면을 유지하기 위한 점검과 보수 작업이 진행된다.

⑥ 봄 해빙기와 여름철 호우 발생 후에 집중적인 점검을 한다.

⑦ 임도에 발생하는 피해는 주로 물이 원인이 되며, 안정을 이루지 못한 경사면, 충분하지 않은 배수시설 등이 이를 가속시킨다.

⑧ 물로 인해 약해진 노면에 자동차가 주행하거나 유속이 빨라진 물이 노면을 침식시킨다.

⑨ 노체, 특히 노반에 부엽토나 나무의 가지, 줄기, 뿌리 등이 포함되어 있으면 물에 의한 피해가 더 커진다.

2 임도 유지보수 공종

① 노면 보호공

- 차량통행으로 인해 임도의 표면이 가라앉은 부분이 생긴다면 이것은 노반의 지지력이 약해진 것이다. 이때는 자갈이나 쇄석 등을 깔아 지지력을 보강한다.

- 임도 노선에 토사도가 많은 경우 해빙기나 집중호우 후에는 안전을 위해 일반 차량의 통행을 제한할 필요가 있다.

- 노면을 고르는 작업은 노면이 젖어있을 때 하는 것이 좋다.

- 길어깨가 노면보다 높은 경우 노면이 수로의 역할을 하게 되므로 길어깨를 깎고 노면을 다져야 한다.

② 배수로 점검공

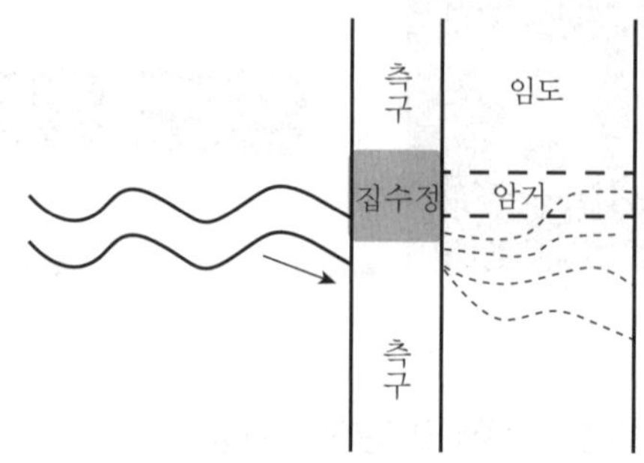

▲ 집수정 기능 약화

- 배수로가 막혀 있으면 비가 올 때 제 기능을 하지 못한다. 배수로가 없는 것과 마찬가지 상태가 되는 것이다.
- 배수로는 평소에 적정한 통수단면을 확보하기 위해 수시로 빗물받이와 암거의 입구를 점검하고, 옆도랑에 쌓인 낙엽과 나뭇가지, 깎기사면으로 흘러내린 토사 등은 수시로 치워 물이 원활하게 흘러갈 수 있도록 한다.
- 임도의 유지관리는 타이어바퀴식 백호우 등 이동이 빠른 건설기계를 상시, 순환 배치하는 것이 효율적이다.

③ 안전점검

- 일상적인 점검과 보수를 계속해서 수행하는 업무는 기능적인 면에 치우쳐 있다.
- 기능적인 면에 치우치게 되면 보다 큰 원인이 되는 구조적인 부분을 소홀히 하게 된다.
- 삼풍백화점이나 성수대교의 붕괴도 따지고 보면 일상적인 부분이나 전체에서 일부에 해당하는 부분만 점검하여 전체적인 큰 그림을 보지 못해 발생한 재해에 해당한다.
- 보다 전문적인 식견과 오랜 경험을 가진 기술행정 전문가나 지질 및 구조 전문가가 정기적인 점검을 수행하여야 작은 단서를 놓쳐 발생할 수 있는 큰 재해를 예방할 수 있다.

3 임도 유지관리의 주체

① 산림청장은 산림의 효율적인 개발·이용의 고도화 또는 임업의 기계화 등 임업의 생산기반정비를 촉진하기 위하여 필요하다고 인정할 때는 산림소유자의 동의를 얻어 임도를 설치할 수 있다.

② 임도는 시·도지사 또는 지방산림청장이 유지·관리한다. 다만, 필요한 경우에는 산림소유자로 하여금 유지·관리하게 할 수 있다.

③ 사설임도는 산림소유자 또는 산림을 경영하는 자가 스스로 유지·관리하되, 산림소유자 또는 산림을 경영하는 자가 동의하는 경우에는 시장·군수가 공설임도로 관리할 수 있다.

임도 유지관리 대상

1 유지관리의 대상

① 임도는 임도 사업이 완료된 직후부터 유지관리의 대상이 된다. 임도가 신설된 지 2년이 경과하지 않았고, 임도에 생긴 결함의 책임이 시공사업자에게 있다면 사업자는 하자보수의 책임이 있다. 그 이외의 경우는 유지관리 주체가 유지관리 사업을 수행한다.

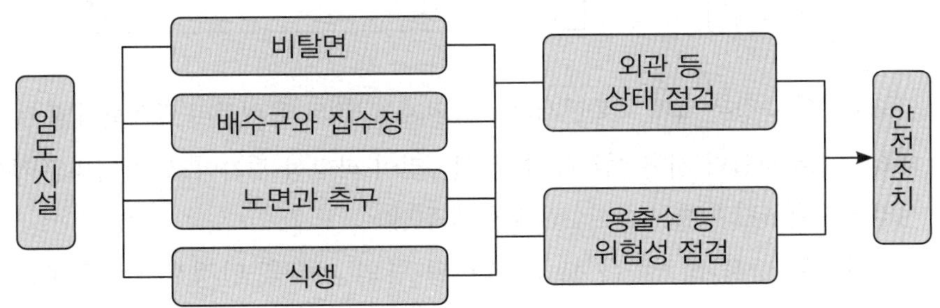

▲ 임도 유지관리 대상과 절차

② 유지관리는 점검과 보수가 핵심이다.

　－ 점검은 외관 등 현재의 상태가 이상이 있는지 살피는 상태 점검과 용출수 등 붕괴와 직접 관련이 있는 요소를 살피는 위험성 점검이 있다. 점검 후 보수와 안전을 유지하기 위한 조치를 수행하여야 한다.

　－ 유지보수는 가용한 예산, 임도현황, 기상자료 등의 기초자료를 검토한 후 단기 및 장기의 유지보수 계획을 수립하여 수행한다.

③ 임도의 유지관리를 생애관리(life cycle management)의 개념에서 보면 임도를 계획하는 단계에서부터 유지보수를 염두에 두어야 한다.

④ 임도망과 노선의 결정, 구조물 및 관리 방법을 미리 선택하여야 유지보수 사업에 대해 합리적인 의사결정을 할 수 있다.

2 임도사업의 전 과정

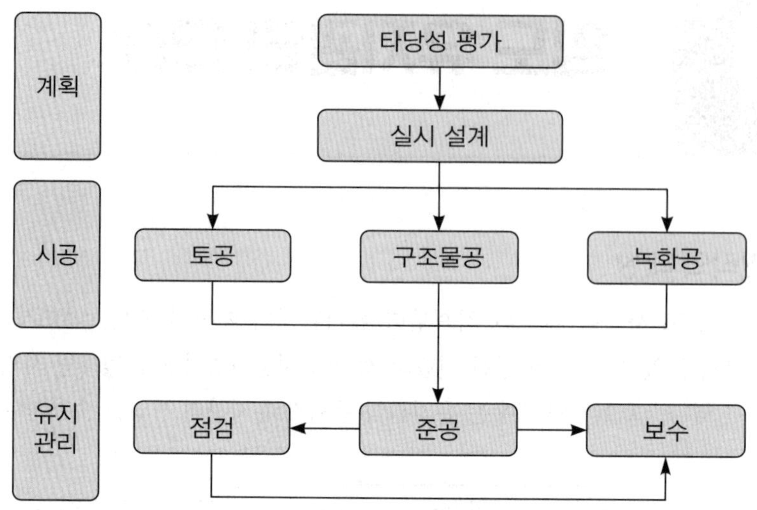

① 임도사업의 과정은 크게 계획단계와 시공단계, 그리고 유지관리 단계로 구분할 수 있다.

② 계획단계는 사업의 시행 여부를 결정하는 것이 타당성 평가이고, 사업의 시행이 결정되면 사업을 수행하기 위해서 실시설계를 하게 된다.

③ 시공단계는 땅을 정비하는 토공, 정비된 땅의 기반을 안정시키는 구조물을 설치하는 구조물공, 안정된 기반 위에 풀이나 나무를 심는 녹화공으로 구분할 수 있다.

④ 단계별로 배수시설, 노면시설, 비탈면시설, 구조물 설치 등의 공종을 예산 범위 내에서 적정하게 설치하고, 설치된 시설을 유지 관리하는 것이 임도건설사업이다.

⑤ 임도의 유지관리를 위해 일상적으로 사용해야 하는 경비가 많아진다면 임도구조개량사업을 통해 사업을 수행하는 것이 합리적이다.

3 임도구조개량사업

임도구조개량사업은 이미 설치된 임도 중에서 피해의 발생과 경관을 저해할 우려가 있는 구간에 기존의 구조물을 보수하거나 추가로 필요한 공종을 보강하는 사업을 말한다.

임도구조개량사업의 대상은 아래와 같다.

① 집중호우 시 피해 발생의 위험이 있는 임도

② 주요 산업시설, 가옥, 농경지 등에 대한 재해예방이 필요한 지역

③ 사양토(마사토) 지역

④ 급경사지를 성토한 지역

⑤ 배수관의 크기를 확대하거나 배수관의 증설이 필요한 지역

⑥ 절토 · 성토면의 안정각 유지 등 보강이 필요한 지역

⑦ 기타 노면의 보호, 노면의 붕괴 방지 등의 조치가 필요한 지역

⑧ 절토 · 성토면이 녹화되지 않은 임도

⑨ 인근 도로에서 보이는 지역

⑩ 절토 · 성토면이 녹화 · 피복되지 않은 지역

⑪ "테마임도"로 지정된 임도

⑫ 대형 차량 통행이 필요한 간선임도

4 구조개량사업 적용 공법

① 노면 보강공사

- 노면의 유실을 방지하기 위하여 혼합골재(쇄석 · 석분 등)와 노면보강재를 시공한다.
- 경사가 급한 노면은 콘크리트, 아스콘 등으로 포장하거나 노면배수시설을 설치한다.

② 성토면 붕괴방지 공사

- 옹벽, 돌쌓기, 흙막이 등 구조물을 설치한다.

③ 절토면의 안정공사

- 절토면의 안정각 유지가 필요한 지역에는 추가로 절토한다.
- 흘러내리는 토사로 인해 측구가 막힐 우려가 있을 때는 피해 방지를 위한 구조물을 도입하거나 녹화한다.

④ 배수공사

- 침식의 우려가 있는 옆도랑에는 낙차공(누구막이) 등 유수완화시설을 설치한다.

▲ 옆도랑 낙차공

- 배수처리를 원활하게 하기 위하여 암거를 설치하거나 배수관의 크기를 확대하거나 증설한다.

– 계류를 횡단하는 구간은 가급적 물넘이 포장(세월교)을 하고, 배수관 시설지 앞쪽
계곡에는 계간공작물을 설치하는 등 배수관 막힘 방지 대책을 강구한다.

▲ 세월교

– 배수관의 유출부는 위치 여건에 따라 콘크리트수로, 찰쌓기수로, 낙차공 등으로 시공하여
세굴되지 않도록 한다.

⑤ **차폐 · 피복공법**

– 성토면에 암석면이 많아 파종이 어려운 구간의 경우에는 복토한 후 파종하거나 덩굴류
피복공법 등을 적용한다.

– 녹화에 많은 비용이 들어가거나 어렵고 붕괴가 발생할 우려가 적은 구간은 만경류 등으로
차폐식재를 한다.

Chapter 03

산림측량

측량·산림측량

1 측량이란?

측량은 지구 표면에 존재하는 다양한 지물과 지형 요소의 위치 관계를 정확하게 측정하여 도면이나 수치로 나타내는 작업을 의미한다. 이를 통해 길이, 면적, 용적 및 형상을 구하거나, 특정 위치를 다시 지상에 재현하는 모든 작업을 포괄한다. 현대적 측량은 고대부터 이어진 다양한 기술 발전을 통해 정밀성을 높이며 발전해 왔으며, 오늘날에는 삼각측량, GPS 측량, 항공 사진 측량 등 첨단 기법이 다양하게 활용되고 있다.

1) 측량의 학문적 의미

측량학은 지표상의 위치 관계와 특성을 해석하기 위한 이론과 방법론을 포함하며, 이를 응용하는 학문으로서 국가 차원에서는 측량의 정확성을 확보하기 위한 법적 기준이 제정되어 있다. 측량은 국가 인프라 구축, 토지 관리, 재산권 보호 및 다양한 공공사업에 중요한 기초자료를 제공한다.

2) 역사와 발전

측량의 기원은 고대 이집트와 로마 제국의 토지 경계 설정과 같은 고대 문명에 뿌리를 두고 있으며, 컴퍼스와 부척 발명 이후 삼각측량의 실용화 등 여러 혁신을 거쳐 오늘날의 정밀한 측량 기술로 발전하였다.

2 산림측량이란?

산림측량(forest surveying)은 임업경영에 필요한 산림과 임지의 현황을 파악하고 산림 재해 예방과 복구를 위한 자료를 제공하는 측량을 말한다. 산림의 관리와 경영을 위해 산림의 구조와 상태를 파악하고, 사방공사와 같은 복구 작업을 지원하며, 목재 및 각종 재료의 운반 시설 설치 등을 위한 지형 및 경계 측량을 포함한다.

1) 주요 목적

산림측량은 임업경영 계획 수립과 산림 재해 예방을 위해 산림 자원 분포, 경계 구획, 임도의 설계와 같은 다양한 작업을 수행하는 데 필요한 기초 정보를 제공한다. 산림의 생태적 가치와 경제적 활용을 위해서도 중요한 역할을 한다.

2) 적용 기술

산림지역의 특성상, 일반적인 측량 기법을 적용하기 어려운 경우가 많아, 드론, GPS, LiDAR 등의 첨단 측량 기법이 활용된다. 이로써 산림경영과 보전에 필요한 정확한 데이터를 수집하여 효과적인 산림관리와 지속 가능한 임업 활동을 지원한다.

02 대지측량·평면측량

대지측량과 평면측량은 측량 대상의 범위와 정밀도에 따라 구분된다. 대지측량은 넓은 지역에서 지구 곡면을 고려하여 실시하는 측량으로, 국토 및 대규모 토목 공사에 주로 사용된다. 반면 평면측량은 좁은 지역에서 지구 표면을 평면으로 간주하고 곡면 효과를 무시하는 측량으로, 상대적으로 작은 면적을 대상으로 한다. 두 측량은 목적과 방법에서 차이가 나며, 각 측량의 특징을 이해하는 것은 효과적인 측량 수행에 필수적이다.

"대지측량과 평면측량 비교"에 대한 기술사 답안 작성 예시이다.

문제 대지측량과 평면측량을 비교하여 설명하시오.

Ⅰ. 서언

1. 대지측량은 넓은 지역을 대상으로 지구의 곡면을 고려하는 정밀도가 높은 측량이다.

2. 평면측량은 좁은 지역을 대상으로 지구 표면을 평면으로 간주하여 실시하는 간단한 측량이다.

3. 대지측량은 곡률을 고려하고 평면측량은 곡률을 무시하며, 적용 범위와 정밀도가 서로 다르다.

Ⅱ. 대지측량의 정의와 특징

대지측량(geodetic survey)은 반지름 1km 이상 또는 면적 약 380㎢ 이상의 넓은 지역을 대상으로 지구의 형상을 고려하여 실시하는 측량이다. 대지측량은 지구를 타원체로 간주하여 지표의 곡면을 반영하는 방식을 사용하며, 높은 정밀도를 요구하여 위치 오차를 1/1,000,000 수준으로 설정한다. 주로 국가 기반 시설 구축, 대규모 공공사업, 국토조사 등에 사용되며, 삼각측량, GPS 측량 등의 고정밀 측량기법을 활용한다.

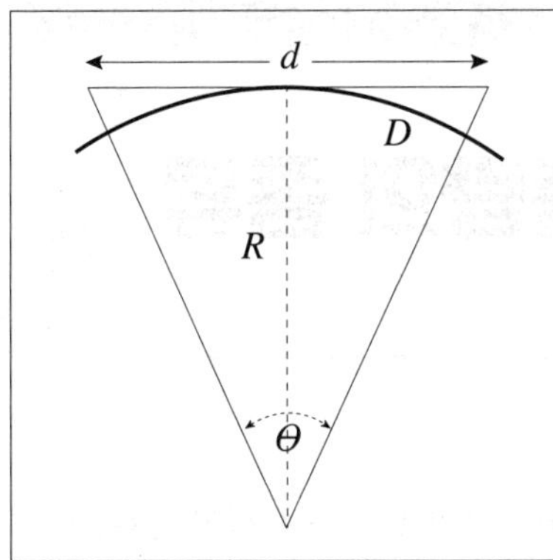

- 곡면인 지구의 표면(D)을 직선(d)으로 보는 크기에 따라 대지측량과 평면측량으로 구분한다.
- 반지름 1km, 면적 380㎢보다 크면 대지측량, 작으면 평면측량이다.
- 대지측량은 지구의 곡률을 고려한 측량이고, 평면측량은 지구의 곡률을 무시한 측량이다.

▲ 대지측량과 평면측량의 구분

Ⅲ. 평면측량의 정의와 특징

평면측량(plane survey)은 좁은 지역에서 지구 표면을 평면으로 간주하여 곡면을 고려하지 않고 실시하는 측량이다. 평면측량은 반지름 1km 이하, 면적 약 380㎢ 이하의 지역을 대상으로 하며, 거리 측정의 허용 오차를 1/1,000,000 수준으로 설정한다. 국지적인 건설공사, 토지 경계 측량, 도로 설계 등 비교적 소규모의 프로젝트에 주로 사용되며, 트랜싯, 테이프 및 간단한 측량기기를 활용하여 현장에서 수행하기 쉽다.

Ⅳ. 대지측량과 평면측량의 비교

구분	대지측량(Geodetic Survey)	평면측량(Plane Survey)
대상 면적	반지름 1km 이상, 약 380㎢ 이상의 넓은 지역	반지름 1km 이하, 약 380㎢ 이내의 좁은 지역
지구 곡률 반영 여부	지구 곡면 반영	곡면 무시(평면 간주)
오차 허용도	위치 오차 1/1,000,000 수준	위치 오차 1/1,000,000 수준
활용 분야	국가 기반 시설, 대규모 공공사업, 국토조사 등	토지 경계, 소규모 공사, 도로 설계 등
측량 기법	삼각측량, GPS 측량, 고정밀 측량기기 사용	트랜싯, 테이프 등 간단한 측량 기기 활용

Ⅴ. 결언

1. 대지측량과 평면측량은 대상 지역의 크기와 정밀도 요구 수준에 따라 그 적용 범위와 방식이 다르다.
2. 대지측량은 넓은 면적에 대해 지구 곡면을 고려하는 반면, 평면측량은 소규모 지역에서 곡률을 무시하고 보다 간단한 장비로 수행할 수 있다.
3. 위의 차이점을 이해하고 상황에 맞는 측량 방식을 선택해야 한다.

법규에 따른 측량의 종류

측량 관련 법규에서는 다양한 측량의 목적과 필요에 따라 그 종류를 구분하고 있다. 각 측량은 국가 공간정보 관리, 공공사업, 토지 경계 설정, 해양 조사 등 특정 목적에 맞게 설계되었으며, 법규에 따라 수행 절차와 기준이 규정되어 있다. 이와 같은 법적 기준에 따라 체계적으로 수행된 측량은 국가 인프라와 공공 안전, 재산권 보호에 중요한 역할을 한다.

산림측량학 교재에서 서술하고 있는 내용에 따라 질문에 맞는 답을 작성하면 아래와 같은 형태가 될 것이다.

문제 측량 관련 법규에서 정의하고 있는 측량의 종류를 설명하시오.

답

I. 서언

1. 기본측량은 국가의 공간정보 관리를 위한 기초자료를 제공하는 측량이며, 공공측량은 국가 및 지방자치단체가 공익적 목적으로 수행하는 측량이다.

2. 지적측량은 토지의 경계 및 면적을 결정하여 재산권을 보호하는 측량이며, 수로측량은 해양의 지형과 수심 등을 측정하여 해양 공간정보를 제공한다.

3. 기타 특정 법규 적용을 받지 않거나, 특정 목적에 따라 실시되는 다양한 측량이 있다.

II. 기본측량의 정의와 특징

기본측량은 모든 측량의 기초가 되는 공간정보를 제공하기 위해 국토교통부장관이 실시하는 측량으로, 국가 차원에서 공공성과 정확성을 보장하기 위한 기초자료를 구축하는 데 목적이 있다. 삼각점, 수준점, GPS 기준점 등을 설정하여 전국의 위치 정보를 체계화하며, 주로 지형도 작성 및 지리정보 시스템(GIS) 구축에 활용된다.

III. 공공측량의 정의와 특징

공공측량은 공공의 이익과 관련된 사업을 위해 국가, 지방자치단체 및 대통령령으로 지정된 기관이 수행하는 측량이다. 이는 도로, 철도, 공원, 하천 등 공공 인프라 건설에 필요한 자료를 제공하며, 국민 생활에 직접적인 영향을 미친다. 기본측량을 기초로 하여 신뢰성을 높이며, 법적 기준에 따라 수행된다.

Ⅳ. 지적측량의 정의와 특징

지적측량은 토지의 경계, 면적을 정하여 지적공부에 등록하거나 등록된 경계점을 현지에 복원하기 위한 측량으로, 주로 개인 또는 기업의 재산권을 보호하는 목적이 있다. 경계측량, 분할측량, 합병측량 등이 이에 포함되며, 정밀한 위치 측정을 통해 토지 소유권을 명확히 한다.

Ⅴ. 수로측량의 정의와 특징

수로측량은 해양의 수심, 해안선, 지형, 해양 지질 등을 조사하여 수로 지도 작성 및 해양 공간 정보 구축을 위한 자료를 제공한다. 해양교통과 항해 안전을 보장하는 중요한 측량으로, 항만 개발, 해저 자원 탐사, 해양환경 보호 등의 공공사업에 필수적이다.

Ⅵ. 일반측량 및 기타 측량의 정의와 특징

기본측량, 공공측량, 지적측량 및 수로측량 이외의 모든 측량을 포괄하는 범주로, 특정 법규 적용을 받지 않는 다양한 목적의 측량이 포함된다. 도로 및 철도 노선 측량, 산림측량, 건축물 설계 측량 등이 있으며, 분야별 특성에 맞는 측량 기법과 도구가 사용된다.

Ⅶ. 결언

1. 측량은 다양한 목적과 필요에 따라 여러 법적 구분으로 세분화되어 있으며, 각각의 법적 정의에 따라 절차와 수행 기준이 설정되어 있다.

2. 이러한 법적 구분은 공간정보의 정확성과 신뢰성을 높이고, 국가 인프라, 공공의 이익, 개인의 재산권을 보호하는 데 중요한 역할을 한다.

구분	정의 및 목적	특징 및 주요 내용	법적 역할
기본측량	국가의 공간정보 기초자료 제공을 위한 측량	국토교통부 장관이 실시, 삼각점·수준점·GPS 기준점 설정	지리정보 체계 구축, 지형도 작성
공공측량	공공 인프라 건설 등 공익 목적의 측량	국가·지자체 및 지정 기관이 수행, 도로·철도·하천 등 조사	국민 생활에 영향, 기본측량 기초로 수행
지적측량	토지의 경계 및 면적 설정을 통한 재산권 보호 측량	경계 측량, 분할·합병 측량 포함, 토지 소유권 명확화	지적공부 등록, 경계점 복원
수로측량	해양 지형·수심·해안선 등을 조사하여 해양 공간 정보를 제공	수심, 지형, 해안선·해양 지질조사, 항만 개발 및 해저 자원 탐사 지원	항해 안전 보장, 해양 환경 보호
일반측량 및 기타	법적 기준에 해당하지 않는 다양한 목적의 측량(도로, 철도, 산림, 건축 등)	도로·철도 노선 측량, 산림·건축물 설계 측량 등	목적에 따라 분야별 맞춤형 기법 적용

측량과 위치측정의 기준

우리나라의 측량 기준과 위치 측정 기준은 국가 공간정보 체계를 체계적으로 관리하고 국제 표준에 부합하는 공간정보 제공을 위해 설정되어 있다. 지구타원체의 표준화, 좌표계 설정 및 측량 기준점 마련이 이러한 기준을 이루며, 법적 근거에 따라 시행된다.

문제 우리나라의 측량 기준과 위치 측정의 기준

Ⅰ. 서언

1. 우리나라는 GRS80 타원체와 세계측지계(WGS)를 기준으로 측량을 수행하며, 법적 기준을 따른다.
2. 위치 측정의 기준으로 경위도좌표계와 평면직각좌표계 등을 사용하여, 정확한 위치 정보 제공을 위한 기준을 마련하고 있다.

Ⅱ. 우리나라의 측량 기준

우리나라는 과거 일본의 베셀타원체와 동경측지계를 준용했으나, 국제 표준에 맞춰 현재는 GRS80 타원체를 채택하고 있다. 또한, 2010년 법률 개정을 통해 세계측지계(Geocentric Reference System, GRS80)를 기준으로 하며, 지심좌표계를 사용하여 위치를 정의한다. 이 기준은 《공간정보의 구축 및 관리 등에 관한 법률》 제6조와 시행령 제7조에 명시되어 있으며, GRS80 타원체의 장반경은 6,378.137km, 편평률은 1:298.257로 규정되어 있다.

Ⅲ. 우리나라 위치 측정의 기준

위치 측정의 기준은 지구 표면의 정확한 위치를 표현하기 위해 경위도좌표계와 평면직각좌표계를 적용한다.

1. 경위도좌표계: 경위도좌표계는 지구의 절대적 위치를 경도와 위도로 표시하는 체계로, 주요 기준점은 경도 0°의 그리니치 자오선과 위도 0°의 적도이다. 이 좌표계는 국가적 및 국제적 지리 정보 제공에 활용된다.

2. 평면직각좌표계: 평면직각좌표계는 특정한 한 점을 기준으로 직각 교차하는 평면 좌표계를 설정하여 각 지점의 위치를 (X, Y) 좌표로 표시한다. 우리나라는 경도 2° 간격으로 서부, 중부, 동부, 동해의 네 개 좌표계를 설정하고 있으며, 투영 방법으로는 TM(Transverse Mercator) 투영법을 사용한다.

Ⅳ. 주요 측량 기준점

1. 우리나라의 주요 측량 기준점은 경위도원점과 수준원점을 포함하며, 각각은 수원과 인천에 위치하여 국가 위치 기준 설정에 중요한 역할을 한다.

2. 경위도원점은 경도 127°03′14.8913″와 위도 37°33′36.3659″ 위치에 있으며, 수준원점은 인천만의 평균해수면을 기준으로 설정되어 있다.

05 지구타원체의 형상을 규정한 주요 기준

지구타원체는 지구의 회전과 자전에 의해 형성된 편평한 타원체로, 지구의 형상을 수학적으로 표현하는 데 사용된다. 각 국가와 측량 기준에 따라 사용하는 타원체가 다르며, 주요 타원체에는 베셀 타원체, 클라크 타원체, 헤이포드 타원체, GRS80 타원체가 있다. 각 타원체는 장반경, 단반경, 편평률이 상이하며, 국가별로 그 목적에 맞는 타원체를 사용한다.

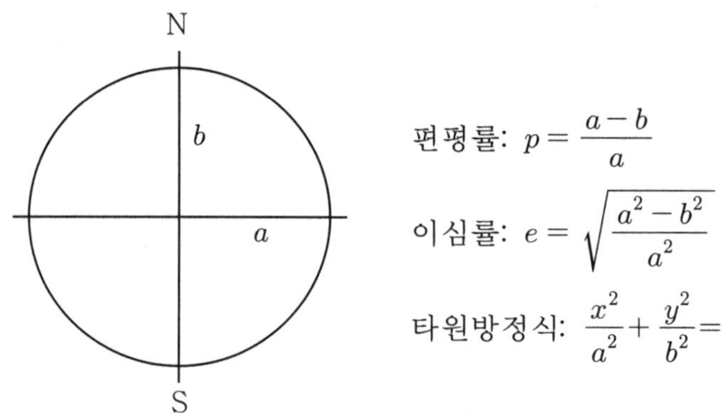

▲ 지구타원체의 편평도(a는 장반경축, b는 단방경축)

1 베셀 타원체(Bessel, 1841)

① 장반경: 6,377.397km, 단반경: 6,356.079km, 편평률: 1:299.15

② 과거 동경측지계와 함께 사용되었으며, 한국에서도 오랫동안 사용되었다.

2 클라크 타원체(Clarke, 1886)

① 장반경: 6,378.206km, 단반경: 6,356.584km, 편평률: 1:293.47

② 19세기 말~20세기 초 국제 측량에서 활용되었다.

3 헤이포드 타원체(Heyford, 1909)

① 장반경: 6,378.388km, 단반경: 6,356.912km, 편평률: 1:296.96

② 1924년 국제지구과학연합(IUGG)에서 추천한 국제 타원체

4 GRS80 타원체(Geodetic Reference System 1980)

① 장반경: 6,378.137km, 단반경: 6,356.752km, 편평률: 1:298.257

② 현재 국제 표준으로 채택된 타원체로, 한국에서도 GRS80을 기준 타원체로 사용 중이다.

타원체	장반경(km)	단반경(km)	편평률	비고
베셀(Bessel, 1841)	6,377.397	6,356.079	1:299.15	동경측지계에 사용됨
클라크(Clarke, 1886)	6,378.206	6,356.584	1:293.47	19세기 국제측량 기준
헤이포드(Heyford, 1909)	6,378.388	6,356.912	1:296.96	1924년 IUGG 추천
GRS80(1980)	6,378.137	6,356.752	1:298.257	현재 한국 및 국제 표준

위에서 제시한 주요 타원체는 장·단반경과 편평률에서 차이가 있으며, 한국은 현재 세계 표준에 맞춰 GRS80 타원체를 채택하고 있다.

핵심 06 지오이드의 정의 및 지표면, 지구타원체와의 관계

1 서언

지구의 정확한 위치와 높이 정보를 측정하기 위해 지표면, 지구타원체, 지오이드의 개념이 도입된다. 이 중 지오이드는 해수면을 기준으로 한 중력의 등위면을 의미하며, 지표면과 지구타원체 사이의 관계를 설명하는 중요한 기준면이다.

① 지오이드는 평균 해수면과 일치하는 중력의 등위면으로, 지구의 굴곡을 나타낸다.

② 지표면은 물리적 표면을, 지구타원체는 수학적 표면을, 지오이드는 중력에 기반한 표면으로 각기 다른 역할을 한다.

2 지오이드의 정의

지오이드(geoid)는 평균해수면과 일치하는 등위면으로 정의되며, 중력의 영향을 고려하여 형성된 가상의 표면이다. 즉, 조석, 해류, 기온 등의 영향을 배제하고 평균 해수면을 육지까지 확장했을 때의 표면으로, 해발 고도의 기준면 역할을 한다. 지오이드는 고정된 수학적 정의보다는 지구 중력에 의해 결정되는 면이므로, 지역에 따라 높낮이가 달라진다.

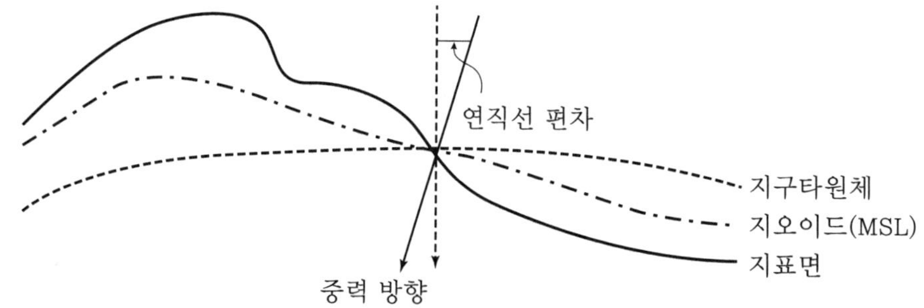

▲ 지표면 · 지오이드 · 지구타원체의 비교

3 지표면, 지구타원체, 지오이드의 관계

① 지표면(Physical Surface)

지표면은 산, 강, 평원 등으로 구성된 지구의 실제 물리적 표면을 뜻하며, 표고와 기복이 다양하여 수학적으로 정의하기 어렵다. 측량은 주로 이 지표면에서 이루어지며, 위치의 정확한 계산에는 지구타원체와 지오이드가 참고된다.

② 지구타원체(Reference Ellipsoid)

지구타원체는 지구를 회전 타원체로 이상화한 모델로, 측량과 지도 제작에서 위치 계산의 기준이 되는 수학적 표면이다. 타원체는 지구의 장반경과 단반경을 고려하여 설정되며, 현재 한국은 GRS80 타원체를 기준으로 한다. 이는 편평률과 장·단반경이 일정하여 계산의 일관성을 제공하지만, 실제 지표면과는 약간의 차이가 존재한다.

③ 지오이드와 지구타원체의 관계

지오이드는 지구타원체에 가장 근접하지만, 실제 중력과 지구의 물리적 구성 요소에 의해 다소 굴곡진 형태를 가진다. 예를 들어, 대륙에서는 지오이드가 지구타원체보다 높은 경향이 있고, 해양에서는 지구타원체보다 낮은 경향이 있다. 이 차이는 위치 정확도를 높이기 위해 측량 시 교정되어야 하며, 지오이드와 지구타원체 간의 오차 보정을 통해 실제 지표면의 위치를 더 정밀하게 측정할 수 있다.

핵심 07

측량작업의 과정

측량은 "준비→외업→내업"의 세 과정을 거쳐서 종료된다. 측량 성과의 질은 각 과정의 절차와 균형 및 충실도에 따라 달라진다.

측량 작업의 각 단계에서 수행할 내용은 아래의 표와 같다.

단계	설명
준비 단계	• 측량 계획 수립: 측량의 목적과 범위를 설정하고, 적합한 측량 방법 및 필요한 장비를 선정 • 사전 조사: 측량 지역의 지형과 환경에 대한 정보를 수집하고, 필요한 인허가 사항을 확인 • 장비 점검 및 준비: 사용할 측량 장비와 도구의 상태를 점검하고, 측량 작업에 필요한 소모품과 자료를 준비
외업 단계	• 기준점 탐색 및 설정: 기준점의 위치를 확인하고, 필요한 경우 새로운 기준점을 설치 • 측량 작업 수행: 수립한 계획에 따라 측량을 진행하며, 필요한 데이터를 수집. 삼각측량, 수준측량, GPS 측량 등의 방법을 활용하여 정확한 데이터를 측정 • 측량 결과 검토: 현장에서 수집한 데이터의 정확성을 검토하고, 필요시 추가 측량을 통해 보완
내업 단계	• 자료 정리 및 보정: 외업에서 수집된 데이터를 정리하고, 필요한 경우 오차를 보정 • 데이터 분석 및 계산: 최종 좌표 및 고도 값을 계산하고, 지도나 도면을 작성 • 결과 보고서 작성: 측량 결과를 정리하여 보고서를 작성하고, 이를 관련 부서나 의뢰인에게 제출

측량작업 시 주의 사항

측량작업을 위한 기계 · 기구를 현장에서 효과적으로 사용하기 위해서는 오랜 숙련과정이 필요하다. 또한, 기계 · 기구의 사용 전후의 취급과 관리에도 주의가 필요하다. 측량기계 · 기구의 취급 및 관리요령을 구분하면 아래 표와 같다.

단계	주의 사항
조립 단계	• 기계 · 기구를 다룰 때는 반드시 양손으로 취급하고, 충격을 주지 않도록 주의 • 보관자료로부터 기계 · 기구를 꺼낼 때는 함께 들어있는 부속품 · 비품 등을 점검하고 보관상태를 기억 • 기계를 조립할 때는 삼각 부목의 먼지, 습기, 흙 등을 제거한 후 조립 • 기계 · 기구가 삼각에 완전히 조립될 때까지 지주를 놓치지 않도록 함
사용 및 운반 단계	• 기계를 사용하는 중에 삼각과 일체로 이동할 때는 기계에 충격이 가지 않도록 삼각을 조심하여 뽑음 • 기계를 운반하고 이동시킬 때는 고정나사를 가볍게 고정 • 충격 방지용 제동나사를 부착시킨 기계는 반드시 제동나사를 작동시켜 이동 • 기계를 이동시킬 때는 기계의 머리 부분을 앞으로 하여 양팔로 잡고 운반 • 원거리로 이동할 경우에는 보관상자에 넣어서 운반 • 자동차로 운반할 경우에는 보관상자를 무릎 위에 놓고 양손으로 잡음
보관 단계	• 사용한 기계 · 기구는 완전히 마른 천으로 잘 닦은 후 보관 • 습기에 주의하고, 필요하면 실리카겔을 사용 • 렌즈 표면에 묻은 먼지는 부드러운 천이나 깃털로 잘 털어 내고, 대물렌즈에는 뚜껑을 씌움 • 렌즈의 기름이 묻었을 때는 부드러운 천에 알코올을 묻혀 가볍게 닦음 • 렌즈에 땀방울 · 먼지 등이 많을 경우에는 제작회사에 의뢰하는 것이 좋음

핵심 09 고저측량의 과정

1 고저측량의 과정

단계	설명
① 계획과 준비	• 고저측량의 목표와 정확도, 경제성을 고려해 측량 경로와 기설 수준점을 설정하고 계획을 수립 • 도로의 교통상황을 충분히 고려 • 도상계획이 끝나면 작업 실행의 목적에 따른 세부계획을 세움 • 고저측량의 주요 장비를 충분히 점검하고 조정하여 현장에는 완전한 것만 가져감
② 답사 및 선점	• 현장 답사를 통해 지형과 교통 상황을 확인하고, 측점을 설치할 위치를 선정 • 동시에 계획노선이 적당한가의 여부를 조사함과 동시에 기설측점에 이성이 없는가를 확인 • 선점은 영구표석을 설치하는 지점의 선정과 측점을 선택하는 것으로 답사와 동시에 수행 • 거리를 개략 측정하고, 대체로 규정된 거리에 있는 곳으로 가장 적당한 위치를 선점
② 수준점의 매표	• 선점이 끝나면 관측하기 전에 매표하는데, 매표의 하부는 기초콘크리트로 튼튼하게 하고, 지표상에 나온 표석 부분이 보호되도록 보호석을 주위에 놓고, 필요하면 콘크리트로 보호 • 표석은 화강암으로 만들고 지하 매표에는 금속표를 콘크리트 위에 정착시켜 그것을 지하에 매설

2 고저측량 시 주의 사항

단계	주의 사항
① 계획과 준비	• 수준점을 설치할 도로가 가까운 장래에 개수될 것 같으면 되도록 피함 • 고저측량노선은 거리가 다소 멀어도 경사가 완만한 경로를 택하는 것이 좋음 • 경사가 심하면 거리에 비하여 측점수 및 측량작업일수가 증가하고, 정확도도 떨어짐 • 논이나 늪지대 등을 지나는 연약지반의 도로는 피함

단계	주의 사항
② 답사 및 선점	〈선점할 때에 주의사항〉 • 수준점의 위치는 도로의 한쪽이나, 도로에 근접한 지역 내의 안전하고 발견하기 쉬운 지점으로 함 • 고개길, 갈림길, 교차점 등은 장래의 이용상 매우 적당한 위치에 있어야 하므로 다소 규정된 거리에 신축을 가져오더라도 그 지점을 택하는 것이 좋음 • 습지, 진흙땅 등의 연약한 지반이나 제방 위의 도랑의 양단 등은 보존하는 데 부적당하므로 가능하면 피함 • 도로 위에 선점할 때는 노견 등의 다른 교통에 지장이 없는 곳이어야 함
③ 수준점의 매표	• 매표가 끝나면 측점을 기록 • 측점의 기록은 장래에 수준점을 이용할 때 보기만 하면 되므로 아주 편리함 • 측점의 번호, 소재지, 도로명, 위치도 등을 기재

고저측량의 흐름

■ 고저측량의 과정

단계	설명
① 계획과 준비	• 필요한 정확도와 경제성을 고려하여 측량 경로와 기설 수준점을 설정 • 도상 계획을 수립하고 현장 답사를 통해 지형, 교통 상황 등을 확인
② 측점 설치	• 측점의 위치를 정하여 작업 효율성과 정밀도를 확보 • 시준이 용이하고 고저차가 심하지 않은 위치를 선정하며, 측점은 가능한 간격을 비슷하게 유지
③ 레벨 설치	• 레벨 기계를 두 측점의 중간 지점에 설치하여 수평을 맞춤 • 기계고가 변하지 않도록 수평 조정나사와 기포관을 활용해 정밀하게 조절
④ 후시 측정	• 기준점에 표척을 세우고 후시 값을 읽는다. 이를 통해 기계고를 산출하며, 후시는 측점의 지반고와 기계고를 계산하는 데 필요한 값임
⑤ 전시 측정	• 측정점에 표척을 세우고 전시 값을 읽어 지반고를 계산 • 기계고에서 전시 값을 뺀 값이 측정 지점의 고도가 됨
⑥ 기계 이동	• 필요시 기계를 이기점으로 이동하여 재측정 • 새로운 위치에서 반복적으로 후시와 전시를 측정하여 연속적인 고저차를 기록
⑦ 오차 확인 및 검산	• 모든 측정이 끝난 후 왕복 측정을 통해 폐합 오차를 계산하고 허용 오차 이내인지 확인 • 오차가 허용 범위를 넘을 경우 해당 구간을 재측정

이와 같은 일련의 과정을 통해 고저측량의 정확성을 높이며, 최종 지반고 값을 산출할 수 있다.

핵심 11 고저측량 시 주의사항

1 고저측량의 개념

고저측량은 지표면의 높이차를 측정하기 위해 레벨(level) 장비를 사용하는 방식으로, 후시(back sight, B.S.)와 전시(fore sight, F.S.) 값을 이용해 고저차를 계산한다. 기계의 수평 시준선에 대한 후시와 전시 값을 통해 기계고(instrument height, I.H.)를 산출하고, 이를 바탕으로 각 지점의 고도를 계산한다. 레벨 기계는 측정 대상 두 지점 사이의 중간에 위치하며, 각 지점에서 얻은 값을 기계적으로 계산하여 고도차를 구하는 방식이다.

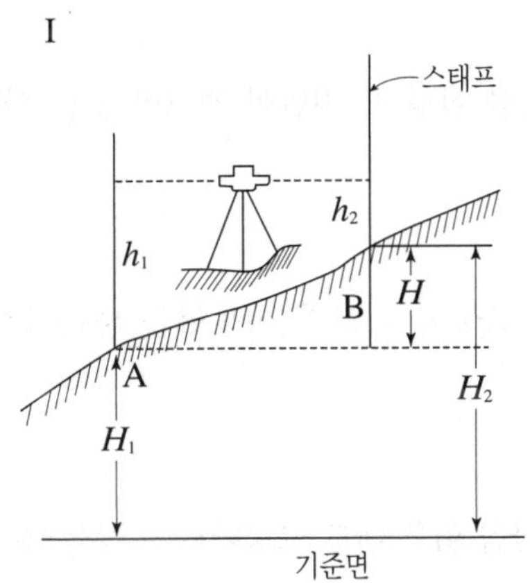

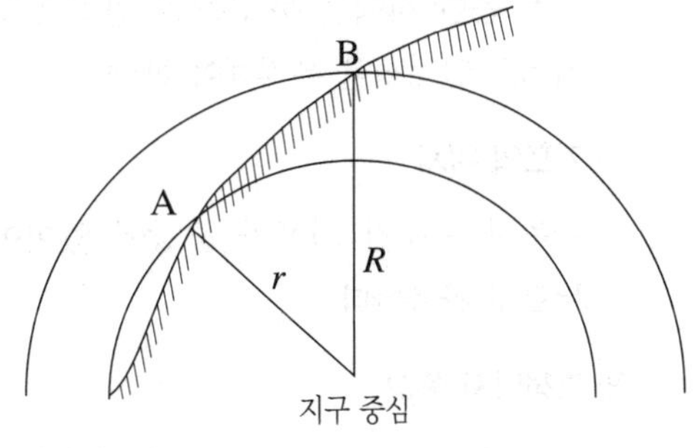

▲ 고저측량 개념도

그림 I에서 A와 B 두 점의 고저차 H를 측정할 때 함척(staff)을 A와 B점에 세워 수평 시준선에 일치하는 스테프의 높이를 읽으면 $H=h_1-h_2$로 구할 수 있다.

그림 II는 대지측량, 그림 I은 평면측량에서의 고지측량 방법이다.

2 고저측량 시 주의사항

① 기계 위치

레벨 기계는 두 지점 간 중간에 위치시키며, 후시와 전시 간의 거리를 동일하게 하여 지구 곡률과 대기 굴절로 인한 오차를 최소화해야 한다.

② 시준거리

시준거리가 너무 길면 표척의 정확한 읽기가 어려워 오차 발생 가능성이 크므로, 시준거리는 30m에서 120m 사이가 적절하며, 표준 레벨 사용 시 20m에서 40m 범위가 이상적이다.

③ 햇빛의 영향 방지

강한 햇빛은 기계적 오차를 초래할 수 있으므로 필요시 양산을 활용하여 그늘을 만드는 것이 좋다.

④ 반복 측정

고저측량은 최소 2회 이상 반복하여 측정하며, 각 측정 결과는 왕복 평균을 내어 오차를 줄인다. 측정 오차가 허용 범위를 초과할 경우에는 다시 측정해야 한다.

⑤ 급경사지 주의

급경사지에서는 표척이 경사지지 않도록 조심해야 하며, 경사로 인해 발생할 수 있는 오차를 방지해야 한다.

⑥ 기계 운반과 설치

기계 운반 시에는 두 손으로 안정적으로 잡고, 이기점 설정 시 지반이 견고한 곳을 선택해 기계의 안정성을 유지해야 한다.

⑦ 기포의 위치

관측하는 순간 기포가 중앙에 있어야 한다. 관측 도중에 기포가 이동했을 때는 삼각을 누르고 관측한다.

⑧ 고정나사 풀기

관측 중에는 고정나사를 전부 풀어 두고, 표척의 눈금을 읽을 때도 고정나사는 죄지 않는다.

핵심 12 오차의 종류와 원인

1 오차의 개념

측량에서 오차는 실제 측정하려는 값(참값)과 실제 측정값 간의 차이를 말한다. 측량 오차는 피할 수 없는 요소로, 측량 과정과 측정 장비, 환경 조건 등 여러 요인에 의해 발생한다. 오차의 원인과 종류는 다음과 같다.

2 오차의 원인

항목	내용
기계적 오차	• 교차선의 굵기, 기계나 표척 위치의 변동 등으로 발생
자연적 오차	• 강풍이나 온도 변화, 기계의 위치 변화 등 자연적 요인
과오	• 계산에서 착오 발생 가능성

3 오차의 종류

항목	내용
정오차	• 오차 발생의 원인이 분명함 • 주로 측정기구와 측정자에 원인이 있음 • 줄자 등 측거기구의 신축이나 측량자의 편향성 등이 원인 • 오차의 크기와 형태가 일정하므로 이론적인 보정 가능 • 관측 횟수와 비례하여 커지므로 누적오차 또는 계통오차라고도 함
부정오차	• 발생 원인이 명확하지 않음 • 주로 외부 조건의 변화가 원인 • 관측하는 순간 자연조건의 변화, 장비의 불안정 등이 원인 • 수식으로는 보정할 수 없지만, 확률에 근거해서 통계적으로 보정 • 크기와 방향이 일정하지 않음 • 여러 차례 측정할 경우 반대 방향의 오차가 발생하여 상쇄되기도 함 • 상쇄오차라고도 함
과오	• 인위적 오차에 의해 발생 • 야장 기입 및 계산 실수, 기록이나 계산 착오로 발생하는 오차 • 이론적인 보정이 불가능하므로 다시 측량해야 함

13 참값·최확값

1 참값과 최확값

용어	정의	계산식
참값	• 측정하고자 하는 실제 값 • 이론적으로 오류가 없는 완전한 값	
최확값	• 여러 번 측정한 값 중 가장 신뢰할 수 있는 값 • 가장 가능성 있는 값으로 추정된 값 • 통계적 방법에 의해 계산된 값	$X = \dfrac{\sum 측정값}{측정횟수}$
참오차	• 실제 참값과 측정값 간의 차이	$E = X_{참값} - X_{측정값}$
잔차	• 개별 측정값과 평균값 간의 차이 • 여러 측정들 사이의 불규칙적인 차이	$r = X_{금회측정값} - X_{평균측정값}$
편의	• 일정한 방향으로 발생하는 시스템적 오차 • 장비의 특성이나 측정 조건 등으로 인해 발생	$b = X_{측정값} - X_{실제값}$
상대오차	• 참값 대비 오차의 비율을 나타냄 • 전체 값에 대한 오차의 크기를 상대적으로 평가	

2 최확값을 계산하는 방법

① 평균값 이용법

- 여러 측정값의 산술 평균을 사용하여 최확값을 계산하는 방법이다.
- 조건이 없고, 경중률은 같은 경우에 이용할 수 있다.

예제	특징
측정값이 10, 12, 11, 13일 때, $\dfrac{10+12+11+13}{4} = 11.5$	산술 평균을 통해 여러 측정값의 평균을 구함으로써, 오차를 줄이고 최확값을 찾을 수 있음

② **가중평균법**

- 각 측정값의 신뢰도나 측정횟수에 따라 가중치를 부여한 후 평균을 계산하여 최확값을 구하는 방법이다.
- 조건이 없고 경중률이 다른 경우 사용할 수 있다.

예제	특징
측정값이 10(가중치 2), 12(가중치 3), 14(가중치 1)일 때, $\dfrac{10 \times 2 + 12 \times 3 + 14 \times 1}{2 + 3 + 1} = 11.67$	신뢰도에 따른 가중치를 반영하여 최확값을 구함으로써 특정 데이터의 신뢰성이 높음

③ **배분법**

- 측정값을 수학적 조건에 맞게 균등하게 배분하여 최확값을 구하는 방법이다.
- 조건이 있으며, 경중률이 같은 경우에 사용할 수 있다.

예제	특징
삼각형의 내각을 각각 측정한 결과가 ∠A는 55°, ∠B는 45°, ∠C는 92°일 때, 55 + 45 + 92 = 192이고, 192는 180보다 크므로 $\dfrac{192 - 180}{3} = 4$ 이므로 ∠A는 51°, ∠B는 41°, ∠C는 88°가 됨	계산은 간편하지만, 값의 크기에 따른 경중은 반영하지 않는 것이 단점

④ **배분비율법**

- 측정값을 수학적 조건과 경중률에 맞게 일정한 비율로 배분하여 최확값을 구한다.
- 조건이 있으며, 경중률이 다른 경우에 이용할 수 있다.

예제	특징
이웃한 각을 측정한 결과가 ∠BAC는 55°(1회 측정), ∠CAD는 45°(3회), ∠BAD는 92°(5회)일 때, (∠BAC+∠CAD)−∠BAD=8°이므로 이 값을 배분할 때는 $1 : 3 : 5 = \dfrac{15}{15} : \dfrac{5}{15} : \dfrac{3}{15} = 15 : 5 : 3$이므로, $\dfrac{15}{23} : \dfrac{5}{23} : \dfrac{3}{23}$의 비율로 배분 $\angle BAC = 55° - 8° \times \dfrac{15}{23} = 49.78°$ $\angle CAD = 45° - 8° \times \dfrac{5}{23} = 43.26°$ $\angle BAD = 92° - 8° \times \dfrac{3}{23} = 90.96°$	계산은 다소 복잡하지만, 계산값은 신뢰도가 높은 편임

14 고저측량의 원리와 측정 방법

1 직접 수준측량의 원리

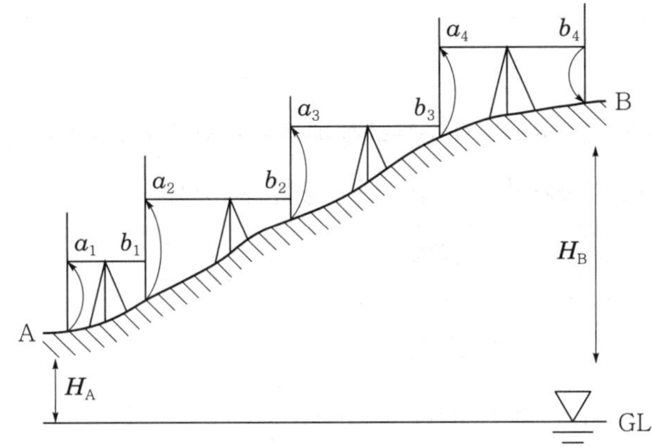

$$\triangle H = (a_1 - b_1) + (a_2 - b_2) + \cdots$$
$$= (a_1 + b_1 + \cdots) - (a_1 + b_1 + \cdots)$$
$$= \Sigma B.S - \Sigma F.S$$
$$\therefore H_B = H_A + \triangle H = H_A + \Sigma B.S - \Sigma F.S$$

① 직접 수준측량의 시준거리

- 아주 높은 정확도의 수준측량: 40m
- 보통 정확도의 수준측량: 50~60m
- 그 외의 수준측량: 5~120m

② 직접 수준측량의 주의사항

- 왕복측량을 원칙으로 한다.
- 전시와 후시의 거리는 비슷하게 해야 한다.
- 후시로 시작해서 전시로 끝나야 한다.
- 표척을 전후로 움직여 최솟값을 읽는다.
- 이기점(TP)은 1mm, 중간점(IP)은 5~10mm 단위로 읽는다.

2 고저측량 측정 방법

고저측량의 측정 방법은 측량의 결과를 현장에서 기록하는 공책인 야장의 기입 방법에 따라 달라진다. 야장에 측량 결과를 기입하는 방법은 기계의 높이를 이용하는 기고식, 전시와 후시의 차이만을 계산하는 승강식, 결과만 기입하는 고차식이 있다.

① 기고식: 기계고를 기준으로 야장을 기입하여 지반고를 산출하는 방법으로 보통의 임도 측량에서 사용한다.

② 승강식: 기계고를 산출하지 않고 전시와 후시의 차이만으로 지반고를 산출하여 기입하는 방법으로 지형의 변화가 심하여 매번 기계를 옮겨야 할 때 편리하다.

③ 고차식: 중간 과정을 모두 생략하고 지반고만 기입한다.

핵심 15 기고식

기고식 야장 기입법은 레벨의 높이(기고, 기계고)를 기준으로 야장을 기입하는 방법으로 가장 많이 사용한다.

다음 그림에서 C점의 높이를 구하려고 한다. 이때 A점의 땅 높이는 10m로 가정한다.

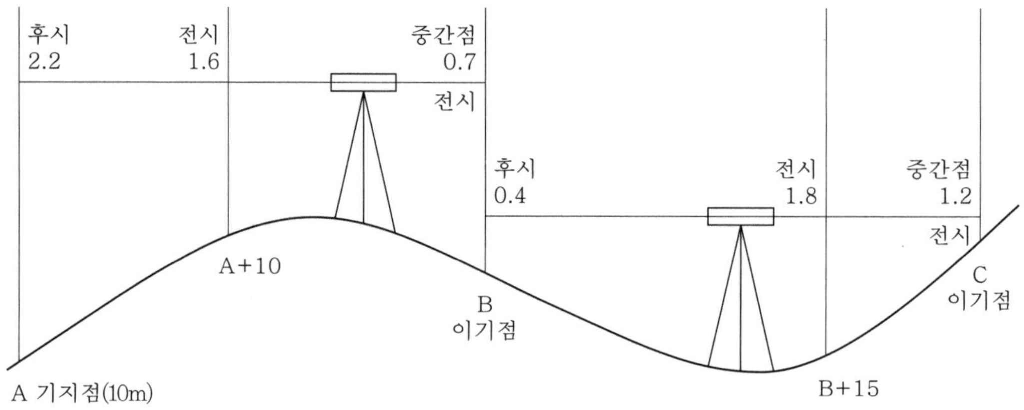

기고식 야장 기입에서는 기계의 높이(기고)를 먼저 결정한다. 기계의 높이는 기지점의 높이에 레벨로 기지점에 세워진 함척의 눈금을 읽은 값은 합하여 결정한다. 다음 그림에서 기계고는 10+2.2=12.2m가 된다.

레벨은 기포관을 맞추고 나면 모두 같은 높이를 시준하게 되므로, 그다음 점의 위치는 기계고(IH; Instrument Hight)에서 A+10 지점에 세워진 함척의 눈금을 읽은 값을 빼면 A+10 지점의 높이를 알 수 있다. 제시된 그림에서는 12.2-1.6=10.6이 된다.

B점의 높이 역시 기계고에서 B점에 세워진 함척의 눈금을 읽은 값을 빼서 결정한다. 그림에서 12.2-0.7=11.5가 되어 B점의 높이는 11.5m이다.

B점에 함척을 세워 놓은 상태로 기계를 옮기게 된다. 기고식 야장 기입법은 기계를 옮기게 되면 새로운 후시(기지점, BS, back sight)는 B점의 지반고, 즉 땅 높이가 된다. 새로운 후시는 B점의 지반고인 11.5m에서 B점에 세워진 함척의 눈금을 새로 읽은 값인 0.4가 된다.

■ 기고식 야장 기입법 예시

측점	BS (후시)	IH (기계의 높이)	FS(전시)		지반고	비고 (단위: m)
			TP(이기점)	IP(중간점)		
A	2.2	12.2			10	Ha=10
A+10				1.6	10.6	
B	0.4	11.9	0.7		11.5	
B+15				1.8	10.1	
C			1.2		10.7	Hc=10.7
Total	2.6		1.9			

새롭게 세운 기계의 기계고는 B점의 지반고인 11.5m에 후시 값인 0.4를 합쳐서 11.9m가 된다. B+15와 C점의 지반고는 새로운 기계고에서 전시를 각각 빼서 구할 수 있다.

기고식 야장은 전시를 중간점과 이기점으로 나누어 기록하는 방법과 구분하지 않고 기록하는 방법이 있는데, 제시된 표는 이기점과 중간점을 나누어 기록하였다. 중간점은 20m마다 설치하는 측점이고, 이기점은 지형이 급변하는 지점이나 구조물의 설치가 필요한 지점에 추가로 설치한 측점이다. 기고식 야장을 기입할 때 마지막 전시는 중간점이어도 항상 이기점에 기록한다.

이 값이 제대로 된 것인지 확인하기 위해 검산을 할 필요가 있는데, 검산 방법은 후시의 합계에서 전시의 합계를 뺀 값과 종점의 지반고에서 시점의 지반고를 뺀 값이 같은지 확인하는 것이다.

$$\sum B.S - \sum F.S = Hc - Ha$$

2.6-1.9=0.7이고, 10.7-10.0=0.7이므로, 이 기고식 야장은 오류 없이 작성되었음을 확인할 수 있다.

핵심 16 승강식

승강식 야장 기입은 후시에서 전시를 뺀 값이 +이면 "승" 란에, −이면 "강" 란에 기입하고, 이를 이용하여 매 측점의 지반고를 기록하는 야장 기록 방법이다.

땅의 높이 차이가 심해서 매번 레벨을 옮겨야 할 때는 기고식 야장 기입을 하면 분량이 많아지게 되므로 승강식을 이용하면 편리하다.

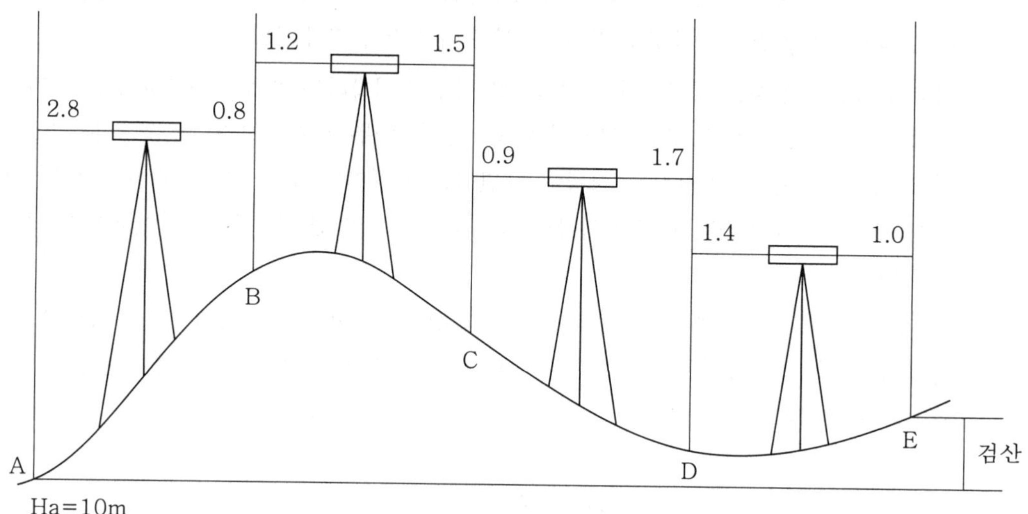

▲ 승강식 레벨 측량 개념도

승강식은 땅의 높이가 올라가고, 내려가는 차이만으로 지반고를 산출하는 방법이다. 올라가는 높이를 승, 내려가는 높이를 강, 합쳐서 승강식이라고 부른다. 각 측점에서 전시와 후시를 반복해서 기록한다.

A점의 높이는 10m이고, 이 값을 알고 있으므로 A점의 함척을 시준하여 눈금을 읽으면 이것이 후시가 된다. 그리고 B점으로 함척을 옮겨 이 눈금을 읽으면 이 눈금은 후시에 기록한다. 제시된 그림에서 2.8은 A점의 전시에 기록하고, 0.8은 B점의 후시에 기록한다. 이때 B점의 지반고는 전시 2.8에서 후시 0.8을 뺀 값에 A점의 지반고를 더하여 기록한다.

기지점(BS)의 전시에서 미지점(FS)의 후시를 뺀 값이 +이면 승에, −이면 강에 적고, 이 값을 이전의 지반고에 더하여 새로운 지반고를 산출하는 방법이다.

승강식의 검산 방법은 기고식의 검산 방법과 기본적으로 같지만, 승 란의 합계에서 강 란의
합계를 뺀 값도 검산에 사용할 수 있다.

$$\sum BS - \sum FS = \sum 승 - \sum 강 = He - Ha$$

앞의 그림을 야장에 옮기면 다음과 같다.

■ 승강식 야장 기입 예시

측점	BS	FS	승(+)	강(−)	지반고(H)	비고(m)
A	2.8				10	Ha=10.0
B	1.2	0.8	2		12	
C	0.9	1.5		0.3	11.7	
D	1.4	1.7		0.8	10.9	
E		1	0.4		11.3	
Total	6.3	5	2.4	1.1		

야장을 제대로 기록하였는지 확인해 보면,

후시 합계에서 전시 합계를 빼면 6.3−5.0=1.3

승 합계에서 강 합계를 빼면 2.4−1.1=1.3

마지막 측점 지반고에서 첫 측점 지반고를 빼면 11.3−10.0=1.3

세 개의 값이 모두 일치하여 승강식 야장이 제대로 기입되었음을 확인할 수 있다.

고차식

① 고차식 야장 기입은 기지점에서 마지막 측점의 지반고만 알고자 할 때 사용하는 야장 기입법이다.

■ 고차식 야장 기입 예시

측점	BS	FS	지반고(H)	비고
A	2.8		10	Ha=10.0m
B	1.2	0.8		
C	0.9	1.5		
D	1.4	1.7		
E		1	11.3	
Total	6.3	5		

② 고차식 야장 기입에서 마지막 측점의 계산은 아래의 식을 사용한다.

$$He = Ha + \sum BS - \sum FS$$

이 식에 따라 계산하면

10+6.3－5=11.3이 되어, 최종 지반고는 11.3m이다.

핵심 18 수준측량의 오차와 정확도

1 발생 원인에 따른 오차의 종류

오차에는 착오, 정오차, 우연오차가 있다. 어떤 것은 오차가 발생하는 크기와 방향이 일정하여 발생 원인을 알 수 있지만, 어떤 것은 크기나 원인을 알 수 없고 불규칙적으로 발생한다.

① 착오

- 착오(錯誤, mistake, blunder or gross error) 또는 과대오차(誇大誤差)란 관측자의 부주의 또는 실수로 인해 발생한 오차를 말한다. 예를 들어 관측자가 눈금을 잘못 읽거나, 다른 측점을 착각하고 관측했을 때 착오가 발생한다.
- 착오는 오차론으로 소거할 수 없으므로 측량 과정에 주의를 기울이고 반복 확인하여 사전에 방지하도록 노력해야 한다.
- 착오가 생겼을 경우 해당 관측값이 사용되기 전에 반드시 소거해야 한다.

② 정오차

- 정오차(定誤差, systematic error) 또는 계통오차(系統誤差, constant error)란 오차의 발생 원인이 분명하고 오차의 발생 방향과 크기가 일정하여 수식에 의해 보정이 가능한 오차를 말한다. 예를 들어 줄자로 거리를 잴 때 줄자가 온도나 장력 등에 의하여 길이가 변화했을 경우 정오차가 발생한다.
- 정오차는 기계오차, 자연오차, 개인오차로 세분할 수 있고, 늘 발생하므로 상차(常差)라고도 한다.

③ 우연오차

- 우연오차(偶然誤差, random error) 또는 우차(偶差)란 착오를 제거하고 정오차를 보정하고 나서도 남아있는 오차를 말한다.
- 오차의 원인을 알 수 없거나, 알더라도 측정 당시의 순간적인 변화로 인해 수식으로 보정할 수 없는 오차이다.
- 우연오차는 확률에 의하여 통계적으로 처리한다.
- 우연오차는 크기와 방향이 일정하지 않아 서로 상쇄되는 경우도 있어서 상차(償差, compensating error)라고도 한다.

우연오차는 다음과 같은 성질이 있다.

㉠ 큰 오차가 발생할 확률은 작은 오차가 발생할 확률보다 매우 작다.

㉡ 같은 크기의 양(+)의 오차가 발생할 확률은 같은 크기의 음(−)의 오차가 발생할 확률과 같다.

㉢ 극단적으로 큰 오차는 거의 발생하지 않는다.

② 정확도

① 정밀도

고저측량의 경우도 폐다각형측량(閉多角形測量)과 같이 하여 폐합오차를 합리적으로 배분하여야 하는데, 고저측량의 오차(E)는 다음 식에 의하여 산출한다.

$$E = C\sqrt{N}$$

(C: 1회 관측에 의한 오차, N: 관측횟수, 즉 기계의 거치횟수)

시준거리가 일정할 때는 이것을 변형하여 다음 식에 의해 산출한다.

$$E = C\sqrt{\frac{L}{2S}} = K\sqrt{L}$$

(S=시준거리, L=고저측량 노선연장, K=1km의 고저측량 오차)

② 허용오차

수준측량 오차는 기지점과의 폐합이나 왕복측량에 의해 점검한다. 직접 수준측량의 경우, 동일점에 대한 폐합오차 또는 표고 기지점에 대한 폐합오차는 해당점(기지점)의 원래 지반고에서 측정한 지반고를 빼서 구한다. 여기서 구한 폐합오차를 각각의 고저기준점에 거리에 따라 배분한다. 예를 들어, 전 관측선의 길이를 L, Ec를 폐합오차, 출발점에서 수준점 A, B, …, Z에 이르는 거리를 "a, b, …, z"라 할 때 조정값들은 다음과 같다.

$$Ca = \frac{a}{L}E_c, \quad C_b = \frac{b}{L}E_c, \quad \cdots, \quad C_z = \frac{z}{L}E_c$$

동일점, 표고 기지점에 대한 폐합오차가 아닌 2점 간 왕복하는 직접 수준측량은 2개의 관측값을 산술평균한 값이 표고의 최확값(같은 측정 장비를 이용해서 같은 측정 방법으로 여러 번 측정하여 측정 횟수로 나눈 평균값)이다. 만약 2점 사이를 2개 이상의 서로 다른 노선을 통해 관측한 경우는 경중률을 고려하여 조정한 값이 최확값이 된다.

정오차를 제거했음에도 남아있는 오차는 우연오차로 간주한다. 수준측량의 오차 E는 1회 관측 시 우연오차를 C, 관측횟수를 n이라고 할 때 다음과 같다.

$$E = C\sqrt{n}$$

전후시의 시준거리 S를 동일하게 했다면, 관측 횟수 n은 전체 노선 관측 거리 L을 왕복으로 측량한 전체 시준거리 $2S$로 나눈 것과 같다.

$$n = \frac{L}{2S}$$

이것을 오차식에 대입하면 다음과 같이 정리할 수 있다.

$$E = C\sqrt{\frac{L}{2S}} = \frac{C}{\sqrt{2S}}\sqrt{L}$$

이때 K는 관측거리 1km에 대한 우연오차라 정의한다.　　$K = \dfrac{C}{\sqrt{2S}}$

정리하면 허용오차 E는

$$\therefore \ E = K\sqrt{L}$$

■ 우리나라 수준측량의 허용오차(_L_ 은 km 단위)

구분	기본 수준측량		공공 수준측량				
	1등	2등	1등	2등	3등	4등	간이
왕복차	$2.5mm\sqrt{L}$	$5mm\sqrt{L}$	$2.5mm\sqrt{L}$	$5mm\sqrt{L}$	$10mm\sqrt{L}$	$20mm\sqrt{L}$	$40mm\sqrt{L}$
폐합차	$2mm\sqrt{L}$	$5mm\sqrt{L}$	$2.5mm\sqrt{L}$	$5mm\sqrt{L}$	$10mm\sqrt{L}$	$10mm\sqrt{L}$	$50mm+40mm\sqrt{L}$

3 수준측량 시 유의 사항

① 사용할 기계와 기구는 미리 검사하여야 하고, 정밀한 측량은 측량 도중에도 가끔 검사(Y 레벨은 1일 2회 이상) 조정한다.

② 레벨을 세울 때는 땅이 견고하여 침하하지 않아야 하고, 연약한 곳에는 답판(foot plate)을 사용하며, 일광이 직접 쬐지 않는 곳이 좋다(피할 수 없을 때는 양산 등으로 가려준다).

③ 시준거리가 너무 길면 시준오차가 크므로 보통측량 시는 30~120m, 정밀측량 시는 20~50m로 하고, 측정 순간에는 기포가 중앙에 있어야 하며, 고정나사를 가급적 푼 채로 두 눈을 뜨고 측정한다.

④ 수준척은 수직으로 세워야 하고, 측량 도중 수준척의 침하나 이음매가 완전한가를 주의하여야 한다. 이기점에서는 1mm, 그 외의 점은 5mm 또는 1㎝ 단위까지 읽는다.

⑤ 전시와 후시의 거리를 가급적 같게 하여 기계적 오차, 지구의 곡률 및 광선의 굴절에 의한 오차를 제거하고, 반드시 왕복측량을 하여 두 값의 차이가 허용오차 이상일 경우에는 다시 측량하여야 한다.

⑥ 기계를 운반하거나 세울 때 주의하여야 한다. 특히 운반 시에는 어깨에 메고 다니지 않도록 하며, 반드시 두 손으로 삼각을 잡고 기계축을 세워서 운반하고, 야장 기입에 착오가 발생되지 않도록 한다.

19 정확도와 정밀도

● 정확도와 정밀도는 측정과 통계에서 측정 결과의 품질을 평가하는 두 가지 중요한 개념으로,
각각의 정의와 차이점은 다음과 같다.

1 정확도(Accuracy)

정확도는 측정값이 실젯값 또는 참값에 얼마나 가까운지를 나타낸다. 높은 정확도를 가진 측정값은 참값과의 차이가 적으며, 여러 번 반복 측정 시 평균값이 실젯값에 근접하게 된다. 예를 들어, 실제 길이가 10cm인 물체를 측정했을 때 평균적으로 10cm에 가까운 결과가 나온다면, 이 측정은 정확도가 높은 것이다.

정확도를 향상시키는 방법은 다음과 같다.

① 참값과의 차이를 줄이기 위해 장비를 보정하고 기기를 바르게 사용해야 한다.

② 측정 과정에서의 시스템적인 오차(기계나 환경 조건에 의한 오차)를 최소화한다.

2 정밀도(Precision)

정밀도는 동일 조건에서 여러 번 측정한 결괏값들 간의 일관성을 나타낸다. 반복 측정값이 서로 얼마나 근접한 정도가 정밀도이다. 그러므로, 여러 번 측정할 때 결괏값들이 매우 비슷하거나 일관되게 나오면 정밀도가 높다고 할 수 있다. 그러나 정밀도가 높다고 해서 꼭 정확도가 높은 것은 아니다. 예를 들어, 반복 측정 시 9.8cm가 지속적으로 나온다면, 측정값의 정밀도는 높지만, 정확도는 알 수 없다.

정밀도를 향상시키는 방법은 다음과 같다.

① 측정 과정의 환경을 일정하게 유지하고, 동일한 장비와 조건으로 측정하여 불규칙한 변동을 최소화한다.

② 장비의 해상도와 측정 방법을 개선하여 측정값 간 일관성을 높인다.

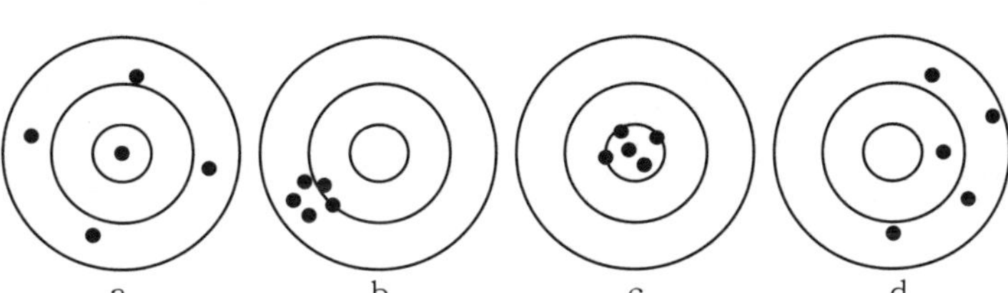

구분	정확도	정밀도
a	높음	낮음
b	낮음	높음
c	높음	높음
d	낮음	낮음

▲ 정확도와 정밀도의 관계

3 정확도와 정밀도의 차이점

정확도와 정밀도는 다음과 같이 구분된다.

① 정확도는 측정 결과가 실젯값에 얼마나 근접한지를 나타내고, 정밀도는 측정 결과가 서로 얼마나 일관성 있는지를 나타낸다.

② 정밀도가 높더라도 참값에서 크게 벗어나면 정확도는 낮다. 반대로, 측정 결과가 참값에 가깝더라도 결괏값이 일관되지 않으면 정밀도는 낮다.

정확도와 정밀도를 동시에 높이는 것이 이상적이며, 이를 위해 장비의 보정, 환경 제어, 측정 기법의 개선 등이 필요하다.

거리측량 및 도구

1 개념 · 정의

거리측량은 지표면 위의 두 점 사이의 수평 거리를 측정하는 작업을 의미한다. 이는 측량에서 기본이 되는 작업으로, 도로, 건축, 산림 등의 다양한 분야에서 사용된다. 거리측량 방법에는 직접 측량과 간접 측량이 있으며, 각각의 방법은 측정 환경과 필요한 정밀도에 따라 선택적으로 사용된다.

직접 거리측량	줄자, 체인, 테이프와 같은 도구를 사용하여 거리를 실제로 재는 방식으로, 평탄하고 장애물이 적은 곳에서 주로 사용
간접 거리측량	광학 장비나 기하학적 계산을 통해 거리를 측정하는 방식으로, 직접 접근이 어려운 급경사지나 장애물이 있는 곳에서도 사용 가능

거리측량은 토지의 경계 설정, 도로와 철도의 설계, 건축물의 배치, 산림 측량 등 다양한 분야에서 활용되며, 측정된 거리 데이터는 정확한 지형도 제작과 공간 정보의 기본 자료로 중요한 역할을 한다.

2 거리측량 도구

기구	설명	특징 및 용도
테이프 (Tape)	천, 강철, 유리섬유 등 다양한 재질로 된 측량 줄자로, 거리 측정 시 가장 흔히 사용	• 길이에 따라 10m, 30m, 50m, 100m 등이 일반적 • 휴대가 간편하며 가벼운 재질이 많아 야외 작업에 적합 • 온도 변화에 따라 늘어날 수 있어 정밀도가 필요한 경우에는 주의가 필요
쟴줄 (Measuring Rope)	삼실이나 유리섬유로 제작된 줄자로, 특히 가벼운 재질로 만들어져 휴대성이 좋음	• 지름이 3~5mm 정도로 비교적 얇으며, 길이는 30m에서 100m 정도로 다양 • 정확도가 낮아 주로 대략적인 거리 측정이나 정밀도가 낮은 경우에 사용 • 최근에는 유리섬유로 된 쟴줄이 널리 사용
폴(Pole)	지름 약 3cm의 막대로 하단에 원통형 철관이 부착된 길이 2~5m의 막대	• 20cm 간격으로 적색과 백색이 교차로 칠해져 있어, 멀리서도 잘 보이고 시준이 용이 • 기지점과 목표점을 표시하는 데 사용되며, 경사지나 시야가 제한적인 곳에서도 활용 • 수직으로 세울 수 있어 직선 거리 측정 시 기준점으로 사용

이들 기구는 간편하고 가벼워서 휴대와 사용이 용이하며, 측량 작업의 기본적인 거리 측정 및 기준점 설정에 자주 활용된다.

③ 거리에 대한 간략 측정법

거리에 대한 간략 측정법은 대략적인 거리 측정을 위해 간단한 방법을 사용하는 것으로, 다음과 같은 방법들이 있다.

측정법	설명	특징
목측법	눈으로 대략적인 거리를 추정하는 방법으로, 목표물의 크기와 거리감을 바탕으로 판단	• 간편하지만, 정밀도가 낮으며 주로 경험에 의존함 • 대략적인 거리 파악 시 유용
보측법	일정한 보폭으로 걸어가며 걸음 수를 세어 거리를 계산하는 방법으로, 개인의 평균 보폭을 미리 파악하여 활용	• 약 1/30에서 1/40의 정밀도를 가짐 • 평지나 짧은 거리 측정에 적합, 휴대용 도구 없이 사용 가능
운정계 사용법	바퀴에 걸음을 측정할 수 있는 장치가 달린 운정계를 굴려 바퀴의 회전수로 거리를 계산하는 방법	• 바퀴의 회전수와 지름을 기준으로 거리 계산 • 1/200 정도의 정밀도를 가지며, 평탄한 도로에 적합
음파법	소리가 전달되는 속도를 기준으로 하여, 소리가 도달하는 시간을 측정하여 거리를 계산하는 방법	• 공기 중 온도에 따라 소리의 속도가 달라져 오차가 발생할 수 있음 • 대략적인 거리 측정에 적합
시각법	닮은꼴 삼각형의 원리를 이용하여 멀리 떨어진 물체의 높이와 거리를 이용해 대략적인 거리를 계산하는 방식	• 특정 물체의 높이를 알고 있어야 하며, 삼각형 비율을 활용 • 주로 물체와의 거리 파악에 적합

이와 같은 간략 측정법들은 정밀도가 필요한 상황보다는, 대략적인 거리가 필요할 때 간편하게 사용할 수 있는 방법들이다.

용도에 따른 거리측량 기구

거리측량에 사용되는 기구들은 측정 목적과 정밀도에 따라 다양한 형태로 나뉘며, 주로 다음과 같은 기구들이 사용된다.

기구	설명	특징 및 용도
철강줄자	철로 만들어진 줄자로, 주로 짧은 거리를 정확하게 측정하는 데 사용	• 높은 정밀도를 요구할 때 사용 • 온도 변화에 민감하여 조심해서 다루어야 함
인바줄자	니켈과 철의 합금인 인바로 제작된 줄자로, 온도에 따른 길이 변화가 적음	• 매우 높은 정밀도가 요구되는 경우에 사용 • 온도 변화가 큰 환경에서도 정확성 유지
테이프자	천, 강철, 유리섬유 등의 재질로 만든 줄자로, 다양한 길이의 거리 측정에 유용	• 휴대가 간편하고 가벼움 • 평지에서 중간 정도의 정밀도가 요구될 때 적합
측량 로프	길고 유연한 로프로, 주로 대략적인 거리 측정에 사용	• 대략적인 거리 측정에 용이 • 정밀도가 낮아 정밀 측량에는 부적합
운정계	바퀴에 걸음 측정 장치가 달린 기구로, 회전 수를 이용해 거리를 계산	• 약 1/200의 정밀도를 가지며 평지에 적합 • 도로 및 간단한 현장 측량에 유용
스타디아	망원경 내의 스타디아 선을 이용해 거리 간접 측정을 수행	• 시야가 확보되는 지형에서 유용하며, 험난한 지형에서도 사용 가능 • 정밀도는 낮지만 작업이 빠름
광파 거리측량기	레이저 또는 적외선을 이용해 거리를 측정하는 기기	• 5km 내외의 단거리에서 높은 정밀도 제공 • 기상 조건에 민감하지만, 조작이 간편함
전파 거리측량기	전파를 사용해 징거리 기리를 측정하는 장비로, 특히 전파가 왕복하는 시간을 측정	• 장거리 측정(30~150km)에 적합 • 기상 조건의 영향을 덜 받음
음파 거리측정기	소리의 속도를 이용하여 거리를 측정하는 기구	• 대략적인 거리 측정에 유용 • 정밀도는 낮으나 간편하게 사용할 수 있음

각 기구는 사용 환경과 정밀도에 따라 선택하여 사용되며, 특히 험난한 지형이나 기상 조건이 어려운 곳에서는 간접 거리측량기구가 유리하게 사용된다.

핵심 22 줄자를 이용한 거리측정

줄자를 이용한 거리측량법은 방사법, 삼각구분법, 수선법, 계선법이 있다.

1 방사법

① 중심점에서 각 측점까지의 거리와 각도를 측정하여 도면을 작성한다.

② 측량 구역이 넓고, 중심에서 다양한 방향으로 측정할 때 적합하다.

③ 지형이 복잡하지 않은 평지에서 효과적이다.

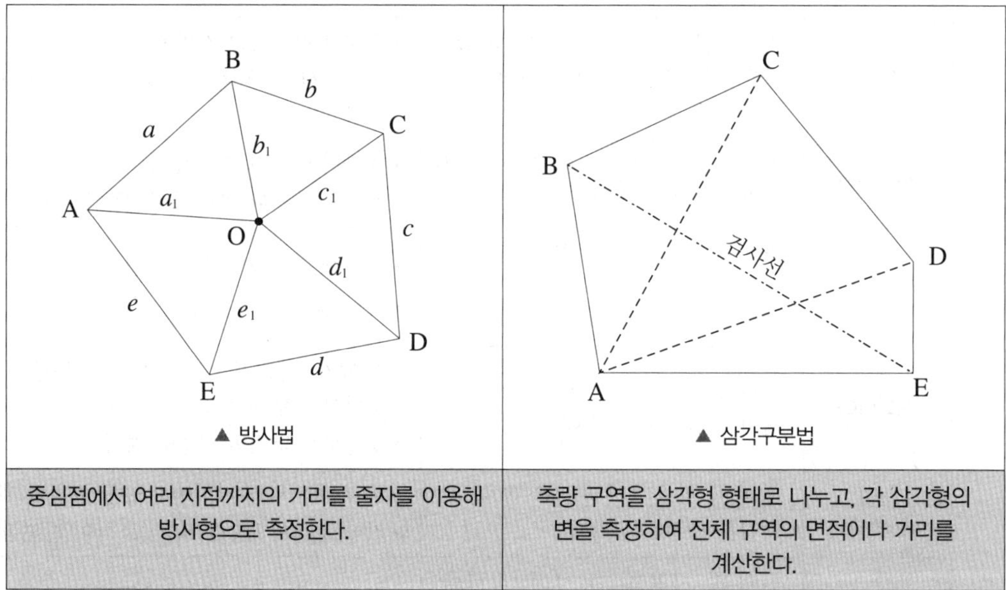

중심점에서 여러 지점까지의 거리를 줄자를 이용해 방사형으로 측정한다.	측량 구역을 삼각형 형태로 나누고, 각 삼각형의 변을 측정하여 전체 구역의 면적이나 거리를 계산한다.

2 삼각구분법

① 삼각형의 각 변의 길이를 줄자로 측정한 후, 삼각형의 성질을 이용해 면적이나 경계선을 구한다.

② 시준이 용이한 평탄한 지역에서 사용되며, 장애물이 없을 때 효과적이다.

3 수선법

① 대각선을 기준으로 각 측점에서 수선을 내려 만나는 지점을 줄자로 측정하여 도면을 작성한다.

② 주로 농지 측량 등에서 사용되며, 평평하고 장애물이 없는 구역에서 유용하다.

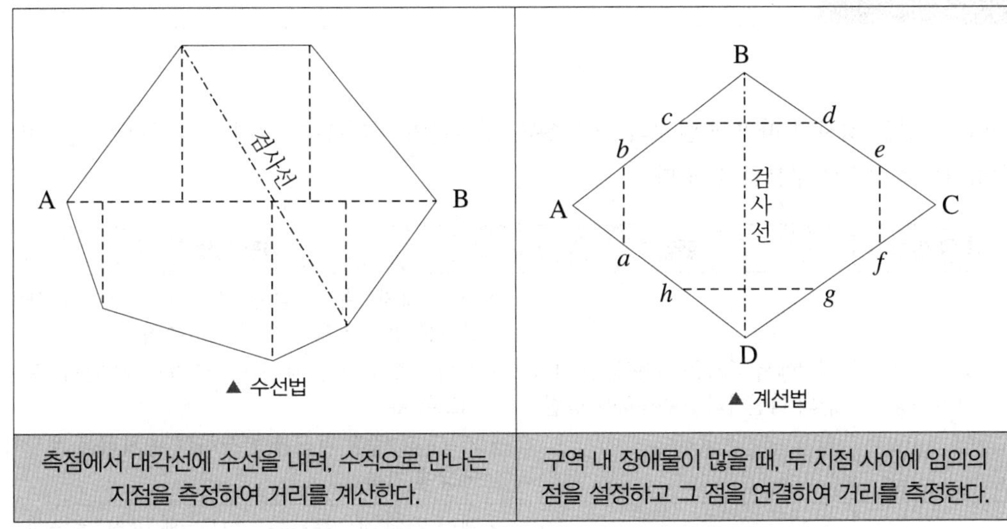

측점에서 대각선에 수선을 내려, 수직으로 만나는 지점을 측정하여 거리를 계산한다.	구역 내 장애물이 많을 때, 두 지점 사이에 임의의 점을 설정하고 그 점을 연결하여 거리를 측정한다.

4 계선법

① 시준이 어려운 곳에서 장애물을 피해 임의의 점을 잡아 측정한다.

② 복잡한 지형에서 측량 시에 사용되며, 정삼각형 형태로 점을 잡는 것이 이상적이다.

③ 검사선을 추가로 설정하여 오차를 줄일 수 있다.

측량법	설명
방사법	중심점에서 여러 지점까지의 거리와 각도를 측정하여 방사형으로 기록
삼각구분법	측량 구역을 삼각형으로 나누어 각 변의 길이를 측정하여 도면을 작성
수선법	대각선에서 각 측점까지 수직으로 내려 측정하여 거리와 위치를 계산
계선법	장애물이 있는 지역에서 임의의 점을 잡아 측정하며, 검사선을 통해 정밀도 유지

각 방법은 측량하는 지형의 조건과 요구되는 정밀도에 따라 선택하여 사용하며, 줄자를 활용한 기본적인 거리 측정 방법들이다.

경사에 따른 거리측정법

거리측정법은 경사에 따라 평탄지의 거리측량, 경사지의 거리측량, 그리고 경사각이 일정할 때의 수평거리 측량으로 구분할 수 있다.

측량 방식	설명	측량 방법
평탄지의 거리측량	평지에서 줄자를 사용해 두 지점 간의 직선거리를 측정하는 방법	• 기구 배치: 두 지점에 폴을 세우고, 그 사이에 줄자를 맞추어 평탄한 거리로 측정 • 정렬: 측정 중간에 폴을 추가로 세워서 직선이 되도록 유지 • 기록: 각 측정 거리를 합산하여 총거리를 계산하며 야장에 기록
경사지의 거리측량	경사면에서 거리를 측정하는 방법으로, 줄자를 계단식으로 사용하여 수평 거리로 환산	• 계단식 측정: 줄자를 경사지에 맞춰 계단식으로 배치하여 측정 • 수평거리로 환산: 각 계단식 측정값을 수평거리로 환산하여 기록 • 추 사용: 전방의 사람이 줄자를 수평으로 유지할 수 있도록 추를 내리고 줄자를 맞추어 측정
경사각이 일정할 때의 수평거리 측량	경사각이 일정한 경우, 경사거리 측정 후 삼각함수의 코사인 값을 사용하여 수평거리를 계산하는 방법	• 경사각 측정: 경사계(clinometer)로 경사각을 측정 • 수평거리 계산: 경사거리 L과 경사각 θ의 코사인 값을 곱해 수평거리 D를 계산 $D = L \cdot \cos\theta$ • 활용: 이 방법은 경사가 일정한 길에서 수평거리를 구할 때 유용

평면·종단·횡단측량

1 평면측량

평면측량은 지구의 곡률을 무시할 수 있는 비교적 작은 지역을 대상으로, 지표면을 평면으로 간주하여 수행하는 측량 방식이다. 임도의 설계 및 시공을 위한 기초자료를 수집할 때 사용되며, 특히 도로의 진행 방향에 따라 지형의 높낮이, 위치, 각도, 거리 등을 측정하여 기록하고, 지형도 작성과 함께 배수 구조물의 배치와 노선 계획에 활용된다.

① 예정 노선의 교각점 좌표 확인 및 말뚝 설치: 평면측량을 시작하기에 앞서, 예정된 노선의 교각점에 해당하는 좌표(X, Y, Z)를 지도에서 먼저 확인한다. 이 정보를 바탕으로 현장에서 교각점 위치에 정확하게 말뚝을 설치한다.

② 교각점 번호 기입 및 방위: 각 측정교각점 말뚝은 위치에 따라 IP1, IP2, IP3, IP4… 등의 번호를 순차적으로 기입한다. 말뚝이 모두 설치된 후에는 트랜싯을 이용하여 각 교각점 간의 방위각을 측정하고 필요한 경우, 측량의 정밀도에 따라 나침반을 보조 장비로 활용할 수도 있다.

③ 기준점 설정 및 중심 말뚝 설치: IP0과 NO.0은 동일한 위치를 나타내며, NO.0을 기준점으로 삼는다. 이 기준점을 시작으로 노선의 중심선을 따라 일정한 수평거리(20m)마다 중심말뚝을 박아 노선의 위치를 표시한다.

④ 시공 시 위치 확인을 위한 표식 설치: 시공 과정에서 절토와 성토로 인해 노선의 중심선 표시가 가려질 수 있다. 이를 대비하여, 보통 노선의 위쪽에 일정한 거리를 두고 표식을 설치한다. 이 표식은 시공 시 노선 위치를 정확히 확인할 수 있도록 하여 시공의 정밀도를 높인다.

평면측량에서는 교각점 말뚝과 중심 말뚝을 미리 설치하고 방위각을 확인함으로써, 측량의 정밀도를 확보할 수 있다. 시공 중에 중심선이 가려지더라도 일정한 표식 거리를 둠으로써 위치를 명확히 파악할 수 있어, 현장 작업 중에도 노선의 정확성을 유지하는 데 큰 도움이 된다.

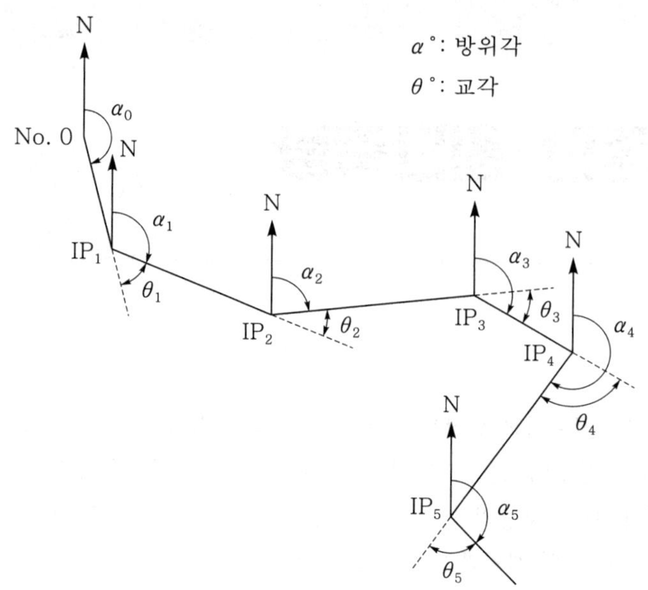

IP NO.	방위각	교각	교각 산출식
0	168	−	−
1	113	55	168−113
2	84	29	113−84
3	118	34	118−84
4	218	100	218−118
5	136	82	218−136

2 종단측량

① 종단측량(profile leveling)은 레벨과 수준척(함척)을 사용하여 계획 노선의 중심 말뚝을 기준으로 고저차를 측정하는 방식이다. 이는 임도나 도로의 설계에 있어 노선 중심선에 따른 지형의 고저 상태를 파악하고, 도로 시설의 경사도를 결정하기 위해 수행된다. 이러한 측량 결과는 현장에서 실측한 데이터를 기반으로 기록하며, 이는 주로 '기고식' 방식으로 야장에 작성된다.

② 기고식 방식은 종단측량의 결과를 체계적이고 일관되게 기록하기 위한 방법으로, 측량 데이터의 해석과 후속 작업에 용이하도록 고안되었다. 이를 통해 도로 계획 및 시공 시 지형에 따른 적정 경사도와 시설 높이를 정밀하게 설정할 수 있다.

③ 종단측량은 임도, 도로 등에서 경사도와 고저차를 사전에 측정하여 도로의 안전성 및 주행성을 확보하기 위한 중요한 절차이다. 지형의 고저차를 파악함으로써 필요한 절토와 성토량을 미리 산정하고, 노선의 계획을 구체화할 수 있다. 이를 통해 노선의 경사도가 적절하게 유지되도록 조정하여 차량의 주행 안정성을 높이고, 불필요한 공사를 최소화할 수 있다.

3 횡단측량

횡단측량은 중심말뚝마다 중심선과 직각 방향으로 지형의 높낮이와 거리 등을 측정하는 작업이다. 이 작업을 통해 지형의 단면을 파악할 수 있다. 여기서는 두 개의 폴을 직각으로 교차시켜 측정하고, 중심선을 기준으로 좌측과 우측의 일정한 거리를 두고 수평거리와 수직거리 값을 측정하는 방법에 대해 설명한다.

① 측정 절차: 중심선에 위치한 기준점(NO.0)을 기준으로, 중심선에서 직각 방향으로 폴을 교차하여 좌측과 우측의 일정한 거리(L)마다 측정을 수행한다. 측정된 값들은 각 지점에서의 수평거리와 수직거리로 기록되며, 이를 바탕으로 지형의 고저차를 파악한다. 보통 좌우측의 거리(L)는 3.0m 단위로 설정하여 기록한다.

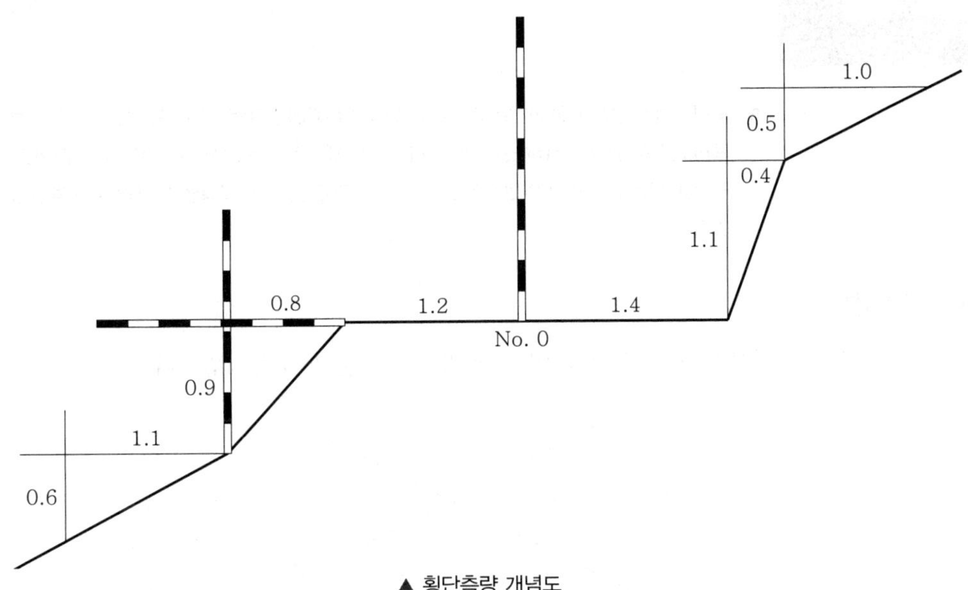

▲ 횡단측량 개념도

② 기록 방식: 횡단측량에서 얻어진 데이터는 야장에 기록하는데, 좌측과 우측의 수평거리(L)와 수직거리 값을 각각 기입한다. 수평거리는 분모에, 고저차는 분자에 기록하며, 중심선보다 낮은 지점은 (−) 부호로, 높은 지점은 (+) 부호로 표시한다. 이렇게 하면 각 지점의 높이를 기준점과 비교하여 지형의 단면을 시각적으로 확인할 수 있게 된다.

■ 횡단측량 야장 기록 방식

좌측			측점번호	우측		
$\dfrac{-0.6}{1.1}$,	$\dfrac{-0.9}{0.8}$,	$\dfrac{L}{1.2}$	NO.0	$\dfrac{L}{1.4}$,	$\dfrac{1.1}{0.4}$,	$\dfrac{0.5}{1.0}$

③ 지도 작성: 실무에서는 토털스테이션이나 GPS를 통해 수집한 데이터를 바탕으로 등고선지도를 작성하고, 이 등고선지도를 이용해 노선 계획과 시공 시 지형에 맞는 종단 및 횡단도를 작성하여 설계한다.

임도에서 횡단측량의 목적은 도로 중심선을 횡단하는 지형의 단면을 정확히 파악하는 것이다. 지형의 단면을 정확히 파악하면 구간별로 절토와 성토, 흙막이나 배수구조물 등의 구조물을 배치하고, 공사량을 산정할 수 있다. 토털스테이션이나 GPS를 이용하여 측량한 후 등고선지도를 만들고, 그 등고선 지도를 가지고 단면을 잘라 종단도와 횡단도를 만들지만, 기본적인 원리는 같다.

곡선설정법

● 곡선부의 중심선이 통과하는 매 20m 지점을 현지에 말뚝을 박아 표시하는 것을 곡선 설정 또는 곡선 결정(curve setting)이라고 한다. 임도에서 곡선을 설정하는 것은 IP점 단위로 할 때는 교각법을 이용하는 것이 일반적이다. NO.점 단위로 할 때는 교각법과 편각법, 진출법을 이용할 수 있다.

1 교각법

① 교각을 도면상에서 미리 구할 수 있을 때 가장 유용한 곡선 설치법이다.

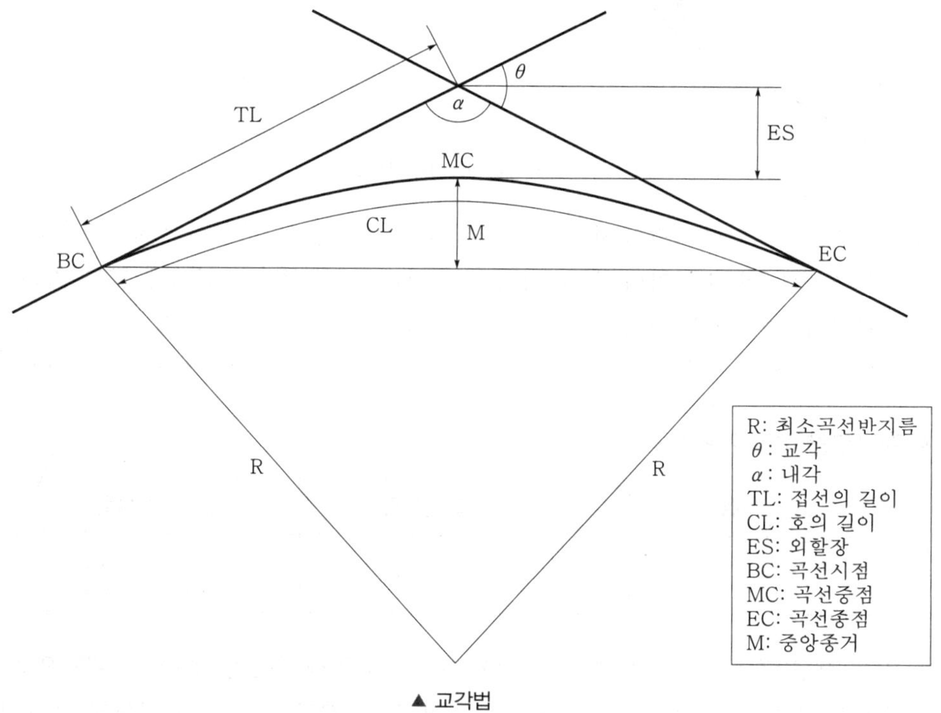

▲ 교각법

② 1개의 굴절점에 하나의 단곡선을 삽입한다.

③ 교각법은 세 가지 방법으로 설치할 수 있다.

　㉠ 곡선시점, 곡선중점 및 곡선종점으로 곡선을 규정하는 방법

　㉡ 곡선반지름을 먼저 결정하고 접선길이, 곡선길이, 외선길이를 결정하는 방법

　㉢ 접선길이를 먼저 결정하고 곡선반지름, 곡선길이, 외선길이를 결정하는 방법

④ 교각법의 곡선제원표에서 계산해야 할 중요한 값은 아래와 같다.

구분	계산 공식	비고
TL	$TL = R \times tan\left(\dfrac{\theta}{2}\right)$	접선의 길이, R: 최소곡선반지름
CL	$CL = 2 \times R \times \pi \times \dfrac{\theta}{360}$	호의 길이, θ: 교각
ES	$ES = R \times \left\{ \sec\left(\dfrac{\theta}{2}\right) - 1 \right\}$	외할장
BC		곡선시점
EC		곡선종점

2 편각법

① 트랜싯으로 BC점에서 편각(접선과 현이 이루는 각)을 측정하고, 테이프 자로 거리를 측정하여 곡선상의 임의의 점을 측설하는 방법이다.

② 높은 정밀도를 얻을 수 있으므로 중요 노선에 많이 사용된다.

$$\sin\alpha = \frac{S}{2R} \quad (\alpha: \text{편각}, \ S: \text{현의 길이}, \ R: \text{곡선반지름})$$

이 식에서 실제로 높이를 재어야 하는 NO점의 거리를 구하여야 하므로 계산의 편의를 위해 현의 길이를 시단현, 종단현, 그리고 20m로 설정할 수 있다.

③ 편각의 계산은 아래의 식을 통해서 계산할 수 있다.

$$\alpha = 0°1,719' \times \frac{S}{R} \quad (\alpha: \text{편각}, \ S: \text{현의 길이}, \ R: \text{곡선반지름})$$

④ 시단현과 종단현, 그리고 중심선의 각 측점 20m에 대한 값을 계산하여 트랜싯과 줄자를 이용하여 곡선상의 측점을 표시한다.

3 진출법

① 현의 길이, 절선편거(tangent deflection; Y), 현편거(chord deflection; 2Y) 및 곡선반지름 (radius; R)과의 사이에는 직각삼각형에 적용되는 피타고라스의 정리에 의해 아래 식이 성립한다.

$$X = \frac{S^2}{2R}, \ X = \sqrt{S^2 - Y^2} \quad (Y: \text{절선편거}, \ S: \text{호의 길이}, \ R: \text{곡선반지름})$$

② 진출법(laying out a curve by tangent and chord produced)은 시준이 좋지 않은 곳에서도 폴과 테이프 자로 곡선 설정이 가능하다.

설계도 작성

1 평면도

① 평면도는 도로의 중심선, 횡단점유면적, 구조물의 위치·종류 및 규격, 현장 주변, 고정물의 현황, 등고선과 급경사지 등 지형의 변화 등 공사와 관련된 사항을 될 수 있으면 모두 기입하는 것이 좋다.

② 축척은 1:1,200으로 제도한다. 도면의 여백에 교각점마다 그려 넣은 곡선의 제원을 표로 작성한다. 특히 평면도는 도면의 위가 북쪽이 아닌 경우가 많기 때문에 방위도 표시하여야 한다. 평면도는 도로의 진행 방향으로 길게 작성하는 것이 일반적이다.

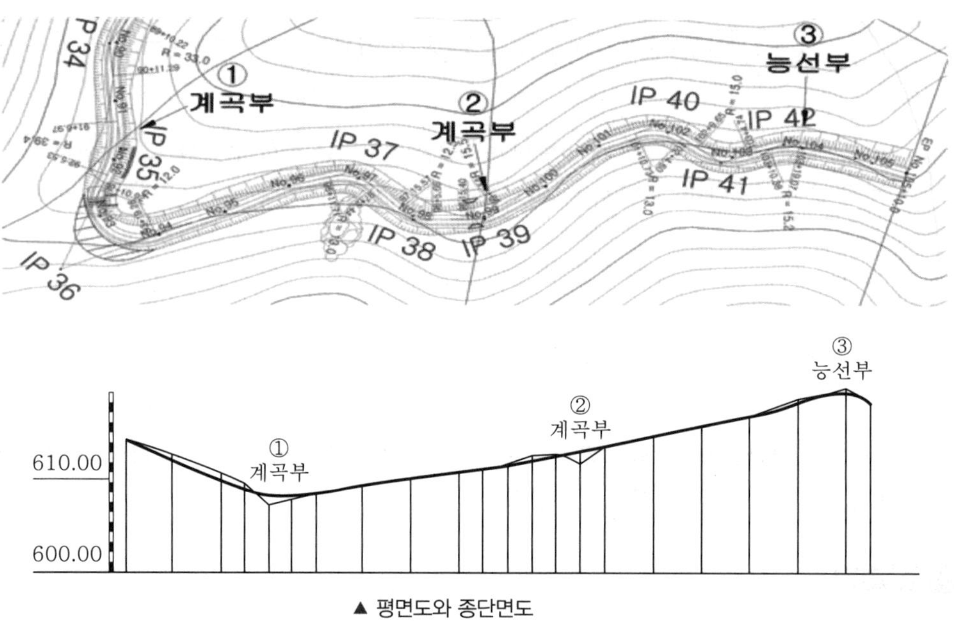

▲ 평면도와 종단면도

③ 그림 중에 위에 있는 것이 평면도, 밑에 있는 것이 종단면도를 간략하게 그린 것이다. 평면도에서는 물의 등고선을 읽어야 능선부와 계곡부가 확인된다. 하지만 종단면도는 현황과 예정을 확인하면 간단하게 계곡부와 능선부를 확인할 수 있다.

④ 평면도의 중심선을 제도하는 방법은 각도기 사용법, 삼각함수 계산법, 경위거를 구하여 제도하는 방법이 있다. 평면도를 이용하면 배수구역도 등도 편리하게 그릴 수 있다.

① 종단면도는 종단측량 야장에 의해서 작성한다. 수평축척 1:1,000, 수직축척 1:200 또는 수평축척 1:5600, 수직축척 1:100으로 작성한다. 일반적으로 앞에 제시한 축척을 이용한다.

② 임도를 신설할 경우 현황 종단면을 바탕으로 계획 종단면을 작성한다. 이때 노선의 경사도와 흙의 이동량을 감안하여 성토량과 절토량이 거의 같도록 조정한다.

③ 계획선을 현황선보다 약간 굵게 표시하는 것이 일반적이다. 그림에서 제시된 계곡부에는 배수구조물을 계획하게 되는데, 배수구조물의 형식과 규격도 함께 표시한다.

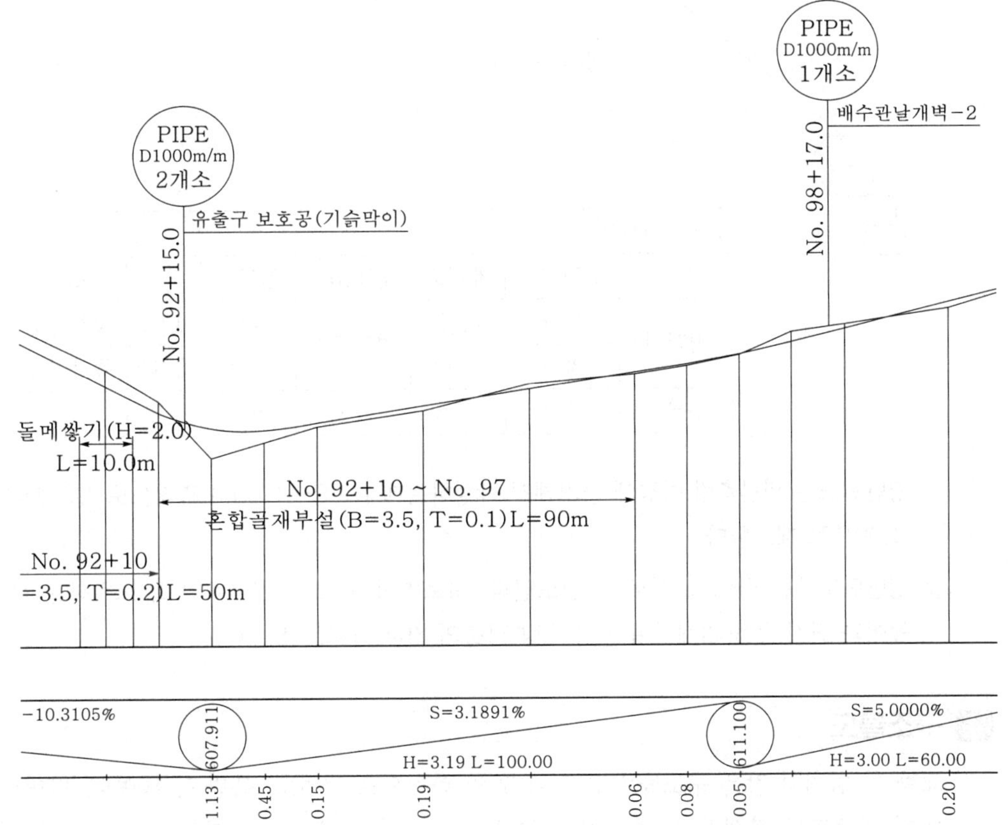

④ 배수구조물의 규격과 종류는 종단면도의 상부에 위치와 함께 표시한다.

3 횡단면도

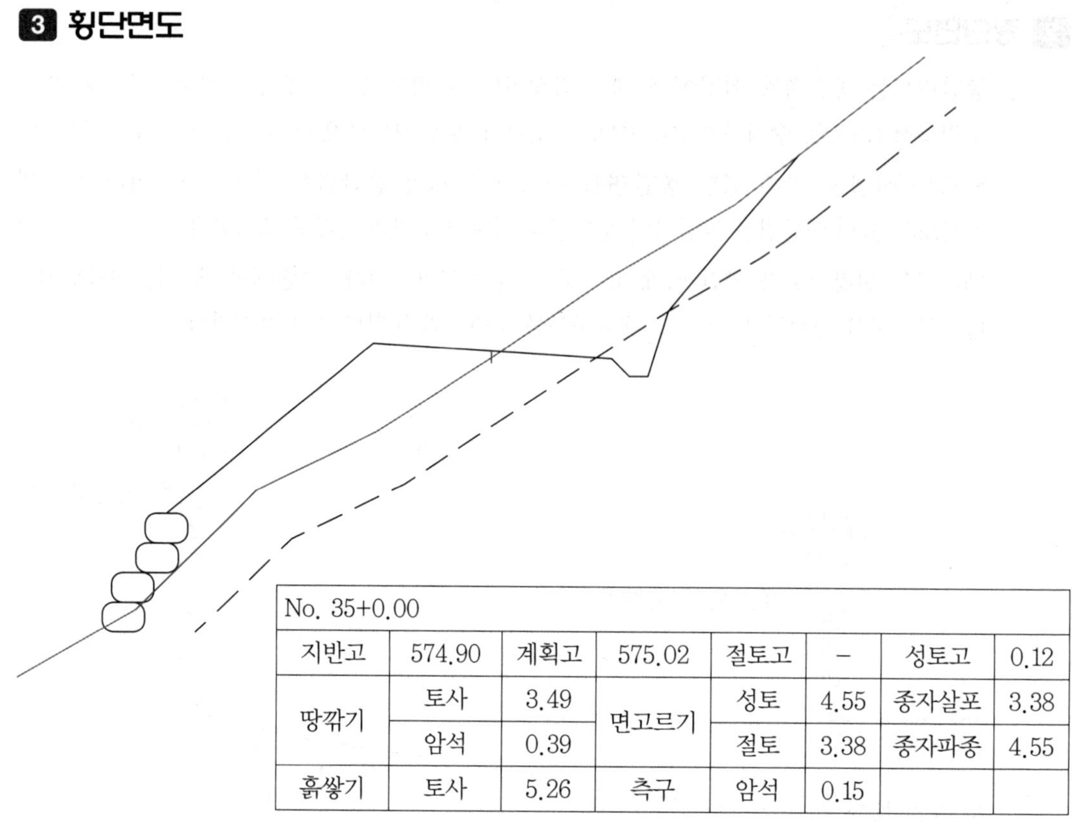

No. 35+0.00							
지반고	574.90	계획고	575.02	절토고	−	성토고	0.12
땅깎기	토사	3.49	면고르기	성토	4.55	종자살포	3.38
	암석	0.39		절토	3.38	종자파종	4.55
흙쌓기	토사	5.26	측구	암석	0.15		

① 횡단면도는 횡단측량 야장에 근거해서 작성하는데 1:100~1:200의 축척으로 제도한다. 보통 1:100으로 제도한다.

② 횡단면도에는 절토고, 성토고, 절토면적, 성토면적 등이 기재되어 있고, 도입하는 시설물의 높이와 면적 등을 기재하여 공사 수량 산출의 기본 자료로 삼는다.

4 구조물도

교량 및 암거와 같은 구조물은 1:20~1:50의 축척으로 정면도, 측면도, 평면도, 단면도 등에 대한 표준도를 작성하고, 중요한 부분은 대축척의 상세도를 첨부하여 각 부분의 수치를 명시하여 시공자가 도면을 통해서 충분히 시공할 수 있도록 작성한다.

핵심 27 수량 계산법

1 면적의 계산 방법

면적은 도형의 모형에 따라 공식을 적용하여 아래와 같이 계산한다.

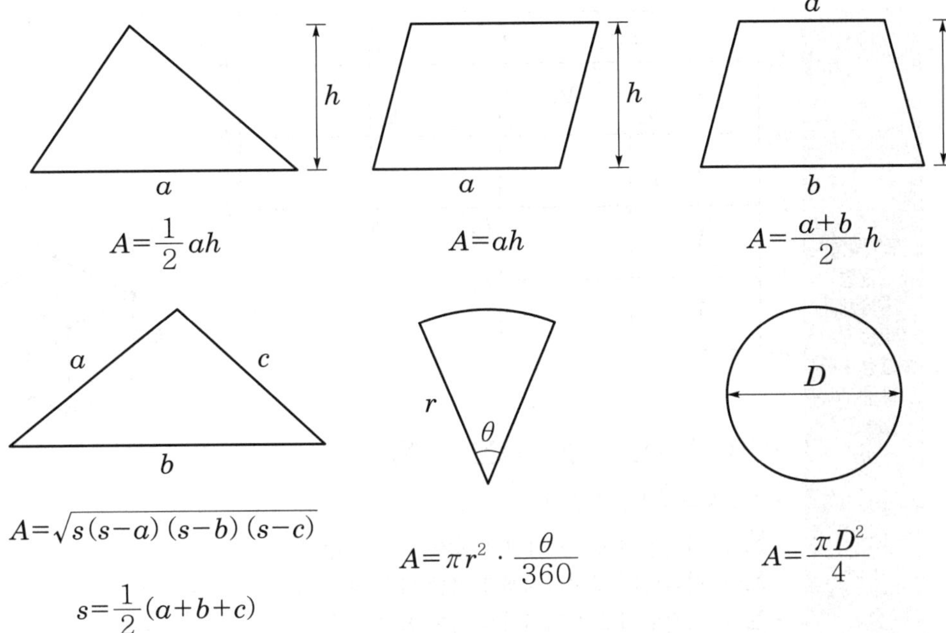

$$A = \frac{1}{2}ah$$

$$A = ah$$

$$A = \frac{a+b}{2}h$$

$$A = \sqrt{s(s-a)(s-b)(s-c)}$$

$$s = \frac{1}{2}(a+b+c)$$

$$A = \pi r^2 \cdot \frac{\theta}{360}$$

$$A = \frac{\pi D^2}{4}$$

2 부피의 계산 방법

노선의 토적 계산처럼 중앙단면적이 Am인 아래와 같은 물체가 있다면, 이 물체의 체적(부피)은 양단면적법, 중앙단면적법, 주상체 공식을 이용한 방법으로 구할 수 있다.

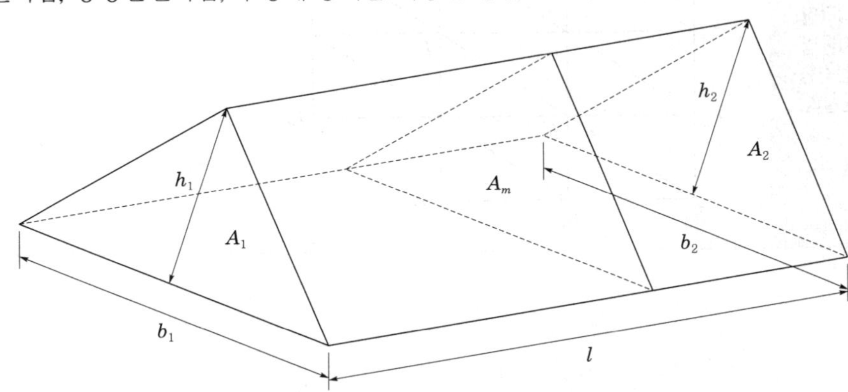

양단면적법	$V = \dfrac{A_1 + A_2}{2} \times l$
중앙단면적법	$V = A_m \times l$
주상체공식법	$V = \dfrac{A_1 + 4A_m + A_2}{6} \times l$

③ 넓은 지면의 토적량 계산

넓은 지면의 토적량 계산은 사각형기둥법, 삼각형기둥법, 등고선법 등으로 계산할 수 있는데, 사각형기둥법이 가장 많이 사용되지만, 용도와 목적에 따라 달리 적용할 수 있다.

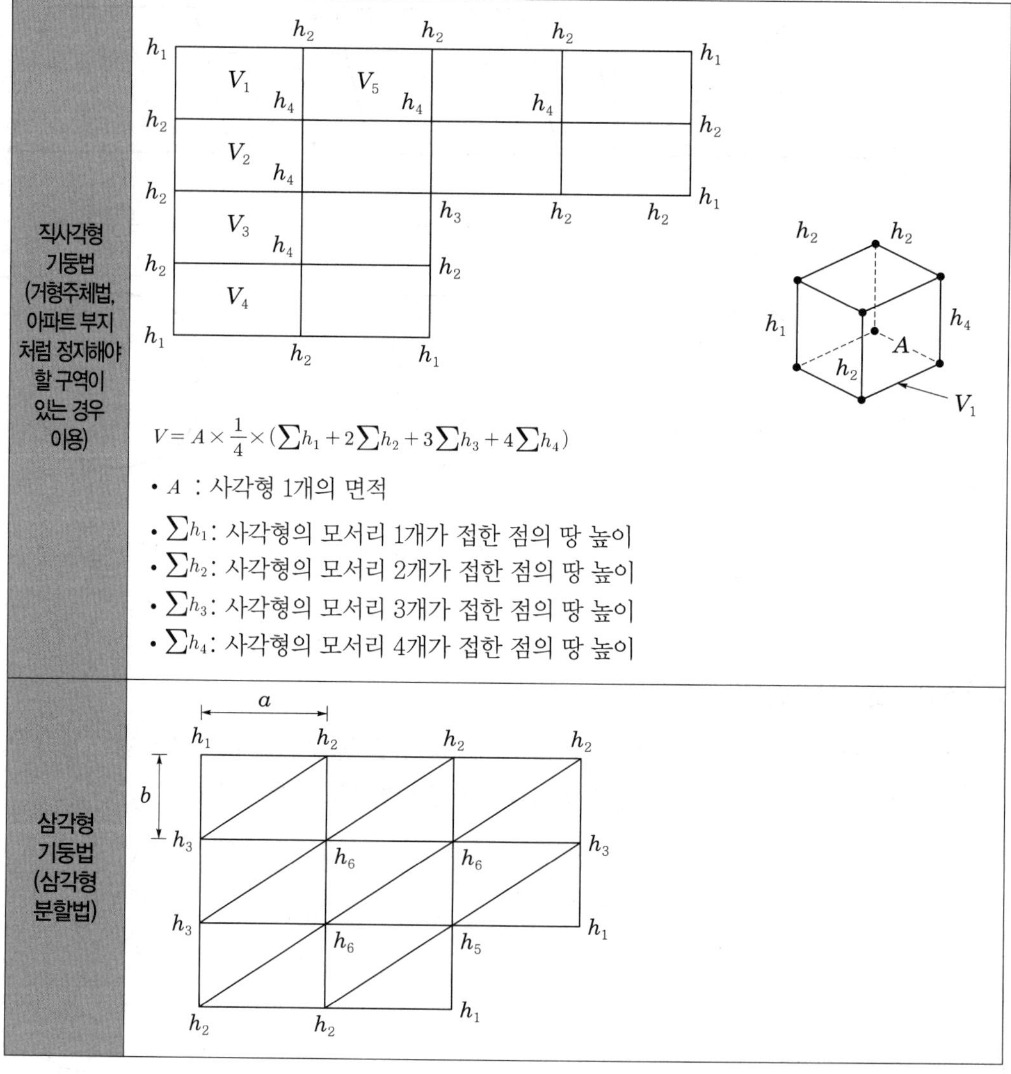

$$V = A \times \frac{1}{4} \times \left(\sum h_1 + 2\sum h_2 + 3\sum h_3 + 4\sum h_4 \right)$$

- A : 사각형 1개의 면적
- $\sum h_1$: 사각형의 모서리 1개가 접한 점의 땅 높이
- $\sum h_2$: 사각형의 모서리 2개가 접한 점의 땅 높이
- $\sum h_3$: 사각형의 모서리 3개가 접한 점의 땅 높이
- $\sum h_4$: 사각형의 모서리 4개가 접한 점의 땅 높이

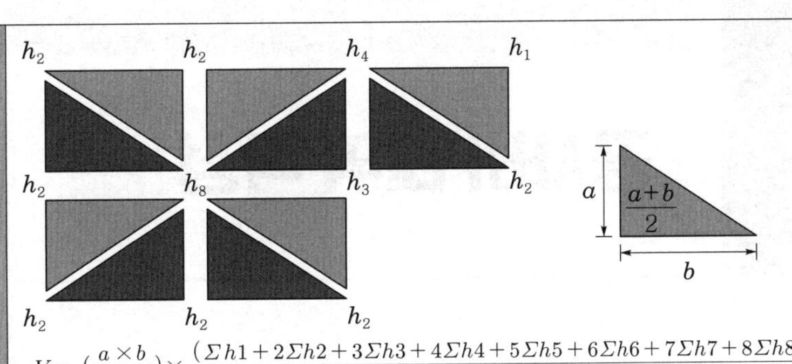

$$V = \left(\frac{a \times b}{2} \right) \times \frac{\left(\sum h1 + 2\sum h2 + 3\sum h3 + 4\sum h4 + 5\sum h5 + 6\sum h6 + 7\sum h7 + 8\sum h8 \right)}{3}$$

- A : 사각형 1개의 면적($A = \frac{1}{2} \times a \times b$)
- $\sum h_1$: 사각형의 모서리 1개가 접한 점의 표고 합
- $\sum h_2$: 사각형의 모서리 2개가 접한 점의 표고 합

$\vdots$

- $\sum h_8$: 사각형의 모서리 8개가 접한 점의 표고 합

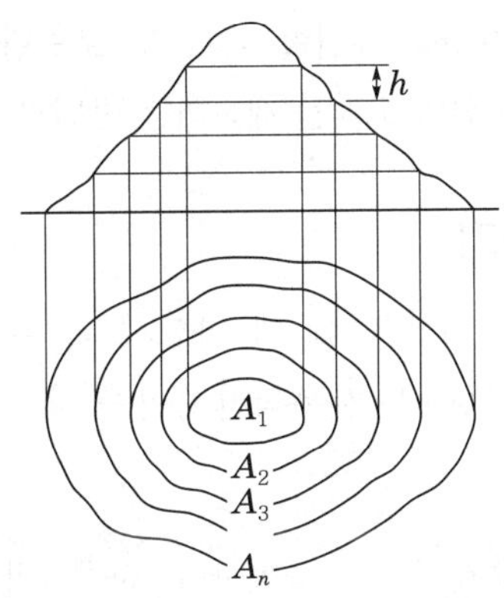

$$V = \frac{h}{3} \times \left(A_1 + 4A_2 + 2A_3 + 4A_4 + \cdots + 2A_{n-2} + 4A_{n-1} + A_n \right)$$

$$= \frac{h}{3} \times \left[A_1 + 4(A_2 + A_4 + \cdots + A_{n-1}) + 2(A_3 + A_5 + \cdots + A_{n-2}) + A_n \right]$$

h : 등고선의 간격, n : 홀수

삼각형 기둥법 (삼각형 분할법)

등고선법 (프리즘방법, 저수지의 담수량 계산이나 물의 양을 계산할 때 이용)

산림개발 및 보전

핵심 28 공사비 내역 작성

1 공정별 수량 계산

공종은 공사 종류를 줄인 말이고, 공정(工程)은 공사의 과정 또는 작업의 과정을 말한다. 예를 들면 토공사라는 공정에는 땅깎기와 흙쌓기라는 공종이 포함되고, 흙쌓기라는 공종은 현장에서 발생한 흙을 처리하는 순흙쌓기(순성토)라는 세부 공종이 포함되어 있다. 결국 시행하는 것은 순성토인데, 이 순성토의 수량을 산출하려면 종단면도에 계획시공기준선을 그리고, 기기에 맞추어 횡단면도를 그리고, 횡단면도에 기재한 성토면적을 근거로 매 측점의 길이 20m를 계산의 근거로 하여 수량을 계산할 수 있다. 토공량을 기준으로 수량을 산출하는 방법을 토적 계산법이라고 하며, 노선의 토적을 계산하는 방법과 넓은 면적의 토적을 계산하는 방법이 있다.

2 공사비 및 공사 원가

① 공사내역서는 공사계약을 할 때 반드시 갖추어야 할 서류로, 설계서에서 가장 중요한 내용인 공사비를 구성하는 세부적인 내용을 담고 있다.

내역서의 목차	내역서 작성 내용
원가계산서	총공사비 = 순공사비 + 일반관리비 + 이윤 + 부가가치세
총괄내역서	순공사비 = 공정 및 공종의 노무비, 재료비, 경비 합계
설계내역서	순공사비 = 공정, 공종 및 세부 공종의 노무비, 재료비, 경비 합계
일위대가표	공종 및 세부 공종에 투입되는 노무비, 재료비, 경비 합계
단가산출서	세부 공종에 투입되는 품을 노무비, 재료비, 경비 금액으로 환산
표준품셈	세부 공종에 투입되는 품을 집계한 것, 국토교통부 발표

▲ 내역서의 내용

② 공사비는 '원가계산서 – 총괄내역서 – 설계내역서'의 순서로 작성하여 산출한다.

③ 내역서의 작성 순서는 목차와 반대로 설계내역서부터 작성하게 된다.

④ 임도 신설 공사의 경우 설계내역서는 토공사, 구조물공사, 파종 및 식재공사 등 공정별로 세부 공종으로 분류하여 노무비, 재료비, 기계경비로 합산하여 작성한다. 이때 노무비,

재료비, 경비를 산출하는 근거는 세부 공종이 국토교통부에서 발표하는 건설공사 표준
품셈에 나와 있는 것은 그대로 적용한다. 국토교통부에서 매년 발표하므로 해당하는 품셈을
국토교통부 홈페이지에서 찾아서 사용하면 된다.

⑤ 자재의 단가는 조달청에서 발표하는 단가가 있으면 이것을 사용하면 되고, 여기에 없으면
물가 정보를 알려주는 월간지의 가격을 2~3개 평균하여 사용한다. 여기에도 없으면 견적을
2개 이상 받아서 낮은 가격으로 내역서를 작성한다.

원 가 계 산 서

공사명 : 2017년 임도시설사업

공종	명칭	규격	합계	노무비	재료비	경비
가.	순공사비계		275,717,611	143,036,277	82,246,540	50,434,794
	1. 간접노무비		16,306,135	직접노무비 × 11.4%		
	2. 산재보험료		6,055,011	(직접노무비+간접노무비) × 3.8%		
	3. 고용보험료		1,386,278	(직접노무비+간접노무비) × 0.87%		
	4. 건강보험료		2,431,616	직접노무비 × 1.7%		
	5. 연금보험료		3,561,603	직접노무비 × 2.49%		
	6. 노인장기요양보험료		159,270	건강보험료 × 6.55%		
	7. 퇴직부금비		3,289,834	직접노무비 × 2.3%		
	8. 산업안전보건관리비	A) 관급재/1.1포함 적용	7,838,121	A) (직노+직재+간재+관급재/1.1) × 2.93% = 7,838,121 B) <(직노+직재+간재) × 2.93%>의 1.2배 = 7,920,943		
	9. 기타경비		14,736,926	(직접노무비+간접노무비+재료비) × 6.1%		
	10. 환경보전비		2,205,740	(재료비 + 직접노무비 + 산출경비) × 0.8%		
	11. 건설기계대여금 보증수수료		1,130,442	(재료비 + 직접노무비 + 산출경비) × 0.41%		
나.	소 계		334,818,587			
	12. 일반관리비		20,089,115	(나.소 계) × 6%		
다.	소 계		354,907,702			
	13. 이 윤		40,899,174	(다.소계 - 재료비) × 15% = 40,899,174		
라.	공급가액		395,806,000	천원미만 절사		
	14. 부가가치세		39,580,600	공급가액 × 10%		
마.	도급공사비		435,386,600			
	15. 관급자재대		46,453,000	원자재대 : 46,452,858		
바.	총공사비		481,840,563			

▲ 원가계산서 작성 사례

총 괄 내 역 서

공사명 : 2017년 임도시설사업

공 종	명 칭	규 격	합 계	노 무 비	재 료 비	경 비
	2017년 임도시설사업(의풍임도)		275,717,611	143,036,277	82,246,540	50,434,794
1	토 공		125,293,359	57,077,662	29,035,434	39,180,263
1.1	토사절취		73,185,642	29,553,993	17,099,712	26,531,937
1.2	측구터파기		9,945,098	4,023,450	2,349,406	3,572,242
1.3	흙운반		7,870,240	3,299,824	2,502,848	2,067,568
2	구조물공		100,014,191	63,238,943	29,036,045	7,739,203
2.1	구조물토공		4,472,967	2,238,374	914,618	1,319,975
2.2	배수공		27,498,082	19,021,813	7,732,916	743,353
2.3	절성토사면보호공		42,681,442	31,781,856	5,996,536	4,903,050
2.4	노면보호공		25,361,700	10,196,900	14,391,975	772,825
3	절성사면녹화공		27,030,059	19,174,361	7,767,883	87,815
4	부대공		1,811,480	219,836	1,348,078	243,566
5	운반공		8,762,347	3,325,475	2,252,925	3,183,947
6	사급자재대		12,806,175		12,806,175	
7	관급자재대		46,452,858		46,452,858	
가.	순공사비계		275,717,611	143,036,277	82,246,540	50,434,794

▲ 총괄내역서 작성 사례

설 계 내 역 서

공사명 : 2017년 임도시설사업(의풍임도)

공 종	명 칭	규 격	수 량	단위	합 계 단 가	합 계 금 액	노무비 단 가	노무비 금 액	재료비 단 가	재료비 금 액	경비 단 가	경비 금 액	비 고
	2017년 임도시설사업					275,717,611		143,036,277		82,246,540		50,434,794	
1	**토 공**					125,293,359		57,077,662		29,035,434		39,180,263	
1.1	**토사절취**					73,185,642		29,553,993		17,099,712		26,531,937	
	토사절취	BACK-HOE(0.7m3)	8,871	M3	1,135	10,068,585	527	4,675,017	249	2,208,879	359	3,184,689	D00030
	암절취	B/H0.7m3+대형브레카	2,901	M3	21,757	63,117,057	8,576	24,878,976	5,133	14,890,833	8,048	23,347,248	D00013
1.2	**측구터파기**					9,945,098		4,023,450		2,349,406		3,572,242	
	측구터파기	토사, 기계100 %	36	M3	2,368	85,248	1,295	46,620	522	18,792	551	19,836	D00021
	측구터파기	B/0.7H+브레카	286	M3	34,475	9,859,850	13,905	3,976,830	8,149	2,330,614	12,421	3,552,406	D00022
1.3	**흙운반**					7,870,240		3,299,824		2,502,848		2,067,568	
	흙운반	D/Z(19ton)	808	M3	1,300	1,050,400	454	366,832	440	355,520	406	328,048	D01431
	흙운반	D/P(15ton)	2,304	M3	2,960	6,819,840	1,273	2,932,992	932	2,147,328	755	1,739,520	D01432
1.4	성토사면고르기	0.7M3 B/H	10,524	M2	546	5,746,104	269	2,830,956	112	1,178,688	165	1,736,460	D01418
1.5	성토사면다짐	0.7B/H	10,524	M2	229	2,409,996	107	1,126,068	50	526,200	72	757,728	D01450
1.6	표토제거		14,614	m2	265	3,872,710	92	1,344,488	90	1,315,260	83	1,212,962	D01390
1.7	벌개제근		13,242	M2	368	4,873,056	368	4,873,056					D01463
1.8	운반사토	L=1.0kmm	2,305	M3	4,308	9,929,940	1,867	4,303,435	1,260	2,904,300	1,181	2,722,205	D01344

▲ 설계내역서 작성 사례

3 일위대가표 작성

① 품셈이 작업 한 단위를 수행하는 데 들어가는 품을 헤아린 것이라면, 일위대가는 작업 한 단위를 위해 필요로 하는 품에 대한 재료비, 노무비, 경비의 금액을 합산한 것이다.

② 아래 표에서 콘크리트포장에 필요한 합판거푸집의 예를 들면 합판 거푸집을 만들기 위해 필요한 각목과 합판 그리고 못이라는 재료와 거푸집을 만들기 위해 투입되는 인력 품을 금액으로 환산한 것이 일위대가표이다.

③ 일위대가는 작업의 단위에 따른 재료비, 노무비, 기계 경비를 구하는 과정이다. 여기에서 구해진 세부 공종의 재료비, 경비를 합산하여 공종별로 합산하고, 각 공종을 공정별로 합산하여 순공사비의 내역서가 완성된다. 순공사비에 간접노무비와 부가가치세 등 제세금을 합산하여 원가계산서가 작성된다.

일 위 대 가 표

공사명 : 2017년 임도시설사업(의풍임도)

명칭	규격	수량	단위	합계 단가	합계 금액	노무비 단가	노무비 금액	재료비 단가	재료비 금액	경비 단가	경비 금액	비고
콘크리트포장	B-3.5, T=0.2		㎡									B01721
콘크리트포장(인력)	t=20cm	0.7	㎡	7,635	5,344.5	7,136	4,995.2	499	349.3			D01427
합판거푸집	6회	0.4	㎡	24,059	9,623.6	15,694	6,277.6	8,365	3,346			B00021
와이어매쉬	#6 100*100	3.4	㎡	4,480	15,232			4,480	15,232			M00800
와이어매쉬깔기		3.4	㎡	803	2,730.2	724	2,461.6	79	268.6			B01719
PE필름	0.1mm	3.5	㎡	728	2,548			728	2,548			M00779
포장 절단공	콘크리트포장줄눈용	0.6	M	2,270	1,362	1,436	861.6	796	477.6	38	22.8	B01720
합계					36,840		14,596		22,221		23	
제 14 호표												
큰돌매쌓기	직경60-80cm		㎡									B01744
조약돌채집및운반	2.5톤	0.44	㎥	22,276	9,801.4	18,630	8,197.2	1,674	736.5	1,972	867.7	D01148
부직포	400g,3.0T/M	1.15	㎡	1,900	2,185			1,900	2,185			M00431
큰돌어쌓기	직경60-80cm	1	㎡	59,388	59,388	45,527	45,527	6,563	6,563	7,298	7,298	D01459
합계					71,374		53,724		9,484		8,166	

공종 / 세부 공종

▲ 일위대가표 작성 사례

④ 일위대가표에 사용된 단가는 산출 근거를 세부 공종별로 표준 품셈에서 찾아서 필요한 품에 해당연도의 인건비, 기계경비, 재료비의 가격을 적용한 표를 별도로 작성한다.

단 가 산 출 근 거

공사명 : 2017년 임도시설사업(의풍임도)

공 종	산 출 내 역 산 출 근 거	합 계	노 무 비	재 료 비	경 비
	D01427 **콘크리트포장(인력) t=20cm / m³**	7,635	7,136	499	
	〈품셈 12-3-2〉				
	○ 콘크리트포장두께 T = 0.2 M				
	○ 1일 시공량 : A = 100 m³/일				
	○ 작업면적 : Q = 1.0 / 0.2 = 5.00 m²/m³				
	1. 배치인원				
L00048	포 장 공 : 3.0 인 / 100 * 137,978 = 4,139.3	4,139.3	4,139.3		
L00017	보통인부 : 3.0 인 / 100 * 99,882 = 2,996.4	2,996.4	2,996.4		
	소계	7,135.7	7,135.7		
	2. 기구손료(인력품의 5%)				
	7,135.7 * 0.05 = 356.7	356.7		356.7	
	소계	356.7		356.7	
	3. 잡재료비(인력품의 2%)				
	7,135.7 * 0.02 = 142.7	142.7		142.7	
	소계	142.7		142.7	
	계	7,635.1	7,135.7	499.4	

▲ 단가 산출 근거 작성 사례

⑤ 그림에 표시된 부분이 표준 품셈에 수록되어 있는 품을 쉽게 찾을 수 있도록 제시한 것이다. 표준 품셈에서 품은 '어떤 일에 드는 힘이나 수고'를 말하고, 셈은 그 힘이나 수고를 센 수를 말한다. 예를 들어 '노무비=노임단가×수량'으로 계산하는데, 여기에서 노임은 품에 해당하고, 수량은 이 품이 작업일에 며칠 투입되었는지를 나타낸다. 한꺼번에 3명이 하루를 일해도 3, 1명이 사흘을 일해도 3으로 계산한다.

⑥ 임도공사의 공정에는 여러 가지의 공종들이 포함되어 있고, 공종은 다시 여러 개의 세부 공종으로 구성되는데, 이 세부 공종을 한 m, ㎡, ㎥ 같은 단위 수량만큼 실행하는 데 필요한 품을 사람들의 표준적인 동작으로 수행할 때를 기준으로 하여, 수치로 표현하여 정리해 놓은 것이 표준 품셈이다.

⑦ 일위대가는 단가 산출에서 이렇게 수치로 표현하여 정리해 놓은 것을 노무비, 재료비, 경비의 단위 가격으로 나누어 합산한 것이다. 정리하면 품셈은 세부 공종 한 단위 수행에 필요한 품을 계산해 놓은 것이고, 단가산출서는 세부 공종 한 단위 수행에 투입되는 품에 노무비, 재료비, 경비의 금액을 계산하여 합산한 것이고, 일위대가표는 노무비, 재료비, 경비를 세부 공종별로 합산하여 공종별로 합산하고, 각 공종을 합산하여 순공사비의 합계를 구한다.

핵심 29 예정가격의 산출기준

● 산림기술용역 대가 기준 [시행 2023. 2. 17.] [산림청고시 제2023-18호]

제1장 총칙

제1조(목적) 이 기준은 「산림기술 진흥 및 관리에 관한 법률」 제21조에 따라 산림기술용역 대가의 기준을 정함을 목적으로 한다.

제2조(정의) 이 기준에서 사용하는 용어의 뜻은 다음과 같다.

1. "산림기술용역"이란 「산림기술 진흥 및 관리에 관한 법률」에 따른 산림기술용역을 말한다.

2. "설계용역"이란 「산림기술 진흥 및 관리에 관한 법률 시행규칙」(이하 "시행규칙"이라 한다)에 따른 기본설계와 실시설계를 수행하는 산림기술용역을 말한다.

3. "감리용역"이란 시행규칙 제12조에 따른 감리를 수행하는 산림기술용역을 말한다.

4. "실비정액가산방식"이란 직접인건비, 직접경비, 제경비, 기술료와 추가 업무비용을 합산하여 순원가를 산출하는 방식을 말한다.

5. "공사비요율방식"이란 공사비에 일정 요율을 곱하여 산출한 금액에 추가 업무비용을 합산하여 순원가를 산출하는 방식을 말한다.

6. "공사비"란 발주청의 총예정금액(자재대를 포함한다) 중 용지비, 보상비, 법률수속비 및 부가가치세를 제외한 일체의 공사비를 말한다.

7. "총예정금액"이란 예정가격을 작성하는 공사의 경우에는 예정가격 결정의 근거가 되는 금액을 말하며, 예정가격을 작성하지 않은 경우에는 추정공사금액(타당성 조사 등에서 제시된 금액)을 말한다.

8. "예정가격"이란 「국가를 당사자로 하는 계약에 관한 법률」(이하 "국가계약법"이라 한다) 및 「지방자치단체를 당사자로 하는 계약에 관한 법률」(이하 "지방계약법"이라 한다)에 따른 예정가격을 말한다(「산지관리법」에 따른 복구의무자가 예정가격을 작성하는 경우에도 적용한다).

9. "기본업무"란 「(계약예규)용역계약일반조건」의 기본업무를 말하며, 실비정액가산방식 투입인원수 산출에 기초가 되는 업무를 말한다.

10. "추가 업무"란 「(계약예규)용역계약일반조건」의 추가 업무를 말하며, 추가 업무비용 산출에 기초가 되는 업무를 말한다.

11. "발주청"이란 산림기술용역을 발주하고 계약을 체결하여 이를 집행하는 자를 말한다. 다만, 산림소유자, 복구의무자 등이 본 기준을 적용하여 산림기술용역을 발주하고자 하는 경우 발주청의 정의에 포함할 수 있다.

12. "설계자"란 당해 사업의 적합한 작업방법을 제시하고 사업 시행에 필요한 비용을 산출하기 위해 설계용역을 발주청과 계약 체결한 자를 말한다.

13. "감리자"란 관계법령에 따라 발주청의 감독권한을 대행하기 위해서 발주청과 계약 체결한 자를 말한다.

14. "감리원"이란 「산림기술 진흥 및 관리에 관한 법률 시행령」(이하 "시행령"이라 한다)에 의한 자격요건을 갖춘 자로서 감리용역 전반에 대한 총괄업무를 수행하는 자를 말한다.

제3조(적용범위) 법 제2조제6호에 따른 산림기술용역업자(이하 "용역업자"라 한다)가 발주청으로부터 산림기술용역을 수탁할 경우에는 이 기준에 따라 산림기술용역대가(이하 "대가"라 한다)를 산출한다.

제4조(예정가격의 산출기준)

① 예정가격은 순원가에 손해배상보험공제료를 합산(이하 "총원가"라 한다)하고 부가가치세의 세율을 곱한 후 천원 단위 미만 가격을 절사하여 산출한다. 순원가의 산출 방식은 다음 각호를 따른다.

1. 실비정액가산방식의 경우: 직접인건비, 직접경비, 제경비, 기술료, 추가 업무비용을 합산

2. 공사비요율방식의 경우: 공사비에 일정 요율을 곱하여 산출한 금액에 추가 업무비용을 합산

② 손해배상보험공제료란 「엔지니어링산업 진흥법」 제31조제4항·제5항 및 같은 법 시행령 제42조에 따른 손해배상보험수수료 또는 공제료를 말하며, 순원가에 공제조합(「엔지니어링산업 진흥법」 제34조에 따라 산업통상자원부장관의 인가를 받아 설립된 공제조합을 말한다)이 제시한 일정 요율을 적용하여 산출한다.

③ 부가가치세의 세율은 「부가가치세법」 제30조에 따라 10퍼센트로 하며, 총원가에 부가가치세의 세율을 곱하여 부가가치세를 산출한다. 다만, 면세사업, 면세사업자 등의 이유로 본문에서 정한 세율 적용이 불가할 경우 「부가가치세법」 등 관계 법령에 따른 세율을 적용한다.

실비정액가산방식

● 산림기술용역 대가 기준 [시행 2023. 2. 17.] [산림청고시 제2023-18호]

제2장 실비정액가산방식

제5조(실비정액가산방식 적용범위)

① 다음 각호에 해당하는 사업은 제2조제4호에 따른 실비정액가산방식을 적용한다.

1. 국가 또는 지방자치단체의 보조나 지원을 받아 시행하는 3만㎡ 이상의 조림사업

2. 국가 또는 지방자치단체의 보조나 지원을 받아 시행하는 3만㎡ 이상의 벌채사업

3. 국가 또는 지방자치단체의 보조나 지원을 받아 시행하는 50만㎡ 이상의 솎아베기를 수반하는 숲가꾸기사업

4. 국가 또는 지방자치단체의 보조나 지원을 받아 시행하는 50만㎡ 이상의 산림병해충 방제사업

5. 국가 또는 지방자치단체의 보조나 지원을 받아 시행하는 50만㎡ 이상의 소나무재선충병 방제사업

6. 「산지관리법」 제39조제1항 · 제2항 및 제44조제1항에 따른 산지복구 · 중간복구 및 불법산지전용지의 복구사업. 다만, 감리는 「산지관리법 시행령」 제48조의2 각호에 따른 면적 이상의 산지를 복구하는 공사인 경우만 해당한다.

② 제1항 각호에 따른 사업의 설계 · 감리용역 원가 산출기준(이하 "용역 표준품셈"이라 한다)은 다음 각호를 따른다.

1. 조림 사업 설계 · 감리용역 표준품셈: 별표 1

2. 국유임산물 매각예정가격 사정 설계 · 감리용역 표준품셈: 별표 2

3. 숲가꾸기 사업 설계 · 감리용역 표준품셈: 별표 3

4. 풀베기 사업 설계 · 감리용역 표준품셈: 별표 4

5. 덩굴 제거 사업 설계 · 감리용역 표준품셈: 별표 5

6. 어린나무가꾸기 사업 설계 · 감리용역 표준품셈: 별표 6

7. 산림병해충 방제사업 설계 · 감리용역 표준품셈: 별표 7

8. 소나무재선충병 방제사업 설계 · 감리용역 표준품셈: 별표 8

9. 산지복구사업 설계 · 감리용역 표준품셈: 별표 9

제6조(직접인건비) 직접인건비란 해당 산림기술용역의 업무에 직접 종사하는 용역업자의 인건비로서 투입된 인원수에 보정계수 또는 할인 · 할증률(이하 "보정계수"라 한다)과 용역업자의 기술등급별 노임단가를 곱하여 계산한다. 이 경우 용역업자의 투입인원수, 보정계수, 기술등급별 노임단가의 산출은 다음 각호를 적용한다.

1. 투입인원수를 산출하는 경우에는 본 기준에서 명시한 품셈을 우선 적용한다. 다만, 명시한 품셈이 존재하지 않거나 업무의 특성상 필요한 경우에는 다음 각 목 순으로 산출방식을 적용할 수 있다.

   가. 산업통상자원부장관이 인가한 표준품셈

   나. 견적 등 적절한 산출방식

2. 보정계수란 사업의 특성에 따라 투입인원수의 증감이 필요한 사항에 대해 보정을 반영하는 계수를 말하며, 보정계수를 산출하는 경우에는 본 기준에서 명시한 품셈을 우선 적용한다. 다만, 명시한 품셈이 존재하지 않거나 업무의 특성상 필요한 경우에는 제1호가목 및 나목을 적용할 수 있다.

3. 노임단가를 산출하는 경우에는 기본급 · 퇴직급여충당금 · 회사가 부담하는 산업재해보상보험료, 국민연금, 건강보험료, 고용보험료, 퇴직연금급여 등이 포함된 한국엔지니어링협회가 「통계법」에 따라 조사 · 공표한 임금 실태조사보고서에 따른다.

제7조(직접경비) 직접경비란 당해 업무 수행과 관련이 있는 경비로서 여비(발주청 관계자 여비는 제외함), 특수자료비(특허, 노하우 등의 사용료), 제출 도서의 인쇄 및 청사진비, 측량비, 토질 및 재료비 등의 시험비 또는 조사비, 모형제작비, 다른 전문기술자에 대한 자문비 또는 위탁비와 현장운영 경비(직접인건비에 포함되지 아니한 보조원의 급여와 현장사무실의 운영비를 말한다) 등을 포함한다.

제8조(제경비)

① 제경비란 직접비(직접인건비와 직접경비)에 포함되지 아니하고 용역업자의 행정운영을 위한 기획, 경영, 총무 분야 등에서 발생하는 간접 경비로서 임원 · 서무 · 경리직원 등의 급여, 사무실비, 사무용 소모품비, 비품비, 기계기구의 수선 및 상각비, 통신운반비, 회의비, 공과금, 운영활동 비용 등을 포함하며 직접인건비의 110퍼센트로 계산한다. 다만, 관계법령에 따라 계약상대자의 과실로 인하여 발생한 손해에 대한 손해배상보험공제료는 별도로 계산한다.

② 제1항의 경비 중에서도 해당 산림기술용역의 수행을 위하여 직접적인 필요에 따라 발생한 비목에 관하여는 직접경비로 계산한다.

③ 제1항에도 불구하고 발주청이 제경비의 증액이 필요하다고 판단하는 경우 「엔지니어링사업대가의 기준」 제9조제1항에 따라 직접인건비의 110~120퍼센트로 계산할 수 있다.

제9조(기술료)

① 기술료란 용역업자가 개발 · 보유한 기술의 사용 및 기술축적을 위한 대가로서 조사연구비, 기술개발비, 기술훈련비 및 이윤 등을 포함하며 직접인건비에 제경비(단, 제8조제1항 단서에 따른 손해배상보험공제료는 제외함)를 합한 금액의 20퍼센트로 계산한다.

② 제1항에도 불구하고 발주청이 기술료의 증액이 필요하다고 판단하는 경우, 「엔지니어링사업대가의 기준」 제10조에 따라 직접인건비에 제경비를 합한 금액의 20~40퍼센트로 계산할 수 있다.

제10조(투입인원수)

① 투입인원수란 기본업무별 1단위(용역일수, 개월수, 연장, 개소, 면적 등)에 적용되는 투입인원수로 전체 투입된 인원수를 산정하는 기준물량을 말하며, 기준인원수 1(인 · 일)은 1인이 8시간 동안 투입되어 수행한 하루 노동량을 기준으로 한다.

② 투입인원수의 구체적 산출기준은 제5조제2항 각호를 따른다.

제11조(실비정액가산방식의 추가 업무비용) 추가 업무비용은 발주청이 특별히 요구하는 경우에 소요되는 비용으로서 다음 각호의 비용에 대하여 실비로 별도 계상하여야 한다. 다만, 제4호의 비용은 일급방식(추가 업무에 대하여 직접인건비에 직접경비를 포함하여 일당으로 지급하는 것을 말한다)으로 지급할 수 있다.

1. 특허, 노하우 등의 사용료
2. 모형제작비, 현장계측비
3. 해외 및 원격지 출장여비 및 경비
4. 국내외 설계자, 전문기술자(또는 전문기관)에 의한 자문비 또는 위탁비용
5. 사업정보관리시스템 개발비
6. 법률자문비
7. 그밖에 계약특수조건, 과업지시서 등에서 정한 추가 업무비용

제12조(산림기술자의 기술등급 및 자격기준) 산림기술자의 기술등급 및 자격기준은 시행령 제10조에 따른 별표 3과 같다.

제13조(용역업자 노임단가의 적용기준)

① 산림기술자 노임단가의 적용기준은 1일 8시간으로 하며, 1개월의 일수는 「근로기준법」 및 「통계법」에 따라 한국엔지니어링협회가 조사 · 공표하는 임금실태 조사 보고서에 따른다. 다만, 토요 휴무제를 시행하는 경우와 1일 8시간을 초과하는 경우에는 「근로기준법」을 적용한다.

② 출장일수는 근무일수에 가산하며, 이 경우 수탁자의 사업소를 출발한 날로부터 귀사한 날까지를 계산한다.

③ 산림기술용역 수행기간 중 「민방위기본법」 또는 「예비군법」에 따른 훈련기간과 「국가기술자격법」 등에 따른 교육기간은 해당 용역을 수행한 일수에 산입한다.

핵심 31 공사비요율방식

● 산림기술용역 대가 기준 [시행 2023. 2. 17.] [산림청고시 제2023-18호]

제3장 공사비요율방식

제14조(공사비요율방식 적용범위) 다음 각호에 해당하는 사업은 제2조제5호에 따른 공사비요율방식을 우선 적용한다. 다만, 발주청이 그 특성을 고려하여 제2조제4호의 실비정액가산방식을 적용할 수 있다.

1. 국가 또는 지방자치단체의 보조나 지원을 받아 시행하는 임도사업. 다만, 감리는 건당 공사비(관급자재비를 포함한다)가 2천만원 이상인 경우만 해당한다.

2. 국가 또는 지방자치단체의 보조나 지원을 받아 시행하는 「사방사업법」에 따른 사방사업. 다만, 감리는 건당 공사비가 1억원 이상인 경우만 해당한다.

3. 국가 또는 지방자치단체의 보조나 지원을 받아 「산림문화 · 휴양에 관한 법률」 제2조제2호, 제3호, 제6호 및 제8호에 따른 자연휴양림, 산림욕장, 숲길 및 숲속야영장의 조성을 위하여 시행하는 사업

4. 국가 또는 지방자치단체의 보조나 지원을 받아 「도시숲 등의 조성 및 관리에 관한 법률」 제2조에 따른 도시숲 · 생활숲 · 가로수의 조성 · 관리를 위하여 시행하는 사업

5. 국가 또는 지방자치단체의 보조나 지원을 받아 「장사 등에 관한 법률」 제2조제14호에 따른 수목장림의 조성을 위하여 시행하는 사업

6. 국가 또는 지방자치단체의 보조나 지원을 받아 「백두대간 보호에 관한 법률」, 「사방사업법」, 「산지관리법」에 따라 자연적 · 인위적인 원인으로 훼손된 산림을 복원하기 위하여 시행하는 사업

제15조(요율)

① 공사비요율방식을 적용할 경우 「엔지니어링사업대가의 기준」 별표 1의 "건설부문 요율"을 적용한다.

② 제1항에도 불구하고 업무단계별로 구분하여 발주하지 않는 기본설계와 실시설계 요율은 다음 각호와 같다. 다만, 시행규칙 제11조제1항 단서 조항에 따라 기본설계의 내용을 포함하여 실시설계만 시행하는 경우 다음 각호를 적용하지 않는다.

1. 기본설계와 실시설계를 동시에 발주하는 경우 실시설계 요율의 1.45배

2. 타당성조사와 기본설계를 동시에 발주하는 경우 기본설계 요율의 1.35배

3. 기본설계를 시행하지 않은 실시설계를 발주하는 경우 실시설계 요율의 1.35배

4. 타당성 조사를 시행하지 않은 기본설계를 발주하는 경우 기본설계 요율의 1.24배

제16조(업무 범위)

① 공사비요율방식을 적용하는 기본설계의 업무 범위는 시행규칙 제11조제2항제1호의 기본설계를 적용하며 다음 각호와 같다.

　1. 설계 개요 및 관계 법령 등 기준의 검토

　2. 타당성조사 및 기본계획의 검토

　3. 기본적인 구조물 또는 사업 공종(工種)의 비교 · 검토

　4. 개략적인 사업비 및 사업기간 산정

　5. 개략적인 설계도 · 설계서 및 사업 시방서(시방서) 작성

　6. 그밖에 발주청이 계약서 또는 과업지시서에서 정하는 사항

② 공사비요율방식을 적용하는 실시설계의 업무 범위는 시행규칙 제11조제2항제2호의 실시설계를 적용하며 다음 각호와 같다.

　1. 설계 개요 및 관계 법령 등 기준의 검토

　2. 기본설계 결과의 검토

　3. 구조물 또는 사업 공종의 결정 및 설계

　4. 구체적인 사업비 및 사업기간 산정

　5. 구체적인 설계도 · 설계서 및 사업 시방서 작성

　6. 그밖에 발주청이 계약서 또는 과업지시서에서 정하는 사항

③ 공사비요율방식을 적용하는 감리의 업무 범위는 시행규칙 제12조제1항의 감리를 적용하며 다음 각호와 같다.

　1. 산림사업의 시행계획 및 시행관리에 관한 사항의 검토

　2. 설계도 · 설계서 및 사업 시방서의 검토

　3. 설계의 변경사항에 관한 타당성 및 적정성 검토

　4. 사업현장의 재해예방 및 안전관리 지도

　5. 그밖에 발주청이 계약서 또는 과업지시서에 정하는 사항

제17조(요율조정) 요율은 다음 각호의 사항을 참고하여 10퍼센트의 범위에 대한 증액 또는 감액을 할 수 있으나, 발주청은 사업대가의 삭감으로 인하여 부실한 설계 및 감리 등이 발생하지 않도록 적정한 대가를 지급하기 위해 노력하여야 한다.

1. 기획 및 설계의 난이도

2. 비교설계의 유무

3. 도면 기타 자료 작성의 복잡성

4. 제출 자료의 수량 등

5. 그밖에 위 각호에 준하는 경우

제18조(대가조정의 제한) 발주청은 용역업자가 산림기술용역을 수행함에 있어 새로운 기술개발 또는 도입된 기술의 소화 개량으로 공사비를 절감한 경우에는 이를 이유로 대가를 감액 조정할 수 없다.

제19조(공사비요율방식의 추가 업무비용)

① 제16조의 업무 범위에 포함되지 않는 업무로서 다음 각호의 어느 하나에 해당하는 경우를 추가 업무로 본다. 이 경우 해당 추가 업무에 대하여는 별도로 그 대가를 지급하여야 한다.

1. 발주청의 요구에 의한 추가 업무

2. 용역업자 책임에 귀속되지 아니하는 사유로 인한 추가 업무

3. 그밖에 발주청의 승인을 얻어 수행한 추가 업무

② 제1항에 따른 추가 업무의 종류는 다음 각호와 같다.

1. 각종 측량

2. 각종 조사, 시험 및 검사

3. 공사감리를 위하여 현장에 근무하는 기술자의 제비용

4. 주민의견 수렴 및 각종 인ㆍ허가에 필요한 서류 작성

5. 입목축적조사서 등 각종 조사서 작성

6. 사전재해영향검토, 자연경관영향검토, 생태환경조사 등 사전환경성 검토

7. 문화재 지표조사

8. 운영계획 등 각종 계획서 작성

9. 수리모형 실험 및 수치모델 실험 및 시뮬레이션

10. 모형 제작, 투시도 또는 조감도 작성

11. 제15조 업무 범위에 해당하지 않는 보고서 작성, 복사비 및 인쇄비

12. 용지도 작성비 및 보상물 작성비(용지비 및 보상물 감정업무 제외)

13. 항공 사진 촬영(원격조정무인헬기 포함) 및 정사영상 제작

14. 특수자료비(특허, 노하우 등의 사용료)

15. 홍보영상 제작

16. 그밖에 위 각호에 준하는 추가 업무

③ 제2항제2호부터 제9호까지의 비용은 실비정액가산방식에 따라 비용을 산출하며, 같은 항 제10호부터 제15호까지의 비용은 실제 소요된 비용만을 지급한다. 제16호의 비용은 업무의 성격에 따라 각호의 비용 산출에 준하여 정한다.

제20조(요율적용의 특례) 여러 부문의 기술이 복합된 산림기술용역은 실비정액가산방식에 따라 산출한다.

제21조(공사비가 중간에 있을 때의 요율) 공사비가 요율표의 각 단위 중간에 있을 때의 요율은 직선보간법에 따라 다음과 같이 산정한다.

직선보간법 산정식

$$y = y1 - \frac{(x - x2)(y1 - y2)}{x1 - x2}$$

※ x: 당해금액, $x1$: 큰금액, $x2$: 작은금액, y: 당해공사비요율, $y1$: 작은금액요율, $y2$: 큰금액요율

제22조(재검토기한) 산림청장은 이 기준에 대하여 「훈령ㆍ예규 등의 발령 및 관리에 관한 규정」에 따라 2023년 1월 1일 기준으로 매 3년이 되는 시점(매 3년째의 12월 31일까지를 말한다)마다 그 타당성을 검토하여 개선 등의 조치를 해야 한다.

평판측량

● 평판측량(平板測量, plane table surveying)은 삼각(三脚)대 위에 제도지를 붙인 평판을 고정하고 앨리데이드(alidade)를 사용하여 거리, 각도, 고저 등을 측정하여 직접 현장에서 제도하는 측량법이다.

1 평판측량에 사용되는 기구

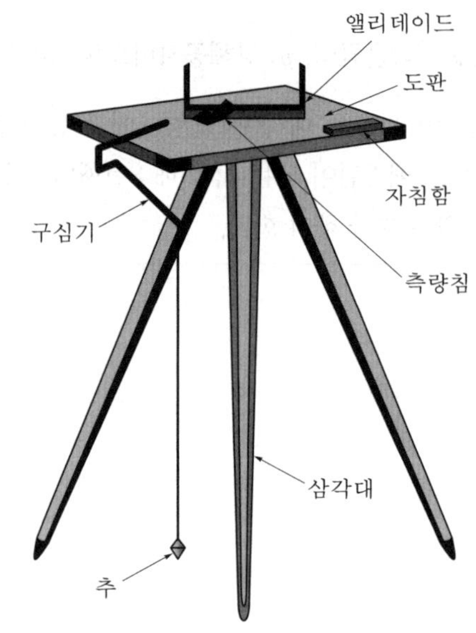

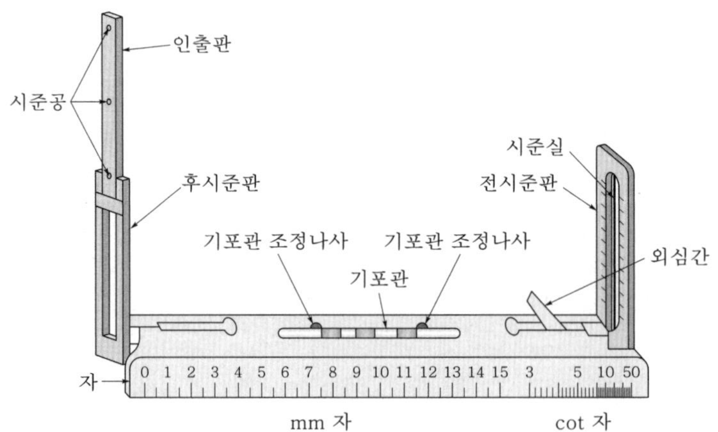

① 도판(평판): 도면을 올려놓는 판

② 구심기와 추: 지도상의 측점을 땅 위의 기준점과 일치시키는 기구

③ 앨리데이드: 기포로는 수평을 확인하고, 접혀있는 시준 장치로는 도면상의 점과 폴대를 시준하여 직선상에 위치하는지 확인하는 장치

④ 자침함: 나침반, compass, 컴퍼스함

⑤ 폴대: 각 측점에 세워 위치를 확인하는 막대자, 표적 역할

⑥ 측량침: 도면을 고정시키는 침(pin)

⑦ 연필, 지우개, 도면을 그릴 종이 등

2 평판의 설치 방법

평판의 설치에 있어서는 다음의 세 가지 조건을 만족해야 한다.

① 정치(整置, leveling up): 평판이 수평이어야 할 것

② 치심(致心, centering): 평판상의 측점을 표시하는 위치는 지상의 측점과 일치하며, 동일 수직선 위에 있을 것

③ 표정(標定, orientation): 평판이 일정한 방향 또는 방위를 취할 것

만일 위의 세 가지 조건 중 어느 하나라도 만족되지 않으면 오차가 발생하게 된다.

이때 발생하는 오차의 종류와 개념은 다음과 같다.

평판오차의 종류	오차의 원인
정준오차	정치(整置)가 이루어지지 않아서 발생하는 오차
치심오차	평판의 치심(致心)이 이루어지지 않아서 발생하는 오차
정향오차	평판의 표정(標定)이 이루어지지 않아서 발생하는 오차

3 측량 방법

1) 사출법(방사법, Mathod of Radiation)

측량할 구역 안에 장애물이 없고 비교적 좁은 구역(시준거리 60m 이내)에 적합하며, 대축척의 높은 정도를 얻을 수 있는 방법이며, 작업 방법이 간단하지만, 오차를 검정할 수 없는 단점이 있다.

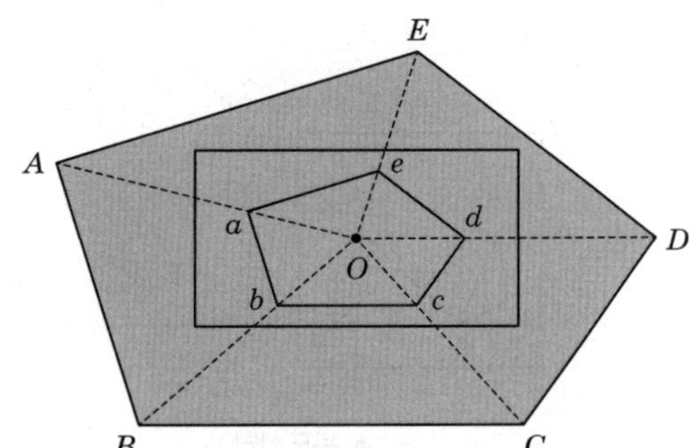

2) 전진법(도선법, Graphical Traversing)

측량할 지역 안에 장애물이 많아서 방사법이 불가능할 경우나 구간이 좁고 길 때 사용하며, 측량 도중 오차를 즉시 발견할 수 있다.

① 단도선법

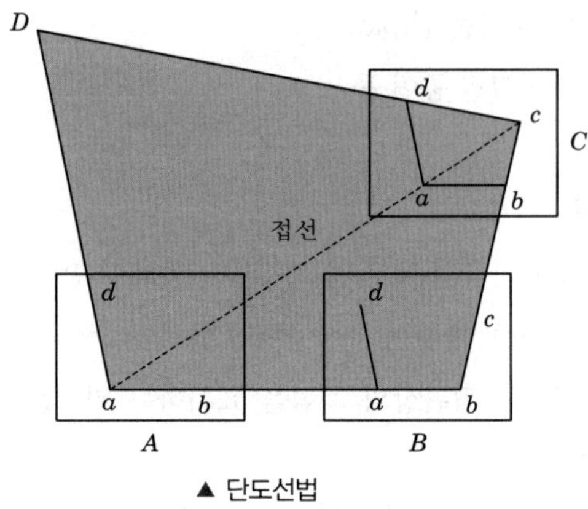

▲ 단도선법

- 단도선법은 자침을 사용하여 평판을 표정하므로 오차가 발생하기 쉬운 결점이 있지만, 평판을 한 측점씩 건너서 설치하므로 작업이 빠르다.
- 각 측점에서 다각형을 측정하는 방법으로서 직반시법(直反視法)에 의해 평판을 표정하므로 정확한 결과를 얻을 수 있으나 시간과 노력을 요하는 결점이 있다.

② 복도선법

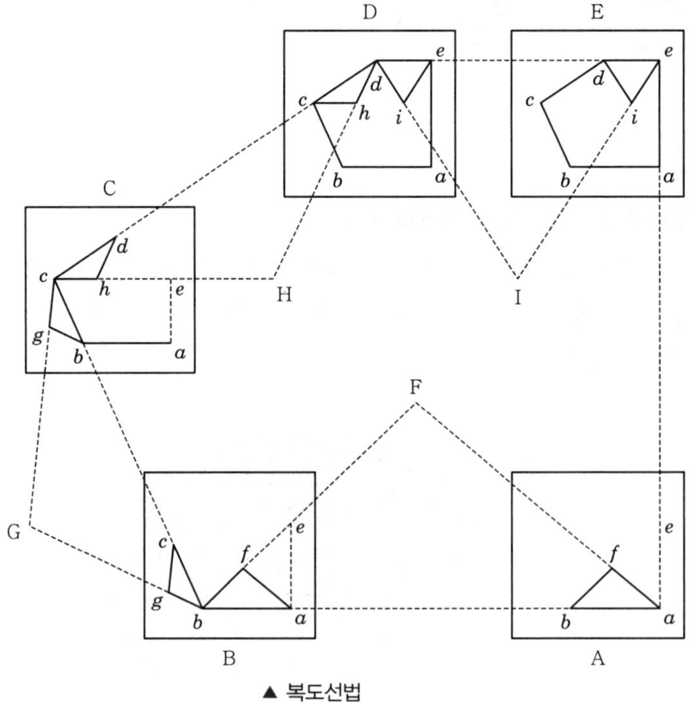

▲ 복도선법

– 복도선법(複道線法)은 각 측점에서 다각형을 측정하는 방법이다.

– 정확한 결과를 얻을 수 있으나 시간과 노력을 요하는 결점이 있다.

3) 교회법(교차법, Mathod of Intersection)

넓은 지역에서 세부도근 측량이나 소축척의 세부측량에 적합한 방법이다.

① 전방교회법: 기지점에서 미지점의 위치를 결정하는 방법으로서 시준오차나 표정오차
등을 검사할 수 없다.

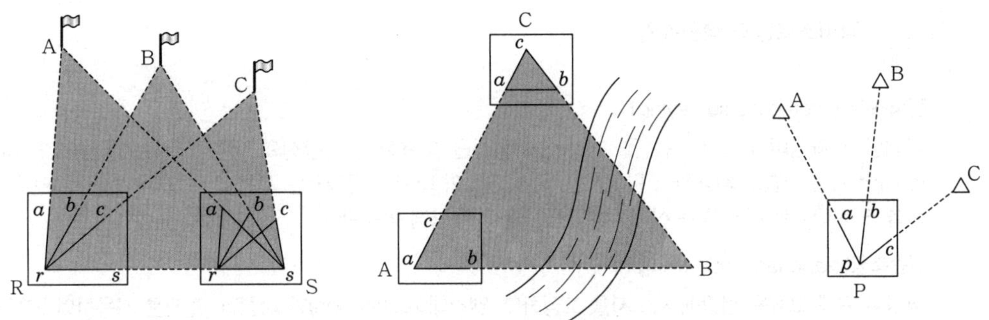

② 측방교회법: 기지의 두 점 중 한 점에 접근하기 곤란할 경우 기지의 한 점과 미지의 한
점에 평판을 세워 미지의 한 점을 구하는 방법이다.

③ 후방교회법: 미지점에 평판을 세워 기지의 2점 또는 3점을 이용하여 미지점의 위치를
결정하는 방법을 말하며 시오삼각형법, 레에만법, 벳셀법, 투사지법 등이 있다.

컴퓨스측량

> **참고** | **컴퓨스측량과 평판측량**
>
> ① **컴퓨스측량(compass surveying)**
>
> 나침반의 자침이 남쪽과 북쪽을 가리키는 성질을 이용하여 측량선의 방향을 재는 측량이다. 나침반(compass)은 가볍고 사용하기 편하지만, 국소 인력이 미치는 곳에서는 사용할 수 없다. 컴퓨스측량은 정밀도를 크게 필요로 하지 않는 산지, 농지, 광산 등의 측량에 이용된다.
>
> ② **평판측량(plane table surveying)**
>
> 삼각대 위에 고정된 평판에 제도지를 고정하고, 앨리데이드(alidade)와 나침반, 줄자를 사용하여 방향과 거리, 높낮이 등을 현장에서 직접 측정하여 제도하는 측량 방법이다. 평판측량은 빠르고 간단하여 과거에 널리 사용되었다. 평판측량은 컴퓨스측량의 일종이다.

1 컴퓨스의 검사와 조정

컴퓨스의 검사와 조정 방법은 아래와 같다. 트랜싯 자침의 검사와 조정에도 적용할 수 있다.

1) 자침

자침은 어떠한 곳에 설치하여도 운동이 활발하고 자력이 충분하면 정상이다. 만일 그렇지 않은 경우 자력(磁力)이 강한 막대자석으로 마찰하여 자력을 주고 굴대받이를 수리하여야 한다.

2) 수준기

수준기의 기포를 중앙에 오게 한 후 다시 수평으로 180°회전시킨 후에도 기포가 중앙에 있으면 정상이다. 이때 기포의 위치가 이동되었을 경우에는 이동량의 1/2은 수준기 조정나사로, 나머지 1/2은 접합점(接合點) 또는 수준나사로 조정한다. 이와 같이 2~3회 반복하여 조정을 마친다.

3) 자침의 중심과 분도원의 중심의 일치

컴퓨스를 수평으로 세웠을 때 자침의 양단이 같은 도수를 가리키고 있고, 자침도 수평을 유지하면 정상이다. 만일 그렇지 않을 경우에는 다음의 원인에 따라 조정하여야 한다.

① 자침이 일직선이 아닐 경우, 즉 분도원을 임의의 방향으로 돌려도 자침 N, S 양 끝이 가리키는 값의 차가 일정하면 자침 끝이 굽은 것이므로 자침을 떼어 내어 자침의 양단을 곧게 고치면 된다.

② 첨축(尖軸)의 분도원이 중심이 아닐 경우, 즉 분도원을 임의의 방향으로 돌려도 자침 N, S 양단이 가리키는 값의 차가 일정하지 않으면 자침이 가리키는 값의 차가 가장 큰 위치를 찾은 후, 자침을 떼어 내고 자침의 방향과 직각 되는 방향의 중심을 향하여 첨축을 꾸부려 수정한다.

③ 분도원의 눈금이 불완전할 경우에는 컴퍼스 제작상 불량이기에 수정이 불가능하므로 제작자에게 의뢰하여야 한다.

4) 시준평면과 수준기 평면의 직각

컴퍼스를 세우고 정준한 다음 적당한 거리에 연직선을 만들어 시준할 때 시준종공(視準縱孔) 또는 시준사(視準絲)와 수직선이 일치하면 정상이다. 만약 일치하지 않을 때는 수직선과 일치하도록 수준판과 컴퍼스 사이에 종이를 끼우거나 시준판을 눌러서 수정한다.

5) 시준면과 자침면이 동일평면에 위치

양 시준공(視準孔) 사이에 가는 실을 늘이고, 위에서 내려다보아 이것과 분도원의 N과 S가 일치하면 정상이다. 만일 일치하지 않으면 이것은 컴퍼스 제작상 불량이므로 제작자에게 의뢰하여 조정하여야 한다.

2 자오선과 국지 인력

1) 자오선

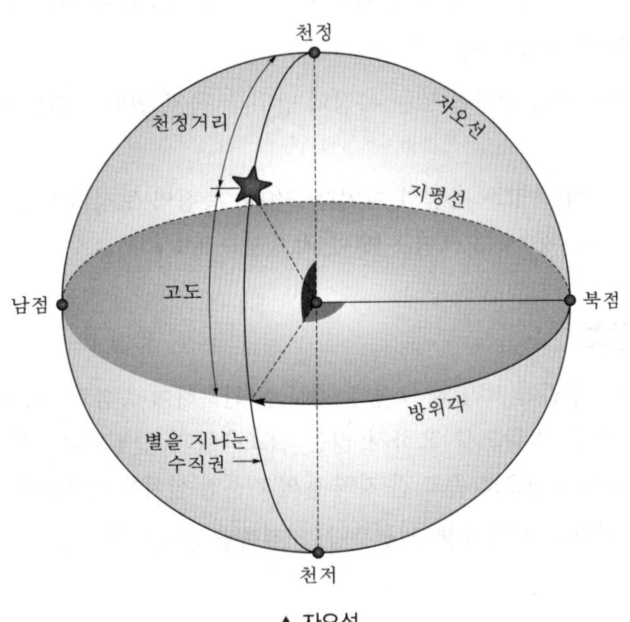

▲ 자오선

① 자오선은 북극점와 남극점을 연결하는 반원의 선이다.

② 나침반의 극점은 북극점, 남극점과 일치하지 않으므로 자기의 자오선은 지구의 자오선과 일치하지 않는다. 이것은 자침이 가리키는 방향은 지리상의 남북 방향과 일치하지 않는다는 말이다.

2) 국지 인력

① 국지 인력의 검사

㉠ 나침반 부근에 철제 구조물, 철광석, 직류전류 등이 있으면 자력선의 방향이 변하여 자침이 정확한 자북(磁北)을 가리키지 않게 된다.

㉡ 자력선 방향이 변하여 자침에 영향을 주는 힘을 국지 인력(局地引力, localattraction)이라고 한다.

- 점 A와 B에서 측선 AB의 방위각(전시)과 측선 BA의 방위각(후시)이 관측상의 우연오차를 무시하였을 때 180°의 차가 있으면 국지 인력이 없다.

- 만약 전시와 후시의 차가 180°가 아닌 경우 중에서 관측차가 적고 정오차가 아닌 것이 명확한 경우를 제외하고 그 외의 국지 인력이 있는 임의의 점부터 기점으로 하여 계산한다.

② 국지 인력의 보정

국지 인력이 발생하였을 때는 다음과 같은 방법으로 보정할 수 있다.

㉠ 맨 처음 국지 인력이 있는 측점의 방위각은 국지 인력이 없는 전(前) 측점의 방위각에서 ±180°하여 보정한다.

㉡ 전(前) 측점의 보정된 방위각에서 ±180°하여 보정한다.

㉢ 국지 인력의 영향을 받는 측점에 대해서는 이를 계속하여 반복한다.

㉣ 국지 인력의 보정 방법

- 맨 처음 국지 인력이 있는 측점의 방위각=국지 인력이 없는 전(前) 측점의 방위각 ±180°

- 국지 인력이 있는 측점의 방위각=전(前) 측점의 보정된 방위각 ±180°(전 측점의 방위각이 180°보다 크면 −180°, 작으면 +180°)

■3 컴퍼스측량 방법

컴퍼스측량은 측선의 길이(거리)와 그 방향(각도)을 관측하여 측점의 수평위치(x,y)를 결정하는 측량 방법이다. 높은 정확도를 요하지 않는 골조측량과 산림지대, 시가지 등 삼각측량이 불리한 지역, 측점이 선상으로 좁고 긴 지역 등의 기준점 설치에 이용한다.

컴퍼스측량은 경계측량, 산림측량, 노선측량, 지적측량 등에 이용한다.

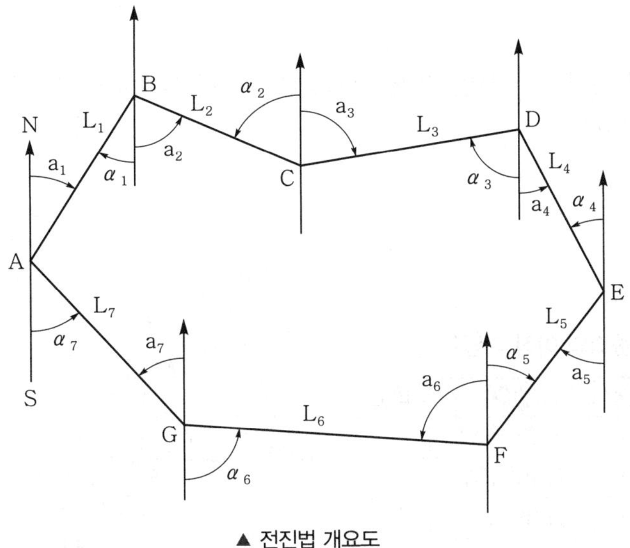

▲ 전진법 개요도

도선법(道線法, 전진법, graphical traversing)은 기점에서 차례로 방위와 거리를 측정해 가는 방법이다.

① 점 A에 컴퍼스를 설치하여 정준하고 점 G를 후시하여 측선 AG의 방위(S α7 E)와 거리를 측정하고, 다시 점 B를 전시하여 측선 AB의 방위(N α1 E)와 거리를 측정한다.

② 컴퍼스를 점 B에 옮겨 정준한 후 측선 BA를 후시하여 거리와 방위(S α1 W)를 측정하고, 점 C를 전시하여 BC 측선의 방위(S α2 E)와 거리를 측정한다.

③ 컴퍼스를 점 C에 옮겨 후시와 전시를 계속하여 야장에 기록한다. 경사지의 측량에서는 고저각을 측정하여 사거리를 수평거리로 환산할 필요가 있으므로 야장 기입에 있어 미리 해당란을 설정하여 두는 것이 좋으며, 야장의 비고란에는 약도(略圖, sketch)를 그려두도록 한다.

측선	거리	방위		비고
		전시	후시	
AB	l_1	N α1 E	S α1 W	
BC	l_2	S α2 E	N α2 W	
CD	l_3	N α3 E	S α3 W	
DE	l_4	S α4 E	N α4 W	약도를 그려둔다.
EF	l_5	S α5 W	N α5 E	
FG	l_6	N α6 W	S α6 E	
GA	l_7	N α7 W	S α7 E	

④ 측량이 종료된 후 국지 인력 등의 오차를 점검 수정하고 제도법에 의해 제도한다.

2) 사출법

컴퍼스를 각 점이 모두 보일 수 있는 적당한 위치에 설치하여 정준한 후 각 측점의 방위와 거리를 측정한다.

[사출법의 야장 기입]

측선	거리(m)	방위	비고
AB	31.35	N 72°15′W	
AC	45.42	N 16°17′W	
AD	69.45	N 38°36′E	
AE	63.13	S 87°22′E	
AF	58.96	S 44°48′E	
AG	40.80	S 12°00′E	

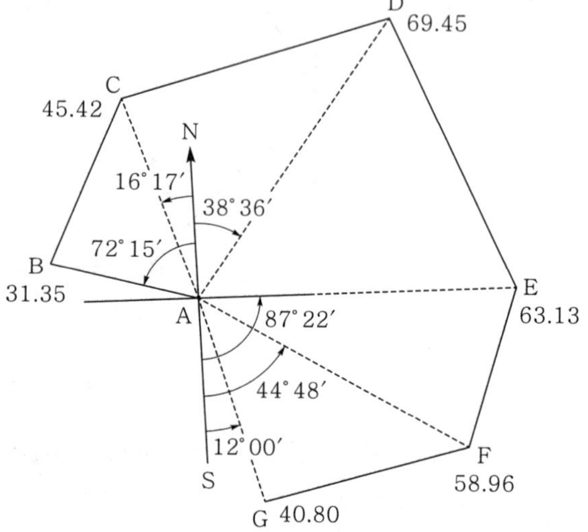

3) 교차법

① 평판측량의 교차법과 같은 방법으로 측선 AB를 기선으로 하고, 점 A와 B에서 각 측점에 대한 방위를 측정한다.

② 측량 후 제도를 통하여 구한 교점이 각 측점의 평면적(平面的) 위치가 된다.

평판측량의 오차와 정도

1 측량의 오차

1) 기계적 오차

평판은 구조가 간단하고 휴대하기 간편하지만, 기계의 조정이 불완전하며 완전히 오차를 수정하기가 어려우므로 사용 전에 충분히 검사하여 불량품은 사용치 않고 평판의 구조를 잘 이해하여 오차의 발생이 적게 되도록 노력한다.

2) 설치 및 시준 시에 생기는 오차

① 도판의 경사에 의한 오차

망원경 앨리데이드의 사용 시 이 영향을 많이 받으며, 시준점과 평판과의 높이차가 크면 클수록 그 오차는 커진다.

② 앨리데이드의 잣눈면과 시준면의 불일치에 의한 오차

이 오차를 적게 하고 시준의 정도를 높이기 위해서는 항상 포올의 동일한 선(좌측 끝 또는 우측 끝)을 시준하여야 하며, 1/100 축척 이하의 측량, 즉 보통측량에서는 이를 무시하여도 된다.

③ 구심의 불완전에 의한 오차

구심의 불완전, 즉 측점의 지상점과 도상점의 치심이 완전히 이루어지지 않을 경우에 발생하는 오차로서 축척이 클수록 그 영향을 많이 받는다.

④ 시준에 의한 오차

망원경 앨리데이드를 사용할 때는 오차의 영향이 작으나 보통 앨리데이드인 경우에는 시준사(視準絲)의 굵기, 시준공(視準孔)의 시름, 양 시준판의 간격에 의하여 좌우된다. 예를 들어, 양 시준판의 간격 27cm, 시준공의 지름 0.5mm, 시준사의 굵기 0.2mm로 할 때 어떠한 축척이든지 13.5cm 이상의 선은 그리지 않아야 한다.

⑤ 표정에 의한 오차

평판의 방향을 표정할 때 오차가 있으면 도면 전체가 변위되며, 도상의 위치오차는 그 거리가 멀수록 커진다. 충분한 주의를 하여야 하며 표정이 정확하면 그 외 구심과 정준의 조건이 약간 부족하여도 측량에는 큰 영향이 없다.

3) 제도 오차

방향선을 그릴 때나 거리측정 시 도지(圖紙)의 신축 등에 의하여 발생하는 오차가 있는데, 그중 도지신축에 의한 오차가 크다. 이 오차를 줄이기 위해서는 도지의 종류와 도지를 도판에 붙이는 방법에 주의하고, 축척의 표준잣눈을 도면에 표시하며, 작업이 끝날 때까지 도지를 도판에서 분리하지 않는 것이 좋다.

❷ 측량의 정도

평판측량의 정도(精度)는 규정하기 어려우나 일반적으로 거리측량의 정도(精度)는 넘지 못하며, 평탄지에서 1/1,000 이하, 완경사지에서 1/800~1/600, 지형이 복잡한 곳에서 1/500~1/300 정도면 허용된다. 평판측량에서는 높은 정도(精度)의 것은 곤란하지만, 숙달에 따라서는 상당한 정도(精度)를 얻을 수 있고 대부분의 세부측량에 사용된다.

평판측량의 장단점

1 평판측량의 장점

① 현지에서 직접 측량 결과를 제도하므로 필요한 사항을 관측 중에 빠뜨리는 일이 없다.

② 측량 방법이 간단하고 내업이 적으므로 작업이 신속히 행하여진다.

③ 측량의 과오(오측 또는 결측)를 발견하기 쉽다.

④ 측량기구가 간단하여 측량 방법 및 취급하기가 편리하다.

2 평판측량의 단점

① 외업이 주가 되므로 일기(비, 눈, 바람 등)의 영향을 많이 받는다.

② 제도지에 신축이 생기므로 정도에 영향이 크다.

③ 높은 정도를 기대할 수 없다.

④ 기계의 부속품이 많아 휴대하기 곤란하고 분실하기 쉽다.

36 트래버스 측량

1 개념 · 정의

① 트래버스 측량(traverse surveying)은 측지망을 확립하기 위한 측량 방법 중 하나이다.

② 다각측량이라고도 하는 트래버스 측량은 거리와 방향각을 측정하여 평면 위치를 결정한다.

③ 측량은 작업 순서에 따라 기준점을 정하는 골조측량과 세부측량으로 구분할 수 있다.

④ 트래버스 측량은 중규모 이하에 이용되는 골조측량에 해당한다.

⑤ 삼각측량, 삼변측량에 의해 정해진 기준점의 보조 기준점 결정에 쓰이기도 한다.

⑥ 트래버스 측량은 노선, 하천, 제방같이 긴 형태의 지형 측량에 유리하다.

⑦ 폐합 트래버스를 이용하면 면적을 계산할 수 있다.

⑧ 트래버스 측량은 각과 거리를 정확하게 측정해야 오차가 작은 정확한 값을 얻을 수 있다.

2 트래버스의 종류

구분	개요도	특징
개방트래버스 (open traverse)		• 시점, 종점이 기지점이 아님 • 기지점에 연결되지 않아 측량결과를 점검할 수 없음 • 높은 정도의 기준점 측량에는 사용할 수 없음 • 개략적인 위치를 파악하기 위한 답사측량, 또는 하천 · 노선측량 기준점 설치에 사용 • 시간이 덜 들어 경제적
결합트래버스 (closed or fixed traverse)		• 시점, 종점이 기지점 • 기지점에 연결되어 있어 측량 결과를 점검할 수 있음 • 트래버스 측량 중 가장 높은 정확도를 가짐 • 넓은 지역의 정밀한 측량에 사용 • 형태는 개방트래버스와 같음

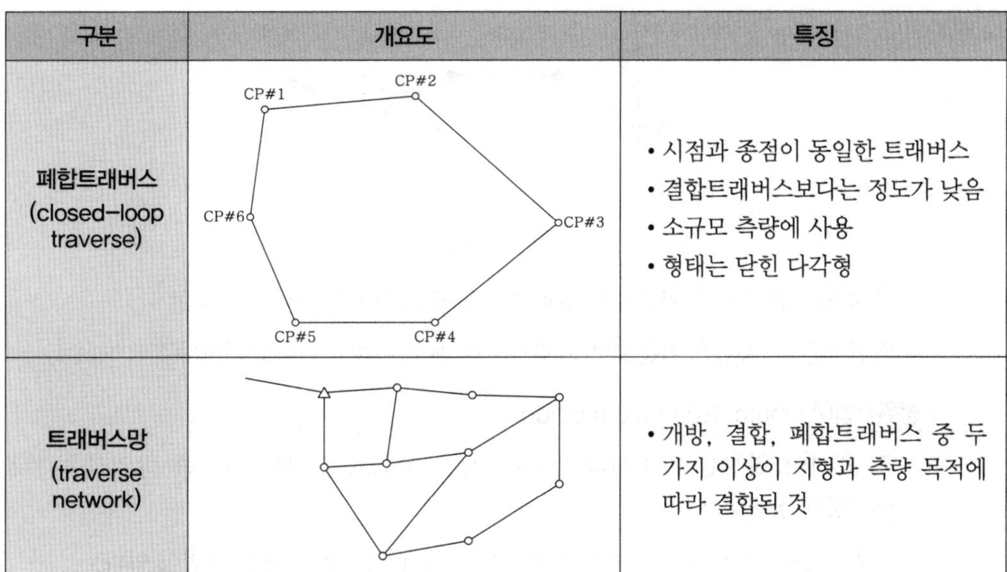

구분	개요도	특징
폐합트래버스 (closed-loop traverse)		• 시점과 종점이 동일한 트래버스 • 결합트래버스보다는 정도가 낮음 • 소규모 측량에 사용 • 형태는 닫힌 다각형
트래버스망 (traverse network)		• 개방, 결합, 폐합트래버스 중 두 가지 이상이 지형과 측량 목적에 따라 결합된 것

③ 트래버스 측량 방법

① 교각법(direct angle method)

- 전 측선과 다음 측선이 이루는 각을 시계 또는 반시계 방향으로 측정하는 방법으로 협각법이라고도 한다.
- 폐합트래버스에서는 닫힌 다각형의 내각만을 측정하기 때문에 "내각법"이라고 한다.

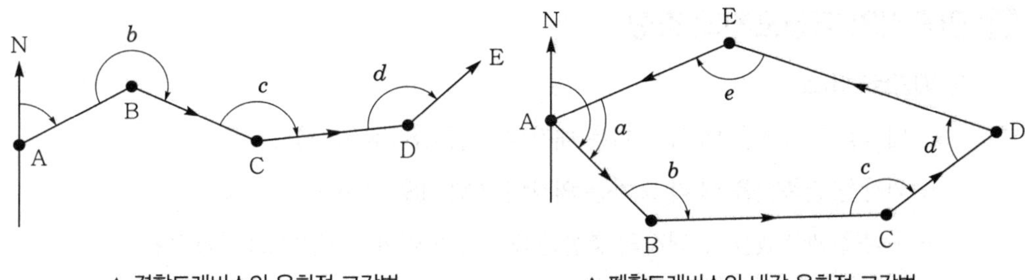

▲ 결합트래버스의 우회전 교각법 　　　 ▲ 폐합트래버스의 내각 우회전 교각법

- 교각법은 ⓐ 각각이 독립적 관측, 잘못을 발견하였을 시 다른 각과 관계없이 다시 측량할 수 있다. ⓑ 요구하는 정확도에 따라 방향각법, 배각법을 사용한다. ⓒ 결합 및 폐다각형에 적합하며 측점 수는 20점 이내가 효과적이다.

② 편각법(deflection angle method)

- 각 측선이 그 앞 측선의 연장과 이루는 각을 관측하는 방법을 편각법이라고 한다.
- 도로, 수로, 철로 등 노선의 중심선 측량에 이용한다.

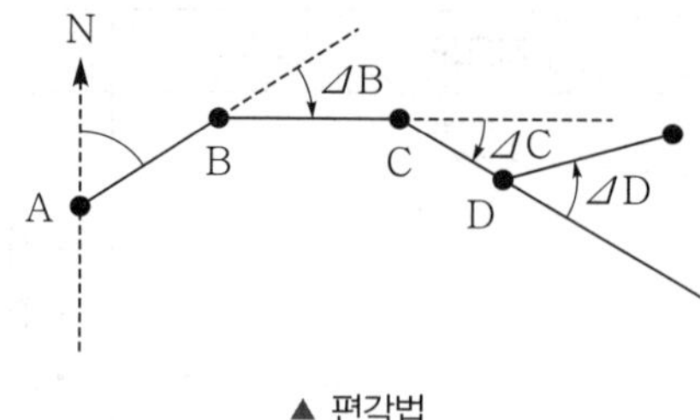

▲ 편각법

- 우편각은 전 측선을 기준으로 우회각으로 잰 각이며 "+"로 표시한다.
- 좌편각은 전 측선을 기준으로 좌회각으로 잰 각이며 "−"로 표시한다.

③ 방위각법(Azimuth, full circle method)

- 각 측선이 일정한 기준선과 이루는 각을 우회로 관측한 각, 즉 방위각을 기준으로 측정하는 방법이다.
- 방위각 관측 시 발생한 오차가 계속되는 측정에 영향을 준다는 단점이 있다.
- 측점의 위치, 좌표를 계산하는 데 편리하며, 노선측량과 지형측량에 많이 쓰인다.

④ 기타 방법

반전법	망원경을 반전시키면서 기계적으로 측점 이동 간 발생하는 180도 각도 차이를 없애 방위각을 측정
고정법	망원경을 반전시키지 않고 계산상에서 측점 이동 간 발생하는 180도의 각도 차이를 없애는 방법

4 관측각의 허용오차와 조정

① 폐합트래버스

- 내각을 관측했을 때 각 오차는 내각의 총합$=180° \times (n-2)$
- 외각을 관측했을 때 각 오차는 외각의 총합$=180° \times (n+2)$
- 편각을 관측했을 때 편각의 총합은 $360°$가 되어야 오차가 없는 것이다.
- n: 측점의 수

예제문제 1-7

8각형 폐합트래버스의 내각 합계는?

※ 정답은 성안당 도서몰 [자료실]에서 제공

측점의 수가 12인 폐합트래버스의 외각 합은?

② 결합트래버스

결합트래버스 좌우변이 같으면 측선 1개에 의해 생기는 각도가 180°가 되므로 측선이 n개라면 180°×n이 된다.

5 경거와 위거의 계산

경거와 위거는 트래버스 측량에 있어서 실제로 이동한 거리가 아니라 도면상 위아래 방향으로 이동한 거리를 위거라고 하고, 도면상 좌우로 이동한 거리를 경거라고 한다.

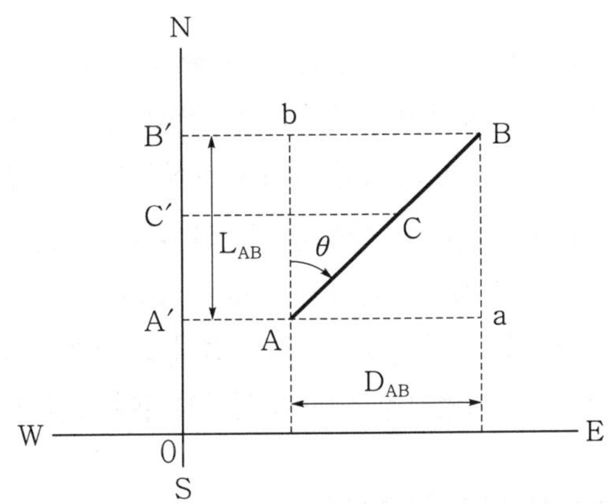

▲ 경거(D)와 위거(L)의 도해

위거(latitude)	일정한 자오선에 대한 어떤 관측선의 정사거리로, 측선 AB에 대하여 측점 A에서 측점 B까지의 남북 간 거리
경거(departure)	측선 AB에 대하여 위거의 남북선과 직각을 이루는 동서선에 나타난 AB 선분의 길이

$$L = AB의\ 위거[m] = AB \times \cos\theta$$
$$D = AB의\ 경거[m] = AB \times \sin\theta$$

항공 사진측량의 원리와 장단점

1 사진측량 원리

① 우리가 인터넷상에서 흔히 볼 수 있는 대부분의 지도는 항공 사진 및 위성 영상 등의 원격탐사 자료로부터 제작된다.

② 아날로그 항공 사진을 입체경(stereoscope)과 입체도화기(stereoplotter)를 통해 판독하여 아날로그 지도를 만들고, 이렇게 만든 아날로그 자료를 전산화하여 디지털 자료를 구축하였다.

③ 해석입체도화기(analytical stereoplotter)를 이용하여 직접 디지털 지형 자료를 생성하기도 하지만, 드론과 항공기를 이용하여 찍은 디지털 항공 사진, 위성영상 등의 디지털 자료를 수치사진측량(digital photogrammetry) 장비로 분석하여 디지털 지도를 구축한다.

④ 수치사진측량은 대상물의 2차원 수치영상을 이용하여 3차원 환경에서 기하정보(geometric), 방사정보(radiometric), 속성정보(semantic information) 등을 획득하여 지도를 제작하는 정보 제작 기술이다. 수치사진측량은 유통이 편하고 쉽게 가공할 수 있어 활용 분야가 무궁무진하며, 특히 산림 및 임업경영, 임도와 사방사업에 광범위하게 활용될 수 있다.

2 항공 사진을 활용한 산림조사의 장점

① 넓은 지역을 신속하게 측량할 수 있다.

② 정밀도가 똑같으며 개인차가 작다.

③ 촬영 후 언제든지 분업 점검할 수 있다.

④ 대량생산 방식을 취할 수 있다.

⑤ 지표상에서 측량하면 지역의 난이가 없다.

⑥ 넓은 지역일수록 측량경비가 절감된다.

3 항공 사진을 활용한 산림조사의 단점

① 일기의 영향을 받는다.

② 좁은 구역일 때는 경제적이지 않다.

③ 수간, 식생, 산림 내의 소로 등 사진에 나타나지 않는 것도 있다.

④ 항공카메라, 도화기 등 사용 기자재가 고가이며 전문적인 기술이 필요하다.

항공 사진의 판독

1 항공 사진 판독 주요 인자

① 형상과 크기

- 수관의 입체적 형태에 따라 임상 및 임종을 구분할 수 있다.
- 활엽수는 구형, 침엽수는 원추형이다.

② 색조

- 색조(tone)는 흰색에서 흑색까지의 농도를 말한다.
- 침엽수의 수관은 활엽수보다 검게 나타난다.
- 같은 수종에서는 노령목이 치수보다 어둡게 나타난다.

③ 모양(pattern)

- 집단적인 배열 형태를 모양이라고 하며 형상(shape), 색조(tone), 음영(shadow) 등의 요소가 종합된 결과이다.
- 인공림 조림지의 규칙적인 배열과 천연림의 불규칙적인 배열로 구분한다.

④ 짜임새 또는 촉감(texture)

- 짜임새는 임목의 초두부 또는 임분의 수관층이 나타내는 거친 느낌, 부드러운 느낌 등 고유의 특징을 의미한다.
- 수면과 지면은 smooth, 유령림과 조림지는 fine, 성숙림과 천연림은 rough, 밀도가 낮은 노령림 천연림은 coarse 등으로 구분할 수 있다.

2 임상 및 주요 수종 판독

침엽수	• 수관은 원추 원통형, 눈꽃 형태의 방사선 모양 • 소나무, 해송, 잣나무, 낙엽송, 리기다소나무, 편백, 삼나무 등이 판독 가능
활엽수	• 수종 구성이 다양하고, 밀도에 따른 수관형의 변이가 심해 판독이 힘듦 • 수관의 가지가 확장되어 우산형 또는 부채형을 이루는 것이 많음 • 밤나무, 포플러, 참나무류 등의 구분이 어느 정도 가능함
천연림과 인공림	• 규칙적인 배열, 뚜렷한 경계선, 동일한 색조, 균일한 짜임새 등이 있으면 인공림으로 구분

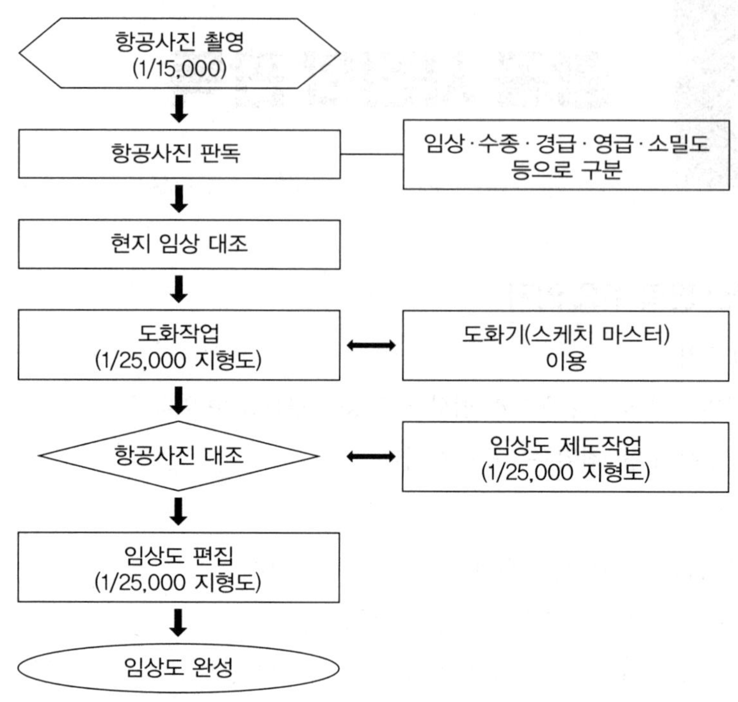
항공사진 촬영
(1/15,000)
항공사진 판독
임상·수종·경급·영급·소밀도
등으로 구분
현지 임상 대조
도화작업
(1/25,000 지형도)
도화기(스케치 마스터)
이용
항공사진 대조
임상도 제도작업
(1/25,000 지형도)
임상도 편집
(1/25,000 지형도)
임상도 완성

39 원격탐사

1 개요

원격탐사(RS; Remote Sensing)는 대상체에 직접 접촉하지 않고 대상체에 대한 자료를 수집하는 방법이다. 항공 사진이나 위성사진, 3D 스캐너, 레이저, WiFi 등을 이용하여 대상체와 접촉하지 않고 정보를 수집할 수 있는 다양한 기술을 활용한 것이 원격탐사이다.

2 측정 방법

원격탐사에서 자료를 획득하는 방법은 가시광선을 기록한 항공 사진 또는 물체에서 반사된 신호를 읽어서 기록한 위성영상 등을 주로 이용한다. 그 외에 Ridar, WiFi, 레이저, 3D 스캐너 등을 이용하여 측정할 수 있다.

3 정확도

① 원격탐사는 대상체로부터 반사(reflecltion) 또는 방사(radiation)되는 파장의 특성을 이용하여 대상체와 대상체 주변의 환경조건을 인식한다. 이렇게 자료를 수집하는 과정에서 자료가 왜곡되거나 훼손될 수 있기 때문에 반드시 보정을 통해서 자료를 수정하여 사용하여야 한다.

② 원격탐사자료의 보정과정을 영상자료의 전처리과정(preprocessing)이라고 한다. 원격탐사, 특히 인공위성에 의한 영상의 처리순서를 간략히 요약하면 '영상수집→ 전처리 → 영상분석 → 후정리'의 순으로 구분할 수 있다.

③ 위성영상분석에 앞서 전처리 작업에는 영상 강조, 방사보정, 기하보정, 정사보정, 지형보정 등이 있다. 방사보정이 복사량보정에 의해 영상에 포함되어 있는 오차나 왜곡을 수정하여 참값에 가까운 형태로 변환하는 것이 목적이라면, 컬러 합성 등 영상 강조는 사용자가 영상정보를 보다 쉽게 시각적으로 파악하는 것을 목적으로 하고 있다. 전처리는 한마디로 지리정보 자료의 수집과정에서 발생한 훼손 · 왜곡 등을 보정하는 것이다.

    ㉠ 영상 강조: 영상의 명암 및 색상을 강조하여 영상에 존재하는 물체들 사이의 차이를 분명하게 함으로써 영상의 분석과 판독을 용이하게 한다.

    ㉡ 방사보정: 대기에 의한 굴절, 태양의 위치에 따른 복사량의 차이 등에 의한 왜곡을 보정하여 원래의 영상자료에 대한 밝기의 값을 계산한다.

ⓒ 기하보정: 휘어진 영상을 평면 위에 존재하는 기존의 지형도와 중첩시키기 위해 인공위성의 영상에 나타나는 각 점의 위치를 지형도와 같은 크기와 투영값을 갖도록 변환한다. 기하보정을 통해야만 지도와 기하학적 일체성을 갖는 영상을 획득할 수 있다.

ⓔ 정사보정: 중심투영에 의한 기복변위와 카메라의 자세 때문에 발생한 변위를 제거한다. 중심투영의 영상정보를 지도와 같이 모든 점이 수직 방향에서 본 것과 같이 정사투영 특성을 가지도록 자료를 변환한다.

ⓜ 지형보정: 지형의 기복이 심한 산악지형의 영상은 그림자 때문에 실제와 차이가 날 수 있다. 이렇게 그림자 때문에 음지와 양지의 영상자료는 같은 장소라도 다르게 나타난다. 이러한 지형효과에 의한 오차를 보정하는 것이 지형보정이다.

4 수치지도 제작과정

■ 수치지도 제작과정

자료 수집	영상 전처리	영상 분류	수치지도 제작
항공 사진 위성사진 Ridar WiFi 3D 스캐너	영상 강조 방사보정 기하보정 정사보정 지형보정	분광, 공간, 시간적 분류 감독, 무감독 분류	아날로그 항공 사진 → 입체도화기, 입체경 원격탐사자료 → 수치사진측량장비 (digital photogrammetry)

40 원격탐사영상의 전처리

- 원격탐사, 특히 인공위성에 의한 영상의 처리순서를 간략히 요약하면, '영상입수→영상 분류→전처리→영상분석→후정리'의 순으로 구분할 수 있다.
- 위성영상분석에 앞서 전처리 작업에는 영상 강조, 방사보정, 기하보정, 정사보정, 지형보정 등이 있다.
- 방사보정이 복사량보정에 의해 영상에 포함되어 있는 오차나 왜곡을 수정하여 참값에 가까운 형태로 변환하는 것이 목적이라면, 컬러 합성 등 영상 강조는 사용자가 영상정보를 보다 쉽게 시각적으로 파악하는 것을 목적으로 하고 있다.
- 전처리는 한마디로 지리정보자료의 수집과정에서 발생한 훼손·왜곡 등을 보정하는 것이다.

1 영상 강조

영상의 명암 및 색상을 강조하여 영상에 존재하는 물체들 사이의 차이를 분명하게 함으로써 영상의 분석과 판독을 용이하게 한다.

2 방사보정

대기에 의한 굴절, 태양의 위치에 따른 복사량의 차이 등에 의한 왜곡을 보정하여 원래의 영상자료에 대한 밝기의 값을 계산한다.

3 기하보정

휘어진 영상을 평면 위에 존재하는 기존의 지형도와 중첩시키기 위해 인공위성의 영상에 나타나는 각 점의 위치를 지형도와 같은 크기와 투영값을 갖도록 변환한다. 기하보정을 통해야만 지도와 기하학적 일체성을 갖는 영상을 획득할 수 있다.

4 정사보정

중심투영에 의한 기복변위와 카메라의 자세에 의해 발생한 변위를 제거한다. 중심투영의 영상정보를 지도와 같이 모든 점이 수직 방향에서 본 것과 같이 정사투영 특성을 가지도록 자료를 변환한다.

5 지형보정

지형의 기복이 심한 산악지형의 영상은 그림자 때문에 실제와 차이가 날 수 있다. 이렇게 그림자 때문에 음지와 양지의 영상자료는 같은 장소라도 다르게 나타나는데, 이러한 지형효과에 의한 오차를 보정하는 것이 지형보정이다.

영상처리

영상처리 방법	내용
1. 영상 강조	영상자료를 목적에 따라 판독하기 쉽게 가공하는 것
2. 컬러 합성	수치정보를 RGB 원색에 할당해 영상화하는 것
3. 컬러 의사 표시	각각의 픽셀값에 임의의 색상을 부여하여 컬러 영상을 표현하는 방법
4. 기하보정	영상의 공간적 왜곡, 즉 기하왜곡을 보정하는 것
5. 복사량보정	태양의 위치, 태양의 입사각, 센서각 등에 의한 복사량 차이를 보정하는 것

원격탐사에 의한 영상처리의 순서를 간략히 요약하면, '영상입수 → 전처리 → 영상처리 → 후처리'의 순으로 구분할 수 있다. 영상입수는 미국지질조사소(USGS; United States Geological Survey) 또는 세계토지피복시설(GLCF; Global Land Cover Facility) 등의 사이트에서 무료로 다운로드할 수도 있으며, 영상을 선택할 때는 사용자가 원하는 센서를 선택하고, 시기 · 계절 · 구름량 등을 설정하여 검색할 수 있다.

위성영상분석에 앞서 전처리 작업은 매우 중요하며, 이에는 영상 강조, 컬러 합성, 복사량보정, 기하보정 등이 있다. 복사량보정은 영상에 포함되어 있는 오차나 왜곡을 수정하여 참값에 가까운 형태로 변환하는 것이 목적인데, 영상 강조나 컬러 합성은 사용자가 영상정보를 보다 쉽게 시각적으로 파악하는 것을 목적으로 하고 있다.

1 영상 강조

영상자료를 목적에 따라 판독하기 쉽게 가공하는 것을 영상 강조라고 한다. 넓은 의미로는 컬러 합성도 영상 강조의 하나라고 할 수 있지만, 일반적으로는 농도 변환이나 필터링 등이 영상 강조로서 이루어진다.

농도 변환이란 영상자료의 농도를 변환하고 처리하여, 임의의 농도분포를 가지는 영상을 만드는 방법으로, 이에는 함수들을 이용하는 방법과 농도값의 히스토그램의 형상을 변환하는 방법이 있다. 대표적인 방법에는 선형 변환(linear), 히스토그램 정규화(normalize), 히스토그램 평활화(equalize) 등이 있으며, 콘트라스트(contrast)를 이용하여 농도 범위를 넓혀 상세하게 확인할 수 있다.

1) 선형 변환

입력영상의 농도값을 선형함수를 통해 농도의 최댓값과 최솟값을 임의의 농도로 변환하여
콘트라스트 강도를 조정한다.

$$x = \frac{y_{\max} - y_{\min}}{x_{\max} - x_{\min}}(x - x_{\min}) + y_{\min}$$

(x: 영상의 농도값, $x_{\max} - x_{\min}$: x의 치역, $y_{\max} - y_{\min}$: y의 치역)

2) 히스토그램 정규화

입력영상 농도값의 빈도분포를 정규분포에 가까운 형태로 변환하여 인간의 눈으로 인식하기
쉬운 영상을 만든다. 입력영상 농도값의 빈도가 높은 구간의 정보가 압축되는 경향이 있다.

3) 히스토그램 평활화

입력영상 농도값의 빈도분토를 각 농도값의 빈도가 동일하게 되도록 변환하는 방법이다.
빈도수가 많은 농도값의 구간이 강조되고, 빈도가 적은 구간은 압축되는 영상이 된다.

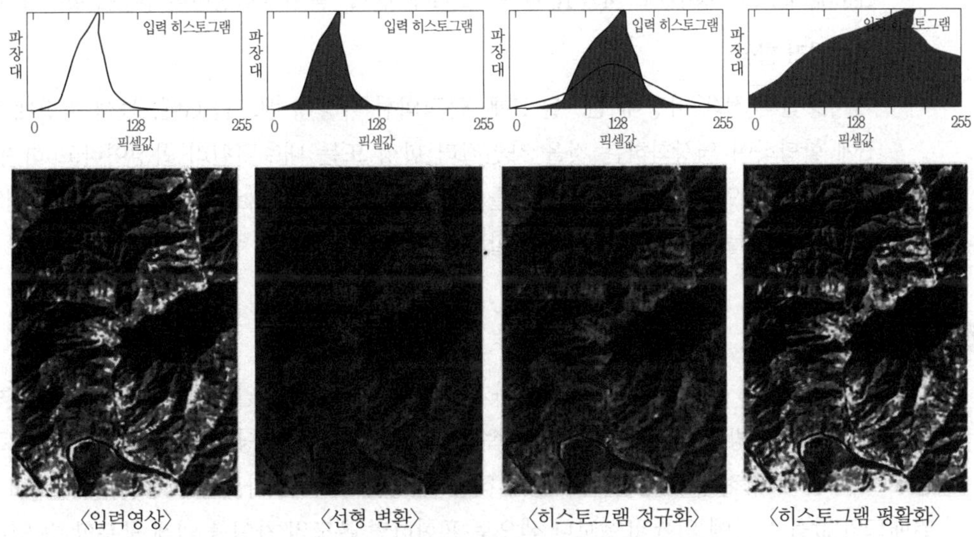

▲ 농도 변환에 따른 영상 강조

2 컬러 합성

원격탐사 센서를 통하여 취득한 정보는 수치정보이며, 시각화하기 위해서는 수치정보의
값을 영상의 농담으로 치환해야 한다. 영상의 3개 밴드 자료를 각각 RGB 등의 원색에
할당하여 영상화하는 것을 컬러 합성(color composite)이라고 한다. 3원색의 합성에는
적색(R) · 녹색(G) · 청색(B)의 3원색의 광원에 의한 가법혼색과 청록색(cyan) · 자홍색(magen
ta) · 노란색(yellow) 3원색의 잉크를 이용한 감법혼색 등이 있다. 디스플레이 등은 가법혼색에
해당되며, 가법혼색에 의한 컬러 합성을 RGB 합성이라고도 한다. 일반적으로 영상자료를
영상화할 때는 멀티밴드의 데이터를 3원색에 할당하는 경우가 일반적이며, 식생을 포함한

지역을 표시할 때는 식생의 반사량이 높은 근적외선 밴드를 어떤 색상에 할당할 것인가에 따라 영상은 크게 달라지며, 대표적인 컬러 합성은 true color와 false color 합성 방법으로 구분된다.

1) True Color

가시광선의 적색 파장대 밴드를 R에, 녹색 파장대 밴드를 G에, 청색 파장대 밴드를 B에 할당하여 영상화한 영상을 true color 합성이라고 하며, 인간의 눈으로 보는 것과 동일한 색으로 영상을 표현할 수 있는 장점이 있다. 예를 들어, Landsat 5호와 Landsat 7호의 경우 밴드 3을 R에, 밴드 2를 G에, 밴드 1을 B에 할당하면, true color 영상을 합성할 수 있다.

2) false color

인간의 눈으로 감지되지 않는 파장대 밴드를 사용한 컬러 합성을 false color 합성이라고 하며, 적외 컬러 합성과 자연(내추럴) 컬러 합성을 들 수 있다.

① 적외컬러 합성

적외컬러 합성은 근적외선대 밴드를 R, 적색 파장대 밴드를 G, 녹색 파장대 밴드를 B에 할당하여 영상을 합성하며, 식생 부분이 적색으로 표현된다. 예를 들어, Landsat 5호와 Landsat 7호의 경우 밴드 4를 R, 밴드 3을 G에, 밴드 2를 B에 할당하여 영상을 합성할 수 있다.

② 자연컬러 합성

가시광선의 적색 파장대 밴드를 R에, 근적외선 파장대 밴드를 G에, 녹색 파장대 밴드를 B에 할당하여 영상화하는 것을 자연컬러 합성 또는 내추럴컬러 합성이라고 하며, 식생 부분이 녹색으로 표현된다. 예를 들어, Landsat 5호와 Landsat 7호의 경우 밴드 3을 R에, 밴드 4를 G에, 밴드 2를 B에 할당하여 영상을 합성할 수 있다.

3 컬러 의사 표시

컬러 의사(pseudo color) 표시는 사용자가 각각의 픽셀값에 임의의 색상을 부여하여 컬러 영상을 표현하는 방법이다. 픽셀값을 연속된 색상 테이블에 할당하여 표현하는 것으로, 값의 단조(單調)를 시각적으로 판별하기 쉽게 하는 특징을 갖고 있다. 예를 들어, Landsat TM의 열배드의 값을 농담에 의한 표현보다 색으로 표현하면 온도의 차이를 쉽게 구분할 수 있다.

4 기하보정

영상을 취득하면, 영상은 지구와 위성체 간의 상대적 운동, 센서의 특성 등 여러 가지 원인으로 인해 공간적인 왜곡이 발생하는데, 이를 기하왜곡이라고 한다. 기하보정은 이러한 영상의 공간적 왜곡을 보정하는 것으로, 대부분 참조자료(수치지형도, 도로망도 등)와 영상 간에 지상기준점(GCP; Ground Control Point)을 설정하여 기하보정을 실시한다. GCP 보정은 참조자료의 좌표를 영상의 좌표로 간주하여 두 좌표를 연결하는 것이며, GCP는 시간의 흐름에도 변하지 않는 지역을 선정해야 한다.

1) 기하보정의 과정

기하보정의 과정은 일반적으로 '입력영상 → 보정 방법과 보정식 결정 → 재배열 및 보간 → RMSE(Root Mean Square Error) 검증 → 출력영상'의 순서로 진행된다.

2) 기하보정 방법

보정 방법은 센서구조(센서의 위치 및 거리 등)에 대한 이론적 보정식을 적용하는 계통적 보정 방법(systematic distortion)과 GCP를 이용하여 영상좌표계와 지도좌표계를 변환하는 비계통적 보정 방법(non-systematic distortion)으로 구분된다. 비계통적 방법에서는 GCP에 의한 좌표변환식을 산출한 후, 산출된 변환식을 이용해 영상의 픽셀들을 새로운 영상으로 재배열(resampling)함으로써 영상을 출력할 수 있다. 주로 사용되는 재배열 방법은 최근린 보간법(nearest neighbor), 양선형 보간법(bilinear interpolation), 그리고 삼차회선 보간법(cubic convolution)으로 구분된다.

여기서, 영상좌표와 지도좌표 간의 위치 정확도는 RMSE를 통해 검증하며, 산출 방법은 다음과 같다.

$$RMSE = \sqrt{(x'-x)^2 + (y'-y)^2}$$
$(x, y$: 출력영상의 보정 좌표값, x', y': 지도자료의 참조 좌표값)

3) 사용하는 좌표계

우리나라에서 일반적으로 사용되는 좌표계로는 TM(Transverse Mercator), UTM(Universal Transverse Mercator), ITRF(International Terrestrial Reference Frame) 등이 있다. TM 좌표계는 횡축 메르카토르 투영법으로, 적도와 접하도록 표면을 원통형으로 만들어 가로로 둥글게 변형한 형태이다. 우리나라와 같이 남북으로 면적이 넓은 나라에서 이 좌표계를 사용하면 왜곡을 줄일 수 있는 장점이 있다. UTM 좌표계는 전 세계적으로 표준화된 횡축 메르카토르 투영법으로, 그리드(grid) 형태의 구역(zone)으로 구분되어 고유 번호가 지정된다. 우리나라는 경도 126138도 사이에 위치한 52종대, 북반구(N) 3738도 지역에 속한다. 한편, ITRF 좌표계는 세계측지계로, X, Y, Z 차원의 직교좌표계로 지구 질량 중심에서 그리니치 자오선과 적도와의 교점 방향으로 X축, 동경 90도 방향으로 Y축, 북극 방향으로 Z축이 설정되어 공간상 위치를 숫자로 표현한다.

5 복사량 보정

영상은 태양의 위치, 태양광의 입사각, 센서각 등에 의하여 복사량에 많은 차이가 발생하며, 이러한 복사량의 차이를 보정하는 것을 복사량보정이라고 한다. 복사량보정에는 태양의 영향에 따른 영상의 광량을 보정하는 코사인보정, 지형적 영향에 따른 경사도의 반사특성을 보정하는 Minnaert 보정, 대기의 영향을 보정하는 대기보정 등이 있다.

핵심 42 영상 분류

- 원격탐사기술은 인간에 의한 판독과 컴퓨터에 의한 처리를 상호 이용함으로써 토지피복 분류, 변화탐지, 물리량 추출 등을 객관적이고 신속하게 할 수 있는 장점이 있다.
- 원격탐사데이터는 기계에 의해 자동으로 수집되기 때문에 이것을 활용하려면 적절한 방법으로 분류되어야 한다.

1 픽셀 기반 분류

① 감독 분류

- 감독 분류는 사용자가 분류 항목의 지역적 위치, 분광 특성을 알고 있을 경우 사용하는 방법으로, 사용자가 분류 항목별 트레이닝 데이터를 선정하면 트레이닝 데이터를 기준으로 각 픽셀이 어떤 분류 항목과 유사한지를 알고리즘이 판별하여 영상을 분류하는 것이다.
- 감독 분류의 경우, '분류 항목 선정 → 트레이닝 데이터의 추출 → 모집단의 통계량 추정 → 통계량에 의한 분류(알고리즘 이용) → 분류정확도 평가'의 순서로 이루어진다. 영상 분류의 정확도 향상을 위하여 중요한 부분은 트레이닝 데이터의 추출이다.

② 무감독 분류

- 무감독 분류는 분류 알고리즘을 이용하여 자동적으로 유사한 분광 특성을 가지는 픽셀을 그룹화(clustering)하는 방법으로, 트레이닝 데이터는 필요하지 않지만, 사용자가 그룹의 최대 개수, 그룹화의 최대 범위, 그룹화의 최소 거리 등의 변수를 고려하여 입력해야 한다.
- 그룹화가 완료되면 사용자가 분류 항목별로 그룹을 묶어 의미를 부여하거나 명명한다.
- 무감독 분류의 경우 '분류개수 선정 → 알고리즘에 의한 자동 분류 → 분류 항목에 대한 의미 부여'의 순서로 이루어진다.

2 객체 기반 분류

① 객체 기반 분류는 앞에서 언급한 바와 같이 픽셀 기반 분류와는 달리 대상물의 분광 정보뿐만 아니라 모양, 질감, 형태적인 특성도 모두 고려한 후 영상을 객체 단위로 분할하여 분류하는 방법이다. 영상을 분할하면 픽셀 기반 분류와 같이 트레이닝 데이터의 사용 여부에 따라 감독 분류와 무감독 분류로 구분하여 분류할 수 있으며, 방법과 알고리즘은 픽셀 기반 분류와 동일하다.

② 객체 기반 분류 순서는 '분류 항목 선정 → 객체 기반 가중치 선정 → 영상분할–분류 항목별 트레이닝 샘플 추출 → 분류도 작성 → 분류정확도 평가'의 순서로 이루어지며, 객체 기반 가중치에는 scale(분할축척), shape(공간정보)와 color(분광정보), shape의 하위 인자인 compactness(조밀도), smoothness(평활도)를 적용하여 영상을 분할한다.

■ 영상 분류 기법과 구분

영상 분류기법	구분	설명
접근방식에 따른 영상 분류 기법	분광적 분류	• 화소의 분광반사율을 기초로 분광 패턴을 인식하여 분류하는 것
	공간적 분류	• 주위 화소들과의 공간적 관련성(질감, 접근성, 크기, 형태, 방향성, 반속성 등)을 기초로 분류하는 것이다.
	시간적 분류	• 물체의 확인을 위해 시간적 요소를 고려한 분류 방법
처리과정에 따른 영상 분류 기법	감독 분류법	• 영상을 분류하기 전 컴퓨터에 분류할 클래스의 정보를 미리 알려주어 분류하게 하는 방법 • 감독 분류에는 '클래스의 수 선택 및 이름을 부여 → 각 클래스에 대한 훈련지역 선택 → 전체 지역 분류과정'을 걸쳐 분류가 이루어짐
	무감독 분류법	• 훈련지역을 고르기 힘들 경우 오직 위성영상의 분광 특성에 따라 수치적인 방법으로 군집화한 후 군집화된 각 분광클래스에 분석자가 이름을 부여하여 정보클래스를 얻는 방법 • 무감독 분류에는 '클래스 수 선택 → 군집분석에 대한 분류 → 각 군집에 면칭 부여' 과정으로 분류가 이루어짐

분류정확도 평가

- 영상을 분류한 후에는 분류정확도를 수행해야 한다.
- 감독 분류의 경우, 수행자에 의한 분류 항목별 트레이닝 데이터와 알고리즘에 의한 자동 분류 결과와의 오차행렬(error matrix)을 통하여 분류정확도를 평가할 수 있다.
- 감독 분류한 자료의 분류 영상과 현장조사 정보와의 비교를 통하여 정확도를 평가할 수 있다.
- 분류정확도 평가 방법에는 전체정확도(OA), 생산자정확도, 사용자정확도 평가와 Kappa 분석이 있다.

1 전체정확도(OA; Overall Accuracy) 평가

① 전체정확도는 분류된 지도의 전체적인 정확도를 확인하는 방법이다.

② 오차행렬에서 생산자정확도와 사용자정확도가 일치된 픽셀수를 오차행렬의 모든 픽셀수로 나눈 값을 전체정확도로 한다.

생산자정확도 (produce accuracy) 평가	분류 항목에 대한 정확도
사용자정확도 (user accuracy) 평가	분류된 픽셀이 실제 지상에서 얼마나 일치하는지의 정도

2 Kappa 분석

① Kappa 분석은 이산다변량 기법 중 하나로, 분류된 지도가 참조자료와 얼마나 일치하는가를 측정한다.

② Kappa 분석은 Kappa의 통계 값인 K를 이용하여, 분류의 정확도를 평가하는 방법이다.

③ K의 값이 40% 미만이면 일치도가 낮은 것으로 평가하고, 80% 이상은 높은 것으로 판단한다. 40~80%는 보통 정도에 속한다.

④ Kappa 분석을 위해서는 생산자정확도와 사용자정확도를 먼저 계산하여야 한다.

원격탐사자료의 자동 분류된 분류 항목(A)과 항목별 참조자료(B)의 오차행렬에 따른 전체정확도 (OA)와 Kappa(K)의 값[%]을 구하시오.

분류 항목(A)	항목별 참조자료(B)		열합계
	산림	나지	
산림	9	3	12
나지	1	7	8
행합계	10	10	20

※ 정답은 성안당 도서몰 [자료실]에서 제공

핵심 44 공간분석

공간분석의 기능은 질의 및 검색 · 중첩분석 · 근접분석 등의 질의기능과 3차원분석 · 수치표고모형(DEM; Digital Elevation Model) 구축 · 지형지수 산출 등의 지형분석으로 구분할 수 있다.

1 질의기능

질의 및 검색기능을 통해 어느 위치에 무엇이 있는가와, 대상물의 정확한 위치 및 공간 배치의 파악이 가능하다.

① 벡터자료 간의 질의

폴리곤(polygon)의 속성자료가 여러 개의 필드로 구성되어 있을 때 주어진 조건의 조합에 따라 해당 공간을 검색할 수 있다.

② 래스터자료 간의 질의

거리 계산을 필요로 하는 경우나 지형분석도 · 지형 · 습윤지수도 등과 같은 래스터자료에 근거한 질의 방법이다.

2 중첩분석

중첩분석 기능은 여러 개의 주제도를 중첩하는 것에 의해 지리정보를 해석하는 것이다. 복수의 도면을 합성하여 양방의 도면으로부터 필요한 정보를 추출하여 새로운 도면을 작성할 수 있다.

1) 중첩분석의 기능

① 형상 간의 공간관계 파악

② 분석적 정보 추출

③ 모델링 실시

2) 자료형태와 중첩

① 래스터자료의 구조가 벡터자료의 구조에 비해 중첩 연산이 수월하다. 래스터자료는 그리드셀을 기준으로 전체 대상지에 대한 중첩연산이 수행되며, 동일한 위치에 있는 셀 간에 연산이 수행되므로 벡터자료의 중첩보다 신속하다. 그렇지만 격자중심점의 위치가 일치하지 않는 경우 시간이 많이 소요된다는 단점이 있다.

② 벡터자료의 중첩의 경우에는 중첩하고자 하는 레이어의 특정 객체만을 대상으로 중첩을 실시할 경우 연산처리의 속도가 빠를 수 있지만, 특정 개체가 복잡한 형태의 공간요소들로 구성되어 있는 경우 연산속도 저하의 원인이 된다.

3) 중첩의 유형

① 점과 면의 중첩: 야생동물의 서식지 분석이나 점오염원 분포 분석

② 선과 면의 중첩: 도시 확장과 도로에 대한 상관관계 분석

③ 면과 면의 중첩: 주제도를 중첩하여 특정 지역에 대한 분석

3 근접분석

근접분석은 특정 위치를 둘러싸고 있는 주변 지역(완충지역)의 특성을 추출하는 것이다. 모든 근접분석은 하나 이상의 분석대상 위치의 설정, 대상 위치의 주변 지역 명시, 각각의 위치에 인접한 공간객체들에 적용할 기능을 명시해야 한다.

① 검색기능

보유하고 있는 자료들을 조건들에 따라 검색하여, 분석하려고 하는 결괏값을 추출할 수 있다.

② 확산기능

확산은 일정 지점에서 특정 기능이나 현상이 일정 방향으로 넓혀가는 것이다. 확산기능은 하나 또는 여러 개의 시작점으로부터 외부로 향해 변하는 현상을 분석하고, 거리가 증가함에 따라 증가하거나 감소하는 것들을 산출하는 데 효과적이다.

③ 버퍼기능

버퍼기능은 관심 대상 지역을 경계 짓는 것으로 공간 형상의 둘레에 사용자가 지정한 범위만큼의 구역을 도출하는 것이다. 버퍼는 점·선·면 등의 모든 객체요소들에 대해 적용할 수 있으며, 버퍼링한 결과는 모두 면의 형태로 표현된다.

4 네트워크 분석

도로·철도·지하철 등과 같은 교통망이나 상하수도망·전기·전화 등 유선선로·가스망·하천망 등과 같은 관망의 경로와 연결성을 분석하는 것이다. 네트워크 분석은 최단 경로를 설정하여 임도망 등을 최적화하여 배치할 수 있다.

45 GPS측량

1 GPS 측량 원리

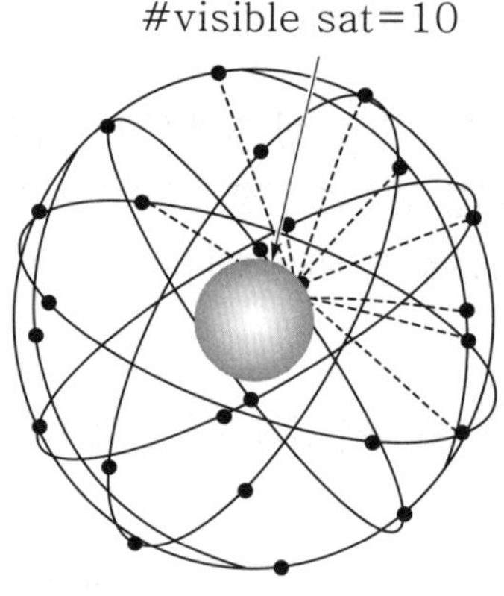

① 그림에서 작은 점들은 인공위성이고, 중간의 구가 지구라고 한다면 인공위성이 지구 주위를 이렇게 끊임없이 돌고 있다. 이 인공위성에서 지구 표면상의 한 점의 위치를 경도(X), 위도(Y), 고도(Z)로 측정한다. 이렇게 3개 이상의 위성에서 지구 표면에 있는 한 점의 상대적인 위치를 결정하는 것을 GNSS(Global Navigation Sattlite System)라고 한다.

② GPS(Global Positioning Symtem)는 미국에서 운영하는 GNSS를 말한다. 미국에서는 24개의 GPS 인공위성을 군사용과 민간용으로 운영한다. 러시아는 GLONASS라는 이름의 GNSS를 운영한다.

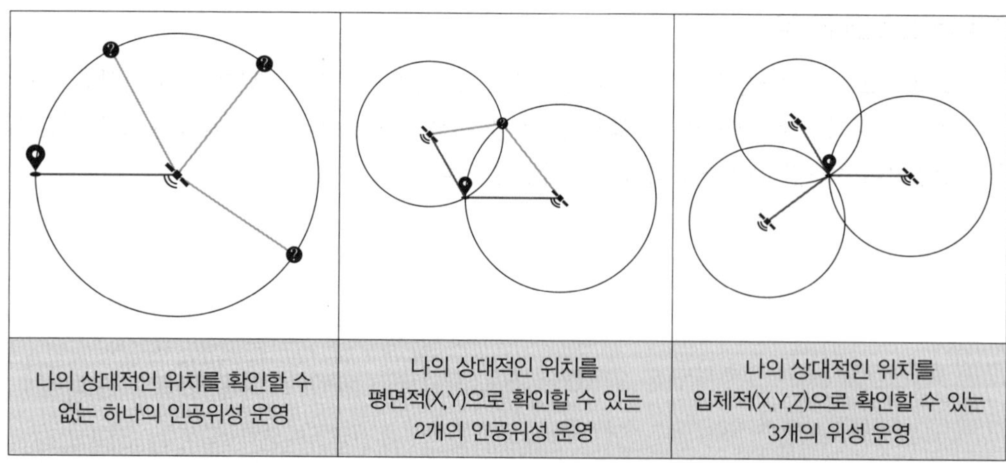

나의 상대적인 위치를 확인할 수 없는 하나의 인공위성 운영	나의 상대적인 위치를 평면적(X,Y)으로 확인할 수 있는 2개의 인공위성 운영	나의 상대적인 위치를 입체적(X,Y,Z)으로 확인할 수 있는 3개의 위성 운영

③ 이렇게 인공위성을 이용하여 지구 표면상의 한 점의 위치를 확인하고 인공위성의 신호가 닿지 않는 건물이나 터널, 지하 등은 WiFi 또는 스마트폰의 기지국을 이용하여 상대적인 위치를 파악할 수 있는 기술로 보완한다.

④ 이러한 기술은 GNSS에 비하여 상대적으로 정확도가 떨어진다. 현대의 지리정보(GIS; Geographic Information System)는 주로 GNSS 기술을 이용하여 구축된다.

2 판독 및 보정

① 지구 어디에 있어도 인공위성이 있으면 위치를 알 수 있는 GNSS는 위치데이터를 수신할 수 있는 장비가 있어야 판독이 가능하다.

② 이론적으로 필요한 위성의 수는 최소한 3개이지만, 실제로는 그 이상이 필요하다.

③ GNSS 수신장비와 인공위성 사이에는 20,000km 정도의 거리가 있다. 그 때문에 약 20m 정도의 오차가 발생한다.

④ 국토지리정보원은 전국에 약 70개 정도의 기준국을 활용하여 오차를 cm급으로 줄인 보정신호(OSR)를 제공하고 있다.

⑤ OSR(Observation Space Pepresentation, 관측공간보정)은 중앙 서버가 사용자 위치에 적합한 보정정보를 생성하여 인터넷 등을 이용해 전달하는 방식이다. 이 정보를 활용하려면 고가의 측량장비가 필요하다.

⑥ 국토지리정보원은 2021년 10월 19일부터 저가의 수신기에서도 cm급 측정이 가능한 새로운 방식의 보정신호(SSR)를 제공한다.

⑦ SSR(State Space Representation, 상태공간보정)은 중앙 서버가 위성측위에서 발생하는 모든 오차를 각각 모델링하여 사용자에게 제공하는 방식이다. 심지어 스마트폰 앱으로도 자유롭게 이용할 수 있다.

3 GIS활용 기법

1) 지도 제작

① 매핑(mapping)은 지도를 만든다는 뜻이다. 지도를 만들려면 현실 세계의 객체(사상)를 점, 선, 면의 형태 정보, 즉 경도, 위도, 고도의 형태로 기록할 수 있어야 한다. 이렇게 기록한 정보를 시각화하여 2차원의 평면에 기록한 것을 지도라고 한다.

② 시각화하여 기록하는 지도화 작업은 사물의 모양, 위치 등의 정보(도형 정보)를 포함하여 각각의 사물에 대한 속성 정보를 모두 포함한다. 즉 GPS를 이용한 지도 제작은 벡터(vector) 기반의 GIS 자료를 빠르고 쉽게 생성할 수 있다.

③ GPS를 이용하여 지도를 제작하기 위해서는 GPS(안테나, 수신기, 컨트롤러)와 같은 하드웨어와 전자야장을 지원할 수 있는 소프트웨어가 필요하다.

④ 지도 제작 방법은 시스템 구성과 지도 제작 목적에 따라 달라질 수 있다.

⑤ 근래에는 수신기 및 장비의 기술 발달로 인하여 실시간으로 지도를 제작할 수 있는 GPS시스템이 다양하게 보급되고 있으며, 정확도 또한, 50cm 이내로 비교적 양호해지고 있다.

2) 지도 분석

지도는 목적에 따라 다양하게 제작된다. 이러한 지도들을 충첩하거나 분석하여 적지적수의 분석 등에 활용할 수 있다.

GIS의 자료분석 기능

GIS 기반 정보시스템의 장점은 다양한 분석이 가능하다는 것이다.

자료 형태	명칭		분석 방법	비고
벡터자료 분석	속성정보를 이용한 분석	통계분석	임상도, 토양도, 산지구분도 등 도형정보의 특성을 최댓값, 최소값, 평균값, 편차, 빈도 등으로 분석하는 방법	
		자료 요약	임상도, 토양도 등 도형정보의 특성을 요약하여 새로운 자료를 만드는 분석 방법	
	도형정보를 이용한 분석	Clip	특정한 도형자료의 속성을 사용자가 원하는 다른 도형자료의 모양으로 잘라내는 중첩연산 분석 방법	다르게 잘라
		Intersect	2개 이상의 지도에서 각각의 속성정보를 합하여 공통된 구역의 모양으로 잘라내는 중첩연산 분석	공통된 모양
		Union	2개 이상의 지도에서 각각의 도형정보와 속성정보를 모두 합쳐 하나의 지도에 표현하는 중첩연산 분석	두 속성 합한
		Merge	2개 이상의 도형정보 지도를 하나의 도형정보로 합쳐주는 기능	두 도형 합쳐
		Dissolve	같은 속성정보를 가진 객체들을 하나로 합치는 기능	속성을 합쳐
		Buffer	도형정보 둘레의 일정한 공간을 이용한 분석 방법	일정한 거리
		불규칙 삼각망	삼각형 집합에 의해 지표면을 표현하는 방법	
래스터 자료 분석	재분류, Reclassification		입력된 속성값을 바꾸어 새로운 레스터 정보 구축	
	중첩(overay)		레이어 간 산술연산과 논리연산을 통한 지도 중첩	
	여과(filtering)		레이어 이미지의 잡음과 결점을 제거하는 방법 최대, 최솟값 등 사용	
	접근성 분석		두 셀 사이의 거리와 해상도 계산	
	지형분석		연속적으로 분포하는 지표면의 높이값을 이용하고 분석하는 기법 등고선 → TIN → DEM → 경사, 방위, 기복도 등의 지형 인자를 가진 3차원 지도를 생성할 수 있음	

memo

Chapter 04

사방공학

핵심 01 사방사업의 정의·구분·효과

1 사방의 정의

사방이란 토사재해나 수해를 일으키는 유해한 토사가 단번에 하류로 이동하지 않도록 억제·조절함과 동시에 필요하고 무해한 토사를 하류로 유출시키는 것으로, 이 과정에서 산지를 황폐로부터 보호하고 자연환경과 국토를 보전하는 것을 말한다. [사방공학]

2 사방사업의 구분

사방사업은 황폐한 산지 또는 황폐가 예상되는 산지에서 산림 식생을 복구·보전함으로써 산림황폐로 인한 재해 예방을 위하여 시행되는 사업이다.

산지사방	황폐사면에서 생기는 토사 유출을 억제하기 위한 사방사업
계간사방	황폐계류 바닥의 종침식을 방지하여 산각을 고정하고 산허리를 보전하여 하류로의 토사 유출을 억제하기 위한 사방사업
해안사방	해안의 침식을 막고, 해안의 식생을 복구, 보전하는 사방사업

3 사방사업의 효과

1) 직접적 효과

① 산지침식 및 토사 유출의 방지

② 산복 및 계안붕괴 방지

③ 산각 고정 및 땅밀림 방지

④ 계상물매 완화 및 계류 생태계 보전

⑤ 비사 방지 및 방재림 형성

⑥ 홍수 조절 및 수원 함양

⑦ 하구토사 퇴적 방지

⑧ 저수지 및 농경지 매몰 방지

⑨ 국토 보전

2) 간접적 효과

① 각종 용수 보전

② 하천 공작물 보전

③ 경지와 택지의 조성 및 안정

④ 자연환경의 복구 및 보전

4 사방사업 시행 절차

① 현지조사: 지황, 임황, 기상, 황폐임지 현황, 토지소유주, 시공 공종 등 조사

② 측량: 황폐지의 주변을 포함하여 충분한 범위까지 실시

③ 사방 공종의 선정 및 배치: 측량자료를 토대로 시공면적과 토사량을 계산하여 공작물의 수량과 위치를 결정

④ 설계서 작성: 설계설명서, 설계내역서, 단가표, 공작물 개소별 조서, 임야(지적)조서, 견취도 등을 작성

⑤ 시공: 인력 및 장비 투입 계획서, 사업계획서, 사업공정표 등 대로 시공

사방사업 분류

1 산복사방(=산지사방)

1) 산복 기초공사(8종)

2) 산복 녹화 공사

   ① 녹화 기초공사(11종)

   ② 식생공사(2종)

2 계간사방

횡공작물, 종공작물, 기타 공작물

1) 골막이(5가지 재료)

2) 사방댐

   ① 불투과형: 중력식, 아치식

   ② 투과형: 버팀

3) 바닥막이(4가지 재료)

4) 기슭막이(4가지 재료)

5) 수제

   ① 축조 재료에 따라 4가지로 분류

   ② 방향(상류, 보통, 하류)

6) 계간수로

7) 모래막이

3 해안사방

1) 해안 방재림 조성공사

① 모래 언덕 조성: 퇴사공, 성토공, 모래덮기, 파도막이

② 산림조성: 방풍공, 배수공, 정사공, 나무심기

2) 방조공사

방조제, 호안, 소파공, 소파제, 돌제

참고 사방(砂防: Erosion Control)이란?

① **정의**

토사재해나 수해를 일으키는 유해한 토사가 하류로 이동하지 않도록 억제·조절함과 동시에 필요하고 무해한 토사를 하류로 유출시키는 것 → 산지 보호, 황폐화 방지 → 자연환경, 국토 보전

∴ 자연과의 대화로 시작하여, 자연의 흐름에 역행하는 일 없이 우리들의 생활공간 및 생산 공간을 지키고 동시에 보다 좋게 하는 것

② **사방공학(Erosion Control Engineering)**

산지 녹화 및 국토 보전 면에서 사방의 목적을 달성하기 위한 기술과 이를 기초로 하는 과학의 응용에 관한 이론과 실제를 다루는 학문

핵심 03

사방댐의 분류

❶ 형식

① 직선중력댐

② 아치댐

③ 삼차원댐

④ 부벽식댐

❷ 사용 재료

① **돌댐**

- 메쌓기댐, 찰쌓기댐

- 4m 이하의 댐에 주로 사용

② **혼합쌓기댐**

- 5m 내외의 댐에 주로 사용

③ **콘크리트댐**

- 표준화 기준

- 거푸집에 콘크리트를 채워 댐 축조

④ **철근 콘크리트**

- 댐 강도

⑤ **강제댐**

- 강관, H형강 등 이용 축조

⑥ **통나무댐**

- 통나무를 이용하여 틀 형성

- 내부는 토석으로 충진

⑦ 돌망태댐

⑧ 콘크리트틀댐

⑨ 호박돌 콘크리트댐

  - 찰쌓기댐 내부에 호박돌로 채운 댐

⑩ 강철틀댐(슬리트댐)

⑪ 흙댐

☞ 사방댐 축조를 위한 현지조사: 지황, 임황, 기상, 황폐임지

참고　　**산지 침식의 종류**

산지는 붕괴형, 물침식 평지는 지활형, 물침식 해안은 바람침식

1. 물침식	2. 중력침식	3. 바람침식
① 빗물	① 붕괴형	① 모래날림
② 하천	② 지활형	
③ 지중	③ 동상침식	
④ 바다	④ 유동형 침식	

04 토양침식 진행과정

1 토양침식의 형태

황폐된 산지의 표면은 빗물의 양이 많아짐에 따라서 '우격침식 → 면상침식 → 누구침식 → 구곡침식'의 형태로 점점 더 큰 규모로 깎여나가게 된다. 이렇게 토양이 깎이는 과정에서 산각이 없어져 산붕이나 산사태가 발생하고, 산사태가 골짜기의 물과 만나 토석류를 발생시킨다.

2 빗물에 의한 토양침식 과정

① 우격침식

- 빗방울이 땅에 떨어지면서 지표에 있는 토양을 파헤치며 타격 · 분산시키는 과정
- 빗방울이 지표면 타격 → 토양 분산, 구조 파괴, 입자 비산 → 토양 공극 메움, 빗물 침투력 약화 → 물이 고이고(凹형 지형), 경사지는 물이 흐른다.
- 우격침식은 빗방울의 크기와 속도에 따라 영향을 받는다.

② 면상침식

- 강우 지속 → 토층 포화, 얇은 층으로 토양 이동(평면적 침식)
- 면상의 흐름에 의한 물의 침식력과 토사유송력은 토립자의 구성, 흙덩이의 크기 · 모양 및 밀도에 따라 토양 유출의 깊이와 속도가 달라지게 된다.

③ 누구침식

- 지표면 유출 지속 → 소규모 물줄기 흐름 발생 → 토양 이동
- 면상침식 발전 → 분명한 물줄기 형성 → 흙의 침식 → 누구 형성

④ 구곡침식

- 누구침식 진행, 규모 확대 → 구곡(넓은 침식구) 형성

3 산림에서 붕괴 발생 과정

원인	과정	결과
자연적 원인 – 병충해 등의 요인 　　　　　 – 나무와 풀 쇠퇴	빗물 침식	작은 규모의 산붕 큰 규모의 산사태 포락이 커진 토석류 서서히 이동하는 땅밀림
인위적 원인 – 절토, 성토, 채광, 채석 등		
지질적 원인 – 점토로 이루어진 토괴 등		

산림황폐와 산사태의 원인

1 산림황폐의 원인

1) 자연적 원인

① 지질: 우리나라는 전국토의 2/3가 풍화가 용이한 화강암과 화강편마암으로 구성되어 있으며, 경사가 급하여 황폐되기 쉽다.

② 강우: 연간 강수량 평균 1,300mm로서 6월~9월 사이에 70%가 집중된다.

③ 기온: 대륙성 기후로 계절과 주야간 온도차가 커서 임분의 피해가 잦다.

④ 병충해: 각종 병해충으로 산림의 황폐 원인이 된다.

⑤ 기타 재해: 연해(煙害), 낙진, 조풍(潮風), 설해 등으로 산림이 훼손된다.

2) 인위적 원인

① 산불: 산불로 인한 피해면적은 점점 증가 추세이며, 이로 인해 산림이 황폐된다.

② 산림훼손: 도로 건설, 군사시설, 토석 채취 등 산림훼손과 등산 인구 증가로 인한 황폐

2 산사태의 원인

1) 직접적 원인(主因)

① 자연적 원인: 집중호우, 산사태, 지진, 해일, 쓰나미 등

② 인위적 요인: 도로, 댐, 터널의 건설, 채광, 토석 채취 등

2) 간접적 원인(素因)

① 지질적 요인

단층, 파쇄대, 절리, 층리, 연암의 분포, 지하수 유무 등

② 지형적 요인

급경사지, 남쪽사면, 해안 · 하천 등 침식을 받기 쉬운 곳, 지하수가 집중되기 쉬운 곳

핵심 06 산지재해 발생 원인

1 급한 산지의 경사

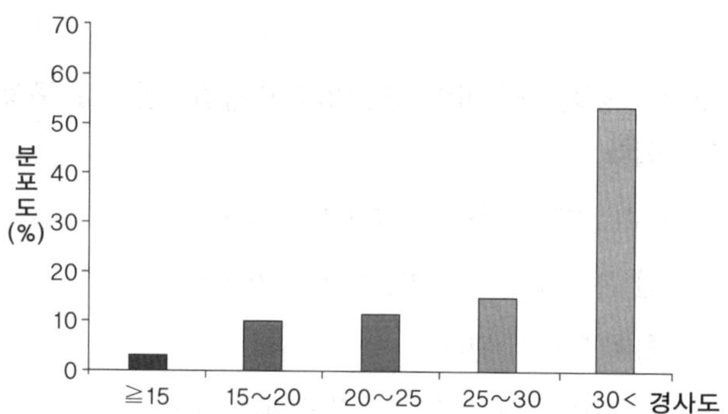

2 화강암계통 지질

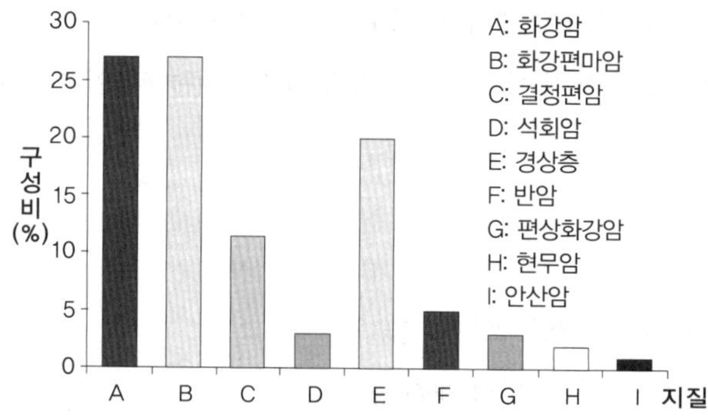

3 여름철 집중호우와 태풍

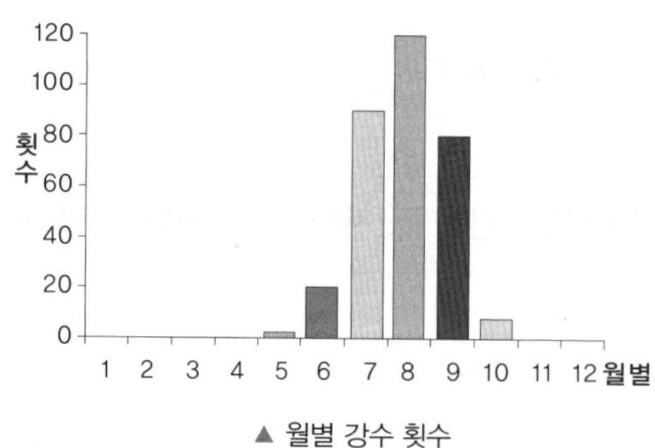

▲ 월별 강수 횟수

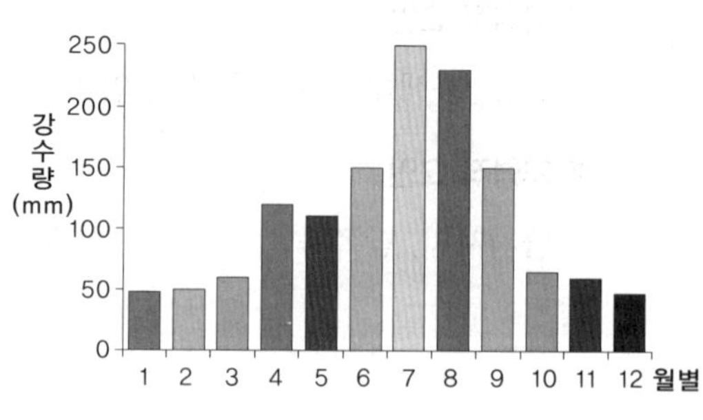

▲ 월별 강수량

핵심 07 황폐지의 유형

1 황폐지(荒廢地)

① 척악임지: 산지비탈면이 여러 해 동안의 표면침식과 토양 유실로 인하여 산림 토양의 비옥도가 척박한 지역

② 임간나지: 비교적 키 큰 입목들이 숲을 이루고 있지만, 임상에 지피식물이나 유기물이 적고 때로는 침식이 발생되어 황폐가 우려되는 지역

③ 초기황폐지: 임간나지 상태에서 침식이 진행되어 외관상 황폐지로 인식되는 산지

④ 황폐이행지: 초기황폐지가 더 악화되어 민둥산이나 붕괴지로 되어가는 단계의 산지

⑤ 민둥산: 입목이나 지피식생이 거의 없고 지표침식이 넓게 진행된 산지

⑥ 특수황폐지: 각종 침식 및 황폐 단계가 복합적으로 작용하여 황폐도가 대단히 격심한 황폐지

2 붕괴지(崩壞地)

① 중력에 의해 일시에, 빠른 속도로 땅이 무너지며 흘러내려 발생한다.

② 산붕, 산사태, 암석낙하, 슬럼프 등으로 절개면 노출, 붕괴지 하부에 토석 퇴적

3 밀린땅(地滑地), 땅밀림지

① 중력에 의해 사면의 암설이 느린 속도로 서서히 아래로 이동하여 발생한다.

② 포행(匍行) 또는 암석빙하현상 등의 매스 무브먼트가 발생한다.

4 훼손지(毁損地)

① 인위적으로 토지의 형질에 변화를 가져오게 된 곳

② 땅깎기 비탈면, 흙쌓기 비탈면, 채석장과 채광지

☞ 포행[匍行]: 지표 부근의 흙, 표토(表土), 응고하지 않은 퇴적물 따위에서 일어나는, 몹시 느리게 사면(斜面)을 미끄러져 내려오는 운동

☞ 암설[巖屑]: 돌 부스러기

> **참고** 요사방지: 사방이 필요한 땅
>
> ① 황폐지(척임초이민특수)   ② 붕괴지: 산사태 및 산붕 발생지
> ③ 밀린땅: 지활지   ④ 훼손지: 절토, 성토, 채광, 채석
> ⑤ 황폐계류   ⑥ 해안사지

산사태와 땅밀림

1 개념

① 붕괴형 산사태: 주로 절개지, 성토지 비탈, 산지비탈면에서 발생하는 무너짐 현상으로 할퀴고 지나간 듯한 상처를 남긴다(비탈붕괴, 산붕, 붕락, 포락, 벼랑붕괴 등이 있다).

② 땅밀림형 산사태: 일반적으로 특수한 지질대에서 비교적 깊은 지층이 서서히 미끄러져 내리는 지반활동 현상을 말한다.

2 붕괴형 산사태와 땅밀림형 산사태의 차이점

항목	붕괴형 산사태	땅밀림형 산사태
지질	• 특정 지질에 한정되지 않음 – 경사도의 영향이 지배적	• 제3기 지층, 파쇄대 또는 온천지대에서 많이 발생
지형	• 급경사지에서 많이 발생	• 5~20°의 완경사지, 특히 상부가 높고 평평한 지형을 갖는 경우에 많이 발생
규모	• 이동면적이 1ha 이하가 많고, 깊이도 깊지 않음	• 이동면적이 크고 깊이도 깊음
이동상황	• 속도가 빠르고 토괴는 교란됨 • 붕괴토사는 유출되고 퇴적토사 재이동이 적음	• 속도는 완만하고 토괴는 교란되지 않음 • 계속적으로 이동하고 정지 후에도 재이동
원인	• 중력이 유인이 되는 경우가 많으며 수강도에 커다란 영향을 받음	• 지하수가 유인이 되는 경우가 많음
징후	• 징후가 없고 돌발적으로 붕괴	• 발생 전에 균열, 함몰, 융기, 지하수위의 변동 및 입목뿌리 절단 등이 일어남

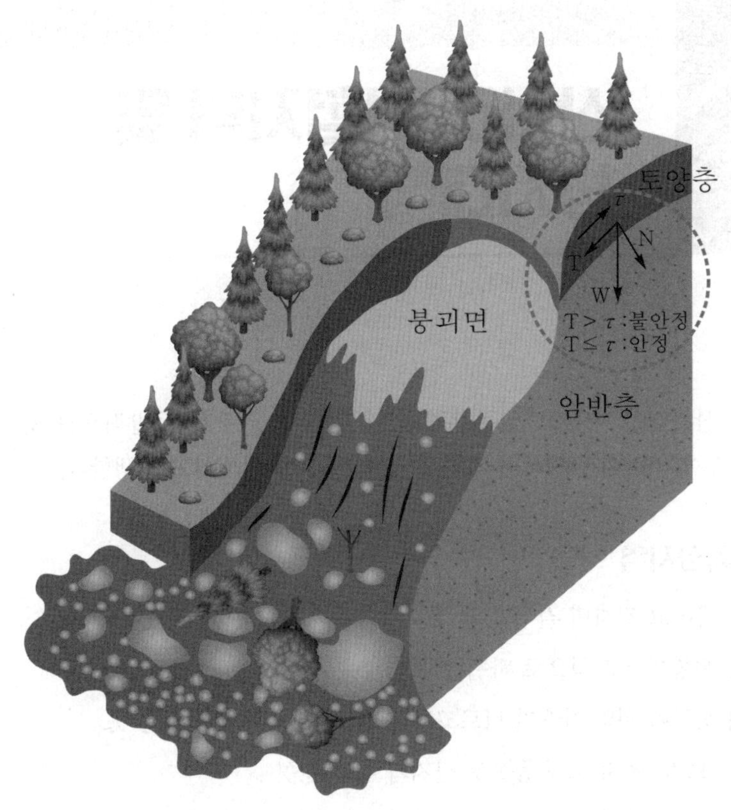

▲ 산사태 개념도

▲ 산사태 사진

핵심 09 산사태 위험지역 및 방지대책

1 개념

산사태란 산사면을 이루고 있는 토양이나 암석의 일부가 돌발적으로 붕괴하는 현상으로, 대부분 호우에 의하여 발생하며 지진, 화산폭발 등에 의해서도 발생한다.

2 산사태 위험지역

① 경사가 급하고 경사면 길이가 긴 곳

② 사면이 凹형에서 凸형으로 바뀌는 어깨 부분

③ 토양의 성질이 위와 아래가 다르고 하층에 점토나 바위가 있는 곳

④ 채석지, 묘지, 초지 조성 등으로 산지가 훼손된 곳

⑤ 산기슭을 훼손하여 심하게 개간한 곳

⑥ 산허리에 도로를 불완전하게 내거나 군대 진지 · 이동통로가 있는 곳

⑦ 암석의 절리 방향이 사면 경사 방향과 동일한 지역

⑧ 계곡이 가로, 세로로 심하게 침식되거나 구부러져 물이 심하게 부딪치는 곳

3 산사태 피해 방지대책

① 절개사면의 기울기 완화: 최대한으로 계단식으로 다듬던가 옹벽 등을 이용한 사방공법으로 사면의 경사를 완화시킨다.

② 절리면의 마찰력 증대: 앵커공법 등으로 암석 붕괴를 방지한다.

③ 절개사면 최상단부의 토압 제거: 흙막이 공사와 우회수로내기 등으로 중력에 의한 토석류의 붕괴를 방지한다.

④ 사면내외부 용수 배출: 사면 상부의 우회배수로 및 암반의 용출수 제거공 등을 실시한다.

⑤ 수목을 식재하고 보호하여 침투능을 증대시켜 표면 유수를 줄인다.

⑥ 사방댐 등을 설치하여 토석류를 차단하고 계간의 경사도를 완화시킨다.

■ 토석류 개념도와 사진

▲ 토석류의 개념도

▲ 토석류 사진

핵심 10 산사태와 토석류의 전조현상

1 산사태의 전조현상

① 땅이 울리거나 집이 흔들리며, 지면이 진동한다.

② 나무뿌리가 끊어지는 소리나 나뭇가지가 부딪치는 소리가 난다.

③ 균열이나 단차가 발생하거나 확대되며, 지표면에 요철이 발생한다.

④ 도로포장이나 터널이 균열되거나 옹벽이 균열되거나 밀린다.

⑤ 낙석이나 소규모 붕괴가 발생한다.

⑥ 지하수가 급격히 변화(고갈 또는 급증)하거나 탁해진다.

⑦ 용수량이 변화(고갈, 급증)하거나 탁해지며, 새로운 용수가 발생한다.

2 토석류의 전조현상

① 근처에서 산사태, 토석류가 발생한다.

② 입목이 부러지는 소리나 거력이 이동하는 소리가 들린다.

③ 계류수가 갑자기 흐려지거나 유목 등이 유출된다.

④ 강우가 계속되고 있지만, 수위가 급격히 감소한다.

⑤ 이상한 소리나 냄새(흙냄새, 타는 냄새, 시큼한 냄새, 나무 냄새)가 난다.

⑥ 계류 부근의 사면이 붕괴되거나 낙석 등이 발생한다.

⑦ 계류 수위가 강우량이 감소되어도 줄어들지 않는다.

1. 정의

계류나 하천을 유하하거나 퇴적하는 직경 10cm, 길이 1.0m 이상의 통나무

2. 특징

① 대부분 입목이나 도목이 사면붕괴나 토석류에 의해 유출된다.

　－ 일본의 경우는 목조가옥 등이 파괴되어 유출되는 경우도 있다.

② 교각 사이가 좁은 교량의 물 흐름을 막는다.

　－ 홍수나 토석류의 범람과 피해를 키우는 원인이 된다.

핵심 11 평균강우량 산정법

1 산술평균법

① 유역 내 평균강수량을 산정하기 위한 가장 간단한 방법으로, 유역 내 관측점의 강수량을 산술평균하여 나타내며 산악 효과나 우량계의 분포상태와 밀도 등은 고려되지 않는다.

② 비교적 균일한 지역의 평균강수량을 측정하는 데 사용된다.

2 Thiessen법

① 전 유역면적에 대한 각 관측선의 지배면적비를 가중치로 하여 평균강수량을 산정하는 방법으로, 산악효과는 무시되었지만, 우량계의 분포상태가 고려되어서 많이 사용된다.

② 인접된 관측점을 연결하여 삼각형을 만들고 각 변에 수직이등분선을 그어 형성되는 다각형 안에 존재하는 관측점이 그 다각형 면적의 가중치이다.

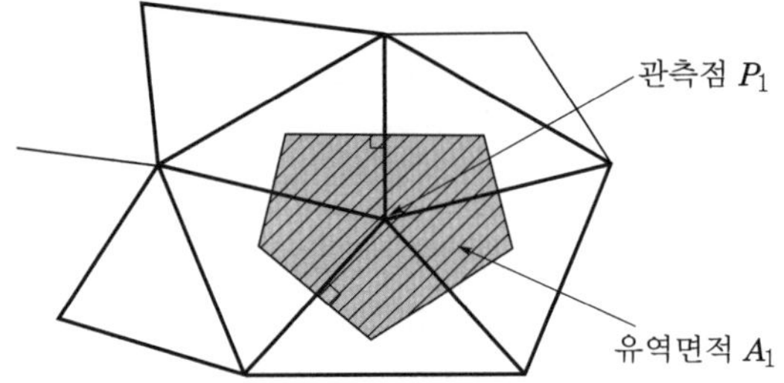

$$\text{가중치} = \frac{A_1 P_1 + A_2 P_2 + \cdots}{A_1 + A_2 + A_3 \cdots}$$

$$= \frac{\sum_{A=1}^{n} A_n P_n}{\sum_{A=1}^{n} A_n}$$

3 등우선법

① 지도상에 관측점과 강수량을 그려 넣고 등우선을 그린 후 등우선 평균과 강우량을 구한 후 유역면적과 등우선과의 면적비를 근거로 평균강수량을 산정한다.

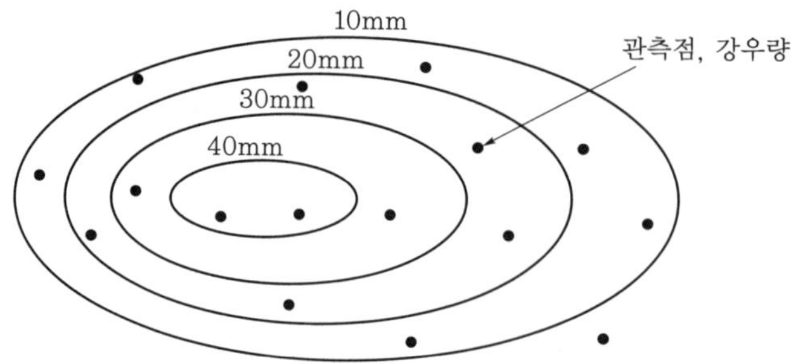

핵심 12 최대 홍수유출량

1 최대 홍수유출량의 개념

야계사방이나 계류사방공사에서 유로의 단면적 또는 방수로 크기를 결정하기 위해서 산정하는 그 지점을 통과하는 수위가 최대가 되는 유수량을 말한다.

2 최대 홍수유출량을 구하는 방법

1) 합리식법

배수유역 내에서 발생한 호우강도와 유량의 관계를 나타내는 경험공식이다.

$$Q = C \cdot I \cdot A$$

- Q=C · I · A $\quad$ Q=0.002778C · I · A(Q: m^3/sec)
- Q: 유역출구에서 최대 홍수유출량(ft^3/sec)
- C: 유출계수
- A: 유역면적
- I: 강우강도(강우시간이 도달시간보다 길어야 한다.)

2) 시우량법(초 단위로 산정)

$$1\text{초 동안의 유량} \quad Q = k \times \frac{a \times m/1,000}{60 \times 60}$$

- m: 최대 시우량
- a: 유역면적
- k: 유거계수(유역 내 하천의 유거수량과의 비)

3) 홍수위 흔적법

홍수가 지나간 흔적을 보고 최대홍수유출량을 계산하는 방법이다.

4) 비유량법

비유량(比流量)에 의한 홍수유량 산정(작은 규모 치산댐, 소구역 설계 홍수량)

$$Q = A \cdot q$$
- Q: 최대홍수유량(m^3/sec)
- A: 유역면적(km^2)
- q: 비유량($\text{m}^3/\text{sec}/\text{km}^2$)

유역면적 A(km^2)	0~10	10~20	20~40	40~60	60~80
비유량 q($\text{m}^3/\text{sec}/\text{km}^2$)	25	20	15	12	10

❸ 합리식의 문제점

경험식에 의해 시우량을 구하기 때문에 각 지역에 따라 별도의 시우량을 구하기 위한 경험식이
필요하다.

핵심 13 합리식의 정확도 향상 방안

- 사방사업에서 합리식의 정확도 향상 방안
- 산림과학원 논문 요약

1 연구 배경

① 최근 국지성 집중호우의 빈발에 따른 도시생활권 산지재해 위험 증가로 사방댐 등 산지재해예방시설의 적정 설계 및 시공에 대한 국민적 관심이 증대되었다.

② 합리식(合理式, rational formula)은 유역의 홍수유출량을 추정하는 방법으로 현재 사방댐 설계홍수량 산정에 가장 많이 적용되고 있다.

③ 유달시간(홍수 도달시간)은 빗물이 유역 최상부에서 유역 출구까지 도달하는 데 걸리는 시간을 의미하며, 합리식의 설계홍수량 산정에 큰 영향을 주는 요소이다.

④ 국내 6개 산림유역에서 장기간 실측한 유달시간을 기반으로 유달시간 산정 공식의 국내 적용성을 분석한 결과, 기존 경험식들은 실측값의 5~28%의 과소치 또는 195%의 과대치가 산정된 반면, 미국 농무성 토양보전청에서 제시한 SCS lag 공식은 실측값의 90% 정도로 높은 정확성을 보이는 것으로 나타났다.

2 주요 성과 내용

1) 국내 산악지형에 대한 유달시간 산정 공식의 적용성 평가

① 국립산림과학원에서 산림 물순환 장기 모니터링 중인 광릉 침엽수림 유역 등 6개 산림유역을 대상으로 「사방기술교본」에서 제시한 4개 경험식과 미국 농무성 토양보전청에서 제시한 SCS lag 공식 등 총 5개의 유달시간 산정 공식을 이용하여 국내 산악지형에 대한 적합성을 분석하였다(표 1).

② 5개 산정 공식을 이용하여 6개 유역별 유달시간을 산정한 결과, 동일한 유역이더라도 산정 공식에 따라 평균 1~41분으로 큰 차이를 보이는 것으로 나타났다(표 2).

③ 광릉 침엽수림 유역 등 6개 산림유역에서 장기간 관측된 시우량 30mm 이상의 집중호우 총 80회(최대 시우량: 114mm)를 대상으로 실측한 유달시간은 유역별로 13~29분으로 평균 21분이었다(표 2).

④ 각 산정 공식으로 도출된 유달시간과 실측 유달시간을 비교한 결과, 각 공식으로 도출된 유달시간은 유역에 따라서 실측값의 3~262%까지 매우 다양하였으며, 평균적으로도 5~195%의 큰 차이를 보였다.

⑤ 유달시간 산정 공식 중 SCS lag 공식에 의한 유달시간이 평균적으로 실측 유달시간의 90%(유역별로는 68~110%) 수준으로 예측이 가능하여 적용성이 가장 우수한 것으로 나타났다.

■ 〈표 1〉 적용성 분석에 사용한 유달시간[T_c(분)] 산정 공식

공식명	수식	특징 및 제한사항
Kirpich	$T_c = 3.96 \dfrac{L^{0.77}}{S^{0.385}}$ L=계류의 연장(km), S=유역의 평균기울기 (km/km)	– 미국의 농경지 소유역을 대상으로 유도된 경험식
Rziha	$T_c = 0.833 \dfrac{L}{S^{0.6}}$ L=계류의 연장(km), S=계류의 평균기울기 (km/km)	– 자연하천의 상류 유역 (S≥1/200)에 적용되는 경험식
Kraven	$T_c = 0.444 \dfrac{L}{S^{0.515}}$ L=계류의 연장(km), S=계류의 평균기울기 (km/km)	– 자연하천의 중·하류부 유역(S≤1/200)에 적용되는 경험식
Kerby	$T_c = 36.255 \dfrac{(Ln)^{0.467}}{S^{0.2533}}$ L=유역 출구부터 계류 최원점까지의 직선거리(km), S=유역의 평균기울기(km/km), n=토지이용 특성을 나타내는 조도계수	• 유달시간 추정에 유역특성과 토지이용 등을 고려하는 경험식 • 토지이용 특성별로 값은 도시포장 지역 0.02, 나지 0.30, 초지 0.40, 산림 0.80을 사용
SCS lag	$T_c = 0.01367 \dfrac{(1000L)^{0.8}(1000/CN-9)^{0.7}}{\sqrt{S}}$ L=계류의 연장(km), S=유역의 평균 기울기 (km/km), CN=SCS 유출곡선지수	• 미국 농무성 토양보전청 (USDA SCS)에서 제시 • 주로 면적 800ha 이하의 산림 및 농경지 유역에 적용하는 경험식 • CN은 토양, 선행강우조건 및 토지피복 상태에 따라 결정되는 SCS 유출곡선 지수로서, 일반적으로 산림 에서는 60을 적용

■ 〈표 2〉 산정 공식에 의한 유달시간과 실측 유달시간과의 비교

유역	임상	면적 (ha)	산정 공식별 유달시간(분)					실측 유달시간(분)
			Kirpich	Rziha	Kraven	Kerby	SCS lag	
광릉1	침	13.6	4	1	1	34	13	13
진안	침	39.1	6	2	1	42	20	29
광릉2	활	22.0	6	2	1	41	18	17
공주	활	22.6	6	2	1	41	19	28
경산	활	19.8	6	2	1	41	19	20
화순	활	37.8	7	2	1	47	23	21
평균		25.8	6	2	1	41	19	21

2) 유달시간 산정 공식에 따른 설계홍수량 산정결과 비교

① 기존 4개 경험식 및 SCS lag 공식을 포함한 5개 산정법과 실측자료에 의한 유달시간을 이용하여 유역별로 합리식에 따른 설계홍수량을 산정한 결과, 동일한 유역이더라도 유달시간 산정 공식에 따라 최대 2.7배까지 큰 차이를 보이는 것으로 나타났다(그림 1).

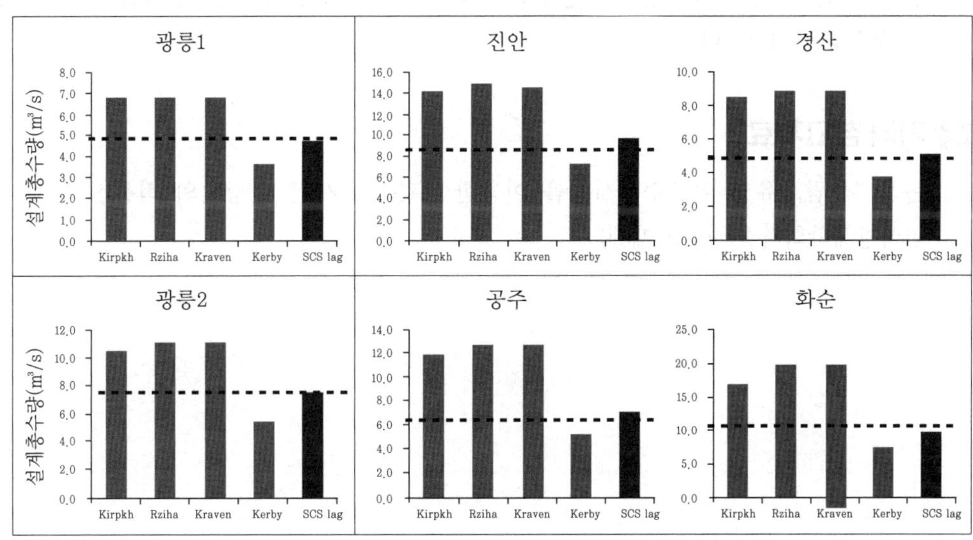

------ : 실측 홍수 도달시간 적용 시 설계홍수량

▲ 〈그림 1〉 경험식 및 실측자료에 의한 유달시간 적용 시,
유역별 설계홍수량 산정결과 비교(합리식 유출계수 0.7 적용)

② 5개 산정 공식 중에서 SCS lag 공식에 의한 유달시간을 사용하였을 시, 실측 유달시간을 적용하였을 때의 설계홍수량 대비 평균 4%(유역별로 −3~14%)의 오차율을 보이는 것으로 나타나 사방사업에서 합리식을 활용한 설계홍수량 산정 시, 5개 유달시간 산정 공식 중 SCS lag 공식을 적용한 경우의 정확성이 가장 우수한 결과를 보였다(표 3).

유역	실측자료 대비 유달시간 산정 공식별 설계홍수량 오차율(%)				
	Kirpich	Rziha	Kraven	Kerby	SCS lag
광릉1	42	42	42	−26	0
진안	68	78	75	−15	14
광릉2	37	44	44	−29	−1
공주	92	105	105	−14	14
경산	70	80	80	−25	2
화순	67	96	96	−27	−3
평균	63	74	74	−23	4

3 기대효과

① 국내 산림유역의 실측자료를 바탕으로 검증된 유달시간 산정 공식을 활용함으로써 사방댐 등 산지재해예방시설 설계의 정확성 및 신뢰성을 제고한다.

② 국내 산악지형에 적합한 설계홍수량 도출로 합리적인 산지재해예방시설 시공 및 공사비의 적정성을 제고한다.

4 기타 참고자료

논문 "산림소유역 실측수문사상을 이용한 홍수도달시간 산정법의 적용성 평가"(2015년 한국방재학회지 15권 6호 게재)

사방수종 구비조건

1 사방수종

① 해송(*Pinus thunbergii*)

② 리기다(*Pinus rigida*)

③ 아까시(*Robinia pseudo acasia*)

④ 물갬나무(*Alnus hirsuta var. sibirica*)

⑤ (물)산오리(*Alnus hirsuta*)

⑥ 사방오리(*Alnus firma*)

⑦ 싸리(*Lespedeza bicolor*)

⑧ 참싸리(*Lespedeza cyrtobotrya*)

2 사방수종 구비조건

① 생장력이 왕성하고 잘 번성하는 것

② 뿌리 자람이 좋고 토양의 긴박력이 클 것

③ 척악지, 건조지, 한해 및 충해 등에 적응성이 클 것

④ 갱신이 쉽고 경제적 가치가 클 것

⑤ 묘목생산비가 적게 들고 대량생산이 가능할 것

⑥ 토양 개량 효과가 클 것

⑦ 피음에도 잘 견딜 것

3 바위, 암벽 수종

① 병꽃나무(*Weigela subsesilis*)

② 노간주(*Juniperus rigida*)

③ 눈향나무(*Juniperus chinensis Var. Sargentii*)

④ 개나리(*Forsythia koreana*)

⑤ 회양목(*Buxus microphylla var koreana*)

⑥ 붉나무(*Rhus javanica*)

15 사방사업 타당성 평가

● 사방사업법 시행령 [별표 1] <개정 2019. 7. 2.>

1 타당성 평가의 기준

① 공통사항

공통사항	가. 사방사업 대상지는 산지이거나 산지와 연접한 토지일 것 나. 다른 용도로 개발이 예정 또는 확정되어 있거나 사방사업이 필요하지 않은 지역은 사방사업 대상지에서 제외할 것 다. 멸종위기 동·식물의 서식지가 아닐 것

② 산지사방사업

산사태 예방사업	산사태 발생 위험이 크거나 우려되는 지역일 것
산사태 복구사업	가. 산사태가 발생한 지역일 것 나. 붕괴·침식 또는 토석의 유출 등 2차 피해가 예상되는 지역일 것
산지 보전사업	황폐지화가 진행될 우려가 있는 지역 또는 황폐지화가 진행 중이거나 이미 진행된 지역으로서, 사방사업을 시행하면 산지의 붕괴·침식 또는 토석의 유출을 방지하는 효과가 있는 지역일 것
산지 복원사업	황폐지화가 우려되거나 진행 중 또는 이미 진행된 지역으로서 사방사업을 시행하여 산림생태의 건강·활력 및 안정성의 증진이 가능할 것

③ 해안사방사업

해안 방재림 조성사업	가. 해일·풍랑·모래날림·염분 등에 의한 피해가 우려되는 지역 또는 피해가 진행 중이거나 이미 발생한 지역으로서, 사방사업을 시행하면 피해를 예방 또는 감소시킬 수 있는 지역일 것 나. 만조해안선으로부터 200미터 이내일 것
해안침식 방지사업	파도 등으로 인한 해안침식의 우려가 있는 지역 또는 해안침식이 진행 중이거나 이미 진행된 지역으로서, 사방사업을 시행하면 해안침식을 예방 또는 감소시킬 수 있는 지역일 것

④ 야계사방사업

계류 보전사업	계류(溪流) 바닥 또는 기슭에 침식이 예상되는 지역 또는 침식이 진행 중이거나 이미 진행된 지역으로서, 사방사업을 시행하면 유속을 줄이고 침식을 예방 또는 감소시킬 수 있는 지역일 것
계류 복원사업	계류의 훼손이 우려되는 지역 또는 훼손이 진행 중이거나 진행된 지역으로서, 사방사업을 시행하면 계류의 훼손을 예방 또는 감소시키고, 계류 생태의 건강 · 활력과 안정성의 증진이 가능한 지역일 것
사방댐 설치사업	상류지역의 산사태 · 토석류로 인한 피해가 우려되거나 피해가 진행 중인 지역으로서, 사방사업을 시행하면 산사태 · 토석류로 인한 피해를 예방 또는 감소시킬 수 있는 지역일 것

2 타당성 평가의 시기 · 방법

① 평가 시기: 사방사업대상지를 선정한 후 사방사업 실시설계를 하기 전에 평가한다.

② 평가자: 사방사업 또는 산림환경 분야에 전문 지식이 있는 자 3명 이상이 평가한다.

③ 평가 방법: 사방사업의 타당성 평가 기준에 따라 평가자가 사업의 타당성 여부를 결정하되, 평가자 중 3분의 2 이상이 타당성이 있다고 판정하여야 한다.

3 타당성 평가의 대상사업

타당성 평가는 다음 각 목의 어느 하나에 해당하는 사방사업에 대하여 실시한다. 다만, 산사태 등 자연재해를 복구하기 위하여 사방사업을 하는 경우에는 타당성 평가를 아니할 수 있다.

① 추정 공사금액이 1억원 이상인 사방사업

② 사업대상지 면적이 1만㎡ 이상인 다음의 사방사업

    ㉠ 산사태예방사업

    ㉡ 산사태복구사업

    ㉢ 산지보전사업

    ㉣ 산지복원사업

    ㉤ 해안방재림 조성사업

③ 사업대상지 거리가 500미터 이상인 다음의 사방사업

    ㉠ 해안침식 방지사업

    ㉡ 계류보전사업

    ㉢ 계류복원사업

4 기타

그밖에 타당성 평가에 관하여 필요한 사항은 산림청장이 정하여 고시한다.

핵심 16 사방시설의 관리·점검

● 사방사업법 시행령 [별표 2] <개정 2023. 4. 11.>

1 사방시설의 관리

사방시설 관리자는 사방시설에 대하여 선량한 관리를 해야 한다.

2 사방시설의 점검

1) 점검 대상

① 준공 후 4년이 지난 법 제3조제3호에 따른 야계사방사업의 사방시설

② 그밖에 사방시설 관리자가 필요하다고 인정하는 사방시설

2) 점검 횟수

① 정기점검

– 1년에 1회 이상 실시한다.

– 다만, 준공 후 5년 이상 10년 이하의 기간이 지난 사방시설의 경우에는 2년마다 실시할 수 있다.

② 수시점검

– 태풍 또는 집중호우로 인한 피해 발생이 우려되거나 피해가 발생하여 사방시설 점검이 필요한 때에 실시한다.

3) 점검 방법

① 외관점검

– 육안(맨눈)으로 외관상 사방시설의 균열, 누수, 붕괴 등 특이사항을 점검한다.

② 정밀점검

– 외관점검 결과 사방시설의 관리자가 정밀점검이 필요하다고 인정한 경우, 비파괴검사 등을 이용하여 사방시설의 내부균열, 침하 여부 등을 점검한다.

4) 점검 기관

① 사방시설의 점검은 다음의 어느 하나에 해당하는 기관에 의뢰하여 실시한다.

② 정밀점검의 경우에는 ㉠ 또는 ㉡의 기관만 해당한다.

③ 다만, 해당 사방시설을 시공한 기관에는 의뢰할 수 없다.

    ㉠ 사방사업법에 따른 한국치산기술협회

    ㉡「공익법인의 설립ㆍ운영에 관한 법률」에 따른 사방사업 관련 공익법인

    ㉢「기술사법」에 따른 산림 분야 기술사사무소

    ㉣「산림조합법」에 따른 산림조합 또는 산림조합중앙회

    ㉤「엔지니어링산업 진흥법」에 따른 농림전문 분야 엔지니어링사업자

예제문제 1-10

1. 준공 후 (㉠)이 지난 법 제3조제3호에 따른 야계사방사업의 사방시설은 점검 대상에 해당된다.

2. 정기점검은 1년에 (㉡)회 이상 실시하며, 준공 후 (㉢)년 이상 (㉣)년 이하의 기간이 지난 사방시설의 경우 2년마다 실시할 수 있다.

3. 정밀점검은 외관점검 결과 사방시설의 관리자가 정밀점검이 필요하다고 인정한 경우, (㉤) 등을 이용하여 사방시설의 내부균열, 침하 여부 등을 점검한다.

※ 정답은 성안당 도서몰 [자료실]에서 제공

핵심 17 사방시설의 안전진단·조치

● 사방사업법 시행령 [별표 2] <개정 2023. 4. 11.>

1 사방시설의 안전진단

가. 안전진단 대상

법 제3조제3호다목에 따라 설치된 사방댐 중 제2호다목2)에 따른 정밀점검 결과 심각한 물리적·기능적 결함이 있거나 결함이 우려되는 사방댐에 대하여 안전진단을 실시할 수 있다.

나. 안전진단 방법

비파괴검사 등 안전진단 기술 또는 기기를 이용하여 사방댐의 안전상태를 전문적으로 진단한다.

다. 안전진단 기관

안전진단은 다음의 어느 하나에 해당하는 기관에 의뢰하여 실시한다.

1) 법 제22조의2제1항에 따른 한국치산기술협회

2)「시설물의 안전 및 유지관리에 관한 특별법」제12조에 따른 정밀안전진단의 실시기관

2 사방시설의 안전조치

가. 제2호의 점검 또는 제3호의 안전진단 결과에 따라 긴급히 조치하여야 할 사항이 있는 경우에는 즉시 응급조치를 해야 한다.

나. 제2호의 점검 또는 제3호의 안전진단 결과에 따라 사방시설의 안전에 중대한 문제가 있을 경우에는 사방시설의 보완·개량·철거·재시공 등 필요한 안전조치를 해야 한다.

3 기타

그밖에 사방시설의 관리·점검·안전진단·안전조치에 관하여 필요한 사항은 산림청장이 따로 정하여 고시한다.

사방사업의 설계·시공기준

● 사방사업법 시행규칙 [별표] <개정 2019. 9. 24.>

1 설계기준

가. 현지조사

1) 사방사업을 하기 전에 다음 사항을 공통적으로 조사한다.

가) 사방사업 대상지의 면적 및 지장물 현황과 그 소유관계: 지번별·지목별로 조사하고, 편입용지도(編入用地圖)는 해당 지역의 최신 지적도 및 임야도를 사용하여 작성

나) 사방사업 대상지의 형상 및 토질: 토사·암반으로 구분하여 조사하고, 지하암반은 지형 또는 표면상태와 부근 지역의 절토단면 등을 참고하여 추정 조사하되, 피해재발 우려지역은 필요시 지반조사를 병행

다) 설치할 공작물의 위치·종류·수량 및 사용자재의 규격 등

라) 지황(地況), 임황(林況), 기상인자(최대시우량, 연속강우량, 호우빈도 등) 등 사방사업 대상지의 황폐화 원인 및 특성

마) 사방사업의 대상지와 연접지에 습지, 희귀식물·특산식물·멸종위기식물 등이 있는지 여부

바) 공사 시 중장비 등의 활용 가능성과 절토(땅깎기)량·성토(흙쌓기)량의 정도

사) 공사에 필요한 골재·석재·떼 등 자재의 현지 채취 가능성 및 내구성·환경성

아) 법령상의 공사 제한사항 등 사방사업 실시에 있어서의 제반 장애요인

2) 야계사방사업의 경우 다음 사항을 추가로 조사한다.

가) 계류(溪流)의 폭, 계류의 지형, 계류바닥의 상태(침식 정도, 경사도, 구성인자의 크기 등) 및 기초지반의 상태(암반 유무, 토질, 풍화 정도 등)

나) 집수구역의 면적, 수문의 특성, 지하수위 및 홍수수위 등

다) 계류에 서식하는 주요 수생동식물의 종류 및 서식처

나. 사방사업의 면적 산출

1) 사방사업의 도상(圖上) 면적은 수평거리와 평면적으로 산출한다.

2) 사방사업의 실제 면적은 사거리와 사면적으로 산출한다.

다. 도면의 제도(製圖)

1) 제도

가) 제도는 KSF1001 토목제도 통칙에 따른다.

나) 단위는 미터법을 사용한다.

다) 문자는 한글 사용을 원칙으로 하되, 필요에 따라 한자 또는 외국어를 병기할 수 있다.

2) 평면도

가) 축척은 1/1,200으로 한다.

나) 평면도에는 측점번호, 주요 공작물의 위치, 곡선반경 등을 기입하여야 하며, 사유토지의 지점 경계를 표시하고, 공작물의 위치는 사방공종 부호나 공종명을 기입한다.

3) 종단면도

가) 축척은 고저는 1/100, 거리는 1/500으로 한다.

나) 종단면도에는 측점, 측점 간 거리, 누계거리, 지반고ㆍ계획고, 절토고ㆍ성토고, 절토ㆍ성토 단면적, 토적량, 계획경사도 등을 기입한다.

다) 시공계획고는 피해 방지 및 경관 유지가 가능하도록 결정한다.

4) 횡단면도

가) 축척은 1/100로 한다.

나) 횡단면도에는 절토고ㆍ성토고, 절토ㆍ성토 단면적 및 공작물을 표시한다.

다) 횡단 기입의 순서는 좌측 하단에서 상단 방향으로 기입한다.

라) 절토 부분은 토사ㆍ암반으로 구분하되, 암반 부분은 추정선으로 기입한다.

마) 각 측점의 단면마다 지반고ㆍ계획고, 절토고ㆍ성토고, 단면적, 지장목 제거, 사면보호공 등의 물량을 따로 기입한다.

5) 공작물도

가) 축척은 1/100을 원칙으로 하되, 소규모인 경우 변경하여 제도할 수 있으며, 공작물 내역과 재료별 규격 및 물량계산서를 기입한다.

나) 설계홍수량은 최근 100년 빈도 확률강우량과 홍수도달시간을 이용한 합리식(合理式)으로 계산된 최대홍수유출량의 1.2배 이상으로 하고, 사방댐 등 횡공작물의 방수로 등은 2.0배 이상 5.0배 이하로 설계하되, 급류지역에서는 그 이상으로 할 수 있다.

라. 설계서의 작성

1) 설계서는 목차, 위치도, 공사설명서, 일반시방서, 특별시방서, 예정공정표,

관계지적조서, 공사원가계산서, 설계내역서, 일위대가표, 단가산출서, 각종 중기경비계산서, 공종별 수량계산서, 각종 소요자재 총괄표, 토적표, 산출기초, 설계도면 등의 순서로 작성한다.

2) 설계에 필요한 각종 단가산출서의 적용기준은 산림청장이 정하는 사방표준품셈을 적용하되, 건설표준품셈 및 실적공사에 의한 예정가격을 적용할 수도 있다.

2 시공기준

가. 사방사업 대상지의 상·하단부에 있는 주택과 산업시설 등의 피해 방지를 우선적으로 고려하여 시공한다.

나. 산사태가 발생한 산지의 경우 인근 지역을 포함하여 2차적인 붕괴·침식 또는 토석의 유출 등을 방지하기 위한 공법 등을 적용한다.

다. 야계사방사업의 경우 계류의 유속을 줄이고 침식 또는 토석류를 저감하기 위한 공법 등을 적용한다.

라. 상시 물이 흐르고 어류 등이 서식하는 계류에는 어류 등의 이동이 가능하도록 생태통로를 설치한다.

3 그 밖의 사항

제1호 및 제2호에서 정한 사항 외에 사방사업의 설계·시공 기준에 필요한 사항은 산림청장이 정하여 고시한다.

예제문제 1-11

1. 사방사업 대상지의 면적 및 지장물 현황과 그 소유관계를 조사할 때, 편입용 지도는 해당 지역의 최신 (㉠) 및 임야도를 사용하여 작성한다.

2. 사방사업의 실제 면적은 (㉡)와 (㉢)으로 산출한다.

3. 평면도에는 측점번호, 주요 공작물의 위치, 곡선반경 등을 기입해야 하며, 사유토지의 (㉣)을 표시하고, 공작물의 위치는 사방공종 부호나 공종명을 기입한다.

4. 설계홍수량은 최근 100년 빈도 확률강우량과 홍수도달시간을 이용한 (㉤)으로 계산된 최대 (㉥)의 1.2배 이상으로 한다.

5. 횡단면도의 절토 부분은 (㉦)와 암반으로 구분하되, 암반 부분은 (㉧)으로 기입한다.

※ 정답은 성안당 도서몰 [자료실]에서 제공

핵심 19 사방지 지정 구역 도면

■ 사방사업법 시행규칙 [별지 제2호서식] 〈개정 2015.12.30.〉

번호: ○○년도 제○○호

사방지지정구역도면

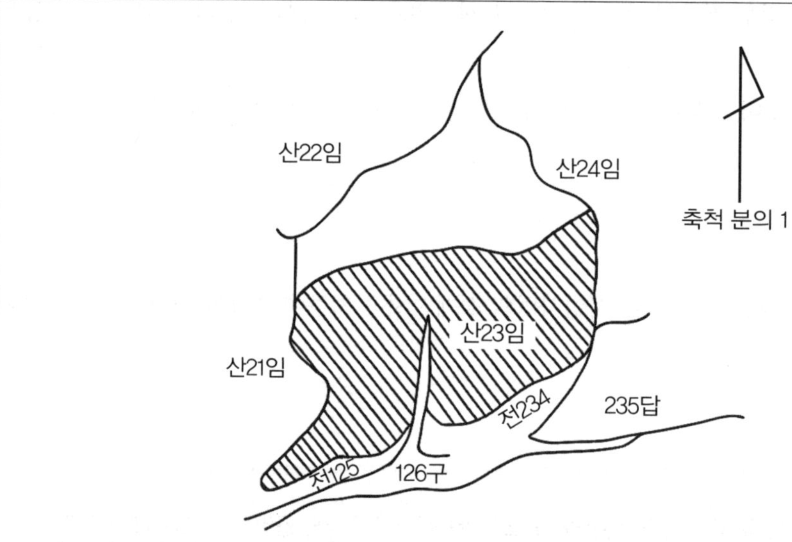

※ 위 도면은 영 제2조제5호에 따른 도면임.

〈보기〉

▨ : 사방지

〈지정내역〉

토지 소재지				사방지 지정	
시 · 군, 읍 · 면, 동 · 리	지번	지목	면적	지정면적	고시번호 · 일자
			m²	m²	

297mm × 420mm[백상지 80g/㎡]

---

1. 공통사항
   가. 토공
      (1) 입목벌채 · 표토 정리
      (2) 절토 · 성토사면정리(비탈다듬기)
      (3) 암석절취
      (4) 구조물 기초터파기
      (5) 토취장 · 사토장
   나. 파종
   다. 나무심기
   라. 생태통로 등의 설치
   마. 자연경관 증진
   바. 안전시설물 설치
   사. 편익시설 등
   아. 현장대리인 배치
   자. 사방사업 자체 설계심의
   차. 사방사업의 완료
2. 산사태예방 · 산사태복구 · 산지보전사업 (공통)
   가. 정지작업
      (1) 단끊기
      (2) 흙막이
      (3) 땅속 흙막이
   나. 수로내기
      (1) 돌수로
      (2) 콘크리트수로
      (3) 떼수로
      (4) 콘크리트플륨관수로

   다. 줄(條) 만들기
      (1) 돌줄(條) 만들기
      (2) 새(풀포기)줄(條) 만들기
      (3) 섶줄(條) 만들기
      (4) 통나무줄(條) 만들기
      (5) 등고선형 물고랑파기
   라. 단쌓기
      (1) 떼단쌓기
      (2) 돌단쌓기
      (3) 혼합쌓기
      (4) 마대쌓기
   마. 줄떼만들기
      (1) 줄떼다지기
      (2) 줄떼붙이기
      (3) 줄떼심기
      (4) 선떼붙이기
   바. 사면보호하기
      (1) 섶덮기
      (2) 짚덮기
      (3) 거적덮기
      (4) 코아네트
   사. 편책 · 바자얽기
   아. 씨뿌리기
      (1) 줄뿌리기
      (2) 흩어뿌리기
      (3) 점뿌리기
   자. 골막이
   차. 기슭막이

● 사방사업의 설계·시공 세부기준 [산림청고시 제2022-106호, 2022. 11. 22., 일부개정]

1 토공

항목	세부 내용
입목벌채·표토 정리	• 사업 대상지의 절토·성토사면에 있는 입목(관목을 포함)·초본류·표토 등을 정리 • 절토·성토사면 정리 대상지의 경계선 주변에 생립하는 불안정한 수목 제거 가능
절토·성토사면 정리	• 불규칙한 지반 정리, 비탈면 기울기와 소단 설치 기준 조정 가능 • 토사의 안정각 유지, 지질·경사 및 주변 지형과 공법 감안 • 절토면 상단부 및 불안정한 사면 최대한 안정각 유지 • 지장목이 땅에 묻히지 않도록 주의
암석 절취	• 암석은 부득이한 경우를 제외하고 브레이커로 절취 • 발파 시 화약 과다 사용 금지, 발파로 인한 산림훼손 방지
구조물 기초터파기	• 단단한 원지반이 나올 때까지 충분히 터파기 • 계류에서의 기초터파기는 유수에 의한 피해 방지를 위해 충분한 깊이로 터파기
토취장·사토장	• 절토·성토 시 부족한 토사 공급 또는 남는 토사 처리를 위해 적정 장소에 토취장·사토장 지정 • 설계·시공 시 피해 방지 대책 수립 후 작업

■ 절토와 성토 비탈면의 기울기

구분			비탈면의 기울기	소단 설치
절토	보통흙	습지	1:1~1:1.5	절토고 3~5m 간격으로 폭 0.5m 이상의 소단 설치
		건지	1:0.5~1:1	
	암반	풍화암	1:1.0	절토사면에 대한 안정성을 고려하여 소단 설치
		연암	1:1.0	
		경암	1:0.5	
성토			1:1~1:2.0	성토고 3~5m 간격으로 폭 0.5m 이상의 소단 설치

2 파종

① 파종은 암석지 등 불필요한 지역을 제외한 비탈면과 절개지, 나지 등에 계획한다.

② 파종은 가급적 봄에 실시하되 가을에도 실시할 수 있다.

③ 초류종자는 가급적 향토 초류종자와 싸리류를 혼합 파종한다.

④ 척박지는 종비토(종자+비료+흙)를 혼합하여 실시하되 현지 여건에 따라 조정할 수 있다.

3 나무심기

① 나무심기는 봄 · 가을에 실시하는 것을 원칙으로 하되 용기묘로 심는 경우에는 연중 실시할 수 있다.

② 식재수종은 사방수종으로 심어야 한다. 다만, 토질이 좋은 곳에는 지역에 자생하는 향토수종 · 경제수종을 식재할 수 있다.

③ 묘목은 가급적 소묘를 원칙으로 하며 ha당 식재본수는 4,000본 내외를 기준으로 한다. 다만, 현지 여건에 따라 식재수종과 본수를 조정할 수 있다.

④ 주요 공작물 주변에는 뿌리에 의한 구조물 훼손이 발생하지 않도록 적정 간격을 유지하여 식재한다.

4 생태통로 등의 설치

① 상수가 흐르는 계류에 횡 공작물(사방댐, 바닥막이 등)을 설치할 때는 가급적 수서동물이 이동할 수 있는 구조로 시설한다.

② 계류에 종공작물을 설치할 때는 양서류 · 파충류 등 야생동물의 이동이 용이하도록 적정 거리에 하천 접근로를 설치할 수 있다.

5 자연경관 증진

사방댐 등 사방구조물에 덩굴류를 식재하거나 사방시설물 주변에 향토 초류종자의 파종 및 화목류 · 야생화 등을 식재하는 등 자연경관을 증진시킨다.

6 안전시설물 설치

사방시설로 인한 안전사고의 예방을 위하여 위험지에는 안전울타리 · 위험경고 입간판 등을 시설하여야 한다.

7 편익시설 등

① 사방사업 실행 시 주민들의 요구가 있을 때는 사방사업 본래의 목적에 지장을 주지 않는 범위 내에서 취수 · 용수시설 등 주민 공동 편익시설을 설치할 수 있다.

② 홍보를 위하여 사방댐 몸체의 하류면(반수면)에 홍보문구를 새기거나 로고 등을 부착할 경우, 주변 경관과 어울리게 설치한다.

③ 사방댐의 안내간판 및 표주석에 대한 디자인, 문구 내용, 규격, 형식 등은 별표 1에 따라 설치하여야 한다.

8 현장대리인 배치

① 시공자는 사방사업의 공사 관리 및 기타 기술상의 관리를 하기 위하여 공사 착수와 동시에 산림공학기술자 1인 이상을 공사현장에 배치하여야 한다.

② 감독관은 사업 착수 전 현장대리인의 인적사항과 자격정보를 산림기술정보통합관리시스템에 등록하여 중복 배치 여부 및 자격정보를 확인하여야 한다.

③ 사방사업공사 현장에 배치된 현장대리인은 발주자의 승낙을 얻지 아니하고는 정당한 사유 없이 공사현장을 이탈하여서는 아니 된다.

④ 사방사업공사 현장에 배치된 현장대리인이 업무수행 능력이 없다고 인정될 때는 시공자에게 산림공학기술자의 교체를 요청할 수 있다. 이 경우 시공자는 정당한 사유가 없는 한 응하여야 한다.

⑤ 사방사업 시공자는 다음 각호의 어느 하나에 해당하는 공사에 대하여는 공사품질 및 안전에 지장이 없는 범위 내에서 발주자의 승인을 받아 1인의 산림공학기술자를 3개의 현장에 배치할 수 있다.

　㉠ 이미 시공 중에 있는 공사의 현장에서 새로이 시작되는 산림토목공사

　㉡ 동일한 시(특별시·광역시를 포함한다)·군에서 행하여지는 공사 예정금액이 5억원 미만인 산림토목공사

　㉢ 시(특별시 광역시를 포함한다)·군을 달리하는 인접한 지역에서 행하여지는 공사 예정금액이 5억원 미만인 산림토목공사로서 발주자가 시공관리 기타 기술상 지장이 없다고 인정하는 경우

9 사방사업 자체설계심의

① 사방사업의 안전성, 경관·환경성 등 설계의 품질향상을 위해 시·도(시·군·구) 및 지방산림청은 자체설계심의를 해야 한다.

② 사방사업 자체설계심의는 사방사업 타당성 평가 위원에 준한 전문가로 구성하여 심의한다.

③ 사방사업 자체설계심의는 설계도·서 검수(최종 납품) 이전에 실시한다.

④ 자체설계심의 대상 사업은 사업비 1억원 이상의 사방댐, 계류보전사업, 계류복원사업으로 한다. 다만, 그 밖의 사방사업은 시행청의 필요에 따라 실시할 수 있다.

⑤ 자체설계심의는 별표2의 사방사업(사방댐, 계류보전) 실시설계 검토기준 항목에 따라 설계심의를 해야 한다.

⑥ 설계자는 자체설계심의에서 결정된 내용은 특별한 사유가 없는 한 설계 내용의 추가 · 보완사항 등을 수용하여야 한다.

10 사방사업의 완료

사방사업시행자는 사업이 완료되었을 때, 사업완료에 필요한 관련서류와 작업 단계별 (전 · 중 · 후) 현장사진이 포함된 완료사진첩 및 사진이 저장된 기록매체, 발주자가 요구한 사항을 발주자에게 제출하고 완료 검사를 받아야 한다.

핵심 21 정지작업

● 사방사업의 설계·시공 세부기준 [산림청고시 제2022-106호, 2022. 11. 22., 일부개정]

1 단끊기

① 단끊기는 수평으로 실시하며 위쪽에서 아래쪽으로 시공해 내려간다.

② 단의 너비는 50~70cm 내외로 상·하 계단 간의 비탈경사를 완만하게 해야 한다.

③ 단의 수직높이는 0.6~3.4m 내외로 하되 조정하여 시공할 수 있다.

④ 단끊기에 의한 절취토사의 이동은 최소한으로 한다.

⑤ 상부 첫 단의 수직 높이는 1m 내외로 한다.

2 흙막이

① 흙막이 재료는 돌·통나무·바자·떼·돌망태·블록·콘크리트·앵글크리브망 등으로 현지 여건에 맞도록 선택 사용한다.

② 흙막이 설치 방향은 원칙적으로 산비탈을 향하여 직각이 되도록 한다.

3 땅속 흙막이

① 비탈다듬기와 단끊기 등으로 생산되는 뜬흙(浮土)을 계곡부에 투입하여야 하는 곳은 땅속 흙막이를 설치하여야 한다.

② 안정된 기반 위에 설치하되 산비탈을 향하여 직각으로 설치되도록 한다.

22 비탈다듬기

1 설계 시 유의점

① 수정물매는 지질, 면적 및 공법에 따라 다르지만 대체로 최대 35° 전후로 한다.

② 퇴적층 두께가 3m 이상일 때는 묻히기를 도입한다.

③ 급물매지는 선떼붙이기와 산복돌쌓기로 조정한다.

④ 붕괴면 주변 상부는 충분히 끊어낸다.

2 시공 시 유의점

① 비옥한 표토는 산복면에 남도록 시공한다.

② 공사는 상부에서부터 하부를 향해 실시한다.

③ 속도랑 공사 및 묻히기 공사는 미리 실시한다.

④ 정단부를 단순히 삭취하지 말고, 절단하여 오목한 곳에 단번에 투입한다.

3 비탈다듬기의 정의 및 개념

① 비탈면의 경사를 조정하거나 표면을 고르게 다듬는 작업으로, 사면붕괴 위험을 줄이고 후속 공정을 용이하게 한다.

② 비탈다듬기의 후속 공정은 구조물 설치, 식생 복구 등이 있다.

4 비탈다듬기의 목적

① 비탈면 안정

② 토양 유실 방지

③ 식생 복구 기반 조성

④ 사방시설(계류 보전, 사방댐 등) 설치의 기초 작업

5 **주요작업 내용**

① 현장 조건 분석

- 사면 경사, 토양 유형, 강우량 등의 환경적 요인 평가

② 적합한 장비 선택

- 굴삭기, 백호, 스키드로더 등을 이용해 작업 효율성을 증대

③ 안정성 확보

- 작업 중 사면붕괴 방지를 위한 임시 지지대 사용
- 작업 후 즉시 녹화 작업 수행

④ 환경 보호

- 생태적 영향 최소화
- 기존 식생 보호 및 손상된 식생 복구

23 단끊기

1 정의 및 개념

단끊기는 산비탈면에서 지형 정리를 할 때 경사가 급한 사면을 여러 단(段)으로 나누어 계단식으로 정리하는 작업이다.

2 단끊기의 목적

① 사면 안정

- 토양과 암석의 붕괴를 방지한다.

② 침식 방지

- 물의 유속을 줄여 침식을 방지한다.

③ 작업 기반 조성

- 후속 공정(식생 복구, 구조물 설치 등)을 위한 안전한 작업 공간을 제공한다.

3 후속 공정

① 식재

- 단에는 나무를 심는다.
- 식생 기반이 부족한 경우 선떼붙이기 공법, 식생상 설치 등을 활용한다.
- 건조에 강한 수종의 묘목으로 심는다.

② 파종

- 단과 단 사이의 비탈면에는 초류 종자를 파종한다.
- 사방수종을 초류 종자에 섞어서 파종하면 천이를 앞당길 수 있다.

4 단끊기의 문제점

① 단과 단 사이 경사면의 붕괴

- 단 사이의 경사면은 단끊기 전보다 급해지므로, 유실에 대한 대책이 필요하다.

② 단과 경사면의 배수

- 배수가 불량한 경우 단에 물이 고이게 되면, 침식과 붕괴를 유발하는 원인이 된다.

- 지면이 낮은 곳으로 수로를 설치한다.

- 경사면에 유입되는 물은 우회수로 등으로 처리한다.

- 경사면에서 물이 나오는 곳은 보링속도랑이나 속도랑을 설치한다.

- 시공할 때 경사면의 토사와 암반, 암반의 결 등 지질이 다른 곳은 신중하게 공종을 선택해야 한다.

③ **토양 유실**

- 인공비탈면인 법면은 초기에 물에 의한 침식이 발생하므로, 덮기 공종 등으로 충분히 유실에 대한 대책을 수립한다.

산비탈 흙막이 종류와 특징

1 돌 흙막이

① 산복돌쌓기공법의 일종

② 뒷면의 토압이 비교적 적고 높이가 낮은 경우에 시공한다.

③ 석재를 이용한 메쌓기 흙막이와 찰쌓기 흙막이와 콘크리트블록 흙막이가 있다.

2 돌망태 흙막이

① 능형망으로 만든 원통에 돌을 채워 넣은 것을 쌓아서 만든다.

② 돌보다는 유연성이 있어 땅밀림지대 등과 같이 지반이 연약한 곳이나 호박골과 자갈이 많은 붕괴비탈면에 적용한다.

③ 물이 나오는 비탈면에 적용할 수 있다.

④ 부직포와 함께 사용하면 토양의 유실을 줄일 수 있다.

3 목제 흙막이

① 기초지반에 대한 적응성이 높다.

② 기초 터파기, 절취 토량 및 1기당 연장이 짧기 때문에 시공이 용이하다.

③ 배면 침투수의 배수가 좋다.

④ 뒷채움 재료는 현장의 토석을 사용할 수 있다.

⑤ 주변 산림과의 보전·조화를 도모할 수 있다.

4 콘크리트벽 흙막이

① 충분한 안정성을 필요로 하는 경우, 비탈면의 토층 이동 위험성이 있는 경우, 토압이 커서 기타 흙막이로는 안정을 기대할 수 없는 경우에 이용된다.

5 콘크리트판 흙막이

① 토압에 대한 저항력이 필요하지 않는 장소

② 석재 구득이 용이하지 않은 장소에 시공한다.

③ 높이가 높을 경우에는 자갈로 뒷채움을 한다.

④ 경우에 따라서는 흙시멘트를 채우기도 한다.

6 콘크리트기둥틀 흙막이

① 자재를 철재로 간단히 연결한 것이다.

② 가동성이 있어 지반 변동에 대응이 용이하다.

③ 연약지반지대나 불규칙한 토압을 받는 지대, 또는 충진할 석재재료가 많은 지대에 설치한다.

수로내기

● 사방사업의 설계·시공 세부기준 [산림청고시 제2022-106호, 2022. 11. 22., 일부개정]

1 수로내기 일반

① 수로내기는 사면의 유수가 집수되도록 계획하여야 하며, 수로 집수유역을 고려하여 사용재료를 선택하여야 한다.

② 수로는 좌우 사면의 지반보다 낮게 설치하여야 하며, 수로의 길이가 길어지는 경우에는 유속을 줄여주는 누구막이 등의 공정을 계획하여야 한다.

③ 수로의 단면은 배수구역의 유량을 충분히 통과시킬 수 있는 단면이어야 하고, 사면의 유수가 용이하게 유입되어야 한다.

④ 수로방향은 가급적 흐르는 물의 중심선과 직선이 되도록 설치하며, 수로를 곡선으로 하는 경우에는 외측을 높게 하여 넘는 물을 방지하여야 한다.

수로 유형	선정 기준	설치/시공 방법
찰붙임돌수로	• 유량이 많고 상시 물이 흐르는 곳	• 돌붙임 뒷부분 공극을 콘크리트로 채움
메붙임돌수로	• 지반이 견고하고 집수량이 적은 곳	• 유수에 의해 돌이 빠져나오거나 수로 바닥이 침식되지 않도록 시공
콘크리트수로	• 유량이 많고 상수가 있는 곳	–
떼수로	• 경사가 완만하고 유량이 적으며 떼 생육에 적합한 토질이 있는 곳	• 수로 폭 60~120cm 내외, 비탈에는 씨뿌리기, 새심기 또는 떼붙임 실시
콘크리트플륨 관수로	• 집수량이 많은 곳 • 가급적 평탄지 또는 완만한 경사 지역	• 평탄지나 경사가 완만한 산지에 설치 • 설치 전 기초지반을 충분히 다져 부등침하 방지

2 수로의 선정 기준과 시공 방법

▲ 메붙임돌수로

▲ 찰붙임돌수로

줄 만들기

● 사방사업의 설계·시공 세부기준 [산림청고시 제2022-106호, 2022. 11. 22., 일부개정]

1 돌줄 만들기

① 돌줄 상단부는 씨뿌리기 또는 새 등을 심어 단이 고정되도록 한다.

② 시공높이는 50cm 내외, 돌쌓기 비탈면은 1:0.2~0.3으로 한다.

2 새(풀포기)줄 만들기

새줄 만들기는 새가 생육하기 용이한 완경사지에 계획한다.

3 섶줄 만들기

① 섶 채취가 용이하고 토질이 좋은 곳에 계획한다.

② 복토 부분에는 새나 잡초 등을 식재한다.

4 통나무줄 만들기

① 통나무 채취·설치가 용이한 곳에 통나무를 일렬로 포개 쌓은 후 그 뒤에 흙을 채운다.

② 통나무 사이에는 초본류·목본류 등을 식재할 수 있다.

5 등고선형 물고랑 파기

수분이 부족한 산복 등에 등고선을 따라 물고랑을 파서 토양침식을 방지하고 토사 건조방지 기능을 높이기 위하여 시공한다.

6 조공법(줄 만들기)

① 개념 및 정의

- 완만한 비탈면에 수평으로 낮은 계단을 만드는 공법이다.

- 계단의 앞에는 떼, 새포기, 잡석 등의 재료를 이용하여 침식을 방지한다.

② 사용 재료에 따른 구분

- 새조공, 돌조공, 섶조공, 통나무조공 및 떼조공법 등이 있다.
- 식생반, 식생자루조공법 및 식생대조공법 등 인공녹화자재를 사용할 수 있다.

③ 시공 장소

- 돌조공법은 산복비탈면에 토석이 많은 곳이나 용수가 있는 장소에 시공한다.
- 통나무조공법은 통나무를 쉽게 구할 수 있고, 지질이 연약한 곳, 비탈다듬기로 토사가 퇴적된 곳에 시공한다.
- 떼조공법은 떼를 쉽게 구할 수 있고, 비교적 경사가 완만한 곳에 시공한다.
- 떼를 구하기 어려운 곳은 대체 녹화용 자재를 사용하여 떼 조공법을 시공하기도 한다.

▲ 조공법 시공 후

27 단쌓기

● 사방사업의 설계·시공 세부기준 [산림청고시 제2022-106호, 2022. 11. 22., 일부개정]

1 떼단쌓기

① 경사가 25° 이상인 급경사지를 대상으로 하며, 떼단의 높이와 너비는 30cm 내외로 하되 5단 이상의 연속 단쌓기는 피한다.

② 기초부에는 아까시, 싸리류 등을 파종한다.

2 돌단쌓기

돌단쌓기 비탈면은 가급적 1:0.3으로 하고 높이는 1m 내외로 하되 그 이상일 경우는 2단으로 한다. 다만 용수가 있는 곳은 천단에 유수로를 만들어 준다.

3 혼합쌓기

떼와 돌을 혼합하여 쌓으며 떼단쌓기와 돌단쌓기 기준을 적용한다.

4 마대쌓기

① 떼 운반이 어려운 지역에 실시한다.

② 높이는 2단 이하로 한다.

28 줄떼 만들기

● 사방사업의 설계·시공 세부기준 [산림청고시 제2022-106호, 2022. 11. 22., 일부개정]

1 줄떼다지기

① 흙쌓기 비탈면에 폭 10~15cm의 골을 파고 떼나 새 또는 잡초 등을 수평으로 놓고 잘 다진다.

② 비탈면의 기울기는 대개 1:1~1:1.5로 하며, 한 층의 높이를 20~30cm 내외의 간격으로 반복하며 시공한다.

2 줄떼붙이기

① 절토 비탈면에 주로 시공하며, 사면은 수평이 되도록 고랑을 파고 떼를 붙인다.

② 비탈면의 줄떼 간격은 20~30cm 내외로 한다.

3 줄떼심기

① 도로가시권 · 주택지 인근 등에 조기피복이 필요한 지역에 시공하되 줄로 골을 판 후 떼를 놓고 흙을 덮은 다음 고루 밟아준다.

② 여건에 따라 전면에 떼붙이기를 할 수 있다.

4 선떼붙이기

① 비탈다듬기에서 생산된 뜬흙을 고정하고 식생을 조성하기 위하여 필요한 공작물로서 산복비탈면에 단을 끊고, 단의 전면에 떼를 쌓거나 붙인 후 그 뒤쪽에 흙을 채우고 식재 · 파종을 한다.

② 선떼붙이기는 사용매수에 따라 1~9급으로 구분하며, 기초에 돌을 쌓아 보강하는 경우 밑돌 선떼붙이기라 한다.

③ 단의 직고 간격은 1~2m 내외, 너비는 50~70cm 내외, 발디딤은 10~20cm 내외, 천단폭은 40cm 내외를 기준으로 하며, 떼붙이기 비탈면은 1:0.2~0.3으로 한다.

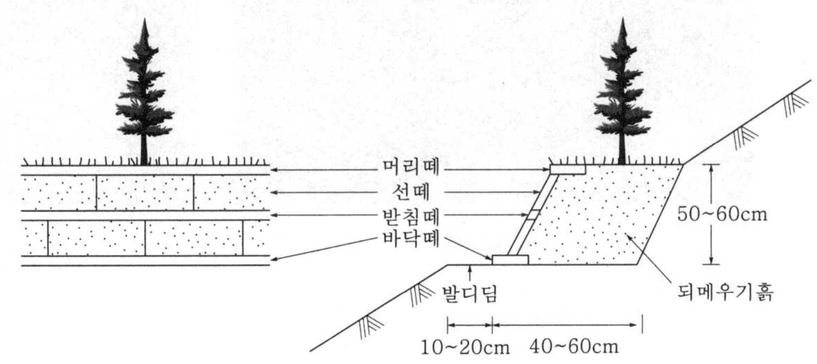

사면 보호하기

● 사방사업의 설계·시공 세부기준 [산림청고시 제2022-106호, 2022. 11. 22., 일부개정]

1 섶덮기

① 섶덮기는 동상과 서릿발이 많은 지대에 사용한다.

② 섶은 좌우를 엇갈리도록 놓고, 상하에 말뚝을 1m 내외의 간격으로 박은 후 나무나 철사를 사용하여 고정시킨다.

2 짚덮기

① 산지비탈이 비교적 완만하고 토질이 부드러운 지역의 뜬흙 표면을 짚으로 피복한다.

② 바람이 강하고 암반이 노출된 지역은 피하고 주로 서릿발이 발생하는 지역에 시공한다.

3 거적덮기

거적을 덮은 다음 적당한 크기의 나무꽂이를 사용하여 거적이 미끄러져 내려가지 못하도록 고정시킨다.

4 코아네트

도로사면, 주택지 인근 등 주요 시설물 주변에 사용할 수 있다.

▲ 코아네트

▲ 짚덮기

핵심 30 편책 · 바자얽기, 씨뿌리기

● 사방사업의 설계·시공 세부기준 [산림청고시 제2022-106호, 2022. 11. 22., 일부개정]

1 편책 · 바자얽기

① 비탈면 또는 계단 바닥에 편책 · 바자를 설치하고 뒤쪽에 흙을 채워 식생을 조성한다.

② 떼의 채취가 곤란하고 떼붙이기로 실효를 거둘 수 없는 곳에 설치한다.

③ 말목은 비탈면의 직각선과 수직선의 이등분선이 되도록 시공함을 원칙으로 하나 경사가 완만한 경우에는 수직으로도 할 수 있다.

④ 얽기의 상하 간격은 0.5~1.0m 내외로 한다.

2 씨뿌리기

① 줄뿌리기

– 단과 단 사이의 비탈면에 너비 15~20cm 내외의 골을 설치하여 파종한다.

– 파종골에는 객토를 하고, 그 위에 종비토(종자+비료+토양) 등을 넣고 밟아준다.

② 흩어뿌리기

– 씨뿌리기는 종비토를 만들어 파종한다.

② 점뿌리기

– 경사가 비교적 급하고 딱딱한 토양 등 줄뿌리기가 곤란한 지역에 실시한다.

핵심 31

골막이, 기슭막이

● 사방사업의 설계·시공 세부기준 [산림청고시 제2022-106호, 2022. 11. 22., 일부개정]

1 골막이

① 골막이란 황폐된 작은 계류를 가로질러 몸체 하류면(반수면)만을 쌓는 횡단구조물을 말하며, 몸체 상류면(대수면)은 설치하지 아니한다.

② 골막이는 비탈면의 기울기가 급하여 종·횡 침식이 심한 산복계곡에 설치하며, 종단기울기의 완화, 유속의 감속, 기슭의 안정, 토사 유출 및 사면붕괴 방지 등을 위해 시공한다.

③ 곡선부는 피하고 직선부에 설치한다.

④ 바닥 비탈 기울기가 급한 곳에서는 단계적으로 여러 개소를 시공한다.

⑤ 가급적 물이 흐르는 중심선 방향에 직각이 되도록 시공한다.

⑥ 골막이몸체 하류면 아래쪽의 바닥은 침식 방지를 위하여 돌 또는 콘크리트 등으로 할 수 있다.

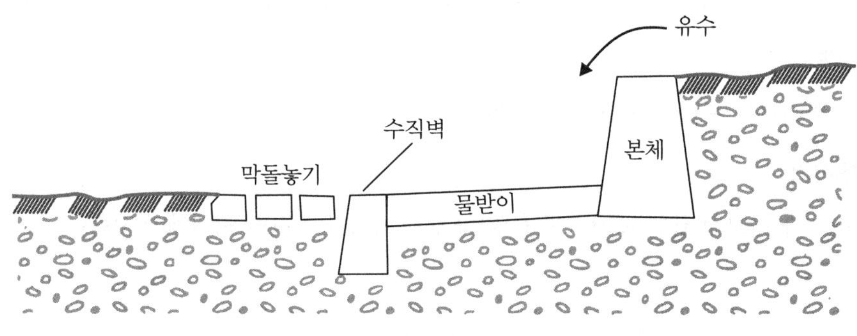

▲ 골막이 시공사례

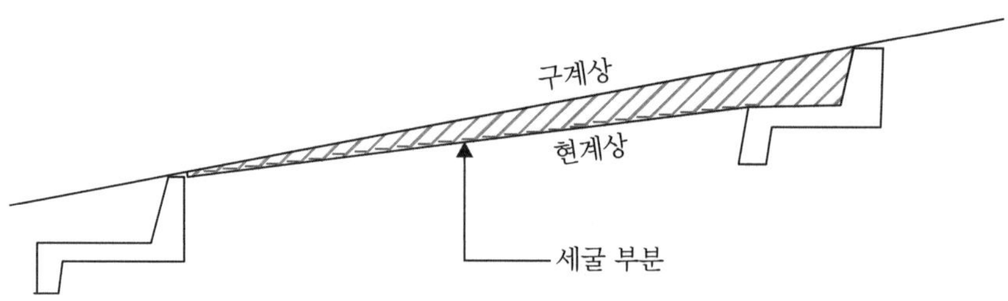

▲ 골막이 물매계획

① 산기슭 또는 계류의 기슭에 설치하여 기슭붕괴 또는 계류의 물이 넘치는 것을 방지한다.

② 시공 비탈면은 가급적 1:0.3~0.5로 한다.

③ 계류의 폭이 비교적 넓고, 기슭의 비탈이 완만한 개소는 1:1.1~1.5를 기준으로 시공할 수 있다.

④ 물이 부딪히는 곡선부에 설치하는 구조물은 높게, 반대쪽에 설치하는 구조물은 상대적으로 낮게 시공한다.

⑤ 기슭막이 높이는 계획홍수위 기준 이상으로 해야 한다.

⑥ 물이 부딪히는 곡선부에는 물의 속도를 완화시키는 공작물을 설치하여 유속을 줄이고 토사퇴적으로 인한 수위 상승을 예방한다.

해안방재 기본원칙과 수종 선정

● 사방사업의 설계·시공 세부기준 [산림청고시 제2022-106호, 2022. 11. 22., 일부개정]

1 해안방재림 조성사업 기본원칙

① 대상지는 국·공유지 및 지번이 부여되지 않은 해안 지역(빈지)을 우선적으로 선정한다.

② 대상지의 고도분포·기복량·경사·수계·방위·미지형 등을 조사한다.

③ 강수정보(최대일우량·최대시우량·연속강우량·호우빈도·강설량 등), 기상정보(기온·서리·동결·계절적인 풍향·최대풍속 등)를 조사한다.

④ 바람에 의한 표면모래 상황을 조사하고 기존 자료(각종 문헌, 공공기관의 출판물 등)를 최대한 활용하되, 만조위 등 바닷물의 높이, 풍속·파고 등에 대해서는 지역주민의 의견을 조사한다.

2 해안방재림 수종 선정

① 향토수종

② 양분과 수분에 대한 요구가 적은 수종

③ 비사·염분 등에 잘 견디는 수종

④ 바람에 대한 저항력이 강하고 맹아력이 좋은 수종

⑤ 울폐력이 좋고 지력을 증진시킬 수 있는 수종

⑥ 생활환경이나 풍치의 보전·창출에 적합한 자생 수종

3 해안방재림의 객토·시비

① 해안에는 수분과 양분이 부족하므로 충분한 객토와 유기질 비료를 시비한다.

② 객토는 근계의 발달을 고려하여 현지의 모래 등을 혼합하여 시공한다.

③ 비료는 지효성 비료를 기본으로 한다.

식재목 보호시설

● 사방사업의 설계·시공 세부기준 [산림청고시 제2022-106호, 2022. 11. 22., 일부개정]

1 방풍시설 설치

① 식재목을 강풍으로부터 보호하기 위하여 설치하는 구조물의 유효높이는 일반적으로 2~3m 내외가 되도록 설치한다.

② 원칙적으로 주풍 방향에 직각이 되도록 설치하며, 주풍 방향과 직각이 아닌 경우에는 해안방재림과 평행이 되도록 설치한다.

③ 폭이 넓고 1열의 방풍시설로는 효과를 기대할 수 없는 곳에는 여러 개의 방풍시설을 열 지어 배치한다.

④ 주풍 방향이 계절마다 변하는 곳에는 방풍시설의 끝부분에 보조 방풍시설을 설치한다.

⑤ 낮은 방풍시설을 계속 설치하는 경우에는 이음 부분에서 풍속이 증가하여 피해를 증대시키기 때문에 방풍시설의 양 끝을 중복시킨다.

2 퇴사울타리 세우기

모래날림이 많은 지역에는 식재목을 보호하기 위하여 퇴사울타리를 설치한다.

3 정사울타리 세우기

모래날림 · 바람 · 염분에 의한 피해로부터 식재목을 보호하기 위하여 일정 규모로 울타리를 설치하며, 유효높이는 1.0~1.2m 내외, 구획의 크기는 가로 세로 7~15m 내외로 한다.

4 정사낮은울타리 세우기

정사울타리 세우기 공법에 의해 구획된 것을 다시 작은 구역으로 세분 · 구획하여 낮은 울타리를 설치하며, 유효높이는 30~50cm 내외로 한다.

5 언덕만들기

자연퇴사를 기대할 수 없는 경우에는 식재지 주변에 모래 언덕을 조성한다.

6 사초심기

모래날림을 방지하기 위하여 화본과 · 사초과 또는 국화과 등에 속하는 초본류 중 풍해 · 염해에 강한 사초를 심는다.

7 지주형 보호막 세우기

식재목의 수분증발 억제와 활착율 향상, 모래땅의 건조 방지를 위하여 볏짚 · 새 등으로 엮은 지주 형태의 보호막을 식재목 바람받이에 세워 식재목을 보호한다.

핵심 34 해안방재림 사후관리시설

● 사방사업의 설계·시공 세부기준 [산림청고시 제2022-106호, 2022. 11. 22., 일부개정]

1 볏짚깔기 · 볏짚덮기

① 볏짚깔기는 식재목의 뿌리에 수분이 유지되도록 하기 위하여 구덩이 안에 젖은 볏짚을 깐 후 짚의 상부를 모래로 덮고 그 위에 식재한다.

② 볏짚덮기는 식재한 묘목에 수분이 유지되도록 하기 위하여 묘목 주위의 토양 표면에 볏짚을 덮는다.

2 배수시설 설치

해안방재림의 지표수·침투수 또는 지하에서 올라오는 물을 신속하게 밖으로 유출시켜 식재목의 뿌리가 썩지 않도록 하기 위하여 설치한다.

3 수로 설치

횡단방향으로 조성지의 가장 낮은 곳에 설치하며, 지형이 복잡한 경우에는 지형을 정리한 후 집수 가능한 위치에 설치한다.

4 속도랑 설치

① 조성지 지하에서 지표면으로 올라오는 물을 유출시키고 빗물이 잘 배수되도록 하기 위하여 속도랑을 설치한다.

② 지형의 변곡점 등 집수 지형을 이루는 장소로서 지표수가 많거나 지하에서 물이 많이 올리오는 곳에 설치한디.

③ 경사면을 따라 비교적 조밀하게 설치하며, 속도랑의 끝은 집수정과 연결시켜 지표수로 흘러가게 한다.

해안침식 방지사업

● 사방사업의 설계·시공 세부기준 [산림청고시 제2022-106호, 2022. 11. 22., 일부개정]

1 기본원칙

① 해안의 침식 방지와 더불어 경관 보호가 필요한 지역을 우선 선정한다.

② 해안침식지의 복구와 함께 수림대를 조성할 수 있다.

③ 수림대를 조성할 경우에는 염해에 강한 큰 나무를 식재한다.

④ 모래 등이 쌓이는 지역에는 초류·관목 등을 파식하여 모래날림을 방지한다.

2 시공 기준

① 구조물의 기초는 최대한 깊게 설치하여 침식을 방지한다.

② 구조물의 계획고는 방파제 설치 기준에 따른 최고 만조위선을 초과하도록 설치하여야 한다.

③ 구조물은 지형에 따라 설치하여야 하며, 해안선을 변경하여 돌출되지 않게 한다.

④ 식재할 때 충분한 비료와 객토를 사용한다.

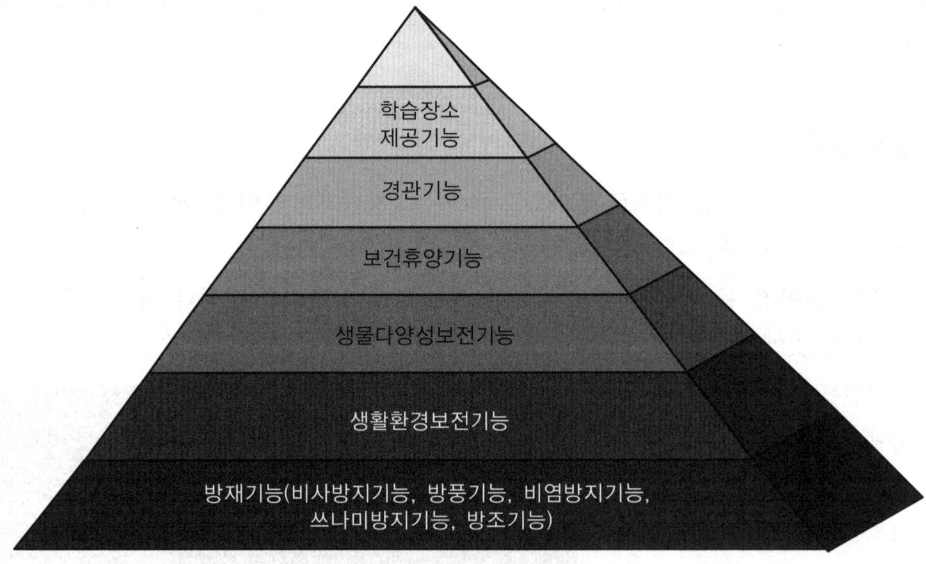

▲ 해안방재림의 다면적 기능

36 계류보전사업

● 사방사업의 설계·시공 세부기준 [산림청고시 제2022-106호, 2022. 11. 22., 일부개정]

1 둑쌓기

① 물의 흐름을 유도하여 범람을 방지하기 위하여 계류의 기슭에 시설한다.

② 둑의 상단폭은 1~3m 내외로 하고, 둑의 안쪽면과 바깥쪽면의 비탈은 다음의 기준으로 시공한다. 다만, 현장 여건에 따라 달리 시공할 수 있다.

③ 둑 자체의 압력과 침하를 고려하여 계획 제방 높이에 0.5~1.0m 내외의 여유고를 더하여 시공한다.

④ 계류의 폭은 최대 유량이 안전하게 유출될 수 있도록 한다.

⑤ 농지에 연접된 둑의 경우 여유고를 줄이거나 생략하여 시공할 수 있다.

⑥ 둑의 보호를 위하여 침윤선을 적용하여 시공한다.

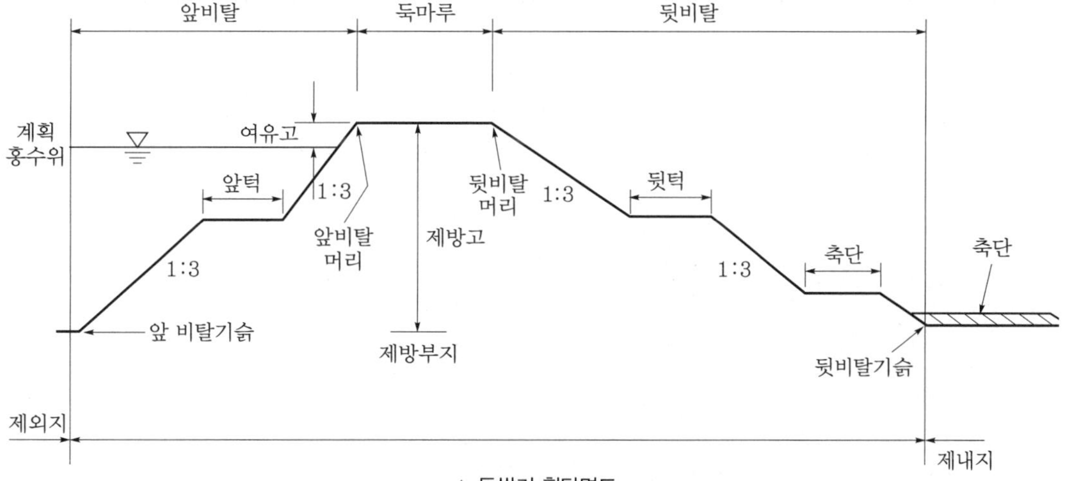

▲ 둑쌓기 횡단면도

둑높이(m)	둑 바깥쪽면 반수면의 기울기	둑 안쪽면 대수면의 기울기	둑마루의 두께(m)
1.0 이하	1:1.3	1:1.0	0.7~1.0
1.1~2.0	1:1.5	1:1.3	1.0~1.5
2.1~3.0	1:2.0	1:1.5	1.5~2.0
3.1~5.0	1:2.5	1:2.0	2.0~3.0

2 바닥막이

① 계류 바닥에 퇴적된 불안정한 토석의 유실을 방지하고 종단기울기를 완화시키기 위하여 계류바닥을 가로질러 설치한다.

② 상류에서 하류방향으로 바라볼 때 물이 흐르는 중심선(유심선)에 직각이 되도록 설치한다.

③ 물이 부딪히는 곡점부에는 높게, 반대쪽은 상대적으로 낮게 설치한다.

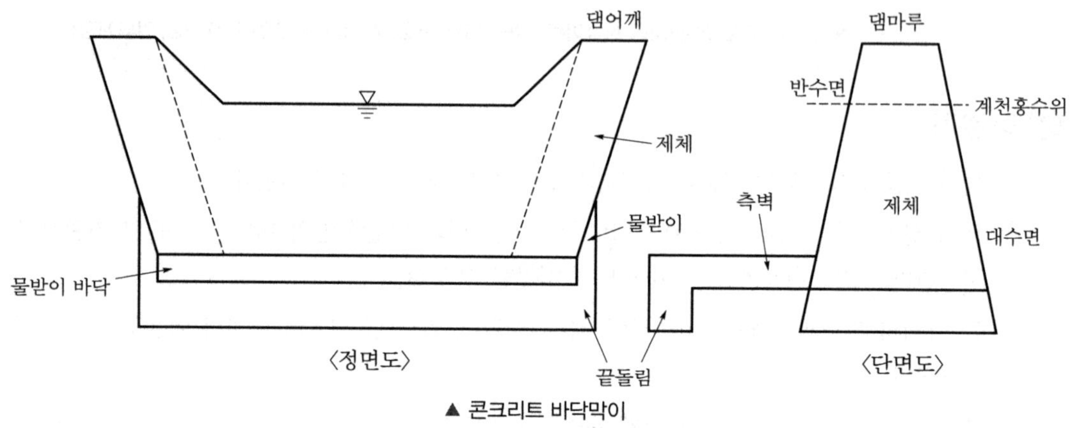

▲ 콘크리트 바닥막이

3 기슭막이

산사태예방 · 산사태복구 · 산지보전사업의 기슭막이 시공 기준에 준하여 설치한다.

37 계류복원사업

● 사방사업의 설계·시공 세부기준 [산림청고시 제2022-106호, 2022. 11. 22., 일부개정]

1 기본원칙

① 계류가 본래 지니고 있던 자연성을 최대한 살리고 동·식물이 서식하기 유리한 환경을 조성한다.

② 계류생태의 안정성을 유지하고, 계류의 유속을 줄이도록 계류의 바닥 또는 양쪽사면의 침식을 방지 또는 감소하도록 한다.

③ 현장조사 등 기타 설계에 필요한 사항은 「3항 가. 산지복원사업 기본원칙」을 따라야 한다.

2 사업기준

① 식물은 계류 주변에 자생하는 식물종을 사용하되, 부득이한 경우에는 고도·기후대가 유사한 지역의 식물종을 사용할 수 있다.

② 사용할 토양은 사업지 주변에서 수급하되 복원대상지의 토양 특성과 같거나 유사한 흙을 사용하여야 한다.

③ 재료는 나무·풀·돌 등 자연자재를 최대한 이용하되, 부득이한 경우에는 자연친화적인 인공자재를 사용할 수 있다.

④ 기타 토양안정, 식생회복, 자재수급 등은 「3항 다. 식생복원사업의 기준과 3항 라. 기반안정복원사업의 기준」을 따른다.

38 사방댐의 유형과 위치 선정

● 사방사업의 설계·시공 세부기준 [산림청고시 제2022-106호, 2022. 11. 22., 일부개정]

1 사방댐의 유형

① 중력식 사방댐: 토석 차단을 주목적으로 하는 경우에 설치한다(콘크리트 사방댐, 전석사방댐, 블록사방댐 등).

② 버팀식 사방댐: 유목 차단을 주목적으로 하는 경우에 설치한다(버트리스, 스크린, 슬리트 등).

③ 복합식 사방댐: 토석·유목의 동시 차단을 주목적으로 하는 경우에 설치한다(다기능사방댐, 빔크린사방댐, 콘크린사방댐 등).

2 기본원칙

① 사방댐의 유형과 구조·형태는 주요 시설 목적(토석 차단, 유목 차단, 저수) 및 사용 재료(콘크리트, 전석, 견치석, 철강재 등)에 따라 결정한다.

② 주민의견, 지형 여건 등을 고려하여 최대한 자연친화적으로 설치한다.

3 위치 선정

① 상류부가 넓고 댐자리의 계류 폭이 좁은 곳

② 지류의 합류점 부근에서는 합류점의 하류부

③ 가급적 암반이 노출되어 있거나 지반이 암반일 가능성이 높은 장소

④ 특수 목적을 가지고 시설하는 경우에는 그 목적 달성에 가장 적합한 장소

사방댐의 설치사업

● 사방사업의 설계·시공 세부기준 [산림청고시 제2022-106호, 2022. 11. 22., 일부개정]

1 댐의 안정성

① 시설재료는 사방댐의 설치 목적과 입지를 고려하여 선택하되, 전도 · 활동 · 내부응력 및 지반지지력 등 외력에 대한 안정을 갖도록 설치한다.

② 파괴에 대한 안정조건(응력도)은 댐 몸체의 각 부분을 구성하는 재료의 허용 응력도를 초과하지 않아야 한다.

③ 기초지반의 지지력에 대한 안정조건은 사방댐 밑에 발생하는 최대응력이 기초지반의 허용지지력을 초과하지 않아야 한다.

2 높이 등 크기

① 사방댐의 크기(길이, 높이, 폭)는 계류의 폭과 기울기, 집수구역의 넓이, 토석 유출 예상량, 시공 목적, 지반의 상황, 시공 지점의 상태와 주변 경관 등을 고려하여 결정한다.

② 계류의 특성에 따라 사방댐의 상류 또는 인근의 소계류에 본댐의 기능을 보조할 수 있는 소형 사방댐을 추가로 설치할 수 있다.

③ 임도를 횡단하는 계류의 상단부 50m 내외의 지점에는 토석과 유목을 동시에 차단하는 사방댐을 소형으로 설치할 수 있다. 다만, 현지 여건상 부득이한 경우에는 그러하지 아니하다.

3 저사선

사방댐의 상류측에 형성되는 저사선의 기울기는 현재의 계류바닥 기울기의 1/2~2/3 내외가 되도록 함을 원칙으로 하되, 유역인자(토석의 크기와 유역면적)에 의한 계획기울기 추정치를 적용한다.

4 방수로

① 방수로는 댐 몸체 하류면(반수면)의 끝부분, 물받이 부위 및 양쪽 기슭의 지질, 댐 시설 지점 상 · 하류의 양쪽 기슭의 상태 등을 고려하여 결정하며, 다음 사항에 유의한다.

㉠ 댐이 시설되는 지점의 하류면 끝 부위의 양쪽 기슭 및 계류바닥에 좋은 암반이 있을 경우에는 방수로를 어느 한쪽 기슭에 치우쳐 설치할 수 있다.

㉡ 상·하류의 계류 양편에 농경지나 가옥 등이 있을 때는 물이 흐르는 깊이 및 댐의 방향을 고려하여 방수로의 위치를 결정한다.

② 방수로의 형상은 역사다리꼴을 기본으로 한다.

③ 방수로 양옆의 기울기는 1:1을 표준으로 하되, 현지 여건에 따라 그 이상 또는 그 이하로 하거나 안전시설물을 설치할 수 있다.

5 댐어깨

① 댐어깨의 양쪽 끝 부분이 암반의 경우에는 1~2m 내외, 토사의 경우에는 2~3m 이상으로 충분히 넣어야 한다.

② 댐 마루는 양쪽 기슭을 향하여 오르막 기울기로 계획할 수 있다.

6 댐 단면 및 기울기

① 댐 몸체 하류면의 기울기는 원칙적으로 사방댐 단면에 의해 결정하되, 댐의 유효고 및 떠내려올 토석의 최대 크기, 저수되는 물의 깊이, 상류측의 기울기 등을 고려하여 결정한다.

② 댐 몸체 상류면의 기울기는 전석댐, 콘크리트사방댐의 경우 수직으로 하거나 1:0.1~0.2로 하되, 현지의 저사선 등을 참고하여 토석이 많이 퇴적되는 계류에서는 급하게, 세굴이 심한 계류에서는 완만하게 한다.

③ 중력식 사방댐의 마루(天端) 두께는 유속, 떠내려올 토석의 최대 크기, 월류하는 물의 깊이, 상류 쪽의 기울기 등을 고려하여 결정하여야 하며, 대체로 다음 두께를 표준으로 한다.

㉠ 떠내려올 토석의 크기가 작은 계류에서는 0.8m 이상

㉡ 일반 계류에서는 1.5m 이상

㉢ 홍수로 큰 토석이 떠내려올 위험성이 있는 곳에서는 2.0m 이상

㉣ 상류에서 산사태가 발생할 경우 토석이 대량 떠내려올 위험성이 있거나, 산사태로 측압을 받게 될 위험성이 있는 곳에서는 2.0~3.0m 내외

7 물빼기 구멍

① 사방댐의 관리를 위하여 댐 몸체를 관통하는 물빼기 구멍과 물을 제어하는 밸브를 설치할 수 있다. 다만, 저수 기능이 필요한 사방댐에는 물빼기 구멍을 설치하지 아니한다.

② 상류 보조댐을 설치하는 경우에 본댐의 물빼기구멍은 상류 보조댐의 기초보다 낮은 위치에 설치한다.

③ 물방석에 고인 물을 제어하기 위한 시설을 설치할 수 있다.

8 물받이

① 방수로를 넘어 떨어진 물과 토석·유목의 충격으로 계류 바닥이 손상되지 않도록 하기 위하여 댐 몸체 하류면에 접속하여 적정 두께의 물받이를 설치한다.

② 사방댐의 상류에서 큰 토석이 떠내려올 것으로 예상되는 경우에는 물방석이나 보조댐도 함께 설치한다.

③ 물받이는 댐 본체·측벽과 분리되도록 설치하며, 물받이의 길이는 유효고의 1.5~3배를 기준으로 한다.

④ 물받이는 바닥이 암석일 경우 설치하지 아니할 수 있다.

9 끝 돌림

① 댐 몸체 하류면의 하단에 있는 흙이 파이지 않도록 하기 위하여 설치한다.

② 물받이 끝돌림의 밑넣기 깊이는 1m 이상으로 하되, 가급적 암반까지 깊게 파야 한다.

10 측벽

① 물받이 부분의 양쪽 기슭이 침식될 우려가 있거나, 물받이 부분에서 물 흐름을 바로 잡을 필요가 있을 경우에 측벽을 설치한다.

② 측벽의 높이는 방수로의 위치·높이, 물이 흐르는 방향 등을 고려하여 홍수유량을 안전하게 유출시킬 수 있도록 방수로 깊이와 같은 높이 또는 그 이상으로 해야 한다.

③ 측벽의 마루 높이는 원칙적으로 보조댐의 어깨 높이와 같게 한다.

④ 양쪽 기슭이 암반으로 형성되어 있어서 피해 발생 우려가 없을 경우에는 측벽을 설치하지 아니할 수 있다.

사방사업별 적용 공종

1 사방공사의 분류

구분	공종			비고
산지사방	• 땅속 흙막이 • 누구막이 • 산비탈 수로내기 • 흙막이	• 산비탈 돌쌓기 • 골막이 • 선떼붙이기 • 줄떼다지기	• 새심기 • 씨뿌리기 • 나무심기	• 산지복원 • 산지복구 • 산사태예방 • 산사태복구
야계사방	• 기슭막이 • 바닥막이 • 수제 • 제방	• 골막이 • 사방댐 • 모래막이		• 계류보전 • 계류복원 • 사방댐
해안사방	• 사구 조성 • 퇴사공(구정, 울) • 모래덮기(씨모사) • 파도막이, 성토공	• 산림조성 • 방풍공, 배수공 • 정사공(충립공) • 식재	• 방조공사 • 방조호안 • 소파공, 소파제	• 해안침식 방지 • 해안방재림 조성
조경사방	• 격자틀 붙이기(비탈격자틀) • 힘줄박기(블록형 틀 붙이기) • 콘크리트블록 쌓기	• 돌붙이기		• 경관미를 요하는 사면 생활 주변
예방사방	• 속도랑 내기(암거공) • 보링속도랑내기(보링수로공) • 누름 흙쌓기(성토다지기)	• 축대벽(옹벽) • 말뚝박기		• 붕괴 우려가 있는 사면

2 사방댐의 분류

① 중력식

② 버팀식

③ 복합식

핵심 41 산지사방 주요 공종

1 산지사방 주요 공종

공종	내용	시공 장소
1. 땅속 흙막이	비탈다듬기와 단끊기 등으로 생산되는 뜬흙을 산복의 계곡부에 투입 유치하여 이의 유실을 방지하고 산각을 고정시키기 위하여 축설하는 공법	비탈다듬기 토사가 깊이 퇴적한 지역으로 기초가 단단한 지역
2. 누구막이	• 누구 침식의 발달을 방지하기 위하여 누구를 횡단하여 구축하는 비탈 수토보전 공종 • 산복수로 및 떼단쌓기의 기초로 사용되며 기존의 흙막기와 동일 공종	비탈다듬기 및 단끊기로 생기는 토사가 유치되는 곳으로 뭉긴 흙이 1m 이상인 퇴적지 또는 수로
3. 산비탈 수로내기 (산복수로공)	빗물에 의한 비탈면 침식을 방지하고 시공공작물이 파괴되지 않도록 일정 장소에 유수를 모아 배수시키는 공작물	유수가 집수 되는 凹부
4. 흙막이	흙이 무너지거나 흘러내림을 막는 공작물로 사면물매 완화, 표면유하수의 분산, 수로공사의 기초 등 다기능적인 비탈 안정공종	사면붕괴의 위험이 있거나 비탈다듬기 등으로 생기는 토사가 유치되는 곳
5. 산비탈 돌쌓기 (산돌쌓기)	돌 흙막이에 속하며 비탈다듬기 등으로 생산된 토사를 유치하거나 붕괴토사를 고정하기 위해 설치하는 공작물	산복, 산각부에 토사의 퇴적이 많고 붕괴토사가 많은 급경사지의 습지 등
6. 골막이	황폐소계류를 가로질러 반수면 만을 축조하여 개울비탈을 완화시키기 위하여 시공하는 공작물	계상·계안 침식이 많고 토사 유하량이 많은 장소
7. 선떼붙이기	비탈다듬기에서 생산된 부토를 고정하고 식생을 조성하기 위한 파식상을 설치하는 데 필요한 공작물	경사가 비교적 급하고 지질이 단단한 지역
8. 줄떼다지기	비탈면을 일정한 물매로 유지하며 비탈면을 보호·녹화하기 위해 사면에 20~30cm 간격으로 반떼를 수평 식재하는 공법	계단 간 사거리가 길고 경사가 급하여 부토유실이 예상되는 흙쌓기 사면
9. 새심기	녹화공사를 보완하기 위하여 새류의 풀포기를 식재하여 비탈을 초류로써 녹화하는 방법	산불발생지, 민둥산, 석력지, 절성토사면 등
10. 씨뿌리기	초본류와 목본류의 종자를 산복 비탈면과 계단에 직접 파종하는 방법(줄뿌림, 점뿌림, 흩어뿌림, 항공파종공법 등이 있음)	
11. 나무심기	사면에 직접 묘목을 식재하여 식생을 조성 하는 식생공종	

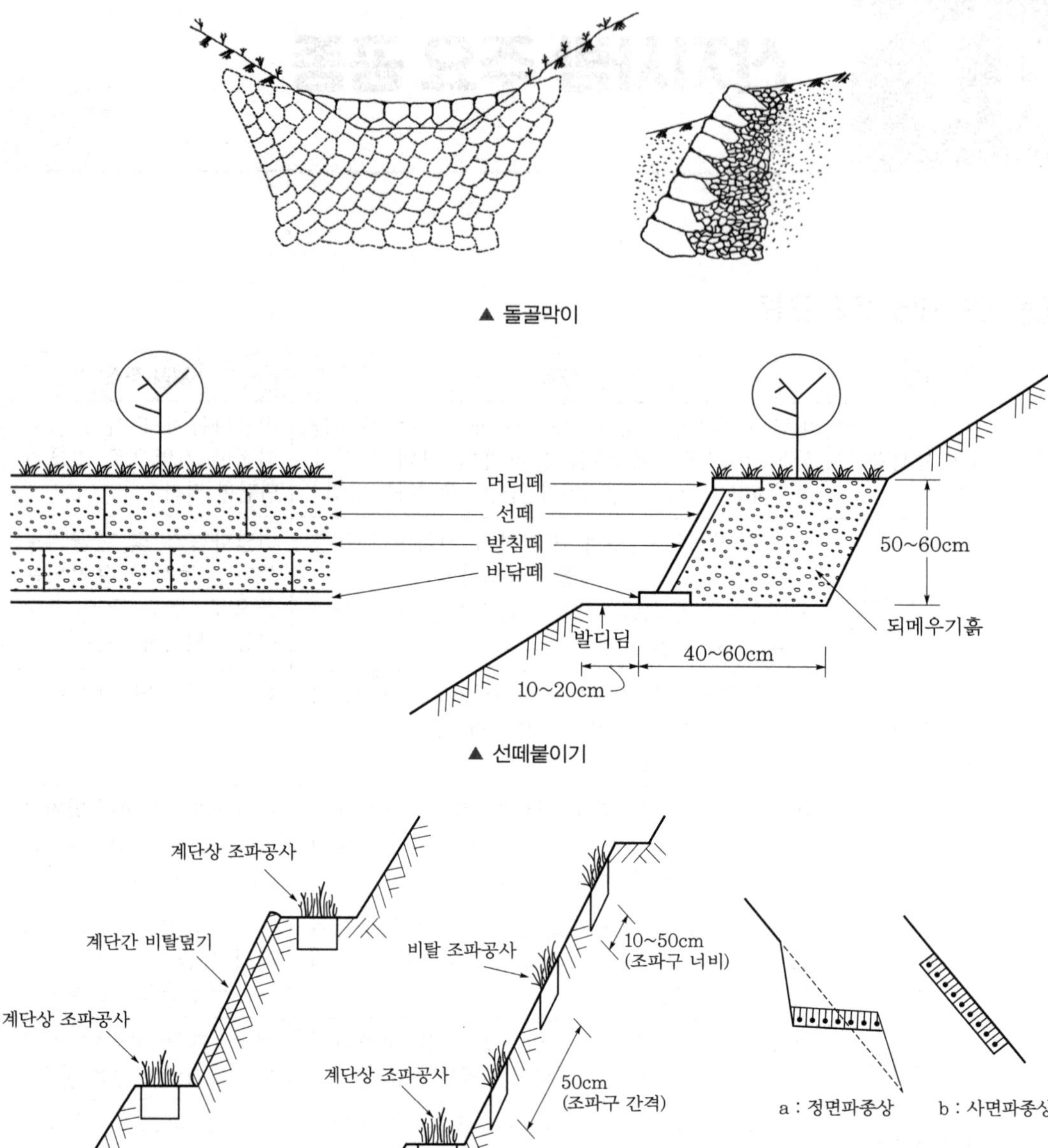
▲ 돌골막이
머리떼
선떼
받침떼
바닥떼
50~60cm
되메우기흙
발디딤
40~60cm
10~20cm
▲ 선떼붙이기
계단상 조파공사
계단간 비탈덮기
계단상 조파공사
비탈 조파공사
계단상 조파공사
10~50cm
(조파구 너비)
50cm
(조파구 간격)
a : 정면파종상
b : 사면파종상
▲ 줄뿌리기
▲ 점뿌리기

42 산지사방 공종별 시공 방법

1 산지사방과 야계사방의 공종

구분	공종
산지사방 (예방사방)	① 정지공사(비탈다듬기, 단끊기, 땅속 흙막이) ② 흙막이공사(떼 흙막이, 콘크리트 흙막이, 돌 흙막이, 돌망태 흙막이) ③ 수로내기(돌붙임수로, 콘크리트수로, 떼붙임수로, 콘크리트플룸관수로) ④ 조공(돌조공, 새조공, 섶조공, 통나무조공) ⑤ 단쌓기(떼단쌓기, 산돌쌓기, 혼합쌓기) ⑥ 선떼붙이기, ⑦ 줄떼심기, ⑧ 사면피복공(섶덮기, 짚덮기, 거적덮기) ⑨ 산비탈바자얽기, ⑩ 씨뿌리기
야계사방	① 골막이, ② 사방댐, ③ 기슭막이, ④ 바닥막이, ⑤ 제방, ⑥ 수제 ⑦ 모래막이

2 산지사방 공종별 시공 방법

1) 정지공사

① 비탈다듬기

- 토사의 안정각을 유지토록 하며 산꼭대기에서 산 아래로 진행한다.
- 속도랑공사 및 땅속 흙막이 공사를 할 경우 비탈다듬기 전에 시공한다.

② 단끊기

- 너비는 대개 50~70cm로 하지만 경사가 급할 경우, 단 너비를 좁게 하고 비탈경사를 완만하게 한다.
- 단 간의 수직높이는 2m 이하로 한다.

③ 땅속 흙막이

- 상부의 토압을 충분히 견딜 수 있는 구조물이 되도록 안정된 기반 위에 설치하며, 바닥 파기는 충분히 하고, 구조물은 묻히도록 한다.
- 재료는 석재, 돌망태, 블록, 통나무 등 여건에 맞는 것을 사용한다.
- 유치토사가 진흙인 경우에는 돌, 콘크리트 또는 블록을 사용한다.

– 돌쌓기의 비탈면은 1:0.3으로 하고, 땅속 흙막이의 비탈면은 1:1.0~1.3으로 한다.

– 현지에 산재된 석재를 충분히 활용하고, 큰돌은 밑으로 놓아 설치한다.

2) 흙막이공사

① 떼 흙막이

– 비탈면적이 2m² 내외의 소규모로 하고, 높이는 선떼붙이기 하부와 수평이 되도록 설치하되, 지상고 60cm 내외로 한다.

② 콘크리트 흙막이

– 충분한 안전성을 필요로 할 경우 시설하며, 산복붕괴지는 원칙적으로 높이 4m 이하의 콘크리트벽 흙막이를, 산복비탈은 높이 2m 이하로 한다.

③ 돌 흙막이

– 찰쌓기 흙막이는 높이 3m 이하, 메쌓기 흙막이는 2m 이하로 한다.

– 지형 여건상 높이를 증가시켜야 할 경우 발디딤을 설치하여 2~3단으로 쌓는다.

– 기초지반을 충분히 고려하여 파괴되지 않도록 유의하고 뒷채움 돌은 충분히 한다.

④ 돌망태 흙막이

– 유연성을 이용하여 땅밀림 지대와 같이 연약한 개소에 시공한다.

– 속채움재로 사용되는 돌이 풍부한 장소에 이용한다(망눈 〈 채움돌 〈 망태지름의 1/2).

– 지형, 토사의 질과 양에 따라 적절히 선정하고, 높이는 2m 이하로 한다.

3) 수로내기

① 돌붙임 수로

– 찰붙임 수로는 돌붙임을 할 때 뒷부분에 있는 공극에 콘크리트를 채워야 하며, 유수 또는 낙석 등의 충격으로 돌이 빠져나와 수로 바닥이 침식되지 않도록 한다.

– 메붙임 수로는 깬돌, 호박돌, 잡석 등으로 붙여 설치하며, 뒷채움 자갈을 잘 다짐하여 붙임돌이 빠져나오지 않도록 시공하고 돌과 돌 사이 공간은 틈메꿈 자갈을 충분히 사용하여 견고하게 시공한다.

② 콘크리트 수로

– 수로의 단면은 사다리꼴 단면으로 하며, 측벽 앞비탈면은 1:0.3~0.5, 뒷비탈면은 수직 또는 역1:0.1로 한다.

– 일반적으로 바닥 두께를 20~30cm, 측벽 두께를 벽마루에서 20cm 내외로 한다.

③ **떼붙임 수로**

- 물매가 완만하고 유수량이 적으며, 토사 유출이 적은 곳에 시공한다.
- 윤주는 60~100cm 기준이며, 수로 양편의 부토비탈에는 새심기나 줄떼심기를 한다.

④ **콘크리트플룸관 수로**

- 터파기는 최소로 굴착하며, 터파기 후 높낮이를 맞추고 플룸관 전체가 균일하게 지지되도록 하고, 설치 전 기초지반을 충분히 다져 부등침하가 되지 않도록 한다.
- 플룸관 양측을 균등한 높이로 2~3회 나누어 되메우며, 양측을 균등하게 다짐한다.

4) 조공법(條工法)

비교적 완경사지의 산복비탈에 수평으로 단간 수직높이 1~1.5m, 너비 50~70cm의 단을 만들고, 그 앞면에는 새심기, 잡석 등으로 보호하며, 뒷면에는 흙을 채운 후 사방수목을 식재하는 공법이다.

① 돌조공: 높이 50cm, 돌쌓기 비탈면은 1:0.2로 하며, 단을 식생으로 반드시 고정한다.

② 새조공: 경사 30° 이하 완경사지 산복하부에 적합하며, 단간 높이는 1~1.2m로 하고, 단간 비탈면에는 파종 또는 피복공법을 처리해야 한다.

③ 섶조공: 섶 길이 40cm 정도로 잘라 지름 10cm 정도의 다발로 묶어 그 단 위에 일괄로 깔아놓고, 그 위에 20cm 정도 복토하여 다진 후 그 위에 1~2단을 포개 쌓으며, 복토 부분에 새나 잡초 등을 이식한다.

④ 통나무조공: 너비 50~60cm로 하고, 말구지름 10cm 정도의 말뚝으로 0.7~1.0m 간격으로 박으며, 안쪽에 통나무를 일렬로 포개 쌓은 후 흙으로 채우고 묘목을 식재한다.

5) 단쌓기

① 떼단쌓기

- 25° 이상의 급경사지 부토를 수로공으로 처리 곤란한 개소에 설치한다.
- 급경사지의 5단 이상의 연속 단쌓기는 피한다(흙막이나 땅속 흙막이로 처리).
- 연결된 단의 선단은 줄드리움의 모양으로 시공하고 단의 기부에는 반드시 식재한다.

② 산돌쌓기

- 비탈면은 1:0.3으로 하고 높이는 1m 이하로 하되 그 이상일 경우 2단으로 한다.
- 용수가 있는 곳은 천단에 凹형의 유수로를 만들어 준다.
- 찰쌓기는 콘크리트로 잘 메우고 뒷메꿈 자갈을 잘 다져 채워야 하며, 2㎡ 기준으로 물빼기 구멍을 설치하여야 한다.
- 다습한 퇴적토상에는 토압을 고려하여 뒤메꿈 자갈을 충분히 메꾼다.

③ 혼합쌓기

- 떼와 돌을 혼합하여 쌓으며 떼단쌓기와 산돌쌓기에 준한다.

④ 마대쌓기

- 2단 이내의 단쌓기에 활용한다.

6) 선떼붙이기

① 비탈다듬기에서 생산된 부토를 고정하고 식생 기반을 설치하는 데 필요한 공작물로 산복비탈면에 단을 끊고, 단 전면에 떼를 쌓거나 붙인 후 그 뒤쪽에 흙을 채우고 식재, 파종한다.

② 떼의 사용매수에 따라 1~9급으로 구분한다.

7) 줄떼심기(눈썹떼공)

① 단 간의 사거리가 길고 경사가 급하며 부토유실이 예상되는 곳에 시공한다.

② 사면상 수평이 되도록 고랑을 파고, 폭 10cm 내외의 떼를 선상으로 붙인다.

③ 대체적으로 떼 간격은 20~30cm로 한다.

8) 사면피복공

① 섶덮기

- 동상과 서릿발이 많은 지대에 사용하며, 섶은 좌우를 엇갈리도록 가로방향으로 놓고, 나무나 철사를 세로방향으로 놓은 후 양끝의 고정 말뚝을 철사로 고정한다.

② 짚덮기

- 토질이 비교적 부드러운 산복면과 부토 표면을 피복하는 공법으로, 짚을 펴서 나란히 깔고 새끼줄로 고정시킨다.
- 산복비탈면에 폭 50cm, 깊이 2~3cm의 고랑을 파고, m당 짚 0.4kg을 깔아 덮고, 끝 15cm 정도로 묻고, 새끼와 대꽂이 등으로 고정시킨다.

③ 거적덮기

- 단끊기: 비탈다듬기 후 산복비탈면에 1m 간격 너비 50cm의 삼각구 계단을 만들고 단의 뒷부분에 삼각형배수구를 설치하고 단끊기를 수평으로 한다.
- 피복용 거적을 상부에서 순차적으로 굴러내려 비탈면을 덮는다.
- 비탈면에 직접 종자를 흩어 뿌려 파종하고, 그 위에 거적을 덮거나, 거적을 깔고 거적 위에 종자·비료·객토 등을 섞은 것을 덮는다.
- 적당한 크기의 나무꽂이를 사용하여 거적을 고정시킨다.
- 묘목 심을 자리에 거적을 양쪽으로 벌리고 심으며, 심은 후 다시 거적을 오므려 놓는다.

9) 산비탈바자얽기

① 떼의 채취가 곤란하고 떼붙임 효력이 없는 곳에 비탈다듬기 토사를 산록에 고정하기 위해 부근에 편책 재료가 풍부한 경우 시공한다.

② 지름 10cm 내외, 길이 0.6~1.6의 말목을 0.5~1m 간격으로 지중에 박고, 망아력이 강한 버드나무 가지 등을 엮어서 만든다.

③ 말목은 비탈면의 직각선과 수직선을 이루는 각의 중간 방향으로 박는다.

④ 얽기의 상하 간격은 0.5~1.0m로 한다.

10) 씨뿌리기

① 줄파종: 비탈다듬기한 비탈면이나 단과 단 사이의 비탈면에 30~50cm의 높이마다 너비 15~20cm의 수평단을 설치하고, 너비 10cm 정도의 파종구를 만들어 그 안에 시비와 객토를 하고 파종한다.

② 전면파종: 비탈면에 높이 60cm 정도, 너비 25cm 정도의 수평단을 끊고, 비탈면에 뾰족한 괭이로 작은 구멍을 무수히 파고 종자 유실을 방지하기 위해 수평으로 작은 골을 판 후 종자, 비료 및 토양을 혼합한 종비토를 고루 뿌린다.

핵심 43 사방사업 설계과정

● 사방사업의 설계과정(시공 · 설계기준 요약)

1 현지조사

① 구역면적 및 형상

② 황폐의 원인과 특성

③ 지황 · 임황 및 기상

④ 공작물의 종류 및 수량

⑤ 토질조사

⑥ 기설치 구조물과 유관공사와의 관계

⑦ 공사 제한사항

⑧ 공작물 설치 장소

⑨ 토공관계 및 자재관계 조사

⑩ 지장물 조사

2 측량

수평거리와 평면적으로 하고, 물량은 사거리와 사면적으로 산출한다.

3 도면제도

평면도(1:1,200), 종단면도(고저 1:100, 거리1:500), 횡단면도(1:100), 구조물도(1:100)

4 설계서 작성

목차, 위치도, 공사설명서, 일반시방서, 특별시방서, 예정공정표, 관계지적조서, 공사원가 계산서, 설계내역서, 일위대가표, 단가산출서, 중기경비계산서, 수량계산서, 소요자재총괄표, 토적표, 산출기초 순으로 한다.

5 사업비 산정

6 설계서 납품

핵심 44 사방댐 설계 순서

산림개발 및 보전

1 사방댐 설계 순서

| 댐 형식 선정 | → | 방수로 설계 | → | 본체 설계 | → | 기초 설계 | → | 댐둑어깨 설계 | → | 전정보호공 설계 | → | 부속물 설계 | → | 기타 시설 설계 |

① 댐 형식 선정: 버팀식, 중력식, 복합식

② 방수로 설계: 단면 형상과 크기 계산

③ 본체 설계: 단면 결정과 크기 및 길이 결정

④ 기초 설계: 기초의 형식과 깊이 결정

⑤ 댐둑어깨 설계: 댐둑어깨의 폭과 어깨넣기 깊이 결정

⑥ 전정보호공 설계: 방수로의 마모가 예상될 때

⑦ 부속물 설계

⑧ 기타 시설 설계

2 사방댐 설계 흐름

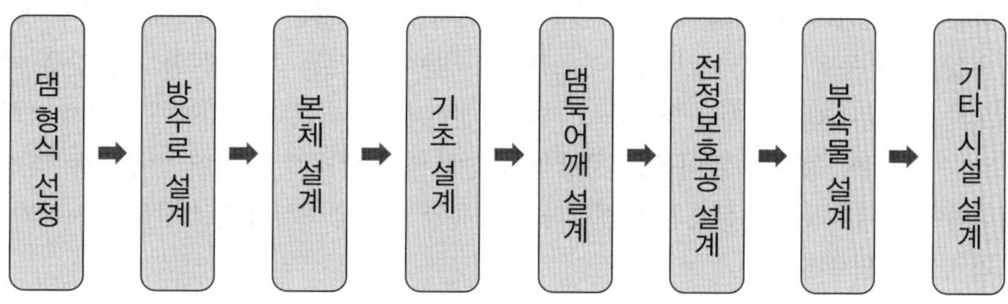

형식 선정	→	본체 설계	→	기타 설계	→	측량	→	설계도 작성	→	수량 산출
중력식		방수로 크기		부속물 등		중심선 측량		위치도		설계도 근거
버팀식		결정		기타		종단측량		평면도		단가 산출
복합식 등		기초 형식과		구조물		횡단측량		종단면도		품셈, 물가정보
형식		깊이 결정		형식과		용지측량		횡단면도		내역서 산출
큰돌		댐둑어깨		재료		구조물 및		구조물도		수량×단가
콘크리트 등		두께 결정				토질조사		용지도		설계서 작성
재료						기타조사		사방지구역도		부속도서

▲ 사방댐 설계 흐름

45 사방댐의 어도 설치

1 개요

사방댐을 비롯한 골막이, 바닥막이 등 계류를 횡단하는 구조물은 기본적으로 산사태, 토석류, 토사유실 방지 등을 위해 설치되는 구조물이다. 물이 흐르는 계류에 설치될 경우 계류의 생태계와 산림생태계에 미치는 영향을 고려하는 것이 좋다. 기본적인 기능에 충실해야 하지만 어류와 수생생물, 양서류의 이동을 차단하여 상하류의 생태적 단절이 발생하는 역기능도 고려하여야 한다. 이러한 문제점을 해결하고 계류와 산림생태계의 연속성을 유지하기 위해 어도의 설치가 필요하다.

어도를 설치할 때는 대상 보호대상 목적 어종의 크기와 습성, 생활양식 등을 고려하여 사방댐의 형식을 선택한다. 이때 유지관리에 대해 충분히 검토하여 어도가 제 기능을 발휘할 수 있도록 해야 한다.

▲ 토사로 매몰된 어도

2 어도 설계 시 고려 사항

생태계와 환경에 대한 인식이 변화하여, 어도의 설치에 대한 요구가 발생하는 경우가 있다. 어도의 설치보다는 사방댐의 구조를 하부가 개방되어 상하류가 단절되지 않게 하는 것이 좋다. 사방댐의 구조를 어쩔 수 없이 상하류가 단절되는 구조로 선택해야 하는 경우에 어도를 설치할 수 있다. 모든 사방댐에 어도가 필요한 것은 아니라는 것이다. 특히 사방댐이나 사방구조물의 설치로 계상변동에 영향을 받아 어류의 소상(遡上)기능이 발휘되지 못하는 경우는 되도록 설치하는 것이 좋다.

어도설계를 할 때 직접적으로 고려해야 할 사항은 아래와 같다.

① 토사 · 유목 · 나뭇잎 등의 유입

② 수위의 낙차

③ 퇴사에 따른 사방댐 상류부의 수위 상승

④ 수로의 변화, 유심의 변경

⑤ 계안의 지형 조건

⑥ 유지관리가 곤란한 위치

어도는 모든 사방댐에 설치하는 것이 아니며, 늘 흐르는 물인 상수(常水)가 있고, 수서곤충이나 어류가 서식하는 장소에 한정하여 설치하여야 한다. 수서곤충이나 어류가 없는 곳에 설치하는 것은 예산의 낭비일 수 있으므로 충분한 사전조사가 필요하다.

3 어도 설계 포인트

① 어도 입구

- 사방댐 또는 앞댐의 방수로에 접근시켜 설치

→ 물고기는 수세가 강한 곳이나 낙수가 있는 곳에 모이는 습성이 있다.

→ 소상효율을 높이기 위해 앞댐 등에 저지 시설을 만들어 어류가 잘못 들어가는 것을 방지한다.

② 어도 출구 풀(pool)

- 토사유입 방지

→ 풀의 위치: 수통부(水通部)를 피해 설치해야 하며, 반드시 댐둑어깨에 설치한다.

③ 유수의 유도

- 방수로는 복수단면으로 하고, 어도 쪽을 낮게 설계한다.

4 기술적 문제점과 대책

① 토사에 의한 매몰

② 유로의 변화

③ 어도 입구의 위치

④ 유목 등에 대한 대비책

5 설계 순서

① 기초자료의 수집 및 파악: 구조물 자료 · 어패류 자료 · 수리자료 등

② 설계조건 설정: 대상계류의 유량과 수위 범위, 상·하류 쪽의 수위 조건, 어도의 유량, 어패류의 소상능력 한계, 입지와 경제 조건의 확인

③ 어도의 위치 선정: 어도의 위치 · 입구 · 입구 풀 · 유도설비 · 출구

④ 형식의 선정

⑤ 개략적인 설계

⑥ 상세 설계

⑦ 완성 이후의 평가계획

6 어도의 위치 선정

① 어도의 위치: 각종 계류관리시설의 구조, 소상경로, 집어장소, 주변 지형 등의 입지 조건 등을 고려하여 결정

② 어도 입구 및 입구 풀: 집어하기 쉬운 장소에 입구 설치

  → 어도 입구 이외의 장소에는 집어하지 않도록 한다.

③ 어도 출구: 취수구와의 연결성, 토사 등의 퇴적에 의한 막힘, 월류 · 방류 등을 고려

7 어도의 형식 선정 및 계략 설계

① 형식 선정의 기준

  – 대상으로 하는 계류유량, 수위, 어도의 유량, 대상 어패류의 소상능력 한계치, 입지 조건, 경제적 조건, 설치 대상 구조물의 특수성 등

② 개략설계 순서

  – 어도 본체의 설계 → 부대설비의 설계 → 대안 설계 → 비교 검토

  → 설계도 · 설계계산서 · 설명도 작성

8 어도의 종류

① 수리 구조의 차이에 의한 분류

풀의 형식	계단식(전면월류형, 부분월류형, 아이스하바형, 노르웨이형), 파치컬슬로트식, 잠공식
수로 형식	데닐식(표준데닐형, 알라스카스텝파스형), 완구배바이패스수로식, 잡석붙이기 수로식
기타	리프트식, 엘리베이터식, 갑문식 등

② **구조형식의 차이에 의한 분류**

입구의 형식	전방형, 후방형
수로의 형식	지그재그다단형, 나선계단형, 직선형 등
출구의 형식	다단식, 단단식, 우회수로식 등

▲ 계단부분월류식 어도

▲ 계단전면월류식 어도

핵심 46

야계사방 공종과 시공 장소

공종	기능	시공 장소
사방댐	황폐계류에서 종·횡침식으로 인한 토석류 등 붕괴물질을 억제하기 위하여 계류를 횡단하여 설치하는 공작물	계상의 양안에 암반이 있는 지역, 상류부 계곡이 넓고 완만하다 좁아지는 장소
골막이	황폐계류의 유속 완화, 종침식 방지, 유송토사퇴적 촉진, 기슭막이 기초 보호 목적으로 시공하는 작은 사방댐, 구곡막이, 보곡공, 곡지공	계상 저하 위험장소, 합류 지점 직하부, 보호대상 시설물 하류, 유수가 집중되지 않는 굴곡부의 하류
바닥막이	황폐된 계천바닥의 종침식 방지 및 바닥에 퇴적된 불안정한 토사석력의 유실을 방지하기 위하여 개천을 횡단하여 설치하는 사방공종	계상이 낮아질 위험이 있는 지역과 지류(枝流)가 합류되는 지역하류, 종·횡침식이 있는 지역하류, 계상 굴곡부의 하류
기슭막이	유수에 의한 계안의 횡침식을 방지하고 산각의 안정을 도모하기 위해 계류 흐름 방향을 따라서 축설하는 계천 사방공종	유로의 만곡에 의하여 물의 충격을 받는 수충부나 붕괴 위험이 있는 수로변
수제 (水堤)	한쪽 또는 양쪽 계안으로부터 유심을 향해 돌출한 공작물을 설치함으로써 유심의 방향을 변경시켜 계안의 침식을 방지하는 공작물	계상폭이 넓고 계상물매가 완만한 황폐계류
모래막이	상류지역에서 사방공사에 의해 유출토사량을 허용량까지 감소시킬 수 없을 때 설치하는 공작물	토석류의 상습발생지, 선상지, 계간수로의 상류에 설치
둑쌓기 (제방)	유수를 일정한 유로로 안전하게 유출시키고, 범람을 방지하기 위하여 계류 양안에 흙으로 둑을 만드는 공사	일정한 유로가 형성되어 있지 않은 계천. 하류 토사퇴적 구역에 설치
계간수로	황폐된 계천의 구불구불한 유로를 정리하여 안정시키는 공작물	상류 토사생성구역과 토사유과구역에 만듦

핵심 47 황폐계류의 구분

1 황폐계류의 구분

유역의 크기에 의한 분류	유역에 따른 구분

① 소야계
   – 유역면적 10~20ha
② 중야계
   – 유역면적 100ha 정도
③ 대야계
   – 유역면적 100~1,000ha 정도
	
	▲ 황폐계류의 유역 구분(木村, 1984)

2 황폐계류의 유역 구분

구역	경사도	특징	주요 관리 방법
토사 생성 구역	10° 이상 (급경사)	• 붕괴, 침식 작용이 활발하게 진행되는 유역의 최상류. 사력생산구역, 침식구역, 채집구역으로도 불림 • 강우 시 다량의 토사와 석력이 하류로 유송됨	• 침식 방지 대책, 식생 복원 • 횡공작물로 생산 토사 조절
토사 유과 구역	3°~10° (완만한 경사)	• 침식과 퇴적이 거의 발생하지 않으며, 토사가 통과하는 구역 • 협작부로 사력 운반 수로가 되는 중류 구간	• 유속 조절 시설 설치, 지류 수로 정비 • 종공작물 중심, 횡공작물 병용
토사 퇴적 구역	3°도 미만 (매우 완만한 경사)	• 계상물매가 완만하고 유속이 저하되면서 계상 재료가 퇴적되는 하류 구역 • 퇴적지대 또는 침적지대라고도 불림	• 준설 및 토사 유출 관리, 사방 시설 설치 • 감세공법·모래막이·수로내기 등 시설

야계사방 시공 및 적용

1 골막이

시공 방법 및 적용

① 골막이란 황폐된 작은 계류를 가로질러 몸체 하류면(반수면) 만을 쌓는 횡단구조물을 말하며, 몸체 상류면(대수면)은 설치하지 아니한다.
② 골막이는 비탈면의 기울기가 급하여 종·횡 침식이 심한 산복계곡에 설치하며, 종단기울기의 완화, 유속의 감속, 기슭의 안정, 토사 유출 및 사면붕괴 방지 등을 위해 시공한다.
③ 곡선부는 피하고 직선부에 설치한다.
④ 바닥비탈 기울기가 급한 곳에서는 단계적으로 여러 개소를 시공한다.
⑤ 가급적 물이 흐르는 중심선 방향에 직각이 되도록 시공한다.
⑥ 골막이몸체 하류면 아래쪽의 바닥은 침식 방지를 위하여 돌 또는 콘크리트 등으로 할 수 있다.

2 수제

시공 방법 및 적용

① 계안에서 물 흐름의 중심을 향하여 돌로 돌출물을 만들어 유수에 저항을 주는 공작물
② 상향수제는 수제공 아래편 기초부에 토사가 침전되어 효과가 있으나 선단이 세굴되기 쉽고, 하향수제는 수제공 위로 넘어 흐르는 물로 와류되어 수제공 아래편이 세굴될 위험이 있다.
③ 수제공의 높이는 최고수위로 하고, 끝부분은 다소 낮게 한다.
④ 수제공 길이는 하천 폭의 10% 이하로 하고, 간격은 수제공 길이의 1.5~3배로 한다.

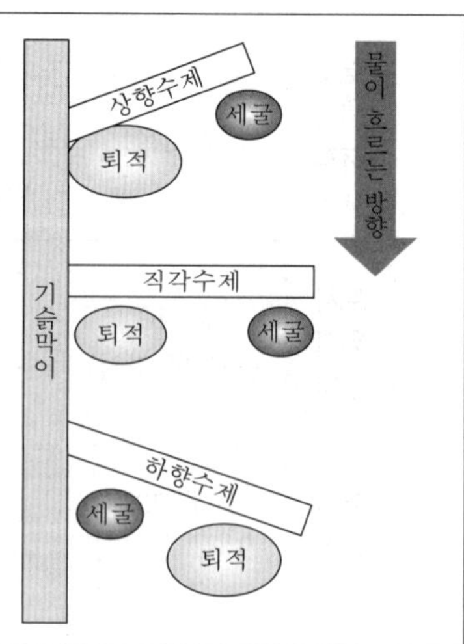

3 바닥막이

시공 방법 및 적용	
① 계류 바닥에 퇴적된 불안정한 토석의 유실을 방지하고 종단기울기를 완화시키기 위하여 계류바닥을 가로질러 설치한다. ② 상류에서 하류 방향으로 바라볼 때 물이 흐르는 중심선(유심선)에 직각이 되도록 설치한다. ③ 물이 부딪히는 곡점부에는 높게, 반대쪽은 상대적으로 낮게 설치한다.	

4 기슭막이

시공 방법 및 적용	
① 산기슭 또는 계류의 기슭에 설치하여 기슭 붕괴 또는 계류의 물이 넘치는 것을 방지한다. ② 시공 비탈면은 가급적 1:0.3~0.5로 한다. ③ 계류의 폭이 비교적 넓고, 기슭의 비탈이 완만한 개소는 1:1.1~1.5를 기준으로 시공할 수 있다. ④ 물이 부딪히는 곡선부에 설치하는 구조물은 높게, 반대쪽에 설치하는 구조물은 상대적으로 낮게 시공한다. ⑤ 기슭막이 높이는 계획홍수위 기준 이상으로 해야 한다. ⑥ 물이 부딪히는 곡선부에는 물의 속도를 완화시키는 공작물을 설치하여 유속을 줄이고 토사퇴적으로 인한 수위 상승을 예방한다.	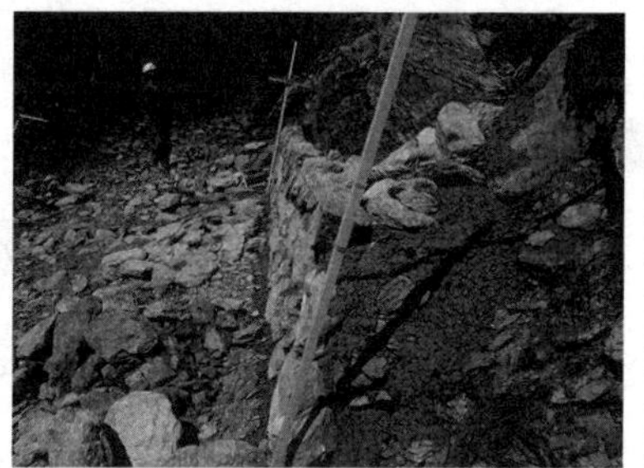

5 모래막이

시공 방법 및 적용	
① 모래막이는 상류지역에서는 허용유출토사량을 충분히 감소시킬 수 없을 때 설치하고, 하류지대에서는 토사를 가라앉혀 하수도관거로 흘러가지 못하도록 계폭을 확대하여 모래를 가라앉히는 시설이다. ② 용량은 강우량, 유역면적, 지형 등의 상태에 따라 결정한다. ③ 저유토사를 1년에 1~2회 정기적으로 준설할 수 있는 크기 ④ 설치 개소는 토사를 수용할 수 있도록 여러 개 설치할 수 있다.	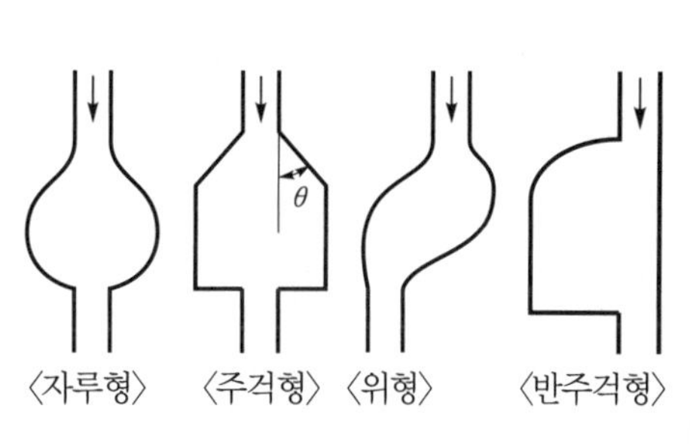

6 둑쌓기

시공 방법 및 적용

① 물의 흐름을 유도하여 범람을 방지하기 위하여 계류의 기슭에 시설한다.

② 둑의 상단 폭은 1~3m 내외로 하고, 둑의 안쪽 면과 바깥쪽 면의 비탈은 기준에 따라 시공한다. 다만, 현장여건에 따라 달리 시공할 수 있다.

③ 둑 자체의 압력과 침하를 고려하여 계획 제방 높이에 0.5~1.0m 내외의 여유고를 더하여 시공한다.

④ 계류의 폭은 최대 유량이 안전하게 유출될 수 있도록 한다.

⑤ 농지에 연접된 둑의 경우 여유고를 줄이거나 생략하여 시공할 수 있다.

⑥ 둑의 보호를 위하여 침윤선을 적용하여 시공한다.

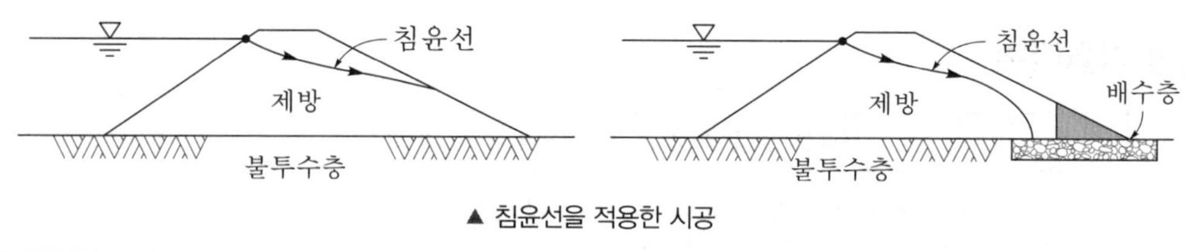

▲ 침윤선을 적용한 시공

7 계간수로

시공 방법 및 적용

① 유로의 물매는 단면 형상을 충분히 검토한 후에 결정한다.

② 선형은 국소세굴 또는 이상퇴적이 발생하지 않도록 부드럽게 한다.

③ 상류에서 유출되는 토사가 많은 경우 상류지역을 우선 정비한다.

④ 하류의 수로와 부드럽게 연결되도록 한다.

⑤ 본류와 지류가 합쳐지는 경우 각 흐름의 중심선이 예각으로 합류하도록 계획한다.

49 토석류

1 발생 원인

① 토석류는 산붕이나 산사태, 특히 계천으로 무너지는 포락과 같은 붕괴작용에 의해 무너진 토사와 계상에 퇴적된 토사와 암석 등이 물에 섞여서 유동하는 것이다.

② 물보다는 유목의 목편, 암석과 토사의 양이 많고 물이 고체들을 유하시키는 것이 아니라 고체가 물에 의해 미끄러져서 흘러내리는 것이다.

③ 속도는 시속 20~40km 정도로 빠르다.

▲ 산사태(좌)와 토석류(우) 개념도

형태	개념
대규모 붕괴형(19%)	주로 산복, 계안에 발생한 대규모 붕괴가 원인이 되는 것으로 규모가 크고 돌발성으로 피해도 큼
원두부 붕괴기인형(32%)	원두부에 발생한 붕괴가 원인이 되고 계상퇴적물을 휩쓸어서 양과 세력을 증가시켜 유하하는 것

형태	개념
소규모 붕괴집합형(44%)	유역 내 곳곳에서 발생한 붕괴토사가 계류에서 서로 합쳐져 토석류로 이행하는 것
계상퇴적물 유동형(5%)	다량의 물로 거의 포화상태의 계상퇴적물 자체가 유동하거나 구곡침식을 받아서 토석류 또는 토사류가 되는 것

2 기작

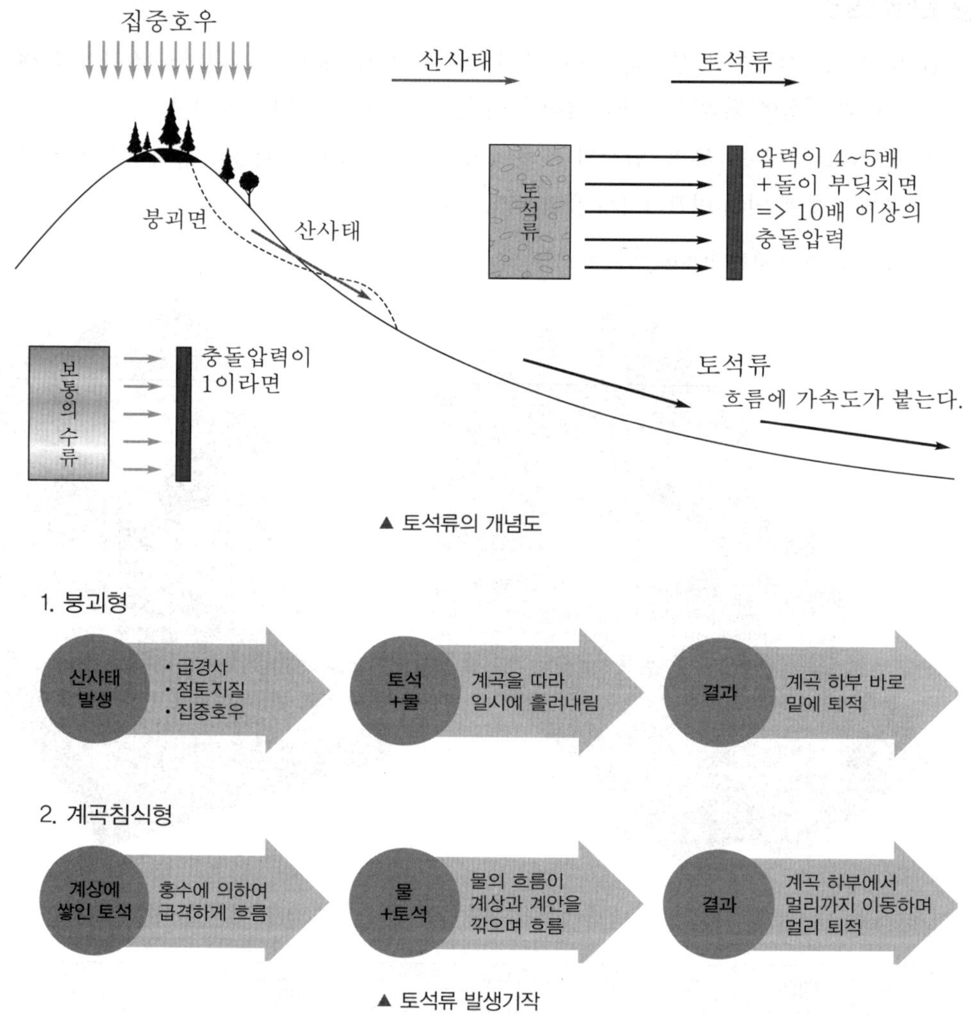

▲ 토석류의 개념도

▲ 토석류 발생기작

3 방지 방법

① 토석류가 발생하는 것을 방지하는 직접적인 대책으로는 사방댐 등 구조물을 만들어서 산지의 경사도를 완화시키고, 산지에서 토석이 유출되지 않도록 녹화하는 것이다.

② 해당 유역 전체에 대해 토석류가 발생하지 않도록 산지의 경사를 완화하고 식생이 훼손되지 않도록 생태적인 안정을 이룰 수 있도록 관리를 한다면 더 효과적으로 토석류를 방지할 수 있다.

③ 구조물적인 대책과 유역의 관리를 통해서도 토석류를 완전히 막을 수 없다면 토석류 발생 위험성에 대해 계도하고, 발생 위험이 높은 시기에 경보를 하여 안전하게 피난을 할 수 있도록 하며, 토석류가 발생할 위험이 아주 큰 곳은 이주 등의 정책적인 대책의 수립도 고려하여야 한다.

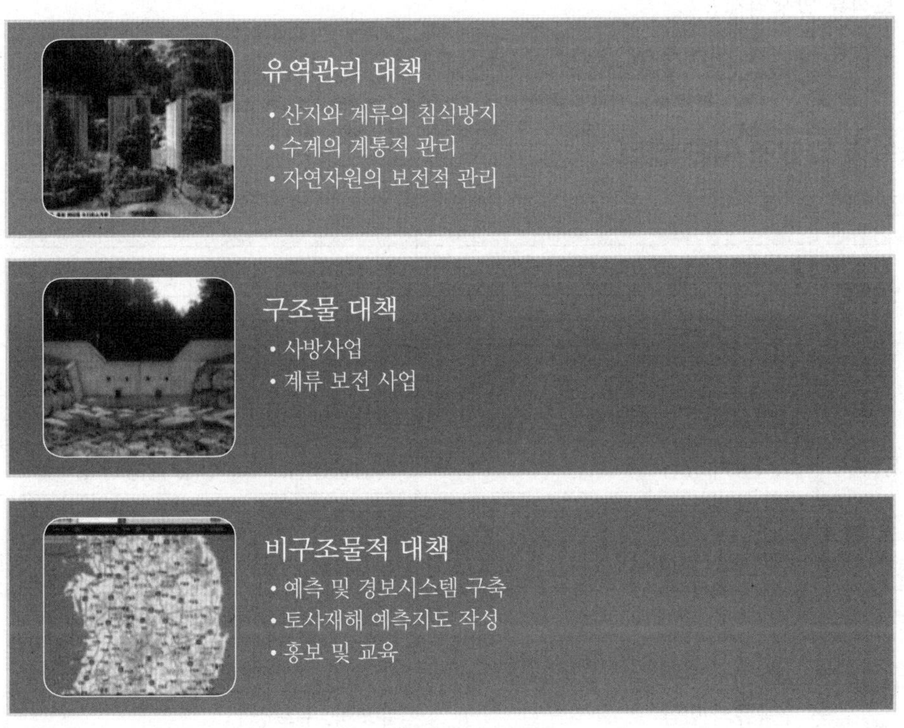

▲ 토석류에 대한 대책

4 유목 대책시설

유역 구분	토석류발생유하역	토석류퇴적역	소류역
경사도	10° 이상	3~10° 이상	3° 이하
유역	상류	중류	하류
대책시설	① 유목 발생 억지 　- 사면안정공 　- 기슭 · 바닥막이 ② 유목포착 　- 투과형사방댐	① 유목포착 　- 부분투과사방댐 　- 투과형사방댐 ② 발생 억지 　-기슭 · 바닥막이	(토석류 포함) ① 유목포착 　- 부댐 위에 유목막이 　- 모래+유목막이

5 **토석류 대책공사**

① 토석류 포착공

② 토석류 유도공

③ 토석류 퇴적공

④ 토석류 분산수림대

⑤ 토석류 유향제어공

⑥ 토석류 발생억제공

  – 토석류 대책 기술 지침(2000.6)

6 **토석류 현상에 따른 공법**

	현상	구체적인 공법
발생부	산사태, 계상퇴적물 이동 등	산복공사, 바닥막이, 사방댐 등
	산사태, 사면붕괴 등	산복공사, 바닥막이, 사방댐 등
유하부	토석류 선단부의 충돌	각종 투과형 사방댐
	토석류 선단부의 범람	저사용량의 확보
	토석량의 증가	저댐군공법, 바닥막이, 사방댐 등
	후속류의 범람	사방댐(용량), 유도둑, 유로공 등
	유목에 의한 재해	유목막이
퇴적부	정지, 퇴적에 의한 매몰	유사지(모래막이), 수림지대 등
	선단부의 직격	사방댐, 유사지 등
	후속류의 범람	유도둑, 유로공
	재침식	유로공, 바닥막이 등

사방댐의 분류와 형태

1 사방댐의 분류

① 시설 목적에 따른 분류

형태	설치 목적	재료 및 형식
중력식 사방댐	토석 차단을 주목적으로 하는 경우에 설치	콘크리트, 전석, 블록 등
버팀식 사방댐	유목 차단을 주목적으로 하는 경우에 설치	버트리스, 스크린, 슬리트 등
복합식 사방댐	토석, 유목의 동시 차단을 주목적으로 하는 경우에 설치	다기능, 빔크린, 콘크린 등

　㉠ 사용 재료에 따른 분류: 콘크리트 사방댐, 전석 사방댐, 견치석 사방댐, 철강재 사방댐 등

　㉡ 평면 형상에 따른 분류: 직선댐, 아취형 댐, 아크댐 등

2 사방댐의 형태

형태	설치 목적과 형태
중력식 사방댐	• 토석의 차단이 주목적인 댐 • 유해한 토사는 차단하고, 평소에 흐르는 토사는 차단하지 하지 않음 • 토석류를 예방할 목적으로 시공하는 것은 다른 사방댐과 같음

형태	설치 목적과 형태
스크린댐 (steel crib dan)	• 철강제 스크린과 철강판을 人자형으로 조립한 것을 H형강으로 지탱하게 하는 부벽댐의 일종 • 모래, 자갈의 크기가 작고, 유목의 발생 우려가 있는 계류의 상류에 설치 • 스크린 효과에 의하여 벌채적지 등의 임지에서 지조, 낙엽, 지피물 등의 유출 방지를 목적으로 설치 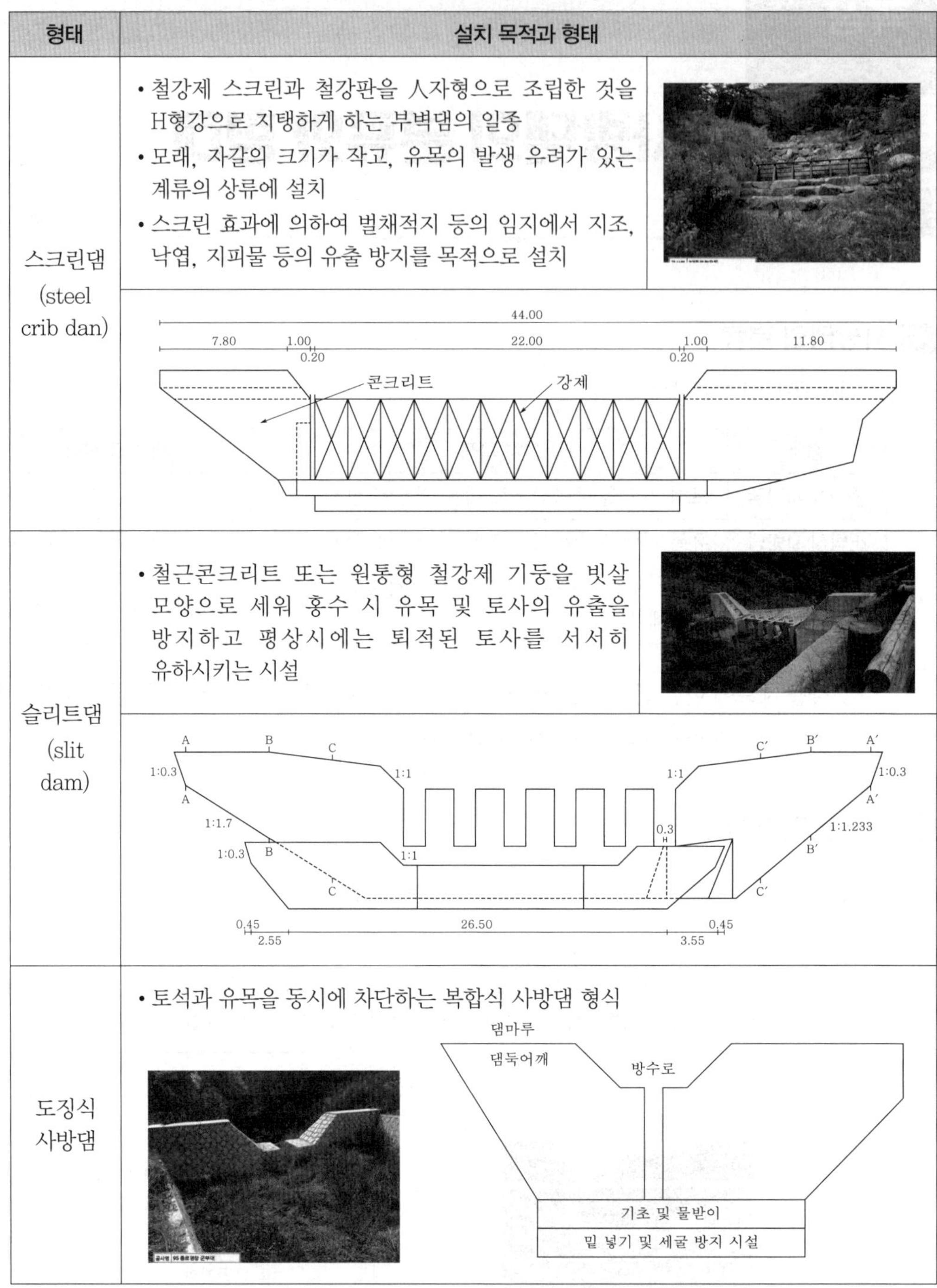
슬리트댐 (slit dam)	• 철근콘크리트 또는 원통형 철강제 기둥을 빗살 모양으로 세워 홍수 시 유목 및 토사의 유출을 방지하고 평상시에는 퇴적된 토사를 서서히 유하시키는 시설
도징식 사방댐	• 토석과 유목을 동시에 차단하는 복합식 사방댐 형식

핵심 51 사방댐의 구조와 단면 결정

순서	시설 방법
댐의 종류	• 현지 여건에 따라 사방댐의 사용 재료(흙, 콘크리트, 전석, 철강재 등)와 시설 목적(슬리트댐, 스크린댐, 저사댐, 저수댐 등)에 따라 댐의 구조와 형태를 결정
댐의 방향	• 댐의 방향은 유심선의 하류에 직각으로 설치하되 댐의 계획지점에서 상하류의 계곡계안이 유수의 충격에 의해 침식의 우려가 있을 경우는 댐의 방향이나 방수로의 위치 변경 또는 기슭막이공사로 보강
본체 기울기	• 대수면은 돌, 콘크리트댐에서는 수직 또는 1:0.1~1:0.2, 흙 또는 혼합 쌓기댐에서는 1:1.3~1:1.5로 함 • 반수면은 돌, 콘크리트댐에서는 1:0.2~1:0.3, 흙댐에서는 1:1.5~1:2.0으로 함
계상물매	• 계획물매는 댐 상류인 대수면의 경우 현 계상물매의 1/2~2/3 이상 수정되어야 하며, 유역 인자에 의한 계획물매 추정표를 이용
방수로	• 위치: 댐 반수면의 끝부분, 물받이 부위와 암반의 지질, 댐 축설 지점의 상하류 양안의 상태 등을 고려하여 결정하되, 축설 지점의 암반인 쪽에 설치하고 암반이 없는 경우는 중앙부에 설치 • 형상: 역사다리꼴을 기본으로 하고 방수로 길옆의 기울기는 1:1을 표준으로 하되 통행로 등 안전시설물 설치 시 수직으로 할 수 있음 • 크기: 홍수나 집중호우 시 유출되는 유목과 전석 등으로 유실될 우려가 있으므로 방수로의 크기는 가능한 설계홍수량의 2~5배(200~500%) 이상으로 여유롭게 시설
댐둑어깨	• 댐의 어깨 부위는 월류되지 않는 것을 원칙으로 하여 계획 홍수위 이상의 안전한 높이로 함 • 암반인 경우 1~2m, 토사인 경우 2~3m를 양안에 넣어야 함
댐 마루 두께	댐 마루의 두께는 유속, 사력의 크기, 월류수심, 싱류 폭의 기울기 등을 고려하여 결정. 댐 마루의 표준 두께는 아래와 같음 ① 유출사력의 입경이 작은 황폐 소계류: 0.8m ② 일반 황폐계류: 1.5m ③ 홍수에 의해서 큰 전석의 유하 위험성이 있는 곳: 2.0m ④ 대규모 토석류 발생의, 위험이 있는 곳, 산사태로 측압을 받게 될 위험이 있는 곳: 2.0~3.0m

순서	시설 방법
중력댐의 안정 조건	① 전도에 대한 안정 조건: 합력 작용선이 댐 밑의 중앙 1/3보다 하류 측을 통과하면 상류에 장력이 생기므로 합력 작용선이 댐 밑의 1/3 내를 통과해야 함 ② 활동에 대한 안정 조건: 활동에 대한 저항력의 총합이 수평 외력보다 커야 함 ③ 제체 파괴에 대한 안정 조건: 댐 몸체의 각 부분을 구성하는 재료의 허용응력도를 초과하지 않아야 함 ④ 기초지반의 지지력에 대한 안정 조건: 사방댐 밑에 발생하는 최대응력이 기초지반의 허용지지력을 초과하지 않아야 함
기타	• 중력식 콘크리트 사방댐 길이가 20m를 초과할 경우 신축이음 및 지수판을 설치 • 물빼기 구멍: 좁은 계곡에서는 1개만 설치, 계곡 폭이 넓을 때는 몇 개소 설치 • 댐의 반수면 하단의 세굴을 방지하기 위하여 물받이, 앞댐(보조댐), 막돌놓기와 끝돌림(감세공사)을 시공 – 측벽 끝부분과 부댐(앞댐) 높이는 같게 함

물받이	① 물받이 길이 $L=(1.5\sim2.0)\times(H+t)-nH$
	   (H=사방댐 유효고, t=방수로의 깊이, n=반수면비탈, $1.5{:}(H=t) \rangle$ 6m인 경우, $2.0{:}(H=t) \langle$ 6m인 경우에 적용)
	② 물받이 두께
	   – 댐높이 5m일 때는 0.5~1.0m, 댐높이 10m일 때는 1.5m로 함
	   – 물받이 두께가 1.25m 이상일 때는 물방석을 설치
	   – 물방석 깊이는 보통 0.3~1.0m이며, 높은 댐에서는 2.0m 내외

핵심 52

사방댐의 형태

형식	형태	사진	형식	형태	사진
중력식 (토석 차단)	콘크리트댐		복합식 (토석 + 유목 차단)	다기능댐	
	전석댐			빔크린댐	
	블록댐			도징댐	
버팀식 (유목 차단)	버트리스댐 (buttress)	부벽 (Buttress) 댐체		철강재틀댐	
	스크린댐			에코필라댐 (eco-pilar)	
	슬릿트(slit) 댐				
	그리드댐				

사방댐 설치 위치와 효과

1 사방댐 설치 위치

① 상류부가 넓고 댐자리의 계류 폭이 좁은 곳

② 지류의 합류점 부근에서는 합류점의 직하류부

③ 가급적 암반이 노출되어 있거나, 지반이 암반일 가능성이 높은 장소

④ 붕괴지의 하부 또는 다량의 계상퇴적물이 존재하는 지역의 직하류부

2 사방댐 설치 효과

① 사방댐은 계류바닥에 퇴적된 불안정한 토석의 유실을 방지한다.

② 사방댐은 계상의 종단기울기를 완화하여 계상을 안정시킨다.

③ 사방댐은 유출된 토석이 빠르게 하단부로 이동(20~40km/hr)하는 토석류를 저지한다.

④ 사방댐은 계간의 유속을 완화하여 토사 유출과 침식을 억제한다(개소당 토석류 유치: 5,000m³, 평균 15톤 500대 분량).

⑤ 사방댐은 토석으로 가득 차 만사가 된 상태에 이르더라도 계상안정, 유속완화로 토사 유출과 침식을 억제하는 기능은 유지된다.

# 방수로 단면 설계 방법

1 개수로 단면 결정

계류 보전사업 등 계상의 단면을 결정할 때 사용하며, 계상의 기울기를 이용하여 유속을 계산한 후 유적을 산출한다.

최대홍수유출량 산출	강수도달시간을 이용하여 산출된 강우강도를 이용하여 합리식으로 계산
평균유속산출	manning식을 이용
단면가정	유로단면적(A)=유량 Q1/유속 V(㎥/sec)
계획홍수량 산출	임도사업의 경우 최대홍수유출량의 1.2배, 사방사업의 경우 최대홍수유출량의 2~5배로 결정 $\dfrac{Q2}{Q1} = \%(120{\sim}500\%)$ $Q1$=구역 내 최대홍수량(㎥/sec), $Q2$=계획홍수량(㎥/sec)

2 축류웨어

사방댐 방수로의 크기를 계산할 때 사용하며, 유적을 고려하여 설계한다. 유속은 고려하지 않는다.

사다리꼴 축류웨어	$Q = (2/15)at\sqrt{2g}\,t(2b_u + 3B)$ • Q: 월류유량(㎥/s) • a: 축류계수 • t: 월류심(m) • g: 중력가속도(=9.8m/s²) • b_u: 방수로 윗너비(m) • B: 방수로 밑너비(m)
직사각형 칼날웨어	$Q = 1.84\left(b - \dfrac{n}{10}t\right)t^{3/2}$ • Q:유량(㎥/s) • b:웨어의 너비(m) • n:완전수축의 수 • t:웨어의 월류수심(m)
삼각형 칼날웨어	$Q = 1.4t^{5/2}$

55 땅속 흙막이

● 땅속 흙막이와 골막이의 차이점은?

1 개요

① 비탈다듬기와 단끊기 등으로 생산되는 뜬흙을 산복의 계곡부에 투입 유치하여 이의 유실을 방지하는 한편 산각의 고정을 기하고자 축설하는 공법이다.

② 재료에 따라 돌, 바자, 흙, 돌망태, 블록, 콘크리트 땅속 흙막이가 있다.

2 시공 장소

비탈다듬기 토사가 깊이 퇴적한 기초가 단단한 지역

3 시공 요령

① 상부의 토압이 충분히 견딜 수 있는 구조물이 되도록 안정된 기반 위에 설치하며, 바닥파기를 충분히 하고 높이의 2/3 이상이 묻히도록 한다.

② 유치토사가 진흙인 경우는 돌, 콘크리트 또는 블록을, 토사가 사질 또는 건조한 지역에서는 석재를, 기타 자재 취득이 곤란한 경우는 흙 땅속흙막이를 시설한다.

③ 상류를 향하여 직각으로 축설하며, 돌쌓기의 비탈은 1:0.3으로 한다.

④ 공작물 제한높이는 돌의 경우 5m, 잡석은 1~2m, 흙(심벽)은 3m로 한다.

4 구조도 및 시공 사진

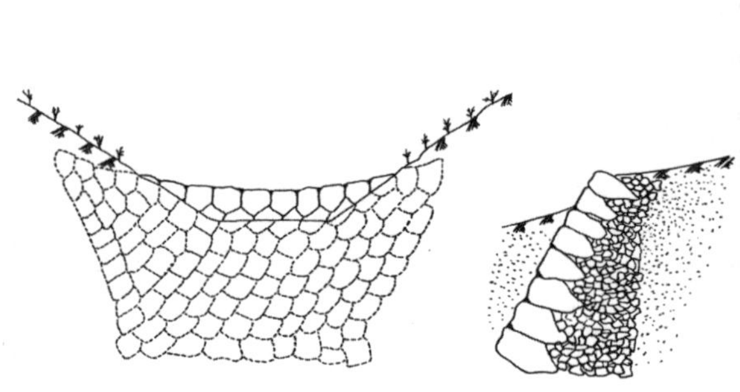

▲ 돌 땅속 흙막이

▲ 땅속 흙막이 시공 사진

누구막이

● 누구막이와 골막이의 차이는?

1 개요

① 강우 및 유수에 의한 비탈침식의 진행으로 누구(rill) 침식의 발달을 방지하기 위해 누구를 횡단하여 구축하는 비탈수로 보전 공종으로써, 산복수로 및 떼단쌓기의 기초로도 사용되며, 때로는 토사 유치를 목적으로 이용되기도 한다.

② 사용 재료에 따라 돌, 떼, 돌망태, 바자, 통나무, 콘크리트 블록, 앵글 크리브망, 흙포대 누구막이가 있다.

2 시공 장소

비탈다듬기 및 단끊기로 생기는 토사가 유치되는 곳으로, 뭉긴 흙이 1m 이상인 퇴적지 또는 수로(누구)의 경사가 급하여 사력 유출이 많은 지역

3 시공 요령

① 땅속 흙막이나 골막이에 준하나 규모가 작은 것으로 사면적이 3㎡ 이내로 한다(돌 누구막이 3㎡, 떼 누구막이 2㎡ 내외).

② 누구막이의 높이는 선떼붙이기 하부와 수평이 되도록 설치하되 계간이나 수로상의 뜬흙(부토) 처리를 감안하여 대략 지상고 60cm 내외로 한다.

③ 누구막이 비탈은 3할로 한다.

④ 돌 누구막이는 잡활석, 야면석을 이용하여 시공 시 충분한 바닥파기를 해야 하며, 적어도 폭 40cm의 뒷채움을 해야 한다.

⑤ 떼 누구막이는 용수가 없고 토양의 구조가 양호한 지역에 시공한다.

⑥ 무너진 땅허리의 산허리에는 규모가 큰 콘크리트 누구막이를 설치함이 효과적이다.

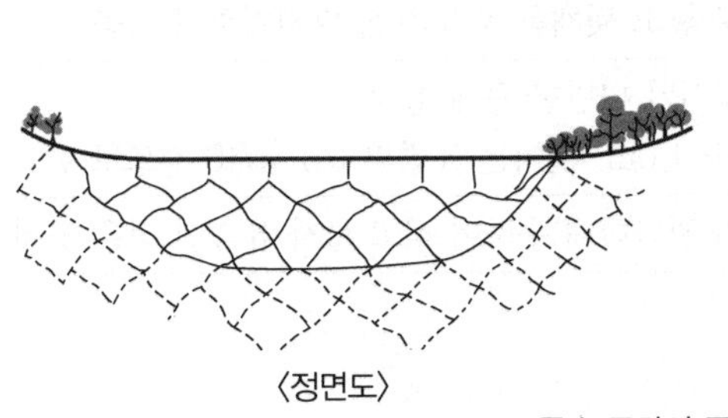

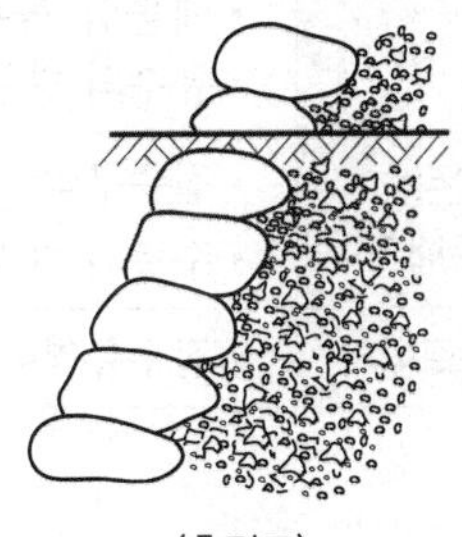

▲ 돌 누구막이 구조도

수로내기 시공 요령

● 산비탈수로내기와 임도의 측구와의 차이는?

1 개요

빗물에 의한 비탈면 침식을 방지하고 시공공작물이 파괴되지 않도록 일정한 장소에 유수를 모아 배수시키는 공작물

2 시공 장소

유수가 집수 되는 凹부

3 시공 요령

① 돌 흙막이나 콘크리트 흙막이와 같은 수평대 공작물에 의하여 구분되는 구간에서 수로 단면은 같은 크기의 단면을 사용한다.

② 수로의 물매는 가급적 상부에서 하부에 이르기까지 일정하게 계획한다.

③ 수로는 될 수 있는 한 직선으로 축설하고 부득이한 경우는 반드시 외측을 높게 하여 물이 넘치는 것을 방지해야 한다.

④ 비탈면 기울기를 바꾸거나 수로의 받침공작물로서의 수평대공작물을 축설하는 장소에서는 낙차가 생기므로 그 하부에 물받이(수로받이)를 설치한다.

4 재료별 시공 요령

재료	시공 요령
돌 수로내기	• 경사가 급하고 유량이 많은 산복수로나 산사태지 등에 설치 • 찰붙임 돌수로는 뒷붙임을 할 때 뒷부분에 콘크리트를 채우고 축설하는 것으로 메붙임 수로로서는 위험한 경우에 시공 • 메붙임 돌수로는 막깬돌, 잡석, 호박돌 등을 붙여 축설하며, 돌의 길이면을 유수의 방향에 직각으로 놓고 뒷채움 자갈을 잘 다지기하여 시공
막논돌 수로내기	• 집수구역이 협소하고 경사가 완만한 곳에 설치 • 수로의 반경은 대개 0.6~1.0m, 깊이는 윤변의 1/5~1/10 정도로 함
떼 수로내기	• 집수유역이 좁고 경사가 완만하며 수량이 적고 토사 유송이 적은 곳에 시공

<table>
<tr><td>콘크리트
수로내기</td><td>• 찰붙임 돌수로에 비하여 유속이 빠르고 수량이 많은 지역에 설치
• 대개 사다리꼴 단면을 이용하고 측벽 앞기울기는 1:0.3~0.5, 뒷기울기는 수직 또는 역 1:0.1로 함
• 밑 두께는 20~30cm, 측벽의 두께는 벽마루(천단)에서 20cm 정도의 단면을 사용</td></tr>
<tr><td>파식
수로내기</td><td>• 비용 절감을 위해 집수유역이 협소한 완경사지에서의 간이수로공으로서 凹지에 아까시나무를 식재하고 잡초류와 혼파하여 장마 이전 완전 녹화함
• 파식종은 참싸리, 족제비싸리, 캔터키훼스큐, 새, 솔새, 억새 등이 있음
• 초생수로내기라고도 함</td></tr>
</table>

5 비탈 수로의 종류별 단면 형상

종별	형상	적용
콘크리트 수로	역사다리꼴	유량이 많고 상수가 있는 곳, 유량이 많은 간선 수로
돌(찰쌓기) 수로	역사다리꼴 반원형	유량이 많은 간선 수로, 자연 유로를 고정하는 곳
돌(메쌓기) 수로	반원형	상수가 없고 경사가 급한 곳, 지반이 견고하고 집수량이 적은 곳
콘크리트 블록, 플륨관, 파형관 수로		집수량이 많은 간선 수로, 비탈어깨 돌림 수로
콘크리트관 수로		집수량이 적은 간선 수로
떼(붙임) 수로	반원형	경사가 완만하고, 상수가 없으며, 유량이 적고, 토사의 유송이 없는 곳, 떼의 생육에 적당한 토질인 곳
플라스틱관 수로	역사다리꼴	비탈에서 소규모 수로, 비탈어깨 돌림수로

6 구조도

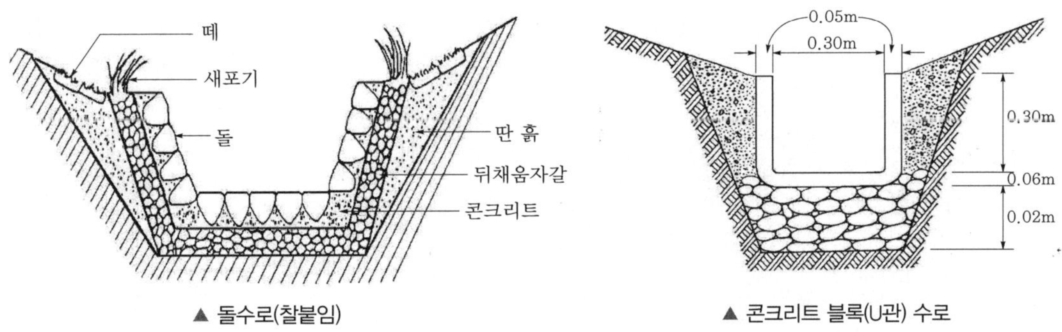

▲ 돌수로(찰붙임)

▲ 콘크리트 블록(U관) 수로

▲ 메붙임 돌수로내기(막논돌 수로내기)

▲ 콘크리트U형관 수로내기

58 조공

1 개념

황폐사면에 나무와 풀을 파식하기 위하여 산복 비탈면에 수평으로 계단을 끊고 앞면에는 떼, 새포기, 잡석 등으로 낮게 쌓아 계단을 보호하며, 뒷면에는 흙을 채워 파식상을 조성한 후 파식하는 산복녹화공법이다.

2 장소

비교적 완경사지의 녹화대상지

3 재료에 따른 세부 시공 요령

1) 떼조공

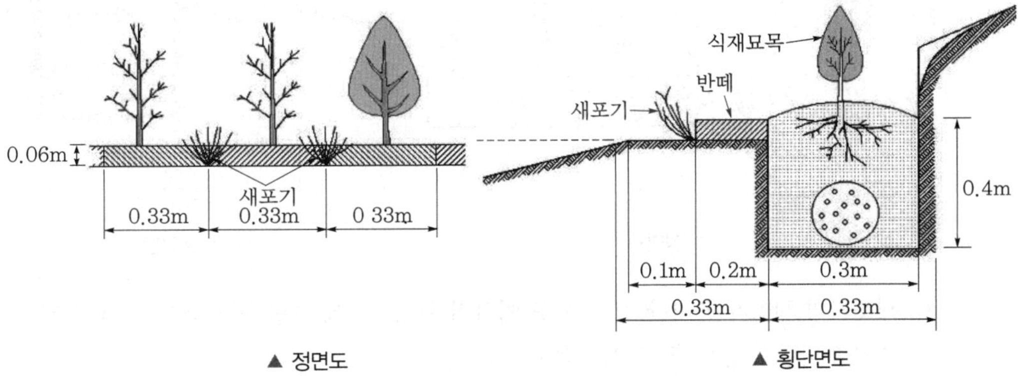

① 반떼(40×12×5)를 붙이고 후면에 묘목을 식재한다.

② 흙떼를 눌러 고정하기 위한 떼꽂이는 맹아력이 큰 버드나무류 또는 싸리, 족제비싸리 등을 사용한다.

2) 돌조공

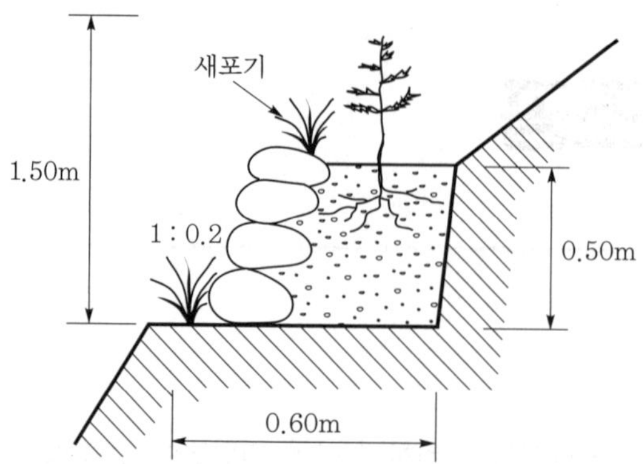

① 산복면에 용수가 있는 곳에 시공한다.

② 돌쌓기 기울기는 1:0.2, 계단 너비는 50cm, 돌쌓기 높이는 50cm 정도이다.

③ 돌 공작물 상하에 반드시 새, 솔새 등을 심어 서릿발이나 빗물에 의한 침식을 방지한다.

④ 산비탈돌쌓기보다 소규모이며 완경사 안정녹화에 이용된다.

3) 새조공

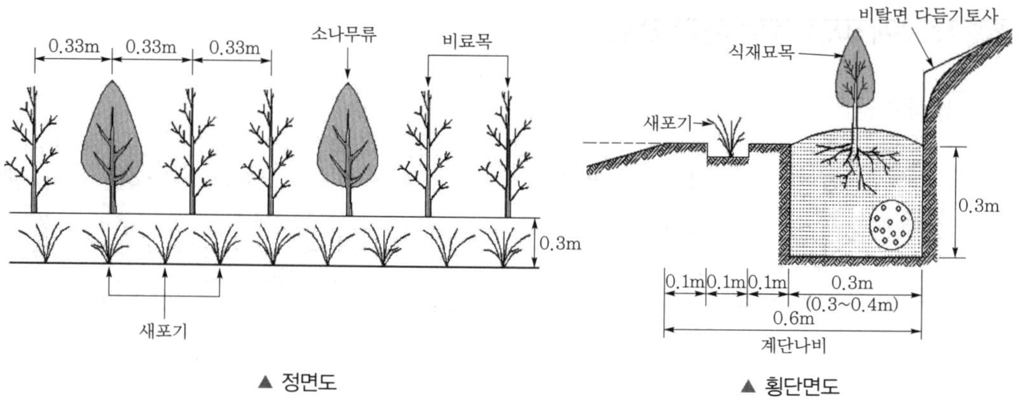

▲ 정면도　　　　　　　　　　　　　▲ 횡단면도

① 새포기의 채취가 용이한 경사 30도 이하의 완경사지에 계단을 설치한 후 계단 위에 새류 포기를 나란히 놓은 후 흙으로 덮어준다.

② 새류 줄기의 길이는 30cm 정도의 것을 사용하며, 계단 간 사면에는 반드시 파종공법이나 피복공법으로 처리한다.

③ 단독으로 계획할 때에 계단높이는 1~1.2m, 계단을 설치하지 않을 때는 0.5m를 표준으로 한다.

4) 통나무조공

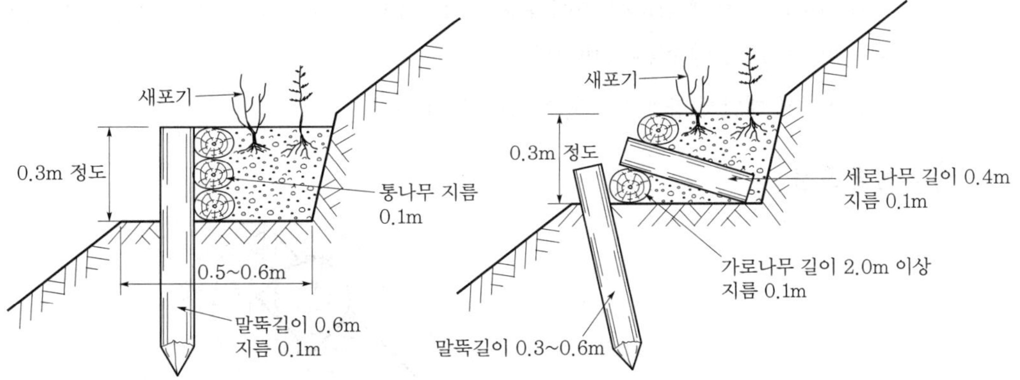

① 말구지름 10cm 정도의 말뚝을 0.7~1m 간격으로 박으며, 그 내측통나무를 일렬로 포개 쌓은 후 그 뒤에 흙을 채우고 묘목을 심어서 시공한다.

5) 식생반 조공

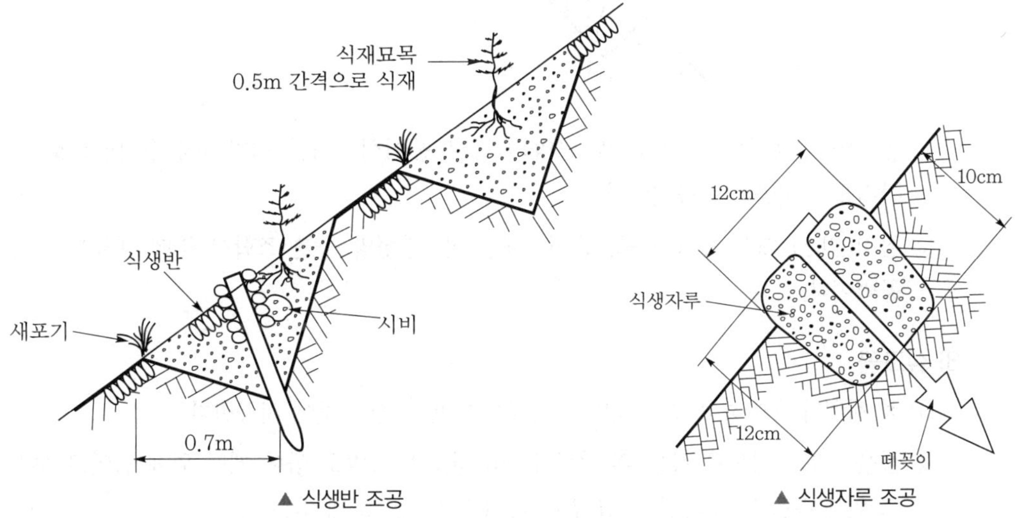

▲ 식생반 조공 ▲ 식생자루 조공

① 비료를 혼합한 흙 또는 이탄을 반상으로 성형($25 \times 20 \times 3$)하여 그 표면에 종자를 고정시킨 것을 사면에 일정한 간격으로 판 수평골에 펴는 공법이다.

② 식생반을 깔아 붙이는 방법은 평떼붙이기와 같다.

③ 식생반을 붙이기 위한 구는 보통 50cm 간격이 적당하다.

④ 비탈면 상부로부터 순차적으로 하향하여 수평구를 배열한다.

6) 식생자루 조공

① 종자, 비료, 흙을 혼합하여 망이나 자루(30×12×12)에 채워서 사면에 일정한 간격으로
파 놓은 수평도랑에 펴는 공법이다.

② 녹화효과가 대단히 양호하지만, 비용이 많이 든다.

7) 식생대 조공

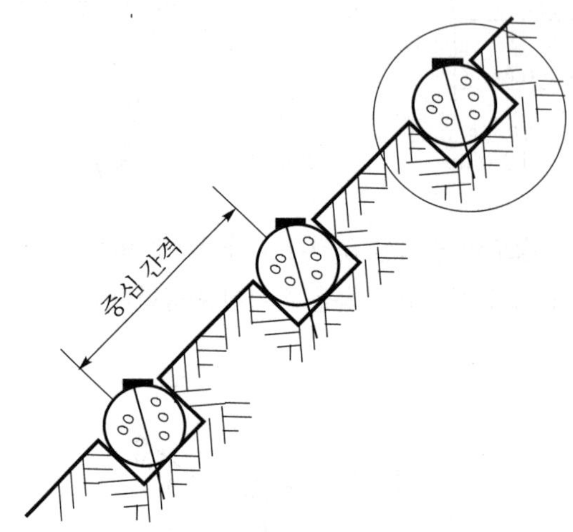

① 종자와 비료 등을 부착한 띠 모양의 포나 종이식생대를 비탈면에 수평상으로 일정한
간격으로 시공하는 공법이다.

② 절지(切芝) 대신 종자와 포, 종이, 자른 짚, 합성망 등을 조합한 줄떼 재료를 사용하는
공법이다.

8) 섶조공

① 섶 채취가 용이하고 조공 뒷면의 되메우기 흙이 좋은 곳에 시공한다.

② 섶을 40cm 정도로 자른 후 지름 10cm 정도의 다발로 묶어 계단 위에 일열로 부설하고
그 위에 흙을 덮고 다진 후 그 위에 다시 1~2단을 포개 쌓는다.

9) 식생구멍 조공

① 비탈면에 일정한 간격으로 직각 구멍을 파고 종자, 비료, 흙을 섞은 종비토를 구멍에
충진하는 공법이다.

등고선구공법

1 개념

토양침식을 방지하고 강수를 저수시켜 산지의 이수(理水)와 토사간지(土砂杆止) 기능을 높여 식물 생육에 필요한 수분의 공급원을 만들기 위한 수토보전공법이다.

☞ 토사간지: 흙과 모래가 쓸려 내려가지 않도록 하는 것

2 시공 장소

토양 유실이 예상되고 수분이 부족한 사면

3 시공 요령

① 비탈 30도 이하의 산복에 등고선을 따라 수평으로 물고랑을 판다.

② 등고선구의 길이 8~10m, 구와 구의 좌우 간격 6~10m, 상하 구간의 수평거리는 10~15m를 기준으로 한다.

③ 물고랑은 짧은 것은 어긋나게 파며, 긴 것은 중간에 고랑 높이보다 10cm 정도 낮게 칸막이를 설치한다.

④ 흙 깊이가 얕은 곳은 설치하지 않으며 고랑의 크기는 보통 밑너비 0.3m, 윗너비 1.1m, 깊이 0.36m, 양쪽물매 1:1.2를 표준으로 한다.

4 구조도 및 시공 사진

▲ 시공 사진

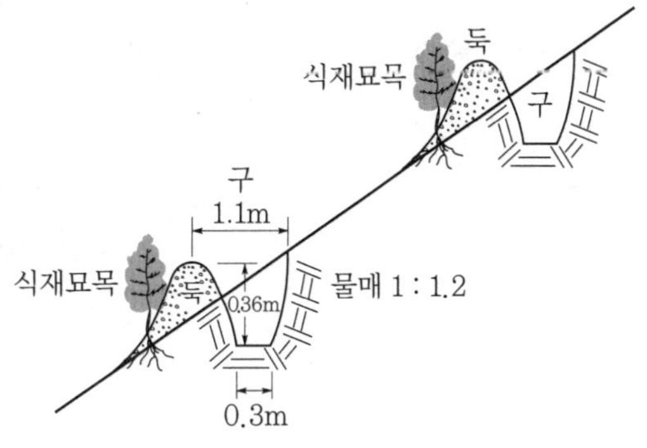

▲ 횡단구조도

야계사방 시공 요령

● 계류보전사업과 사방댐 설치사업 등의 야계사방 공사는 계류 본래의 자연성을 가급적 살리는 방향으로 시공하여야 한다. 이 과정에서 자연 재료를 최대한 활용하며, 주변 동식물 서식에 유리한 환경을 조성해야 한다. 계류에 설치하는 횡구조물과 종단구조물은 상하류의 단절, 양쪽 계안의 단절이 되지 않는 자연스러운 구조로 만들어져야 한다.

● 계류의 본류와 지류의 합류점은 흐름이 부드럽게 이어지도록 예각이 되도록 한다.

1 둑쌓기

개념	설치 장소
유수를 일정한 유로로 흐르게 하고, 범람을 방지하기 위하여 계류 양안에 흙으로 제방을 만드는 공사	일정한 유로가 형성되어 있지 않은 계천

① 둑은 홍수에 의한 범람을 막으려고 계류의 기슭에 설치하는 구조물

② 둑은 물의 흐름을 잘 유도할 수 있도록 설치해야 한다.

③ 둑의 상단 폭은 1~3미터 내외, 비탈면의 기울기는 아래 기준으로 시공

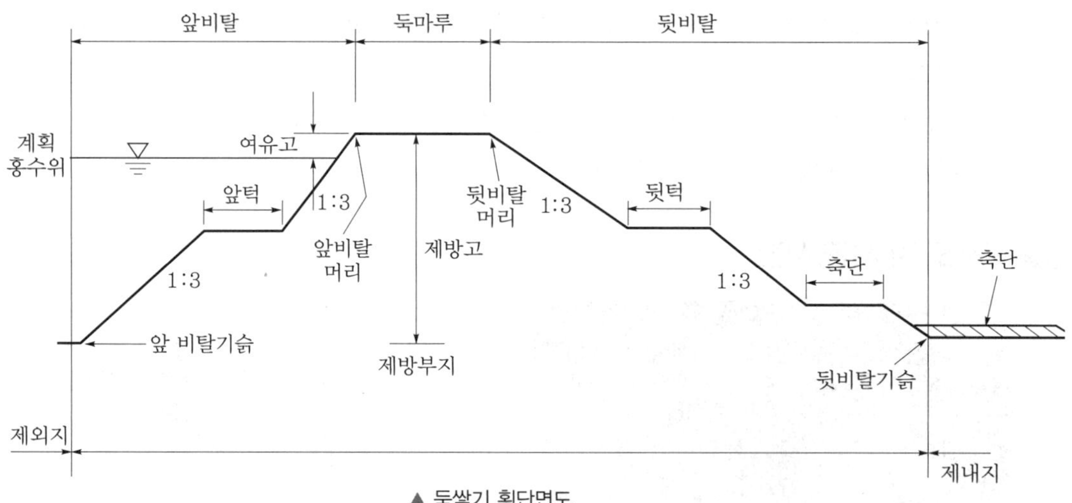

▲ 둑쌓기 횡단면도

① 물의 흐름을 유도하여 범람을 방지하기 위하여 계류의 기슭에 시설한다.

② 둑의 상단 폭은 1~3m 내외로 하고, 둑의 안쪽 면과 바깥쪽 면의 비탈은 다음의 기준으로 시공한다.

둑 높이	둑 바깥쪽면 (반수면)의 기울기	둑 안쪽면(대수면)의 기울기	둑마루의 두께
1.0 이하(m)	1:1.3	1:1.0	0.7~1.0(m)
1.1~2.0	1:1.5	1:1.3	1.0~1.5
2.1~3.0	1:2.0	1:1.5	1.5~2.0
3.1~5.0	1:2.5	1:2.0	2.0~3.0

다만, 현장 여건에 따라 달리 시공할 수 있다.

③ 둑 자체의 압력과 침하를 고려하여 계획 제방 높이에 0.5~1.0m 내외의 여유고를 더하여 시공한다.

④ 계류의 폭은 최대 유량이 안전하게 유출될 수 있도록 한다.

⑤ 농지에 연접된 둑의 경우 여유고를 줄이거나 생략하여 시공할 수 있다.

⑥ 둑의 보호를 위하여 침윤선을 적용하여 시공한다.

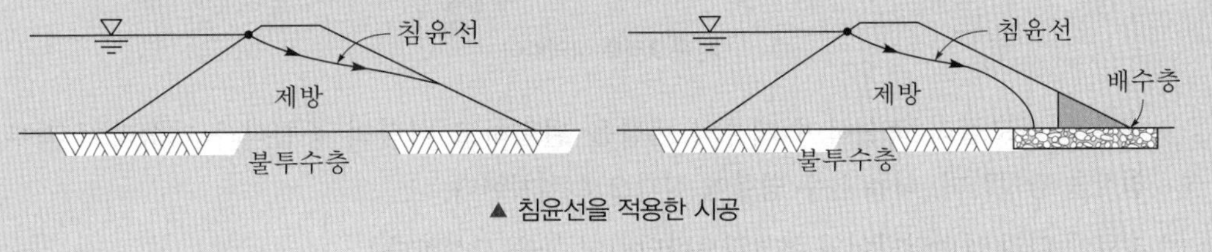

▲ 침윤선을 적용한 시공

2 골막이

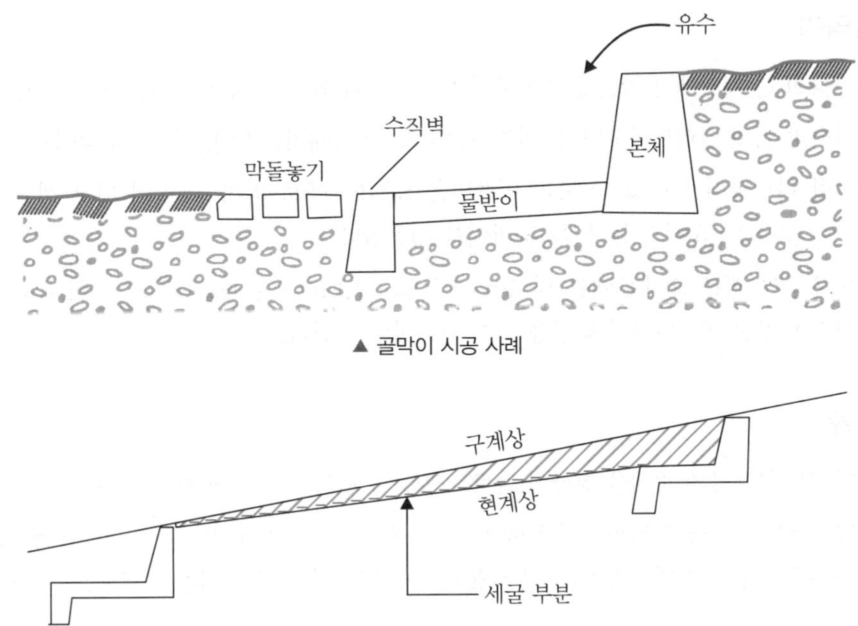

▲ 골막이 시공 사례

▲ 골막이 물매 계획

① 소계류를 가로질러 반수면만을 축조하여 비탈면을 완화시키고 수세를 줄인다.

② 재료에 따라 돌골막이와 콘크리트골막이 등을 시설한다.

③ 계류의 곡선부를 피하여 축설하고, 바닥비탈이 심한 곳은 계통적으로 축설한다.

④ 축설의 비탈면은 1:0.3을 기본으로 하며, 상류 유수 방향에 직각이 되도록 설치한다.

3 바닥막이

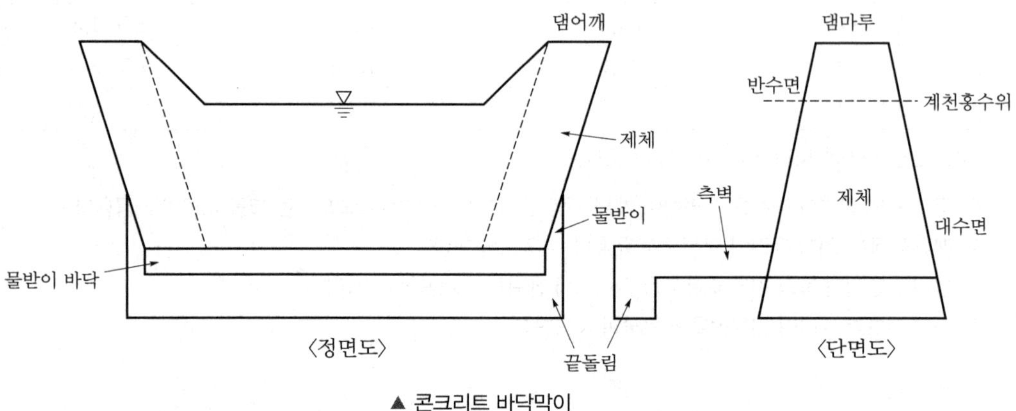

▲ 콘크리트 바닥막이

① 계류를 가로질러 축설하여 계류의 비탈을 완화하고 바닥의 종침식과 기슭막이 각부의 침식을 방지하며, 하류 유수 방향에 직각으로 설치한다.

② 재료에 따라 돌바닥막이와 콘크리트바닥막이 등을 시설한다.

③ 곡점 부위에 시공할 때는 융기수평고를 적용해야 한다.

4 기슭막이

① 산기슭 또는 계안에 공작물을 축설하여 산지붕괴와 유수에 의한 침식을 방지한다.

② 돌기슭막이, 콘크리트기슭막이, 얽기기슭막이, 돌망태기슭막이, 블록기슭막이가 있다.

③ 충분한 바닥파기를 하고, 석축의 비탈면은 1:0.3~0.5로 하며, 계곡이 넓고 계안의 비탈이 완만한 곳은 1:1.5 정도 돌붙임기슭막이를 시공한다.

④ 사력유출이 적은 소계류에는 약 1m 간격으로 1.2m의 말목을 박고, 지하로 0.5m 정도 맹아력이 강한 버드나무가지 등을 엮어 기슭막이를 한다.

5 수제공

① 계안에서 물흐름의 중심을 향하여 돌로 돌출물을 만들어 유수에 저항을 주는 공작물이다.

② 상향수제는 수제공 아래편 기초부에 토사가 침전되어 효과가 있으나 선단이 세굴되기 쉽고, 하향수제는 수제공 위로 넘어 흐르는 물로 와류되어 수제공 아래편이 세굴될 위험이 있다.

③ 수제공의 높이는 최고수위로 하고, 끝부분은 다소 낮게 한다.

④ 수제공 길이는 하천폭의 10% 이하로 하고, 간격은 수제공 길이의 1.5~3배로 한다.

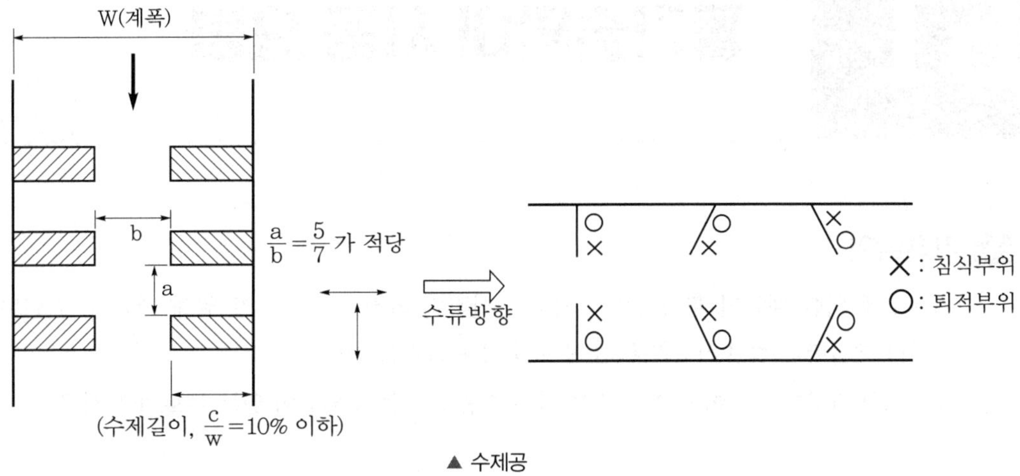

▲ 수제공

6 보막이

① 계류를 횡단하여 축설함으로써 상방에 토사를 저류하고, 바닥비탈을 완화시켜 유속을 줄임으로써 산각을 고정하고, 침식을 방지하는 횡구조물로 사방댐보다 작은 것을 말한다.

② 돌보막이, 콘크리트보막이, 혼합보막이, 흙보막이 등으로 시설한다.

③ 지류가 합류되는 지점의 상류로서 계폭이 좁고, 상류가 넓은 곳으로 가급적 계안과 계상에 암반이 노출된 곳에 시공한다.

④ 방수로는 하류의 유심선에 직각 방향으로 한다.

⑤ 혼합보막이는 거의 메쌓기로 하며, 둑마루 및 반수면, 방수로 부분만 찰쌓기로 한다.

⑥ 대수면의 비탈면은 흙 또는 혼합보막이를 제외하고는 수직 또는 약간 비탈지게 한다.

⑦ 사방보막이는 높은 것 1개보다 낮은 것 여러 개소가 유리하다.

⑧ 물받이는 보막이 기초를 보호하기 위하여 반드시 축설하여야 한다.

⑨ 하류 유수 방향에 직각으로 설치하며, 방수로의 결정은 사방댐에 준한다.

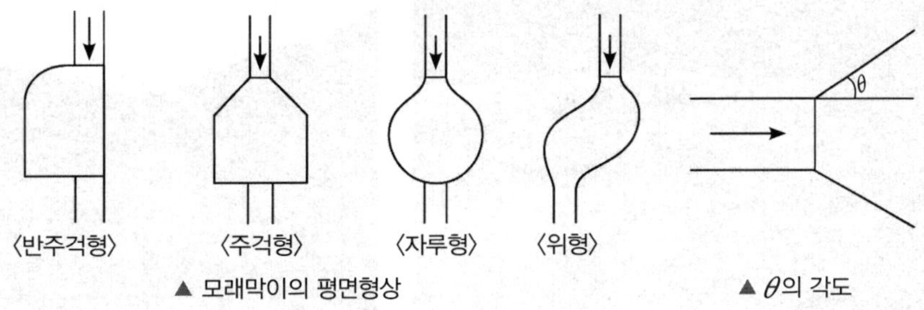

▲ 모래막이의 평면형상   ▲ θ의 각도

돌기슭막이 시공 요령

1 기슭막이

① 유수에 의한 계안의 횡침식을 방지하고 산각의 안정을 도모하기 위해 계류의 흐름방향을 따라 축설하는 계천 사방공종(돌 재료일 경우 돌기슭막이)

② 유로의 만곡에 의하여 물의 충격을 받는 수충부나 붕괴 위험이 있는 수로변에 시공

2 돌기슭막이 시공 요령

① 침식이 심하고 유수의 충돌이 심한 곳에서는 돌, 콘크리트블록 기슭막이를 채택한다.

② 충분히 바닥파기를 하는 것이 원칙이나 바닥막이의 하부 천단보다 다소 낮게 축설하는 것이 안전하며 비탈은 1:0.3~0.5로 한다.

③ 기슭막이 기초부의 세굴을 피하여야 하며, 기슭막이 반대편의 계안에 새로운 세굴이 발생하지 않도록 주의해야 한다.

④ 높이는 계획고 수위 이상으로 하여 홍수 시에도 월류하지 않도록 해야 한다(계획홍수위보다 0.5~0.7m 높게 하며, 계류 완곡부에서 凹 안은 凸 안에 비하여 수위가 상승하므로 높이를 더 높게 시공).

⑤ 돌쌓기의 기울기는 찰쌓기인 경우 1:0.3, 메쌓기의 경우는 1:0.5를 표준으로 하며, 메쌓기를 할 경우에는 돌쌓기한 틈으로 토사가 새어 나오므로 충분한 뒷채움을 해야 한다.

⑥ 보호하는 구간의 전 길이에 적합하게 충분한 길이를 가져야 하며, 공작물 양 끝의 접속부에는 계안의 둑 속으로 끼워 들도록 시공한다.

▲ 찰쌓기 1:0.3

▲ 메쌓기

62 사방댐의 기능과 위치 선정

1 개념

사방댐은 황폐개천 상에서 토사, 석력 및 가타 침식물들의 이동을 억제하기 위하여 계류를 횡단하여 설치하는 공작물로써 계류공사에서 가장 중요한 대표적인 시설이다.

2 사방댐의 기능

① 계상물매 완화
② 계상퇴적 토사의 유동 방지
③ 산각 고정
④ 산복 붕괴 방지
⑤ 토사 유출의 조절
⑥ 토석의 유동 방지
⑦ 종횡침식 방지
⑧ 난류구역 유로 정비

☞ 이러한 기능은 골막이나 바닥막이 등 다른 횡 공작물의 기능과 공통되는 점도 있으나 계류 상에 배치되는 위치가 다르다는 점과 설치되는 규모가 크다는 점에서 차이가 있다.

3 사방댐의 위치 선정

① 1개의 댐으로 토석류 예방이 불충분한 경우에 사방댐 군을 설치하고, 최하류 사방댐의 기초는 암반에 설치한다.
② 댐의 위치는 상류부가 넓고 댐 자리가 좁은 장소가 적당하다
③ 댐의 위치는 계상 및 양안에 암반이 존재하는 것을 원칙으로 한다.
④ 지계의 합류 부근에서 댐을 계획할 때는 합류점의 하류부가 위치 선정 기준이 된다.
⑤ 사방댐 군에서 계단상태 계획 시 첫 번째 댐의 추정 퇴사선이 구 계상물매와 만나는 점이 상류 댐의 계획 위치가 된다.
⑥ 붕괴지의 하부 또는 다량의 계상퇴적물이 존재하는 지역의 직하류부이다.
⑦ 댐의 방향은 계류의 하류 방향 유심에 직각이 되어야 하며, 곡선부에서는 유심선의 접선에 직각이 되어야 한다.

핵심 63 사방댐 시설 방법

● 사방댐의 구조와 단면 결정

1 댐의 종류 결정

현지 여건에 따라 사방댐의 사용 재료(흙, 콘크리트, 전석, 철강재 등)와 시설 목적(슬릿트댐, 스크린댐, 저사댐, 저수댐 등)에 따라 댐의 구조와 형태를 결정한다.

2 방향

댐의 방향은 유심선의 하류에 직각으로 설치하되, 댐의 계획지점에서 상하류의 계곡계안이 유수의 충격에 의해 침식의 우려가 있을 경우는 댐의 방향이나 방수로의 위치 변경 또는 기슭막이공사로 보강한다.

3 비탈

① 대수면 비탈: 돌, 콘크리트댐에서는 수직 또는 1:0.1~1:0.2 흙 또는 혼합쌓기댐에서는 1:1.3~1:1.5로 한다.

② 반수면 비탈: 돌, 콘크리트댐에서는 1:0.2~1:0.3 흙댐에서는 1:1.5~1:2.0으로 한다.

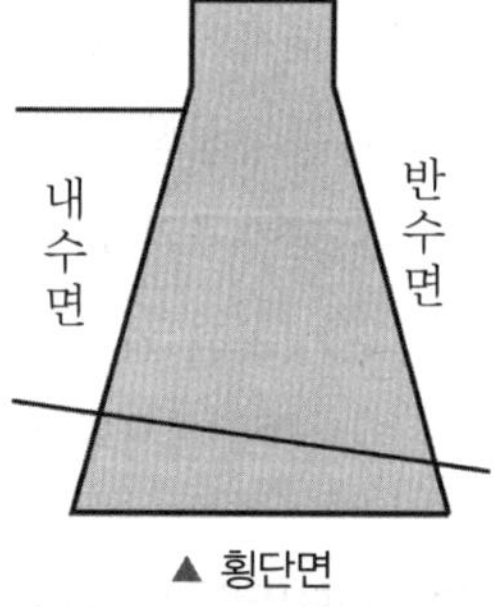

▲ 횡단면

4 물매

계획물매는 댐 상류인 대수면의 경우 현 계상물매의 1/2~2/3 이상 수정되어야 하며, 유역 인자에 의한 계획물매 추정표를 이용한다.

5 방수로

① 위치: 댐 반수면의 끝부분, 물받이 부위와 암반의 지질, 댐 축설 지점의 상하류 양안의 상태 등을 고려하여 결정하되, 축설 지점의 암반인 쪽에 설치하고 암반이 없는 경우는 중앙부에 설치한다.

② 형상: 역사다리꼴을 기본으로 하고 방수로 길옆의 기울기는 1:1을 표준으로 하되 통행로 등 안전시설물 설치 시 수직으로 할 수 있다.

③ 크기: 홍수나 집중호우 시 유출되는 유목과 전석 등으로 유실될 우려가 있으므로 방수로의 크기는 가능한 설계홍수량의 2배 이상으로 여유롭게 시설한다.

☞ 방수로의 크기는 시우량법, 합리식법, 홍수위 흔적법 등에 의하여 산출할 수 있으며, 일반적으로 최대 홍수유량(합리식)에 의하되 계류의 홍수위 흔적을 대조하여 결정한다.

6 댐둑어깨

댐의 어깨 부위는 월류되지 않는 것을 원칙으로 하여 계획홍수위 이상의 안전한 높이로 한다. 암반인 경우 1~2m, 토사인 경우 2~3m를 양안에 넣어야 한다.

7 댐마루(천단, 天端)

① 댐마루의 두께는 유속, 사력의 크기, 월류수심, 상류쪽의 기울기 등을 고려하여 결정
② 댐마루의 표준 두께
 - 유출사력의 입경이 작은 황폐 소계류: 0.8m
 - 일반 황폐계류: 1.5m
 - 홍수에 의해서 큰 전석의 유하 위험성이 있는 곳: 2.0m
 - 대규모 토석류 발생의, 위험이 있는 곳, 산사태로 측압을 받게 될 위험이 있는 곳: 2.0~3.0m

8 중력식 댐의 안정조건

① 전도에 대한 안정조건: 합력작용선이 댐 밑의 중앙 1/3보다 하류측을 통과하면 상류에 장력이 생기므로, 합력작용선이 댐 밑의 1/3 내를 통과해야 한다.
② 활동에 대한 안정조건: 활동에 대한 저항력의 총합이 수평외력보다 커야 한다.
③ 제체파괴에 대한 안정조건 (응력도): 댐 몸체의 각 부분을 구성하는 재료의 허용응력도를 초과하지 않아야 한다.
④ 기초지반의 지지력에 대한 안정조건: 사방댐 밑에 발생하는 최대응력이 기초지반의 허용지지력을 초과하지 않아야 한다.

9 기타

① 중력식 콘크리트 사방댐 길이가 20m를 초과할 경우 신축이음 및 지수판을 설치한다.
② 물빼기 구멍: 좁은 계곡에서는 1개만 설치, 계곡 폭이 넓을 때는 몇 개소를 설치한다.
③ 댐의 반수면 하단의 세굴을 방지하기 위하여 물받이, 앞댐(보조댐), 막돌놓기를 시공한다.
④ 측벽과 부댐(앞댐) 높이는 같게 한다.

10 물받이

① 물받이 길이 L = (1.5~2.0)×(H+t)−nH

(H=사방댐 유효고, t=방수로의 깊이, n=반수면비탈, 1.5: (H=t) ＞6m인 경우,
2.0: (H=t) ＜6m인 경우에 적용)

② 물받이 두께

- 댐높이 5m 일 때는 0.5~1.0m, 댐높이 10m일 때는 1.5m로 한다.

- 물받이 두께가 1.25m 이상일 때는 물방석을 설치한다.

- 물방석 깊이는 보통 0.3~1.0m이며, 높은 댐에서는 2.0m 내외이다.

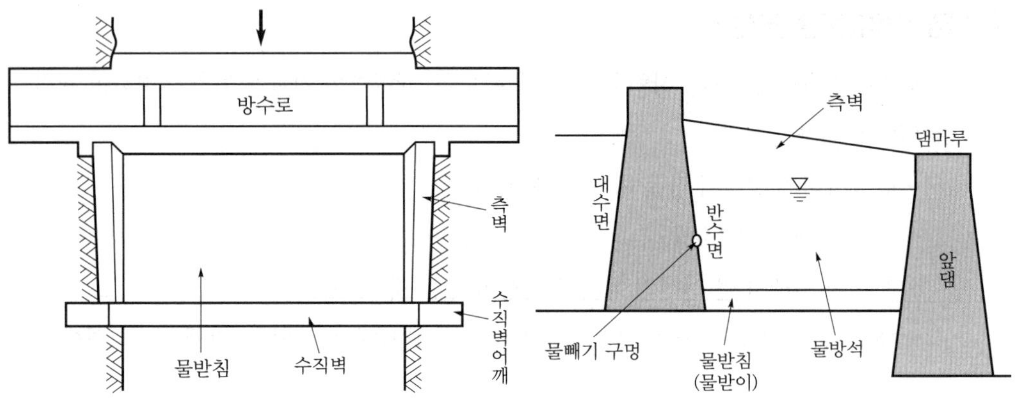

11 방수로의 위치

① 댐 축설 지점의 하류면 끝 부위의 양안 및 계상에 좋은 암반이 있을 때는 어느 곳에 방수로를 설치해도 무방하다.

② 양안이나 편안에 암반이 없고 연약한 지반일 때는 계류의 중심부 또는 암반이 있는 쪽에 설치한다.

③ 댐 기초의 일부가 암반이고 그 외에는 사력층의 지층일 때는 암반 위에 설치하며, 사력층 위에 설치하지 않도록 한다.

④ 계심(溪心)을 넘어서 한쪽은 산복으로부터 계상에 걸쳐 암반이 존재하고, 다른 쪽은 사력층일 때는 암반이 있는 산복쪽에 방수로를 설치한다.

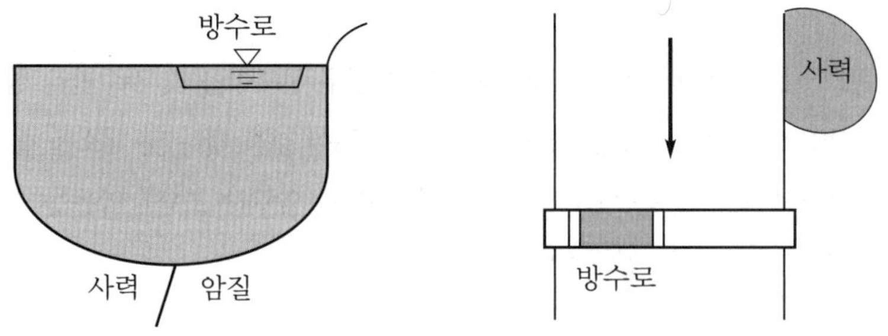

핵심 64 사방댐 설계 중요 요소

● 사방댐 요약

1 위치

① 위치 선정 원칙: 양안 암반, 저사효과(계폭 · 경사), 합류점 직하, 계단상 댐

② 계획 목적: 계안, 산복, 길게(계단상), 석력 재이동 발생 방지, 토석류 발생 방지

2 높이

암반, 사력 → 댐군

3 방향

직선부는 사방댐 하류 방향 유심선에 직각, 곡선부는 유심선의 접선에 직각

4 물매

하상 변화가 일어나지 않고, 사력 교대는 일어나는 안정물매의 유지 1/2~2/3 이상 물매 완화

5 방수로

현 하상의 중앙부에 사다리꼴로 넓게, 수위에 여유를 둔다.

6 안정조건

① 전도

② 활동

③ 제체 파괴

④ 기초지반지지력

65 수질 정화댐

1 개념

수원저수지, 수원계류의 취수시설지로 유입되는 탁수, 산간 소계류 주변의 산업시설, 휴양시설 등에서 배출되는 오폐수의 수질 정화를 위해 설치하는 시설물

2 시공 장소

① 산지 또는 계류가 황폐되어 호우 시 오탁도가 높은 물이 흐를 우려가 있는 계천

② 광산, 공장, 골프장, 휴양시설 등이 있는 하류계천 및 오폐수가 유입되는 계천

3 시공 요령

1) 강제 틀 댐(Steel Crib Dam)

① 철강제 틀에 정화 매체인 자갈, 숯, 활성탄을 채워 계류에 축설하는 수질 정화공법이다.

② 시공 순서: 설치 장소 굴착 → 철강제 틀 조립 → 철강제 틀 속에 돌 채우기 → 정화필터 채우기(활성탄, 목탄) → 덮개스크린 조립 → 도장 및 보수, 토사 되메우기

③ 야계사방의 "바닥막이" 및 "사방댐" 공작물과 정화시설 병행시공을 원칙으로 한다.

④ 정화시설의 구조물은 철강제 틀을 사용하고, 유실토사 또는 낙엽, 낙지, 유목에 의하여 정화시설이 매몰되지 않기 위해 상류에 스크린댐(screen dam) 또는 슬릿트댐(slit dam)을 콘크리트 혹은 철강으로 설치한다.

⑤ 정화시설 규모 중 폭은 계폭에 의하고, 길이는 20m 이상으로 하며 철강제 틀 중앙의 높이는 홍수 시 수위로 한다.

⑥ 정화필터(활성탄과 목탄)를 넣는 폭은 0.5m 정도가 적당하다.

⑦ 유수량이 적은 계류에는 정화시설(철강제 틀) 하류에 바닥막이를 설치한다.

⑧ 철강제 틀에 채움돌은 직경 15cm~30cm의 자갈, 호박돌, 막돌, 깬돌을 사용한다.

⑨ 계류수가 누수되지 않고 수질 정화시설(철강제 틀) 내부로 유입되도록 계상의 바닥과 측벽을 콘크리트 또는 점토치기를 한다.

⑩ 되메우기 돌 또는 흙은 다짐기구 등을 사용하여 충분히 다지기를 실시한다.

⑪ 채우기, 되메우기, 다지기 등을 할 때는 시설에 하중이나 충격을 가하지 않도록 유의하여야 한다.

⑫ 틀 조립 시 안전사고에 주의하고, 특히 넘어짐의 방지를 위해 돌채움 전 버팀강을 틀의 전면에 대야 한다.

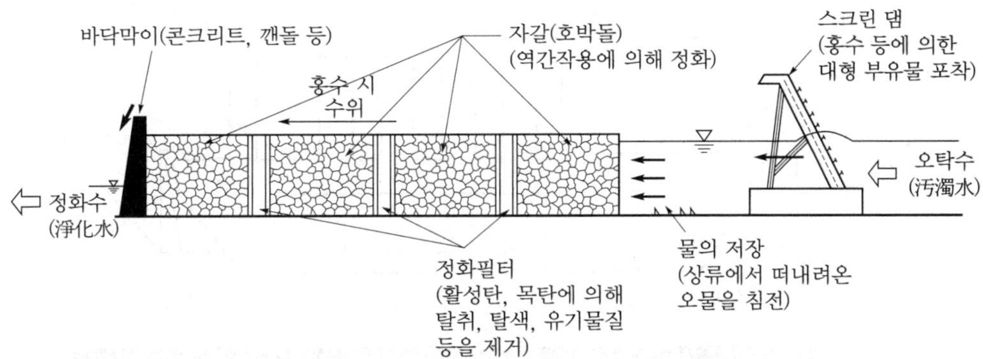

2) 스크린 댐(Steel Crib Dam)

① 투수형으로 철강제 스크린과 철강판을 人자형으로 조립한 것을 H형강으로 지탱하게 하는 부벽댐을 말한다.

② 산사태지 등에서 떠내려오는 모래, 자갈의 크기가 작은 계류에서 상류부에 토사퇴적을 충진시킬 필요가 있는 경우에 시공한다.

③ 스크린 효과에 의하여 벌채적지 등 임지 등에서 지조, 낙엽, 지피물 등의 유출 방지를 목적으로 할 경우에 적합하다.

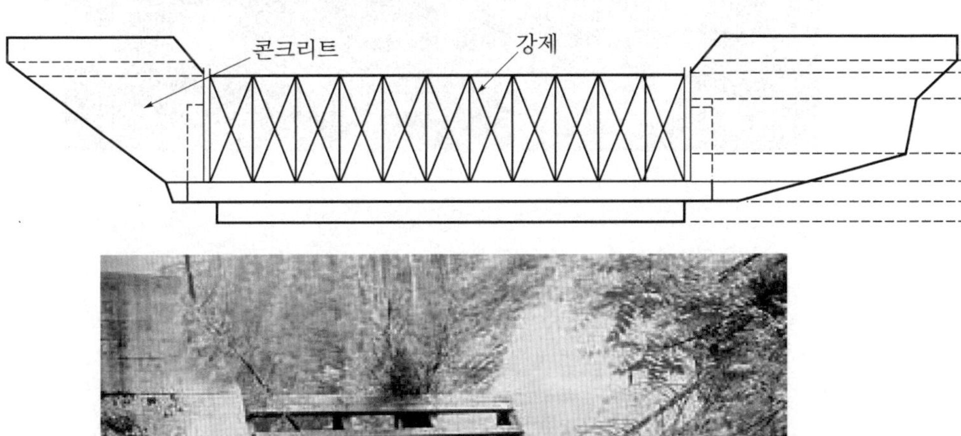

3) 슬릿트 댐(Slit Dam)

철근콘크리트 또는 원통형 철강제 기둥을 빗살 모양으로 세워 홍수 시 유목 및 토사의
유출을 방지하고 평상시에는 퇴적된 토사를 서서히 유하시키는 시설이다.

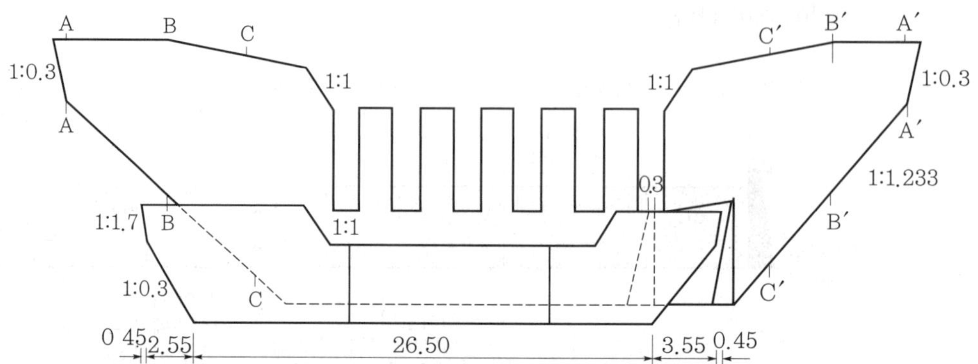

핵심 66 해안사방

● 해안사방의 내용 및 시공 장소

1 해안방재림 조성

1) 사구 조성

① 인공모래 언덕 조성, 성토공

② 모래 언덕의 종류: 자연모래 언덕, 인공모래 언덕, 인공성토

③ 퇴사공(구정바자얽기)으로 모래 언덕 조성

④ 조성된 사구에 모래덮기(모래덮기, 사초심기, 씨뿌리기) 파도막이 시설

2) 산림 조성

방풍공, 배수공, 정사공(15), 식재공

2 방조공사

1) 방조제 공사

① 파랑, 해일, 쓰나미 등에 의한 파도의 침입 및 해안침식 방지

② 해안방재림(모래 언덕+산림) 보호 및 조성 목적

③ 완전 불투과형

2) 방조호안 공사

파랑, 해일, 쓰나미 등에 의한 해안침식 방지, 모래 언덕 및 해안선 고정

3) 소파공사

① 파도의 월파고, 월파량, 충격쇄파압 저감

② 방조제 및 방조호안 전면부에 퇴사 촉진 및 세굴 방지

③ 부분투과, 부분차단형

4) 소파제 공사

① 사빈, 모래 언덕, 해안선이 육지 방향으로 후퇴하는 것을 방지

② 정선(汀線) 유지, 배면에 퇴사 촉진 목적

☞ 방조제와 소파제와 돌제는 바닷 속에

☞ 방조호안과 소파공사는 해안 부근에

3 해안방재림 조성사업 주요 공종 및 시공 장소

▲ 파도막이(소파공사)

공종	내용	시공 장소
퇴사울세우기 (모래쌓기)	바다 쪽에서 불어오는 바람에 의하여 날리는 모래를 억류하고 퇴적시켜서 사구를 조성하기 위한 공종	전사구는 사빈의 끝에 물에 의한 침식 피해를 받지 않은 부분에 설치
모래덮기	모래쌓기에 의해 조성된 사구가 식생에 의해 피복될 때까지 사구 표면을 보호하고 비사를 방지하기 위한 공종	모래쌓기에 의해 조성된 사구
정사울세우기 (모래안정공사)	앞모래 언덕 축설 후 그 후방지대에 풍속을 약화시켜 모래의 이동을 막고 식재목이 자랄 수 있도록 환경을 조성하는 공종	앞모래 언덕의 후방
사초심기	퇴사울과 정사울이 부식된 후 이들의 기능을 보충하기 위하여 화본과, 사초과, 국화과 등의 초본류를 식재하여 사면을 피복하는 공법	퇴사울과 정사울을 세운 장소
모래 언덕 조림	해안 모래 언덕을 조속히 산림으로 조성하기 위해 적정 수종을 선정하여 식재하는 공종	

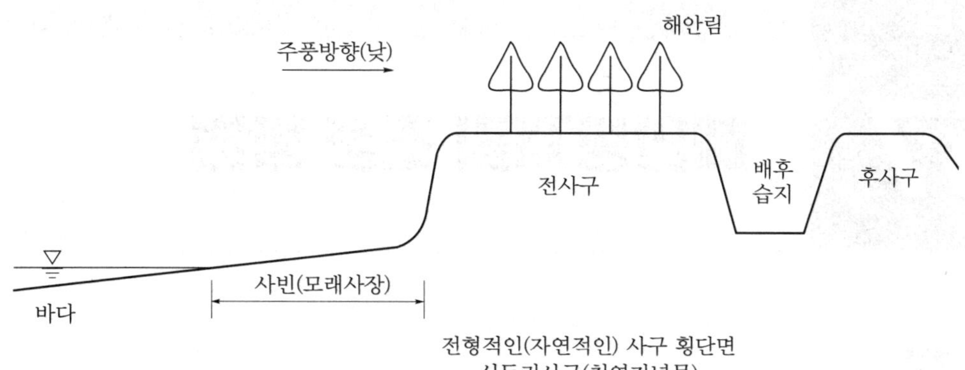

▲ 전형적인 사구의 형태

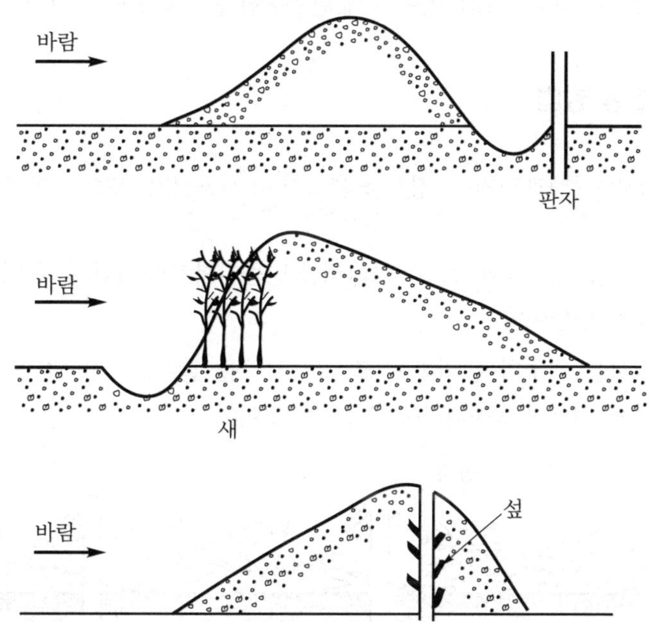

▲ 방풍 재료별 퇴사 양상

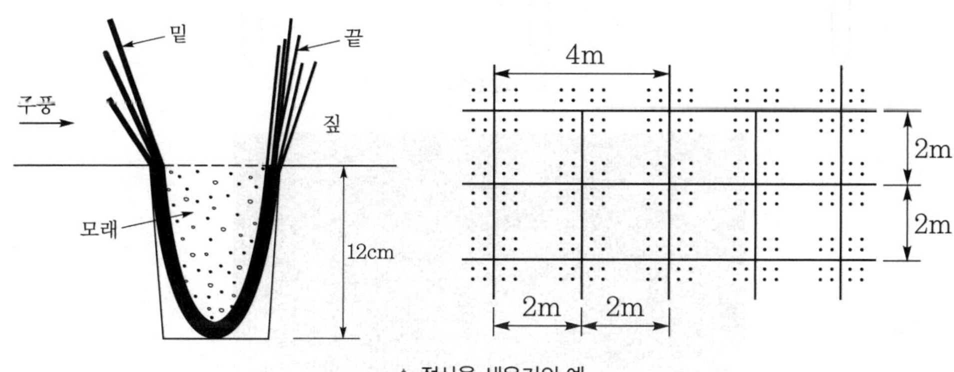

▲ 정사울 세우기의 예

67 해안방재림 조성 방법

1 개념

① 해안사방이란 해안방재림 조성사업과 방조공사를 말한다.

② 모래 언덕이 조성된 후 그 모래 언덕 위에 만들어진 숲이 해안방재림이다.

2 해안방재림 조성 방법

> 퇴사울 세우기 → 모래덮기 → 정사울 세우기 → 사초심기 → 모래 언덕 조림

① 퇴사울 세우기: 섶, 짚, 억새 등으로 울타리를 만들어서 바닷바람에 날리는 모래를 퇴적시켜 사구를 조성하는 방법이다.

② 모래덮기: 퇴사울 세우기에 의하여 조성된 사구를 갈대, 거적, 짚 등으로 덮어 수분의 증발을 막아주어 식생이 형성되도록 유도하는 것이다.

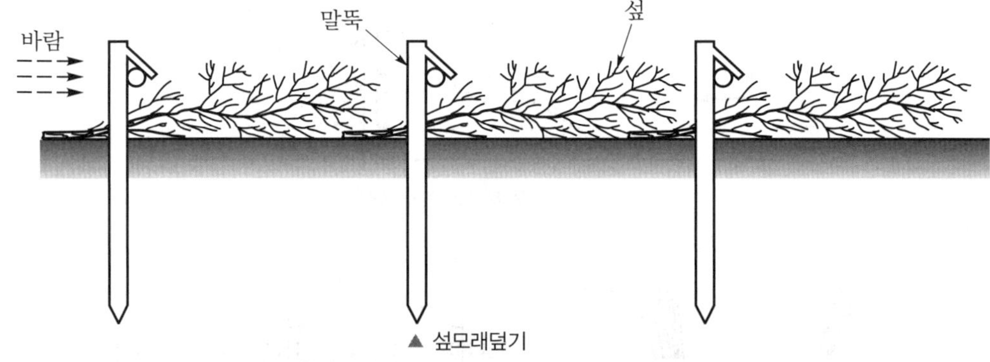

▲ 섶모래덮기

▲ 갈대모래덮기

③ 정사울 세우기: 앞 모래 언덕 형성 후 그 후방지대에 풍속을 약화시켜 모래의 이동을 막아 식재목이 잘 자랄 수 있도록 환경을 조성해 주는 것이다.

④ 사초심기: 퇴사울타리와 정사울타리가 부식된 후 이들을 보충하기 위하여 내염성이 강한 사초를 식재하여 비사를 고정하는 방법이다.

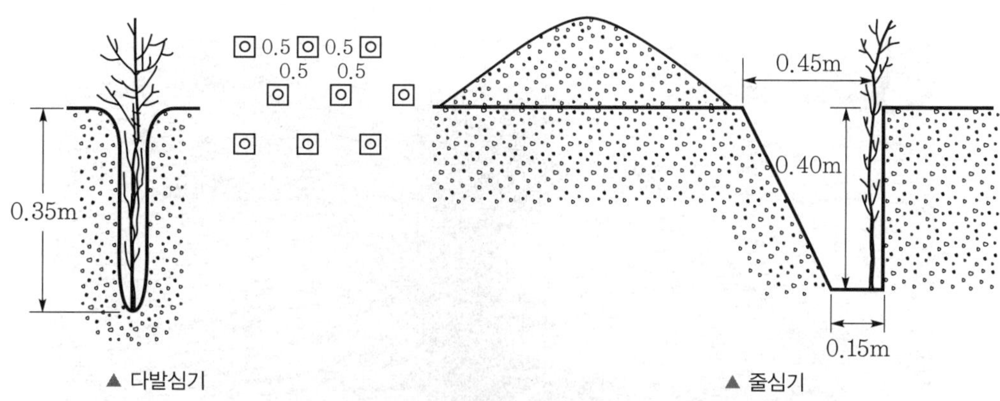

▲ 다발심기   ▲ 줄심기

▲ 대나무퇴사울, 사초심기

⑤ 모래 언덕 조림: 상기 과정에서 형성된 모래 언덕을 조속히 산림으로 조성하기 위하여 적정 수종을 식재하는 것으로, 해송, 해당화, 아까시나무 등 생장이 빠르고 내염성이 강한 수종으로 조림하는 것이 유리하다.

3 해안사지 식재수종의 일반적 조건

① 향토수종

② 양분과 수분에 대한 요구가 적은 수종

③ 비사 · 염분 등에 잘 견디는 수종

④ 바람에 대한 저항력이 강하고 맹아력이 좋은 수종

⑤ 울폐력이 좋고 지력을 증진시킬 수 있는 수종

⑥ 생활환경이나 풍치의 보전 · 창출에 적합한 자생 수종

☞ 해안방재림 조성에 사용되는 나무를 수종: 해송, 소나무, 섬향나무, 노간주나무,
보리장나무, 자귀나무, 사시나무, 떡갈나무, 해당화, 아까시나무, 팽나무 등

▲ 모래덮기

68 모래 언덕 발달 단계

- 육지에서 생성된 모래가 강물에 의해 바다로 옮겨지고, 바다의 모래는 물에 의해 사빈을 형성한다.
- 사빈은 바다에서 불어오는 해풍에 의해 육지쪽으로 밀려나와 모래 언덕을 형성하게 되는데, 이 과정은 3단계로 구분할 수 있다.
- '치올린 언덕 → 설상사구 → 반월형사구'의 과정을 거쳐서 전사구, 배후습지, 후사구를 형성하게 되는데, 각 단계의 특성은 다음과 같다.

1 치올린 모래 언덕

① 지형 조건이 비교적 평탄한 해안 정선(汀線)부(部)에서는 파도에 의하여 모래가 정선부에 퇴적하여 얕은 모래 둑을 형성하게 되는데, 이것을 치올린 모래 언덕(lifting dune)이라 한다.

② 모래 둑은 최고 파도높이 이상으로 형성되지 않으며, 더 큰 파도가 올라오면 이 치올린 모래 언덕은 파괴된다.

③ 치올린 모래 언덕은 해안사구 형성의 첫 단계로서 맹아(萌芽)적 사구라고도 한다.

2 설상사구

① 바다에서 부는 바람은 치올린 언덕의 모래를 비산시켜 내륙으로 이동시킨다. 이때 비사의 진로상에 수목이나 사초 등이 있으면 풍력이 약화되어 모래가 여기에 퇴적된다.

② 바람이 장애물에 부딪히면 분산되었다가 장애물의 뒤편에서 다시 모여 뾰족한 혀 모양의 모래 언덕을 이루게 된다.

③ 모래 언덕의 모양은 수목이나 사초의 물리적 성질, 즉 굴요성, 밀도, 높이, 너비 등에 따라 서로 다른 모습으로 발달한다.

3 반월형사구

① 설상사구의 풍상면, 즉 바람맞이(바람받이) 쪽에 도달한 바람은 그 일부가 모래 언덕의 비탈면을 따라 상승하여 모래를 풍하면, 즉 바람 의지 쪽(풍하면)으로 보내고, 일부는 옆으로 흘러 모래를 수평으로 운반하여 바람을 의지하는 양쪽 끝부분에 날개를 형성하여 반달의 모양을 가진 모래 언덕을 형성하게 되는데, 이것을 반월형사구 또는 바르한이라 한다.

② 반월형사구는 날개의 발달에 방해요소가 적은 내륙사막에서 해안사지에서보다 더 많이 볼 수 있다.

69 퇴사울·정사울 시공 방법

1 퇴사울

① 바다 쪽에서 불어오는 바람에 의하여 날리는 모래를 억류하고 퇴적시키는 공종이다.

② 비사의 정도, 파도의 강약, 조류의 고저 등을 고려하여 모래 언덕의 앞바닥이 피해를 보지 않는 장소에 설치한다.

③ 울타리의 높이는 0.7~1m로 하고 정상은 수평이 되도록 한다.

④ 참나무, 소나무, 낙엽송 등의 갱목을 땅속에 박고, 횡목이나 죽재를 울타리 높이에 따라 2~3단으로 만들고 섶, 갈대, 참억새, 대나무 등의 재료로 1m 높이 정도의 퇴사울타리를 만든다.

▲ 퇴사울 시공 사진

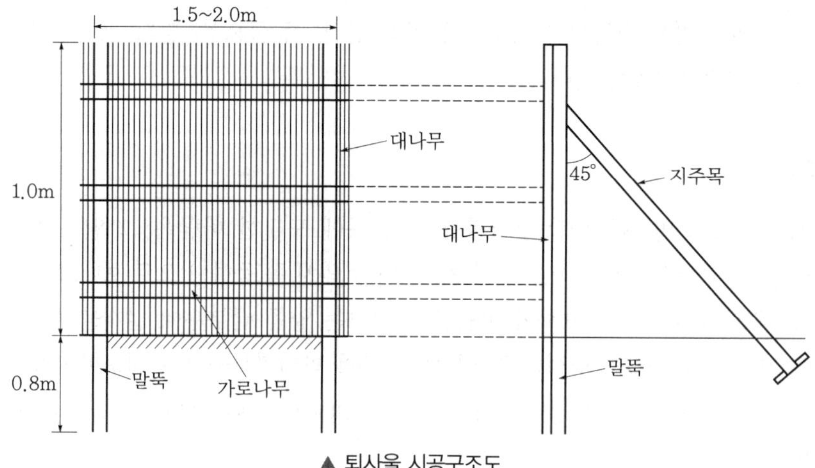

▲ 퇴사울 시공구조도

2 정사울

① 앞모래 언덕이 형성된 이후 앞모래 언덕 위나 후방지대에 풍속을 약화시켜서 모래의 이동을 막고 식재목이 잘 자랄 수 있도록 환경을 조성하는 공종이다.

② 이 공법은 모래덮기공법과 사초심기공법을 병용하여 시공한다.

③ 재료는 볏짚, 보릿짚, 갈대, 섶, 대나무, 억새류 등이 있다.

④ 모래 언덕을 7~15m 크기의 정사각형, 직사각형으로 구획하고 높이는 1~1.2m로 하며, 12~20cm 정도를 모래에 묻어야 한다. 시공구조는 퇴사울타리와 비슷하다.

⑤ 정사낮은울 세우기는 정사울타리 내부 구역을 작은 구역(2~4m 사각형)으로 구획하며, 울타리는 30~50cm 높이, 통풍비는 1:1로 시공한다.

⑥ 정사울을 설치한 다음에 구획 내부에 ha당 10,000본의 묘목을 식재한다.

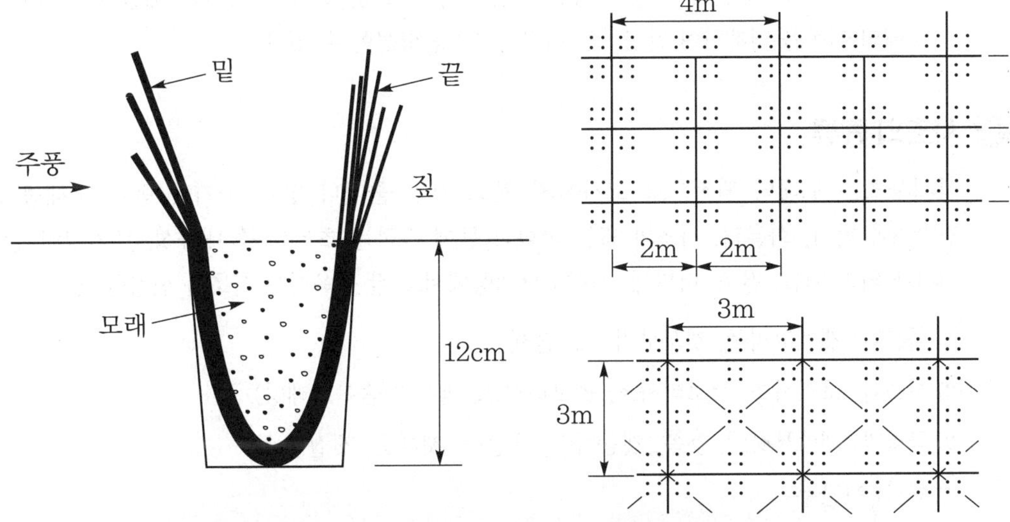

▲ 정사울 시공구조도

70 사초식재

1 정의 및 개념

① 사초식재 공법은 해안사방에서 모래 이동과 해안 침식을 방지하고, 생태계 복원을 목적으로 하는 공법이다.

② 사초(莎草)라는 염분과 바람에 강한 식물이며, 사초를 모래 언덕이나 해안가에 식재하면, 모래의 이동을 억제하여 안정적인 사구(砂丘)를 형성할 수 있다.

2 사초의 종류

식재사초는 모래의 퇴적으로 고사하지 않고 기는 줄기나 땅속 줄기가 뻗어 모래층을 잘 긴박해야 한다. 화본과, 사초과 또는 국화과 등에 속하는 초본류 중 내풍성, 내염성이 강하고 퇴사에 의한 매몰, 건조, 더위에 강하여 모래땅에서도 잘 생육하는 사초를 선정한다.

① 화본과: 갯개고리풀, 갯쇠보리, 새, 솔새

② 사초과: 보리사초, 통보리사초, 솔보리사초, 행부자(숨복모래땅)

③ 국화과: 갯쑥부장이, 갯쑥, 갯씀바귀, 갯상근, 갯메꽃, 갯질경 등

④ 콩과: 갯완두

⑤ 도입 품종: American beach grass, Weeping love grass 등

3 사초 식재 방법

1) 식재 밀도 및 위치

① 모래땅을 고정할 목적으로 심을 경우 식재 예정지의 전면에 식재한다.

② 바다 쪽을 조밀하게 하고, 육지 쪽으로 갈수록 식재밀도를 적게 식재한다.

③ 바람에 의해 이동된 모래가 사구의 바다 쪽 전면에 일정하게 퇴적하도록 사구의 아래쪽에서는 식재밀도를 적게 하여 모래의 통과를 양호하게 하고, 위쪽으로 갈수록 조밀하게 한다.

2) 사초의 기능

① 퇴사울타리와 정사울타리가 부식된 후, 이들의 기능을 보충하기 위해 사초를 식재하여 사면을 피복, 비사를 고정한다.

3) 식재 배열

① 다발심기

- 사초 4~8포기를 한 다발로 하여 30~50cm 간격으로 식재한다.
- 둥근다발심기와 넓적다발심기가 있다.

② 줄심기

- 1~2주를 1열로 하여 주간거리 4~5cm, 열간거리 30~40cm가 되게 식재한다.
- 줄심기의 줄 방향은 주풍 방향에 직각으로 배치한다.

③ 망심기

- 모래의 이동을 방지하기 위해 바둑판의 눈금같이 종횡으로 줄심기한다.
- 망구획의 크기는 2m×2m로 하고, 내부에도 사이심기를 한다.
- 바람받이 쪽에는 망심기를 하며, 바람의지 쪽에는 줄심기를 한다.

4 식재 후 관리

해안 모래땅은 식물의 부식질이 부족하며, 지표면에서 가까운 곳은 건조하기 쉬운 등 이화학성이 극도로 좋지 않으므로 거름을 주어 생육을 좋게 한다.

▲ 사초심기

조경사방

1 조경사방의 공종 및 시공 장소

공종	내용	시공 장소
비탈면 격자틀 붙이기	경사가 급한 사면에서 침식을 방지하고 사면을 녹화하기 위하여 사면 전반에 시공하는 비탈안정 녹화공종	비탈물매가 급하고 토질이 불량한 사면
비탈면 힘줄박기	정상적인 콘크리트 블록으로 된 격자틀 붙이기 공법으로, 처리하기 곤란한 사면에 현장에서 직접 거푸집을 설치하고 콘크리트 타설하여 힘줄을 만들어 그 안에 흙을 채워 녹화	지질토양구조가 석력이 많은 불안정한 사면 또는 누수침식이 심한 사면
콘크리트 블록쌓기	각종 쌓기용 콘크리트 블록을 흙막이공법과 같은 시공 요령으로 블록쌓기를 하는 안정공법	물매가 1:0.5 이상인 비탈면
돌 붙이기	사면이 풍화, 침식, 박리 또는 붕괴가 현저하여 녹화가 곤란하고 다른 안정녹화공사도 부적당한 경우에 시공하는 공법	식생 조성이 곤란한 경사 45도 이하의 사면

2 조경사방의 분류

자연석 쌓기, 비탈면 격자틀 붙이기, 비탈면 힘줄박기, 콘크리트 블록쌓기, 돌 붙이기, 콘크리트 뿜어붙이기, 새집공법, 폭파식재공, 분사식 씨뿌리기, 종비토 뿜어붙이기, 차폐수벽공법, 소단상 객토식수공법, 생울타리 [사방기술교본]

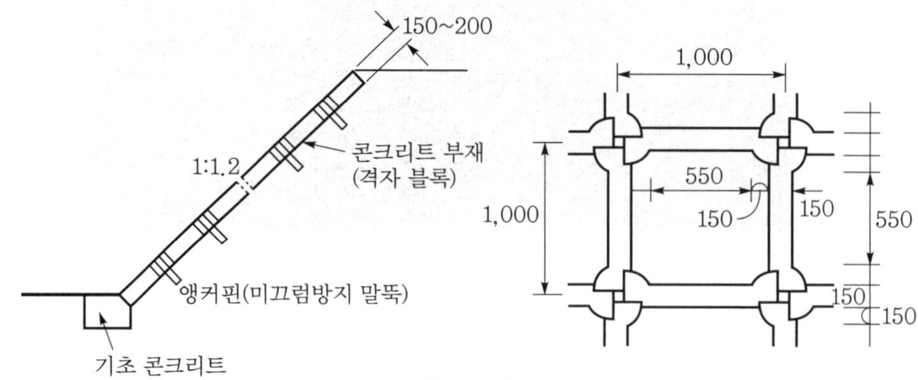

▲ 격자틀 붙이기

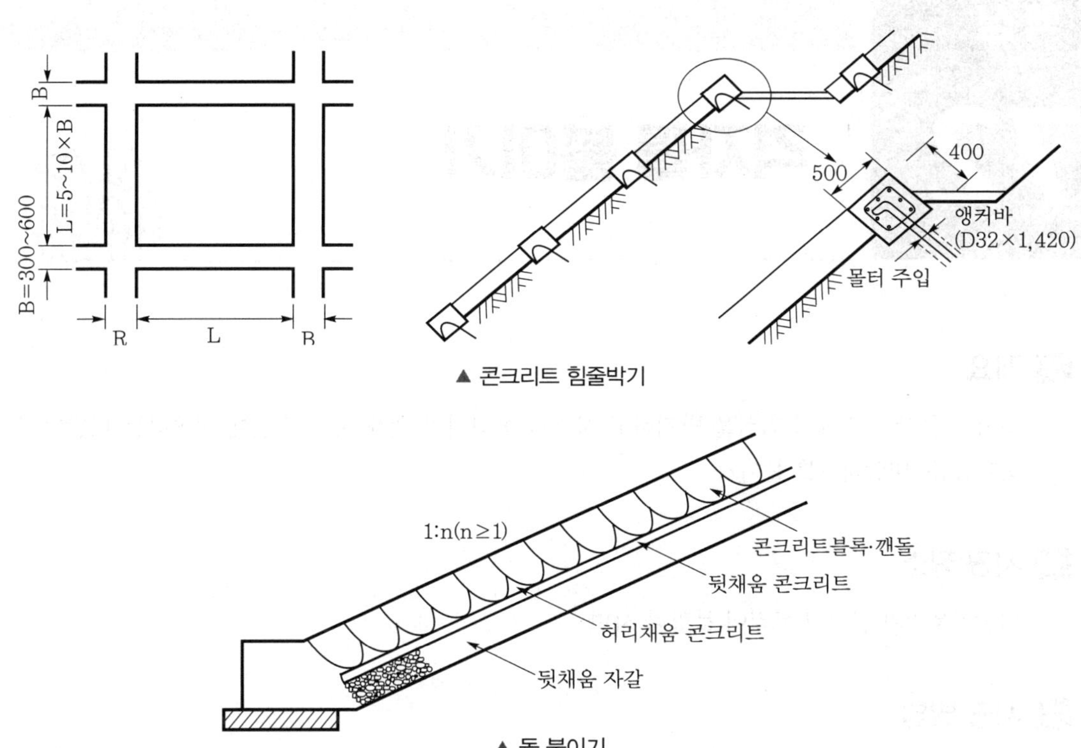

▲ 콘크리트 힘줄박기

▲ 돌 붙이기

격자틀 붙이기

1 개요

경사가 급한 사면에서 침식을 방지하고 사면을 녹화하기 위해 사면 전반에 시공하는 비탈안정 녹화공종, 비탈격자틀 붙이기

2 시공 장소

비탈기울기가 급하고 토질이 불량한 사면

3 시공 방법

① 비탈면이 불규칙하고 요철이 있는 곳은 비탈다듬기공사를 실시한다.

② 붕괴 우려 성토사면에는 기초공작물을 견고히 한 후 계통적으로 격자틀을 조립한 후 각 격자 점에는 미끄러지지 않도록 철근핀, 록볼트 등을 박고 콘크리트로 채운다.

③ 비탈 및 최하단부에는 기초 콘크리트공사(축대벽 등)를 하여 수평의 유지 및 받침이 되도록 해야 한다.

④ 사면 전체에 걸쳐 시공하여야 효과적이며 수평으로 설치하는 것이 원칙이지만, 경사면인 경우에는 지형에 따라야 한다.

⑤ 틀 내 흙의 표면 보호를 위하여 비탈면의 특성에 따라 틀 안에 식생공, 잡석이나 콘크리트 등의 부착공, 콘크리트 등의 뿜기공 등이 이용된다.

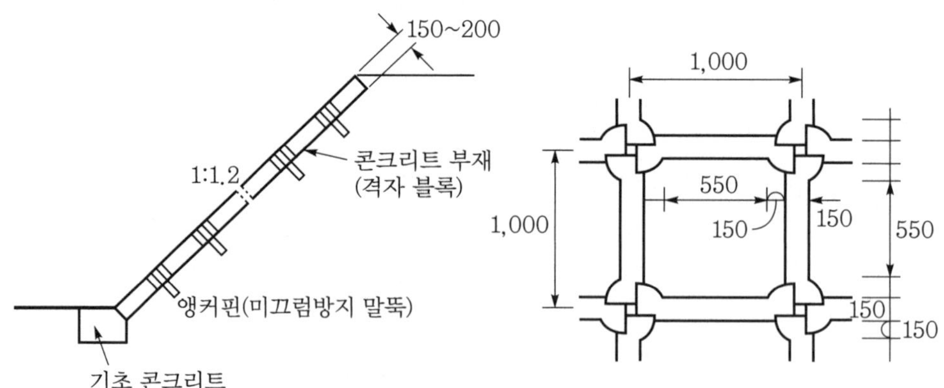

▲ 성토사면의 콘크리트 격자틀 붙이기 시공 예

▲ K블록 격자틀 붙이기

73 힘줄박기

1 개요

직접 거푸집을 설치하고 콘크리트 치기를 하여 사면 안정을 위한 뼈대를 만들어 그 안을 작은 돌이나 흙으로 채우고 녹화하는 비탈면 안정공법, 비탈면 힘줄박기

2 장소

비탈기울기가 급하고 석력이 많은 불안정한 사면이거나 지하수 또는 누수에 의하여 침식이 심한 사면

3 시공 방법

① 부재의 단면 형상은 보통 너비와 두께를 20cm 정도로 한다. 틀 길이는 부재 너비의 5~10배의 범위가 많으며, 틀 교차점에는 앵커를 설치한다.

② 틀 안의 채움은 가능한 한 객토공법 등을 써서 식생 도입을 도모한다.

③ 비탈 최하단에는 수평 방향으로 콘크리트 옹벽형 기초공사를 하여 힘줄박기 공작물이 비틀리거나 붕괴되지 않도록 해야 한다.

④ 비탈어깨 최상부에는 비탈어깨 돌림수로를 설치하여 유수 유입을 방지한다.

⑤ 사면 전 지역에 시공하는 것이 효과적이며 기타 철근콘크리트 시공 요령과 동일하다.

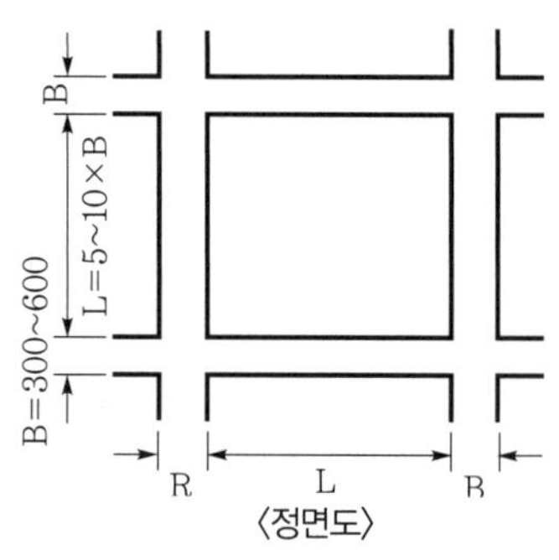

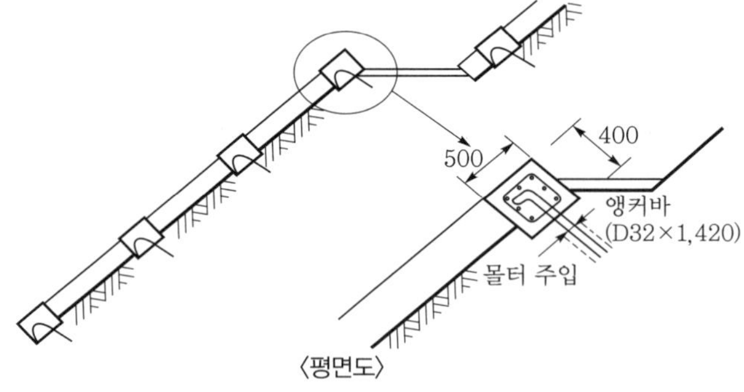

▲ 콘크리트 힘줄박기

▲ 힘줄박기

예방사방

1 예방사방의 공종 및 시공 장소

공종	내용	시공 장소
속도랑 내기 (암거공)	붕괴위험사면 주위로부터 유입되는 얕은 층의 지하수를 배제하거나 강우 및 융설수의 침투에 의한 심층지하수의 증가를 방지하기 위하여 시공하는 공종	얕은 지하수를 효율적으로 배제할 수 있는 凹지
보링 속도랑 내기	지상에서 보링(Boring)에 의해 붕괴위험지 내에 분포하는 지하수를 배제시키는 공법	굴착에 의한 속도랑내기 공사로는 배제할 수 없는 지하수가 넓게 분포한 곳
누름 흙쌓기 (성토다지기)	땅밀림을 방지하기 위하여 비탈의 말단부에 흙쌓기를 하여 땅밀림 추력을 경감시키기 위한 공종	땅밀림구역 하단부
축대벽 (옹벽)	땅밀림지역이나 붕괴우려지역에 토압을 고정하여 붕괴를 방지하기 위해 시공하는 공작물	붕괴위험지 하부 등 토압이 커서 다른 공작물로서 안정을 기대할 수 없는 곳
말뚝박기	땅밀림을 억지하기 위하여 땅밀림 비탈에 부동층까지 말뚝을 박아 땅밀림 추력을 경감시키기 위한 공종	땅밀림 사면으로 하부 지반이 단단하며 미끄러움면이 수평에 가까운 부분

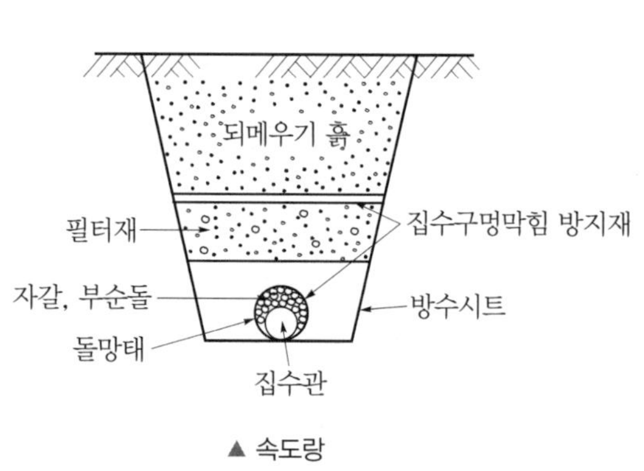

▲ 속도랑

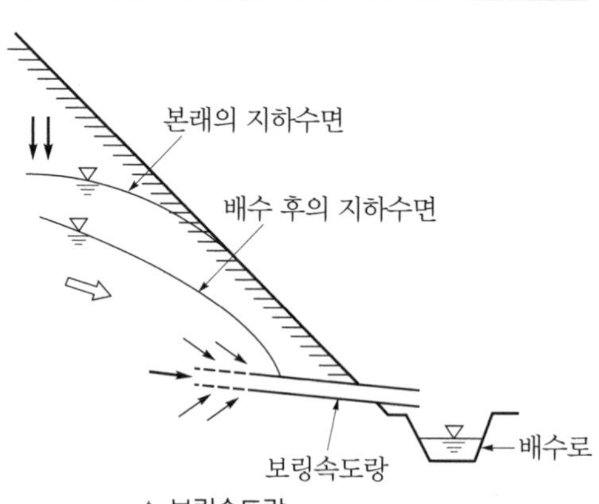

▲ 보링속도랑

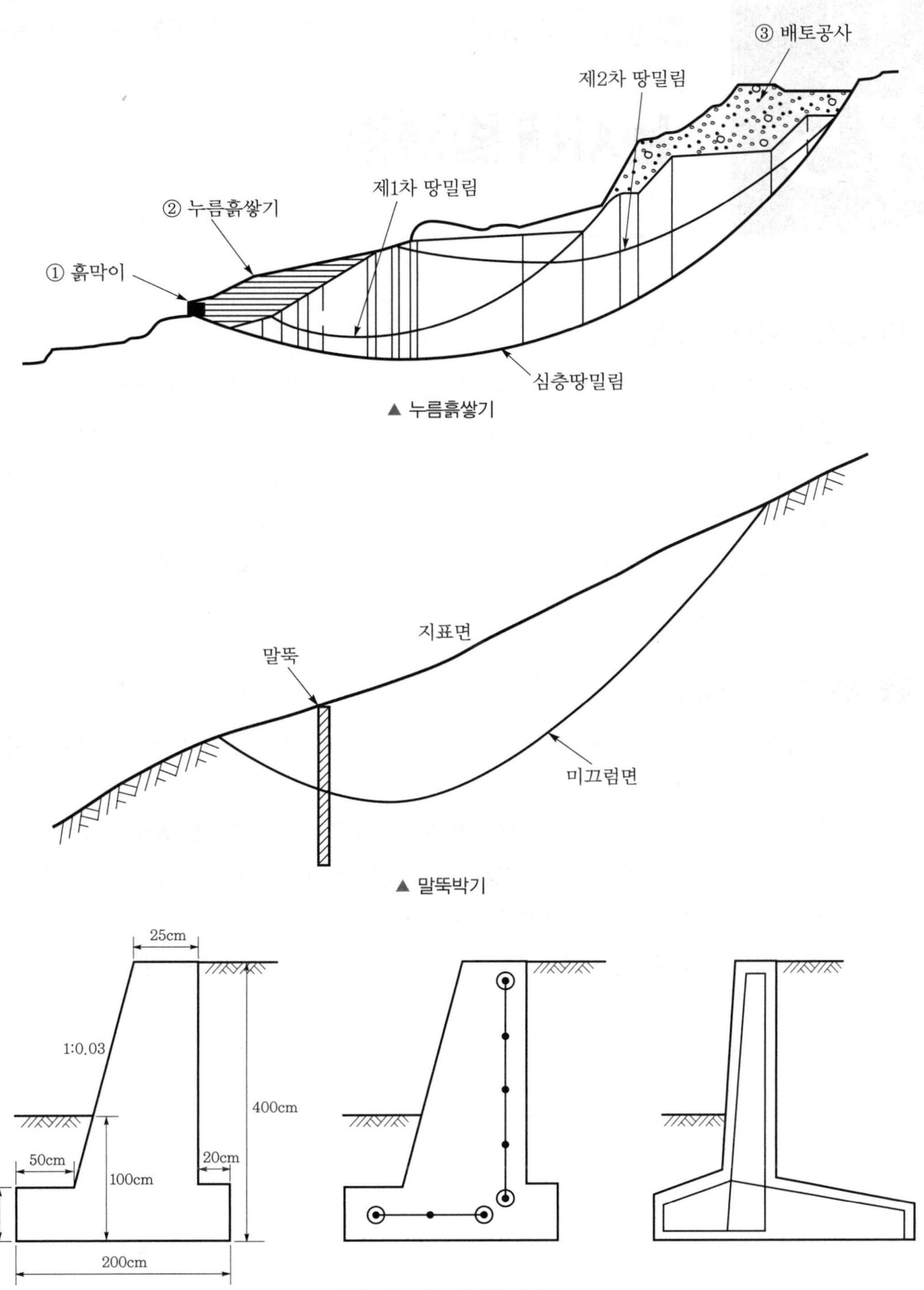

▲ 누름흙쌓기

▲ 말뚝박기

▲ 옹벽=콘크리트 흙막이=축대벽

눈사태 방재림

1 눈사태 방재림 조성

① 눈사태지역 전체를 대상으로 재해방지 또는 경감을 위하여 적정 규모가 되도록 한다.

② 방지시설은 예방책, 예방말뚝, 유도둑, 유도옹벽, 유도책, 방호책 등을 시설한다.

③ 눈사태 발생 우려가 있는 임지에 산림을 조성하여 눈사태의 발생을 방지하거나 경감하는 것을 목적으로 한다.

④ 산림조성 수종은 성장이 빠르고 심근성이며, 수관이 크지 않은 활엽수를 식재하는 것을 원칙으로 한다.

2 땅밀림 방지사업

① 지진, 집중호우, 지하수, 절취에 의해 땅밀림이 발생할 우려가 있는 지역에 대하여 방지사업을 시공토록 한다.

② 사업을 실행할 때는 보링을 실시하여 땅밀림 깊이를 조사한 후 적정한 공법을 적용 시공한다.

③ 땅밀림 깊이가 깊을 경우에는 파일공법 등 시공하여 지층 이동을 방지하고, 표토의 이동이 있을 경우에는 격자블록공법 등으로 시공한다.

④ 사방공법 적용이 어려운 지역은 전문기관의 용역, 자문 및 안전진단에 의한다.

환경사방공법

1 목재 토목시설

① 목재사방댐: 물매 완만한 산지하천

② 목재 수로내기: 측면침투수 배수 유연성

③ 목재 흙막이: 침투수 배수 및 경관 조화

④ 목재 격자틀 붙이기: 우수 분산 및 침식 방지

⑤ 목재 방풍펜책: 적설에 묘목 보호 및 보수성

⑥ 목재 낙석방지책: 목재의 완충효과 이용

2 철강재 토목시설

① 강재틀댐: 스크린 설치, 내부 채움

② 이중벽댐: 외부하중 내부 채움재, 다짐

③ 파형강관댐

④ 스크린댐: 15~30㎝ 간격 벽체 틈

⑤ 슬릿트댐: 철콘, 철강재 기둥, 유목 · 토석 억제

3 어도

① 기능분석: 토사 이동 상황

② 경관분석: 경관 구성 요소 분석

③ 생태분석: 주변 생태계 영향

> **참고**
>
> 콘크리트 시설은 숲이나 계류에서 이질감을 주지만, 목재를 이용한 토목시설은 사람들에게 자연친화적인 느낌을 준다. 반면에 콘크리트 공사는 품셈이 잘 만들어져 있어 설계, 시공 과정에서 균질한 품질을 기대할 수 있지만, 목재 토목시설은 시공 기술자와 기능인력의 숙련도에 따라 품질의 차이가 크고, 품셈의 적용이 설계자에 따라 달라지기도 한다. 시설의 기대수명 역시 콘크리트 시설은 긴 편이고, 목재시설은 상대적으로 짧거나 시설 장소에 따라 달라진다. 시설을 사용하는 장소에 따라 비용과 편익을 비교해 보고, 용도와 목적에 적합한 시설을 선정할 수 있다. 예를 들어 치유의 숲이나 경사가 완만한 등산로라면 목재가 근처에서 자재를 구할 수 있어서 유리하겠지만, 물리적인 안정이 필요하다면 선정하기에 곤란하다.

산림유역관리사업

1 개념

산림재해에 강하고 생태 환경적으로 건강한 산림유역의 조성을 위해 산림수계유역 전체를 통합하여 각종 재해방지, 수원 함양, 수질 정화, 자원 보호, 환경기능 증진 등의 다기능적 복합관리로 산림의 공익, 생산 기능을 최대한 발휘할 수 있도록 2004년부터 도입, 시행하는 사업이다.

2 사업대상지 선정 기준

① 집수유역면적이 500ha 이상 되는 곳으로 유역은 계류를 따라 상하가 연결되어 다양한 치산사업의 계통적 시공이 가능한 곳

② 임종과 임상이 다양성을 갖고 울폐되었으며, 토질은 화강편마암이 풍화된 곳으로서 경사가 급하고 집중강우 시에 산사태, 유목피해 등이 우려되는 곳

③ 가급적 지역주민들이 원하는 곳으로 산주와 개재된 토지 이용자들이 토지이용상의 문제를 제기하지 않을 곳

3 주요 사업 및 공종 예시

1) 재해방지 사방사업

① 산복 안정공 및 사방댐 계통 시공: 선떼붙이기, 산돌쌓기, 편책, 옹벽, 사방댐 등

② 계류 정비 및 야계사방 시공: 보막이, 친환경적 바닥막이, 수변생물의 서식처 제공 등

③ 야계수질 보전 시설: 바닥막이 구조물 등과 접속하여 시공

2) 녹색댐 및 경관 조성사업

① 조림 및 육림: 수질 정화 효과가 큰 활엽수 계통 조림 및 혼효 형태의 복층림 유도, 어린나무가꾸기, 덩굴류 제거, 간벌, 천연림보육 등 육림작업으로 생육환경 개선

② 경관 조성: 임내공한지 및 계류양안의 고수지역 화목류, 녹음수 식재. 지역 특색이 있거나 테마가 있는 곳은 경관적, 조경적 가치가 있는 부대시설 설치

4 사업 추진 방향에 대한 검토사항

사업대상지, 유역의 범위, 사업의 규모, 사업비 투입, 사업 추진 기간, 실행 주체, 친환경적 사업 추진 및 생태복원사업 실행, 편익시설 설치, 설계와 시공의 주체

저댐군 공법

1 구조

① 댐간격: $\dfrac{\text{댐의 길이}}{\text{계류의 길이}} = 1$, 댐유효고: 1~2m

② 댐자리: 계류의 폭이 넓은 곳, 댐자리의 크기가 크면 댐을 여러 개 설치한 효과가 있다(면적효과).

③ 3기 1조로 설치하여 유도, 확산, 매몰 기능에 중점

2 기능

① 상류댐: 물과 토석 분리 · 퇴적 촉진

② 하류댐: 유하수 분산 · 세굴력 감소

3 장점

① 유수운동 방해가 적다.

② 토사 억지 · 유출의 조절 공간 폭이 좁다.

③ 기존 댐 퇴사면 이용 하상 안정

④ 댐자리가 사력층이어도 가능

⑤ 유역 전체를 고려한 장기 계획 가능

　　하류 → 상류(예산 허용 범위 내에서)

⑥ 유역 내 목재 생산과 조화

⑦ 유목의 효과적 분산

⑧ 콘크리트용 골재 생산

⑨ 어도 확보 용이

⑩ 호안림 조성, 주변 환경정비 용이

⑪ 붕괴형 산사태 단계적 차단

- 황폐계류에서 종·횡 침식이 심하게 발생하는 구역이나 구역이 긴 경우에 저댐군을
    설치한다.
- 댐자리가 불안정할 때는 앞댐·물받이 등을 설치하여 계상을 보호한다.

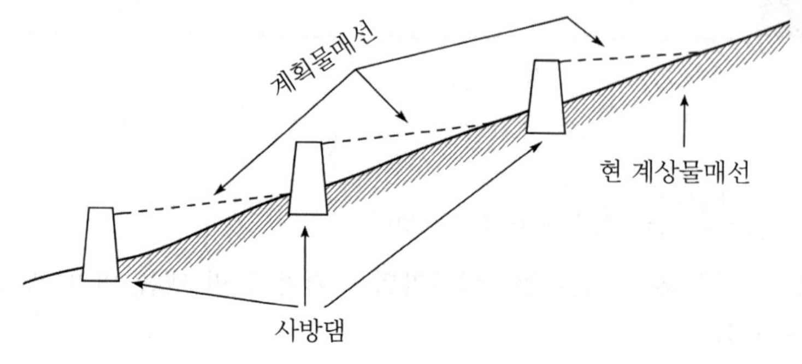

▲ 저댐군의 배치

핵심 79 소류력과 한계마찰속도

1 개념

① 유수에 의하여 강바닥에 작용하는 마찰(tractive force)

② 홍수 때 모래, 자갈의 이동 계산 기본공식

③ 소류력 〉 한계소류력(limited tractive force)

→ 계상 침식 발생

> **참고**
>
> 1. **마찰속도** $U_* = \sqrt{\tau_0 / \rho}$, $\tau_0 = \rho \times g \times R \times I_e$
> (R: 유적, Ie: 에너지 경사)
>
> 2. **한계마찰속도**
> $$U_*^c = 0.05 \times (\sigma / \rho - 0) \times g \times d$$
> (σ: 입자비중, d: 입자지름, ρ: 물의 비중, g: 중력가속도)
> $U_* > U_*^c \Rightarrow$ 침식 발생, 에너지경사 I_e 남춤

④ 뒤비아의 식

 - 소류력 τ는 $\tau = \rho 0 \cdot R$

 - 소류력 τ(타우)는 $\tau = \rho 0 \cdot A \cdot dx \cdot I$

 - A: 유수의 단면적, dx: 유수의 길이, I: 수면기울기, P: 단면 A의 윤변, $\rho 0$(로우): 물의 단위중량, R: 경심, R=A/P(유적/ 윤변)

2 상류에서의 골재 운동 방식

① 전동: 구르기

② 활동: 미끄러지기

③ 약동: 솟구치기

④ 부동: 떠내려가기

3 소류력의 유사 개념

마찰속도, 한계유속, 임계유속

계상경사별 유목 대책

1 계상 경사의 구분

	① 토석류 발생 유하역	② 토석류 퇴적역	③ 소류역
경사도	10° 이상	3~10° 이상	3° 이하
유역	상류	중류	하류

2 계상경사별 유목 대책

1) 토석류 발생 유하역

① 유목 발생 억지

– 사면안정공 · 기슭막이 · 바닥막이

② 유목포착

– 투과형 사방댐

2) 토석류 퇴적역

① 유목 포착

– 부분투과형 사방댐

– 투과형 사방댐

② 발생 억지

– 기슭막이, 바닥막이

3) 소류역(토석류 포함)

① 유목포착

– 보조댐 위에 유목막이, 모래막이+유목막이

81 유목 대책 시설

● 하류 피해 방지를 위한 유목 발생 원인과 대책

1 유목 발생 원인

1) 입목 유출

① 사면붕괴 동반

② 토석류 발생원

③ 토석류 유하동반

④ 홍수와 동반

2) 과거 발생 도목

① 병충해 · 태풍 도목

② 퇴적 · 매몰 유목

③ 눈사태 동반 도목

2 대책(시설＋비구조물: 경계 · 피난 체제)

1) 산복사면

① 억지: 사면안정공

② 포착: 유목막이

2) 토석류구역

① 억지: 사면안정공, 기슭막이, 바닥막이, 사방댐

② 포착: 투과형사방댐, 유목막이

3) 소류구역

① 억지: 사방댐, 기슭막이, 바닥막이

② 포착: 투과형 사방댐, 유목막이

– 유사지＋유목막이

– 불투과형 사방댐＋유목막이

물받이와 물방석

● 물받이(drain pan)=물받침, 물방석(water cushion)

1 물받이

① 댐 하류부 하상 보호 공작물

② 댐에서 넘친 물의 힘에 의한 세굴방지

③ 물받이(front apron, apron fixation)

④ 길이=(1.5~2.0)(댐높이+월류수심)−반수면물매×댐높이

⑤ 물방석 없는 경우 두께=0.2(0.6×낙차+3×월류수심−1.0)

⑥ 물방석 있는 경우 두께=0.1(0.6×낙차+3×월류수심−1.0)

2 물방석(水振工, Water Cushion)

① 물받이의 두께가 1.25m 이상일 때 앞 댐이 가두어야 하는 물의 높이

② 물방석의 두께=0.2(0.6×낙차+3×월류수심−1.0)

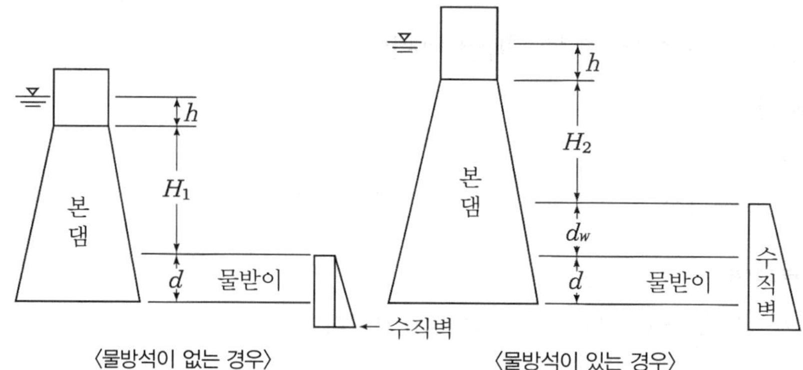

(d: 물받이두께(m), d_w: 물방석수심(m), H_1: 유효낙차(m), H_2: 유효낙차(m), h: 본댐월류수심(m))

▲ 물받이의 두께

산림유역관리사업 주요 공종

> **참고** 산림유역관리사업

☞ 300~500ha 규모, 치수 + 이수 + 경관

1. 정의

1) 산지재해 예방 · 경감

① 생태환경적 건강한 산림 유역 조성

2) 산림 유역 전체 · 다기능적 복합관리

① 산림의 공익생산 기능 최대한 발휘

3) 치산사업 · 물 관리사업 · 경관조성사업

① 산림정비 사업 포함

2. 사업 대상지

1) 유역 특성 – 집수유역 500ha 이상

① 계통적 사방 가능한 곳

2) 지형 임상 – 화강편마암 풍화된 곳

① 임종 임상 다양, 은폐 지역

② 집중 강우 시 피해 예상 지역

3) 사회 · 경제

① 지역주민 민원

② 산주 · 토지이용자 문제 제기 없는 곳

1 재해방지 사방사업

1) 산복안정공

① 상류: 예방 차원 토목 · 녹화 공법 병행

② 절개사면 · 임도사면: 전석 · 옹벽 쌓기

③ 계통적 사방댐 시공

2) 계류정비 · 야계사방

① 계상기울기 완화: 보막이 · 낙차공(바닥막이)

② 계류 주변 붕괴 · 포락지 복구

③ 수변생물 · 서식처 제공, 친수환경 조성(공한지)

3) 야계수질 보전시설

① 자갈 · 목탄층 등 정화 매체 이용

② 오탁도 저감, 오염물질 흡수

2 녹색댐 및 경관조성 사업

1) 수질 정화 저류효과 큰 활엽수 계통 조림

수종 개량 · 다단식 복층림 유도

2) 육림작업 실시

산림의 생태 · 생육 환경 개선

3) 공한지 · 양안 고수지역

화목류 · 녹음수식재

4) 지역특색 · 테마

경관기능 향상, 생물 다양성 증진

해외의 사방공사

1 오스트리아의 사방공사 방법

1) 토목공학적 방법

① 횡공작물

② 종공작물

③ 개방형 댐

2) 산림 생물학적 방법

① 녹화공: 붕괴 예상지 식생 도입 · 피복

② 눈사태 방지용 펜스 설치

3) 경영관리적 방법

① 토지의 이용 형태 변경

② 경영관리 방법 전환

③ 용지 · 방목지의 산림 전환

4) 예방적 방법

위험구역 내 주거용 건축 행위 제한 → 150년 재해 규모

2 일본 사방사업의 구체적 대책

1) 수계사방

상류에서 유출토사 조절

2) 토석류 대책

사방댐으로 저사 공간 확보

3) 밀린 땅 대책

① 抑制工(억제공): 원인 제거

② 抑止工(억지공): 구조물 설치

4) 산사태 대책

① 옹벽: 사면하부 붕괴 억지

② 흙막이: 사면에 강제말뚝 삽입

③ 비탈면격자틀 붙이기: 사면의 풍화 · 침식 방지

5) 화산분화 대책

① 감세 → 유도 → 투과(예방울타리 발생구역)

② 모래막이(방호공 퇴적구역)

6) 눈사태 대책

비구조물 대책: 경계피난 체계

핵심 85 산사태와 토석류의 원인

토석류	산사태
① 산사태 및 붕괴형 침식 　– 계류흐름에 유목과 토사, 석력이 가세 　– 토사와 유목 등 고체가 물에 미끄러짐 ② 강우와 토석이 중력제 역할 ③ 점토성 토질이 계류 점성을 높임 ④ 계곡형 지형이 미끄럼틀 역할	① 지표를 흐르는 물의 거동 변화와 침투수 발생 ② 지하수위 상승으로 인한 토양포화도 상승 ③ 수분포화도 상승으로 토양 무게 증가 ④ 급한 사면경사 등 지형적 요인 ⑤ 점토가 많은 토질적 요인 ⑥ 산림수확과 도로 개설에 따른 산림훼손

1 산사태의 원인

① 유수침투: 지표의 유수거동 변화

② 지하 수위 상승: 지중토양 수분포화도 증가

③ 중력 작용: 토양 수분포화도 한계 도달, 지진 또는 작은 붕괴 발생

④ 지형적 요인: 급한 사면 경사

⑤ 토질적 요인: 점토가 수분 흡수, 물그릇 역할

⑥ 산림훼손: 산림수확 및 도로개설로 수목 제거한 후 나지로 방치

　– 토양산성화 및 병충해에 의한 산림쇠퇴

2 토석류의 원인

① 산사태 및 붕괴형 침식: trigger 작용, 계류의 흐름에 진흙, 토사, 유목, 석력 가세

② 강우+토석 → 물처럼 거동, 윤활제 및 중력제 역할

③ 토질: 점토가 계류의 점성을 높여서 유체의 소류력과 충격력 증가

④ 지형: 계곡이 흐름을 일으키는 미끄럼틀 역할

강수거동과 관련된 산림의 유역 조건

1 기상

① 고도 높고, 지형 복잡

② 강수량, 기온, 풍향, 풍속, 습도 등

2 식생

① 뿌리는 토층 표양에 많은 양

② 수목의 지상부와 지하부 사이 관계

3 토양

① 공극의 양과 질

② 세공극, 조공극, 모관공극, 비모관공극 등

4 지형

① 기복량: 최대고도 − 최저고도

② 경사에 따라 침투속도와 양 변화

5 지질

① 토양 모재층과 기암의 간극에 영향

② 함수량: 간극량∝특수성(간극량이 특수성에 비례)

> **참고** **산림이 물의 순환에 미치는 영향**
>
> ① 산림은 증산작용으로 지표면의 열 환경을 완화한다.
> ② 산림의 파괴는 지표의 열 환경을 변화시키고, 증산량을 감소시켜 물순환을 변화시킬 수 있다.
> ③ 산림은 물질생산을 하며, 물질순환에도 관여한다. 물질순환과정에서 산림토양이 형성된다.
> ④ 산림토양은 지표 주변 유출수의 경로를 결정한다. 하천의 홍수나 갈수에 크게 영향을 미친다.
> ⑤ 유출수의 경로는 지표의 침식 형태를 결정한다. 또한, 침식량에도 크게 영향을 미친다. 나지는 표면침식을, 산림지는 붕괴형의 침식을 발생시킨다.
> ⑥ 산림과 산림토양은 하천의 토사 함유량과 수질에 영향을 미친다.

유역

1 개념·정의

용어	해설
유역	• 하천의 임의 지점에 집수 되는 물의 근간이 되는 강수가 낙하하는 전 지역 • 집수구역(stream channel)과 같은 말 • 능선과 같이 유출수가 갈라지는 경계에 의해 면적이 결정
기복량	유역의 최대 고도와 최저 고도의 차이
형상계수 유역의 평면형상 비교	원상률 =원면적(유역 주변 길이와 같은 크기를 갖는 원의 면적)/유역면적
	세장률 =원의 지름/유역최대변장(≒주류의 길이)
	곡밀도 =계류의 수/유역면적 =계류의 길이/유역면적
평균경사	(등고선 개수×고도차)/방안선의 간격

2 유역의 개념도

① water shed, 流域

② 하천의 임의 지점에 집수 되는 물

③ 유출량의 근간이 되는 강수가 낙하하는
    전 지역

= 집수구역, stream channel

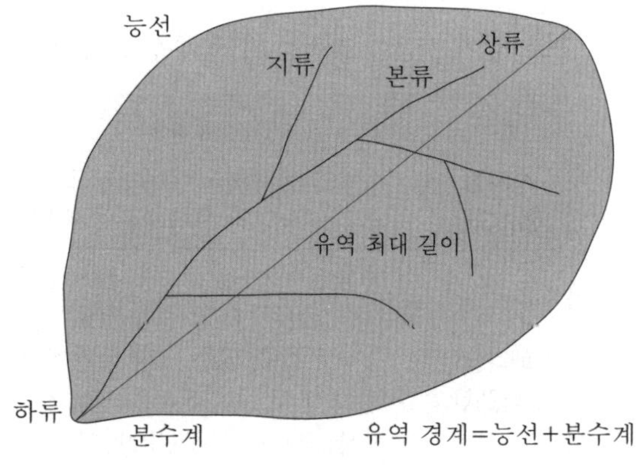

3 강수

① 공기 중의 수증기가 응결하여 액체 또는 고체상태로 지상으로 떨어지는 모든 수분

   → 강수량(mm/h) 0.1mm/일 이상 기록

② 일정 기간 내 강수의 양

외형에 의한 산사태 유형

● 발생 위치에 따른 대책 수립, → 예방 사방 설계 함수 '산사태 = fx(모암의 특성, 지형)'

1 樹枝狀, A형(산사태)

지형이 복잡하고 유수가 모여드는 하강 및 평행사면의 산복유도

→ 배수공, 땅속 흙막이, 흙막이, 수로내기, 구곡막이, 산비탈돌쌓기

2 貝殼狀, B형(여상, 안상, 설상, 표자상)

① 경사길이 짧고, 경사급한 사면

② 경사길이 길고, 변각점이 있는 사면

③ 계안(여상, 설상, 안상), 와지(패각상, 작자상) → 누구막이, 기슭막이

3 線狀, C형

지형 단순. 유로 좁고 길이 긴 하강 사면 → 유로변 → 누구 · 구곡막이, 배수공(명 · 암거), 산비탈돌쌓기

4 板狀, D형

표토 밑이 단단한 암반층, 불침투성 모재층 → 산비탈수로내기, 수로내기, 심근성 수종식재

구분	발생 형태	복구 공법
수지상 (樹枝狀)	• 지형이 복잡하고 유수가 모여드는 하강 및 완경사면의 산복수로에서 발생	• 배수공(암거, 명거), 땅속 흙막이, 흙막이, 수로내기, 구곡막이, 산비탈돌쌓기 등
패각상 (貝殼狀)	• 경사길이가 짧고 경사가 급한 사면, 경사길이가 길고 변곡점이 있는 사면과 강수가 집수 되는 凹형 사면에서 발생 • 계안에서 발생하는 여상(廬狀), 설상(楔狀), 안상(岸狀)과 와지붕괴의 표자상(杓子狀)이 이에 해당	• 배수공(암거, 명거) 땅속 흙막이, 산비탈돌쌓기, 누구막이, 수로내기, 기슭막이, 구곡막이
선상(線狀)	• 지형이 단순하며 유로가 비교적 좁고 경사길이가 긴 하강 사면이나 평형 사면의 유로변에서 발생	• 배수공(암거, 명거), 누구막이, 구곡막이, 산비탈돌쌓기
판상(板狀)	• 표토 밑에 단단한 암반층이거나 불침투성 모재(母材)층이 있는 지역에서 발생	• 수로내기, 심근성 수종 식재

89 수관에 의한 강수 차단

● 수관차단우량: crown interception

1 수관적하우량(Drip From Crown)

수목의 잎 · 가지 등에 떨어진 강수

2 수간유하우량(Stem Flow)

수관적하우량 중 직접 떨어지거나 가지 · 줄기를 타고 임상으로 이동한 강수

3 수관통과우량(Through Fall)

수목에 닿지 않고 직접 임상에 도달한 강수

4 임내우량(Rainfall Under Tree Crown)

수관적하우량과 수관통과우량을 합한 것

5 수관차단우량(Crown Interception)

임외우량−(임내우량+수간유하우량)

6 수관차단률

수관차단률=수관차단우량/임외우량

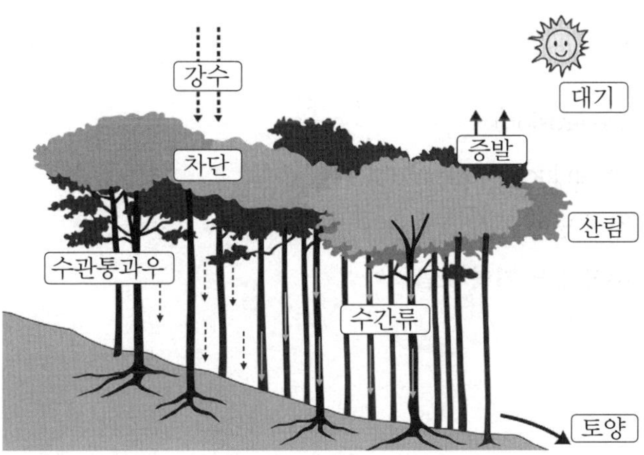

▲ 수관에 의한 강수 차단

핵심 90 물침식

- water erosion
- by water 지표 · 토양에서 "토양입자가 분리 · 분산 · 이동되는 현상" → 침식

1 Rainfall Erosion 빗물침식

① rain drop – 우격

② sheet – 면상

③ rill, shoe-string – 누구

④ gully → ravine – 구곡

⑤ torrent – 야계

2 Stream Erosion 하천침식

① cross–: 하상폭 확대

② longitudinal–: 하상수심 증가

   – 원인: 하천수량 증가, 지반융기, 토사량 감소, 기준면 저하

3 지중침식(Piping, Pumping, Boring, Guicksand)

① erupt(용출) 침식

② ping by surface backward erosion

4 바다침식

① 파랑침식(seawave erosion)

② 해변류침식 wave-induced currente개

   – 연안류침식: 정선 방향

   – 이안류침식: 수심 깊은 지역 도달

91 산지 지형과 강수의 특성

① 산지가 평지보다 많다.

② 고도에 정비례한다.

③ 산정 조금 아래서 최대 → 산정에서는 바람 때문에 오히려 적어진다. 900~1,300mm 최대

④ 풍상사면이 풍하사면보다 많고, 동일 고도·방위에서는 골짜기가 봉우리보다 많다.

> **참고** 강수거동 관계 유역 조건
>
> ① 산지기상
> ② 산림(임상)
> ③ 산림토양
> ④ 지형
> ⑤ 지질

핵심 92 강수거동에 관계하는 유역 조건

● 유역=water shed, strem channel

1 산지기상

1) 대유역: 티에센법

2) 소유역: 지배권법

3) 강수량

① 산지 〉 평지　　　② 고도 정비례

③ 풍상 〉 풍하　　　④ 골짜기 〉 봉우리　　　⑤ 산정 〉 계곡

2 산림 임상

① 잎의 표면적

② 뿌리의 발달

③ 벌채(주벌, 간벌)

3 산림토양

① 토양층위(유기물 층) → 모세관

② 공극: 조대공극, 조공극, 세공극, 생물공극, 비생물적 공극

4 지형

① 유역의 지표경사(평균경사)

② 최대고도와 최저고도 차이=기복량 60%

③ 동고서저, 서해안 리아스식, 급경사 15°

5 지질

① 투수층: 미고결 사력퇴적층, 사암

② 반투수층: 용암, 응회암, 석회암

③ 불투수층: 점토퇴적층, 이암, 견고한 암반

사방댐의 분류와 형식

1 투과형

① 월류형(슬리트식, 게이트식)

② 폐기형(슬리트식)

2 불투과형(준설-중력식)

① 분류 방법: 외력, 재료, 목적, 법

② 토석의 통과 여부: 투과, 불투과, 복합

③ 사방사업법: 버팀식, 중력식, 복합식

3 외력에 대한 저항력

① 중력댐: 제체 중력 → 안정 유지

② 아치댐: 외력 → 계상과 · 양안의 암반에 전달, 댐자리 견고, 높이보다 계폭 좁은 곳

③ 3차원응력해석댐: 댐자리, 양질의 암반 → 제체를 대들보로 간주

4 재료

① 콘크리트댐, 철근콘크리트(reinforced con'c)댐

② 돌쌓기댐, 목재댐, 필댐, 강제댐, 블록댐

③ 사롱댐, 바자(편책)댐, 돌망태(사롱)댐

5 목적

① 산각 고정

② 종침식 방지댐

③ 계상퇴적물 유출방지댐

④ 토석류 고착댐

⑤ 토사 유출 조절댐

사방댐에 작용하는 외력

1 자중

체적×재료의 비중

2 정수압

① 물의 비중×물의 높이

② 정수압(靜水壓)은 댐의 표면에 수직으로 작용하는 압력

③ 수심은 대상 유량의 유하수위

④ $P = W_0 \times Hw$

    (P: 정수압(kN/m²), W_0: 유수의 단위체적중량(kN/m³), Hw: 임의 지점의 수심(m))

3 퇴사압

① 완성 시 예상 퇴사높이

② 수직 방향: 퇴적물의 비중×퇴적물의 부피×퇴적물의 높이

③ 수평 방향: 토압계수×퇴적물의 비중×퇴적물의 부피×퇴적물의 높이

④ 수중퇴사의 단위체적 중량=퇴적물의 비중×퇴적물의 부피

4 양압: 암반인 경우

(상류수심+양압계수×(상류수심 – 하류수심))×물의 비중

5 토석류의 유체력

유체력계수×(단위체적중량/중력가속도)×토석류 수심×토석류의 속도

6 사력 등의 충격력

① 매스콘크리트 추정식: (사력질량/댐질량)$\times$사력속도$^2\times$사력충력력계수$\times$요면량$^{3/2}$

② 실험정수=(사력질량/댐질량)$\times$사력속도^2

7 유목의 충격력

경험식 사용

> **참고**
>
> ### 1. 자중[kN/m]
> 예상단면적[㎡]$\times$제체 단위중량[kN/㎥]
>
> ### 2. 정수압
> $P[kN/㎡]=Wo[kN/㎥]\times Hw[m]$
> (Wo: 유수 단위중량, Hw: 임의지점 수심)
>
> ### 3. 퇴사압
> ① 예상퇴사높이
> ② 수직분력: PeV=Wsl $\cdot$ he
> ③ 수평분력: PeH=Ce $\cdot$ Wsl $\cdot$ he
>
> ### 4. 양압력
> 15m 미만 댐, 0으로 가정
>
> ### 5. 토석류의 유체력
> 유속 $\cdot$ 수심 $\cdot$ 단위 체적중량
>
> ### 6. 사력의 충격력
> 제체의 재료와 특성
>
> ### 7. 유목의 충격력
> 수분이 높은 생목

계간사방 현지조사

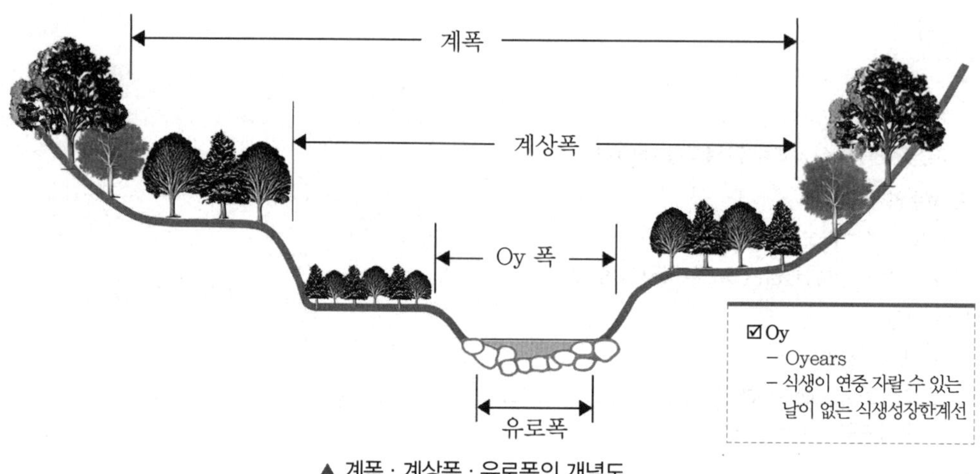

▲ 계폭 · 계상폭 · 유로폭의 개념도

1) 계상변동량 조사

2) 유출토사량 조사

사방댐 유역 특성

3) 토석류 조사

① 발생위험 조사   ② 동태 조사

4) 계상 퇴적지 조사

① 퇴적물   ② 퇴적 장소   ③ 식생

5) 거석입경 조사

상류 200m, 최대입경 D95, 랜덤, 선격자법

6) 계류환경 실태조사

자연환경, 주변 경관 모니터링

7) 계간사방의 평가 및 조사

① 토사 조절 효과   ② 입도 조정 효과   ③ 퇴사량 감소 효과

☞ 0y: 식생 생장 기간이 0년이라는 의미, 물의 흐름에 의해 식생이 자랄 수 없는 수위

96 계간사방 설계 기본방침

1 종침식 방지공사

① 유수 충격력 약화

② 계상 저항력 증가

- 계상저항력 〉 유수충격력 → 안정

- 계상저항력 〈 유수충격력 → 침식

→ 사방댐, 골막이로 계상물매 완화, 유하물질 분산, 바닥막이로 계상의 저항력 증가, 기슭막이로 산각 고정, 계안 보호

2 횡침식 방지공사(횡단구조물과 함께)

① 수로에 평행한 기슭막이

② 유심에 직각, 상하 방향 수제

③ 급류부는 종공작물 기초보호용 바닥막이

④ 골막이, 사방댐, 바닥막이로 퇴적토사 재이동 방지

3 토석류 조절 공사, 규모 큰 사방댐, 모래막이

발생토사 조절, 생산 억제

4 난류 조절 공사

① 퇴적구역은 비정상적 시주 발달 → 난류 발생

② 국소침식, 제방 결괴, 제방 주위 세굴

→ 수제, 바닥막이 시공

5 유목 대책

유목 발생 억지공사, 유목포착공사

6 사방환경정비

토사재해방지기능 + 환경보전육성공사

7 계간사방의 목적

① 계상의 종 · 횡 침식 방지

② 유송토사의 조절

③ 토석류의 발생 억제(확폭부) 중심

97 재해위험성 검토의견서

1 서식

■ 산지관리법 시행규칙 [별지 제4호의2서식] 〈신설 2015.11.25.〉

<table>
<tr><td colspan="9" align="center">재해위험성 검토의견서</td></tr>
<tr><td rowspan="2">재해위험
조사표준지</td><td>연번</td><td></td><td colspan="4">유역면적(ha)</td><td></td><td></td></tr>
<tr><td rowspan="6">일반
현황</td><td rowspan="2">조사 및
검토자</td><td rowspan="2">소속</td><td rowspan="2"></td><td>자격
증명</td><td></td><td colspan="2">직</td><td></td></tr>
<tr><td>자격
번호</td><td></td><td>성명</td><td></td><td>(인)</td></tr>
<tr><td colspan="2">조사일자</td><td></td><td colspan="2">연 락 처</td><td colspan="3"></td></tr>
<tr><td rowspan="2">위치</td><td>행정구역</td><td colspan="6"></td></tr>
<tr><td>GPS</td><td colspan="6"></td></tr>
<tr><td rowspan="8">보호
대상</td><td rowspan="2">보호
시설</td><td>Yes</td><td>☐</td><td rowspan="2">보호
시설
개소수</td><td rowspan="2">인가</td><td>Yes</td><td>☐</td><td rowspan="2">인가수</td></tr>
<tr><td>No</td><td>☐</td><td>No</td><td>☐</td></tr>
<tr><td colspan="3">계류상부 주요보호시설(상세)</td><td colspan="5"></td></tr>
<tr><td colspan="3">계류하부 주요보호시설(상세)</td><td colspan="5"></td></tr>
<tr><td colspan="3">계류상부 인가(상세)</td><td colspan="5"></td></tr>
<tr><td colspan="3">계류하부 인가(상세)</td><td colspan="5"></td></tr>
<tr><td rowspan="2">판정표
등급</td><td colspan="4" align="center">토석류 발생 우려지역</td><td colspan="4" align="center">산사태 발생 우려지역</td></tr>
<tr><td colspan="2">점수합계</td><td colspan="2">등급</td><td colspan="2">점수합계</td><td colspan="2">등급</td></tr>
</table>

검토 의견	위험 지역 선정 사유	토석류 발생 우려지역					
		산사태 발생 우려지역					
	특이 사항						
	종합 의견						
재해방지 시설 설치의견 (전용면적 2ha 이상)	재해방지시설 설치사업 종류	Yes			□		
		No			□		
	재해방지시설 설치사업 종류	계류보전		사방댐		산지사방	
	재해방지시설 설치사업 선정사유						

② 검토서의 구성

재해위험성검토서는 재해위험성검토의견서의 근거자료로서 본문과 부록으로 구성되며, 그 내용은 다음과 같다.

[본문]
재해위험성 검토의견서(요약문)
1. 사업대상의 개요
2. 재해위험성검토 대상 지역의 설정
3. 기초현황조사
4. 재해영향 예측 및 평가
5. 예상재해 저감 대책(사방사업)
6. 검토 항목 작성 및 결론
[부록]
1. 참고자료
2. 관련 설계도면
3. 자격증 및 사업자등록증

3 서식별 검토 내용

재해위험성검토서 제출 시 작성 서식별 검토 내용은 다음과 같다.

구분	서식	검토 항목
필수	재해위험성 검토의견서	• 보호대상: 보호시설, 개소수, 인가, 인가수, 계류상·하부 주요보호시설, 계류상·하부 인가 • 판정표 등급: 산사태(토석류) 발생 우려지역 판정표 점수합계, 등급 • 검토의견: 위험지역 선정 사유(산사태/토석류 발생 우려지역), 특이사항, 종합의견 • 재해방지시설 설치 의견(전용면적 2ha 이상): 재해방지시설 설치 필요성, 재해방지시설 설치사업 종류(계류보전/사방댐/산지사방), 재해방지시설 설치사업 선정 사유
	산사태위험 판정기준표	• 경사 길이, 모암, 경사 위치, 임상, 사면형, 토심, 경사도, 조사자의 점수 보정
추가	산사태 발생 우려지역 판정표	• 보호대상, 경사 길이, 모암, 경사 위치, 임상, 사면형, 토심, 경사도, 조사자의 점수 보정
	토석류 발생 우려지역 판정표	• 보호대상, 황폐 발생원, 계류 내 전석 분포비율, 계류 상부경사, 총 계류길이, 계류 평균경사, 조사자 점수 보정

4 재해위험성 검토의 목적

산지의 전용을 수반하는 개발사업에 있어서 산지의 개발에 따른 사업대상지와 주변 지역의 산사태(토석류)에 대한 재해 위험성을 사전에 검토하고 대책을 수립함으로써 국민의 생명과 재산을 보호함을 목적으로 한다.

5 법적 근거

① 산지관리법 제14조(산지전용허가)

② 산지관리법 시행령 제15조(산지전용허가의 절차 및 심사)

③ 산지관리법 시행규칙 제10조(산지전용허가의 신청 등)의 10

④ 산림자원의 조성 및 관리에 관한 법률 시행령」 제30조 제1항에 따른 산림공학기술자가 조사·작성한 별지 제4호의 2서식에 따른 재해위험성 검토의견서 제출

6 대상사업의 규모

산지전용허가를 받으려는 산지의 면적이 2만㎡ 이상인 경우

7 검토 주체

산림공학기술자「산림자원의 조성 및 관리에 관한 법률 시행령」제30조의 별표 2

8 검토 방법

재해위험성검토 중 산사태(토석류) 위험성 평가는 다음의 방법으로 실시한다.

1) 다음의 구분에 따라 산사태위험판정조사 대상 지역(수평투영면적을 기준으로 100㎡ 이상이어야 한다)을 선정하여 산지관리법 시행규칙 제5조, 제28조의2의 규정에 의한 별표 1의2의 산사태위험판정기준표에 따른 조사를 실시한다.

　① 전용하려는 산지의 면적이 2만㎡인 경우: 4개소

　② 전용하려는 산지의 면적이 2만㎡를 초과하는 경우: 4곳에 그 초과면적 5만㎡마다 2개소를 추가

2) 다음의 구분에 따라 산사태위험판정조사 대상 지역과 그 주변 사면 및 계곡을 포함하는 지역을 재해위험조사표준지로 선정하여「산림보호법」제45조의7 및 같은 법 시행규칙 제37조의2에 따른 산사태 발생 우려지역에 대한 조사 방법에 따라 조사를 실시한다. 이 경우 가목에 따른 산사태위험판정조사 결과 산사태위험도가 높은 지역 순서대로 재해위험조사표준지를 선정하여야 한다.

　① 전용하려는 산지의 면적이 2만㎡인 경우: 2개소

　② 전용하려는 산지의 면적이 2만㎡를 초과하는 경우: 2곳에 그 초과면적 5만㎡마다 1개소를 추가

3) 2)에 따른 조사재해위험조사표준지 중 사면에 대해서는 산사태 취약 여부를, 계곡에 대해서는 토석류 취약 여부를 추가로 조사하여야 한다.

　① 산사태 취약 여부: 산사태 취약 여부는 2)에 따라 산사태 위험도가 높은 순서대로 선정한 재해위험조사표준지 사면에서 실시한다.

　② 토석류 취약 여부: 최근 우리나라의 산지토사재해는 대부분 산사태로 시작된 후 계곡을 통해 토석류로 전이되어 발생하는 양상을 보이고 있다. 또한, 유역은 지표에 도달한 강수가 집수되어 유출되는 구역으로서 그 면적과 강우량에 따라 하류에 직·간접적인 영향을 미칠 수 있다. 따라서 재해위험성검토 대상 지역과 인접하는 모든 계곡에 대해서 유역 단위로 구분하여 토석류 취약 여부를 조사한다. 이때 하나의 계곡(유역)에 대한 토석류 취약 여부는 상·중·하류의 조사 결과를 토대로 판정한다.

9 재해위험성 검토 행정절차

협의 대상	산지관리법 시행규칙 제10조에 따른 산지면적 2만㎡ 이상의 산지전용
협의 시기	산지전용 허가(협의) 전
제출 서류	「재해위험성 검토의견서」를 포함한 검토서
승인권자	산림청장 등(산지관리법 제14조 규정에 의한 허가권자)
협의권자	개인, 소관부서

10 재해위험성 검토 항목과 내용

검토 항목	검토 내용
개발계획과 지형·주변 여건에 따른 재해위험요인 현황조사	1. 개발사업에 편입되는 산지의 전용면적 2. 기상, 지형(경사, 표고), 지질, 토질, 임상, 토지이용계획, 사방시설(기설 또는 계획), 재해이력 등
보호대상 시설의 입지 여부	1. 보호대상시설의 입지 여부 및 현황 2. 계류 상·하부의 주요 보호시설 및 인가 현황(상세) 3. 사면 상·하부의 주요 보호시설 및 인가 현황(상세)
산사태 발생 위험성	1. 개발사업 전·후의 시설물 주변 산사태위험등급도 2. 산사태 발생우려지역 판정표에 의한 조사 및 결과 종합 　– 경사 길이, 모암, 경사 위치, 임상, 사면형, 토심, 경사도 3. 개발사업에 의한 하류 보호대상시설물과 신규 시설물의 피해 위험성
토석류 발생 위험성	1. 계류 주변 사면의 산사태 발생 위험성, 계류 내 위험요소(전석 비율, 경사 등) 2. 토석류 발생우려지역 판정표에 의한 조사 및 결과 종합 　– 황폐 발생원, 전석 분포, 상부 경사, 계류 길이, 평균 경사 3. 개발사업에 의한 하류 보호대상시설물과 신규 시설물의 피해 위험성
재해방지시설의 검토 여부	1. 재해방지시설의 설치 필요성 검토 여부 2. 재해방지시설 설치사업의 종류(계류 보전, 사방댐, 산지사방) 3. 재해방지시설 설치사업의 선정 사유

11 산지토사재해 유형별 발생요인

산사태 재해

- ㅇ산사태 위험이 있는 산지사면(자연사면)에 인접함으로써 피해 발생 가능
- ㅇ절 · 성토사면(인공사면)의 발생으로 인한 사면침식과 붕괴 발생 가능

토석류 재해

- ㅇ산사태 발생 후 계류에서 유수와 섞여 유하하여 토석류 피해 발생 가능
- ㅇ급경사 구간의 하상퇴적물이 집중호우 시 유출됨으로써 피해 발생 가능

재해유형별 저감 대책 수립(사방사업법 제3조에 의한 구분에 준함)

〈산사태 예방〉

▶ 산지사방사업

- ㅇ산사태 예방사업
  - 산사태 발생 방지
  - 지표수배제공사, 지하수배제공사, 토압처리공사, 암괴처리공사
- ㅇ산지보전사업
  - 산지의 붕괴 · 침식 또는 토석 유출 방지
  - 기초공사(비탈다듬기, 단끊기, 땅속흙막이, 산비탈 흙막이, 누구막이, 산복수로공, 속도랑배수구, 골막이)
  - 녹화공사(바자얽기, 선떼붙이기, 단쌓기, 조공, 줄떼다지기, 평떼붙이기, 등고선구공법, 비탈덮기, 새심기, 씨뿌리기, 나무심기)

〈토석류 예방〉

▶ 야계사방사업

- ㅇ사방댐 설치사업
  - 침식 방지, 토석류 차단 등
  - 불투과형(중력식콘크리트), 투과형(슬릿트 등)
- ㅇ계류보전사업
  - 유속 완화, 토석류 차단 등
  - 골막이, 기슭막이, 바닥막이, 수제 등

Chapter

05

산지 복구 및 복원

핵심 01 산림복원 기본원칙

● 산림자원법 4장 1절 42조~51조

1 산림복원 기본원칙

산림복원은 다음 각호의 기본원칙에 따라야 한다.

① 산림생태계가 모든 국민의 자산으로서 공익에 적합하게 보전 · 관리되고 지속 가능한 이용이 이루어지도록 한다.

② 산림 내 생물이 생태적으로 보호되고 산림생물 다양성이 유지 · 증진될 수 있도록 한다.

③ 산림 내 서식공간 및 기능이 확보되도록 지형 · 입지에 적합한 자생식물 · 자연 재료를 사용하여 식생을 복원한다.

④ 산림 내 생태계 균형이 파괴되거나 그 가치가 낮아지지 않도록 한다.

⑤ 산림복원 시 계획, 모니터링, 평가의 유기적 연계를 강화한다.

2 산림생물 다양성의 보전

① 산림청장은 산림생물 다양성의 보전 및 지속 가능한 이용 등을 위하여 산림생물 다양성 기본계획을 수립 · 시행하여야 한다.

② 산림청장과 지방자치단체의 장은 관할 지역 산림의 산림생물 다양성의 보전 · 관리를 위하여 생태숲 · 수목원 조성 등 대통령령으로 정하는 사업을 하도록 노력하여야 한다.

3 산림복원 기본계획

① 산림청장은 산림복원을 효율적으로 추진하기 위하여 산림복원 기본계획을 10년마다 수립 · 시행하여야 한다.

② 기본계획에는 다음 각호의 사항이 포함되어야 한다.

   ㉠ 산림복원의 기본 목표 및 추진 방향

   ㉡ 산림복원의 촉진을 위한 시책

   ㉢ 산림복원 대상지, 산림복원사업 및 사후관리에 관한 사항

   ㉣ 산림복원에 관한 정보관리에 관한 사항

ⓜ 산림복원 기술인력의 육성에 관한 사항

ⓑ 산림복원 기술의 국제교류에 관한 사항

ⓢ 그밖에 산림복원의 증진에 관한 사항

③ 산림청장은 산림복원의 여건 및 경제 사정 등의 현저한 변경이 있는 경우에는 기본계획을 변경할 수 있다.

④ 산림청장은 기본계획을 수립하거나 변경하려면 미리 관계 중앙행정기관의 장과 지방자치단체의 장의 의견을 들어야 한다.

4 기본계획 심의

산림복원에 관한 다음 각호의 사항은 산지관리법에 따른 중앙산지관리위원회의 심의를 받아야 한다.

① 기본계획(변경계획을 포함한다)의 수립에 관한 사항

② 시행계획의 수립에 관한 사항

③ 대규모 훼손지 및 대형산불피해지 복원계획에 관한 사항

④ 그밖에 산림복원과 관련하여 산림청장이 필요하다고 인정하여 중앙산지관리위원회의 심의에 부치는 사항

5 기타 관련 사항

① 복원 대상지 실태조사

② 복원사업의 타당성 평가

③ 복원사업의 계획 및 시행 → 국가 부담 원칙, 원인자 부담 적용

④ 모니터링 → 10년 이상 실시

⑤ 복원의 재료

⑥ 산림복원지원센터

산림복원사업 타당성 평가

● 산림복원사업 타당성 평가 세부기준 고시 [시행 2021. 9. 10.] [산림청고시 제2021-109호]

1 정의 · 개념

① 산림복원이란 자연적 · 인위적으로 훼손된 산림의 생태계 및 생물 다양성이 원래의 상태에 가깝게 유지 · 증진될 수 있도록 그 구조와 기능을 회복시키는 것을 말한다(산림자원법).

② "산림복원사업"이란 자연적 · 인위적으로 훼손된 산림의 생태계 및 생물 다양성이 원래의 상태에 가깝게 유지 · 증진될 수 있도록 그 구조와 기능을 회복시키는 사업을 말한다.

③ "타당성 평가"란 산림복원사업(이하 "복원사업"이라 한다)의 필요성 · 적합성 · 환경성 등 타당성을 종합적으로 평가하여 복원사업 필요 여부를 결정하고 복원사업 대상지의 기초자료를 제공하는 것을 말한다.

2 산림복원 대상지 실태조사 내용

타탕성 평가 대상지는 실태조사 결과를 반영하여 우선순위에 따라 한다.

① 실태조사의 내용은 다음 각호와 같다.
- ㉠ 훼손된 산림의 위치 · 면적, 지형 등 현황
- ㉡ 훼손된 산림 인근의 주택 · 농경지 · 공장 현황 등 주변 여건
- ㉢ 산림의 훼손 원인 · 유형 · 정도
- ㉣ 산림복원의 필요성 여부

② 실태조사는 매년 1회 실시하되, 지방자치단체의 장 및 지방산림청장이 시행계획 및 지역계획을 효율적으로 수립 · 시행하기 위하여 필요한 경우에는 수시로 실시할 수 있다.

③ 실태조사의 방법은 현장조사를 원칙으로 하되, 다음 각호의 조사 방법을 병행하여 실시할 수 있다.
- ㉠ 산림 현황 자료 등을 통한 서면조사(정보통신망 등 전자적 방식을 포함한다)
- ㉡ 무인비행장치 · 항공기를 이용한 항공탐사
- ㉢ 인공위성 등을 이용한 원격탐사

④ 지방자치단체의 장 및 지방산림청장은 매년 12월 31일까지 농림축산식품부령으로 정하는 바에 따라 실태조사 결과를 산림청장에게 보고해야 한다.

3 타당성 평가의 시행

타당성 평가는 복원사업을 시행하기 1년 전에 실시한다. 다만, 복원사업이 시급하다고 인정되는 다음 각호의 경우에는 복원사업 시행년도에 실시할 수 있다.

① 「산림보호법」에 따른 산림보호구역 등 법정 보호 · 보존지역 내 사업을 실시하는 경우

② 통제(제한)보호구역 등으로 사업기간 동안 한시적 출입이 허용되는 경우

③ 훼손지가 지속적으로 확대되고 있거나 국민의 생명 및 재산 등 2차 피해가 예상되어 사업이 시급한 경우

④ 기타 국가 주요 시책, 국제회의 등 대규모 행사와 관련 긴급히 복원이 필요한 경우

4 타당성 평가 조사 항목

타당성 평가 조사 항목은 다음 각호와 같다.

① 훼손 현황: 타당성 평가 대상지의 훼손 원인 및 식생 · 토양 · 경관 등의 훼손 정도 조사

② 주변 환경: 타당성 평가 대상 지역과 대상지 경계로부터 1km 이내 지역의 개발 및 보존 현황 조사

③ 기반 환경: 타당성 평가 대상지 내 지형, 토양, 계류(溪流), 습원 등 조사

④ 생태계 현황: 타당성 평가 대상 지역 및 인근 지역 산림 현황, 동 · 식물 현황, 참조생태계 등 조사

5 타당성 평가 결과보고

① 타당성 평가 결과보고서는 "타당성 평가 조사결과"를 바탕으로 복원사업의 가능 여부와 사업 규모를 파악하고, 복원사업의 시급성 및 효과성을 검토하여 타당성 여부를 명시하여야 하며, 작성 목록 및 경과보고서를 작성한다.

② 결과보고서 작성 시 목표 종 등 복원사업의 방향성을 제시한다.

③ 사업 시행자는 타당성 평가의 전문성 확보 및 품질 향상을 위해 복원사업의 타당성 평가 결과보고서를 확정하기 전 산림복원지원센터의 검토 의견을 들을 수 있다.

④ 산림복원지원센터는 사업 시행자로부디 "검토 요청"이 있을 경우 "검토 의견서"를 사업 시행자에게 제출하여야 하며, 현장 사진 및 동영상 등 검토에 필요한 자료를 요청할 수 있다.

타당성 평가 조사 방법

● 산림복원사업 타당성 평가 세부기준 고시 [시행 2021. 9. 10.] [별표 1]

1 훼손 현황

1) 훼손 원인

① 인위적 원인

- 인간에 의하여 실시되는 개발 및 위법행위 등으로 발생한다.
- 종류: 산지 개발(도로 · 주택 · 공장 · 채광 · 채석지 등), 위법행위(벌채 · 굴취 · 굴착 등), 산불, 가축 방목 등

② 자연적 원인

- 자연현상이 훼손 원인으로 작용하여 영향을 끼친 경우
- 종류: 재해(산사태, 태풍, 집중호우, 가뭄, 강풍 등), 기후변화 등

2) 훼손 정도

① 식생의 훼손: 식생의 상해(傷害), 병충해 등 피해 및 유해종 침입 여부 조사

② 지형의 훼손: 지형의 변형, 수계의 변화, 토양의 침식 · 유출 · 붕괴 · 답압 및 위험 정도

　㉠ 사전조사

　　- 타당성 평가 대상지 내 산사태 위험등급 1,2 등급지 검토
　　- 산림공간정보서비스 산사태정보시스템 산사태위험지도 활용

　㉡ 현장조사

　　- 타당성 평가 대상지 내 토양의 침식 · 유출 · 붕괴 · 답압 정도 조사
　　- 「산림보호법 시행규칙」 제37조의2제4항 관련 산림청지침 「산사태발생 우려지역 조사 및 취약지역 지정 · 관리 지침」의 산사태 · 토석류 발생 우려지역 판정표에 따라 위험 정도 판정

③ 훼손 면적

　㉠ 항공영상의 시계열분석을 통해 훼손지 면적 추출

　㉡ 추출된 훼손지 면적의 정확도 검증이 필요한 경우 GNSS(위성측위시스템)를 활용하여 현장측량 실시

④ 경관의 훼손

    ㉠ 타당성 평가 대상지 내 경관으로서 가치가 있는 자원 조사

    ㉡ 타당성 평가 대상지가 한눈에 들어오고 이용밀도가 높은 지점(능선, 도심, 도로, 해안, 탐방로, 주요 경관자원 등)을 조망점으로 선정한 후 별지 제4호 서식에 따라 조사

      – 조망점은 대상지 전체가 잘 보이는 지점 1개소를 포함하여 최소 5개소를 선정

      – 소규모 훼손지, 계곡 등 대상지 특성상 외부에서 조망되지 않는 경우 생략 가능

    ㉢ 경관 특성을 나타낼 수 있는 근경, 중경, 원경 사진촬영

2 주변 환경

1) 주변 개발 및 보존 현황

① 타당성 평가 대상지 경계로부터 1km 이내 지역의 토지 개발 및 보존 현황(도로 · 주택 · 농경지 · 공장 등)

    ㉠ 항공영상의 시계열분석을 통해 주변 개발 여부 확인

    ㉡ 타당성 평가 대상지 주변 보호 · 보존 등 법정 지정 현황 확인

      – 용도지역:「국토의 계획 및 이용에 관한 법률」제36조

      – 개발제한구역:「국토의 계획 및 이용에 관한 법률」제38조

      – 산림보호구역:「산림보호법」제7조

      – 생태 · 경관보전지역:「자연환경보전법」제12조

② 편입산지 구분

    ㉠ 소유 구분: 국유산지, 공유산지, 사유산지

    ㉡ 이용 구분: 보전산지(임업용, 공익용), 준보전산지

2) 인문 · 사회학적 가치

① 인구 및 이용권: 타당성 평가 대상지 주변 인구분포 현황, 지리 · 교통적 여건 및 활용성 검토

② 지역사회에 미치는 영향: 산림훼손지 및 복원사업으로 인해 지역사회에 미치는 환경적 · 경제적 · 사회적 영향 검토

    ㉠ 지역주민의 안전과 재산에 미치는 영향

    ㉡ 농업 · 임업 · 축산업 등 지역산업과의 연계성

    ㉢ 지역주민 및 관계기관의 수요 정도, 공감대, 이해관계 등

③ 역사 · 문화적 시설: 타당성 평가 대상지 및 주변에 위치한 법정문화재, 사찰, 기념물, 상징물, 천연기념물, 보호수 · 노거수 등 법적 또는 제도적인 규정에 의해 지정 · 관리되는 역사 · 문화적 대상물 조사

④ 인문·사회학적 가치는 타당성 평가 대상지가 소재하는 읍·면·동 지역을 기준으로 하고, 읍·면·동 경계에 있는 경우 연접 지역을 모두 포함하여 조사

3 기반 환경

1) 지형 현황

① 방위: 수치지형도에 공간분석 프로그램을 이용하여 타당성 평가 대상지 내 모든 사면의 8방위 분석

② 경사도: 수치지형도에 공간분석 프로그램을 이용하여 평균경사도 분석
  – 「산지관리법 시행규칙」 별표 1의3 비고2 참조

③ 표고: 수치지형도에 공간분석 프로그램을 이용하여 최저, 최고, 평균표고 분석

2) 토양 현황

① 물리적 성질

㉠ 사전조사: 산림공간정보서비스 산림입지토양도 등을 활용하여 지형, 모암, 토성, 토양형, 토양배수 등 사전 검토

㉡ 토성: 토성 구분은 촉감에 의해 현지에서 판단한다. 입도분석을 실시할 경우에는 미국 농무성 토성 분류에 따른다.

구분	기호	촉감
사질양토	SL	1/3~2/3의 모래 성분이 느껴짐
양토	L	모래 성분이 1/3 이하로 느껴짐
미사질양토	SiL	모래 성분은 거의 없고 끈적임이 없는 고운 모래가 대부분
미사질식양토	SiCL	모래 성분이 약간 있고 끈적임이 많이 느껴짐
사질식양토	SCL	모래 성분이 많고 끈적임이 느껴짐
식양토	CL	끈적임이 많은 점토로 고운 모래 기운이 느껴짐
양질사토	LS	거의 모래 성분만 거칠게 느껴짐
사토	S	거의 모래 성분만 거칠게 느껴짐

☞ 산림입지토양도(1:5,000) 제작 표준매뉴얼(국립산림과학원, 2011)

㉢ 토양형: 산림입지토양도(1:5,000) 제작 표준매뉴얼(국립산림과학원, 2011)의 "산림토양형 분류표"에 따라 8개 토양군, 11개 토양아군, 28개 토양형으로 구분한다.

㉣ 유기물층 및 토심
  – 유기물층: 30cm×30cm 크기의 정방형구 내 모든 유기물(낙엽, 직경 5cm 이하 낙지 포함)을 낙엽층(L층)과 분해(F층)/부식층(H층)으로 구분 조사한다.

- 토심: 타당성 평가 대상지 내 토양단면 파악이 용이한 곳에서 조사하는 것을 원칙으로 하되, 붕괴지·절개지가 있는 경우에는 붕괴지의 암반 노출 부분까지의 깊이를 측정하거나, 절개지의 단면을 조사하여 표층토에서 하층토까지의 층위를 구분하고 깊이를 cm 단위로 기록한다. 단, 토양단면 파악이 용이하지 않는 경우 산림입지도를 활용한다.

㉫ 토양건습도: 탁구공 크기 정도의 토양을 2~3회 움켜쥐어 수분의 감촉으로 판단한다.

구분	기준	출현지형(참고)
건조	수분이 거의 느껴지지 않음	산꼭대기, 능선부
약건	손바닥에 습기가 약간 묻을 정도	산비탈, 경사면
적윤	손바닥에 물기 감촉이 뚜렷함	계곡, 평탄지, 산기슭
약습	손가락 사이에 물기가 약간 비침	경사가 완만한 계곡·평탄지
습	손가락 사이에 물방울이 맺힘	凹지형, 지하수위 높은 곳

☞ 산림입지토양도(1:5,000)제작 표준매뉴얼(국립산림과학원, 2011)

㉭ 토양견밀도: 토양의 단단한 정도로 견밀도 측정기를 이용하여 5반복 이상 측정한 평균값 사용

구분	측정값(kg/㎠)	토양입자의 결합력
심송	< 0.5	큰 공극으로 구성되어 있어 결합력 낮음
송	0.5~1	매우 연하여 잘 부서짐
연	1~1.5	비교적 단단하여 손으로 눌러야 부서짐
견	1.5~2.5	단단하여 힘을 가해야 부서짐
강견	> 2.5	매우 단단하여 상당한 힘을 가해야 부서짐

☞ 산림토양탄소 조사·분석 표준매뉴얼(국립산림과학원, 2007)

② **화학적 성질**

㉠ 토양분석: 토양의 정밀한 화학적 성질을 파악하기 위해서는 시료를 채취하여 다음의 토양분석 기관에 분석을 의뢰한다.

- 토양분석 기관
  - 「국가표준기본법」 제23조에 의한 「공인기관 인정제도 운영요령」에 따라 인정을 획득한 공인시험기관
  - 「임업 및 산촌 진흥촉진에 관한 법률」 제18조의2에 의한 전문기관
  - 「토양환경보전법」 제23조의2에 의해 토양관련전문기관으로 지정받은 대학
  - 「농촌진흥법」 제3조에 의한 광역자치단체 직속 지방농촌진흥기관
- 분석항목: 유기물, 양이온치환용량, 산도, 전질소, 유효인산 등

– 시료채취 방법

· 1ha당 2~3개의 조사점을 선정하되, 대상지 특성상 분산되어 있거나 지형이 급변하는 곳은 조사점을 추가한다.

· 조사점 별로 깊이 30cm가 되도록 수직으로 토양단면을 만들고 뿌리 등을 제거한 후 10cm 깊이로 나누어 채취한다. 단, 깊이가 30cm 이하일 경우에는 B층 최하단 깊이까지만 채취한다.

· 1ha의 조사점(2~3개)에서 채취한 시료를 골고루 혼합하여 하나의 분석시료를 만든다. 다만, 추가 조사점 등 분리하여 분석이 필요한 경우에는 별도로 분석한다.

– 분석 시료수

구분	타당성 평가 대상지	참조생태계
화학적 성질	ha당 1개	1개

· 대면적, 소규모 분산, 지형이 급변하는 곳 등은 추가로 채취 · 분석할 수 있다.

· 토양층위 및 토심별 분리하여 분석이 필요하다고 판단되는 경우 시료별로 분석한다.

③ 토양오염의 확인

㉠ 「토양지하수정보시스템」을 통해 타당성 평가 대상지에 대한 토양오염 유무 및 토양오염관리대상시설과의 관계 등을 확인한다.

㉡ 타당성 평가 대상지가 채광 · 채석지 및 토양오염관리대상시설과 연접하는 등 토양오염이 의심되는 경우에는 「토양환경보전법」에 따른 토양정밀조사를 실시한다.

3) 계류(溪流) 및 습원 현황

① 계류(溪流) 현황

㉠ 사전조사

– 수치지형도(1:5,000) 등 활용하여 계류 및 습원 현황 사전 검토

㉡ 현장조사

– 길이: 타당성 평가 대상지 내 주계류를 대상으로 최하단부터 최상단까지의 길이

– 폭: 주계류의 최하단부, 중간부, 최상단부 폭 측정

– 유수현황: 계류의 안정 · 침식 · 퇴적 · 유로 변화 등 조사

② 습원 현황

습원의 현황(유 · 무, 유입 · 출구, 저수량, 수질 등) 및 훼손 여부 조사

③ 부유토사 및 부영양화

부유토사 및 부영양화 발생, 폐광 유출수 유입 여부 조사

㉠ 부유토사: 바닥에 가라앉지 않고 수중에 떠서 흐르는 토사

ⓛ 부영양화: 질소와 인과 같은 영양물질이 증가하여 조류가 급속히 증식하는 현상

4 생태계 현황

1) 식생 현황

① 타당성 평가 대상지 및 주변의 식생을 조사

　　㉠ 항목: 식생조사 · 분석

　　ⓛ 방법: 타당성 평가 대상지는 표준지 조사를 실시하고, 주변 식물상은 별도로 조사하되 기존 조사 자료가 있는 경우 활용 가능

2) 산림 현황

① 산림공간정보서비스 임상도를 활용하여 타당성 평가 대상지 및 인근산림 임종 · 임상 · 영급 · 소밀도 등 검토

② 타당성 평가 대상지 및 인근산림의 입목 현황(수종, 입목축적 등)에 대한 기존 조사결과(국가산림자원조사, 경영정보시스템 등) 자료를 활용

3) 동 · 식물 현황

① 타당성 평가 대상지 주변 생물종 및 법정 보호 · 보존지역 현황 파악

　　㉠ 산림유전자원 보호구역(「산림보호법」 제7조제1항제5호)

　　ⓛ 야생생물 특별보호구역(「야생생물 보호 및 관리에 관한 법률」 제27조)

　　ⓒ 멸종위기 야생생물(「야생생물 보호 및 관리에 관한 법률 시행규칙」 별표1)

　　ⓔ 특별산림보호대상종(「산림보호법」 제18조의2 관련 산림청 고시)

　　ⓜ 희귀식물(「수목원 · 정원의 조성 및 진흥에 관한 법률 시행규칙」 별표 1의3)

　　ⓗ 특산식물(「수목원 · 정원의 조성 및 진흥에 관한 법률 시행규칙」 별표 1의4)

　　ⓢ 외래식물(「국가외래식물목록」, 국립수목원) 현황

4) 참조생태계

① 산림복원사업의 목표 및 모델이 될 수 있는 곳으로 산림생태계의 건강성이 뛰어난 곳을 선정하여 다음의 내용을 조사한다.

　　㉠ 항목: 대상지 개황, 토양의 물리적 · 화학적 성질, 산림 · 식생 현황, 동 · 식물상 등

　　ⓛ 범위: 산림복원대상지의 인근산림. 단, 인근 산림 훼손지의 영향을 받거나 일부 훼손된 경우, 또는 복원의 목표 및 모델로서 활용이 어려운 경우에는 다른 장소를 택한다.

　　ⓒ 조사구: 모니터링 등 향후 비교 · 분석을 위해 고정 조사구를 설치하고, 조사구 면적은 산림청 고시 「산림복원지 사후 모니터링 세부기준 등 고시」 별표 1을 따른다.

　　ⓔ 활용: 타당성 평가 및 사후 모니터링 시 변화 추이를 비교 · 분석할 대상지 등으로 이용된다.

핵심 04

타당성 평가 조사 방법(요약)

1 훼손 현황

훼손 원인	인위적 원인: 산지 개발, 위법행위(벌채, 굴취 등), 산불, 가축 방목 등
	자연적 원인: 산사태, 태풍, 가뭄, 기후변화 등
훼손 정도	식생 훼손: 병충해, 유해종 침입 여부 조사
	지형 훼손: 침식, 유출, 붕괴 등
	훼손 면적: 항공영상 및 GNSS 측량을 통한 면적 추출
	경관 훼손: 경관자원 조사 및 조망점 사진 촬영

2 주변 현황

주변 개발 및 보존 현황	개발 현황: 도로, 주택, 농경지, 공장 등
	보존 현황: 국토계획법, 산림보호법에 따른 보호구역 및 보전지역
인문 · 사회학적 가치	인구 및 이용권: 대상지 주변 인구분포 및 교통 여건 조사
	지역사회 영향: 환경적, 경제적, 사회적 영향 분석
	역사 · 문화적 시설: 법적 문화재, 보호수 등 조사

3 기반환경

지형 현황	방위: 8방위 분석
	경사도: 평균경사도 분석
	표고: 최저, 최고, 평균 표고 분석
토양 현황	물리적 성질: 사전 조사 및 토성 구분
	토양형: 산림토양형 분류표에 따라 28개 토양형 구분
	토심: 토양층 구분 및 깊이 측정
	토양 건습도: 건조~습 상태 평가
	토양 견밀도: 토양의 단단함 측정
화학적 성질	토양 분석: 정밀 화학적 성질 분석 → 토양오염의 확인

① 식생 현황: 조사 대상지의 주요 식생 파악 및 분포 조사

② 산림현황: 임상, 임종 등 임황 및 임목 현황조사

③ 동물상 현황: 서식 동물, 보호종 및 멸종위기종 여부 조사

④ 참조생태계: 인근 및 현지의 대상지 현황 등 조사

핵심 05 산림복원용 자생식물

● 산림복원용 자생식물 및 자연 재료의 공급 등에 관한 고시 [시행 2020. 9. 7.] [산림청고시 제 2020-55호,] [별표 1]

1 목본류

과명	종명
소나무과	구상나무 *Abies koreana E. H. Wilson*
	분비나무 *Abies nephrolepis (Trautv. ex Maxim.) Maxim.*
	소나무 *Pinus densiflora Siebold & Zucc.*
	잣나무 *Pinus koraiensis Siebold & Zucc.*
	곰솔 *Pinus thunbergii Parl.*
측백나무과	노간주나무 *Juniperus rigida Siebold & Zucc.*
가래나무과	굴피나무 *Platycarya strobilacea Siebold & Zucc.*
버드나무과	버드나무 *Salix pierotii Miq.*
자작나무과	거제수나무 *Betula costata Trautv.*
	박달나무 *Betula schmidtii Regel*
	서어나무 *Carpinus laxiflora (Siebold & Zucc.) Blume*
	개서어나무 *Carpinus tschonoskii (Siebold & Zucc.) Maxim.*
	소사나무 *Carpinus turczaninowii Hance*
	난티잎개암나무 *Corylus heterophylla Fisch. ex Trautv.*
참나무과	구실잣밤나무 *Castanopsis sieboldii (Makino) Hatus.*
	너도밤나무 *Fagus multinervis Nakai*
	붉가시나무 *Quercus acuta Thunb.*
	상수리나무 *Quercus acutissima Carruth.*
	떡갈나무 *Quercus dentata Thunb.*
	신갈나무 *Quercus mongolica Fisch. ex Ledeb.*

과명	종명
참나무과	졸참나무 *Quercus serrata Murray*
	굴참나무 *Quercus variabilis Blume*
	종가시나무 *Quercus glauca Thunb.*
	참가시나무 *Quercus salicina Blume*
느릅나무과	팽나무 *Celtis sinensis Pers.*
	느티나무 *Zelkova serrata (Thunb.) Makino*
목련과	함박꽃나무 *Magnolia sieboldii K.Koch*
녹나무과	생달나무 *Cinnamomum yabunikkei H.Ohba*
	비목나무 *Lindera erythrocarpa Makino*
	생강나무 *Lindera obtusiloba Blume*
	후박나무 *Machilus thunbergii Siebold & Zucc. ex Meisn.*
	참식나무 *Neolitsea sericea (Blume) Koidz.*
차나무과	동백나무 *Camellia japonica L.*
	사스레피나무 *Eurya japonica Thunb.*
수국과	말발도리 *Deutzia parviflora Bunge*
	고광나무 *Philadelphus schrenkii Rupr.*
돈나무과	돈나무 *Pittosporum tobira (Thunb.) W.T.Aiton*
장미과	윤노리나무 *Photinia villosa (Thunb.) DC.*
	다정큼나무 *Rhaphiolepis indica (L.) Lindl. ex Ker var. umbellata (Thunb. ex Murray) H.Ohashi*
	병아리꽃나무 *Rhodotypos scandens (Thunb.) Makino*
	찔레꽃 *Rosa multiflora Thunb.*
	팥배나무 *Sorbus alnifolia (Siebold & Zucc.) K.Koch*
	국수나무 *Stephanandra incisa (Thunb.) Zabel*
콩과	싸리 *Lespedeza bicolor Turcz.*
	참싸리 *Lespedeza cyrtobotrya Miq.*
	조록싸리 *Lespedeza maximowiczii C.K.Schneid.*
대극과	예덕나무 *Mallotus japonicus (L.f.) Müll.Arg.*
굴거리나무과	굴거리나무 *Daphniphyllum macropodum Miq.*
옻나무과	붉나무 *Rhus chinensis Mill.*
	개옻나무 *Toxicodendron trichocarpum (Miq.) Kuntze*

과명	종명
단풍나무과	고로쇠나무 *Acer pictum Thunb. var. mono (Maxim.) Maxim. ex Franch.*
	당단풍나무 *Acer pseudosieboldianum (Pax) Kom.*
무환자나무과	모감주나무 *Koelreuteria paniculata Laxm.*
나도밤나무과	합다리나무 *Meliosma pinnata (Roxb.) Maxim. var. oldhamii (Miq. ex Maxim.) Beusekom*
감탕나무과	먼나무 *Ilex rotunda Thunb.*
노박덩굴과	사철나무 *Euonymus japonicus Thunb.*
고추나무과	말오줌때 *Euscaphis japonica (Thunb.) Kanitz*
피나무과	장구밥나무 *Grewia biloba G. Don*
	피나무 *Tilia amurensis Rupr.*
층층나무과	층층나무 *Cornus controversa Hemsl.*
	산딸나무 *Cornus kousa F. Buerger ex Hance*
두릅나무과	음나무 *Kalopanax septemlobus (Thunb.) Koidz.*
진달래과	진달래 *Rhododendron mucronulatum Turcz.*
	산철쭉 *Rhododendron yedoense Maxim. f. poukhanense (H. Lév.) Sugim. ex T. Yamaz.*
	정금나무 *Vaccinium oldhamii Miq.*
때죽나무과	때죽나무 *Styrax japonicus Siebold & Zucc.*
	쪽동백나무 *Styrax obassis Siebold & Zucc.*
노린재나무과	노린재나무 *Symplocos sawafutagi Nagam.*
물푸레나무과	물푸레나무 *Fraxinus rhynchophylla Hance*
	광나무 *Ligustrum japonicum Thunb.*
마편초과	순비기나무 *Vitex rotundifolia L. f.*
인동과	덜꿩나무 *Viburnum erosum Thunb.*
	아왜나무 *Viburnum odoratissimum Ker Gawl. ex Rümpler var. awabuki (K. Koch) Zabel*
	병꽃나무 *Weigela subsessilis (Nakai) L. H. Bailey*

2 초본류

과명	종명
장미과	산오이풀 *Sanguisorba hakusanensis Makino var. coreana H.Hara*
콩과	비수리 *Lespedeza cuneata (Dum. Cours.) G.Don*
메꽃과	갯메꽃 *Calystegia soldanella (L.) R.Br.*
꿀풀과	산박하 *Isodon inflexus (Thunb.) Kudô*
국화과	단풍취 *Ainsliaea acerifolia Sch. Bip.*
	해국 *Aster spathulifolius Maxim.*
	쑥부쟁이 *Aster yomena (Kitam.) Honda*
	산국 *Chrysanthemum boreale (Makino) Makino*
	구절초 *Chrysanthemum zawadskii Herbich var. latilobum (Maxim.) Kitam.*
	엉겅퀴 *Cirsium japonicum Fisch. ex DC. var. maackii (Maxim.) Matsum.*
백합과	애기나리 *Disporum smilacinum A. Gray*
벼과	새 *Arundinella hirta (Thunb.) Tanaka var. ciliata (Thunb.) Koidz.*
	개솔새 *Cymbopogon goeringii (Steud.) A. Camus*
	갯보리 *Elymus dahuricus Turcz. ex Griseb.*
	띠 *Imperata cylindrica (L.) Raeusch.*
	억새 *Miscanthus sinensis Andersson var. purpurascens (Andersson) Matsum.*
	잔디 *Zoysia japonica Steud.*
사초과	가는잎그늘사초 *Carex humilis Leyss. var. nana (H.Lév. & Vaniot) Ohwi*
	통보리사초 *Carex kobomugi Ohwi*
	대시초 *Carex siderosticta Hance*

산림복원 업무처리 지침

1 제정 배경

① **지난 40년간 치산녹화의 성공(그러나 생물 다양성 증진, 온전성 · 건강성 회복은 미흡)**

- 지구온난화로 기상이변이 발생하여 숲의 건강성 저하

- 산림재해 발생에 취약한 산림 구조

- 산림생물의 서식환경 악화 → 생물종 감소

② **산림의 불법 훼손**

- 산림에 대한 인위적 피해의 증가

③ **산림보전에 대한**

- 국민적 관심의 증대와 국제적 시각의 변화

- 산림복구(재해방지) → 산림복원(지속 가능한 보전)

- 국제협약: UNFCCC → 산림의 전용, 토지 사용의 변경 감시, REDD+, LULUCF

  UNCBD → 생물유전자원 확보를 위한 국제경쟁 가속화

  UNCCD → 산림의 황폐화 방지

④ **훼손된 산림의 복원 필요**

- 산림복구만으로는 불충분

- 생물 다양성 증진, 온전성 · 건강성 회복

- 경관의 유지

  → 산림의 지속 가능한 보전

2 산림복원의 개념

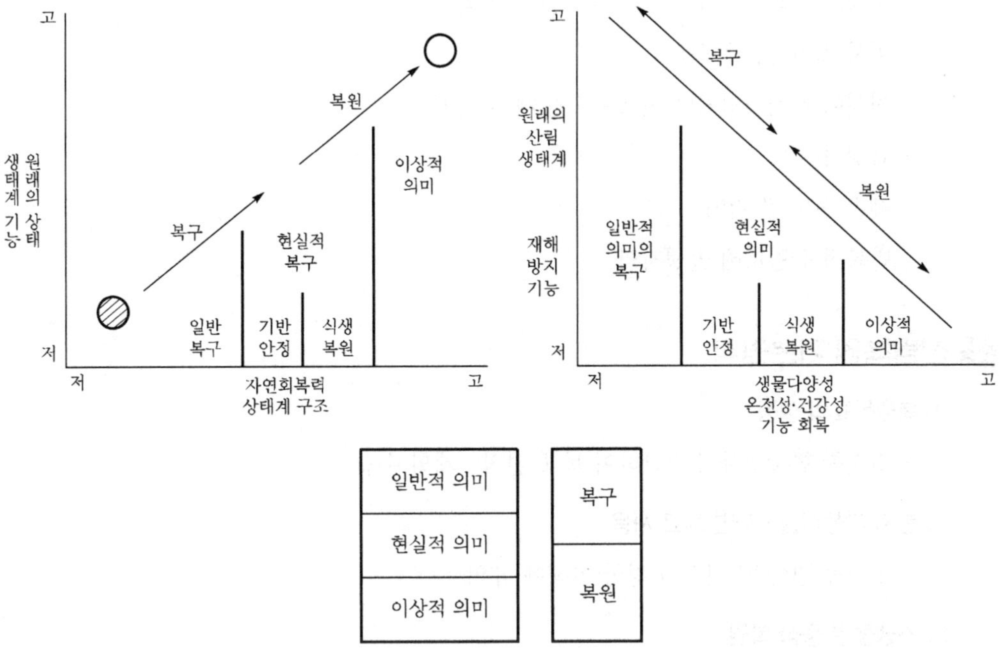

3 산림복원의 구분

① 대상지

산지복원, 계류복원

② 복원 방법

식생복원, 기반안정복원

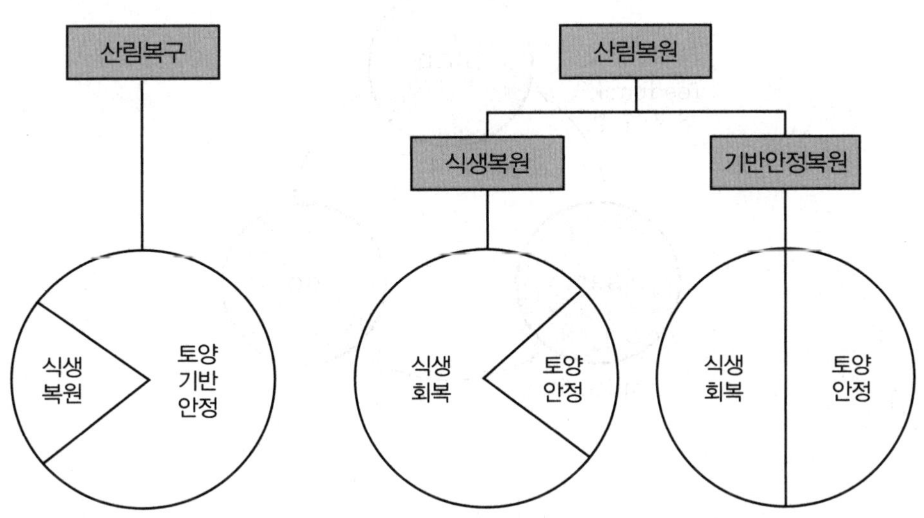

③ 복원사업 시 주의를 기울여야 할 지역

- 토양의 붕괴 · 침식 · 유출 우려 많은 지역

- 마사토(화강암 풍화)

- 침식이 진행되었거나 진행속도가 빠른 지역

- 급경사지역

- 훼손 정도 큰 지역

- 반복적 산림피해 발생지역

4 산림복원 기본원칙

① 복원목표의 설정

- 철저한 현장조사에 기반하여 목표 설정 · 계획 수립

② 현지 자생식물 · 자연 재료 사용

- 우점종 변화 및 서식지 경합 발생에 유의

③ 소생물권 중심 복원

- 생물의 서식공간 · 기능 확보

- 초본류 · 목본류 식생 균형

④ 복원계획과 모니터링 · 평가의 유기적 연계 강화

- feed back을 통해 복원 목표와 복원 방법을 개선

- 적응경영 기법 도입

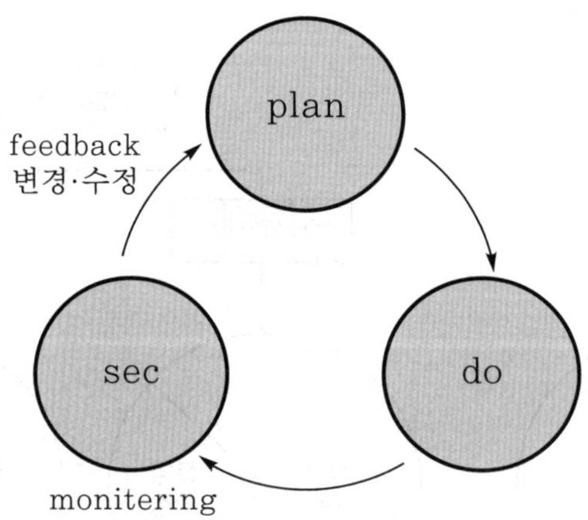

5 산림복원사업 시행절차

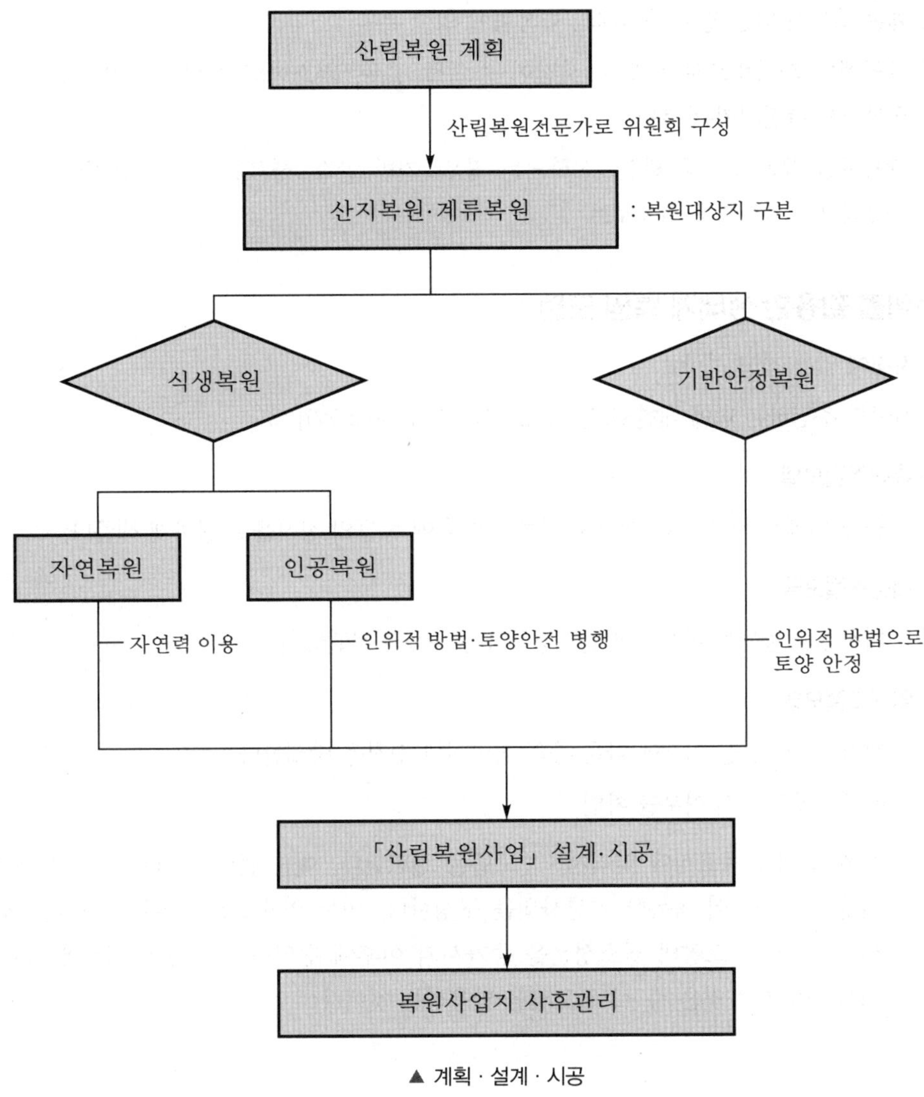

▲ 계획 · 설계 · 시공

6 산림복원 평가 기준

① 지속성(sustainability): 산림생태계 항상성 유지

② 저항성(resilience): 외부 교란과 종의 침입에 대한 저항성

③ 생산성(productivity): 총생산을 원 산림생태계와 비교

④ 순환성(circularity): 영양물질의 순환

⑤ 다양성(biodiversity): 조성 후 생물상의 구성

☞ 모니터링과 사후관리가 필수적 요소

7 **생태계 복원을 위한 전략(지침에 없는 참고 사항)**

① 훼손 정도가 약한 경우 자연계의 회복력에 의한 복원

② 자연계의 회복력으로는 오랜 시간이 소요될 경우, 최소한의 에너지 투입으로 자연계의
회복력을 촉진시키는 복원

③ 방치하면 훼손이 더욱 확산, 심화되는 경우, 기반 안정, 생육환경개선 및 생물종 도입 등
적극적으로 훼손지를 원상태로

8 **천이를 활용한 생태계 복원 모델**

– 지침에 없는 참고 사항

– 천이를 추진하는 힘에 대한 모델[Connell과 Slatyer(1977)]

① **촉진조절모델**

– 군집 내에서 선구수종, 개척자 식물이 이후에 종들의 정착을 수월하게 해준다.

② **내성조절모델**

– 개척자 식물들이 이후에 침입 · 정착하는 종들과 무관하다.

③ **억제조절모델**

– 개척자 식물들을 이후에 다른 종의 침입이나 정착을 방해한다.

– 타감물질의 존재 여부를 확인

→ 복원의 최종 목표상에 따라서 각 모델을 선택한다. 예를 들어 소나무 군집은 초본류의
발생을 억제하여 독특한 식물사회를 구성한다. 이는 억제조절모델에 해당하는 것이다.
싸리나무류는 토양의 질소성분을 증가시켜 이후에 침입하는 수종의 성장에 유리하다.
이를 도입하는 것은 촉진조절모델을 활용하는 것이다.

9 복원의 목표 설정

1) 개념

사업수행 시 최종 지향점을 명확하게 하는 단계

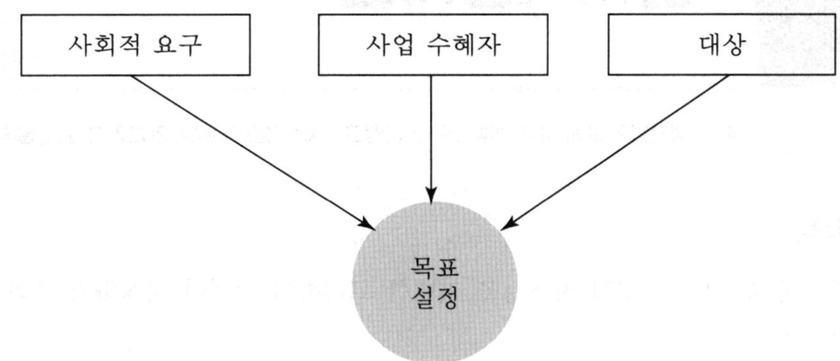

① 국민의 안전과 재산 및 사회적 욕구를 충족시킬 수 있도록 설정한다.

② 해당 사업의 최대 수혜자를 포함하는 목표를 설정한다.

③ 목표는 구체적이고 명확하게 설정한다.

2) 목표설정 단계에서 고려하여야 할 사항

① 국민의 안전과 재산에 위협을 끼칠 요소

② 훼손지의 사회적 이슈

③ 훼손지 복원에 대한 사회 · 정책적인 목적

④ 수혜자의 명확성과 수혜자의 중요도

⑤ 대상지의 접근성과 이용성을 고려한 활용성

⑥ 훼손지의 자연적 회복성, 위치 등

⑦ 백두대간 훼손지의 인문사회적 활용도 및 사업시행의 기대효과

⑧ 사업 종료 이후 소유 및 관리 주체에 대한 고려

07 산지복원사업

● 사방사업의 설계·시공 세부기준 [산림청고시 제2022-106호, 2022. 11. 22., 일부개정]

1 기본원칙

① 산지가 본래 지니고 있던 자연성을 최대한 고려하여 식생이 서식하기 유리한 환경을 조성한다.

② 철저한 현장조사에 기반하여 복원목표를 설정하고 계획을 수립하되 다음 사항을 고려한다.

- 복원대상지의 토양·식생 등 정확한 입지환경의 조사결과에 따라 그 지역의 특성을 우선적으로 고려하여 복원의 유형과 복원방법을 결정한다.
- 지형은 훼손된 주변 지형을 참고하여 경관과 자연스럽게 어울릴 수 있도록 복원한다.

③ 현지 자생식물·자연 재료를 사용하여 산림식생을 조기에 회복하되 다음 사항을 고려한다.

- 식재·파종하는 식물종은 복원대상지 또는 사업지 주변 지역에 자생하는 식물종으로 선정하되, 서식지의 경합 및 우점종의 변화를 가져오지 않도록 선정한다.
- 복원에 사용하는 재료는 흙·돌·나무 등 자연 재료를 사용하되, 흙은 대상지의 토양특성과 유사한 흙을 사용한다.

④ 소생물권을 중심으로 훼손된 식생의 복원력을 강화하되 생물의 서식공간·기능이 확보되도록 지형·입지에 적합한 식생으로 복원하고, 초본류와 목본류의 식생·생태가 균형·조화되도록 소규모 입지별 특성을 반영한다.

2 산지복원사업의 종류

① 식생복원사업은 토양의 붕괴·침식·유출 우려가 적은 산림에서 훼손된 산림식생의 회복을 우선으로 하되 필요한 경우 재해방지를 위한 토양안정을 병행하는 산지복원사업을 말한다.

② 기반안정복원사업은 토양의 붕괴·침식·유출 우려가 많은 산림에서 훼손된 산림의 재해방지를 위한 토양안정과 산림식생의 회복을 병행하는 산지복원사업을 말한다.

핵심 08 식생복원사업의 기준

● 사방사업의 설계·시공 세부기준 [산림청고시 제2022-106호, 2022. 11. 22., 일부개정]

1) 주요 원식생의 변화가 일어나지 않도록 계획적으로 복원한다.

2) 주변 산림생태와 조화될 수 있도록 생물 다양성의 확보, 생육환경의 보전, 야생동물의 서식처를 고려하여 파종·식재계획을 수립하되 다음 사항을 고려한다.

　① 우선 주로 식재할 식물을 결정하고 그것과 공존하는 식물을 선정한다.

　② 식물 발아시기와 생육기간 등을 감안하여 발아·생육에 적합한 공법을 선정한다.

　③ 파종은 가급적 발아가 잘되는 봄에 실시하고, 종자유실을 방지하기 위하여 큰 비가 내릴 우려가 있는 여름과 발아 직후 동결이 예상되는 늦가을은 피한다.

　④ 식재 기반 토양의 유실 방지 및 토양물리성을 높여 종자발아와 생육에 적합한 상태를 유지한 후 파종한다.

　⑤ 묘목의 원활한 활착이 어려운 토양에는 식재 구덩이에 넣는 흙의 토양물리성을 높일 수 있는 좋은 토양을 혼합하여 식재한다.

3) 초본류·목본류 등이 자연스럽게 어우러진 군상 형태로 식재한다.

4) 대면적 식생복원의 경우에는 소생태계 중심의 식생회복에 중점을 둔다.

5) 피해목의 벌채가 필요한 곳은 벌채를 최소한으로 하되, 특별한 경우를 제외하고는 벌채목 운반을 위한 운재로는 설치하지 말고 집재기계를 이용하여 산림훼손을 방지한다.

6) 사업기간은 복원목적에 알맞는 자재가 원활하게 수급될 수 있도록 수 개년으로 충분한 기간을 설정한다.

7) 기타 토양안정에 관한 사항은 「3항 라. 기반안정복원사업의 기준」의 내용을 따른다.

8) 식생복원을 위한 종자·묘목의 수급은 다음 기준을 따른다.

　① 식물종은 산림생태의 기능 유지 및 증진 목적과 부합되는 식물종을 선정하되 다음 사항을 고려한다.

　　㉠ 복원대상지 또는 인근 지역에서 현존하거나 과거에 서식하였던 식물종 가운데에서 선정한다.

　　㉡ 고도·방위·경사, 토심·토성, 토양의 배수·건습도 등을 고려하여 생육여건에 적합한 식물종을 선정한다.

② 종자 · 묘목의 산지는 생태적 · 유전적 특성을 고려하여 고도 · 기후대가 유사한 지역에서 채취한 종자 또는 그 종자로 양묘한 묘목을 수급하되 다음 사항을 고려한다.

　㉠ 종자 · 묘목공급원(채종원 · 채종림 · 양묘장)이 있는 경우에는 유사한 고도 · 기후대의 종자 · 묘목공급원에서 채종 · 양묘한 종자 · 묘목을 수급한다.

　㉡ 종자 · 묘목공급원이 없는 경우에는 고도 · 기후대가 유사한 국내 자생지에서 채취 · 양묘한 종자 · 묘목(종자 · 묘목의 산지를 확인한다)을 사용한다.

　㉢ 외국에서 수입된 종자 · 묘목 또는 수입한 식물에서 채취 · 양묘된 종자 · 묘목의 수급은 금지한다.

9) 복원대상지의 토양이 부족할 경우 토양의 수급은 다음 기준에 따른다.

① 생육에 필요한 유효 토심이 부족한 곳에는 적어도 30㎝ 이상 복토한다.

② 복원에 사용될 토양은 가급적 고도 · 기후대가 유사한 지역에서 수급한다.

③ 복원에 사용하는 흙은 그 특성이 복원대상지의 토양특성과 같거나 유사한 흙을 사용한다.

기반안정복원사업의 기준

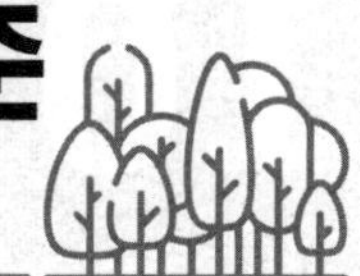

● 사방사업의 설계·시공 세부기준 [산림청고시 제2022-106호, 2022. 11. 22., 일부개정]

1) 토양안정을 위한 복원계획 단계에서부터 생태 특성에 맞는 식생을 도입한다.

2) 훼손지의 토양상태에 따라 토양안정에 중점을 두면서 식생회복을 병행하되, 식생은 소생물권의 군상복원 형태로 파종·식재한다.

3) 토양안정은 토양교란을 최소화하면서 붕괴·침식·토사 유출을 차단할 수 있는 친자연적 구조물의 공법을 적용하되 다음 사항을 고려한다.

   ① 토질조건·경사도, 기상조건·훼손 정도·공사비·시공조건 등을 종합적으로 고려한다.

   ② 현장의 돌·벌채목 등을 이용한 자연형 공법을 위주로 하고, 지형 변경 최소화 및 토양의 기반안정에 중점을 둔다.

   ③ 자재운반을 위한 작업로는 폭·길이를 최소화하고, 가급적 집재기계를 이용하여 운반한다.

4) 붕괴·침식·토사 유출 방지와 함께 경관회복 및 야생동물 서식처의 기능을 확보한다.

5) 기존 토양의 형태와 특징을 보전하되, 표토의 보전 혹은 재사용을 통해 표토의 손실을 최소화한다.

6) 기타 식생회복에 관한 사항은 「3항 다. 식생복원사업의 기준」 1)~5)의 내용을 따른다.

7) 자재의 수급은 다음 기준에 의한다.

   ① 원래 상태의 산림으로 복원하기 위해 친자연적인 재료를 선택·이용한다.

   ② 토목재료는 토양안정을 위해 구조적으로 충분한 지지력이 있고, 내구성 있는 재료를 선정한다.

   ③ 가급적 추가 훼손이 없는 범위 내에서 현장에서 재료를 확보하되, 부득이 외부에서 반입해야 하는 경우에는 현장재료와 유사한 재료를 수급한다.

   ④ 기타 종자·묘목 등 자재수급에 관한 사항은 「3항 다. 식생복원사업의 기준 8)」의 내용을 따른다.

훼손지 녹화공법

1 훼손지의 구분

훼손지는 인위적으로 토지의 형질에 변화를 가져오게 된 곳으로, 땅깎기 비탈면, 흙쌓기 비탈면, 채석·채광지로 구분된다.

☞ 땅깎기 비탈면: 도로, 철도, 골프장 같은 토목공사 시 지층을 깎아낸 단면

☞ 흙쌓기 비탈면: 암석, 사력, 흙 등을 쌓으므로 생기는 비탈면

2 훼손지 유형별 녹화 방법

① 땅깎기 비탈면 및 흙쌓기 비탈면

비탈면의 안정과 녹화를 위해서는 비탈다듬기를 잘하고 그밖에 기초옹벽, 힘줄박기, 콘크리트 격자틀 붙이기, 돌쌓기, 바자얽기, 배수로 설치, 떼단쌓기, 비탈면 선떼 붙이기 및 기타 식수공법을 잘 활용하여 녹화해야 한다.

② 채석지

암벽면에는 제비집 붙이기 공법으로 소관목류를 식재하거나 덩굴식물로 피복 녹화하는 것이 효과적이며, 속성수로 차폐식재하는 경우도 많다.

③ 채광지

폐광지, 휴광지, 폐석적재지, 운반도로 사면 나지가 포함되며, 기초옹벽 돌쌓기, 산복 돌쌓기, 편책공법 등과 같은 비탈면 흙막이공법, 비탈면격자틀 붙이기 공법, 힘줄박기 공법과 객토 후 파종 및 식재공법을 병행해야 한다.

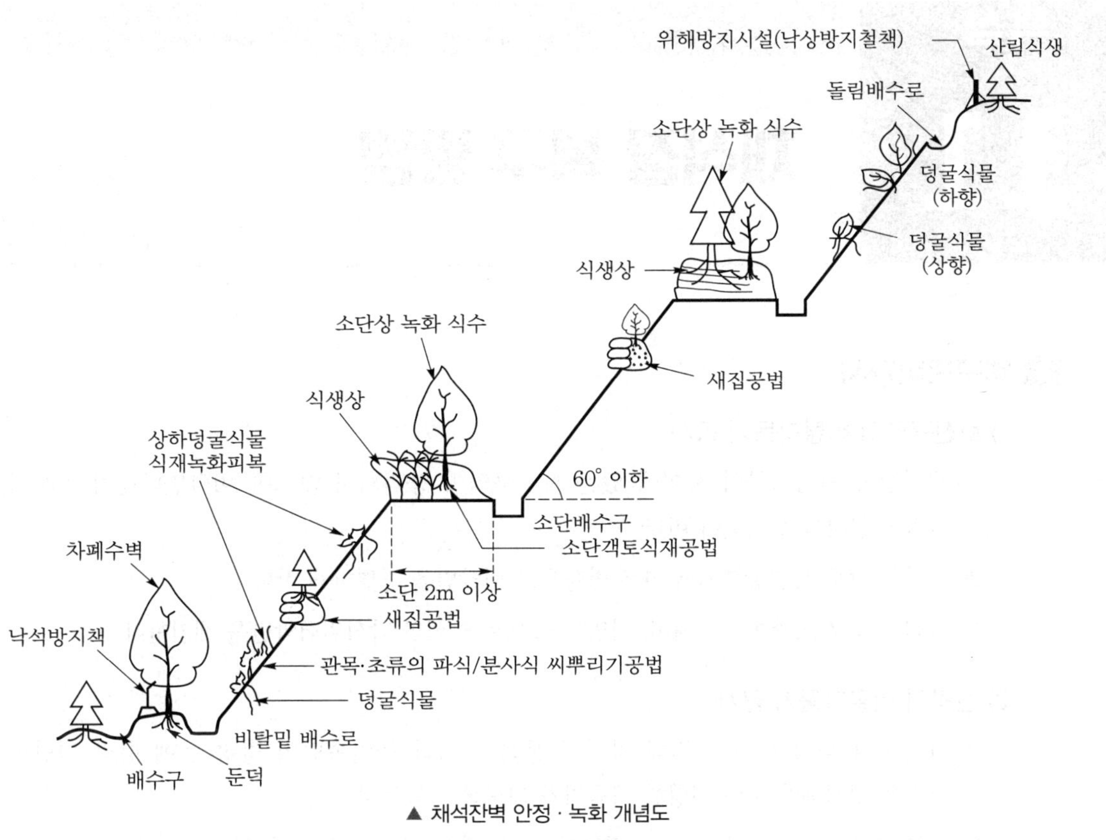

▲ 채석잔벽 안정 · 녹화 개념도

핵심 11 채석장 복구 방법

1 복구준비공사

1) 보전구역의 비탈다듬기 공사

① 채석장과 인접지와의 사이에 있는 보전구역이 붕괴되지 않도록 비탈면다듬기 공사와 흙막이 공사를 실시해야 한다.

② 토사인 경우 사면상부에서 하부 방향으로 비탈면을 편평하게 한다.

③ 암석인 경우 곡괭이, 빅 해머, 착암기 등으로 암석과 낙석위험암반을 제거한다.

2) 잔벽의 비탈다듬기 공사

① 잔벽면의 붕괴 방지를 위해 암석의 풍화 정도와 불연속면의 방향 등에 따라 적당한 소단을 설치해야 하며 적당한 기울기가 되도록 다듬는다.

② 하부 소단너비는 상부 소단너비보다 넓게 해서 하부의 물매를 완만하게 하며, 잔벽의 높이가 높을 경우 상부로 갈수록 소단간 높이를 하부보다 낮게 조성한다.

2 복구공사

1) 보전구역 안정 · 녹화공사

① 잔벽 상부의 '보전구역'은 주로 돌림수로와 흙막이 공사로 사면을 안정시키고 새심기, 씨뿌리기, 나무심기 등으로 녹화한다.

② 절개지 상단부에는 낙상 및 붕괴예방을 위하여 위해방지시설(철책) 및 산비탈 돌쌓기를 설치한다.

2) 채굴잔벽의 안정 · 녹화공사

① '복구준비 조치공사'가 되어있지 않은 지역은 비탈다듬기 공사로 소단을 설치하고 잔벽높이를 조성하여 안정 · 녹화공사에 기반을 조성한다.

② 소단상에는 수목을 식재하고 내측에 횡수로를 설치하며, 소단간 사면에는 위치에 따라 종수로를 설치하고, 암반사면의 요철 정도에 따라 새집공법 등을 시공한다.

③ 소단의 높이는 암반일 경우 15m 이하 간격으로 하되 기슭막이, 산비탈돌쌓기, 녹화공법이 가능토록 폭 5m 이상으로 소단을 설치한다.

④ 소단에는 식생 녹화를 위하여 최소 30cm 이상 객토를 실시한다.

⑤ 기슭막이 또는 산비탈돌쌓기는 붕괴위험을 방지하기 위해 야면석 또는 채석장 폐석으로 찰쌓기를 실시한다.

⑥ 소단 내 객토의 유출방지를 위해 소단 내측에 암·명거시설을 한다.

⑦ 절개비탈면의 표면에 요철이 많아 시공이 쉬운 부분은 새집공법, 식생상공법 또는 종비토 뿜어붙이기 공법으로 시공한다.

⑧ 절개사면·암반의 절리방향이 사면방향과 동일한 지역은 앵커 박기 또는 록볼트 공으로 암석붕괴를 방지한다.

3) 산물처리장 및 퇴적장구역의 안정·녹화공사

채굴적지의 평탄 부분에 대해서는 60cm 이상 객토한 후 파식으로 녹화시키며 퇴적장의 불안정한 사면은 수로내기, 축대벽(옹벽), 기슭막이, 흙막이공사에 의하여 사면을 안정시킨다.

■ 성토지의 경사도별 안정·녹화공법

구분	30° 미만	30°~45°
상단부	땅속 흙막이, 단끊기, 돌림수로, 선떼붙이기, 흙막이, 조공, 줄떼다지기, 파식, 새심기	땅속 흙막이, 단끊기, 돌림수로, 선떼붙이기, 흙막이, 조공, 줄떼다지기, 파식
중복부	땅속 흙막이, 단끊기, 돌림수로, 선떼붙이기, 흙막이, 조공, 줄떼다지기, 새심기, 파식	땅속 흙막이, 단끊기, 돌림수로, 선떼붙이기, 흙막이, 조공, 줄떼다지기, 파식, 새심기, 산비탈돌쌓기, 힘줄박기
하단부	산비탈돌쌓기, 수로공, 선떼붙이기, 흙막이, 줄떼다지기, 파식, 새심기, 기슭막이	산비탈돌쌓기, 수로공, 선떼붙이기, 흙막이, 줄떼다지기, 파식, 새심기, 기슭막이 또는 축대벽

4) 진입로 기타 구역에 대한 안정·녹화공사

① 계곡부의 붕괴우려지는 계간부에 기슭막이, 골막이 등을 시공하여 계상과 산각을 고정하고, 토사가 유출될 우려가 있는 경우 사방댐을 시공하여 토석류를 고정한다.

② 그 외 사면에는 새심기, 줄씨뿌리기와 나무심기로 녹화시킨다.

❸ 공종별 시공 요령: 별도 설명 및 사방 참고

비탈다듬기, 단끊기, 울짱얽기, 분사식 씨뿌리기, 종비토뿜어붙이기, 새집공법, 차폐수벽공법, 소단상 객토식수공법, 콘크리트 뿜어붙이기, 앵커 박기, 낙석방지망

산사태의 유형

● 산사태 유형은 발생 위치와 형태 및 외형에 의하여 구분할 수 있다.

1 발생 위치에 의한 구분

1) 산복붕괴

① 원인: 지표면의 불연속, 토양단면상의 불연속

② 토양의 전단저항 약화로 산복부에서 발생

2) 계안붕괴

① 계류의 종횡침식작용에 의하여 발생하는 산사태

② 계안(溪岸)에서 발생

3) 와지붕괴

① 집수가 원인이 되어 발생하는 산사태

② 산복과 계안 사이의 토심이 비교적 깊은 와지(窪地)에서 발생

2 외형에 의한 구분

산사태의 외형은 주로 모암의 특성과 지형에 따라 발생 형태가 달라지며, 형태에 따라 복구공법을 달리 적용해야 한다. 산사태의 발생 외형은 크게 4가지로 분류할 수 있다.

구분	외형	내용
A형		• 지형이 복잡하고 유수가 모여드는 下降 및 평형사면의 산복유로에서 발생 • 수지상(樹枝狀)이 이에 해당됨 • 복구공종: 배수공(암거, 명거), 땅속 흙막이, 흙막이, 수로내기, 골막이, 산비탈돌쌓기 등
B형		• 경사길이가 짧고 경사가 급한 사면, 경사길이가 길고 변곡점이 있는 사면(강수가 집수 되는 凹형 사면)에서 발생 • 계안에서 발생하는 여상(廬狀), 설상(楔狀), 안상(岸狀)과 와지붕괴의 패각상(貝殼狀), 표자상(杓子狀)이 이에 해당됨 • 복구공종: 배수공(암거, 명거) 땅속 흙막이, 산비탈돌쌓기, 누구막이, 수로내기, 기슭막이, 골막이 등

구분	외형	내용
C형		• 지형이 단순하며 유로가 비교적 좁고 경사길이가 긴 하강사면이나 평형사면의 유로변에서 발생 • 선상(線狀)이 이에 해당됨 • 복구공종: 배수공(암거, 명거), 누구막이, 골막이, 산비탈돌쌓기 등
D형		• 표토 밑에 단단한 암반층이나 불침투성 모재(母材)층이 있는 지역에서 발생 • 판상(板狀)이 이에 해당됨 • 복구공종: 수로내기, 심근성 수종 식재 등

3 예방사방 공작물

① 예방사방은 산사태와 토석류 발생 전, 산지와 계류, 해안 등에 사방사업을 시행하여 인명과 재산 피해를 최소화하고 산사태를 억제하기 위한 조치를 의미한다.

② 예방사방은 특히 산사태 취약지역을 중심으로 사전에 효과적으로 관리하고, 산지 전용지 및 산림사업지 등의 안전을 도모하며, 산사태와 토석류의 발생을 방지하는 다각적인 사방 시설물의 시공과 함께 풍수해에 대한 예방 대책을 강화하는 등 다양한 사업을 포함한다.

③ 산사태 방지를 위한 예방사방 공법은 산지사방, 야계사방, 해안사방을 아우르며, 규모와 목적에 따라 여러 방식으로 구분될 수 있다. 특히, 대규모 산사태나 땅밀림 현상이 예상되는 지역에서는 지표수 배제공과 지하수 배제공을 중심으로 한 토압처리공과 암괴처리공 등을 적용할 수 있다.

④ 예방사방에서 중요한 공종 중 하나인 지표수 처리공에는 돌림수로내기, 침투수 방지공, 주입 공사, 지하수 처리공 등이 포함되며, 그 하위 항목으로 속도랑 내기, 보링 속도랑 내기, 터널 속도랑 내기, 집수정 공사, 지하수 차단 공사 등이 있다.

⑤ 토압 처리공에는 배토 공사, 누름흙 쌓기, 축대벽, 말뚝박기, 샤프트 공법이 있으며, 암괴 처리공으로는 폭파 공사, 팽창성 파쇄공, 앵커 박기, 낙석 방지망 덮기, 낙석 저지책 세우기 등이 있다.

⑥ 이와 같이 붕괴 위험 지역에서 실제로 붕괴가 발생한 경우, 붕괴 유형을 예측하는 것은 해당 지역에 필요한 예방사방 설계를 수립하는 데 도움이 된다. 따라서 각 지역의 입지 조건을 면밀히 분석하여 붕괴 유형을 파악하여 사방 및 복구 및 복원 사업을 설계 및 시행함에 있어 적절한 공종을 선택하여야 한다.

핵심 13

자연친화적 복구지의 환경대책

● 산림훼손 실태 및 산지보전 모니터링 조사 교육교재(2004. 산지보전협회)

1 개요

자연친화적 복구는 산지, 계류, 도시 및 해안유역의 환경을 유지 개선하는 것으로 자연환경의 적정한 보전, 공간 및 유수의 양과 질적인 문제에 관한 유지개선 등에 대하여 분석하고, 예측해야 한다.

2 개념

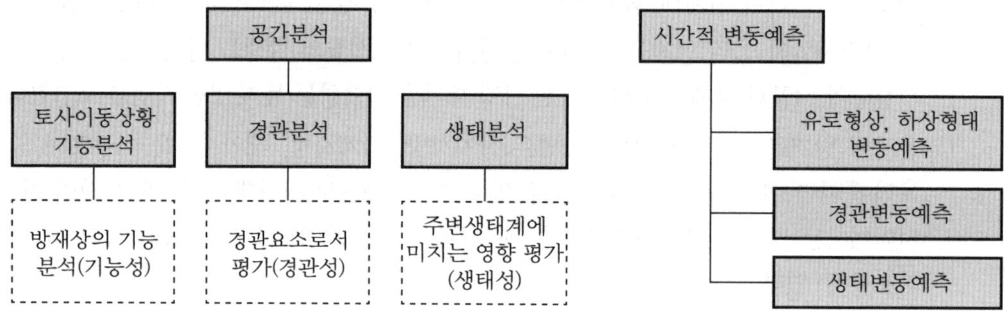

3 내용

1) 환경대책의 종류

① 자연환경대책: 자연환경을 가능한 보전하고, 복원하며, 적극적으로 새로운 환경을 창조하도록 한다.

② 사회환경대책: 녹지공간은 재해의 대피장소, 지역의 대표 공간으로 이용될 수 있다.

③ 경관대책: 개인의 가치관과 미적 판단에 좌우되나 조화성, 통일성, 친근성이 있어야 한다.

2) 환경대책의 방법

① 자연환경대책: 기존의 수목을 보전하거나 새로운 식생을 도입하는 것이다.

② 사회환경대책: 주거환경 대책은 경관대책과 공통되므로 경관대책의 구체적 방법을 이용한다.

③ 경관대책

- 구조물의 형태: 녹화시설이 본래의 기능을 유지하면서 형태가 자연과 조화

- 자연석 등의 이용: 녹화시설에 천연재료를 이용

- 구조물의 표면처리: 옹벽, 콘크리트 표면에 주로 의석 타입으로 표면 처리

- 식생 도입: 구조물에 덩굴류를 도입하거나 다공질 식생 콘크리트판을 도입

- 구조물 표면에 벽화를 그리거나 조각을 하는 방법 등

3) 자연친화적 복구 녹화시설의 기본방침

자연친화적인 복구 녹화시설은 자연환경의 적정한 보전(개선)과 이용을 위하여 환경보전정비계획과 수질보전(개선)계획에 대하여 기본방침을 세워야 한다.

① 환경보전정비계획에는 다음과 같이 구분하여 실시한다.

- 대상지의 자연환경을 보전하고, 회복해야 할 구역

- 대상지 및 주변부의 미적 경관을 보전해야 하는 구역

- 각종 휴양시설, 스포츠 시설을 정비해야 하는 구역

- 기타 일반적 구역

② 수질보전계획을 책정할 경우 현재의 수질, 환경기준 등을 감안하여 시책 상호간의 관계를 규명해야 한다.

4) 산사태지의 복구 녹화

① 지형의 정리

② 흙막이

③ 땅속 흙막이

④ 누구막이

⑤ 산비탈수로내기

⑥ 선떼붙이기

⑦ 떼단쌓기

⑧ 조공

⑨ 씨뿌리기

⑩ 나무심기

5) 자연친화적인 복구 녹화 시 재료

① 토목재료: 목재, 석재, 흙, 골재, 시멘트, 콘크리트, 철재, 토관 및 도관, 합성수지

② 식생재료

- 초본류: 새, 솔새, 잔디, 참억새, 수크령, 김의털, 비수리, 그늘사초 등 재래종 및
      겨이삭, 호밀풀, 지팽이풀, 우산잔디, 참새피, 큰조아재비, 오리새 등의 외래종
    - 목본류: 리기다, 해송, 물오리, 물갬, 사방오리, 아까시, 싸리, 상수리, 졸참 등과
      담쟁이, 댕댕이, 등수국, 칡, 송악, 등나무, 줄사철나무, 마삭줄 등의 덩굴식물
    - 떼, 떼 대용 자재(식생반, 식생자루, 식생대, 식생매트 등)
    - 토양안정재, 녹화기반재(비료, 보수제 등)

6) 자연친화적 복구 녹화방법

① 목재토목 시설물

- 목재댐: 계상물매가 비교적 완만한 산지하천이나 유로를 확대하기 용이한 지질 등의
    소하천에 시공하며, 주변과 잘 어울리고 경관보전이 필요한 곳에 시공한다.

② 목재 수로내기

유연성이 풍부한 장점이 있으며, 물매가 급한 경우와 수로 부지가 침식될 우려가 있는
곳에 적합하다.

③ 목재 흙막이

기초지반에 대한 적응성이 높으며, 배면으로부터의 침투수 배수에 좋다.

④ 목재격자틀붙이기

비탈면을 작은 블록으로 구획하여 우수를 분산시켜 침식 방지를 필요로 할 때 적합하다.

⑤ 목재방풍바자얽기

방풍, 방설효과를 기대할 수 있으며, 특히 적설에 의한 묘목의 보호와 보수성을 높일 수 있다.

⑥ 목재낙석방지책

목재가 응력에 대해 약한 성질을 반대로 이용하여 완충효과의 역할을 하는 것으로 기존 낙석방지책에 완충재를 추가하여 시공한다.

7) 견고도와 자연친화력 복구를 위한 기술체계 정립

① 시공 자재는 가급적 콘크리트를 지양하고, 돌, 통나무, 철강재 등을 다양하게 이용한다.

② 사방용 초본류의 채취이식공법을 대체할 수 있는 신공법을 도입한다.

   → 농업용 종자(옥수수, 귀리, 수수 등), 녹화용 떼 대체재(코아네트 등)

③ 석재 수급이 지난하고 고임금의 석공이 요구되는 축석용 석재공법을 대체할 수 있는 강제 틀, 돌망태, 통나무, 각종 블록 및 격자틀을 이용한 사방공법을 이용한다.

④ 어류 및 양서류 등 수생생물의 상하이동 및 서식환경 개선을 위하여 방수로와 연계한 다단식 낙차공, 우회어로, 여울과 웅덩이 조성 등을 적극 반영한다.

⑤ 사방댐, 야계주변의 공한지 등은 수변식물과 경관보전용 화목류를 식재하며, 기슭막이 등 돌쌓기 공작물은 가급적 메쌓기로 실시한다.

⑥ 야계사방 설계 · 시공 시 콘크리트를 사용하는 옹벽식 직접 제방을 지양하고, 인공블럭, 전석, 잡석 등 다양한 공극 구조재를 사용한다.

핵심 14 산지전용지 복구설계서 승인기준

● 산지관리법 시행규칙 [별표 6] [개정 2022. 8. 17.]

1 공통사항

가. 최초의 소단(小段) 앞부분은 수목을 존치하거나 식재하여 녹화하여야 하고, 각 소단에는 평균 두께 60센티미터 이상 흙(토질이 척박하거나 폐석적치지인 경우에는 수목의 활착(活着, survival, 나무를 옮겨 심은 뒤에 그 나무가 살아남음 및 생육에 지장이 없도록 충분한 객토를 실시하여야 한다)을 덮고 수목·초본류(草本類) 및 덩굴류(칡은 제외한다) 등을 식재하여 비탈면(목적사업의 수행을 위하여 산지전용·산지일시사용되는 산지가 아닌 산지의 비탈면을 말한다. 이하 이 표에서 같다)이 덮이도록 해야 한다. 다만, 비탈면의 녹화가 가능한 경우에는 그러하지 아니하다.

나. 복구대상 지역 안에 있는 건축물·공작물의 철거 또는 이전계획이 복구설계서에 반영되어야 한다. 다만, 당해 복구대상 지역을 다른 용도로 사용하기 위하여 인·허가 등의 행정처분을 받은 경우에는 그러하지 아니하다.

다. 삭제 〈2018. 11. 12.〉

라. 고속국도·일반국도·철도·관광휴양지·명승지·공원 주변 등 경관조성 또는 생태복원이 필요한 지역의 비탈면에 대하여는 차폐공법·특수공법 등으로 가리거나 녹화하여야 한다.

마. 복구설계서에 따라 복구공사를 할 수 있도록 적정한 공사비가 복구설계서에 계상되어야 한다.

바. 토사 유출의 우려가 있는 경우에는 하류에 토사 유출을 방지하기 위한 침사지(沈砂池) 등을 설치하여야 한다.

사. 배수량이 적고 토사 유출 또는 붕괴의 우려가 없는 경우를 제외하고는 하천 또는 다른 배수시설 등으로 배수되도록 배수시설을 설치하여야 하며, 배수로 인하여 수질이 오염되지 아니하도록 해야 한다.

아. 복구를 위한 식재하는 나무의 종류는 복구대상지의 임상과 토질에 적합하게 선정되어야 한다.

자. 산지전용, 산지일시사용 또는 토석 채취를 한 산지를 복구하는 경우에는 주변의 자연배수 수준의 기준면까지 토석으로 성토한 후 수목의 생육에 적합하도록 60센티미터 이상 흙으로 덮어야 한다.

2 산지전용 · 산지일시사용의 경우

(광물의 채굴 · 도로 · 임도 · 철도 · 댐 · 저수지 · 공항은 제외한다)

가. 비탈면의 수직높이는 15미터 이하이어야 한다. 다만, 다음의 어느 하나에 해당하는
경우에는 그러하지 아니하다.

(1) 다른 법령에서 비탈면의 높이를 정하고 있는 경우

[예시]

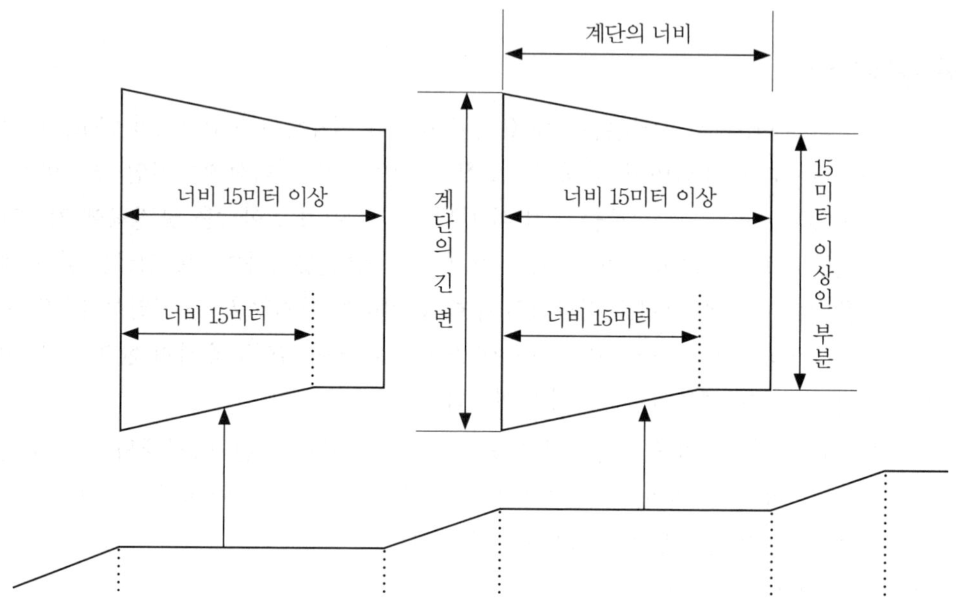

(2) 계단식 산지전용 · 산지일시사용(가능한 기존의 지형을 유지하기 위하여 산지의
경사면을 따라 계단을 조성하고 산지전용 · 산지일시사용하는 것을 말한다)인 경우. 이
경우 다음의 요건 모두를 충족하여야 한다.

(가) 계단의 수직높이가 각각 15미터 이하일 것

(나) 계단에 조성되는 사업부지의 너비(소단의 너비는 제외한다)는 계단의 긴 변을
기준으로 직각으로 계단의 너비를 재었을 때 15미터 이상이 되는 부분의 길이가
계단의 긴 변 길이의 100분의 90 이상일 것(예시 참조)

(3) 「우주개발 진흥법」 제5조제1항에 따른 우주개발진흥 기본계획에 따라 설치하는
인공우주물체 발사 등을 위한 우주센터시설

나. 삭제 〈2009.4.20〉

다. 비탈면(옹벽을 포함한다)의 수직높이가 5미터 이상인 경우에는 5미터 이하의 간격으로
너비 1미터 이상의 소단을 설치하여야 한다. 다만, 다음의 어느 하나에 해당하는 경우로서
「국가기술자격법」에 따른 건축 분야 건축구조 기술사, 토목 분야의 토목구조 기술사, 토질
및 기초 기술사, 지질 및 지반 기술사, 토목시공 기술사 또는 「기술사법」에 따른 산림 분야
기술사가 소단을 설치하지 않아도 안전하다고 인정하는 경우에는 그러하지 아니하다.

1) 비탈면이 암반으로 이루어져 있는 경우

2) 비탈면에 건축물의 벽체를 붙여 설치하는 경우

라. 비탈면의 기울기(비탈면의 높이에 대한 수평거리의 비율을 말한다. 이하 같다)는 비탈면의 붕괴를 방지하기 위하여 토질에 따라 다음의 요건(계단식 산지전용·산지일시사용인 경우에는 토질과 관계없이 1:1.4 이하)을 충족하여야 한다. 다만, 지질조사를 실시한 결과 안전한 것으로 인정되거나 옹벽·파일·앵커 등 재해방지시설을 설치하여 안전한 것으로 인정되는 경우에는 이를 완화하여 적용할 수 있으며, 가목(1)에 해당하는 경우에는 이를 적용하지 아니한다.

(1) 경암인 경우의 기울기는 1:0.5 이하일 것

(2) 풍화암인 경우의 기울기는 1:0.8 이하일 것

(3) 토사인 경우의 기울기는 1:1.0 이하일 것

(4) 성토지의 석력·토층인 경우의 기울기는 1:1.0 이하일 것

경암	풍화암	토사·성토지	계단식 전용지
1:0.5 이하	1:0.8 이하	1:1 이하	1:1.4 이하

마. 비탈면에 구조물을 설치하는 경우에는 토압(土壓)에 대하여 안전한 구조로 하여야 하며, 돌쌓기, 옹벽 등 재해방지시설을 그 절토·성토면에 설치하는 경우에는 해당 재해방지시설의 높이를 고려하여 그 재해방지시설과 건축물을 수평으로 적절히 이격하여야 한다.

③ 광물의 채굴·토석 채취지의 경우

가. 비탈면의 수직높이가 15미터 이상인 경우에는 수직높이 15미터 이하의 간격으로서 비탈면의 너비를 제외한 너비 5미터 이상의 소단을 조성하여야 한다. 이 경우 장대비탈면(비탈면의 수직높이가 60미터 이상인 경우를 말한다)이 발생하는 경우에는 비탈면의 수직높이 60미터 이하의 간격으로 비탈면의 너비를 제외한 너비 10미터 이상의 소단을 조성하는 등 재해를 줄이기 위한 대책을 수립하여야 한다.

나. 소단에 발생하는 각각의 비탈면의 각도는 75도 이하이어야 한다. 다만, 건축용 석재를 직면체로 석재를 굴취·채취하는 등 불가피한 경우에는 그러하지 아니하다.

다. 광물의 채굴·석재의 굴취·채취인 경우에 비탈면을 제외한 각각의 소단바닥에 대한 수목식재는 제1호가목의 규정에 불구하고 평균깊이 1미터 이상 너비 3미터 이상인 구덩이를 파거나 돌을 쌓는 등 토사 유출을 방지하기 위한 시설을 설치하고 흙을 객토한 후 수목을 식재하여 수목이 생육함에 따라 비탈면이 차폐될 수 있도록 해야 한다. 이 경우 배수에 차질이 없어야 하며, 토질이 척박하거나 폐석적치지인 경우에는 수목의 활착 및 생육에 지장이 없도록 충분한 객토를 실시하여야 한다.

라. 비탈면의 평균 기울기는 토석의 종류에 따라 다음의 요건을 충족하여야 한다.

    (1) 건축용 석재의 굴취 · 채취의 경우에는 1:0.4 이하일 것

    (2) 광물의 채굴 및 건축용 석재가 아닌 석재의 굴취 · 채취의 경우에는 1:0.5 이하일 것

    (3) 토사 채취의 경우에는 1:1.0 이하일 것

건축용 석재	채광 및 건축용 석재 이외의 석재	토사 채취
1:0.4 이하	1:0.5 이하	1:1 이하

마. 삭제 〈2011.1.5〉

바. 폐석처리장은 사방공법으로 복구하되, 60센티미터 이상 흙을 덮어야 한다.

사. 도로 · 철도 연변가시지역으로서 2킬로미터 이내의 지역에 대하여는 경관 유지를 위하여 높이 1미터 이상의 나무를 2미터 이내의 간격으로 식재하여 차폐조림을 해야 한다.

아. 폐석 등이 많이 적치된 지역은 비탈면의 정지작업을 철저히 하고 객토를 많이 하여 수목의 활착 · 생육에 지장이 없도록 해야 한다.

자. 복구를 위한 식재수종은 아까시나무, 오리나무 등 척박지에 잘 자라는 수종으로 선정하여야 한다.

※ 비고

1. 제1호부터 제3호까지의 기준을 적용함에 있어 도면 · 도표 등으로 표시할 필요가 있는 사항은 산림청장이 정하여 고시할 수 있다.

2. 삭제 〈2018. 11. 12.〉

3. 제2호에서 "도로"란 「도로법」에 따른 도로, 「국토의 계획 및 이용에 관한 법률」 제2조제4호에 따른 도시 · 군관리계획으로 결정된 시설 중 도로, 「농어촌도로정비법」 제2조에 따른 농 · 어촌도로를 말한다.

4. 제2호의 소단의 폭은 장비의 소통 및 복구를 위하여 필요하다고 인정되는 때는 3미터 이상으로 할 수 있다.

핵심 15 산지경관 영향 검토 흐름도

내용	세부 사항	주체
산지경관 영향 개요	대상 산지경관의 일반 개요 – 사업의 유형, 규모 분석 – 산지전용 예정 지역 및 인접지역의 경관자원 현황 – 범위 설정(근경, 중경, 원경 분류) – 상위 계획 검토 및 대상지 경관특성 분석	사업자
⇩		
조망 분석	누적 가시지역 분석 예비조망점 선정 가시지역 분석 최종조망점 선정 및 현장검증 – 산지전용 예정 지역 누적 가시지역 분석 – 조망성, 공공성, 접근성 등 고려한 예비조망점 선정 – 가시지역 분석, 현장검증 통한 최종조망점 선정	사업자
⇩		
산지경관 영향 모의실험	산지경관 영향 모의실험 산지경관의 변화 검토 – 산지전용 예정 지역 지형 및 시설물 모델링 – 최종조망점에서 사업 전・후 산지경관 영향 모의실험	사업자
⇩		
산지경관 영향 검토	산지경관 훼손 저감 대책 – 산지경관의 훼손 유무 및 훼손 유형 파악 – 산지경관 훼손 저감 대책 수립	사업자
⇩		

관련 서류 및 자료 작성	구비서류 및 관련 결과물	사업자
⇩	– 검토서, 체크리스트 등을 활용한 산지경관 변화와 저감 대책 등 작성 – 구비서류, 결과물 제출 및 필요시 검토 과정 재현	

검토 및 적정성 판단	자료 검토 및 판단	사업자
⇩	– 누락 사항 등 제출 자료 검토 – 별표 등 활용, 대상 산지경관 영향 검토	

＊ 본 흐름도는 산지경관 영향 검토의 진행 및 흐름 이해를 돕기 위한 것이므로, 구체적인 각 세부사항은 지침의 해당 항목에 따라야 한다.

핵심 16 산지경관 영향 모의실험

● 산지전용 등에 따른 경관영향 검토 및 운영 지침[시행 2020. 5. 6.] [산림청지침 제3232호]

1 개념 · 정의

① "산지경관"이라 함은 산세 및 산줄기 등의 지형적 특징과 산지에 부속된 자연 및 인공요소가 어우러져 심미적 · 생태적 가치를 지니며, 자연과 인공의 조화를 통하여 형성되는 경치를 말한다.

② "조망점"이라 함은 조망대상을 바라볼 수 있는 지점을 말하며, 본 지침에서는 산지전용 등으로 인한 경관영향을 판별하는 기준지점으로 활용한다.

③ "가시지역 분석"이라 함은 지형적 특성에 의해 생기는 시각 영향권을 파악하기 위해 조망점에서 보이는 영역을 확인하는 것을 말한다.

④ "누적 가시지역 분석"이라 함은 다수의 조망점에서의 가시지역 분석 결과를 누적하여 중첩한 것으로 주요한 시각 영향권을 파악하는 것을 말한다.

⑤ "조망분석"이라 함은 대상 경관에 대한 주요 조망점에서의 조망 양상을 분석하는 것으로서 주요 조망점을 선정하고 경관자원을 파악하고 가시지역을 분석하는 등의 일련의 과정을 말한다.

⑥ "산지경관 영향 모의실험"이라 함은산지전용 등이 산지경관에 미치는 영향을 확인하기 위하여 산지전용 등의 전 · 후 경관 변화 양상에 대해 비교 · 분석하는 모의실험 전 과정을 말한다.

2 절차

1) 조망분석 절차

① 경관자원 조사

② 누적 가시지역 분석

③ 예비조망점 선정

④ 가시지역 분석

⑤ 최종조망점 선정

2) 경관자원조사

산지전용 등의 예정 지역 및 주변의 경관자원을 다음과 같이 조사한다.

① 자연환경과 봉우리 등 주요 지형 및 지물 등의 분포 현황과 특성 등을 조사한다.

② 산림경관, 자연경관, 농촌경관, 도시경관, 역사문화경관 등 유형별로 분류하여 경관자원의 분포를 조사한다.

③ 산지관리기본계획 및 지역계획의 산지유역 유형, 산지경관 특성 등 상위계획에서 다루고 있는 경관관리 방향에 부합하는지를 조사한다.

3) 누적 가시지역 분석

① 누적 가시지역 분석은 3차원 공간분석도구를 사용하여 가시권을 분석한다(**예** GIS, CAD 등의 프로그램).

② 누적 가시지역 분석은 수치지형모델(DEM, Digital Elevation Modeling)을 이용하며, 산지전용 등의 예정 지역을 기준으로 원경(2.5~10㎞ 이내)의 범위를 분석한다.

③ 누적 가시지역 분석은 산지전용 등의 예정 지역 내부에 일정 간격의 조망점을 설정하고, 각 조망점에서의 가시지역 분석을 실시한다.

④ 가시지역 분석 결과를 중첩하여 산지전용 등의 예정 지역이 보여지는 빈도를 누적해 백분율로 수치화하며, 산지전용 등의 예정 지역과 주변 지역의 주요 가시 위치, 가시 범위, 가시 여부 및 시각적 민감성 등 시각영향권을 고려하여 예비조망점을 선정한다.

　㉠ 산지전용 등의 예정 지역 내 적정 간격의 조망점 설정을 위해, 지형모델링 제작기준에 부합하는 메쉬 크기를 고려하여 설정한다.

4) 예비조망점 선정

① 가시지역 내의 모든 조망점에 대하여 산지경관 영향을 모의실험 하기는 현실적으로 어려움이 있다. 따라서 경관 변화에 따른 영향을 검토하는 기준이 되는 조망점 선정을 위해서 조사된 경관자원의 분포특성 및 누적 가시지역 분석 값이 높아 조망이 용이한 지점 등을 중심으로 경관적 가치, 거리, 조망방향 등을 판단하여 예비조망점을 다음의 기준에 따라 선정한다.

　㉠ 주요 건축물 및 주요 지형지물 주변, 문화재, 자연휴양림 등과 같은 주변 지역의 주요 경관자원과 해당 지역이 잘 조망되는 전망대(산봉우리, 파노라마), 진입부 등을 예비조망점으로 선정한다.

　㉡ 이용밀도가 높은 주요 도로 및 교차로, 공원 및 광장, 이용자 밀집시설 등을 예비조망점으로 선정한다.

　㉢ 누적 가시지역 분석 값이 높아 조망이 용이하거나 조망기회가 높은 곳을 예비조망점으로 선정한다.

ⓔ 가시거리에 따라 근경(0.5㎞ 이내), 중경(0.5~2.5㎞ 이내), 원경(2.5~10㎞ 이내)의 조망점을 선정한다.

ⓜ 4개 이상 방향을 고려하여 선정한다.

5) 최종조망점 선정을 위한 가시지역 분석

① 가시지역 분석을 위해 검토해야 하는 기준점은 다음의 기준에 따라 5개 이상 선정하는 것을 원칙으로 한다.

㉠ 산지전용 등의 예정 지역 중앙부와 2개 이상 방향의 종횡단 양 끝 지점을 포함하여 가시지역 분석을 실시한다.

㉡ 산지전용 등의 예정 지역이 2개 이상의 봉우리를 포함하거나 사면의 향이 2개 이상으로 조성되는 등 범위가 넓고 지형의 변화가 불규칙할 경우에는 주요 봉우리와 능선, 사면의 중앙부와 경계부 등을 포함하여야 한다.

6) 최종조망점의 선정

① 경관 영향의 판단 및 저감 방안의 검토에 사용될 최종조망점은 가시지역 분석 결과를 근거로 하여 다음 기준에 따라 5개 이상 선정하는 것을 원칙으로 한다.

㉠ 가시지역 분석에서 중복하여 가시 되는 것으로 확인된 조망점

㉡ 가시지역 분석에서 포함되지는 않았지만, 장래의 개발이나 지형 변화 등에 의해 주요 조망점이 될 것으로 판단되는 지점

㉢ 조망 방향, 조망거리, 현장에서의 검증 등을 고려하여 경관 변화가 크게 예상되는 지점

㉣ 기타 경관적으로 중요하다고 판단되는 지점

② 최종조망점에서 경관 변화 예측을 위한 모의실험용 사진촬영 시 건축물 및 지형지물에 의해 대상 지역이 차폐되어 가시되지 않거나, 대상 지역이 경관사진의 중심에 위치하지 않아 경관 영향을 판단하기 어려운 경우에는 최종조망점 선정에서 제외하는 것을 원칙으로 한다.

❸ 산지경관 영향 모의실험

1) 작성기준

① 최종조망점에서의 산지전용 등 전·후의 경관 변화 및 저감 방안을 표현한다.

② 최종조망점에서 사람의 눈높이(eye-level: 1.6m)에서 조망되는 경관을 표현한다.

③ 전용대상지 및 주변 지역의 경관자원, 지형, 지물 등을 가능한 사실대로 정확하게 표현한다.

④ 모의실험에서 실제 가시거리, 시야각, 가시범위 표현을 위해 대상 지역의 규모와 조망거리에 따라 적정한 화각으로 경관을 표현한다.

㉠ 조망거리가 근경 0km~0.5km인 경우 50mm 이하 화각으로 표현

㉡ 조망거리가 중경 0.5km~2.5km인 경우 50mm~70mm 화각으로 표현

㉢ 조망거리가 원경 2.5km 이상인 경우 70mm이상 화각으로 표현

⑤ 산지의 현황 및 전용에 따른 경관 영향의 판단이 용이하도록 산지전용 등의 대상지 인접 또는 주변 지역을 충분히 포함한다.

⑥ 현황 사진에 전용으로 인한 경관의 변화 양상을 합성하여 실제와 같은 모습으로 제작하는 것을 원칙으로 하되, 경관 시점의 다양성, 제작 과정의 왜곡 판단 여부가 필요할 경우에는 3차원 모델링 방법으로 작성하는 것을 원칙으로 한다.

⑦ 산지전용 등의 대상지 인접 또는 주변 지역에 대한 경관 변화 여부를 반영한다.

⑧ 현황사진의 부분적인 수정이 필요할 경우에는 다음의 사항을 준수한다.

㉠ 전선, 사람, 자동차 등의 일시적 경관 요소가 경관 변화를 파악하는 데 지장을 초래한다고 판단되는 경우에는 부분적으로 삭제가 가능하다.

㉡ 현황사진의 부분 수정이 이루어진 경우에는 현황사진의 변경 전후를 판단할 수 있도록 이미지와 수정 내용, 방법 등을 기술하여야 한다.

2) 모의실험 요소별 제작 기준

① 지형모델링

㉠ 수치지도를 이용하여 3차원 수치지형모델(DEM, Digital Elevation Modeling)을 작성한다.

㉡ 수치지도는 국토지리정보원의 수치지도(1:5,000 축척 이상) 사용을 원칙으로 한다.

㉢ 대상지의 범위가 크고 가시거리가 원경 위주일 경우에는 50~100m 크기의 격자로 이루어진 메쉬(mesh)로 제작하고, 대상지의 범위가 작고 가시거리가 근·중경 위주일 경우에는 20m 격자의 메쉬(mesh)로 제작한다.

㉣ 형태와 규모 등을 판단하는 경우에는 상록수는 초록색, 낙엽수는 적색과 갈색, 대지는 회갈색, 암석은 회색, 하천은 청회색 계열을 사용한다.

㉤ 산지전용의 결과로 기존의 자연 색채에 큰 영향을 줄 것으로 예상되는 경우에는 계절에 따른 경관 변화를 고려할 수 있도록 2계절 이상의 모의실험 결과를 제시한다.

② 건조물

㉠ 산지 스카이라인에 영향을 주거나 주변 산림에 대해 현저하게 영향을 줄 수 있는 송전탑이나 건물은 지붕의 형태 또는 철탑 및 송전선로의 형태가 나타나도록 표현한다.

㉡ 건물의 규모와 형태를 판단하는 경우에는 층고를 판단할 수 있는 입방체(solid)나 표면(surface) 모델로 작성하고 건물의 주조색을 사용하여 표현한다.

ⓒ 송전탑, 교량, 고가, 옹벽 등의 구조물은 형태가 충분히 파악될 수 있도록 가능한 세밀하게 작성한다.

ⓓ 색채 변화를 판단하는 경우에는 건조물의 마감 재료와 색상을 표현할 수 있는 재질의 이미지를 사용하여 표현한다.

ⓔ 건조물의 채색은 과장되지 않도록 하여야 하며, 실제 스케일을 고려하여 표현한다.

③ **식생**

㉠ 신규로 도입되거나 이식되는 식생은 형태와 크기를 반영하여 모델링을 제작한다.

㉡ 식생 모델링은 원칙적으로 2차원으로 제작하여 사용하되 도입될 수종의 형태와 색상의 표현에 현실성을 최대한 고려한다.

㉢ 형태와 규모를 판단해야 하는 경우에는 구, 원뿔 등의 기초적인 형태에서 발전시켜 수형을 구분할 수 있는 정도로 표현한다.

㉣ 색채를 판단하여야 하는 경우에는 촬영된 수목의 이미지를 사용하여 실제적인 경관을 연출할 수 있도록 하고, 가급적 계절에 따른 식생의 색채 변화를 반영하여 계절 변화를 검토하고 녹음과 나목의 시기에 대한 모의실험을 작성한다.

　☞ 나목: 잎이 지고 가지만 남은 나무

㉤ 장기적인 경관의 변화를 표현하는 경우에는 식생의 성장을 감안한 모의실험을 구현하도록 한다.

④ **물**

㉠ 유수와 낙수, 저수 등의 형태를 알 수 있도록 표현한다.

㉡ 형태적 변화를 판단하는 경우에는 청색계열의 색상을 사용하고, 색채를 표현하는 경우에는 실제와 유사한 이미지를 사용하여 표현한다.

⑤ **조명**

㉠ 계절이나 일기를 표현할 수 있는 자연광이나 인공조명 효과를 부여한다.

㉡ 태양광의 고도와 방위, 입사각, 밝기 등을 반영하여 실제와 유사하도록 구현한다.

㉢ 그림자는 현장사진의 촬영시기와 동일하게 조명을 연출하여 발생시킨다.

산지경관 영향 검토

● 산지전용 등에 따른 경관 영향 검토 및 운영 지침[시행 2020. 5. 6.] [산림청지침 제3232호]

1 산지경관 영향 검토 기준

1) 검토 항목별 기준

항목	세부 내용
스카이라인(skyline) 훼손 정도	(가) 기존 스카이라인의 직접적인 훼손 유무 (나) 스카이라인의 간접적인 훼손 유무
산세(山勢) 훼손 정도	(가) 대상 산지의 주요 능선 훼손 여부 　　① 주요 능선, ② 2차 능선, ③ 3차 능선 (나) 조망점에서 조망 시 전용 지역의 형태 및 면적의 과다 　　① 훼손 산지 형태 – 가늘고 긴 형태의 수직형, 기하학적 모양 　　② 시각적 분포 – 산재형, 단일집중 분포 　　③ 전용되지 않는 배경의 산지 면적과 유사하거나 큰 전용 (다) 산지전용 등 지역의 배경 산지와의 표고비
임상(林相) 훼손 정도	(가) 산지전용 등 지역 주변 전반을 감안한 훼손 양상 (나) 산지전용 등 이후 주변 일대 임상의 변화
임연부 훼손 저감 정도	(가) 조망점에서 조망 시 직선 또는 기하학적 곡선형의 임연부 조성 여부 (나) 임연부의 식재 양상 (다) 산지전용 등의 이후 임연부 보완 여부
이질적 경관 형성	(가) 주변 경관의 색채 등과 어울리지 않는 현저한 색채의 사용 여부 (나) 시설물이 주변 산지의 형태와 어울리는지 여부

2) 산지경관 영향 검토 방법

① 산지경관 영향의 검토는 경관의 변화 정도 및 저감 대책의 적정성 등을 기준으로 판단한다.

② 산지경관에 대한 영향의 정도를 판단하기 어렵거나 심대하여 전문가 판단을 필요로 한 경우에는 중앙산지관리위원회 또는 지방산지관리위원회의 심의를 통해 판단하도록 한다.

2 산지경관 영향 저감 대책

1) 저감 대책 검토 항목

대상 사업의 해당 산지경관 훼손 유형에 따른 저감 대책을 검토한다.

다음의 사항을 고려하여 산지경관 훼손 유형별 저감 대책을 수립하였는지 확인하며, 이 경우 산지경관 영향 검토를 위한 체크리스트[별표]를 활용한다.

① 스카이라인(skyline) 훼손 저감

② 산세(山勢)의 훼손 저감

③ 임상(林相)의 훼손 저감

④ 임연부의 훼손 저감

⑤ 이질적 경관 형성 저감

2) 저감 대책(안)이 수립되는 경우에는 대책 수립에 의해 형성되는 경관 영향 모의실험을 제작하여 저감을 통한 경관 개선을 비교할 수 있어야 한다.

3) 산지경관 영향 저감 모의실험 결과물의 제작은 제2장 제2절의 기준을 따른다.

4) 저감 대책에 대한 경관 영향 모의실험 검토 결과를 평가하여 최종 저감 대책안을 수립한다.

memo

Chapter

06

임목 수확

핵심 01 임업기계

구분	종류
소형작업기계	기계톱, 예불기, 식혈기, 자동지타기, 가지치기 체인톱
가선집재기	반송기, 소형윈치, 야더집재기, 타워야더집재기
차량형 임업기계	트랙터, 소형집재용차, 스키더(차체굴절식 임업용 트랙터), 포워더
다공정 임목수확장치	펠러번처, 프로세서, 하베스터
기타	연결형 크롤러바퀴식 차량, 무게중심 이동형차량, 보행형차량, 공중집재장치(헬리콥터)

1 임업기계의 개념

광의의 임업기계는 이러한 산림의 조성, 관리 및 생산물의 수확 등 임업활동에 활용되는 모든 장비를 통칭하며, 좁은 의미로는 임업용으로 활용하기 위하여 제작된 체인톱, 집재기, 임업용 트랙터 등을 임업기계라고 할 수 있다. 최근에는 일반 토목장비 및 농업장비가 임업에서도 많이 활용되므로 이러한 장비들도 임업기계에 포함시킬 수 있다.

2 임업기계의 의의

인력은 축력과 마찬가지로 생물적인 물질대사 작용으로부터 에너지를 얻기 때문에 지속적인 작업 시 체중 75kg당 약 0.1마력의 동력을 발생하므로 현재 사용하고 있는 내연기관에 비하면 그 효율이 매우 낮다. 따라서 기계적인 단순노동은 약간의 유지비와 연료비만으로도 운용되는 기계를 이용하는 것이 경제적이고, 현재 쓰이는 일부 자동화 장비는 사람이 작업할 때 이루어지는 판단작업까지도 각종 센서와 마이크로프로세서를 이용하여 정확히 실행함으로써 유지비 절감과 인력 활용을 극대화할 수 있으므로 우리나라의 임업경영 현실과 기술 수준에 적합한 장비를 투입함으로써 생산 비용을 절감할 수 있다.

3 임업기계화의 장점

어렵고 힘든 노동을 기피하는 우리의 현실에서 젊은 산림작업원을 확보할 수 있는 한 가지 방편이 되므로 노동조건의 개선 측면에서도 기계화 작업은 필수적이라 하겠다.

① 계획생산의 실시: 기계화를 실시할 경우 기후조건, 계절의 영향을 어느 정도 극복 가능하며, 목재시장 상황에 맞는 탄력적인 공급이 가능하며, 인력에 비해 좀 더 안정적으로 작업을 수행할 수 있다.

② 지형 조건의 극복: 기계에너지를 이용하여 인력으로 실시할 수 없는 지형 조건에서도 작업수행이 가능하며, 적절한 도로망과 장비의 조합으로 어느 정도까지는 임목생산 작업이 가능하다.

③ 생산속도의 증가와 상품가치의 향상: 기계에 의해 작업속도를 높이고 생산기간을 단축할 수 있어 자금의 회전을 빠르게 하고 제품의 품질 저하를 막을 수 있으며, 인력작업이 곤란하거나 경비가 많이 소요되는 전간재(全幹材)를 생산하여 제품의 품질을 향상시켜 수율을 높일 수 있는 장점이 있다.

4 임업기계화의 장점과 단점

구분	장점	단점
계획생산	기계화로 인해 일정하고 체계적인 계획 생산이 가능해짐	기계 고장 시 계획된 생산 일정에 차질이 생길 수 있음
생산속도	작업속도가 빨라져 대규모 임업 작업의 생산성이 증가함	빠른 생산속도에 맞춰 인력과 자원을 추가로 투입해야 하는 경우가 많음
상품가치	정밀한 기계 작업으로 균일한 품질 확보가 가능해 상품가치가 향상됨	기계 작업에 따른 손상으로 특정 상품의 품질이 저하될 가능성 있음
지형 조건	평지에서 효율성이 극대화되며, 표준화된 환경에서 최적의 성과를 냄	산악지나 경사지 등에서 기계 사용이 어렵고 작업의 유연성이 떨어짐
생산 효율성	노동력 절감과 대규모 작업이 가능하여 효율성이 높아짐	초기 투자비와 유지보수 비용이 높아 경제적 부담이 됨
작업 안전성	위험한 작업을 기계가 대신하여 작업자의 안전이 향상됨	기계 오작동이나 조작 실수로 인한 사고 위험이 존재
환경 영향	환경에 미치는 영향을 줄일 수 있는 친환경 기계 도입이 가능함	기계 사용이 토양 압축 및 훼손 등 환경에 물리적 피해를 줄 수 있음

임업의 기계회는 생산성을 크게 높일 수 있지만, 지형 조건과 비용, 한경 영향을 충분히 고려해야 하며, 특히 작업자의 안전에 영향을 미친다.

02 육림기계 · 기구

육림기계는 산림을 조성하고 관리하는 다양한 육림 작업을 기계화하여 수행하기 위한 장비를 말하므로, 나무 심기부터 벌채, 산림 정비, 방제, 토양 관리 등 산림의 성장과 보호를 위한 작업에 필요한 기계류를 포함한다. 육림기계는 임업의 효율성을 높이고, 작업의 안전성을 개선하며, 노동력을 줄이기 위한 목적에서 사용된다.

구분	종류	설명
식재용	재래식	• 재래식 삽과 괭이는 식재용으로 적합지 않아 개선의 여지가 있음
	각식재용 양날괭이	• 타원형은 자갈이 섞이고 지중이 뿌리가 있는 곳에서 사용 • 네모형은 땅이 무르고 자갈이 없으며 잡초가 많은 곳에 사용 ▲ 타원형　　　　▲ 네모형
	사식재 괭이	• 경사지나 평지 등 모든 곳에서 사용할 수 있으며, 대묘보다 소묘의 사식에 적합. 괭이 날의 자루에 대한 각도는 $60°\sim70°$
무육용	스위스 보육낫	• 침엽수 및 활엽수 유령림의 무육작업에 적합한 것으로 지름 5cm 내외의 잡목 및 불량목 제거에 사용
	소형 전정가위	• 신초부와 쌍가지 제거 등 직경 1.5cm 내외의 치수 무육작업에 적합

구분	종류	설명
무육용	무육용 이리톱	• 무육용 날과 가지치기용 날이 함께 있어 가지치기와 직경 6~15cm 내외의 유령림 무육작업에 적합 • 손잡이가 구부러져 당기기에 좋음
가지치기용	소형 손톱	• 덩굴식물의 제거와 직경 2cm 이하의 가지치기에 적당
	고지절단용 톱	• 수간의 높이가 4~5m 정도로 높은 곳의 가지치기에 쓰임
	자동 지타기	• 나무의 수간을 오르내리며 가지치기하는 기계로 톱날이 부착되어 있음

수확기계·기구

종류	설명
도끼	작업 목적에 따라 끝 날의 각도가 다름 30˚~35˚ ▲ 활엽수 장작패기용　　>15˚ ▲ 침엽수 장작패기용　　9˚~12˚ ▲ 벌목용　　8˚~10˚ ▲ 가지치기용
쐐기 (wedge)	• 주로 벌도 방향의 결정과 안전작업을 위하여 사용 • 보통 톱의 사용 시에는 철제쐐기가 사용되고 있지만, 체인톱에는 톱니의 파손과 체인의 파손으로 인한 사고를 방지하기 위하여 알루미늄 쐐기나 플라스틱 쐐기 또는 목제 쐐기를 사용해야 함 ▲ 벌목용 쐐기　　▲ 절단용 쐐기
갈고리	벌도목 방향 전환용과 벌도목 운반용이 있음 ▲ 운반갈고리와 집게
박피기	벌도된 나무의 껍질을 제거하는 데 사용 ▲ 외국형 박피삽

종류	설명
사피	• 통나무를 찍어서 운반하는 용도로 사용 • 한국형은 우리나라 작업자의 체형에 적합 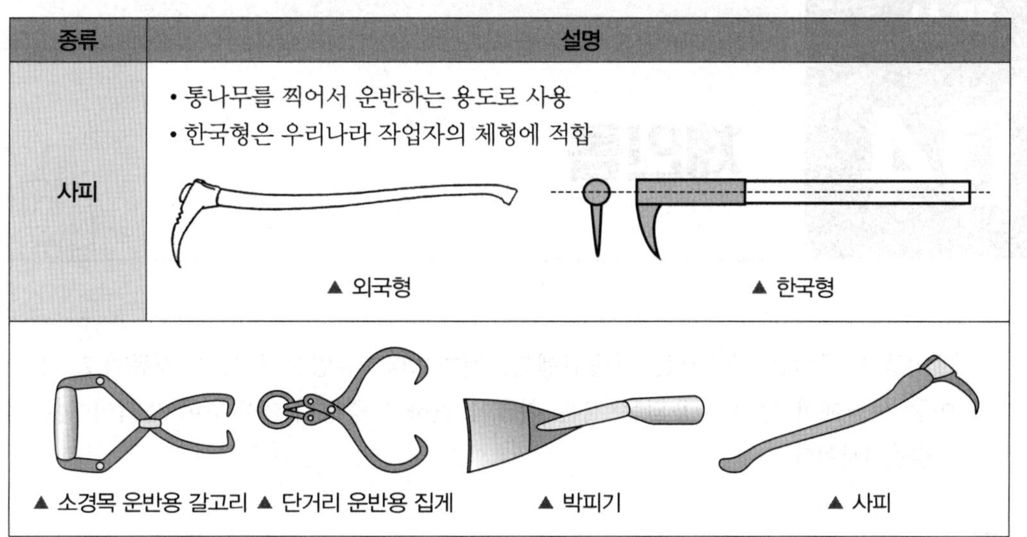 ▲ 외국형　　　　　　　　　▲ 한국형 ▲ 소경목 운반용 갈고리　▲ 단거리 운반용 집게　▲ 박피기　　　▲ 사피

04 체인톱

체인톱은 동력을 구동하는 가솔린엔진, 전기모터, 유압모터 등을 원동기로 이용한다. 이중 산림에서 많이 사용되는 것은 취급이 편하고 중량이 가벼우며 출력이 높은 2행정 가솔린기관이다.

1 체인톱의 구성

체인톱은 일반적으로 원동기 부분, 동력전달 부분 목재절단 부분으로 구성되어 있으며, 출력과 엔진의 무게에 따라 소형, 중형, 대형으로 구분한다. 체인톱의 수명은 대체로 엔진의 가동시간을 말하며 약 1,500시간 정도이다.

원동기부	동력 발생을 위한 원동기는 그 원리나 구조가 농업용 기계에 이용되고 있는 공랭식 2행정 기관으로 기타 용도의 공랭식 2행정 기관과 거의 유사하지만, 톱 체인에 윤활유를 공급하기 위한 윤활유 공급장치가 더 붙어 있음
동력 전달부	동력 전달부는 원동기의 동력을 톱 체인에 전달하는 부분으로써 직접 전동형은 원심클러치와 스프로켓으로 이루어져 있고, 기어 전동형은 원심 클러치, 감속장치 및 스프로켓으로 구성되어 있음
목재 절단부	목재를 톱질하여 잘라내는 부분으로 절단톱날, 안내판, 기계톱 장력조절장치, 체인 덮개 등으로 구성되어 있음

2 체인톱의 구비조건

체인톱에 의한 벌목 및 조재 작업을 효율적으로 실행하기 위해서는 다음과 같은 조건을 갖추어야 한다.

① 무게가 가볍고 소형이며 취급 방법이 간편할 것

② 견고하고 가동률이 높으며 절삭능력이 좋을 것

③ 소음과 진동이 적고 내구력이 높을 것

④ 근주(그루터기)의 높이를 되도록 낮게 절단할 수 있을 것

⑤ 연료의 소비, 수리비, 유지비 등 경비가 적게 소요될 것

⑥ 부품의 공급이 용이하고 가격이 저렴할 것

❸ 체인톱의 안전장치

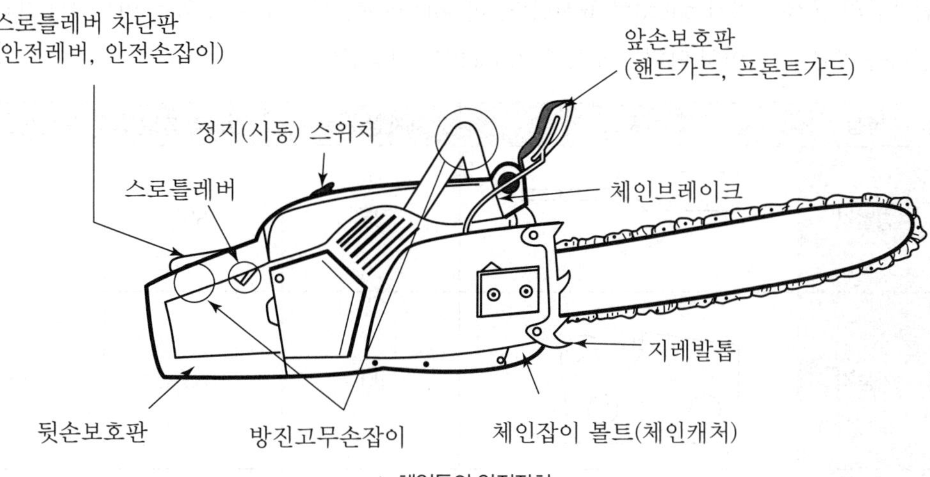

▲ 체인톱의 안전장치

① 앞손보호판

- 핸드가더
- 작업 중 가지와 체인톱의 튕김에 의한 손과 신체의 위험방지 장치이다.

② 뒷손보호판

- 체인톱날이 끊어졌을 때 오른손을 보호하기 위한 장치이다.

③ 방진고무손잡이

- 앞손과 뒷손으로 잡는 손잡이 부분에 진동을 감소시켜주기 위해 설치하는 고무 손잡이
- 추운 곳에서는 온열 기능을 사용하기도 한다.

④ 스로틀레버 차단판

- 스로틀레버 차단판을 정확히 잡지 않으면 스로틀레버(엑셀러레이터)가 작동하지 않도록 하는 안전장치이다.

⑤ 기타 안전과 관련된 장치들

- ㉠ 체인캐처: 체인을 제대로 관리하지 않으면 체인이 사용 도중 튕겨 나오거나 끊어질 수 있다. 이때 체인이 뒤로 튕겨 나오는 것을 방지한다.
- ㉡ 체인브레이크: 이동 중이거나 작업을 잠시 중단할 때 핸드가더를 앞으로 내밀면 체인이 회전하지 않으며, 체인톱의 튕김에 손과 신체 위험을 방지하는 장치로 앞손보호판과 연동하여 설치되어 있다.
- ㉢ 정지스위치: 엔진을 신속히 정지시킬 수 있는 장치이다.

톱체인의 규격은 피치(pitch)로 표시한다. 피치(pitch)는 서로 접하여 있는 리벳 3개 간격의 $\frac{1}{2}$ 길이를 말한다. 길이의 단위는 보통 인치(inch)를 사용한다.

명칭	구조	대패형 톱날	반끌형 톱날	끌형톱날
창날각		35°	35°	30°
가슴각		90°	85°	85°
지붕각		60°	60°	60°
연마 방법		수평으로 연마	수평에서 위로 10° 정도 상향 연마	

핵심 05 와이어로프

1 와이어로프의 개념

와이어로프는 여러 가닥의 철선(와이어)을 꼬아서 만든 강력한 로프로, 높은 인장 강도와 내구성을 갖추고 있어 하중을 견디는 데 탁월하다. 기본적으로 작은 철선들이 모여 하나의 가닥을 형성하고, 이러한 가닥들이 여러 겹으로 꼬여 전체 와이어로프를 만든다. 와이어로프는 강철을 주요 재료로 사용하며, 높은 장력과 내마모성을 갖추고 있어 무거운 하중을 들어올리거나 이동시키는 데 적합하다.

2 임업에서의 와이어로프 용도

임업에서는 산림 작업 특성상 무거운 목재나 장비를 이동시키고 고정하는 일이 빈번하다. 와이어로프는 높은 인장 강도와 내구성 덕분에 무거운 목재를 안전하게 이동시키고, 험난한 지형에서의 작업을 가능하게 한다.

임업에서 와이어로프의 주요 용도는 다음과 같다.

① 목재 집재 작업

벌목 후 나무를 운반하거나 산비탈 등 험한 지형에서 목재를 끌어올리는 데 와이어로프가 사용된다. 특히, 스키더와 같은 집재기계에 와이어로프를 부착하여 벌목된 목재를 안전하게 이동시키는 데 필수적이다.

② 운반 및 인양 작업

험준한 산악 지형에서 목재를 원활하게 운반하기 위해 와이어로프와 윈치(winch)를 조합하여 사용한다. 이를 통해 목재를 효율적으로 끌어올리거나 내리며 작업 효율을 높인다.

③ 고정 및 안전 확보

산림 작업 시 장비와 구조물을 고정하거나, 높은 곳에서 작업자의 안전을 확보하기 위한 지지 장치로 사용된다. 작업자가 와이어로프에 연결된 안전 장비를 착용함으로써 작업 중 안전을 확보할 수 있다.

④ 집재가선 시스템

산악 지형에서는 목재를 공중에서 이동시키는 공중 케이블 시스템에 와이어로프가 사용된다. 이 시스템은 집재와 운반 효율을 높이며, 환경 훼손을 줄이는 데도 기여한다.

③ 와이어로프 표기 내용

6×7 . C/L . 20mm . B종

- 6×7 → 6개의 스트랜드×7개의 와이어로 구성된 스트랜드
- C: 콤포지션유 도장
- O: 일반 오일 도장
- L: 랑꼬임, 보통꼬임이면 표기 안함
- 20mm: 로프 지름, 공칭 지름
- B: 인장강도 180kg/㎟
- A: 인장강도 165kg/㎟

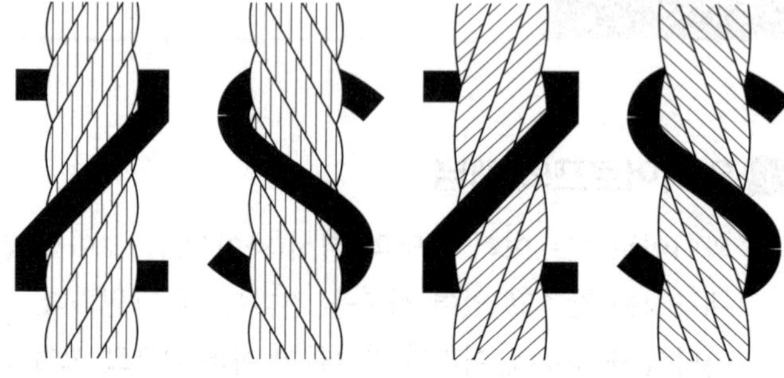

▲ Z 보통꼬임   ▲ S 보통꼬임   ▲ Z 랑꼬임   ▲ S 랑꼬임

> **참고**
>
> - 소선의 꼬임과 스트랜드의 꼬임: 방향이 같으면 랑꼬임이고, 다르면 보통꼬임이다.
> - 스트랜드가 꼬인 방향이 오른쪽 아래에서 위로 가면 Z꼬임, 왼쪽 아래에서 오른쪽 위로 가면 S꼬임(Z와 S의 글자 중간 부분이 향한 방향을 보면 이해하기 쉽다)이다.

④ 와이어로프의 구조

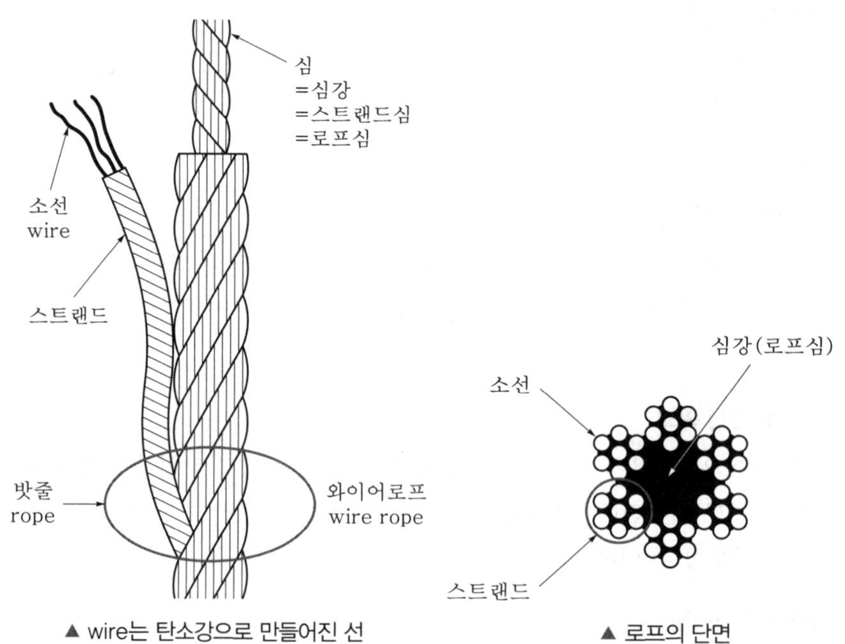

▲ wire는 탄소강으로 만들어진 선   ▲ 로프의 단면

5 **와이어로프 폐기 기준**

① 와이어로프 1피치 사이에 와이어 소선의 단선수가 10% 이상인 것

   – 소선이 10% 이상 절단된 것

② 마모에 의한 와이어로프 지름의 감소가 공칭지름의 7%를 초과한 것

   – 공칭지름이 7% 이상 감소된 것

③ 꼬인 것(킹크된 것)

④ 현저히 변형된 것

⑤ 부식된 것

6 **와이어로프의 안전계수**

① 가공본줄: 2.7

② 짐당김줄, 되돌림줄, 버팀줄, 고정줄: 4.0

③ 짐올림줄, 짐매달음줄, 호이스트줄: 6.0

④ 안전계수=파괴강도/설계강도: 안전한 작업을 위해 주는 강도의 여유분

7 **와이어로프의 점검관리 방법**

① 외부에 기름을 칠하여 녹슬지 않도록 할 것

② 소선 사이에 기름이 마르지 않도록 할 것

③ 와이어로프 직경이 7% 이상 마모되면 교환할 것

④ 한 번 꼰 길이에 10% 이상의 소선이 절단되면 교환할 것

⑤ 이음매 부분 및 말단 부분의 이상 유무를 점검할 것

핵심 06 고성능 임업기계

다공정 임업기계 또는 다공정 임목수확기계를 고성능 임업기계라고 한다. 고성능 임업기계는 벌도, 가지자르기, 통나무 자르기, 집재작업 등 임목수확작업의 단위작업 중 한 가지 이상을 하나의 공정으로 일관되게 수행하는 대형 차량계 또는 차량형 임업기계를 말한다. 이들 고성능 임업기계는 필요한 작업에 따라 일관된 작업을 수행할 수 있도록 투입하는 기법이 필요하다.

1 고성능 임업기계의 종류

① 트리펠러: 단순히 벌도 기능만 갖추고 있는 기계이다.

② 펠러번처: 벌도도 하고, 모아 쌓을 수도 있는 기계로 임목을 붙잡을 수 있는 장치를 갖추고 있다.

③ 프로세서: 가지자르기, 집재목의 길이를 측정하는 조재목 마름질, 통나무 자르기 등 일련의 조재작업을 한 공정으로 수행한다.

④ 하베스터: 대표적인 다공정 처리 기계로서 벌도, 가지치기, 조재목 마름질, 토막내기 작업을 한 공정에 수행할 수 있는 장비이다.

⑤ 포워더: 화물차에 크레인을 달아 조재목을 싣고 운반하는 기계이다.

⑥ 타워야더: 트랙터에 인공 철기둥과 가선집재장치를 부착한 집재기계이다.

☞ 임목벌도기계 ; 손톱, 체인톱, 트리펠러, 펠러번처, 하베스터

2 고성능 임업기계의 투입 기법

고성능 임업기계는 작업이 가능한 단위작업으로 구분하여 투입해야 한다. 작업 가능한 단위작업에 따라 사용 가능한 기계는 아래의 표와 같다. ○으로 표시된 부분이 단위작업에 투입할 수 있는 고성능 임업기계들이다.

■ 투입 가능한 단위작업 표

단위 작업	트리펠러	펠러번처	하베스터	프로세서
벌목	○	○	○	×
지타	×	×	○	○
측정	×	×	○	○
절단	×	×	○	○
쌓기	×	○	○	○
소집재	×	○	○	○

 07 임업기계 및 장비

임업은 농업과 같이 식물을 대상으로 심고, 가꾸고, 수확하는 산업이지만, 묘포장에서 어린 묘목을 키우는 양묘작업을 제외하고는 그 작업 대상물의 크기와 중량, 생산물의 내용에 있어서도 큰 차이가 있다. 또한, 임업을 임목을 키우는 단계인 1차 생산단계, 임목을 수확하여 원목을 생산하는 2차 생산단계, 원목을 가공하는 3차 생산단계로 구분하기도 한다(Sundberg & Silversides, 1988).

이러한 작업 단계 중 1, 2차 생산단계와 3차 생산단계 중에서 산림 내에서 이루어지는 작업과정에 사용되는 장비를 임업기계라고 할 수 있으며, 이를 다시 산림경영상의 구분 방법에 따라 다음과 같이 분류한다(山脇 등, 1980). 경우에 따라서는 임업기계를 기능과 형태에 따라 크게 휴대용 기계, 차량형 기계, 가선형 기계 등으로 기능과 작업 방법에 따라 구별하기도 한다. 산림관리 및 연락용으로는 다른 산업 분야에서도 활용되는 범용(凡用)형 장비로서 이륜차, 차량, 헬리콥터, 항공기, 유선 및 무선 전화시설, 산림용 측량기기, 장비수리용 기계, 발전장비(發電裝備), 선박(船舶) 등이 있다.

1 육림기계 · 장비

양묘 및 조림, 육림용 장비는 대부분 일반 농업기계를 그대로 활용할 수 있으며, 경우에 따라서는 임업 전용 장비를 개발하여 활용하기도 하지만 기능 및 작동 방식은 농업용 장비와 유사한 것이 많으며, 각 작업 단계에 사용되는 장비를 열거하면 다음과 같다.

① 양묘용 장비: 트랙터, 경운작업기(plow), 정지작업기(harrow), 퇴비살포기(堆肥撒布機, manure spreader), 중경제초기(中耕除草機, cultivator,), 파종기(播種機, seed sower), 약제살포기(sprayer), 묘목이식기(床替機, transplanter), 운반용 트레일러, 관수장치, 단근굴취기(斷根掘取機, root pruner and digger), 컨베이어 시설, 묘목 수확기(seedling harvester), 컨테이너 양묘시설 등

② 조림 및 육림용 장비: 풀깎기 기계(刈拂機, brush cutter), 식혈기(植穴機, planting auger), 가지치기 기계(枝打機, power pruner), 묘목식재기(seedlingplanter) 등

③ 산림보호용 장비: 각종 약제 분무기, 연무기, 동력 천공기(穿孔機) 등

2 수확 기계 · 장비

임목을 벌목하여 가지를 치고 토막을 내는 기계가 벌목조재용 기계이고 원목 또는 벌목된 임목을 작업로 또는 임도까지 운반하는 장비를 집재용 기계, 임도나 도로를 주행하며 운반하는 기계를 집운재 기계라 한다. 이외에도 저목장까지 운반된 원목을 차량에 싣고 내리는 장비와 임내에서 간단한 1차 가공을 할 수 있는 임내가공용 장비 등이 있다.

① 벌목조재 기계

체인톱(chain saw), 임목 벌채용 펠러(feller) 및 펠러번처(feller buncher), 임목 벌채수확용 하베스터(harvester), 벌채목 가지자르기용 프로세서(processor), 원목 토막내기용 그래플톱(grapple saw) 등

② 집 · 운재용 기계

궤도형 및 차륜형 트랙터, 자주식 반송집재기(自走式 搬送集材機), 야더집재기, 소형 윈치, 소형 타이어 바퀴 및 크롤러식 집재용 차량(小型運材車, 小型林內車, mini forwarder, mini skidder), 모노레일(mono rail), 모노케이블장비, 포워더(forwarder), 원목집게(log grapple), 원목운반트럭, 크레인 트럭, 집 · 운재용 헬리콥터, 산림철도 등

③ 저목장 및 임내 가공용 기계

크레인, 포크리프트(fork lift), 박피기(debarker), 치퍼기(chipper), 이동식 제재기(portable sawmill) 등

3 산림토목 기계 · 장비

일반 토목 분야에서 토공작업이나 운반작업 등에 활용되는 장비들이 그대로 활용될 수 있다. 예를 들면 착암기(rock drill), 불도저, 콘크리트 믹서, 굴착기(excavator), 모터그레이더(motor grader), 도로용 롤러(road roller), 공기압축기(air compressor), 덤프트럭, 제설장비 등이 있다.

1) 건설기계

구분	종류	용도
굴착 기계	• 파워셔블 • 백호우 • 리퍼(단단한 흙이나 연약한 암석 굴착 용도) • 브레이커	땅 파는 기계
적재 기계	• 트랙터셔블 • 셔블로더	상차 기계

구분	종류	용도
운반 기계	• 불도저 • 덤프트럭 • 백호우(굴착, 적재, 운반, 흙깔기, 흙다지기 등)	흙이나 돌을 옮기는 기계
정지 기계	• 모터그레이더 • 불도저 • 스크레이퍼	땅을 평평하게 다듬는 기계
전압 기계	• 로드롤러(바퀴의 배치와 형식에 따라 머캐덤롤러, 탠덤롤러, 탬핑롤러) • 타이어롤러 • 진동콤팩터 • 탬퍼	땅을 다지는 기계

2) 건설기계의 주행장치

크롤러바퀴식	• 중앙고가 낮아 등판력이 우수 • 바퀴가 땅에 닿은 면적이 많아 접지압이 낮음 • 연약지반이나 험지에서 주행성이 좋음 • 임도나 임지에 피해가 적음
타이어바퀴식	• 주행성과 기동성은 크롤러바퀴식에 비해 좋음 • 크롤러바퀴식에 비해 바퀴가 땅에 닿은 면적이 적어 접지압이 높음 • 연약지반이나 험지에서 이용이 힘듦

• 주행장치는 임업용 트랙터, 쇼벨계 건설기계, 포워더의 주행장치에 공통된 사항이다.
• 접지압은 땅에 닿는 압력을 말한다.
• 압력의 단위는 무게/면적이고, 분모가 커지면 숫자가 작아지므로 압력도 낮아지고, 반대로 분자가 커지면 당연히 압력도 높아진다.
• 접지압은 바퀴가 땅에 닿는 면적과 반비례한다.
• 영화에서 보는 전차의 바퀴인 크롤러바퀴가 땅을 많이 훼손하는 것으로 착각을 하지만, 오히려 접지압이 높은 타이어바퀴가 땅을 많이 훼손한다.

08 인간공학

1 인간공학의 개념

인간공학이란 작업, 직무, 기계, 방법, 기구, 환경 등을 개선함으로써 좀 더 쉽게 작업이나 직무를 수행할 수 있도록 하는 것이다. 또한, 인간공학이란 인간에게 있어서 자기 주위의 기계, 환경 등을 하나의 시스템으로써 고려하여 그것에 대하여 주체적인 인간으로서의 적합성을 유지하면서 시스템의 목적이 달성되고 있는가를 고려하는 것이다.

다시 말해서 인간공학은 인간이라는 대상물에 대한 법칙성을 탐구함으로써 인간의 특성을 찾아내고, 인간이 안전하면서도 손쉽게 조작해 낼 수 있도록 특성에 맞추어 공학적인 측면에서 기계를 설계하고 검토해 나가려고 하는 것이다. 인간공학이 지향하는 역할은 인간과 기계가 시스템으로서의 적합성을 유지하도록 하고, 또한, 그 목적이 유효한 기능을 수행하도록 설계하는 과학으로서 존재한다고 할 수 있다.

2 임업에의 적용

산림작업에서 인간공학 분야는 인간과 작업을 대상으로 한 모든 내용, 즉 인체, 영양, 작업 자세, 에너지 소비, 피로, 작업시간 분배, 심리·정신적인 작업 부담, 작업기계 등과 작업환경으로서 기후, 작업조건, 소음, 진동, 유해가스 등의 기술적인 인자와 안전과 직업재해 문제 등의 해석에 직접 또는 간접적으로 응용될 수 있다(Frykman, 1986).

최근에는 임업기계화가 진행되면서 작업환경과 작업 방법이 변화하였기 때문에 작업 부담 내용도 바뀌었다. 즉, 과거의 신체적 작업 부담이 감소되는 반면, 기계에 의한 진동, 소음과 같은 영향으로 새로운 형태의 심리적, 감각적(mental and perceptual) 작업 부담이 증가함으로써 과거의 간단한 도구 등의 설계 및 제작에 쓰이던 경험적 방법의 적용이 불가능하게 되었다. 따라서 이러한 인간공학 이론을 바탕으로 작업 개선과 장비의 설계 등이 이뤄져야 한다(Zander 1986).

1) 산림작업과 에너지 대사

다른 생물과 마찬가지로 인간이 생존하고 활동하기 위해서는 섭취한 음식물이 체내에서 산화됨으로써 얻어지는 에너지를 이용한다. 이러한 체내에서 이루어지는 영양분의 분해과정을 에너지 대사(metbolism)라고 한다. 1일 총 에너지대사량은 다음의 기초대사량과 노동대사량, 생활대사량을 합하여 구하는데 독일남성의 예를 들면, 작업대사량이 2,000~3,000kcal일 경우 1일 총에너지 대사량은 4,200~5,200kcal로 계산할 수 있다.

① 기초대사량(basal metabolism)

생체 유지를 위한 최소에너지로서 20℃에서 공복상태로 누운 자세의 에너지 대사량으로 성인 남자는 분당 0.95kcal, 여성은 0.80kcal이다. 이때 성인 남자의 기초대사량은 1일 1,400kcal로 계산하며, 독일의 경우 1,700kcal로 계산한다.

② 안정대사량(rest metabolism)

의자에 앉은 상태의 대사량으로 기초대사량보다 20~25%가 높다.

③ 노동대사량(work metabolism)

안정대사량에 작업에 소요되는 대사량을 추가하여 구한다.

④ 생활대사량

일상적인 생활을 영위하는 데 필요한 에너지로서 생활대사량은 개인의 활동내용에 따라 다르지만, 독일의 경우 1일 500kcal로 계산한다.

2) 생리적 부담측정 평가법

노동이 작업원에게 주는 신체적인 부담을 작업 강도(work load), 노동부담(勞動負擔)이라고 하는데, 이를 나타내는 단위로는 에너지 단위인 [kJ/min] 또는 [kcal/min]로 나타낸다. 그러나 인간의 체내에서 발생하는 에너지양을 직접적으로 잴 수 없으므로 간접적인 방법으로 에너지를 생산하기 위해 소비되는 산소 소비량인 $[VO_2 l/min]$을 사용한다. 그러나 측정이 어려운 산소 소비량 대신 이와 매우 높은 상관관계가 있는 맥박수(heart rate) 변화를 측정함으로써 에너지 소비량을 추정할 수도 있다(Astrand 1986).

이 외에도 육체노동의 결과, 인체 내에서 발생하는 체온의 증가 현상, 발한량의 측정, 혈액 중 젖산 함량의 증가 등을 측정하여 간접적으로 작업 강도를 추정하기도 한다. 작업 강도를 구분할 때 분당 에너지 소비량, 산소 소비량, 맥박수 증가율에 따라 노동 강도의 경중(輕重)을 구분할 수 있다. 그러나 이는 평균 체격의 성인을 기준으로 한 것이므로 체격의 크기, 연령 등에 따라 동일한 작업 내용이라도 작업원에 따라 상대적으로 다른 작업 강도로 분류될 수 있다.

４ 작업 조직

작업자의 작업 조직과 편성에 따라 작업 능률과 작업 형태가 달라진다. 그러므로 작업 장소의 여건에 따라 알맞은 작업조와 투입될 인원을 결정해야 한다.

① 1인 1조
- 장점: 독립적으로 융통성이 크고 작업능률도 높다.
- 단점: 과로하기 쉽고 사고 발생 시 위험하다.

② 2인 1조
- 장점: 2인의 지식과 경험을 합하여 작업할 수 있으므로 융통성을 갖고 능률을 올릴 수 있다.
- 단점: 타협해야 하고 양보해야 한다.

③ 3인 1조
- 장점: 책임량이 적어 부담이 적다.
- 단점: 작업에 흥미를 잃기 쉽고 책임의식이 낮고 사고 위험이 크다.

핵심 09 수확작업 시 안전관리

1 산림작업이 어려운 이유

① 더위, 추위, 비, 눈, 바람 등과 같은 기상조건에 영향을 많이 받는다.

② 산악자의 장애물과 경사로 인해 미끄러지기 쉽다.

③ 산림작업도구 및 기계 자체가 위험성을 내포하고 있다.

④ 작업 장소를 계속 이동하여야 한다.

⑤ 무거운 통나무가 넘어지거나 굴러 내리는 경우가 많다.

⑥ 기타 독충, 독사, 구르는 돌 등에 의해 피해를 받기 쉽다.

2 안전사고 발생 원인

① 위험을 두려워하지 않고 오만한 태도를 지녔을 때

② 안일한 생각으로 태만히 작업할 때

③ 과로하거나 과중한 작업을 수행할 때

④ 계획 없이 일을 서둘러 할 때

⑤ 실없는 자부심과 자만심이 발동할 때

3 안전사고 예방 준칙

① 작업 실행에 심사숙고할 것

② 작업의 중용을 지킬 것

③ 긴장하지 말고 부드럽게 할 것

④ 규칙적인 휴식을 취하고, 율동적인 직업을 할 것

⑤ 휴식 직후에는 서서히 작업속도를 높일 것

⑥ 몸의 일부로만 계속 작업을 피하고 몸 전체를 고르게 움직일 것

⑦ 위험을 항상 염두에 두고 보호장비를 항상 착용할 것

⑧ 작업복은 작업종과 일기에 맞추어 입을 것

⑨ 올바른 기술과 적당한 도구를 사용할 것

⑩ 유사시를 대비하여 혼자서 작업하지 말 것

⑪ 산불을 조심할 것

핵심 10 작업계획 · 관리

1 작업연구

① 작업공정(功程)은 작업 내용, 가공 방법, 가공 순서, 작업 동작, 작업 조건 등을 과학적으로 검토하기 위한 분석 수법으로 미국의 테일러와 길브레드 등에 의해 시작되었다.

② 작업공정에 대한 연구의 목적은 작업의 개선이 우선이지만 그 외에도 작업의 표준화와 표준공정의 설정, 표준작업의 유지 및 지도, 작업의 계량화, 비교, 관리 방법의 개선 등을 높이고자 하는 데 있다.

③ 작업공정의 연구는 연구의 대상으로서 공정(工程, process) 연구, 시간연구, 동작연구로 나눈다.

④ 공정연구는 작업의 흐름을 주체로 하여 그 순서, 공정 상호 간의 균형, 소요시간 등을 분석하는 수법이고, 시간연구와 동작연구는 공정 계열을 구성하는 개개의 작업 단위를 대상으로 하는 분석 수법이다.

⑤ 작업원이 사용하는 기구 및 기계도 작업원의 연장선상에서 생각해 보면 시간연구와 동작연구는 사람의 움직임을 중심으로 하는 분석 수법이라고 할 수 있다. 따라서 작업공정 연구는 다음과 같이 분류할 수 있다.

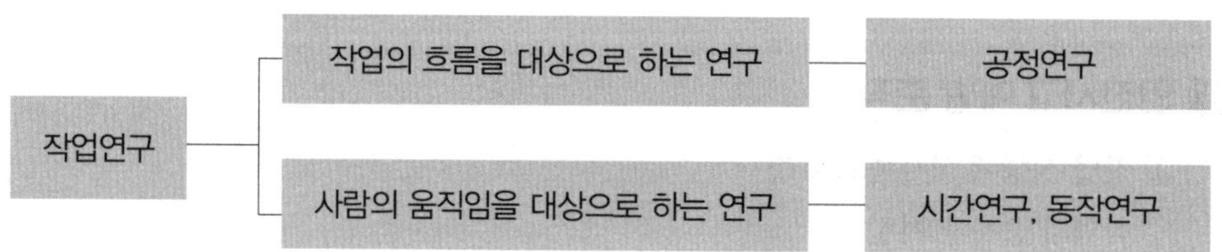

⑥ 시간연구는 테일러가 발전시킨 것으로 스톱워치(초시계)를 이용하여 시간의 중점 변동을 연구한데 반해, 동작연구는 길브레드에 의해 연구된 것으로 시간보다는 오히려 동작의 거리, 경로 및 방향이라고 하는 공간적인 연구에 중점을 두었다. 그렇지만 이 두 가지는 결국 밀접한 관계가 있고 시간연구에서도 동작연구를 알아야 하고, 동작연구에서도 시간을 무시할 수는 없다. 따라서 이것을 구별하지 않고 동작 및 시간연구로 취급하는 경우도 있다.

2 작업관리

① 테일러는 작업관리를 작업자와 기업의 입장에서 최선의 작업 방법을 추구하는 것으로 정의하였다.

② 작업관리는 작업자의 작업 방법과 현장의 작업조건 등을 조사 및 연구하여 낭비 없이 작업을 원활하게 진행할 수 있도록 최선의 방법을 찾는 것이다.

③ 단위공정에 대한 직무설계를 통해 직무 내용과 작업 방법을 결정하고, 작업자의 활동분석, 작업분석, 동작분석 등을 통해 작업을 측정하고 최적의 작업 방법으로 수행할 수 있도록 하는 것이다.

3 기계 투입계획

작업에 필요한 공정을 분석하여 현장의 여건과 작업량, 작업 방법 등을 고려하여 기계 투입계획을 수립할 수 있다.

4 기계사용비 계산

기계를 사용하는 경우 기계를 사용하는 데 필요한 비용은 고정비용과 변동비용으로 구분할 수 있다. 고정비에서 가장 큰 부분을 차지하는 것은 감가상각비이며, 고가의 자산은 정액법과 정률법으로 감가상각하기도 하지만, 소형 기계는 사용시간에 비례하여 계산하는 것이 일반적이다.

1) 고정비

① 고정비는 연간 사용시간과 관계없이 일정하게 발생하는 비용이다.

② 고정비는 기계를 구입하는 데 들어간 비용에 대한 이자, 세금, 보험료, 수리비 등이 포함된다.

③ 고정비에 대한 감가상각 방법은 아래와 같다.

㉠ 정액법(직선법)

$$\text{감가상각비} = \frac{\text{취득원가} - \text{잔존가치}}{\text{추정내용연수}}$$

$$D = \frac{C - S}{N}$$

D : 매년 감가상각비, C : 취득원가, S : 잔존가치, N : 내용연수

ⓛ 정률법(감쇠평형법)

- 매년 연초의 기계잔존가치가 같은 비율로 감쇠토록 하는 방법

- 감가상각비=(취득원가-감가상각비누계액)×감가율

- 감가율 $= 1 - \sqrt[n]{\dfrac{잔존가치}{취득원가}}$ (n : 내용연수)

2) 변동비

① 변동비는 기계의 이용시간에 따라 비례하는 비용을 말한다.

② 변동비에는 기계를 가동하는 데 사용된 연료비와 윤활유 비용, 인건비, 자재대 등이 있으며, 작업시간 비례에 의한 감가상각비가 있다.

③ 윤활유는 대체로 연료소비량의 10~15%를 차지한다.

④ 작업시간비례법에 의한 감각상각비는 아래와 같이 계산한다.

- 자산의 감가는 사용 정도에 따라 나타난다는 것을 전제로 계산

- 감가상각비=실제 작업시간×시간당 감가상각비

- 시간당 감가상각비 $= \dfrac{취득원가 - 잔존가치}{추정\ 총작업시간}$

벌목 계획·실행

1 입목의 수확

① 입목을 수확하는 일반적인 단계는 벌목, 조재, 집재와 운재로 구분할 수 있다.

② 벌목은 서 있는 수목의 지상부를 잘라 넘기는 것이다.

③ 조재는 벌목된 나무줄기의 가지와 나무껍질을 제거하고 용도에 따라 적당한 길이로 잘라 토막 내는 작업이다.

④ 집재는 벌목된 나무를 산림 밖이나 제재소 및 공장으로 운반하는 데 편리한 장소, 즉 집재장 또는 임도변까지 모으는 작업이다.

⑤ 집재한 원목의 운반 거리가 대략 500m 이상일 경우, 이를 운재라고 한다.

⑥ 벌목과 운재계획을 위한 조사는 예비조사(벌목 구역, 반출 방법, 기존 실행 결과 반영)와 실지조사(현지 확인, 시설의 위치 선정, 측량)로 구분할 수 있다.

2 벌목작업 시 유의 사항

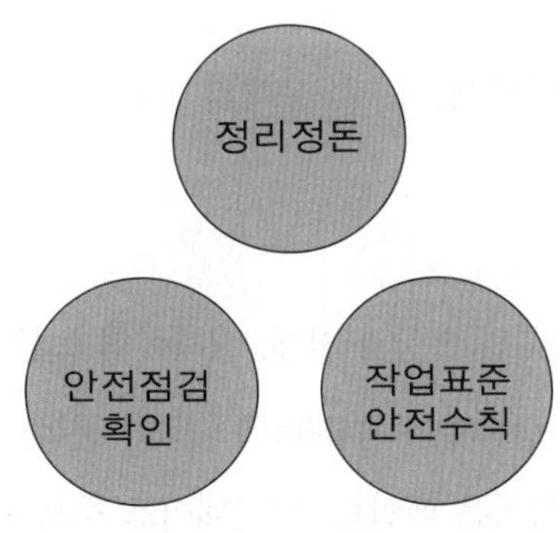

▲ 안전작업의 3요소

① 벌채사면의 구획은 종 방향으로 실시

  − 상하 동시작업 금지

  − 홍수피해를 예상하여 작업계획 수립

② 인접 벌목 시 안전거리 확보

  − 나무 높이의 1.5배 이상 이격

③ 절단수목 주위 관목, 고사목, 넝쿨, 부석 등 제거

④ 대피장소 지정, 사전 장애물 제거

⑤ 작업책임자 선정

- 흉고직경 70cm 이상 입목 벌목 시

- 흉고직경 20cm 이상 기울어진 입목 벌목 시

- 안전대나 비계 등을 사용하여 벌목 시

⑥ 절단 방향

- 수형, 인접목, 지형, 풍향 등을 고려하여 안전한 방향으로

⑦ 벌목 시 수구를 내는 방법

- 흉고직경 40cm 이상은 1/4 이상 충분히 깊게

- 일반적으로 수구의 깊이는 지름의 1/5~1/3 정도

- 흉고직경 20cm 이상은 수구 각도를 30° 이상

- 수구의 높이는 지면으로부터 벌근지름의 1/5 이내 지면에 가깝게

⑧ 신호체계 구축 및 대피 후 작업

⑨ 체인톱 사용 시 안전수칙 준수

- 체인톱 연속운전은 10분 이내

- 1일 2시간 이내

3 목재 수확작업시스템

목재 수확작업시스템은 벌채, 조재, 집재, 운재의 4개 요소 작업이 원활히 수행될 수 있도록 구성한다.

1) 벌도 작업

벌도 시 발생할 수 있는 목재의 손상과 저해, 집재작업 능률 등을 고려한다.

① 작업조건은 집재 방법, 생산재의 종류(단목, 전간, 전목) 등을 고려한다.

② 벌도목 표시는 벌도 대상목은 페인트, 비닐테이프 등으로 표시한다.

③ 벌도 방향은 임도, 집재로, 집재 방향 등과 관계를 고려하여 선정한다.

2) 집재작업

집재작업은 작업지의 임지 훼손과 답압이 적은 장비를 사용하며 작업 시의 잔존목의 피해를 최소화한다.

① 트랙터집재는 완경사지에 적용하며, 재해 발생과 잔존목의 피해가 적은 곳에 적합하다.

② 가선집재는 중·급경사지에 적용하며, 임목밀도가 낮은 곳에 적합하다.

3) 체인톱을 사용하여 조재 및 벌도 작업을 할 때 유의 사항

① 작업 전에 안전복과 안전장갑 등 보호 장구를 미리 착용한다.

② 작업 전에 지장물을 제거한다.

③ 쐐기 등을 준비하여 톱날이 낄 때 사용한다.

④ 작업 중에는 항상 정확한 자세와 발디딤을 유지한다.

⑤ 이동할 때는 반드시 엔진을 정지시킨다.

4) 벌도 작업할 때 유의 사항

체인톱을 이용하여 작업을 할 경우

① 먼저 벌도목 주위의 장애물을 제거하고, 편안한 작업 자세를 취한다. 그리고 나무의 벌도 방향을 정하고 벌도 되는 방향으로 수구 자르기를 한 후 반대쪽에 추구 자르기를 한다.

② 추구를 자를 때는 충분한 주의를 요한다.

③ 나무가 쓰러지기 시작할 때 빨리 체인톱을 빼고, 나무가 넘어갈 때에도 톱을 작동하면 체인톱이 나무에 끼이게 되고 목편이 날아갈 위험이 있다.

④ 뿌리를 제거하기 위해서는 종 방향으로 충분히 아래까지 수평 자르기를 한다.

⑤ 절단 방향은 수형, 인접목, 지형, 풍향, 풍속, 절단 후의 집재 방향 등을 고려하여 가장 안전한 방향을 선택한다.

5) 조재작업할 때 유의 사항

① 체인톱을 이용하여 작업을 할 경우

- 작업시작 전에 조재작업에 지장을 주는 주위의 나뭇가지 등을 제거한다.

- 끼인 나무를 절단할 때는 끼지 않도록 쐐기 등을 사용한다.

- 경사지에서 조재작업을 할 때는 작업자의 발이 나무 밑으로 향하지 않도록 주의한다.

- 작업 중에는 항상 정확한 자세와 발디딤을 유지한다.

② 체인톱을 이용한 작업 시간

- 일일 2시간 이내, 연속작업 10분 이내로 한다.

③ 안내판의 끝부분으로 작업히는 것은 피한다.

④ 이동 시에는 반드시 엔진을 정지한다.

⑤ 절단 작업 중 안내판이 끼일 경우 엔진을 정지시킨 후 안전하게 처리한다.

⑥ 안전복, 안전장갑 등 보호 장구를 철저히 갖추고 작업한다.

핵심 12 집재 방법·장비

1 집재 방법

집재 방법에는 인력, 중력, 기계력에 의한 집재가 있다.

1) 중력 집재

활로에 의한 집재	• 벌채지의 산비탈에 자연적, 인공적으로 설치한 홈통 모양의 골을 수라라고 함 • 수라에는 토수라, 목수라, 플라스틱 수라가 있음
강선에 의한 집재	• 강선, 철선, 와이어로프 등을 집재지 상부 적재지점의 지주와 하부 짐내림지점 사이의 공중에 설치하고 강선집재용 고리에 목재를 달아 집재하는 방식 • 무겁고 크거나 길이 5m 이상의 긴 목재는 집재하기 힘듦

2) 기계력 집재

트랙터집재기	• 일반적으로 평탄지나 완경사지에 적당한 집재기로, 타이어와 크롤러바퀴식이 있음
가선집재	• 가공본선과 야더집재기, 반송기로 구성된 집재 시스템
소형원치	• 체인톱엔진과 권선기를 장착한 보드 형태의 집재기로 지면집재형과 아크야형 등이 있음
포워더	• 통나무를 싣는 크레인과 화물칸으로 구성된 운반장비로 타이어식과 크롤러바퀴식이 있음

2 트랙터집재와 가선집재의 특징

① 트랙터집재는 완경사지에 적용하며, 재해 발생과 잔존목의 피해가 적은 곳에 적합하다.

② 가선집재는 중·급경사지에 적용하며, 임목밀도가 낮은 곳에 적합하다.

구분	장점	단점
트랙터집재	• 기동성이 높음 • 작업 생산성이 높음 • 단순 작업 및 낮은 작업 비용	• 토양 교란이 큼 • 완경사지에서만 작업 가능 • 높은 임도밀도 필요

구분	장점	단점
가선집재	• 잔존임분에 피해가 적음 • 급경사지에서도 작업 가능 • 낮은 임도밀도 지역에서 가능	• 기동성이 떨어짐 • 세밀한 작업계획 필요 • 숙련된 기술 필요 • 설치 및 철거시간 필요 • 임업기계장비의 가격이 높음

3 집재장비

1) 타워야더

① 인공 철기등과 가선집재장치를 트랙터, 트럭, 임내차 등에 탑재한 기계이다.

② 주로 급경사지의 집재작업에 적용한다.

③ 이동식 차량형 집재기계이다.

④ 가선의 설치, 철수, 이동이 용이하다.

⑤ 가선집재 전용 고성능 임업기계이다.

⑥ 러닝스카이라인 삭장 방식과 전자식 인터록크를 채택하여 가설 · 철거가 쉽다.

⑦ 최대집재거리 300m까지 가선을 설치하며 상 · 하향 집재가 가능하다.

⑧ Koller 200 HAM300

▲ 〈A: TE-66형 아더집재기〉　　　▲ 〈B: 자주 MB 3A형 야디집재기〉

인공 철기등과 가선집재장치를 트럭, 트랙터, 임내차 등에 탑재하여 주로 급경사지의 집재작업에 적용하는 이동식 차량형 집재기계로 가선의 설치, 철수, 이동이 용이한 가선집재 전용 고성능 임업기계이다.

2) 집재가선 시스템

집재가선 시스템은 험준한 산악지대나 접근이 어려운 임지에서 목재를 공중으로 이동시키기 위해 사용되는 시스템으로, 와이어로프와 윈치 등의 장비를 활용하여 목재를 효율적으로 운반한다. 이 시스템은 지형과 작업 특성에 따라 여러 종류로 구분되며, 각각의 방식은 특정 상황에서 효율성을 극대화할 수 있도록 설계되어 있다.

주요 집재가선 시스템의 종류와 특징은 다음과 같다.

① 고정식 가선 시스템(Stationary Skyline System)

- 특징: 고정식 가선 시스템은 가선을 두 개의 고정 지점에 설치하여 중간을 지나 목재를 이동시키는 방식이다.
- 용도: 주로 급경사지에서 사용되며, 목재를 안전하게 운반하기 위해 고정된 가선을 따라 이동한다.
- 장점: 설치가 간단하고 안정적인 작업이 가능한다. 수직과 수평으로 목재를 이동시키는 데 효율적이다.

② 이동식 가선 시스템(Mobile Skyline System)

- 특징: 이 시스템은 고정식과 달리 가선을 필요에 따라 이동할 수 있는 방식이다. 기계적인 장비를 이용해 가선을 옮기면서 작업할 수 있다.
- 용도: 큰 면적의 산림에서 목재를 운반할 때 유리하다. 벌목 구역이 넓거나 작업 구역이 이동할 때 사용된다.
- 장점: 가선을 여러 지점으로 옮겨가며 작업할 수 있어 대규모 작업에 적합하다.

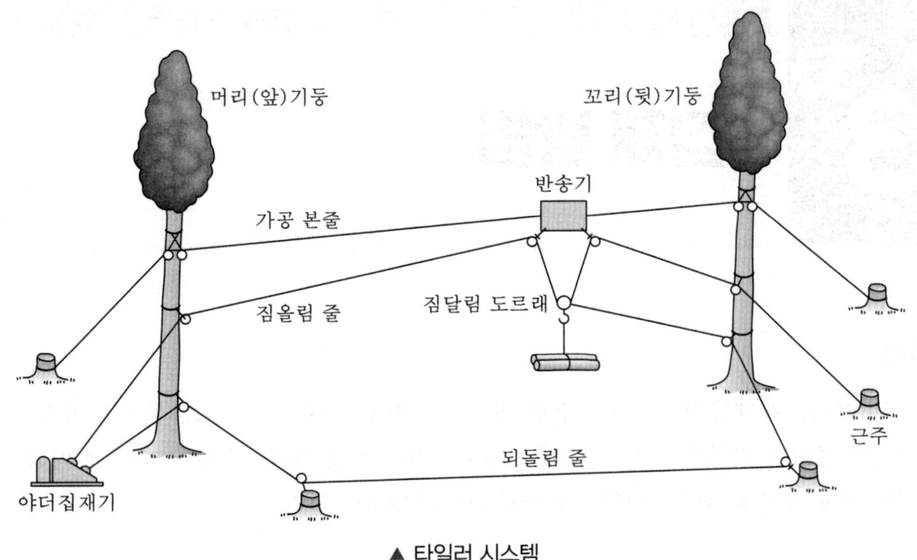

▲ 타일러 시스템

3) 트랙터

집재는 벌도한 목재를 트랙터를 사용하는 방식으로, 비교적 접근이 용이한 지형에서 주로 사용된다. 트랙터 집재는 목재를 끌거나 들어 올려 이동시키는 작업을 수행할 수 있다. 트랙터는 아래의 특징을 가지고 있다.

① 기계의 유연성: 트랙터는 다양한 부착 장비를 사용할 수 있어, 벌목된 목재의 크기나 운반 방식에 따라 적합한 작업이 가능하다. 예를 들어, 윈치나 집게 등을 부착하여 효율적으로 목재를 운반할 수 있다.

② 효율적인 작업: 트랙터는 평지나 완만한 경사지에서 비교적 빠르고 효율적으로 목재를 이동시킬 수 있어, 다양한 목재 수확시스템에 적용할 수 있다.

③ 다양한 용도: 트랙터는 목재 운반뿐만 아니라 조림, 정리, 도로 개설 등 다양한 산림 작업에 활용될 수 있는 다목적 장비이다. 이를 통해 여러 작업을 동시에 수행할 수 있다.

13 집재 방법

1 서언

집재는 벌목된 목재를 벌목지에서 운반 장소까지 이동시키는 과정으로, 산림 작업의 생산성과 안전성에 중요한 영향을 미친다. 집재 방법은 지형, 작업 면적, 목재 크기 등에 따라 다르며, 선택한 집재 방식에 따라 작업의 효율성과 환경적 영향이 달라진다.

2 트랙터 집재

트랙터 집재는 트랙터를 이용하여 벌채된 목재를 운반하는 방식으로, 평지와 완만한 경사지에서 주로 사용된다. 트랙터에 윈치나 집게를 부착해 목재를 끌거나 들어 올려 운반한다.

- 장점: 작업속도가 빠르고, 다양한 산림 작업에 활용 가능하며, 완경사지에서 작업 효율이 높다.
- 단점: 급경사지에서는 사용이 제한되며, 트랙터 이동 시 토양 압축과 훼손이 발생할 수 있다.

3 가선 집재

가선 집재는 와이어로프와 타워, 윈치 등을 사용하여 목재를 공중에서 이동시키는 방식이다. 급경사 지형에서 효과적이며, 환경 훼손을 최소화할 수 있는 방법이다.

- 장점: 공중 운반을 통해 지면 훼손이 적고, 급경사지와 같은 험준한 지형에서도 안전하게 작업이 가능하다.
- 단점: 설치와 해체에 많은 시간과 비용이 소요되며, 고도의 기술과 많은 비용이 필요하다.

4 스키더 집재

스키더 집재는 스키더라는 집재 전용 기계를 이용하여 벌목지에서 목재를 끌고 이동하는 방식이다. 비교적 다양한 지형에서 사용될 수 있으며, 중단거리 운반에 적합하다.

- 장점: 다양한 지형에서 활용 가능하며, 트랙터보다 높은 기동성과 작업속도를 제공한다.
- 단점: 험준한 산악 지형에서는 사용이 어렵고, 목재를 끌고 이동하는 방식으로 토양 훼손 가능성이 있다.

5 유압식 집재

유압식 집재는 우드그랩 등 유압 장비를 이용해 벌목된 목재를 들어 올려 운반하는 방식이다.
크고 무거운 목재를 효율적으로 운반할 수 있다.

- 장점: 대형 목재 운반에 적합하며, 목재 손상이 적고 작업 안전성이 높다.
- 단점: 유압 장비의 높은 비용과 유지 관리가 필요하며, 장비 운용 기술이 필요하다.

6 결언

- 집재 방법은 지형 조건과 작업 규모에 맞게 선택해야 한다.
- 작업 효율성과 환경 보호, 작업안전을 고려하여 집재 방법을 선택한다.

> **참고**
>
> - 트랙터 집재: 평지 및 접근성 용이 지형에서 효율적
> - 가선 집재: 험준한 지형에서 공중 운반을 통한 환경 보호 가능
> - 스키더 집재: 중단거리 및 다양한 지형에 적합
> - 유압식 집재: 대형 목재를 효율적으로 운반 가능

운재 방법

도로운재	• 도로운재는 트럭을 이용하는 트럭운재(truck transportation)로 철도 등의 궤도운재에 비하여 기동성이 있고 시설비 및 유지보수비가 적게 든다는 장점이 있음. 그밖에 적재한 트럭이 주행할 수 있는 모든 도로에서 이용이 가능하고 소량의 운반에서는 그 비용이 저렴하다는 이점이 있음 • 트럭을 이용한 도로운재의 효율을 향상시키기 위해서는 임도망의 확대 및 정비, 적재, 하역작업 등의 기계화 및 작업의 합리화가 동시에 이루어져야 함
철도운재	• 일제시대에는 국내에서도 목재의 반출을 위하여 산림 내에 부설한 산림철도(forest railway)를 이용하였으나, 목재 생산량의 감소와 도로의 발달로 사용되지 않고 있음
삭도운재	• 삭도는 일반적으로 목재의 자중을 이용하여 운재하지만, 능선을 넘는 장거리의 경우는 동력을 이용하기도 함 • 삭도운재는 지형이 급준하여 임도의 개설이 곤란한 경우와 계곡을 횡단하는 경우에 적당한 방법

1 서언

① 운재는 벌목된 목재를 산림에서 일정한 장소까지 이동시키는 과정이다.

② 지형, 작업 환경, 운반 거리 등에 따라 적합한 운재 방식을 선택한다.

③ 트럭, 철도, 수운, 항공 등 다양한 운재 방법이 있다.

2 트럭

트럭을 이용하여 벌채된 목재를 산에서 하역 장소까지 이동시키는 방식이다. 접근성이 좋은 지역에서 유리하며, 다양한 지형에서 활용도가 높다.

– 장점: 작업속도가 빠르고, 도로 접근성이 좋은 곳에서 운재 비용이 낮다.

– 단점: 험준한 지형에서는 사용이 어렵고, 차량 운행에 따른 환경 훼손 발생이 가능하다.

❸ 철도와 삭도

철도와 삭도 운재는 고정된 노선을 설치하여 목재를 대량으로 이동시키는 방식이다. 장거리 운반에 적합하며, 벌목지와 철도망이 연결된 지역에서 효과적이다.

- 장점: 대량 운반이 가능하며, 상대적으로 낮은 비용으로 장거리 운송이 가능하다.
- 단점: 설치 비용이 크며, 철도 또는 삭도망과 연결된 지역에서만 활용 가능하다.

❹ 수운

수운 운반은 강이나 바다를 통해 목재를 이동시키는 방법으로, 대량의 목재를 낮은 비용으로 운반할 수 있어 해안 지역에서 많이 사용된다.

- 장점: 대량 운반에 적합하며, 운반 비용이 상대적으로 저렴하다.
- 단점: 수로가 필요하므로 지리적 제한이 크다. 또한, 물길 상황에 따라 계절적 제약을 받을 수 있다.

❺ 항공

항공 운반은 헬리콥터나 드론을 이용해 목재를 공중으로 이동시키는 방식으로, 접근이 어려운 산악 지형에서 사용된다.

- 장점: 접근이 어려운 지형에서도 운반 가능하며, 지면 훼손이 적어 환경에 미치는 영향이 적다.
- 단점: 높은 운송 비용과 장비 유지 비용이 요구되며, 숙련된 조종사가 필요하다.

❻ 결언

① 운재 방법은 임지의 지형 조건과 작업 규모에 맞게 선택한다.
② 각 운재 방법의 장단점을 고려하여 효율적으로 목재를 운반한다.
③ 작업 효율성뿐만 아니라 환경적 영향을 최소화하는 방안을 함께 고려한다.

> **참고**
>
> - 트럭: 단거리 및 접근성 용이 지역에 유리
> - 철도: 장거리, 대량 운반에 적합
> - 수운: 해안 및 강 주변에서 대규모 운반
> - 항공: 고가 장비와 기술적 요건 필요, 환경적 영향 최소화

삭도시설

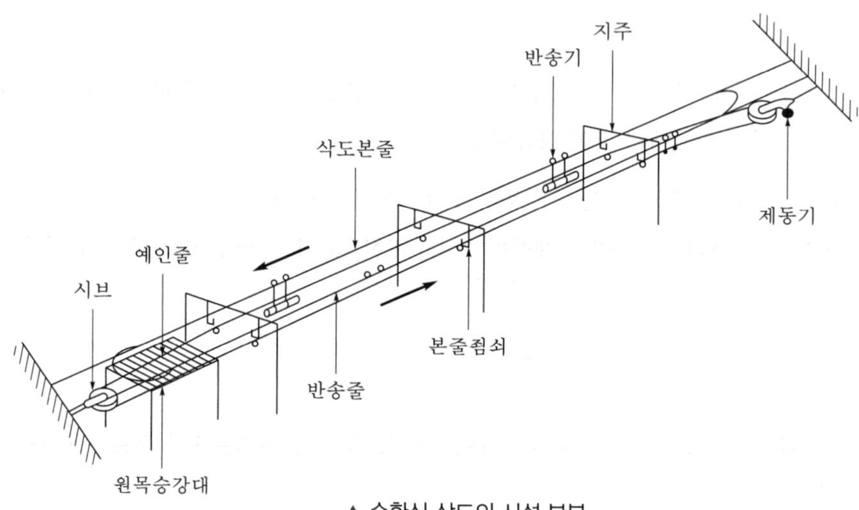

▲ 순환식 삭도의 시설 부분

1 운재삭도의 개념

목재를 운반하기 위해 공중에 반송기를 장착한 가공삭

2 운재삭도의 구성요소

① 삭도본줄: 반송기에 적재한 목재를 운반하는 레일의 역할 담당

② 예인줄: 반송기를 운행시키기 위한 움직줄(動索)

③ 반송기: 목재를 매달고 산도본줄 위를 주행하는 장치

④ 제동기: 반송기의 주행이 과도함으로써 발생하는 재해를 방지하기 위한 장치

⑤ 운재기: 반송기의 보조동력 제공(짐을 끌어올리거나 무거울 경우)

⑥ 지주: 삭도본줄을 지지하기 위해 설치하는 기둥

⑦ 원목승강대: 기점과 종점에서 목재를 싣고 내리는 장소

3 삭도 운재 시 1일 운반량 계산

삭도로 원목 운반 시 1일

$$공정(m^3) = 반송기\ 대당\ 운반량 \times 보정계수 \times \frac{1일\ 작업시간(8시간)}{대당\ 주행시간 \times 적재시간 \times 여유시간}$$

저목장

저목장을 설치할 때는 먼저 토지를 정지하고 목재의 반입로는 되도록 높은 곳에 개설하며, 반출로는 낮은 곳에 설치한다. 그 사이에는 물매를 완만하게 하여 목재의 이동과 집적을 용이하게 한다. 또, 저목장 내의 배수가 잘되도록 배수구를 만든다. 저목장의 면적은 저재량 및 저재 기간의 차이 등에 따라 다르지만, 일반적으로 1ha당 4,000㎥를 표준으로 한다.

> **참고**
>
> • 저목: 임지에 집재된 반출 예정 목재를 일시적으로 적당한 장소에 집적하는 일
> • 저목장: 저목을 하는 장소

1 저목장의 종류

① 산지저목장(산토장): 간선운재로의 운재기점

② 중간저목장(중간토장): 운반거리가 먼 경우 설치하는 저목장

③ 최종저목장(최종토장): 운재의 종점

2 저목의 종류

① 육상저목: 산지저목장, 중계저목장, 최종저목장

② 수중저목: 충해, 균해 방지, 목재 장기 보존

핵심 17 집재작업 시스템

- 설치 과정: 준비작업-지주 설치-삭장작업-삭장 점검
- 삭장: 집재가선 시스템 또는 집재가선 시스템의 설치

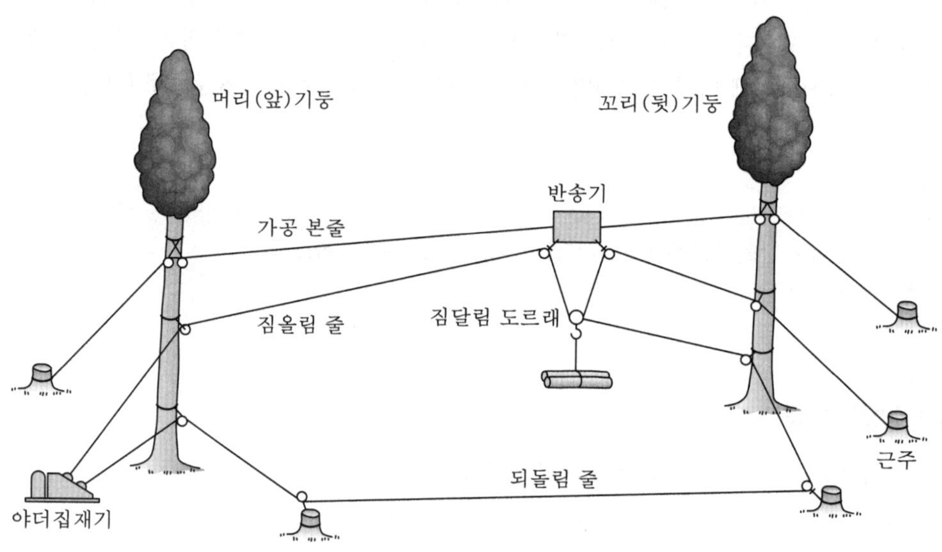

▲ 타일러 시스템

1 준비작업

① 내업 기초, 현지조사

② 설계 및 제도

③ 기자재 조달 및 점검

④ 가선 위치 임목벌채 및 정리

⑤ 관리용 보도 부설

⑥ 전화선 가설

⑦ 야더집재기 반입과 고정 및 설치, 집재기 고정용 앵커 점검

2 지주 설치

머리 기둥, 꼬리 기둥, 안내 기둥, 근주 앵커

① 지주에 사다리 부설

② 생입목의 경우 줄기 보강, 바대(덧댐), 첨목(덧댄 나무) 부설

③ 도르래류 설치

④ 버팀줄 설치

3 삭장작업

안내줄의 당김에 로프 발사기, 모형 비행기 등을 이용한다.

① 안내줄에 작업줄 부착

② 안내줄 감기

③ 본줄과 작업줄 설치

④ 본줄의 죔쇠(clamp)와 당김줄 및 고정줄 부착

⑤ 본줄의 긴장 및 당김줄의 고정상태 점검

4 삭장 점검 및 조정

① 본줄의 긴장도 점검

② 삭장의 점검 및 조정

- 정지 시 점검: 전체를 일순하여 이상 유무 확인

- 무부하 시운전: 공반송기 주행, 원동기 및 제동장치 점검

- 부하 시운전: 설계 하중의 1/2~1/4 부하 반송기 주행

5 집재가선에 필요한 기계 및 기구

① 야더집재기

- 엔진과 권선기를 이용하여 와이어로프를 구동하는 장치이다.

- 권선기가 하나인 단동식과 두 개인 복동식이 있다.

② 반송기

- 동력을 사용하여 벌채한 원목을 운반이 편리한 곳에 모을 때 사용하는 기계이다.

- 짐올림줄이나 호이스트줄로 목재를 들어올리고, 짐당김줄에 의해 이동한다.

③ 지주

- 가공본줄을 공중에 띄우는 기둥이다.

④ **가공본줄**

　　– 집재 대상목을 매달고 스카이라인을 왕복하는 장치이다.

⑤ **작업줄**

　　– 반송기를 이동시키는 목적으로 사용하는 와이어로프이다.

⑥ **도르래류**

　　– 와이어로프를 안내하는 장치이다.

[참고]

우리말 용어	일본어 용어	일본어 직역	영어 용어
가공본줄	主索(架空索)	주삭(가공삭)	skyline(SKL)
되돌림줄	引戾索	인회삭	haulback line(HBL)
순환줄	循環索	순환삭	endless line(ELL)
짐당김줄	引寄索	인기삭	haul line(HAL)
짐올림줄	荷上索	하상삭	lifting line(LFL)
고정선	固定索	고정삭	anchor line
그루터기	根株	그루터기	stump
꼬리(뒷)기둥	尾(木)柱	미(목)주	tail spar(tree)
도르래	滑車	활차	block
머리(앞)기둥	元柱	원주	head spar(tree)
반송줄	搬送索	반송삭	carriage
버팀줄	控索	공삭	guy line
본줄고정쇠	主索止金具	주삭지금구	skyline clamp
본줄(하늘)	主索引締索	주삭인체삭	hell line(skyline)
본줄받침(기)	主索支持金具	주삭지지금구	skyline support
삼각도르래	三角滑車	삼각활차	saddle block
쇠줄	鋼索	강삭	wire rope
시브	滑車 · 溝車	활차 · 구차	sheave
안내기둥(나무)	向柱	향주	guide spar(tree)
안내도르래	亞滑車	아활차	guide block
야더집재기	集材機	집재기	yarder
원복줄	卷上機	권상기	winch
작업본줄	主索	주삭	main line
작업줄	作業索	작업삭	operating line
작업줄걸림도르래	作業索受滑車	작업삭수활차	operating line block
쬠	引締索	인체삭	heel line
쬠도르래	引締滑車	인체활차	heel block
짐달림고리	荷締鉤	하체구	chocker hook
짐달림도르래	荷掛滑車	하괘활차	loading block
짐매달음줄	荷締(吊)索	하체(조)삭	sling (rope), chocker

가공본줄이 있는 가선집재 방식

① 타일러식

짐올림줄의 한쪽 끝이 뒷기둥에 고정되므로 마모가 심한 결점이 있으나 개벌지에 적합, 경사지에서 자중에 의한 반송기 운반

② 엔드리스 타일러식

평탄지, 완경사지에서 작업 가능, 운전조작 용이, 장거리 집재 적합, 설치에 많은 인력이 소요된다.

③ 폴링블록식

소면적 집재에 적합, 설치 간단, 운전 조작이 어렵고, 무거운 추가 달린 짐달림도르래가 필요하다.

④ 호이스팅 케리지식

임지와 잔존목 훼손 최소화, 운전조작 간편, 가로집재의 작업능률이 높다.

⑤ 스너빙식

상향집재, 가공본줄의 경사가 10~30도의 범위에 적용, 설치 간단, 운전이 쉽다.

⑥ 슬랙라인식

반송기를 본줄의 긴장 및 완화에 의해 올리고 내리는 방식이다.

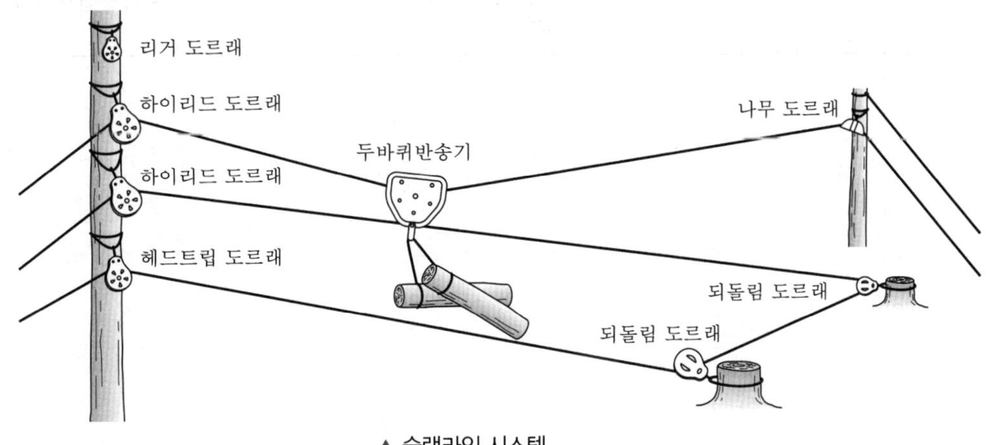

▲ 슬랙라인 시스템

방식	그림	적용 여건	특징
타일러식 (tyler system)	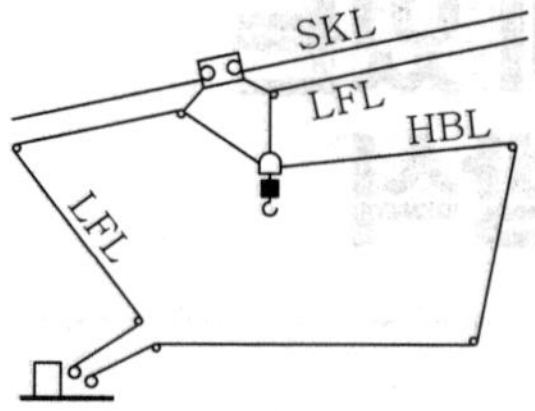	지간경사각 10~25도 대면적 개벌지 2드럼식 야더집재기 사용	• 반송기가 자중에 의해 주행하므로 내림집재를 하면 경제적·능률적 • 택벌작업지의 측방집재는 잔존목의 손상으로 부적당
엔드리스 타일러식 (endless tyler)	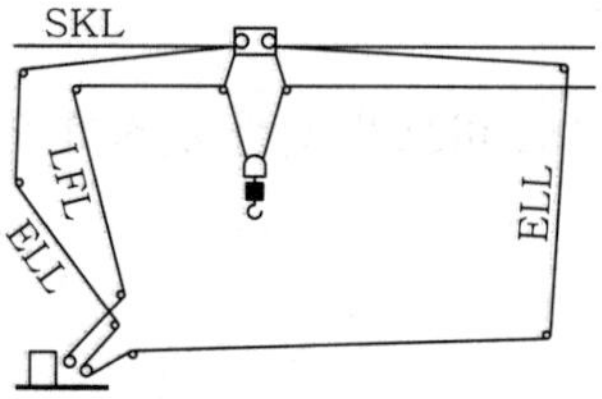	10도 이하로 반송기의 자중주행이 불가능하거나 20도 이상에서 가속하지 않을 때	• 운전, 측방집재, 쵸커풀기 등이 용이 • 택벌지에서는 직각집재도 가능
폴링블록식 (falling block)	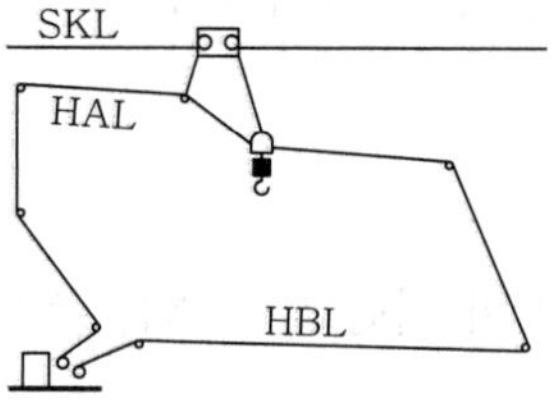	10도 전후의 단거리, 소면적, 소량 집재 시	• 방식이 간단하여 설치 및 철거가 용이 • 운전조작이 어렵고 집재속도가 느림
호이스팅 캐리지식 (hoisting carriage)	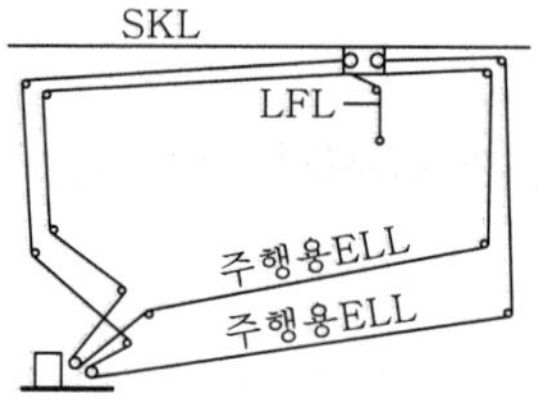	임지 및 잔존목 손상을 되도록 적게 할 경우	• 조작이 용이하고 측방집재 시 잡아당기기 용이 • 전용반송기가 필요하고 설치에 시간이 걸림
스너빙식 (snubbing)	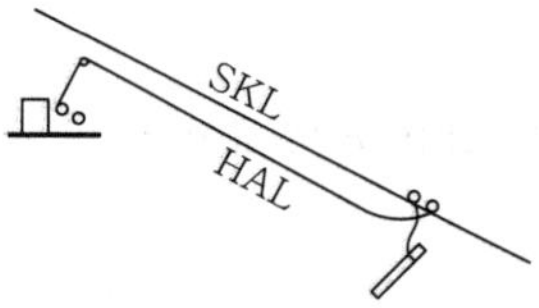	집재기를 상부에 두고 10~30도 집재에 적합	• 삭장이 단순하여 운전이 용이 • 측방집재가 힘듦

핵심 19

가공본줄이 없는 가선집재 방식

방식	그림	적용 여건	특징
러닝 스카이라인식		지간 300m, 경사각 10도 전후의 소경목 집재, 간벌지에 적합	• 가선 방식이 간단 • 운전이 비교적 힘듦
던함식 (dunham)		지간 300m, 경사각 10도 전후의 소경목 집재, 간벌지에 적합	• 견인 힘은 크지만 이동속도가 늦고 와이어로프의 소모가 큼
모노케이블식		간벌, 택벌재의 집재 방식에 적합	• 연속 이동식이므로 효율이 높음 • 지장목이 많고 잔존목 손상도 비교적 많음
하이리드식		지간 100m전후, 완경사지의 소량 하향 집재 시 적합	• 가선설치 및 운전이 간단 • 원목과 임지의 손상이 큼

memo

산/림/기/술/사

벌채산물의 측정 및 매각

01 직경 측정기구

1 윤척(Caliper)

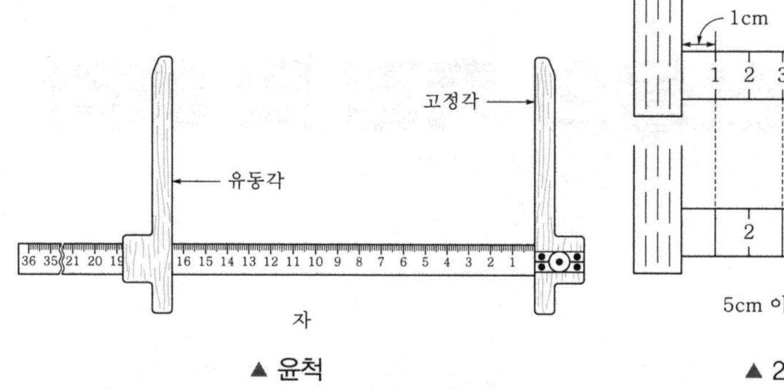

▲ 윤척

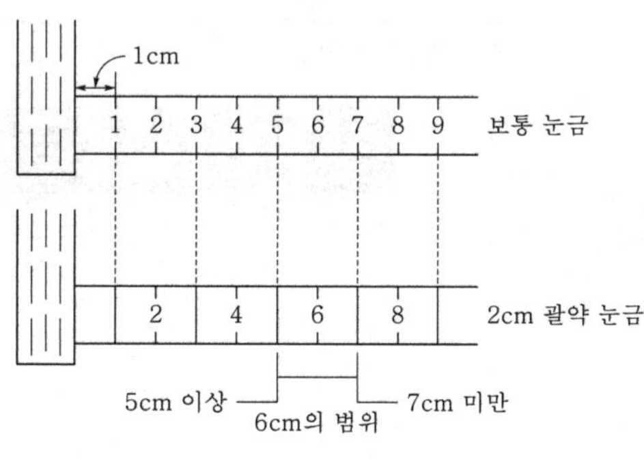

▲ 2cm 괄약의 방법

① 윤척은 입목의 직경측정에 사용된다. 알루미늄과 목제품이 있다.

② 윤척은 눈금자와 유동각, 고정각으로 구성되어 있다.

③ 윤척은 고정각과 유동각은 서로 평행이고, 자와 고정각, 자와 유동각은 직각이어야 한다.

④ 윤척은 휴대가 편하고 사용 방법이 간단하지만 고정각, 유동각, 자의 크기에 따라 측정할 수 있는 크기에 제한이 있다.

> **참고** 윤척 사용의 장단점
>
> 1. 사용이 간단하고, 휴대가 편하다.
> 2. 숙련자가 아니어도 쉽게 사용할 수 있다.
> 3. 사용 전에 반드시 검정 및 조정을 받아서 사용해야 한다.
> 4. 측정할 수 있는 직경의 크기에 제한을 받는다.
>   - 윤척의 다리길이가 임목의 반지름보다 길어야 한다.
> 5. 유동각이 잘 안움직이는 경우가 있다.
>   - 이물질이 끼지 않도록 주의한다.
>   - 목제품인 경우 습기 때문에 안움직이는 경우도 있다.
> 6. 윤척이 수간축과 직교하지 않고 경사지면 오차가 발생한다.

2 직경테이프

① 불규칙한 임목을 측정하기 쉽다.

② 수평으로 돌려 감아야 한다.

③ 스틸테이프이기 때문에 조정할 필요가 없다.

$$S = 3.14159 \times D$$
(S: 테이프눈금, D: 직경)

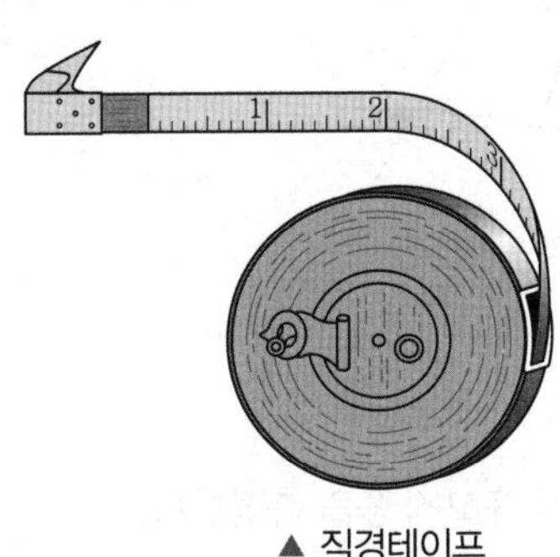

▲ 직경테이프

3 자

가장 간단한 지름 측정기구로 벌채목의 지름측정에 사용할 수 있다.

4 빌트모어 스틱

① 빌트모어스틱(biltmore stick)은 길이 30cm 정도의 자(straight rule)로 만든다.

② 빌트모어스틱을 눈에서 50cm 정도의 일정한 거리만큼 떨어진 임목에 그 임목의 직경과
평행하게 대고 눈에서 수간의 한쪽 끝과 다른 한쪽 끝을 연결하는 선을 그었을 때 두 선이
자와 교차되는 곳의 길이로 그 나무의 직경을 측정할 수 있도록 눈금을 넣은 것이다.

▲ 빌트모어스틱 사용 방법

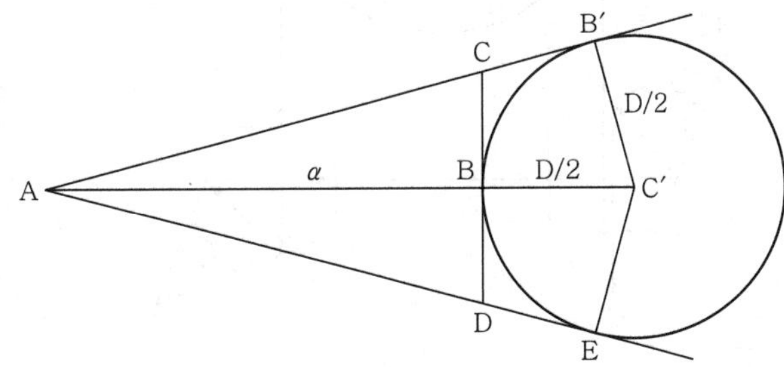

a : 눈과 빌티모어스틱의 거리(50cm), D : 흉고직경

▲ 빌트모어스틱의 원리

A에서 나무의 수피의 접선에 위치한 자의 눈금을 읽어 흉고직경을 측정한다.

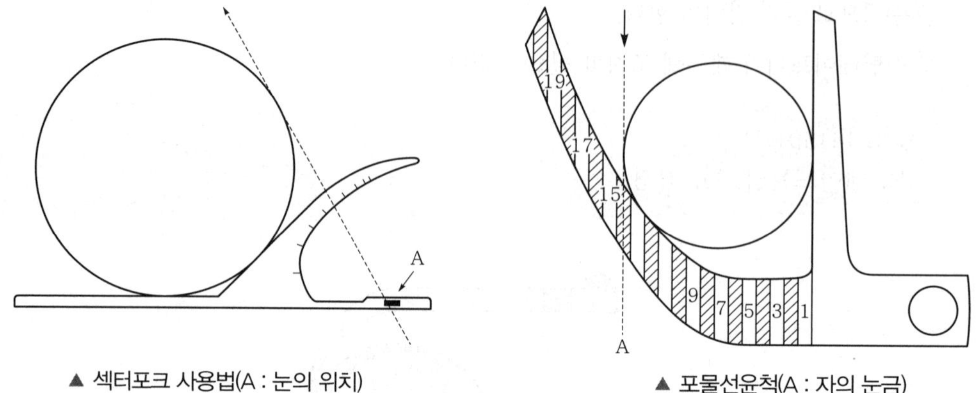

▲ 섹터포크 사용법(A : 눈의 위치)　　　　▲ 포물선윤척(A : 자의 눈금)

6 포물선윤척

평행선이 가리키는 눈금을 읽어 흉고직경을 측정한다.

7 프리즘식 윤척

고정된 프리즘과 움직을 수 있는 프리즘, 두 개의 펜타프리즘(pentaprism)과 자로 구성되어 있다. 임목의 직경 AB와 일치하도록 이동식 프리즘의 C 눈금을 읽어서 직경을 측정한다.

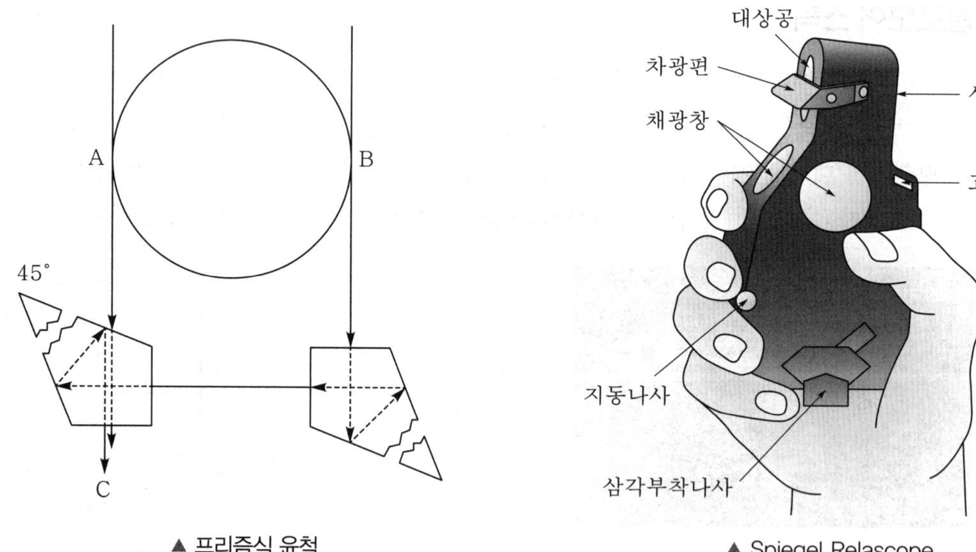

▲ 프리즘식 윤척　　　　　　　▲ Spiegel Relascope

8 스피겔릴라스코프

폭이 넓은 단위폭 눈금과 폭이 좁은 단위의 $\frac{1}{4}$폭으로 구성된 눈금을 사용하여 직경을 측정한다. 직경을 D, 임목까지의 거리를 R, $\frac{1}{4}$폭의 수는 $\frac{1}{4}$RU라고 하면, 직경은 아래의 식으로 구할 수 있다.

$$D[cm]= \frac{R}{2} \times \frac{1}{4}RU\text{의 수}$$

■ **직경계산 사례**

높이(m)	눈금을 읽은 값	직경(cm)
18.5		$\frac{20}{2} \times (1+0.7) = 17$
14.3		$\frac{20}{2} \times (2+0.6) = 26$
9.8		$\frac{20}{2} \times (3+0.5) = 35$
5.2		$\frac{20}{2} \times (4+0.8) = 48$
1.2		$\frac{20}{2} \times (4+1+0.3) = 53$

9 텔리릴라스코프

스피겔릴라스코프에 삼각대와 망원경을 달고 있는 구조이다. 직경측정 방법은 스피겔릴라스코프와 같다.

흉고직경

1 흉고직경의 개념

① 흉고직경은 가슴높이 1.2m 높이에서 임목의 지름을 말한다.

② 흉고직경은 임목의 재적을 계산하기 위해 측정한다.

③ 임목의 재적을 산출하기 위해 흉고직경을 측정할 때는 2cm 단위로 묶어 측정하는데, 이것을 2cm 괄약이라고 한다.

④ 임목의 재적을 산출하기 위한 직경측정은 5cm 이상되는 것만 측정한다.

2 흉고직경을 측정하는 방법

① 땅이 기울어진 경사지에서는 뿌리보다 높은 곳에서 측정한다.

② 1.2m의 높이, 가슴높이에서 측정한다.

③ 수간 축에 직각 방향으로 윤척을 대고 측정한다.

④ 흉고 부위에 가지가 있으면 위나 아래를 측정하여 평균한다.

⑤ 장변을 잰 값과 단변을 잰 값을 평균한다.

⑥ 평균한 값을 2cm 괄약하여 매목조사야장에 기재한다.

⑦ 유동각과 고정각 그리고 자의 3면이 모두 수간에 닿도록 하여 측정한다.

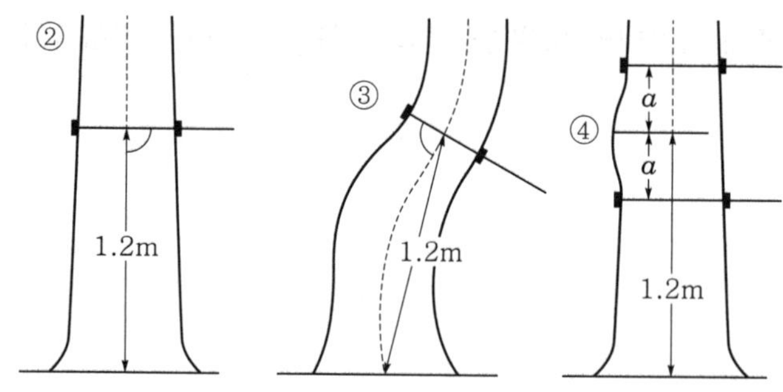

▲ 흉고직경 측정 위치와 방법

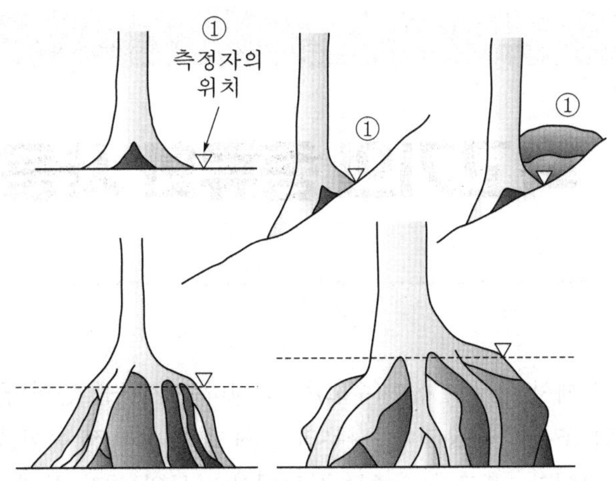

▲ 흉고직경 측정 기준 높이

③ 직경을 측정하는 측정자의 위치

① 지형이 기울어진 곳에서는 높은 곳에서 잰다.

② 뿌리가 솟아오른 경우는 뿌리 윗부분부터 잰다.

③ 수간이 기울어진 곳에서는 수간의 직각 방향으로 잰다.

④ 흉고 부위가 기형이면 위와 아래로 같은 거리만큼 이동하여 재고, 잰 값을 평균하여 흉고직경으로 정한다.

④ 수피후 측정

1) 직경의 구분

① 직경은 수피의 안지름(DIB)과 수피의 바깥지름(DOB)으로 구분할 수 있다.

② 수피를 합한 직경, 수피외직경, DOB

③ 수피를 제외한 직경, 수피내직경, Diameter Inside Bark(DIB)

2) 수피내직경 산출식

> – 수피내직경=수피외직경−2×수피후
>
> – DIB=DOB−(수피 두께×2)

3) 수피후 측정기구

수피의 두께는 수피측정기로 측정한다.

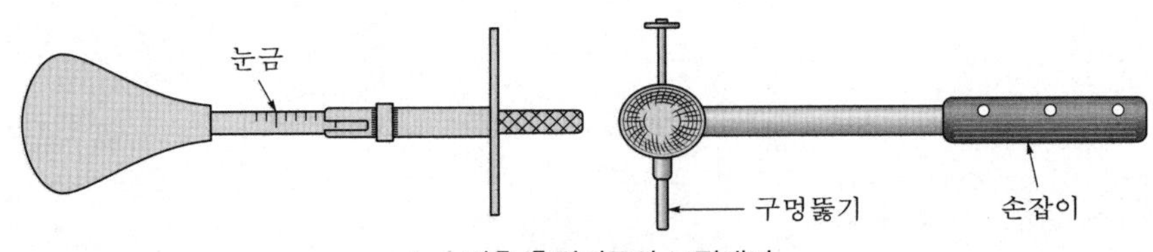

▲ 수피후 측정기구와 보링해머

측고기의 종류와 사용법

측고기는 산림 조사에서 나무의 높이(수고)를 측정하는 기구를 말한다. 주로 임목의 높이를 재적측정이나 산림 조사에 사용되며, 나무의 전체 길이나 특정 높이를 정확하게 측정할 수 있도록 설계된 도구이다. 측고기는 주로 산림에서 나무의 생장 상태, 임지의 생산성 평가, 입목의 재적 산출 등을 위해 사용된다.

구분	측고기 종류
삼각법	트랜싯, 아브네이레블, 미국 임야청측고기, 카드보드측고기, 하가측고기, 블루메라이스측고기, 스피겔릴라스코프, 텔리릴라스코프, 순또측고기, 덴드로미터 등
상사삼각형	와이제측고기, 아소스측고기, 크리스튼측고기, 메리트측고기, 크라마덴드로미터 등
간편법	이등변삼각형 응용법, Demeritt 법

1 상사삼각형을 응용한 측고기

① 와이제측고기(weise hypsometer)

- 수고 측정기구의 하나인 와이제측고기는 기하학적 원리를 응용한 측고기로서 구조가 간단하고 가벼워 사용상 편리하다.
- 금속제 원통에 시준장치가 있고 원통에 붙은 자의 한 면은 톱니 모양으로 되어 있다.
- 원통 안에 보관하는 기구는 수평거리를 고정시키는 눈금과 추가 있으며, 닮은꼴 삼각형의 원리(상사삼각경의 원리)에 의하여 수고를 측정할 수 있도록 고안되어 있다.
- 그림에서와 같이 아소스측고기를 이용하여 수고를 측정할 때 삼각형 ABC와 A′B′C′가 닮은꼴이고 또한, ABD와 A′B′C′도 닮은꼴 삼각형이기 때문에 이 원리에 의하여 와이제측고기의 눈금을 읽어 실제 수고 h=BC+BD를 구한다.

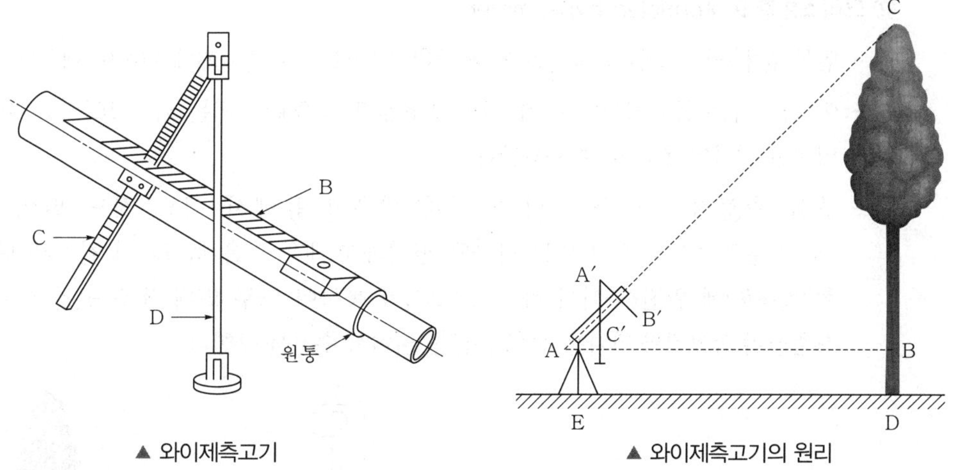

▲ 와이제측고기　　　　　▲ 와이제측고기의 원리

☞ hypso-: height, altitude의 뜻(모음 앞에서는 hyps-)

② **아소스측고기(aso's hypsometer)**

- 아소스측고기는 사거리(斜距離)를 측정하여 한 번의 측정에 의하여 나무의 높이를 구할 수 있는 장점이 있는 측고기이다.
- 그림에서 보는 바와 같이 아소스측고기의 구조는 와이제측고기와 비슷하지만 원통형의 자에는 사거리를, 자 B에는 입목의 높이를 표시했고, 자 B를 수직이 되도록 하기 위하여 추가 달려 있다.
- 아소스측고기를 사용하여 수고를 측정하고자 할 경우에는 테이프로 사거리를 측정하여 자 B의 위치를 A에 정한다. 그리고 E에서 A를 통하여 나무 밑을 보아 A를 맞추고 추로 B자를 수직이 되게 한 다음 나무의 꼭대기를 시준하여 F를 시준선 상에 들어가게 할 때, F가 가리키는 곳을 읽으면 수고를 얻을 수 있다.
- 시준선이 나무의 밑을 시준할 수 없을 때는 나무 밑에 폴(pole)을 세우고 폴을 보아 A를 맞추고 수고를 측정한 후 폴의 길이를 가산하여 나무의 높이를 구하는 경우도 있다.

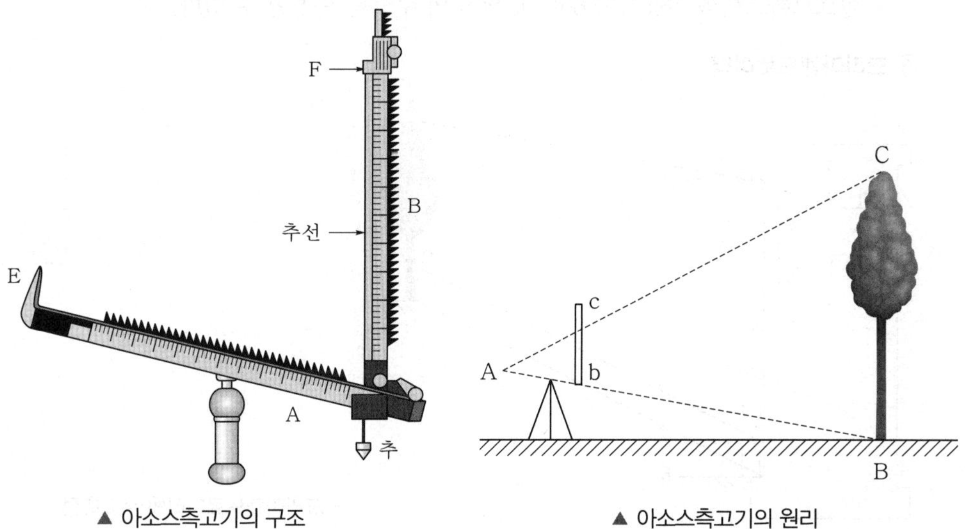

▲ 아소스측고기의 구조　　　　　▲ 아소스측고기의 원리

③ 크리스튼측고기(christen hypsometer)

- 입목(立木)의 수고를 측정하는 기구 중의 하나로 다른 측고기에 비하여 매우 간편하다.
- 이 측고기는 불규칙적인 수가 적힌 20cm 또는 30cm 되는 금속 또는 목재로 된 자와 일정한 길이의 폴과 함께 사용한다.
- 폴을 측정하고자 하는 나무 밑에 세우고 눈에서 어느 정도 떨어진 위치에 크리스튼측고기를 수직 또는 나무와 평행하게 세운 다음 측고기의 길이가 보무를 보는 협각(陜角)에 완전히 끼게 하고, 측고기를 통하여 나무 밑에 세운 폴을 시준할 때, 그 시준선이 측고기와 만나는 선의 눈금을 읽어서 수고를 구한다.

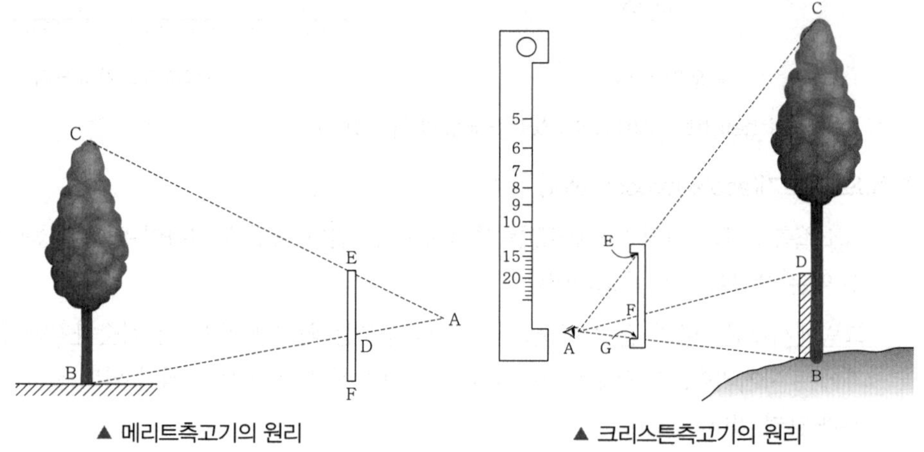

▲ 메리트측고기의 원리   ▲ 크리스튼측고기의 원리

④ 메리트측고기(meritt hypsometer)

- 빌티모아스틱과 같은 막대기에 눈금을 매겨 눈에서 일정한 거리만큼 떨어진 곳에 수직으로 세우고 나무에서 일정한 거리만큼 떨어진 위치에서 수고를 측정하도록 고안된 기구이다.
- BC와 DE, AD와 BD가 비례관계에 있는 것을 이용하여 수고를 측정한다.
- 삼각형 ADE와 삼각형 ABC가 서로 닮은 것을 이용하여 수고를 측정한다.
- 빌트모아스틱을 사용하여 66feet, 20m의 수고를 측정할 수 있다.

⑤ 크라마덴드로미터

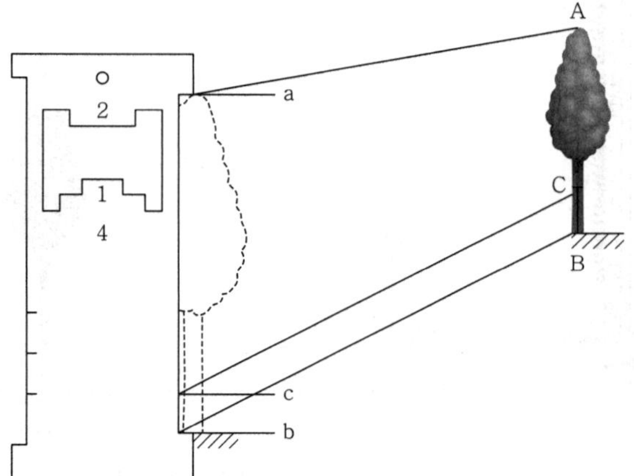

◀ 크라마덴드로미터의 수고측정

– $bc = \dfrac{ab}{10}$ 가 되도록 눈금을 매긴 크라마덴드로미터(kramer's dendrometer)라는 자를 이용하여 수고를 측정한다.

– 이 자를 이용하여 나무의 ab를 자의 ab와 일치시킨 상태에서 자의 C에 해당하는 점 C를 결정하고, BC의 높이를 잰다. 수고=BC×10

⑥ 간편법

측고기가 없을 때 수고를 추정(estimate)하는 방법이다.

㉠ 이등변삼각형 응용법: 다루기 쉬운 60~90cm 되는 자를 이용하여, 팔의 길이와 자의 손 위의 길이가 같게 하여 잡은 후 나무의 정단과 지제부를 측정한다. AD=ED가 되므로 AB=BC가 된다. AB의 거리를 실측하면 이 거리를 수고라고 할 수 있다.

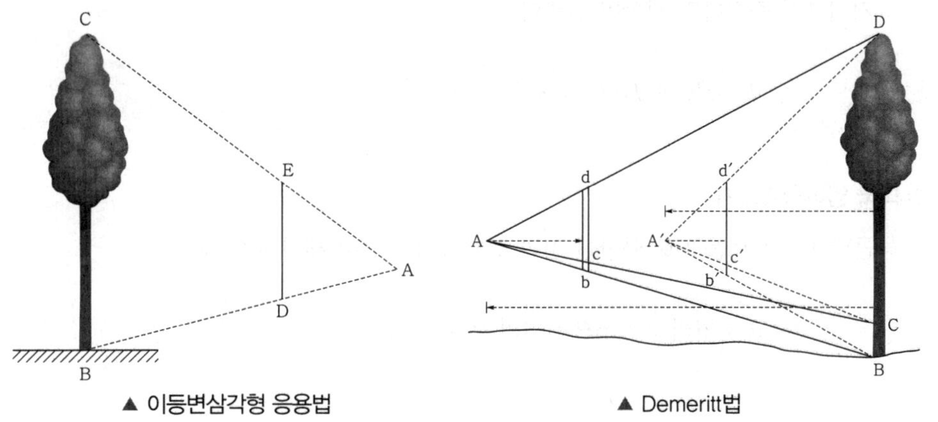

▲ 이등변삼각형 응용법   ▲ Demeritt법

㉡ Demeritt법: 임목의 밑에 길이를 알 수 있는 물건을 세워놓고, 측정자와 나무의 거리 AB와 자의 ab가 비례관계, 자의 높이 bd가 나무의 높이 BD와 일치하는 것을 이용하여 수고를 추정하는 방법이다.

2 삼각법을 이용한 측고기

① 트랜싯(tangent of angles method)

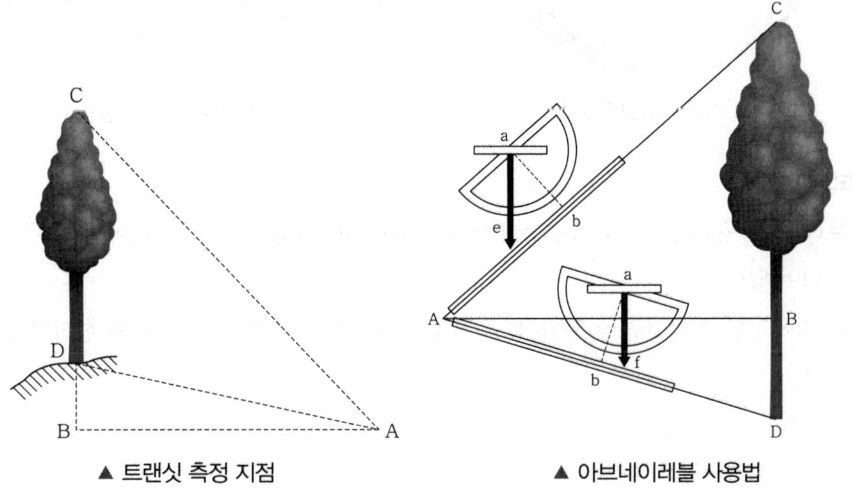

▲ 트랜싯 측정 지점   ▲ 아브네이레블 사용법

- 트랜싯은 각을 측정할 때 사용하는 측량기다. 트랜싯을 거치한 후 초두부 C와 근원부 D의 각을 측정한 후, 스틸테이프를 이용하여 기계와 입목의 수평거리 AB를 측정한다.

$$수고 = BC - BD = AB(tan \angle BAC - tan \angle BAD)$$

- 트랜싯과 나무의 거리는 되도록 멀어야 측정오차를 줄일 수 있다.

② 아브네이레블(abney hand level)

- 기포가 설치된 시준기로 시준선과 수평선의 각을 측정할 수 있도록 만든 수고 측정기다.
- 호에 수평거리 100을 기준으로 높이를 환산하여 기록하였으므로 100m 또는 50m 거리에서 측정하면 계산이 편하다.

$$수고 = BC + BD = e + f$$

③ 미국 임야청측고기

둥근판에 탄젠트를 %로 환산한 것과 경사각의 눈금이 새겨져 있다.

$$수고 = 거리 \times tan\theta = 거리 \times \%$$

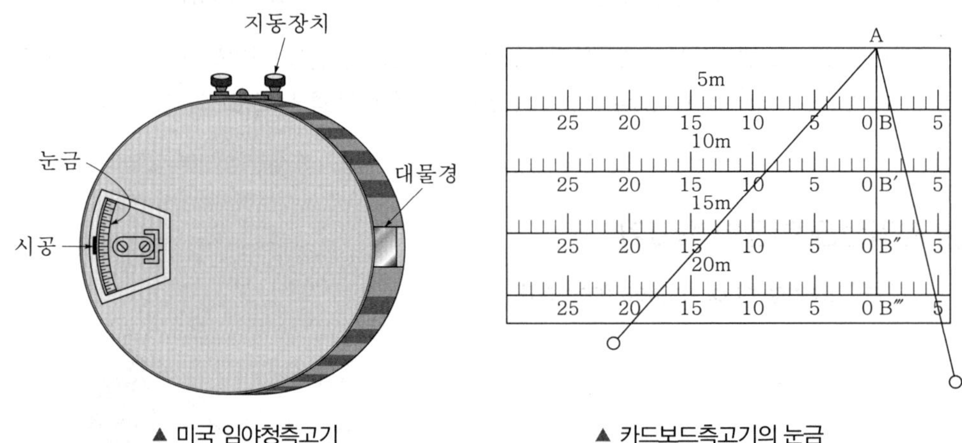

▲ 미국 임야청측고기   ▲ 카드보드측고기의 눈금

④ 카드보드측고기

- 아브네이레블(abney hand level)의 눈금을 거리 5m, 10m, 15m, 20m에서 환산한 높이가 기록되어 있다.
- 줄자로 지정된 거리만큼 이동한 후 초두부와 근원부를 측정하여 그 값을 합산하여 수고를 구한다.

⑤ 하가측고기(haga hypsometer)

- 하가측고기는 삼각법에 의하여 수고를 측정할 수 있도록 제작되어 있는 기구이다.

- 이 기구는 수고를 측정하고자 하는 입목으로부터 다양한 거리에서 측정할 수 있는 눈금이 미리 제작되어 있기 때문에, 측정 조건에 따라 수평거리로 15m, 20m, 25m 등으로 떨어진 거리에서 측정할 경우 해당 수평거리를 기구의 앞에 붙은 회전나사를 돌려 선택한 후, 시준공과 대물공을 통하여 나무의 수관 정단부와 지표 부위를 두 번 시준하여 눈금을 읽음으로서 수고를 측정하도록 제작되어 있다.

- 수평거리는 스틸테이프(줄자)를 이용하여 측정할 수도 있고, 목표판을 붙여서 읽은 측거기와 목표판이 일치할 때 까지 이동하여 목표판에 기록된 거리로 결정할 수도 있다.

- 수고는 시준한 눈금을 읽어서 측정한다.

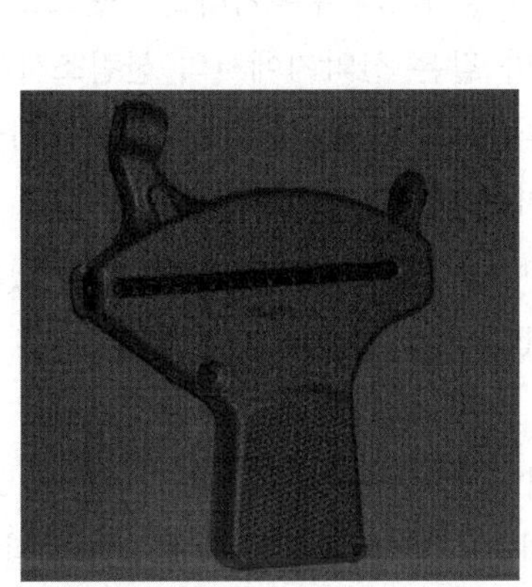

▲ 하가측고기

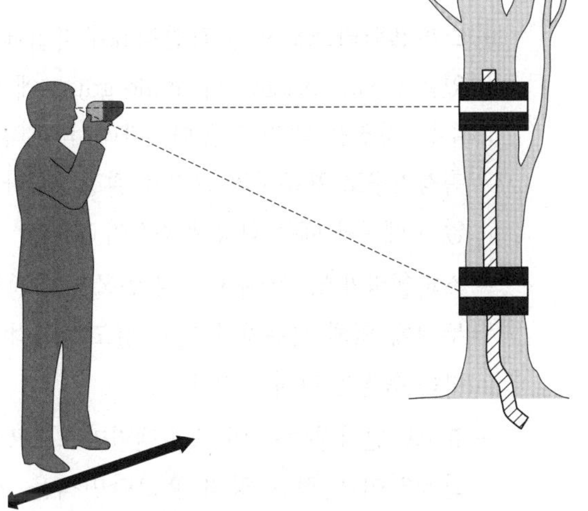

▲ 하가측고기로 거리 측정하는 방법

⑥ 블루메라이스측고기(blume leiss hypsometer)

- 일반적인 측고기와 마찬가지로 나무로부터 일정한 거리만큼 떨어져서 나무의 수관 정상 부위와 지표와 닿은 나무의 최하단을 두 번 시준하여 눈금을 읽음으로써 수고를 측정하도록 제작되어 있는 측고기이다.

- 수관 정상 부위를 시준할 때는 측고기의 전면 위쪽의 단추를 누른 상태에서 정확하게 시준한 후 잠시 후 눈금의 움직임이 멈추면 단추를 놓고, 나무의 최하단을 시준할 때는 밑의 단추를 누른 상태에서 앞의 방법과 같이 측정한다.

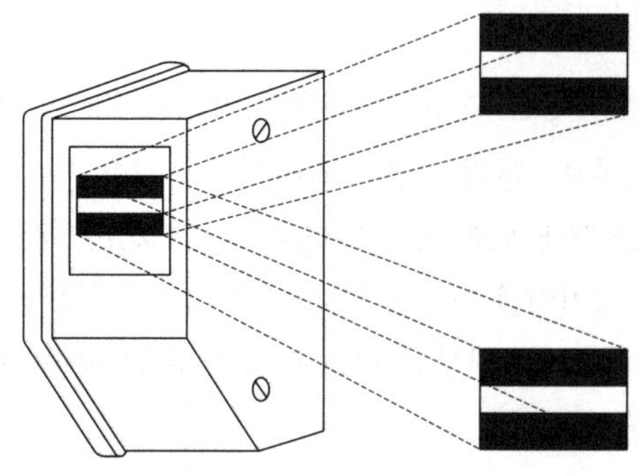
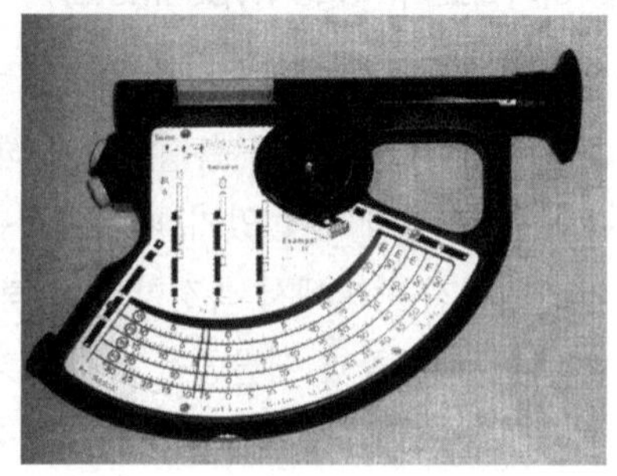

▲ 블루메라이스측고기와 목표판(오른쪽)　　　　　　　▲ 블루메라이스측고기

⑦ **스피겔릴라스코프**

- 수평거리 15m와 20m에서 수고를 측정할 수 있는 %눈금이 새겨져 있다.

- 스피겔릴라스코프는 각산정표준지법에 사용되는 측정기구로 유사한 기능을 가지고 있는 wedge prism이나 angle gauge에 비하여 경사지의 수평거리를 자동으로 환산하여 주는 장점을 가지고 있다. 따라서 우리나라와 같은 산악지에서의 산림조사에 적합한 측정기구로 표준지의 크기를 결정하거나 줄자를 통하여 표준지의 경계를 표시할 필요가 없기 때문에 매우 신속한 측정이 가능한 기구이다.

- 스피겔릴라스코프에 의하여 임목을 측정하는 방법은 우선 이 기구의 내부에 있는 눈금의 두께에 의해 사용자가 먼저 흉고단면적정수(basal area factor)를 선택한 후 측정해야 하는 특징을 가지고 있다.

- 흉고단면적정수는 이 스피겔릴라스코프에 의하여 측정 대상이 되는 임목은 그 크기와 관계없이 일정한 양의 흉고단면적을 할당하는 것으로 이 기구에서 선택할 수 있는 흉고단면적정수는 1㎡, 2㎡, 그리고 4㎡의 세 가지가 있으며, 어느 것을 선택하느냐에 따라 시준 시 선택하는 눈금의 두께가 달라진다. 따라서 이 기구에 의하여 측정을 하면 자동적으로 ha당 흉고단면적이 결정되는데, 예를 들어 흉고단면적정수를 1㎡로 하는 눈금의 두께를 선택하여 시준한 결과 15본의 임목이 측정대상이 되었다면 이 임분의 ha당 흉고단면적은 15㎡로 계산된다.

- 그밖에도 스피겔릴라스코프는 수고 등 다양한 항목에 대한 측정이 가능한 기구이다.

⑧ **텔리릴라스코프(tele-relascope)**

- 망원경이 달린 릴라스코프로 스피겔릴라스코프와 같이 %눈금을 사용한다.

- 20m의 거리에서 나무의 초두부를 읽은 눈금이 75%였다면 수고는 다음과 같다.

$$수고 = 20 \times \frac{75}{100} = 15(\text{m})$$

⑨ 순또측고기

- 수평거리는 블루메라이스측고기의 목표판을 사용하여 측정할 수 있지만, 일반적으로는 줄자를 이용하여 측정한다.
- 수고의 눈금이 15m와 20m에 맞추어져 있으므로 줄자로 15m 또는 20m 거리를 측정하여 이동한 후 수고를 측정한다.

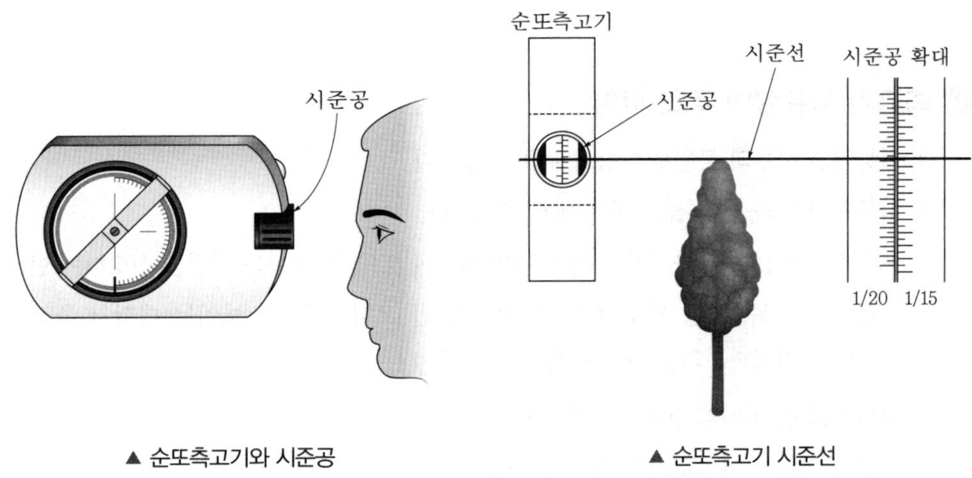

▲ 순또측고기와 시준공　　　　▲ 순또측고기 시준선

핵심 04 측고기 사용상의 주의사항

1 측고기 사용상의 주의 사항

① 가능하면 나무의 근원부와 등고 위치에서 잰다.

② 나무의 정단과 밑이 잘 보이는 데서 측정한다.

　– 측정 위치는 측정하고자 하는 나무의 정단과 밑이 잘 보이는 지점을 선정해야 한다.

　– 풀이나 관목, 또는 지형 때문에 밑이 잘 안 보일 때는 잘 보이는 데까지 측정한 후, 그 점에서 지상까지의 거리를 측정하여 가산한다.

③ 나무만큼 떨어진 위치에서 측정한다.

　– 측정 위치가 가까우면 오차가 생긴다.

　– 수고를 목측하여 나무의 높이만큼 떨어진 곳에서 측정하면 오차를 줄일 수 있다.

④ 경사지에서는 여러 방향을 측정하여 평균한다.

　– 경사진 곳에서 측정할 때는 오차가 생기기 쉬우므로 여러 방향에서 측정하여 평균한다.

2 벌채목의 수고 측정

① 벌채목(felled tree)은 테이프 자로 10cm 단위까지 정확하게 수고를 측정한다.

② 벌채목의 수고를 측정할 때는 근주의 높이를 테이프로 측정한 값에 가산해야 한다.

③ 초단부가 꺾이는 경우 원래의 높이를 추정해야 한다.

3 임분의 수고 측정

① 임분의 수고는 평균수고로 계산한다. 임분의 흉고단면적을 구하고, 임분의 평균흉고단면적을 갖는 나무의 수고를 측정한다.

② 높은 수고를 기준으로 수고를 측정하여 평균하는 경우도 있고, 면적에 따라 측정 본수를 정하는 경우도 있다.

4 면적에 따른 수고 측정 본수

– 전수조사하지 않는 경우에 적용한다.

면적(ha)	인공림(本)	천연림(本)
0.5~2.0	6	8
2.0~10.0	8	12
10 이상	10	16

05 연령의 측정

- 임목의 연령(age)이란 임목이 발아하면서부터 경과된 연수인 현실령(actual age)을 말한다.
- 지상 0.0m 지점의 횡단면에 나타나는 연륜의 수를 세면 수목의 연령을 알 수 있는데, 수목이 어떠한 장해도 받지 않고 정상적인 성장을 했을 때 현재의 크기에 도달하는 연수를 Lorey는 경제령이라고 하였다.
- 경제령은 수확표에 의해 계산하는 것이 편리하다.
- 경제령에는 본수령, 재적령, 평균 생장량령, 단면적령, 흉고령, 표준목령, 수확표령이 있다.

■1 단목의 연령 측정

① 기록에 의한 방법

- 조림 기록, 조림 푯말, 조림한 사람의 기억에 임령(age of stand)을 알 수 있다.

② 목측법에 의한 방법

- 영급을 50년 이하, 50~100년, 100~200년과 같이 구분하는 경우 짧은 경험으로도 가능하다.
- 입지환경이나 흉고직경으로 추정하는데, 오차의 범위가 커서 실용성이 없다.

③ 지절에 의한 방법

- 고정생장하는 수종, 단축분지 수종은 나무의 절수를 세어서 임령을 추정할 수 있다.
- 가지가 윤상(whorl, 輪狀)으로 자라는 소나무와 같은 수종의 지절을 이용하여 임령을 추정할 수 있다.

④ 성장추에 의한 방법

- 성장추에서 채취한 목편의 나이테 수를 세어 연령을 측정하는 방법이다.
- 성창추를 이용하는 경우 반드시 송곳을 수간의 축과 직교하도록 하고 임목의 중심부를 통과하도록 해야 한다.

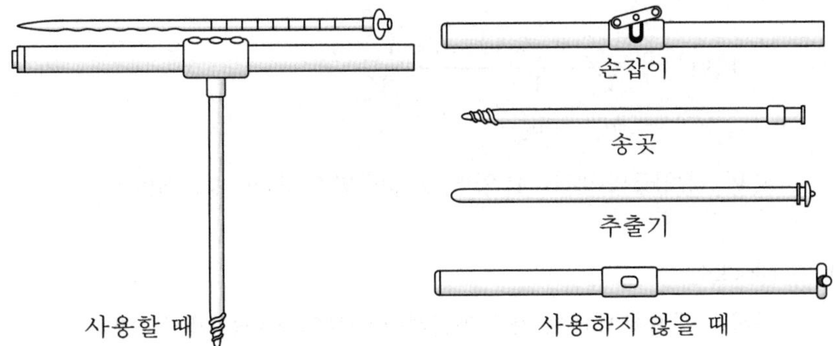

▲ 성장추의 구조

⑤ 나이테 수에 의한 방법

– 벌채목의 원판에서 직접 연륜을 세어 연령을 측정하는 방법이다.

2 임분의 연령 측정

1) 동령림

① 각 임목의 연령이 동일하거나 거의 같은 임분을 동령림이라고 하는데, 인공조림지가 동령림에 속한다.

② 동령림은 단목의 연령을 측정하는 방법으로 연령을 측정한다.

2) 이령림

① 본수령

Guttenberg는 산술평균에 의해 계산하였다.

$$A\,[\text{년}] = \frac{n_1 a_1 + n_2 a_2 + \cdots\cdots + n_n a_n}{n_1 + n_2 + \cdots\cdots + n_n}$$

(n: 영급별 본수, A: 평균령, a: 영급, n: 영급 갯수)

② 재적령

㉠ Smalian식

스말리안은 재적을 임령으로 나눈 값을 임분의 나이인 임령으로 결정하였다. 전체 면적을 임령별 면적으로 나누어서 구한다.

$$A\,[\text{년}] = \frac{V_1 + V_2 + \cdots\cdots + V_n}{\dfrac{V_1}{a_1} + \dfrac{V_2}{a_2} + \cdots\cdots + \dfrac{V_n}{a_n}}$$

$$(V: \text{각 영급의 재적},\ A: \text{임령},\ a: \text{영급별 임령},\ n: \text{영급 갯수})$$

ⓛ Block식

블록은 재적에 대하여 가중 평균하여 임분의 연령을 계산하였다.

$$A\,[\text{년}] = \frac{V_1 a_1 + V_2 a_2 + \cdots\cdots + V_n a_n}{V_1 + V_2 + \cdots\cdots + V_n}$$

$$(V: \text{각 영급의 재적},\ A: \text{임령},\ a: \text{영급별 임령},\ n: \text{영급 갯수})$$

③ 면적령

면적을 가중 평균하여 계산한다.

$$A\,[\text{년}] = \frac{f_1 a_1 + f_2 a_2 + \cdots\cdots + f_n a_n}{f_1 + f_2 + \cdots\cdots + f_n}$$

$$(f: \text{임지면적},\ A: \text{임령},\ a: \text{영급별 임령},\ n: \text{임지 갯수})$$

④ 표본목령

표본목의 연령을 측정하여 평균하여 계산한다.

$$A\,[\text{년}] = \frac{a_1 + a_2 + \cdots\cdots + a_n}{n}$$

$$(A: \text{임령},\ a: \text{표준목의 임령},\ n: \text{표준목본수})$$

핵심 06 벌채목의 재적측정

1 임목의 형상

① 임목은 포물선형(paraboloid), 원추형(conoid) 및 나일로이드형(neiloid) 등의 수간형으로 구분할 수 있다.

② 수간형은 $y=kx^r$의 식으로 나타낼 수 있다.

③ 식에서 k는 간곡선율(rate of taper), r은 회전체의 형태(shape of the solid), y는 반경 또는 직경, x는 정점 또는 마지막으로부터의 거리를 나타낸다.

④ 수간의 각 부분은 이들 3부분이 결합되어 형성된다.

⑤ 임목의 근주부는 나일로이드형이며, 초두부로 갈수록 원추형을 가진다.

⑥ 원추형을 제외한 임목의 대부분은 포물선형이 차지하게 된다.

⑦ 포물선형은 다시 2차와 3차 포물선형으로 나뉘게 되며, Metzger에 의하면 임목은 3차 포물선형과 비슷하다고 주장하였다.

⑧ 수간의 형상을 구분하여 도식화하면 아래와 같다.

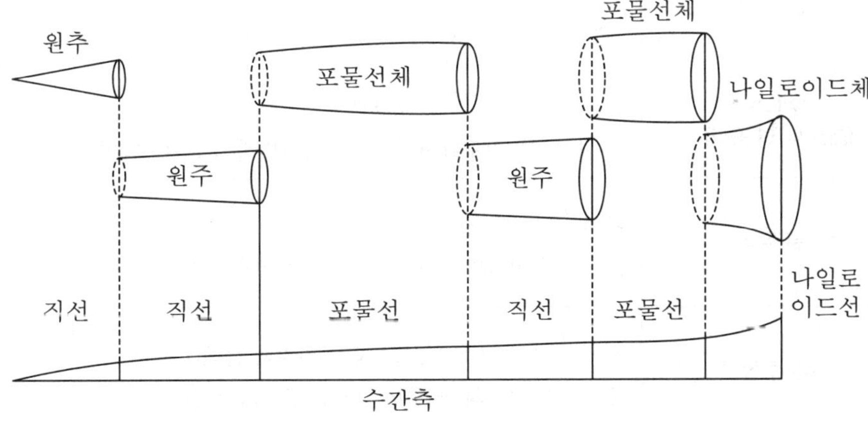

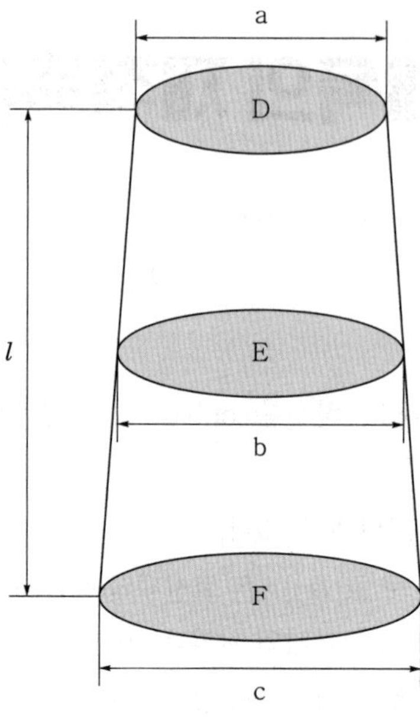

▲ 벌채목 부위별 기호

명칭	공식
Smalian식	$V = \dfrac{\pi}{4} \times (\dfrac{a+c}{2})^2 \times \ell = \dfrac{D+F}{2} \times \ell \ [m^3]$ (a: 말구직경, c: 원구직경, ℓ: 길이, D: 말구단면적, F: 원구단면적)
Huber식	$V = \dfrac{\pi}{4} \times b^2 \times \ell = E \times \ell \ [m^3]$ (E: 중앙단면적, ℓ: 길이, b: 중앙직경)
Newton식 (Riecke의 공식)	$V = (\dfrac{D + 4E + F}{4}) \times \ell \ [m^3]$ ℓ: 길이, D: 말구단면적, E: 중앙단면적, F: 원구단면적
5분주식	$V = \left(\dfrac{U}{5}\right)^2 \times \ell = \ [m^3]$ (U: 중앙 위치의 둘레($b \times \pi$), (=후버식 $\times 1.0053$)
4분주식	$V = \left(\dfrac{U}{4}\right)^2 \times \ell = \ [m^3]$, U: 중앙 위치의 둘레($b \times \pi$) (U: 중앙 위치의 둘레($b \times \pi$), 21.5% 과소치)

명칭		공식
Brereton식	직경 cm 길이 m	$V = \dfrac{\pi}{4} \times (\dfrac{a+c}{2})^2 \times \ell \times \dfrac{1}{10,000}\ [m^3]$
	직경 inch 길이 feet	$V = \dfrac{\pi}{4} \times (\dfrac{a+c}{2})^2 \times \ell \times \dfrac{1}{144}\ [feet^3]$ 또는 $V = \dfrac{\pi}{4} \times (\dfrac{a+c}{2})^2 \times \ell \times \dfrac{1}{12}\ [b.f]$ (board foot: 두께 1inch, 1feet^{2}인 널빤지의 부피, 각재의 측정 단위)
말구직경 자승법	6m 미만 국산 목재	$V = a^2 \times \ell \times \dfrac{1}{10,000}\ [m^3]$
	6m 이상 국산 목재	$V = (a + \dfrac{L-4}{2})^2 \times \ell \times \dfrac{1}{10,000}\ [m^3]$ (L: 끝자리 끊어버린 수 8.3m → 8m)
	수입 목재	$V = a^2 \times \ell \times \dfrac{1}{10,000} \times \dfrac{\pi}{4}\ (m^3)$

말구직경 12cm, 원구직경 18cm, 중앙직경은 14cm, 목재의 길이는 3m일 때 목재의 재적을 후버식, 스말리안식, 뉴튼식으로 구하시오.

※ 정답은 성안당 도서몰 [자료실]에서 제공

07 이용재적

- 이용재적은 벌채목이 판재, 각재 등으로 이용될 때 사용하는 제품재적이다.
- 미국의 경우 통나무의 이용재적을 보트푸트로 표시하고, log scale 또는 log rule이라 부른다.
- 검척법에서는 통나무에서 이용재적을 계산하려고 할 때 말구단면에서 최소직경을 측정하는 것을 원칙으로 한다.

1 우리나라에서 사용되는 검척법

① 통나무 직경의 단위는 1cm로 하고, 단위 치수 미만의 끝수는 끊어버린다.

② 통나무 직경은 수피를 제외한 길이 검척 내의 최소직경으로 한다.

- 최소직경이 15cm 이상으로서 최소직경에 직각인 직경과의 차가 3cm 이상인 것은 그 차이인 3cm마다 최소직경에 1cm를 가산한다.
- 최소직경이 40cm 이상으로서 최소직경에 직각인 직경과의 차가 4cm 이상인 것은 그 차이인 4cm마다 최소직경에 1cm를 가산한다.
- 우리나라에서는 말구직경자승법을 이용하여 이용재적을 계산한다.
- 말구직경자승법은 실제 이용재적보다 과대치가 계산된다.

2 Scribner log rule

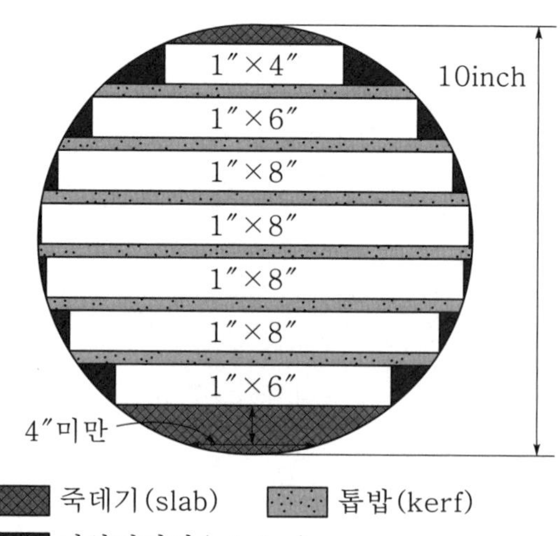

① 말구단면을 원으로 그린 후 톱밥(kerf)이 될 부분을 제외하고 제재목도를 그려 이용재적을 구하는 방법이다.

② 무피(無皮)말구직경(D.I.B.)의 크기에 따라 그림을 그려서 산출하므로 Diagram Rule이라고도 한다.

③ 두께 1″의 판재가 4″ 이상 나오지 않을 때는 죽더기에 포함시킨다.

3 Scribnet decimal C log rule

① Scribner log rule에서 끝자리 숫자를 반올림하여 10단위로 표시하여 이용재적을 나타내는 방법이다.

② 미국 임야청에서 목재를 매매할 때 사용하는 단위이다.

③ 177b.f.를 18로, 173b.f.는 17로 표시한다.

4 Doyle log rule

미국에서 이용재적식으로 이용되며, 작은 목재는 과소치가 나타난다.

$$V = (D-4)^2 \times \frac{l}{16}$$

$$(D: \text{무피말구직경[inch]}, \ l: \text{목재의 길이(feet)})$$

5 International log rule

① 4feet 길이의 목재에 대해서 적용되는 이용재적이다.

② 목재가 4feet보다 길면 4feet로 잘라서 아래의 식을 이용하며, 구해진 값을 합쳐서 이용재적을 구한다.

$$V = 0.22D^2 - 0.71D$$

$$(D: \text{무피말구직경[inch]}, \ l: \text{목재의 길이(feet)})$$

③ 1inch의 판재를 생산하는 데 1inch 외에 $\frac{1}{8}$inch의 톱밥과 $\frac{1}{16}$inch의 건조수축을 고려하면 $\frac{19}{16}$inch가 더 필요하다.

④ 톱날의 두께가 $\frac{1}{4}$inch가 되면 1inch 외에 $\frac{1}{4}$inch의 톱밥과 $\frac{1}{16}$의 건초수축을 고려하면 $\frac{21}{16}$ inch의 원목이 더 필요하다.

$$V = \frac{19}{21}(0.22D^2 - 0.71D) = 0.199D^2 - 0.642D$$

6 British columbia log rule

영국령 columbia에서 사용되는 이용재적 공식이다.

$$V_{b.f.} = 0.727\frac{\pi}{4}(D - 1.5)^2\frac{l}{12}$$

$$(\,D: \text{말구직경(inch)}, \; l: \text{목재의 길이(feet)} \langle 20\text{feet})$$

공제량

임목이 해충 또는 기타 장애로 판자(板子, lumber)로 이용할 수 없는 부분이 공제량으로, 결함의 위치에 따라 다르므로 일정한 규칙을 만들어서 공제해야 한다. 우리나라에서는 공동의 크기를 구하는 식을 만들어 공제하고 있는데, 10% 미만이면 공제하지 않는다. 공동의 직경은 1cm 단위로 측정하여 구한 평균직경으로 한다.

① 공동이 원목의 한쪽 끝에만 있는 경우

$$D = d^2 \times \frac{l}{12} \times \frac{1}{10,000}\,[m^3]$$

(d: 공동의 평균직경(cm))

② 공동이 원목의 양쪽 끝에 있을 경우

$$D = d_1^2 \times l \times \frac{1}{10,000}\,[m^3]$$

(d_1: 공동의 평균직경이 큰 단면의 공동의 평균직경)

③ 미국 임야청에서 사용하는 공제식

$$D = \frac{W \times T \times L}{12} \times \frac{80}{100} = \frac{1}{15}(W \times T \times L)$$

(D: 공제량, W: 결함의 너비, T: 결함의 두께, L: 결함의 길이)

09 층적재적

1 층적재적

① 펄프용재(pulp wood)나 장작 등의 목재는 하나씩 재적을 측정하지 않고 쌓아진 나무의 용적을 측정하여 목재의 양을 표시한다.

② 공간을 포함한 목재의 부피를 층적(層積, stacked content)이라 하고, 목재만의 재적은 실적(實積, 알짜부피)이라고 한다.

③ 층적에 사용하는 단위는 ㎥(raummeter)이고, 미국에서는 cord 또는 pen을 사용한다.

④ 미국에서 사용하고 있는 cord는 4feet 길이로 자른 목재를 높이 4feet, 너비 8feet가 되게 쌓은 목재의 용적을 말한다. 용적으로는 $128ft^3$이 된다.

⑤ 실적과 층적의 비(%)를 실적계수(solid contents of stacked wood)라고 한다.

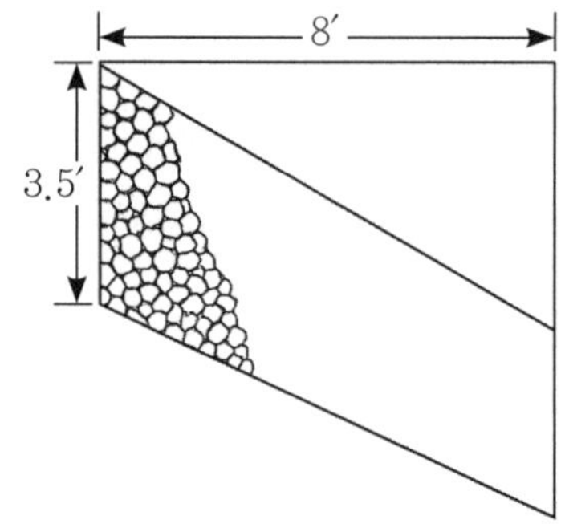

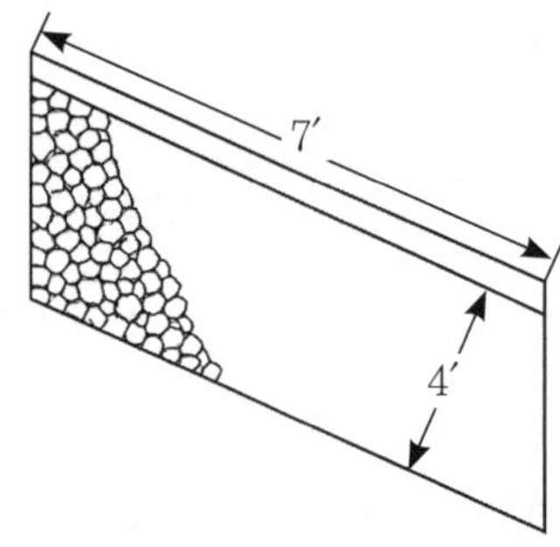

2 실적계수에 관여하는 인자

① 수종

- 굴곡이 심하거나 옹이가 있는 수종은 실적계수가 작다.
- 두꺼운 수피(樹皮)를 가지는 수종은 그렇지 않은 수종에 비하여 실적계수가 작다.
- 활엽수는 침엽수보다 실적계수가 2~8% 정도 작다.

② 형상 및 크기

- 같은 수종이어도 그 形狀이 불규칙한 부분의 실적계수는 그렇지 않은 것에 비해 작다.

- 간재(幹材)보다는 지조(技條)가, 직경이 작은 나무보다는 직경이 큰 나무가 실적계수가 작다.
- 재장(材長)이 짧은 것은 긴 것에 비해 할재(劃材)는 통나무에 비해 실적계수가 작다.

③ 쌓는 방법과 그 형상

- 밀실(爾密)하게 쌓은 것이 조잡(租雜)하게 쌓은 것에 비해 실적계수가 크다.
- 실적계수는 대체로 55%~78% 범위의 것이 많다.

상태	직경					
	〈6inch		6~12inch		12inch〈	
	길이					
	4ft	8ft	4ft	8ft	4ft	8ft
소나무						
바름	90	88	95	93	100	98
휘어졌음	80	76	89	84	93	91
가지	67	60	79	75	83	80
활엽수						
바름	85	82	91	88	98	95
휘어졌음	75	70	82	79	89	86
가지	58	50	75	70	78	75

▲ 실적계수(Lake주, 1935)

핵심 10 수피·지조·근주의 재적측정

1 수피의 재적측정

① 수피(樹皮)의 재적(材積)을 측정(測定)할 때는 무게를 달아 kg으로 표시하거나 묶음(束) 또는 cord를 사용한다.

② 수피의 실적(實積)은 측용기(測容器, xylometer)를 사용하여 측정한다.

③ 수피를 떼어 재적을 측정하면 경비와 시간이 많이 소요되므로, 수피율(樹皮率, bark volume percent)로 표시한다.

④ 수피율이란 수피재적을 수피가 붙은 간재적(幹材積)으로 나눈 비율(%)이다.

⑤ 수피율은 수종, 연령, 생육상태 및 나무의 부분 등에 따라서 다르지만, 일반적으로 10~20%이다.

⑥ 수피의 두께를 측정하기 위해서는 수피후측정기(swedish bark gauge)를 사용한다.

⑦ 수피의 두께(Y)와 흉고직경(D) 간에는 다음과 같은 관계식이 성립된다.

$$Y = a + bD$$
$(a,\ b:\ 회귀상수\ 또는\ 정수)$

2 지조의 재적측정

① 지조(技條, branch)는 묶음 또는 cord를 단위로 하여 측정하거나 측정(目測)에 의해 측정하지만, 정확히 측정하고자 할 때는 측용기 또는 구적식에 의한다.

② 지조율(技條率, branch volume percent)로 지조재적(技條材積)을 표시하는 것이 일반적이다.

③ 지조율은 지조재적과 수간재적의 비(%)이며, 수종, 연령, 생육환경에 따라 달라진다.

④ 수고가 높아지면 지조율은 낮아진다.

3 근주의 재적측정

① 근주(根株, stump)는 목측에 의하여 측정한다.

② 근주재적은 대체로 상부간재적(上部幹材積)의 15~25%로 추정되고 있다.

핵심 11 입목재적측정

임목의 재적을 측정하는 방법에는 목측법과 구적식응용법, 약산법과 형수법, 그리고 임목재적표에 의한 방법 등이 있다.

입목재적측정법	설명
목측법	• 직접법: 과거 측정 기억의 재적과 비교 • 간접법: 암산 추정
구적식응용법	• 목재 단면 측정 후 재적 계산 • 높이 때문에 임목 적용 힘듦
약산법	• 망고법: 흉고직경, 1/2 수고 • 덴진법: 형수 0.51 적용
형수법	• 수종별 재적과 비교원주의 체적비 사용
임목재적표 이용법	• 수고와 흉고직경으로 미리 만들어진 수종별 수간재적표 이용

1 구적기의 응용

① 구적식은 벌채목의 재적측정에는 사용하지만, 입목의 경우에는 사용되지 않는다.

② 벌채목의 재적측정에 사용한 구적식을 임목에 적용하려면 수간 상부에 있는 직경도 측정해야 하기 때문에 적용이 어렵다.

③ 적용할 수 있어도 수간의 형태(form)가 불규칙해서 구적식을 사용하면 오차가 커진다.

④ 정확성이 필요할 때 구분구적법을 사용하는 것은 좋지만, 하부에서는 구분 길이를 짧게 하고, 위로 가면서 길게 하면 편리하다.

2 형수법

① 임목의 재적이 원기둥의 재적과 관련성이 있는 것을 이용하여 임목의 재적을 계산하는 방법이다.

② 수간의 재적과 그 수간의 직경과 높이가 같은 원기둥의 체적(부피)의 비를 형수(form factor)라고 한다.

$$형수 = \frac{입목재적}{원주의\ 체적}$$

3 목측법

계측기를 사용하지 않고 입목을 눈으로 보고 재적을 추정하는 방법으로, 목측법은 숙련되지 않으면 좋은 결과를 얻을 수 없다.

4 약산법

① 망고법: 흉고직경의 1/2 되는 지름을 가진 곳의 수고와 흉고직경으로 재적을 구한다.

② 덴진법: 수고 25m, 형수 0.51을 전제로 재적을 계산한다.

5 임목재적표 이용

수종별, 지역별로 미리 만들어진 간재적표를 이용하여 재적을 구한다.

핵심 12 정밀재적측정

1 구분구적법

① 길이가 긴 목재는 각 부분의 변화가 심하기 때문에 간단한 구적식을 적용하여 재적을 구하면 오차가 커지게 된다.

② 이런 경우에는 장재(長材)를 짧게 구분하고 각 구분에 대하여 구적식을 적용하면 오차가 적어진다.

③ 장재를 짧게 나누어서 나눈 각 부분별로 재적을 구하여 합산하는 방법을 구분구적법(區分求積法, sectional measurement)이라고 한다.

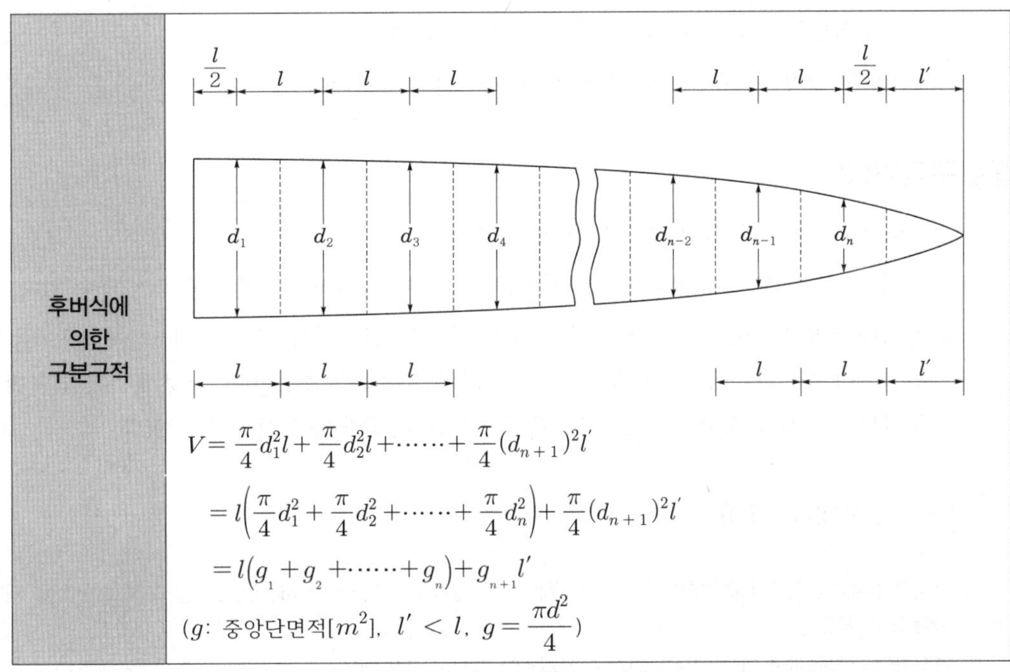

후버식에 의한 구분구적

$$V = \frac{\pi}{4} d_1^2 l + \frac{\pi}{4} d_2^2 l + \cdots\cdots + \frac{\pi}{4} (d_{n+1})^2 l'$$

$$= l\left(\frac{\pi}{4} d_1^2 + \frac{\pi}{4} d_2^2 + \cdots\cdots + \frac{\pi}{4} d_n^2\right) + \frac{\pi}{4}(d_{n+1})^2 l'$$

$$= l\left(g_1 + g_2 + \cdots\cdots + g_n\right) + g_{n+1} l'$$

$(g:$ 중앙단면적$[m^2],\ l' < l,\ g = \dfrac{\pi d^2}{4})$

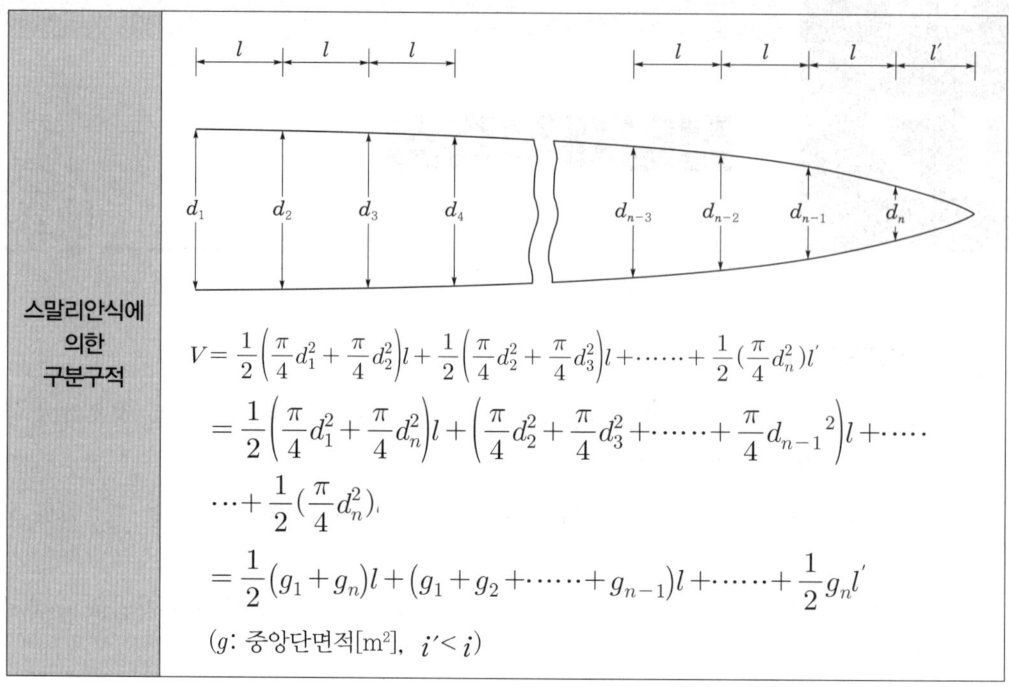

<table>
<tr><td rowspan="1" align="center">스말리안식에
의한
구분구적</td><td>

$$V = \frac{1}{2}\left(\frac{\pi}{4}d_1^2 + \frac{\pi}{4}d_2^2\right)l + \frac{1}{2}\left(\frac{\pi}{4}d_2^2 + \frac{\pi}{4}d_3^2\right)l + \cdots\cdots + \frac{1}{2}\left(\frac{\pi}{4}d_n^2\right)l'$$

$$= \frac{1}{2}\left(\frac{\pi}{4}d_1^2 + \frac{\pi}{4}d_n^2\right)l + \left(\frac{\pi}{4}d_2^2 + \frac{\pi}{4}d_3^2 + \cdots\cdots + \frac{\pi}{4}d_{n-1}^{\,2}\right)l + \cdots\cdots$$

$$\cdots + \frac{1}{2}(\frac{\pi}{4}d_n^2)_{\!\!,}$$

$$= \frac{1}{2}(g_1 + g_n)l + (g_1 + g_2 + \cdots\cdots + g_{n-1})l + \cdots\cdots + \frac{1}{2}g_n l'$$

(g: 중앙단면적[m²], $\;i' < i$)

</td></tr>
</table>

④ 구분구적법은 주로 후버식과 스말리안식을 사용한다.

⑤ 1구 부의 길이는 보통 2m로 하고, 부분은 i' 원추로 취급한다.

2 구적기법

① Planimeter를 사용하여 재적을 구하는 방법이다.

② 목재의 단면적은 원이 아니므로 구적기를 사용하여 정확하게 단면적을 측정할 수 있다.

③ 재적계산 방안지에 가로축에는 수고, 세로축에는 단면적을 잡아서 plot하며, plot된 점을
연결하여 곡선과 가로축 및 세로축으로 둘러싸인 면적을 측정한다. 이렇게 측정한 단면적은
통나무의 재적과 정비례하므로 재적을 측정하는 데 유용하게 사용할 수 있다.

> **참고** **면적기(위키백과)**
>
> ① 면적기(面積器), 면적계(面積計), 구적기(求積器) 또는 플래니미터(planimeter)는 2차원 도형의 면적을 재는
> 측량 도구이다.
>
> ② 면적기의 극침을 도형의 경계선을 따라 이동시키면 면적이 구해진다.
>
> ③ 면적기에는 극식(極式, polar planimeter)과 원반식(linear planimeter)이 있는데, 극식은 면적기의 반대쪽
> 끝이 고정되어 있고, 원반식은 임의의 방향으로만 이동할 수 있게 되어 있다.

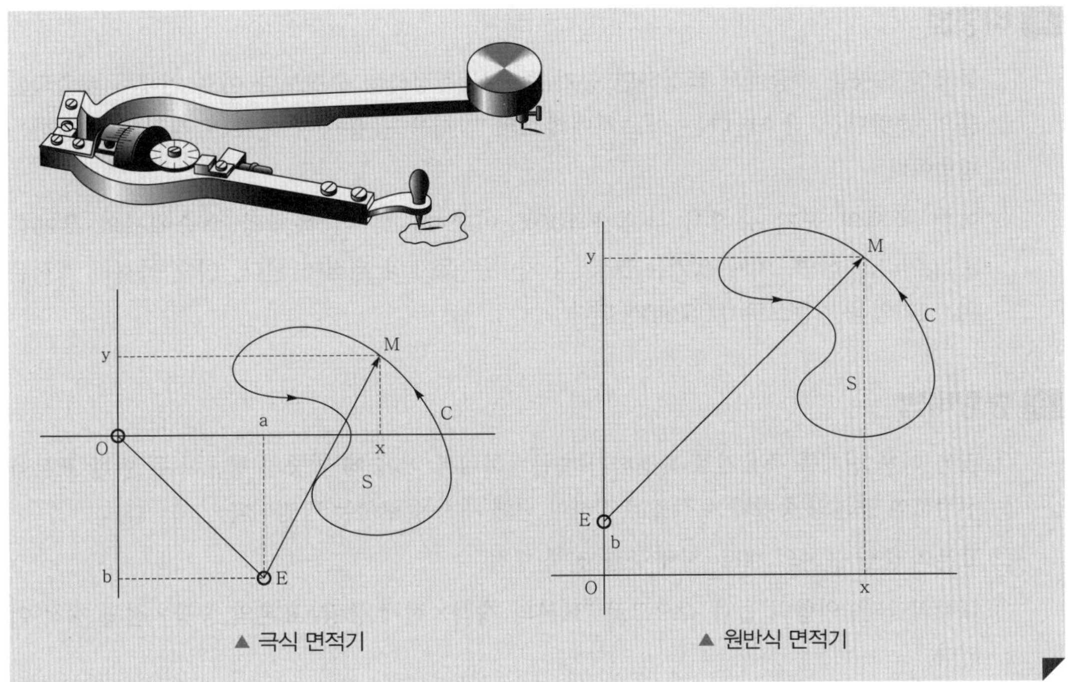

▲ 극식 면적기   ▲ 원반식 면적기

3 측용기법

① Hossfeld(1812)가 고안한 측용기(xylometer)를 이용하여 재적을 측정한다.

② 수중에 물체를 넣었을 때 같은 용적의 물을 배출하는 원리 응용하였다.

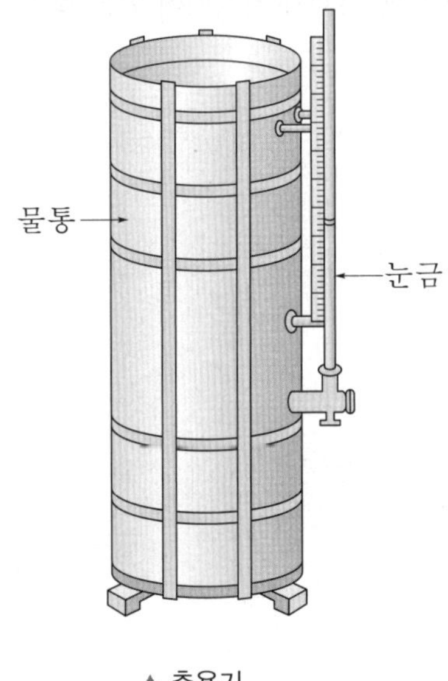

▲ 측용기

4 비중법

① 물체의 중량을 수중에서 측정하면 공기 중에서 측정하는 중량보다 이로 인해서 배출되는 물의 중량만큼 감소한다는 아르키메데스의 법칙을 응용하여 목재의 재적을 측정하는 방법이다.

② 어떤 목재의 공기 중에서 무게가 100kg이라 하고, 이 목재의 수중에서의 무게를 50kg이라고 하면, 이때 생기는 50kg의 차이는 목재의 재적이 된다. 이때 목재의 재적은 4℃, 1기압을 기준으로 0.050㎥가 된다.

5 중량비법

① 많은 나무 전체를 측용기로 측정하기는 곤란하니까 이 중에 비중의 평균이 될 만한 표본을 선정하여 표본의 중량과 재적을 측정하여 전체 재적을 구하는 방법이다.

② 표본의 중량:표본의 재적=전체 중량:전체 재적

③ 내항의 곱은 외항의 곱과 같으므로 "표본의 재적×전체 중량=표본의 중량×전체 재적"이 된다.

④ 전체 재적에 대하여 식을 정리하면

$$\text{전체 재적} = \frac{\text{표본의 재적} \times \text{전체 중량}}{\text{표본의 중량}}$$

⑤ 단목을 측정할 수도 있지만, 목재가 적재되어 있는 경우 한꺼번에 많은 재적을 구할 수 있다.

핵심 13 형수법

1 개념

① 임목의 재적이 원기둥의 재적과 관련성이 있는 것을 이용하여 임목의 재적을 계산하는 방법이다.

② 수간의 재적과 그 수간의 직경과 높이가 같은 원기둥의 체적(부피)의 비를 형수(form factor)라고 한다.

$$형수 = \frac{입목재적}{원주의\ 재적}$$

③ 위의 식에서 원주가 비교원주 또는 기초원주라 하고 형수는 f로 표시한다. 이때 단면적을 g라고 하면 원주체적은 gh가 되므로 형수(f)는 다음과 같다.

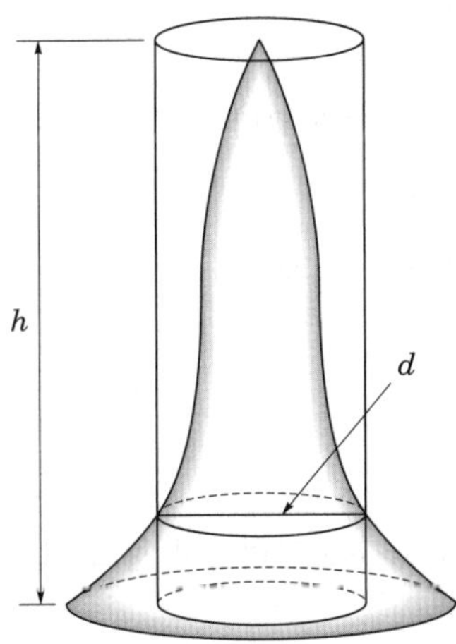

▲ 나무의 줄기와 원주의 비교

④ f가 결정되면 수간재적은 원주체적에 f를 곱하여 구할 수 있다. 이렇게 형수를 이용하여 입목의 재적을 구하는 방법을 형수법이라고 한다.

2 직경의 측정 위치에 따른 형수의 분류

비교원주의 직경을 측정하는 위치에 따라 분류한다.

① 부정형수: 1.2m 높이에서 직경을 측정한다. 흉고형수라고도 한다.

② 정형수: 나무 높이의 1/10 또는 1/20의 위치에서 직경을 측정한다.

③ 절대형수: 임목의 최하부에서 직경을 측정한다.

3 나무의 부위에 따른 형수의 분류

① 수간형수: 줄기만 고려하여 만든 형수이다.

② 지조형수: 가지와 잎만을 고려하여 만든 형수이다.

③ 근주형수: 그루터기와 뿌리를 고려하여 만든 형수이다.

④ 수목형수: 지조형수, 수간형수, 근주형수를 모두 포함한 형수이다.

4 흉고형수를 좌우하는 인자

① 수종 및 품종에 따라 수간의 형상과 성장이 달라지므로 형수도 차이가 있다.

② 생육구역: 기후, 토질 등으로 수형 또는 성장이 변화하여 형수에 영향을 미친다.

③ 지위: 지위가 불량하면 형수가 크다. 지위가 양호하면 형수가 작다.

④ 수관밀도: 수관밀도가 높으면 형수가 크다. 수관밀도가 낮으면 형수는 작다.

⑤ 지하고: 지하고가 높으면 형수가 크다.

⑥ 수관의 양: 수관의 양이 작으면 형수가 크다.

⑦ 수고: 수고가 작으면 형수가 크다.

⑧ 흉고직경: 흉고직경이 작으면 형수가 크다.

⑨ 연령: 연령이 많으면 형수가 크다.

5 구성에 따른 형수

① 단목형수: 연령 또는 그 밖의 조건을 고려하지 않고 크기와 형상이 비슷한 나무의 형수를 평균한 것이 단목형수이다.

② 임분형수: 임분의 총재적(V)과 그 임분의 흉고단면적합계(G)와 평균수고(H)와의 승수(GH)로 나눈 값을 임분형수라고 한다.

$$임분형수(F) = \frac{V}{GH}$$

임분의 재적계산에 사용되며, 형수(F)는 재적계산에만 사용되므로 재적계수라고도 한다.

6 흉고형수의 결정법

① 벌채목의 흉고형수는 구분구적법이나 측용기법 등으로 재적을 정확히 측정한 다음 흉고직경과 수고를 실측하여 구할 수 있다.

② 입목의 경우는 벌채목의 형수표를 만들고 형수표에서 적합한 형수를 찾아서 사용한다.

③ 흉고형수표는 수고와 흉고직경의 함수로 표시한다.

④ 형수의 값은 대체로 0.4~0.6이며, 0.45~0.55가 가장 많다.

⑤ $V = ghf$ 이므로 f(형수)만을 표시하는 것보다 hf를 표시하면 계산하기 더 편리하다.

⑥ hf를 형상고(form height)라고 한다.

약산법·목측법

1 약산법

① 망고법

- 흉고직경의 $\frac{1}{2}$ 되는 지름을 가진 곳의 수고와 흉고직경에 재적을 구한다.
- 가슴 높이 지름의 $\frac{1}{2}$인 지름을 가진 곳을 망점이라 한다.
- 벌채 지점에서 망점까지의 높이를 망고라 한다.
- 망고는 스피겔릴라스코프를 이용하여 구할 수 있다.
- 망고는 보통 목측으로 구한다.
- 망고는 나무 높이의 60~80%의 값이 많으며 평균 70% 정도이다.
- 약산법에서는 망고를 0.7H로 계산하게 된다.
- 망고를 측정하면 벌채점 이상의 수간재적은 다음 식에 의해 구할 수 있다.

$$V = \frac{2}{3} \times g \times (H + \frac{m}{2})$$

- V : 재적(m^3)
- g : $\dfrac{\pi \times d^2}{4}$ (d는 흉고직경)
- H : 망고(벌채점에서 망점까지 높이)
- m : 벌채점에서 가슴 높이까지 높이

② 덴진법(denzin)

- 형수법은 임목 재적을 측정할 때에 반드시 나무 높이를 측정해야 한다.
- 덴진법은 가슴 높이 지름만으로 재적을 구할 수 있다.
- 흉고직경을 cm 단위로 측정하고 그 제곱 값을 1,000으로 나누면, ㎥ 단위의 재적을 구할 수 있다.
- 덴진법은 나무 높이 25m, 형수 0.51을 전제로 재적을 개략적으로 알 수 있는 방법이다.

– 나무 높이가 25m가 아닌 경우 수종별로 보정표를 만들어 수정해 주어야 한다.

$$V = g \times h \times f = \frac{\pi \times d^2}{4} \times h \times f = \frac{d^2}{4} \times \pi \times h \times f$$

지름의 단위는 cm이고, 이것을 재적 단위인 m³로 환산할 때는 지름의 제곱을 하였으므로 1m 는 100cm를 제곱한 10,000을 나누어 주어야 한다.

$$V = \frac{d^2}{4} \times \frac{1}{10,000} \times \pi \times h \times f$$

위 식의 전제는 $h = 25\text{m}$, $f = 0.51$이므로

$$\pi \times h \times f = 3.141592 \times 25 \times 0.51 \fallingdotseq 40.0553 \fallingdotseq 40$$

$$\therefore V = \frac{d^2}{4} \times \frac{1}{10,000} \times 40 = \frac{d^2}{1,000}$$

2 목측법

계측기를 사용하지 않고 입목을 눈으로 보고 재적을 추정하는 방법으로, 목측법은 숙련되지 않으면 좋은 결과를 얻을 수 없다.

① 직접법: 벌채목의 재적을 측정할 때 기억해 두었다가 그때의 재적과 비교하여 추측한다.

② 간접법: 약측(略測)법에 적용되는 요소를 목측으로 측정한 다음 암산으로 추정한다.

③ 목측을 할 때 주의해야 할 점

　– 목측물에서의 거리를 항상 일정하게 한다. 20m 또는 30m 떨어진 곳에서 목측한다.

　– 경사지에서는 사면의 위에서 목측한다. 아래에서 하면 오차가 크다.

　– 오차에 유의하여 목측한다. 광선의 명암, 광선투사의 방향, 지엽의 유무, 수피가 평활한지 여부, 부근에 있는 나무 등이 오차를 발생시킨다.

PART
02
산림 관계 동향
Professional Engineer Forestry

산/림/기/술/사

memo

산/림/기/술/사

산림 관계 동향

핵심 01 산림 관계 동향

1 자료 구하기

산림 관계 동향은 두 단계로 정리해야 한다. 첫 번째가 자료를 수집하는 과정으로, 산림 관련 동향 자료는 산림청 홈페이지와 임업진흥원 홈페이지에서 최근 동향을 수집할 수 있다. 산림조합중앙회에서 발간하는 월간 "산림"을 구독하는 것도 좋은 방법이다. 타 분야 기술사 수험안내를 보면 관련 논문도 추천하는 분이 있는데, 산림기술사에서는 논문까지는 보지 않아도 된다. 홈페이지 또는 어디에서 자료(data)를 보았는지는 중요하지 않다.

중요한 것은 자료를 어떻게 "내가 사용할 수 있는 정보(information)으로 만들 것인가?"의 문제다. 자료를 정보로 만들고, 내가 시험장에서 사용할 수 있는 지식(knowledge)으로 만들어야 한다. 그래야 면접 시험장에서 내가 구사할 수 있는 말(word)이 되고, 기술사가 되고 난 후 수행할 각종 용역이나 자문활동에서 사용할 무기(weapon)가 된다.

2 지식 만들기

내가 접한 자료가 내 지식이 되려면 반드시 아래 과정을 거쳐야 한다.

> 자료 → 정독 → 노트 → 암기 → 출력

반드시 암기한 후 다른 사람에게 설명하거나, 본인이 아무것도 보지 않고, 아무것도 없는 답안지에 한 페이지 정도 키워드 중심으로 써 본 후 원자료의 내용이 잘 설명되었는지 확인해 보아야 한다. 복잡한 과정 같지만, 새로운 내용을 읽기만 하고도 바로 관련 내용을 쓸 수 있는 사람들이 있는데, 바로 관련 분야의 박사, 기술사들이다.

의사, 변호사, 건축사 같은 전문가들은 자신의 전공 분야에서 새로운 기사나 논문이 나와도 한 번 읽고도 내용을 거의 기억한다. 그것은 전공 분야에 대한 충분한 지식이 쌓여 있어서 그런 것이다. 기술사가 되려고 이 책을 읽는 분도 마찬가지다. 충분히 공부한 독자는 위에서 설명한 것과 같은 분야가 분명 있을 것이고, 필자가 부족한 부분을 채우면 어렵지 않게 기술사가 될 수 있다.

3 노트 정리하기

이미 알고 있는 것과 같이 인간은 기억했던 것도 계속해서 쓰지 않으면 잊어버린다. 그러면 잊어버리지 않기 위해서 어떻게 해야 할까? 이것도 알고 있겠지만 계속 반복해야 한다. 전문가가 되더라도 활용하는 부분의 지식만 활용하기 때문에 대부분 잊어버린다. 그렇지만 노트가 있다면 이야기는 달라진다. 키워드 위주로 정리된 노트가 있다면, 이미 공부했던 것은 금방 복원이 된다. 노트를 정리할 때 찾아보기 쉽게 정리하고, 정리한 노트를 잘 보관하고, 자주 볼 수 있도록 하면 된다. 태블릿 같은 전자기기를 활용하면 효율을 높일 수 있다.

4 공부하지 말자

산업인력공단에서 "시험 출제 범위로" 제시한 과목과 하위 목차를 살펴보면 1과목 산림조성 및 보호(7장), 2과목 산림 개발 및 보전(7장), 3과목 산림경영(7장), 산림정책(5장) 모두 합쳐 26장이다. 기술사 출제 문항은 1교시 13문항, 2~4교시 6문항, 모두 합하면 13+18=31문항이다. 시험에 출제될 31문제 중 이 부분에서 출제될 확률은 $\frac{1}{26} \times 100 = 3.84\,[\%]$가 된다. 상당히 높은 확률 같지만, 기술사 시험은 문제를 선택할 수 있다. 1교시 문제를 선택할 수 있는 확률은 $\frac{10}{13} \times 100 = 77\,[\%]$이므로, 선택하지 않아도 되는 문제가 무려 23%나 된다. 2교시부터 4교시는 6문제 중에 4문제를 선택하는 것이므로 $\frac{4}{6} \times 100 = 66.67\,[\%]$가 된다. 선택하지 않아도 되는 문제가 무려 33.33[%]인 것이다.

5 공부하지 않아도 되는 과목

출제될 확률은 4%도 안 되는데, 공부해야 할 분량이 많은 과목은 산림 관련 동향, 수목일반, 산림보호 및 방제, 산림 관련 법령이 있다. 수목일반 중에서 수목학은 공부 분량이 어마어마하다. 수목학은 평상시에 공부하고 시험합격을 위해서는 버려야 한다. 수목일반 중에서 수목생리학은 필수과목인데, 원리를 이해해야 조림 전반에 대해 이해의 폭이 넓어지고, 용도가 많기 때문이다. 관련 법령은 분량이 많지만, 지속 가능한 산림자원 관리 지침 등 산림청 훈령들 중심으로 집중적으로 암기해야 한다. 물론 이 교재는 거기에 대한 배려를 충분히 했지만, 인간은 완전하지 않다. 부족한 부분이 많은 것을 인정한다. 더 공부할 것인지를 선택해야 할 때 지금 이 단원을 기억하고 선택하기 바란다. 여러분의 합격을 진심으로 기원하는 바이다.

숲가꾸기 5개년 계획

● 산림청 누리집(forest.go.kr)

1 추진 배경

① 숲가꾸기를 종합적 산림관리 정책으로 변화

- 경제림 단지, 산림기능 유지 증진 등

② 국민적 수요 증가

- 기후변화 대응, 수자원 확보 및 대기 정화, 일자리 창출

③ 국내외 여건 변화

- 새로운 숲가꾸기 패러다임
- 6차 산림기본계획 기능과 용도별 관리체계 확립 세부 실천 계획

2 추진 경과

숲가꾸기 5개년 계획	배경	성과	비고
1단계 (2004~2008)	• 정책을 숲가꾸기로 전환	• 숲가꾸기 설계감리제도 도입 • 숲가꾸기 현장토론회	
2단계 (2009~2013)	• 기후변화 대응 • 녹색일자리 창출	• 130만ha 숲가꾸기 • 산림의 가치 증진 • 부산물 활용도 제고	
3단계 (2014~2018)	• 비전: 산림의 경제적·공익적 가치 제고	• 산림관리 제도화 • 전국 단위 산림기능 구분 • 맞춤형 숲 관리 • 일자리 창출	
4단계 (2019~2023)	• 비전: 숲속의 대한민국 실현을 위한 산림의 기능 최적 발휘 • 목표: 임업인이 만족하는 경제림 육성, 국민이 행복한 공익림 관리	추진과제 • 돈이되는 경제림 육성 • 모두가 누리는 공익림 가꾸기 정착 • 건강한 산림자원 조성을 위한 조림지 관리 강화 • 숲가꾸기를 통한 산림 일자리 창출 • 숲가꾸기 품질 향상 및 기술 개발	

도시숲의 기능 및 유형

● 산림청 누리집(forest.go.kr)

1 기능

구분	정의
기후보호형	폭염 · 도시열섬 등 기후 여건을 개선하고 깨끗한 공기를 순환 · 유도하는 기능을 가진 도시숲 등
경관보호형	심리적 안정감과 시각적인 풍요로움을 주는 등 자연경관의 감상 · 보호 기능을 가진 도시숲 등
재해방지형	홍수 · 산사태 등 자연재해를 방지하거나 소음 · 매연 등 공해를 완화하여 국민의 안전을 지키는 기능을 가진 도시숲 등
역사 · 문화형	문화재 또는 사찰 · 사당 등 종교적 장소와 전통마을 주변에 조성 · 관리하여 역사를 보존하고 문화를 진흥하는 기능을 가진 도시숲 등
휴양 · 복지형	체험 · 놀이 · 학습을 통한 교육과 산림욕 · 산림치유 등 휴양 · 치유 등의 기능을 가진 도시숲 등
미세먼지 저감형	미세먼지 발생원으로부터 생활권으로 유입되는 미세먼지 등 오염물질을 차단하거나 흡수 · 침강 등의 방법으로 저감하는 기능을 가진 도시숲 등
생태계 보전형	생태계를 보전 · 복원하고 생태계가 서로 연결되도록 하는 등 생태계와 조화를 이루는 기능을 가진 도시숲 등

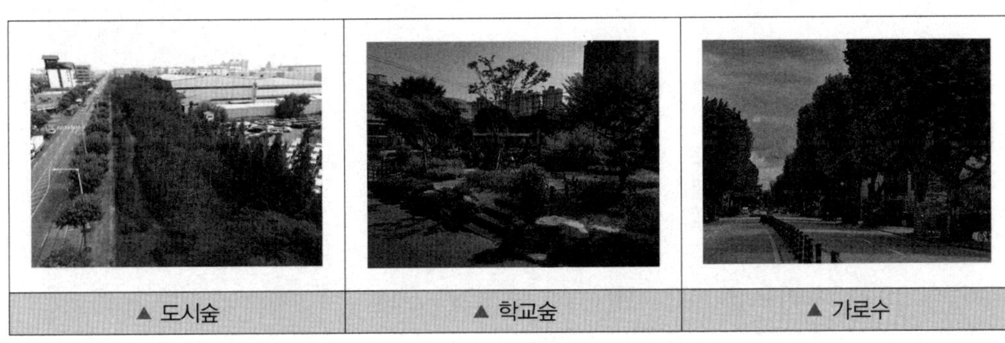

▲ 도시숲　　　▲ 학교숲　　　▲ 가로수

유형		정의
도시숲		도시에서 국민의 보건·휴양 증진 및 정서 함양과 체험활동 등을 위하여 조성·관리하는 숲(산림과 수목), 「자연공원법」 제2조에 따른 공원구역은 제외
생활숲		생활권 및 학교와 그 주변 지역에서 국민들에게 쾌적한 생활환경과 아름다운 경관의 제공 및 자연학습교육 등을 위하여 조성·관리하는 숲
생활숲	마을숲	산림문화의 보전과 지역주민의 생활환경 개선 등을 위하여 마을 주변에 조성·관리하는 숲
	경관숲	우수한 산림의 경관자원 보존과 자연학습교육 등을 위하여 조성·관리하는 숲
	학교숲	「초·중등교육법」 제2조에 따른 학교와 그 주변 지역에서 학습환경 개선과 자연학습교육 등을 위하여 조성·관리하는 숲
가로수		도로의 도로구역 안 또는 그 주변 지역에 조성·관리하는 수목

핵심 04 도시숲지원센터

● 산림청 누리집(forest.go.kr)

1 도시숲지원센터 개요

① 근거: 「도시숲법」 제16조, 시행령 제8조

② 지정자격: 「민법」 제32조에 따른 비영리법인

   – 사무실 확보, 사업수행 상근인력 3인 이상

② 지정자: 산림청장 또는 지방자치단체장

2 지원센터 업무

① 도시숲 등 관리지표의 운영

② 도시숲 등의 측정 · 평가

③ 도시숲 등의 관리 및 이용 프로그램의 개발 · 보급

④ 도시숲 등의 관리 및 이용 활성화 관련 모니터링

⑤ 모범 도시숲 등의 인증에 관한 사항(산림청장 지정 센터로 한정)

⑥ 도시녹화운동 추진, 도시숲 등의 조성 · 관리 민간협력

⑦ 도시숲 등의 기부채납에 관한 사업

3 지정절차

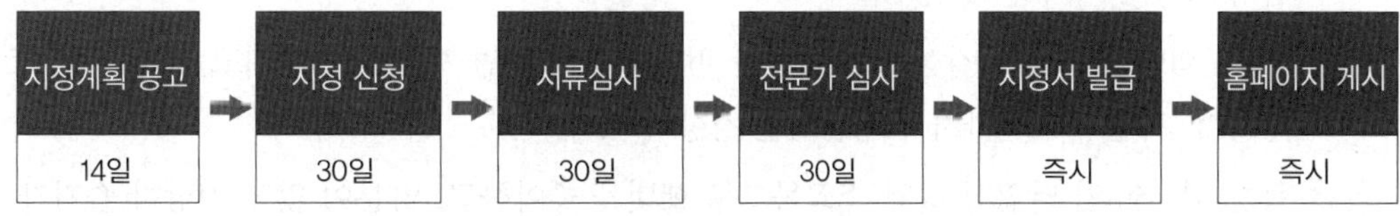

지정계획 공고	지정 신청	서류심사	전문가 심사	지정서 발급	홈페이지 게시
14일	30일	30일	30일	즉시	즉시

4 지정현황

① 산림청장 지정: 3개소 (2021년 12월 지정)

② 생명의 숲: 모범도시숲 인증제 운영, 도시녹화운동 등

③ 한국산지보전협회: 도시숲 등 실태조사 · 통계관리, 모범도시숲 인증제 운영, 도시녹화운동 등

④ 국립세종수목원: 도시숲 등 관리지표 측정 · 평가 모니터링, 도시녹화운동 등

무궁화

● 산림청 누리집(forest.go.kr)

1 무궁화 명칭 및 원산지

① 우리이름: 무궁화(영원히 피고 지지 않는 꽃)

☞ 식물분류학적 분류: 쌍자엽식물강–아욱목–아욱과–무궁화속–무궁화

② 한자: 無窮花(무궁화), 木槿(목근)

③ 학명: Hibiscus syriacusL, (영명): Rose of sharon

④ 원산지: 동북아시아 지역

☞ 분포: 아시아, 유럽, 아메리카 등 전 세계적으로 분포

2 생육 및 개화 특성

① 개화: 새로 난 가지에 꽃봉오리가 형성되어 7월 초부터 10월 초까지 약 100일간 계속해서 피고 지며, 아침에 일찍 피었다가 해가 지면 떨어진다.

② 결실: 열매는 달걀형 또는 긴 타원형 삭과로 11월 초에 갈색으로 익으며, 씨앗에는 별 모양의 털이 밀생한다.

③ 꽃: 홑꽃은 한 송이에 암술과 수술, 꽃잎과 꽃받침을 모두 갖춘 양성화(兩性花)이자 완전화(完全花)로 5개의 꽃잎이 서로 붙은 통꽃이다.

④ 잎: 달걀형 또는 아래쪽이 넓은 타원형으로 3개의 주맥을 따라 3개로 갈라지며, 가장자리에 톱니 모양의 거치가 있다.

⑤ 수피: 회백색 또는 회갈색으로 매끈한 편이나 오래되면 세로로 갈라지고, 겨울눈은 혹처럼 생기며, 자랄수록 곁가지가 발달되는 경향이 있다.

⑥ 특성: 3~6m인 낙엽성 활엽 소교목으로 햇빛을 좋아하고, 양분이 많고 적당히 습기가 있는 토양을 좋아하며 내염성과 내공해성이 강하다.

<table>
<tr><td>▲ 무궁화꽃</td><td>▲ 암술과 수술</td><td>▲ 잎 앞면</td></tr>
<tr><td>▲ 잎 뒷면</td><td>▲ 무궁화 열매</td><td>▲ 열매 단면</td></tr>
<tr><td>▲ 씨앗</td><td>▲ 수피</td><td></td></tr>
</table>

3 꽃잎 모양에 의한 구분

① 홑꽃: 5매의 기본 꽃잎에 완전한 형태의 암술과 수술을 모두 갖춘 꽃이다.

② 반겹꽃: 수술의 일부가 변하여 속꽃잎으로 발달한 꽃이다.

③ 겹꽃: 암·수술 모두 속꽃잎으로 발달한다.

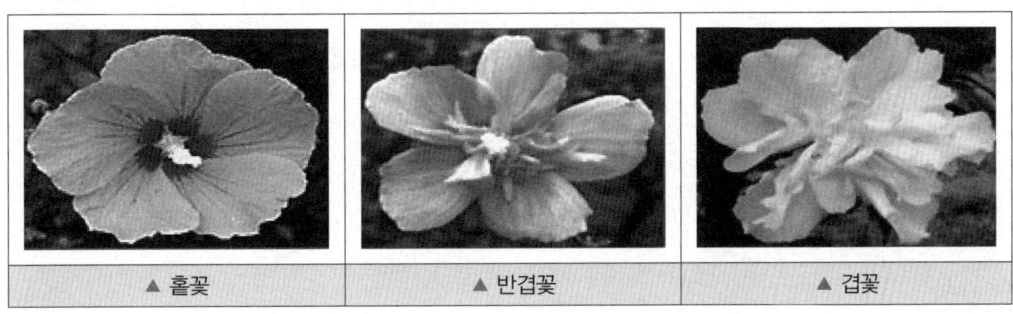

<table>
<tr><td>▲ 홑꽃</td><td>▲ 반겹꽃</td><td>▲ 겹꽃</td></tr>
</table>

① 배달계: 중심부에 단심(丹心: 붉은색 무늬)이 없는 순백색의 꽃

② 단심계: 중심부에 단심이 있는 꽃

백단심계	백색 계통의 꽃잎에 단심이 있는 꽃
홍단심계 (자단심계 · 적단심계)	자색 · 적색 계통의 붉은 꽃잎에 단심이 있는 꽃
청단심계	청 · 보라색 계통의 꽃잎에 단심이 있는 꽃

③ 아사달계: 흰색이나 연한 분홍색 꽃잎 가장자리에 붉은색 무늬가 있는 꽃이다.

▲ 배달계	▲ 백단심계	▲ 자단심계(홍단심계)
▲ 적단심계(홍단심계)	▲ 청단심계	▲ 아사달계

핵심 06 정원

● 산림청 누리집(forest.go.kr)

1 정원의 정의

정원은 "식물, 토석, 시설물(조형물을 포함한다) 등을 전시·배치하거나 재배·가꾸기 등을 통하여 지속적인 관리가 이루어지는 공간(시설과 그 토지를 포함한다)"을 말한다(수목원·정원의 조성 및 진흥에 관한 법률 제2조)

2 정원, 식물원(수목원), 공원과 비교

구분	정원	식물원·수목원	공원(도시공원)
개념	식물을 중심으로 자연물과 인공물을 배치, 전시 및 재배, 가꾸기 등이 이루어지는 공간	식물(수목) 유전자원을 수집·증식·보존 및 전시하고 학술적·산업적 연구를 하는 시설	자연경관을 보호하고 시민의 건강·휴양 및 정서생활을 향상시키기 위한 시설
주요 기능	• 재배, 가꾸기 등 가드닝 • 조형미, 예술적 및 참여적 • 식물학적, 공원적 기능	• 식물 수집·증식·보존 등 연구 • 학술적, 산업적 기능 • 전시, 교육 기능	• 휴식, 운동 등 레크레이션 • 시설 이용 및 경관적 기능 • 식물학적 기능 부족

3 정원의 조성·운영 주체에 따른 구분

① 국가정원: 국가가 조성·운영하는 정원이다.

② 지방정원: 지방자치단체가 조성·운영하는 정원이다.

③ 민간정원: 법인·단체 또는 개인이 조성·운영하는 정원이다.

④ 공동체 정원: 국가 또는 지방자치단체와 법인, 마을·공동주택 또는 일정 지역주민들이 결성한 단체 등이 공동으로 조성·운영하는 정원이다.

④ 정원의 기능 및 주제에 따른 구분

1) 생활정원

국가, 지방자치단체 또는 「공공기관의 운영에 관한 법률」 제4조에 따른 공공기관으로서 대통령령으로 정하는 기관이 조성·운영하는 정원으로서 휴식 또는 재배·가꾸기 장소로 활용할 수 있도록 유휴공간에 조성하는 개방형 정원이다.

2) 주제정원

① 교육정원: 학생들의 교육 및 놀이를 목적으로 조성하는 정원이다.

② 치유정원: 정원 치유를 목적으로 조성하는 정원이다.

③ 실습정원: 정원 설계, 조성 및 관리 등을 통해 전문인력 양성을 목적으로 조성하는 정원이다.

④ 모델정원: 정원산업 진흥을 위하여 새롭게 도입되는 정원 관련 기술을 활용하여 조성하는 정원이다.

⑤ 기타 정원: 그밖에 지방자치단체의 조례로 정하는 정원이다.

07 보호수

● 산림청 누리집(forest.go.kr)

1 보호수란?

보호수란 역사적 · 학술적 가치 등이 있는 노목(老木), 거목(巨木), 희귀목(稀貴木) 등으로서 특별히 보호할 필요가 있는 나무이다.

① 대한민국 보호수: 13,868그루(2022년 12월 기준)

② 지정(해제)권자: 지방산림청장, 시 · 도지사

③ 관련 법령: 산림보호법 제13조(보호수의 지정 · 관리)

2 보호수의 유형 구분 및 정의

구분	유형	정의
일반	노목(老木)	생장 활동이 활발하지 못한 늙은 나무
	거목(巨木)	굵고 큰 나무
	희귀목(稀貴木)	매우 드물고 귀한 나무
세부	명목(名木)	어떤 역사적인 고사나 전설 등의 유래가 있어 이름난 나무이거나 성현, 왕족, 위인들이 심은 것으로 알려진 훌륭한 나무
	보목(寶木)	역사적인 고사나 전설이 있는 보배로운 나무
	당산목(堂山木)	제를 지내는 성황당, 산신당, 산수당에 있는 나무
	정자목(亭子木)	향교, 서당, 서원, 사정, 별장, 정자 등에 심은 나무
	호안목(護岸木)	해안, 강안, 제방을 보호할 목족으로 심은 나무
	기형목(畸型木)	나무의 모양이 정상이 아닌 기괴한 형상의 관상 가치가 있는 나무
	풍치목(風致木)	풍치, 방풍, 방호의 효과 및 명승고적의 정취 또는 경관 유지에 필요한 나무

3 수종별 지정 현황(2022년 말 기준)

당해 연도 수종별 현황은 익년도 7월에 갱신된다. [단위: 그루]

구분	합계	느티나무	소나무	팽나무	은행나무	버드나무	회화나무	향나무	기타
합계	13,868	7,249	1,756	1,338	768	574	363	235	1,576
산림청	22	−	13	−	−	−	−	1	8
시도	13,846	7,249	1,752	1,338	768	574	363	234	1,568

핵심 08 나고야의정서

● 산림청 누리집(forest.go.kr)

1 유전자원 관련 국제 쟁점 추진 배경

생물 다양성 보존 및 유전자원의 국가 주권 주장이 강화되면서 유전자원의 이용과 보전에 대한 국제 규정이 만들어지게 되었다.

1) 생물 다양성 감소에 대한 대책 시급

① 기후 변화, 도시화, 산업화 등으로 서식지 훼손과 생물 다양성 감소 가속화

② 50년 후 지구상 생물종의 1/4 멸종 가능(2024.Nature)

2) 생물 다양성 협약(CBD, 1993년 발효, 1994년 한국 가입)

① 생물 다양성 보존 및 자원의 지속 가능한 이용, 접근

② 자원 제공국과 이용국 간의 양자 간 이익 공유

2 CBD-ABS 개념과 배경

1) 생물 다양성 협약(이하 CBD)

① 1992년 리우에서 개최된 유엔환경개발정상회의

② UNCED(United Nations Conference on Environment and Development)

③ CBD에서 생물종(種) 감소로 종 다양성 보전에 대한 국제적 공감대 형성

> **참고** 생물 다양성 협약 3대 목적
>
> ① 생물 다양성 보전
> ② 그 구성요소의 지속 가능한 이용
> ③ 생물유전자원 관련 이익의 공평한 공유

④ 유럽연합을 포함하여 193개국이 가입(2011. 3. 기준)

⑤ 우리나라는 154번째 회원국으로 가입(1994. 10.)

2) CBD-ABS의정서(일명 '나고야의정서') 채택 배경

① CBD 제5차 당사국 총회(2000. 5.)

② 유전자원의 접근 및 공평한 이익 공유(ABS) 이행

③ 개방형 특별 작업반(ABS-Working Group) 설립

④ 2002년, 유전자원의 접근 및 이익 공유에 대한 국제지침서인 Bonn Guideline이 채택되었지만, 법적 구속력이 있는 국제적 기준이 필요하다고 결의

⑤ 약 10년에 걸쳐서 자원 이용국과 제공국들의 첨예한 논의를 통해 2010년 10월에 나고야에서 개최된 생물 다양성 협약 제10차 당사국 총회에서 유전자원의 접근 및 이익 공유에 관한 의정서(일명 '나고야의정서')가 채택

⑥ '나고야의정서'는 생물유전자원을 이용해서 발생하는 이익을 자원 제공국과 공유하도록 규정하는 국제 규범으로, 10년에 걸친 국제 협상의 성과물

⑦ 채택된 '나고야의정서'에는 주로 생물유전자원 이용국인 선진국의 입장이 상대적으로 많이 반영되었으며, 이에 따라 생물자원 보유국인 개도국은 선진국의 재정 지원을 기대

③ 나고야의정서(ABS)의 주요 내용은?

1) 유전자원 접근 시 사전통보승인(PIC; Prior Informed Consent) 필요

유전자원에 접근하고자 하는 자는 사전에 해당 유전자원을 보유하고 있는 국가 또는 제공자에게 필요한 정보를 제공하고 접근 승인을 받아야 한다.

2) 유전자원 접근과 이익 공유에 대해 유전자원 제공자와 이용자 간에 상호합의조건(MAT; Mutually Agreed Terms) 체결이 필요

유전자원의 접근과 이익 공유의 내용과 방법 등에 대해 MAT에 기술하고 이에 대해 상호 간에 합의

3) 생물유전자원과 관련 전통지식까지 ABS에 포함

생물유전자원뿐만 아니라 유전자원 관련 전통지식까지 MAT를 통해 접근과 이익 공유 가능

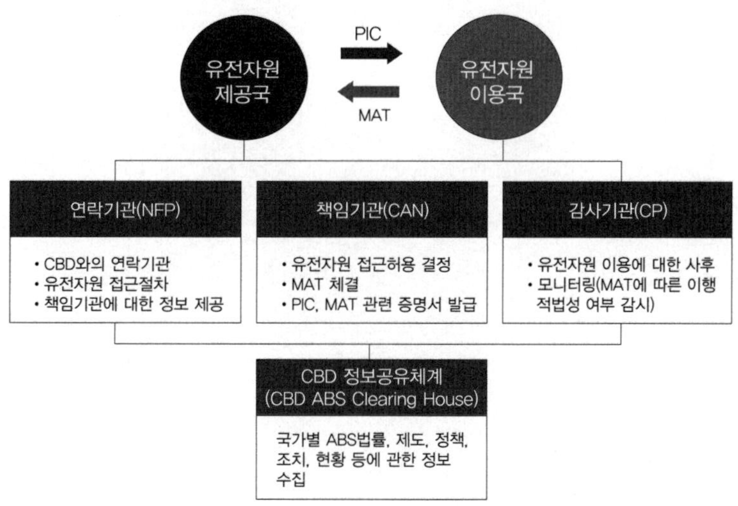

4 나고야의정서가 미치는 영향

본 의정서를 계기로 생물자원 부국들의 유전자원 주권의식이 크게 높아지고, 이들 국가에서 보유하는 유전자원의 접근과 이익 공유에 대한 협상력이 증가할 것으로 예상된다.

1) 자원 주권

① 외국 반출 규제 등 자국 유전자원 관리강화

② 다국적 기업의 국내 진출에 대한 이익 공유 요구 기능

③ 자국 유전자원의 무분별한 남획 및 이용방지 효과

2) 바이오산업 & 연구

① ABS 이해 부족으로 소송과 같은 사후적 피해 초래 우려

② 해외유전자원 확보 부담으로 연구 및 사업 제안

③ 의무준수 관련 모니터링 및 규제비용 증가

④ 투명 · 명확한 국제적 절차와 접근 보장으로 연구개발 촉진

3) 경제적 가치변화

① ABS 발효 이전: 지적재산권 포함 기업이윤 극대화

② ABS 발효 이후: 지적재산권 포함 기업이윤 제한적

4) 종자생명산업

① 당분간은 미치는 영향 미비(세부내용 협상 진행)

② 식량 및 사료작물 64작물은 식량농업식물유전자원국제조약(ITPgreenFA; International Treaty on Plant Genetic Resources for Food and Agreeniculture)에 의해 관리된다.

09 PIC, MAT, ABS 절차

● 산림청 누리집(forest.go.kr)

1 사전통보승인(PIC)

1) PIC의 기본원칙

① 법적 확실성, 명확성 등을 고려, 최소한의 비용으로 접근한다.

② 명확한 근거를 바탕으로 접근을 규제한다.

③ 정부뿐만 아니라 관련 이해관계자의 PIC도 받아야 한다.

2) PIC에 기재해야 할 정보의 범위

제공국의 국내법이 정하는 바에 따라야 하므로 해당국 연락기관에서 제공하는 PIC 절차와 내용을 숙지해야 하지만 일반적으로 포함되어야 할 정보는 다음과 같다.

① 유전자원 접근자 정보: 소속기관, 연구책임자 인적정보 등

② 유전자원 정보: 해당 유전자원 특성, 확보 방법 및 지역, 필요량 등

③ 유전자원 이용 정보: 연구개발 목적, 중장기 연구계획, 잠재적 이용성, 제3자 참여 가능성 등

3) 기타 주요 확인사항

① 비상업적 연구목적의 경우, 간소화된 절차 존재 여부

② PIC에 명시된 내용 변경 허용 여부 및 변경 절차

③ 해당 유전자원을 제3자에게로 이전 허용 여부 및 관련 절차

④ 문서화 여부 및 PIC 발급에 소요되는 기간

2 상호합의조건(MAT)

1) MAT의 기본원칙

① 이용자와 제공자 간 상호 만족할 만한 합의

② 법적 확실성과 명확성 등을 고려, 최소한의 비용으로 협상

③ 이용자와 제공자 간 동등한 협상 능력을 보장하기 위한 조치 필요

2) MAT에 기재해야 할 정보의 범위

PIC와 마찬가지로 제공국의 국내법이 정하는 바에 따라야 하지만 일반적으로 포함되어야 할 정보는 다음과 같다.

① 이용하려는 유전자원 종류, 수량, 목적, 이용기간 등

② 이익 공유 종류 및 방법

③ 지적재산권 관련 출원 가능 여부 및 출원 시 원산지 기재 여부 등

④ 이용목적 변경, 제3자 이전, 기밀유지 등에 대한 규정 및 분쟁 발생 시의 해결 절차 등

3) 이익 공유(Benefit-Sharing)

① MAT에 구체적인 내용을 명시

② 이익 공유의 범위는 로열티나 선불로 지급하는 등의 금전적 공유와 연구개발 성과를 공유하거나 교육 훈련, 기술이전 및 관련 지적재산권 공동 소유 등의 비금전적 이익 공유가 있다.

③ 시기는 문서로 합의해서 해야 하며, 반드시 연구성과물을 전제로 하는 것이 아니므로 접근단계에서부터 이루어질 수 있다.

4) 이행 및 의무준수 모니터링(Compliance)

① 기본원칙: 해당 국가 국내법의 규정에 따라야 하며, PIC와 MAT 체결 시 이용자와 제공자 간 상호 합의하여 이루어진다.

② 이행 검증 및 보고: 국내법 또는 합의된 내용에 따라 의무준수 내용을 해당 기관(감시기관, Check-point)에 보고해야 한다.

③ 의무준수 검증을 위해 강제적 확인 절차 또는 인증제도 존재 여부를 확인해야 한다.

④ 분쟁 해결: 기본적으로 분쟁 해결은 MAT를 통해 합의한 바에 따라 이루어지고, 국내법 또는 합의된 내용에 따라 제재 조치가 가해질 수도 있다.

3 ABS 절차

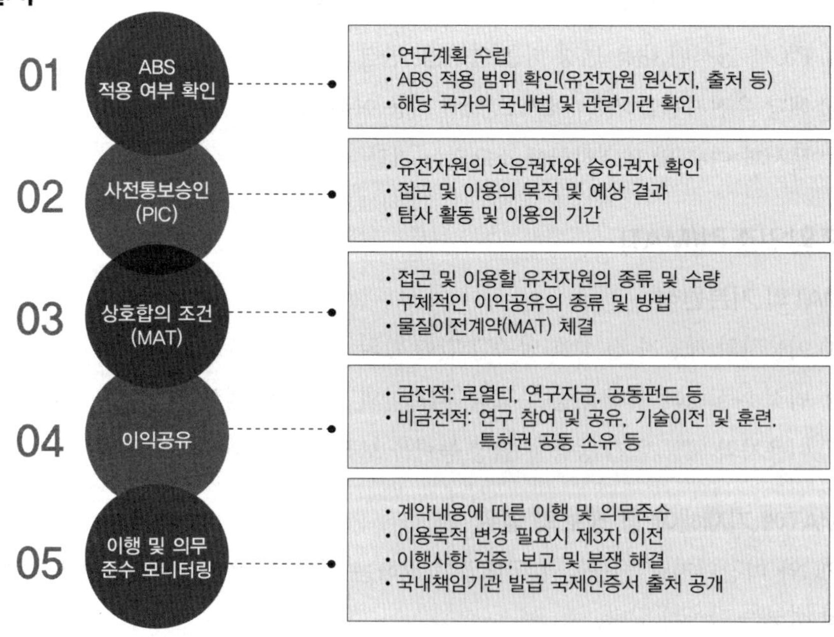

산림유전자원 보호구역

● 산림청 누리집(forest.go.kr)

1 산림유전자원 보호구역이란?

산림 내 식물의 유전자와 종 또는 산림생태계의 보전을 위하여 보호 · 관리가 필요한 산림을 말한다.

2 중요성

인간에게 다양한 혜택을 주는 산림을 건강한 상태 그대로 보전하기 위해서는 산림 내 식물종 및 산림생태계 등 산림유전자원을 보호하고 관리하는 것이 최우선이다. 현재 세계의 많은 나라도 '보호구역' 제도를 통해 그 나라만의 고유한 자연유산을 소중하게 지켜가고 있다.

3 지정

우리나라는 산림 내 분포하는 식물의 유전자와 종 또는 산림생태계 보전을 위해 시 · 도지사 또는 지방산림청이 산림유전자원 보호구역을 지정하고 있으며, 원시림 · 고산식물지대 · 희귀식물 자생지 등 7가지 유형으로 구분하고 있다.

4 산림유전자원 보호구역 지정현황

구분	내용
원시림	과거 또는 현재에 인위적 간섭 및 피해가 없는 자연 그대로의 임상으로 집단화된 구역 또는 그러한 임상이 50% 이상 고르게 분포된 구역
고산식물 지대	고산지대에 자생하는 식물이 집단화된 구역 또는 그러한 임상이 50% 이상 고르게 분포된 구역
우리나라의 진귀한 임상	풍치 · 경관이 뛰어나며 희귀성이 있는 수종이 다수를 차지하는 임상이나 기암괴석과 어우러진 임상이 집단화된 구역 또는 그러한 임상이 50% 이상 고르게 분포된 구역
희귀식물 자생지	「야생동 · 식물보호법 시행규칙」에 의한 멸종위기식물 또는 「자생식물 및 산림유전자원 보호구역 관리요령」에 의한 멸종위기 및 희귀식물, 특산식물 목록에 수록된 종이 집단적으로 생육하는 구역 또는 그러한 식물이 50% 이상 고르게 분포된 구역

구분	내용
유용식물 자생지	자생식물 중 식·약용 또는 경제적 가치가 있거나, 잠재적 용도가 있는 식물이 집단적으로 생육하는 구역 또는 그러한 식물이 50% 이상 고르게 분포된 구역
산림습지 및 산림 내 계곡천 지역	[습지 보전법]의 내륙습지 중 산림 내 습지 및 계곡천 지역에 해당하는 구역과 그러한 지역의 보전·보호를 위하여 필요한 구역으로 동일한 능선 등 자연경계 이내의 구역
자연생태 보전지역	산림 내 자연환경, 동·식물생태계 보전 및 유지를 위하여 보호되어야 하는 구역 등 산림생태계 보전을 위하여 필요하다고 인정하는 구역

핵심 11 산림르네상스 정의·추진 배경

● "산림르네상스" 추진전략 [22~27] 2022.11 산림청

1 산림르네상스 정의

"산림르네상스"는 선진국형 산림경영과 관리 방식을 도입하여 경제적, 환경적, 사회문화적 가치를 극대화하려는 산림정책의 새로운 전략이다. 산림의 다차원적 기능을 증진하고, 지속 가능한 자원으로서 산림을 활용하며, 산림을 통해 국민 삶의 질을 높이는 데 중점을 두고 있다.

2 산림르네상스 전략 추진 배경

1) 산림녹화 50주년

1973년에 시작된 산림녹화 사업 50주년을 맞아, 그동안 축적된 산림 자원을 기반으로 지속 가능한 산림경영 모델을 제시할 필요가 있다. 산림을 통해 경제적, 환경적 자산을 제공하며 임업인의 소득 증대를 추진해야 한다.

2) 신성장동력 필요성

고령화와 산촌 인구 감소, 글로벌 경제 위기 상황에서 산림자원을 활용한 지속 가능한 비즈니스 발굴이 요구된다. 이를 위해 민간 투자를 유도하고 산림 규제를 완화하여 임업을 6차 산업으로 활성화하려는 필요성이 강조된다.

3) 임도의 확충 필요성

산림 자원을 효율적으로 활용하고 산림 재해에 효과적으로 대응하기 위해 임도 확충이 필수적이다. 산림경영과 산불 등 재해 대응에 있어 임도가 중요한 인프라로 작용한다.

4) 친환경 국산 목재 활용 촉진

목재는 온실가스 감축 효과가 있는 친환경 소재로, 주택과 가구에 국산 목재를 더 많이 활용하여 목재 자급률을 높이는 것이 필요하다.

5) 책임 있는 소비

한국의 목재 자급률은 낮고, 열대 목재 수입량이 세계에서 4번째로 많다. 책임 있는 소비를 통해 기후 변화와 환경 보전에 기여해야 하며, 이를 통해 국제 사회의 비판을 극복할 필요가 있다.

6) 국민 공감대 강화

기존 산림정책이 임업경영과 탄소 흡수원 기능에 집중된 부분이 있어, 생물 다양성과 환경적 가치를 강조하는 정책 방향으로 개선해야 한다.

7) 기후 위기 대응

기후 변화로 인해 산불, 산사태, 병해충 등의 산림 재해가 증가하고 있다. 이에 따라 산림생태계와 생물 다양성 보전을 위한 적극적인 재난 대응이 요구된다.

8) 신기후 체제 준비

2030년까지 온실가스 감축 목표(NDC)와 2050년 탄소 중립 달성을 위해 국내외 산림을 활용한 감축 방안을 마련하고, 산림부문 기업의 ESG 전략을 촉진해야 한다.

9) 산림복지 확대

저출산, 고령화 사회에서 국민 건강을 위해 산림을 활용하며, 귀산촌 트렌드를 반영해 산림을 일터이자 삶터, 쉼터로서 다각적으로 활용할 필요가 있다.

10) 국제 협력과 ODA

한국의 산림녹화 성공 경험을 개도국에 전파하여 'K-Forest'를 한국의 대표 ODA 전략으로 삼고, 기후 변화 대응을 위한 글로벌 협력을 강화해야 한다.

산림정책 추진 현황

● "산림르네상스" 추진전략 [22~27] 2022.11 산림청

1 지난 5년간 주요 추진 정책

① 산림자원: 경제림 조성, 숲 가꾸기와 같은 산림관리 활동을 통해 산림자원의 가치를 증진하였으며, 목조건축 규제 완화 및 목재산업단지 조성을 통해 국산 목재 활용을 촉진하였다.

② 기후변화 대응: '2050 산림부문 탄소 중립 추진전략'을 마련하여 산림을 통한 탄소 중립을 도모하고, 산림 생태 복원과 황폐지 복구 등의 국제 협력 활동을 진행하였다.

③ 임업인 지원: 임업직불제를 도입하여 임업인의 소득 안정을 지원하고, 임산물 생산과 유통 기반 확충을 통해 임업경영 여건을 개선하였다.

④ 안전 및 재해 대응: 산불 대응을 위한 첨단 기술 적용과 산사태 위험지역 조사, 사방댐 건설 등을 통해 산림재해에 대비하는 체계를 강화하였다.

⑤ 산림복지 서비스: 코로나19 대응 지원 및 도시숲법 제정 등을 통해 산림복지 서비스의 범위를 확대하였다.

2 평가

① 성과: 국민들에게 다양한 산림 자원을 통해 혜택을 제공하고 산림복지 서비스를 확장하였으며, 임업직불제를 통해 임업인의 소득 여건 개선을 도모하였다.

② 한계: 산림경영을 위한 인프라가 여전히 부족하고, 산림의 환경·사회적 기능에 대한 국민의 공감대와 정책 만족도가 낮았다. 산림 재해 및 기후변화에 대해 과학적이고 체계적인 대응이 필요함이 지적되었다.

3 향후 과제

① 산림비전 재정립: 기후위기 대응, 지속 가능한 경영, 다양한 산림 가치를 극대화할 수 있는 '산림르네상스' 전략을 추진할 필요성이 제기되었다.

② 산림경영 기반 강화: 선진국 수준의 임도 확충과 친환경 목재 활용 방안 마련 등 산림경영 효율성을 높일 필요가 있다.

③ 산림의 사회적 기능 강화: 기후 변화에 대응하고 산림복지를 확장하여, 산림을 삶터, 쉼터로서 국민 삶에 더 밀접하게 기여하도록 하는 것이 필요하다.

산림르네상스 전략별 실천계획

● "산림르네상스" 추진전략 [22~27] 2022.11 산림청

1 돈이 되는 경제 임업

① 탄소흡수 우수 수종 조림: 기후 적응력과 용재 가치가 높은 수종을 선정하여 연간 조림 면적을 확대하고, 스마트 양묘 및 종자 시스템을 구축해 기후 위기에 강한 산림을 조성한다.

② 임도 등 인프라 확충: 임도 밀도를 높이고, 선도산림경영단지를 확대하여 목재자급률을 높이는 인프라를 조성한다.

③ 국산 목재와 바이오매스 이용 확대: 국산 목재의 활용도를 높이고, 임산물 생산 및 소비 활성화를 위해 임산물 재해보험을 확충한다.

④ 신산업 및 사회적기업 발굴: 청년층과 지역 주민 중심의 사회적 경제 기업을 육성하여 산림 분야의 양질의 일자리 창출을 목표로 한다.

2 함께 가는 환경 임업

① 산림보전지불제 도입: 산림 보전을 위해 산지구분 체계를 재편하고, 산림의 미세먼지 및 열섬현상 저감 효과를 극대화하기 위해 도시 숲과 정원을 확대한다.

② 국가 온실가스 감축 목표 달성: 산림의 탄소흡수 능력을 강화하여 NDC(국가 감축 목표)에 기여하고, 국내외 산림을 활용한 온실가스 감축 실적을 확보한다.

3 삶에 깃든 사회 임업

① 산림복지 서비스 확대: 생애주기별 맞춤형 산림복지 서비스를 제공하고, 산림치유 프로그램을 건강보험 정책과 연계하여 국민의 건강 관리에 기여한다.

② 산림ㆍ산촌 관광 활성화: 산촌의 경관을 활용한 산촌관광 자원을 발굴하고, 지역 특화 관광 프로그램과 연계하여 관광객 유치를 목표로 한다.

4 산림재해 대응 및 보전 · 복원 강화

① ICT 기반 예방 · 감시 체계 구축: 산림재해 예방을 위해 AI 기반 병해충 예측 시스템과 기상 정보 연계망을 구축하며, 산사태 및 산불 대응 체계를 강화한다.

② 재해 취약지역 관리 강화: 사방댐 및 재해 복구 시설을 확충하고, 산림재해에 신속하게 대응하여 피해를 최소화한다.

5 산림을 국제협력 중추 사업화

① ODA 및 국제 협력: 한국의 산림 녹화 경험을 바탕으로 개발도상국에 산림관리 기술을 전파하고, K-Forest 브랜드를 통해 산림 분야의 ODA 사업을 확장한다.

② 탄소 중립 ESG 활성화: 국내외 산림 기업의 ESG 활동을 촉진하며, 산림탄소상쇄 제도를 활용해 기업의 지속 가능한 산림경영을 장려한다.

6 산림과학 · 기술 연구 촉진

① 산림바이오산업 및 신소재 연구 개발: 산림 바이오 자원을 활용한 신소재 연구와 실사구시적 연구 개발을 지원하여 혁신적인 산림 산업을 육성한다.

② 디지털 산림 플랫폼 구축: 인공위성과 빅데이터 기술을 활용하여 산림 공간 데이터를 디지털화하고, 미래 산림경영을 위한 정보 기반을 마련한다.

작업종의 구분

● 공익기능 증진을 위한 숲가꾸기 사업 매뉴얼(산림청, 2013, 이상언)

1 숲가꾸기 사업의 작업종 구분

① 숲가꾸기 사업의 작업종은 기본적으로 사업의 대상과 기능 및 목적에 따라 경제림가꾸기 사업과 공익림 가꾸기사업으로 구분된다.

② 경제림 육성단지 등 목재생산을 주목적으로 하는 경제림가꾸기 사업은 임종에 따라 인공림 솎아베기와 천연림 보육·개량으로 구분되며, 이 중 솎아베기는 작업 방식에 따라 정량간벌, 도태간벌, 열식간벌로 구분한다.

③ 공익림 가꾸기 사업은 그 산림이 가지고 있는 고유한 공익기능을 최적으로 발휘시키는 것이 주된 목적이 되므로, 임상에 따른 별도의 작업종은 구분하지 않는 것을 기본으로 한다.

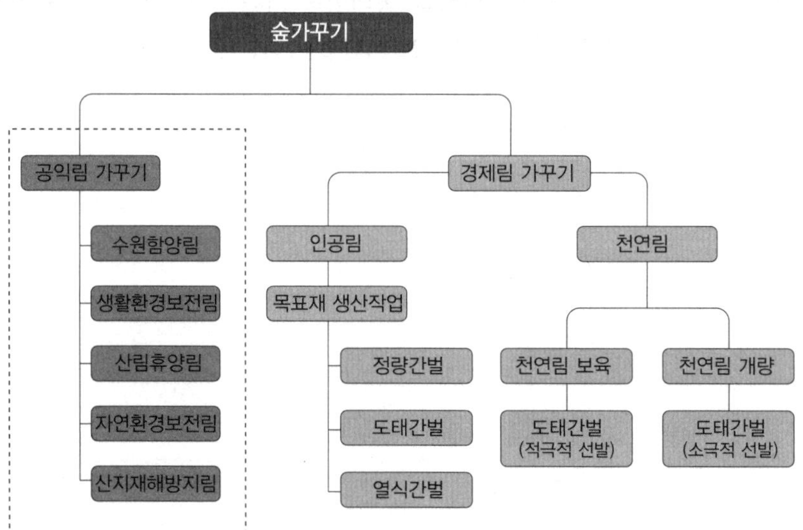

2 공익림 가꾸기 사업의 명칭

① 사업의 내용 이해, 통계관리 등을 위해 공익림 가꾸기 사업이라는 큰 틀에서 개별 기능에 부합하고, 사업내용을 대표할 수 있는 적합한 명칭을 부여한다.

② 예를 들어, 수계변 수원 함양기능 증진사업, 자연환경기능 개선사업, 야생동물 서식지 관리사업, 사찰림 보전관리사업 등으로 표현한다.

③ 임업의 학문적·기술적 형식을 유지하고, 현장의 작업 방식 설명 등을 위해 임상, 임종 등의 여건에 따라 정량간벌, 도태간벌 등 세부 간벌 방식 선택이 가능하다.

핵심 15

공익기능 증진 숲가꾸기 매뉴얼

● 공익기능 증진을 위한 숲가꾸기 사업 매뉴얼(산림청, 2013, 이상언)

구분	생활환경보전림	자연환경보전림
관리 방향	생태적 건전성과 시각적 아름다움을 유지 · 증진	생태계 보전과 생물 다양성 증진 및 야생동물서식지 관리
목표 산림	다층혼효림, 계단식 다층림	다층혼효림, 지정 목적을 달성할 수 있는 산림
관리 대상	도시림, 경관보호구역, 생활환경보호구역, 개발제한 구역 등	국립공원, 산림유전자원 보호구역, 백두대간 보호지역 등
작업 기술	• 경관 · 생태학적으로 건전한 숲으로 조성 · 관리 • 계절감을 주는 수종 도입 • 경관성이 강한 지역에 대해서는 강도의 솎아베기를 통해 임내 조망효과 거양 • 도로변 등 가시권은 동절기 녹색의 부족함을 보완하기 위해 상록수 침엽수 보전 • 산벚나무 등 풍치효과가 높은 수종은 존치하고, 주변의 상층목을 조절 • 활엽수림은 침엽수가 30%, 침엽수림은 활엽수가 30% 수준으로 혼효되도록 유도 • 임연부는 초본, 관목, 아교목, 교목순의 계단형 조성 · 관리	• 지정 목적을 달성을 위해 필요하다고 인정되는 경우에 작업을 실행하되, 인공림 우선 추진 • 숲의 상태와 천이과정을 고려하여 약도의 솎아베기 실시 • 멸종위기 식물, 희귀식물 출현지역은 별도로 표시 · 관리 • 고사목은 조류의 서식지 역할을 하므로 ha당 5개(흉고직경 25cm 이상) 이상 균일하게 배치 • 산림생물의 서식지 관리 차원에서 벌채부산물의 10% 정도 임내에 존치하고, 도복목도 ha당 5개 이상 존치 • 임연부는 약 30m 정도로 설정하고, 간벌강도 차등화 • 생태적 민감도가 높은 지역은 실시설계 시 식생조사 실시

구분	수원함양림	산지재해방지림	산림휴양림
관리 방향	수원 함양기능이 고도로 발휘되도록 다층혼효림 조성	생태적으로 건강하고 재해에 강한 숲으로 구조 개선	휴양·체험적 가치 및 치유기능을 최적 발휘
목표 산림	다층혼효림	다층혼효림, 내화수림대가 포함된 다층림	다층혼효림, 지역 특성에 맞는 다층림
관리 대상	수원함양보호구역, 상수원 보호구역, 댐유역 산림 등	재해방지보호구역, 산사태 취약지역 등	자연휴양림
작업 기술	• 솎아베기→임내 유입 강우량 증가 • 토양구조 개선 → 토양 내 수분 저류 • 수관울폐도 50~80% 유지 • 수변부 기계톱 작업 시 바이오 오일 사용 • 유역완결원칙 적용 • 상부구역, 계안구역, 계류구역을 구분하여 차별화된 숲가꾸기 　– 상부구역: 급경사는 벌채높이 30~50cm 유지 　– 계안구역: 중장비 제한, 임지에 지조물과 낙엽더미를 잔존시켜 침식 최소화 　– 계류구역: 계류보전사업 등 사방사업 실시	• 사방지 등 토사 유출이 우려되는 산림은 사방기능 제고를 위한 경우를 제외하고는 숲가꾸기 미실시 • 뿌리발달과 하층식생의 생육촉진을 위해 Ⅲ영급 이상의 산림에 솎아베기 실시 • 숲의 활력이 회복될 때까지 약도의 솎아베기를 5년 이상의 간격으로 여러 차례 실시 • 장기적으로 뿌리발달이 좋은 혼효림으로 전환 • 대형 산불에 취약한 소나무 등 침엽수 단순림은 혼효림으로 유도하여 내화수림대 조성 • 자연 발생 활엽수가 부족할 경우, 하층에 활엽수 식재 • 산불 예방을 위하여 가지치기 강화	• 산림 내 투광량을 증가시켜 휴양객의 활력과 생기 부여 • 숲길 내 주요경관 포인트 지역에 방해물 제거 • 단풍나무, 붉나무, 복자기 등 시각적으로 아름다운 경관수종 육성 • 열식간벌 등 기계적 솎아베기는 금지하고, 형질불량목, 경관저해목 등을 우선 제거하는 선택적 간벌방식 적용 • 폭포, 바위, 연못 등 휴양자원이 있는 경우 주변 경관에 조화되는 수목을 선정하여 조경 개념의 수형 조절 가지치기 실시 • 공한지에는 편백, 잣나무 등 피톤치드가 다량 방출되는 수종 식재

수원함양림 숲가꾸기

● 공익기능 증진을 위한 숲가꾸기 사업 매뉴얼(산림청, 2013, 이상언)

1 관리 방향

① 산림의 수원 함양 기능이 고도로 발휘되도록 다층혼효림을 조성한다.

② 수자원 확보를 위한 유역 단위의 집약적인 산림사업을 추진한다.

2 관리 목표 및 대상

① 관리 목표: 수자원 함양과 수질 정화 기능이 고도로 증진되는 산림이다.

② 목표로 하는 산림: 다층 혼효림

③ 관리 대상: 수원함양보호구역, 상수원보호구역, 댐 유역 산림 등

3 세부 작업 기술

1) 기본 개념

① 산림의 수원 함양기능을 증진하기 위해서는 임내로 유입되는 강우량을 증가시켜야 하며, 임내로 유입된 강우가 손실되지 않고 토양 내 저류되도록 토양구조를 개선한다.

2) 솎아베기

① 너무 과밀한 임분은 강우를 차단하고, 입목이 토양 내 저류되는 수분을 소비하게 되어 수원 함양기능이 저하되며, 1회 솎아베기 작업 시 임분이 과도하게 소개되면 자생수종보다 덩굴류와 대형 초본류가 일시적으로 무성하여 수원 함양기능이 저하된다.

② 홍수위, 만수위, 도로, 농경지, 택지로부터 30m 이내 지역은 약도의 솎아베기를 5년 이상의 수기로 여러 차례 실시하여 적정한 밀도(수관울폐도 50~80% 수준)를 유지한다.

☞ 잣나무림의 경우 수관울폐도 70%가 가장 적정한 것으로 분석

■ 잣나무 수원함양림 작업체계

임령(년)	본수(본/ha)	흉고직경(cm)	수고(m)	작업
1	3,000	–	–	식재
10	2,000	7.3	3.8	어린나무가꾸기
20	1,200	11.9	10.7	1차 솎아베기

임령(년)	본수(본/ha)	흉고직경(cm)	수고(m)	작업
30	800	16.4	14.7	2차 솎아베기
40	500	22.3	17.6	3차 솎아베기
55	300	31.2	20.8	4차 솎아베기
70	300	37.1	23.2	갱신

3) 산물 수집 및 작업 요령

① 홍수위, 만수위, 도로, 농경지, 택지 지역의 솎아베기 산물은 최대한 수집하여 수해, 산불 등 산림재해로부터 안전한 구역으로 이동하고, 기타 지역은 수집하지 않고 임내에 흩어퍼트려 부식을 촉진한다.

☞ 경관 유지 목적으로 임내 정리 시에는 등고선 방향으로 집재

② 수집, 운반은 가급적 인력, 중력(重力), 가선(架線)을 이용한다.

☞ 홍수위, 만수위로부터 150m 이내 지역은 운재로 개설이나 중장비를 이용한 임내작업을 금지한다.

③ 수변부에서의 기계톱 작업 시 토양으로 유출되는 오일에 의한 수질오염을 고려하여 바이오 오일을 사용한다.

4) 유역별 숲가꾸기

① 작업의 효과를 극대화하기 위해 유역 완결원칙에 따라 집약적으로 작업을 추진하되, 유역의 범위와 특성에 부합하고, 차별화된 관리방법을 적용하여 작업 추진이 필요하다.

② 구체적으로 산림유역을 ㉠상부구역, ㉡계안구역, ㉢계류구역으로 구분하고, 각 구역에 필요한 숲가꾸기 방법을 적용한다.

4 산림유역 구분

구분	구역의 특성
상부구역	•산정과 산복을 포함한 집수구역으로 산림유역 내에서 가장 넓은 구역으로 토심이 얕고 물이 빠른 속도로 이동 •토양의 물 저류기능을 높이기 위한 숲가꾸기가 중요한 지역
계안구역	•계류의 형태와 인접사면의 경사에 따라 결정되며 최소 폭은 홍수위, 만수위로부터 30m •강우 시 표면이 쉽게 포화되는 산록부와 하천기슭을 말함 •상부사면에서 산림작업 등으로 인한 유출토사를 차단하고, 유출수가 계류에 도달하기 전에 오염물질을 감소시킴 •산림수자원의 양과 수질관리에 가장 중요한 지역으로 영양물질 및 토사의 이동이 용이해 화학성 물질 및 산림작업 규제 필요

구분	구역의 특성
계류구역	• 물이 이동하는 구역으로 상수원과 저수지에 물을 공급하는 원천 • 어류, 야생동물, 휴양 등을 위해 중요 • 유수에 의해 계류바닥의 침식이 지속적으로 발생하는 구역으로 유속 조절, 토사 유출 저지 필요

5 유역별 숲가꾸기 방법

구분	관리 방법
상부구역	• 능선부는 폭 20m 또는 평균수고 폭만큼 존치 • 경사가 급한 산복지역은 벌채목 그루터기 높이를 30~50cm로 하고, 소경목과 지조물을 등고선 방향으로 걸쳐 표토 유실에 의한 침식 방지 • 침엽수림은 상층 울폐도가 50~80% 이내에 유지되도록 솎아베기를 실시하며 하층식생의 유입 및 발생 촉진
계안구역	• 토양침식 방지를 위해 중장비 활용 제한, 인력, 중력, 가선 집재 • 솎아베기 산물은 최대한 수집, 반출하되 임지에 지조물과 낙엽더미를 잔존시켜 벌채적지의 침식 최소화 　– 토양의 기본 침식률이 낮은 경우, 잔존 지피물량은 최소 40%, 중간인 경우 50%, 높은 경우 60%의 지피물을 존치 • 살충제, 비료 등의 사용을 가급적 제한하며, 벌채작업 시 계류 내에 지조물 유입을 방지
계류구역	• 유속이 0.6m/초 이상인 계류는 계류안정을 위한 계류보전 사업 등 사방사업 실시 　– 계류 내 전석쌓기 수서생물 서식지 제공, 어도 설치로 회귀성 어류의 이동 통로 제공

6 유형별 숲가꾸기 방법

유형별	숲의 특징	관리 방안
휴식 치유형	산책, 명상 등을 통해 이용자 휴식 및 정신적 안정을 이루는 숲	휴양시설 주변의 산림을 휴식과 치유가 가능하도록 숲 구조 개선
체험 활동형	이용자가 산림 내에서 다양한 휴양활동, 체육활동을 즐기는 숲	자연관찰, 체험 등이 가능하도록 자연학습 공간 마련
역사 문화형	산림 내 존재하는 문화유적지, 명승지 등을 관람, 체험, 학습할 수 있는 숲	경관적 조화와 역사적·문화적 관련성이 있는 수종을 조성

▲ 휴식 치유형

▲ 체험 활동형

▲ 역사 문화형

생활환경보전림 숲가꾸기

● 공익기능 증진을 위한 숲가꾸기 사업 매뉴얼(산림청, 2013, 이상언)

1 관리 방향

산림의 생태적 건전성과 시각적 아름다움을 유지 · 증진하도록 관리한다.

2 관리 목표 및 대상

① 관리 목표: 생활권 주변의 경관 유지 등 쾌적한 환경을 제공하는 산림

② 목표로 하는 산림: 다층 혼효림, 다층림, 계단식 다층림

③ 관리 대상: 도시림, 경관보호구역, 생활환경보호구역, 개발제한구역 등

■ 작업종별 관리 방안

구분		적용 방법 및 관리 방안
갱신	인공갱신	경관식재, 기능식재, 관리식재, 숲틈 조성
	천연갱신	맹아갱신, 하종갱신, 임관층 관리
보육	토양	물리성 개선, 양료 순환, 사면 안정
	식생 제어	낙엽 긁기, 덩굴 제거
	밀도 조절	상층밀도 조절, 하층치수 보육
임분관리	식생 보전	경관 보전, 식생 유지
	식생 보호	임연부 관리, 경관 요소
기타 관리	수계관리	수변 보호, 하상관리, 자연웅덩이 조성
	동선관리	계단, 울타리 배수로 등
	이용지 관리	시설물 관리, 간이시설 정비

3 세부작업 기술

1) 기본 개념

① 경관, 수계, 동선 및 시설물 관리도 함께 고려하여 경관생태학적으로 건전한 숲으로 조성·관리한다.

② 산림의 경관미 개선을 위해 불필요한 시설물은 제거하고, 기 설치된 시설물은 수목을 이용 차폐하며, 계절감을 주는 수종 도입 및 주변 산림 경관과 조화를 고려한다.

③ 적정한 밀도 조절을 통해 경관 유지 및 개선효과를 창출하되, 경관성이 강한 지역에 대해서는 강도의 솎아베기를 실시하여 임내조망효과를 거양한다.

④ 도로변 등 가시권은 동절기 녹색의 부족함을 보완하기 위하여 상록수·침엽수는 가급적 보전한다.

2) 솎아베기

① 작업을 위해 미래목 표시가 필요할 경우에는 가시되는 방향의 뒤편에 표시한다.

② 수간이 너무 휘거나 주변 입목과의 부조화로 경관을 저해하는 불량목, 고사지 등은 제거하고, 덩굴성 식물은 무성하지 않도록 반복 제거한다.

③ 형질이 불량한 상층목이라도 잔존하는 상층목에 피해를 주지 않고, 경관 유지와 야생조류의 서식지·먹이 등의 목적으로 필요할 경우에는 존치한다.

④ 풍치효과가 높은 수종(벚나무 등 화목류)은 존치하고, 주변의 상층목을 조절해 주되, 상층목 조절 시 1회에 벌채량이 많으면 하층식생이 일시에 무성하게 되므로 여러 차례로 나누어 약도로 제거한다.

   − 활엽수림은 침엽수가 30%, 침엽수림은 활엽수가 30% 수준으로 혼효되도록 유도한다.

⑤ 임내 경관 투시에 방해가 되거나, 경관을 위한 수형 조절이 필요할 경우 가지치기를 반복적으로 실시할 수 있으며, 특별하게 줄기 형태미의 감상이 필요한 지역이 있을 경우는 가지치기 높이를 6m까지 실시할 수 있다.

⑥ 임연부는 가급적 산림이 아닌 지역으로부터 초본, 관목, 아교목, 교목순의 계단형이 되도록 조성·관리한다.

핵심 18 식생 조사

● 공익기능 증진을 위한 숲가꾸기 사업 매뉴얼(산림청, 2013, 이상언)

1 식생 조사 방법

① 현장 조사 도구: 줄자(50m, 2m~5m), 카메라, 고도계, 경사계, 쌍안경, 측고기, 흉고직경 측정기, 식물채집 기구(비닐주머니, 전정가위 등), 조사용지(야장), GPS 측정기 등을 사용해 조사 구역 내 식물과 입지 조건을 측정한다.

② 조사구 설정: 조사 구역을 균질한 식생 군락지로 선정하며, 필요에 따라 10m×10m 크기의 조사구를 설정해 조사한다.

③ 조사 순서: 측정자와 기록자가 2인 1조로 구성되어 입지 조건, 주변 지형 및 표본구 위치를 기록하고, 교목층(T1), 아교목층(T2), 관목층(S), 초본층(H)의 순서로 나무의 높이와 피복률을 측정하여 기록한다. 필요시 불분명한 식물종은 채집하여 임시 명칭으로 기록 후 식별한다.

2 야장 기록 항목

① 일반 사항: 조사 일시, 조사 위치, 조사자 정보(이름과 소속)를 기록한다.

② 환경 정보: GPS로 측정한 좌표, 해발고도, 방위, 경사, 조사면적, 노암률(암석 노출율), 출현 종수, 바람 세기, 일광 상태, 토양 습도 등을 기입한다.

③ 계층별 정보: 각 층위의 주요 식생 정보(교목층, 아교목층, 관목층, 초본층)에 대해 우점종, 피복률, 높이, 흉고직경 등을 기록한다.

3 식생 조사 순서

① 조사 팀 구성: 측정자와 기록자가 2인 1조로 구성된다.

② 입지 조건 측정: 입지 조건을 측정하여 조사 대상의 위치와 특성을 기록한다.

③ 지형 및 위치 관계 묘사: 기록자는 주변 지형과 표본구의 위치 관계를 묘사하여 기록한다.

④ 높이 측정: 측정자는 기록자의 신장이나 손의 높이를 기준으로 삼아 교목층(T1), 아교목층(T2), 관목층(S)의 높이를 측정한다. 초본층(H)은 측정자의 무릎이나 허리 높이를 기준으로 하여 측정하고, 계층별 전체적인 식물 피복률을 시각적으로 측정한다.

⑤ 종 목록 작성: 줄자로 조사구를 만들지 않은 경우, 나선형으로 이동하며 교목층부터 초본층 순으로 출현하는 종의 목록을 기록자가 기입한다. 종의 추가가 없으면 목록 작성을 종료한다.

⑥ 불분명한 종 처리: 작업 중 종명이 불분명하거나 의문이 가는 식물은 채집하여 번호나 임시 명칭을 붙여 기록하고, 기록자는 해당 명칭을 기입한다.

⑦ 교목층 및 아교목층 기록: 교목층과 아교목층에 출현하는 모든 종에 대해 종명, 수고(나무의 높이), 흉고직경을 기록한다. 기록자는 종명을 부르고, 측정자는 해당 종의 수고와 흉고직경을 불러준다.

⑧ 관목층 및 초본층 피도 기록: 관목층과 초본층에 출현하는 종의 피도(식물의 피복도를 뜻함)를 기록한다. 피도 산정 방법을 참고하여 계층별로 정확히 기입한다.

⑨ 조사면적 기록: 모든 조사가 끝난 후, 최종적으로 조사 면적을 기입한다.

4 식생 기록 및 우점도 판정

1) 계층(층위)별 정보 기록

① 계층의 구분은 전체적 군락 구성을 고려하여 4단계(교목층, 아교목층, 관목층, 초본층)로 구분한다.

② 층위별 구분이 모호할 경우, 표준 높이를 활용한다.

③ 층위별 우점종, 평균(최대, 최저) 흉고직경, 평균(최대, 최저) 수고를 기입한다.

④ 층위별 전체 식물종이 분포하는 식물 피복률(%)을 표시한다.

⑤ 비고란에는 기타 특이사항을 서술식으로 기입한다.

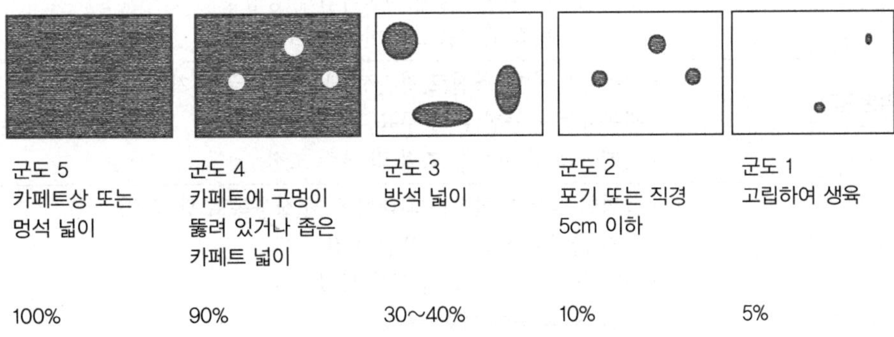

2) 식물종별 우점도 및 군도 판정 기록

① 층위별 식물종을 기입하고, 각 식물종의 우점도와 군도를 위 그림을 기준으로 기입한다.

② 수종별 우점도와 군도는 위 그림을 기준으로 기입한다.

산림 경관 유형별 작업 방안

● 공익기능 증진을 위한 숲가꾸기 사업 매뉴얼(산림청, 2013, 이상언)

1 경관형

구분	시업 기준		
	항목	시업 내용	
경관형	목표 임형	• 생태적 복층림 및 다층혼효림, 소생형, 안정형 임분 유도	
	작업 목적	• 산림의 풍치 및 휴양 공간 활용 • 산림의 공익기능 향상	
갱신	후계림 조성 및 갱신	• 풍치 · 경관 유지를 위한 택벌작업 임분의 수직적 관리 • 단목벌채에 의한 소군상 작업 • 보완조림과 천연치수 발생 유도 및 보육 • 유용치수 보육 및 천연치수 발생 유도 • 후계림은 향토수종 중심으로 유도	
임분관리	상층관리	• 작업수종으로서는 꽃, 잎, 단풍, 수형이 우수한 향토수종을 선정하는 것이 유리 • 동선관리/임분의 연속성 유지가 중요 • 평탄지형에서는 대경재 생산작업과 병행 • 지역 · 지형적 특성을 고려한 경관 조성	
	하층 및 맹아관리	• 관목류는 수형 조절로 경관성 제고 및 덩굴 제거 • 관목류는 가능한 존치 무육 • 근맹아목 정리(수형 조절 및 본수 조절)	
	임상관리	• 급격한 식생종 변화는 최대한 억제(상층목 수광 조절) • 낙엽 긁기로 하층식생 유입 촉진 • 급경사지, 능선부 등의 임상 특별관리 • 바위, 암석 등에 대한 관리	
보육	가지치기	• 고사지는 우선 제거하여 건강한 숲으로 유지 • 임연목 중 돌출된 가지는 제거하여 유연성 있게 짧고 가는 가지로 유도하여 조망성을 제고 • 활엽수 등 부후 위험수종 가지치기 제고	
	본수 조절	• 경관을 저해하는 수형불량목, 고사목, 기운나무 등은 우선 제거 • 임연부에 기울어진 나무 또는 폭목은 제거 • 형질불량목, 피압목, 열세목 등은 입목 배치를 고려하면서 점진적 제거	

2 공원형

구분	시업 기준	
	항목	시업 내용
공원형	목표 임형	• 생태적·경관적으로 다양한 혼효복층림 • 산목형, 소생형 임분 유도
	작업 목적	• 산림공간 활용 및 유용수종 무육 • 이용자 만족도 증진을 위한 작업
갱신	후계림 조성 및 갱신	• 자연력을 이용한 비개벌 작업 • 빈공간을 중심으로 소군상 갱신작업 • 보완조림과 천연치수 발생 유도 및 보육 • 숲 틈(gap)을 이용한 보완조림 후 점차 확대하면서 소군상 유도 • 유용치수 보육 및 천연치수 발생 유도(침활혼효 유도) • 매토종자 및 향토수종 활성화
임분관리	상층관리	• 느티, 단풍, 함박꽃, 벚나무류 등 경관목 중심으로 단목 또는 소군상으로 배치 • 대경재 가능한 느티나무 등은 집중 무육관리 • 전 임목 수형 조절로 경관미 제고
	하층관리	• 관목류는 가능한 존치 무육(개화, 결실 특성 고려) • 근맹아목 정리 및 수형 조절 • 덩굴류 식물관리
	임상관리	• 유용 하층치수는 보호관리 • 임지 안정을 우선한 식생관리 • 낙엽 긁기로 하층식생 유입 촉진 • 하층식생 번무지 또는 표토 유실이 우려되는 곳은 지피물 피목(가지, 칩 등)으로 임지 안정 도모
보육	가지치기	• 고사지는 우선 제거하여 건강한 숲으로 유지 • 임연목 중 돌출된 가지는 제거하여 유연성 있게 짧고 가는 가지로 유도 • 활엽수 가지치기(지속 가능한 산림자원 관리지침)
	본수 조절	• 피압목, 수형불량목, 고사목, 기운나무는 우선 제거 • 임연부에 기울어진 나무 또는 폭목은 제거 • 열세목, 세장목 등은 입목 배치 등을 고려하여 점진적 제거 • 상록활엽수 유지관리

구분	시업 기준	
	항목	시업 내용
공원형	목표 임형	• 생태적으로 건전한 임분 육성 • 적정형, 안정형 임분 유도
	작업 목적	• 소경재 · 중경재 · 우량 대경장재 생산 • 버섯용 원목 및 바이오에너지 이용 • 목공예품 및 목기용재
갱신	후계림 조성 및 갱신	• 인공식재(보완, 파종조림) 또는 천연치수보육 • 맹아 발생은 지하부나 지제부 유도 및 관리 • 천연하종 갱신이 가능한 모수가 주위에 생육하는 임분 • 단목 또는 군상택벌에 의한 갱신(혼효복층 유도) • 유용치수 보육
임분관리	상층관리	• 목표수종 선정 및 관리 • 초기 높은 밀도를 유지하여 곁가지 발달을 억제시켜 지하고를 높게 유지하고 수간이 통직한 임목으로 유도 • 작업수종은 향토수종을 선정하는 것이 유리 • 동선 · 임연부 · 임분의 연속성 관리
	하층 및 맹아관리	• 천연하종이 유리한 모수 치수 발생이 용이하도록 지면굴기 • 병해충 피해 · 자연재해지역에 대한 식생관리 • 우세목 생장에 영향을 주지 않는 하층목은 가능한 존치 • 유용치수는 보육관리 • 임내 부분 공한지는 보완조림 • 우세맹아 1~2본 남기고 조절 • 벌근부의 고사맹아는 조기 제거하여 벌근의 부후를 예방
	임상관리	• 어린 임목에 지장을 주는 잡관목은 제거 • 유용 하층치수 보호관리 • 벌채지 임지 안정을 고려한 식생관리 • 치수 발생이 용이하도록 지면굴기 등 실시
보육	가지치기	• 활엽수는 인위적인 가지치기를 가능한 피하는 것이 좋으나, 생가지의 자른 면이 5cm 미만에서는 가지치기 실시 • 침엽수는 고사지 발생이 되지 않도록 유의 • 가지치기 대상목은 차기 간벌 후 잔존본수의 80% 정도로 하며, 최종 수확목은 집약적인 관리
	본수 조절	• 생산목표에 따른 적정 간벌본수표 적용 • 수형불량목, 고사목, 기운나무, 폭목 등은 우선 제거하고, 우세목에 지장을 주지 않는 하층 열세목, 피압목 등은 조치시키는 도태식 간벌 적용이 가능 • 참나무류 맹아림 관리는 지속 가능한 산림자원 관리지침 적정 본수 적용

구분	시업 기준	
	항목	시업 내용
공원형	목표 임형	• 침·활 혼효복층림, 다층림 • 생태적 복층림 • 안정형, 적정형 임분 유도
	작업 목적	• 임분구조를 다양하게 유지하여 임지 안정성 제고 • 임분의 수직·수평적 구조 조정 • 각종 재해 및 방음, 방풍기능 조성
갱신	후계림 조성 및 갱신	• 상층목은 장벌기 2단 복층림 작업으로 비개벌작업을 원칙 • 천연치수 발생을 유도하며 보완조림과 유용치수 보육을 병행하여 임상식생의 증가를 도모 • 비개벌 복층림 작업 • 수하식재, 보완조림 및 천연치수 발생 유도
임분관리	상층관리	• 토심이 얕은 산복부 이상의 급경사지는 절대 보전 • 임지, 사면 안정 제고를 위하여 상층목 배치는 균일 • 활엽수림종 전환작업으로 근계에 의한 표토 안정 도모 • 복층림 조성 시 상층 수종은 근계가 충실한 장령림으로 유도하고, 하층림은 활엽수로 유도 • 상층임관의 폐쇄는 회피하여 임상 조건을 식생 유입이 지속적으로 가능하게 유도 • 상층림은 단목재적 또는 총축적이 큰 임분으로 유도하여 저항성을 최대로 제고 • 적정 H/D(수고/근원경) 값 유지를 위한 작업
	하층 및 맹아관리	• 잠재 활엽수종의 생육을 도모하고 특히 군상으로 유도 • 낙엽, 낙지 채취, 과도한 방목은 금하고, 침엽수림 급경사지는 활엽수림으로 이행 유도 • 갱신 후 15년 정도는 사면 안정성 제고를 위하여 풀베기 및 어린나무가꾸기 작업을 적극적으로 실시 • 수하식재 등 지속적인 하층관리로 임지 노출을 회피
	임상관리	• 경사지 임상, 낙엽층의 안정적 관리 • 토양 빌딜을 촉진시기기 위하여 척박지이 경우 적극적인 토양 개선 작업이 필요 • 다양한 종 조성과 종 구성 유지를 위해 자주 수광벌 실시
보육	가지치기	• 활엽수는 인위적인 가지치기를 가능한 회피 • 침엽수는 고사지 발생이 되지 않도록 유의 • 임상 광 환경을 고려하여 가지치기 및 간벌주기 결정
	본수 조절	• 고사목, 기운나무, 병충해, 피해목, 폭목 등은 우선 제거 • 형질불량목, 피압목, 열세목 등은 입목 배치를 고려하면서 점진적 제거

경관 가치 증진을 위한 수종별 관리 방안

● 공익기능 증진을 위한 숲가꾸기 사업 매뉴얼(산림청, 2013, 이상언)

주수종	경관 가치 증진 및 관리 방안
혼효림	• 침엽수는 군상으로 배치하고 그 안에 있는 활엽수 제거 • 활엽수 군상 속의 침엽수는 동계 경관을 고려하여 존치
리기다소나무림	• 관리가 되지 않아 밀생, 활력도가 극히 낮은 경우가 많으나 겨울의 녹색 요소로 활용 가능 • 활력을 제고할 수 없을 경우, 강도간벌을 통해 혼생하고 있는 소나무·참나무류로 임분갱신 유도 • 리기다소나무림 후계림 조성 방안 조성
소나무 (해송)림	• 겨울의 녹생 경관, 적색의 곧은 줄기, 능선부, 척박지·암석지에서의 주요 경관 요소 • 임연부의 소나무는 산불 위험성으로 인해 치수 제거와 높은 가지치기 실시 • 강도간벌로 하층의 활엽수를 유도하여 재해방지 기능 증진, 그밖에 소나무림은 소나무를 중심으로 보육하되, 군상, 대상으로 활엽수림이 혼효될 수 있도록 관리
잣나무림	• 적정간벌로 관리, 단목 혼효된 활엽수는 제거 • 조림 실패지는 수종갱신 또는 활엽수 보육 • 과밀한 경우 단계적 강도간벌로 하층식생 유입 촉진 • 주변 천연림과 경계부는 혼효로 유도
낙엽송림	• 임목이 세장되어 있을 경우, 약도간벌을 2회로 나누어 실시 • 적정 밀도관리로 임분의 안정도를 높인 이후 정상적인 임분관리

주수종	경관 가치 증진 및 관리 방안	
현사시 나무림	• 백색의 곧은 줄기, 잎의 경관 가치가 높음(특히 동계 경관) • 가시권역: 현사시나무림은 상층 우량목 중심으로 관리하고 혼효된 참나무·아까시나무 중 줄기가 곧은 우량목을 같이 보육 • 비가시권역: 임분전환 대상지로 선정하고 혼효된 향토수종 유도 또는 식재	
아까시 나무림	• 쇠퇴임분은 강도간벌을 통한 임분관리 • 참나무류 하층식생 발생 촉진 • 부분적인 숲 틈(gap) 활용, 향토수종식재 • 우량한 밀생임분은 아까시나무림으로 지속 유지관리	
밤나무림	• 밤나무 혹벌 피해임분이나 경영하지 않는 방치 임분은 수종갱신 유도 • 경제성·경관 가치가 없는 밤나무림은 천연 발생 후계림 중심으로 보육(일부 임분 전환) • 관리하고 있는 밤나무림은 적정 밀도 유지 및 산목형으로 유도	
참나무림	• 상층 숲가꾸기를 하고, 하층 불량목은 필요시 제거 • 참나무 임분 유형에 맞는 작업법 적용(소생형, 산목형, 밀생형 등 구분) • 참나무류 시들음병 등 병해충 피해목은 전량 훈증 및 소각처리	

핵심 21 탄소흡수원 증진 실행계획

● 탄소흡수원 증진 실행계획 2023~2024, 산림청

1 주요 내용 요약

1) 계획 개요

① 산림청은 저탄소 사회 구현을 위해 5년 주기로 탄소흡수원 증진 종합계획을 수립하며, 이 계획에 따른 연차별 실행 계획을 시행한다.

② 이번 계획은 2023~2024년 동안 탄소흡수원을 유지 및 증진하기 위한 정책을 구체적으로 추진한다.

2) 주요 목표와 전략

① 탄소흡수량 증대를 위해 산림의 유지, 보전, 새로운 흡수원의 확충을 포함하여 산림탄소정책 지원체계를 구축한다.

② 산림 탄소 흡수량 반등, 경제림 육성 및 목재 수확, 도시숲 조성을 통한 생활권 녹색공간 확대를 포함하여 구체적인 세부 과제를 설정한다.

3) 구체적인 세부 추진 계획

① 산림 탄소흡수능력 강화: 경제림 육성, 산림 순환경제 구축 및 차별화된 산림경영전략을 발굴한다.

② 신규 흡수원 확충: 도시숲, 자녀안심 숲 등 도시녹지 확대, 유휴토지에 나무심기를 확대한다.

③ 목재 및 바이오매스 활용: 국산목재 이용 증진, 목조건축 활성화, 미이용 산림바이오매스의 에너지원 활용을 확대한다.

④ 재해 예방 및 대응 강화: 산불 · 산사태 · 병해충 예방을 위한 스마트 감시 및 AI 기술을 활용한다.

4) 복원 및 보전 전략

① 산림재해 예방을 위해 사방댐 설치, 재해 위험지역 조사를 확대한다.

② 섬 지역의 산림생태계 복원 및 섬숲 경관 복원을 통해 생물 다양성을 보호하고 탄소 흡수 능력을 증대한다.

③ 산림생물 다양성 보전 및 멸종위기종 보호를 위한 모니터링, 생태계 복원 및 산림보호지역
  지정을 강화한다.

5) 국제 · 남북 협력 강화

REDD+ 사업을 통해 국제 감축량 확보 및 온실가스 감축 목표 달성에 기여하고, 기후변화
협력국과 산림보존 협력을 강화한다.

6) 향후 일정

분기별로 도시숲 조성, 복원, 재해 예방 사업 등을 연중 추진하며, 주기적인 모니터링 및
평가를 통해 실행 계획의 이행 여부를 점검한다.

2 세부 추진계획

1) 산림 탄소흡수능력 강화

① 지속 가능한 산림순환경영 활성화

- 경제림육성단지의 재편 및 관리계획 수립: 경제림육성단지를 대상으로
  규모화 · 집약화된 산림경영을 실현하고, 지역의 목재 자원량과 수요를 고려한
  관리계획을 수립한다.
- 기능별 숲가꾸기 추진: 산림의 다양한 기능을 최적화하기 위해 목재생산, 수원 함양,
  재해방지 등 목적별로 맞춤형 숲가꾸기를 실시한다.
- 친환경 목재 수확 강화: 지속 가능한 목재 수확을 통해 목재 공급을 안정화하고, 수확
  과정에서의 환경 영향을 최소화한다.

② 임도 및 임업기계 기반 확충

- 임도 밀도 확대 및 유지관리: 산림경영과 재해 대응을 위한 임도의 중요성을 고려하여
  임도 밀도를 높이고, 체계적인 유지 · 관리 체계를 구축한다.
- 임업기계화 추진: 고성능 임업기계의 도입과 활용을 통해 목재 수확의 생산성과
  안전성을 향상시킨다.

③ 기후위기 대응 미래수종 발굴 및 보급

- 미래수종 선정 및 육종: 기후변화에 적응력이 높고 탄소흡수 능력이 우수한 수종을
  발굴하여 육종하고 보급한다.
- 우량종자 및 묘목 생산 기반 확충: 채종원 조성 확대와 스마트 양묘 시스템 도입 등을
  통해 우량 종자와 묘목의 안정적인 공급 기반을 마련한다.
- 조림사업 추진: 경제림, 큰나무 조림 등 산림의 경영 목표에 따라 조림사업을
  지속적으로 추진한다.

2) 신규 산림탄소흡수원 확충

① 생활권 녹색 도시공간 확대 및 관리

- 도시숲 조성: 탄소흡수, 미세먼지 저감, 열섬현상 완화 등을 위한 다양한 종류의 도시숲을 조성한다.
- 도시숲 관리지표 개발 및 평가: 도시숲의 기능별 관리지표와 평가 기준을 마련하여 체계적인 관리가 이루어지도록 한다.
- 국민 참여 확대: 도시숲지원센터 운영과 국민참여형 도시녹화운동 등을 통해 시민들의 참여를 유도한다.

② 유휴토지 나무심기 확대

- 유휴토지 활용: 공한지, 하천변, 옥상 등 유휴공간을 활용하여 유실수, 특용수 등을 식재하고 신규 산림을 조성한다.
- 민간 참여 유도: 기업의 ESG 경영과 연계하여 민간 부문의 나무심기 참여를 활성화한다.

③ 섬 지역 산림생태계 관리 강화

- 섬숲 경관복원: 자연적·인위적 요인으로 훼손된 섬 지역의 산림생태계를 복원하고 생물 다양성을 증진한다.
- 데이터베이스 구축: 섬 지역 산림생태계의 통합 데이터베이스를 구축하여 체계적인 관리 기반을 마련한다.

3) 목재 및 산림바이오매스 이용 활성화

① 목재 수요·공급의 선순환 체계 구축

- 국산목재 이용 촉진: 목재친화도시 조성, 공공부문 목조건축 실연사업 등을 통해 국산목재의 수요를 확대한다.
- 목재산업 기반 강화: 목재산업단지 조성, 산림·목재클러스터 구축 등을 통해 목재 공급의 안정성과 경쟁력을 높인다.
- 법·제도 정비: 국산목재 우선구매제도 등을 강화하여 목재 이용 활성화를 위한 제도적 기반을 마련한다.

② 생활 속 목재이용 문화 확산

- 국민 인식 제고: 캠페인, 공모전 등을 통해 목재 이용이 탄소 중립에 기여한다는 긍정적인 인식을 확산시킨다.
- 탄소저장량 표시제도 시행: 목재제품의 탄소저장량을 표시하여 소비자들이 목재제품의 환경적 가치를 인식할 수 있도록 한다.

- 공공 · 민간 분야 목재이용 촉진: 어린이 이용시설 목조화, 다중이용시설 실내 목질화 등을 통해 목재 이용을 생활화한다.

③ 미이용 산림바이오매스의 지속 가능한 이용 촉진

- 수집 · 공급 확대: 미이용 산림바이오매스의 수집 및 공급을 확대하여 재생에너지 원료로 활용한다.
- 법적 기반 강화: 미이용 산림바이오매스의 생산 · 유통 · 이용 절차에 대한 법적 근거를 마련하여 제도화한다.
- 지속 가능성 제고: 산림바이오매스의 생산부터 소비까지 지속 가능성을 확보하기 위한 기준을 마련한다.

4) 산림 탄소흡수원 보전 및 복원

① 산림재난 최소화 및 대응력 강화

- 재난 예측 고도화: 산불, 산사태, 병해충 등의 위험을 예측하고 실시간으로 대응할 수 있는 시스템을 구축한다.
- 스마트 기술 활용: AI, IoT 등 첨단기술을 활용하여 산림재해를 예방하고 대응력을 강화한다.
- 재해 대응 체계 구축: 산불 소화시설 확대, 산사태 취약지역 관리 강화 등을 통해 재해에 대한 대응 체계를 강화한다.

② 산림생물 다양성 증진 및 체계적 보호지역 관리

- 생태계 영향 조사 및 평가: 기후변화로 인한 산림생태계의 변화를 모니터링하고 취약성을 평가한다.
- 멸종위기종 보호: 고산지역 침엽수종 등 멸종위기종의 생육상태를 모니터링하고 보전 전략을 수립한다.
- 산림보호지역 관리 강화: 가치 있는 산림지역을 보호지역으로 지정하고 체계적으로 관리한다.

③ 산림생태계 복원 및 산지전용 감소

- 산지전용 억제: 산지전용의 필요성을 종합적으로 검토하고 무분별한 산림훼손을 방지한다.
- 복원사업 확대: 훼손된 산림생태계의 복원을 위해 백두대간 생태축 복원, 산불피해지 복원 등을 추진한다.
- 복원 소재 공급체계 구축: 자생식물 인증 · 공급센터를 신설하여 복원에 필요한 소재를 안정적으로 공급한다.

④ 혼농임업(agroforestry) 활성화

- 기초연구 수행: 국내 여건에 적합한 혼농임업 모델을 발굴하고 탄소감축 효과를 분석한다.
- 시범사업 추진: 국유림을 중심으로 혼농임업 시범사업을 실시하고 성공 사례를 확산한다.
- 지원 강화: 혼농임업을 경영하는 임업인에 대한 재정적 지원과 기술적 지원을 강화한다.

5) 국제 · 남북협력 기반 감축량 확보

① REDD+ 확대 기반 구축

- 국제감축사업 확대: REDD+ 중심의 국제감축사업을 확대하여 국가 온실가스 감축 목표 달성에 기여한다.
- 민간 참여 지원: 기업 등 민간 부문의 REDD+ 사업 참여를 지원하고 전문인력을 양성한다.
- 법 · 제도 정비: REDD+ 사업의 체계적인 이행을 위한 법적 기반을 마련한다.

6) 산림 탄소정책 지원체계 구축

① 산림부문 탄소 통계 · 모니터링 체계 고도화

- 통계 산정 고도화: 산림 탄소흡수량의 정확한 산정을 위해 통계 산정 방식을 개선하고 고도화한다.
- 데이터베이스 구축: 산림 탄소와 관련된 데이터를 통합 관리하고 활용할 수 있는 시스템을 구축한다.

경제림 육성단지 관리 방안

● 경제림육성단지 관리계획 수립지침(2007, 산림청)

1 계획에 포함되어야 할 사항

① 경제림 현황: 위치, 임상 특성, 문제점(상위 계획에서 본 임상 및 지역특성을 분석)

② 경제림 관리 목표: 단지별 목표임상, 목재생산 목표

③ 경제림 육성계획: 단지별 사업계획, 목재생산계획, 노동력 확보, 임업기계화, 임도 등 경영기반확충 계획, 임산물 소득원 개발·육성을 위한 생산·가공·유통계획

2 계획 수립 시 고려할 점

① 경제림육성단지 조정

– 대규모 개발계획의 편입 등으로 변경이 불가피한 경우 조정의견 제출

– 산림청에서 제작·배포한 도면을 기준으로 관리하고, 단지 내 산지전용 최대한 억제

② 소나무·참나무류 집중육성 대상단지 발굴

– 산림조사 결과 소나무 50% 이상인 단지는 소나무집중육성권역으로 관리

– 산림조사 결과 참나무 50% 이상인 단지는 참나무집중육성권역으로 관리

③ 임업진흥권역의 단지별 계획을 반영하여 임업진흥계획 추진의 일관성 유지

3 운영 기본방침(세부 적용지침: 산림자원관리 표준매뉴얼)

① 우리나라의 대표 향토수종인 소나무와 참나무류는 집중적인 천연림시업 관리 및 육성

② 인공림은 단순림육성시업 또는 대상복층 혼효림으로 유도, 천연림은 천연림보육 추진

③ 혼효림은 천연유용활엽수림으로 육성 관리

④ 국유림은 장벌기 대경재 생산림으로 육성, 사유림은 특용수 등 단벌기 위주의 육성

⑤ 임업진흥권역과 연계하여 지역별 특성에 따른 경제림의 관리 방안 수립

4 경영 전략

① 금강소나무림은 문화재용 장벌기 용재림으로 육성, 송이 생산지역은 천연림 시업 추진

② 인공림의 수종은 가급적 단순화하되, 병해충 등 취약 지역은 대상복층혼효림 조성

③ 단벌기의 산림관리는 바이오에너지 원료 제공과 숯·표고 생산 등 지역 브랜드화 사업과 연계하여 육성

5 경제림육성단지의 관리 방안

구분	소나무림	참나무림 및 혼효림
생육특성	• 적지 제한 없음 • 표고 1,000m 이하 • 극양수로 천연하종 갱신이 용이 • 생장속도는 보통	• 난·온대 남부 표고 1,200m 이하 • 온대 중·북부 표고 800m 이하 • 내한성이며 맹아력 강함 • 북사면 산록부에서 산정부에 분포
목재 이용 특성	• 용재수종 • 50년생 평균 270㎥/ha • 80년생 평균 500㎥/ha • 건축, 토목, 가구, 문화재용	• 용재수종 • 마을 주변의 경관림 • 30년생 평균 120㎥/ha • 건축 내장재, 가구재, 펄프, 표고 골목용
관리 목표	• 문화재용 금강소나무림은 장벌기로 우량대경재 생산 • 송이 생산지역은 송이 환경개선을 위한 천연림시업 추진	• 천연림보육지는 도태간벌에 의한 임분형질 개량 • 상수리/졸참나무는 맹아갱신으로 숯/표고 골목 원료 공급 • 혼효림 내의 활엽수는 천연유용활엽 수림으로 육성관리
관리 방안	• 금강소나무 우량대경 특수재는 흉고직경 60cm의 입목 약 200본/ha 생산을 목표, 벌기령은 120년 • 송이 생산지역 이외의 형질불량 소나무림은 낙엽송 등 주요 용재수종으로 수종갱신	• 천연림보육지의 도태간벌은 1차 간벌 시 평균수고 10~12m의 임분에서 미래목을 집중 무육하는 적극적인 선목 방식을 채택하고, 2차 간벌은 수고 15~17m의 임분에서, 3차 간벌은 평균수고가 20m 내외의 임분에서 미래목 생장에 방해가 되는 나무만 제거 • 맹아갱신은 지상 10cm 이내로 낮게 벌채하여 지하부에서 맹아가 발생토록 유도, 벌채구역은 5ha 이내로 벌채구역 사이에는 20m 이상의 수림대를 존치. 1,200본 기준으로 맹아 발생은 4,000본을 목표 • 천연유용활엽수림은 5개 생태권역에 따라 피나무, 물푸레나무, 참나무류 등 혼효림으로 육성

법률	약칭
산림기본법	
산림자원의 조성 및 관리에 관한 법률	산림자원법
산지관리법	
사방사업법	
임업 및 산촌 진흥촉진에 관한 법률	임업진흥법
산림기술 진흥 및 관리에 관한 법률	산림기술법
산림보호법	
산림문화 · 휴양에 관한 법률	산림휴양법
산림교육의 활성화에 관한 법률	산림교육법
국유림의 경영 및 관리에 관한 법률	국유림법
임업 · 산림 공익기능 증진을 위한 직불제도 운영에 관한 법률	임업직불제법
탄소흡수원 유지 및 증진에 관한 법률	탄소흡수원법

계획명	계획 주기	비고
산림교육종합계획	5년	산림교육활성화법
산림복지진흥계획	5년	산림복지진흥법
산림유전자원 보호구역 관리기본계획	5년	산림보호법
사방사업기본계획	5년	사방사업법
산림문화 · 휴양기본계획	5년	문화휴양법
탄소흡수원 증진 종합계획	5년	탄소흡수원법
수목원 · 정원진흥기본계획	5년	수목원법
목재이용종합계획	5년	목재이용법
해외농업자원개발종합계획	5년	해외 산림개발법
도시림등 기본계획	10년	산림자원조성관리법
산림복원기본계획	10년	산림자원조성관리법
전국 임도기본계획	10년	산림자원조성관리법
산촌진흥기본계획	10년	산촌진흥법
국유림종합계획	10년	국유림경영법
백두대간 보호계획	10년	백두대간법
산림기본계획	20년	산림기본법

핵심 01

산림기본법

〈주요 내용〉

제1장 총칙

제1조(목적) 이 법은 산림정책의 기본이 되는 사항을 정하여 산림의 다양한 기능을 증진하고 임업의 발전을 도모함으로써 국민의 삶의 질 향상과 국민경제의 건전한 발전에 이바지함을 목적으로 한다.

제2조(기본이념) 산림은 국토환경을 보전하고 임산물을 생산하는 기반으로서 국가발전과 생명체의 생존을 위하여 없어서는 안될 중요한 자산이므로 산림의 보전과 이용을 조화롭게 함으로써 지속 가능한 산림경영이 이루어지도록 함을 이 법의 기본이념으로 한다.

제3조(정의) 이 법에서 사용하는 용어의 뜻은 다음과 같다.

1. "지속 가능한 산림경영"이란 산림의 생태적 건전성과 산림자원의 장기적인 유지·증진을 통하여 현재 세대뿐만 아니라 미래 세대의 사회적·경제적·생태적·문화적 및 정신적으로 다양한 산림수요를 충족하게 할 수 있도록 산림을 보호하고 경영하는 것을 말한다.

2. "산촌"이란 산림면적의 비율이 현저히 높고 인구밀도가 낮은 지역으로서 대통령령으로 정하는 지역을 말한다.

3. "산림복지"란 국민에게 산림을 기반으로 산림문화·휴양, 산림교육 및 치유 등의 서비스를 창출·제공함으로써 국민의 복리 증진에 기여하기 위한 경제적·사회적·정서적 지원을 말한다.

4. "탄소흡수원"이란 「탄소흡수원 유지 및 증진에 관한 법률」 제2조제10호에 따른 탄소흡수원을 말한다.

제4조(국가 및 지방자치단체 등의 책무)

① 국가 및 지방자치단체는 산림의 보전, 산림의 공익기능 증진, 임업의 발전 및 산촌의 진흥 등 산림의 보전 및 이용에 관한 종합적인 시책을 수립하고 이를 시행할 책무를 진다.

② 국가 및 지방자치단체는 산림의 보전 및 이용에 관한 시책을 추진함에 있어서 필요한 법제 및 재정에 관한 조치를 해야 한다.

③ 국민은 산림이 합리적으로 보전 및 이용될 수 있도록 국가 및 지방자치단체의 산림시책에 적극 협력하여야 한다.

④ 산림의 소유자 또는 산림을 이용하여 수익을 얻으려는 자는 지속 가능한 산림경영을 위하여 노력하여야 한다.〈신설 2015. 1. 20.〉

제2장 시책의 기본방향

제5조(산림의 합리적 보전 및 이용) 국가 및 지방자치단체는 지속 가능한 산림경영을 위해 산림의 보전과 이용이 조화를 이루도록 노력해야 한다.

제6조(산림기능의 증진) 산림이 지니고 있는 국토 환경 보전, 임산물 공급, 산림복지 증진, 탄소흡수원의 유지 및 증진 등 다양한 기능들이 충분히 발휘될 수 있도록 해야 한다.

제7조(임업의 육성) 임업의 경쟁력을 높이고 임업인의 소득 증진에 기여해야 한다.

제8조(산촌의 진흥) 산촌 주민의 소득과 복지 증진을 위하여 노력해야 하며, 이를 통해 국토의 균형 발전을 도모하고자 한다.

제9조(국제협력 및 통일 대비 정책) 지구의 산림 보전을 위한 국제협력을 강화하고, 남북 간 산림협력 증진을 위한 정책을 마련해야 한다.

제3장 산림기본계획의 수립 등

제10조(장기전망) 산림자원과 임산물의 수요 및 공급에 대한 장기전망을 공표해야 하며, 경제 상황에 따라 이를 수정할 수 있다.

제11조(산림기본계획의 수립 및 시행) 산림청장은 장기전망을 바탕으로 산림기본계획을 수립하고, 관계 중앙행정기관과 협의하여 이를 시행해야 한다.

제11조의2(산림정책협의회) 산림기본계획 수립 과정에서 의견 수렴을 위해 산림정책협의회를 운영할 수 있다.

참고 **산림기본계획에 포함해야 할 사항**

1. 산림시책의 기본목표 및 추진방향
2. 산림자원의 조성 및 육성에 관한 사항
3. 산림의 보전 및 보호에 관한 사항
4. 산림의 공익기능 증진에 관한 사항
5. 산사태 · 산불 · 산림병해충 등 산림재해의 대응 및 복구 등에 관한 사항
6. 임산물의 생산 · 가공 · 유통 및 수출 등에 관한 사항
7. 산림의 이용구분 및 이용계획에 관한 사항
8. 산림복지의 증진에 관한 사항
9. 탄소흡수원의 유지 · 증진에 관한 사항
10. 국제산림협력에 관한 사항
11. 그밖에 산림 및 임업에 관하여 대통령령으로 정하는 사항

제12조, 제12조의2(연차보고 및 통계 관리) 산림청장은 산림 및 임업의 동향 보고서 작성과 실태조사 및 통계 작성을 통해 산림데이터베이스를 구축하여 관리해야 한다.

제4장 산림의 보전 및 이용

제13조(지속 가능한 산림경영의 평가기준) 산림의 지속 가능성을 평가하기 위한 기준과 지표를 설정하여 운영해야 한다.

제14조(자연친화적인 산림 이용) 산림의 자연친화적 이용을 위해 산지 전용 기준 등을 마련하여 시행해야 한다.

제15조(산림재해에 관한 시책) 산림자원을 보호하고 안정적인 임업경영을 도모하기 위해 산사태, 산불, 병해충 등 재해 예방과 복구에 관한 시책을 마련해야 한다.

제5장 산림의 공익기능 증진 등

제16조(산림자원의 조성) 지속 가능한 산림경영을 위해 지역적 특성을 고려한 조림 및 육림 등을 통해 산림자원을 조성해야 한다.

제17조(산림의 공익기능 증진) 수원 함양, 대기 정화, 재해방지, 산림 경관 보전 등 산림의 공익기능을 증진하기 위한 시책을 마련해야 한다.

제18조(도시지역 산림의 관리) 도시지역 산림 및 녹지 관리를 위해 필요한 시책을 수립해야 한다.

제19조(수목원 조성 및 육성) 수목유전자원의 보존과 자원화를 촉진하기 위해 수목원을 조성하고 운영해야 한다.

제20조(산림복지 증진 및 산림문화 창달) 산림복지 및 산림문화 진흥을 위해 산림 휴양, 치유, 교육 시설 등을 조성하고, 기후변화 대응을 위한 산림자원 활용 시책을 마련해야 한다.

제6장 임업의 육성

제21조(임업경영기반의 조성) 임업의 생산성 향상을 위해 임도를 확충하고, 임업기계화와 경영기반을 강화해야 한다.

제21조의2(임업 분야 일자리 창출) 임업에서 일자리를 창출하고, 임업 종사자의 복지를 향상시키기 위해 필요한 시책을 추진해야 한다.

제22조(임산물 수급 및 가격 안정) 임산물의 생산, 가공, 유통 기반을 마련하고 가격 안정을 위한 조치를 취해야 한다.

제23조(임산물 품질 관리 및 유통구조 개선) 임산물의 품질을 관리하고 유통시설을 현대화하여 소비자와 임업인의 이익을 증진해야 한다.

제24조(임업기술 진흥) 임업의 경쟁력 강화를 위해 임업 기술의 연구, 개발, 보급을 추진해야 한다.

제25조(산림정보화 촉진) 과학적 산림관리와 임업경영을 위해 산림 정보화를 추진해야 한다.

제26조(임업 관련 단체 육성) 임업인의 권익을 보호하고 지위를 향상시키기 위해 산림조합과 임업진흥원을 지원할 수 있다.

02 산림기본법 시행령

제1장 총칙

제1조(목적) 이 시행령은 산림기본법에서 위임된 사항과 그 시행에 필요한 사항을 규정함을 목적으로 한다.

제2조(산촌 정의) 산촌의 정의 기준은 산림 면적 비율, 인구 밀도, 경지 면적 비율 등으로 규정된다.

> **참고 │ 산촌의 정의**
>
> 1. 행정구역면적에 대한 산림면적의 비율이 70퍼센트 이상일 것
> 2. 인구밀도가 전국 읍·면의 평균 이하일 것
> 3. 행정구역면적에 대한 경지면적의 비율이 전국 읍·면의 평균 이하일 것

제2장 산림기본계획

제3조(장기전망) 산림자원 및 임산물 수급에 관한 장기전망은 10년마다 공표하며, 경제 변화에 따라 수정할 수 있다.

제4조(산림기본계획) 산림기본계획에 포함되어야 할 사항으로 임도 조성, 산림통합관리권역 설정 등.

제5조(산림기본계획구와 지역산림계획구) 산림기본계획의 구역 단위는 시·도 및 지방산림청 관할 구역으로 하며, 산림 통합 관리권역을 설정할 수 있다.

제6조(산림기본계획 수립 절차) 산림청장은 산림기본계획을 수립할 때 관계기관의 의견을 수렴하고, 수립 또는 변경 시 이를 공표해야 한다.

제3장 산림정책협의회

제6조의2(기능) 산림기본계획 수립과 변경, 연차보고서, 산림 보전 및 이용에 관한 주요 정책 사항 등을 다룬다.

제6조의3(구성) 산림정책협의회는 산림청 차장을 위원장으로 하며, 산림 분야 전문가들이 위원으로 참여한다.

제6조의4(운영) 산림정책협의회는 과반수 출석과 과반수 찬성으로 의결하며, 회의 소집은 위원장이 담당한다.

제4장 연차보고 및 실태조사

제7조(연차보고서) 산림청장은 매년 산림과 임업의 동향에 대한 연차보고서를 작성하고 이를 공표해야 한다.

제8조(실태조사와 통계 작성) 산림 및 임업의 현황에 대해 정기적으로 실태조사를 실시하고, 산림기본계획의 효율적 수립을 위해 통계를 관리해야 한다.

제9조(산림데이터베이스 구축) 산림청은 실태조사와 통계 자료를 기반으로 산림데이터베이스를 구축하고 체계적으로 관리해야 한다.

제5장 전담기관의 지정 및 위탁

제10조(전담기관의 지정) 산림청은 실태조사와 통계 작성, 산림데이터베이스 구축 업무를 수행할 전담기관을 지정하고, 필요한 경우 해당 기관에 업무를 위탁할 수 있다.

제6장 지속 가능한 산림경영

제11조(평가기준) 산림의 지속 가능성을 평가하기 위한 기준에는 생물 다양성 보전, 생산성 유지, 토양 및 수자원 보전, 온실가스 흡수 기여도 등이 포함된다.

> **참고** 지속 가능한 산림경영의 평가기준
>
> 1. 산림생태계의 생물 다양성 보전
> 2. 산림생태계의 생산성 유지
> 3. 산림생태계의 건강성 및 활력도
> 4. 산림생태계의 토양 및 수자원 보전
> 5. 산림생태계의 온실가스 흡수 기여도
> 6. 산림의 사회경제적 편익의 유지 및 강화
> 7. 그밖에 지속 가능한 산림경영의 평가에 관하여 국제적으로 인정되는 기준

제7장 산촌진흥지역의 지정

제12조(지정 요건 및 절차) 산촌진흥지역으로 지정될 수 있는 산촌의 요건과 지정 절차

> **참고** 산촌진흥지역 지정요건
>
> 1. 산림자원의 다목적 이용과 임산물 생산 기반의 조성 등 임업경영 여건이 양호한 산촌
> 2. 산림자원의 이용 · 관리를 위하여 임업기능인력의 육성 등 지원이 필요한 산촌
> 3. 도로 및 상 · 하수도 등 생활환경정비 수준이 전국 읍 · 면지역 평균 이하이고, 지역주민 1인당 소득수준이 전국 읍 · 면지역 평균 이하인 산촌

제8장 국제기구 등의 범위와 지원

제13조(지원 내용) 국제산림협력의 촉진을 위해 아시아산림협력기구와 같은 국제기구에 대한 지원 범위와 내용이 규정된다.

03 산림자원의 조성 및 관리에 관한 법률

● (약칭: 산림자원법) 시행 2024. 7. 24.

제1장 총칙

제1조(목적) 이 법은 산림자원의 조성과 관리를 통하여 산림의 다양한 기능을 발휘하게 하고 산림의 지속 가능한 보전(保全)과 이용을 도모함으로써 국토의 보전, 국가경제의 발전 및 국민의 삶의 질 향상에 이바지함을 목적으로 한다.

제1조의2(산림경영·관리의 기본이념) 산림은 국토의 많은 부분을 이루는 귀중한 자산이므로 국민의 행복한 삶을 위하여 사회·경제·문화 등 다양한 분야에서 그 기능이 가장 조화롭고 알맞게 발휘될 수 있도록 경영·관리되어야 한다.

제2조(정의) 이 법에서 사용하는 용어의 뜻은 다음과 같다.

1. "산림"이란 다음 각 목의 어느 하나에 해당하는 것을 말한다. 다만, 농지, 초지(草地), 주택지, 도로, 그 밖의 대통령령으로 정하는 토지에 있는 입목(立木)·대나무와 그 토지는 제외한다.

    가. 집단적으로 자라고 있는 입목·대나무와 그 토지

    나. 집단적으로 자라고 있던 입목·대나무가 일시적으로 없어지게 된 토지

    다. 입목·대나무를 집단적으로 키우는 데에 사용하게 된 토지

    라. 산림의 경영 및 관리를 위하여 설치한 도로(이하 "임도(林道)"라 한다)

    마. 가목부터 다목까지의 토지에 있는 암석지(巖石地)와 소택지(沼澤地: 늪과 연못으로 둘러싸인 습한 땅)

> **참고** | **산림에서 제외되는 토지**
>
> 1. 과수원, 차밭, 꺾꽂이순 또는 접순의 채취원(採取園)
> 2. 입목(立木)·대나무가 생육하고 있는 건물 담장 안의 토지
> 3. 입목·대나무가 생육하고 있는 논두렁·밭두렁
> 4. 입목·대나무가 생육하고 있는 하천·제방·도랑 또는 연못

2. "산림자원"이란 다음 각 목의 자원으로서 국가경제와 국민생활에 유용한 것을 말한다.

    가. 산림에 있거나 산림에서 서식하고 있는 수목, 초본류(草本類), 이끼류, 버섯류 및 곤충류 등의 생물자원

　　나. 산림에 있는 토석(土石) · 물 등의 무생물자원

　　다. 산림 휴양 및 경관 자원

3. "산림사업"이란 산림의 조성 · 육성 · 이용 · 재해예방 · 복구 · 복원 등 산림의 기능을 유지 · 발전 또는 회복시키기 위하여 산림에서 이루어지는 사업과 도시숲 · 생활숲 · 가로수 · 수목원의 조성 · 관리 등 산림의 조성 · 육성 또는 관리를 위하여 필요한 사업으로서 대통령령으로 정하는 사업을 말한다.

4. 삭제〈2020. 6. 9.〉

5. 삭제〈2020. 6. 9.〉

6. 삭제〈2020. 6. 9.〉

7. "임산물(林産物)"이란 목재, 수목, 낙엽, 토석 등 산림에서 생산되는 산물(産物), 그 밖의 조경수(造景樹), 분재수(盆栽樹) 등 대통령령으로 정하는 것을 말한다.

참고　임산물의 범위

1. 조경수 · 분재수
2. 가지 · 꽃 · 열매 · 생잎 · 장작 · 톱밥 · 나무조각 등 수목의 일부분
3. 대나무류 · 초본류 · 덩굴류 · 이끼류
4. 산림버섯 · 떼
5. 숯(톱밥숯을 포함한다) · 수액(수목 또는 대나무를 태워서 얻는 응축액을 포함한다)
6. 합판 · 단판 · 섬유판(fiberboard) · 집성재 · 성형재 · 마루판 · 목재펠릿 등 목재제품

8. "산림용 종자"란 산림 또는 제2호가목에 따른 산림자원으로부터 유래된 자원의 씨앗, 증식용 영양체, 종균, 포자 등을 말한다.

9. 삭제

10. "산림복원"이란 자연적 · 인위적으로 훼손된 산림의 생태계 및 생물 다양성이 원래의 상태에 가깝게 유지 · 증진될 수 있도록 그 구조와 기능을 회복시키는 것을 말한다.

제2조의2(산림의 경영 · 관리에 관한 국가 등의 책무 등)

① 국가와 지방자치단체는 제1조의2에 따른 기본이념이 구현되도록 산림의 경영 · 관리에 관한 시책을 수립 · 시행하여야 한다.

② 산림소유자는 소유하고 있는 산림을 제1조의2에 따른 기본이념을 존중하여 경영 · 관리하고, 국가와 지방자치단체가 시행하는 산림의 경영 · 관리에 관한 시책에 협력하여야 한다.

제3조(적용 범위) 이 법은 산림이 아닌 토지에 대하여도 다음 규정의 전부 또는 일부를 적용한다.

1. 채종림(採種林: 종자 생산을 목적으로 하는 산림), 수형목(우량나무), 시험림에 관한 규정

2. 임산물의 사용제한에 관한 규정

3. 입목의 벌채(伐採) 또는 굴취(掘取)의 허가에 관한 규정. 다만, 대통령령으로 정하는 토지 안의 입목으로서 국토의 보전과 입목의 보호를 위하여 특별자치시장 · 특별자치도지사 · 시장 · 군수 · 구청장(자치구의 구청장을 말한다. 이하 같다)이 필요하다고 인정하여 지정 · 고시하는 입목으로 한정한다.

제4조(산림의 구분) 산림은 그 소유자에 따라 다음과 같이 구분한다.

1. 국유림(國有林): 국가가 소유하는 산림

2. 공유림(公有林): 지방자치단체나 그 밖의 공공단체가 소유하는 산림

3. 사유림(私有林): 제1호와 제2호 외의 산림

제5조(산림의 관할 행정청) 산림별 관할 행정청은 다음과 같다.

1. 산림청 소관 국유림 산림청장 또는 그 소속 기관의 장

2. 제1호 외의 국유림 · 공유림 및 사유림 산림 소재지의 특별시장 · 광역시장 · 특별자치시장 · 도지사 · 특별자치도지사(이하 "시 · 도지사"라 한다) 또는 시장 · 군수 · 구청장

제2장 산림자원의 조성과 육성

제1절 지속 가능한 산림경영

제6조 산림소유자는 지속 가능한 산림경영 기준과 지표에 따라 산림을 관리해야 한다.

제6조의2 산림청장은 10년마다 산림조림계획을 수립 · 시행하며 필요시 변경한다.

제7조 산림의 지속 가능성을 나타내는 산림지속성지수를 개발하고 이를 유지 · 증진한다.

제7조의2 산림경영과 임산물 생산 · 유통의 인증제도를 마련하고 시행한다.

제8조 산림의 위치와 조건에 따라 수원 함양, 재해방지, 환경 보전, 목재 생산, 휴양 등으로 구분해 관리한다.

제8조의2 산림현황을 나타내는 임상도를 작성하여 주기적으로 갱신한다.

제9조 산림관리 기반 시설 설치와 관련 평가를 통해 산림의 생산 기반과 공익적 기능을 증진한다.

제10조 산림훼손지에 대한 조림을 통해 산림을 복원해야 한다.

제11조 국가와 지방자치단체는 산림소유자에게 숲가꾸기 비용을 지원할 수 있다.

제12조 유휴토지를 산림으로 전환하려는 경우 지원을 제공하고, 조림을 장려한다.

제2절 산림경영계획

제13조 지방자치단체는 10년 단위로 산림경영계획을 수립하며, 필요시 국가가 지원한다.

제14조 인가받은 산림경영계획을 실행하고, 필요시 대리경영을 통해 사업을 지원한다.

제15조 거짓이나 정당한 이유 없이 계획을 이행하지 않으면 인가가 취소될 수 있다.

제3절 산림용 종묘 생산 등

제16조 산림용 종자와 묘목을 생산하려는 자는 등록하고 품질표시 규정을 지켜야 한다.

제16조의2 업무정지 명령 대신 과징금이 부과될 수 있다.

제17조 자격 기준을 갖춘 자에게 묘목 생산을 대행하게 할 수 있으며, 자연재해로 인한 피해 시 보상할 수 있다.

제18조 산림용 종자의 품종 보호 신청과 등록 절차

제19조 우량 종자 채취를 위한 산림을 지정하고 관리하며, 필요시 지정해제할 수 있다.

제5절 산림사업의 시행 등

제22조 산림소유자가 시행하지만 긴급 상황에서는 동의 없이도 산림사업을 시행할 수 있다.

제23조 산림조합 등을 통해 산림사업을 대행하고, 긴급 시 동의 없이 사업을 할 수 있다.

제23조의2 국유림영림단을 조직해 국유림 산림사업을 추진하고, 필요시 등록취소 처분이 가능하다.

제23조의3 국유림영림단의 육성과 경비 지원 시책을 마련한다.

제23조의4 관리업무대행을 위해 산림조합 등에 권한을 부여하며 절차에 따라 시행한다.

제6절 산림경영지도원

제30~31조 산림경영지도원은 산림경영 지도 역할을 수행한다.

제7절 산림자원의 조사 및 기술개발

제32조 산림자원을 조사하고 이를 경영에 활용해야 한다.

제33조 산림자원 정보화를 통해 경영과 활용을 촉진한다.

제33조의2 위성 관측망을 통해 산림 정보를 관리한다.

제34조 산림과학기술 기본계획을 수립하고 시행한다.

제35조 연구개발 성과를 산림경영에 활용한다.

제8절 무궁화의 보급 및 관리

제35조의2~35조의6 무궁화를 보급하고 관리하기 위한 진흥계획을 수립하고 필요한 시책을 시행한다.

제3장 산림자원의 이용

제1절 산림자원의 이용 증진

제36조 입목 벌채나 임산물 채취 시 허가를 받아야 하며, 필요한 경우 보호 조치를 준수한다.

제36조의2 특정 자격자가 벌칙 적용 시 공무원으로 간주될 수 있다.

제36조의3 허가 위반 시 벌채 허가가 취소된다.

제36조의4 입목 벌채 등의 사전타당성 조사를 시행하여 보관한다.

제36조의5 심의위원회를 두어 벌채 허가 사항을 검토한다.

제37조 목재산업 발전과 목재 이용 촉진을 위한 시책을 수립하며 필요시 경제림육성단지를 운영한다.

제38조 기업은 임산물 이용을 위해 기업경영림을 운영하고, 필요시 경영계획 구역을 지정한다.

제38조의2 기업경영림의 경영계획 구역이 목적 달성 시 해제될 수 있다.

제40조 유통 질서 확립을 위해 임산물 유통이나 사용을 제한할 수 있다.

제41조 임산물 수입 시 필요한 절차

제4장 산림의 공익기능 증진

제1절 산림의 보전 등

제42조 산림생물 다양성 보전과 지속 가능한 이용을 위해 생태숲과 수목원을 조성한다.

제42조의2 산림복원은 자생식물 등 자연 재료로 생태계 균형을 유지하며 진행된다.

제42조의3 10년마다 산림복원 기본계획을 수립해 목표와 시책을 설정한다.

제42조의4 산림복원 기본계획 수립 시 심의위원회의 검토를 거친다.

제42조의5 산림복원 대상지에 대한 현황 조사를 통해 복원 필요성을 검토한다.

제42조의6 복원사업의 타당성을 평가하고, 이를 사업 계획에 반영한다.

제42조의7 산림청장은 복원사업의 계획을 수립하고 관계기관 협조를 받아 시행한다.

제42조의8 산림복원지에 대한 사후 모니터링을 통해 지속적인 관리와 평가를 한다.

제42조의9 복원에 자생식물 등 자연 재료만 사용한다.

제42조의10 산림복원을 위해 전문 인력을 양성하며 교육과 훈련을 지원한다.

제42조의11 산림복원지원센터를 지정하여 연구와 복원사업을 지원한다.

제42조의12~16 자생식물 종자 공급센터, 종자 생산 대행, 종자 인증 및 이력관리 등

제2절 (삭제)

과거에 존재했으나 현재 삭제된 절로 내용이 없다.

제3절 산림환경기능증진자금

산림환경 기능을 유지ㆍ증진하기 위한 자금을 마련하여 산림환경 보전을 지원한다.

산림자원법 시행령

제1장 총칙

제1조(목적) 산림자원법의 시행에 필요한 사항을 규정함으로써 산림자원의 보전과 관리 목적을 실현한다.

제2조(정의) 산림에 해당하는 토지와 사업, 조경수 등의 범위를 정의한다.

> **참고** **산림에서 제외되는 토지**
>
> 1. 과수원, 차밭, 꺾꽂이순 또는 접순의 채취원(採取園)
> 2. 입목(立木) · 대나무가 생육하고 있는 건물 담장 안의 토지
> 3. 입목 · 대나무가 생육하고 있는 논두렁 · 밭두렁
> 4. 입목 · 대나무가 생육하고 있는 하천 · 제방 · 도랑 또는 연못

> **참고** **임산물의 범위**
>
> 1. 조경수 · 분재수
> 2. 가지 · 꽃 · 열매 · 생잎 · 장작 · 톱밥 · 나무조각 등 수목의 일부분
> 3. 대나무류 · 초본류 · 덩굴류 · 이끼류
> 4. 산림버섯 · 떼
> 5. 숯(톱밥숯을 포함한다) · 수액(수목 또는 대나무를 태워서 얻는 응축액을 포함한다)
> 6. 합판 · 단판 · 섬유판(fiberboard) · 집성재 · 성형재 · 마루판 · 목재펠릿 등 목재제품

제3조(적용범위) 특정 토지를 산림법 적용대상에서 제외한다.

제2장 산림자원의 조성 · 육성

제1절 지속 가능한 산림경영

제3조의2(산림조림계획) 산림청장은 산림조림계획을 수립하고, 변경 시 공표해야 한다.

제4조(산림지속성지수의 개발 등) 산림청장은 산림의 지속 가능성을 평가하기 위한 지수를 개발하고 이를 연구 · 관리해야 한다.

제4장 산림의 공익기능 증진

제1절 산림의 보전 등

산림사업을 할 수 있는 법인의 등록기준

■ 산림자원의 조성 및 관리에 관한 법률 시행령 [별표 2] 〈개정 2023. 6. 27.〉

<table>
<tr><td colspan="6" align="center">산림사업을 할 수 있는 법인의 등록기준(제25조 관련)</td></tr>
<tr><td rowspan="2">산림사업의
종류</td><td rowspan="2">산림사업의 범위</td><td colspan="4">자격요건</td></tr>
<tr><td>기술수준</td><td>자본금</td><td>시설</td></tr>
<tr>
<td>1. 산림경영계획
및 산림조사</td>
<td>가. 산림경영계획의 수립
나. 임황, 지황 등 산림현황 조사</td>
<td>다음의 모두에 해당하는 인력요건
1) 기술중급 이상인 산림경영기술자 1명 이상
2) 기술초급 이상인 산림경영기술자 2명 이상</td>
<td>1억원
이상</td>
<td rowspan="5">사무실</td>
</tr>
<tr>
<td>2. 숲가꾸기 및
병해충방제</td>
<td>가. 조림
나. 숲가꾸기
다. 벌채
라. 산림병해충 방제사업</td>
<td>다음의 모두에 해당하는 인력요건
1) 기술중급 이상인 산림경영기술자 1명 이상
2) 기술초급 이상인 산림경영기술자 2명 이상
3) 기능2급 이상인 산림경영기술자 4명 이상</td>
<td>1억원
이상</td>
</tr>
<tr>
<td>3. 산림토목</td>
<td>가. 임도사업
나. 사방사업
다. 「산지관리법」 제41조에 따른 산지의 복구</td>
<td>다음의 모두에 해당하는 인력요건
1) 기술중급 이상인 산림공학기술자 2명 이상
2) 기술초급 이상인 산림공학기술자 3명 이상</td>
<td>3억원
이상</td>
</tr>
<tr>
<td>4. 자연휴양림
등 조성</td>
<td>가. 자연휴양림 조성
나. 산촌생태마을 조성
다. 산림욕장 조성
라. 치유의 숲 조성
마. 숲속야영장 조성
바. 산림레포츠시설 조성
사. 유아숲체험원 조성
아. 산림교육센터 조성
자. 수목장림 조성</td>
<td>다음의 모두에 해당하는 인력요건
1) 기술중급 이상인 산림공학기술자 1명 이상
2) 기술초급 이상인 산림공학기술자 또는 기술초급 이상인 녹지조경기술자 1명 이상
3) 목구조관리기술자 1명 이상
4) 건축기사 1명 이상</td>
<td>3억원
이상</td>
</tr>
<tr>
<td>5. 도시숲 등의
조성·관리</td>
<td>가. 도시숲에서의 수목 등의 식재 및 편의시설의 설치
나. 생활숲의 조성·관리
다. 가로수의 조성·관리</td>
<td>다음의 모두에 해당하는 인력요건
1) 기술중급 이상인 산림경영기술자 또는 기술중급 이상인 녹지조경기술자 1명 이상
2) 기술초급 이상인 산림경영기술자 또는 기술초급 이상인 녹지조경기술자 1명 이상</td>
<td>1억원
이상</td>
</tr>
</table>

| 6. 숲길 조성 · 관리 | 숲길 조성 · 관리 | 다음의 모두에 해당하는 인력요건
1) 기술중급 이상인 산림공학기술자 또는 기술중급 이상인 녹지조경기술자 1명 이상
2) 기술초급 이상인 산림공학기술자 또는 기술초급 이상인 녹지조경기술자 2명 이상 | 3억원 이상 | |

[비고]

1. 이 표 각호의 어느 하나에 해당하는 산림사업의 종류로 이미 등록한 법인이 다른 종류의 산림사업 등록을 추가로 신청하는 경우에는 다음 각 목의 구분에 따라 자격요건을 이미 갖춘 것으로 본다.

    가. 기술수준: 이미 등록한 산림사업 종류와 추가로 등록하려는 산림사업 종류에 같은 종류 및 등급의 기술자가 중복하여 요구되는 경우에는 해당 기술자를 이미 갖춘 것으로 본다.

    나. 자본금: 각 산림사업의 종류(자본금 요구액이 가장 많은 산림사업의 종류는 제외하되, 자본금 요구액이 가장 많은 산림사업의 종류가 둘 이상인 경우에는 하나의 산림사업의 종류만 제외한다)에 요구되는 최소 자본금의 2분의 1을 이미 갖춘 것으로 본다.

    다. 시설: 해당 시설(사무실을 말한다)을 이미 갖춘 것으로 본다.

2. 산림사업을 하려는 법인(「산림보호법」 제21조의9제1항에 따라 등록한 나무병원은 제외한다)이 둘 이상의 산림사업의 종류로 동시에 등록을 신청하는 경우에도 제1호를 준용한다.

2의2. 「산림보호법」 제21조의9제1항에 따라 등록한 나무병원이 하나의 산림사업의 종류로 산림사업법인을 등록하려는 경우에는 다음 각 목의 구분에 따라 자격요건을 이미 갖춘 것으로 본다.

    가. 자본금: 「산림보호법 시행령」 별표 1의6에 따른 나무병원에 요구되는 최소 자본금의 2분의 1을 이미 갖춘 것으로 본다.

    나. 시설: 해당 시설(사무실을 말한다)을 이미 갖춘 것으로 본다.

2의3. 「산림보호법」 제21조의9제1항에 따라 등록한 나무병원이 둘 이상의 산림사업의 종류로 산림사업법인을 등록하려는 경우에는 다음 각 목의 구분에 따라 자격요건을 이미 갖춘 것으로 본다.

    가. 기술수준: 등록하려는 산림사업 종류에 같은 종류 및 등급의 기술자가 중복하여 요구되는 경우에는 해당 기술자를 이미 갖춘 것으로 본다.

    나. 자본금: 「산림보호법 시행령」 별표 1의6에 따른 나무병원에 요구되는 최소 자본금의 2분의 1 및 각 산림사업의 종류(자본금 요구액이 가장 많은 산림사업의 종류는 제외하되, 자본금 요구액이 가장 많은 산림사업의 종류가 둘 이상인 경우에는 하나의 산림사업의 종류만 제외한다)에 요구되는 최소 자본금의 2분의 1을 이미 갖춘 것으로 본다.

    다. 시설: 해당 시설(사무실을 말한다)을 이미 갖춘 것으로 본다.

3. 이 표에서 "인력"이란 상시 근무하는 사람을 말하며, 법, 「국가기술자격법」 등 자격 관련 법령에 따라 그 자격이 정지된 사람은 제외한다.

4. 이 표에서 "자본금"이란 납입자본금과 실질자본금을 말하며, 그 자본금별로 각각 등록기준의 자본금 이상을 충족하여야 한다.

5. 이 표에서 "사무실"이란 「건축법」 등 건축 관련 법령에 따라 사무실로 적합한 시설로서, 산림사업법인으로 등록하려는 소재지(주소지)에 있는 것을 말한다.

산림자원법 시행규칙

제1장 총칙

제1조(목적) 이 규칙은 「산림자원의 조성 및 관리에 관한 법률」과 같은 법 시행령에서 위임된 사항과 시행에 필요한 사항을 규정함을 목적으로 한다.

제2조(정의) 이 규칙에서 사용하는 용어의 정의와 산림 조성과 관리와 관련된 주요 용어를 명확히 규정한다.

제2장 산림자원의 조성·육성

제1절 지속 가능한 산림경영

제2조의2(산림조림계획의 공표) 산림청장은 산림조림계획을 수립 또는 변경 시 이를 산림청 홈페이지에 게시하여 공표해야 한다.

제3조(산림의 기능별 구분·관리) 산림은 수원 함양림, 산지재해방지림, 자연환경보전림 등으로 구분하며, 각 기능에 맞춰 관리한다.

제3조의2(기능구분도의 작성 주기 및 방법) 산림기능 구분도를 주기적으로 작성한다.

제3조의3(임상도의 작성 등) 산림 현황을 반영한 임상도를 작성하고 관리한다.

제4조(산림관리기반시설의 타당성 평가 등) 산림관리시설 설치 시 타당성 평가를 거쳐야 한다.

제5조(산림관리기반시설의 범위 및 기준 등) 산림관리에 필요한 기반시설의 범위와 설치 기준

제6조(벌채지 등에서의 산림 조성) 벌채지에 조림을 통해 산림을 복원해야 한다.

제6조의2(유휴토지의 산림으로의 전환 비용 지원) 유휴토지를 산림으로 전환할 때 필요한 비용을 지원한다.

제2절 산림경영계획

제7조(산림경영계획의 인가신청 등) 산림경영계획의 인가 신청 절차와 요건

제8조(산림경영계획 작성대가의 기준) 산림경영계획 작성에 필요한 비용 기준

제9조(대리경영의 권장 등) 산림소유자가 스스로 경영할 수 없는 경우 대리 경영을 권장한다.

제10조(입목벌채 등을 수반하는 산림사업 실행신고) 입목 벌채를 포함하는 산림사업 실행 시 신고한다.

1. 벌채구역의 경계는 30미터 이내의 간격으로 경계목의 가슴높이 부분에 백색 페인트로 띠를 둘러 표시할 것
2. 솎아베기 및 골라베기의 대상이 되는 나무(이하 "대상목"이라 한다)는 가슴높이 부분에 적색 페인트로 띠를 둘러 표시할 것
3. 모두베기 및 어미나무작업에서 존치시킬 대상목은 가슴높이 부분에 황색 페인트로 띠를 둘러 표시할 것. 다만, 존치시킬 대상목을 벌채하려는 경우에는 이미 표시한 황색 페인트 아래에 적색 페인트로 띠를 둘러 표시

제11조(협업경영계획구의 산림경영계획 인가의 취소) 협업경영계획구에서 법 위반 시 산림경영계획 인가가 취소될 수 있다.

제12조(산림사업의 중지 등) 법 위반 시 산림사업의 중지 명령을 내릴 수 있다.

제3절 산림용 종묘 생산 등

제13조(종묘생산업자의 등록 등) 종묘생산업자의 등록 요건

제14조(종묘의 품질표시) 종묘의 품질을 표시해야 한다.

제15조(종묘생산업자에 대한 행정처분의 세부기준) 위반 시 행정처분 기준

제15조의2(과징금의 납부통지 등) 과징금 부과 시 납부통지 절차

제15조의3(과징금 납부기한 연기 및 분할 납부) 과징금 납부를 연기하거나 분할 납부할 수 있는 기준

제16조(묘목생산사업의 대행절차 등) 묘목생산사업의 대행 절차

제17조(재해에 대한 보상절차 등) 재해 발생 시 종묘 생산 관련 피해 보상 절차를 명시

제18조(대행생산한 종묘의 가격) 대행 생산한 종묘의 가격 결정 기준

제19조(재해복구용 종자의 채취 허가) 재해복구용 종자 채취 시 필요한 허가 요건

제20조(품종보호 출원 절차 등) 종자의 품종 보호 출원 절차를 규정

제21조(채종림 등에서의 벌채신고 등) 채종림 내 벌채 시 신고 절차

제22조(채종림의 지정 및 해제 고시) 채종림 지정과 해제 시 고시 방법

채종림 고시 및 통지사항(표지판 기재사항) – 시도지사, 산림청장	채종원·채수포 표지판 기재사항 – 국립산림품종관리센터장
1. 소재지 2. 면적 3. 수종 및 본수 4. 조성년도 5. 종자채취(가능)년도 및 채취(가능)량 6. 관리자 7. 그밖에 제한사항	1. 소재지 2. 면적 3. 수종 및 본수 4. 조성년도 5. 종자채취(가능)년도 및 채취(가능)량 6. 관리자 7. 그밖에 제한사항

제4장 산림의 공익기능 증진

제1절 산림의 보전 등

제50조(산림복원대상지의 실태조사) 산림복원 대상지에 대해 실태 조사를 시행한다.

제51조(모니터링 기관의 지정 등) 산림복원사업 모니터링을 위한 기관을 지정한다.

제52조(산림복원지원센터의 지정) 산림복원지원센터 지정기준

제53조(자생식물 종자 공급센터의 지정) 자생식물 종자를 공급하기 위한 센터를 지정한다.

제54조(지역협의체 구성) 산림복원에 필요한 지역 협의체를 구성한다.

제55조(자생식물 종자의 손실보상 절차) 자생식물 종자 손실 시 보상 절차

자생식물 종자의 인증 신청 시 심사 사항
1. 자생식물 종자의 명칭 2. 자생식물 종자에 해당하는지 여부 3. 자생식물 종자의 발아율 4. 자생식물 종자의 효율

제55조의2(자생식물 종자의 인증 및 표시) 자생식물 종자에 대해 인증 및 품질 표시를 한다.

제56조(시험림 관리) 시험림을 지정하고 관리한다.

제61조(수목 등 보전 · 관리계획) 수목의 보전 및 관리 계획을 수립한다.

제61조의2(기후변화에 따른 산림 영향 및 취약성 조사 · 평가 등의 내용 및 방법 등) 기후변화가 산림에 미치는 영향과 그에 따른 산림의 취약성에 대한 조사 · 평가(이하 "기후영향조사 · 평가"라 한다)의 내용

기후영향 조사 · 평가 사항
1. 산림지역의 이상 기상 발생에 관한 사항 2. 산림자원 및 산림생태계 변화에 관한 사항 3. 임산물 생산성 변화에 관한 사항 4. 산불, 산사태 및 산림병해충 발생에 관한 사항 5. 산림생태계의 생물 다양성, 침입종 및 기후변화 취약종에 관한 사항 6. 그밖에 기후변화가 산림에 미치는 영향과 그에 따른 산림의 취약성에 대한 조사 · 평가를 위하여 필요한 사항   – 계획수립(실태조사 포함) → 직접조사+간접조사 → 조사 · 평가결과 게시

제2절 산불의 예방 등

산불 예방 및 대응에 대한 조치를 규정하며, 산불 예방 및 진화 방안을 마련한다.

경미한 벌채 또는 굴취를 하는 경우

● 산림자원법 시행규칙

제46조(신고에 따른 입목벌채 등)

① 영 제42조의3제4호에서 "농림축산식품부령으로 정하는 경미한 벌채 또는 굴취를 하는 경우"란 다음 각호의 경우를 말한다. 〈2023. 6. 27.〉

1. 벌채를 하는 경우로서 다음 각 목의 어느 하나에 해당하는 경우

   가. 오동나무·현사시·이태리포플러·양버들·옻나무·황칠나무 및 미루나무를 벌채하는 경우

   나. 솎아베기 대상 임지로서 평균 가슴높이의 지름이 20센티미터 이하인 입목을 솎아내기 위하여 벌채하는 경우

   다. 표고재배용으로 이용하기 위하여 연간 50㎥ 이내의 입목을 벌채하는 경우

   라. 입목·대나무가 자라고 있고 지적공부상 지목이 전·답 또는 과수원으로 되어 있는 일단(一團)의 면적이 5천㎡ 이상인 토지 위의 입목을 벌채하는 경우

2. 굴취를 하는 경우로서 다음 각 목의 어느 하나에 해당하는 경우

   가. 대나무를 굴취하는 경우(1천㎡ 이내의 규모로 한정한다)

   나. 임도 또는 방화선의 설치를 위하여 지장목을 굴취하는 경우

   다. 농경지, 주택 또는 건축물에 연접되어 있어 해가림이나 그 밖의 피해 우려가 있는 입목을 굴취하는 경우(농경지, 주택 또는 건축물의 외곽 경계선으로부터 그 입목까지의 거리가 나무높이에 해당하는 거리 이내인 경우로 한정한다)

   라. 철도선로로부터 10미터 이내에 있는 입목을 굴취하는 경우

   마. 입목·대나무가 자라고 있고 지적공부상 지목이 전·답 또는 과수원으로 되어 있는 일단의 면적이 5천㎡ 이상 1만㎡ 미만인 토지 위의 입목을 굴취하는 경우

   바. 솎아베기 대상 임지에서 평균 가슴높이의 지름이 20센티미터 이하인 입목을 솎아내기 위하여 굴취하는 경우

② 법 제36조제5항에 따른 신고를 하려는 자는 벌채·굴취 구역 및 벌채·굴취 대상 입목에 대하여 제10조제2항에 따라 표시하고 별지 제36호서식에 따른 신고서에 다음 각호의 서류를 첨부하여 시장·군수·구청장 또는 지방산림청국유림관리소장에게 제출해야 한다. 이 경우

시장·군수·구청장 또는 지방산림청국유림관리소장은 「전자정부법」 제36조제1항에 따른 행정정보의 공동이용을 통하여 토지 등기사항증명서를 확인해야 한다.

1. 사업계획서(입목벌채 등의 목적, 사업기간, 임산물의 활용계획, 조림계획, 잔존목의 보호계획 등이 포함되어야 한다) 1부

1의2. 「산지관리법 시행규칙」 제15조의3제2항에 따른 서류(작업로 및 임산물 운반로를 설치하는 경우만 해당하며, 설치 및 복구 계획 등이 포함되어 있어야 한다)

2. 산림청장이 정하여 고시하는 조사 방법 및 기준에 따라 작성된 벌채예정수량조사서 또는 굴취·채취예정수량조사서 1부

3. 벌채·굴취를 하려는 산림의 소유권 또는 사용권·수익권을 증명할 수 있는 서류(토지 등기사항증명서로 확인할 수 없는 경우만 해당하고, 사용권·수익권을 증명할 수 있는 서류에는 사용권·수익권의 범위와 존속기간이 명시되어 있어야 한다)

③ 시장·군수·구청장 또는 지방산림청국유림관리소장은 제2항에 따른 신고를 받은 때는 다음 각호의 사항을 확인해야 한다. 다만, 제1항제1호라목·제2호마목 또는 제10조제3항 각호의 어느 하나에 해당하는 경우에는 제1호의 사항에 관한 확인을 생략할 수 있다.

1. 벌채·굴취 구역 및 벌채·굴취 대상 입목에 대한 표시의 적정성 여부

2. 「산지관리법」 제15조의2에 따른 산지일시사용신고 사항에 적합한지 여부(작업로 및 임산물 운반로를 설치하는 경우로 한정한다)

3. 삭제

④ 시장·군수·구청장 또는 지방산림청국유림관리소장은 법 제36조제6항에 따라 신고를 수리하였을 때는 별지 제36호의2서식의 신고수리증을 신고인에게 발급해야 한다.

핵심 08 허가·신고 없이 벌채할 수 있는 경우

● 산림자원법 시행규칙

제47조(임의로 하는 입목벌채 등)

① 영 제43조제9호에 따라 허가 또는 신고 없이 벌채를 할 수 있는 경우는 다음 각호와 같다.

1. 임지 안의 단목(單木, single tree) 상태로 자연히 죽은 나무의 제거를 위하여 벌채를 하는 경우

2. 대나무를 벌채하는 경우

3. 산림소유자가 재해의 예방·복구 및 농가건축·수리 등 비영리 목적이나 자가 소비 목적으로 이용하기 위하여 연간 10㎥ 이내의 입목을 벌채(「국토의 계획 및 이용에 관한 법률」 제6조제1호에 따른 도시지역은 골라베기 벌채를 하는 경우로 한정한다)하는 경우. 다만, 독림가 또는 임업후계자의 경우에는 80㎥ 이내로 한다.

4. 임도 또는 방화선의 설치를 위하여 지장목을 벌채하는 경우

5. 농경지 또는 「건축법」 제2조제1항제2호에 따른 건축물(가설건축물 및 적법한 절차가 아닌 방법으로 건축한 건축물은 제외한다)에 연접되어 있어 해가림이나 그 밖의 피해 우려가 있는 입목을 산림소유자의 동의를 받아 벌채하는 경우(농경지 또는 주택의 외곽 경계선으로부터 그 입목까지의 거리가 나무높이에 해당하는 거리 이내인 경우로 한정한다)

6. 철도차량의 안전운행을 위하여 철도선로로부터 10미터 이내에 있는 지장목과 철도전선로 또는 전화·전기송배전선로의 유지관리를 위하여 해당 지장목을 산림소유자의 동의를 받아 벌채하는 경우

7. 입목·대나무가 자라고 있고 지적공부상 지목이 전·답 또는 과수원으로 되어 있는 일단의 면적이 5천㎡ 미만인 토지 위의 입목을 벌채하는 경우

8. 농업인 등 또는 농림수산물의 생산자단체가 축산폐수정화용·유기질비료생산용 톱밥이나 환경농업용 숯·목초액·섬유판(fiber board)을 생산하기 위하여 가슴높이의 지름이 20센티미터 이하인 숲가꾸기대상목 및 불량목을 벌채하는 경우

9. 「방송법」에 따른 방송법인의 송·중계소 등 방송시설의 설치를 위하여 벌채를 하는 경우

10. 「공간정보의 구축 및 관리 등에 관한 법률」에 따른 측량의 실시를 위하여 산림소유자의 동의를 받아 벌채를 하는 경우

11. 분묘에 해가림이나 그 밖의 피해 우려가 있는 입목으로서 분묘중심점으로부터 10미터 이내에 있는 입목을 산림소유자의 동의를 받아 벌채하는 경우

② 영 제43조제9호에 따라 허가 또는 신고 없이 임산물을 굴취·채취할 수 있는 경우는 다음 각호와 같다.

1. 관상수 재배를 목적으로 산림경영계획인가를 받아 식재한 관상수를 굴취하는 경우

2. 숲가꾸기작업 중 발생한 임산물에서 가지·잎 등을 채취하는 경우

3. 어린나무가꾸기 대상임지에서 입목을 솎아내어 옮겨심는 경우

4. 산림 관련 연구기관 또는 훈련기관에서 하는 시험·연구 또는 교육훈련을 위하여 굴취 또는 채취하는 경우

5. 법 제40조제1항에 따라 생산이 제한된 임산물을 그 고시 내용에 따라 굴취 또는 채취하는 경우

6. 산림소유자의 동의를 받아 산채·약초·풋거름·나무열매(산림용 종자를 제외한다)·버섯·낙엽 또는 덩굴류를 굴취·채취하는 경우

7. 입목·대나무가 자라고 있고 지적공부상 지목이 전·답 또는 과수원으로 되어 있는 일단의 면적이 5천㎡ 미만인 토지 위의 입목을 굴취·채취하는 경우

핵심 09 입목벌채의 허가와 취소

● 산림자원법 시행규칙

제44조(입목벌채의 허가)

① 법 제36조제1항 전단에 따라 입목의 벌채허가를 받으려는 자는 벌채구역 및 벌채대상 입목에 대하여 제10조제2항에 따라 표시하고 별지 제34호서식에 따른 신청서에 다음 각호의 서류를 첨부하여 관할 시장·군수·구청장 또는 지방산림청국유림관리소장에게 제출하여야 한다. 이 경우 시장·군수·구청장 또는 지방산림청국유림관리소장은 「전자정부법」 제36조제1항에 따른 행정정보의 공동이용을 통하여 토지 등기사항증명서를 확인하여야 한다.

1. 벌채구역도 또는 위성위치확인시스템을 이용한 실측도 1부

2. 산림청장이 정하여 고시하는 조사 방법 및 기준에 따라 작성된 벌채예정수량조사서 1부

2의2. 사업계획서(입목벌채의 목적, 사업기간, 임산물의 활용계획, 조림 및 조림지 사후관리계획 등이 포함되어야 한다) 1부

3. 「산지관리법 시행규칙」 제15조의3제2항에 따른 서류(작업로 및 임산물 운반로를 설치하는 경우만 해당하며, 설치 및 복구 계획 등이 포함되어 있어야 한다)

4. 벌채를 하려는 산림의 소유권 또는 사용권·수익권을 증명할 수 있는 서류(토지 등기사항 증명서로 확인할 수 없는 경우만 해당하고, 사용권·수익권을 증명할 수 있는 서류에는 사용권·수익권의 범위와 존속기간이 명시되어 있어야 한다)

5. 법 제64조제1항에 따른 산림사업비의 보조와 관련하여 산림청장이 정하여 고시하는 서류[영 제68조제3호에 따른 조림(의무조림을 포함한다)사업을 하는 경우만 해당한다]

6. 조림지 사후관리사업에 대한 산림소유자 동의서(법 제22조제1항에 따라 국가나 지방자치단체가 산림사업으로 조림지 사후관리사업을 시행하는 경우로서 산림소유자가 조림지 사후관리사업에 동의하는 경우만 해당한다)

② 시장·군수·구청장 또는 지방산림청국유림관리소장은 제1항에 따른 신청을 받은 경우에는 다음 각호의 사항을 조사·확인(제5호 및 제6호는 작업로 및 임산물 운반로를 설치하는 경우만 해당한다)하여 허가를 하는 것이 타당하다고 인정되는 때는 별지 제35호서식에 따른 허가증을 발급하여야 한다. 다만, 제10조제3항 각호의 어느 하나에 해당하는 경우에는 제1호부터 제4호까지의 조사·확인을 생략할 수 있다.

1. 벌채구역의 경계표시의 적정성 여부

2. 대상목의 선정 및 표시의 적정성 여부

3. 잔존시킬 입목의 선정 및 표시의 적정성 여부(모수작업만 해당한다)

4. 별표 3에 따른 기준벌기령, 벌채ㆍ굴취기준 및 임도 등의 설치기준에 적합한지 여부

5. 「산지관리법」 제15조의2에 따른 산지일시사용신고 사항에 적합한지 여부

6. 「산지관리법」 제38조에 따른 복구비의 예치 여부

③ 삭제〈2010. 8. 5.〉

④ 입목의 벌채허가를 받은 자가 그 벌채 기간 내에 입목벌채를 완료하지 못하는 부득이한 사정이 있는 때는 별지 제4호서식에 따른 신고서에 따라 시장ㆍ군수ㆍ구청장 또는 지방산림청국유림관리소장에게 연기신고를 해야 한다.

제47조의2(입목벌채 등의 허가취소 등) 시장ㆍ군수ㆍ구청장 또는 지방산림청장은 법 제36조의3에 따라 입목벌채 등의 허가 취소, 입목벌채 등의 중지 또는 그밖에 필요한 조치(이하 이 조에서 "입목벌채허가취소 등"이라 한다)를 명할 때는 그 허가를 받았거나 신고를 한 자에게 다음 각호의 사항을 서면으로 통지하여야 한다.

1. 입목벌채허가취소 등의 대상산지의 소재지

2. 입목벌채 등의 허가일 및 허가번호 또는 입목벌채 등의 신고일 및 신고번호

3. 입목벌채허가취소 등의 연월일

4. 입목벌채허가취소 등의 내용 및 사유

제47조의3(입목벌채 등의 사전타당성조사 실시기준 및 절차)

① 영 제43조의3제1항에 따른 입목벌채 등의 사전타당성조사 실시의뢰서는 별지 제36호의3서식에 따른다.

② 영 제43조의3제2항에 따라 입목벌채 등의 사전타당성조사를 실시하는 전문기관은 별표 12의 실시기준에 따라 사전타당성조사를 실시해야 한다.

[본조신설 2023. 6. 27.]

핵심 10 입목굴취 허가 및 허가사항 변경

● 산림자원법 시행규칙

제45조(임산물의 굴취 · 채취허가)

① 법 제36조제1항 전단에 따라 임산물의 굴취 또는 채취의 허가를 받으려는 자는 별지 제34호서식의 신청서에 다음 각호의 서류를 첨부하여 시장 · 군수 · 구청장 또는 지방산림청국유림관리소장에게 제출하여야 한다. 이 경우 시장 · 군수 · 구청장 또는 지방산림청국유림관리소장은 「전자정부법」 제36조제1항에 따른 행정정보의 공동이용을 통하여 토지 등기사항증명서를 확인하여야 한다.

1. 굴취 · 채취 예정구역도(축척 6천분의 1부터 1천200분의 1까지의 임야도에 굴취 · 채취 예정면적을 표시한 것을 말한다) 또는 위성위치확인시스템을 이용한 실측도 1부

2. 산림청장이 정하여 고시하는 조사 방법 및 기준에 따라 작성된 굴취 · 채취예정수량조사서 1부

3. 복구계획서 1부

4. 굴취 · 채취를 하려는 산림의 소유권 또는 사용권 · 수익권을 증명할 수 있는 서류(토지 등기사항증명서로 확인할 수 없는 경우만 해당하고, 사용권 · 수익권을 증명할 수 있는 서류에는 사용권 · 수익권의 범위와 존속기간이 명시되어 있어야 한다)

5. 사업계획서(굴취 또는 채취의 목적, 사업기간, 임산물의 활용계획, 조림 및 조림지 사후관리계획 등이 포함되어야 한다) 1부

6. 「산지관리법 시행규칙」 제15조의3제2항에 따른 서류(작업로 및 임산물 운반로를 설치하는 경우만 해당하며, 설치 및 복구 계획 등이 포함되어야 한다)

7. 조림지 사후관리사업에 대한 산림소유자 동의서(법 제22조제1항에 따라 국가나 지방자치단체가 산림사업으로 조림지 사후관리사업을 시행하는 경우로서 산림소유자가 조림지 사후관리사업에 동의하는 경우만 해당한다)

② 시장 · 군수 · 구청장 또는 지방산림청국유림관리소장은 제1항에 따른 신청을 받은 경우에는 제44조제2항을 준용하여 굴취 또는 채취 대상의 적정성 여부를 조사 · 확인한 후 허가를 하는 것이 타당하다고 인정되는 때는 별지 제35호서식에 따른 허가증을 발급하여야 한다.

③ 복구비에 관하여는 「산지관리법」 제38조부터 제40조까지의 규정을 적용한다.

④ 임산물의 굴취·채취허가를 받은 자가 그 기간 내에 굴취·채취를 완료하지 못하는 부득이한 사정이 있는 때는 별지 제4호서식에 따른 신고서에 따라 시장·군수·구청장 또는 지방산림청국유림관리소장에게 연기신고를 해야 한다.

제45조의2(허가받은 사항의 변경)

① 법 제36조제1항 후단에 따라 입목의 벌채 또는 임산물의 굴취·채취 허가를 받은 사항 중 중요 사항을 변경하려는 자는 별지 제34호서식의 신청서에 다음 각호의 서류를 첨부하여 시장·군수·구청장 또는 지방산림청국유림관리소장에게 제출하여야 한다.

1. 변경사항을 증명하는 서류

2. 입목벌채 또는 임산물 굴취·채취 허가증

② 제1항에 따른 신청을 받은 시장·군수·구청장 또는 지방산림청국유림관리소장은 신청사항을 조사·확인한 후 변경허가를 하는 것이 타당하다고 인정되는 때는 입목벌채 또는 임산물 굴취·채취 허가증에 변경내용을 적은 후 허가증을 신청인에게 되돌려 주어야 한다.

11 채종림 등의 지정·해제기준

■ **산림자원의 조성 및 관리에 관한 법률 시행규칙 [별표 9] 〈개정 2012.12.24〉**

채종림 등의 지정 · 해제기준(제21조제2항 관련)

1 채종림 지정기준

채종림의 지정기준은 다음 각 목과 같다.

가. 1단지의 면적이 1만㎡ 이상이고 모수가 1만㎡ 150본 이상인 산림

나. 지정기준을 명확히 판정할 수 있는 수령 · 수고에 달한 산림이거나 생육 발달 단계에 이르고 개체 간 특성이 균일한 임분으로 구성된 산림

다. 벌채나 도남벌이 없었던 산림

라. 동일 수종의 불량 임분 또는 교잡종을 형성할 수 있는 수종의 임분과 충분한 거리가 있는 산림

마. 임분 내 임목은 병해충 피해가 없고 생태적 조건에 적응이 된 산림

바. 재적생산은 유사한 생태적 환경에서 평균 재적생산보다 우수하고 생장형태는 수간의 통직성과 원통성이 좋아야 하고, 분지상태가 양호하며 가지가 가늘고 자연낙지가 잘 된 산림

사. 보호관리 및 채종작업이 편리한 산림

아. 특수 목적의 수종이나 채종림으로 가목 내지 사목의 일부분을 충족시키지 못할 경우 지정기준은 국립산림품종관리센터장과 협의를 거쳐 정한다.

2 채종림 해제기준

채종림의 지정해제기준은 다음 각 목과 같다.

가. 수령이 노쇠하여 종자의 결실을 기대할 수 없는 임분으로써 피해 및 노쇠 모수가 현존 본수의 50퍼센트 이상일 때

나. 조림계획의 변경으로 해당 수종의 종자가 불필요할 때

다. 그밖에 해제의 필요성이 있거나 해제가 불가피할 때

❸ 수형목의 지정기준

수형목의 지정기준은 다음 각 목과 같다.

가. 침엽수

구분	인공림	천연림
요령	(1) 임상의 둘레나 도로변의 나무 혹은 고립목은 제외한다. (2) 수령은 20년생 이상이고, 벌기령 이전의 것으로 한다. (3) 지위는 한 지위에 편중하지 아니하도록 한다. (4) 1만㎡당 3본 이상은 선발하지 아니하도록 한다.	(1) 임상의 둘레나 도로변의 나무 혹은 고립목은 제외한다. (2) 수령은 될 수 있는 한 30년 이상의 것으로 한다. (3) 지위는 한 지위에 편중하지 아니하도록 한다. (4) 1만㎡당 1본 이상은 선발하지 아니하도록 한다.
기준	(1) 상층 임관에 속할 것 (2) 주위 정상목 10본의 평균보다 수고 5퍼센트, 직경 20퍼센트 이상 클 것. 다만, 형질이 뛰어날 때는 생장이 평균 이상일 경우 선발할 수 있다. (3) 생장이 왕성할 것 (4) 수관이 좁고 가지가 가늘며 수관이 한쪽으로 치우치지 말 것 (5) 밑가지들이 말라서 떨어지기 쉽고 그 상처가 잘 아물 것 (6) 심한 병충에 걸리지 않은 것 (7) 수간이 완만하고 굽거나 비틀어지지 않은 것 (8) 상당량의 종자가 달릴 것	(1) 근 30~50년간의 직경생장이 20퍼센트 이상, 수고 5퍼센트 이상 주위 정상목 10본의 평균보다 클 것. 다만, 형질이 뛰어날 때는 생장이 평균 이상일 경우 선발할 수 있다. (2) 생장이 왕성할 것 (3) 수관이 좁고 가지가 가늘며 수관이 한쪽으로 치우치지 말 것 (4) 밑가지들이 말라서 떨어지기 쉽고 그 상처가 잘 아물 것 (5) 심한 병충에 걸리지 않은 것 (6) 수간이 완만하고 굽거나 비틀어지지 않은 것 (7) 상당량의 종자가 달릴 것

나. 활엽수

구분	인공림	천연림
요령	(1) 임상의 둘레나 도로변의 나무 혹은 고립목은 제외한다. (2) 수령은 될 수 있는 한 10년생 이상 벌기령 이전의 것으로 한다. (3) 지위는 한 지위에 편중하지 아니하도록 한다. (4) 1만㎡당 3본 이상은 선발하지 아니하도록 한다.	(1) 임상의 둘레나 도로변의 나무 혹은 고립목은 제외한다. (2) 수령은 될 수 있는 한 30년 이상의 것으로 한다. (3) 지위는 한 지위에 편중하지 아니하도록 한다. (4) 1만㎡당 2본 이상은 선발하지 아니하도록 한다.

구분	인공림	천연림
기준	(1) 상층 임관에 속할 것 (2) 주위 정상목 10본의 평균보다 수고 5퍼센트, 직경 20퍼센트 이상 클 것 다만, 형질이 뛰어날 때는 생장이 평균 이상만 되면 선발할 수 있다. (3) 수간이 완만하고 굽거나 비틀어지지 않아야 한다. (4) 수간이 분지하지 않은 것 다만, 중앙부 이상에서 분지한 것은 무방하다. (5) 지하고가 높은 것 (6) 자연 낙지성이 큰 것 (7) 가지가 가는 것 (8) 병충에 걸리지 않은 것 (9) 상당량의 종자가 달릴 것	(1) 최근 15년 이상의 생장이 직경 20퍼센트 이상, 수고가 5퍼센트 이상 주위 정상목 10본의 평균보다 클 것 다만, 형질이 뛰어날 때는 생장이 평균 이상만 되면 선발할 수 있다. (2) 수간이 완만하고 굽거나 비틀어지지 않아야 한다. (3) 수간이 분지하지 않은 것 다만, 중앙부 이상에서 분지한 것은 무방하다. (4) 지하고가 높은 것 (5) 자연 낙지성이 큰 것 (6) 가지가 가는 것 (7) 병충에 걸리지 않은 것 (8) 상당량의 종자가 달릴 것

4 수형목의 지정해제기준

수형목의 지정해제기준은 다음 각 목과 같다.

가. 차대검정 실시 후 형질이 불량한 것으로 판정될 때

나. 선발된 수형목의 클론보존원 조성이 완료된 때

다. 그밖에 불가피한 사유로 수형목의 지정가치가 없거나 해제가 불가피할 때

핵심 12 산림기술 진흥 및 관리에 관한 법률

● 약칭: 산림기술법

제1장 총칙

제1조(목적) 법은 산림기술의 진흥 및 관리에 필요한 사항을 정하여 산림기술의 연구·개발을 촉진하고 산림기술자를 체계적으로 관리함으로써 산림기술 수준을 향상시키고 산림사업의 품질 및 안전을 확보하여 국민경제의 발전에 이바지함을 목적으로 한다.

제2조(정의) 이 법에서 사용하는 용어의 뜻은 다음과 같다.

1. "산림사업"이란 「산림자원의 조성 및 관리에 관한 법률」 제2조제3호에 따른 사업을 말한다.

2. "산림기술"이란 다음 각 목의 사항에 관한 기술을 말한다.

   가. 산림사업에 관한 계획·조사·설계·시행·감리

   나. 산림사업의 안전점검 및 안전성 분석

   다. 대통령령으로 정하는 임업기계장비의 개발 및 운용

   라. 그밖에 산림사업에 관한 기술로서 대통령령으로 정하는 사항

3. "산림기술자"란 제9조제2항에 따라 산림기술자 자격증을 발급받은 자를 말한다.

4. "산림기술용역"이란 산림기술을 응용하여 산림사업을 설계·감리하고 안전성을 분석하는 것을 말한다.

5. "산림사업시행"이란 산림기술용역 외에 산림사업을 시행하는 것을 말한다.

6. "산림기술용역업자"란 산림기술용역을 영업의 수단으로 하려는 자로서 제15조제1항에 따라 등록한 자를 말한다.

7. "산림사업시행업자"란 산림사업시행을 영업의 수단으로 하려는 자로서 다음 각 목의 어느 하나에 해당하는 자를 말한다.

   가. 산림조합 또는 산림조합중앙회

   나. 「산림자원의 조성 및 관리에 관한 법률」 제23조의2에 따른 국유림영림단

   다. 「산림자원의 조성 및 관리에 관한 법률」 제24조에 따라 등록한 산림사업법인

   라. 「목재의 지속 가능한 이용에 관한 법률」 제24조에 따라 등록한 목재생산업자 중 원목생산업자

8. "발주청"이란 산림기술용역 또는 산림사업시행을 발주하는 국가, 지방자치단체, 국가 또는 지방자치단체가 납입자본금의 2분의 1 이상을 출자한 기관, 그밖에 대통령령으로 정하는 기관·단체의 장을 말한다.

제2장 산림기술진흥계획 수립·시행 등

제3조(산림기술진흥계획의 수립 등) 산림청장은 5년마다 산림기술진흥계획을 수립·시행하여 산림기술 진흥 목표와 시책을 설정하며, 계획 변경이 필요할 시 이를 조정할 수 있다.

제4조(산림기술 연구·개발사업) 산림기술 발전을 위한 연구·개발사업을 산림청장이 수행하며, 전문기관을 지정하여 관련 업무를 맡길 수 있다.

제5조(시범사업의 실시) 산림청장은 산림기술의 실용화를 위해 시범사업을 실시할 수 있다.

제6조(산림기술정보체계의 구축) 산림기술 정보를 통합 관리할 수 있는 정보체계를 구축하여 관련 데이터를 제공한다.

제3장 산림기술자의 양성 등

제7조(산림기술자의 양성 등) 산림청장은 산림기술자의 기술력 향상을 위해 교육·훈련 시책을 추진하며, 필요시 산림기술자에게 해당 교육을 이수하도록 한다.

제8조(산림기술자의 업무와 자격 요건) 산림기술자는 산림사업에 필요한 기술을 수행할 수 있는 자격을 갖추어야 한다.

산림기술자의 업무
1. 산림경영계획서 작성
2. 산림사업의 설계·시공 및 감리
3. 임도의 시공 및 관리
4. 목재구조물의 설치 및 관리
5. 「산지관리법」에 따른 산지전용 및 토석 채취에 따른 복구사업
6. 「산림문화·휴양에 관한 법률」에 따른 자연휴양림 조성 및 관리
7. 「사방사업법」에 따른 사방사업

제9조(산림기술자 자격증 발급 등) 산림기술자 자격증 발급과 관련된 절차를 규정한다.

제10조(산림기술자 등의 경력증명서 발급 등) 산림기술자의 경력증명서 발급에 관한 사항을 명시한다.

제11조(산림기술자의 명의 대여 금지 등) 산림기술자가 자신의 명의를 타인에게 빌려주는 것을 금지한다.

제12조(산림기술자의 자격취소 등)

① 산림청장은 산림기술자가 다음 각호의 어느 하나에 해당하는 경우에는 그 자격을 취소하거나 3년 이내의 기간을 정하여 정지시킬 수 있다. 다만, 제1호, 제3호 또는 제4호에 해당하는 경우에는 그 자격을 취소하여야 한다.
1. 거짓이나 그 밖의 부정한 방법으로 산림기술자 자격을 취득한 경우
2. 거짓으로 서류를 작성하거나 고의 또는 과실로 그 업무를 사실과 다르게 수행한 경우
3. 자격정지기간에 업무를 수행한 경우
4. 제11조제1항을 위반하여 성명을 사용하게 하거나 자격증을 대여한 경우
5. 제11조제4항을 위반하여 산림기술자 자격이 필요한 두 개 이상의 업체에 중복하여 취업한 경우
6. 발주청의 정당한 시정명령에 따르지 아니한 경우
7. 정당한 사유 없이 제7조제2항에 따른 교육·훈련을 받지 아니한 경우
② 제1항에 따른 행정처분의 세부적인 기준은 위반행위의 종류와 위반 정도 등을 고려하여 농림축산식품부령으로 정한다.
③ 제1항에 따른 행정처분을 받은 산림기술자는 지체 없이 자격증을 산림청장에게 반납하여야 한다. 이 경우 산림청장은 경력 등에 관한 기록의 수정·말소 등 필요한 조치를 하고 산림기술정보체계에 등재하여야 한다.
④ 산림기술자 자격이 취소된 자는 취소된 날부터 3년 이내에 동일한 산림기술자 자격을 취득할 수 없다.

제13조(한국산림기술인회) 산림기술인의 권익 증진과 산림기술 발전을 위한 한국산림기술인회를 규정하고 운영 방침을 명시한다.

제4장 산림기술용역 등

제14조(산림기술용역업의 육성) 산림청장은 산림기술용역업의 발전과 해외진출을 지원하기 위해 시책을 수립하고 필요한 지원을 제공할 수 있다.

제15조(산림기술용역업의 등록 등) 산림기술용역업 등록 요건을 규정하며, 산림청장에게 등록해야 한다.

① 산림기술용역업을 하려는 자는 다음 각호의 요건을 모두 갖추어 농림축산식품부령으로 정하는 바에 따라 산림청장에게 등록하여야 한다. 이 경우 제1호다목 또는 라목에 해당하는 자가 등록할 수 있는 산림기술용역업은 대통령령으로 정하는 산림사업에 관한 산림기술용역업으로 한정한다.
1. 다음 각 목의 어느 하나에 해당하는 자일 것
   가. 「기술사법」에 따른 산림 분야 기술사사무소를 등록한 기술사
   나. 「엔지니어링산업 진흥법」에 따른 농림전문 분야 엔지니어링사업자
   다. 「기술사법」에 따른 조경 분야 기술사사무소를 등록한 기술사
   라. 「엔지니어링산업 진흥법」에 따른 조경전문 분야 엔지니어링사업자
   마. 그밖에 대통령령으로 정하는 자

2. 기술수준과 자본금 등 대통령령으로 정하는 등록 요건을 갖출 것

② 산림청장은 산림기술용역업자에게 농림축산식품부령으로 정하는 바에 따라 등록증을 발급하여야 한다.

③ 대통령령으로 정하는 종류와 규모 이상의 산림사업을 시행하려는 자는 설계와 감리를 해야 한다.

④ 산림기술용역업자는 대통령령으로 정하는 중요한 사항을 변경하거나 휴업 또는 폐업하는 경우에는 농림축산식품부령으로 정하는 바에 따라 그 사유가 발생한 날부터 30일 이내에 산림청장에게 그 사실을 신고하여야 한다.

⑤ 제1항에 따라 산림기술용역업을 등록한 자는 타인에게 자기의 상호 또는 성명을 사용하여 산림기술용역업을 하게 하거나 등록증을 빌려주어서는 아니 된다.

⑥ 누구든지 제5항에서 금지된 행위를 알선하거나 타인의 등록증을 사용하여서는 아니 된다.

⑦ 제1항 및 제3항에 따른 산림기술용역업의 등록절차, 산림사업 설계 · 감리의 기준과 절차, 그밖에 필요한 사항은 농림축산식품부령으로 정한다.

제16조(결격사유) 산림기술용역업자가 될 수 없는 결격 사유를 명시한다.

제17조(산림기술용역업자 등의 의무) 산림기술용역업자가 준수해야 할 의무사항을 규정한다.

제18조(산림기술용역업의 등록취소 등) 등록이 취소될 수 있는 요건과 절차를 명시한다.

<table>
<tr><td colspan="1">산림용역업의 영업정지 및 등록취소</td></tr>
</table>

① 산림청장은 산림기술용역업자가 다음 각호의 어느 하나에 해당하는 경우에는 제15조제1항에 따른 산림기술용역업의 등록을 취소하거나 6개월 이내의 기간을 정하여 영업의 정지를 명할 수 있다. 다만, 제1호, 제3호, 제4호 또는 제5호에 해당하는 경우에는 산림기술용역업의 등록을 취소하여야 한다.

1. 거짓이나 그 밖의 부정한 방법으로 제15조제1항에 따른 등록을 한 경우
2. 제15조제1항에 따른 등록 요건에 맞지 아니하게 된 경우
3. 제15조제5항을 위반하여 타인에게 자기의 상호 또는 성명을 사용하여 산림기술용역업을 하게 하거나 등록증을 빌려준 경우
4. 제15조제6항을 위반하여 금지된 행위를 알선하거나 타인의 등록증을 사용한 경우
5. 영업정지기간 중에 산림기술용역업을 한 경우

제19조(산림기술용역업자의 지위승계) 산림기술용역업자의 지위승계에 대한 요건을 규정한다.

제20조(행정처분 효과의 승계) 산림기술용역업자의 행정처분이 승계될 경우의 요건을 규정한다.

제21조(산림기술용역 대가 기준 등) 산림기술용역비 산정기준에 따라 용역 대가를 지급해야 한다.

제22조(산림기술용역업자에 대한 지도 · 감독 등) 산림청장은 산림기술용역업자의 업무 수행에 대한 지도 · 감독을 실시한다.

제5장 산림사업의 품질 및 안전관리 등

제23조(산림사업 실적관리 등) 산림기술용역업자 및 산림사업시행업자는 산림사업 실적을 산림청장에게 보고해야 한다.

제24조(산림사업 등의 부실 측정) 산림청장은 산림사업의 부실 여부를 평가하고, 필요한 조치를 취할 수 있다.

제25조(산림기술자의 배치 등) 산림기술자는 산림사업 현장에 배치되어야 하며, 정당한 사유 없이 현장을 이탈해서는 안 된다.

제26조(산림사업의 안전관리) 산림사업의 안전을 보장하기 위해 안전관리계획을 수립하고 안전점검을 수행해야 한다.

제27조(산림사업의 안전교육 등) 산림기술자는 산림사업 수행 전 안전교육을 이수해야 한다.

제6장 보칙

제28조(수수료) 산림기술자 자격증 발급 등의 업무에 수수료를 부과한다.

제29조(청문) 특정 행정처분 전에 청문 절차를 거치도록 한다.

제30조(권한 등의 위임 · 위탁) 이 법에 따른 권한 일부를 산림청장이 다른 기관에 위임 · 위탁할 수 있다.

제7장 벌칙

벌칙 조항 법 위반 시 부과되는 벌칙을 규정하여 산림기술 및 관리에 대한 준수를 촉구한다.

산림기술법 시행령

● 산림기술의 진흥 및 관리에 관한 법률 시행령

제1장 총칙

제1조(목적) 이 영은 「산림기술 진흥 및 관리에 관한 법률」에서 위임된 사항과 그 시행에 필요한 사항을 규정함을 목적으로 한다.

제2조(정의) 이 영에서 사용하는 용어의 정의를 명시하고 있다.

제2장 산림기술진흥계획 수립 및 시행

제3조(산림기술진흥계획의 수립 등) 산림청장은 산림기술진흥계획을 수립하거나 변경하려는 경우 관계 중앙행정기관의 장 또는 시·도지사와 협의하여야 하며, 필요한 자료 제출 등 협조를 요청할 수 있다.

제4조(산림기술개발 전문기관의 지정 등) 산림기술개발 전문기관의 지정기준과 절차를 규정하고 있으며, 지정된 기관은 산림기술 개발 업무를 수행한다.

제5조(산림기술정보체계의 구축) 산림기술 정보의 체계적 관리를 위해 산림기술정보체계를 구축하고, 이를 통해 산림기술자 교육·훈련, 부실 측정 및 벌점 부과, 안전관리 등의 정보를 관리한다.

제6조(산림기술정보체계 구축·운영 업무의 위탁) 산림기술정보체계의 구축·운영 업무를 산림기술개발전문기관, 산림기술자 교육기관, 한국산림기술인회 등에 위탁할 수 있다.

제3장 산림기술자의 양성 및 관리

제7조(교육·훈련 대상 산림기술자의 범위) 교육·훈련을 받아야 하는 산림기술자의 범위를 산림기술용역업자, 국유림영림단, 산림사업법인, 산림조합, 원목생산업 등록자 등으로 규정하고 있다.

제8조(산림기술자 교육기관의 지정) 산림기술자 교육기관의 지정기준과 절차를 규정하고 있으며, 지정된 기관은 산림기술자 교육과정을 운영한다.

제9조(교육기관의 지정취소) 교육기관이 정당한 사유 없이 1년 이내에 교육과정을 개설하지 않거나, 1년 이상 운영하지 않는 경우 등에는 지정을 취소할 수 있다.

제10조(산림기술자의 종류 등) 산림기술자의 종류, 자격 요건 및 업무 범위를 규정하고 있으며, 경력 인정의 세부 기준은 산림청장이 정하여 고시한다.

제11조(한국산림기술인회 정관의 기재사항) 한국산림기술인회의 정관에 포함되어야 할 사항을 규정하고 있다.

제4장 산림기술용역업

제12조(산림기술용역업의 등록 등) 산림기술용역업의 등록 요건 및 업무 범위를 규정하고 있으며, 등록 사항의 변경 시 절차를 명시하고 있다.

제13조(산림사업 설계 · 감리의 범위 등) 산림사업의 설계 · 감리를 필요로 하는 사업의 종류와 규모를 규정하고 있으며, 시행업자와 감리자의 선정 기준을 명시하고 있다.

제14조(산림기술용역업의 등록 변경사항) 산림기술용역업의 명칭, 대표자, 소재지, 소속 산림기술자의 기술자격 종류 또는 수 등의 변경 시 절차를 규정하고 있다.

제14조의2(산림기술용역업의 휴업 및 폐업 신고) 산림기술용역업자가 휴업 또는 폐업을 하려는 경우 신고 절차를 규정하고 있다.

제14조의3(산림기술용역업의 재등록) 폐업 후 다시 산림기술용역업을 영위하려는 경우 재등록 절차를 규정하고 있다.

제5장 산림사업의 품질 및 안전관리

제15조(산림기술자 등의 배치) 산림기술용역업자 및 산림사업시행업자는 산림사업의 품질향상을 위해 산림기술자 등을 현장에 배치하여야 하며, 배치 시기와 절차를 명시하고 있다.

제16조(안전관리계획의 수립) 산림사업의 안전관리계획 수립 대상 사업과 수립 기준을 규정하고 있다.

제17조(안전관리계획의 승인 등) 안전관리계획의 승인 절차와 승인 후의 조치 사항을 규정하고 있다.

제18조(안전점검의 실시 등) 산림사업의 안전점검 실시 시기와 방법, 점검 결과의 처리 절차를 규정하고 있다.

제19조(안전교육의 실시 시기 및 실시 방법 등) 안전교육의 실시 시기, 방법, 교육 내용, 기록 · 관리 및 제출 절차를 규정하고 있다.

제6장 보칙

제20조(권한 또는 업무의 위임 · 위탁) 산림청장의 권한 중 일부를 지방산림청장에게 위임하고, 산림기술정보체계 구축 · 운영 업무를 위탁할 수 있는 법인 · 단체 또는 기관을 규정하고 있다.

제21조(수수료) 산림기술자 자격증 발급, 경력증명서 발급 등에 대한 수수료를 규정하고 있다.

제22조(규제의 재검토) 산림기술법령의 타당성을 3년마다 검토하여 개선 등의 조치를 해야 한다.

산림기술법 시행규칙

● 산림기술의 진흥 및 관리에 관한 법률 시행규칙

제1장 총칙

제1조(목적) 이 규칙은 「산림기술 진흥 및 관리에 관한 법률」 및 같은 법 시행령에서 위임된 사항과 그 시행에 필요한 사항을 규정함을 목적으로 한다.

제2장 산림기술진흥계획의 수립 등

제2조(산림기술진흥계획의 변경) 산림기술진흥계획을 변경하려는 경우, 그 절차와 방법을 규정하고 있다.

제3조(산림기술개발 전문기관의 지정신청 등) 산림기술개발 전문기관의 지정 신청 절차와 요건을 명시하고 있다.

제3장 산림기술자의 양성 및 관리

제4조(산림기술자의 교육·훈련 등) 산림기술자의 교육·훈련 대상, 내용 및 방법을 규정하고 있다.

제5조(교육기관의 지정신청 등) 산림기술자 교육기관의 지정 신청 절차와 요건을 명시하고 있다.

제6조(산림기술자 자격증의 발급 등) 산림기술자 자격증의 발급 절차와 필요한 서류를 규정하고 있다.

제7조(자격증의 재발급 등) 자격증의 재발급 절차와 요건을 명시하고 있다.

제8조(산림기술자 경력증명서의 발급 등) 산림기술자의 경력증명서 발급 절차를 규정하고 있다.

제9조(산림기술자 명의 대여 금지 등) 산림기술자 명의 대여 행위의 금지와 그에 따른 처벌 규정을 명시하고 있다.

제10조(산림기술자 자격의 취소 등) 산림기술자 자격 취소 사유와 절차를 규정하고 있다.

제11조(한국산림기술인회의 설립 등) 한국산림기술인회의 설립 목적과 운영에 관한 사항을 명시하고 있다.

제4장 산림기술용역업

제12조(산림기술용역업의 등록 등) 산림기술용역업의 등록 절차와 요건을 규정하고 있다.

제13조(산림기술용역업 등록증의 재발급 등) 등록증의 재발급 절차와 요건을 명시하고 있다.

제14조(산림기술용역업의 변경신고 등) 등록 사항 변경 시 신고 절차를 규정하고 있다.

<table>
<tr><td align="center">등록변경 사항 신고</td></tr>
</table>

법 제15조(산림기술용역업 등록)

④ 산림기술용역업자는 대통령령으로 정하는 중요한 사항을 변경하거나 휴업 또는 폐업하는 경우에는 농림축산식품부령으로 정하는 바에 따라 그 사유가 발생한 날부터 30일 이내에 산림청장에게 그 사실을 신고하여야 한다.

법 제15조제4항에서 "대통령령으로 정하는 중요한 사항"이란 다음 각호의 어느 하나에 해당하는 사항을 말한다.

1. 산림기술용역업의 명칭
2. 산림기술용역업의 대표자
3. 산림기술용역업의 소재지
4. 산림기술용역업에 소속된 산림기술자가 보유한 기술자격의 종류 또는 수

제15조(산림기술용역업의 휴업·폐업 신고 등) 휴업 또는 폐업 시 신고 절차를 명시하고 있다.

제16조(산림기술용역업의 지위승계 신고 등) 지위 승계 시 신고 절차를 규정하고 있다.

제17조(산림사업실적증명서의 발급 등) 산림사업 실적증명서 발급 절차를 명시하고 있다.

제18조(산림사업 등의 부실 측정 및 벌점 부과 등) 부실 측정 기준과 벌점 부과 절차를 규정하고 있다.

제5장 산림사업의 품질 및 안전관리

제19조(산림기술자 등의 배치 확인 등) 산림기술자의 현장 배치 확인 절차를 명시하고 있다.

제20조(안전점검 종합보고서의 작성 등) 안전점검 결과의 종합보고서 작성 방법을 규정하고 있다.

제21조(시정명령 등) 시정명령의 발령 절차와 그에 따른 조치를 명시하고 있다.

제6장 보칙

제22조(수수료) 각종 신청 및 발급에 따른 수수료 금액과 납부 방법을 규정하고 있다.

제23조(권한의 위임) 산림청장의 권한 위임 범위와 대상 기관을 명시하고 있다.

제24조(규제의 재검토) 규제의 타당성 검토 주기와 절차를 규정하고 있다.

15 안전관리계획의 수립기준

● 산림기술 진흥 및 관리에 관한 법률 시행령 [별표 6]

안전관리계획의 수립 기준(제16조제2항 관련)

1. 산림사업의 개요: 산림사업 전반을 파악하기 위한 위치도, 사업 개요, 전체 공정표 및 설계도서 등을 포함할 것

2. 안전관리조직: 안전관리조직의 구성 및 임무를 포함한 안전관리조직표를 작성할 것

3. 안전점검계획: 안전점검의 시기·내용, 안전점검을 담당하는 기술자의 자격, 안전점검을 담당하는 기술자의 교육 이수 의무, 공정별 안전점검표 등 안전점검의 실시에 관한 사항을 작성할 것

4. 사업장 주변 안선관리대책: 사업 시행 중 사업장과 사업현장 주변에 대한 안전관리에 관한 사항을 작성할 것

5. 통행안전시설의 설치: 사업장 주변의 인력, 차량 등이 안전하게 통행할 수 있도록 통행안전시설의 설치에 관한 계획을 포함할 것

6. 안전관리비 집행계획: 안전관리비의 금액, 세부 사용계획 및 사용처 등 안전관리비의 집행과 관련된 계획을 포함할 것

7. 안전교육계획: 교육의 종류·내용 및 교육관리에 관한 사항이 포함된 안전교육계획표를 작성할 것

8. 비상사태 발생 시 긴급조치계획: 사업현장에서의 비상사태에 대비한 비상연락망, 비상동원조직, 경보체제, 응급조치 등 긴급조치계획을 포함할 것

9. 다른 법령에서 요구하는 사항: 산림사업 관련 법령에서 안전관리계획을 수립하도록 되어 있는 경우 해당 법령에서 정하는 안전관리에 관한 사항을 포함할 것

※ 비고

그밖에 산림사업의 안전을 위하여 안전관리계획에 포함하여야 하는 세부 사항은 산림청장이 정하여 고시할 수 있다.

산림기술자의 종류 및 업무 범위

● 산림기술 진흥 및 관리에 관한 법률 시행령 [별표 3] <개정 2023. 9. 26.>

1 산림기술자의 종류 및 업무 범위

기술 종류	업무 범위
산림 경영 기술자	1. 산림 조사 및 산림경영계획서 작성 2. 다음 각 목의 산림사업 설계 · 시공 및 감리 　가. 조림, 숲가꾸기, 벌채 등 산림의 조성 · 육성 또는 이용을 위하여 시행하는 사업(이하 "산림조성사업"이라 한다) 　나. 산림병해충 방제사업 　다. 산림욕장의 조성사업 　라. 도시숲 등 조성 · 관리사업 다음 각호의 산림사업 시공 및 관리 1. 산림조성사업 2. 산림병해충 방제사업 3. 산림욕장의 조성사업 4. 도시숲 등 조성 · 관리사업
산림 공학 기술자	1. 다음 각 목의 산림사업 설계 · 시공 및 감리 　가. 산불의 예방 및 진화를 위한 사업(산불예방 · 진화시설 등 산림관리기반시설의 설치를 포함한다) 　나. 임도사업 　다. 사방사업 　라. 산지의 보전 · 이용, 토석 채취 및 재해방지 · 복구 등에 관한 사업 　마. 자연휴양림 등 조성사업 　바. 유아숲체험원 등 조성사업 　사. 수목원 조성사업 　아. 수목장림 조성사업 　자. 산림복원사업 2. 산지전용 · 산지일시사용과 관련된 표고(標高) 및 평균경사도 조사와 재해위험성 검토

기술 종류	업무 범위
녹지 조경 기술자	1. 다음 각 목의 산림사업 설계 · 시공 및 감리 　가. 수목원 조성사업 　나. 도시숲 등 조성 · 관리사업 　다. 숲길 조성사업 　라. 유아숲체험원 조성사업 2. 다음 각 목의 산림사업 중 건당 공사비 규모가 10억원 이하인 사업의 시공 및 　건당 공사비 규모가 2억원 이하인 사업의 설계 　가. 자연휴양림 등 조성사업(숲길은 제외한다) 　나. 수목장림 조성사업

② 비고

1. "해당 전문 분야의 관련 업무"란 기술종류별 업무 범위에 해당하는 업무를 말한다. 다만, 녹지조경기술자의 경우에는 「건설산업기본법 시행령」 제7조의 조경공사, 조경식재공사 및 조경시설물설치공사의 설계 · 시공 · 감리업무를 포함한다.

2. 해당 전문 분야의 관련 업무 경력은 「국가기술자격법」에 따른 관련 자격을 취득하기 전과 취득한 후의 경력을 모두 포함한다.

3. "산림기술자 교육훈련기관"이란 산림교육원과 법 제7조제4항 각호 외의 부분 본문에 따라 지정받은 교육기관을 말한다.

3의2. "산림경영기능 교육과정"이란 산림경영기술자 기능등급 업무 범위와 관련되는 산림기술 교육과정을 말하며, 산림경영기능 교육과정에 관한 세부사항은 산림청장이 정하여 고시한다.

4. "산림공학 교육과정"이란 산림공학기술자의 업무 범위와 관련되는 산림기술 교육과정을 말하며, 산림공학 교육과정에 관한 세부사항은 산림청장이 정하여 고시한다.

5. 산림공학기술자 자격을 취득하기 위하여 산림기술자 교육훈련기관에서 실시하는 산림공학 교육과정을 이수한 사람은 다른 산림공학기술자 기술등급의 자격 및 경력요건을 갖추면 추가로 산림공학 교육과정을 이수하지 않고 다른 기술등급의 산림공학기술자 자격을 가질 수 있다.

산림기술자의 기술등급

● 산림기술 진흥 및 관리에 관한 법률 시행령 [별표 3] <개정 2023. 9. 26.>

1 산림경영기술자의 기술등급

구분	기술 등급	자격 요건
산림 경영 기술자	기술특급	「국가기술자격법」에 따른 산림기술사의 자격을 가진 사람
	기술고급	1. 「국가기술자격법」에 따른 산림기사의 자격을 가진 사람으로서 해당 전문 분야의 관련 업무를 6년 이상 수행한 사람 2. 「국가기술자격법」에 따른 산림산업기사의 자격을 가진 사람으로서 해당 전문 분야의 관련 업무를 9년 이상 수행한 사람
	기술중급	1. 「국가기술자격법」에 따른 산림기사의 자격을 가진 사람으로서 해당 전문 분야의 관련 업무를 3년 이상 수행한 사람 2. 「국가기술자격법」에 따른 산림산업기사의 자격을 가진 사람으로서 해당 전문 분야의 관련 업무를 6년 이상 수행한 사람
	기술초급	1. 「국가기술자격법」에 따른 산림기사의 자격을 가진 사람 2. 「국가기술자격법」에 따른 산림산업기사의 자격을 가진 사람
	기능특급	「국가기술자격법」에 따른 산림기능장의 자격을 가진 사람
	기능1급	「국가기술자격법」에 따른 산림기능사의 자격을 가진 사람
	기능2급	산림기술자 교육훈련기관에서 6주 이상의 산림경영기능 교육과정을 이수한 사람

구분	기술 등급	자격 요건
산림 공학 기술자	기술특급	「국가기술자격법」에 따른 산림기술사의 자격을 가진 사람으로서 산림기술자 교육훈련기관에서 2주 이상의 산림공학 교육과정을 이수한 사람
	기술고급	1. 「국가기술자격법」에 따른 산림기사의 자격을 가진 사람으로서 해당 전문 분야의 관련 업무를 6년 이상 수행하고 산림기술자 교육훈련기관에서 2주 이상의 산림공학 교육과정을 이수한 사람 2. 「국가기술자격법」에 따른 산림산업기사의 자격을 가진 사람으로서 해당 전문 분야의 관련 업무를 9년 이상 수행하고 산림기술자 교육훈련기관에서 2주 이상의 산림공학 교육과정을 이수한 사람 3. 「국가기술자격법」에 따른 토목기사 이상의 자격을 가진 사람으로서 해당 전문 분야의 관련 업무를 11년 이상 수행하고 산림기술자 교육훈련기관에서 2주 이상의 산림공학 교육과정을 이수한 사람 4. 「국가기술자격법」에 따른 토목산업기사의 자격을 가진 사람으로서 해당 전문 분야의 관련 업무를 14년 이상 수행하고 산림기술자 교육훈련기관에서 2주 이상의 산림공학 교육과정을 이수한 사람
	기술중급	1. 「국가기술자격법」에 따른 산림기사의 자격을 가진 사람으로서 해당 전문 분야의 관련 업무를 3년 이상 수행하고 산림기술자 교육훈련기관에서 2주 이상의 산림공학 교육과정을 이수한 사람 2. 「국가기술자격법」에 따른 산림산업기사의 자격을 가진 사람으로서 해당 전문 분야의 관련 업무를 6년 이상 수행하고 산림기술자 교육훈련기관에서 2주 이상의 산림공학 교육과정을 이수한 사람 3. 「국가기술자격법」에 따른 토목기사 이상의 자격을 가진 사람으로서 해당 전문 분야의 관련 업무를 8년 이상 수행하고 산림기술자 교육훈련기관에서 2주 이상의 산림공학 교육과정을 이수한 사람 4. 「국가기술자격법」에 따른 토목산업기사의 자격을 가진 사람으로서 해당 전문 분야의 관련 업무를 11년 이상 수행하고 산림기술자 교육훈련기관에서 2주 이상의 산림공학 교육과정을 이수한 사람
	기술초급	1. 「국가기술자격법」에 따른 산림기사의 자격 또는 자연생태복원기사의 자격을 가진 사람으로서 산림기술자 교육훈련기관에서 2주 이상의 산림공학 교육과정을 이수한 사람 2. 「국가기술자격법」에 따른 산림산업기사의 자격 또는 자연생태복원산업기사의 자격을 가진 사람으로서 산림기술자 교육훈련기관에서 2주 이상의 산림공학 교육과정을 이수한 사람 3. 「국가기술자격법」에 따른 토목기사 이상의 자격을 가진 사람으로서 해당 전문 분야의 관련 업무를 5년 이상 수행하고 산림기술자 교육훈련기관에서 2주 이상의 산림공학 교육과정을 이수한 사람 4. 「국가기술자격법」에 따른 토목산업기사의 자격을 가진 사람으로서 해당 전문 분야의 관련 업무를 7년 이상 수행하고 산림기술자 교육훈련기관에서 2주 이상의 산림공학 교육과정을 이수한 사람

❸ 녹지조경기술자의 기술등급

구분	기술 등급	자격 요건
녹지 조경 기술자	기술특급	「국가기술자격법」에 따른 조경기술사의 자격을 가진 사람
	기술고급	1. 「국가기술자격법」에 따른 조경기사의 자격을 가진 사람으로서 해당 전문 분야의 관련 업무를 6년 이상 수행한 사람 2. 「국가기술자격법」에 따른 조경산업기사의 자격을 가진 사람으로서 해당 전문 분야의 관련 업무를 9년 이상 수행한 사람
	기술중급	1. 「국가기술자격법」에 따른 조경기사의 자격을 가진 사람으로서 해당 전문 분야의 관련 업무를 3년 이상 수행한 사람 2. 「국가기술자격법」에 따른 조경산업기사의 자격을 가진 사람으로서 해당 전문 분야의 관련 업무를 6년 이상 수행한 사람
	기술초급	1. 「국가기술자격법」에 따른 조경기사의 자격을 가진 사람 2. 「국가기술자격법」에 따른 조경산업기사의 자격을 가진 사람

핵심 18 산림기술개발전문기관의 지정기준

● 산림기술 진흥 및 관리에 관한 법률 시행령 [별표 1] <개정 2021. 12. 16.>

1 지정대상

다음 각 목의 어느 하나에 해당하는 기관·단체

가. 기술인회

나. 「공공기관의 운영에 관한 법률」 제5조에 따른 공기업·준정부기관 중 산림청장의 지도·감독을 받는 기관

다. 「국가과학기술 경쟁력 강화를 위한 이공계지원 특별법」 제2조제3호에 따른 연구기관

라. 「연구산업진흥법」 제6조제1항에 따라 신고한 전문연구사업자

마. 「산림조합법」 제2조제4호에 따른 중앙회

바. 「민법」 또는 그 밖의 다른 법률에 따라 산림청장의 설립허가를 받아 설립된 비영리법인 중 산림 분야 협회, 학회 또는 연구기관

2 인력기준

다음 각 목의 어느 하나에 해당하는 자격을 갖춘 연구원 3명 이상

가. 「국가기술자격법」에 따른 산림기술사의 자격이 있는 사람

나. 대학에서 산림과학·산림경영·산림환경·산림자원·산림바이오소재·임학·임산공학· 산림학 등 산림 관련 분야(이하 "산림 관련 분야"라 한다)의 박사학위를 취득한 사람

다. 대학에서 산림 관련 분야의 석사 학위를 취득한 후 3년 이상 산림 관련 분야를 연구한 경력을 가진 사람

3 시설기준

산림기술의 연구·개발을 위한 시설, 장비 및 실험실 등이 구비된 연구실

핵심 19 산림기술용역업 업무 범위

● 산림기술 진흥 및 관리에 관한 법률 시행령 [별표 4] <개정 2023. 9. 26.>

Ⅰ. 업무 범위

구분	세부 분야	업무 범위
종합업	종합	1. 산림 조사 및 산림경영계획서 작성 2. 산지전용·산지일시사용과 관련된 표고(標高) 및 평균경사도 조사와 재해위험성 검토 3. 산림사업의 설계·감리 및 안전성 분석
전문업	산림 경영	1. 산림 조사 및 산림경영계획서 작성 2. 다음 각 목의 산림사업 설계·감리 및 안전성 분석 　가. 산림조성사업 　나. 산림병해충 방제사업
	산림 생태 · 공학	1. 산지전용·산지일시사용과 관련된 표고 및 평균경사도 조사와 재해위험성 검토 2. 다음 각 목의 산림사업 설계·감리 및 안전성 분석 　가. 임도사업 　나. 산불의 예방 및 진화를 위한 사업(산불예방·진화시설 등 산림관리기반 시설의 설치를 포함한다) 　다. 사방사업 　라. 산지의 보전·이용, 토석 채취 및 재해방지·복구 등에 관한 사업 　마. 산림복원사업
	산림 휴양	다음 각호의 산림사업 설계·감리 및 안전성 분석 1. 자연휴양림 등 조성사업 2. 유아숲체험원 등 조성사업 3. 수목장림 조성사업
	녹지 조경	다음 각호의 산림사업 설계·감리 및 안전성 분석 1. 수목원 조성사업 2. 도시숲 등 조성·관리사업 3. 숲길 조성사업 4. 유아숲체험원 조성사업

II. 비고

1 기술인력

가. "기술인력"이란 산림기술용역업체에 상시 근무하면서 해당 사업의 업무를 전담하는 사람을 말하며, 법 제12조에 따라 산림기술자 자격이 정지된 사람과 「국가기술자격법」에 따라 산림기술자 자격요건과 관련된 국가기술자격이 취소되거나 정지된 사람은 제외한다.

나. 산림기술자가 사망, 신체·정신상의 장애 또는 병역의무 이행 등으로 상시 근무가 불가능하여 기술인력 요건에 미달하게 된 경우에는 1개월 이내에 해당 인력을 충원해야 한다.

다. 「엔지니어링산업 진흥법」에 따른 엔지니어링사업자로 신고한 자 또는 「기술사법」에 따른 기술사사무소 개설 등록을 한 자가 추가로 산림기술용역업을 등록하려는 경우에 산림기술용역업의 기술인력 요건에 해당하는 산림기술자를 이미 고용하고 있을 때는 해당 기술인력 요건을 갖춘 것으로 본다.

라. 전문업을 등록할 때 기술인력의 인정기준은 다음과 같다.

   1) 기술특급의 산림기술자 1명을 갖춘 경우에는 같은 기술종류의 기술고급 산림기술자 1명과 기술초급 산림기술자 1명을 갖춘 것으로 본다.

   2) 2개 이상의 전문업을 등록하려는 경우나 이미 등록한 산림기술용역업자가 다른 전문업을 추가로 등록하려는 경우에 다른 전문업의 기술인력 요건에 해당하는 산림기술자(기술종류 및 기술등급이 같거나 그 수준 이상의 자격을 가진 사람을 포함한다)를 이미 고용하고 있을 때는 1개의 전문업에 한정하여 해당 기술인력 요건에 해당하는 산림기술자를 갖춘 것으로 본다.

2 시설

사무실은 산림기술용역업을 수행하는 데 적합한 사무실을 말한다.

3 자본금

가. "자본금"이란 납입자본금과 실질자본금을 말하고, 개인의 경우 영업용 자산평가액을 말한다.

나. 주식회사 외의 법인인 경우에는 출자금을 자본금으로 한다.

핵심 20

산림기술용역업 등록요건

● 산림기술 진흥 및 관리에 관한 법률 시행령 [별표 4] <개정 2023. 9. 26.>

구분	세부 분야	등록 요건		
		기술인력	시설	자본금
종합업	종합	다음 각호의 어느 하나에 해당하는 인력 1. 기술특급 산림경영기술자 자격과 기술특급 산림공학기술자 자격을 모두 보유한 사람 1명을 포함한 산림기술자 5명 이상. 다만, 녹지조경기술자는 1명 이하로 해야 한다. 2. 기술고급 산림경영기술자 자격과 기술고급 산림공학기술자 자격을 모두 보유한 사람 2명을 포함한 산림기술자 6명 이상. 다만, 녹지조경기술자는 1명 이하로 해야 한다.	사무실	5천 만원 이상
전문업	산림 경영	1. 2018년 11월 29일부터 2020년 11월 28일까지: 기술고급 이상인 산림경영기술자 1명 이상 2. 2020년 11월 29일 이후: 다음 각 목에 해당하는 인력 　가. 기술고급 이상인 산림경영기술자 1명 이상 　나. 기술초급 이상인 산림경영기술자 2명 이상	사무실	해당 없음
	산림 생태 · 공학	1. 2018년 11월 29일부터 2020년 11월 28일까지: 기술고급 이상인 산림공학기술자 1명 이상 2. 2020년 11월 29일 이후: 다음 각 목에 해당하는 인력 　가. 기술고급 이상인 산림공학기술자 1명 이상 　나. 기술초급 이상인 산림공학기술자 2명 이상	사무실	해당 없음
	산림 휴양	1. 2018년 11월 29일부터 2020년 11월 28일까지: 기술고급 이상인 산림공학기술자 1명 이상 2. 2020년 11월 29일 이후: 다음 각 목에 해당하는 인력 　가. 기술고급 이상인 산림공학기술자 1명 이상 　나. 기술초급 이상인 산림경영기술자 1명 이상 　다. 기술초급 이상인 산림공학기술자 또는 기술초급 이상인 녹지조경기술자 1명 이상	사무실	해당 없음
	녹지 조경	1. 2018년 11월 29일부터 2020년 11월 28일까지: 기술고급 이상인 산림경영기술자, 기술고급 이상인 산림공학기술자 또는 기술고급 이상인 녹지조경기술자 1명 이상 2. 2020년 11월 29일 이후: 다음 각 목에 해당하는 인력 　가. 기술고급 이상인 산림경영기술자, 기술고급 이상인 산림공학기술자 또는 기술고급 이상인 녹지조경기술자 1명 이상 　나. 기술초급 이상인 산림경영기술자, 기술초급 이상인 산림공학기술자 또는 기술초급 이상인 녹지조경기술자 2명 이상	사무실	해당 없음

21 산림기술자 배치기준

● 산림기술 진흥 및 관리에 관한 법률 시행령 [별표 5] <개정 2021. 12. 16.>

1 배치기준

구분	사업 종류	규모	배치기준
조사	산림 조사	5만㎥ 이하	기술초급 이상 산림경영기술자 1명 이상
		5만㎥ 초과	기술고급 이상 산림경영기술자 1명 이상
	표고 및 평균 경사도 조사	5만㎥ 이하	기술초급 이상 산림공학기술자 1명 이상
		5만㎥ 초과	기술고급 이상 산림공학기술자 1명 이상
	재해위험성 검토	10만㎥ 이하	기술고급 이상 산림공학기술자 1명 이상
		10만㎥ 초과	기술특급 산림공학기술자 1명 이상
설계	조림	20만㎥ 이하	기술초급 이상 산림경영기술자 1명 이상
		100만㎥ 이하	기술중급 이상 산림경영기술자 1명 이상
		500만㎥ 이하	기술고급 이상 산림경영기술자 1명 이상
		500만㎥ 초과	기술특급 산림경영기술자 1명 이상
	숲가꾸기	100만㎥ 이하	기술초급 이상 산림경영기술자 1명 이상
		300만㎥ 이하	기술중급 이상 산림경영기술자 1명 이상
		700만㎥ 이하	기술고급 이상 산림경영기술자 1명 이상
		700만㎥ 초과	기술특급 산림경영기술자 1명 이상
	벌채	5만㎥ 이하	기술초급 이상 산림경영기술자 1명 이상
		10만㎥ 이하	기술중급 이상 산림경영기술자 1명 이상
		20만㎥ 이하	기술고급 이상 산림경영기술자 1명 이상
		20만㎥ 초과	기술특급 산림경영기술자 1명 이상
	산림병해충 방제	100만㎥ 이하	기술초급 이상 산림경영기술자 1명 이상
		200만㎥ 이하	기술중급 이상 산림경영기술자 1명 이상
		300만㎥ 이하	기술고급 이상 산림경영기술자 1명 이상
		300만㎥ 초과	기술특급 산림경영기술자 1명 이상

구분	사업 종류	규모	배치기준
설계	임도·사방	공사비 2억원 이하	기술초급 이상 산림공학기술자 1명 이상
		공사비 3억원 이하	기술중급 이상 산림공학기술자 1명 이상
		공사비 10억원 이하	기술고급 이상 산림공학기술자 1명 이상
		공사비 10억원 초과	기술특급 산림공학기술자 1명 이상
	산지복구	복구비 예치금액 1억원 이하	기술초급 이상 산림공학기술자 1명 이상
		복구비 예치금액 3억원 이하	기술중급 이상 산림공학기술자 1명 이상
		복구비 예치금액 20억원 이하	기술고급 이상 산림공학기술자 1명 이상
		복구비 예치금액 20억원 초과	기술특급 산림공학기술자 1명 이상
	산림복원	공사비 2억원 이하	기술초급 이상 산림공학기술자 1명 이상
		공사비 10억원 이하	기술중급 이상 산림공학기술자 1명 이상
		공사비 20억원 이하	기술고급 이상 산림공학기술자 1명 이상
		공사비 20억원 초과	기술특급 산림공학기술자 1명 이상
	자연휴양림 등 조성(숲길은 제외한다)	공사비 2억원 이하	기술초급 이상 산림공학기술자 또는 기술초급 이상 녹지조경기술자 1명 이상
		공사비 10억원 이하	기술중급 이상 산림공학기술자 1명 이상
		공사비 20억원 이하	기술고급 이상 산림공학기술자 1명 이상
		공사비 20억원 초과	기술특급 산림공학기술자 1명 이상
	유아숲체험원 등 조성	공사비 2억원 이하	기술초급 이상 산림공학기술자 또는 기술초급 이상 녹지조경기술자 1명 이상
		공사비 10억원 이하	기술중급 이상 산림공학기술자 또는 기술중급 이상 녹지조경기술자 1명 이상
		공사비 20억원 이하	기술고급 이상 산림공학기술자 또는 기술고급 이상 녹지조경기술자 1명 이상
		공사비 20억원 초과	기술특급 산림공학기술자 또는 기술특급 녹지조경기술자 1명 이상
	숲길 조성	공사비 1억원 이하	기술초급 이상 산림공학기술자 또는 기술초급 이상 녹지조경기술자 1명 이상
		공사비 3억원 이하	기술중급 이상 산림공학기술자 또는 기술중급 이상 녹지조경기술자 1명 이상
		공사비 10억원 이하	기술고급 이상 산림공학기술자 또는 기술고급 이상 녹지조경기술자 1명 이상
		공사비 10억원 초과	기술특급 산림공학기술자 또는 기술특급 녹지조경기술자 1명 이상

구분	사업 종류	규모	배치기준
설계	도시숲 등의 조성·관리	공사비 1억원 이하	기술초급 이상 산림경영기술자 또는 기술초급 이상 녹지조경기술자 1명 이상
		공사비 3억원 이하	기술중급 이상 산림경영기술자 또는 기술중급 이상 녹지조경기술자 1명 이상
		공사비 10억원 이하	기술고급 이상 산림경영기술자 또는 기술고급 이상 녹지조경기술자 1명 이상
		공사비 10억원 초과	기술특급 산림경영기술자 또는 기술특급 녹지조경기술자 1명 이상
	수목장림 조성	공사비 2억원 이하	기술초급 이상 산림공학기술자 또는 기술초급 이상 녹지조경기술자 1명 이상
		공사비 10억원 이하	기술중급 이상 산림공학기술자 1명 이상
		공사비 20억원 이하	기술고급 이상 산림공학기술자 1명 이상
		공사비 20억원 초과	기술특급 산림공학기술자 1명 이상
산림사업 시행	조림	전체 사업	다음 각호의 어느 하나에 해당하는 사람 1명 이상 1. 기술초급 이상 산림경영기술자 2. 해당 업무 실무경력이 2년 이상인 기능2급 이상 산림경영기술자(국유림만 해당한다)
	숲가꾸기	600만㎥ 이하	다음 각호의 어느 하나에 해당하는 사람 1명 이상 1. 기술초급 이상 산림경영기술자 2. 해당 업무 실무경력이 2년 이상인 기능2급 이상 산림경영기술자(국유림만 해당한다)
		600만㎥ 초과	다음 각호의 어느 하나에 해당하는 사람 2명 이상 1. 기술초급 이상 산림경영기술자 2. 해당 업무 실무경력이 2년 이상인 기능2급 이상 산림경영기술자(국유림만 해당한다)
	벌채	연간 벌채량 5천㎥ 이하	다음 각호의 어느 하나에 해당하는 사람 1명 이상 1. 기술초급 이상 산림경영기술자 2. 해당 업무 실무경력이 2년 이상이고, 「목재의 지속 가능한 이용에 관한 법률」에 따라 지정된 전문인력 양성기관에서 35시간 이상 원목생산 관련 교육을 이수한 사람
		연간 벌채량 5천㎥ 초과	기술초급 이상 산림경영기술자 1명 이상

구분	사업 종류	규모	배치기준
산림사업 시행	산림병해충 방제	전체 사업	다음 각호의 어느 하나에 해당하는 사람 1명 이상 1. 기술초급 이상 산림경영기술자 이상 2. 해당 업무 실무경력이 2년 이상인 기능 2급 이상 산림경영기술자(국유림만 해당한다)
	임도	공사비 3억원 이하	기술초급 이상 산림공학기술자 1명 이상
		공사비 3억원 초과	기술중급 이상 산림공학기술자 1명 이상
	산림복원	공사비 3억원 이하	기술초급 이상 산림공학기술자 1명 이상
		공사비 3억원 초과	기술중급 이상 산림공학기술자 1명 이상
	자연휴양림 등 조성(숲길 은 제외한다)	공사비 10억원 이하	기술초급 이상 산림공학기술자 또는 기술초급 이상 녹지조경기술자 1명 이상
		공사비 10억원 초과	기술중급 이상 산림공학기술자 1명 이상
	유아숲체험 원 등 조성	공사비 10억원 이하	기술초급 이상 산림공학기술자 또는 기술초급 이상 녹지조경기술자 1명 이상
		공사비 10억원 초과	기술중급 이상 산림공학기술자 또는 기술중급 이상 녹지조경기술자 1명 이상
	숲길 조성	공사비 3억원 이하	기술초급 이상 산림공학기술자 또는 기술초급 이상 녹지조경기술자 1명 이상
		공사비 3억원 초과	기술중급 이상 산림공학기술자 또는 기술중급 이상 녹지조경기술자 1명 이상
	도시숲 등의 조성·관리	공사비 3억원 이하	기술초급 이상 산림경영기술자 또는 기술초급 이상 녹지조경기술자 1명 이상
		공사비 3억원 초과	기술중급 이상 산림경영기술자 또는 기술중급 이상 녹지조경기술자 1명 이상
	수목장림 조성	공사비 10억원 이하	기술초급 이상 산림공학기술자 또는 기술초급 이상 녹지조경기술자 1명 이상
		공사비 10억원 초과	기술중급 이상 산림공학기술자 1명 이상
감리	조림	20만㎥ 이하	기술중급 이상 산림경영기술자 1명 이상
		500만㎥ 이하	기술고급 이상 산림경영기술자 1명 이상
		500만㎥ 초과	기술특급 산림경영기술자 1명 이상
	숲가꾸기	100만㎥ 이하	기술중급 이상 산림경영기술자 1명 이상
		700만㎥ 이하	기술고급 이상 산림경영기술자 1명 이상
		700만㎥ 초과	기술특급 산림경영기술자 1명 이상
	벌채	5만㎥ 이하	기술중급 이상 산림경영기술자 1명 이상
		20만㎥ 이하	기술고급 이상 산림경영기술자 1명 이상
		20만㎥ 초과	기술특급 산림경영기술자 1명 이상

구분	사업 종류	규모	배치기준
감리	산림병해충 방제	100만㎥ 이하	기술중급 이상 산림경영기술자 1명 이상
		300만㎥ 이하	기술고급 이상 산림경영기술자 1명 이상
		300만㎥ 초과	기술특급 산림경영기술자 1명 이상
	임도	공사비 2억원 이하	기술중급 이상 산림공학기술자 1명 이상
		공사비 10억원 이하	기술고급 이상 산림공학기술자 1명 이상
		공사비 10억원 초과	기술특급 산림공학기술자 1명 이상
	사방	공사비 2억원 이하	기술중급 이상 산림공학기술자 1명 이상
		공사비 10억원 이하	기술고급 이상 산림공학기술자 1명 이상
		공사비 10억원 초과	기술특급 산림공학기술자 1명 이상
	산지복구	공사비 3억원 이하	기술중급 이상 산림공학기술자 1명 이상
		공사비 10억원 이하	다음 각호에 해당하는 인력 1. 기술고급 이상 산림공학기술자 1명 이상 2. 기술초급 이상 산림공학기술자 1명 이상
		공사비 10억원 초과	다음 각호에 해당하는 인력 1. 기술특급 산림공학기술자 1명 이상 2. 기술중급 이상 산림공학기술자 1명 이상
	산림복원	공사비 2억원 이하	기술중급 이상 산림공학기술자 1명 이상
		공사비 20억원 이하	기술고급 이상 산림공학기술자 1명 이상
		공사비 20억원 초과	기술특급 산림공학기술자 1명 이상
	자연휴양림 등 조성(숲 길은 제외 한다)	공사비 2억원 이하	기술중급 이상 산림공학기술자 1명 이상
		공사비 20억원 이하	기술고급 이상 산림공학기술자 1명 이상
		공사비 20억원 초과	기술특급 산림공학기술자 1명 이상
	유아숲체험 원 등 조성	공사비 2억원 이하	기술중급 이상 산림공학기술자 또는 기술중급 이상 녹지조경기술자 1명 이상
		공사비 20억원 이하	기술고급 이상 산림공학기술자 또는 기술중급 이상 녹지조경기술자 1명 이상
		공사비 20억원 초과	기술특급 산림공학기술자 또는 기술중급 이상 녹지조경기술자 1명 이상
	숲길 조성	공사비 1억원 이하	기술중급 이상 산림공학기술자 또는 기술중급 이상 녹지조경기술자 1명 이상
		공사비 10억원 이하	기술고급 이상 산림공학기술자 또는 기술고급 이상 녹지조경기술자 1명 이상
		공사비 10억원 초과	기술특급 산림공학기술자 또는 기술고급 이상 녹지조경기술자 1명 이상

구분	사업 종류	규모	배치기준
감리	도시숲 등의 조성·관리	공사비 1억원 이하	기술중급 이상 산림경영기술자 또는 기술중급 이상 녹지조경기술자 1명 이상
		공사비 10억원 이하	기술고급 이상 산림경영기술자 또는 기술고급 녹지조경기술자 1명 이상
		공사비 10억원 초과	기술특급 산림경영기술자 또는 기술특급 녹지조경기술자 1명 이상
	수목장림 조성	공사비 2억원 이하	기술중급 이상 산림공학기술자 1명 이상
		공사비 20억원 이하	기술고급 이상 산림공학기술자 1명 이상
		공사비 20억원 초과	기술특급 산림공학기술자 1명 이상

2 비고

① 법 제12조에 따라 산림기술자 자격이 정지된 사람 또는 「국가기술자격법」에 따라 산림기술자 자격요건과 관련된 국가기술자격이 취소되거나 정지된 사람과 법 제24조제1항에 따라 부과된 누적벌점이 7점 이상인 산림기술자는 배치기준에 해당하는 기술인력에서 제외한다.

② 사방사업의 시행과 관련된 산림기술자 배치기준은 「사방사업법」 제8조에 따른다.

③ 숲가꾸기사업 및 산림병해충 방제사업의 규모는 같은 필지 또는 연접한 사업지역의 면적을 합하여 산정한다.

④ 복구비 예치금액은 「산지관리법」 제38조제1항 본문에 따라 예치한 비용을 말하며, 같은 항 단서에 따라 복구비 예치가 면제된 경우에는 산지전용 등을 한 면적에 같은 조제5항에 따른 단위면적당 복구비산정기준을 곱한 금액을 말한다.

⑤ 발주청은 산림사업의 규모 및 특수성 등을 고려하여 배치될 산림기술자의 등급, 종류 등을 따로 정할 수 있다.

핵심 22 안전관리계획의 수립기준

● 산림기술 진흥 및 관리에 관한 법률 시행령 [별표 6]

1 수립기준

① 산림사업의 개요: 산림사업 전반을 파악하기 위한 위치도, 사업 개요, 전체 공정표 및 설계도서 등을 포함할 것

② 안전관리조직: 안전관리조직의 구성 및 임무를 포함한 안전관리조직표를 작성할 것

③ 안전점검계획: 안전점검의 시기ㆍ내용, 안전점검을 담당하는 기술자의 자격, 안전점검을 담당하는 기술자의 교육 이수 의무, 공정별 안전점검표 등 안전점검의 실시에 관한 사항을 작성할 것

④ 사업장 주변 안전관리대책: 사업 시행 중 사업장과 사업현장 주변에 대한 안전관리에 관한 사항을 작성할 것

⑤ 통행안전시설의 설치: 사업장 주변의 인력, 차량 등이 안전하게 통행할 수 있도록 통행안전시설의 설치에 관한 계획을 포함할 것

⑥ 안전관리비 집행계획: 안전관리비의 금액, 세부 사용계획 및 사용처 등 안전관리비의 집행과 관련된 계획을 포함할 것

⑦ 안전교육계획: 교육의 종류ㆍ내용 및 교육관리에 관한 사항이 포함된 안전교육계획표를 작성할 것

⑧ 비상사태 발생 시 긴급조치계획: 사업현장에서의 비상사태에 대비한 비상연락망, 비상동원조직, 경보체제, 응급조치 등 긴급조치계획을 포함할 것

⑨ 다른 법령에서 요구하는 사항: 산림사업 관련 법령에서 안전관리계획을 수립하도록 되어 있는 경우 해당 법령에서 정하는 안전관리에 관한 사항을 포함할 것

2 안전관리 기준 요약

항목	내용
1. 산림사업의 개요	위치도, 사업 개요, 전체 공정표 및 설계도서 포함
2. 안전관리조직	안전관리조직의 구성 및 임무를 포함한 안전관리조직표 작성
3. 안전점검계획	안전점검의 시기, 내용, 담당 기술자의 자격 및 교육 이수 의무, 공정별 안전점검표 포함
4. 사업장 주변 안전관리대책	사업 시행 중 사업장과 주변 안전관리에 관한 사항 작성
5. 통행안전시설의 설치	사업장 주변 인력, 차량 안전 통행을 위한 통행안전시설 설치 계획 포함
6. 안전관리비 집행계획	안전관리비의 금액, 세부 사용계획 및 사용처 포함
7. 안전교육계획	교육의 종류, 내용 및 교육관리에 관한 사항 포함된 안전교육 계획표 작성
8. 비상사태 발생 시 긴급조치계획	비상연락망, 비상동원조직, 경보체제, 응급조치 포함
9. 다른 법령에서 요구하는 사항	산림사업 관련 법령에서 정하는 안전관리계획 수립 요구사항 포함

안전점검 종합보고서 작성항목

1 보고서 표지

가. 제출문

나. 참여한 산림기술자의 명단

다. 보고서 목차

라. 점검대상의 위치도

마. 점검대상의 전경사진

2 안전점검의 내용

가. 사업 개요

나. 차수별 안전점검 실시현황(점검자, 점검기간, 점검비용 등)

다. 실시한 안전점검의 주요 내용

3 안전점검에 따른 조치사항

가. 안전점검 결과에 따른 조치사항

나. 보수 · 보완 작업의 실시 및 작업 결과

다. 조치사항 및 보수 · 보완작업의 적정성 평가

라. 그밖에 안전점검 조치와 관련하여 필요한 사항

4 결론

가. 종합 결론

나. 조치되지 못한 사항에 관한 향후 조치계획

다. 유지관리 시 특별한 관리가 요구되는 사항

라. 그밖에 안전점검 결과와 관련하여 필요한 사항

5 부록

보고서 내용을 보완하기 위한 사진, 통계 등 그 밖의 참고자료

24 산림사업 설계·감리의 범위

1 국가 또는 지자체 보조 사업

대상 사업	감리 적용 기준
가. 조림사업	3만㎡ 이상
나. 벌채사업	3만㎡ 이상
다. 산림병해충 방제사업	100만㎡ 이상
라. 솎아베기 수반 숲가꾸기사업	50만㎡ 이상
마. 임도사업	공사비 2천만 원 이상
바. 사방사업	공사비 1억 원 이상
사. 유아숲체험원 및 산림교육센터 조성사업	공사비 4천만 원 이상
아. 자연휴양림, 산림욕장, 치유의 숲, 숲길, 숲속야영장 및 산림레포츠시설 조성 사업	공사비 4천만 원 이상
자. 도시숲·생활숲·가로수의 조성·관리 사업	공사비 4천만 원 이상
차. 수목원 조성사업	공사비 4천만 원 이상
카. 수목장림 조성사업	공사비 4천만 원 이상
타. 산림복원사업	공사비 4천만 원 이상

2 산지복구공사

복구의무자가 연접한 산지에 대하여 목적사업의 동일성이 인정되는 다수의 허가 또는 지정을 받거나 신고를 한 경우에는 목적사업의 동일성이 인정되는 범위에서 해당 복구의무자가 허가 또는 지정받거나 신고한 산지의 면적을 합산하여 그 면적을 산정한다.

항목	면적기준
1. 산지전용·산지일시사용 허가	1만㎡
2. 산지전용·산지일시사용 신고	1만㎡
3. 석재 토석 채취 허가	5만㎡
4. 토사 토석 채취 허가	1만㎡
5. 채석단지 지정	20만㎡

제1장 총칙

제1조(목적) 사방사업을 통해 국토의 황폐화를 방지하고 산사태 등으로부터 국민의 생명과 재산을 보호하여 공공 이익과 산업 발전을 촉진하는 것을 목적으로 함

제2조(정의) 이 법에서 사용하는 주요 용어

1. 황폐지: 자연적 또는 인위적인 원인으로 산지(그 밖의 토지를 포함)가 붕괴되거나 토석, 나무 등의 유출 또는 모래 날림이 발생하는 지역으로, 국토의 보전, 재해 방지, 경관 조성 또는 수원 함양을 위해 복구공사가 필요한 지역

2. 사방사업: 황폐지를 복구하거나 산지의 붕괴, 토석, 나무 등의 유출 또는 모래 날림을 방지·예방하기 위해 인공구조물을 설치하거나 식물을 파종·식재하는 사업. 사방사업은 경관 조성이나 수원 함양을 위한 사업도 포함

3. 사방시설: 사방사업을 통해 설치된 인공구조물과 파종·식재된 식물

4. 사방지: 사방사업을 시행하였거나 시행하기 위한 지역으로, 특별시장·광역시장·도지사 또는 지방산림청장이 지정·고시한 지역

5. 산사태: 자연적 또는 인위적 원인으로 산지가 갑자기 붕괴되는 현상

6. 토석류: 산지나 계곡에서 토석과 나무 등이 물과 함께 빠르게 유출되는 현상

제2장 사방사업의 시행

제3조(사방사업의 구분) 산지사방사업, 해안사방사업, 야계사방사업으로 구분

사방사업의 구분
1. 산지사방사업 산지에 대하여 시행하는 다음 각 목의 사방사업 　가. 산사태예방사업: 산사태의 발생을 방지하기 위하여 시행하는 사방사업 　나. 산사태복구사업: 산사태가 발생한 지역을 복구하기 위하여 시행하는 사방사업 　다. 산지보전사업: 산지의 붕괴·침식 또는 토석의 유출을 방지하기 위하여 시행하는 사방사업 　라. 산지복원사업: 자연적·인위적인 원인으로 훼손된 산지를 복원하기 위하여 시행하는 사방사업 2. 해안사방사업 해안 모래 언덕 등 해안과 연접한 지역에 대하여 시행하는 다음 각 목의 사방사업 　가. 해안방재림 조성사업: 해일, 풍랑, 모래 날림, 염분 등에 의한 피해를 줄이기 위하여 시행하는 사방사업

나. 해안침식 방지사업: 파도 등에 의한 해안침식을 방지하거나 침식된 해안을 복구하기 위하여 시행하는 사방사업

3. 야계사방사업(野溪砂防事業) 산지의 계곡, 산지에 연결된 시내 또는 하천에 대하여 시행하는 다음 각 목의 사방사업
   가. 계류보전사업: 계류(溪流)의 유속을 줄이고 침식 및 토석류를 방지하기 위하여 시행하는 사방사업
   나. 계류복원사업: 자연적·인위적인 원인으로 훼손된 계류를 복원하기 위하여 시행하는 사방사업
   다. 사방댐 설치사업: 계류의 경사도를 완화시켜 침식을 방지하고 상류에서 내려오는 토석·나무 등과 토석류를 차단하며 수원 함양을 위하여 계류를 횡단하여 소규모 댐을 설치하는 사방사업
   ☞ 1천㎡ 이하는 사방지로 지정하지 아니할 수 있다.

제3조의2(사방사업 기본계획 등) 5년마다 사방사업 기본계획 수립

제3조의3(황폐지 실태에 대한 조사) 5년마다 황폐지 실태 조사 시행

<table>
<tr><td colspan="1" align="center">황폐지 실태조사 [시행규칙 제1조의 2]</td></tr>
</table>

① 「사방사업법」(이하 "법"이라 한다) 제3조의3에 따른 조사에는 다음 각호의 사항이 포함되어야 한다.
   1. 기초조사
      가. 황폐지의 위치·규모
      나. 황폐지의 특성 및 황폐화의 원인
      다. 황폐지 인근의 주택·농경지 등 주변 여건
      라. 사방사업의 필요성 여부
      마. 그밖에 산림청장이 필요하다고 인정하는 사항
   2. 정밀조사
      가. 황폐지의 토석 유출·붕괴·침식의 위험 정도
      나. 황폐지와 황폐지 인근의 지황(地況)·임황(林況) 등 황폐지 발생 인자별 특성
      다. 그밖에 산림청장이 필요하다고 인정하는 사항
② 제1항제1호에 따른 기초조사는 다음 각호의 어느 하나에 해당하는 방법에 의한다.
   1. 직접 현지조사
   2. 항공기·인공위성 등을 통한 원격탐사 또는 의견조사·자료·문헌 등을 통한 간접조사
③ 제1항제2호에 따른 정밀조사는 제2항제1호에 따른 방법을 원칙으로 하되, 같은 항 제2호에 따른 방법을 병행할 수 있다.

제4조(사방지의 지정) 사방지를 지정하고 고시하는 절차

제5조(사방사업의 시행) 국가가 시행하는 사방사업

제6조(국가 외의 자의 사방사업 시행) 지방자치단체나 공공단체 등이 시행할 수 있는 사방사업의 요건

① 법 제6조제1항에 따라 국가 외의 자가 사방사업을 시행하는 경우에 제출하여야 하는 사방사업계획에는 다음 각호의 사항이 포함되어야 한다.
  1. 사방사업시행의 목적
  2. 사방사업의 종류
  3. 지번별 사업량(면적)

② 제1항에 따라 사방사업을 시행하려는 자는 다음 각호의 서류를 제출하여야 한다.
  1. 다음 각 목의 어느 하나에 해당하는 자가 측량한 축척 6천분의 1 이상 1천200분의 1 이하의 사방사업지 실측도 1부
    가. 「국가공간정보 기본법」 제12조에 따라 설립된 한국국토정보공사
    나. 「공간정보의 구축 및 관리 등에 관한 법률」 제44조에 따른 측량업자
    다. 삭제 〈2009.12.14〉
  2. 토지의 소유권 또는 사용·수익권을 증명할 수 있는 서류(토지 등기사항증명서로 확인할 수 없는 경우에만 해당하고, 사용·수익권을 증명할 수 있는 서류에는 사용·수익권의 범위 및 기간이 자세히 적혀야 한다) 1부

③ 제1항에 따른 사방사업계획서를 제출받은 시·도지사 또는 지방산림청장은 「전자정부법」 제36조제1항에 따라 행정정보의 공동이용을 통하여 토지 등기사항증명서(신청인이 토지의 소유자인 경우만 해당한다)를 확인하여야 한다.

제6조의2(사방댐의 유지·관리 등을 위한 데이터베이스 구축) 사방댐의 데이터베이스 구축 및 관리

제7조(비용의 부담 등) 사방사업 시행에 따른 비용 부담

제7조의2(사방사업의 설계·시공) 사방사업의 설계와 시공 기준

제7조의3(사방사업의 타당성 평가) 사방사업의 타당성 평가 요건

제3장 사방지의 관리

제8조(산림공학기술자의 배치) 사방사업에 산림공학기술자를 배치

① 법 제8조제1항에 따라 「산림기술 진흥 및 관리에 관한 법률 시행령」 별표 3에 따른 산림공학기술자(이하 "산림공학기술자"라 한다)를 배치하여야 하는 사방사업의 규모는 건당 공사금액이 5천만원 이상으로 한다.

② 산림공학기술자의 업무는 다음 각호와 같다
  1. 산림공학기술자 특급·고급·중급: 사방사업에 대한 설계·시공·시공지도 및 감리
  2. 산림공학기술자 초급: 건당 공사금액의 규모가 2억원 미만인 사방사업에 대한 설계·시공 및 시공지도

③ 제1항에 따라 산림공학기술자를 사방사업 현장에 배치한 자는 해당 산림공학기술자가 정당한 사유없이 그 현장을 벗어나지 아니하도록 하고, 심신장애 등으로 업무수행 능력이 없다고 인정될 때는 산림공학기술자를 교체하여야 한다.

사방지의 지정해제

I. 사방지 지정해제

1 사방지의 지정해제 등(사방사업법 제20조)

가. 시 · 도지사 또는 지방산림청장은 다음 각호의 경우 대통령령에 따라 사방지의 지정을 해제할 수 있으며, 이때 시장 · 군수 · 구청장의 의견을 들어야 한다.

ㄱ. 국가 또는 지방자치단체가 직접 경영하는 사업을 위해 필요하다고 인정될 때

ㄴ. 국가 또는 지방자치단체가 그 시책으로 권장하는 사업을 위해 필요하다고 인정될 때

ㄷ. 「공익사업을 위한 토지 등의 취득 및 보상에 관한 법률」 제4조에 따른 공익사업을 위해 필요하다고 인정될 때

ㄹ. 대통령령으로 정하는 사업을 위한 토석 채취를 위해 필요하다고 인정될 때

ㅁ. 대통령령으로 정하는 사방지의 지정 목적이 달성되었을 때

ㅂ. 대통령령으로 정하는 사방지의 지정 목적이 상실되었을 때

나. 시 · 도지사 또는 지방산림청장은 제1항에 따라 사방지의 지정을 해제한 경우, 그 사실을 고시하여야 한다.

다. 사방지 지정이 해제된 경우, 시 · 도지사 또는 지방산림청장은 국가사방사업으로 설치된 사방시설을 대통령령에 따라 해당 토지 소유자에게 무상 양여할 수 있다.

II. 지정해제 신청

1 사방지 지정해제 신청 절차(시행령 제17조)

가. 법 제20조제1항 제1호부터 제4호에 해당하는 사유로 지정해제를 받으려는 자는 사방지 지정해제 신청서와 농림축산식품부령에 따른 서류를 시 · 도지사 또는 지방산림청장에게 제출해야 한다.

나. 시 · 도지사 또는 지방산림청장은 신청의 타당성을 검토 후 적합할 경우 사방지의 지정을 해제하고, 법 제20조제1항 제5호 · 제6호에 해당하는 경우는 현지 조사 후 직권해제하여야 한다.

2 대통령령으로 정하는 사업(법 제20조제1항 제4호)

가. 철도, 항만, 공항, 도로, 간척 등 공공사업

나. 국가 또는 지방자치단체가 직접 시행하거나 위탁하여 시행하는 사업

다. 농지의 지력 증진을 위한 객토사업

라. 지방자치단체의 장이 시책상 특히 필요하다고 인정하는 토석 채취사업

3 사방지 지정 목적 달성(법 제20조제1항 제5호)

가. 사방사업 시행 후 5년이 지난 사방지

나. 「산림보호법」 제45조의8 제7항에 따라 산사태취약지역의 지정이 해제된 사방지

4 사방지 지정 목적 상실(법 제20조제1항 제6호)

가. 사방지 주위의 토지가 산림 외 다른 목적으로 개발되어 사방지로 존치할 필요가 없다고 인정될 때

나. 자연 조건에 의해 모래 언덕 이동 등으로 토지 형상이 변경되어 사방시설이 없어지거나 수몰되어 다시 사방사업을 시행할 필요가 없을 때

다. 야계사방사업 시행지의 시내 또는 하천의 물 흐름이 자연적 변화 또는 개발로 인해 변경되어 사방지로 존치할 필요가 없다고 인정될 때

Ⅲ. 사방사업 비용 변상 등

1 비용의 변상(시행령 제19조)

1. 법 제21조 규정에 따른 사방지 지정해제 시 변상해야 할 비용

가. 사방사업 시행에 소요된 금액

나. 지방자치단체의 장이 인정하는 현금으로 투자된 비용

ㄱ. 사방시설 보수비

ㄴ. 덧거름 비용

ㄷ. 병해충 방제 비용

ㄹ. 보살펴 기른 작업 비용

ㅁ. 산불 방지 비용

ㅂ. 기타 이에 준하는 비용

변상금 귀속

1. 제1항에 따른 변상금액은 사방시설의 관리자에게 귀속됨. (개정 2008. 1. 31.)

비용 변상이 면제되는 경우

1. 농어촌 생활환경 정비 및 농어촌 관광휴양지 개발(「농어촌정비법」에 따름)

2. 비영리법인이 설치하는 시설

    가. 농어촌지역의 의료기관(「의료법」에 따름)

    나. 사회복지시설(「사회복지사업법」에 따름)

3. 댐의 건설(「댐건설·관리 및 주변 지역지원 등에 관한 법률」에 따름)

4. 전원설비의 설치 또는 개량(「전원개발촉진법」에 따름)

5. 주거환경 개선 및 재개발 사업(「도시 및 주거환경정비법」에 따름)

    가. 국민주택 규모 이하 주택 건설(재건축사업의 경우 포함)

6. 국민주택 규모 이하 주택 건설(「주택법」에 따름)

7. 인천국제공항 개발사업(「공항시설법」에 따름)

8. 철도시설의 건설(「국가철도공단법」에 따름)

9. 청소년 수련시설의 설치(「청소년활동진흥법」 제10조제1호에 따름)

10. 산업단지 조성(「산업입지 및 개발에 관한 법률」에 따름)

11. 공연장의 시설(「공연법」에 따름)

12. 사립 박물관 또는 사립 미술관 시설

    가. 설립계획 승인에 의한 사립과학관(「과학관의 설립·운영 및 육성에 관한 법률」에 따름)

13. 사립 도서관 시설(「도서관법」에 따름)

14. 문화예술 진흥 목적의 시설(「문화예술진흥법」에 따름)

15. 특정 연구기관 및 특별법에 의한 연구기관의 시설(「특정연구기관 육성법」에 따름)

16. 각급 학교의 시설(「초·중등교육법」 및 「고등교육법」에 따름)

17. 전기통신설비의 설치(「전기통신사업법」에 따름)

18. 전기설비의 설치(「전기사업법」 및 「전기안전관리법」에 따름)

19. 자연휴양림 및 수목원 조성

    가. 자연휴양림(「산림문화·휴양에 관한 법률」에 따름)

    나. 수목원 조성(「수목원·정원의 조성 및 진흥에 관한 법률」에 따름)

20. 관광지 조성 계획에 의한 공공편익시설(「관광진흥법 시행령」 제46조제1항 제1호에 따름)

　가. 고속국도 건설(「도로법」에 따름)

　나. 도시철도 건설(「도시철도법」에 따름)

　다. 수도시설 건설(「수도법」에 따름)

21. 국가 또는 지방자치단체에 무상으로 귀속되는 공공시설용지 조성사업

22. 농촌주택 및 그 부속시설(국가 또는 지방자치단체에 의한 건설)

23. 저수지·소류지·수로·농지개량 등의 시설용지와 그 수몰대상지

24. 농업인·임업인·어업인 또는 농림수산물 생산자 단체의 사용 목적

　가. 농어가주택의 건축 및 그 부대시설의 설치

　나. 농지 또는 초지의 조성

　다. 농로의 설치

　라. 임산물의 생산·가공과 관련된 시설의 설치

　마. 야생조수 사육시설, 축산시설, 누에 사육시설, 버섯 재배시설

　바. 농업용 고정식 온실, 양어장, 양식장, 농기계 수리시설, 농기계 창고

　사. 농림축수산물 창고, 집하장, 가공시설

　아. 가축분뇨를 이용한 유기질 비료 제조시설

27 산지관리법

제1장 총칙

제1조(목적) 이 법은 산지(山地)를 합리적으로 보전하고 이용하여 임업의 발전과 산림의 다양한 공익기능의 증진을 도모함으로써 국민경제의 건전한 발전과 국토환경의 보전에 이바지함을 목적으로 한다.

제2조(정의) 법에서 사용하는 주요 용어 정의

1. "산지"란 다음 각 목의 어느 하나에 해당하는 토지를 말한다. 다만, 주택지[주택지조성사업이 완료되어 지목이 대(垈)로 변경된 토지를 말한다] 및 대통령령으로 정하는 농지, 초지(草地), 도로, 그 밖의 토지는 제외한다.
   - 가. 「공간정보의 구축 및 관리 등에 관한 법률」 제67조제1항에 따른 지목이 임야인 토지
   - 나. 입목(立木)·대나무가 집단적으로 생육(生育)하고 있는 토지
   - 다. 집단적으로 생육한 입목·대나무가 일시 상실된 토지
   - 라. 입목·대나무의 집단적 생육에 사용하게 된 토지
   - 마. 임도(林道), 작업로 등 산길
   - 바. 나목부터 라목까지의 토지에 있는 암석지(巖石地) 및 소택지(沼澤地)

2. "산지전용"(山地轉用)이란 산지를 다음 각 목의 어느 하나에 해당하는 용도 외로 사용하거나 이를 위하여 산지의 형질을 변경하는 것을 말한다.
   - 가. 조림(造林), 숲 가꾸기, 입목의 벌채·굴취
   - 나. 토석 등 임산물의 채취
   - 다. 대통령령으로 정하는 임산물의 재배[성토(흙쌓기) 또는 절토(땅깎기) 등을 통하여 지표면으로부터 높이 또는 깊이 50센티미터 이상 형질 변경을 수반하는 경우와 시설물의 설치를 수반하는 경우는 제외한다]
   - 라. 산지일시사용

3. "산지일시사용"이란 다음 각 목의 어느 하나에 해당하는 것을 말한다.
   - 가. 산지로 복구할 것을 조건으로 산지를 제2호가목부터 다목까지의 어느 하나에 해당하는 용도 외의 용도로 일정 기간 동안 사용하거나 이를 위하여 산지의 형질을 변경하는 것
   - 나. 산지를 임도, 작업로, 임산물 운반로, 등산로·탐방로 등 숲길, 그밖에 이와 유사한 산길로 사용하기 위하여 산지의 형질을 변경하는 것

4. "석재"란 산지의 토석 중 건축용, 공예용, 조경용, 쇄골재용(碎骨材用) 및 토목용으로 사용하기 위한 암석을 말한다.

5. "토사"란 산지의 토석 중 제4호에 따른 석재를 제외한 것을 말한다.

6. "산지경관"이란 산세 및 산줄기 등의 지형적 특징과 산지에 부속된 자연 및 인공 요소가 어우러져 심미적·생태적 가치를 지니며, 자연과 인공의 조화를 통하여 형성되는 경치를 말한다.

제3조(산지관리 기본원칙) 산지는 임업의 생산성을 높이고 재해 방지, 수원(水源) 보호, 자연생태계 보전, 산지경관 보전, 국민보건휴양 증진 등 산림의 공익 기능을 높이는 방향으로 관리되어야 하며 산지전용은 자연친화적인 방법으로 해야 한다.

제2장 산지의 보전

제1절 산지관리기본계획 및 산지의 구분 등

제3조의2(산지관리기본계획 수립) 산림청장이 산지관리기본계획을 10년마다 수립, 필요시 변경 가능

제3조의3(기본계획과 지역계획의 내용) 기본계획 및 지역계획에 포함될 사항 규정

제3조의4(기본계획 수립을 위한 조사) 산지현황과 이용실태 등에 대한 조사 필요성

제3조의5(산지관리정보체계의 구축 및 운영) 산지관리 정보체계 구축과 전자정보처리시스템 운영

제2절 보전산지에서의 행위 제한

제4조(산지의 구분) 산지의 합리적 이용을 위해 보전산지와 준보전산지로 구분하고, 산지구분도 작성한다.

제5조(보전산지의 지정절차) 보전산지 지정 시 산지소유자의 의견 청취 및 관계 기관 협의 필요

제6조(보전산지의 변경·해제) 보전산지 지정 요건 변화에 따라 변경 또는 해제 가능

제9조(산지전용·일시사용제한지역 지정) 특정 용도 이용을 제한하는 지역 지정 가능

제10조(행위제한) 제한지역 내 특정 행위 제한 사항

제11조(지정해제) 지정목적 상실 시 제한지역 지정해제

제3장 산지전용허가 등

제14조(산지전용허가) 산지전용 허가 절차 및 신고 절차 규정

제15조(산지전용신고) 특정 용도에 대한 전용 신고 절차

제15조의2(산지일시사용허가·신고) 일시적 사용을 위한 허가와 신고 요건

제16조(허가 효력) 특정 조건 충족 시 허가 효력 발생

제4장 산지의 복구 및 관리

제5장 벌칙

산지의 정의

1 산지

산지관리법 제2조(정의)

다음 각 목의 어느 하나에 해당하는 토지를 말한다. 다만, 주택지[주택지조성사업이 완료되어 지목이 대(垈)로 변경된 토지를 말한다] 및 대통령령으로 정하는 농지, 초지(草地), 도로, 그 밖의 토지는 제외한다.

가. 「공간정보의 구축 및 관리 등에 관한 법률」 제67조제1항에 따른 지목이 임야인 토지

나. 입목(立木)·대나무가 집단적으로 생육(生育)하고 있는 토지

다. 집단적으로 생육한 입목·대나무가 일시 상실된 토지

라. 입목·대나무의 집단적 생육에 사용하게 된 토지

마. 임도(林道), 작업로 등 산길

바. 나목부터 라목까지의 토지에 있는 암석지(巖石地) 및 소택지(沼澤地)

2 산지에서 제외되는 토지

산지관리법 시행령 제2조

제2조(산지에서 제외되는 토지) 「산지관리법」(이하 "법"이라 한다) 제2조제1호 각 목 외의 부분 단서에서 "대통령령으로 정하는 농지, 초지(草地), 도로, 그 밖의 토지"란 다음 각호의 어느 하나에 해당하는 토지를 말한다.

1. 「공간정보의 구축 및 관리 등에 관한 법률」 제67조제1항에 따른 지목(이하 "지목"이라 한다)이 전(田), 답(畓), 과수원 또는 목장용지(같은 법 시행령 제58조제4호가목에 따른 축산업 및 낙농업을 하기 위하여 초지를 조성한 토지에 한정한다)인 토지

2. 지목이 도로인 토지. 다만, 입목(立木) 대나무가 집단적으로 생육하고 있는 토지로서 도로로서의 기능이 상실된 토지는 제외한다.

3. 지목이 제방(堤防) 구거(溝渠) 또는 유지(溜池: 웅덩이)인 토지

4. 「하천법」 제2조제1호에 따른 하천

5. 지목이 임야가 아닌 다음 각 목의 토지

   가. 차밭, 꺾꽂이순 또는 접순의 채취원(採取園)

나. 건물 담장 안의 토지

다. 논두렁 또는 밭두렁

6. 지목이 임야인 토지 중 법 제14조에 따른 산지전용허가를 받거나 법 제15조에 따른 산지전용신고를 한 후(다른 법률에 따라 산지전용허가 또는 산지전용신고가 의제되는 행정처분을 받은 경우를 포함한다) 법 제39조제3항제2호에 따라 복구의무를 면제받거나 법 제42조에 따라 복구준공검사를 받아 산지 외의 용지로 사용되고 있는 토지

3 산지전용에서 제외되는 임산물의 재배

산지관리법 시행령 제3조

제3조(산지전용에서 제외되는 임산물의 재배) 법 제2조제2호 다목에서 "대통령령으로 정하는 임산물"이란 「임업 및 산촌 진흥촉진에 관한 법률 시행령」 제8조제1항에 따른 임산물 소득원의 지원 대상 품목을 말한다.

4 임산물 소득원의 지원대상 품목

임업진흥법 시행령 제8조

제8조(임산물 소득원의 개발 · 육성 등)

① 법 제8조제2항에 따른 임산물 소득원의 지원 대상 품목은 농림축산식품부령으로 정하는 수실류(樹實類) · 버섯류 · 산나물류 · 약초류 · 약용류 · 수목부산물류(樹木副産物類) · 관상 산림식물류 및 그 밖의 임산물로 한다.

② 법 제8조제2항에 따른 임산물소득원의 개발을 위한 구역(이하 "주산단지"라 한다)을 지정받으려는 시장 · 군수 또는 구청장은농림축산식품부령으로 정하는 바에 따라 산림청장 또는 특별시장 · 광역시장 · 도지사 또는 특별자치도지사 · 특별자치시장(이하 "시 · 도지사"라 한다)에게 신청하여야 한다.

③ 산림청장 또는 시 · 도지사는 제2항에 따라 시장 · 군수 또는 구청장으로부터 주산단지 지정신청을 받은 경우 주산단지를 지정할 필요가 있다고 인정되면 주산단지를 지정할 수 있다. 다만, 임산물의 생산과 출하 조절을 위하여 필요하다고 인정되면 직권으로 주산단지를 지정할 수 있다.

산지의 구분

Ⅰ. 산지의 구분

1 보전산지(保全山地)

가. 임업용 산지

임업생산과 산림자원 보전을 위해 지정된 산지로, 주요 대상은 다음과 같다.

- 채종림 및 시험림
- 보전국유림
- 임업진흥권역
- 기타 임업생산 기능 향상을 위해 필요한 산지

나. 공익용 산지

임업 기능 외에도 재해 방지, 수원 보호, 자연생태계 보전 등 공익적 기능을 담당하는 산지로, 다음 산지들이 포함된다.

- 자연휴양림
- 사찰림
- 산지전용 · 일시사용제한지역
- 야생생물 보호구역
- 자연공원구역
- 문화유산 및 자연유산 보호구역
- 상수원보호구여
- 개발제한구역
- 특정 녹지지역
- 생태 · 경관보전지역
- 습지보호지역
- 특정 도서의 산지

- 백두대간 보호지역

- 산림보호구역

- 기타 공익 증진을 위한 산지

2 준보전산지

보전산지로 지정되지 않은 산지

Ⅲ. 공익기능 증진을 위한 산지(시행령 제4조)

1 공익적 필요에 의해 지정된 산지의 유형

- 집단화된 우량 천연림이나 인공조림지

- 입목 생육에 적합한 비옥한 산지

- 보전국유림 외의 국유림으로서 집단화된 산지

- 지방자치단체가 산림경영 목적으로 활용하는 산지

- 임업 생산 기반과 임산물 생산을 위한 산지

2 공익용 산지와 관련된 특정 산지 유형

- 자연환경보전지역

- 방재지구

- 도시자연공원구역

- 수산자원보호구역

- 자연경관지구, 역사문화환경보호지구, 생태계보호지구

- 산림생태계, 산지경관, 해안경관 등의 보호를 위한 산지

- 공익용도로 지정된 기타 산지

핵심 30

산지전용 · 일시사용 · 제한지역

● 산지관리법

제9조(산지전용 · 일시사용제한지역의 지정)

① 산림청장은 다음 각호의 어느 하나에 해당하는 산지로서 공공의 이익증진을 위하여 보전이 특히 필요하다고 인정되는 산지를 산지전용 또는 산지일시사용이 제한되는 지역(이하 "산지전용 · 일시사용제한지역"이라 한다)으로 지정할 수 있다.

1. 대통령령으로 정하는 주요 산줄기의 능선부로서 산지경관 및 산림생태계의 보전을 위하여 필요하다고 인정되는 산지

2. 명승지, 유적지, 그 밖에 역사적 · 문화적으로 보전할 가치가 있다고 인정되는 산지로서 대통령령으로 정하는 산지

3. 산사태 등 재해 발생이 특히 우려되는 산지로서 대통령령으로 정하는 산지

② 산림청장은 제1항에 따라 산지전용 · 일시사용제한지역을 지정하려면 대통령령으로 정하는 바에 따라 해당 산지소유자, 지역주민 및 지방자치단체의 장의 의견을 듣고 관계 행정기관의 장과 협의한 후 중앙산지관리위원회의 심의를 거쳐야 한다.

③ 산림청장은 제1항에 따라 산지전용 · 일시사용제한지역을 지정한 경우에는 대통령령으로 정하는 바에 따라 그 지정 사실을 고시하고 관계 행정기관의 장에게 통보하여야 하며, 그 지정에 관한 관계 서류를 일반에게 공람하여야 한다.

④ 산림청장은 제3항에도 불구하고 시장 · 군수 · 구청장으로 하여금 산지전용 · 일시사용 제한지역의 지정에 관한 관계 서류를 일반에게 공람하게 할 수 있다.

제10조(산지전용 · 일시사용제한지역에서의 행위 제한) 산지전용 · 일시사용제한지역에서는 다음 각호의 어느 하나에 해당하는 행위를 하기 위하여 산지전용 또는 산지일시사용을 하는 경우를 제외하고는 산지전용 또는 산지일시사용을 할 수 없다.

1. 국방 · 군사시설의 설치

2. 사방시설, 하천, 제방, 저수지, 그 밖에 이에 준하는 국토보전시설의 설치

3. 도로, 철도, 석유 및 가스의 공급시설, 그 밖에 대통령령으로 정하는 공용 · 공공용 시설의 설치

4. 산림보호, 산림자원의 보전 및 증식을 위한 시설로서 대통령령으로 정하는 시설의 설치

5. 임업시험연구를 위한 시설로서 대통령령으로 정하는 시설의 설치

6. 매장유산의 발굴(지표조사를 포함한다), 「국가유산기본법」 제3조에 따른 국가유산과 전통사찰의 복원 · 보수 · 이전 및 그 보존관리를 위한 시설의 설치, 「국가유산기본법」 제3조에 따른 국가유산 · 전통사찰과 관련된 비석, 기념탑, 그 밖에 이와 유사한 시설의 설치

7. 다음 각 목의 어느 하나에 해당하는 시설 중 대통령령으로 정하는 시설의 설치

   가. 발전 · 송전시설 등 전력시설

   나. 「신에너지 및 재생에너지 개발 · 이용 · 보급 촉진법」에 따른 신 · 재생에너지 설비. 다만, 태양에너지 설비는 제외한다.

8. 「광업법」에 따른 광물의 탐사 · 시추시설의 설치 및 대통령령으로 정하는 갱내채굴

9. 「광산피해의 방지 및 복구에 관한 법률」에 따른 광해방지시설의 설치

9의2. 공공의 안전을 방해하는 위험시설이나 물건의 제거

9의3. 「6 · 25 전사자유해의 발굴 등에 관한 법률」에 따른 전사자의 유해 등 대통령령으로 정하는 유해의 조사 · 발굴

10. 제1호부터 제9호까지, 제9호의2 및 제9호의3에 따른 행위를 하기 위하여 대통령령으로 정하는 기간 동안 임시로 설치하는 다음 각 목의 어느 하나에 해당하는 부대시설의 설치

가. 진입로

나. 현장사무소

다. 지질·토양의 조사·탐사시설

라. 그 밖에 주차장 등 농림축산식품부령으로 정하는 부대시설

11. 제1호부터 제9호까지, 제9호의2 및 제9호의3에 따라 설치되는 시설 중 「건축법」에 따른 건축물과 도로(「건축법」 제2조제1항제11호의 도로를 말한다)를 연결하기 위한 대통령령으로 정하는 규모 이하의 진입로의 설치

제11조(산지전용·일시사용제한지역 지정의 해제)

① 산림청장은 산지전용·일시사용제한지역의 지정 목적이 상실되었거나 산지전용·일시사용제한지역으로 계속 둘 필요가 없다고 인정되는 경우로서 다음 각호의 어느 하나에 해당하는 경우에는 산지전용·일시사용제한지역의 지정을 해제할 수 있다.

1. 제10조 각호에 해당하는 행위를 하기 위하여 산지전용허가를 받아 산지를 전용한 경우

2. 천재지변 등으로 인하여 산지전용·일시사용제한지역으로서의 가치를 상실한 경우

3. 재해방지시설을 설치하여 산사태 발생 위험이 없어지는 등 산지전용·일시사용제한지역의 지정 목적이 상실된 경우

4. 그 밖에 자연적·사회적·경제적·지역적 여건 변화나 지역발전을 위한 사유 등 대통령령으로 정하는 경우

② 제1항에 따른 산지전용·일시사용제한지역 지정의 해제 절차 등에 관하여는 제9조제2항 및 제3항을 준용한다. 다만, 다음 각호의 어느 하나에 해당하는 경우에는 중앙산지관리위원회의 심의를 거치지 아니할 수 있다.

1. 제1항제1호 또는 제2호에 해당하는 경우

2. 제1항제3호 또는 제4호에 해당하는 경우로서 1만제곱미터 미만을 해제하는 경우

보전산지에서의 행위 제한

제12조(보전산지에서의 행위 제한)

① 임업용 산지에서는 다음 각호의 어느 하나에 해당하는 행위를 하기 위하여 산지전용 또는 산지일시사용을 하는 경우를 제외하고는 산지전용 또는 산지일시사용을 할 수 없다.

1. 제10조제1호부터 제9호까지, 제9호의2 및 제9호의3에 따른 시설의 설치 등

2. 임도ㆍ산림경영관리사(山林經營管理舍) 등 산림경영과 관련된 시설 및 산촌산업개발시설 등 산촌개발사업과 관련된 시설로서 대통령령으로 정하는 시설의 설치

3. 수목원, 산림생태원, 자연휴양림, 수목장림(樹木葬林), 국가 정원, 지방 정원, 그 밖에 대통령령으로 정하는 산림공익시설의 설치

4. 농림어업인의 주택 및 그 부대시설로서 대통령령으로 정하는 주택 및 시설의 설치

5. 농림어업용 생산ㆍ이용ㆍ가공시설 및 농어촌휴양시설로서 대통령령으로 정하는 시설의 설치

6. 광물, 지하수, 그 밖에 대통령령으로 정하는 지하자원 또는 석재의 탐사ㆍ시추 및 개발과 이를 위한 시설의 설치

7. 산사태 예방을 위한 지질ㆍ토양의 조사와 이에 따른 시설의 설치

8. 석유비축 및 저장시설ㆍ방송통신설비, 그 밖에 대통령령으로 정하는 공용ㆍ공공용 시설의 설치

9. 「국립묘지의 설치 및 운영에 관한 법률」 제2조제12호에 따른 국립묘지시설 및 「장사 등에 관한 법률」에 따라 허가를 받거나 신고를 한 묘지ㆍ화장시설ㆍ봉안시설ㆍ자연장지 시설의 설치

10. 대통령령으로 정하는 종교시설의 설치

11. 병원, 사회복지시설, 청소년수련시설, 근로자복지시설, 공공직업훈련시설 등 공익시설로서 대통령령으로 정하는 시설의 설치

12. 교육ㆍ연구 및 기술개발과 관련된 시설로서 대통령령으로 정하는 시설의 설치

13. 제1호부터 제12호까지의 시설을 제외한 시설로서 대통령령으로 정하는 지역사회개발 및 산업발전에 필요한 시설의 설치

14. 제1호부터 제13호까지의 규정에 따른 시설을 설치하기 위하여 대통령령으로 정하는 기간 동안 임시로 설치하는 다음 각 목의 어느 하나에 해당하는 부대시설의 설치

    가. 진입로

    나. 현장사무소

    다. 지질·토양의 조사·탐사시설

    라. 그 밖에 주차장 등 농림축산식품부령으로 정하는 부대시설

15. 제1호부터 제13호까지의 시설 중 「건축법」에 따른 건축물과 도로(「건축법」 제2조제1항제11호의 도로를 말한다)를 연결하기 위한 대통령령으로 정하는 규모 이하의 진입로의 설치

16. 그 밖에 가축의 방목, 산나물·야생화·관상수의 재배(성토 또는 절토 등을 통하여 지표면으로부터 높이 또는 깊이 50센티미터 이상 형질변경을 수반하는 경우에 한정한다), 물건의 적치(積置), 농도(農道)의 설치 등 임업용 산지의 목적 달성에 지장을 주지 아니하는 범위에서 대통령령으로 정하는 행위

② 공익용 산지(산지전용·일시사용제한지역은 제외한다)에서는 다음 각호의 어느 하나에 해당하는 행위를 하기 위하여 산지전용 또는 산지일시사용을 하는 경우를 제외하고는 산지전용 또는 산지일시사용을 할 수 없다.

1. 제10조제1호부터 제9호까지, 제9호의2 및 제9호의3에 따른 시설의 설치 등

2. 제1항제2호, 제3호, 제6호 및 제7호의 시설의 설치

3. 제1항제12호의 시설 중 대통령령으로 정하는 시설의 설치

4. 대통령령으로 정하는 규모 미만으로서 다음 각 목의 어느 하나에 해당하는 행위

    가. 농림어업인 주택의 신축, 증축 또는 개축. 다만, 신축의 경우에는 대통령령으로 정하는 주택 및 시설에 한정한다.

    나. 종교시설의 증축 또는 개축

    다. 제4조제1항제1호나목2에 해당하는 사유로 공익용 산지로 지정된 사찰림의 산지에서의 사찰 신축, 제1항제9호의 시설 중 봉안시설 설치 또는 제1항제11호에 따른 시설 중 병원, 사회복지시설, 청소년수련시설의 설치

5. 제1호부터 제4호까지의 시설을 제외한 시설로서 대통령령으로 정하는 공용·공공용 사업을 위하여 필요한 시설의 설치

6. 제1호부터 제5호까지에 따른 시설을 설치하기 위하여 대통령령으로 정하는 기간 동안 임시로 설치하는 다음 각 목의 어느 하나에 해당하는 부대시설의 설치

    가. 진입로

    나. 현장사무소

다. 지질ㆍ토양의 조사ㆍ탐사시설

라. 그 밖에 주차장 등 농림축산식품부령으로 정하는 부대시설

7. 제1호부터 제5호까지의 시설 중 「건축법」에 따른 건축물과 도로(「건축법」 제2조제1항제11호의 도로를 말한다)를 연결하기 위한 대통령령으로 정하는 규모 이하의 진입로의 설치

8. 그 밖에 산나물ㆍ야생화ㆍ관상수의 재배(성토 또는 절토 등을 통하여 지표면으로부터 높이 또는 깊이 50센티미터 이상 형질변경을 수반하는 경우에 한정한다), 농도의 설치 등 공익용 산지의 목적 달성에 지장을 주지 아니하는 범위에서 대통령령으로 정하는 행위

③ 제2항에도 불구하고 공익용 산지(산지전용ㆍ일시사용제한지역은 제외한다) 중 다음 각호의 어느 하나에 해당하는 산지에서의 행위제한에 대하여는 해당 법률을 각각 적용한다.

1. 제4조제1항제1호나목4)부터 14)까지의 산지

2. 「국토의 계획 및 이용에 관한 법률」에 따라 지역ㆍ지구 및 구역 등으로 지정된 산지로서 대통령령으로 정하는 산지

33 산지전용 허가 및 복구절차

1 산지전용 허가 신청

① 신청서 작성 및 서류 제출: 산지전용 허가를 신청하는 자는 신청서를 별지 서식에 맞추어 작성하고, 산지전용에 필요한 서류를 준비하여 제출한다. 주요 서류에는 사업계획서, 산지전용타당성조사 결과서, 소유권 증명서, 지형도 등이 포함된다.

② 경계 표기: 산지전용 예정 구역의 경계는 현장에서 명확히 표시해야 하며, 수목 또는 암석에 흰색 페인트로 표시하거나 필요한 경우 깃발 등으로 대체할 수 있다.

③ 면적 기준에 따라, 200만㎡ 이상(보전산지는 100만㎡ 이상)은 산림청장이 허가하며, 면적이 50만㎡ 이상 200만㎡ 미만(보전산지는 3만㎡ 이상 100만㎡ 미만)일 경우, 국유림은 산림청장, 공유림 · 사유림은 시 · 도지사 또는 시장 · 군수 · 구청장이 허가한다.

2 산지전용 허가 승인 절차

① 신청 내용은 산지전용 허가 기준을 만족해야 하며, 이를 위해 산지 경계 표시 및 현장 조사가 이루어진다.

② 허가 기준은 재해 방지, 산림보전 등을 목적으로 하고, 필요시 재해 방지 시설 설치 등의 조건을 부여할 수 있다.

③ 현지조사 및 심사: 산림청장이나 관련 관할청은 제출된 서류를 바탕으로 현지 조사를 수행하고, 사업의 타당성을 평가한다. 법적 기준을 충족하는지 확인하고 허가 여부를 결정한다.

④ 허가증 발급: 허가가 승인되면 관할청은 신청인에게 산지전용 허가증을 발급한다.

3 변경허가 또는 변경신고

① 변경허가 신청: 산지전용 허가 이후 계획 변경이 필요한 경우, 해당 변경 사항을 증명하는 서류와 함께 변경허가를 신청할 수 있다. 변경된 산지 면적이 일정 기준 미만인 경우 일부 서류 제출이 면제될 수 있다.

② 변경신고: 변경사항이 경미한 경우 변경신고로 처리할 수 있으며, 변경 사실을 증명하는 서류와 관련 서류를 함께 제출한다.

4 복구설계서 작성 및 제출

① 복구설계서 작성: 산지전용 허가 후 복구 설계를 위해 복구대상지의 종단도와 횡단도, 공사예정 공정표, 시방서, 공사표준도 등을 포함하여 복구설계서를 작성한다. 이는 법정 산림기술자가 작성해야 하며, 복구에 적합한 사방공법을 적용하여 시공 계획을 상세히 명시해야 한다.

② 설계서 승인 신청: 복구설계서와 승인신청서를 함께 제출하여 관할청의 승인을 받아야 한다.

5 복구공사 및 복구설계서 변경 신청

① 복구공사 실시: 승인된 복구설계서에 따라 산지 복구공사를 수행한다. 만약 설계 변경이 필요한 경우, 복구설계서 변경승인신청서와 변경된 설계서를 관할청에 제출하여 추가 승인을 받아야 한다.

② 복구공사기간 연장 신청: 불가피하게 공사기간 연장이 필요한 경우, 설계서에 기재된 공사기간 내에서 연장 가능하며, 특정 조건을 충족할 경우 예외적으로 추가 연장할 수 있다.

6 복구준공검사

① 준공검사 신청: 복구공사가 완료되면 준공검사 신청서를 제출하여 관할청의 준공검사를 받는다. 검사 결과가 기준에 부합하면 서면으로 통보를 받는다.

② 복구설계서 준수 확인: 복구설계서에 맞추어 공사가 이루어졌는지 확인하고, 복구가 완료되었음을 평가한다.

7 하자보수보증금 예치 및 하자보수

① 보증금 예치: 복구준공검사 전, 복구공사비의 일정 비율(4%)을 하자보수보증금으로 예치해야 한다. 이는 복구공사 후 발생할 수 있는 하자에 대비하기 위한 보증금이다.

② 하자 발생 시 보수: 예치기간 중 하자가 발생하면 보증금을 통해 보수할 수 있으며, 만약 보수가 이루어지지 않을 경우 관할청이 지정한 대행자가 보수를 진행한다.

③ 보증금 반환: 하자보수보증금의 예치기간이 만료되면, 만료일로부터 1개월 내에 보증금 또는 잔액을 반환받을 수 있다.

④ 복구 완료 후 하자가 발생하면 보증금으로 하자 보수를 하며, 보증금은 준공검사 이후 5년간 유지되며 이후 반환한다

핵심 34 산지일시사용 허가·신고

1 허가 대상 및 요건

① 대상 용도

광물 채굴(「광업법」), 광해방지사업(「광산피해의 방지 및 복구에 관한 법률」), 태양에너지발전설비(「신에너지 및 재생에너지 개발·이용·보급 촉진법」 제2조제2호 가목), 기타 대통령령으로 정한 용도로 산지일시사용

② 허가 주체

대통령령에 따른 산지의 종류와 면적에 따라 산림청장 등의 허가가 필요하며, 변경 시에도 동일한 허가 절차를 거쳐야 한다. 단, 경미한 사항은 신고로 대신할 수 있다.

2 변경 신고 처리 절차

① 신고 수리 통지

변경 신고가 접수되면 산림청장은 25일 이내에 신고 수리 여부를 통지해야 하며, 기한 내 통지하지 않으면 자동으로 수리된 것으로 간주된다.

3 산지일시사용신고 대상 및 요건

① 신고 대상

특정 용도로 산지일시사용이 필요한 경우, 국유림 산지의 경우 산림청장에게, 비국유림은 시장·군수·구청장에게 신고한다.

② 적용 용도

간이 농림어업시설, 석재·지하자원 탐사시설, 부대시설 설치, 산나물 및 약초 재배, 가축 방목, 임도 및 숲길 조성, 수목장림, 재해응급대책 관련 시설 등

③ 변경 시 신고 의무

신고한 사항 중 농림축산식품부령으로 정한 사항에 대한 변경 시 다시 신고가 필요하다.

4 신고 수리 기준 및 절차

① 수리 기준

산지일시사용신고 또는 변경신고가 요건을 충족할 경우, 관할 기관(산림청장 또는 시장·군수·구청장)은 신고일로부터 10일 이내에 수리해야 한다. 기한 내 통지가 없으면 자동 수리로 간주된다.

5 산지일시사용신고 절차 및 기준

① 세부 기준

산지일시사용의 절차, 조건, 기간, 기간 연장, 대상 시설, 행위 범위, 설치지역 및 조건 등은 대통령령으로 정해진다.

6 다른 법률과의 협의 절차

① 타법과의 협의

다른 법률에 따른 산지일시사용허가 및 신고가 필요한 행정처분에 대해 산림청장 등의 협의 및 처분 통보는 제14조의 규정(협의 및 통보 절차)을 준용한다.

7 재해위험성 검토의견서 제출

① 태양광발전 설치 시 요구사항

산지태양광발전설비 설치 시 사면안정성에 대한 재해위험성 검토의견서 제출이 필요하며, 세부사항은 농림축산식품부령에 따라야 한다.

대체산림자원조성비

● 산지관리법

Ⅰ. 제19조(대체산림자원조성비)

1 대체산림자원조성비 납부 대상

- 산지전용 허가를 받으려는 자
- 산지일시사용허가를 받으려는 자(단, 광해방지사업은 제외)
- 다른 법률에 따라 산지전용 또는 산지일시사용 허가를 의제 받거나 배제되는 행정처분 대상자

2 사후 납부 가능 조건

- 일부 조건을 충족하면 대체산림자원조성비를 허가 후에 납부 가능하며, 분할 납부가 허용되는 경우 이행보증금을 예치해야 한다.

3 부과 및 징수

- 산림청장이 대체산림자원조성비를 부과 · 징수하고, 일부는 지방자치단체의 수입으로 편입된다.

4 감면 조건

- 국가, 지방자치단체가 공공 목적을 위해 사용하거나 중요 산업시설을 위한 산지전용 시 대체산림자원조성비 감면이 가능하다.
- 감면 시 중앙산지관리위원회의 심의를 거쳐야 하며, 감면 대상 및 비율은 대통령령으로 정한다.

5 대체산림자원조성비 산정 기준

- 사용 면적에 따라 단위면적당 금액을 곱하여 산정하며, 산림청장이 산지별 및 지역별로 금액을 결정 · 고시한다.

<table>
<tr><td colspan="1" align="center">2024년도 대체산림자원조성비 부과기준(변경)</td></tr>
</table>

1. 대체산림자원조성비 부과금액 계산 방법
   - 부과금액=산지전용허가 · 산지일시사용허가 면적×단위면적당 금액
   - 단위면적당 금액=산지별 · 지역별 단위면적당 산출금액+해당 산지 개별공시지가의 1000분의 1
2. 산지별 · 지역별 단위면적당 산출금액
   - 준보전산지: 8,090원/㎡
   - 보전산지: 10,510원/㎡
   - 산지전용 · 일시사용제한지역: 16,180원/㎡
3. 개별공시지가 일부 반영비율: 개별공시지가의 1000분의 1
   - 개별공시지가의 1000분의 1에 해당하는 금액은 최대 8,090원/㎡으로 한정한다.

6 미납 시

– 납부기한 내 미납 시, 국세 체납 처분이나 지방행정 제재를 통한 강제 징수가 가능하다.

7 납부 방식

– 현금 납부 외에 신용카드 · 직불카드로도 납부 가능하며, 카드 납부 시 승인일을 납부일로 간주한다.

Ⅲ. 제19조의2(대체산림자원조성비 환급)

1 환급 사유

– 허가 불발, 허가 취소, 사업 기간 내 완성 실패, 산지전용 면적 축소 등의 경우 환급 가능
– 복구 준공검사 전 감면 용도로의 사용이 확정된 경우 일부 환급 가능

2 환급 절차 및 환급가산금

– 환급금에는 환급가산금이 포함되며, 가산금은 법정 이자율을 적용하여 산출한다.
– 산림청장은 환급 대상자에게 환급금 및 환급가산금을 통지해야 한다.

3 특수 환급 상황

– 동일 지역에서 10년 내 재전용 시, 차감된 금액을 제외한 잔여금액 납부 필요

36 산지의 용도 및 지목 변경

1 산지의 용도 변경 특례

제21조의2 – 「국토의 계획 및 이용에 관한 법률」의 특례

대통령령으로 정하는 기간 동안 산지전용허가, 산지일시사용허가, 산지전용신고, 산지일시사용신고 등이 완료된 산지에서의 건축물이나 시설물의 용도, 종류, 규모 등의 제한은 대통령령으로 달리 정할 수 있다.

시행령 제26조의2 – 「국토의 계획 및 이용에 관한 법률」의 특례(기간 규정)

① 법 제21조의2에서 "대통령령으로 정하는 기간"이란 다음의 두 가지 경우 중 이른 시기를 기준으로 한다.

- 산지전용 또는 산지일시사용의 목적사업에 사용되고 있는 토지에서의 건축물 또는 시설이 해당하는 날

- 1호의 날로부터 5년 경과 후 최초로 도시 · 군관리계획이 고시된 날

② 보전산지의 지목 변경 시 제26조제5항 기준을 준용하며, 제26조 기준이 완화되어 있을 경우 이를 따른다.

시행령 제26조(용도 변경의 승인 등)
① 법 제21조제1항제1호에서 "대통령령으로 정하는 기간 이내에 다른 목적으로 사용하려는 경우"는 다음 각호의 경우를 포함한다. 시설물 설치 목적의 산지전용허가 등 　가. 「건축법」 제22조에 따른 사용승인을 받은 날부터 5년 이내 　나. 관련 법령에서 승인, 신고, 사용검사 등을 받은 날로부터 5년 이내 　다. 행정 절차가 없는 경우, 설치공사 순공 후 5년 이내 시설물 설치 외의 목적의 산지전용허가 등 　가. 법 제39조에 따라 복구 후, 복구준공검사를 받은 날부터 5년 이내 　나. 복구의무가 면제된 경우, 그 면제를 받은 날부터 5년 이내 ② 법 제21조제1항제2호의 "대통령령으로 정하는 기간 이내"는 사용승인 후 5년 이내 ③ 법 제21조제2항에 따라 대체산림자원조성비는 산출식에 따른 금액으로 산정 ④ 대체산림자원조성비의 부과, 납부 통지 및 절차는 제21조, 제23조, 제24조를 준용

⑤ 법 제21조제3항에 따라 용도 변경 승인은 다음 기준에 적합해야 함

- 산지전용신고에 의한 경우: 법 제15조제2항에 따른 대상시설, 행위, 설치지역 및 조건에 적합
- 산지전용허가에 의한 경우: 법 제18조의 산지 전용 허가기준에 적합
- 산지일시사용허가 및 신고에 의한 경우: 법 제15조의2제5항의 대상시설, 행위, 설치지역, 조건 및 기준에 적합

2 산지의 지목변경 특례

제21조의3 – 산지의 지목변경 제한

산지는 임야 외의 지목으로 변경할 수 없으나 다음 경우는 예외로 한다.

- 산지전용허가 목적사업 완료 후 복구의무 면제 또는 복구준공검사 완료 시
- 도시개발사업을 위한 합병 신청 등 대통령령으로 정한 경우

공간정보의 구축 및 관리 등에 관한 법률(약칭: 공간정보관리법)
제86조(도시개발사업 등 시행지역의 토지이동 신청에 관한 특례)
① 「도시개발법」에 따른 도시개발사업, 「농어촌정비법」에 따른 농어촌정비사업, 그밖에 대통령령으로 정하는 토지개발사업의 시행자는 대통령령으로 정하는 바에 따라 그 사업의 착수·변경 및 완료 사실을 지적소관청에 신고하여야 한다.
② 제1항에 따른 사업과 관련하여 토지의 이동이 필요한 경우에는 해당 사업의 시행자가 지적소관청에 토지의 이동을 신청하여야 한다.
③ 제2항에 따른 토지의 이동은 토지의 형질변경 등의 공사가 준공된 때에 이루어진 것으로 본다.
④ 제1항에 따라 사업의 착수 또는 변경의 신고가 된 토지의 소유자가 해당 토지의 이동을 원하는 경우에는 해당 사업의 시행자에게 그 토지의 이동을 신청하도록 요청하여야 하며, 요청을 받은 시행자는 해당 사업에 지장이 없다고 판단되면 지적소관청에 그 이동을 신청하여야 한다.

시행령 제26조의3 – 산지의 지목변경 제한의 범위

법 제21조의3 제2호에서 대통령령으로 정한 경우는 도시개발사업 등의 원활한 추진을 위해 토지 합병을 신청하는 경우를 포함한다.

토석 채취 허가

● 산지관리법

1 토석 채취 허가

법 제25조(토석 채취 허가 등)

① 국유림이 아닌 산지에서 토석을 채취하려는 자는 대통령령에 따라 허가를 받아야 하며, 변경 시에도 동일하게 허가 필요하다. 경미한 변경사항은 신고로 대체 가능하다.

- 10만㎡ 이상: 시 · 도지사 허가
- 10만㎡ 미만: 시장 · 군수 · 구청장 허가

② 산지에서 객토용 등으로 토사를 채취하려는 자는 신고 의무가 있으며, 경미한 변경사항은 신고로 대체 가능하다.

③ 토석 채취 기간은 토석 채취량, 면적 등을 고려해 허가하며, 소유자가 아닌 경우 산지를 사용 · 수익할 수 있는 기간을 초과할 수 없다.

④ 채취 기간 연장은 필요시 허가 · 변경신고를 통해 연장 가능

⑤ 시 · 도지사 또는 시장 · 군수 · 구청장은 변경신고, 신고 수리 여부를 15일 이내에 통지해야 한다.

⑥ 기한 내 통지 없을 경우, 다음 날에 신고 수리된 것으로 간주하다.

⑦ 타 기관 협의 시 필요한 서류를 제출해야 한다.

⑧ 협의 후 행정처분이 있으면 지체 없이 통보해야 한다.

2 토석 채취 허가 절차

시행령 제32조(토석 채취 허가의 절차 및 심사 등)

① 허가 또는 변경신고 시 필요한 서류를 첨부해 제출해야 한다.

② 현지조사 및 지방산지관리위원회의 심의 필요, 특정 조건에서는 심의 생략 가능하다.

③ 타당성 인정 시 복구비 예치 후 허가증 발급한다.

④ 대통령령이 정한 용도는 자가소비용으로 토사를 채취하는 것을 의미한다.

⑤ 규모는 30㎥ 이상 1,000㎥ 이하

⑥ 협의 요청 시 필요한 서류 제출 및 심사 준용

3 토석 채취 허가 신청

시행규칙 제24조(토석 채취 허가의 신청 등)

① 토석 채취 허가 또는 변경 허가를 받으려는 자는 별지 제16호 서식의 신청서에 다음 서류를
첨부하여 제출해야 한다.
- 사업계획서(토석 채취구역현황, 채취 방법 등 포함)
- 소유권 또는 사용 · 수익권 증명서류
- 공동신청 시 대표자 증명서류
- 골재채취업 등록증 사본(해당 시)
- 측량업자가 측량한 토석 채취구역 실측도
- 토석 채취량에 대한 구적도
- 산림조사서
- 복구계획서
- 진입로 설계서
- 채석경제성평가 보고서(해당 시)

② 시 · 도지사 또는 시장 · 군수 · 구청장은 행정정보 공동이용을 통해 소유권을 확인해야 한다.

③ 경미한 변경 사항에는 신고로 대체할 수 있으며, 이는 사업계획 변경, 대표자 명의 변경,
법인명칭 변경 등이 포함된다.

④ 변경신고 시 별지 제17호 서식 사용

⑤ 필요시 시장 · 군수 · 구청장의 의견을 들을 수 있다.

⑥ 의견 요청 시 특별한 사유가 없으면 15일 이내 제출해야 한다.

⑦ 농림축산식품부령으로 정한 부대시설은 관리사무소, 환경오염 방지시설, 창고 등

⑧ 경계 표시는 백색페인트로, 완충구역은 적색페인트로 표시해야 한다.

⑨ 토석 채취 허가증은 별지 제18호 서식에 따른다.

4 토석 채취 신고

시행규칙 제24조의2(토사 채취의 신고)

① 토사 채취 신고 시 별지 제18호의2 서식과 다음 서류 첨부
- 사업계획서
- 소유권 증명 서류
- 공동신고 시 대표자 증명서류
- 토사 채취량에 대한 구적도

② 경미한 변경 사항은 신고로 대체 가능하다.

③ 변경신고 시 별지 제18호의3 서식을 사용하며, 행정정보를 통해 소유권을 확인해야 한다.

④ 신고수리는 기재사항 흠, 첨부서류 누락, 거짓 신고, 복구비 미예치 등의 경우 거부할 수 있다.

핵심 38 허가·신고 없이 할 수 있는 토석 채취

● 산지관리법

1 허가 · 신고 없이 할 수 있는 토석 채취

제25조의2(허가 · 신고 없이 할 수 있는 토석 채취)

허가나 신고 없이 채취 가능한 토석은 다음과 같다. 다만, 대통령령으로 정한 경우는 허가 또는 신고 필요

① 부수적으로 나온 토석

- 산지전용, 산지일시사용 중 부수적으로 나온 토석(토목용 사용 또는 산지 외 지역 가공 시에만 해당)
- 도로, 철도 등 설치 과정에서 나온 토석

② 허가받은 토석의 부수적 채취

- 토석 채취 허가 또는 신고, 채석신고 받은 자가 채취 과정에서 부수적으로 나온 토석

③ 제25조제2항의 용도로 제한된 규모 이하의 토사 채취

2 허가 · 신고를 해야 하는 토석 채취

시행령 제32조의2(허가 · 신고를 해야 하는 토석 채취)

대통령령으로 정한 허가 · 신고 대상은 다음과 같다.

① 자연석

- 산지전용 · 산지일시사용 중 굴취된 자연석을 외부로 반출할 경우

② 대량 토석 반출

- 5만 ㎥ 이상을 산지 외로 반출할 경우, 다만 공공시설을 위한 국가 · 지자체 사업은 제외

③ 부수적 자연석 · 지하 암반 채취

- 부수적으로 자연석이나 지하 암반을 굴취하는 경우

④ 광물 포함 토석

- 광물 채취 시 부수적으로 얻은 토석을 다른 용도로 사용 또는 판매할 경우

3 토석 채취제한지역

제25조의3(토석 채취제한지역의 지정 등)

① 공공의 이익을 위하여 보전이 필요하다고 인정되는 산지로 토석 채취가 제한되는 지역(토석 채취제한지역)은 다음과 같다.

– 공공시설 보호를 위해 일정 거리 이내의 산지

– 철도 연변 가시지역 보호를 위한 일정 거리 이내의 산지

– 보전국유림에 해당하는 산지

– 산지전용 · 일시사용 제한지역 및 대통령령으로 정한 지역

– 산림생태계, 경관 보전, 역사적 · 문화적 가치가 있는 산지로 산림청장이 지정한 지역

② 제1항제5호의 토석채취제한지역 지정절차는 제9조제2항 및 제3항을 준용한다.

4 토석 채취 제한 산지

시행령 제32조의3(토석 채취제한지역)

① 법 제25조의3에 따른 토석 채취 제한 산지는 다음과 같다.

– 수형목 및 보호수 경계로부터 30미터 이내 산지

– 철도, 궤도, 도로, 전원설비, 하천, 호소, 저수지, 자연휴양림 등 시설의 경계로부터 100미터 이내 산지

– 군사시설, 행정기관, 지방자치단체, 학교, 의료기관 등에서 500미터 이내 산지

② 철도 및 도로 연변가시지역의 경우 토석 채취 제한 산지는 다음과 같다.

– 고속국도 및 철도: 2,000미터 이내

– 일반국도: 1,000미터 이내

– 지방도: 500미터 이내

③ 법 제25조의3에 따른 대통령령으로 정한 제한 지역은 다음과 같다.

– 수목원 및 정원 안의 산지

– 사방지, 야생생물 보호구역 내 산지

– 문화유산 및 자연유산 보호구역 산지

– 채종림, 시험림, 산림보호구역

5 행위제한

제25조의4(토석 채취제한지역에서의 행위제한)

토석 채취제한지역에서는 일반적으로 토석 채취가 금지된다. 그러나 다음과 같은 경우에는 예외적으로 채취를 허용한다.

- 재해 복구를 위해 토석 채취가 필요한 경우
- 도로 설치 등 대통령령으로 정한 사업 중 터널이나 갱도를 파는 과정에서 나온 토석을 사업에 사용하는 경우
- 공용 · 공공용 사업을 위해 필요한 경우 등 대통령령으로 정하는 경우
- 공공시설 관리자의 동의를 받은 경우 등 대통령령으로 정하는 경우
- 제25조제2항에 따라 토사를 채취하는 경우

6 행위제한의 예외

시행령 제32조의4(토석 채취제한지역에서의 행위제한의 예외)

① 법 제25조의4제2호의 "대통령령으로 정한 사업"은 도로, 철도, 궤도, 운하, 수로 설치를 위한 사업이다.

② 공용 · 공공용 사업에 필요한 경우에는 다음과 같은 예외가 허용된다.

- 관계기관이 요청하여 타당성을 인정받은 경우
- 산지전용 · 산지일시사용 과정에서 부수적으로 토석을 생산하는 경우
- 진입로 또는 관리사무소 등 부대시설 설치 시
- 기존 토석 채취 허가지역에 인접한 신규 채취 시 특정 요건을 충족하는 경우
- 기존 허가기간이 만료된 지역에 연접한 5만㎡ 미만의 산지를 채취하여 평탄화하는 경우
- 채취된 석재 반출이나 비탈면 복구를 위한 추가 채취 시 특정 요건을 충족하는 경우
- 채석단지로 지정된 구역에서 채취하는 경우

산지에서 재해의 방지

● 산지관리법

1 재해의 방지

제37조(재해의 방지 등)

① 산림청장 등은 다음의 허가에 따라 산지에서 산지전용, 산지일시사용, 토석 채취, 복구 등을 수행 중인 경우, 재해 방지와 산지경관 유지 등을 위한 조사, 점검, 검사를 할 수 있다.

 – 산지전용허가

 – 산지전용신고

 – 산지일시사용허가 및 산지일시사용신고

 – 토석 채취 허가 및 토사 채취 신고

 – 채석신고

 – 토석 매각 또는 무상양여처분

 – 산지복구 명령

 – 다른 법률에 따른 행정처분

② 신 · 재생에너지 설비 설치 허가를 받은 자는 정기적으로 지정된 점검기관에 의뢰하여 조사, 점검, 검사를 실시하고 결과를 산림청장에게 제출해야 한다.

③ 산림청장은 제출된 결과를 바탕으로 산지태양광발전설비 관리계획을 매년 1월 말까지 수립, 시행해야 한다.

④ 관리계획 수립 및 시행에 필요한 사항은 대통령령으로 정한다.

⑤ 산림청장은 매년 국회에 관리계획과 시행결과를 보고해야 한다.

⑥ 조사, 점검, 검사 업무의 일부를 산지전문기관에 위탁할 수 있다.

⑦ 조사 결과 필요시, 산림청장은 산지전용 등의 허가 · 신고자에게 일시 중단, 녹화피복 등 방지 조치, 시설 설치 및 조림, 산지경관 유지 등의 명령을 내릴 수 있다.

⑧ 명령을 이행하지 않으면, 복구비를 예치한 자에 대해서는 대행자를 통해 복구를 진행하고, 예치되지 않은 경우에는 행정대집행을 실시할 수 있다.

⑨ 복구비로 조치한 경우, 줄어든 복구비는 다시 예치하게 해야 한다.

2 재해의 방지

시행령 제45조(재해의 방지 등)

① 산림청장 등은 산지전용, 산지일시사용, 토석 채취 또는 복구와 관련하여 재해 방지와 산지경관 유지를 위해 다음의 조치를 취할 수 있다.

- 보고 요구
- 자료 제출 요구
- 산지 출입
- 산림청장이 필요하다고 인정하는 기타 행위

② 점검기관은 산지보전협회와 한국치산기술협회이다.

③ 점검기관은 서면조사 또는 현장점검을 통해 조사, 점검, 검사를 수행해야 한다.

④ 조사와 점검은 신·재생에너지 설비 공사 착공일부터 사업 시작 신고 후 3년까지 매년 1회 이상 실시해야 한다.

⑤ 점검기관은 조사 결과를 완료 후 30일 이내에 허가자에게 제출하고, 허가자는 이를 산림청장에게 7일 이내에 보고해야 한다.

⑥ 산지태양광발전설비 관리계획에는 설치 및 관리 현황, 재해 발생 및 산림훼손 현황, 재해방지 조치, 복구 대책 등이 포함되어야 한다.

⑦ 산지전문기관은 산지보전협회와 한국치산기술협회로 지정된다.

⑧ 산림청장은 필요한 조치를 명령할 경우 그 내용과 기간을 서면으로 통지해야 한다.

⑨ 복구비가 줄어든 경우 추가 예치를 요구해야 한다.

3 복구비의 예치

시행규칙 제40조(복구비의 예치시기·절차 등)

① 관할청은 복구비 예치를 위해 별지 제38호서식의 복구비예치통지서를 미리 송부해야 한다.

② 통지서를 받은 자는 30일 이내에 복구비를 예치해야 하며, 예치된 복구비는 세입·세출 외로 구분하여 회계 처리한다.

③ 예치 시 현금으로 예치하거나 다음 지급보증서 등으로 예치해야 한다.

- 지급보증서·증권·보증보험증권
- 복구를 보증하는 보증서
- 공동명의 정기예금증서
- 골재협회 발행 보증서
- 한국광해광업공단 발행 보증서

④ 보증기간은 산지전용 면적에 따라 다음 기간을 가산한다.

- 1만㎡ 미만: 6~8개월
- 1만㎡ 이상 2만㎡ 미만: 8~10개월
- 2만㎡ 이상 5만㎡ 미만: 10~12개월
- 5만㎡ 이상: 12개월 이상

⑤ 복구설계서 제출기간 연장 시, 가산 기간에 연장 기간을 추가하여 보증기간을 연장한다.

⑥ 복구비를 승계한 경우 승계인이 예치한 것으로 보며, 승계하지 않으면 승계인이 새로 예치해야 한다.

⑦ 승계인은 명의변경 신고 수리 전 복구비를 예치해야 한다.

- 산지전용허가, 산지전용신고, 산지일시사용허가 및 신고, 토석 채취 허가, 토사 채취 신고, 채석신고의 명의 변경

40 산지복구공사의 감리

● 산지관리법

제40조의2(산지복구공사의 감리 등)

① 복구의무자는 대통령령이 정하는 면적 이상의 산지를 복구할 때 아래의 자격을 갖춘 자로부터 감리를 받아야 한다. 다만, 다른 법률에 따라 감리하는 경우는 제외한다.
   - 산림 분야 기술사사무소
   - 산림전문 분야 엔지니어링사업자
   - 산지복구공사 감리 가능자

② 감리자는 감리 중 법 위반 사항이나 복구설계서와 다른 공사를 발견 시 즉시 복구의무자에게 시정을 통지하고, 7일 이내에 산림청장에게 보고해야 한다.

③ 복구의무자는 시정통지에 따라 위반 사항을 시정하고 감리자의 확인을 받아야 한다.

④ 복구의무자는 감리자의 시정통지에 이의가 있으면 공사를 중지하고 산림청장에게 이의신청을 할 수 있다.

⑤ 감리 기준과 절차, 감리자의 선정 및 관리 등 필요한 사항은 농림축산식품부령으로 정한다.

시행령 제48조의2(산지복구공사의 감리대상)

① 산지전용 · 산지일시사용 허가: 1만㎡

② 산지전용 · 산지일시사용 신고(제15조제1항제3호 또는 제15조의2제4항제3호 해당): 1만㎡

③ 석재 토석 채취 허가: 5만㎡

④ 토사 토석 채취 허가: 1만㎡

⑤ 채석단지 지정: 20만㎡

시행규칙 제42조의2(산지복구공사의 감리)

① 감리 범위
   - 시공계획 및 공사관리 검토
   - 법령 및 설계도서 준수 여부 확인
   - 재해 예방 및 안전관리 확인
   - 설계변경 검토 및 확인
   - 기타 공사감리계약 사항

③ 관할청은 필요시 감리자료 요청 및 현황 보고를 요구할 수 있다.

④ 감리자 배치 및 업무 수행은 「산림기술 진흥 및 관리에 관한 법률」에 따른다.

핵심 41 산지전용타당성 조사 항목

- 산지관리법
- 산지관리법 시행령 [별표 4의3] <개정 2016. 12. 30.>

■ 산지전용타당성조사 조사 항목·기준·방법(제20조의3제2항 관련)

1. 법 제8조제1항에 따른 협의를 신청하는 경우

구분	조사 항목	조사기준	
가. 필요성	사업의 타당성	1) 사업목적과 산지의 보전·이용계획의 연계성 2) 사업계획의 구체성 및 실현가능성 3) 협의면적규모의 적정성	
나. 적합성	보전산지 등의 편입	별표 2 제1호·제2호·제4호 및 제5호의 기준	
	보전산지에서의 행위제한	별표 2 제6호의 기준	
	인근 산림경영·관리에 대한 영향	별표 2 제7호 및 제8호의 기준	
	산지의 평균경사도	별표 2 제10호의 기준	
	산지의 ha당 입목축적	별표 2 제11호의 기준	
	기본계획 및 지역계획과의 적합성	별표 2 제12호의 기준	
	보전산지 편입비율	별표 2 제13호의 기준	
다. 환경성	분수령·하천·소계류·소능선 등의 편입	별표 2 제3호의 기준	
	형질우량 산림의 원형보존	별표 2 제9호의 기준	

2. 법 제14조에 따른 산지전용허가(다른 법률에 따라 산지전용허가가 의제되는 행정처분을 포함한다)를 받으려는 경우

구분	조사 항목	조사기준
가. 필요성	사업의 타당성	1) 사업목적과 산지전용계획의 연계성 2) 사업계획의 구체성 및 실현가능성

구분	조사 항목	조사기준	
나. 적합성	행위제한	행위제한 저촉 여부	
	인근 산림경영 · 관리에 대한 영향	별표 4 제1호가목의 세부기준	
	우량한 산림의 편입	별표 4 제2호가목의 세부기준	
	재해 발생 우려	별표 4 제1호다목 및 제2호나목의 세부기준	
	산림의 수원 함양 및 수질보전 기능	별표 4 제1호라목의 세부기준	
	보호할 가치가 있는 산림의 편입	별표 4 제2호다목의 세부기준	
	사업계획 및 전용면적 · 방법의 적정성	별표 4 제1호마목 및 제2호라목의 세부기준	
	공장 · 도로	별표 4 제3호의 세부기준	
다. 환경성	산림의 자연생태적 기능 유지	별표 4 제1호나목의 세부기준	

3. 법 제15조의2에 따른 산지일시사용허가(다른 법률에 따라 산지일시사용허가가 의제되는 행정처분을 포함한다)를 받으려는 경우

구분	조사 항목	조사기준	
가. 필요성	사업의 타당성	1) 사업목적과 일시사용계획의 연계성 2) 사업계획의 구체성 및 실현가능성	
나. 적합성	행위제한	행위제한 저촉 여부	
	인근 산림경영 · 관리에 대한 영향	별표 4 제1호가목의 세부기준	
	우량한 산림의 편입	별표 4 제2호가목의 세부기준	
	재해 발생 우려	별표 4 제1호다목 및 제2호나목의 세부기준	
	산림의 수원 함양 및 수질보전 기능	별표 4 제1호라목의 세부기준	
	보호할 가치가 있는 산림의 편입	별표 4 제2호다목의 세부기준	
	사업계획 및 전용면적 · 방법의 적정성	별표 4 제1호마목 및 제2호라목의 세부기준	
	대상시설 · 행위별 지역 · 조건 · 기준	별표 3의2 산지일시사용허가 · 협의의 대상시설 · 행위별 지역 · 조건 · 기준 중 별표 4와 중복되지 아니하는 조건 · 기준	
다. 환경성	산림의 자연생태적 기능 유지	별표 4 제1호나목의 세부기준	

※ 비고

1. 제1호부터 제3호까지의 조사 항목 · 기준 · 방법을 적용할 때 별표 2, 별표 3의2 및 별표 4의 조건 · 기준에서 예외로 하거나 배제하고 있는 사항은 조사 항목에서 제외한다.

2. 삭제 〈2016. 6. 21.〉

토석 채취 허가 기준

● 산지관리법 시행령 [별표 8] <개정 2021. 12. 16.>

Ⅰ. 토석 채취 허가 기준

1 산지의 형태

1) 지형

① 채취지역의 표고(산자락하단부 기준으로 산정부의 높이) 70% 이하에서 채취 가능

② 예외 사항

- 채취로 인해 절개사면 없이 평탄지로 변경되는 경우

- 해당 산지의 표고가 300m 미만일 경우

- 제8호 라목의 사업계획이 수립된 경우

2) 경사도

① 채취지역의 평균 경사도는 35도 이하

② 채취 후 절개사면의 기울기는 아래 기준에 적합해야 한다.

- 건축용 석재: 기울기 1:0.4 이하

- 비건축용 석재: 기울기 1:0.5 이하

- 토사 채취: 기울기 1:1.0 이하

③ 단, 채취로 평탄지가 되는 경우에는 절개사면 기울기 기준 적용 제외

2 임목의 구성

1) 입목 축적

① 채취지역의 입목축적은 관할 시·군·구의 평균 축적의 150% 이하로 제한

- 단, 산불, 솎아베기, 인위적 벌채 후 5년 이내인 경우, 해당 시점의 입목축적으로 환산 적용

② 새로운 산림기본통계 발표 전까지는 시·도별 평균생장률을 적용하여 ha당 입목축적 산정

2) 입목 분포

- 채취지역 내 50년생 이상 활엽수림 비율이 50% 이하이어야 한다.

3 토석 채취 면적

① 채취 면적

- 5만㎡ 이상이어야 한다.

② 예외 사항

- 허가 지역에 연접된 산지의 전체면적이 5만㎡ 미만인 경우
- 잔여 산지를 평탄지로 만들기 위해 계속 채취할 필요가 있는 경우
- 비탈면 복구를 위해 최소한의 석재 채취가 필요한 경우
- 산지전용 · 일시사용 과정에서 부수적으로 석재 채취가 발생하는 경우
- 기존 허가 면적의 20% 범위 내에서 추가 채취(1회 한정)
- 산물처리장 · 진입로 · 관리사무소 등 부대시설 설치 시
- 허가 면적의 변경 없이 채취량 증가 시
- 토사 채취 용도로 허가를 받은 경우
- 채취 면적 축소 시

4 완충구역 설정 및 토사 유출 방지

① 완충구역 설정

- 인접지 붕괴 방지를 위해 허가 구역 경계 안쪽 10m 완충구역 설정
- 단, 제3호 가목~라목, 바목에 해당하는 경우 제외

② 토사 유출 방지시설

- 채취로 인해 물 고임 방지를 위해 침사지를 설치해야 한다.

5 토석 채취 방법

① 계단식 채취

- 표토 제거 외의 채취는 상부에서 하부로 계단식 진행 또는 평탄지로 채취
- 계단식 채취 시, 한 계단이 완료된 후 다음 계단을 채취해야 한다.

② 지하 채취

- 되메우기용 흙 조달 계획이 타당하고 실현 가능해야 한다.

③ 진동ㆍ소음ㆍ먼지 최소화

- 채취 과정에서 진동, 소음, 먼지 최소화 조치 필요

④ 표토 관리

- 연차별 계획에 따라 채취. 복구에 필요한 표토 및 토사는 외부 반출 불가

6 주변 산림의 경영 및 관리

- 채취로 인해 임도(산림도로)가 단절되지 않도록 관리
- 단절되는 임도는 대체 임도 설치 가능

7 사업계획 및 산림훼손 방지

① 사업계획의 타당성

- 채취와 관련된 사업계획이 구체적이고 타당해야 한다.
- 허가 후 지체 없이 채취가 가능해야 한다.

② 입목벌채계획

- 연차별 입목벌채 및 토석 채취ㆍ생산ㆍ반출계획이 구체적이어야 한다.

③ 부대시설의 효율성

- 목적사업의 성격, 주변 경관, 시설물 배치를 고려하여 부대시설이 과도하게 포함되지 않도록 한다.

④ 피해 방지계획

- 분진, 토사 유출, 산사태 등 방지 계획 타당성 검토
- 중간 복구계획 포함 필요

8 경관 훼손 및 재해 방지

① 경관 영향 검토

- 채취면적이 7만㎡ 이상인 경우 산지경관 영향 모의실험 실시
- 경관 훼손 최소화 대책 마련

② 차폐림 조성

- 도로, 가옥, 공장에서 보이는 곳에 가공시설 설치 시 차폐림으로 소음ㆍ분진 방지 및 경관 보전 대책 마련
- 암반 지형 등 차폐림이 불가한 경우 차폐시설 대체 가능

③ 소단 조성

  - 채취 후 비탈면의 수직높이가 15m 이상인 경우, 15m 이하 간격으로 너비 5m 이상의
    소단 조성

  - 60m 이상의 경우 60m 이하 간격으로 너비 10m 이상의 소단 추가 조성

④ 반대사면 채취

  - 반대사면 하단부까지 채취 시 비탈면 최소화 계획 필요

  - 채취로 인한 절개사면 높이 20m 이하

  - 산지 상부에서 하부로 계단식 채취

Ⅱ. 비고

1. 당초 허가신청 시의 사업계획과 달리 제5호에 따라 계단식으로 채취 등을 하지 아니하거나 채취지역의 하부를 발파하여 복구가 어려운 비탈면이 발생한 경우에는 법 제31조에 따라 허가취소 등의 조치를 할 수 있다. 이 경우 쇄골재를 채취하는 때는 「골재채취법」 제19조제1항에 따라 국토교통부장관에게 해당 골재채취업의 등록취소 또는 영업정지를 명하도록 요청할 수 있다.

2. 제1호 및 제2호의 기준을 적용하는 데 필요한 세부적인 사항은 농림축산식품부령으로 정한다.

3. 다음 각 목의 어느 하나에 해당하지 아니하는 보전국유림으로서 이를 통과하지 아니하고는 토석을 운반할 수 없는 경우에는 채취 등을 하려는 면적의 100분의 10의 범위에서 보전국유림 안에 운반로를 설치할 수 있다.

   가. 「산림문화·휴양에 관한 법률」 제13조제1항에 따른 자연휴양림, 「산림자원의 조성 및 관리에 관한 법률」 제19조제1항에 따른 채종림, 같은 법 제43조제1항에 따른 보안림, 동법 제47조제1항에 따른 시험림

   나. 「수목원·정원의 조성 및 진흥에 관한 법률」 제2조제1호 및 제1호의2에 따른 수목원 및 정원

   다. 「사방사업법」 제2조제4호에 따른 사방지

4. 토석을 굴취·채취하려는 산지의 지형 여건 또는 사업의 성격상 위 기준을 적용하는 것이 불합리하다고 인정되는 경우에는 다음 각 목의 경우에 한하여 중앙산지관리위원회 또는 지방산지관리위원회의 심의를 거쳐 완화하여 적용할 수 있다.

   가. 제1호가목(산지의 표고)

   나. 제1호나목(지하로 채취 등을 하는 경우에 발생하는 비탈면에 대한 절개사면의 기울기)

   다. 제3호(토석 채취면적)

라. 제5호가목(지하로 채취 등을 하는 경우의 토석 채취방법)

마. 제8호다목(지하로 채취 등을 하는 경우의 소단 조성 및 재해방지 대책의 수립)

5. 산정부 및 산자락하단부의 결정 방법은 다음 각 목과 같다.

　가. "산정부"란 사업구역에 편입된 산지가 속하는 사면의 가장 높은 봉우리를 말한다. 다만, 복합사면의 경우 사업구역의 경계선으로부터 1km 이내에 있는 가장 높은 지점을 말한다.

　나. "산자락하단부"란 사업구역에 편입된 산지가 속하는 사면의 임상도(林相圖, 산림 내 수목의 상황을 파악할 수 있도록 작성된 도면을 말한다. 이하 같다)상 임경지(林境地)의 가장 높은 지점을 말한다.

　다. "임경지"란 축척 1/5,000 이상의 임상도에 표시된 산지와 다른 토지와의 경계를 말한다. 다만, 다음의 어느 하나에 해당하는 토지와의 경계는 이를 임경지로 보지 않는다.

　　1) 도로 · 철도 등 선형으로 이루어진 토지

　　2) 면적 3ha 미만의 농지 · 초지 등 산지가 아닌 토지(이하 "농지 · 초지 등"이라 한다)

　라. 임상도가 없는 지역 또는 현지와 임상도가 불일치하는 지역의 경우에는 산지에 의해 단절되지 않고 연속해 연결된 농지 · 초지 등(산지전용허가 · 신고를 받아 다른 용도로 이용되고 있는 토지 또는 구거 · 도로와 연속해 연결된 농지 · 초지 등은 제외한다)의 가장 높은 지점을 산자락하단부로 본다.

핵심 43 산사태위험지 판정기준표

● 산지관리법
● 산지관리법 시행규칙 [별표 1의2] <개정 2018. 11. 12.>

■ 산사태위험지판정기준표(제5조 및 제28조의3 관련)

구분	위험요인별 점수				
	1	2	3	4	5
경사길이(m)	50 이하	51~100	101~200	201 이상	
점수	0	19	36	74	
모암	퇴적암 (이암, 혈암, 석회암, 사암 등)	화성암 (화강암류 기타)	변성암 (천매암, 점판암 기타)	변성암 (편마암류 및 편암류)	화성암 (반암류와 안산암류)
점수	0	5	12	19	56
경사위치	0-1/10	2-6/10	7-10/10		
점수	0	9	26		
임상	• 침엽수림 (치수림, 소경목) · 무입목지	• 침엽수림 (중경목, 대경목) • 활엽수림, 혼효림 (치수림)	• 활엽수림, 혼효림 (소, 중, 대 경목)		
점수	18	26	0		
사면형	상승사면	평형사면	하강사면	복합사면	
점수	0	5	12	23	
토심(cm)	20 이하	21~100	101 이상		
점수	0	7	21		
경사도(°)	25 이하	26~40	41이상		
점수	16	9	0		

<table>
<tr><td rowspan="6">조사자의
점수보정</td><td>※ 보정인자</td></tr>
<tr><td>1. 조사자 또는 마을사람들이 산사태 발생 위험지역이라고 생각함(+10)</td></tr>
<tr><td>2. 조사자 또는 마을사람들이 산사태 발생 위험성이 전혀 없다고 생각함(-10)</td></tr>
<tr><td>3. 인위적 산림훼손지로 방치하거나 불완전한 방재 시설지(+20)</td></tr>
<tr><td>4. 과수원 및 초지단지, 유실수조림지 등 지피식생이 불완전한 산지(+20)</td></tr>
<tr><td>5. 산지가 도심지에 위치하여 산사태 발생 시 피해 확산 위험이 있는 지역(+10)</td></tr>
</table>

※ 비고

1. 위 표에서 사용되는 용어의 정의 및 적용기준은 다음과 같다.

   가. "경사길이"란 산사태위험판정 대상 사면과 연결되는 수계로부터 각 능선부의 가장 높은 지점까지의 거리를 말한다.

   나. "모암(母巖)"이란 「과학기술 분야 정부출연연구기관 등의 설립·운영 및 육성에 관한 법률」 별표 제14호에 따른 한국지질자원연구원에서 작성한 축척 5만분의 1 이상의 지질도에 의한 암석성인(巖石成因)별 모암을 말한다.

   다. "경사위치"란 산사태위험판정 대상 사면의 계곡과 능선 간의 수직적인 백분율을 말한다.

   라. "침엽수림"이란 해당 산지에 침엽수가 75% 이상 생육하고 있는 산림을 말한다.

   마. "활엽수림"이란 해당 산지에 활엽수가 75% 이상 생육하고 있는 산림을 말한다.

   바. "혼효림"이란 해당 산지에 침엽수 또는 활엽수가 각각 25% 초과 75% 미만으로 생육하고 있는 산림을 말한다.

   사. "치수림(稚樹林)"이란 가슴높이지름 6㎝ 미만의 입목이 50% 이상 생육하고 있는 산림을 말한다.

   아. "사면형"이란 사면의 종단면형을 말한다.

   자. "상승사면"이란 사면으로 올라갈수록 경사가 완만해지는 완경사면을 말한다.

   차. "평형사면"이란 사면에서의 경사가 일정한 사면을 말한다.

   카. "하강사면"이란 사면으로 올라갈수록 경사가 급해지는 급경사면을 말한다.

   타. "복합사면"이란 2개 이상의 사면형이 존재하는 사면을 말한다.

   파. "토심(土深)"이란 모암으로부터 지표면까지의 토사의 깊이 또는 수목의 뿌리가 비교적 용이하게 침투할 수 있는 토양의 깊이를 말한다.

   하. "경사도"란 사면의 각도로서 평균경사도를 말한다.

2. 산사태위험도는 위 표 각호의 위험요인에 해당하는 점수의 합계로 하며, 다음 각 목의 구분에 따른다.

   가. 180점 이상인 경우: 산사태 발생 가능성이 대단히 높은 지역

   나. 120점 이상 180점 미만인 경우: 산사태 발생 가능성이 높은 지역

   다. 61점 이상 120점 미만인 경우: 산사태 발생 가능성이 낮은 지역

   라. 60점 미만인 경우: 산사태 발생 가능성이 없는 지역

핵심 44

산지전용 허가기준 (세부기준)

● 산지관리법 시행령 [별표 4] <개정 2023. 6. 7.>

1 산지전용 시 공통으로 적용되는 허가기준

허가기준	세부기준
가. 인근 산림의 경영·관리에 큰 지장을 주지 아니할 것	산지전용으로 인하여 임도가 단절되지 아니할 것
나. 희귀 야생동·식물의 보전 등 산림의 자연생태적 기능 유지에 현저한 장애가 발생되지 아니할 것	개체수나 자생지가 감소되고 있어 계속적인 보호·관리가 필요한 야생 동·식물이 집단적으로 서식하는 산지
다. 토사의 유출·붕괴 등 재해 발생이 우려되지 않을 것	1) 산사태가 발생할 가능성이 높은 것으로 판정된 지역 또는 산사태가 발생한 지역이 아닐 것 2) 하천·소하천·구거의 선형은 자연 그대로 유지되도록 계획을 수립할 것 3) 배수시설은 배수를 하천 또는 다른 배수시설까지 안전하게 분산 유도할 수 있도록 계획을 수립할 것 4) 성토비탈면은 토양의 붕괴·침식·유출 및 비탈면의 고정과 안정을 유도하기 위한 공법을 적용할 것 5) 돌쌓기, 옹벽 등 재해방지시설을 그 절토·성토면에 설치하는 경우에는 해당 재해방지시설의 높이를 고려하여 그 재해방지시설과 건축물을 수평으로 적절히 이격할 것
라. 산림의 수원 함양 및 수질보전기능을 크게 해치지 아니할 것	전용하려는 산지는 상수원보호구역 또는 취수장으로부터 상류 방향 유하거리 10킬로미터 밖으로서 하천 양안 경계로부터 500미터 밖에 위치하여 상수원·취수장 등의 수량 및 수질에 영향을 미치지 아니할 것
마. 사업계획 및 산지전용면적이 적정하고 산지전용 방법이 자연경관 및 산림훼손을 최소화하고 산지전용 후의 복구에 지장을 줄 우려가 없을 것	• 지체 없이 사업시행 가능할 것 • 행위와 사업내용이 구체적이고 타당할 것 • 공장과 건축물은 해당 법의 기준에 맞을 것 • 가능한 한 지형을 유지하며 시설물 설치 • 비탈면은 토질에 따라 적정한 경사도와 높이를 유지할 것 • 시설물이 자연경관을 해치지 않을 것. 해안 경관 포함

허가기준	세부기준
마. 사업계획 및 산지전용면적이 적정하고 산지전용 방법이 자연경관 및 산림훼손을 최소화하고 산지전용 후의 복구에 지장을 줄 우려가 없을 것	• 산림생태계가 고립되지 않을 것. 생태통로 설치 등 • 전용 산지의 면적이 적정한 규모일 것 • 장례시설, 폐기물처리시설 등은 적절히 차폐시설을 할 것 • 원형 보존 녹지, 신규 조성 산림의 관리계획이 적절할 것 • 적법한 도로를 이용하여 산지전용을 할 것 • 단독주택의 경우 단독 소유, 공동주택은 전원 동의할 것 • 해안사방사업으로 조성된 산림이 편입되지 않을 것 • 분묘 중심지로 5m 이내의 산지가 편입되지 않을 것 ☞ 농림어업인이 자기 소유의 산지에서 직접 농림어업을 경영하면서 실제로 거주하기 위하여 건축하는 주택 및 부대시설을 설치하는 경우에는 자기 소유의 기존 임도를 활용하여 시설할 수 있다.

❷ 산지전용면적에 따라 적용되는 허가기준

허가기준	전용면적
가. 집단적인 조림성공지 등 우량한 산림이 많이 포함되지 아니할 것	• 조림 성공지와 우량 천연림 30만㎡ 이상의 산지전용에 적용
나. 토사의 유출·붕괴 등 재해 발생이 우려되지 아니할 것	• 산사태, 토사 유출 우려지 2만㎡ 이상의 산지 전용에 적용
다. 산지의 형태 및 임목 구성 등의 특성으로 인하여 보호할 가치가 있는 산림에 해당하지 아니할 것	• 산지 평균경사도 급한 지역 • ha당 임목축적이 많은 지역 660㎡ 이상의 산지전용에 적용. 다만, 비고 제1호에 해당하는 시설에는 적용하지 아니한다.
라. 사업계획 및 산지전용면적이 적정하고 산지전용 방법이 자연경관 및 산림훼손을 최소화하고 산지전용 후의 복구에 지장을 줄 우려가 없을 것	• 전산지 편입사업 • 산지 형질변경 사업 30만㎡ 이상의 산지전용에 적용 → 산지경관 모의 실험 실시

❷ 산지전용대상 사업에 따라 적용되는 허가기준

허가기준	적용대상 사업
가. 사업계획 및 산지전용면적이 적정하고 산지전용 방법이 자연경관 및 산림훼손을 최소화하고 산지전용 후의 복구에 지장을 줄 우려가 없을 것	공장, 도로, 송전시설

핵심 45

산지전용 허가기준 세부사항

● 산지관리법 시행규칙 [별표 1의3] <개정 2023. 6. 12.>

■ 산지전용 허가기준의 세부사항(제10조의2 관련)

관련 조문	세부사항
1. 영 별표 4 제1호 마목3) 3) 가능한 한 기존의 지형이 유지되도록 시설물이 설치될 것	가. 산지의 형질변경으로 발생하는 복구대상 비탈면(목적사업의 수행을 위하여 산지전용·산지일시사용되는 산지가 아닌 산지의 비탈면을 말한다. 이하 이 표에서 "비탈면"이라 한다)의 수평투영면적은 산지전용면적의 50%를 초과해서는 안 된다. 다만, 국방·군사시설, 사방시설, 하천, 제방, 저수지, 방송·통신시설, 도로, 철도, 스키장, 우주센터시설, 양수발전시설(「전기사업법」 제25조에 따른 전력수급기본계획에 반영된 경우로 한정한다) 등의 시설을 위한 산지전용인 경우에는 그렇지 않다. 나. 도로를 설치하기 위해 산지전용을 하는 경우에는 비탈면을 안정시키기 위한 보호공의 설치, 경관 훼손을 줄이기 위한 녹화공법의 채택 또는 터널·교량의 설치 등을 통해 비탈면 발생을 최소화해야 한다.
2. 영 별표 4 제1호 마목4) 1. 산지전용 시 공통으로 적용되는 허가기준 마. 사업계획 및 산지전용면적이 적정하고 산지전용 방법이 자연경관 및 산림훼손을 최소화하고 산지전용 후의 복구에 지장을 줄 우려가 없을 것 4) 산지전용으로 인한 비탈면은 토질에 따라 적정한 경사도와 높이를 유지하여 붕괴의 위험이 없을 것	가. 비탈면의 기울기(비탈면의 높이에 대한 수평거리의 비율을 말한다)는 비탈면의 붕괴를 방지하기 위해 토질에 따라 다음의 요건을 충족해야 한다. 다만, 지질조사를 실시한 결과 안전한 것으로 인정되거나 옹벽·파일(말뚝)·앵커 등 재해방지시설을 설치하여 안전한 것으로 인정되는 경우에는 그렇지 않다. 1) 경암인 경우의 기울기는 1:0.5 이하일 것 2) 풍화암인 경우의 기울기는 1:0.8 이하일 것 3) 토사인 경우의 기울기는 1:1.0 이하일 것 4) 성토지의 자갈·토층(土層)인 경우의 기울기는 1:1.0 이하일 것 5) 계단식 산지전용(가능한 기존의 지형을 유지하기 위해 산지의 경사면을 따라 계단을 조성하고 산지전용하는 것을 말한다. 이하 같다)인 경우의 기울기는 토질과 관계없이 1:1.4 이하일 것 나. 비탈면으로 인해 재해 등이 우려되는 경우에는 다음에 해당하는 보호조치가 사업계획에 반영되어야 한다. 1) 충분한 규모의 배수시설 설치 2) 비사(飛沙)나 낙석을 방지하는 시설의 설치 다. 비탈면의 수직높이는 15m 이하가 되도록 사업계획에 반영해야 한다. 다만, 다음의 어느 하나에 해당하는 경우에는 그렇지 않다.

관련 조문	세부사항
2. 영 별표 4 제1호 마목4) 1. 산지전용 시 공통으로 적용되는 허가기준 마. 사업계획 및 산지전용면적이 적정하고 산지전용 방법이 자연경관 및 산림훼손을 최소화하고 산지전용 후의 복구에 지장을 줄 우려가 없을 것 4) 산지전용으로 인한 비탈면은 토질에 따라 적정한 경사도와 높이를 유지하여 붕괴의 위험이 없을 것	1) 다른 법령에서 절토·성토면의 수직높이를 특별히 정하고 있는 경우 2) 계단식 산지전용인 경우. 이 경우 계단의 수직높이가 각각 15미터 이하이어야 하며, 계단에 조성되는 사업부지의 너비[소단(小段: 비탈면의 경사를 완화시키기 위해 중간에 좁은 폭으로 설치하는 평탄한 부분을 말한다. 이하 같다)의 너비를 제외한다]는 계단의 긴 변을 기준으로 직각으로 계단의 너비를 재었을 때 15미터 이상이 되는 부분의 길이가 계단의 긴 변 길이의 100분의 90 이상이어야 한다(예시 참조). [예시] 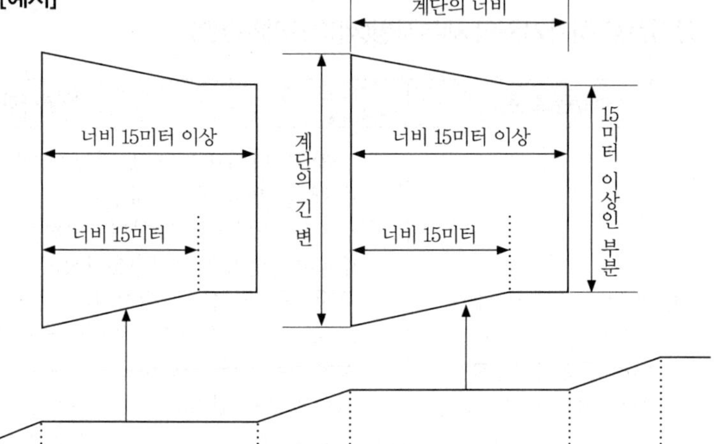 3)「도로법」에 따른 도로,「국토의 계획 및 이용에 관한 법률」제2조제4호에 따른 도시·군관리계획으로 결정된 시설 중 도로,「농어촌도로정비법」제2조에 따른 농어촌도로인 경우 4)「우주개발진흥법」제5조제1항에 따른 우주개발진흥 기본계획에 따라 설치하는 인공우주물체 발사 등을 위한 우주센터시설 5) 철도 6) 댐, 저수지 7) 공항 8) 양수발전시설(「전기사업법」제25조에 따른 전력수급기본계획에 반영된 경우로 한정한다) 라. 비탈면(옹벽을 포함한다)의 수직높이가 5m 이상인 경우에는 5m 이하의 간격으로 너비 1m 이상의 소단을 설치하도록 사업계획에 반영해야 한다. 다만, 다음의 어느 하나에 해당하는 경우로서「국가기술자격법」에 따른 건축 분야 건축구조 기술사, 토목 분야의 토목구조 기술사, 토질 및 기초 기술사, 지질 및 지반 기술사, 토목시공 기술사 또는「기술사법」에 따른 산림 분야 기술사가 소단을 설치하지 않아도 안전하다고 인정하는 경우 및 도로·철도·댐·저수지·공항·양수발전시설(「전기사업법」제25조에 따른 전력수급기본계획에 반영된 경우로 한정한다)에 대해서는 그러하지 아니하다. 1) 비탈면이 암반으로 이루어져 있는 경우 2) 비탈면에 건축물의 벽체를 붙여 설치하는 경우

관련 조문	세부사항
2. 영 별표 4 제1호 마목4) 1. 산지전용 시 공통으로 적용되는 허가기준 마. 사업계획 및 산지전용면적이 적정하고 산지전용 방법이 자연경관 및 산림훼손을 최소화하고 산지전용 후의 복구에 지장을 줄 우려가 없을 것 4) 산지전용으로 인한 비탈면은 토질에 따라 적정한 경사도와 높이를 유지하여 붕괴의 위험이 없을 것	마. 목적사업이 「건축법 시행령」 별표 1에 따른 단독주택, 공동주택, 수련시설, 숙박시설 또는 공장의 신축인 경우에는 아래 [예시]와 같이 형질 변경되는 부지의 최대폭의 2배 거리만큼 산정부 방향으로 수평투영한 지점에 해당하는 원지반까지의 경사도가 25° 이하여야 한다. 다만, 형질 변경되는 부지 상부 비탈면의 모암(母巖) 또는 산림의 상태가 안정적이어서 토사 유출이나 산사태가 발생할 가능성이 낮은 경우에는 그렇지 않다. [예시] 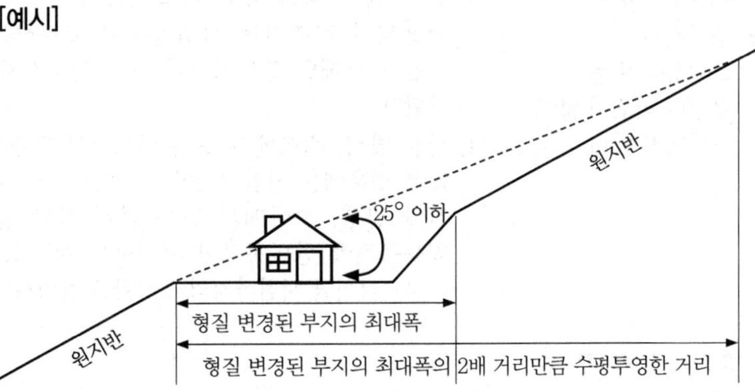
3. 영 별표 4 제1호 마목6) 6) 전용하려는 산지의 표고(標高)가 높거나 설치하려는 시설물이 자연경관을 해치지 아니할 것	가. 산지의 경관을 보전하기 위해 전용하려는 산지는 해당 산지의 표고(標高: 산자락 하단부를 기준으로 한 산정부의 높이를 말한다. 이하 같다)의 50% 미만에 위치해야 한다. 다만, 다음의 어느 하나에 해당하는 경우에는 그렇지 않다. 1) 국방·군사시설, 도로, 철도, 댐, 사방시설, 하천, 제방, 저수지, 양수발전시설(「전기사업법」 제25조에 따른 전력수급기본계획에 반영된 경우로 한정한다), 기상관측시설, 방송·통신시설, 공원시설, 스키장, 전망대시설, 수도시설, 「2018 평창 동계올림픽대회 및 장애인동계올림픽대회 지원 등에 관한 특별법」 제2조제2호에 따른 대회직접관련시설, 지방자치단체에서 직접 시행하는 천체관측시설이나 문화재 보존·복원·복구 시설 등의 설치를 위한 산지전용인 경우 2) 해당 산지의 표고가 100m 미만인 경우 3) 해발고 300m 미만의 산지(해당 시·군·구의 산림률이 전국 평균 이상인 지역만 해당한다) 4) 종전의 「산림법」(법률 제6841호로 개정되기 전의 것을 말한다)에 따라 보전임지의 전용허가 또는 산림의 형질변경허가를 받거나 산림의 형질변경신고를 하고 건축된 농림어업인의 주택 또는 사찰·교회·성당 등 종교시설과 그 부대시설을 종전 연면적의 100분의 130 미만의 범위에서 증축하거나 개축하는 경우 나. 산지를 전용하여 설치하는 건축물의 높이는 스카이라인, 주변 수목높이 등을 고려하여 최소화되도록 해야 한다.

관련 조문	세부사항
4. 영 별표 4 제2호 가목 2. 산지전용면적에 따라 적용되는 허가기준 가. 집단적인 조림성공지 등 우량한 산림이 많이 포함되지 아니할 것	가. 2만㎡ 이상 집단화된 보전산지가 산지전용허가 대상에 포함될 경우에는 ha당 입목축적이 산림기본통계상 관할 시·군·구의 ha당 평균입목축적의 150% 이하이어야 한다. 다만, 양수발전시설(「전기사업법」 제25조에 따른 전력수급기본계획에 반영된 경우로 한정한다) 또는 국가·지방자치단체·공기업·준정부기관·지방공사·지방공단이 시행하는 공용·공공용 사업인 경우에는 그렇지 않다. 나. 산림기본통계의 발표 다음 연도부터 다시 새로운 산림기본통계가 발표되기 전까지는 산림청장이 고시하는 시·도별 평균생장률을 적용하여 해당 연도의 관할 시·군·자치구의 헥타르당 입목축적을 구한다. 다. 산불 발생, 솎아베기 또는 인위적인 벌채를 실시한 후 5년이 지나지 않은 경우에는 산림청장이 고시하는 시·도별 평균생장률을 적용하여 산불 발생, 솎아베기 또는 벌채 전의 입목축적으로 환산하고, 그 입목축적에 산림청장이 고시하는 시·도별 평균생장률을 적용하여 조사·작성한 시점까지의 생장량을 반영해야 한다.
5. 영 별표 4 제2호나목1) 나. 재해우려 1) 산지전용을 하려는 산지 및 그 주변 지역에 산사태가 발생할 가능성이 높지 않을 것. 다만, 재해방지시설을 설치할 것을 조건으로 산지전용허가를 할 수 있다.	가. 전용하려는 산지에 대하여 별표 1의2의 산사태위험지판정기준표에 따라 산사태위험도를 조사한 결과 산사태위험도가 높은 지역 및 그 주변의 사면 및 계곡에 대하여 산사태 위험성 평가를 추가로 실시한 결과 산사태 또는 토석류 발생 가능성이 높지 않아야 한다. 나. 전용사업의 목적이 저수지 수몰지 또는 댐 수몰지 조성 등과 같이 재해위험성을 고려하여 필요성이 낮은 경우에는 산사태 위험성 평가를 실시하지 않는다.
6. 영 별표 4 제2호 라목1) 라. 면적 적정, 전용 방법 훼손 최소화, 전용 후 복구에 지장을 주지 않을 것 1) 사업계획에 편입되는 보전산지의 면적이 해당 목적사업을 고려할 때 과다하지 아니할 것	가. 해당 사업계획부지에 대한 보전산지의 면적비율은 매년 산림청장이 발표하는 임업통계연보상의 해당 시·군·구의 보전산지 면적비율(보전산지의 면적비율이 50% 이하인 경우에는 50%)을 초과해서는 안 된다. 나. 관할 시·군·구의 행정구역 면적에 대한 산지면적의 비율이 전국 평균 이하인 경우로서 해당 사업계획부지 안에 편입하려는 산지의 평균경사도가 15° 미만이고 ha당 입목축적(산불 발생, 솎아베기 또는 인위적인 벌채를 실시한 후 5년이 지나지 않은 때는 그 산불 발생, 솎아베기 또는 벌채 전의 입목축적으로 환산하여 적용한다)이 산림기본통계상 해당 시·군·구의 ha당 평균입목축적의 75% 미만인 경우에는 가목에 따른 보전산지 면적비율에 추가해 해당 사업계획부지의 10%의 범위에서 보전산지를 추가해 편입할 수 있다. 다. 가목 및 나목에도 불구하고 다음의 어느 하나에 해당하는 경우에는 보전산지 편입 비율을 적용하지 않는다.

관련 조문	세부사항
6. 영 별표 4 제2호 라목1) 라. 면적 적정, 전용 방법 훼손 최소화, 전용 후 복구에 지장을 주지 않을 것 1) 사업계획에 편입되는 보전산지의 면적이 해당 목적사업을 고려할 때 과다하지 아니할 것	1) 국가 또는 지방자치단체가 시행하는 공용·공공용 시설의 설치를 위해 필요한 경우 2) 관계 법령 또는 인·허가 조건에 따라 민간사업자가 시행해 국가 또는 지방자치단체에 기부채납 또는 무상귀속하게 되는 공용·공공용 시설 3) 스키장, 집단묘지(공설묘지 및 법인묘지만 해당한다), 「체육시설의 설치·이용에 관한 법률」 제14조에 따른 대중골프장을 설치하기 위한 경우 4) 관할 시·군·구의 평균입목축적 이하인 지역에 「산업입지 및 개발에 관한 법률」 제2조제8호에 따른 산업단지 또는 「관광진흥법」 제2조제7호에 따른 관광단지를 조성하는 경우 5) 양수발전시설(「전기사업법」 제25조에 따른 전력수급기본계획에 반영된 경우로 한정한다)의 설치를 위해 필요한 경우
7. 영 별표 4 제2호 라목2) 2) 시설물이 설치되거나 산지의 형질이 변경되는 부분 사이에 적정 면적의 산림을 존치하고 수림(樹林)을 조성할 것	가. 골프장의 경우에는 사업계획부지에 편입되는 산지의 20% 이상을 원형으로 존치하고 홀과 홀 간에 원형으로 산림을 존치하거나 수목을 식재(植栽)하여 녹지를 조성해야 한다. 나. 스키장의 경우에는 슬로프와 슬로프의 사이에 산지를 원형으로 존치해야 한다. 다. 가목 및 나목 외의 체육시설, 관광지, 택지의 경우에는 사업계획부지에 편입되는 산지의 20% 이상을 시설물의 사이와 사업계획부지의 경계부에 원형으로 존치하거나 수목을 식재하여 녹지를 조성해야 한다. 다만, 다른 법률에서 사업계획부지에 편입되는 산지의 원형존치율 또는 수목 식재를 통한 녹지의 조성 등을 규정하고 있는 경우에는 그 법률의 규정에 따른다.

※ 비고

1. 위 표에 따른 산정부 및 산자락하단부의 결정 방법은 다음 각 목에 따른다.

    가. "산정부"란 사업구역 내 전용하려는 산지가 속하는 사면의 가장 높은 봉우리를 말한다. 다만, 복합사면의 경우 사업구역의 경계선으로부터 1km 이내에 있는 가장 높은 지점을 말한다.

    나. "산자락하단부"란 사업구역 내 전용하려는 산지가 속하는 사면의 임상도상 임경지(林境地)의 가장 높은 지점을 말한다.

    다. "임경지"란 축척 1/5,000 이상 임상도에 표시된 산지와 그 외의 토지와의 경계를 말한다. 다만, 다음의 어느 하나에 해당하는 토지와의 경계는 이를 임경지로 보지 않는다.

        1) 도로·철도 등 선형으로 이루어진 토지

        2) 면적 3ha 미만의 농지·초지 등 산지가 아닌 토지(이하 "농지·초지 등"이라 한다)

    라. 임상도가 없는 지역 또는 현지와 임상도가 불일치하는 지역의 경우에는 산지에 의해 단절되지 않고 연속해 연결된 농지·초지 등(산지전용허가·신고를 받아 다른 용도로 이용되고 있는 토지 또는 구거·도로와 연속해 연결된 농지·초지 등은 제외한다)의 가장 높은 지점을 산자락하단부로 본다.

2. 위 표에 따른 평균경사도의 측정 방법은 다음 각 목에 따른다.

　가. 평균경사도는 수치지형도(축척 1/50,000 이상 1/1,000 이하 지형도의 수치전산파일을 말한다. 이하 같다)를 이용하여 측정한다. 다만, 수치지형도가 없거나, 자연재난 및 토석 채취 등 개발행위로 인해 지형이 급격히 변화하여 해당 지역의 수치지형도가 현실과 맞지 않는 경우에는 「수치지도 작성 작업규칙」에 따라 작성한 수치지형도를 이용해 평균경사도를 측정한다.

　나. 평균경사도 측정을 위한 격자는 10m×10m의 크기로 설정하고, 격자의 시점은 측정대상지의 서쪽 경계 접선과 북쪽 경계 접선의 교점으로 한다.

　다. 수치지형도에 공간분석 프로그램을 이용하여 불규칙삼각망을 생성한 후 격자 내 삼각면의 경사도에 면적비율을 적용하여 측정대상지의 평균경사도를 산출한다.

3. 위 표에 따른 입목축적의 조사 방법 등은 별표 1 비고 제1호부터 제4호까지를 준용한다.

4. 위 표에 따른 산사태 위험성 평가는 다음 각 목의 순서에 따라 실시한다.

　가. 다음의 구분에 따라 산사태위험판정조사 대상 지역(수평투영면적을 기준으로 100㎡ 이상이어야 한다)을 선정하여 별표 1의2의 산사태위험지판정기준표에 따른 조사를 실시할 것

　　1) 전용하려는 산지의 면적이 2만㎡ 이하인 경우: 4개소. 다만, 별표 1의2의 산사태위험지판정기준표의 위험요인별 점수가 동일할 것으로 예상되는 경우에는 4개소 미만으로 선정할 수 있다.

　　2) 전용하려는 산지의 면적이 2만㎡를 초과하는 경우: 4곳에 그 초과면적 5만㎡마다 2개소를 추가

　나. 다음의 구분에 따라 산사태위험판정조사 대상 지역과 그 주변 사면 및 계곡을 포함하는 지역을 재해위험조사표준지로 선정하여 「산림보호법」 제45조의7 및 같은 법 시행규칙 제37조의2에 따른 산사태 발생 우려지역에 대한 조사 방법에 따라 조사를 실시할 것. 이 경우 가목에 따른 산사태위험판정조사 결과 산사태위험도가 높은 지역 순서대로 재해위험조사표준지를 선정하여야 한다.

　　1) 전용하려는 산지의 면적이 2만㎡ 이하인 경우: 2개소

　　2) 전용하려는 산지의 면적이 2만㎡를 초과하는 경우: 2곳에 그 초과면적 5만㎡마다 1개소를 추가

　다. 나목에 따른 조사재해위험조사표준지 중 사면에 대해서는 산사태 취약 여부를, 계곡에 대해서는 토석류 취약 여부를 추가로 조사하여야 한다.

핵심 46

산지일시사용기간의 결정기준

● 산지관리법 시행규칙 [별표 1의4] <개정 2019. 12. 31.>

■ 산지일시사용기간의 결정기준(제15조의4제1항 관련)

구분	산지일시사용면적	산지일시사용기간
1. 「광업법」에 따른 광물을 채굴하는 경우	산지일시사용면적과 관계 없음	10년 이내
2. 태양에너지발전시설 또는 풍력발전시설을 설치하는 경우. 이 경우 진입로를 포함한다.	산지일시사용면적과 관계 없음	10년 이내
3. 「임업 및 산촌 진흥촉진에 관한 법률 시행령」 제8조제1항에 따른 임산물 소득원의 지원 대상 품목을 재배하는 경우	산지일시사용면적과 관계 없음	10년 이내
4. 산불의 예방 및 진화 등 재해응급대책과 관련된 시설을 설치하는 경우	산지일시사용면적과 관계 없음	10년 이내
5. 배전시설, 전기통신송신시설, 무선전기통신 송수신시설을 설치하는 경우	산지일시사용면적과 관계 없음	10년 이내
6. 제1호부터 제5호까지의 규정에 해당하지 않는 경우	10,000㎡ 미만	3년 이내
	10,000㎡ 이상 20,000㎡ 미만	4년 이내
	20,000㎡ 이상 30,000㎡ 미만	5년 이내
	30,000㎡ 이상	10년 이내

※ 비고

1. 위 표에도 불구하고 다른 법령에서 목적사업의 시행에 필요한 기간을 정한 경우에는 그 기간을 산지일시사용기간으로 할 수 있다.
2. 제2호에 따른 풍력발전시설의 공사착공일부터 「전기사업법」 제9조에 따른 사업의 개시 전까지의 공사기간은 산지일시사용기간에서 제외한다.

복구설계서 승인기준

● 산지관리법 시행규칙 [별표 6] <개정 2022. 8. 17.>

■ 복구설계서 승인기준(제42조제3항 관련)

1 공통사항

가. 최초의 소단(小段)의 앞부분은 수목을 존치하거나 식재하여 녹화하여야 하고, 각 소단에는 평균 두께 60센티미터 이상 흙(토질이 척박하거나 폐석적치지인 경우에는 수목의 활착(活着, survival, 나무를 옮겨 심은 뒤에 그 나무가 살아남음) 및 생육에 지장이 없도록 충분한 객토를 실시하여야 한다)을 덮고 수목·초본류(草本類) 및 덩굴류(칡은 제외한다) 등을 식재하여 비탈면(목적사업의 수행을 위하여 산지전용·산지일시사용되는 산지가 아닌 산지의 비탈면을 말한다. 이하 이 표에서 같다)이 덮이도록 해야 한다. 다만, 비탈면의 녹화가 가능한 경우에는 그러하지 아니하다.

나. 복구대상 지역 안에 있는 건축물·공작물의 철거 또는 이전계획이 복구설계서에 반영되어야 한다. 다만, 당해 복구대상 지역을 다른 용도로 사용하기 위하여 인·허가 등의 행정처분을 받은 경우에는 그러하지 아니하다.

다. 삭제 〈2018. 11. 12.〉

라. 고속국도·일반국도·철도·관광휴양지·명승지·공원 주변 등 경관조성 또는 생태복원이 필요한 지역의 비탈면에 대하여는 차폐공법·특수공법 등으로 가리거나 녹화하여야 한다.

마. 복구설계서에 따라 복구공사를 할 수 있도록 적정한 공사비가 복구설계서에 계상되어야 한다.

바. 토사 유출의 우려가 있는 경우에는 하류에 토사 유출을 방지하기 위한 침사지(沈砂池) 등을 설치하여야 한다.

사. 배수량이 적고 토사 유출 또는 붕괴의 우려가 없는 경우를 제외하고는 하천 또는 다른 배수시설 등으로 배수되도록 배수시설을 설치하여야 하며, 배수로 인하여 수질이 오염되지 아니하도록 해야 한다.

아. 복구를 위한 식재하는 나무의 종류는 복구대상지의 임상과 토질에 적합하게 선정되어야 한다.

자. 산지전용, 산지일시사용 또는 토석 채취를 한 산지를 복구하는 경우에는 주변의 자연배수

수준의 기준면까지 토석으로 성토한 후 수목의 생육에 적합하도록 60센티미터 이상 흙으로
덮어야 한다.

2 산지전용 · 산지일시사용의 경우

(광물의 채굴 · 도로 · 임도 · 철도 · 댐 · 저수지 · 공항은 제외한다)

가. 비탈면의 수직높이는 15미터 이하이어야 한다. 다만, 다음의 어느 하나에 해당하는
경우에는 그러하지 아니하다.

(1) 다른 법령에서 비탈면의 높이를 정하고 있는 경우

(2) 계단식 산지전용 · 산지일시사용(가능한 기존의 지형을 유지하기 위하여 산지의
경사면을 따라 계단을 조성하고 산지전용 · 산지일시사용하는 것을 말한다)인 경우. 이
경우 다음의 요건 모두를 충족하여야 한다.

(가) 계단의 수직높이가 각각 15미터 이하일 것

(나) 계단에 조성되는 사업부지의 너비(소단의 너비는 제외한다)는 계단의 긴 변을
기준으로 직각으로 계단의 너비를 재었을 때 15미터 이상이 되는 부분의 길이가
계단의 긴 변 길이의 100분의 90 이상일 것(예시 참조)

[예시]

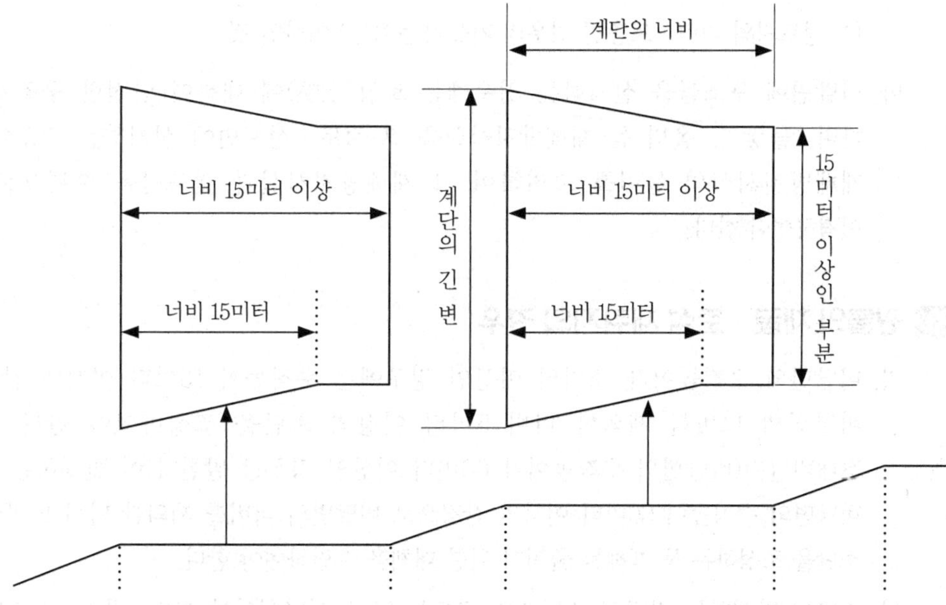

(3) 「우주개발 진흥법」 제5조제1항에 따른 우주개발진흥 기본계획에 따라 설치하는
인공우주물체 발사 등을 위한 우주센터시설

나. 삭제 〈2009.4.20〉

다. 비탈면(옹벽을 포함한다)의 수직높이가 5미터 이상인 경우에는 5미터 이하의 간격으로 너비 1미터 이상의 소단을 설치하여야 한다. 다만, 다음의 어느 하나에 해당하는 경우로서 「국가기술자격법」에 따른 건축 분야 건축구조 기술사, 토목 분야의 토목구조 기술사, 토질 및 기초 기술사, 지질 및 지반 기술사, 토목시공 기술사 또는 「기술사법」에 따른 산림 분야 기술사가 소단을 설치하지 않아도 안전하다고 인정하는 경우에는 그러하지 아니하다.

  (1) 비탈면이 암반으로 이루어져 있는 경우

  (2) 비탈면에 건축물의 벽체를 붙여 설치하는 경우

라. 비탈면의 기울기(비탈면의 높이에 대한 수평거리의 비율을 말한다. 이하 같다)는 비탈면의 붕괴를 방지하기 위하여 토질에 따라 다음의 요건(계단식 산지전용·산지일시사용인 경우에는 토질과 관계없이 1:1.4 이하)을 충족하여야 한다. 다만, 지질조사를 실시한 결과 안전한 것으로 인정되거나 옹벽·파일·앵커 등 재해방지시설을 설치하여 안전한 것으로 인정되는 경우에는 이를 완화하여 적용할 수 있으며, 가목 (1)에 해당하는 경우에는 이를 적용하지 아니한다.

  (1) 경암인 경우의 기울기는 1:0.5 이하일 것

  (2) 풍화암인 경우의 기울기는 1:0.8 이하일 것

  (3) 토사인 경우의 기울기는 1:1.0 이하일 것

  (4) 성토지의 석력·토층인 경우의 기울기는 1:1.0 이하일 것

마. 비탈면에 구조물을 설치하는 경우에는 토압(土壓)에 대하여 안전한 구조로 하여야 하며, 돌쌓기, 옹벽 등 재해방지시설을 그 절토·성토면에 설치하는 경우에는 해당 재해방지시설의 높이를 고려하여 그 재해방지시설과 건축물을 수평으로 적절히 이격하여야 한다.

❸ 광물의 채굴·토석 채취지의 경우

가. 비탈면의 수직높이가 15미터 이상인 경우에는 수직높이 15미터 이하의 간격으로서 비탈면의 너비를 제외한 너비 5미터 이상의 소단을 조성하여야 한다. 이 경우 장대비탈면(비탈면의 수직높이가 60미터 이상인 경우를 말한다)이 발생하는 경우에는 비탈면의 수직높이 60미터 이하의 간격으로 비탈면의 너비를 제외한 너비 10미터 이상의 소단을 조성하는 등 재해를 줄이기 위한 대책을 수립하여야 한다.

나. 소단에 발생하는 각각의 비탈면의 각도는 75도 이하이어야 한다. 다만, 건축용 석재를 직면체로 석재를 굴취·채취하는 등 불가피한 경우에는 그러하지 아니하다.

다. 광물의 채굴·석재의 굴취·채취인 경우에 비탈면을 제외한 각각의 소단바닥에 대한 수목식재는 제1호 가목의 규정에 불구하고 평균깊이 1미터 이상 너비 3미터 이상인

구덩이를 파거나 돌을 쌓는 등 토사 유출을 방지하기 위한 시설을 설치하고 흙을 객토한 후 수목을 식재하여 수목이 생육함에 따라 비탈면이 차폐될 수 있도록 해야 한다. 이 경우 배수에 차질이 없어야 하며, 토질이 척박하거나 폐석적치지인 경우에는 수목의 활착 및 생육에 지장이 없도록 충분한 객토를 실시하여야 한다.

라. 비탈면의 평균 기울기는 토석의 종류에 따라 다음의 요건을 충족하여야 한다.

   (1) 건축용 석재의 굴취ㆍ채취의 경우에는 1:0.4 이하일 것

   (2) 광물의 채굴 및 건축용 석재가 아닌 석재의 굴취ㆍ채취의 경우에는 1:0.5 이하일 것

   (3) 토사 채취의 경우에는 1:1.0 이하일 것

마. 삭제 〈2011.1.5〉

바. 폐석처리장은 사방공법으로 복구하되, 60센티미터 이상 흙을 덮어야 한다.

사. 도로ㆍ철도 연변가시지역으로서 2킬로미터 이내의 지역에 대하여는 경관 유지를 위하여 높이 1미터 이상의 나무를 2미터 이내의 간격으로 식재하여 차폐조림을 해야 한다.

아. 폐석 등이 많이 적치된 지역은 비탈면의 정지작업을 철저히 하고 객토를 많이 하여 수목의 활착ㆍ생육에 지장이 없도록 해야 한다.

자. 복구를 위한 식재수종은 아까시나무, 오리나무 등 척박지에 잘 자라는 수종으로 선정하여야 한다.

※ 비고

1. 제1호부터 제3호까지의 기준을 적용함에 있어 도면ㆍ도표 등으로 표시할 필요가 있는 사항은 산림청장이 정하여 고시할 수 있다.

2. 삭제 〈2018. 11. 12.〉

3. 제2호에서 "도로"란 「도로법」에 따른 도로, 「국토의 계획 및 이용에 관한 법률」 제2조제4호에 따른 도시ㆍ군관리계획으로 결정된 시설 중 도로, 「농어촌도로정비법」 제2조에 따른 농ㆍ어촌도로를 말한다.

4. 제2호의 소단의 폭은 장비의 소통 및 복구를 위하여 필요하다고 인정되는 때는 3미터 이상으로 할 수 있다.

핵심 48

임업 및 산촌 진흥촉진에 관한 법률

● 약칭: 임업진흥법 [시행 2022. 9. 11.]

제1장 총칙

- 목적: 이 법은 임업의 구조를 개선하여 임업인의 권익을 증진하고 임업의 경쟁력을 강화하며, 뒤떨어진 산촌지역을 진흥시켜 그 지역 주민의 삶의 질을 높이고, 나아가 국토의 균형적 발전과 국민경제의 건전한 발전에 이바지하는 것을 목적으로 한다.

- 정의: 임업, 임업인, 임산물 등 관련 용어 정의

이 법에서 사용하는 용어의 뜻은 다음과 같다.

1. "임업"이란 영림업(「산림문화 · 휴양에 관한 법률」과 「수목원 · 정원의 조성 및 진흥에 관한 법률」에 따른 자연휴양림, 수목원 및 정원의 조성 또는 관리 · 운영을 포함한다), 임산물생산업, 임산물유통 · 가공업, 야생조수사육업과 이에 딸린 업으로서 농림축산식품부령으로 정하는 업을 말한다.

2. "임업인"이란 임업에 종사하는 자로서 대통령령으로 정하는 자를 말한다.

3. "임산물"이란 「산림자원의 조성 및 관리에 관한 법률」 제2조제7호의 임산물을 말한다.

3의2. "특별관리임산물"이란 소비자의 보호 및 품질향상을 위하여 특별한 관리가 필요한 임산물로서 산양삼과 그밖에 대통령령으로 정하는 임산물(건조된 것을 포함한다)을 말한다.

3의3. "산양삼"이란 「산지관리법」 제2조제1호의 산지에서 재배하고, 이 법 제18조의4에 따른 품질검사에 합격한 오갈피나무과(科) 인삼속(人蔘屬) 식물을 말한다.

3의4. "임업기계장비"란 임업 분야에 사용되는 기계, 장비 및 도구로서 농림축산식품부령으로 정하는 것을 말한다.

4. "임업후계자"란 임업의 계승 · 발전을 위하여 임업을 영위할 의사와 능력이 있는 사람으로서 농림축산식품부령으로 정하는 요건을 갖춘 사람을 말한다.

5. "독림가(篤林家)"란 산림을 모범적으로 경영하고 있는 자로서 대통령령으로 정하는 요건을 갖춘 자를 말한다.

6. "산촌"이란 「산림기본법」 제3조제2호에 따른 지역을 말한다.

7. "산촌진흥지역"이란 「산림기본법」 제28조제1항에 따라 지정된 지역을 말한다.

8. "산촌진흥특화사업"이란 산촌지역에 특화된 산림과 산림자원을 활용하여 산촌을 자연친화적으로 개발함으로써 산촌에 거주하는 주민의 소득을 안정적으로 확보하고 삶의 질을 개선하기 위한 사업을 말한다.

- 기본원칙: 산림 보전과 이용의 조화, 자연친화적 산촌 개발 등

제3조(임업경영 · 산촌진흥의 기본원칙)

① 임업경영은 산림의 보전과 이용이 조화를 이룰 수 있도록 다음 각호의 기본원칙에 따라 이루어져야 한다.
  1. 산림은 「산지관리법」 제4조에 따른 산지의 구분에 따라 계획적으로 관리하여야 한다.
  2. 산림은 자연생태계의 자정능력, 생물 다양성, 야생 동 · 식물의 서식조건 및 자연경관의 특성이 유지될 수 있도록 조성 · 관리하여야 한다.
  3. 산림은 국민의 보건 · 휴양의 증진에 기여할 수 있도록 조성 · 관리하여야 한다.
  4. 산림은 임업의 생산성을 늘리고 그 부가가치를 높일 수 있도록 합리적으로 경영하여야 한다.

② 산촌진흥은 다음 각호의 기본원칙에 따라 이루어져야 한다.
  1. 산촌을 산림관리의 거점지역으로 육성하여 산림자원의 보전 · 증식을 적극 도모하여야 한다.
  2. 산림생태계 및 동 · 식물 보존 등 환경에 미치는 영향을 고려하여 산촌을 자연친화적으로 개발하여야 한다.
  3. 산촌의 고유한 문화와 전통을 계승 · 발전하도록 해야 한다.

- 임업인의 날: 매년 11월 1일

제2장 임업의 구조 개선

- 소유구조 개선: 임업 생산성을 높이기 위한 시책 추진

- 경영구조 개선: 효율적 경영을 위한 협업, 대리경영 촉진

- 유통구조 개선: 임산물 유통시설 설치와 지원

- 임산물 소득원 개발 및 육성: 소득 증대 품목 지정 및 지원

- 산림 복합경영: 목재와 단기소득 사업을 병행하는 지원

- 임업 후계자 육성: 독림가 및 후계자 선발과 지원

제3장 특별관리임산물 관리

- 특별관리임산물: 생산 및 유통 과정에서 품질관리 필요

- 품질검사: 유통 및 수입 전 검사 필요

- 폐기 및 반송: 품질기준 미달 시 조치

- 품질 표시 및 유통관리: 품질검사 결과 표시

제4장 임업진흥권역

- 임업진흥권역 지정: 임업 생산기반 조성을 위한 권역별 지정

- 임업진흥계획: 관계 기관 협의로 권역 내 진흥계획 수립

제5장 산촌의 진흥

- 산촌진흥기본계획: 산림자원, 주거환경, 소득 증대 등 포함
- 산촌진흥특화사업: 주민 소득 안정 및 삶의 질 개선

제6장 한국임업진흥원

- 설립: 임업인의 정보 지원 및 산림 소득 증대 촉진
- 주요 사업: 임산물 품질관리, 고용 창출, 임업 기술 지원

핵심 49 임업인·독립가·임업후계자의 요건

● 약칭: 임업진흥법 [시행 2022. 9. 11.]

1 임업인의 범위

시행령 제2조(임업인의 범위) 임업인으로 인정되는 기준

① 3헥타르 이상의 산림에서 임업경영

② 연간 90일 이상 임업 종사

③ 임업경영으로 연간 임산물 판매액 120만원 이상

④ 「산림조합법」 제18조에 따른 조합원으로 임업경영

> 산림조합법 제18조(조합원의 자격 등)
> ① 지역조합은 다음 각호의 어느 하나에 해당하는 자를 조합원으로 한다. 다만, 조합원은 둘 이상의 지역조합의 조합원이 될 수 없다.
>   1. 해당 구역에 주소 또는 산림이 있는 산림소유자
>   2. 해당 구역에 주소 또는 사업장이 있는 임업인
> ② 전문조합은 그 구역에 주소나 사업장이 있는 임업인으로서 정관으로 정하는 자격을 갖춘 자를 조합원으로 한다. 다만, 조합원은 같은 품목 또는 업종을 대상으로 하는 둘 이상의 전문조합에 가입할 수 없다.
> ③ 조합원이 될 수 있는 산림소유자의 최소 산림면적에 대해서는 300제곱미터부터 1천제곱미터까지의 범위에서 정관으로 정한다.

2 독립가의 요건

시행령 제3조(독립가의 요건) 독립가로 인정되는 요건

① 개인독립가

  – 모범독립가: 300헥타르 이상의 산림을 산림경영계획에 따라 모범적으로 경영하거나, 조림 실적이 100헥타르 이상

  – 우수독립가: 100헥타르 이상의 산림을 모범적으로 경영하거나, 조림 실적이 50헥타르 이상(유실수는 20헥타르 이상)

  – 자영독립가: 5헥타르 이상의 산림을 모범적으로 경영하거나, 유실수를 3헥타르 이상 조림하여 경영

② 법인독림가

- 모범경영 법인: 300헥타르 이상의 산림을 경영하거나, 조림 실적이 100헥타르 이상

- 농업법인: 10헥타르 이상의 산림을 경영하거나, 조림 실적이 5헥타르 이상

3 임업후계자의 요건

시행규칙 제3조(임업후계자의 요건) 임업후계자로 인정되는 기준

① 55세 미만의 사람으로서 산림경영계획에 따라 임업을 경영 중이거나 경영하려는 사람 중 다음 요건 중 하나를 충족하는 사람

- 개인독림가의 자녀로서 임업에 종사

- 3헥타르 이상의 산림을 소유(가족 명의 포함)

- 10헥타르 이상의 국유림 또는 공유림을 대부받거나 수익분배림을 설정받은 사람

② 산림청 고시 기준이상의 산림용 종자, 묘목(조경수 포함), 버섯, 분재, 야생화, 산채 등 임산물 생산에 종사하거나 생산하려는 사람

● 약칭: 임업진흥법 [시행 2022. 9. 11.]

시행령 제5조: 협업경영

- 협업경영: 생산성 향상과 경영비용 절감을 위해 사유림 소유자들 간에 조림사업, 숲가꾸기, 임산물의 생산 · 판매 · 가공을 공동으로 하는 경영 방식
- 지원: 산림청장 및 지방자치단체장이 협업경영을 하는 자에게 산림사업 자금을 우선 지원할 수 있다.
- 계획 수립: 산림청장은 협업경영 활성화를 위해 협업경영종합계획을, 지방자치단체장은 지역 특성에 맞는 계획을 수립하여 산림조합중앙회에 통보해야 한다.

시행령 제6조: 대리경영

- 대리경영: 자본이나 기술 부족으로 임업을 경영하기 어려운 사유림 소유자가 임업인, 산림조합, 지방자치단체, 산림청장 등과 계약을 통해 경영을 대행하는 방식
- 지원 및 보고: 대리경영자에게 필요한 지원이 가능하며, 지원받은 자는 대리경영 현황을 다음 해 2월 말까지 보고해야 한다.

시행령 제7조: 겸업임업, 전업임업 및 기업임업

- 겸업임업: 3헥타르 이상의 산림에서 연간 90일 이상 임업을 경영
- 전업임업: 50헥타르 이상의 산림에서 연간 200일 이상 임업을 경영
- 기업임업: 500헥타르 이상의 산림을 경영하는 법인으로 연간 200일 이상 임업 생산활동을 할 수 있다.
- 시책 수립: 산림청장이나 지방자치단체장이 겸업, 전업, 기업임업 활성화를 위해 경영기술 개발과 임업인 양성 · 지원에 관한 시책을 수립해야 한다.

● 약칭: 임업진흥법 [시행 2022. 9. 11.]

법률	제16조(산림의 이용·지원) ① 산림청장 또는 시·도지사는 공유림 또는 사유림의 소유자가 「산지관리법」 제4조에 따른 산지의 구분의 목적을 저해하지 아니하는 범위에서 다음 각호의 어느 하나에 해당하는 사업을 하려는 경우에는 이를 지원할 수 있다. 　1. 산림욕장의 조성사업 　2. 산림 안의 주차휴양단지의 조성사업 　3. 목조주택전원단지의 조성사업 　4. 그밖에 임업진흥촉진을 위하여 필요하다고 대통령령으로 정하는 사업 ② 제1항에 따른 지원 범위나 그밖에 지원에 필요한 사항은 농림축산식품부령으로 정한다.
시행령	제13조(산림의 이용·지원) 법 제16조제1항 제4호에서 "대통령령으로 정하는 사업"이란 다음 각호의 사업을 말한다. 1. 자연관찰원 조성사업 2. 분재생산사업
시행규칙	제20조의2(산림의 이용·지원) ① 산림청장 또는 시·도지사는 법 제16조제1항 각호에 따른 사업을 하려는 공유림 또는 사유림의 소유자("사업자"라 한다. 이하 이 조에서 같다)에게 다음 각호의 사항을 지원할 수 있다. 　1. 시설 및 운영에 필요한 자금의 보조 및 융자 　2. 조성 및 생산에 관련된 기술 지원 　3. 조성 및 생산에 필요한 정보 제공 ② 산림청장 또는 시·도지사는 제1항제1호에 따른 지원을 하려면 다음 각호의 사항을 고려하여야 한다. 　1. 해당 사업자의 사업수행능력 　2. 해당 사업자의 신용상태 　3. 해당 사업자의 재무구조 및 자금조달계획 ③ 제1항 및 제2항의 세부적인 지원내용과 지원기준 등에 필요한 사항은 산림청장이 따로 정한다.

핵심 52 임업기능인 양성

● 약칭: 임업진흥법 [시행 2022. 9. 11.]

법률	제18조(임업기능인의 양성) ① 산림청장 및 시·도지사는 대통령령으로 정하는 바에 따라 임업 분야의 기능인력을 안정적으로 확보하기 위하여 기능인을 양성하고, 취업 알선, 고용 안정 및 근로조건 개선 등 기능인의 지위를 높여줄 수 있는 시책을 수립하여 추진할 수 있다.
시행령	제16조(임업기능인 양성 등) 1. 임업기능인 양성사업: 산림청장 및 시·도지사는 임업 분야 기능인 양성을 위해 다음과 같은 사업을 수행할 수 있다. 　－ 임업 분야 기능인의 직업훈련 　－ 임업 분야 기능인의 취업 알선 및 고용 안정 　－ 영림단에 임업기계장비 지원 　－ 안전관리와 근로조건 개선을 위한 후생복지 등 2. 영림단 조직: 산림청장 및 시·도지사는 임업 분야 기능인의 취업과 고용안정을 위해 영림단을 조직하고, 다음과 같은 사업을 도급사업으로 할 수 있다. 　－ 조림사업 　－ 숲가꾸기 사업 　－ 산림 병해충 방제사업 　－ 양묘사업 　－ 입목의 벌채·굴취 또는 이식사업 　－ 기타 산림청장이 필요하다고 인정하는 사업 3. 영림단 구성 요건: 영림단은 6명 이상 30명 이하로 구성해야 하며, 필수 인력 기준은 다음과 같다. 　－ 기능인영림단: 기능2급 이상의 산림경영기술자가 구성원 수에 따라 50~60% 이상 포함되어야 한다. 　－ 기계화영림단: 기능인영림단의 요건을 갖추고 임업기계장비 교육을 받은 자가 전체 구성원의 30% 이상 포함되어야 한다. 4. 기타 지원 　－ 임업기계장비 지원: 영림단 활성화를 위해 필요시 임업기계장비 지원 가능

산촌진흥기본계획

● 약칭: 임업진흥법 [시행 2022. 9. 11.]

제23조(산촌진흥기본계획의 수립 등)

1 기본계획 수립

산림청장은 관계 중앙행정기관의 장과 시 · 도지사의 의견을 수렴해, 10년 주기로 산촌진흥기본계획(기본계획)을 수립해야 한다.

2 기본계획의 내용

기본계획은 산촌진흥을 위해 다음과 같은 사항을 포함한다.

- 산림자원 조성 및 경영 기반 확충
- 산촌 주민의 소득 증대를 위한 농림수산물 생산, 가공, 판매
- 도로, 주택, 상하수도 등의 주거환경 개선
- 산촌의 문화와 전통 계승 및 발전
- 도시와의 교류 촉진
- 도시민의 산촌 정착 지원
- 산촌의 녹색관광 및 생태관광 육성
- 기타 농림축산식품부령으로 정하는 사항

3 기본계획 수정

사회적 · 경제적 · 지역적 여건 변화를 고려해 기본계획을 수정할 수 있다.

4 연도별 시행계획

기본계획에 따른 연도별 시행계획을 수립 · 시행하고, 재원을 확보하기 위해 노력해야 한다.

5 공표 및 통보

기본계획이나 시행계획을 수립 · 변경할 경우 대통령령에 따라 이를 공표하고 관계 기관 및 국회 소관 상임위원회에 통보해야 한다.

6 **자료 제출 요청**

기본계획 수립을 위해 필요한 경우 관계 기관에 자료 제출을 요청할 수 있으며, 해당 기관은 특별한 사유가 없으면 이에 따라야 한다.

7 **시 · 도 계획 수립**

시 · 도지사는 기본계획에 따라 관할 지역 특성을 반영해 산촌진흥계획(시 · 도계획)을 수립해야 한다.

8 **시 · 군 · 구 계획 수립**

시장 · 군수 · 구청장은 시 · 도계획에 따라 시 · 군 · 구 산촌진흥촉진계획(시 · 군 · 구계획)을 수립해야 한다.

9 **세부사항 규정**

기본계획, 시행계획, 시 · 도계획, 시 · 군 · 구계획 수립 및 시행에 필요한 세부사항은 대통령령으로 정한다.

54 산촌진흥특화사업

● 약칭: 임업진흥법 [시행 2022. 9. 11.]

1 산촌진흥특화사업계획의 수립 및 승인 절차(제25조)

① 계획 수립: 시장, 군수, 구청장은 산촌진흥지역 내에서 특화사업을 추진하려는 경우, 아래 사항을 포함한 산촌진흥특화사업계획(특화계획)을 수립하고 시·도지사에게 승인 요청을 해야 한다.

- 사업 목적, 추진 방향, 기대 효과

- 사업 시행 기간 및 지역 등의 사업 개요

- 사업비 조달 계획과 연차별 투자 계획

- 필요한 시설의 설치, 관리, 운영 계획

- 자연환경, 지역 역사와 문화, 인적 자원의 활용 방안

- 기타 특별시·광역시·도 등의 조례로 정하는 사항

② 주민 의견 반영: 특화계획을 수립할 때는 주민 및 전문가의 의견을 수렴하여 반영해야 한다.

③ 승인 및 고시: 시·도지사는 승인 요청받은 특화계획을 승인 전 관계 행정기관과 협의하고, 승인 후 이를 고시해야 하며, 승인 사실을 산림청장에게 통보해야 한다.

④ 특화계획 변경: 필요시 시·도지사 승인을 통해 특화계획을 변경할 수 있으나, 경미한 사항은 시·도지사의 승인 없이 변경 가능하다.

2 산촌진흥특화사업의 시행자(제26조, 제23조)

① 시장, 군수, 구청장은 특화사업을 직접 시행하거나 특정 기관 및 단체에 위탁할 수 있다.

② 위탁할 수 있는 자격을 가진 기관 및 단체

- 산림조합법에 따른 산림조합 및 산림조합중앙회

- 한국농어촌공사

- 산림사업법인(자연휴양림조성 및 산촌생태마을 조성 사업 가능 법인)

- 산림청장이 적합하다고 인정한 자

3 산촌진흥특화사업비의 지원(제27조)

- 사업비 지원: 국가 및 지방자치단체는 특화사업의 전부 또는 일부 사업비를 보조하거나 융자할 수 있다.
- 예산 우선 배정: 특화사업에 필요한 경우, 국가 및 지방자치단체는 해당 사업에 우선적으로 예산을 배정할 수 있다.
- 우선 지원 대상: 시장, 군수, 구청장은 특화사업 지역 내 산림을 관리하기 위해 대통령령으로 정하는 산림사업을 수행하는 자에게 사업비를 우선 지원할 수 있다.

4 지원 대상 산림사업(시행령 제24조)

지원 대상 산림사업은 아래와 같은 사업을 포함한다.

- 임산물 소득원의 개발 · 육성
- 산림의 복합경영
- 임산물 가공업
- 산림 이용 사업
- 임업기능인 양성
- 임업의 기계화

핵심 55

임산물 소득원의 지원 대상 품목

- 약칭: 임업진흥법 [시행 2022. 9. 11.]
- 임업 및 산촌 진흥촉진에 관한 법률 시행규칙 [별표 2] <개정 2018. 8. 2.>

■ 임산물 소득원의 지원 대상 품목(제7조제1항 관련)

종류	품목명
수실류	밤, 감, 잣, 호두, 대추, 은행, 도토리, 개암, 머루, 다래, 복분자딸기, 산딸기, 석류, 돌배
버섯류	표고, 송이, 목이, 석이, 능이, 싸리, 꽃송이버섯, 복령
산나물류	더덕, 고사리, 도라지, 취나물, 참나물, 두릅, 원추리, 산마늘, 고려엉겅퀴(곤드레), 고비, 어수리, 눈개승마(삼나물)
약초류	삼지구엽초, 삽주, 참쑥, 시호, 작약, 천마, 산양삼, 결명자, 구절초, 약모밀, 당귀, 천궁, 하수오, 감초, 독활, 잔대, 백운풀, 마
약용류	오미자, 오갈피나무, 산수유나무, 구기자나무, 두충나무, 헛개나무, 음나무, 참죽나무, 산초나무, 초피나무, 옻나무, 골담초, 산겨릅나무, 산사나무, 느릅나무, 황칠나무, 꾸지뽕나무, 마가목, 화살나무, 목단
수목부산물류	수액(樹液), 나뭇잎, 나뭇가지, 나무껍질, 나무뿌리, 나무순 등 나무(대나무류를 포함한다)에서 나오는 모든 부산물
관상산림식물류	야생화, 자생란, 조경수, 분재, 잔디, 이끼류
그 밖의 임산물	위 품목 외에 「산림자원의 조성 및 관리에 관한 법률」 제2조제7호에 따른 임산물로서 목재(목재제품을 포함한다)와 토석을 제외한 품목

56 임업기계장비의 범위

● 약칭: 임업진흥법 [시행 2022. 9. 11.]
● 임업 및 산촌 진흥촉진에 관한 법률 시행규칙 [별표 1] <개정 2021. 8. 6.>

■ 임업기계장비의 범위(제2조의2 관련)

1 임업기계

구분	범위
임업용 동력기계톱	체인톱날, 가이드 바(guide bar: 이동 방향 제한 장치), 브레이크 등을 갖추고 나무베기, 가지치기 및 통나무자르기 등을 하는 휴대형 기계
임업용 동력천공기	나무주사를 사용한 방제작업, 종균 접종 등을 목적으로 나무에 일정한 깊이의 구멍을 뚫는 휴대형 기계
임업용 윈치(winch: 중량물을 끌어올리거나 당겨 올리는 기계설비)	밧줄이나 와이어로프(wire rope: 쇠밧줄)를 이용하여 나무를 끌어올리거나 당겨 올리는 다음 각 목의 기계 가. 휴대형 윈치: 작업하는 사람 1명이 사용 가능한 소형 윈치 나. 썰매형 윈치: 썰매 형태의 소형 윈치를 장착한 지면끌기식 집재기계
반송기(carriage)	도르래, 견인고리, 제동장치 및 짐내림줄(짐내림줄은 필요한 경우에만 갖출 수 있다)을 갖추고, 산지의 공중으로 설치된 줄을 타고 주행하면서 나무를 올리는 기계
임업용 동력집재기	산지의 공중으로 설치된 줄에 윈치 및 반송기(반송기는 필요한 경우에만 갖출 수 있다)를 이용하여 나무를 수집하는 집재기계
타워야더 (tower-yarder)	자주식(自走式) 기본 차량에 동력집재기 및 고정식 타워 등을 갖추고 타워에서 산지의 공중으로 설치한 줄에 반송기와 윈치를 이용하여 나무를 수집하는 공중 가선식(架線式) 집재기계
스윙야더 (swing-yarder)	자주식 기본 차량에 동력집재기, 좌우로 회전하는 크레인 등을 갖추고 크레인에서 산지의 공중으로 설치한 줄에 반송기와 윈치를 이용하여 나무를 수집하는 공중 가선식 집재기계
임업용 예불기(刈拂機)	회전하는 칼날 등을 갖추고 풀베기, 어린나무 가꾸기에 사용되는 휴대형 기계

구분	범위
동력상하차기	자주식 기본 차량에 크레인 및 그래플(grapple: 부피가 큰 물건을 집는 기계)을 갖추고 수집된 원목을 운반차량에 싣고 내리는 기계
임업용 굴착기	목재 수확작업용 작업기와 산림토목작업용 작업기를 장착하여 구동할 수 있는 기본 차량으로서, 임업에 사용되는 자체 중량 23톤 미만의 자주식 굴착기
임업용 트랙터	임업용 부속 작업기를 부착하거나 견인하고, 이를 구동하기 위한 기본 차량으로서, 동력을 이용한 구동장치, 견인장치 및 승강장치 등을 갖춘 자주식 원동기계
동력임내차(林內車)	원목을 적재할 수 있는 구조물 등을 갖추고, 산림 내에서 목재운반을 할 수 있는 자주식 기본 차량
원목크레인	크레인 및 그래플, 수평 유지 장치 등을 갖추고 원목을 들어 올리거나 회전하여 옮기는 기계
프로세서(processor)	칼날, 원목 이송·절단 장치 등을 갖추고, 가지치기 및 통나무자르기를 한꺼번에 처리하는 자주식 기계
하베스터(harvester)	틸팅(tilting: 기울기 조절)장치, 가지치기에 필요한 칼날 및 원목 이송·절단 장치 등을 갖추고, 나무베기, 가지치기 및 통나무자르기를 한꺼번에 처리하는 자주식 기계
펠러번처 (feller buncher)	나무를 베는 자주식 기계
포워더(forwarder)	자주식 기본 차량에 원목을 적재할 수 있는 구조물, 운전실 등을 갖추고, 원목을 싣고 운반하는 기계
스키더(skidder)	베어진 나무를 고정시켜 잡는 작업기, 크레인(크레인은 필요한 경우에만 갖출 수 있다) 및 운전실 등을 갖춘 지면끌기식 집재기계 또는 소량의 나무를 운반하는 자주식 기계
압축결속기(bundler)	목재 수확으로 인한 목재 부산물을 압축·결속(結束)하는 기계
목재파쇄기	원판형 디스크 또는 원통 위에 설치된 칼날이나 돌기를 회전시켜 목재조각(wood chip)을 생산하는 기계
톱밥제조기	원통 위에 설치된 다수의 소형 절삭(切削) 날을 회전시켜 목재를 5mm 이하의 작은 크기로 절삭·파쇄하여 톱밥(sawdust)을 생산하는 기계
임업용 모노레일	산림 내에 주행레일을 설치하여 작업하는 사람이나 임산물을 운반하는 자주식 기계
임업용 드론	산림 조사, 목재 수확, 산불·산사태·병해충 등 산림재해의 예방을 위한 예찰 등 산림자원의 조성·관리에 활용되는 무인헬기 및 멀티콥터(multicopter)
자동 지타기(枝打機)	동력을 통해 나선형 또는 수직으로 나무를 타고 오르내리면서 칼날 또는 소형 체인톱으로 나무의 가지를 치는 기계

구분	범위
임업용 식혈기(植穴機)	묘목심기 등을 할 수 있도록 토양에 구덩이를 파는 휴대형 기계
산불지휘차	산불진화 지휘에 필요한 장치를 갖추고 산불진화에 필요한 인력 및 장비의 운용 등 방제현장을 지휘하기 위한 다인승 차량
산불진화차	산불 진화에 필요한 장비를 갖추고, 산불현장에 급수를 하거나 직접 산불을 진화하는 차량
산불진화기계화시스템	동력펌프, 간이수조, 분배기, 간선호스, 지선호스, 호스 도르래, 연결소켓 및 분사총 등을 갖추고 산불을 진화하는 기계
묘목이식기	토양에 구덩이를 파서 식재기구로 묘목을 이식하고, 필요한 경우 진압용 롤러로 진압하는 자주식 기계
양묘조상기(造床機)	양묘장에서 토양을 쇄토(碎土: 굳어서 덩이진 흙을 부스러뜨림)하고, 고랑·두둑을 형성하는 등의 작업을 수행하여 상(床)을 만드는 기계
나무열매류 수확기	진동을 발생시키는 회전체에 의해 나뭇가지 또는 줄기에 진동을 주어 나뭇가지에서 열매를 떨어뜨리는 방법으로 나무열매류를 분리·수확하는 기계
수목굴취기(掘取機)	삽날(spade blade) 또는 반원 형태의 칼날을 토양 속에 삽입하거나 회전시켜 토양과 수목뿌리를 절단하여 분(盆)을 만드는 기계
그 밖의 임업기계	그밖에 임업용으로 사용되는 기계로서 산림청장이 정하여 고시하는 것

❷ 임업 장비 및 도구

구분	범위
산림작업용 장비 및 도구	산림작업복, 산림작업 안전모·안전화·안전장갑 등 산림의 조성·육성·이용 등에 쓰이는 장비 및 도구
산불진화용 장비 및 도구	산불진화복, 방염(防炎) 안전모·안전화·안전장갑 및 텐트 등 산불진화에 쓰이는 장비 및 도구
그 밖의 임업 장비 및 도구	그밖에 임업용으로 사용되는 장비 및 도구로서 산림청장이 정하여 고시하는 것

산림보호법

● 산림보호법 [시행 2024. 5. 17.]

제1장 총칙

제1조(목적) 이 법은 산림보호구역을 관리하고 산림병해충을 예찰(豫察)·방제(防除)하며 산불을 예방·진화하고 산사태를 예방·복구하는 등 산림을 건강하고 체계적으로 보호함으로써 국토를 보전하고 국민의 삶의 질 향상에 이바지함을 목적으로 한다.

제2조(정의)

이 법에서 사용하는 용어의 뜻은 다음과 같다.

1. "산림보호구역"이란 산림에서 생활환경·경관의 보호와 수원(水源) 함양, 재해 방지 및 산림유전자원의 보전·증진이 특별히 필요하여 지정·고시한 구역을 말한다.

2. "생태숲"이란 산림생태계가 안정되어 있거나 산림생물 다양성이 높아 특별히 현지 내 보전·관리가 필요한 숲을 말한다.

3. "산림병해충"이란 산림에 있는 식물과 산림이 아닌 지역에 있는 수목(「농어업재해대책법」 제2조제4호에 따른 농작물은 제외한다)에 해를 끼치는 병과 해충을 말한다.

4. "예찰"이란 산림병해충이 발생할 우려가 있거나 발생한 지역에 대하여 발생 여부, 발생 정도, 피해 상황 등을 조사하거나 진단하는 것을 말한다.

5. "방제"란 산림병해충이 발생하지 아니하도록 예방하거나, 이미 발생한 산림병해충을 약화시키거나 제거하는 모든 활동을 말한다.

6. "예찰·방제기관"이란 산림병해충의 예찰·방제를 하는 지방자치단체나 산림청 소속 기관을 말한다.

6의2. "수목진료"란 수목의 피해를 진단·처방하고, 그 피해를 예방하거나 치료하기 위한 모든 활동을 말한다.

6의3. "나무의사"란 수목진료를 담당하는 사람으로서 제21조의6 제1항에 따라 나무의사 자격증을 발급받은 사람을 말한다.

6의4. "수목치료기술자"란 나무의사의 진단·처방에 따라 예방과 치료를 담당하는 사람으로서 제21조의6 제2항에 따라 수목치료기술자 자격증을 발급받은 사람을 말한다.

6의5. "나무병원"이란 수목진료 사업을 하려는 자로서 제21조의9 제2항에 따라 등록증을 발급받은 자를 말한다.

7. "산불"이란 산림이나 산림에 잇닿은 지역의 나무·풀·낙엽 등이 인위적으로나 자연적으로 발생한 불에 타는 것을 말한다.

8. "산불방지"란 산불을 예방하고 진화하는 모든 활동을 말한다.

9. "산불유관기관"이란 산불방지 업무와 관련되는 중앙행정기관과 그 소속 기관 등 대통령령으로 정하는 기관을 말한다.

10. "산사태"란 「사방사업법」 제2조제5호에 따른 산사태를 말한다.

11. "산사태예방"이란 산사태의 발생이 우려되는 지역에 대하여 미리 대처하여 막는 모든 활동을 말한다.

12. "산사태유관기관"이란 산사태예방 업무와 관련되는 중앙행정기관과 그 소속 기관 등 대통령령으로 정하는 기관을 말한다.

13. "산사태취약지역"이란 산사태로 인하여 인명 및 재산 피해가 우려되는 지역으로 제45조의8에 따라 지정·고시한 지역을 말한다. 다만, 「급경사지 재해예방에 관한 법률」 제2조제1호의 급경사지 및 제2호의 붕괴위험지역, 「도로법」 제10조의 도로, 「시설물의 안전 및 유지관리에 관한 특별법」 제2조제1호의 시설물에 관하여는 적용하지 아니한다.

14. "산사태정보체계"란 산사태 위험등급을 구분하여 제공하고, 산사태의 발생 위험 정도를 분석하여 알려주는 일련의 체계를 말한다.

제3조(산림보호의 기본원칙) 국가와 지방자치단체는 산림을 다음 각호의 기본원칙에 따라 보호하여야 한다.

1. 산림을 자연적 또는 인위적인 피해로부터 온전하게 보호할 것

2. 산림의 건강성을 유지·증진하여 지속 가능한 산림관리 기반을 조성할 것

3. 산림보호구역의 합리적·체계적 관리로 산림의 공익기능을 증진할 것

4. 국가와 지방자치단체 간에 유기적인 산림보호 협조체계를 만들어서 산림피해에 신속히 대응하게 할 것

제4조(적용범위) 산림이 아닌 토지와 나무에도 산림보호구역, 보호수, 산림병해충 및 수목진료에 관한 규정이 적용된다.

제5조(다른 법률과의 관계) 산림보호와 관련된 특별 규정이 없는 한 본 법에 따라 산림보호 규정이 우선 적용된다.

제6조(산림의 구분과 관할 행정청) 산림 구분 및 관할 행정청은 「산림자원의 조성 및 관리에 관한 법률」에 따른다.

제2장 산림보호구역 등

제7조(산림보호구역의 지정) 산림청장 또는 시 · 도지사는 필요에 따라 생활환경보호구역, 경관보호구역, 수원함양보호구역, 재해방지보호구역, 산림유전자원 보호구역을 지정할 수 있다.

제8조(산림보호구역 지정의 고시 등) 지정 예정지에 대해 지정 사유, 구분, 면적, 이의신청기간 등을 공고하여 관련자에게 알린다. 지정된 경우 고시하며 효력이 발생한다.

제9조(산림보호구역 내 행위 제한)

- 금지 행위: 입목 · 죽 벌채, 임산물 채취, 가축 방목 등
- 허가 행위: 산림보호시설 설치 등
- 허가 없이 가능한 행위: 방화선 설치 등
- 허가 신청 시 15일 내 통지, 불응 시 자동 허가 간주

제10조(산림보호구역 관리) 산림보호구역을 보호 · 관리하며 필요시 관리인을 지정할 수 있고, 비용 지원 가능. 공익 목적 미허가 시 손실을 보상한다.

제3장 산림병해충의 예찰 · 방제

제20조(예찰 · 방제 장기계획 수립) 산림병해충 예찰 및 방제 체계적 관리를 위해 전국장기계획(10년)을 수립한다.

제21조(예찰 · 방제 연도별계획) 매년 전국 · 지역 예찰 및 방제 계획을 수립한다.

제21조의2(조사 · 연구 및 기술개발) 산림병해충 조사, 연구, 방제기술 개발을 수행하며 이를 장기계획에 반영한다.

제21조의4(나무의사 자격 취득) 나무의사는 양성기관 교육 이수 후 자격시험 합격 필요. 결격사유로 자격 불가

제21조의6(자격증 발급) 자격증 발급 절차 규정 및 자격 취소 사유 명시

제22조(예찰 · 방제대책본부 설치) 산림병해충 예찰 · 방제대책본부를 산림청 및 지방자치단체에 설치 · 운영한다.

제23조(예찰) 산림병해충 발생 지역 예찰 의무

제4장 산불의 방지 및 복구

제28조(산불방지 장기계획 수립) 전국산불방지장기대책을 5년마다 수립, 산불피해지 복구를 포함한다.

제29조(연도별 산불방지대책 수립) 매년 전국 · 지역 산불방지대책 수립 · 시행

제30조(산불방지대책본부 설치) 중앙산불방지대책본부 설치, 지역 대책본부와 협력 운영

제5장 산사태의 예방 · 대응 및 복구

핵심 58 산림보호구역

● 산림보호법 [시행 2024. 5. 17.]

법률	제7조(산림보호구역의 지정)
	① 산림청장 또는 시·도지사는 산림 보호의 필요에 따라 아래와 같은 산림보호구역을 지정할 수 있다.
	  1. 생활환경보호구역: 도시, 공단, 병원 주변 등 생활환경 보호와 보건 위생 필요 구역
	  2. 경관보호구역: 명승지, 유적지, 공원 주변 등 경관 보호 필요 구역
	  3. 수원함양보호구역: 수원 함양, 홍수 방지, 수질 관리 필요 구역
	  4. 재해방지보호구역: 토사 유출, 낙석, 해풍 피해 방지 필요 구역
	  5. 산림유전자원 보호구역: 식물 유전자, 산림생태계 보전 필요 구역(국립공원은 공원관리청과 협의)
	② 삭제
	③ 산림보호구역의 구획, 세부 구분 등 필요한 사항은 농림축산식품부령으로 정한다.

시행령	제3조(산림보호구역에서의 행위 제한)
	① 토지 형질 변경 행위는 다음과 같다.
	  • 절토, 성토, 정지로 인한 형상 변경
	  • 토석 굴취·채취
	② 제한 행위는 다음과 같다(산림유전자원 보호구역 및 특정 구역 예외 적용).
	  • 병해충·산불 피해 벌채(재해 발생 우려 제외)
	  • 조림 실패지 벌채(5만㎡ 이하)
	  • 표고버섯 재배용 벌채(총 입목 수량 1/3 이내, 50㎥ 범위)
	  • 비영리 목적의 토사 채취(30㎥ 이하)
	  • 너비 1.5미터 이내 숲길 설치
	  • 산림 보전 및 관리 도로 설치
	  • 전신주·기지국 설치
	  • 시설 설치를 위한 진입로·부대시설 설치
	  • 숲 가꾸기·임산물 채취
	  • 송전탑 등의 안전관리·긴급복구
	  • 사방시설 및 산불·산사태 예방 시설
	  • 병해충 구제·예방 시설
	  • 10만㎡ 미만의 수목장림 조성

시행령	• 유아숲체험원 조성 • 농경지 · 주택 인접 입목 벌채 • 광물 탐사 · 시추시설 설치 • 전사자유해 조사 · 발굴 • 매장유산 조사 · 발굴 • 치유의 숲 조성 ③ 벌채 목적 행위 　• 수원 함양용 활엽수림 조성(5만㎡ 이하) 　• 복층림 조성 　• 입목벌채 없는 재배 · 채취 행위 ④ 방화선 설치 목적 　• 방화선 설치를 위한 입목 벌채 　• 사방사업법 규정에 해당 　• 자연재해 지역 복구
시행규칙	제3조(산림보호구역의 구획 등) ① 산림보호구역은 지정 목적에 따라 지번 단위 또는 천연경계로 구획 지정 ② 경관보호구역은 2km 이내 산림 대상으로 지정(필요시 별도 구역 지정 가능) ③ 수원함양보호구역 구분 　1. 제1종 수원함양보호구역: 저수지 주위 산림(만수위 1km 이내) 　2. 제2종 수원함양보호구역: 상류 수원유역 50만㎡ 이상 　3. 제3종 수원함양보호구역: 주요 수계 양안 5km 이내 국유림 · 공유림 ④ 산림유전자원 보호구역은 보전 필요 산림으로, 핵심 · 완충구역으로 지정 가능 　– 보전 대상: 원시림, 고산식물지대, 희귀식물 자생지 등

산림보호구역 내 행위제한

● 산림보호법 [시행 2024. 5. 17.]

법률	제9조(산림보호구역에서의 행위 제한) ① 산림보호구역(자연휴양림조성계획 구역 제외)에서는 다음과 같은 행위를 할 수 없다. 　1. 입목 및 대나무 벌채 　2. 임산물 굴취 및 채취 　3. 입목, 대나무, 임산물 손상 또는 말라 죽게 하는 행위 　4. 가축 방목 　5. 그밖에 대통령령으로 정하는 토지 형질 변경 행위 ② 예외적으로 허가 및 신고에 따른 행위 　1. 허가 필요 행위: 산림보호시설 설치, 병해충 방제 등 대통령령으로 정하는 행위를 위한 부수적 벌채 등 　2. 신고 가능 행위: 산림보호구역(산림유전자원 보호구역 제외)에서 숲 가꾸기 및 산림 기능 증진 목적의 벌채 　3. 허가 및 신고 없이 가능한 행위: 방화선 설치를 위한 벌채 등 대통령령으로 정하는 경우 ③ 허가 신청이나 신고는 접수일로부터 15일 이내에 허가 또는 신고 수리 여부를 통지해야 한다. ④ 지정된 기간 내에 허가 또는 신고 수리 여부를 통지하지 않으면, 다음 날에 허가 또는 신고 수리가 완료된 것으로 간주한다.
시행령	제3조(토지 형질 변경 행위의 제한) ① 토지 형질 변경 행위는 다음과 같다. 　• 절토, 성토, 정지 등 토지 형상 변경 　• 토석 굴취 · 채취 ② 대통령령으로 정하는 허가 필요 행위(산림유전자원 보호구역, 재해방지보호구역 등 제외) 　• 병해충 · 산불 피해 입목 벌채(재해 발생 우려 시 제외) 　• 조림 실패지 벌채 또는 형질 불량림 수종 전환 　• 표고버섯 재배용 입목 벌채 　• 동일 지역 토사 채취 　• 너비 1.5미터 이내 숲길 설치(부득이한 경우 예외) 　• 산림 보전 · 관리 도로 및 임산물 운반로 설치

시행령	• 전신주, 통신기지국 설치
	• 부대시설 설치
	• 숲 가꾸기 벌채
	• 송전탑 긴급 복구
	• 재해 예방 시설 설치
	• 병해충 예방 시설 설치
	• 10만㎡ 미만 수목장림 조성
	• 유아숲체험원 조성
	• 농경지·주택 인접 입목 벌채
	• 광물 탐사·시추시설 설치
	• 전사자유해 조사·발굴
	• 매장유산 지표조사 및 발굴
	• 치유의 숲 조성
	제3조의2(산림유전자원 보호구역에서의 행위 제한 특례)
	① 산림유전자원 보호구역 내 광물 탐사·시추시설 설치는 특정 조건을 충족하고 허가를 받아야 가능하다.
	    • 산림 훼손 최소화 방안 제출
	    • 산림 복구 계획 포함
	    • 굴진채굴 방식 채굴(갱구는 구역 외)
	    • 탐사·시추 결과서 제출
	② 시·도지사는 광물 탐사·시추시설 설치 허가 시 산림청장과 협의 필요
	③ 산림청장은 중앙산지관리위원회 심의를 거쳐야 한다.

시행규칙	제5조(산림보호구역에서의 사업 허가 및 신고)
	① 산림보호구역 내 허가 및 신고 시 관련 서류를 첨부하여 관할 기관에 제출한다.
	    • 사업계획서
	    • 사업구역도 또는 GPS 실측도
	② 허가 가능한 산림보호시설: 산불예방 안내판, 근무초소, 관리사, 소화전, 무인 감시 카메라 등
	③ 제3종 수원함양보호구역은 산림유전자원 보호구역 내 일부 구역으로 지정 가능
	④ 현지조사 후 허가 필요 서류와 함께 상급기관에 제출한다.
	⑤ 허가 시 허가증을 신청인에게 발급해야 한다.

핵심 60

숲사랑지도원

● 산림보호법 [시행 2024. 5. 17.]

법률	제46조(숲사랑지도원의 위촉 등) ① 산림청장, 시·도지사, 시장·군수·구청장 또는 지방산림청장(이하 이 조에서 "위촉권자"라 한다)은 다음 각호의 어느 하나에 해당하는 사람을 숲을 사랑하는 마음을 기르고 산림보호활동을 증진하는 업무를 할 지도원(이하 "숲사랑지도원"이라 한다)으로 위촉할 수 있다. 　1. 임업인 　2. 산림이나 환경 관련 단체의 회원 　3. 산림청장이 설립허가한 법인의 회원 　4. 그밖에 숲을 사랑하는 마음과 산림보호활동을 증진하기 위하여 필요하다고 인정되는 사람으로서 농림축산식품부령으로 정하는 요건을 갖춘 자 ② 숲사랑지도원은 다음 각호의 임무를 수행한다. 　1. 산불방지, 산림훼손 방지, 산림 정화, 그밖에 산림보호에 관한 활동 　2. 산림보호에 대한 대국민 홍보와 지도 ③ 위촉권자는 숲사랑지도원이 산림 관계 법규를 위반하여 벌금형 이상의 형을 선고받아 확정되면 그 지도원을 해촉하여야 한다. ④ 숲사랑지도원의 위촉·운영 등에 필요한 사항은 농림축산식품부령으로 정한다.
시행규칙	제38조(숲사랑지도원의 자격) 법 제46조제1항 제4호에서 "농림축산식품부령으로 정하는 요건을 갖춘 자"란 다음 각호의 어느 하나에 해당하는 사람을 말한다. 　1. 산림 관련 법령에 따라 산림 관련 교육을 이수한 실적이 있는 사람 또는 산림청이나 산림청 소속 기관에서 운영하고 있는 각종 위원회에서 위원으로 활동하는 사람 　2. 산림 및 환경 관련 대학의 교수 또는 산림기술사 등 전문적인 지식을 가진 사람 　3. 그밖에 숲사랑 인터넷 홈페이지 활동을 1년 이상 하는 등 산림보호와 관련하여 객관적으로 인정할 만한 활동 실적이 있는 사람 제39조(숲사랑지도원의 위촉·운영 등) ① 법 제46조제1항에 따라 숲사랑지도원으로 위촉받으려는 사람(제3항에 따른 위촉기간이 만료되어 재위촉을 받으려는 사람을 포함한다)은 별지 제17호서식에 따른 숲사랑지도원 위촉 신청서를 산림청장, 시·도지사, 시장·군수·구청장 또는 지방산림청장(이하 "위촉권자"라 한다)에게 제출하여야 한다. 이 경우 재위촉을 받으려는 사람은 제3항에 따른 위촉기간이 만료되기 전에 재위촉을 신청하여야 하며, 재위촉 신청서에 숲사랑지도원증 원본을 첨부하여야 한다.

<table>
<tr><td rowspan="7">시행규칙</td><td>② 위촉권자는 제1항에 따라 제출된 숲사랑지도원 위촉 신청서를 심사한 후 적당하다고 인정하면 그 신청인을 숲사랑지도원으로 위촉한 후 별지 제18호서식의 숲사랑지도원증(이하 "지도원증"이라 한다)을 발급하고, 별지 제19호서식의 숲사랑지도원증 발급대장에 그 발급 현황을 기록·관리하여야 한다.</td></tr>
<tr><td>③ 숲사랑지도원의 위촉기간은 위촉한 날로부터 3년으로 한다.</td></tr>
<tr><td>④ 숲사랑지도원은 제2항에 따라 발급받은 지도원증을 다른 사람에게 양도하거나 다른 용도로 사용할 수 없다.</td></tr>
<tr><td>⑤ 숲사랑지도원으로 위촉된 사람의 숲사랑 활동은 전국 산림을 대상으로 한다.</td></tr>
<tr><td>⑥ 산림청장은 숲사랑지도원 중 숲사랑 활동이 특별히 우수하거나 숲사랑 활동의 확산·정착에 기여할 것으로 기대되는 사람을 숲사랑지도위원으로 할 수 있다.</td></tr>
<tr><td>⑦ 제1항부터 제6항까지에 규정된 사항 외에 숲사랑지도원 및 숲사랑지도위원의 위촉·운영 등에 필요한 세부적인 사항은 산림청장이 따로 정할 수 있다.</td></tr>
</table>

나무의사 응시자격 및 시험과목

- 산림보호법 [시행 2024. 5. 17.]
- 산림보호법 시행령 [별표 1] <개정 2024. 5. 7.>

1 응시자격

나무의사 자격시험의 응시자격(제12조의6제1항 관련)

1. 「고등교육법」 제2조 각호의 학교에서 수목진료 관련 학과의 석사 또는 박사 학위를 취득한 사람

2. 「고등교육법」 제2조 각호의 학교에서 수목진료 관련 학과의 학사학위를 취득한 사람 또는 이와 같은 수준의 학력이 있다고 인정되는 사람으로서 해당 학력을 취득한 후 수목진료 관련 직무 분야에서 1년 이상 실무에 종사한 사람

3. 「초ㆍ중등교육법 시행령」 제91조에 따른 산림 및 농업 분야 특성화고등학교를 졸업한 후 수목진료 관련 직무 분야에서 3년 이상 실무에 종사한 사람

4. 다음 각 목의 어느 하나에 해당하는 자격을 취득한 사람

   가. 「국가기술자격법」에 따른 산림기술사, 조경기술사, 산림기사ㆍ산업기사, 조경기사ㆍ산업기사, 식물보호기사ㆍ산업기사 자격

   나. 「자격기본법」에 따라 국가공인을 받은 수목보호 관련 민간자격으로서 「자격기본법」 제17조제2항에 따라 등록한 기술자격

   다. 「국가유산수리 등에 관한 법률」에 따른 국가유산수리기술자(식물보호 분야) 자격

5. 「국가기술자격법」에 따른 산림기능사 또는 조경기능사 자격을 취득한 후 수목진료 관련 직무 분야에서 3년 이상 실무에 종사한 사람

6. 수목치료기술자 자격증을 취득한 후 수목진료 관련 직무 분야에서 3년 이상 실무에 종사한 사람

7. 수목진료 관련 직무 분야에서 5년 이상 실무에 종사한 사람

[비고]

1. "수목진료 관련 학과"란 조경과, 농업과, 임업과 및 수목의 피해를 진단ㆍ처방하고, 그 피해를 예방하거나 치료하는 활동과 관련된 학과로서 산림청장이 별도로 정하는 학과를 말한다.

2. "수목진료 관련 직무 분야"란 나무병원, 나무의사 양성기관 등 수목피해 진단ㆍ처방ㆍ치료와 관련된 사업 분야로 산림청장이 별도로 정하여 고시하는 분야를 말한다.

2 시험과목

산림보호법 시행령 [별표 1의2] <신설 2018. 6. 26.>

■ 나무의사 자격시험의 시험과목(제12조의6제2항 관련)

구분	유형	시험과목(배점)
1차 시험	선택형 필기시험	1. 수목병리학(100점) 2. 수목해충학(100점) 3. 수목생리학(100점) 4. 산림토양학(100점) 5. 수목관리학(100점) 　　가. 비생물적 피해(기상 · 산불 · 대기 오염 등에 의한 피해) 　　나. 농약관리 　　다. 「산림보호법」 등 관계 법령
2차 시험	서술형 필기시험	수목 피해 진단 및 처방(100점)
	실기시험	수목 및 병충해의 분류, 약제처리와 외과수술(100점)

62 나무병원 등록기준

- 산림보호법 [시행 2024. 5. 17.]
- 산림보호법 시행령 [별표 1의6] <개정 2023. 6. 27.>
- [대통령령 제28998호(2018. 6. 26.) 별표 1의6의 2종 나무병원란은 같은 법 부칙 제2조의 규정에 의하여 2023년 6월 27일까지 유효함]

■ 나무병원의 종류별 등록기준(제12조의9제1항 관련)

종류	업무 범위	등록기준		
		인력	자본금	시설
1종 나무병원	수목진료	1. 2018년 6월 28일부터 2020년 6월 27일까지: 나무의사 1명 이상 2. 2020년 6월 28일 이후: 나무의사 2명 이상 또는 나무의사 1명과 수목치료기술자 1명 이상	1억원 이상	사무실
2종 나무병원	수목진료 중 처방에 따른 약제살포	1. 2018년 6월 28일부터 2020년 6월 27일까지: 다음 각 목의 어느 하나에 해당하는 사람 1명 이상 가. 수목치료기술자 나.「건설기술 진흥법」에 따른 조경 분야의 초급 이상 건설기술인 또는 「국가기술자격법」에 따른 조경기술사·기사·산업기사·기능사의 자격을 갖춘 사람으로서「건설산업기본법」에 따라 등록한 조경공사업 또는 조경식재·시설물공사업(조경식재공사를 주력 분야로 등록한 경우로 한정한다)에서 1년 이상 종사한 사람 2. 2020년 6월 28일부터 2023년 6월 27일까지: 나무의사 또는 수목치료기술자 1명 이상	1억원 이상	사무실

[비고]

1. 인력: 상시 근무하는 사람을 말하며, 이 법 또는 그 밖의 법률에 따라 자격이 정지된 사람과 다른 법령에 따라 등록·신고·허가 등을 위한 기술인력으로 이미 포함된 사람은 제외한다.

2. 자본금

　가. 「산림자원의 조성 및 관리에 관한 법률」 제24조에 따른 산림사업법인이 나무병원을 등록하는 경우에는 자본금 기준의 2분의 1을 감경한다. 다만, 자본금 기준의 200% 이상의 자본금을 갖춘 산림사업법인은 자본금 기준을 갖춘 것으로 본다.

　나. 「건설산업기본법 시행령」 별표 1에 따른 조경공사업자, 조경식재 · 시설물공사업자(조경식재공사업을 주력 분야로 등록한 자로 한정한다) 또는 「공동주택관리법」 제52조제1항에 따른 주택관리업자가 나무병원을 등록하는 경우에는 자본금 기준을 갖춘 것으로 본다.

　다. 총자산에서 총부채를 뺀 금액을 자본금으로 본다. 이 경우 총자산과 총부채의 산정은 「주식회사 등의 외부감사에 관한 법률」 제6조에 따른 회계처리기준에 따른다.

3. 시설

　나무병원을 등록하려는 시 · 도에 「건축법」 등 건축 관련 법령에 적합한 사무실을 갖추어야 한다. 다만, 다음 각 목의 어느 하나에 해당하는 자가 나무병원을 등록하는 경우에는 시설 기준을 갖춘 것으로 본다.

　가. 「건설산업기본법 시행령」 별표 1에 따른 조경공사업자 또는 조경식재 · 시설물공사업자(조경식재공사업을 주력 분야로 등록한 자로 한정한다)로서 나무병원을 등록하려는 시 · 도에 같은 영 제13조제1항제2호에 따른 사무실을 갖춘 자

　나. 「공동주택관리법」 제52조제1항에 따른 주택관리업자로서 나무병원을 등록하려는 시 · 도에 같은 법 시행령 별표 5에 따른 사무실을 갖춘 자

　다. 「산림자원의 조성 및 관리에 관한 법률」 제24조에 따른 산림사업법인으로서 나무병원을 등록하려는 시 · 도에 같은 법 시행령 별표 2에 따른 사무실을 갖춘 자

핵심 63 산불경보

● 산림보호법 [시행 2024. 5. 17.]

1 산불경보 발령기준

산림보호법 시행령 [별표 1의9] <개정 2023. 6. 20.>

■ 산불경보의 발령기준(제23조제1항 관련)

산불경보 구분	발령기준
관심	산불 발생시기 등을 고려하여 산불 예방에 관한 관심이 필요한 경우로서 주의 경보 발령기준에 미달되는 경우
주의	전국의 산림 중 법 제31조제1항에 따른 산불위험지수(이하 "산불위험지수"라 한다)가 51 이상인 지역이 70퍼센트 이상이거나 산불 발생의 위험이 높아질 것으로 예상되어 특별한 주의가 필요하다고 인정되는 경우
경계	전국의 산림 중 산불위험지수가 66 이상인 지역이 70퍼센트 이상이거나 발생한 산불이 대형 산불로 확산될 우려가 있어 특별한 경계가 필요하다고 인정되는 경우
심각	전국의 산림 중 산불위험지수가 86 이상인 지역이 70퍼센트 이상이거나 산불이 동시다발적으로 발생하고 대형 산불로 확산될 개연성이 높다고 인정되는 경우

[비고]
1. 산림청장은 산불재난 위기발생 가능성을 평가하여 그 수준에 따라 산불경보를 발령하되, 범정부 차원의 조치가 요구되는 심각의 산불경보를 발령하려면 행정안전부장관과 미리 협의해야 하며, 산불경보를 발령했을 때는 산불유관기관 · 지방자치단체에 그 사실을 통보하고 대국민 홍보를 실시해야 한다.
2. 산불위험지수는 국립산림과학원장이 산불조심기간 또는 산불 발생이 예상되는 시기에 산림에 있는 가연물질의 연소 상태와 기상 상태에 따라 산불이 발생할 수 있는 위험 정도를 기준으로 산정한다.

산림보호법 시행령 [별표 2] <개정 2019. 7. 2.>

■ 산불경보별 조치기준(제23조제2항 관련)

산불경보 구분	소속 공무원·직원의 산불 발생 취약지 배치 또는 비상대기 인원 기준	조치기준
관심	• 산불방지대책본부에 속한 상황근무요원을 배치·대기	• 입산통제구역 등 산불 발생 취약지에 감시인력 배치
주의		• 산불 발생 취약지에 산불전문예방진화대 고정 배치 • 공무원 담당 지역 지정
경계	• 소속 공무원 또는 직원의 6분의 1 이상을 배치·대기 • 소속 사회복무요원의 3분의 1 이상을 배치·대기	• 입산통제구역 등 산불 발생 취약지에 감시인력 증원 • 공무원의 담당 지역 주 2회 이상 순찰 또는 단속활동 • 산림 및 산림인접지역에서의 불놓기 허가 중지
심각	• 소속 공무원 또는 직원의 4분의 1 이상을 배치·대기 • 소속 사회복무요원의 2분의 1 이상을 배치·대기	• 민간·사회단체 및 산불유관기관의 산불 예방활동 참여 • 공무원의 담당 지역 주 4회 이상 순찰 또는 단속활동 • 군부대 사격훈련 자제 • 입산통제구역 입산허가 중지

[비고]

관심 및 주의 단계의 산불경보인 경우 산불방지대책본부에 속한 상황근무요원의 대기 인원은 지역산불관리기관의 장이 기상 상태 등을 고려하여 신축적으로 조정할 수 있다.

산사태위기경보 발령 및 조치기준

- 산림보호법 [시행 2024. 5. 17.]
- 산림보호법 시행령 [별표 3의2] <개정 2024. 5. 31.>

■ 산사태위기경보의 발령 및 조치기준(제32조의6제4항 관련)

구분	발령기준	조치기준
관심	• 산사태 빈발시기, 산사태예방지원본부 운영기간 등 산사태에 관한 관심이 필요한 시기라고 인정하는 경우 • 지진 규모 4.0~4.4의 지진이 발생한 경우	• 재난관리자원 정비 • 비상연락망정비 및 대피장소 점검·정비
주의	• 산사태 발생 위험이 높아져 산사태가 발생할 가능성이 있다고 인정하는 경우 • 산사태주의보 예측정보가 15% 이상의 시·군·구에서 발생한 경우 • 지진 규모 4.5~4.9의 지진이 발생한 경우	• 입산통제 • 산사태취약지역 순찰 강화 • 재난자막방송 및 재난문자 전송 • 주민대피 명령
경계	• 중·소규모 산사태가 발생하였거나 대규모 산사태가 발생할 가능성이 크다고 인정하는 경우 • 산사태주의보 예측정보가 30% 이상의 시·군·구에서 발생하거나 또는 산사태경보 예측정보가 15% 이상의 시·군·구에서 발생한 경우 • 지진 규모 5.0~5.9의 지진이 발생한 경우	
심각	• 대규모 산사태가 발생하였거나 발생할 것이 확실한 경우 또는 산사태로 인명피해가 발생했을 경우 • 산사태경보 예측정보가 30% 이상의 시·군·구에서 발생한 경우 • 지진 규모 6.0 이상의 지진이 발생한 경우	• 주의 및 경계 단계의 조치 • 피해대책 마련

[비고]

1. 산림청장은 산사태 재난 위기발생 가능성을 평가하여 그 수준에 따라 산사태위기경보를 발령해야 하고, 산사태위기경보를 발령했을 때는 지역산사태예방기관에 그 사실을 통보해야 한다.

2. 산사태위기경보는 전국 또는 시·도 단위로 발령한다.

3. 삭제 <2024. 5. 31.>

핵심 65

생태숲 지정지역 선정 기준

● 산림보호법 [시행 2024. 5. 17.]
● 산림보호법 시행규칙 [별표 2] <개정 2021. 6. 14.>

■ 생태숲 지정지역의 선정 기준(제17조제4항 관련)

구분	내용
산림생태계의 안정성 및 산림생물의 다양성 등	• 산림생태계의 원시성, 경관의 우수성 등 자연성 • 산림생태계의 국가적 · 지역적 대표성 • 산림식물종의 다양성 • 희귀식물 및 특산식물의 풍부성 • 산림생물의 군집 · 서식처 등의 다양성
입지 여건의 적합성 등	• 지정 규모의 적정성 • 교통편리성 등 접근성 • 다른 법령에 따라 지정된 지역 또는 구역이 아닌 지역 • 예정부지, 진입로 등 부지 확보 여부 • 주변의 자연휴양림, 도시숲 등 산림휴양시설과의 연계성
지정 · 관리계획의 적정성 등	• 생태숲 지정 목적의 적합성 • 생태숲 지정 · 관리계획의 적정성 • 생태숲 운영 · 관리인력의 전문성 • 생태숲 계획의 지역적 차별성 및 창의성

산림생태원의 시설

- 산림보호법 [시행 2024. 5. 17.]
- 산림보호법 시행규칙 [별표 3]

■ 산림생태원의 시설(제18조제1항 관련)

구분	시설의 종류
교육 · 체험 · 탐방시설	• 희귀 · 특산식물원, 시험전시림, 생태복원숲 등 전시시설 • 숲체험관, 숲생태교육장, 산림생태관찰원, 습지관찰원 등 교육 · 체험시설 • 생태탐방로, 자연관찰로 등 탐방시설 • 식물해설판, 숲해설판, 식물표찰 등 이용자 편의시설
시험 · 연구시설	• 연구실, 증식시설, 온실, 양묘장 등
위생시설	• 급수대, 화장실, 오물처리장, 오수정화시설 등
편익시설	• 주차장, 방문자 안내센터, 관리사(管理舍), 안내판 등 산림생태원의 운영 · 관리에 필요하다고 인정하는 시설

주 1) 산림생태원의 시설은 산림생태계의 영향 등을 종합적으로 고려하여 산지 등의 형질 변경을 최소화하여야 한다.

2) 생태숲의 입지 여건, 기능 등을 고려하여 산림생태원의 시설 종류를 일부 조정할 수 있다.

핵심 67 산불진화장비의 종류

- 산림보호법 [시행 2024. 5. 17.]
- 산림보호법 시행규칙 [별표 3의3] <신설 2021. 10. 14.>

■ 산불진화장비의 종류(제27조의2 관련)

구분	내용
항공진화장비	• 산불진화 헬리콥터, 고정익(固定翼) 항공기, 진화용 드론 등 공중에서 산불진화를 위해 사용하는 장비
지상진화장비	• 산불지휘차, 산불진화차, 산불기계화시스템, 산불소화시설 등 지상에서 산불진화를 위해 사용하는 장비 • 등짐펌프, 진화배낭, 진화복 등 산불진화에 투입되는 인력에게 지급하는 장비
통신장비	• 무선중계기, 고정국(固定局), 육상국(陸上局) 등 통신기, 디지털단말기 등 산불진화현장의 통신체계 구축을 위해 사용하는 장비
그 밖의 진화장비	• 그 밖의 산불진화에 사용하는 장비로서 산림청장이 정해 고시하는 장비

핵심 68 산림문화휴양에 관한 법률

● 약칭: 산림휴양법 [시행 2024. 5. 17.]

제1장 총칙

제1조(목적) 이 법은 산림문화와 산림휴양자원의 보전·이용 및 관리에 관한 사항을 규정하여 국민에게 쾌적하고 안전한 산림문화·휴양서비스를 제공함으로써 국민의 삶의 질 향상에 이바지함을 목적으로 한다.

제2조(정의) 이 법에서 사용하는 용어의 정의는 다음과 같다.

1. "산림문화"란 산림과 인간의 상호작용으로 형성되는 정신적·물질적 산물의 총체로서 산림과 관련한 전통과 유산 및 생활양식 등과 산림을 활용하여 보고, 즐기고, 체험하고, 창작하는 모든 활동을 말한다.

1의2. "산림휴양"이란 산림 안에서 이루어지는 심신의 휴식 및 치유 등을 말한다.

2. "자연휴양림"이라 함은 국민의 정서함양·보건휴양 및 산림교육 등을 위하여 조성한 산림(휴양시설과 그 토지를 포함한다)을 말한다.

3. "산림욕장"(山林浴場)이란 국민의 건강증진을 위하여 산림 안에서 맑은 공기를 호흡하고 접촉하며 산책 및 체력단련 등을 할 수 있도록 조성한 산림(시설과 그 토지를 포함한다)을 말한다.

4. "산림치유"란 향기, 경관 등 자연의 다양한 요소를 활용하여 인체의 면역력을 높이고 건강을 증진시키는 활동을 말한다.

5. "치유의 숲"이란 산림치유를 할 수 있도록 조성한 산림(시설과 그 토지를 포함한다)을 말한다.

6. "숲길"이란 등산·트레킹·레저스포츠·탐방 또는 휴양·치유 등의 활동을 위하여 제23조에 따라 산림에 조성한 길(이와 연결된 산림 밖의 길을 포함한다)을 말한다.

7. "산림문화자산"이란 산림 또는 산림과 관련되어 형성된 것으로서 생태적·경관적·정서적으로 보존할 가치가 큰 유형·무형의 자산을 말한다.

8. "숲속야영장"이란 산림 안에서 텐트와 자동차 등을 이용하여 야영을 할 수 있도록 적합한 시설을 갖추어 조성한 공간(시설과 토지를 포함한다)을 말한다.

8의2. "산림레포츠"란 산림 안에서 이루어지는 모험형·체험형 레저스포츠를 말한다.

9. "산림레포츠시설"이란 산림레포츠에 지속적으로 이용되는 시설과 그 부대시설을 말한다.

10. "숲경영체험림"이란 임업(「임업 및 산촌 진흥촉진에 관한 법률」 제2조제1호에 따른 영림업 또는 임산물생산업에 한정한다. 이하 같다) 경영을 체험할 수 있도록 조성한 산림(산림문화 · 휴양을 위한 시설과 토지를 포함한다)을 말한다.

제3조(국가와 지방자치단체의 책무) 국가 및 지방자치단체는 산림문화 · 휴양의 진흥을 위한 시책을 수립 · 시행하여야 하며, 산림문화 · 휴양자원의 보전과 이용이 조화와 균형을 이루도록 해야 한다.

제2장 산림문화 · 휴양기본계획 등

- 제4조(산림문화 · 휴양기본계획의 수립 · 시행) 산림청장이 관계 중앙행정기관과 협의하여 전국 산림을 대상으로 산림문화 · 휴양기본계획을 5년마다 수립 및 시행할 수 있다.

- 기본계획에는 산림문화 · 휴양 시책의 기본목표, 산림문화 · 휴양 여건 및 전망, 수요와 공급에 관한 사항, 보전 · 이용 · 관리 및 확충 등에 관한 사항, 안전관리, 정보망 구축, 그 밖의 주요 시책 포함

- 기본계획 변경 시, 산림복지진흥계획과의 연계 필요

- 제5조(계획 수립을 위한 기초조사) 산림청장 및 시 · 도지사가 기본계획 및 지역계획 수립 · 변경 시 기초조사 시행을 의무화하고, 필요한 경우 산림조합 등 법인이나 단체에 위탁 가능

- 제6조(산림문화 · 휴양정보망 구축 · 운영) 산림청장이 정보망을 구축하여 수요자에게 산림문화 · 휴양 관련 자료 전달을 효율적으로 할 수 있도록 규정

- 제6조의2(산림문화 · 휴양발전 지역협의회) 지방자치단체장이 주민단체, 자원봉사자, 전문가, 공공기관과 함께 산림문화 · 휴양 자원 보전 · 이용 · 관리 등을 위한 지역협의회를 구성 · 운영할 수 있다.

제3장 산림치유지도사 등

- 제11조의2(산림치유지도사) 산림치유 활성화를 위해 자격 기준을 갖춘 자에게 산림치유지도사 자격 부여

- 자격 신정, 프로그램 개발 · 보급 · 지도 등 업무 규정. 자격증 명의 사용 및 대여 금지

- 제11조의3(산림치유지도사의 활용) 국가 및 지방자치단체가 치유의 숲의 효과적 이용을 위해 산림치유지도사를 활용하거나 비용 지원 가능

- 제11조의4(산림치유지도사 양성기관 지정) 산림청장이 요건에 따라 산림치유지도사 양성기관 지정 가능. 필요시 지정 취소 가능

- 제11조의5(산림치유지도사의 자격 취소 및 정지) 자격 취득 시 부정한 방법이 있거나 법령 위반 시 자격 취소 · 정지 가능

- 제11조의6(산림치유 관련 연구개발 및 보급) 산림치유 활성화를 위한 연구개발, 품질관리, 안전관리, 전문인력 양성 추진

- 제11조의7(산림치유 관련 창업 지원) 산림치유 관련 창업자나 기술 사업화를 추진하는 자에게 연구개발 성과 제공, 장비 설치 및 운영 자금 지원 가능

제4장 자연휴양림 및 산림욕장 등의 조성

- 제13조(자연휴양림의 지정) 산림청장이 국유림을 자연휴양림으로 지정할 수 있으며, 공유림, 사유림도 신청에 따라 자연휴양림으로 지정 가능. 지정 절차와 고시사항 규정

- 제14조(자연휴양림의 조성) 국유림 자연휴양림에 휴양시설 설치 및 숲가꾸기 계획을 세워야 하며, 시 · 도지사 승인 필요

- 제16조(자연휴양림조성계획의 승인취소) 부정한 방법으로 승인 받은 경우 승인 취소 가능

- 제16조의2(자연휴양림의 안전관리) 자연휴양림 관리자는 정기적인 안전 점검을 포함한 안전관리계획을 수립해야 한다.

- 제18조(자연휴양림의 휴식년제) 자연휴양림의 보호 및 이용자 안전을 위해 일정 기간 일반인의 출입을 제한하거나 금지할 수 있는 휴식년제 시행 규정

- 제19조(자연휴양림의 지정해제) 지정된 산림이 피해를 입거나 공공사업 시행으로 지정 목적 달성이 어려운 경우 지정 해제 가능

- 제20조(산림욕장 등의 조성) 국유림 내 산림욕장 · 치유의 숲 · 숲속야영장 · 산림레포츠시설 조성 시 조성계획을 작성해야 하며, 필요시 시 · 도지사 승인 필요

제5장 숲길 등

- 제22조의2(숲길의 종류): 등산로, 트레킹길, 산림레포츠길, 탐방로, 휴양 · 치유숲길로 구분

숲길의 종류
숲길의 종류는 다음 각호와 같다. 1. 등산로: 산을 오르면서 심신을 단련하는 활동(이하 "등산"이라 한다)을 하는 길 2. 트레킹길: 길을 걸으면서 지역의 역사 · 문화를 체험하고 경관을 즐기며 건강을 증진하는 활동(이하 "트레킹"이라 한다)을 하는 다음 각 목의 길 　가. 둘레길: 시점과 종점이 연결되도록 산의 둘레를 따라 조성한 길 　나. 트레일: 산줄기나 산자락을 따라 길게 조성하여 시점과 종점이 연결되지 않는 길 3. 산림레포츠길: 산림레포츠를 하는 길 4. 탐방로: 산림생태를 체험 · 학습 또는 관찰하는 활동(이하 "탐방"이라 한다)을 하는 길 5. 휴양 · 치유숲길: 산림에서 휴양 · 치유 등 건강증진이나 여가 활동을 하는 길

- 제22조의3(숲길기본계획의 수립) 산림청장이 숲길기본계획을 수립할 수 있으며, 연차별 계획 마련. 숲길 정보망 구축 · 운영 필요

- 제23조(숲길의 조성) 숲길 조성 시 타당성 평가, 이해관계인의 의견 수렴 절차 필요
- 제23조의3(국가숲길의 지정) 숲길 중 생태적 · 역사 · 문화적 가치가 높은 숲길은 국가숲길로 지정 가능
- 제25조(숲길의 휴식기간제) 숲길 보호를 위해 일정 기간 출입 제한 · 금지 가능

제6장 산림문화의 진흥

- 제28조의2(산림문화의 확산) 국가와 지방자치단체는 산림문화와 관련된 자산과 자료의 발굴 · 보존을 통해 국민이 쉽게 이용할 수 있도록 지원
- 제28조의3(전문인력의 양성 · 활용) 산림문화 진흥을 위해 소양과 경험을 갖춘 전문인력 양성
- 제28조의4(국내외 교류협력) 국내외 연구, 학술 및 문화 교류 협력 활동 촉진
- 제28조의5(산림문화진흥 전문기관의 지정) 산림문화 진흥을 위해 산림문화진흥 전문기관을 지정하고, 업무 수행에 필요한 비용 지원

핵심 69 자연휴양림의 조성 · 기준 · 운영

● 약칭: 산림휴양법 [시행 2024. 5. 17.]

법률	제14조(자연휴양림의 조성) ① 산림청장은 제13조제1항에 따라 국유림을 자연휴양림으로 지정하고 휴양시설의 설치와 숲가꾸기 등의 조성을 하려는 경우, 농림축산식품부령에 따라 휴양시설 및 숲가꾸기 조성계획(이하 "자연휴양림조성계획")을 작성해야 한다. 이 계획을 변경하려는 경우에도 마찬가지로 적용된다. (신설 2018. 2. 21.) ② 제13조제2항 및 제3항에 따라 자연휴양림으로 지정된 산림에 휴양시설을 설치하거나 숲가꾸기를 하려는 자는 농림축산식품부령에 따라 자연휴양림조성계획을 작성하고, 시·도지사로부터 승인을 받아야 한다. 이 계획을 변경하는 경우에도 동일하게 적용된다. ③ 시·도지사는 제2항에 따라 자연휴양림조성계획을 승인할 경우, 이를 산림청장에게 통보해야 한다. ④ 자연휴양림 내에 설치할 수 있는 휴양시설의 종류와 기준은 대통령령으로 정한다. ⑤ 산림청장 또는 시·도지사는 자연휴양림조성계획을 작성 또는 변경하거나, 승인 또는 변경 승인 시 그 내용을 농림축산식품부령에 따라 고시해야 한다. (개정 2018. 2. 21.) ⑥ 산림청장 또는 지방자치단체장은 자연휴양림조성계획에 따라 자연휴양림을 조성하는 자에게 사업비의 전부 또는 일부를 보조하거나 융자할 수 있다. (개정 2018. 2. 21.)
시행령	제7조(자연휴양림시설의 종류 · 기준 등) ① 법 제14조제4항에 따라 자연휴양림에 설치할 수 있는 시설의 종류와 기준은 별표 1의4에 따른다. (개정 2010. 9. 17., 2012. 1. 6., 2018. 8. 14., 2020. 6. 2.) ② 법 제14조제4항에 따른 자연휴양림 내 시설 규모는 다음과 같다. 　1. 자연휴양림시설 설치로 인한 산림의 형질변경 면적은 다음 기준을 따른다. 　　가. 산림면적이 20만㎡ 이상이거나 「섬 발전 촉진법」 제2조에 따른 섬지역에 조성되는 경우: 10만㎡ 이하 　　나. 산림면적이 13만㎡ 이상 20만㎡ 미만일 경우: 자연휴양림 전체 면적의 50% 이하 　2. 시설 건축물 총 바닥면적은 1만㎡ 이하 　3. 개별 건축물의 연면적은 900㎡ 이하. 다만, 「식품위생법 시행령」에 따른 휴게음식점 및 일반음식점 연면적은 다음을 따른다. 　　가. 국가나 지방자치단체 소유: 200㎡ 이하 　　나. 가목 외의 자연휴양림: 600㎡ 이하 　4. 건축물의 층수는 3층 이하 ④ 제1항 및 제2항 외에 휴양시설 설치·운영 및 관리에 필요한 사항은 산림청장이 정한다. (개정 2010. 9. 17.)

<table>
<tr><td rowspan="1">시행규칙</td><td>

제14조(자연휴양림조성계획의 작성 등)

① 법 제14조제1항 및 제2항에 따른 자연휴양림조성계획에는 다음 사항이 포함되어야 한다.

  1. 시설 종류ㆍ규모가 표시된 시설계획

  2. 시설물종합배치도(6천분의1 이상 1천200분의1 이하 축척의 임야도)

  3. 조성기간 및 연도별 투자계획

  4. 자연휴양림 관리 및 운영 방법

  5. 산림경영계획

② 승인받으려는 자는 제1항 사항이 포함된 자연휴양림조성계획서를 별지 제7호서식의 신청서에 첨부하여 시장ㆍ군수ㆍ구청장에 제출해야 한다. 변경 시에도 해당 서류를 제출해야 한다.

③ 시장ㆍ군수ㆍ구청장은 신청서를 수령 후 현지조사를 실시해 시ㆍ도지사에게 제출해야 한다.

④ 시장ㆍ군수ㆍ구청장이 직접 자연휴양림에 휴양시설을 설치하거나 숲가꾸기를 하려면, 자연휴양림조성계획을 작성해 시ㆍ도지사 승인을 신청해야 한다.

⑤ 시ㆍ도지사는 조성계획의 시설 종류ㆍ규모ㆍ배치, 자연경관 보존 여부를 검토하여 적합하면 승인해야 한다.

⑥ 산림청장 또는 시ㆍ도지사가 자연휴양림조성계획을 작성, 승인 시 자연휴양림의 명칭ㆍ위치ㆍ면적, 시설물 종류ㆍ규모가 포함된 시설계획, 종합배치도, 연도별 투자계획을 고시해야 한다.

</td></tr>
</table>

산림치유지도사의 등급별 자격기준

● 약칭: 산림휴양법 [시행 2024. 5. 17.]
● 산림문화·휴양에 관한 법률 시행령 [별표 1] <개정 2024. 4. 23.>

■ 산림치유지도사의 등급별 자격기준(제4조의3제1항 관련)

등급	자격기준
1급 산림치유 지도사	다음 각 목의 어느 하나에 해당하는 사람으로서 양성기관에서 운영하는 1급 산림치유지도사 양성과정을 이수한 사람 가. 2급 산림치유지도사 자격증을 취득한 후 산림치유와 관련된 업무(치유의 숲, 국공립 교육시설 또는 산림치유 관련 교육 기관·단체에서 운영하는 산림치유 프로그램의 기획·진행·분석·평가 또는 산림치유 교육과 관련된 업무를 말하며, 이하 "산림치유관련업무"라 한다)에 5년 이상 종사한 경력이 있는 사람 나. 「고등교육법」 제35조에 따라 의료, 보건, 간호 또는 산림 관련 석사학위 또는 박사학위를 취득한 사람 다. 「국가기술자격법」에 따른 기술사 중 산림청장이 정하여 고시하는 기술사 자격을 취득한 사람
2급 산림치유 지도사	다음 각 목의 어느 하나에 해당하는 사람으로서 양성기관에서 운영하는 2급 산림치유지도사 양성과정을 이수한 사람 가. 「고등교육법」 제35조에 따라 의료, 보건, 간호 또는 산림 관련 학사학위를 취득한 사람 또는 다른 법령에 따라 그에 준하는 학위를 취득한 사람 나. 「고등교육법」 제50조에 따른 의료, 보건, 간호 또는 산림 관련 전문학사학위 또는 다른 법령에 따라 그에 준하는 학위를 취득한 후 해당 전공 분야에서 2년 이상 종사한 경력이 있는 사람 다. 산림치유관련업무에 4년 이상 종사한 경력이 있는 사람 라. 「산림교육의 활성화에 관한 법률」 제10조제1항에 따른 산림교육전문가 자격증을 취득한 후 각 자격증에 해당하는 분야에서 3년 이상 종사한 경력이 있는 사람 마. 「국가기술자격법」에 따른 기사 중 산림청장이 정하여 고시하는 기사 자격을 취득한 사람 바. 「임업 및 산촌 진흥촉진에 관한 법률」 제17조에 따라 임업후계자로 선발된 후 같은 법에 따른 임업에 3년 이상 종사한 경력이 있는 사람 사. 「임업 및 산촌 진흥촉진에 관한 법률 시행령」 제3조제1호에 따른 개인독림가(個人篤林家)

[비고]

위 표에서 의료, 보건, 간호 또는 산림 관련 학과의 범위 등 산림치유지도사의 등급별 자격기준에 관하여 필요한 세부사항은 산림청장이 정하여 고시한다.

핵심 71 산림레포츠지도사의 종목별 자격기준

- 약칭: 산림휴양법 [시행 2024. 5. 17.]
- 산림문화·휴양에 관한 법률 시행령 [별표 1의3] <신설 2020. 6. 2.>

■ 산림레포츠지도사의 종목별 자격기준(제5조 관련)

종목	자격 기준
산악승마	「국민체육진흥법」에 따라 같은 법 시행령 별표 1에 따른 승마 또는 근대5종 자격 종목에 대한 체육지도자 자격을 취득한 후 산림레포츠지도사 교육기관에서 산림청장이 정하여 고시하는 교육과정을 2주 이상 이수한 사람
산악자전거	「국민체육진흥법」에 따라 같은 법 시행령 별표 1에 따른 사이클, 자전거, 철인3종경기 또는 트라이애슬론 자격 종목에 대한 체육지도자 자격을 취득한 후 산림레포츠지도사 교육기관에서 산림청장이 정하여 고시하는 교육과정을 2주 이상 이수한 사람
행글라이딩 또는 패러글라이딩	「국민체육진흥법」에 따라 같은 법 시행령 별표 1에 따른 행글라이딩 또는 패러글라이딩 자격 종목에 대한 체육지도자 자격을 취득한 후 산림레포츠지도사 교육기관에서 산림청장이 정하여 고시하는 교육과정을 2주 이상 이수한 사람
산악스키	「국민체육진흥법」에 따라 같은 법 시행령 별표 1에 따른 스키, 알파인 스키·바이애슬론·크로스컨트리 또는 스노우보드 자격 종목에 대한 체육지도자 자격을 취득한 후 산림레포츠지도사 교육기관에서 산림청장이 정하여 고시하는 교육과정을 2주 이상 이수한 사람
산악마라톤	「국민체육진흥법」에 따라 같은 법 시행령 별표 1에 따른 육상, 근대5종, 철인3종경기 또는 트라이애슬론 자격 종목에 대한 체육지도자 자격을 취득한 후 산림레포츠지도사 교육기관에서 산림청장이 정하여 고시하는 교육과정을 2주 이상 이수한 사람
암벽등반	「국민체육진흥법」에 따라 같은 법 시행령 별표 1에 따른 산악 또는 등산 자격 종목에 대한 체육지도자 자격을 취득한 후 산림레포츠지도사 교육기관에서 산림청장이 정하여 고시하는 교육과정을 2주 이상 이수한 사람
오리엔티어링	「국민체육진흥법」에 따라 같은 법 시행령 별표 1에 따른 오리엔티어링 자격 종목에 대한 체육지도자 자격을 취득한 후 산림레포츠지도사 교육기관에서 산림청장이 정하여 고시하는 교육과정을 2주 이상 이수한 사람
로프 체험시설	「국민체육진흥법」에 따라 같은 법 시행령 별표 1에 따른 산악 또는 등산 자격 종목에 대한 체육지도자 자격을 취득한 후 산림레포츠지도사 교육기관에서 산림청장이 정하여 고시하는 교육과정을 2주 이상 이수한 사람

[비고]

"산림레포츠지도사 교육기관"이란 산림교육원 및 산림레포츠·등산 관련 법인·단체로서 산림청장이 지정하여 고시하는 기관을 말한다.

자연휴양림시설의 종류 및 설치기준

● 약칭: 산림휴양법 [시행 2024. 5. 17.]
● 산림문화·휴양에 관한 법률 시행령 [별표 1의4] <개정 2020. 6. 2.>

■ 자연휴양림시설의 종류 및 설치기준(제7조제1항 관련)

1 자연휴양림시설의 종류

구분	시설의 종류
숙박시설	숲속의 집 · 산림휴양관 · 트리하우스 등
편익시설	임도, 야영장(야영데크를 포함한다), 오토캠핑장, 야외탁자, 데크로드, 전망대, 모노레일, 야외쉼터, 야외공연장, 대피소, 주차장, 방문자안내소, 산림복합경영시설, 임산물판매장 및 매점과 「식품위생법 시행령」에 따른 휴게음식점영업소 및 일반음식점영업소 등
위생시설	취사장, 오물처리장, 화장실, 음수대, 오수정화시설, 샤워장 등
체험 · 교육 시설	산책로, 탐방로, 등산로, 자연관찰원, 전시관, 천문대, 목공예실, 생태공예실, 산림공원, 숲속교실, 숲속수련장, 산림박물관, 교육자료관, 곤충원, 동물원, 식물원, 세미나실, 산림작업체험장, 임업체험시설, 로프체험시설, 「산림교육의 활성화에 관한 법률」 제12조제1항에 따른 유아숲체험원 및 같은 법 제13조제1항에 따른 산림교육센터 등
체육시설	철봉, 평행봉, 그네, 족구장, 민속씨름장, 배드민턴장, 게이트볼장, 썰매장, 테니스장, 어린이놀이터, 물놀이장, 산악승마시설, 운동장, 다목적잔디구장, 암벽등반시설, 산악자전거시설, 행글라이딩시설, 패러글라이딩시설 등
전기 · 통신 시설	전기시설, 전화시설, 인터넷, 휴대전화중계기, 방송음향시설 등
안전시설	울타리, 화재감시카메라, 화재경보기, 재해경보기, 보안등, 재해예방시설, 사방댐, 방송시설 등

❷ 자연휴양림시설의 설치기준

구분	설치기준
숙박시설	• 산사태 등의 위험이 없을 것 • 일조량이 많은 지역에 배치하되, 바깥의 조망이 가능하도록 할 것
편익시설	• 「식품위생법 시행령」에 따른 휴게음식점영업소 또는 일반음식점영업소는 각각 1개소 이내로 설치할 것 • 야영장 및 오토캠핑장은 자연배수가 잘 되는 지역으로서 산사태 등의 위험이 없는 안전한 곳에 설치할 것
위생시설	• 쾌적성과 편리성을 갖추도록 설치할 것 • 산림오염이 발생되지 않도록 할 것 • 식수는 먹는물 수질기준에 적합할 것 • 외부 화장실에는 장애인용 화장실을 설치할 것
체험·교육 시설	• 산책로·탐방로·등산로 등 숲길은 폭을 1미터 50센티미터 이하(안전·대피를 위한 장소 등 불가피한 경우에는 1미터 50센티미터를 초과할 수 있다)로 하되, 접근성·안전성·산림에의 영향 등을 고려하여 산림 형질 변경이 최소화될 수 있도록 설치할 것 • 자연관찰원은 자연탐구 및 학습에 적합한 산림을 선정하여 다양한 수종을 관찰할 수 있도록 할 것 • 숲속수련장은 강의실·숙박시설·광장 등을 갖추어야 하며, 1회에 100명 이상을 동시에 수용할 수 있는 규모로 설치할 것 • 임업체험시설은 경사가 완만한 지역에 설치하여야 하며, 체험활동에 필요한 기본 장비 등을 갖출 것
안전시설	• 긴급한 재난·안전사고 시 신속히 그 내용을 알릴 수 있도록 방송시설을 갖출 것 • 숙박시설에는 소화설비(소화기, 간이스프링쿨러 등), 경보설비(가스시설을 사용하는 시설이 있는 경우 가스누설경보기), 피난설비(「소방시설 설치·유지 및 안전관리에 관한 법률 시행령」 별표 1 제3호 가목에 따른 피난기구)를 갖출 것 • 응급약품 등 비상물품을 갖춘 별도의 비상대피시설을 지정할 것 • 이용객의 안전을 위해 폐쇄회로 텔레비전(CCTV) 등 안전시설을 갖추고, 시설의 이용방법, 유의사항 및 비상시 대피경로 등을 이용자들이 잘 볼 수 있는 장소에 게시할 것

[비고]

1. 제1호 및 제2호에 따른 자연휴양림시설의 종류 및 설치기준에 관한 세부사항은 산림청장이 정한다.

2. 산림청장은 제2호의 설치기준에 불구하고 해당 산림상태 및 입지 조건 등을 고려하여 그 설치기준을 조정할 수 있다.

산림욕장시설의 종류 및 설치기준

- 약칭: 산림휴양법 [시행 2024. 5. 17.]
- 산림문화·휴양에 관한 법률 시행령 [별표 2] <개정 2019. 7. 2.>

■ 산림욕장시설의 종류 및 설치기준(제9조제1항 관련)

1 산림욕장시설의 종류

구분	시설의 종류
편익시설	임도, 전망대, 야외탁자, 데크로드, 야외쉼터, 야외공연장, 대피소, 주차장, 방문자안내소 등
위생시설	오물처리장, 화장실, 음수대, 오수정화시설 등
체험·교육 시설	산책로, 탐방로, 등산로, 자연관찰원, 목공예실, 생태공예실, 숲속교실, 곤충원, 식물원, 「산림교육의 활성화에 관한 법률」 제12조제1항에 따른 유아숲체험원 등
체육시설	철봉, 평행봉, 그네, 배드민턴장, 족구장, 어린이놀이터, 물놀이장, 운동장, 다목적잔디구장 등
전기·통신 시설	전기시설, 전화시설, 휴대전화중계기, 방송음향시설 등
안전시설	울타리, 화재감시카메라, 화재경보기, 재해경보기, 보안등, 재해예방시설, 사방댐 등

2 산림욕장시설의 설치기준

구분	설치기준
편익시설	• 경사가 완만한 산림을 대상으로 할 것 • 산책로·의자·간이쉼터 등 산림욕에 필요한 시설을 설치할 것
위생시설	• 쾌적성과 편리성을 갖추도록 시설할 것 • 산림오염이 발생되지 않도록 할 것 • 식수는 먹는물 수질기준에 적합할 것 • 외부 화장실에는 장애인용 화장실을 설치할 것
체험·교육시설	• 산책로·탐방로·등산로 등 숲길은 폭을 1미터 50센티미터 이하(안전·대피를 위한 장소 등 불가피한 경우에는 1미터 50센티미터를 초과할 수 있다)로 하되, 접근성·안전성·산림에의 영향 등을 고려하여 산림 형질 변경이 최소화될 수 있도록 설치할 것 • 자연관찰원은 자연탐구 및 학습에 적합한 산림을 선정하여 다양한 수종을 관찰할 수 있도록 할 것

[비고]

1. 제1호 및 제2호에 따른 산림욕장시설의 종류 및 설치기준에 관한 세부사항은 산림청장이 정한다.

2. 산림청장은 제2호의 설치기준에 불구하고 해당 산림상태 및 입지 조건 등을 고려하여 그 설치기준을 조정할 수 있다.

치유의 숲시설의 종류 및 설치기준

● 약칭: 산림휴양법 [시행 2024. 5. 17.]
● 산림문화·휴양에 관한 법률 시행령 [별표 3] <개정 2019. 7. 2.>

■ 치유의 숲시설의 종류 및 설치기준(제9조의2제2항 관련)

1 치유의 숲시설의 종류

구분	시설의 종류
산림치유시설	숲속의 집, 치유센터, 치유숲길, 일광욕장, 풍욕장, 명상공간, 숲체험장, 경관조망대, 체력단련장, 체조장, 산책로, 탐방로, 등산로, 산림작업장, 「산림교육의 활성화에 관한 법률」 제12조제1항에 따른 유아숲체험원 등
편익시설	임도, 야외탁자, 데크로드, 야외쉼터, 대피소, 주차장, 방문자센터, 안내판, 임산물판매장, 매점, 「식품위생법 시행령」에 따른 휴게음식점영업소 및 일반음식점영업소 등
위생시설	오물처리장, 화장실, 음수대, 오수정화시설 등
전기·통신 시설	전기시설, 전화시설, 인터넷, 휴대전화중계기, 방송음향시설 등
안전시설	울타리, 화재감시카메라, 화재경보기, 재해경보기, 보안등, 재해예방시설, 사방댐 등

2 치유의 숲시설의 설치기준

구분	설치기준
산림치유시설	• 향기, 경관, 빛, 바람, 소리 등 산림의 다양한 요소를 활용할 수 있도록 하되, 건축물은 흙, 나무 등 자연 재료를 사용하여 저층·저밀도로 시설하고 운동시설은 접근성·안전성 등을 고려하여 설치할 것 • 치유숲길은 폭을 1미터 50센티미터 이내(안전·대피를 위한 장소 등 불가피한 경우에는 1미터 50센티미터를 초과할 수 있다)로 하되, 접근성·안전성·산림에의 영향 등을 고려하여 산림형질변경이 최소화될 수 있도록 설치할 것
편익시설	• 경사가 완만한 산림에 주변 경관과 조화되도록 설치할 것 • 방문자센터는 정보 제공·홍보·상담 등의 시설을 갖출 것 • 「식품위생법 시행령」에 따른 휴게음식점영업소 및 일반음식점영업소는 식이요법을 시행하는 데에 적합하게 설치할 것
위생시설	• 쾌적하고 편리하며 산림오염이 발생되지 않도록 설치할 것 • 식수는 먹는물 수질 기준에 적합할 것 • 외부 화장실에는 장애인용 화장실을 설치할 것

[비고]

1. 제1호 및 제2호에 따른 치유의 숲시설의 종류 및 설치기준에 관한 세부사항은 산림청장이 정한다.

2. 산림청장은 제2호의 설치기준에 불구하고 해당 산림상태 및 입지 조건 등을 고려하여 그 설치기준을 조정할 수 있다.

숲속야영장 시설의 종류 및 설치기준

● 약칭: 산림휴양법 [시행 2024. 5. 17.]
● 산림문화·휴양에 관한 법률 시행령 [별표 3의2] <개정 2023. 4. 11.>

■ 숲속야영장에 설치할 수 있는 시설의 종류 및 기준(제9조의3제1항 관련)

1 숲속야영장에 설치할 수 있는 시설의 종류

구분	시설의 종류
기본시설	일반야영장(야영데크를 포함한다. 이하 같다), 자동차야영장, 숲속의 집 및 트리하우스 등
편익시설	임도, 야외탁자, 데크로드, 전망대, 모노레일, 야외쉼터, 야외공연장, 대피소, 주차장, 방문자안내소, 임산물판매장, 매점 및 「식품위생법 시행령」에 따른 휴게음식점영업소 등
위생시설	취사장, 오물처리장, 화장실, 음수대, 오수정화시설 및 샤워장 등
체험·교육 시설	산책로, 탐방로, 등산로, 목공예실, 생태공예실, 산림공원, 숲속교실, 숲속수련장, 세미나실, 산림작업체험장, 임업체험시설, 로프체험시설 및 「산림교육의 활성화에 관한 법률」 제12조제1항에 따른 유아숲체험원 등
체육시설	철봉, 평행봉, 그네·족구장, 민속씨름장, 배드민턴장, 게이트볼장, 썰매장, 테니스장, 어린이놀이터, 물놀이장, 운동장 및 다목적잔디구장 등
전기·통신 시설	전기시설, 전화시설, 인터넷중계기, 휴대전화중계기 및 방송음향시설 등
안전시설	울타리, 화재감시카메라, 화재경보기, 소화기, 재해경보기, 보안등, 비상조명설비, 비상조명기구, 재해예방시설, 사방댐 및 방송시설 등

[비고]

1. 가목에 따른 기본시설을 설치할 경우 해당 기본시설 안에 다목에 따른 위생시설을 포함하여 설치할 수 없다. 다만, 숲속의 집을 1층으로 조성하는 경우에는 다목에 따른 위생시설을 포함하여 설치할 수 있다.
2. 라목에 따른 체험·교육 시설에는 숙박시설을 설치할 수 없다.

구분		설 치 기 준
일반기준		• 산림생태계의 훼손을 최소화하며, 주변 경관과 조화를 이루도록 설치할 것 • 자연배수가 잘 되고 평균경사도가 25도 이내의 평지 또는 완경사 지역에 설치할 것 • 「산림보호법」 제45조의8에 따라 산사태취약지역으로 지정된 지역에 설치하지 아니하고, 산사태, 급경사지 붕괴, 토석류 등의 위험이 없는 안전한 곳에 설치할 것 • 태풍, 홍수, 폭설 등으로 인한 침수, 범람으로 고립 위험이 없는 곳에 설치할 것 • 구급차, 소방차 등 긴급 차량의 진입이 원활하도록 야영장 진입로 및 내부 도로는 1차선 이상의 차로를 확보하고, 1차선 차로만 확보한 경우에는 적정한 곳에 차량의 교행이 가능한 공간을 확보할 것 • 차량 주행도로(「도로법」 제10조 각호에 따른 도로를 말한다)와 야영장은 20미터 이상 충분한 이격거리를 확보할 것 • 전기시설의 경우 침수위험이 없도록 충분한 높이에 누전차단기를 설치하고 접지를 하며, 보행로 상에 전선피복이 노출되지 않도록 할 것
시설별 설치 기준	기본시설	• 일반야영장의 야영시설은 야영공간(텐트 1개를 설치할 수 있는 공간을 말한다)당 15제곱미터 이상을 확보하고, 텐트 간 이격거리를 6미터 이상 확보할 것 • 자동차야영장의 야영시설은 야영공간(차량을 주차하는 공간과 그 옆에 야영장비 등을 설치할 수 있는 공간을 말한다)당 50제곱미터 이상을 확보하고, 텐트 간 이격거리를 6미터 이상 확보할 것 • 야영지는 주변 환경을 고려하여 적당한 울폐도(鬱閉度: 숲이 우거진 정도) 및 차폐도(遮蔽度: 숲으로 둘러싸인 정도) 등을 유지할 것 • 위생시설을 설치하는 숲속의 집 각각의 건축물이 차지하는 바닥면적의 총합은 400제곱미터를 넘을 수 없다.
	편익·위생 시설	• 이용자의 쾌적성과 편리성을 고려하여 설치하고, 시설 중 일부는 장애인이 이용함에 불편함이 없도록 할 것 • 식수는 먹는 물 수질기준에 적합하도록 할 것
	안전시설	• 긴급한 재난·사고 시 신속히 그 상황을 알릴 수 있도록 방송시설을 갖출 것 • 야영공간 2개소당 1기 이상의 소화기를 배치할 것 • 응급약품 등 비상물품을 갖춘 별도의 비상대피시설을 지정할 것 • 비상시 야영장에서 대피시설까지 원활하게 이동할 수 있도록 비상조명설비 또는 비상조명기구를 갖출 것

[비고]

나목에서 정하지 않은 시설별 설치기준은 「관광진흥법」 제4조제3항 및 제20조의2에 따른 야영장업에 관한 기준에 따른다.

Professional Engineer Forestry

산림레포츠시설의 종류 및 기준

● 약칭: 산림휴양법 [시행 2024. 5. 17.]
● 산림문화·휴양에 관한 법률 시행령 [별표 3의3] <개정 2019. 7. 9.>

■ 산림레포츠시설의 종류 및 기준(제9조의4제1항 관련)

1 산림레포츠시설의 종류별 필수시설

구분	필수시설
산악승마시설	산악승마코스, 위험지역 차단시설, 시설·안전 안내표지판, 방향·거리 표지판
산악자전거시설	산악자전거코스, 급경사 구간 차단시설, 시설·안전 안내표지판, 방향·거리 표지판
행글라이딩시설 또는 패러글라이딩시설	이륙장, 착륙장, 진입로, 풍향표시기, 시설·안전 안내표지판, 방향·거리 표지판
산악스키시설	산악스키코스, 안전망, 안전매트, 시설·안전 안내표지판, 방향·거리 표지판
산악마라톤시설	산악마라톤코스, 시설·안전 안내표지판, 방향·거리 표지판
기타 시설	안전 안내표지판과 그밖에 산림청장이 정하여 고시하는 시설

2 제1호에 따른 필수시설에 부수적으로 설치할 수 있는 시설

가. 산림레포츠시설 공통사항: 화장실, 주차장, 식수대, 샤워실, 탈의실, 매표소, 사무실, 대피소, 응급실, 물품보관소, 교육장, 임산물판매장, 매점 및 「식품위생법 시행령」에 따른 휴게음식점영업소 등 산림레포츠 활동에 직·간접적으로 이용되는 시설

나. 산악승마의 경우: 마장, 마사, 산악승마코스 내 간이 휴식시설

다. 산악자전거의 경우: 자전거 거치대, 산악자전거코스 내 간이 휴식시설

3 산림레포츠시설의 기준

가. 산림 훼손과 오염을 최소화하며 친자연적으로 시공할 것

나. 「산림보호법」 제45조의8에 따라 산사태취약지역으로 지정되지 않은 지역에 설치할 것

다. 「재난 및 안전관리 기본법」 제3조제1호에 따른 재난에 효과적 대응이 가능하도록 안전시설과 장비를 갖출 것

라. 건설, 전기, 통신, 소방, 환경, 위생 등 관련 법령에서 요구되는 시설기준을 충족할 것

마. 「체육시설의 설치·이용에 관한 법률」, 「말산업 육성법」, 「항공법」 등 관련 법령에서 정하는 시설 및 안전기준에 적합할 것

바. 산림레포츠에 활용되는 각종 시설, 장비, 기구 등은 안전하게 이용될 수 있는 상태를 유지할 것

사. 수용인원에 적합한 규모와 면적으로 시설을 설치할 것

아. 시설 및 기구·설비 등은 이용하기에 편리한 구조로 하여야 하며, 장애인이 이용하기 편리하도록 설치할 것

자. 등산객, 탐방객이 많이 이용하는 노선은 피하고, 산림레포츠시설 이용자와 등산객, 탐방객의 충돌을 피하기 위한 안내 표지판이나 교행 공간 등을 둘 것

차. 계절별·시간별로 구분·운영하는 등의 경우에는 동일 코스를 두 개 이상의 산림레포츠 종목의 시설로 활용할 수 있으며, 이 경우 상호 충돌을 피하기 위한 안내 표지판이나 교행 공간 등을 둘 것

카. 임산물판매장, 매점 및 「식품위생법 시행령」에 따른 휴게음식점영업소는 주차장, 매표소, 사무실 등 부수적으로 설치할 수 있는 시설에 인접하여 설치할 것

핵심 77

숲경영체험림 시설의 종류 및 설치기준

- 약칭: 산림휴양법 [시행 2024. 5. 17.]
- 산림문화·휴양에 관한 법률 시행령 [별표 3의4] <신설 2023. 6. 7.>

■ 숲경영체험림에 설치할 수 있는 시설의 종류 및 기준(제9조의8 관련)

1 숲경영체험림에 설치할 수 있는 시설의 종류

구분	시설의 종류
기본시설	「임업 및 산촌 진흥촉진에 관한 법률」 제2조제1호에 따른 임업 중 영림업 또는 임산물생산업을 체험할 수 있는 공간 및 시설
숙박·편익시설	숙박시설[숲속의 집, 트리하우스, 일반야영장(야영데크를 포함한다. 이하 같다), 자동차야영장 등], 임도, 산책로, 탐방로, 등산로, 야외탁자, 모노레일, 야외쉼터, 대피소, 주차장, 방문자안내소, 임산물판매장, 매점 및 「식품위생법 시행령」에 따른 휴게음식점영업소 및 일반음식점영업소 등
위생시설	취사장, 오물처리장, 화장실, 음수대, 오수정화시설 및 샤워장 등
교육시설	자연관찰원, 전시관, 목공예실, 생태공예실, 숲속교실, 숲속수련장, 교육자료관 및 세미나실 등
체육시설	철봉, 그네, 족구장, 민속씨름장, 배드민턴장, 게이트볼장, 테니스장, 어린이놀이터 및 물놀이장 등
전기·통신 시설	전기시설, 전화시설, 인터넷중계기, 휴대전화중계기 및 방송음향시설 등
안전시설	울타리, 화재감시카메라, 화재경보기, 소화기, 재해경보기, 보안등, 비상조명설비, 비상조명기구, 재해예방시설, 사방댐 및 방송시설 등

2 제1호에 따른 시설의 설치기준

구분		설치기준
일반기준		1) 산림생태계의 훼손을 최소화하며, 주변 경관과 조화를 이루도록 설치할 것 2) 자연배수가 잘 되고 평균경사도가 25도 이내의 평지 또는 완경사 지역에 설치할 것 3) 「산림보호법」 제45조의8에 따라 산사태취약지역으로 지정된 지역에는 설치하지 않으며, 산사태, 급경사지 붕괴, 토석류 등의 위험이 없는 안전한 곳에 설치할 것 4) 태풍, 홍수, 폭설 등으로 인한 침수, 범람으로 고립 위험이 없는 곳에 설치할 것 5) 구급차, 소방차 등 긴급 차량의 진입이 원활하도록 진입로 및 내부 도로는 1차선 이상의 차로를 확보하고, 1차선 차로만 확보한 경우에는 적정한 곳에 차량의 교행이 가능한 공간을 확보할 것 6) 전기시설의 경우 침수위험이 없도록 충분한 높이에 누전차단기를 설치하고 접지를 하며, 보행로 상에 전선피복이 노출되지 않도록 할 것 7) 숲경영체험림 시설 설치에 따른 산림의 형질변경 면적(숲경영체험림 조성 전에 설치된 임도·순환로·산책로·숲체험코스 및 등산로의 면적은 산림의 형질변경 면적에서 제외한다)은 다음의 요건을 모두 충족할 것 　가) 숲경영체험림 전체면적의 100분의 10 이하일 것 　나) 형질변경 면적의 합계가 2만제곱미터 미만일 것 8) 숲경영체험림에 설치되는 건축물은 다음 요건을 모두 충족할 것 　가) 숲경영체험림 중 건축물이 차지하는 총 바닥면적은 5천제곱미터 이하일 것 　나) 개별 건축물의 연면적은 900제곱미터 이하로 할 것. 다만, 「식품위생법 시행령」에 따른 휴게음식점영업소 또는 일반음식점영업소의 연면적은 200제곱미터 이하일 것 　다) 건물의 층수는 2층 이하일 것 9) 그밖에 관련 법령에서 정하는 시설 및 안전기준 등에 적합할 것
시설별 설치기준	기본시설	가) 숲경영체험을 위한 공간 및 시설의 면적은 1만제곱미터 이상 이면서 숲경영체험림조성계획 승인 면적의 20% 이상일 것 나) 숲경영체험시설은 경사가 완만한 지역에 설치해야 하며, 체험활동에 필요한 장비 등을 갖출 것

구분		설치기준
시설별 설치기준	숙박·편익 시설	가) 산사태 등의 위험이 없을 것 나) 숙박시설은 주변 환경을 고려하여 적당한 울폐도(鬱閉度: 숲이 우거진 정도) 및 차폐도(遮蔽度: 숲으로 둘러싸인 정도) 등을 유지할 것 다) 일반야영장의 야영시설은 야영공간(텐트 1개를 설치할 수 있는 공간을 말한다)당 15제곱미터 이상을 확보하고, 텐트 간 이격거리를 6미터 이상 확보할 것 라) 자동차야영장의 야영시설은 야영공간(차량을 주차하는 공간과 그 옆에 야영장비 등을 설치할 수 있는 공간을 말한다)당 50제곱미터 이상을 확보하고, 텐트 간 이격거리를 6미터 이상 확보할 것 마) 「식품위생법 시행령」에 따른 휴게음식점영업소 또는 일반음식점영업소는 각각 1개소 이내로 설치할 것 바) 이용자의 쾌적성과 편리성을 고려하여 설치하고, 장애인의 이용에 불편함이 없도록 할 것
	위생시설	가) 쾌적성과 편리성을 갖추도록 설치할 것 나) 산림오염이 발생되지 않도록 할 것 다) 식수는 먹는물 수질기준에 적합할 것 라) 외부 화장실에는 장애인용 화장실을 설치할 것
	체육시설	이용자의 접근성 및 안전성을 고려하여 설치할 것
	안전시설	가) 긴급한 재난·사고 시 신속히 그 상황을 알릴 수 있도록 방송시설을 갖출 것 나) 소화기를 배치할 것 다) 응급약품 등 비상물품을 갖춘 별도의 비상대피시설을 지정할 것 라) 비상시 대피시설까지 원활하게 이동할 수 있도록 비상 조명설비 또는 비상 조명기구를 갖출 것

[비고]

제1호 및 제2호에 따른 숲경영체험림에 설치할 수 있는 시설의 종류 및 설치기준에 관한 세부사항은 산림청장이 정한다.

78 국가숲길 지정기준

● 약칭: 산림휴양법 [시행 2024. 5. 17.]
● 산림문화·휴양에 관한 법률 시행령 [별표 3의5] <개정 2023. 6. 7.>

■ **국가숲길의 지정기준(제11조의6제1항 관련)**

1. 법 제23조의3제1항에 따른 국가숲길은 법 제23조에 따라 조성된 숲길(이하 이 표에서 "숲길"이라 한다)이 가목 또는 나목의 기준을 갖추고 다목·라목의 기준을 모두 갖춘 경우에 지정한다.

    가. 숲길 또는 숲길과 연계된 그 주변 지역의 산림생태적 가치가 높을 것

    나. 지역을 대표하는 숲길로서 역사와 문화적 가치가 높거나 지역의 역사·문화자원과의 연계성이 높을 것

    다. 다음의 어느 하나에 해당하는 규모를 갖춘 숲길로서 국가 차원에서 체계적으로 관리할 필요성이 있을 것

       1) 둘 이상의 특별시·광역시·특별자치시·도에 걸쳐 있는 숲길일 것

       2) 셋 이상의 시·군·구(자치구를 말한다)에 걸쳐 있는 숲길일 것

       3) 숲길의 거리(연계가능 거리를 포함한다)가 50킬로미터 이상인 숲길일 것

       4) 숲길 탐방객의 수가 3년 평균 30만명 이상인 숲길일 것

    라. 숲길이 다음의 요건을 모두 갖추었을 것

       1) 법 제22조의2에 따른 숲길의 종류에 적합하게 조성되었을 것

       2) 숲길의 조성을 위한 운영·관리체계를 갖추고 있거나 갖출 수 있을 것

       3) 국가숲길의 지정 이후에 노선의 추가 또는 연결이 가능할 것

       4) 이용자의 접근성이 확보되어 있거나 확보될 수 있을 것

2. 제1호가목부터 라목까지의 규정에 따른 지정기준의 세부사항은 산림청장이 정하여 고시한다.

핵심 79

산림치유지도사의 업무 범위

● 약칭: 산림휴양법 [시행 2024. 5. 17.]
● 산림문화·휴양에 관한 법률 시행규칙 [별표 3] <개정 2016. 12. 30.>

■ 산림치유지도사 업무 범위(제12조의2제2항 관련)

등급	구분	업무 범위
1급 산림치유 지도사	기획 · 개발	• 산림치유 프로그램의 기획 · 개발 • 산림치유 프로그램의 매뉴얼 작성 • 산림치유 프로그램의 실행 계획 수립 • 산림치유 프로그램의 실행을 위한 산림치유지도사 자체 능력배양 교육 계획 수립 • 산림치유 프로그램에 대한 평가 • 산림치유 프로그램 관련 관리 · 실행 업무(2급 산림치유지도사의 업무를 포함한다)
2급 산림치유 지도사	관리 · 실행	• 산림치유 프로그램의 활동계획 수립 • 산림치유 프로그램의 참가자 관리 • 산림치유 프로그램의 실행을 위한 시설 및 이용자의 안전관리 • 산림치유 프로그램 활동의 지도

핵심 80 산림교육의 활성화에 관한 법률

● 약칭: 산림교육법 [시행 2021. 12. 16.]

제1장 총칙

제1조(목적) 이 법은 산림교육의 활성화에 필요한 사항을 정하여 국민이 산림에 대한 올바른 지식을 습득하고 가치관을 가지도록 함으로써 산림을 지속 가능하게 보전하고 국가와 사회 발전 및 국민의 삶의 질 향상에 이바지함을 목적으로 한다.

제2조(정의) 이 법에서 사용하는 용어의 정의는 다음과 같다.

1. "산림교육"이란 산림의 다양한 기능을 체계적으로 체험 · 탐방 · 학습함으로써 산림의 중요성을 이해하고 산림에 대한 지식을 습득하며 올바른 가치관을 가지도록 하는 교육을 말한다.

2. "산림교육전문가"란 산림교육전문가 양성기관에서 산림교육 전문과정을 이수한 사람으로서 다음 각 목의 어느 하나에 해당하는 사람을 말한다.

   가. 숲해설가: 국민이 산림문화 · 휴양(「산림문화 · 휴양에 관한 법률」 제2조제1호의 산림문화 · 휴양을 말한다)에 관한 활동을 통하여 산림에 대한 지식을 습득하고 올바른 가치관을 가질 수 있도록 해설하거나 지도 · 교육하는 사람

   나. 유아숲지도사: 유아(「유아교육법」 제2조제1호의 유아를 말한다. 이하 같다)가 산림교육을 통하여 정서를 함양하고 전인적(全人的) 성장을 할 수 있도록 지도 · 교육하는 사람

   다. 숲길등산지도사: 국민이 안전하고 쾌적하게 등산 또는 트레킹(길을 걸으면서 지역의 역사 · 문화를 체험하고 경관을 즐기며 건강을 증진하는 활동을 말한다)을 할 수 있도록 해설하거나 지도 · 교육하는 사람

3. "산림교육전문가 양성기관"이란 산림교육전문가를 양성하기 위하여 제7조제1항에 따라 지정된 기관 또는 단체를 말한다.

제3조(책무) 국가 및 지방자치단체는 산림교육의 활성화를 위한 시책을 수립 · 시행하여야 하며, 산림교육이 체계적으로 실시되도록 노력하여야 한다.

제2장 종합계획의 수립 · 시행 등

제4조(산림교육종합계획의 수립 · 시행 등)

1. 산림청장은 5년마다 산림교육종합계획을 수립 · 시행하여야 한다.

2. 시 · 도지사는 산림청장으로부터 통보받은 종합계획에 따라 5년마다 지역계획을 수립하고, 계획 변경 시 지역계획에 반영해야 한다.

3. 시 · 도지사는 연도별 지역계획의 추진실적을 산림청장에게 제출해야 한다.

제5조(실태조사 및 정보체계의 구축 · 운영)

제6조(산림교육심의위원회의 설치 · 운영)

1. 산림교육의 주요 사항을 심의하기 위해 산림청장 소속으로 산림교육심의위원회를 둔다. 위원회의 주요 역할은 종합계획 수립, 산림교육 활성화, 전문가 양성기관 지정, 프로그램 인증, 교육센터 지정 등이다.

2. 위원회는 위원장 1명과 20명 이내의 위원으로 구성된다.

3. 위원장은 산림청 차장이며, 위원은 산림교육 전문가로 구성된다.

4. 위원회에는 전문위원이 포함될 수 있다.

5. 위원회 구성, 운영에 필요한 사항은 대통령령으로 정한다.

제3장 산림교육전문가 등

제7조(산림교육전문가 양성기관의 지정 및 취소 등)

제8조(산림교육프로그램의 개발 · 보급 및 인증 등)

제9조(인증의 변경 및 취소)

제10조(산림교육전문가)

제11조(산림교육전문가의 결격사유)

제4장 산림교육시설 등

제12조(유아숲체험원의 등록 등)

제13조(산림교육센터의 지정 등)

제14조(등록 · 지정의 취소 등)

제15조(시정 · 운영정지 명령 등)

제16조(한국숲사랑청소년단)

1. 청소년에게 산림에 대한 올바른 이해와 산림사랑 정신을 함양시키기 위해 한국숲사랑 청소년단을 설립한다.

2. 한국숲사랑청소년단은 법인이며, 주된 사무소 소재지에 설립 등기를 해야 성립된다.

3. 개인, 법인, 단체는 청소년단 시설과 운영을 지원하기 위해 기부할 수 있다.

4. 청소년단의 정관 및 운영, 지원 사항은 농림축산식품부령으로 정한다.

5. 청소년단에 관한 사항은 민법의 사단법인 규정을 준용한다.

제17조(조세감면 등)

1. 국가 및 지방자치단체는 산림교육전문가 양성기관, 유아숲체험원, 산림교육센터, 한국숲사랑청소년단에 조세 감면 혜택을 부여할 수 있다.

2. 한국숲사랑청소년단에 기부된 재산에 대해 소득 계산 특례를 적용할 수 있다.

핵심 81 산림교육전문가의 배치기준

- 약칭: 산림교육법 [시행 2021. 12. 16.]
- 산림교육의 활성화에 관한 법률 시행령 [별표 2] <개정 2021. 6. 8.>

■ 산림교육전문가의 배치기준(제12조 관련)

산림전문가	배치시설	배치기준
숲해설가	「산림문화 · 휴양에 관한 법률」 제2조제2호에 따른 자연휴양림	2명 이상
	「산림문화 · 휴양에 관한 법률」 제2조제3호에 따른 산림욕장	1명 이상
	「국유림의 경영 및 관리에 관한 법률」 제14조에 따라 지정된 국민의 숲	1명 이상
	「수목원 · 정원의 조성 및 진흥에 관한 법률」 제2조제1호에 따른 수목원	2명 이상
	「산림보호법」 제2조제2호에 따른 생태숲 (산림생태원을 포함한다)	1명 이상
	「도시숲 등의 조성 및 관리에 관한 법률」 제2조제1호 및 제2호에 따른 도시숲 및 생활숲	1명 이상
	「자연공원법」 제2조제1호에 따른 자연공원 (국립공원은 제외한다)	1명 이상
유아숲지도사	법 제12조에 따라 등록된 유아숲체험원	별표 3 제4호에 따른 유아숲체험원 운영인력의 배치기준
	그밖에 국가 또는 지방자치단체의 장이 유아숲지도사 활용에 적합하다고 인정하는 지역	1명 이상
숲길등산지도사	「산림문화 · 휴양에 관한 법률」 제2조제2호에 따른 자연휴양림	1명 이상
	「산림문화 · 휴양에 관한 법률」 제2조제3호에 따른 산림욕장	1명 이상
	「산림문화 · 휴양에 관한 법률」 제2조제6호에 따른 숲길	2명 이상
	「자연공원법」 제2조제1호에 따른 자연공원 (국립공원은 제외한다)	1명 이상

유아숲체험원의 등록기준

● 약칭: 산림교육법 [시행 2021. 12. 16.]
● 산림교육의 활성화에 관한 법률 시행령 [별표 3] <개정 2014.9.18.>

■ 유아숲체험원의 등록기준(제13조제1항 관련)

1. 유아숲체험원의 입지 조건

가. 유아숲체험원은 숲의 식생(植生)이 다양하여야 하고, 숲의 건전성을 유지하고 있어야
한다.

나. 유아숲체험원은 위험시설(「주택건설기준 등에 관한 규정」 제9조의2제1항 각호의 시설을
말한다)로부터 수평거리 50m 이상 떨어진 곳에 위치하여야 한다.

다. 차량의 접근이 가능한 지역에서부터 1㎞ 이내에 위치하여야 한다.

2. 유아숲체험원의 규모 및 시설

가. 유아숲체험원의 규모는 1만㎡ 이상이어야 한다.

나. 유아숲체험원은 다음의 시설을 갖추어야 한다.

1) 야외체험학습장: 숲체험, 생태놀이, 관찰학습 등을 할 수 있는 공간으로서 그 규모는
유아숲체험원 전체 규모의 30% 이상이어야 한다.

2) 대피시설: 비, 바람 등을 피할 수 있는 시설로서 목재구조 간이시설이나 임시
시설이어야 한다.

3) 안전시설: 위험지역에는 목재로 된 안전펜스 등의 안전시설을 설치하여야 한다.

다. 유아숲체험원에 화장실이나 의자, 탁자 등 휴게시설을 설치하는 경우에는 다음의
기준을 충족하여야 한다.

1) 입지의 특성에 맞게 이용하기 편리한 구조로 되어 있을 것

2) 자연친화적인 간이시설 또는 임시시설일 것

3. 유아숲체험원 운영 프로그램 및 교구 등

가. 계절에 따라 운영할 수 있는 체험프로그램이 있어야 한다.

나. 프로그램 운영을 위한 다양한 교구가 적정하게 준비되어 있어야 한다.

다. 응급조치를 위한 비상약품 및 간이 의료기구와 소화기 등 비상재해 대비 기구 등을 갖추어야 한다.

4. 유아숲체험원의 운영인력

가. 유아숲체험원의 효율적 운영을 위해 다음의 구분에 따른 인원의 유아숲지도사를 상시 배치하여야 한다.

　　1) 유아의 상시 참여인원이 25명 이하인 경우: 유아숲지도사 1명

　　2) 유아의 상시 참여인원이 26명 이상 50명 이하인 경우: 유아숲지도사 2명

　　3) 유아의 상시 참여인원이 51명 이상인 경우: 유아숲지도사 3명

나. 유아의 안전을 위한 유아숲지도사 외에 보조교사가 선정·배치되어 있어야 한다.

5. 그 밖의 사항국가 또는 지방자치단체의 유아숲체험원 운영 기준 및 방법 등 그밖에 필요한 사항은 산림청장이 따로 정할 수 있다.

핵심 83 산림교육센터의 지정기준

- 약칭: 산림교육법 [시행 2021. 12. 16.]
- 산림교육의 활성화에 관한 법률 시행령 [별표 4]

■ 산림교육센터의 지정기준(제16조제1항 관련)

요소	지정기준
일반기준	• 자연림 또는 인공적으로 조성한 산림(공원을 포함한다)을 10만㎡ 이상 소유 또는 임대할 것
기본시설	• 강의실은 교육인원 1명당 1㎡ 이상으로 50명 이상 수용할 수 있을 것 • 실내실습장은 교육인원 1명당 1.2㎡ 이상, 총전용면적 200㎡ 이상일 것. 다만, 2개소 이상의 실내실습장이 있는 경우에는 각각의 면적을 합하여 총전용면적에 해당하는 경우에는 시설을 갖춘 것으로 본다. • 도서실은 열람좌석 10석 이상으로 산림 관련 도서를 200권 이상 갖출 것 • 관리실 및 사무실, 안내시설은 사무 및 시설관리에 적합한 시설을 갖추어 설치할 것. 이 경우 관리실 등은 겸용할 수 있다. • 화장실, 급수·소방 시설, 채광·환기 시설, 냉난방시설, 조명시설, 방음장치 및 그밖에 학습에 필요한 교재·교구 등을 갖출 것
지원시설	• 필요한 경우 세미나실, 자료실, 휴게실, 체육시설, 기숙사, 양호실, 그밖에 여가 선용 및 운영·관리에 필요한 시설을 갖출 것
전문인력	• 산림교육센터에는 상근 관리자를 2명 이상 확보할 것 • 산림교육을 담당하는 전문인력이 1명 이상 상근하고, 그 밖의 전문강사 확보계획이 마련되어 있을 것
프로그램	• 학교교원에 대한 산림 분야 연수 프로그램을 확보할 것 • 산림교육을 위한 연중 교육계획이 마련되어 있을 것

산림교육프로그램의 인증기준

- 약칭: 산림교육법 [시행 2021. 12. 16.]
- 산림교육의 활성화에 관한 법률 시행규칙 [별표 1] <개정 2016. 12. 30.>

■ 산림교육프로그램의 인증기준(제4조제2항 관련)

1 산림교육프로그램의 교육내용

교육내용	세부 교육내용
산림과 인간의 관계	• 산림 및 산림환경 • 산림과 인간의 상호관계 • 인간이 산림에 미치는 영향 • 산림의 개발과 보존 • 산림이 가지는 다양한 가치
산림생태계	• 산림생태계의 구성 인자 및 변화 • 산림생태계 내의 에너지 등 순환 • 산림생태계와 생물 다양성 • 산림생태계와 인간 활동의 관계 • 산림상태에 대한 조사 및 분석
산림에 대한 개인의 책임감	• 산림에 대하여 가지는 개인의 욕구 및 권리 • 산림과 개인의 가치관 • 산림환경 문제 해결을 위한 개인의 의무 및 책임 • 산림환경 문제 해결을 위한 대안의 도출 및 해결 방안 개발
목재와 인간과의 관계	• 목재와 생활환경 • 목재가 인간에 미치는 영향 • 목재자원으로 만든 제품 • 지구환경보전과 목재 이용 • 전통생활 속의 민속문화재
지속 가능한 청정에너지	• 목질바이오매스의 의미, 종류 및 활용 • 신재생에너지의 의미

[비고]

산림교육프로그램은 가목부터 마목까지에 따른 교육내용 또는 그 세부 교육내용의 어느 하나 이상에 관한 것이어야 한다.

영역	항목	세부 구성기준
교육프로그램	구성	• 프로그램의 제목, 목적 및 목표, 기대효과 기술 • 프로그램의 개요(장소, 인원, 대상, 시간), 준비물, 진행과정, 진행의 유의사항 기술 • 프로그램 전체 일정표 ※ 프로그램의 내용 및 일정은 교육 대상 및 운영 여건을 고려하여 구성
	운영	• 프로그램 운영을 위한 예산확보 방안 기술 • 프로그램 운영에 필요한 인력, 장비 등 기술 • 교육 대상 모집을 위한 안내자료 제작 등 홍보계획 기술
	평가	• 프로그램 평가계획(기준, 절차, 방법 등) 기술 • 프로그램 평가 결과를 반영할 수 있는 개선체계 기술
교수요원	자격	• 교수요원은 해당 프로그램을 운영할 수 있는 전문가로 구성
교육활동 환경	공간 및 설비	• 교육장 및 실습장 등은 교육을 위해 필요한 공간과 안전한 시설의 확보 또는 계획(방안) 수립
	안전관리계획	• 프로그램의 특성을 고려한 안전관리 계획(안전사고 발생에 대비한 보험가입 등) 수립
	위생관리	• 식사 및 숙박 시설이 위생적이고 청결한 상태로 관리되도록 계획 수립
활동기록관리	활동기록관리	• 교육활동 기록의 유지 및 관리체계 기술
숙박시설관리 (숙박교육인 경우)	숙박시설관리	• 교육참가자 수에 맞는 충분한 숙박 공간 확보 • 안전을 위한 야간 생활지도 담당자 지정

[비고]

1. 교육프로그램은 2시간 이상 교육할 수 있도록 구성하여야 한다.

2. 교육프로그램은 활동(체험, 해설, 놀이, 토론, 조사 등을 말한다) 교육프로그램과 교재 교육프로그램으로 구성하되, 활동 교육프로그램과 교재 교육프로그램 중 하나만으로도 구성할 수 있다.

3. 교재 교육프로그램은 위 표의 "구성" 영역만으로 구성할 수 있다.

핵심 85 임산물생산업의 범위

● 약칭: 임업직불제법 [시행 2023. 10. 16.]

1 임산물생산업의 범위

시행령 제2조(임산물생산업의 범위) 「임업·산림 공익기능 증진을 위한 직접지불제도 운영에 관한 법률 시행령」(이하 "영"이라 한다) 제2조에서 "농림축산식품부령으로 정하는 품목"이란 다음 각호의 품목을 말한다.

① 수실류, 버섯류, 산나물류, 약초류, 약용류, 수목부산물류, 관상산림식물류

② 그 밖의 임산물 중 산림청장이 정하여 고시하는 품목

2 그 밖의 임산물 중 산림청장 고시품목

– 산림청고시 제 2022–87호 임산물생산업의 "그 밖의 임산물" 품목

제2조(그 밖의 임산물 품목) 「임업·산림 공익기능 증진을 위한 직접지불제도 운영에 관한 법률 시행규칙」 제2조제2호에 따른 "그 밖의 임산물" 품목은 다음과 같다.

종류	품목명
그 밖의 임산물	가래나무, 가시오갈피, 곤달비, 관중, 노각나무, 둥굴레, 머위, 멀꿀, 바디나물, 병풍쌈, 산복사나무(개복숭아), 생열귀나무, (성)산수국, (성)쑥부쟁이, 왜우산풀, 우산나물, 으름덩굴, 피칸

3 임업·산림 공익기능 직접지불제도의 구성

법 제4조(공익직접지불제도의 구성) 공익직접지불제도는 다음 각호의 직접지불제도로 구성한다.

① 임산물생산업에 종사하는 임업인 등에 대한 직접지불제도(이하 "임산물생산업 직접지불제도"라 한다)

② 육림업에 종사하는 임업인 등에 대한 직접지불제도(이하 "육림업 직접지불제도"라 한다)

4 임업·산림 공익기능 직접지불제도의 적용대상

법 제5조(공익직접지불제도의 적용대상)

① 공익직접지불제도의 직접지불금을 신청할 수 있는 자는 「농어업경영체 육성 및 지원에 관한 법률」 제4조제1항제1호에 따라 농업경영 관련 정보 등을 등록(변경등록을 포함한다. 이하 같다)한 임업인 등으로 한다.

② 공익직접지불제도의 적용대상이 되는 토지는 「농어업경영체 육성 및 지원에 관한 법률」 제4조제1항제1호에 따라 등록된 산지로 한다.

임산물생산업 직접지불제도

● 약칭: 임업직불제법 [시행 2023. 10. 16.]

임산물생산업 직접지불제도는 임업·산림의 공익 기능을 증진하고 임업인 등의 소득 안정을 도모하기 위해 임업인에게 직접지불금을 지원하는 제도이다. 이 제도는 「임업·산림 공익기능 증진을 위한 직접지불제도 운영에 관한 법률」에 따라 운영되며, 주요 세부 내용은 다음과 같다.

1. 임산물생산업 직접지불금의 유형

   - 소규모 임가 직접지불금: 소규모 임가(임업경영, 생계 등을 고려하여 대통령령으로 정한 범위 내의 임가)에 지급되는 직접지불금이다.

   - 면적 직접지불금: 소규모 임가가 아닌 임업인에게 지급되며, 산지 면적에 따라 산출된다.

2. 지급대상 및 조건: 산림청장은 임업과 산림의 공익적 가치를 높이고 임업인 소득 안정을 위해 직접지불금을 지급할 수 있다. 지급대상 산지는 2019년 4월 1일부터 2022년 9월 30일까지 「농어업경영체 육성 및 지원에 관한 법률」에 따라 등록된 산지 중 유효 등록된 산지이다.

   - 제외 대상 산지: 국유림, 공유림, 특정 개발사업 지정 산지, 휴경 중인 산지, 일시적인 채취산지 등이 있으며, 자세한 예외사항은 법령에 구체적으로 규정되어 있다.

3. 임산물생산업 직접지불금 지급대상자 요건: 지급 대상자는 임산물생산업에 종사하는 임업인이며, 산지 면적과 연간 임산물 판매금액 등 대통령령에서 정한 조건을 충족해야 한다. 임산물 생산을 위한 산지의 소유나 사용이 적법해야 하며, 소득 요건 및 임산물 생산업 주업 여부도 고려된다.

4. 소규모 임가 직접지불금의 지급요건: 임가 구성원 중에서 임산물생산업 직접지불금 지급 대상자가 1명 이상이어야 하며, 산지 면적, 종사 기간, 거주 기간, 농업 외 소득 등이 대통령령 기준에 적합해야 한다.

5. 면적: 직접지불금의 기준면적 및 단가산지 면적 구간에 따라 1구간(2만 제곱미터 이하), 2구간(2만 제곱미터 초과 6만 제곱미터 이하), 3구간(6만 제곱미터 초과)으로 나뉘며, 면적 구간이 커질수록 지급 단가는 낮아진다.

6. 준수사항: 임산물생산업 직접지불금을 받기 위해서는 산지의 형상 및 기능을 유지하고, 농약 및 화학비료의 사용 기준을 준수해야 한다. 또한, 매년 2시간 이상 임업·산림의 공익기능 증진을 위한 교육을 이수하여야 하며, 이 교육은 산림청에서 지정한 기관에서 받을 수 있다.

7. 조사 및 관리: 산림청장은 지급 대상자의 준수사항 이행 여부를 확인하기 위해 매년 실태조사를 실시하며, 조사대상자에게 사전에 조사계획을 통보한다.

8. 관련 행정 절차 및 서류: 공익 직접지불금 지급대상자로 등록하기 위해서는 지급대상 산지 소재지를 관할하는 읍·면장에게 신청서를 제출해야 하며, 관련 서류로 가족관계등록증명, 농업경영체 등록확인서, 사업자등록증명서, 소득금액증명서 등이 필요하다.

핵심 87 육림업 직접지불제도

● 약칭: 임업직불제법 [시행 2023. 10. 16.]

육림업 직접지불제도는 임업·산림의 공익 기능을 증진하고 임업인의 소득 안정을 도모하기 위해 임업인에게 육림업에 대한 직접지불금을 지원하는 제도이다. 「임업·산림 공익기능 증진을 위한 직접지불제도 운영에 관한 법률」에 따라 시행되며, 주요 내용은 다음과 같다.

1 육림업 직접지불금의 목적과 유형

① 임업과 산림의 공익적 기능을 강화하고 임업인 소득 안정을 위한 육림업 직접지불금 제도이다.

2 지급대상 산지

① 지급대상이 되는 산지는 「산림자원의 조성 및 관리에 관한 법률」에 따른 산림경영계획 인가를 받은 산지로, 2019년 4월 1일부터 2022년 9월 30일까지 농업경영체로 등록된 산지여야 한다.

② 제외 산지: 국유림 및 공유림, 산지전용허가를 받은 산지, 일시적 사용 산지, 휴경 중인 산지, 기타 개발 예정지 산지 등이 지급대상에서 제외된다.

3 지급대상자 요건

① 지급대상자는 육림업에 종사하는 임업인으로, 산지 소유자여야 한다. 또한, 농촌 외 지역에 주소를 둔 경우 일정 면적 이상의 산지를 경영하며 연간 임산물 판매금액 등을 충족해야 한다.

② 지급대상자로서 제외되는 경우로는 농업 외 소득이 일정 금액을 초과하는 경우, 육림업에 이용되는 산지 면적이 3만 제곱미터 미만인 경우 등이 있다.

4 육림업 직접지불금 지급 기준

① 지급대상 산지의 면적에 따라 기준면적 구간별로 역진적인 단가를 적용하여 직접지불금이 산정된다. 기준면적 구간은 10만 제곱미터 이하, 10만 제곱미터 초과 20만 제곱미터 이하, 20만 제곱미터 초과 등으로 구분된다.

② 지급상한면적은 임업인의 경우 30만 제곱미터이며, 임가 내 지급대상자가 2명 이상일 경우 60만 제곱미터로 상한이 설정된다.

5 준수사항

① 지급대상자는 산지의 형상 및 기능을 유지하고, 지속 가능한 산림자원관리를 위한 방침을 준수해야 한다.

② 임업·산림의 공익기능 증진을 위한 연간 교육 이수와 산림의 공익기능 강화를 위해 일정 기준 이상의 입목을 유지해야 한다.

6 교육 및 관리

① 매년 임업과 산림의 공익기능 증진 관련 교육을 이수해야 하며, 산림청이 지정한 교육기관에서 실시된다.

7 조사 및 점검

① 산림청은 지급대상자의 준수사항 이행 여부를 확인하기 위해 조사와 점검을 진행하며, 필요한 경우 관계 기관에 자료 제출을 요청할 수 있다.

공익 직접지불금

● 약칭: 임업직불제법 [시행 2023. 10. 16.]

공익 직접지불금 제도는 산림의 공익적 기능 증진과 임업인의 소득 안정을 위해 산림청에서 제공하는 재정 지원 제도이다. 이 제도는 「임업 · 산림 공익기능 증진을 위한 직접지불제도 운영에 관한 법률」에 따라 운영되며, 주요 내용은 다음과 같다.

1 공익 직접지불금의 신청 및 등록

① 산림청장 또는 지방자치단체의 장은 매년 공익 직접지불금 신청에 필요한 사항을 사전에 공고하고, 신청자는 지정된 기한 내에 산지 소재지의 읍장, 면장 또는 동장을 통해 등록을 신청할 수 있다.

② 등록 신청 시에는 소유 산지의 정보와 신청인의 자격을 확인하기 위한 관련 서류를 제출해야 한다. 신청이 접수되면 읍 · 면장은 조사 결과를 첨부하여 산림청 또는 시장에게 제출하고, 심사를 거쳐 등록 여부가 결정된다.

2 공익 직접지불금 지급 대상자 및 지급 요건

① 임업에 종사하며, 산지에 대해 일정한 요건을 갖춘 자가 지급 대상자가 될 수 있다.

② 지급 대상자는 산지의 소유 및 임업에 이용하는 산지 면적에 따라 소규모 임가 직접지불금과 면적 직접지불금 중에서 신청할 수 있으며, 농업 외 소득이 일정 금액 이상이거나 특정 요건을 충족하지 못할 경우 지급이 제한될 수 있다.

3 준수 사항과 교육 이수

① 지급 대상자는 산림의 공익기능 증진을 위해 산지의 형상 유지, 농약과 화학비료 사용 준수, 그리고 연간 교육 이수 등의 의무를 이행해야 한다. 교육은 임업 · 산림의 공익 기능과 관련된 내용으로 매년 2시간 이상 이수해야 하며, 산림청 지정 기관에서 실시된다.

4 등록 사항의 변경과 사후 관리

① 공익 직접지불금 등록자는 산지의 현황 및 사용 상태가 변동될 경우 이를 산림청에 변경 등록해야 한다. 또한, 등록자 사망 시나 산지의 일부 양도 또는 임대 등의 사유가 발생할 경우 산림청에 관련 내용을 신고해야 한다.

② 공익 직접지불금의 수령자는 관련된 서류를 2년간 보관해야 하며, 산림청은 이행 여부를 확인하기 위해 수시로 조사할 수 있다.

5 위반 행위에 대한 제재

① 지급 대상자는 지급 요건을 갖추지 못하거나 준수사항을 위반할 경우 공익 직접지불금의 지급이 제한되거나 반환 조치가 있을 수 있다. 부정 수급 시 지급 제한 기간은 최대 8년까지 가능하다.

② 부정 행위가 신고된 경우 신고자에게는 부정 수급액의 일부가 포상금으로 지급될 수 있으며, 부당 수급액과 그에 따른 제재부가금이 발생할 경우 가산금이 부과될 수 있다.

6 감액 지급 및 등록 제한

① 임업인이 거짓이나 부정한 방법으로 공익 직접지불금을 신청·수령한 경우, 해당 산지에 대해 공익 직접지불금 지급이 제한된다.

② 과오납이나 착오에 따른 지급액에 대해서는 제한된 금액만 지급되거나 회수 절차가 진행된다.

- 약칭: 임업직불제법 [시행 2023. 10. 16.]
- 임업·산림 공익기능 증진을 위한 직접지불제도 운영에 관한 법률 시행령 [별표 1]

■ 소규모 임가 직접지불금의 지급요건(제8조 관련)

1. 소규모 임가 직접지불금은 다음 각 목의 요건을 모두 갖춘 경우에 지급한다.

    가. 임가 내 모든 임산물생산업 직접지불금 지급대상자의 법 제7조에 따른 지급대상 산지 면적의 합이 5천제곱미터 이하일 것

    나. 임가 내 구성원이 소유한 산지의 면적의 합이 1만5천500제곱미터 미만일 것

    다. 임가 내 모든 임산물생산업 직접지불금 지급대상자의 영농 종사기간이 등록신청 연도 직전에 계속해서 3년 이상일 것

    라. 임가 내 모든 임산물생산업 직접지불금 지급대상자의 농촌지역 거주기간이 등록신청 연도 직전에 계속해서 3년 이상일 것

    마. 임가 내 모든 임산물생산업 직접지불금 지급대상자 각각의 농업 외의 종합소득금액이 등록신청 연도의 직전 연도를 기준으로 2천만원 미만일 것

    바. 임가 내 모든 구성원의 농업 외의 종합소득금액의 합이 등록신청 연도의 직전 연도를 기준으로 4천500만원 미만일 것

    사. 임가 내 모든 임산물생산업 직접지불금 지급대상자 각각의 시설재배업으로 인한 소득금액이 등록신청 연도의 직전 연도를 기준으로 3천800만원 미만일 것

2. 제1호라목의 농촌지역 거주기간 산정기준

    가. 제1호라목의 농촌지역은 「농업·농촌 및 식품산업 기본법」에 따른 농촌으로 한다.

    나. 제1호라목의 농촌지역 거주기간은 「주민등록법」 제10조제1항제7호에 따른 주소가 농촌지역에 있는 기간으로 한다. 다만, 질병의 치료·요양 등 산림청장이 정하여 고시하는 사유로 농촌지역에 주소를 두지 않은 경우에는 그 기간을 농촌지역 거주기간에 포함하여 산정할 수 있다.

3. 제1호나목에 따른 임가 내 구성원이 소유한 산지의 면적 산정 방법, 같은 호 다목에 따른 영농 종사기간의 확인 방법 및 같은 호 사목에 따른 임가 내 모든 임산물생산업 직접지불금 지급대상자의 시설재배업으로 인한 소득금액의 확인 방법 등 소규모 임가 직접지불금 지급에 필요한 사항은 산림청장이 정하여 고시한다.

핵심 90

임산물생산업 직접지불금 수령을 위한 준수사항

● 약칭: 임업직불제법 [시행 2023. 10. 16.]
● 임업·산림 공익기능 증진을 위한 직접지불제도 운영에 관한 법률 시행령 [별표 2]

■ **임산물생산업 직접지불금 수령을 위한 그 밖의 준수사항(제16조 관련)**

1. 임산물생산업 직접지불금 수령을 위한 그 밖의 준수사항

   가. 「농어업경영체 육성 및 지원에 관한 법률」 제4조제1항제1호에 따라 등록된 농업경영정보의 중요한 사항이 변경된 경우에는 농림축산식품부령으로 정하는 바에 따라 변경등록을 할 것

   나. 지급대상 산지 및 그 주변에 있는 폐기물을 「폐기물관리법」 제13조에 따라 처리할 것

   다. 지급대상 산지에 관한 영림기록을 농림축산식품부령으로 정하는 기준에 따라 작성·보관할 것

   라. 국토환경·자연경관의 보전 또는 생태계의 보전을 위한 임업 관련 협회·단체의 활동이나 마을공동체 공동활동에 농림축산식품부령으로 정하는 바에 따라 참여할 것

   마. 임산물의 생산단계 및 유통·판매단계의 유해물질(농약은 제외한다) 잔류허용량이 농림축산식품부령으로 정하는 안전기준에 적합할 것

   바. 「농수산물 유통 및 가격안정에 관한 법률」 제38조의2제2항에 따른 출하제한 및 「농수산물 품질관리법」 제63조제1항제1호에 따른 임산물의 폐기, 용도 전환, 출하 연기 등의 처리 조치를 준수할 것

   사. 비료의 보관 등에 있어 「비료관리법」 제19조의2제1항을 준수할 것

   아. 농약 및 분뇨 등의 배출 등에 관하여 「물환경보전법」 제15조제1항제1호 및 제2호에 따른 금지의무를 준수할 것

   자. 하천수의 사용·관리(임업용도로 한정한다)에 관하여 「하천법」 제50조제1항, 제50조의2제1항 및 제52조제1항·제3항을 준수할 것

   차. 지하수의 개발·이용에 관하여 「지하수법」 제7조제1항, 제8조제1항, 제13조제1항, 제15조제1항 및 제20조제1항을 준수할 것

카. 퇴비ㆍ액비에 관하여 「가축분뇨의 관리 및 이용에 관한 법률」 제10조제1항에 따른 금지의무를 준수하고, 같은 법 제13조의2제1항에 따른 퇴비액비화기준 및 퇴비ㆍ액비의 공정규격에 적합한 퇴비ㆍ액비를 사용해야 하며, 액비의 살포에 관하여 같은 법 제17조제1항제5호를 준수할 것

타. 「생물 다양성 보전 및 이용에 관한 법률」 제24조제1항을 위반하지 않을 것

파. 「식물방역법」 제30조의2제1항에 따라 방제 대상 병해충 등의 발생을 신고할 것

2. 제1호에 따른 준수사항의 세부 기준 및 확인ㆍ점검 등에 필요한 사항은 산림청장이 정하여 고시한다.

임산물생산업 직접지불금 수령을 위한 준수사항 이행기준

- 약칭: 임업직불제법 [시행 2023. 10. 16.]
- 임업·산림 공익기능 증진을 위한 직접지불제도 운영에 관한 법률 시행규칙 [별표 1]

■ 임산물생산업 직접지불금 등 수령을 위한 그 밖의 준수사항의 이행기준(제9조 관련)

구분	이행기준
영 제16조, 제28조제1항 및 별표 2 제1호가목에 따른 농업경영정보의 변경등록	「농어업경영체 육성 및 지원에 관한 법률」 제4조제1항제1호에 따라 등록된 농업경영정보의 중요한 사항이 변경된 경우에는 14일 이내에 변경등록을 할 것
영 제16조, 제28조제1항 및 별표 2 제1호다목에 따른 영림기록의 작성·보관	영림기록은 법 제17조제2항에 따른 등록신청 연도의 다음 연도부터 2년간 보관할 것
영 제16조, 제28조제1항 및 별표 2 제1호라목에 따른 임업 관련 협회·단체의 활동이나 마을공동체 공동활동의 참여	다음 각 목의 어느 하나에 해당하는 임업 관련 협회·단체의 활동이나 마을공동체 공동활동에 연 1회 이상 참여할 것 가. 지역 또는 마을공동체 주변 영농·생활 폐기물의 공동 수거·처리 나. 마을 공동 공간의 청소·정비 다. 지역 경관 개선 라. 「생물 다양성 보전 및 이용에 관한 법률」에 따른 생태계 교란 생물의 제거
영 제16조 및 별표 2 제1호마목에 따른 임산물의 생산단계 및 유통·판매단계의 유해물질(농약은 제외한다) 잔류허용량의 안전기준	임산물의 유해물질 잔류허용량이 다음 각 목의 구분에 따른 안전기준에 적합할 것 가. 임산물의 생산단계 : 「농수산물 품질관리법」 제61조제1항제1호가목 및 「유전자변형농수산물의 표시 및 농수산물의 안전성조사 등에 관한 규칙」 제6조에 따라 식품의약품안전처장이 정하여 고시하는 농산물 생산단계의 유해물질 잔류허용기준 나. 임산물의 유통·판매단계 : 「식품위생법」 제7조제1항에 따라 식품의약품안전처장이 정하여 고시하는 농산물 유통·판매단계의 유해물질 잔류허용기준

92 입목의 유지기준

● 약칭: 임업직불제법 [시행 2023. 10. 16.]
● 임업·산림 공익기능 증진을 위한 직접지불제도 운영에 관한 법률 시행령 [별표 3] <개정 2024. 6. 4.>

■ 입목의 유지기준(제27조 관련)

1 수종 및 가슴높이 지름에 따른 산지 1만제곱미터당 적정 그루 수

수종	가슴높이 지름(센티미터)											
	8	10	12	14	16	18	20	22	24	26	28	30 이상
잣나무	1,500	1,200	1,000	880	760	670	600	530	480	440	400	273
낙엽송	1,500	1,300	1,100	1,000	900	800	700	600	530	490	410	298
리기다소나무	2,000	1,600	1,300	1,100	940	810	710	630	560	500	–	438
소나무(강원)	2,300	1,800	1,500	1,300	1,100	950	840	740	670	610	–	528
소나무(중부)	1,300	1,110	960	860	780	710	650	610	–	–	–	528
삼나무	2,200	1,860	1,630	1,430	1,260	1,130	1,010	890	–	–	–	533
편백	2,700	2,200	1,700	1,510	1,330	1,180	1,070	950	–	–	–	664
해송	1,700	1,400	1,200	1,060	950	850	750	660	620	–	–	435
참나무류	980	880	800	730	660	600	540	500	460	430	390	350

[비고]

소나무(강원)는 강원특별자치도, 경상북도 영양군·울진군·봉화군·영주시에 생육 중인 소나무를 말하고, 소나무(중부)는 그 밖의 지역에 생육 중인 소나무를 말한다.

2 입목의 유지기준 적용 방식

가. 가슴높이 지름이 8센티미터 이상이고, 조림(造林) 후 10년을 초과한 산지는 해당 산림 내 입목의 그루 수가 제1호에 따른 적정 그루 수의 60퍼센트 이상인 경우에 입목의 유지기준을 충족한 것으로 본다.

나. 가슴높이 지름이 8센티미터 미만이거나 조림 후 10년 이내의 산지는 다음의 기준을 적용한다.

    1) 조림 후 2년 이내인 경우에는 당초 조림한 그루 수의 80퍼센트 이상이 생존한 경우에 입목의 유지기준을 충족한 것으로 본다.

    2) 조림 후 2년을 초과한 경우에는 당초 조림한 그루 수의 60퍼센트 이상이 생존한 경우에 입목의 유지기준을 충족한 것으로 본다.

다. 테다소나무·리기테다소나무는 리기다소나무의 기준을 적용하고, 전나무·종비나무·가문비나무·잎갈나무는 낙엽송의 기준을 적용하며, 테다소나무·리기테다소나무·전나무·종비나무·가문비나무·잎갈나무 외의 침엽수는 잣나무의 기준을 적용하고, 활엽수는 참나무류의 기준을 적용한다.

라. 산불·산사태·병해충 등으로 산지의 피해율이 30퍼센트 이상인 경우에는 가목부터 다목까지의 기준에도 불구하고 입목의 유지기준을 충족한 것으로 본다. 이 경우 산지의 피해율은 산불·산사태의 경우에는 면적을 기준으로 산정하고, 병해충의 경우에는 나무그루 수를 기준으로 산정한다.

3 조사 방법

대상지의 나무그루 수는 표준지 1개소당 400제곱미터를 조사하여 산지 1만제곱미터당 적정 그루 수로 환산한다. 이 경우 표준지는 산지면적이 3만제곱미터 이하인 경우에는 1개소, 3만제곱미터 초과 10만제곱미터 이하인 경우에는 3개소, 10만제곱미터 초과인 경우에는 4개소로 한다.

공익 직접지불금 지급·등록 제한 세부기준

● 약칭: 임업직불제법 [시행 2023. 10. 16.]
● 임업 · 산림 공익기능 증진을 위한 직접지불제도 운영에 관한 법률 시행령 [별표 4]

■ 공익 직접지불금의 지급제한 및 등록제한의 세부적인 기준(제30조 관련)

1 일반기준

가. 위반행위가 둘 이상인 경우로서 그에 해당하는 각각의 지급제한 기준 및 등록제한 기간이 다른 경우에는 그 중 무거운 지급제한 기준 및 등록제한 기간에 따른다. 다만, 제2호다목부터 파목까지는 각각의 지급제한 기준에 따른다.

나. 제2호라목부터 사목까지 및 자목부터 카목까지의 위반행위 횟수에 따른 가중된 지급제한 기준은 공익 직접지불금을 등록신청하는 연도의 직전 연도에 공익 직접지불금의 지급제한을 받은 자가 직전 연도의 10월 1일부터 등록신청 연도 9월 30일까지의 기간 동안 다시 같은 유형의 위반행위로 적발된 경우에 적용한다.

다. 나목에 따라 가중된 지급제한 처분을 하는 경우 가중처분의 적용 차수는 그 위반행위 전 처분 차수의 다음 차수로 한다.

라. 처분권자는 위반행위의 동기, 내용, 위반의 정도 등을 고려하여 지급제한 기준(제2호가목 및 나목에 따른 지급제한 기준은 제외한다) 또는 등록제한 기간의 2분의 1 범위에서 처분을 가중하거나 감경할 수 있다. 이 경우 제2호가목 및 나목에 따른 등록제한 기간은 연 단위로 감경하며, 가중하는 경우에도 법 제22조제2항에 따른 등록제한 기간을 초과할 수 없다.

2 개별기준

위반행위	근거 법조문	지급제한 기준	등록제한 기간
가. 거짓이나 그 밖의 부정한 방법으로 공익 직접지불금을 신청 또는 수령한 경우	법 제22조 제1항제1호		
1) 거짓이나 그 밖의 부정한 방법으로 신청한 경우			

위반행위	근거 법조문	지급제한 기준	등록제한 기간
가) 소규모 임가 직접지불금 지급 대상자로 신청한 경우		등록된 모든 산지의 공익 직접지불금 전부 미지급	5년
나) 면적 직접지불금 지급 대상자로 신청한 경우		등록된 모든 산지의 공익 직접지불금 전부 미지급	3년
다) 육림업 직접지불금 지급 대상자로 신청한 경우		등록된 모든 산지의 공익 직접지불금 전부 미지급	3년
2) 거짓이나 그 밖의 부정한 방법으로 수령한 경우			
가) 소규모 임가 직접지불금을 수령한 경우		등록된 모든 산지의 공익 직접지불금 전부 미지급	8년
나) 면적 직접지불금을 수령한 경우		등록된 모든 산지의 공익 직접지불금 전부 미지급	5년
다) 육림업 직접지불금을 수령한 경우		등록된 모든 산지의 공익 직접지불금 전부 미지급	5년
나. 공익 직접지불금을 수령하게 하기 위하여 거짓이나 그 밖의 부정한 방법으로 산지(산지 또는 입목에 대한 권리를 포함한다)를 양도ㆍ임대 또는 사용대하거나 분할 또는 공유하는 경우	법 제22조 제1항제2호	등록된 모든 산지의 공익 직접지불금 전부 미지급	3년
다. 법 제8조에 따른 지급대상자 요건을 갖추지 못한 경우	법 제22조 제1항제3호	해당 산지의 공익 직접지불금 전부 미지급	–
라. 법 제11조제1호의 의무를 이행하지 않은 경우	법 제22조 제1항제4호		
1) 제13조제1항제1호에 따라 수목의 생육이 가능하도록 토양을 유지ㆍ관리하지 않은 경우		해당 산지의 공익 직접지불금은 토양을 유지ㆍ관리하지 않은 산지분에 한정하여 공익 직접지불금 전부를 미지급하고, 나머지 산지분에 대한 공익 직접지불금은 1차 위반 시 10퍼센트, 2차 위반 시 20퍼센트, 3차 이상 위반 시 40퍼센트 미지급	–
2) 제13조제1항제2호 또는 제3호의 기준을 위반한 경우		해당 산지의 공익 직접지불금은 1차 위반 시 10퍼센트, 2차 위반 시 20퍼센트, 3차 이상 위반 시 40퍼센트 미지급	–

위반행위	근거 법조문	지급제한 기준	등록제한 기간
마. 법 제11조제2호의 의무를 이행하지 않은 경우	법 제22조 제1항제4호		
1) 농약을 제14조제1호에 따른 농약안전사용기준 또는 임산물의 생산단계, 유통ㆍ판매단계의 농약잔류허용기준을 위반하여 사용한 경우		해당 산지의 공익 직접지불금은 1차 위반 시 10퍼센트, 2차 위반 시 20퍼센트, 3차 이상 위반 시 40퍼센트 미지급	–
2) 화학비료를 제14조제2호에 따른 토양화학성분 기준 또는 비료량 기준을 위반하여 사용한 경우		해당 산지의 공익 직접지불금은 1차 위반 시 10퍼센트, 2차 위반 시 20퍼센트, 3차 이상 위반 시 40퍼센트 미지급	–
바. 법 제11조제3호에 따른 교육 이수의무를 이행하지 않은 경우	법 제22조 제1항제4호	해당 산지의 공익 직접지불금은 1차 위반 시 10퍼센트, 2차 위반 시 20퍼센트, 3차 이상 위반 시 40퍼센트 미지급	–
사. 법 제11조제4호의 이행사항을 이행하지 않은 경우	법 제22조 제1항제4호	해당 산지의 공익 직접지불금은 별표 2 제1호 각 목의 위반행위에 대해 각각 1차 위반 시 10퍼센트, 2차 위반 시 20퍼센트, 3차 이상 위반 시 40퍼센트씩 미지급	–
아. 법 제14조에 따른 지급대상자 요건을 갖추지 못한 경우	법 제22조 제1항제3호	해당 산지의 공익 직접지불금 전부 미지급	–
자. 법 제16조제1호의 의무를 이행하지 않은 경우	법 제22조 제1항제4호		–
1) 제24조제1항제1호에 따라 수목의 생육이 가능하도록 토양을 유지ㆍ관리하지 않은 경우		해당 산지의 공익 직접지불금은 토양을 유지ㆍ관리하지 않은 산지분에 한정하여 공익 직접지불금 전부를 미지급하고, 나머지 산지분에 대한 공익 직접지불금은 1차 위반 시 10퍼센트, 2차 위반 시 20퍼센트, 3차 이상 위반 시 40퍼센트 미지급	–
2) 제24조제1항제2호 또는 제3호의 기준을 위반한 경우		해당 산지의 공익 직접지불금은 1차 위반 시 10퍼센트, 2차 위반 시 20퍼센트, 3차 이상 위반 시 40퍼센트 미지급	–

위반행위	근거 법조문	지급제한 기준	등록제한 기간
차. 법 제16조제2호부터 제4호까지의 규정에 따른 의무를 이행하지 않은 경우	법 제22조 제1항제4호	해당 산지의 공익 직접지불금은 1차 위반 시 10퍼센트, 2차 위반 시 20퍼센트, 3차 이상 위반 시 40퍼센트 미지급	
카. 법 제16조제5호의 의무를 이행하지 않은 경우	법 제22조 제1항제4호	해당 산지의 공익 직접지불금은 별표 2 제1호가목부터 라목까지 및 사목부터 파목까지의 위반행위에 대해 각각 1차 위반 시 10퍼센트, 2차 위반 시 20퍼센트, 3차 이상 위반 시 40퍼센트씩 미지급	－
타. 법 제21조제1항의 의무를 이행하지 않은 경우	법 제22조 제1항제5호	해당 산지의 공익 직접지불금 전부 미지급	－
파. 착오 또는 경미한 과실로 사실과 다르게 신청하거나 잘못 수령한 경우	법 제22조 제1항제6호	해당 산지의 공익 직접지불금 전부 미지급	－

핵심 94 제재부가금 산정기준

- 약칭: 임업직불제법 [시행 2023. 10. 16.]
- 임업·산림 공익기능 증진을 위한 직접지불제도 운영에 관한 법률 시행규칙 [별표 2]

■ 제재부가금의 산정기준(제21조제1항 관련)

1. 제재부가금은 가목 또는 나목에 해당하는 사유와 직접 관련된 산지에 대하여 이미 지급한 금액에 가목 또는 나목의 구분에 따른 제재부가금 부과율을 곱하여 산정한다.

위반행위	제재부가금 부과율
거짓이나 그 밖의 부정한 방법으로 공익 직접지불금을 신청 또는 수령한 경우	500퍼센트
공익 직접지불금을 수령하게 하기 위하여 거짓이나 그 밖의 부정한 방법으로 산지(산지 또는 입목에 대한 권리를 포함한다)를 양도·임대 또는 사용대하거나 분할 또는 공유하는 경우	300퍼센트

2. 부과권자는 그 행위가 경미한 부주의로 인한 경우에는 제1호에 따라 산정된 제재부가금의 2분의 1 범위에서 그 금액을 감경할 수 있다.

탄소흡수원 유지 및 증진에 관한 법률

● 약칭: 탄소흡수원법 [시행 2024. 5. 11.]

1 주요 내용 정리

1. 총칙

① 목적: 기후변화에 대응하고 저탄소 사회에 기여하기 위함이다.

② 정의: 법에서 사용하는 용어에 대한 정의, 예를 들어 신규조림, 재조림, 산림경영, 탄소흡수원 등의 개념 규정

2. 탄소흡수원 증진 종합계획 수립

① 종합계획: 산림청은 5년마다 탄소흡수원 유지 및 증진 종합계획을 수립하며, 목표, 기술개발, 국제협력 등을 포함한다.

② 연차별 실행계획: 종합계획을 구체화하여 연차별로 실행계획을 수립한다.

3. 탄소흡수원 유지 및 증진 활동

① 신규조림 · 재조림 · 식생복구: 산림청은 신규조림 및 재조림을 통해 탄소흡수량을 증진하고, 산림경영을 통해 탄소상쇄 실적을 확보한다.

② 보호지역 관리: 보호지역의 탄소흡수원 관리를 통해 상쇄 실적 활용 가능

③ 재해방지 관리: 산불, 산사태 등 재해로부터 탄소흡수원을 보호하기 위한 대책을 마련한다.

4. 탄소저장 목제품 및 산림바이오매스 에너지 이용 증진

① 목제품 이용증진: 목제품에 저장된 탄소를 유지하기 위한 정책을 시행한다.

② 바이오매스 에너지: 산림바이오매스 에너지 활용을 촉진하여 온실가스 배출량을 줄이는 시책을 추진한다.

5. 산지전용 억제 및 산림황폐화 방지

① 산지전용 억제: 산지의 무분별한 전용과 황폐화 방지를 위한 대책을 마련하고, 탄소상쇄 실적으로 활용할 수 있도록 한다.

6. 산림탄소상쇄제도

① 산림탄소상쇄 사업: 산림탄소흡수량을 활용하여 온실가스 감축에 기여할 수 있는 사업을 지원하고, 산림탄소등록부를 통해 이를 투명하게 관리한다.

② 거래: 산림탄소흡수량을 거래하여 온실가스 배출권거래제와 같은 제도와 연계할 수 있다.

7. 교육 및 홍보

① 탄소흡수원 특성화 학교: 산림청은 전문인력 양성을 위해 특성화 학교를 지정하여 지원할 수 있다.

② 홍보 및 교육: 탄소흡수원의 유지 및 증진 활동에 대한 국내외 홍보를 시행한다.

8. 탄소흡수원 증진 기반 조성

① 지수 개발: 탄소흡수원 유지 및 증진 실적에 대한 지수를 개발하여 공개하고 우수 단체에는 포상을 실시한다.

② 국제협력: 국외 탄소흡수원 유지와 증진을 위한 협력을 강화하고, 국제기구와 협력관계를 유지한다.

2 산림탄소상쇄제도

산림탄소상쇄제도는 산림을 통한 탄소흡수량을 온실가스 감축 활동에 활용하여 기후변화에 대응하고자 하는 제도이다. 이 제도는 산림청이 관리하며, 산림을 지속 관리하거나 확충하여 탄소를 흡수하는 양을 상쇄 실적으로 인정하고 거래할 수 있도록 한다.

1. 목적과 개념

① 목적: 산림을 통한 온실가스 흡수 기능을 활용하여 국가 차원의 온실가스 감축에 기여하고, 저탄소 사회 실현을 도모한다.

② 산림탄소상쇄: 산림을 통해 흡수된 탄소량을 상쇄 실적으로 인정하여 이를 온실가스 감축 목표 달성에 활용할 수 있다.

2. 탄소상쇄 활동

① 산림청은 신규조림, 재조림, 식생복구, 산림경영 등의 활동을 통해 추가로 확보한 산림탄소흡수량을 상쇄 실적으로 사용할 수 있도록 한다.

② 상쇄 실적으로 사용할 수 있는 활동은 주로 신규조림, 보호지역 관리, 산림바이오매스 에너지 활용, 산지전용 억제 등 산림의 탄소흡수 기능을 증진하는 활동이 포함된다.

3. 산림탄소상쇄의 종류

① 감축실적형 산림탄소상쇄: 온실가스 감축 목표를 이행해야 하는 지방자치단체나 사업자가 탄소흡수량을 상쇄 실적으로 사용할 수 있도록 한다.

② 사회공헌형 산림탄소상쇄: 자발적으로 탄소흡수원을 유지 · 증진하고자 하는 지방자치단체나 사업자가 사회 공헌 목적으로 산림탄소상쇄 활동을 수행하며, 완화된 기준을 적용한다.

4. 산림탄소상쇄 사업 등록 및 관리

① 사업계획서 제출: 산림탄소상쇄 사업을 수행하고자 하는 지방자치단체나 사업자는 산림탄소센터에 사업계획서를 제출한다.

② 등록 및 검토: 산림탄소센터가 사업계획서 검토 후 사업의 타당성이 인정되면 산림탄소등록부에 사업을 등록한다.

③ 모니터링 및 검증: 산림탄소상쇄 사업이 등록된 후, 산림탄소흡수량을 주기적으로 모니터링하고, 검증 기관이 이를 객관적으로 검증하여 상쇄 실적으로 인정한다.

5. 산림탄소흡수량 거래 및 인증

① 거래: 산림탄소흡수량은 탄소배출권거래제와 연계되어 거래될 수 있으며, 감축 목표를 가진 기관이나 기업이 거래를 통해 산림탄소흡수량을 상쇄 실적으로 사용 가능하다.

② 인증: 검증을 통해 산림청의 인증을 받아 산림탄소상쇄 실적을 인정받고, 인증된 산림탄소흡수량은 거래나 사회공헌 활동으로 활용할 수 있다.

6. 산림탄소센터

① 역할: 산림청 산하의 산림탄소센터가 산림탄소상쇄제도를 운영 · 관리하고, 상쇄 실적의 검증 및 인증을 담당한다.

② 지원: 산림탄소상쇄제도 활성화를 위해 산림탄소센터는 사업자에게 기술 지원과 교육을 제공한다.

7. 산림탄소흡수량 등록부 구축

① 산림청은 산림탄소흡수량을 체계적으로 관리하기 위해 산림탄소등록부를 운영하며, 이 등록부를 통해 탄소흡수량의 투명성과 유통을 보장한다.

Chapter
03

북한 산림 복구 및 복원

북한 산림 복구·복원 정책

산림청은 기후변화 대응과 한반도 생태계 복원을 위해 북한 산림 복구 및 복원정책을 추진하고 있다. 이는 남북한 산림협력의 일환으로, 산림을 복구하여 탄소흡수량을 증대시키고, 북한의 산림황폐화를 방지해 생태계를 복원하는 데 중점을 두고 있다. 주요 정책 방향은 다음과 같다.

1 배경 및 목적

① 산림황폐화 심각성

북한은 산림의 황폐화로 인한 토양 유실, 생물 다양성 감소, 홍수 위험 증가 등의 문제가 발생하고 있어, 지속 가능한 산림관리를 통한 생태계 복원이 시급하다.

② 기후변화 대응

북한의 산림 복구를 통해 한반도 전체의 탄소흡수 능력을 강화하고, 국제적인 기후변화 대응 목표에 기여한다.

③ 남북 협력 및 평화 구축

남북 산림협력을 통해 환경적, 경제적 교류를 확대하고 한반도의 평화 기반을 구축하고자 한다.

2 주요 정책 목표

① 산림 복구 및 생태 복원

남북한 산림생태계의 회복을 목표로, 북한의 산림 면적을 확대하고, 수목 식재, 황폐지 복구 등을 통해 산림 탄소흡수원을 확대한다.

② 산림 바이오매스 활용

산림 복구 과정에서 바이오매스를 활용하여 에너지원으로 사용하고, 이를 통해 지역 경제와 에너지 자립도 향상에 기여한다.

③ 재해방지 및 토양 보전

산림이 황폐화된 지역의 토양 유실 및 홍수 방지를 위해 방지림 조성 및 임도(임업도로) 개선 등의 방안을 도입한다.

3 정책 추진 방향

① 산림 복구 기술 협력

산림 복구 기술, 식생 복원 기술, 산림관리 시스템 등을 북한에 지원하여, 과학적이고 체계적인 복구 작업이 가능하도록 한다.

② 모니터링 및 조사

북한 산림 복구 상태를 정기적으로 모니터링하고, 이를 통해 산림 복구 및 탄소 흡수 효과를 평가한다.

③ 기후변화 기금 및 국제 협력

유엔 산림계획(UNFF), 세계은행, 아시아개발은행(ADB) 등과 협력해 산림 복구 사업의 재원을 마련하고, 국제적 지원과 협력관계를 강화한다.

4 산림협력을 위한 구체적인 전략

① 산림녹화 및 조림사업

북한 내 황폐한 지역에 산림녹화 사업을 통해 나무를 식재하고, 양묘장을 설치하여 자생적 조림 기반을 마련한다.

② 산림자원 관리 교육

산림관리 인력을 교육하고, 북한 내 산림관리 체계를 구축하도록 지원하여 지속 가능한 산림 복구가 이루어지도록 한다.

③ 남북 공동 연구

산림생태계를 연구하는 남북 공동 프로젝트를 통해, 한반도 전역의 산림 복구 방안을 도출하고 이를 실행할 방안을 모색한다.

5 기대 효과 및 전망

① 기후변화 완화

북한 산림 복구로 한반도 전체의 탄소흡수량이 증가하여, 기후변화 완화에 기여할 수 있다.

② 남북 환경 협력 증진

환경 협력은 정치적 상황과 무관하게 지속 가능한 발전을 도모하는 데 도움이 되며, 평화 증진의 기초가 된다.

③ 생물 다양성 보존

산림 복구를 통해 다양한 생태종이 보존되고, 북한의 산림생태계가 안정화되어 한반도 생물 다양성 증진에 기여한다. 산림청은 북한 산림 복구 정책이 지속적이고 실질적으로 이뤄질 수 있도록 국내외 지원을 강화하고 있으며, 남북한의 평화와 기후변화 대응이라는 두 가지 목표를 동시에 달성하기 위해 정책을 확장하고 있다.

핵심 02 북한의 산림정책 관련 자료

북한의 산림정책과 실행자료는 주로 북한의 공식 발표, 국제기구 보고서, 통일부와 산림청, 대학이나 연구소의 연구논문 등을 통해 찾아볼 수 있다.

시험합격을 위해서는 면접 전에 이슈가 되고 있는 부분만 정리하는 것이 좋을 것이다.

1 북한의 산림 복구 계획 및 실행 – '산림복구전략'

북한의 복구 전력 등 북한의 산림 복구 계획과 실행에 대한 핵심 전략에 대해 찾아본다.

① 배경: 2015년에 착수된 '산림복구전략'은 향후 10년간 북한의 산림 복구 사업을 위한 청사진을 제시한다. 본 전략은 황폐해진 산림을 복구하고, 식량 및 에너지 자원을 확보하는 것을 목표로 한다.

② 내용: 북한의 산림 복구는 단순히 나무를 심는 것을 넘어선 생태계 복원을 포괄한다. 이는 산림 황폐화로 인한 토양 유실, 생물 다양성 감소 등의 문제를 해결하여 북한 주민들의 삶의 질을 향상시키는 데 기여하고자 한다.

③ 자료: 본 전략을 뒷받침하는 주요 자료로는 개성공단 조성본부와 통일연구원의 북한 정책 보고서, 그리고 국제협력환경연구원의 연구논문 등이 있다.

④ 예시: 산림 복구 전략에 대한 추가 정보는 조선신보도, 통일연구원의 북한 정책 보고서, 북한 산림 현황에 대한 연구논문 등에서 찾아볼 수 있다.

2 유엔 식량농업기구(FAO) 보고서

해당 보고서는 FAO가 북한 산림 복구에 어떻게 기여하는지 설명한다.

① 내용: FAO는 북한의 산림 환경 모니터링을 통해 산림 황폐화 문제에 대한 포괄적인 분석을 제공한다. 또한 FAO는 북한 산림 복구를 위해 필요한 기술 및 재정적 지원을 제공한다.

② 자료: FAO의 보고서와 통계 자료(FAOSTAT)를 통해 북한의 산림 상태와 복구 노력에 대한 구체적인 정보를 얻을 수 있다.

③ 예시: FAOCountryBrief, DPRKorea 등의 자료에서 FAO의 북한 산림 복구 활동에 대한 더 자세한 내용을 확인할 수 있다.

3 **북한 산림 복구 정책에 대한 학술 논문 및 연구 보고서**

북한의 학술연구 관련 자료를 통해 북한의 산림 복구 정책에 대한 학술적 관점을 알아본다.

① 내용: 북한의 산림 정책 및 복구 계획에 대한 심층 연구 논문들이 학술지에 게재되어 있다. 특히 한국, 중국, 일본 학자들이 북한 산림 정책의 성공 가능성과 과제를 분석하며, 국제적 제재 상황에서 산림 복구 및 외부 지원의 어려움에 대한 논의도 포함한다.

② 자료: DBpia, JSTOR, ScienceDirect 등과 같은 학술 데이터베이스에서 관련 논문을 찾아볼 수 있다.

③ 예시: 김석진 외, "북한 산림황폐화와 남북 산림협력 방안"(국토연구원, 2020년)과 같은 연구들은 북한 산림 복구에 대한 심도 있는 이해를 제공한다.

4 **한국 산림청의 북한 산림 복구 협력 자료**

한국 산림청 자료는 산림청의 북한 산림 복구 지원 노력과 관련 정책을 확인할 수 있다.

① 내용: 한국 산림청은 남북 산림 협력 차원에서 북한 산림 복구를 지원하기 위해 양묘장 건설, 산림 보호 기술 지원 등 다양한 사업을 계획한다. 협력 보고서에 구체적인 정책과 추진 현황이 담겨 있다.

② 자료: 산림청 공식 보고서 및 자료실에서 협력 자료를 확인할 수 있다.

③ 예시: 산림청 자료를 통해 한국 산림청의 대북 산림 협력에 대한 자세한 정보를 얻을 수 있다.

5 **한국 통일부의 자료**

통일부 홈페이지나 통일부를 방문해 북한 관련 보고서 등을 열람하면 통일부가 제공하는 북한 산림 관련 자료와 현 정부의 정책을 이해할 수 있다.

① 내용: 통일부는 남북 산림 협력 관련 연구와 북한의 산림 황폐화 원인, 복구 필요성에 대한 분석 자료를 제공한다. 이 자료들은 남북 협력의 기초 자료로 활용되며, 북한 산림 복구의 필요성과 가능성을 제시한다.

② 자료: 통일부 발간 남북협력백서와 북한 연례 보고서에서 확인힐 수 있디.

③ 예시: 통일부 북한자료센터에서 관련 자료를 찾아볼 수 있다.

위의 모든 자료는 북한 산림 정책에 대한 이해를 돕고 남북 산림 협력 방향을 제시하며, 관련 기관의 웹사이트 및 학술 데이터베이스를 통해 접근할 수 있다. 시험 합격이 목표이면 깊게 접근하지 말 것을 권한다.

03 남북 산림협력

남북 산림협력은 한반도의 산림 복원과 생태환경 개선을 목표로, 남북한이 함께 추진해 온 지속 가능한 협력 사업이다. 남한은 북한의 산림 황폐화 문제를 해결하고, 한반도 생태계의 복원을 지원하고자 다양한 산림협력 활동을 펼쳐왔다. 주요 협력 배경과 내용은 다음과 같다.

1 협력 배경

① 북한의 산림 황폐화

북한은 경제난과 에너지 부족으로 인해 무분별한 벌목과 화목 연료 사용이 확산되면서 산림이 황폐화되었다. 이는 홍수와 산사태 위험 증가로 이어졌으며, 식량난과 환경 문제를 심화시키는 원인이 되었다.

② 한반도 생태계 복원 필요성

북한의 산림 복원은 한반도 생태계 전반에 긍정적 영향을 미치며, 산림은 탄소 흡수원으로 기후 변화 대응에도 기여한다.

③ 남북 관계 개선의 계기

남북 산림협력은 평화적 협력과 신뢰 구축을 위한 기회로 평가되며, 2018년 판문점 선언 등 남북 정상회담에서 산림협력이 중요한 의제로 다루어졌다.

2 주요 협력 내용

① 산림 복원 및 조림 사업 지원

남한은 북한 산림 복구를 위해 묘목과 조림 기술을 지원하고 있다. 황폐화된 산림 지역을 복원하고 녹지 확대를 위해 묘목을 기증하며, 조림을 위한 장비와 자재를 제공하였다.

② 양묘장 현대화

묘목 생산과 조림을 효율적으로 추진하기 위해 북한의 양묘장 시설을 개선하고 현대화하는 협력도 진행되었다. 이를 통해 양질의 묘목을 안정적으로 공급하고 북한이 자체적인 산림 복구 역량을 갖추도록 돕고 있다.

③ 병해충 방제 사업

북한 산림에 대한 병해충 피해를 줄이기 위해 한국은 방제 약품과 장비를 지원하였다. 특히 소나무재선충 등의 산림 병해충 방제를 위한 지원을 통해 북한 산림의 건강성을 회복하고자 하였다.

④ 공동 조사 및 연구

산림 상태와 병해충 피해를 정확히 파악하고, 효과적인 복원 대책을 마련하기 위해 남북 공동 조사를 시행하였다. 이를 통해 산림 복원의 과학적 기반을 마련하고, 향후 복원 및 보호 활동에 대한 실질적 데이터를 확보하였다.

⑤ 산림협력센터 설립 논의

남북 간 장기적 산림협력의 기반을 마련하기 위해 '산림협력센터' 설립이 논의되었다. 이 센터는 산림 복원 사업의 관리와 기술 지원, 교육 등을 체계적으로 운영하는 허브 역할을 하도록 계획되었다.

3 협력 성과와 도전 과제

① 성과

산림 복원 및 병해충 방제에 대한 기술과 자재 지원을 통해 일부 황폐지에서 조림이 진행되고, 병해충 방제를 위한 남북 간 협력의 틀이 마련되었다. 또한, 공동 조사를 통해 산림 황폐화 실태를 파악하는 성과가 있었다.

② 도전 과제

제재 문제와 남북 관계의 정치적 변수로 인해 협력이 원활하게 진행되지 못한 부분도 있었다. 남북 간의 경제적 차이와 산림관리 체계의 차이로 인해 장기적인 협력 구조를 마련하는 데에도 어려움이 있다.

4 향후 전망

① 남북 산림협력은 한반도 환경 개선과 기후변화 대응을 위한 중요한 의제인 만큼, 시속적이고 징기적인 협력 체계를 구축할 필요가 있다. 앞으로 남북 간의 협력 관계가 개선된다면, 산림협력센터 설립, 조림 및 병해충 방제 사업의 확대, 그리고 산림 탄소흡수원 관리 협력 등이 논의될 수 있을 것이다.

② 남북 산림협력은 남북한 모두의 환경적·경제적 이익을 증진시키고, 평화적 협력의 기틀을 마련하는 데 중요한 역할을 할 수 있다.

memo

Chapter

04

해외 산림 및 기후변화 대응

01 해외 산림정책

02 기후변화 대응정책

03 남북 산림협력

04 AFoCO

핵심 01 해외 산림정책

산림청의 해외 산림정책은 기후변화 대응과 국제 산림 보호, 그리고 해외 산림 자원 개발을 주요 목표로 삼아 추진되고 있다. 이를 통해 산림청은 지속 가능한 산림 자원 관리와 글로벌 협력을 강화하는 동시에 국내 산림 산업의 성장 기회를 창출하고 있다. 주요 정책과 그 실적은 아래와 같다.

1 해외 산림자원 개발 및 투자 확대

① 산림자원 개발 협력

산림청은 목재, 펄프 등 산림 자원의 안정적인 공급을 위해 개발도상국 및 주요 산림국과 협력하여 해외 산림자원 개발 프로젝트를 진행하고 있다. 특히 러시아, 인도네시아, 미얀마 등과 협력하여 산림개발 투자 및 목재 확보에 중점을 두고 있다.

② 국내 기업 지원

국내 산림 관련 기업들이 해외 진출을 통해 지속 가능한 산림 자원 공급망을 확보할 수 있도록 자금 지원, 기술 교육 등 지원책을 마련하고 있다.

2 REDD+ 사업 참여 및 기후변화 대응

① REDD+ 프로그램 추진

산림청은 개발도상국의 산림 파괴 및 황폐화 방지와 복구를 통한 온실가스 감축(REDD+) 사업을 지원하고 있다. 이를 통해 개도국의 산림 복구와 보존을 돕고 있으며, 국내 기업이 이를 통해 탄소배출권을 확보할 수 있도록 지원하고 있다.

② 기후변화 대응을 위한 국제 협력

기후변화에 관한 국제 협약에 따라 산림을 통한 탄소흡수원 기능을 강화하는 프로젝트를 진행 중이며, 국제적으로 산림 기반 탄소 중립 달성을 위한 기술과 경험을 공유하고 있다.

3️⃣ 국제 협력 강화 및 다자간 산림 보호 노력

① UN과의 산림 보호 협력

산림청은 UN 식량농업기구(FAO), 국제열대목재기구(ITTO), 그리고 기후변화에 관한 국제 연합 기본 협약(UNFCCC) 등 다양한 국제기구와 협력하여 산림 보호와 복원 활동에 참여하고 있다.

② 다자간 협력

아시아산림협력기구(AFoCO)를 통해 아시아 국가 간 산림 복원 및 기술 협력 증진에 참여하고 있으며, 이를 통해 한국의 산림 기술을 해외에 전수하고 있다.

4️⃣ 해외 산림 보호 및 복원 활동

① 해외 조림 사업

산림청은 국내 산림 기업과 협력하여 몽골, 중국 등에서 조림 사업을 통해 사막화 방지 및 황사 발생을 줄이기 위한 해외 산림 복원 활동을 실시하고 있다. 이를 통해 사막화 방지와 함께 황사 발생 억제를 위한 환경 보호 노력을 이어가고 있다.

② 생물 다양성 보존

산림청은 해외 산림 보호와 함께 생물 다양성 보존을 위한 활동에도 중점을 두고 있으며, 국제적으로 멸종위기종 보호와 산림생태계 복원을 목표로 하는 프로젝트를 지원하고 있다.

5️⃣ 산림 ODA(공적개발원조) 사업

① 산림기술 전수 및 역량 강화

산림청은 개도국의 산림관리 역량을 강화하기 위해 산림 기술 전수, 인력 양성, 장비 지원 등의 공적개발원조(ODA) 사업을 진행하고 있다.

② 현지 주민과의 협력

산림 복구와 자원 개발 과정에서 현지 주민을 적극적으로 참여시키며, 산림 보호와 주민의 경제적 소득 창출을 동시에 달성하는 포괄적 협력 사업을 추진하고 있다.

6️⃣ 해외 탄소배출권 확보 및 거래

① 탄소배출권 확보 지원

산림청은 해외 산림 복원을 통해 확보한 탄소 흡수량을 국내 기업이 탄소배출권으로 사용할 수 있도록 지원하고 있으며, 이를 통해 기후변화 대응과 국내 기업의 경쟁력 강화를 도모하고 있다.

② 해외 탄소시장 연계 강화

국제 탄소시장과 연계하여 해외 산림 탄소 흡수량을 활용한 거래 기회를 확대하고 있으며, 탄소 중립을 위한 글로벌 협력의 일환으로 이를 활용하고 있다.

7 산림 분야 국제 교육 및 홍보

① 국제 산림 전문 인력 양성

산림청은 산림 분야의 국제적인 전문 인력을 양성하기 위해 산림 교육 및 훈련 프로그램을 운영하고 있으며, 이를 통해 산림 자원 개발 및 보호를 위한 국제적 역량을 강화하고 있다.

② 해외 홍보 활동

한국의 산림관리 성공 사례와 경험을 국제적으로 홍보하여, 한국의 산림 기술이 글로벌 산림정책에 기여할 수 있도록 노력하고 있다.

산림청의 해외 산림정책은 한국의 산림 복구 경험과 기술을 국제적으로 공유하여 산림 자원을 보호하고, 기후변화에 대응하며, 지속 가능한 발전을 실현하기 위한 다각적인 노력을 포함하고 있다. 이를 통해 한국의 산림관리 경험이 전 세계 산림 보호와 복구에 기여하고 있다.

기후변화 대응정책

산림청의 기후변화 대응 정책은 기후변화 완화와 적응을 위해 산림의 탄소흡수 기능을 증진하고 산림생태계를 보호하는 데 중점을 두고 있다. 주요 정책 방향과 내용은 다음과 같다.

1 산림 탄소흡수원 강화

① 탄소흡수원 확충

산림청은 신규 조림, 재조림, 숲 가꾸기 등을 통해 산림의 탄소흡수량을 증대하고 있다. 이를 통해 기후변화에 대응하는 탄소흡수원의 역할을 강화하고 있으며, 산림 탄소상쇄 프로그램(REDD+)에도 적극적으로 참여하고 있다.

② 산림 탄소상쇄제도 운영

산림의 탄소흡수량을 통해 온실가스 감축 실적을 확보하는 산림 탄소상쇄제도를 통해 국내 기업과 지방자치단체가 탄소 중립 목표를 달성하도록 돕고 있다. 이를 통해 산림을 통한 온실가스 감축 실적을 국제적으로 인정받고 있다.

2 산림 탄소등록부 구축

① 탄소흡수량 정보 관리

산림청은 탄소흡수원의 유지·증진 활동과 산림 탄소흡수량 정보를 투명하게 관리하기 위해 산림 탄소등록부를 구축하고 운영하고 있다. 이를 통해 산림에서 흡수된 탄소량의 체계적인 관리가 이루어지고 있으며, 탄소 중립 기여도를 투명하게 공개하고 있다.

② 이중 사용 방지

등록부에 기재된 산림 탄소흡수량을 통해 이중 사용을 방지하고, 탄소배출권 거래의 신뢰성을 확보하고 있다.

③ 탄소저장 목재 및 산림바이오매스 에너지 활용

① 목재 이용 증진

산림청은 목재에 저장된 탄소의 유지와 증진을 위해 목재 이용을 장려하고 있다. 목재 사용을 통한 탄소 저장은 기후변화 완화에 기여하며, 건축 및 가구 등에서의 목재 활용 확대가 장려되고 있다.

② 산림바이오매스 에너지 활성화

산림바이오매스 에너지를 통해 화석연료를 대체하고, 친환경 에너지원으로 활용할 수 있도록 관련 시설을 확충하고 있다. 산림바이오매스를 통해 발생한 에너지는 온실가스 배출량 감축 실적으로 사용되고 있다.

④ 산림 재해 방지 및 기후변화 적응력 강화

① 재해방지 산림관리

산불, 산사태, 병해충 등의 기후변화로 인한 산림 재해 방지를 위해 내화수림대 조성, 방재림 설치, 산림 방재시설 확충 등의 조치를 취하고 있다.

② 기후변화 적응형 산림관리

이상기후에 대비해 기후변화에 적응할 수 있는 지역별 육성수종을 선정하고 있으며, 기후 적응형 산림관리 기술을 개발하여 적용하고 있다.

⑤ 기후변화 대응을 위한 산림 연구 및 기술 개발

① 산림 기후변화 연구

기후변화에 따른 산림 변화 예측 및 적응 전략을 마련하기 위해 연구를 진행하고 있다. 주요 연구 분야로는 산림의 탄소 흡수 능력 분석, 기후 변화에 따른 생물 다양성 변화, 산림 재해 방지 및 대응 전략 등이 있다.

② 기후 적응형 기술 개발

산림청은 산림의 탄소흡수량을 증가시키는 기술과 기후변화에 대한 산림의 적응력 향상을 위한 기술을 개발하여 산림관리에 적용하고 있다.

⑥ 국제 협력 및 해외 탄소배출권 확보

① REDD+ 참여 및 지원

산림청은 REDD+ 사업을 통해 개발도상국의 산림 파괴를 막고, 복구를 지원하며, 산림을 통한 온실가스 감축을 지원하고 있다. 이를 통해 산림청은 국내외 기후변화 완화에 기여하고 있다.

② 해외 탄소배출권 확보

산림청은 해외 산림 복원 프로젝트를 통해 확보한 탄소흡수량을 국내 기업의 탄소배출권으로 사용할 수 있도록 지원하고 있으며, 이를 통해 기업의 기후변화 대응 목표 달성을 지원하고 있다.

7 탄소흡수원 특성화 교육 및 인력 양성

① 탄소흡수원 특성화 학교 운영

산림청은 대학과 고등학교에 탄소흡수원 특성화 과정을 도입하여 산림 탄소흡수원 유지 및 증진에 필요한 전문인력을 양성하고 있다. 이를 통해 산림 탄소관리 인력의 전문성을 높이고 있다.

② 산림 분야 교육 및 홍보

산림의 탄소흡수 기능과 기후변화 대응 중요성을 알리기 위한 홍보와 교육을 진행하고 있으며, 산림의 중요성에 대한 인식을 높이고 있다.

8 지속 가능한 산림관리 및 공익직접지불제도

① 공익직접지불제도 시행

산림의 공익적 기능을 증진하고 임업인의 소득 안정을 도모하기 위해 산림에서의 지속 가능한 산림경영 활동을 수행하는 임업인에게 공익 직접지불금을 지급하고 있다.

② 지속 가능한 산림관리

산림을 지속 가능한 방식으로 관리하여 산림의 탄소흡수 기능을 장기적으로 유지하고 있으며, 기후변화 완화 및 생태계 보호를 목표로 산림의 구조와 생물 다양성을 보전하고 있다.

산림청은 이와 같은 정책을 통해 산림이 기후변화 완화와 적응에 중요한 자원임을 인식하고 있으며, 탄소 중립 실현을 위한 산림의 역할을 극대화하고 있다.

03 남북 산림협력

1 북한의 산림황폐화와 자연재해 현황

북한의 산림황폐화와 자연재해 현황은 심각한 상황으로 평가된다. 북한의 산림은 식량 확보를 위한 산지 개간, 에너지 부족으로 인한 땔감 채취, 외화 벌이를 위한 무분별한 벌채로 인해 지속적으로 훼손되고 있으며, 이로 인해 산림의 물 저장 능력이 약화되고 있다. 이러한 산림황폐화는 홍수와 가뭄 같은 자연재해의 발생을 촉진하며, 더 나아가 북한의 경제적 어려움을 가중시키고 있다(한백통일경제연구 제3호 북한산림녹화).

북한은 홍수, 폭풍, 가뭄과 같은 자연재해에 자주 노출되며, 특히 2012년부터 2021년 사이 16건의 주요 자연재해가 발생하여 심각한 피해를 입었다. 홍수와 태풍으로 인한 피해는 인명 및 경제적 손실을 야기했으며, 2016년에는 홍수로 538명의 인명피해가 발생하였다 (한백통일경제연구 제3호 북한산림녹화).

이러한 문제는 북한의 산림황폐화와 맞물려 더욱 악화되는 양상을 보인다. 예를 들어, 북한의 여러 산지에 형성된 경작지(일명 다락밭)는 비탈진 지역에서 시작되었으나, 이후 경사도가 높은 지역으로까지 확대되면서 토양 유실과 산림 황폐화를 가속화하였다. 이에 따라 주요 곡창지대와 주거지 주변의 산림도 황폐화되었고, 일부 지역은 초지와 유사한 무립목지로 변해가고 있다(한백통일경제연구 제3호 북한산림녹화).

이와 같은 악순환을 막기 위해 북한은 산림 복구를 위한 노력을 기울이고 있으나, 자원 및 기술적 한계로 인해 성과는 제한적이다. 북한은 김정은 시대에 들어 산림 복구를 국가적 사업으로 추진하고 있으며, 국제적 협력 및 지원을 통해 황폐화를 완화하고자 한다(한백통일경제연구 제3호 북한산림녹화).

2 김정은의 산림정책

김정은 시대 북한의 산림정책은 황폐화된 산림을 복구하고, 국가 경제 및 환경을 동시에 보호하는 것을 목표로 하고 있다. 이 정책은 "온 나라의 수림화, 원림화, 과수원화"라는 비전을 중심으로 수립되었다. 산림을 "황금산"과 "보물산"으로 변화시키며, 산림자원을 자급자족적 자원으로 활용하여 사회주의 선경을 구축하는 것을 목표로 한다(한백통일경제연구 제3호 북한산림녹화).

정책의 주요 내용은 다음과 같다.

① 산림 복구 및 보호

김정은 정부는 2013년 산림법을 개정하고, 불법 벌목 및 산림 훼손을 방지하기 위한 엄격한 법적 조치를 마련하였다. 또한, 산림 복구를 위한 대규모 양묘장 건설과 산림 복구전투를 실시하여, 2015년부터 2024년까지 65억 그루의 묘목을 조성할 계획을 수립하였다(한백통일경제연구 제3호 북한산림녹화).

② 경제적 가치 증대

산림을 단순한 녹화 목적이 아닌, 경제적 자산으로 활용하기 위해 잣나무, 단나무 등의 경제적 가치가 높은 수목을 조성하여 산지를 자연 원료기지로 활용하고, 산림을 자원의 자급화 기반으로 삼으려는 목표를 추진하고 있다(한백통일경제연구 제3호 북한산림녹화).

③ 과학기술 발전

산림 복구 과정에서 과학기술의 중요성을 강조하며, 산림과학기술 연구와 지식 보급을 강화하고 있다. 이를 통해 보다 체계적이고 지속 가능한 산림경영을 달성하고자 한다(한백통일경제연구 제3호 북한산림녹화).

김정은 시대의 산림정책은 북한의 자원 부족과 환경 훼손 문제를 극복하기 위한 종합적인 전략으로 평가된다.

3 남북협력 방안

김정은 시대의 남북 산림협력 방안은 북한의 심각한 산림 황폐화와 자연재해 문제를 해결하기 위한 구체적 협력 전략을 포함한다. 남북 간 산림협력은 남한의 성공적인 산림녹화 경험을 활용하여 북한의 산림 복구를 지원하고, 이를 통해 한반도 생태계 복원을 추구하는 중요한 역할을 한다.

김정은 정부는 산림 황폐화 문제를 "자연과의 전쟁"으로 규정하며 산림 복구 전투를 선언하였다. 특히 2015년부터 2024년까지의 10년간 산림 복구전투를 추진하고 있으며, 이를 통해 전국적으로 양묘장 건설과 묘목 식재를 적극적으로 시행하고 있다(한백통일경제연구 제3호 북한산림녹화). 북한은 또한, 임농복합경영과 같은 법적 기반을 마련하여 산림 복구와 기후변화에 내한 장기적인 대응 계획을 추진하고 있다(한백통일경제연구 제3호 북한산림녹화).

윤석열 정부는 북한의 산림 복구와 기후변화 대응을 위해 "그린데탕트" 정책을 추진하며, 북한과의 산림·환경 협력을 통해 긴장을 완화하고 평화와 번영을 이루려는 접근을 취하고 있다. 이 정책은 남북한이 공동으로 기후변화와 환경 문제에 대응하는 것을 목표로 하며, 북한이 산림 복구를 통해 온실가스 감축과 생태 복원을 이룰 수 있도록 돕고자 한다(한백통일경제연구 제3호 북한산림녹화).

남북한의 산림협력은 향후 북한 주민의 삶의 질 향상, 자연재해 대응 능력 강화, 한반도 생태계 복원 등 다각적인 이익을 창출할 수 있는 가능성을 지니고 있다(한백통일경제연구 제3호 북한산림녹화).

4 국제산림협력 방향

북한 산림 복구를 위한 국제산림협력 방향은 아래와 같은 접근이 제안되고 있다.

① 지속 가능한 산림경영(SFM) 합의 도출

북한 산림 복구에 대한 남북 및 국제사회의 공감대를 형성하여, 국제적 수준에서의 산림경영에 대한 합의를 도출하는 것이 중요하다. 이는 정부, 국제기구, 주요 그룹 간 협의체를 구축하여 구체적인 협력 계획을 수립하는 기반이 될 수 있다(한백통일경제연구 제3호 북한산림녹화).

② 단계적 협력 추진

북한 산림 복구는 단계적으로 접근할 필요가 있으며, 초기에는 시범사업을 중심으로 하여 점진적으로 확대하는 방식이 권장된다. 이를 통해 산림 복구 사업의 상업화 가능성을 부각시켜 탄소배출권과 연계한 민간 부문 참여를 유도할 수 있다(한백통일경제연구 제3호 북한산림녹화).

③ 북한 특수성과 국제적 보편성 조화

북한의 특수한 상황을 반영하면서 국제사회의 협력 표준과 조화를 이루는 것이 필요하다. 이를 통해 지속적인 국제적 지원을 받으며 장기적인 산림 복구를 추진할 수 있다(한백통일경제연구 제3호 북한산림녹화).

④ 남북협력과 국제기구 연계

남북한 간 협력뿐 아니라 국제기구와의 다자간 협력을 통한 다각적 지원이 안정적이다. 국제기구의 지속적 지원은 북한 내 인프라 구축 및 주민 역량 강화에 큰 기여를 할 수 있다(한백통일경제연구 제3호 북한산림녹화).

북한 산림 복구를 위해서는 국제사회의 지원과 북한 주민의 참여를 촉진하는 방안들이 필요하며, 이를 통해 산림 복구가 장기적이고 지속 가능한 방식으로 이루어질 수 있다.

핵심 04 AFoCO

1 서언

아시아산림협력기구(AFoCO, Asian Forest Cooperation Organization)는 아시아 및 전 세계적으로 산림의 지속 가능한 관리를 목표로 설립된 국제기구이다.

2 AFoCO의 설립 배경 및 목적

AFoCO는 아시아 국가들이 공동으로 산림 문제에 대응하기 위해 설립된 국제기구로, 2018년 4월 27일 정식 발족되었다. 한국 정부가 주도하여 설립하였으며, 주된 목적은 산림 복원, 기후변화 대응, 생물 다양성 보존 등을 통해 지속 가능한 산림관리를 도모하는 것이다. 이를 통해 참여국들 간의 협력 강화와 정책적 지원을 목표로 하고 있다.

3 AFoCO의 주요 활동

① 산림 복원 및 재조림 사업

AFoCO는 산림 복원과 재조림을 통한 환경 복구와 기후 변화 대응에 기여하고 있다. 아시아 내 여러 국가에서 이와 관련된 프로젝트를 수행하고 있다.

② 기후변화 대응

산림은 기후변화 완화에 중요한 역할을 하므로, AFoCO는 회원국들의 탄소 흡수원 강화 및 지속 가능한 산림관리를 위한 프로그램을 지원하고 있다.

③ 역량 강화 프로그램

회원국들의 산림관리 역량 강화를 위해 다양한 교육 및 훈련 프로그램을 운영한다. 이를 통해 각국이 산림 자원을 보다 효과적으로 관리하고 보호할 수 있도록 지원한다.

④ 정책적 협력

AFoCO는 회원국들이 산림정책을 개선하고 상호 협력할 수 있도록 다자간 대화의 장을 마련하며, 이를 통해 지역적, 글로벌 차원의 산림 문제 해결에 기여한다.

4 AFoCO의 기여와 발전 방안

① 산림 보호 및 복원에 대한 기여

AFoCO는 산림 복원 프로젝트를 통해 훼손된 산림을 회복하고 생태계를 복구하는 데 중요한 역할을 하고 있다. 이는 아시아뿐만 아니라 글로벌 기후 변화 대응에도 긍정적인 영향을 미친다.

② 기후 변화 대응력 강화

산림의 탄소 흡수 능력을 증진시키기 위한 다양한 사업을 추진하여 지구 온난화 문제를 완화하는 데 기여한다.

③ 협력 네트워크 확대

AFoCO는 아시아 지역 국가들뿐만 아니라, 글로벌 산림협력 네트워크를 확대하여 국제적으로 협력 기반을 강화하고 있다.

④ 향후 발전 방향

향후 AFoCO는 디지털 산림관리 기술과 같은 최신 기술을 활용한 산림 보호 및 관리 프로젝트를 확대하고, 더 많은 국가들이 참여하도록 국제적 협력을 확대해야 할 것이다.

5 결언

AFoCO는 산림 복원과 기후 변화 대응에서 중요한 역할을 수행하는 국제기구로서, 아시아와 전 세계 산림 보호에 기여하고 있다. 산림의 지속 가능한 관리를 통해 생물 다양성을 보존하고, 기후 변화에 적극 대응하는 AFoCO의 역할은 앞으로도 확대될 것이며, 이를 통해 회원국 간의 협력을 강화하고 국제 사회에 긍정적인 영향을 미칠 것이다.

Chapter

05

산림 경관 관리

01 산림 경관의 특성

● 산림경관관리 기본계획. 2009, 산림청

1 산림 경관은 시각적 · 미적 특성이 있다.

산림 경관은 다양한 시각적 요소들이 조화롭게 어우러져 전체적인 통일성과 안정감을 형성한다. 이러한 산림 경관의 특성은 크게 네 가지 요소를 포함하며, 각각은 산림 경관을 구성하고 관찰자에게 다양한 시각적 경험을 제공하는 중요한 원칙들이다. 산림 경관의 주요 특성은 다음과 같다.

① 통일성: 산림은 색상, 임상(林相) 등 다양한 경관 요소들이 일관되게 구성되어 안정감과 통일성을 제공한다. 산림의 고유한 색조와 형태가 일관되게 유지되면서 전체적인 경관이 하나로 결합되어 자연스러운 조화를 이룬다.

② 다양성: 산림 내 경관 요소들은 다양한 색상, 질감, 형태 등으로 구성되어 변화감과 생동감을 부여한다. 특히 계절 변화나 시간에 따라 산림의 색감이 달라지며, 경관의 다채로운 변화를 통해 흥미롭고 살아있는 생명력을 전달한다.

③ 특이성: 산림 경관 내에서는 특정 요소가 주변과 구별되거나 돋보이도록 배치되기도 한다. 대조(contrast)를 통해 색상이나 질감이 두드러지게 되어 특정 나무나 지형이 전체 경관 속에서 시선을 끌 수 있다. 예를 들어, 산림 속 붉은 단풍나무는 주변의 녹색 수목과 대비를 이루어 독특한 특이성을 강조한다.

④ 지역성: 산림은 특정 지역의 기후, 지형, 문화적 특성을 반영하여 고유의 경관을 형성한다. 예를 들어, 해안가 산림에서는 바다와의 조화를 이루는 경관이 나타나며, 고산지대에서는 소나무나 자작나무처럼 해당 지역에 적합한 수종들이 형성된다.

구분	내용	사례
통일성	산림의 색상, 임상(林相) 등 다양한 경관 요소들이 고르게 형성되어 시각적 · 미적으로 안정감을 주는 특성	
다양성	색상, 임상 등 경관 인자들이 조화를 이루면서 변화를 느낄 수 있도록 형성된 경관으로 흥미와 생동감 제공	

구분	내용	사례
특이성	경관 구성 인자들 중 주변 인자를 압도하는 독특한 경우가 있는 경우로 전체적인 조화 속에서 시선을 유도	
지역성	마을숲, 방풍림 등 지역별 기후 및 문화적 특성과 연계되어 독특하고 주목할만한 경과	

이러한 요소들은 산림 경관을 더욱 깊이 있게 만들고, 관찰자의 시각적 경험을 풍부하게 한다. 경관 요소들이 단독으로 인식되는 것이 아니라, 주변 환경과의 조화 속에서 독특한 개성을 발휘하며 서로 어우러지는 방식으로 경관의 미적 가치를 더한다.

2. 산림 경관은 시각적 우세 요소를 통해 부각된다.

산림 경관은 형태(form), 선(line), 색채(color), 질감(texture) 등의 시각적 우세요소(dominance elements)를 통해 더욱 부각된다. 각 요소가 자연스럽게 조화를 이루면서 관찰자의 시선이 경관의 중심을 따라 이동하거나, 특정 요소에 집중되도록 유도하는 것이다.

① 형태는 산림 경관의 전체적 윤곽과 집합적 형상을 형성하여 인간이 가장 먼저 지각하는 요소로 작용한다. 산림의 식물군이나 바위군은 대규모 형태를 이루며 관찰자의 시선을 사로잡는다.

② 선은 산림의 크고 작은 흐름을 형성하며, 경관 내에서 특정 방향성을 강조하거나 구획하는 역할을 한다. 예를 들어, 숲길이나 계곡의 흐름이 시선을 자연스럽게 따라가게 하여 공간의 연속성을 제공한다.

③ 색채는 경관의 분위기를 결정짓는 중요한 요소로, 같은 산림 내에서도 계절에 따라 다른 색감과 채도를 보여주어 시각적 변화를 제공한다. 여름의 짙은 초록색이나 가을의 황금빛 단풍 등은 산림 경관에 다채로움을 더한다.

④ 질감은 산림이 주는 촉각적 인상을 시각적으로 표현하며, 숲의 조밀한 나무나 부느러운 초목 등의 다양한 질감이 경관에 입체감을 부여한다.

3. 산림 경관은 거리에 따라 질감이 달라진다.

산림 경관에서 거리에 따른 질감 유지는 관찰자가 경관을 바라보는 거리와 각도에 따라 질감이 어떻게 인식되는지와 관련된 개념이다. 거리에 따른 산림 경관의 질감 변화와 유지 특성은 다음과 같다.

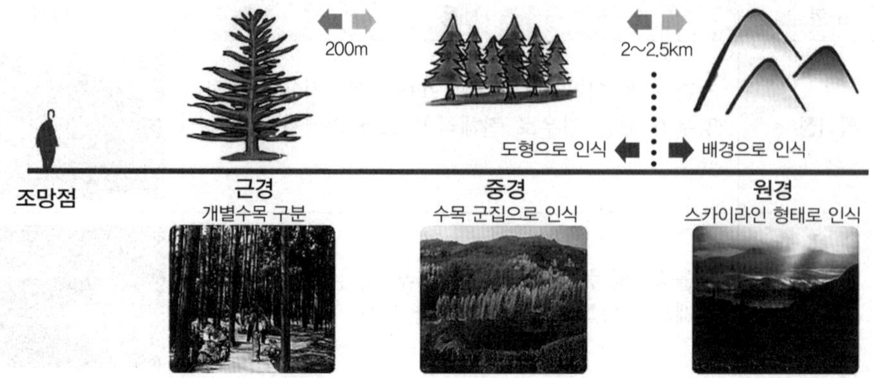

① 근경(近景, foreground): 가까운 거리에서는 개별 나무의 잎, 나무껍질, 가지 등의 디테일한 질감이 뚜렷하게 보인다. 나무의 형태, 색상, 세부 질감까지 섬세하게 인식되며, 촉감이나 세밀한 모양까지도 시각적으로 표현된다. 이때는 개별 식생의 형태와 질감이 명확하게 드러나면서 시각적으로 강한 인상을 준다.

② 중경(中景, midground): 중간 거리에서는 개별 나무의 디테일한 질감은 점차 덜 보이게 되며, 나무 군집의 윤곽과 색채가 강조된다. 이때 관찰자는 나무들이 모여서 만들어내는 전체적인 형태와 숲의 색상 변화를 인지하게 되며, 전체적인 경관이 하나의 집합적 질감으로 보인다. 개별적인 요소보다는 전체적인 조화와 패턴이 강조되는 구간이다.

③ 원경(遠景, background): 멀리서 보는 경우, 산림 경관의 세부 질감은 거의 보이지 않고, 산림의 큰 형태와 색상의 조화만 인식된다. 숲의 모양과 전체적인 윤곽만 보이며, 질감은 하나의 색조나 덩어리 형태로 인지된다. 이때 산림 경관은 질감보다는 색조와 음영으로 그려진 하나의 큰 풍경으로 보이며, 경관의 입체감보다는 평면적 요소가 강조된다.

산림 경관 질감 유지의 중요성은 이러한 거리감에 따라 각기 다른 시각적 경험을 제공하며, 거리에 따라 변화하는 질감을 통해 산림의 깊이와 풍부함을 느끼게 한다. 특히, 경관 디자인이나 산림 경관 관리에서는 이러한 거리에 따른 질감 변화를 고려하여 조화롭고 자연스러운 경관을 형성하고 유지하는 것이 중요하다.

4 산림 경관의 시각적으로 두드러지는 요소가 있다.

산림 경관의 시각적 요소들에서 우세원칙(dominance principles)은 특정 요소가 경관 전체에서 두드러지게 인식되도록 하는 방식이다. 산림 경관을 구성하는 다양한 시각적 요소들은 단독으로 지각되는 것이 아니라, 주변 요소들과 일정한 관계 속에서 지각되며, 특정 요소가 우세하게 보이는 원칙들이 존재한다. 이 원칙들을 통해 산림 경관을 더욱 부각시키고, 조화로운 경관을 형성할 수 있다. 주요 우세원칙에는 다음과 같은 것들이 있다.

① 대조(Contrast): 대조는 색상, 형태, 질감 등의 특성이 주변과 뚜렷하게 차이가 나는 경우를 말한다. 산림 내에서 특정 나무의 색상이나 질감이 주변과 확연히 다르다면, 그 나무가 시각적으로 두드러져 관찰자의 시선을 끌게 된다. 예를 들어, 초록색 숲 속에 붉은색 단풍나무가 있는 경우 그 단풍나무가 대조로 인해 우세하게 인식된다.

② 연속성(Sequence): 연속성은 관찰자의 시선이 선형적 흐름을 따라가며 경관을 지각하는 방식이다. 산림 속에서 길이나 하천처럼 선형 요소들이 연속성을 가지면, 관찰자는 자연스럽게 그 선을 따라 시선이 이동하게 된다. 이는 관찰자의 시각적 동선을 유도하는 중요한 원칙으로, 경관 내에서 방향성을 강조할 때 유용하다.

▲ 대조	▲ 연속성	▲ 축
▲ 집중	▲ 우세	▲ 액자 구성

③ 축(Axis): 축은 시선이 일정한 방향으로 유도되며, 관찰자가 중심을 느낄 수 있는 요소이다. 산림 경관에서 중심을 형성하는 큰 나무나, 길게 이어진 숲길은 축 역할을 하며, 관찰자의 시선을 특정 방향으로 유도하거나 경관의 중심을 잡아준다.

④ 집중(Convergence): 여러 시각 요소들이 한 지점으로 집중되도록 배열될 때, 그 지점이 시각적 중심으로 우세하게 보인다. 예를 들어, 여러 개의 나무 줄기나 길이 하나의 중심으로 모이면 그 부분이 강조되며, 자연스럽게 관찰자의 시선이 그 중심점으로 향하게 된다.

⑤ 우세(Dominance): 색상, 형태, 질감 등이 상대적으로 두드러져 보이는 경우, 그 요소가 전체 경관에서 우세하게 인식된다. 이는 특정 수목이나 지형이 독특한 색상이나 모양을 가질 때 더욱 두드러진다. 우세 요소가 많아지면 경관이 복잡하게 보일 수 있어 조화로운 배치가 필요하다.

⑥ 액자 구성(Framing): 액자 구성은 경관의 특정 부분을 마치 액자에 담긴 것처럼 인식하게 만드는 요소이다. 나무의 가지나 덤불이 주변을 감싸면서 자연적인 프레임을 형성하면, 그 안쪽에 있는 경관이 두드러져 보인다. 이는 관찰자의 시선을 특정 지점에 고정시키는 효과가 있다.

이러한 우세원칙들은 산림 경관을 보다 생동감 있게 구성하고, 관찰자에게 특정 부분을 강조하거나 자연스러운 시각적 흐름을 제공하는 데 사용된다. 산림 경관 디자인이나 관리에서는 이러한 우세원칙을 고려하여 조화롭고 인상적인 경관을 형성하는 것이 중요하다.

핵심 02 산림 경관의 시각적 형태 분류

● 산림경관관리 기본계획. 2009, 산림청

산림 경관은 시각적으로 여러 가지 형태로 분류될 수 있으며, 각 유형은 독특한 시각적 경험을 제공한다. 아래는 산림 경관의 주요 시각적 형태 분류와 그 특성이다.

① 파노라마 경관(panoramic landscape): 시야가 넓고 제한되지 않으며 멀리까지 트인 경관으로, 주로 높은 곳에서 내려다보는 경관을 말한다. 산 전체가 한눈에 들어오는 웅장한 전경을 제공한다.

② 지형 경관(feature landscape): 산이나 큰 바위 등의 독특한 지형이나 지물이 경관의 주요 요소로 자리 잡는 형태로, 산의 형세나 바위의 다양한 모양이 돋보이는 경관이다.

③ 둘러싼 경관(enclosed landscape): 경관이 다른 경관 구성 요소에 의해 둘러싸여 있는 형태로, 중심 공간이 있고 주변이 나무나 숲으로 둘러싸여 있는 경관이다. 숲 안에 둘러싸여 아늑하고 보호받는 느낌을 준다.

▲ 파노라믹 경관

▲ 지형 경관

▲ 둘러싼 경관

④ 관개 경관(canopied landscape): 나무의 가지와 잎이 머리 위로 펼쳐져 마치 터널처럼 느껴지는 경관이다. 나무의 가지가 아치형을 이루며 그 아래를 지나가게 되어 숲속을 걷는 듯한 느낌을 준다.

⑤ 세부 경관(detailed landscape): 사방의 시야가 제한되고 소규모로 구성된 협소한 공간으로, 구성 요소의 세부 사항이 도드라져 눈에 잘 띄는 경관이다. 개별적인 식물이나 작은 바위 등이 주는 세부적인 미학이 강조된다.

⑥ 초점 경관(focal landscape): 관찰자의 시선이 특정 지점으로 집중되도록 설계된 경관으로, 주요 수목이나 랜드마크가 대표적인 사례이다. 특정 나무나 조각품 등을 중심으로 하여 시선을 끌어모은다.

⑦ 일시 경관(ephemeral landscape): 계절 변화나 시간에 따라 순간적으로 변화하는 경관으로, 시간의 흐름에 따라 다른 모습이 나타나는 경관이다. 특히 계절감을 느끼게 하는 변화가 주요 특징이다.

이와 같은 산림 경관의 형태 분류는 다양한 시각적 경험을 제공하며, 각각의 경관은 그에 맞는 특유의 미적 가치를 지닌다.

우리나라 산림 경관의 지역별 구분

● 산림경관관리 기본계획. 2009, 산림청

우리나라의 산림 경관은 지형, 기후, 식생 등 다양한 자연적 요인과 역사적, 문화적 요소가 복합적으로 작용하여 지역별로 독특한 특성을 보인다. 산림청은 이러한 특성을 고려하여 산림생태권역을 다음과 같이 구분하고 있다.

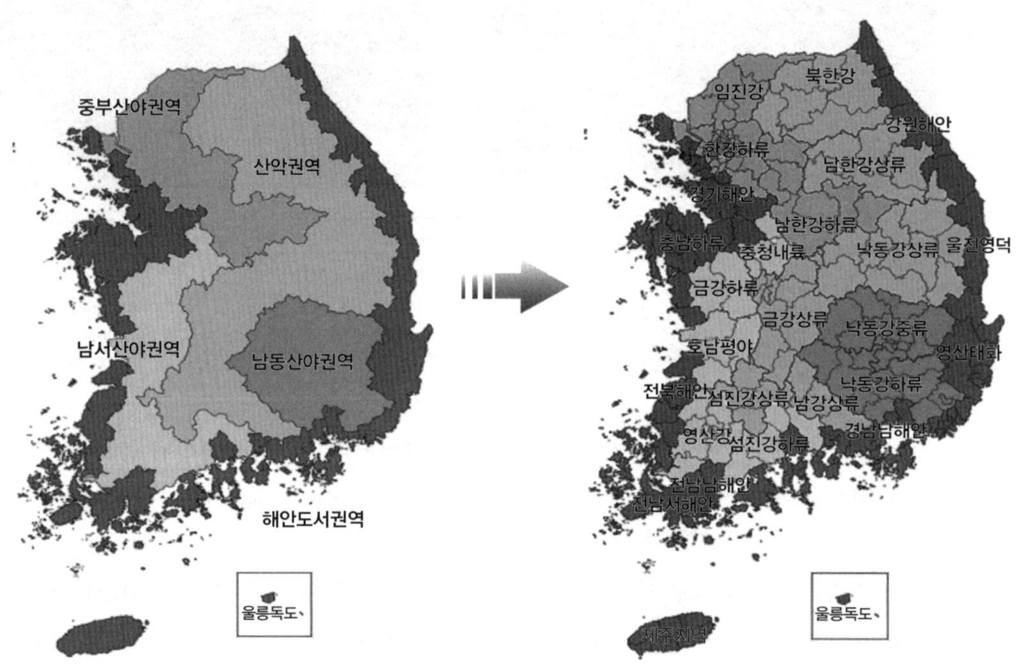

▲ 산림 경관 권역 및 지역 구분(국립산림과학원, 2009)

1 산악권역

① 자연지리적 특성: 태백산맥과 소백산맥 등 주요 산맥을 중심으로 형성된 지역으로, 험준한 지형과 다양한 고도에 따른 식생 분포가 특징이다.

② 인문지리적 특성: 역사적으로 문화 교류의 장애가 되었으며, 전란 시 피난처로 활용되었고, 민족 신앙의 경배지로서의 역할을 해왔다.

2 남동산야권

① 자연지리적 특성: 소백산맥으로 둘러싸인 낙동강 유역으로, 경상계의 퇴적암 지대에 위치하며, 비교적 완만한 지형과 온난한 기후를 보인다.

② 인문지리적 특성: 삼국시대 신라의 중심지로서 유교적이고 보수적인 문화가 뿌리 깊게 자리 잡고 있다.

3 중부산야권

① 자연지리적 특성: 임진강과 한강 유역을 포함하며, 평야와 산지가 조화를 이루는 지형을 가지고 있다.

② 인문지리적 특성: 과거부터 각지의 물자가 모이고 전국을 통치하던 중심 역할을 수행한 지역이다.

4 남서산야권

① 자연지리적 특성: 금강, 만경강, 동진강, 영산강, 섬진강, 탐진강 유역으로 구성된 곡창지대로, 비옥한 토양과 온화한 기후가 특징이다.

② 인문지리적 특성: 삼국시대 백제의 중심지로서 예술이 융성한 지역이다.

5 해안 및 도서권역

① 자연지리적 특성: 반도 국가로서 해양의 영향을 많이 받으며, 해안선이 복잡하고 다도해를 이루는 등 해안생태계의 중요한 특성을 지니고 있다.

이러한 권역별 구분은 자연지리와 인문지리적 요소를 종합적으로 고려하여 산림생태계의 특성을 이해하고, 지역별로 적합한 산림관리와 보전 전략을 수립하는 데 활용된다.

산림 경관의 시뮬레이션 사례

● 산림경관관리 기본계획. 2009, 산림청

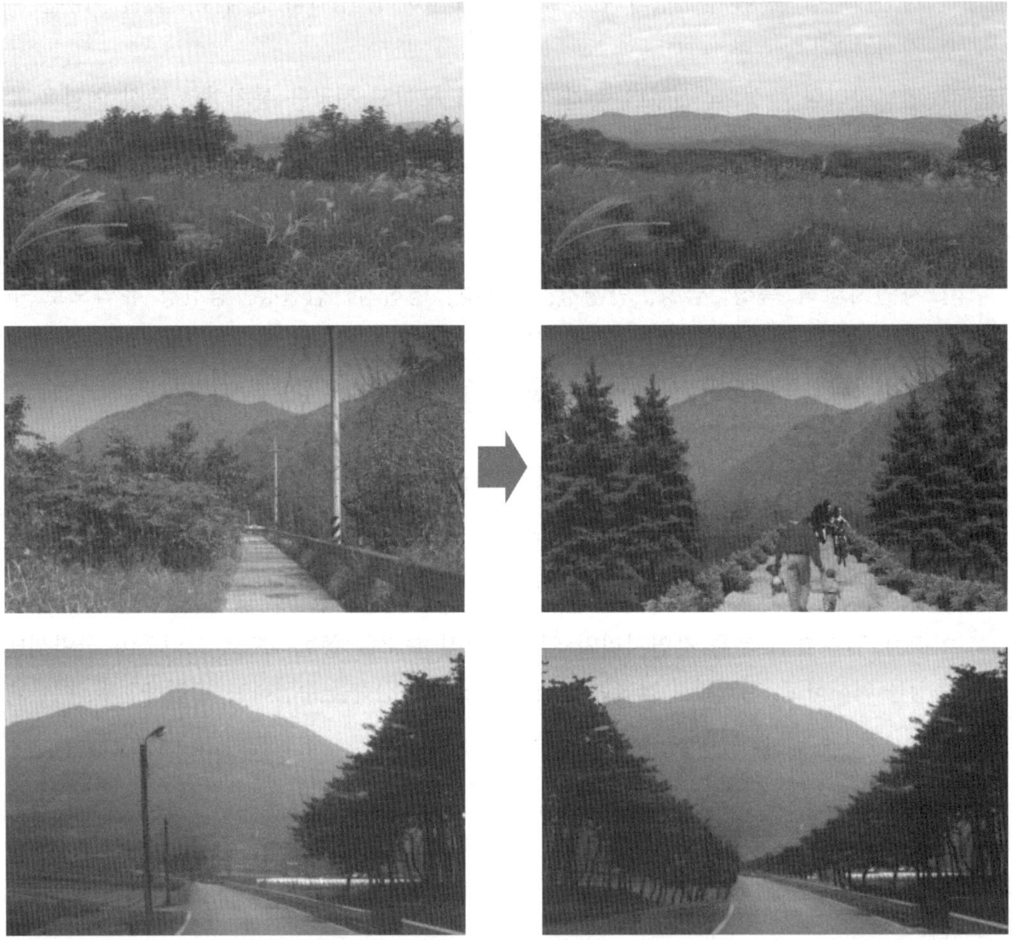

▲ 경관관리 시뮬레이션

▲ 계절별 산림경관 시뮬레이션

누적 가시지역 분석 방법 및 절차

● 산지전용 등에 따른 경관 영향 검토 및 운영 지침[시행 2020. 5. 6.] [산림청지침 제3232호]
● 산림경관관리 기본계획. 2009, 산림청

[별표 1의2]

누적 가시지역 분석 방법 및 절차

① 산지전용 등의 예정 지역 내 누적 가시지역 분석을 실시해 주요한 시각영향권(가시위치, 가시범위 및 시각적 민감성(눈에 띄는 정도) 등)을 확인함으로써 의미 있는 예비조망점을 선정한다.

② 누적 가시지역 분석은 산지전용 등의 예정 지역이 잘 보이는 지역을 찾아내기 위한 방법이다. 누적 가시지역 분석 결괏값이 높은 지역은 산지전용 예정 지역이 잘 보이는 지역을 의미하므로 예비조망점으로 선정하여 검토할 필요가 있다.

③ 누적 가시지역 분석 방법은 기존에 경관영향평가에서 사용하는 가시권 분석과 개념 및 방법은 동일하며, 다만 가시지역 분석 시 조망점을 다수로 입력하고 그 결괏값을 중첩하여 가시분석을 도출하는 방법이다.

[대상지 누적 가시지역 분석 개념]

④ 누적 가시지역 분석은 아래와 같은 순서로 작성할 수 있다.

㉠ 산지전용 등의 예정지역 내에 일정 간격으로 분석 조망점을 작성한다. 앞서의 규정에 제시된 크기의 정사각형을 대상지 경계에 균등하게 배치한다. 그리고 사각형의 중심에 기준점을 작성한다.

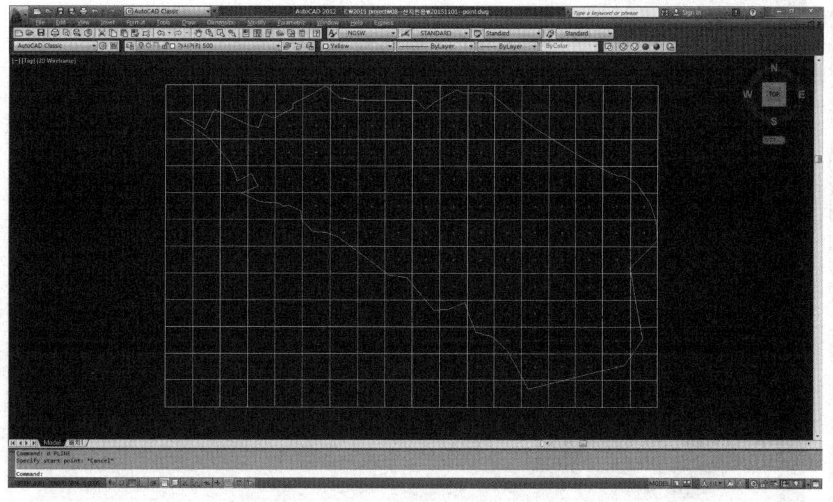

ㄴ 산지전용 등의 예정지역 내 작성된 일정 간격의 분석 조망점을 3차원 공간분석도구를
사용하여 다수의 가시권 분석을 수행하고, 그 결괏값을 중첩한다.

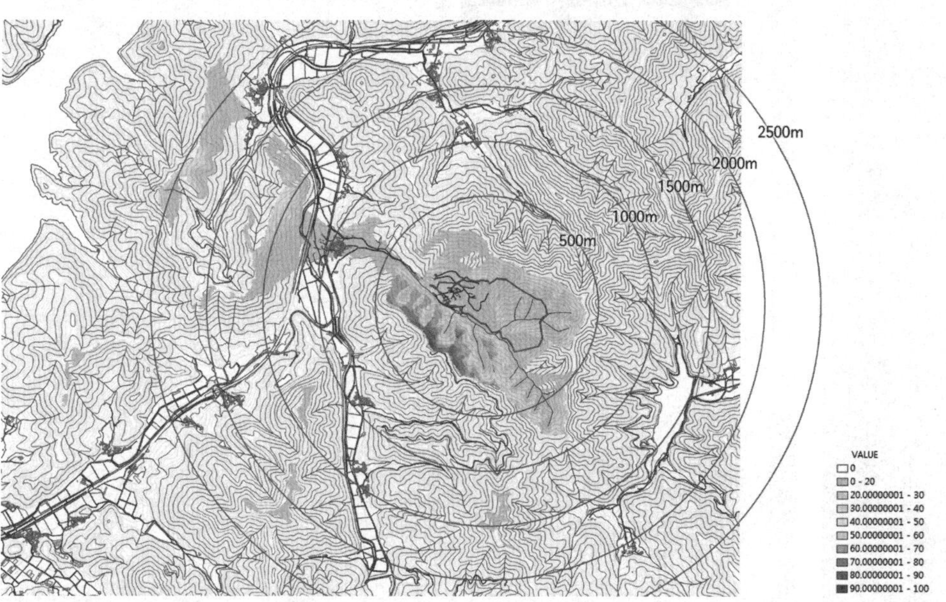

ㄷ 누적 가시지역 분석 결과를 백분율화 하여 범례를 작성한다.

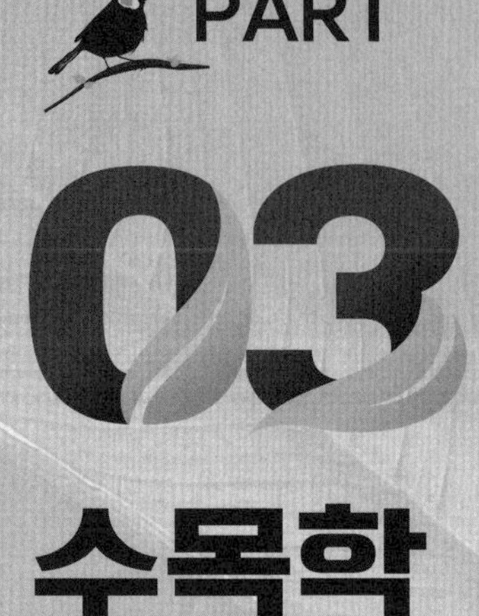

03

수목학

Professional Engineer Forestry

산/림/기/술/사

memo
memo

핵심 01

수목학 주요 내용

수목학 – 산림과학개론 제3장	
1. 수목학의 정의	**4-1. 수목의 식별 – 겉씨식물**
1. 협의 개념: 식물분류학 중 수목식별, 생활형, 침활엽 분류, 식별형질, 학명의 학습 2. 실용 개념: 분류+생태	1. 소나무과: 소나무속, 전나무속 2. 소나무속: 잎, 구과, 목재의 특징, 잎의 수와 길이, 수지위치, 겨울눈 색 3. 전나무속: 전, 구상, 분비, 수피, 소지, 구과의 잎끝, 구과포, 크기 4. 주목과: 주목, 비자, 개비자, 잎끝, 잎뒷면, 종자
2. 식물 관련 용어	**4-2. 수목의 식별 – 속씨식물 – 어긋나기**

1. 가지: 1년생, 2년생, 끝눈, 곁눈, 껍질눈, 눈흔적, 잎흔적, 다발흔적
2. 겨울눈: 비늘눈, 자루눈, 나아, 잎자루속 겨울눈
3. 잎차례: 어긋나기, 마주나기, 돌려나기, 모여나기
4. 홑잎: 잎새, 중앙맥, 측정맥, 샘, 잎자루, 턱잎
5. 겹잎: 홀수깃털형, 짝수깃털형, 모여나기, 손모양
6. 속씨식물 꽃: 꽃잎, 꽃받침잎, 꽃받(꽃자루, 포, 꽃줄기, 수술(꽃밥+수술대), 암술(암술머리+암술대+씨방)
	1. 잎이 어긋나는 수종: 자작나무과, 참나무과, 장미과, 진달래과, 피나무과
	2. 복엽을 갖는 수종: 물푸레나무과
	3. 자작나무과:
	  – 서어나무속: 서어, 까치박달
	  – 개암나무속: 개암, 물개암
	  – 자작나무속: 사스래, 거제수, 박달
	4. 참나무과 참나무속: 상수리, 굴참, 떡갈, 신갈, 갈참, 졸참
	5. 장미과 벚나무속: 귀룽(총상, 단거치), 벚, 산벚
	6. 진달래속: 진달래, 산철쭉(피(털), 철쭉(거꿀달걀)
	7. 피나무속: 피나무(갈색털), 찰피나무(잎뒤 흰털)

3. 식물의 학명	**4-3. 수목의 식별 – 속씨식물 – 마주나기**
1. 학명: 식물에 세계 공통의 이름을 부여하는 것 2. 향명, 일반명은 세계 공통이 될 수 없다. 3. 국제 식물명명규약: ICN, algae, fungi, plant 4. 학명: 속명+종소명+명명자 속 이하는 반드시 이탤릭체, 또는 밑줄 5. 식물명명: 식물에 학명을 부여하는 것 6. 속명: –us, –a, –um. 사람 이름처럼 7. 종명: –a 대부분 여성으로 취급 8. 명명자: 학명 중 계급의 이동, 또는 다른 속으로 이동 시 기본명의 저자는 괄호 속으로 *Distegocarpus laxiflora Siebold et Zucc.* → *Carpinus laxiflora (Siebold et Zucc.) Blume*	1. 잎이 마주나는 수종: 수국, 단풍, 노박덩굴과 2. 수국과 말발도리속: (소지)물참대(붉갈 벗겨), 말발도리(흰회색, 안벗겨), 매화말발도리(안벗겨) 3. 단풍나무속: 고로쇠, 단풍, 당단풍, 부게꽃나무, 청시닥나무, 시닥나무 4. 노박과 화살나무속: 화살, 참회, 회, 나래회 5. 물푸레나무속: 쇠물푸레, 물푸레, 들메, 물들메
연습문제	
1. 소나무와 잣나무 구분 2. 떡갈, 신갈, 갈참, 졸참 구분 3. 물푸레와 들메나무의 구분 4. 말발도리와 매화말발도리 구분	5. 화살나무와 참회나무의 구분 6. 소나무, 곰솔, 리기다소나무의 구분 7. 잣나무와 스트로브잣나무의 구분 8. 느릅나무와 시무나무의 구분

산림의 기후대

● 우리나라의 산림은 기온에 따라 한대림, 난대림, 온대림으로 나뉜다.
● 온대림은 다시 남부, 중부, 북부로 구분하여 5개 지역으로 구분한다.

1 한대림

① 한대림은 연평균 기온이 5℃ 미만이거나, 온량지수 55 미만의 지역이다.

② 개마고원 중심 한반도 최북단, 고유의 침엽수림이 파괴되고 활엽수 또는 침활혼효림이나 잎갈나무 순림으로 구성되어 있다.

③ 주요 수종은 분비나무, 가문비나무, 잣나무, 전나무, 종비나무, 잎갈나무, 자작나무, 사시나무, 황철나무, 느릅나무 등이다.

2 난대림

① 난대림은 연평균 기온이 14℃ 이상이거나 한랭지수 -10 미만의 지역이다.

② 남해안, 제주지역 고유 상록활엽수 임상은 파괴되고 낙엽활엽수, 침활혼효림, 소나무림화 된 곳이 많다.

③ 주요 수종은 가시나무, 참가시나무, 붉가시나무, 동백나무, 구실잣밤나무, 후박나무, 아왜나무, 녹나무, 돈나무, 사철나무, 식나무 등이다.

3 온대림

① 온대림은 연평균 기온이 5℃ 이상, 14℃ 미만의 지역이다.

② 산림대 대부분의 중부내륙 고유의 낙엽활엽수 임상은 거의 파괴되고, 소나무 숲으로 변한 곳이 많다.

③ 주요 수종은 소나무, 잣나무, 전나무, 참나무류, 박달나무, 물박달나무, 곰솔 등 전국 표고 1,800m 이하의 산지에서 자라며, 척박한 건조지에도 조림이 가능하다.

4 소나무의 특징

① 전국에서 자라는 소나무는 양수로 천연하종갱신이 용이하고 내한성, 내건성이 강하나 병충해에 약한 편이다.

② 생장속도는 보통이며, 30년생일 때 ha당 173㎥, 50년생일 때 265㎥의 평균 입목 재적을 갖는다.

03 무궁화

● 아욱과 *(Hibiscus syriacus L)*

1 무궁화 명칭 및 원산지

① 무궁화 :영원히 피고 지지 않는 꽃

② 식물분류학적 분류: 쌍자엽식물강 – 아욱목 – 아욱과 – 무궁화속 – 무궁화

③ 한자: 無窮花(무궁화), 木槿(목근)

④ 영명: Rose of sharon

⑤ 원산지: 동북아시아 지역

– 분포: 아시아, 유럽, 아메리카 등 전 세계적으로 분포

2 생육 및 개화 특성

① 개화: 새로 난 가지에 꽃봉오리가 형성되어 7월 초부터 10월 초까지 약 100일간 계속해서 피고 지며, 아침에 일찍 피었다가 해가 지면 떨어진다.

② 결실: 열매는 달걀형 또는 긴 타원형 삭과로 11월 초에 갈색으로 익으며, 씨앗에는 별 모양의 털이 밀생한다.

③ 꽃: 홑꽃은 한 송이에 암술과 수술, 꽃잎과 꽃받침을 모두 갖춘 양성화(兩性花)이자 완전화(完全花)로 5개의 꽃잎이 서로 붙은 통꽃이다.

④ 잎: 달걀형 또는 아래쪽이 넓은 타원형으로 3개의 주맥을 따라 3개로 갈라지며, 가장자리에 톱니 모양의 거치가 있다.

⑤ 수피: 회백색 또는 회갈색으로 매끈한 편이나 오래되면 세로로 갈라지고, 겨울눈은 혹처럼 생기며, 자랄수록 곁가지가 발달되는 경향이 있다.

⑥ 특성: 3~6m인 낙엽성 활엽 소교목으로 햇빛을 좋아하고, 양분이 많고 적당히 습기가 있는 토양을 좋아하며 내염성과 내공해성이 강하다.

3 꽃잎 모양에 의한 구분

① 홑꽃: 5매의 기본 꽃잎에 완전한 형태의 암술과 수술을 모두 갖춘 꽃이다.

② 반겹꽃: 수술의 일부가 변하여 속꽃잎으로 발달한 꽃이다.

③ 겹꽃: 암, 수술 모두 속꽃잎으로 발달한다.

4 무궁화의 분류

① 자단심계 무궁화: 자주색 꽃잎에 붉은 중심부가 있는 자단심계 무궁화

② 홍(적)단심계 무궁화: 단심계 중에서도 꽃잎이 붉은 계열인 홍단심계 무궁화

③ 백단심계 무궁화: 꽃잎이 흰색인 백단심계 무궁화

④ 배달계 무궁화: 가운데 단심이 없는 순백색의 배달계 무궁화

⑤ 청단심계 무궁화: 푸른색 꽃잎에 붉은 중심부가 있는 청단심계 무궁화

핵심 04 겉씨식물의 분류

1 구과목 소나무과

목	과	속		종	종소명
구과목	소나무과	소나무속 Pinus (뾰족) 소나무류 잎 2~3개 잣나무류 잎 3~5개	2엽송	소나무	*densiflora*
				해송	*thunbergii*
				반송	*for. multicaulis*
				강송	*for. erecta*
			3엽송	리기다	*P rigida*
				테다	*teada*
				방크스	*banksiana*
				백송	*bungeana*
				잣나무	*koraiensis*
			5엽송	섬잣나무	*parviflora*
				스트로브잣나무	*strobus*
		잎갈나무속 Larix(무르다)		낙엽송(일본)	*kaempferi*
				잎갈나무(만주)	*gmelinii*
		가문비나무속 Picea(검다) 구과가 아래로 달림		가문비나무	*jezoensis*
				독일가문비	*abies*
				종비나무	*koraiensis*
				솔송나무	*Tsuga sieboldii*
		전나무속 Abies(희다) 구과가 위로 달림		전나무	*holophylla*
				분비나무	*nephrolepis*
				구상나무	*koreana*

2 구과목 기타

목	과	속	종	종소명
구과목	낙우송과	메타세콰이아속	메타세콰이아	*Metasequoia glyptostroboides*
		낙우송속	낙우송	*Taxodium distichum*
		삼나무속	삼나무	*Cryptomeria japonica*
	측백과	측백속(*Thuja*)	측백	*orientalis*
		편백속 (*Chamaecyparis*)	편백	*obtusa*
			화백	*pisifera*
		향나무속 (*Juniperus*)	향나무	*Juniperus chinensis*
			노간주나무	*Juniperus rigida*
주목목	주목과	주목속	주목	*Taxus cuspidata*
		비나자무속	비자나무	*Torreya nucifera*
	개비자과	개비자속	개비자나무	*Cephalotaxus koreana*
은행목	은행과	은행속	은행나무	*Ginkgo biloba*
소철목	소철과	소철속	소철	*Cycas revoluta*

소나무

● 소나무과(*Pinus densiflora*)

1 분포 및 생태

① 전국 표고 1,800m 이하의 산지에서 자라며, 척박한 건조지에도 조림이 가능하다.

② 극양수로 천연하종갱신이 용이하고 내한성, 내건성이 강하나 병충해에 약한 편이다.

③ 생장속도는 보통이며 30년생일 때 ha당 173㎥, 50년생일 때 265㎥의 목재를 생산한다.

2 형태

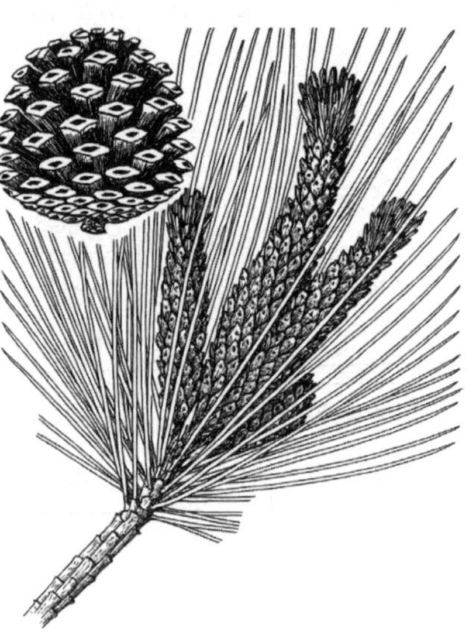

① 상록침엽교목으로 줄기는 곧고 길며, 수피는 얇고 붉은색을 띤다.

② 잎은 2개씩 모여 나고 길이 8~9cm, 넓이 1.5mm이며 겨울눈은 붉은색이다.

③ 꽃은 암수 따로 5월에 피고, 구과는 난상 원추형으로 길이 4.5cm, 직경 3cm 정도이며, 이듬해 9~10월에 황갈색으로 익는다.

3 번식

① 9~10월에 종자를 채취, 기건저장 하였다가 파종 1개월 전에 노천매장 후 파종한다.

② 순량률은 93%, ℓ당 입수는 52,804립, 발아율은 87%이다.

4 이용

① 나뭇결은 길고 곧으며, 목재는 가볍고 연하며, 향기가 강하고, 건조속도가 빠르다.

② 건축, 토목, 차량, 가구, 포장, 교량, 펄프용으로 이용하고 솔잎, 송화가루는 약으로 이용하거나 식용으로 사용한다.

핵심 06 해송

● 소나무과(*Pinus thunbergii Parl.*)

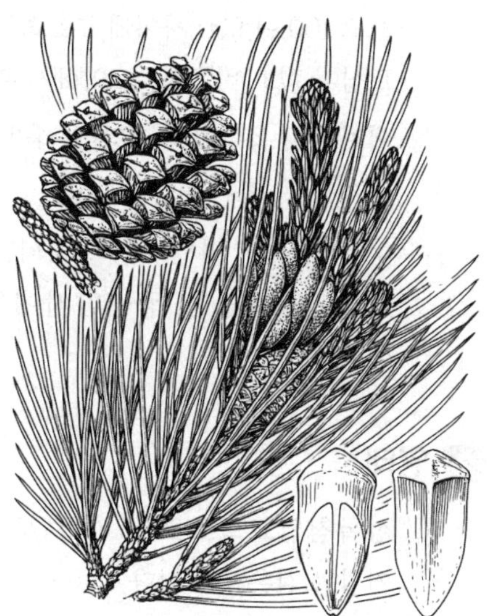

1 분포 및 생태

① 중부 이남 바닷가와 해풍의 영향이 미치는 500m 이하의 토심이 깊고 비옥한 곳에 자란다.

② 군집성이 강하고 천연하종이 잘되나 내한성이 약하여 중부내륙, 심산, 오지 등에서는 생육이 불량하다. 대체적으로 생육은 빠르다.

2 형태

① 상록침엽교목으로 줄기는 직립하는 편이고, 수피는 암흑색으로 거북등처럼 갈라진다.

② 잎은 진녹색으로 두 개씩 속생하며 길이 9~14cm 이고, 겨울눈은 은백색이다.

③ 꽃은 일가화로 5월에 적자색으로 피며 열매는 이듬해 9월에 익는다.

3 번식

① 겨울에 종자를 채취하였다가 파종 1개월 전에 노천매장한 후 파종한다.

② 순량율 95%, ℓ당 입수 35,262립, 발아율 92%이다.

4 이용

① 나무결은 거칠고, 목재는 곧고 길며, 가볍고 부드러우며, 향기가 강하다.

② 절삭가공이 쉽고, 수분에 대한 저항이 크고, 건조속도가 빠르다.

③ 대기오염에 강하고 생장이 우수하며 천연하종갱신이 잘 되어 주요 조림수종 및 해안사방의 주 수종으로 이용되고, 내염성, 내조성이 강하고 조경용으로도 이용된다.

④ 목재는 건축, 토목, 가구, 차량, 기구, 포장, 교량, 펄프로 이용된다.

잣나무

◆ 소나무과 *(Pinus koraiensis)*

1 분포 및 생태

① 표고 100~1,900 사이에 분포하는 한대수종으로 토심이 깊고 비옥적윤토양에서 왕성하다.

② 어려서는 음수이나 커감에 따라 햇빛 요구량이 많아지고, 추위를 좋아한다.

③ 생장속도는 어릴 때 느리나, 자람에 따라 빠르고 40년생 평균임지에서 264㎥/ha 생산한다.

2 형태

① 상록침엽교목으로 줄기가 통직하며 수피는 거칠고 검은 갈색이다.

② 잎은 5개씩 모여 나며 길이 7~12cm로 가장자리에 잔 톱니가 있다.

③ 꽃은 일가화로 5월에 피고, 구과는 12~15cm 길이, 6~8cm 직경으로 이듬해 9월에 익는다.

3 번식

① 10월에 채취한 종자를 12월 중에 노천매장 하였다가 이듬에 봄에 파종한다.

② 순량율 93%, ℓ당 입수 1,006립, 발아율 74%이다.

4 이용

① 절삭가공성이 양호하고 내후 보존성이 크며 건조속도는 빠르고 목리는 통직하다.

② 건축, 가구, 포장, 기구, 토목용으로 쓰이고 종실은 식약용으로 쓰이며 유지를 채취한다.

☞ 목리=나뭇결. 통직, 곧고 길다.

핵심 08 스트로브잣나무

● 소나무과 *(Pinus strobus)*

1 분포 및 생태

① 적지: 산록 및 계곡의 안개가 자주 끼는 한냉 적윤지의 토심이 깊은 사질양토에 분포한다.

② 생태: 내한성이 강하고 어릴 때는 음수로 강한 그늘 속에서도 잘 자란다.

③ 생장: 어릴 때는 매우 느리나, 자람에 따라 빠르다. 재적생장은 잣나무의 2.7배 정도이다.

2 형태

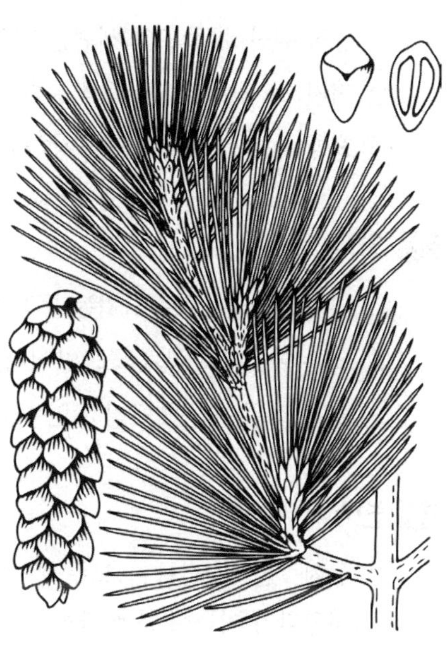

① 상록침엽교목으로 줄기가 통직하며 수피는 녹갈색으로 밋밋하나 성목은 세로로 갈라진다. 입은 5개씩 모여 나고 선형이며 끝이 뾰족하고 뒷면에 백색기공조선이 있다.

② 4월 하순에 황녹색 꽃이 피며 자웅일가화이고, 이듬해 10월에 길이 원관형 구과가 익는다.

3 번식

① 10월에 종자를 채취하여 기건저장 하였다가 파종 1개월 전에 노천매장한 후 봄에 파종한다.

② 순량률 93%, ℓ당 입수 24762립, 발아율 56%이다.

4 이용

① 목리는 통직하고 갈라지거나 비틀리지 않고 가공, 건조, 접착, 도장성이 양호하다.

② 수형 조절이 자유롭고 입지를 가리지 않아 녹음수나 차폐용으로 사용하며 목재는 건축, 포장, 가구, 합판, 완구, 펄프용으로 쓰인다.

09 은행나무

● 은행나무과 *(Ginkgo biloba)*

1 분포 및 생태

① 중국 원산. 제주도와 해변을 제외한 전국 표고 500m 이하에 자생한다.

② 적지: 토심이 깊고 비옥적윤한 토양이다.

③ 생태: 양수로 대기오염에 강하고 내화성 · 내한성도 강하며, 이식이 용이하고 생장이 빠르다.

2 형태

① 낙엽침엽교목으로 줄기는 통직하고, 수피는 회색이며 때로 종유(種乳)가 달린다.

② 입은 어긋나고 부채골 모양이며, 잎자루는 길고 맥은 차상(叉狀)으로 갈라진다.

③ 꽃은 짧은 가지에 달리고 암수 딴그루로 4월에 피며 10월에 노란 핵과로 결실한다.

3 번식

① 종자, 삽목, 접목이 모두 가능하며 10월에 종자를 채취 · 정선한 후 음지에서 노천매장 하였다가 이듬해 봄에 파종하며, 접목묘는 결실을 앞당기나 용재생산은 부적합하다.

4 이용

① 가을의 노란 단풍과 수형이 아름답고 가로수, 녹음수, 독립수로 식재한다.

② 줄기가 직립하기 때문에 도심에서는 양식건물 주변 식재는 고려한다.

③ 용재는 조각, 기구, 고급가구, 바둑판, 칠기, 건축에 사용되고, 종자는 식용, 약용으로 사용한다.

10 전나무

● 소나무과(*Abies holophylla Max.*)

1 분포 및 생태

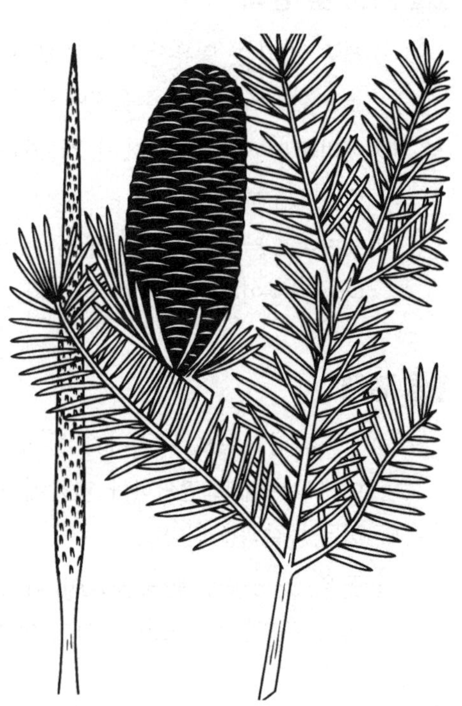

① 전국 깊은 산의 표고 100~1,400m 산록, 계곡에 분포하고 공중습도가 높고 비옥한 토양에 분포한다.

② 생태: 어려서 음수로 크므로 천연하종갱신이 용이하며 대기오염에 약하다. 자람이 보통이나 어릴 때는 생장이 느리다.

2 형태

① 상록침엽교목으로 줄기가 통직하고, 수피는 암회식이며 가지는 층을 이룬다. 잎은 선형이고 길이 4cm로 끝이 뾰족하며 뒷면에 백색 기공조선이 있다.

② 4월 하순에 황백색의 꽃이 피며, 10월 상순에 10~12cm 정도의 원관형 구과가 익는다.

3 번식

① 가을에 종자를 채취하여 노천매장 하였다가 이듬해 봄에 파종한다.

4 이용

① 목재는 내구성, 접착성은 보통이고, 도장성은 불량하나 절삭가공성은 양호하고, 건조속도가 빠르며 가볍고 연하다.

② 정원수, 크리스마스트리로 사용되며, 건축, 토목, 가구, 포장, 펄프 등으로 사용된다.

구상나무

● 소나무과(*Abies koreana Wils.*)

1 분포 및 생태

① 제주, 지리산, 덕유산 등의 표고 500~2,000m 높은 산지의 비옥한 적윤지에서 잘 자란다.

② 어려서는 약한 그늘에서 잘 자라나 커감에 따라 양수로 변한다.

③ 생장속도는 어릴 때는 매우 느리나 커감에 따라 보통이다.

2 형태

① 상록침엽교목으로 줄기가 통직하며 수피는 어려서는 얇고 편평하나 커감에 따라 거칠고 검은 녹갈색을 띤다.

② 꽃은 5~6월에 솔방울같이 다양한 색으로 피고, 구과는 8~9월에 갖가지 색으로 익는다.

3 번식

① 9월에 종자를 채취하여 기건저장 하였다가 파종 1개월 전에 노천매장 후 파종한다.

② 모자록병에 약하므로 파종 전에 토양살균을 하여 입고병을 예방하여야 한다.

4 이용

① 재질은 가볍고 연하여 거친 편이고 수형이 아름다워 관상수, 공원수, 크리스마트트리로 이용한다.

② 가공성이 좋으며 탄력이 풍부하다. 건축, 가구, 기구, 제지, 펄프, 단판으로 이용한다.

낙엽송

● 소나무과(*Larix kaempferi*)

1 분포 및 생태

① 해변을 제외한 중부지방의 표고 200
~1,200m, 중부지방의 토심 깊은
비옥지에서 잘 자란다.

2 형태

① 낙엽, 침엽, 대교목. 짧은 침엽으로
40~50개가 모여 나고, 암·수꽃은
4~5월에 개화, 열매는 구과로 길이
3cm 내외이며 9~10월에 성숙한다.

② 주요 조림수로 식재되며 잎갈나무에
비해 가지는 굵고 구과는, 인편은 뒤로
젖혀지는 것이 차이점이다.

3 번식

① 실생묘 번식을 한다.

4 이용

① 조림수. 목재는 건축재, 전신주 및 펄프재로 이용한다.

가문비나무

● 소나무과(*Picea jezoensis*)

1 분포 및 생태

① 지리산 덕유산과 설악산 이북지역에 주로 분포. 남한에서는 1,200m 이상 고산의 비옥한 적윤지에서 주로 자란다.

② 고산성 수목으로 평지식재는 불가하며, 어릴 때는 음수이나 자람에 따라 양수이다.

2 형태

① 상록침엽교목. 줄기가 통직하며, 수피는 종으로 갈라지면서 비늘처럼 일어나고 회갈색이다.

② 잎은 길이 1~2cm의 편평한 선형 예두이며 뒷면에 백색 기공조선이 있다.

③ 꽃은 6월에 황갈색으로 피고, 구과는 9월에 아래쪽으로 익는다.

3 번식

① 9월에 종자채취 후 기건저장 하였다가 파종 1개월 전 노천매장 후 파종한다.

② 순량율 78 ℓ당 입수 227,000립, 발아율 58%이다.

4 이용

① 목리는 통직하고 가볍고 연하며 향기가 없고 건조, 가공, 할열, 표면마무리 등이 양호하나 내후보존성이 낮고, 소리 전달성이 우수하다.

② 악기재(피아노), 건축, 차량, 기구, 펄프, 조선재 등으로 쓰인다.

핵심 14 삼나무

● 낙우송과 *(Cryptomeria japonica)*

1 분포 및 생태

① 일본이 원산(1924년 도입). 표고 300m 이하 강우량이 많고 토심이 깊은 비옥한 적윤지에 분포한다.

② 생태: 그늘에 잘 견디며 큰 나무 아래 묘목 식재 후 성장함에 따라 상층림을 제거한다.

③ 생장: 생장속도는 빠르며 30년생일 때 299m³/ha의 목재를 생산한다.

2 형태

① 상록침엽교목으로 줄기는 통직하며 수피는 얇고 붉으며 세로로 갈라진다.

② 잎은 새의 날개 모양이며 3~4개로 모가 지고 길이 1.2~2.5cm로 끝이 뾰족하다.

③ 꽃은 3월에 피고 구과는 둥글며 적갈색으로 10월에 익는다.

3 번식

① 10월에 종자를 채취하여 밀봉저장 하였다가 파종 1개월 전에 노천매장한 후 파종한다.

② 순량율 89%, ℓ당 입수 84,443립, 발아율 25%이다.

4 이용

① 나무 껍질은 거칠며 특유의 냄새가 난다. 내구성이 크고 건조가 빠르다.

② 절삭가공, 접착성은 양호하나 도장성은 보통이다.

③ 건축, 선박, 차량, 가구, 술통, 조각, 포장, 토목용으로 쓰이며, 수피는 약용 또는 로프용으로 사용한다.

핵심 15 낙우송

● 낙우송과 *(Taxodium distichum)*

1 분포 및 생태

① 북아메리카 원산. 중부 이남의 표고 100m 이하의 저습지에 분포한다.

② 생태: 양수로서 해변가, 석회암지대의 습윤한 지역에 자생하며 생장속도는 보통이다.

2 형태

① 낙엽침엽교목으로 줄기는 통직하고, 수피는 적갈색이며, 길이 방향으로 길게 벗겨지고, 측근의 발달이 왕성하고, 배수가 불량한 곳이나 물속에서는 기근(氣根)이 발생한다.

② 잎은 길이 5~10cm로 우상복엽이며, 2줄로 어긋나게 배열되며, 소엽은 길이 1.0~1.7cm, 폭은 0.1cm이다.

③ 꽃은 자웅이가화로 암수나무가 따로 있으며, 4~5월에 피고 둥근 구과는 직경 2.5cm로서 9월에 갈색으로 익는다.

3 번식

① 10월에 종자를 채취하였다가 노천매장한 후 파종하며, 삽목에 의한 증식도 가능하다.

② 순량율 72%, ℓ당 입수 1,407립, 발아율 11%이다.

4 이용

① 목재는 습기에 잘 견디고 재질이 좋으며 건축용재, 선박, 토목용재로 사용된다.

② 습지에서 잘 자라므로 호수가의 휴양림 조성에 적합하며 원추형의 수형이 독특하다.

핵심 16 메타세콰이어

● 낙우송과(*Metasequoia glyptostroboides*)

1 분포 및 생태

중국이 원산. 전국 표고 100m 이하의 토심 깊은 비옥한 적윤지 및 수변과 저습지에 분포한다.

2 형태

낙엽침엽교목. 화석식물이며 수피는 회흑색, 대부분의 특징이 낙우송과 비슷하나 낙우송에 비해 잎이 마주나고, 수관이 좀 더 좁은 원추형이다.

3 번식

실생번식 또는 삽목번식

4 이용

속성 조경수 및 가로수, 목재는 펄프재로 이용된다.

편백나무

● 측백나무과*(Chamaecyparis obtusa(S. et Z.))*

1 분포 및 생태

① 일본 원산(1924년 도입). 중부 이남의 표고 300m 이하 강우량 많고 토심이 깊은 비옥지에 분포한다.

② 제주도 및 남해안 지방의 조림수종. 어릴 때 음수이며 내한성, 내염성이 약하다.

③ 생장속도는 보통이며 30년생에서 207㎥/ha의 목재를 생산한다.

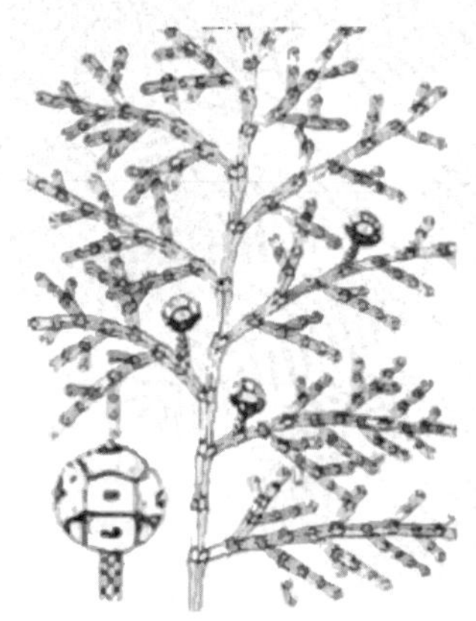

2 형태

① 상록침엽교목으로 피라미드형으로 곧게 자라며, 가지는 수평으로 퍼지고, 수피는 적갈색이며, 세로로 갈라져 벗겨진다.

② 잎끝은 둔하고 Y자형의 기공조선이 있으며, 4월에 꽃피고 9~10월에 구과가 갈색으로 익는다.

3 번식

① 9~10월에 종자를 채취하여 기건저장 후 다음해 봄에 파종한다.

② 순량률 91%, ℓ당 입수 132,991립, 발아율 25%이다.

4 이용

① 내후 보존성이 최상이며, 가공 · 접착 · 도장성이 양호하고 건조속도가 빠르며 방수성과 내충성이 강하고 광택이 있다.

② 가구, 기구, 기계, 선박, 조각, 포장, 건축 등에 이용되고 열매에서 향료를 채취한다.

핵심 18 측백나무

● 측백나무과 *(Thuja orientalis L.)*

1 분포 및 생태

① 단양, 대구, 안동 등지에서 석회암지대, 표고 200~600m인 지역에 자생한다.

2 형태

① 상록침엽교목. 수피는 회갈색이며, 잎은 뾰족하고 뒷면에 V자형 기공조선이 있고, 꽃은 암수 한그루로 4월에 피며, 구과 열매는 1.5~2cm 길이의 달걀모양으로 9월에 익는다.

3 번식

① 실생번식

4 이용

① 조경수, 생울타리용

② 열매와 잎은 약용 및 향료 추출

핵심 19 속씨식물에 속하는 수목

목	과	속	종	종소명
쌍떡잎식물강 버드나무목	버드나무과	버드나무속	버드나무	*Salix koreensis*
			왕버들	*Salix glandulosa*
			선버들	*S subfragilis, nipponica*
			갯버들	*S gracilistyla*
			수양버들	*S babylonica*
		포플러나무속	은백양나무	*Populus alba*
			사시나무	*P. davidiana*
			이태리포플러	*p euramericana*
			미루나무	*P. deltoides*
			황철나무	*P maximowiczii*
목련강 가래나무목	가래나무과	가래나무속	가래나무	*Juglans mandshurica*
			호두나무	*Juglans sinensis*
		굴피나무속	굴피나무	*Platycarya strobilacea*
쐐기풀목	느릅나무과	느릅나무속	느릅나무	*Ulmus davidiana*
		느티나무속	느티나무	*Zelkova serrata*
		시무나무속	시무나무	*Hemiptelea davidii*
노박덩굴목	감탕나무과	감탕나무속	호랑가시나무	*Ilex cornuta*
			꽝꽝나무	*Ilex crenata*
장미목	콩과	자귀나무속	자귀나무	*Albizia julibrisin*
		박태기나무속	박태기나무	*Cercis chinensis*
		싸리속	싸리	*Lespedeza bicolor*
		아까시나무속	아까시나무	*Robinia pseudoacacia*
		고삼속	회화나무	*Sophora japonica*
		칡속	칡	*Pueraria thunbergiana*
	장미과	벚나무속	벚나무	*Prunus serrulata*
	뽕나무과	뽕나무속	뽕나무	*Morus alba*
용담목	물푸레나무과	물푸레나무속	물푸레나무	*Fraxinus rhynchophylla*
			들메나무	*Fraxinus mandshurica*

목	과	속	종	종소명
쥐손이풀목	소태나무과	가죽나무속	가죽나무	*Ailanthus altissima*
	멀구슬나무과	참죽나무속	참죽나무	*Cedrela sinensis*
무환자나무목	옻나무과	옻나무속	옻나무	*Rhus verniciflua*
	단풍나무과	단풍나무속	신나무	*Acer ginnala*
			고로쇠나무	*Acer mono*
			단풍나무	*Acer palmatum*
			당단풍나무	*A pseudosieboldianum*
			섬단풍나무	*A dakesimense*
			복자기나무	*A triflorum*
			중국단풍	*A buergeranium*
			산겨릅나무	*A tegmentosum*
참나무목	참나무과	참나무속	상수리나무	*Quercus acutissima*
			굴참나무	*Q variabilis*
			떡갈나무	*Q dentata*
			신갈나무	*Q mongolica*
			졸참나무	*Q serata*
			갈참나무	*Q aliena*
			(정)가시나무	*Quercus myrsinaefolia*
			참가시나무	*Q salicina*
			개가시나무	*Q gilva*
			종가시나무	*Q glauca*
			붉가시나무	*Q acuta*
		너도밤나무속	너도밤나무	*Fagus crenata*
		밤나무속	밤나무(일본)	*Castanea crenata*
			밤나무(중국)	*C mollisima*
			밤나무(미국)	*C dentata*
			밤나무(유럽)	*C sativa*
	자작나무과	오리나무속	오리나무	*Alnus japonica*
			사방오리나무	*Alnus firma*
		자작나무속	자작나무	*Betula platyphylla*
	소귀나무과	소귀나무속	소귀나무	*Myrica rubra*

이태리포플러

◆ 버드나무과*(Populus euramericana Guinier.)*

1 분포 및 생태

① 산지계곡부나 하천변의 토심이 깊고 배수가 잘되는 중성 사질양토에 분포한다.

② 내한성이 강하고 대기오염에도 강하나 해변가에는 생육이 불량하다.

③ 생장속도는 매우 빠르며 15년생일 때 213m³/ha의 목재를 생산한다.

2 형태

① 낙엽활엽교목으로 줄기는 통직하고, 수피는 은백색이며, 세로로 골이 나 있고 잎은 삼각상 계란형이다.

② 자웅이가화로 4월에 꽃이 피고 열매는 5월에 익으며 종자를 둘러싼 솜털이 있어서 종자를 멀리 비산시키는 역할을 한다.

3 번식

① 3~4월에 전년 가지를 직경 8~18mm, 길이 18~20cm로 잘라 삽목한다.

4 이용

① 목리는 통직하고 조직은 거칠고 가벼우며 연하다.

② 젓가락, 이쑤시개, 합판완구, 포장, 펄프로 이용하고 수피는 약용, 잎은 염색체 및 탄닌 채취에 쓰인다.

21 황철나무

● 버드나무과(*Populus maximowiczii Henry.*)

1 분포 및 생태

① 중부 이북 계곡 주변의 비옥하고 적윤한 토양이 적지이며, 양수로 많은 햇빛을 요구하고 계곡 부위의 개방지에 자생한다.

② 생장속도는 빠른 편이며 15년생일 때 247㎥/ha의 목재를 생산한다.

2 형태

① 낙엽활엽교목으로 줄기가 통직하고, 수피는 회색 또는 흑갈색이며 가지가 많아 원추형의 수형이다.

② 잎은 어긋나며 두껍고 타원형으로 3~8cm이며 잔톱니가 있다.

③ 자웅이가화로 4월에 잎보다 꽃이 먼저 피고 열매는 5월에 3~6mm로서 늘어지며, 털이 없다.

3 번식

① 5월에 종자를 채취하여 습한 토양에 직파 또는 논이나 웅덩이에 씨앗이 물가에 밀려있는 것을 모아 파종하면 곧 발아한다.

② 1년생 어린가지를 삽목하기도 한다.

4 이용

① 내후 보존성은 약한 편이나 가공건조가 용이하며 표목 마무리는 털거스름이 일어나기 쉽다.

② 성냥축목, 젓가락, 단판, 상자로 쓰인다.

핵심 22

가래나무

● 가래나무과*(Juglans mandshurica MAX.)*

1 분포 및 생태

중부(속리산, 소백산) 이북 표고 100~1,500m 되는 깊은 산의 계곡, 하천변의 토심 깊은 비옥지에 분포한다.

2 형태

낙엽활엽교목. 수피는 암회색으로 갈라지고, 잎은 기수우상복엽으로 소엽은 7~15개이며, 꽃은 암수 한그루로 5월에 피고, 열매는 지름 4~8cm인 둥근 모양의 핵과로 9월에 성숙한다.

3 번식

식생묘, 접목(절법 또는 아접)묘로 번식한다.

4 이용

유용활엽수. 목재는 총개머리판, 가구재, 기구재, 조각재 등으로 쓰이고, 종자는 식용 또는 약용하거나 기름을 짜고, 북방계통 호두나무의 대목으로 이용한다.

핵심 23 사방오리나무

● 자작나무과(*Alnus firma Siebold et Zucc.*)

1 분포 및 생태

① 일본 원산. 전북·경북 이남의 표고 300m 이하의 나대지, 하천부지 등 척박한 토양에 분포한다.

2 형태

① 낙엽활엽교목. 수간은 여러 갈래로 갈라지며, 뿌리균류가 공생하여 질소고정작용을 한다.

② 잎은 달걀모양의 피침형으로 불규칙한 톱니가 있으며, 꽃은 암수 한그루로 3~4월에 잎보다 먼저 피며, 열매는 10월에 성숙하는데 소견과로 구성된다.

3 번식

① 실생묘. 극양수

4 이용

① 사방용수, 비료목. 목재는 신탄재, 기구재, 펄프재. 열매와 수피는 염료로 사용된다.

핵심 24 오리나무

● 자작나무과(*Alnus japonica Steudel.*)

1 분포 및 생태

① 전국 표고 50~1,200m 되는 곳의 저습지, 제방, 하안, 마을 부근의 방풍림에 적합하다.

② 양수이나 어려서 음지에서도 잘 자라며 내한성 및 대기오염에 강하며 생장이 빠르다.

2 형태

① 낙엽활엽교목. 줄기는 통직하며 수피는 자갈색이고 잘게 갈라지며, 잎은 양면에 광택이 있는 긴타원형으로 잔톱니가 있다.

② 꽃은 자웅동주로 3월에 개화하고 과수는 10월에 성숙되며, 2~6개씩 달리고 길이 2cm 정도로써 난형이다.

③ 종자는 편평하고 넓은 타원형이며 길이 3~4mm로서 날개가 뚜렷하지 않다.

3 번식

① 9~10월에 푸른색 열매를 채취하여 양건하고 탈곡하여 공기가 잘 통하는 곳에 보관했다가 이듬해 봄에 파종한다.

4 이용

① 방사상의 산공재로 가볍고 연하며 향기가 있고 내후, 보존, 절삭가공성은 보통이다.

② 다습하여 수목식재가 곤란한 지역에서도 잘 자라므로 이러한 곳에 식재하면 좋다.

③ 건축, 기구, 제단재, 손잡이, 칠기재, 연필재, 가구, 펄프로 이용되며 열매와 수피에서 탄닌을 채취한다.

핵심 25 자작나무

● 자작나무과 *(Betula platyphylla var. japonica)*

1 분포 및 생태

① 강원, 평북, 함남북의 표고 200~2,100m 되는 산록지대에 분포하고, 양지 및 비옥지를 선호한다.

② 내한성이 강하고 양수로 조림 시 잡초 및 잡관목을 제거하지 않으면 생육이 불량하다.

③ 생장속도는 보통으로 상수리와 비슷하며 50년생일 때 168㎥/ha의 목재를 생산한다.

④ 나무결은 곱고 휨성이 좋으나 내후성이 약하고, 조직이 치밀하며 표백이 잘 된다.

2 형태

① 낙엽활엽교목. 줄기가 통직하며, 나무껍질은 백색이고, 가로로 벗겨지며, 밀랍 성분이 있어 물에 젖어도 잘 탄다.

② 입은 삼각상 난형으로 길이 5~7cm이며, 꽃은 자웅동주로 4~5월에 꽃이 피고 열매는 9월에 익는다.

3 번식

① 9월에 익은 종자를 채취하여 기건저장 하였다가 이듬해 봄에 파종한다.

4 이용

① 용재는 합판, 가구, 기구, 기기, 조각, 방직목관, 단판으로 이용한다.

② 순백색의 수피를 갖고 있어 조경수로 좋으며, 특히 강변이나 호수의 물에 비친 경관을 조성하면 아름답다.

26 박달나무

● 자작나무과 *(Betula schmidtii Regel.)*

1 분포 및 생태

① 전남북과 황해도를 제외한 전국의 깊은 산, 표고 300~2,000m 되는 적윤한 비옥지에 분포한다.

② 내한성은 강하는 내건성, 내음성이 약하며 양수로 산복 이하의 노출된 곳에 천연하종 발아가 되어 군집을 이룬다(보통 50년생일 때 168㎥/ha의 목재를 생산).

2 형태

① 낙엽활엽교목. 줄기는 통직하며, 수피는 암회색으로 벗겨지지 않고 어린 가지는 횡으로 된 줄무늬가 있다.

② 잎은 4~8cm의 계란형으로 밑은 둥글고 끝은 뾰족하며 잔거치가 있고, 꽃은 자웅일가화로 5~6월에 피고 열매는 9월에 익는다.

3 번식

① 9월에 종자를 채취하였다가 기건저장 후 4월에 파종한다.

② 순량율 76%, ℓ당 입수 723,068립, 발아율 21%이다.

4 이용

① 산공재로 목리는 통직하고 대단히 단단하고 치밀하며 절삭가공이 용이하고 건조속도는 느리나 비틀림이 비교적 적다.

② 가구, 조각, 세공, 건축, 차량, 선박, 칠기 등에 사용된다.

서어나무

● 자작나무과 *(Carpinus laxiflora)*

1 분포 및 생태

① 황해도 이남 표고 150~1,000m 되는 계곡이나 산록의 토심 깊은 곳에 분포한다.

② 어려서는 음수이나 커서는 양수로 변화하며 척박하고 건조한 곳이나 해변에서 잘 자라며, 개서어나무는 서어나무보다 수간이 통직하고 성장속도가 빠르다.

2 형태

① 낙엽활엽교목. 줄기는 옆으로 비스듬히 서서 자라고 수피는 암회색 또는 회백색이며 굴곡이 있다. 잎은 어긋나고 계란형 또는 타원형으로 길게 뾰족해진다.

② 꽃은 4~5월에 피고 열매는 3각상 계란형으로 9~10월에 익는다.

3 번식

① 10월에 종자를 채취하여 12월 중 노천매장 후 이듬해 봄에 파종한다.

4 이용

① 산공재로 무겁고 광택은 보통이며 절삭가공, 접착성은 보통이며 건조속도는 느리고 도장성은 양호하나 잘 썩는 편이다.

② 기구, 가구, 방직용 목관, 칠기, 피아노액션, 운동구, 차량 등에 쓰인다.

밤나무

● 참나무과 *(Catanea Crenata var. dulcis)*

1 분포 및 생태

① 양수로서 바람이 적은 산록이나 저지대에서 잘 자라며 맹아력이 강하고 수세가 강건하다.

② 생장속도는 보통이며 밤 생산은 4~25년생에서 ha당 33,093kg을 수확한다.

③ 해안지대를 제외한 배수가 좋은 사질양토로 토심이 깊은 25도 미만의 완경사지로 남향을 피하여 식재하는 것이 좋다.

2 형태

① 낙엽활엽교목으로 줄기는 암갈색 또는 암회색으로 세로로 불규칙하게 떨어진다.

② 잎은 어긋나무 긴타원형이고, 10~20cm로 파상의 톱니가 있다.

③ 꽃은 암수 한 그루이며, 6~7월에 피고 열매는 9~10월에 익는다.

3 번식

① 과수용일 경우 좋은 품종을 택하여 접목하며, 목재생산의 경우 식재는 식생묘로 한다.

4 이용

① 환공재. 무겁고 내구성 크다.

② 목재는 잘 쪼개지며, 탄닌 함량이 많고 습기에 강하다.

③ 건축, 차량, 조각, 교량, 완구, 방직용 목관, 기구용으로 사용된다.

☞ 일본밤(C. crenta) · 유럽밤(C. sativa) · 중국밤(C. mollissima) · 미국밤(C. dentata)

29 느릅나무

● 느릅나무과(*Ulmus davidiana var. japonica*)

1 분포 및 생태

① 토양 중에 흐르는 신선한 물기를 좋아하는 수목으로 전국에 식재 가능하다.

② 내음성, 내한성이 대단히 강하고 내조성, 대기오염에는 약하며 천연하종갱신이 용이하다.

2 형태

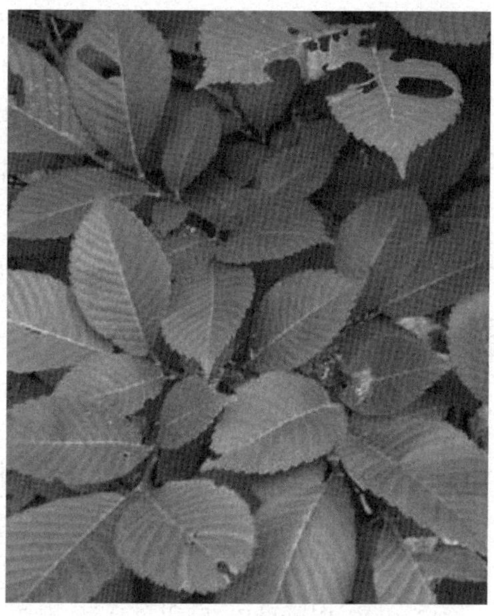

① 낙엽활엽교목. 줄기가 통직하며 많은 가지를 내어 둥근 수형을 이루고 수피는 회갈색으로 세로로 갈라진다.

② 잎은 어긋나고 긴 타원형으로 길이 4~8cm이고 끝은 뾰족하며, 꽃은 3월에 피며 열매는 도란형 또는 타원형의 시과이다.

3 번식

① 4~5월에 종자를 채취하여 건조시키지 말고 직파한다.

② 순량율 69%, ℓ당 입수 7,553립, 발아율 22%이다.

4 이용

① 환공재로 무늬가 아름답고 목리는 통직하다.

② 한방에서 수피를 유백피라 하고 치습, 이뇨, 소종독 등에 쓰며 완화제로 내복한다.

③ 기구, 가구, 무늬단판, 건축 내부, 침목, 차량, 악기에 쓰이며 민간약으로 가공된다.

느티나무

● 느릅나무과 *(Zelkova serrata Makino)*

1 분포 및 생태

① 전국의 표고 50~1,200m의 비옥한 사질양토의 뿌리가 차지할 공간이 충분한 곳에 적당하며 배수가 잘되고 통기가 좋은 곳에서 왕성하다.

② 군집성이 약한 편이고 조림 시 다른 수종과 혼효하는 것이 좋다.

③ 생장속도는 보통이며 60년생일 때 185㎥/ha의 목재를 생산한다.

2 형태

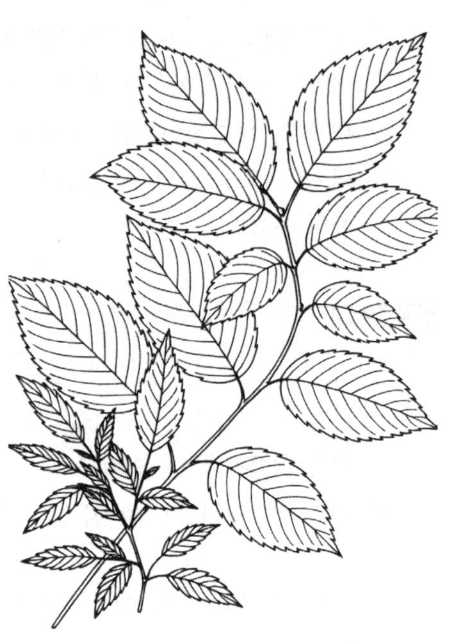

① 낙엽활엽교목. 줄기는 통직하고, 수피는 회갈색으로 평활하지만, 오래되면 비늘처럼 떨어진다.

② 잎은 어긋나며 타원형으로 끝이 뾰족하고 거치가 있다.

③ 꽃은 암수 한 그루이며, 수고 26m, 직경 3m까지 자란다.

3 번식

① 10월에 종자를 채취하여 수선한 다음 노천매장 후 이듬해 봄에 파종한다.

② 순량율 95%, ℓ 당 입수 32,052립, 발아율 61%이다.

4 이용

① 환공재로 습기, 물 등에 강하여 보존성이 양호하고 도장성이 양호하며 휨가공도 좋다.

② 가을에 황적생으로 드는 단풍과 겨울의 잔가지의 선과 형태가 아름다워 마을 어귀의 정자목이나 공원, 가로수로 애용된다.

③ 고급가구, 건축, 기구, 토목, 선박, 기기, 조각 등에 쓰인다.

핵심 31 백합나무

● 목련과(*Liriodendron tulipifera*)

1 분포 및 생태

① 북미가 원산. 중부 이남 표고 100m 이하의
토심이 깊은 비옥한 평지에서 잘 자란다.

2 형태

① 낙엽활엽교목. 수피는 회백색으로 세로로
깊게 갈라지고, 잎은 직사각형으로
2~3갈래로 갈라지고 끝이 평활하다.

② 꽃은 잎이 난 후 5~6월 개화하는데
녹황색이고 안쪽에 주황색 무늬가 있고 튤립
모양으로 향기가 강하다.

③ 열매는 취합과로 담갈색의 끝이 뾰족한
소견과로 이루어져 있으며 10월에 결실한다.

3 번식

① 실생묘 번식

② 삽목묘 번식

4 이용

① 조경수, 가로수, 목재는 펄프재, 가구재 등으로 이용한다.

② 꽃에서는 꿀을 채취한다.

녹나무

● 녹나무과*(Cinnamomum camphora)*

1 분포 및 생태

① 제주도 및 전남, 경남의 해변 토심이 깊고 비옥한 토양에서 분포한다.

② 내한성이 약하여 내륙지역에서의 성장은 매우 불량하며, 내음성, 대기오염에도 약하다.

2 형태

① 상록활엽교목으로 줄기가 통직하고 많은 가지가 나와 수관폭이 매우 넓게 자라며 수피는 암회색으로 세로로 갈라진다.

② 잎은 어긋나고 길이 6~10cm로 계란모양의 긴 타원형이며, 꽃은 양성으로 작고 5월에 피는데 색색(여러 가지 색깔)에서 황색으로 된다.

3 번식

① 11월에 종자를 채취 정선하여 노천매장 하였다가 이듬해 봄에 파종한다.

4 이용

① 산공재로 아름다운 무늬가 있으며 강력한 장뇌향이 있는 것이 특징이고 장뇌가 함유되어 내후 보존성이 매우 양호하다.

② 부드러운 잎과 웅장한 수형이 아름다워 공원의 녹음수나 가로수로 식재할 만하다.

③ 건축, 기구, 조각재, 상자, 보석함, 가구, 불단, 악기 등에 사용되며, 뿌리와 잎, 줄기에서 장뇌를 채취한다.

버즘나무

● 버즘나무과(*Platanus orientalis*)

1 분포 및 생태

① 유럽 및 서아시아 원산. 전국 표고 300m 이하. 전국 어디서나 잘 자라고 토심이 깊고 배수가 양호한 사질양토의 비옥한 토양에서 잘 자란다.

② 대기오염에 강하며 이식력과 맹아력이 뛰어나나 해충 피해가 심하다.

2 형태

① 낙엽활엽교목. 줄기는 통직하며 수피는 암회색 또는 회백색이며 큰 조각으로 떨어진다. 잎은 어긋나며 넓은 난상 원형이고 중앙열편은 길이가 너비보다 길다.

② 열매는 둥그런 구과로 2~6개가 간과병에 달려있어 마치 방울처럼 보이며 2~2.5cm이다.

3 번식

① 10월에 열매를 채취하여 정선한 다음 흐르는 물에 10~15일간 침적시켜 발아 촉진 후 파종하며 삽목하기도 한다.

4 이용

① 산공재로 잘 갈라지지 않고 절삭이 용이하나 건조, 내후, 보존성이 불량하다.

② 대기오염에 강하고 공기정화능력이 커서 도심 가로수, 공원수, 녹음수로 식재한다.

③ 용재는 포장, 단판, 상자, 주방가구, 차량내장 등에 쓰인다.

나무의 세포벽

- 나무는 셀룰로오스, 헤미셀룰로스, 펙틴 등의 성분으로 1차 세포벽과 2차 세포벽을 만든다.
- 세포와 세포 사이에는 중간층(중층, 중엽층)이 있으며 세포벽이 형성되기 전에 가장 빨리 생성된다.

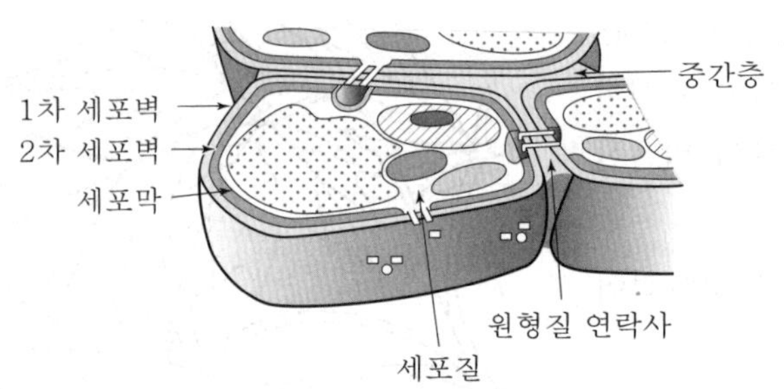

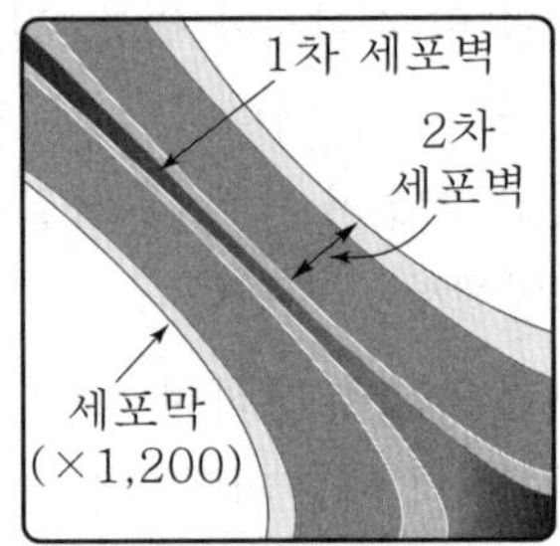

1 중간층

① 세포와 세포를 붙여주는 접착제 역할을 하게 되며 펙틴이라는 단백질이 주성분이다.

2 1차 세포벽

① 셀룰로오스, 헤미셀룰로오스, 펙틴, 기타 단백질이 존재한다.

② 분열이 빠른 어린 식물들은 1차 세포벽만 가지고 있기도 하다.

3 2차 세포벽

① 세포막과 1차 세포벽 사이에서 세포를 강하게 하는 것이다.

② 2차 세포벽은 마지막으로 형성되는데, 펙틴이 없고 리그닌, 수베린, 키틴으로 구성된다.

③ 2차 세포벽에 리그닌이 있다면 그 세포는 '목질화'되고, 수베린이 있다면 그 세포는 '코르크화'되며, 큐틴이 있다면 그 세포는 '큐티클화'된다.

④ '목질화'는 변재와 심재를 형성하는 세포로 되는 것이고, '코르크화'는 수피가 되는 것이며, '큐티클화'는 잎이나 종자의 표면을 구성하는 세포가 되는 것이다.

⑤ 원형질 연락사는 식물세포들 사이에 물질교환이 일어나는 통로이다.

⑥ 원형질 연락사를 통해 물과 작은 용질, 단백질과 RNA분자도 이동할 수 있다.

섬유소와 세포벽의 성분

1 섬유소

① cellulose: 고등식물 세포벽의 주성분으로 목질부의 대부분을 차지하는 다당류로 섬유소(纖維素)라고도 한다. 화학식은 $(C_6H_{10}O_5)$이다.

② hemicellulose :식물 세포벽을 이루는 셀룰로스 섬유의 다당류 중 펙틴질을 뺀 것으로 주로 뿌리, 뿌리줄기, 씨, 열매의 세포를 이룬다.

③ pectin: 물에 녹는 수용성 다당류로 당분과 산에 의해 겔화 되어 접착력을 갖는다.

2 세포벽(cell wall)

① 세포질 막의 바깥쪽에 있는 견고한 막.

② 세포벽이 있는 세균과 식물의 세포가 다양한 외형과 특성을 나타내는 것은 바로 이 때문이다.

③ 세포벽은 다당류와 당펩티드를 함유한다.

④ 세포벽 때문에 세균은 산성 혹은 알칼리성에 대해 저항성을 보이며, 세포 안의 성분 보호와 저장에 기여한다.

⑤ 세포벽은 펙틴으로 되는 박막이 먼저 생겨 그 양쪽에 셀룰로오스가 더해져 두꺼운 막으로 된 것이다.

⑥ 세포벽이 오래되면 리그닌이 셀룰로오스에 가해져 목화되기도 하고, 수베린이나 큐틴이 첨가, 코르크화, 큐틴화하는 일이 있다.

3 수목의 탄수화물대사

① hemicellulose는 세포벽의 주성분으로서 1차벽에서는 전체 구성 성분의 25~50%로 가장 많다.

② 2차벽에서는 30%로 cellulose 다음으로 많은 함량을 보인다.

③ hemicellulose는 구성 성분과 구조가 좀 복잡하지만, arabans, xylans과 같은 5탄당, galactans, mannans와 같은 6탄당의 중합체이다.

④ pectin은 galacturonic acid의 중합체인데, 세포벽의 구성 성분으로서, 중엽층(middle lamella)에서 이웃 세포를 서로 접합시키는 시멘트 역할을 한다.

⑤ 탄수화물은 1차벽에서는 10~35% 가량을 차지하지만, 2차벽에는 별로 존재하지 않으므로 목부 조직에서는 함량이 적다.

⑥ gum과 mucilage도 다당류의 일종으로서, gum은 특히 벚나무속의 나무기둥에 상처를 받을 때 밖으로 분비되는 물질이다.

⑦ mucilage는 콩과식물의 경우 콩꼬투리에서, 느릅나무의 내수피, 그리고 잔뿌리의 표면 주변에 분비되는 물질이다.

핵심 36

수목의 생장형

생장형	개념	수종 및 특징
자유생장	• 동아 속에 미리 만들어져 있던 원기는 봄에 자라고 곧이어 새로 만들어진 원기가 여름에 자라는 형태	• 향나무속, 측백나무속, 편백나무속 • 낙엽송, 은행나무, 포플러, 버드나무, 자작나무, 사과나무
고정생장	• 당년에 자랄 모든 줄기의 원기가 전년도에 형성된 동아 속에 미리 형성되어 있다가 봄에 자라는 형태	• 소나무, 잣나무, 가문비나무, 솔송나무, 참나무류 • 가지의 생장은 2년간의 생장과정 • 첫해 눈 형성, 다음 해 생장
유한생장	• 정아가 주지의 끝에서 측지의 성장을 제한하는 형태	• 소나무 등 • 침엽수의 뾰족한 수관형 유지
무한생장	• 정아의 역할이 크지 않아 측지가 성장에 제한을 받지 않는 형태	• 느티나무와 같이 둥근 수관형을 유지
고정–자유생장	• 고정생장에 의한 봄 가지를 만들고 다시 자유생장에 의해 하나 혹은 여러 개의 여름가지를 만드는 형태	• 포플러류, 자작나무류, 백합나무 등 • 자유생장을 하는 수종도 나이가 들면 고정생장, 단지로 바뀜
장지와 단지	• 잎과 잎 사이의 마디길이, 길면 장기, 짧으면 단지	• 소나무의 경우 엽속은 단지, 가지는 장지

핵심 37

낙엽 참나무

[학명] Quercus spp. [영어 명칭] oak tree

구분	상수리	굴참나무	졸참나무	갈참나무	신갈나무	떡갈나무
학명	*acutissima*	*variabilis*	*serrata*	*aliena*	*mongolica*	*dentata*
결실	2년	2년	당년	당년	당년	당년
적지	산록부의 양지바른 곳	남서향의 사면 중복	특별한 적지를 가리지 않음	계곡부의 토심이 깊고 비옥한 곳	북향사면 산록부에서 산정부까지	산기슭과 산복
생태	내한성, 내조성이 강하나 내음성이 약함	내음성은 약하지만 맹아력이 강함	내한성, 맹아력이 강함	어려서 내음성이 강하며 커서 양수로 변함	내한성, 맹아력이 강함	내건성이 강하여 바닷가에서도 생육
기타	강참. 모래참	코르크층 발달	잎이 가장 작음			잎이 가장 큼
잎 둘레 (거치)	바늘 모양	바늘 모양	앞으로 향한 톱니 모양	이빨 모양	작은 물결모양	이빨 모양
잎 모양						
잎의 형태	• 장타원형 • 털이 없음	• 장타원형 • 앞뒤 백색, 털이 많음	잎자루 부분이 뾰족함	잎자루 부분이 뾰족하고 좌우대칭이 아님	잎 밑 모양이 귀 모양	• 잎 밑 모양이 귀 모양 • 앞뒤에 털이 많음
열매 모양						
열매	원형 2cm	타원형 2.5cm	장타원형 0.4~2.8cm	타원형 0.6~2.3cm	타원형 0.6~2.5cm	광타원형 1.0~2.7cm
발아	이듬해	이듬해	낙과 즉시	낙과 즉시	낙과 즉시	낙과 즉시

수종	공통점	차이점	비고
떡갈	• 잎자루가 없음	잎 뒷면에 털이 있음	
신갈	• 이빨 모양 잎 둘레	잎 뒷면에 털이 없음	
갈참	• 잎자루가 있음	이빨 모양 잎 둘레	
졸참		톱니 모양 잎 둘레	
상수리	• 밤나무잎 모양	잎 뒷면이 초록색	
굴참	• 가시 모양 잎 둘레	잎 뒷면 색이 밝음(성모)	

핵 심 38 상록참나무

1 학명

① 가시나무(*Quercus myrsinifolia*)
② 참가시나무(*Quercus salicina*)
③ 개가시나무(*Quercus gilva*)
④ 종가시나무(*Quercus glauca*)
⑤ 붉가시나무(*Quercus acuta*)
⑥ 졸가시나무(*Quercus aliena*)

구분	가시나무	참가시나무	개가시나무	종가시나무	붉가시나무	졸가시나무
종소명	*myrsinifolia*	*salicina*	*gilva*	*glauca*	*acuta*	*phillyraeoides*
자라는 곳	전남과 경남의 섬, 제주도	제주도, 울릉도, 대흑산도	제주도 수목원에서 자람	공원수, 조경수	서남해 섬, 울릉도, 제주도	목포 유달산 자생
생태	해발 700m 이하의 계곡, 산기슭	바닷가 산기슭	멸종위기 야생생물 Ⅱ급	해발 600m 이하의 계곡, 산기슭	양지바른 산기슭, 계곡	해발 600m 이하의 계곡, 산기슭
잎 둘레 (거치)	뾰족한 톱니	가시나무보다 더 뾰족한 톱니	잎의 끝부분 1/3에만 톱니	잎의 끝부분 1/2에만 톱니	잎의 가장 자리가 매끈함	잎의 끝부분 1/2에 뭉툭한 톱니
잎 모양						
잎의 형태 및 특징	• 잎 뒷면이 연한 초록색 • 강참, 모래참	• 잎 뒷면이 회백색	• 신초와 가지에 황갈색 털이 밀생	• 잎이 가장 작음 • 잎 뒷면은 연한 초록색	• 가장자리에 거치가 없고 매끈함 • 잎 뒷면이 진한 초록	• 잎이 다른 참나무보다 작고 타원형 • 졸참나무 열매와 비슷 • 털가시나무
열매 모양						

03 수목학

핵심 39 목재의 구조

1 목재의 구조

① 수목의 형성층에 의해 안쪽으로 만들어진 2차 목부가 목재가 된다.

② 수피 안쪽에 있는 모든 조직을 목재라고 부른다.

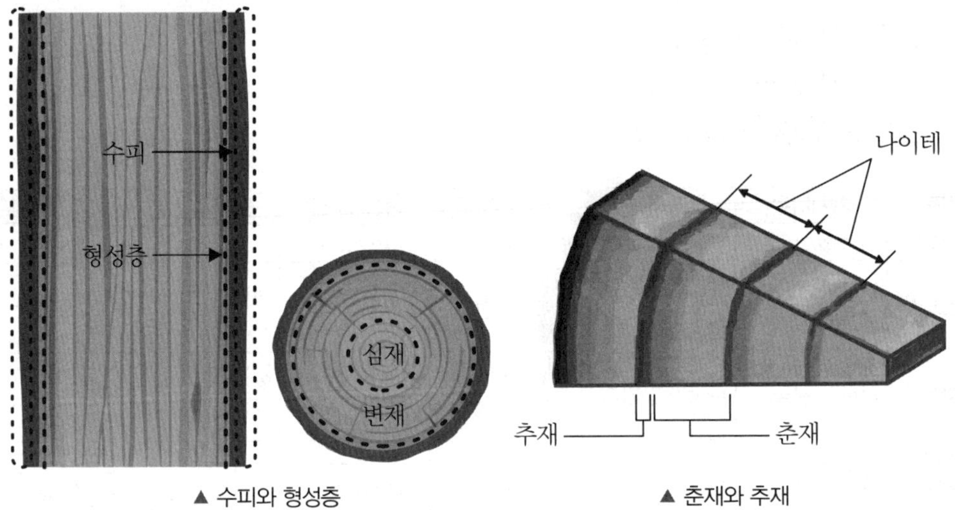

▲ 수피와 형성층　　　　　▲ 춘재와 추재

③ 형성층은 수평 방향으로 자라는 세포지만, 이 세포분열을 통해 만들어지는 세포는 수직 방향으로 자란다.

④ 형성층을 구성하는 세포들은 속씨식물과 겉씨식물이 다르다.

⑤ 겉씨식물은 밑씨가 꽃의 겉으로 드러나 있고, 속씨식물은 밑씨가 꽃의 속에 있는 씨방에 들어있다.

⑥ 겉씨식물은 나자식물, 속씨식물은 피자식물이라고 부른다.

⑦ 겉씨식물은 대부분 잎이 뾰족한 침엽수에 속하고, 속씨식물은 잎이 넓은 활엽수이다.

❷ 피자식물

① 피자식물은 도관, 가도관, 목부섬유, 종축유세포 등이 종축 방향으로 배열하고 있다.

② 도관, 가도관, 목부섬유는 모두 2차벽을 가지고 있으며 중앙이 비어 있는 성숙세포이다.

③ 도관은 긴 파이프와 같이 격막 없이 위아래로 길게 5~10㎝가량 연속하여 연결되어 있어 수분이동이 원활하다.

④ 목부섬유는 2차 세포벽이 두꺼워서 목질부를 단단하게 만들어 나무를 지탱하는 역할을 한다.

❸ 나자식물

① 나자식물은 가도관이 종축 방향으로 배열된 세포의 90% 이상이다.

② 나자식물의 횡단면상의 구조는 가도관세포와 수지구세포로 구성되어 비교적 단순하다.

③ 가도관은 폭이 20~30㎛, 길이가 2~3㎜로서 길이가 폭보다 약 100배가량 더 길다.

④ 가도관은 수분의 이동통로지만, 피자식물의 도관에 비해 연결 부위가 수분이동에 상대적으로 비효율적이다.

⑤ 가도관의 연결 부위는 두 세포의 세포벽이 그대로 남아 있고, 막공이라고 하는 아주 작은 구멍이 있는 곳에만 세포벽이 없다.

⑥ 수분이동은 막공의 얇은 막공격막을 통해서만 가능하므로 수분의 이동속도가 아주 느리다.

⑦ 심재에 있는 가도관의 막공은 얇은 막이 한쪽으로 치우쳐 막의 중앙에 위치한 볼록한 원철에 의해 막공 폐쇄가 일어나므로 수분이동이 거의 불가능하게 된다.

❹ 나무의 물질이동

① 피자식물과 나자식물 모두 수평 방향으로의 물질이동은 수선을 통해 이루어진다.

② 수선은 원형질을 포함하고 있는 살아있는 유세포로 이루어져 있다.

③ 수선은 탄수화물을 저장하기도 하며, 필요할 때는 세포분열을 재개할 수 있는 능력을 가지고 있다.

40 심재와 변재

1 심재

① 심재(心材, Heart Wood)

② 변재에 비해 상대적으로 오래된 조직으로 이루어져 있다.

③ 정유 성분, 고무, 송진, 타닌, 페놀, 테르펜 등의 성분이 축적되어 색이 짙어지고 단단하다.

④ 곤충이나 세균에 대해 저항성이 좋다.

⑤ 심재는 나무를 물리적으로 지탱해 주는 역할을 한다.

⑥ 가구용 목재는 심재가 좋다.

2 변재

① 변재(邊材, Sap Wood)

② 심재에 비해 상대적으로 최근에 생성된 조직이며, 수분이 많고 살아있다.

③ 뿌리에서 위쪽으로 수분과 함께 영양분이 이동하는 통로가 된다.

④ 일반적으로는 변재가 수분(함수율)이 많다.

⑤ 느릅나무, 들메나무처럼 심재의 함수율이 더 높은 경우도 있다.

☞ 심재와 변재의 폭이나 색깔 등은 나무의 종류마다 다양한 차이가 있다.

■ 심재와 변재의 비교

심재	변재
수 주위의 색이 짙은 부분	껍질에 가까운 색이 엷은 부분
목질이 단단	목질이 연함
수분함량이 적음	수분함량이 많음
나무결 직각 방향 압축강도가 큼	심재보다 압축 강도가 약함
나무결 방향으로 압축강도는 약함	수축, 뒤틀림 등 변형이 쉬움

산공재와 환공재

● 수간, 목재의 구조

1 산공재(散孔材, diffuse-porous wood)

① 나이테 및 목질부 전반에 걸쳐 물관의 크기 및 분포의 차이가 없는 목재이다.

② 어릴 때는 물관의 크기와 밀도가 자라면서 점차 변하는 형태를 보이기도 한다.

③ 도관이 골고루 분포한다.

④ 단풍나무, 포플러, 피나무, 사시나무, 대추나무 등

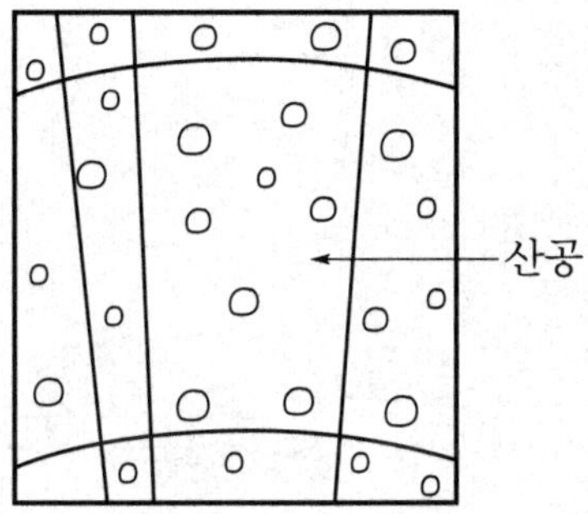

2 환공재(環孔材, ring-porous wood)

① 춘재의 물관 크기가 추재의 크기와 비교하여 구분할 수 있을 정도로 큰 목재이다.

② 물관의 층이 고리나 나이테를 따라 띠 모양을 나타낸다.

　– 지름이 큰 도관이 춘재에 집중

　– 참나무(떡갈, 신갈, 갈참, 졸참, 상수리, 굴참), 물푸레나무, 음나무, 느티나무 등

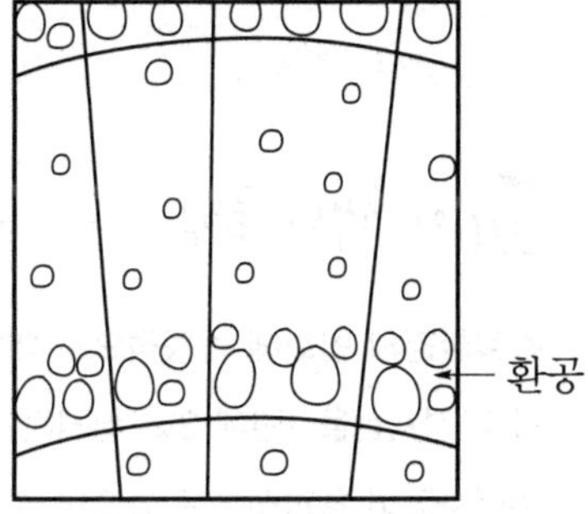

3 반환공재: 가래나무, 호두나무

① 활엽수재: 산공재+환공재

② 침엽수재는 헛물관이므로 산공재 또는 환공재와 무관하다.

저자 山林하는 남자 渡摩 김정호

◆경력
• 강원대학교 산림환경시스템학과 석사
• 산림기술사, 환경영향평가사 보유
• 임업진흥원 교육강사
• 전) 관동대학교 산림치유학과 겸임교수
• 현) 건우이엔씨 이사

◆저서
• 산림기사 필기(성안당)
• 산림기사 실기(성안당)
• 산림기술사(성안당)

산림기술사 하권

2017. 5. 11. 초 판 1쇄 발행
2019. 4. 10. 개정증보 1판 1쇄 발행
2021. 2. 15. 개정증보 1판 2쇄 발행
2025. 8. 6. 개정증보 2판 1쇄 발행

저자와의
협의하에
검인생략

지은이 | 김정호
펴낸이 | 이종춘
펴낸곳 | BM (주)도서출판 성안당
주소 | 04032 서울시 마포구 양화로 127 첨단빌딩 3층(출판기획 R&D 센터)
| 10881 경기도 파주시 문발로 112 파주 출판 문화도시(제작 및 물류)
전화 | 02) 3142-0036
| 031) 950-6300
팩스 | 031) 955-0510
등록 | 1973. 2. 1. 제406-2005-000046호
출판사 홈페이지 | www.cyber.co.kr
ISBN | 978-89-315-8374-8 (13520)
정가 | 90,000원

이 책을 만든 사람들
책임 | 최옥현
진행 | 최창동
편집 | 인투
표지 디자인 | 박원석
홍보 | 김계향, 임진성, 김주승, 최정민
국제부 | 이선민, 조혜란
마케팅 | 구본철, 차정욱, 오영일, 나진호, 강호묵
마케팅 지원 | 장상범
제작 | 김유석